U0332241

区域环境气象系列丛书

丛书主编：许小峰

丛书副主编：丁一汇　郝吉明　王体健　柴发合

上海环境气象研究

许建明　耿福海　彭　丽　等著

内 容 简 介

上海作为长三角区域大气污染防治协作中心，在重污染天气预报预警和长三角大气污染联防联控方面发挥着核心作用。本书系统总结上海市气象局在超大城市大气污染机制研究和污染天气预报服务等方面的最新成果；从地面观测、大气遥感、数值模拟、实验室分析等几个方面介绍上海大气污染的基本特征、形成机制及其对人体健康的影响；梳理上海空气质量预报、重污染天气应急预警、健康气象风险预报等业务，以及支撑预报服务业务的环境气象观测系统、模式系统和业务平台技术。

本书可作为环境气象从科学研究到应用实践的范例，可为气象部门从事环境气象、健康气象科技业务工作的同志提供参考。

图书在版编目（CIP）数据

上海环境气象研究 / 许建明等著. -- 北京 ： 气象出版社，2021.12
（区域环境气象系列丛书 / 许小峰主编）
ISBN 978-7-5029-7593-7

Ⅰ. ①上… Ⅱ. ①许… Ⅲ. ①环境气象学－研究－上海 Ⅳ. ①X16

中国版本图书馆CIP数据核字(2021)第224562号
审图号：GS（2021）7939 号

上海环境气象研究
SHANGHAI HUANJING QIXIANG YANJIU

出版发行：气象出版社
地　　址：北京市海淀区中关村南大街 46 号　**邮政编码**：100081
电　　话：010-68407112（总编室）　010-68408042（发行部）
网　　址：http://www.qxcbs.com　**E-mail**：qxcbs@cma.gov.cn
责任编辑：黄海燕　**终　　审**：吴晓鹏
责任校对：张硕杰　**责任技编**：赵相宁
封面设计：博雅锦
印　　刷：北京地大彩印有限公司
开　　本：787 mm×1092 mm　1/16　**印　　张**：28.25
字　　数：724 千字
版　　次：2021 年 12 月第 1 版　**印　　次**：2021 年 12 月第 1 次印刷
定　　价：280.00 元

丛书前言

打赢蓝天保卫战是全面建成小康社会、满足人民对高质量美好生活的需求、社会经济高质量发展和建设美丽中国的必然要求。当前，我国京津冀及周边、长三角、珠三角、汾渭平原、成渝地区等重点区域环境治理工作仍处于关键期，大范围持续性雾/霾天气仍时有发生，区域性复合型大气污染问题依然严重，解决大气污染问题任务十分艰巨。对区域环境气象预报预测和应急联动等热点科学问题进行全面研究，总结气象及相关部门参与大气污染治理气象保障服务的经验教训，支持国家环境气象业务服务能力和水平的提升，可为重点区域大气污染防控与治理提供重要科技支撑，为各级政府和相关部门统筹决策、适时适地对污染物排放实行总量控制，助推国家生态文明建设具有重要的现实意义。

面对这一重大科技需求，气象出版社组织策划了“区域环境气象系列丛书”（以下简称“丛书”）的编写。丛书着重阐述了重点区域大气污染防治的最新环境气象研究成果，系统阐释了区域环境气象预报新理论、新技术和新方法；揭示了区域重污染天气过程的天气气候成因；详细介绍了环境气象预报预测预警最新方法、精细化数值预报技术、预报模式模型系统构建、预报结果检验和评估成果、重污染天气预报预警典型实例及联防联动重大服务等代表性成果。整体内容兼顾了学科发展的前沿性和业务服务领域的实用性，不仅能为相关科技、业务人员理论学习提供有益的参考，也可为气象、环保等专业部门认识和防治大气污染提供有效的技术方法，为政府相关部门统筹兼顾、系统谋划、精准施策提供科学依据，解决环境治理面临的突出问题，从而推进绿色、环保和可持续发展，助力国家生态文明建设。

丛书内容系统全面、覆盖面广，主要涵盖京津冀及周边、长三角、珠三角区域以及东北、西北、中部和西南地区大气环境治理问题。丛书编写工作是在相关省（自治区、直辖市）气象局和环境部门科技人员及相关院所的全力支持下，在气象出版社的协调组织下，以及各分册编委会精心组织落实下完成的，凝聚了各方面的辛勤付出和智慧奉献。

丛书邀请中国工程院丁一汇院士（国家气候中心）和郝吉明院士（清华大学）、知名大气污染防治专家王体健教授（南京大学）和柴发合研究员（中国环境科学研究院）作为副主编，他们都是在气象和环境领域造诣很高的专家，为保证丛书的学术价值和严谨性做出了重要贡献；分册编写团队集合了环境气象预报、科研、业务一线专家约260人，涵盖各区域环境气象科技创新团队带头人和环境气象首席预报员，体现了较高的学术和实践水平。

丛书得到中国工程院院士徐祥德（中国气象科学研究院）和中国科学院院士张人禾（复旦大学）的推荐，第一期（8册）已正式列入2020年国家出版基金资助项目，这是对丛书出版价值和科学价值的极大肯定。丛书的组织策划得到中国气象局领导的关心指导和气象出版社领导多方协调，多位环境气象专家为丛书的内容出谋划策。丛书编辑团队在组织策划、框架搭建、基金申报和编辑出版方面贡献了力量。在此，一并表示衷心感谢！

丛书编写出版涉及的基础资料数据量和统计汇集量都很大，参与编写人员众多，组织协调工作有相当难度，是一项复杂的系统工程，加上协调管理经验不足，书中难免存在一些缺陷，衷心希望广大读者批评指正。

许小峰

2020年6月

许小峰，正高级工程师，博士生导师，中国气象局原副局长，现任中国气象事业发展咨询委员会常务副主任。

本书前言

自 2013 年国务院印发《大气污染防治行动计划》以来，我国重点区域的细颗粒物浓度显著下降，重污染天气明显减少，大气污染防治取得显著成效。2020 年党的十九届五中全会将“我国生态环境根本好转、美丽中国建设目标基本实现”纳入 2035 年远景目标。随着我国大气污染治理工作向纵深发展，区域细颗粒物（$PM_{2.5}$）和臭氧（O_3）的协同防治、大气污染物和温室气体的协同减排对环境气象工作提出了更高要求。面对这一重大需求，气象出版社组织策划了“区域环境气象系列丛书”（以下简称“丛书”）的编写，旨在对区域环境气象热点科学问题进行全面研究，总结大气污染治理气象保障服务的经验教训，提升国家及区域层面环境气象的科技业务水平和服务保障能力，为美丽中国建设提供更加优质的气象保障服务。作为丛书之一，本书着重阐述了上海市气象局环境气象工作的科研和业务成果，基于观测事实揭示了上海市地面臭氧和细颗粒物污染的演变特征，从大气动力、热力和化学角度阐述了上海城市大气污染的形成机制。此外，通过与公共卫生等学科的交叉，结合流行病学方法和暴露实验方法，研究探讨了大气污染对呼吸系统及心脑系统疾病的影响。本书还详细介绍了上海市环境气象和健康气象预报服务业务，尤其是气象与生态环境部门联合开展的上海城市空气质量预报、重污染天气应急预警、长三角大气污染联防联动，与卫生、民政、食药监等部门联合开展的中暑、“老慢支”、感冒、儿童哮喘等健康气象风险预报服务，以及支撑上述业务工作的环境气象数值模式、预报服务技术和业务平台等。本书可为气象、生态环境等专业部门从事相关工作的科技业务人员提供参考。

本书是上海市气象局2005—2020年环境气象工作的系统总结。许建明负责全书总体框架的设计和主要章节的撰写。第1章主要由许建明、高伟、彭丽、谷亦萱编写；第2章主要由许建明、潘亮、常炉予、陈镭、瞿元昊、毛卓成、曹钰编写；第3章主要由周广强、谷亦萱、常炉予、余钟奇、许建明编写；第4章主要由贺千山、王燕宇、潘亮编写；第5章主要由彭丽、周骥、叶晓芳、杨丹丹、杨丝絮编写；第6章主要由许建明、马井会、陈镭、曹钰、周广强、谷亦萱、周骥、叶晓芳、王云昕编写。本书的编写得到了中国气象科学研究院徐祥德院士的悉心指导，以及中国科学院地球环境研究所铁学熙教授、北京大学物理学院大气与海洋科学系赵春生教授、复旦大学公共卫生学院阚海东教授、中国科学院大气物理研究所冉靓博士的大力支持和帮助，在此对他们表示衷心的感谢！

由于作者水平有限，加之时间仓促，书中难免存在一些缺陷，衷心希望广大读者批评指正！

作者

2021年6月

目录

第1章 气溶胶和反应性气体的观测研究

为了科学认识城市-区域尺度大气污染的形成机制及其在不同时间尺度的演变规律，深入了解大气成分和天气、气候之间的相互作用，根据中国气象局的统一部署，从2005年开始上海市气象局着手建设上海大气成分观测业务，逐步建立了以地面在线监测为基础，包含地基和卫星遥感观测的上海环境气象综合观测系统，重点针对反应性气体和气溶胶的物理特征、影响大气污染物时空演变的边界层动力热力和化学过程开展监测，目的是为上海生态文明建设、健康城市建设提供科学支持。本章首先介绍上海环境气象地面观测布局、观测要素和观测系统；然后介绍上海地面臭氧的形成机制；接着介绍臭氧的垂直探空观测和飞机观测试验；最后基于长序列观测数据分析其长期变化特征。

1.1 上海环境气象观测布局

1.1.1 科学目标和业务需求

上海环境气象观测系统的设计主要考虑三方面的需求：（1）国家层面气候变化监测评估、生态环境影响评估、环境外交等工作的需求；（2）上海及长三角区域实施生态文明建设、绿色低碳可持续发展的需求；（3）上海市气象服务的需求。表1.1是中国气象局《环境气象业务发展指导意见》中提出的环境气象观测内容需要满足霾天气预报预警、空气质量预报预警、光化学烟雾预报预警、沙尘暴天气预报预警、酸雨评估分析、碳减排及气候变化评估分析和人体健康保障等7个业务领域的需求。

表1.1 各类环境气象服务的观测需求及观测要素列表

项目类别	观测要素	霾天气预报预警	空气质量预报预警	光化学烟雾预报预警	沙尘暴天气预报预警	酸雨评估分析	碳减排及气候变化评估分析	人体健康保障的服务
温室气体	二氧化碳(CO_2)	---	---	---	---	---	●	---
	甲烷(CH_4)	---	---	---	---	---	●	---
	氧化亚氮(N_2O)	---	---	---	---	---	●	---

续表

项目类别	观测要素	霾天气预报预警	空气质量预报预警	光化学烟雾预报预警	沙尘暴天气预报预警	酸雨评估分析	碳减排及气候变化评估分析	人体健康保障的服务
气溶胶	总悬浮颗粒物(TSP)	---	---	---	●	---	---	---
	PM_{10} 质量浓度	○	○	---	●	---	---	---
	$PM_{2.5}$ 质量浓度	●	●	○	○	---	---	---
	PM_1 质量浓度	●	●	○	○	---	---	---
	吸收特性	●	○	○	○	---	---	---
	散射特性	●	○	○	○	---	---	---
	能见度(器测)	●	---	○	●	---	---	---
	光学厚度	○	---	---	○	---	---	---
	化学成分	○	---	---	○	---	---	---
	数浓度谱	○	---	○	---	---	---	---
	垂直廓线	○	---	○	---	---	---	---
反应性气体	地面臭氧(O_3)	---	●	●	---	---	---	---
	二氧化硫(SO_2)	○	●	●	---	---	---	---
	一氧化碳(CO)	○	●	●	---	---	---	---
	氮氧化物($NO/NO_2/NO_x$)	○	●	●	---	---	---	---
	氨(NH_3)	○	○	○	---	---	---	---
	挥发性有机物(VOCs)	○	○	○	---	---	---	---
辐射	紫外辐射	---	---	○	---	---	---	●
	光化辐射	---	---	○	---	---	---	---
干湿沉降	降尘总量	---	---	---	●	---	---	---
	降水 pH 值及电导率	---	---	---	---	●	---	---
	降水可溶性离子成分	---	---	---	---	○	---	---
其他观测	空气负氧离子	---	---	---	---	---	---	●
	气传花粉浓度	---	---	---	---	---	---	●
气象要素	近地层梯度塔气象观测	---	---	---	○	---	○	---
	边界层结构、层结稳定度、混合层高度、局地扩散参数	○	○	○	---	---	---	---

注：表中“化学成分”包括有机碳（OC）、元素碳（EC）、钾离子（K^+）、钠离子（Na^+）、铵离子（NH_4^+）、钙离子（Ca^{2+}）、镁离子（Mg^{2+}）、氯离子（Cl^-）、硫酸根离子（SO_4^{2-}）、硝酸根离子（NO_3^-）；“●”为推荐优先开展的观测要素，“○”为推荐选择开展的观测要素，“---”为非推荐观测要素

根据中国气象局《环境气象业务发展指导意见》，结合上海市政府对气象服务的要求，从 2005 年 5 月开始，上海市气象局在北京大学、中国气象科学研究院、复旦大学和美国国

家大气研究中心（NCAR）等国内外专家的指导下，不断建设和完善上海城市环境气象观测系统。根据影响上海的大气污染传输路径、上海城市不同功能区的排放特征、上海的下垫面分布特性，逐步建立了 14 个环境气象地面观测站，每个站的观测要素有所差异，主要包括反应性气体（O_3、NO、NO_2、SO_2、CO）浓度、可吸入颗粒物（PM_1、$PM_{2.5}$、PM_{10}）质量浓度、黑碳（BC）浓度、气溶胶光学特性（散射系数 ASC、光学厚度 AOD）、气溶胶化学组分、雾滴谱；在国家卫星气象中心的指导和支持下建立了长三角环境气象卫星遥感应用示范平台，利用 FY-3、MODIS 等卫星资料反演气溶胶光学厚度、臭氧总量、臭氧廓线和地面 $PM_{2.5}$ 质量浓度；此外购置了 1 台气溶胶脉冲激光雷达、1 台激光测风仪、1 台拉曼气溶胶雷达、1 台微波辐射计开展边界层内气溶胶消光系数、水平风、温湿度的垂直观测，形成了以地面观测为主、配合遥感观测的上海城市环境气象综合观测系统，能够实施边界层内主要大气污染物浓度及其变化以及污染物的物理化学过程的观测，从而满足上海环境气象科研和业务的需求。

本书中如果采用质量浓度，则用 $\mu g/m^3$ 等表示；如果采用体积混合比浓度，则用 ppmv（10^{-6}）、ppbv（10^{-9}）、pptv（10^{-12}）等表示。

1.1.2　观测布局和观测要素

地面在线观测是获取大气污染物时空分布和变化规律的基础。上海环境气象地面观测网主要包括 14 个地面观测站（图 1.1、表 1.2），重点观测臭氧及其前体物、可吸入颗粒物的

图 1.1　上海环境气象地面观测站网

表 1.2　站点功能布局和观测要素

序列	站点	功能区域	观测要素
1	徐家汇	中心城区、城市交通枢纽、商业居住混合区	反应性气体：O_3、NO_x、SO_2、CO、VOCs；气溶胶：PM_{10}、$PM_{2.5}$、PM_1、AOD、ASP、CCN；其他：JNO_2、UVAB、涡动通量、雾滴谱
2	金山	石油化工区	反应性气体：O_3、NO_x、SO_2、CO；气溶胶：PM_{10}、$PM_{2.5}$、PM_1
3	崇明	郊区、绿化覆盖率高的生态岛区域	反应性气体：O_3、NO_x、SO_2、CO；气溶胶：PM_{10}、$PM_{2.5}$、PM_1
4	浦东	城市大型绿地、办公居住混合区	反应性气体：O_3、NO_x、SO_2、CO、VOCs；气溶胶：PM_{10}、$PM_{2.5}$、PM_1、BC、浊度
5	宝山	钢铁工业区、城市边缘	反应性气体：O_3、NO_x、SO_2、CO；气溶胶：PM_{10}、$PM_{2.5}$、PM_1
6	东滩	湿地自然保护区	反应性气体：O_3、NO_x、SO_2、CO、VOCs；气溶胶：PM_{10}、$PM_{2.5}$、PM_1、AOD、ASP、BC；其他：JNO_2、UVAB、涡动通量、温室气体（CO_2/CH_4/N_2O）
7	佘山岛	海洋清洁背景区	反应性气体：O_3
8	佘山天文台	西部污染物输送区	反应性气体：O_3、NO_x、SO_2、CO；气溶胶：PM_{10}、$PM_{2.5}$、PM_1
9	世博园区	城市特殊园区	反应性气体：O_3、NO_x、SO_2、CO；气溶胶：PM_{10}、$PM_{2.5}$、PM_1
10	小洋山	大型海洋港口区	反应性气体：O_3、NO_x、SO_2、CO；气溶胶：PM_{10}、$PM_{2.5}$、PM_1
11	临港	东南清洁输送对照区	反应性气体：O_3、NO_x、SO_2、CO；气溶胶：PM_{10}、$PM_{2.5}$、PM_1
12	上海中心大厦	600 m 高空站	反应性气体：O_3、NO_x、SO_2、CO；气溶胶：PM_{10}、$PM_{2.5}$、PM_1；其他：气溶胶组分（硫酸盐、硝酸盐、铵盐等）
13	迪士尼站	大型旅游度假区	反应性气体：O_3、NO_x、SO_2、CO；气溶胶：PM_{10}、$PM_{2.5}$、PM_1
14	嘉定	西北部工业区	反应性气体：O_3、NO_x、SO_2、CO；气溶胶：PM_{10}、$PM_{2.5}$、PM_1

浓度，目的是研究上海超大城市光化学污染、气溶胶污染的形成机制和演变规律，同时为数值模式评估、环境气象预报提供基础数据。站点的选择考虑了受主导风影响的传输通道、局地排放源的差异、城郊差异、局地环流（如海陆风）的影响等。其中徐家汇、浦东两个站分别位于中心城区、居民区，主要受交通排放的影响；宝山、金山两个站分别位于上海主要的钢铁工业区和化工区，主要受工业排放的影响；小洋山位于上海最大的港区，主要反映近海船舶排放的影响；嘉定、佘山天文台位于上海西部，邻近江苏的昆山、苏州等工业区，主要监测长三角近距离输送的影响；临港、崇明位于上海东部郊区，靠近海洋，主要监测海洋气团对城市的影响；东滩、佘山岛分别位于国家鸟类自然保护区内和近海岛屿，基本没有人类活动的影响，可在一定程度上代表区域大气成分背景浓度特征；上海中心大厦站位于陆家嘴地区，监测高度 580 m，基本处于混合层上部，是目前世界最高的城市地区大气环境在线监测站，主要监测边界层上层主要污染物的物理化学过程，尤其是湍流过程、辐射过程对污染物的作用。每个站的监测要素有所差异，但基本涵盖了反应性气体、可吸入颗粒物浓度和常规气象观测。上海浦东和东滩作为中国气象局大气成分考核站设置了黑碳、太阳光度计、浊

度和 UV 辐射观测。徐家汇作为城市代表站设置了 NO_2 光解速率（JNO_2）、雾滴谱、气溶胶激光雷达、拉曼雷达、激光测风仪观测，研究城市边界层大气动力热力过程对污染物传输和扩散的影响。在中心大厦站设置了气溶胶化学组分和黑碳观测，研究边界层上层二次气溶胶的生成以及黑碳气溶胶的吸热效应对边界层结构的影响。在宝山观象台不定期释放臭氧探空，监测臭氧的垂直结构以及传输交换。另外，在中国气象局气象探测中心的指导和帮助下，在背景站东滩增加了温室气体（CO_2、CH_4、N_2O）观测，为应对气候变化和长三角绿色低碳发展提供支持。为保障观测数据质量，建立了大气成分站网监控和质控系统。针对观测数据的获取、传输、质控、存贮建立了完整的运维规范、数据质控规范和考核制度，对整个数据流程进行管理，形成了比较完善的环境气象观测业务。

为了获取上海以外的大气污染物特征，尤其是污染物的分布和演变，在国家卫星气象中心的帮助下建立了长三角大气环境卫星遥感应用示范平台（图 1.2），基于 MODIS、FY-3 等卫星数据监测污染天气的落区和演变，包括沙尘、气溶胶光学厚度、臭氧总量、火点等，为环境气象预报预警提供重要支持。

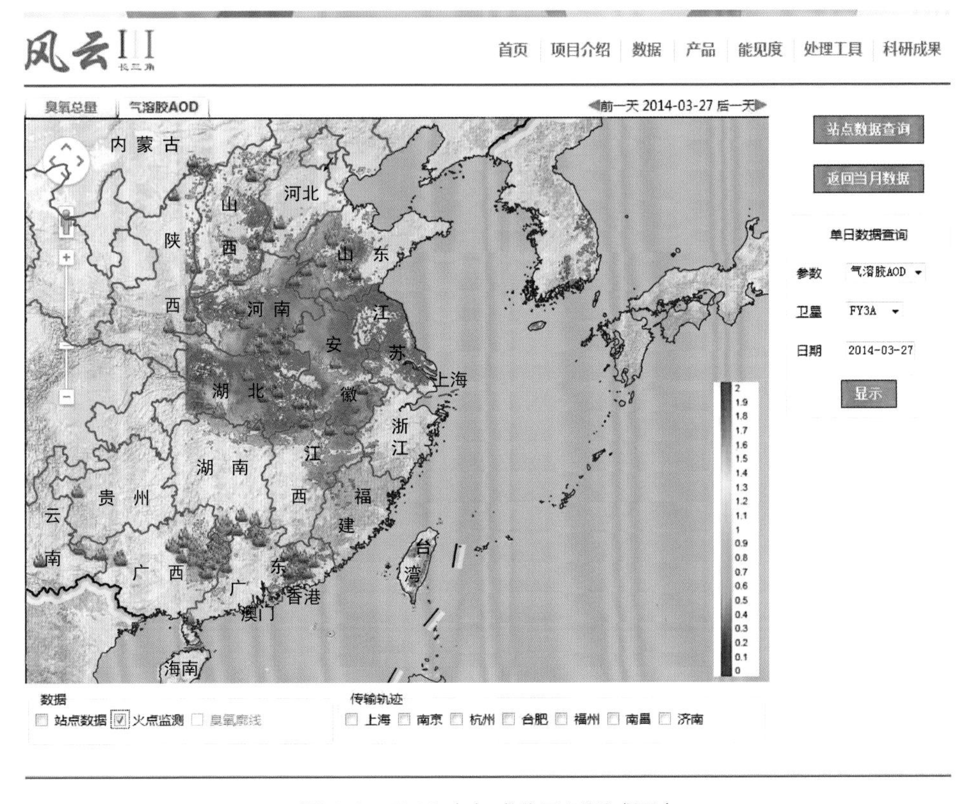

图 1.2　FY-3 大气成分卫星遥感平台

开放、合作、交流是上海环境气象观测始终坚持的原则。通过开放合作，利用其他部门的资源服务于环境气象监测工作，比如在海军的支持下在佘山岛建立了观测站。佘山岛位于东海、黄海以及长江口的汇合处，是上海最东端的岛屿，是鲜为人知的“上海第一哨”，岛上没有居民，是上海唯一的中国领海基点所在地，这是目前华东地区唯一的海岛大气成分观测点。在佘山天文台的支持下在上海海拔最高点佘山（99 m）建立了观测站，开展区域污染输送的影响监测。最值得一提的是和崇明鸟类国家自然保护区、复旦大学、华东师范大学共建了东滩观测站，开展气象、大气环境、生态、河口滩涂等多学科、跨领域监测工作，服务于超大城市生态文明保障。

1.1.3 反应性气体和气溶胶观测系统

除了观测站建设，各类环境气象观测设备的维护、标定，以及不同观测数据的获取、质控和存贮是环境气象观测业务的重要内容。本节将以反应性气体、气溶胶为例，介绍地面观测系统、设备维护及数据质控。

1.1.3.1 仪器设备测量系统

反应性气体测量系统（图 1.3）主要由 NO_x、SO_2、CO 和 O_3 的在线测量设备、零气发生设备、动态气体校准仪（多种气体校准仪）、标准气、管路进气口，以及采集、控制数据的计算机等组成。该系统可根据设定的测量/校准检查时间程序，实时连续测量大气中 NO_x、SO_2、CO 和 O_3 的浓度。仪器设备按其系统功能分为 4 部分：共线式进气管路、分析仪器、校准配气管路、控制数据采集的计算机。

气溶胶质量浓度测量系统（图 1.3）主要由单台气溶胶浓度测量主机、不同气溶胶粒径（10 μm、2.5 μm 、1 μm）切割器进气采样设备，以及采集和控制数据的计算机等构成。

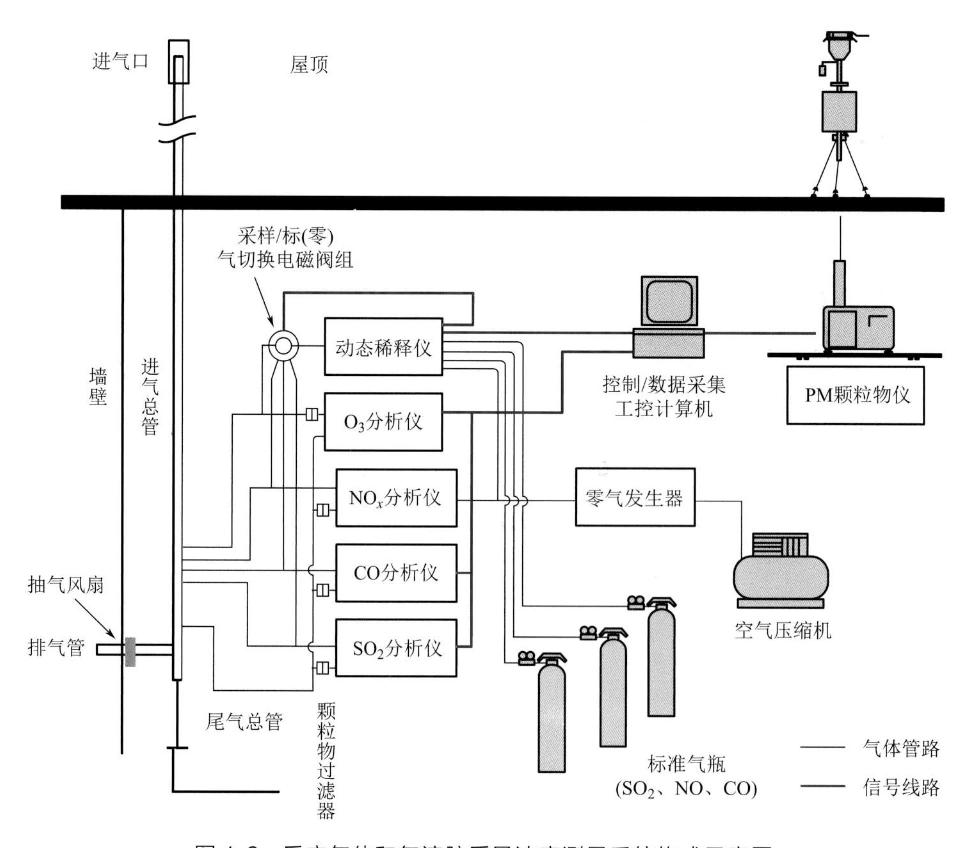

图 1.3 反应气体和气溶胶质量浓度测量系统构成示意图

1.1.3.2　监测数据管理

（1）数据通信。观测系统采集的数据基本采用 TCP/IP 通信方式，个别站点如佘山岛、佘山天文台采用 GPRS 无线通信方式，从而实现了观测数据的实时宽带获取以及数据通信交换。观测网络拓扑结构如图 1.4 所示。

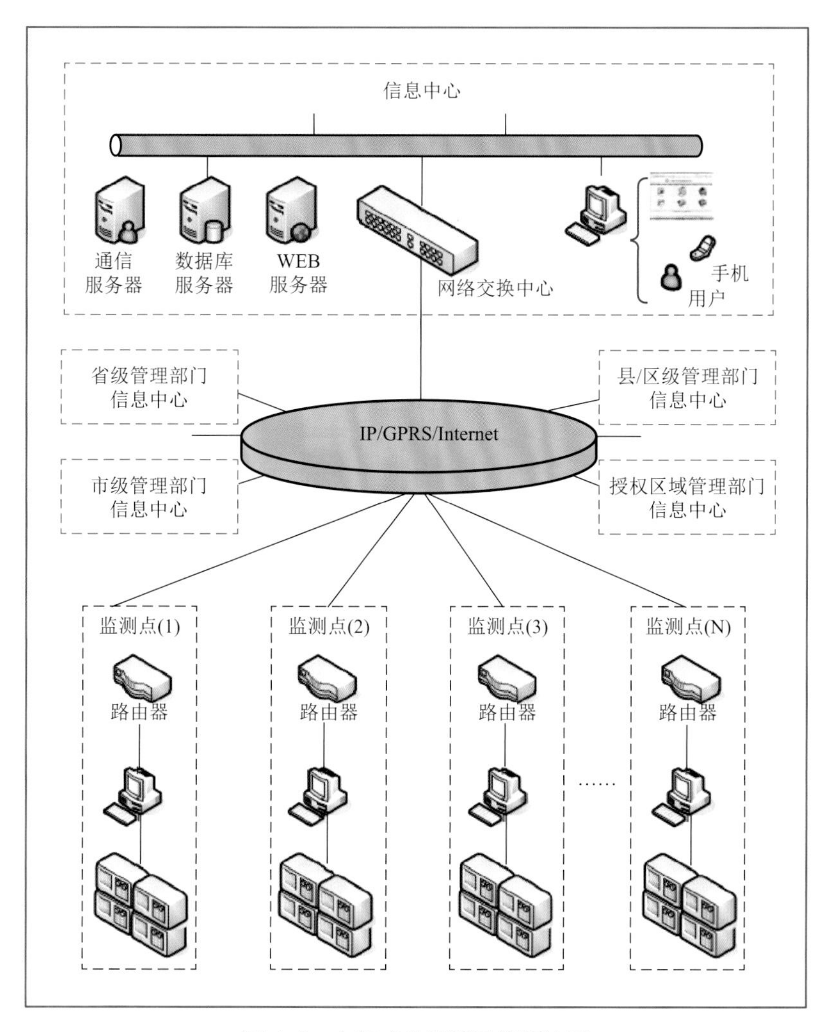

图 1.4　大气成分观测网络拓扑图

（2）监测数据采集存储。大气成分数据采集系统是由多个监测点和数据中心组成。该系统可对主要大气成分（除 VOCs、臭氧探空外）进行实时自动采样、在线监控。监测数据实时自动传输到大气成分数据中心，由数据中心的计算机进行实时数据汇总、整理以及规范性入库。系统软件包括数据采集软件、数据传输通信软件和数据入库程序软件。具体功能包括数据采集（完成监测数据的实时收集）、数据传输（完成数据的远程传输）、数据入库（完成数据的规范性入库）。

（3）数据传输。在线监测仪器系统自动采集、分析大气成分数据信息，通过 TCP/IP 方式传输数据，其中配有计算机（工控机，作为数据采集前置机，对各仪器的数据进行采集和传输），与数据传输终端相连（RS232 和 TCP/IP 两种连接方式）。在线监测仪器根据工控机安装的数据采集终端程序指令发送监测数据，通过数据采集程序（图 1.5）发送到数据中心服务器。

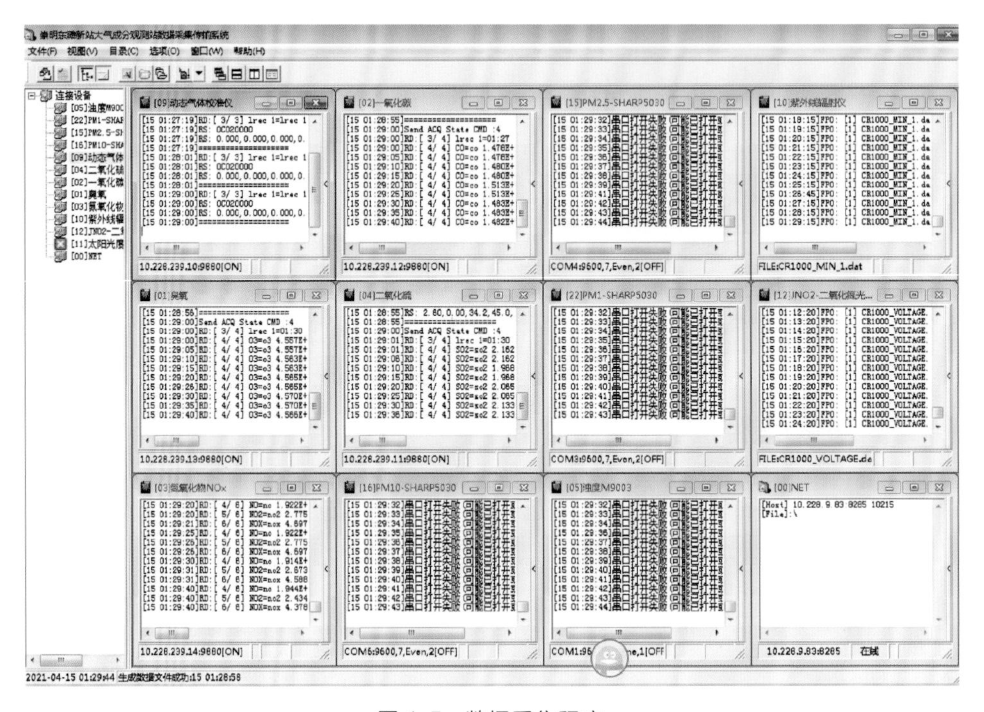

图 1.5　数据采集程序

（4）数据入库存贮。服务器配置有固定的 IP 地址，数据中心服务器根据大气成分监测要求对监测仪器定时发送数据采集指令，接收监测仪器反馈的数据信息，对通过网络传来的监测数据进行入库、分析和存储（图 1.6）。

图 1.6　数据传输入库监控中心

（5）数据入库格式。数据库服务器选用 SQL SERVER 2005，编写数据入库程序和数据备份程序。数据库数据格式为站点名称、日期时间、监测浓度数值、仪器状态信息数据、数据有效性、备注等（图 1.7）。

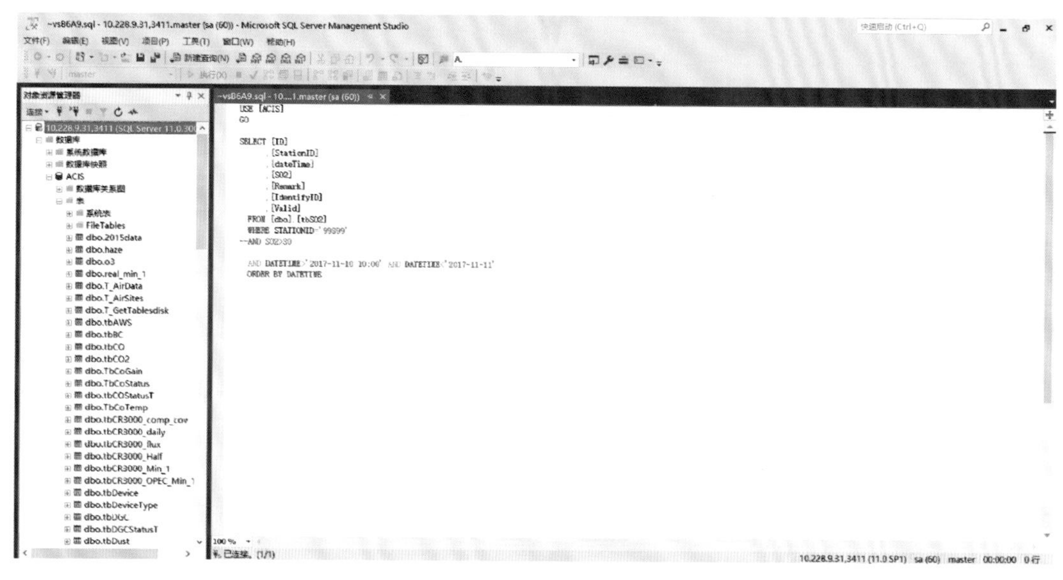

图 1.7　数据库数据格式

（6）数据存储备份。各观测站本地计算机（工控机）备份原始采集数据，数据备份量可达 10 年以上；观测数据存储在上海市气象局信息中心数据资源池中，同时数据库有异机同步实时数据备份保存。

（7）远程操控。由于各个站点为统一内网通信资源，可以进行站网间计算机互相访问登录。同时，仪器具有远程操控功能，在计算机（工控机）安装有仪器支持的远程操作软件，如反应性气体分析仪等，观测人员可在远程操控观测仪器，发布数据传输等指令（图 1.8）。

（8）数值质量控制。环境气象观测数据质量控制参照《中国气象局大气成分观测站业务运行管理办法》《环境空气质量自动监测技术规范》《区域大气本底站技术手册》和美国环境保护署（EPA）等相关规范和规定。根据仪器说明书，研究仪器设备的通信方式、数据获取格式信息，解析出数据码、状态码的指令规则，这些对于数据质量控制具有十分重要的作用。对于整个运行管理系统，则是在数据质量控制基础上，结合实际的硬、软件条件，实现自动化规范规则的应用。

为保障数据质量控制得到真正实施，从仪器端口数据采集、获取数据入库，解析了数据指令码和仪器状态码；根据仪器状态和人工操作、数据维护等信息来判定数据的有效性，按级别对数据进行分类，包括原始〇级数据、一级数据、二级数据、三级数据。〇级数据为未经处理的原始数据，一级数据为经过设备状态标识或人工维护后的处理数据或人工质量控制后的数据，二级数据为通过统计检验的数据，三级数据为经过偏差订正的数据。

设计了运行管理的实时、可异地性监控化方案，针对数据获取率、运行监控、维护任务与周期等过程，实现了短信报警故障细化分类提示，以及数据质量控制功能的有效实施（图 1.9）。

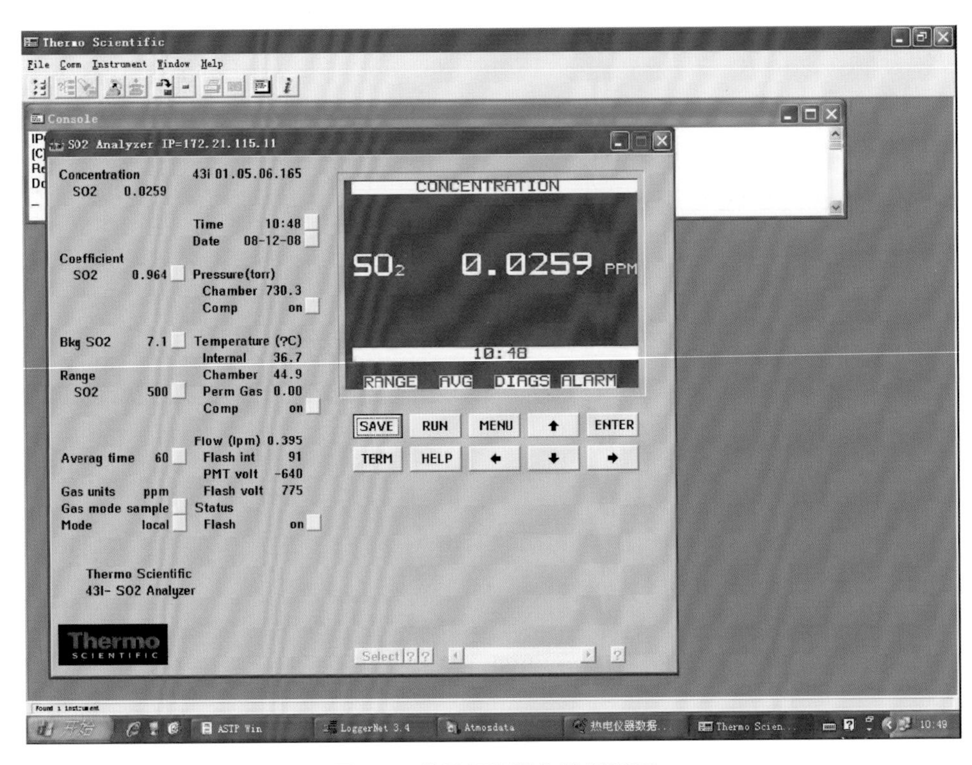

图 1.8　仪器远程操作控制界面

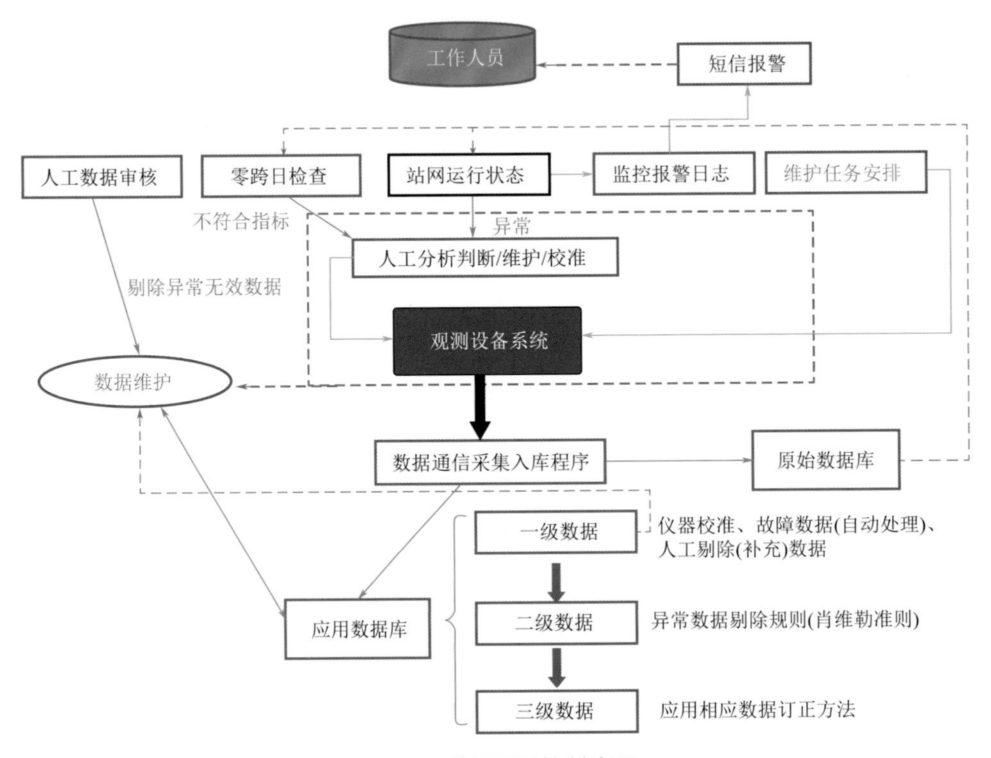

图 1.9　数据质量控制流程

（9）观测数据系统集成。按照中国气象局下发的《区域大气本底站技术手册》《大气成分站技术手册》和《中国气象局大气成分观测站业务运行管理办法》等规定，开发了上海大气成分监测管理系统（图 1.10），实施对各站点仪器设备监测的管理与运行。上海大气成分监测管理系统具备实时数据查询、历史数据查询与分析、数据和设备管理等功能，实现了对各站点观测设备状态的监控、对各类仪器观测数据状态的监控、对原始及质控数据的查询和检索。

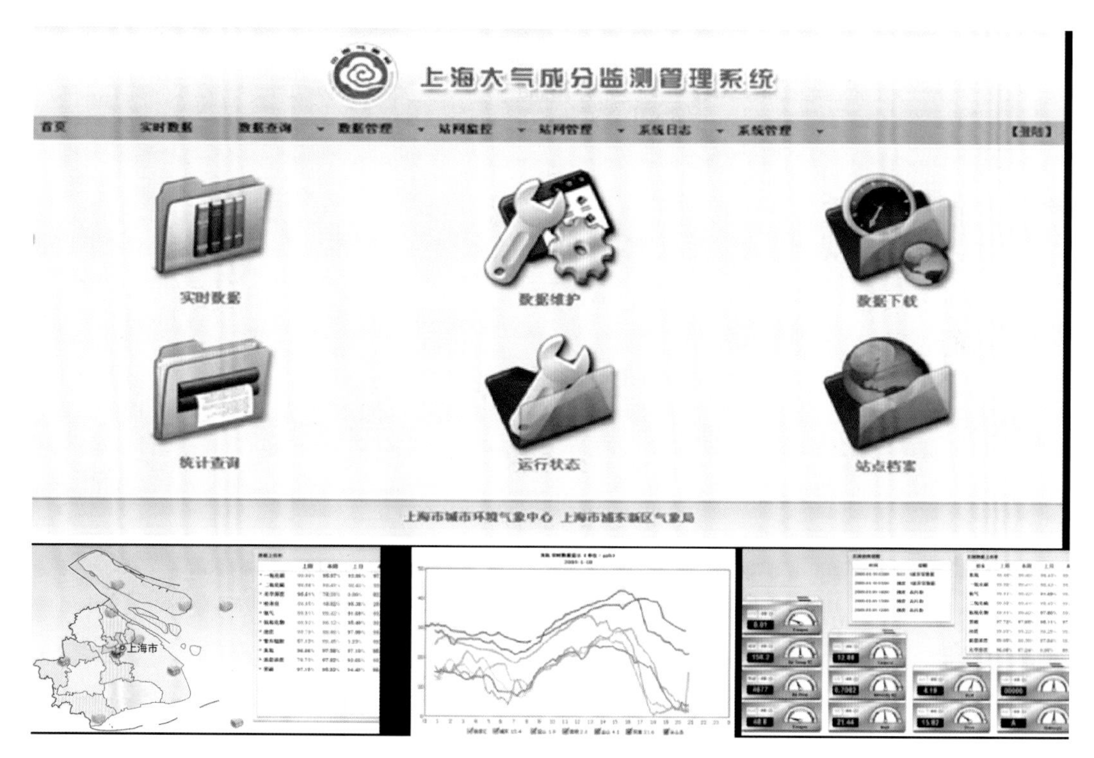

图 1.10　上海大气成分监测管理系统

实时数据查询可获取各站点实时监测的一级数据，除黑碳采集频率为 5 min 外其余均为 1 min。分为要素查询和站点查询两类，单要素显示各站点的观测数据，单站点显示同一站点不同要素的监测数据。

历史数据查询与分析可获取历史监测数据的小时统计值、日统计值、月统计值等二级数据，分单要素、单站点和 K 线图 3 类。

数据管理包括数据质量控制、数据下载、数据维护。数据质量控制用于人工监控二级数据；数据下载指根据权限提供不同级别的下载功能；数据维护用于记录数据维护动作。

设备管理包括设备档案、设备维护计划和确认、设备运行状态、监控报警和设备维护日志等，其中设备运行状态显示当前运行仪器的性能状态，包括电压、温度、流量等参数；监控报警是在设备运行出现异常时，根据预先设定的阈值条件自动发送短信给管理维护人员以便及时处理故障，并可根据维护计划开/关某设备的短信发送功能和显示功能，同时保存所有记录。

此外，为了提高运维效率，进一步开发了站房温湿度监控系统，能实时显示站房内温度湿度状态，可以通过远程操作调节房间温度。在实际工作当中，该系统中的查询和数据下载及数据质量分级控制等功能为业务和科研应用提供了许多便利，系统中的数据维护和监控报警等功能也成为设备维护人员日常工作的有效工具。

1.2 上海地面臭氧的形成机制

臭氧（O_3）作为大气中重要的痕量气体，最早是由德国化学家 Schönbein 于 19 世纪中期发现并命名的。地球大气中的臭氧大约有 90%都分布在距离地面 10～50 km 的平流层中。相比之下，对流层臭氧则要少很多，只占到整个大气臭氧总量的 10%左右。平流层臭氧几乎可以完全吸收 240～290 nm 的紫外辐射，对 290～320 nm 的紫外波段也有很强的吸收，因而能够有效保护地球生物免受太阳短波辐射的伤害，被称为“好”的臭氧。

对流层臭氧作为二次气体污染物直到美国洛杉矶烟雾事件发生才为世人所知。20 世纪 40—50 年代，美国西海岸城市洛杉矶在阳光灿烂的日子里总是频频发生一种后来被称为“光化学烟雾”的空气污染事件。加州理工学院的 Haagen-Smit 教授通过实验发现，正是氮氧化物、一氧化碳（CO）和挥发性有机物（VOCs）在光照条件下通过一系列光化学反应生成了以臭氧为主的气态氧化产物和二次气溶胶（SOA），造成了“光化学烟雾”污染。NO_x、CO 和 VOCs 也由此被认为是对流层臭氧最重要的前体物。对流层臭氧对全球气候有重要影响。一方面，其过程控制着对流层中大多数大气成分的生命时间和反应产物，影响一些温室气体（如甲烷 CH_4）的氧化清除和浓度水平。另一方面，它本身也是一种温室气体，影响地气系统的能量收支和辐射平衡。对流层臭氧对人类活动的影响主要是高浓度臭氧产生的健康危害。当臭氧的体积混合比超过 150 ppbv 时会引起头痛，超过 250 ppbv 时会引起胸腔疼痛，超过 300 ppbv 时会造成肺功能下降。长时间暴露于高浓度臭氧下极易引起包括呼吸道、肺部和心血管疾病在内的急慢性疾病，严重危害人体健康。近地面的高浓度臭氧还会给农业生产带来损失，加速橡胶等建筑材料的老化。因此，对流层臭氧常常被称为“坏”的臭氧。

作为一种二次气体污染物，城市地面臭氧的浓度水平和变化特征受到气象要素和化学过程的共同影响。天气系统通过水平风、温度、相对湿度、云的生消、上升下沉气流等气象要素改变地面臭氧的浓度。比如受到反气旋控制的地区往往较易出现高臭氧污染事件，因为高温和晴朗的天气有利于臭氧的光化学产生，稳定的大气状况则有利于臭氧在近地面累积。分析和理解影响臭氧的气象要素，有助于开展高臭氧事件的预报和预警。但是城市臭氧问题的解决则依赖于对臭氧光化学过程的认识，依赖于合理有效的臭氧前体物减排政策。

1.2.1 地面臭氧及其前体物的时间变化特征

本节主要利用上海 6 个地面站的观测数据（2007—2009 年）分析上海地面臭氧及其前体物（NO_x、VOCs、CO）的日变化和季节变化特征。观测站点包括金山、宝山、徐家汇、浦东世纪公园、崇明、东滩。其中，金山站和宝山站分别位于上海南、北两端的化工区和钢铁工业区；徐家汇站位于市中心；浦东世纪公园站位于商务办公和高档居民区；崇明站位于上海崇明岛的郊区；东滩站位于国家级自然保护区内，基本不受局地人为活动的影响。所有的站点都有 O_3 和 NO_x 的观测，但 CO 和 VOCs 只在徐家汇观测，VOCs 采用罐采样到实验室分析的方法。

1.2.1.1　臭氧的年变化和日变化

图 1.11 为 2009 年上海不同站点地面臭氧的年变化。臭氧高值主要集中在 4—10 月，平均值为 40～50 ppbv。而冬半年臭氧浓度较低。这是因为夏季太阳直射北回归线，此时太阳辐射在一年中最强、日照时间最长，气温和水汽含量都很高，有利于臭氧的光化学反应。2009 年，臭氧的年变化呈现双峰结构特征，主峰出现在春季 5 月，次峰在秋季 9—10 月，而 8 月则是臭氧低谷。双峰结构和夏季低值与我国江淮流域的梅雨有关。上海往往在 6 月中旬入梅，一般持续 2～4 周，期间上海基本维持连阴雨天气，太阳辐射异常减少，因而显著削弱了臭氧的光化学生成。8 月，上海明显受到午后强对流和台风活动影响，表现为强降雨和大风天气，不利于臭氧的累积。尤其是一次台风过程对上海的影响通常维持 3～4 d，风力很大，使得地面臭氧无法累积。例如，2019 年“米娜”和“利奇马”台风影响期间，上海臭氧日平均值通常低于 10 ppbv。观测也发现，台风对地面臭氧的影响与其强度、路径有密切关系。虽然台风带来的大风降雨天气会显著降低其影响范围内的臭氧浓度，但在台风外围则会形成臭氧污染事件。例如，“米娜”台风就造成鲁、豫、皖三省交界处狭长的臭氧污染带，研究认为这可能与台风外围的下沉气流有关。

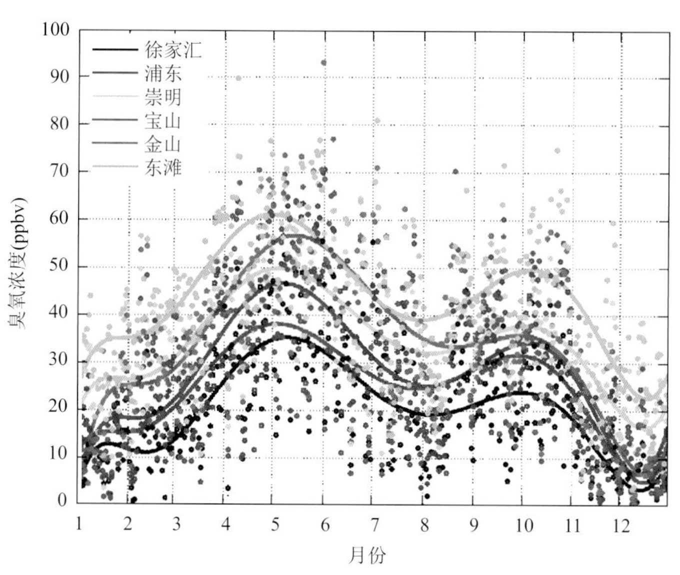

图 1.11　2009 年上海 6 个站点观测的地面臭氧浓度变化

（圆点代表日平均浓度，实线为 8 阶拟合曲线）

图 1.12 显示了 2007—2009 年 6 个站点臭氧的平均日变化过程。由图可见，臭氧浓度最小值出现在清晨，日出后光化学过程开始启动。随着太阳辐射增强，气温逐渐升高，加上人类活动，臭氧前体物排放增加，臭氧光化学反应逐步加强。此时，臭氧产生大于消耗，近地面大气中的臭氧以每小时 5 ppbv 左右的速度不断累积，在 14 时（注：除特别说明外，均为

北京时）左右达到一天中的最大值。之后随着太阳辐射减弱，臭氧光化学生成减弱，而且边界层的降低积累了大量消耗臭氧的污染物（比如 NO），臭氧消耗逐步占据主导地位，臭氧浓度逐渐降低。日落之后，臭氧光化学过程完全停止。在城市地区，由于汽车尾气等排放的大量 NO 不断消耗臭氧，夜间臭氧浓度一般很低，有时甚至被消耗殆尽。而较为清洁的郊区和乡村，臭氧则仍能保持较高的浓度。

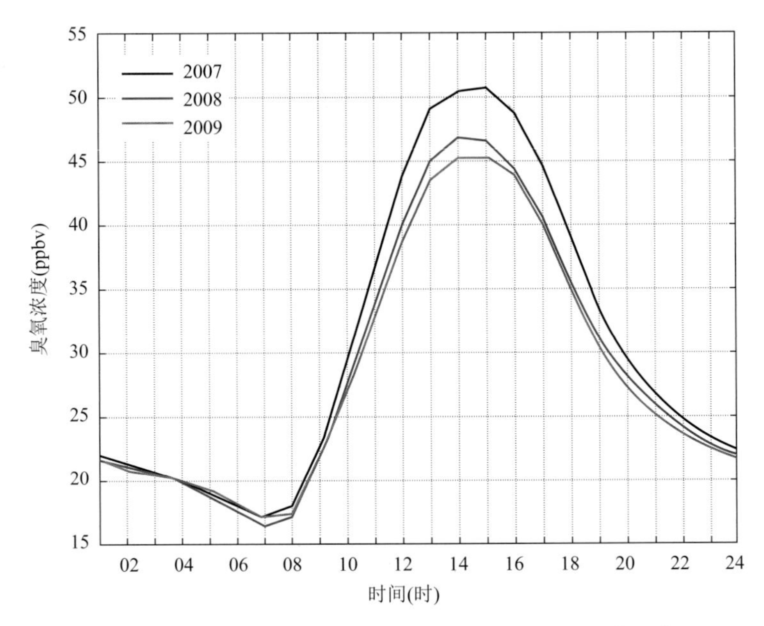

图 1.12　2007—2009 年上海 6 个站点观测的臭氧浓度日变化

1.2.1.2　NO_x 的年变化和日变化

2007—2009 年，徐家汇 NO_x 的年平均浓度在 50 ppbv 左右，夏季略低，约为 40 ppbv，冬季最高，约 100 ppbv。某些高污染日，NO_x 日平均浓度可达 250 ppbv 左右（图 1.13）。NO_x 的年变化差异主要出现在冬季，2007 年和 2009 年的高值集中在 12 月和 1 月，2008 年则在 11 月出现了极端高污染情况，这与不同年份冬季的气候系统有关。冬季低温造成光化学反应速率降低，同时水汽含量的减少和日照强度的减小还使得启动 O_3 光化学反应的 OH 自由基浓度减小，这些因素都造成了光化学过程的减弱，使得排放到大气中的 NO_x 不能迅速转化成稳定的其他含氮化合物。此外，冬季大气边界层最低，尤其是夜间和早晨容易出现逆温，有利于污染物的积累。因此，NO_x 在冬季易保持较高的浓度水平。而在夏季，活跃的光化学反应迅速将大气中的 NO_x 转化，使得 NO_x 浓度较低。

NO_x 的日变化呈现出典型的双峰结构，分别出现在 08—09 时和 19—20 时（图 1.14）。研究表明，中国东部 90%以上的 NO_x 都来自化石燃料的燃烧，除此之外，NO_x 还有少量来自生物质燃烧、闪电、飞机和微生物源。徐家汇位于上海中心城区，NO_x 主要来自汽车尾气的排放。因此早晚两个高峰正是上下班交通高峰的体现。清晨在上班高峰期机动车流量大，尾气排放中有大量的 NO 被 OH 自由基和臭氧等氧化剂迅速氧化生成 NO_2，而早晨的太阳辐射较弱抑制了 NO_2 的光解，因此形成了 NO_x 的高峰。随着太阳辐射的增强和气温的升高，臭氧光化学反应也逐步增强，NO_x 不断被消耗并被转化成更稳定的汇而离开光化学

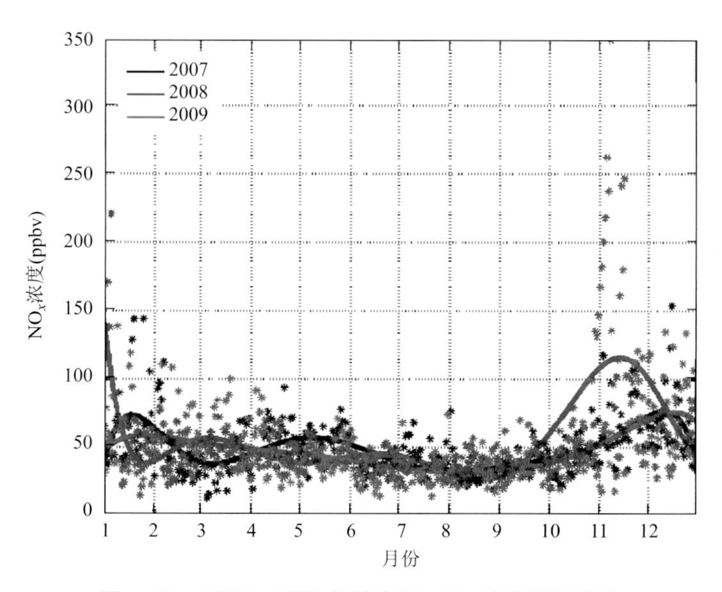

图 1.13　2007—2009 年徐家汇 NO_x 浓度的年变化

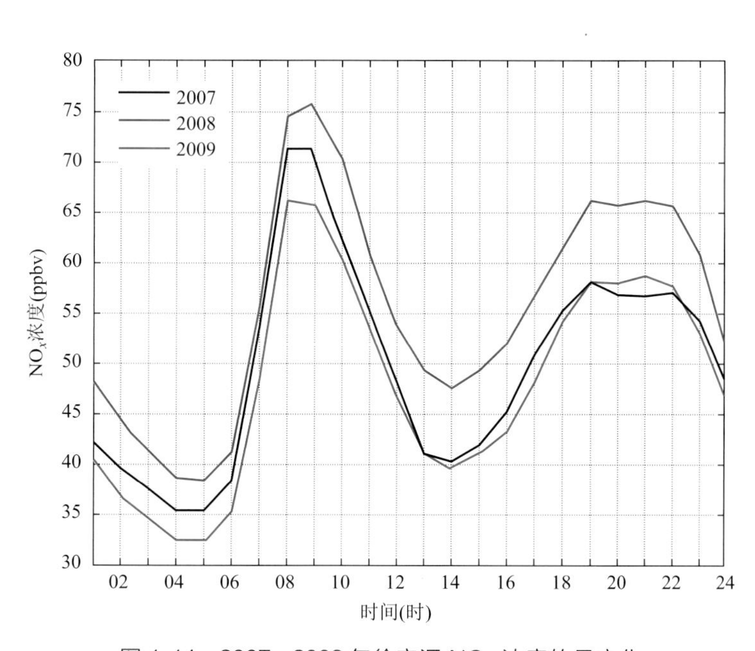

图 1.14　2007—2009 年徐家汇 NO_x 浓度的日变化

反应循环。与此同时，机动车流量也逐步减小，源排放随之减少，边界层抬升对 NO_x 浓度也有稀释作用，使得 NO_x 的浓度逐渐降低；至 14 时左右，臭氧达到峰值，NO_x 则形成一个低谷。在此之后，下班高峰期逐步开始，NO_x 源排放增强，气温回落，辐射减弱，边界层高度降低，NO_x 开始在大气中再次累积形成第二个高峰。到了夜间，光化学反应停止，城市市区高浓度的 NO 将臭氧消耗殆尽，生成较为稳定的 NO_3 作为夜间的大气氧化剂，NO_x 浓度回落至一个较低水平。从图中还可以看到，3 年来的 NO_x 平均日变化有一定的年际差异。这种差异可能与交通排放、辐射条件、主导风向等因素有关。

1.2.1.3 CO的年变化和日变化

徐家汇地区CO浓度的年平均水平在800 ppbv左右，总体而言仍然表现出夏季低、冬季高的季节变化特征。日平均浓度为500～1500 ppbv，偶尔可高达3000 ppbv（图1.15）。不同年份之间的CO季节变化特征差异较大。由于CO生命时间长达3个月到半年，可以进行半球尺度内较长距离的输送，因此除了受到局地排放的影响，还会有区域输送的影响，代表了大尺度的分布信息。CO的日变化和NO_x一样，有明显的双峰结构，峰值出现在09时和19—20时，对应于较高的局地排放和较低的边界层，在午后呈现出低谷则是边界层抬升的表现（图1.16a）。可见在城市地区，机动车排放和边界层变化对CO浓度的贡献占主导地位并决定了其日变化特征。在清洁的背景站东滩，CO几乎不受人为活动影响，其浓度大约为400 ppbv，远低于徐家汇（图1.16b）。日变化曲线没有双峰结构特征，只是夜间略高于白天，尤其是清晨日出前后。这主要是受边界层涨落带来的影响。由此可知，市区以机动车尾气为主的人为排放源对CO浓度和日变化特征有明显影响。

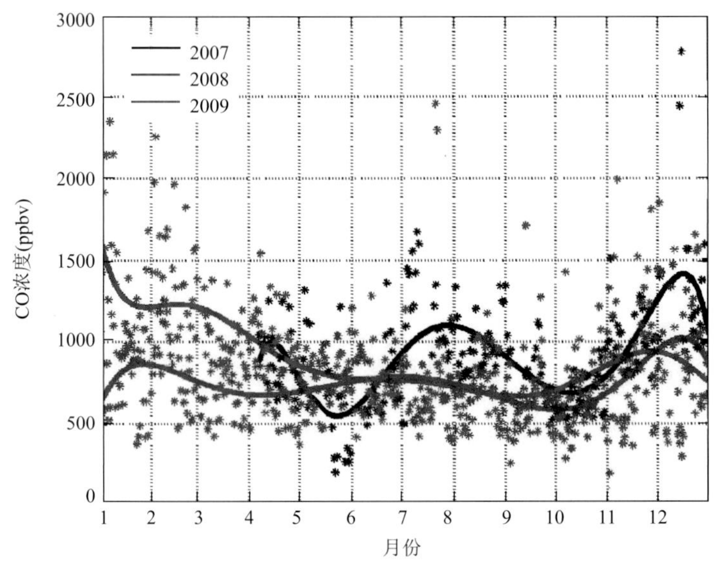

图1.15 2007—2009年徐家汇CO浓度的年变化

1.2.1.4 VOCs的时间变化特征

徐家汇VOCs的采样包括24 h连续采样和06—09时的3 h采样。24 h采样代表一天内排放源、化学转化过程和气象条件的共同影响。清晨的3 h采样则更多地体现了局地交通源的影响。从整个时间序列来看，徐家汇VOCs的日平均浓度和清晨3 h采样浓度的平均水平均在50 ppbv左右，含碳量浓度在200 ppbC（ppbv·含碳数，下同）左右。VOCs的24 h采样和清晨采样有相似的变化曲线，清晨采样浓度更高（图1.17a）。这是因为汽车尾气是徐家汇环境大气中VOCs的重要来源，早晨VOCs排放量大，而此时光化学反应刚刚启动，对VOCs的消耗比较弱，这与NO_x在早晨出现峰值的原因相似。VOCs的24 h采样平均总含碳量浓度为30～784 ppbC，清晨采样平均总含碳量浓度则为22～1536 ppbC。从反应活性加权后的丙烯等效浓度来看，随时间变化的曲线轮廓与总含碳量浓度相似（图1.17b），说明VOCs总体反应活性没有明显的季节变化，也就表明对徐家汇VOCs反应活性贡献占主

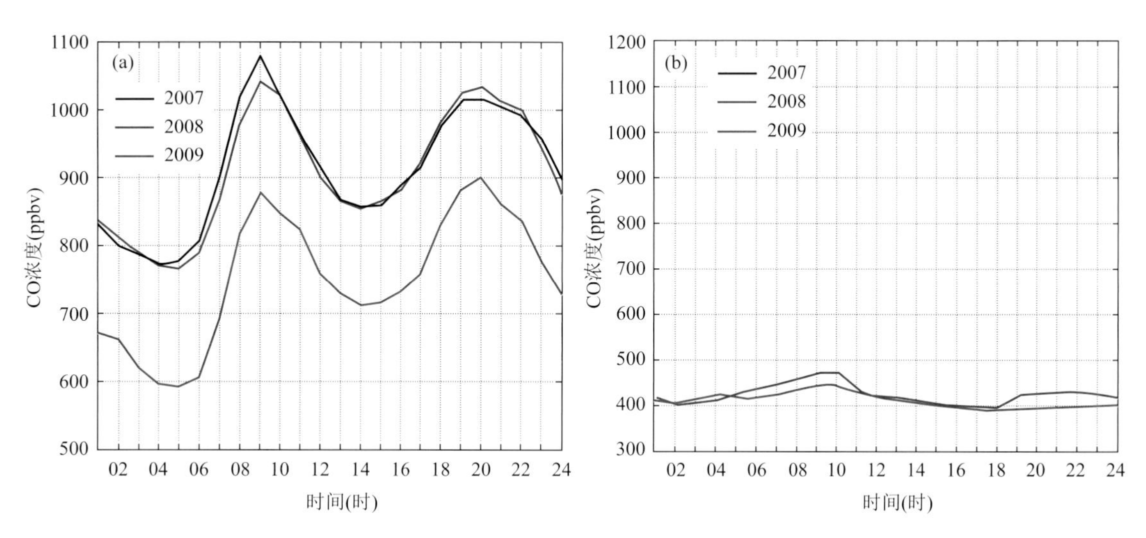

图 1.16　2007—2009 年徐家汇（a）和东滩（b）CO 浓度的日变化

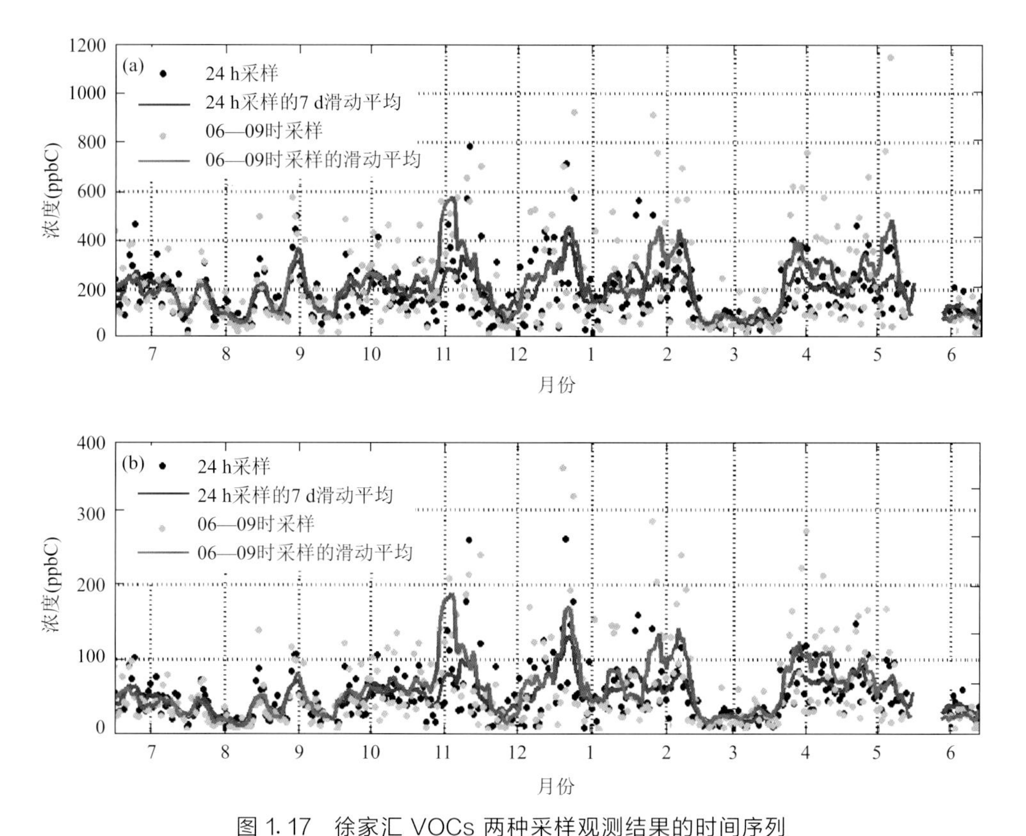

图 1.17　徐家汇 VOCs 两种采样观测结果的时间序列

（a. VOCs 总含碳量浓度；b. VOCs 总丙烯等效浓度；图中 5—6 月空缺部分表示无数据采样）

导地位的物种在源排放上相对比较稳定。从季节变化看，无论是 24 h 采样还是 3 h 采样都没有表现出明显的季节变化。在源排放没有很大改变的情况下，考虑到夏季光化学反应过程较冬季活跃、边界层较冬季偏高，VOCs 本应呈现出类似于 NO_x 和 CO 夏低冬高的季节变化特征。然而，没有明显季节变化这一观测现象表明，在徐家汇，机动车排放可能并非

VOCs唯一重要的来源，在夏季可能还存在着其他和汽车尾气相当的排放源补充VOCs季节变化中本应出现的低谷。上海地区夏季主导风是偏东风和偏南风。上海南部是金山化工区，再向南的杭州湾零散分布着化工企业，因此夏季盛行的偏南风可能会将南部地区排放的含有卤代烃、芳香烃和重烷烃等的污染气体输送到市区，使得夏季徐家汇大气中的VOCs不仅有局地机动车源排放的贡献，还有相当一部分来自化工区。因此，与主要来源于汽车尾气的NO_x和CO的季节变化模式相比，VOCs没有表现出明显的夏低冬高的季节变化特征。此外，值得一提的是，2007年2月中旬到3月中旬这段时间VOCs出现了持续约1个月的明显低值。与之相对应，NO_x和CO也在同一时段出现了类似的低值。这可能是由于2007年的春节在2月18日，假日效应使得各种臭氧前体物的污染源排放大量减少。

从VOCs的组成结构看，无论是24 h采样还是清晨3 h采样，分析结果几乎一样（图1.18）。统计结果显示，观测期间徐家汇24 h VOCs采样的平均体积混合比约为40 ppbv，平均含碳量浓度约为190 ppbC，平均丙烯等效浓度约为50 ppbC；3 h采样的平均体积混合比约为50 ppbv，平均含碳量浓度约为220 ppbC，平均丙烯等效浓度约为55 ppbC。无论是哪种采样，平均丙烯等效浓度都大约只占了平均含碳量浓度的25%，表明这一地区的VOCs主要由中低反应活性的物种组成。从体积混合比来看，烷烃是比重最大的类别，大约占到了总量的40%，其次是芳香烃（25%），余下的3类各占10%左右。烷烃主要由碳原子数不超过5的轻烷烃组成，它们基本上来自汽车尾气和溶剂挥发。从含碳量浓度来看，芳香烃和烷烃比重相当，在40%左右。从丙烯等效浓度和最大增量反应活性MIR（Maximum Incremental

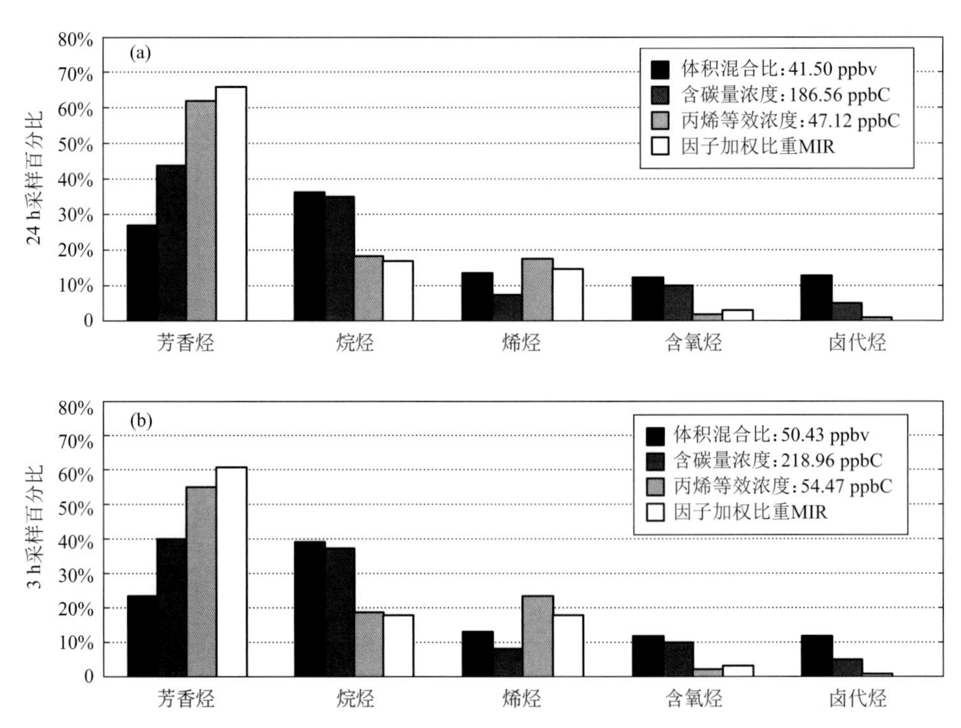

图1.18　按照4种表示方法得到的VOCs各类别的平均百分比

（a. 24 h采样；　b. 3 h采样；卤代烃由于缺少MIR因子数据而没有进行MIR加权比重计算，前3种表示方法下的平均浓度在右上角给出）

Reactivity）浓度来看，芳香烃占有主导性地位，比重高达60%左右，这与芳香烃物种含碳量和反应活性都较高有关。烷烃和烯烃大致相当，在20%左右。烯烃虽然体积混合比不高，但是反应活性很大，因此对臭氧的贡献与反应活性较小的烷烃相当。CO也是臭氧光化学循环中的前体物。结合CO反应活性和浓度的分析显示，CO对臭氧产生的贡献大约只占13%，VOCs占了大约87%。这与Chameides等（1992）提出的VOCs而非CO是城市最主要的臭氧前体物的结论一致。

从VOCs组成随时间变化的情况看，VOCs最主要的组成类别烷烃和芳香烃呈现出时间分布上的波动性和反位相（图1.19）。在春、夏季，烷烃和芳香烃所占比重相当，大约为40%。到了秋季，芳香烃的比重上升至60%左右，而烷烃所占比重下降至30%左右，冬季则相反。卤代烃和含氧有机化合物呈现出夏季高、冬季低的特征，这与它们主要来自南部化工厂有关。烯烃呈现出典型的冬季高、夏季低的季节变化特征。这是由于烯烃反应活性很高，生命时间很短，因此主要来源于局地的机动车和其他有机物化学反应过程的中间产物。

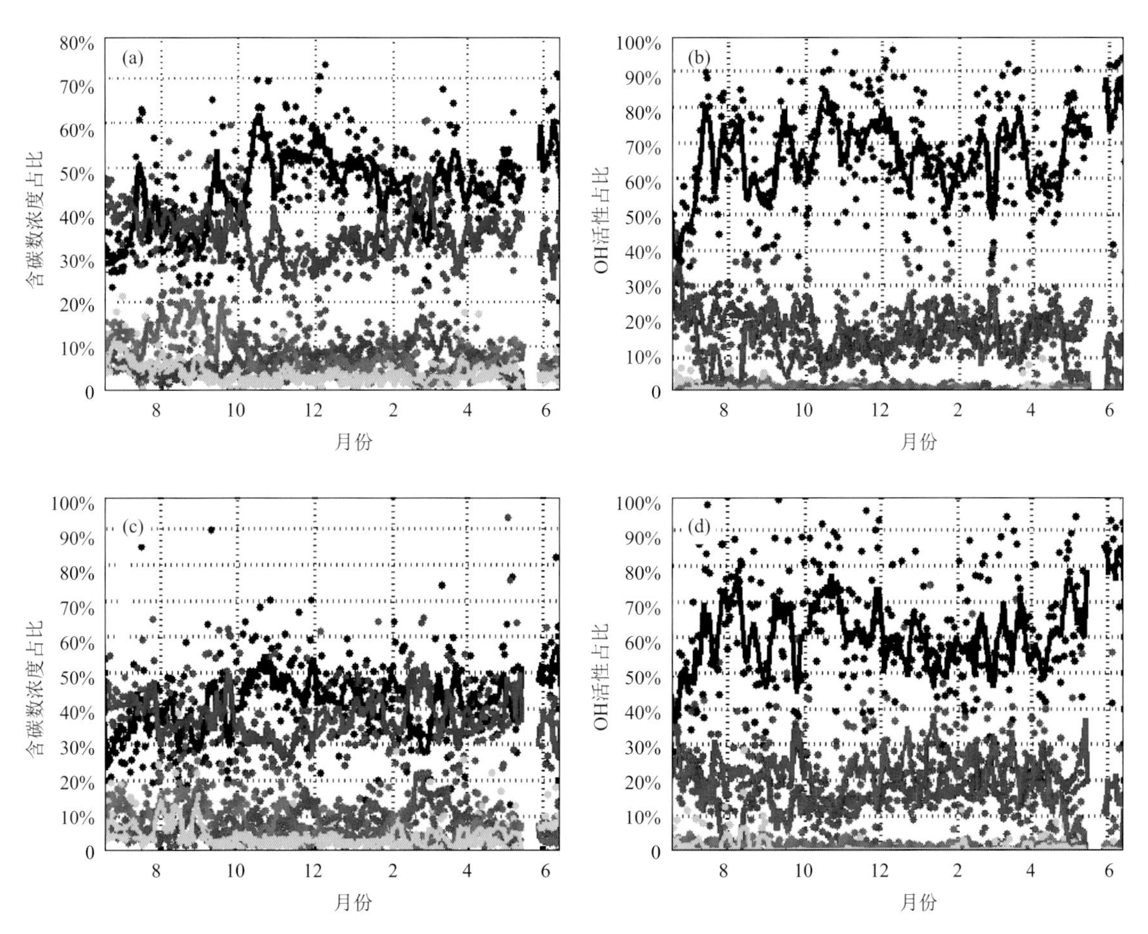

图1.19　两种采样的VOCs各类别的含碳数浓度占比（a、c）和OH活性占比（b、d）

（a、b为24 h采样，c、d为3 h采样；圆点表示每天的数据点，实线表示7 d滑动平均：

•-芳香烃，•-烷烃，•-烯烃，•-含氧VOCs，•-卤代烃）

1.2.2 上海中心城区臭氧的光化学生成

本节主要基于城市代表站徐家汇的臭氧及其前体物观测，通过与郊区等站点对比，结合数值模拟的方法分析上海城区地面臭氧的形成机制，为高浓度臭氧预报预警和调控提供支持。

1.2.2.1 上海地面臭氧的空间分布差异

由图 1.20 可见，上海地区 6 个站观测的地面臭氧浓度呈现中心城区低、外围高的特征。其中，南部的金山化工区、东北部的东滩背景站和郊区崇明站的臭氧浓度高于 6 个站的平均浓度水平，尤以东滩站的臭氧浓度最高。城区的徐家汇、浦东和宝山 3 个站臭氧浓度在平均水平以下，其中徐家汇最低，是臭氧低谷。这与 NO_x 的分布特征正好相反。中心城区徐家汇由于机动车流量大，NO 排放最多，白天对臭氧的产生有明显的抑制作用，夜间对臭氧的消耗也很充分，因此，臭氧浓度最低。宝山站位于以钢铁生产为主的工业区，NO_x 的排放量也相当可观，因此，臭氧浓度略高于徐家汇。浦东位于办公、商务、居住混合区，NO_x 排放没有徐家汇和宝山严重，NO 对臭氧的抑制作用相对较轻，臭氧浓度稍高。崇明是上海郊区，空气相对清洁。金山是上海最主要的化工区，存在大量的 VOCs 排放，NO 的臭氧抑制作用小于 VOCs 对臭氧生成的贡献。因此，崇明和金山的臭氧浓度要远高于市区。自然湿地东滩位于海滨，远离人类污染源，代表了区域背景的情况。从各站点臭氧浓度的平均日变化来看，从市中心向郊区方向臭氧峰值逐步升高，峰值出现时间略有差异（图 1.20）。徐家汇、浦东和宝山的臭氧峰值一般出现在 14 时左右，而金山、崇明和东滩则推迟 1 h 在 15 时左右达到峰值。这可能是由于市区排放的污染物输送到郊区，造成郊区的臭氧光化学产生与累积较城区出现延迟。图 1.21 给出了一天中各个时次臭氧的平均累积速率。日出之后，臭氧光化学过程开始启动，臭氧累积速率由负值转变为正值。市区的徐家汇和浦东站相比，

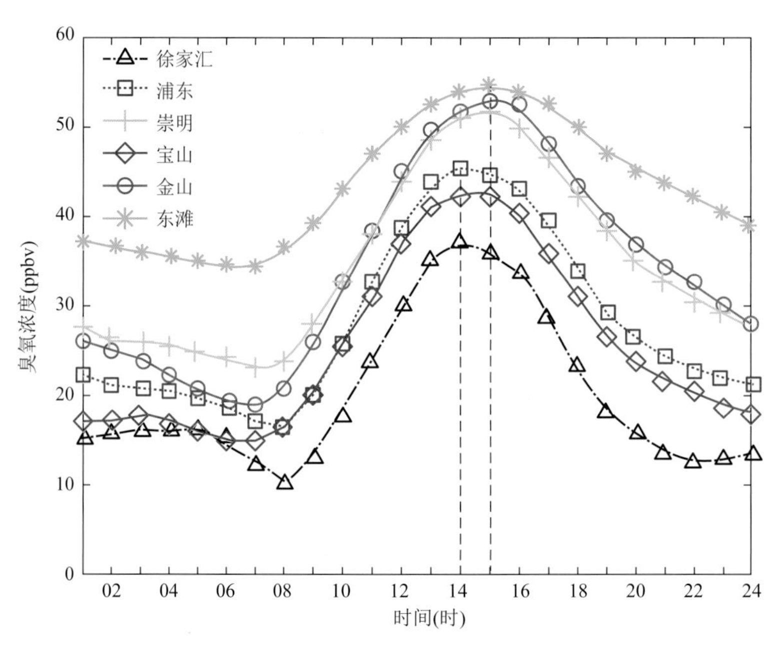

图 1.20 2009 年上海地区各站点臭氧浓度的日变化

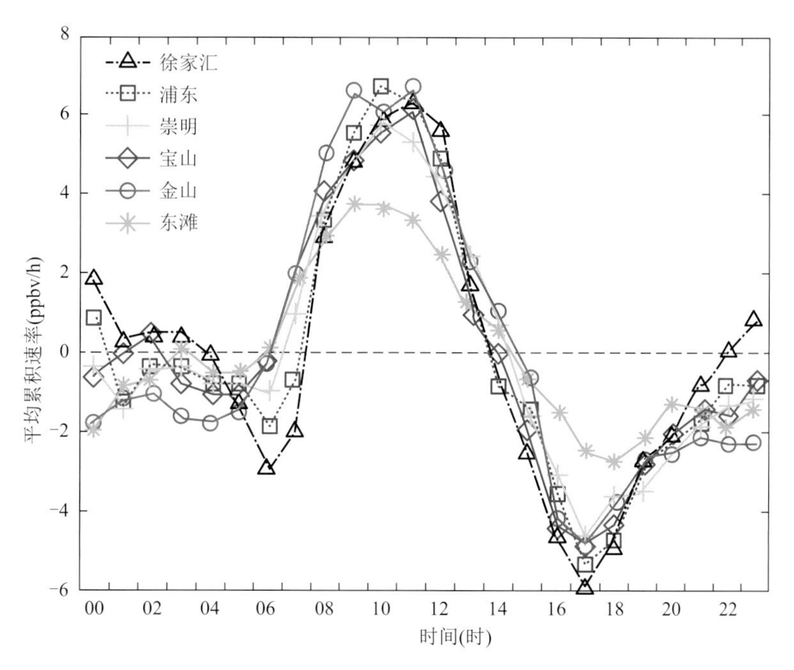

图 1.21　2009 年上海地区各站点臭氧平均累积速率的日变化

郊区站点在累积速率正负转变的时间上有所滞后，意味着这两个地方清晨上班高峰期机动车尾气排放的大量 NO 对臭氧累积造成了阻碍。在午后，臭氧浓度达到峰值之前，除东滩以外各站点累积速率相当，表明这些站点都有充足的臭氧前体物进行臭氧光化学过程，同时也表明各站点白天臭氧浓度的差异主要由夜间臭氧浓度的高低水平决定。夜间，臭氧浓度主要受人类活动排放的 NO 消耗，从郊区向城市中心逐渐降低。在徐家汇和浦东，NO_x 明显在早晚出现高峰，这与上下班的机动车尾气排放有关。由于工厂的大量排放，宝山夜间 NO_x 浓度很高，白天边界层上升对 NO_x 有所稀释。崇明和金山 NO_x 的日变化只表现出微弱的双峰特征，浓度水平远低于城区。东滩的 NO_x 几乎没有日变化，呈现出自然背景特征（图 1.21）。由此可见，NO_x 的排放差异是导致各站臭氧浓度日变化差异的主要原因之一。

1.2.2.2　臭氧及其前体物的变率分析

本节通过计算不同站点 O_3 浓度的日变化速率（$d[O_3]/dt$）分析臭氧的生成和消耗过程。图 1.22 显示了城区徐家汇站和郊区东滩站 O_3 的日变化速率。由图可见，由于夜间（00—04 时）基本不存在人类活动排放，臭氧的化学反应基本停止，臭氧的变化主要受传输影响。徐家汇和东滩的臭氧变率分别为正值和负值，可见存在臭氧从郊区向城区的传输过程，这和前面分析的上海郊区臭氧高于城区的观测结论一致。早晨（05—08 时）是一天中臭氧的最低值，由图 1.22 可见，城区和郊区的臭氧变率均为负值，而且前者明显更低，这是因为城区的交通排放将更多的 O_3 转化为 NO_2，从而降低了局地的 O_3 浓度。由于早晨的太阳辐射较弱，抑制了 NO_2 的光解，因此，可能存在“O_3 的光化学传输”过程。即中心城区大量生产的 NO_2 传输到下风方向，当太阳辐射增强后通过光解作用增加下风方向的 O_3 浓度。但是这种“光化学传输”只能在清晨维持 1～2 h，由图可见，09 时以后城区和郊区的臭氧变率都转为正值，表明太阳辐射增强迅速加快了 O_3 的光化学生成。白天 O_3 的光化

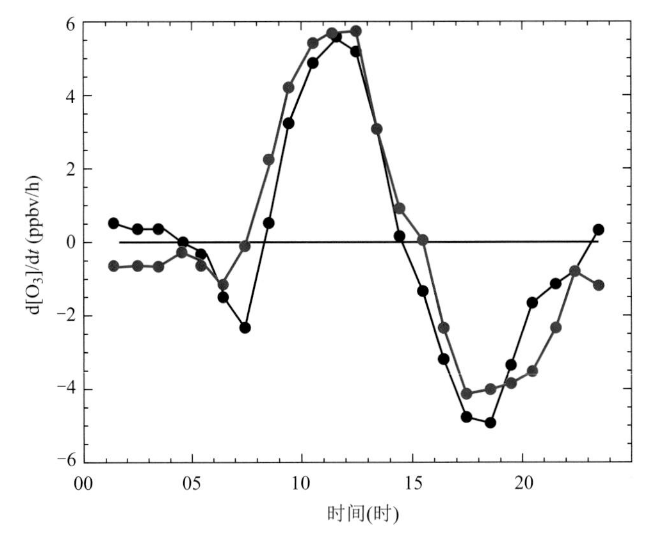

图 1.22　2006—2007 年徐家汇（黑色）和东滩（蓝色）O_3 浓度的平均小时变率

（这里的速率即用后一个小时的值减去前一个小时的值，运算时间为当日 00—23 时，因此为 23 个点，其他类似图运算时间为昨日 23 时—当日 23 时，图中显示 24 个点）

学累积一直持续到 14—15 时。对比发现，上午到中午时段城区徐家汇 O_3 的生成速率较郊区偏低 25%～90%。这是因为在城区高浓度的 NO_x 条件下，OH 和 NO_2 反应生成 HNO_3，OH 的损失降低了对 VOCs 的氧化反应，因而降低了城市臭氧的生成速率。15 时以后，城市和郊区的臭氧变率都转为负值，表明臭氧的化学转化变为主导过程。

图 1.23 进一步对比了冬、夏两季徐家汇的 O_3、CO、NO、NO_2、O_x 和 NO/NO_2 的变率。首先，夏季臭氧的变率明显高于冬季，表明化学过程是决定臭氧日变化的主导因素。由于夏季的太阳辐射强，使得 09—11 时臭氧的生成变率高达 4 ppbv/h，比冬季高 2～3 倍。相比之下，CO 和 NO 主要来自局地排放，受排放和边界层的共同作用，CO 存在早、晚两个峰值变率，而 NO 只有早晨一个峰值变率。这是因为下午到傍晚，O_3 浓度较高，迅速将 NO 转化为 NO_2。因此，NO_2 的变率在下午至傍晚较高，这与 NO 相反。NO/NO_2 的变率在早晨最高，对应于 NO 的高排放；在 10—12 时最小，表明随着太阳辐射加强 NO 被快速转化。从本节的分析可以看出，上海城区的 O_3 与 NO_x 存在明显的反位相特点，表明高浓度 NO_x 对 O_3 具有抑制作用。

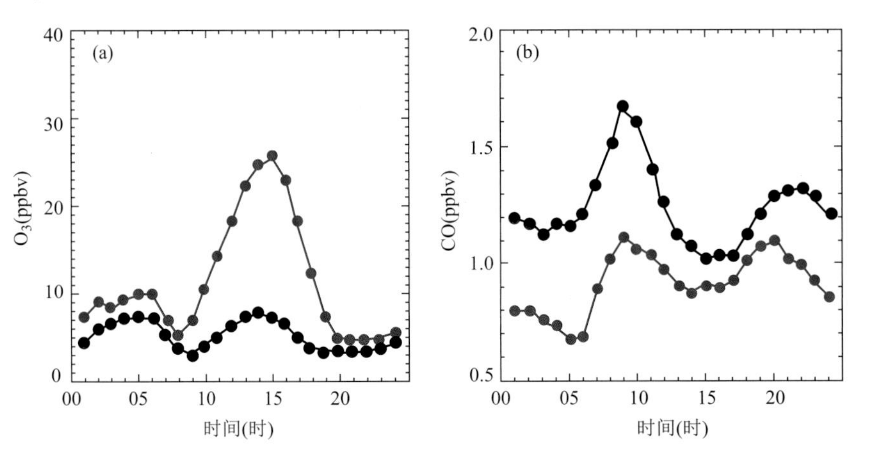

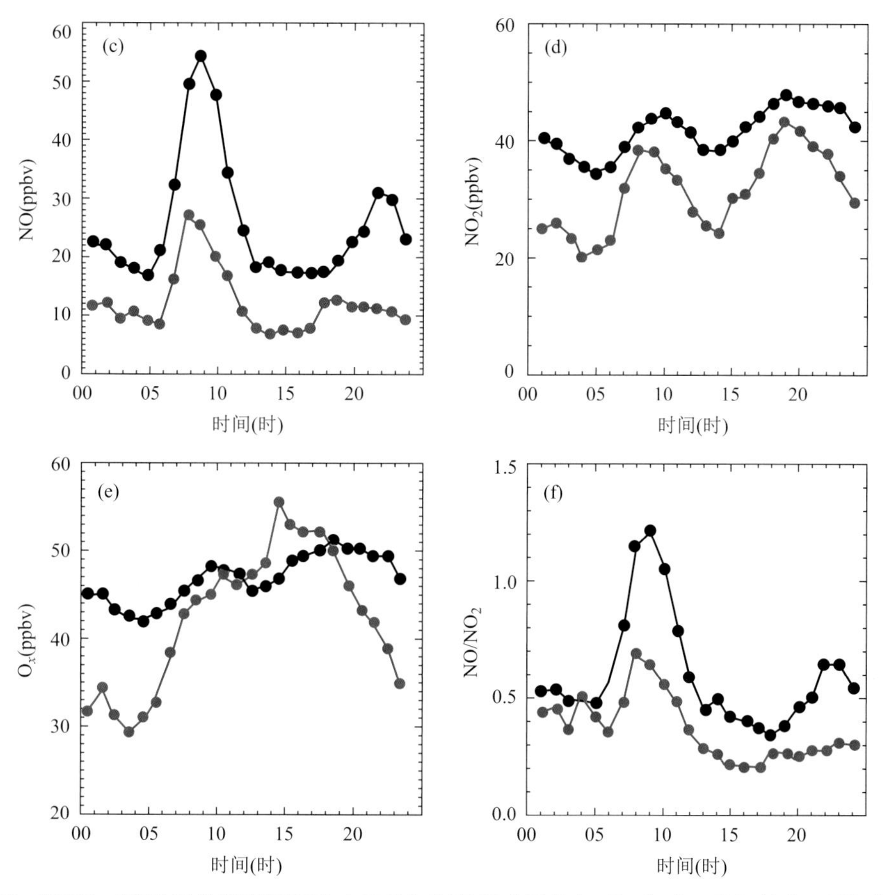

图 1.23　2006—2007 年徐家汇站夏季（红色）和冬季（黑色） O_3（a）、CO（b）、NO（c）、NO_2（d）、O_x（O_3+ NO_2）（e）、NO/NO_2（f）浓度的平均小时变率

1.2.2.3　臭氧等浓度图

城市大气中臭氧的光化学产生从 VOCs 在大气中的氧化反应开始。氧化生成的过氧自由基氧化 NO，生成最终能光解导致臭氧产生的 NO_2，并通过一系列的反应和异构分解生成了各种中间产物。OH 自由基既是启动臭氧光化学循环的关键，也能通过与 NO_2 的反应生成 HNO_3，将自身和前体物 NO_x 从循环中清除。同时，RO_2 和 HO_2 也可以通过化学反应生成 H_2O_2 和有机酸。正是这些错综复杂的源汇关系（图 1.24），使得臭氧产生在不同的 VOCs 和 NO_x 浓度情况下，经历着不同的反应过程。臭氧的光化学产生不仅依赖于 NO_x 的浓度、VOCs 的总量和组成，还依赖于 NO_x 和 VOCs 的比值关系。在光化学过程为主的情形下，一天当中臭氧浓度峰值的大小与前体物的关系可以用经典的臭氧等浓度曲线来表示（图 1.25）。当 VOCs/NO_x 值较高时（一般大于 8∶1），臭氧的产生对 NO_x 最为敏感，臭氧浓度随着 NO_x 浓度的减小而减小，对 VOCs 浓度的改变没有明显响应。此时，臭氧的化学生成位于 NO_x 敏感区。当 VOCs/NO_x 值较低时（一般小于 8∶1），臭氧的产生对 VOCs 最为敏感，臭氧浓度随着 VOCs 浓度和活性的减小而减小，随着 NO_x 浓度的减小而增大。此时，臭氧的化学生成位于 VOCs 敏感区。比值 8 附近则是脊线区。

臭氧与其前体物的关系对于理解局地臭氧光化学过程十分关键。一个地区的臭氧产生是

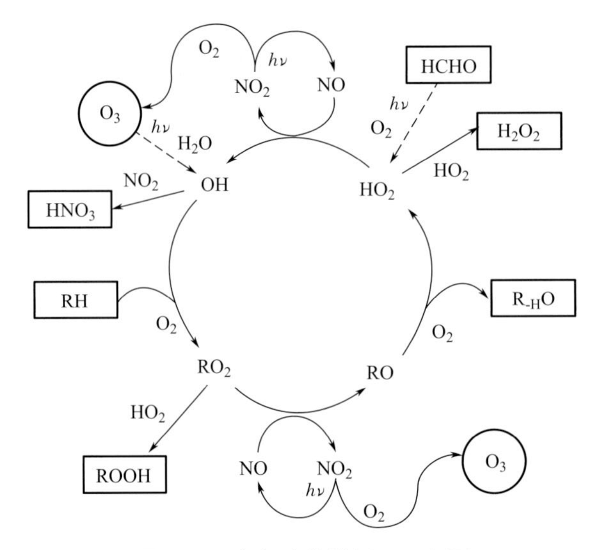

图 1.24　臭氧光化学循环示意图

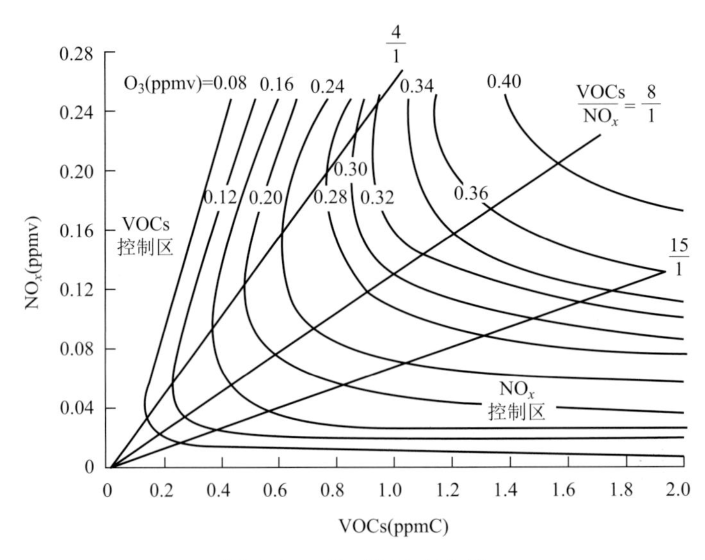

图 1.25　臭氧等浓度曲线

对 NO_x 敏感还是对 VOCs 敏感对于制定有效的臭氧控制政策十分重要。本节采用了一种传统决定臭氧敏感性的方法，即基于对环境大气中臭氧前体物浓度的观测计算 06—09 时 VOCs/NO_x 的比率。图 1.26 显示清晨 VOCs/NO_x 的值低于 8 的日数大约占 91%，其中大约一半在 4 以下。比值的分布表明，徐家汇清晨 VOCs/NO_x 的值总体中等偏低。这种分析臭氧敏感性的经验方法在输送可忽略不计的情况下才更为有效可靠，因而将这种方法应用于整个时段并不合理。为此，结合气象资料筛选出典型的 O_3 光化学生成个例（TODC），要求白天没有降水，云量很少，风速小于 4 m/s，使得由于云量遮挡造成的辐射削弱过程，降雨产生的湿沉降过程和水平风决定的输送过程可以被忽略，从而近似地认为臭氧的产生和变化主要受局地光化学过程控制，其他过程的贡献非常小，可以不予考虑。此时分析臭氧前体物的关系最能代表当地臭氧前体物污染现状下的臭氧敏感性。根据上述条件共计挑选了 52 d，用红点在图 1.26 中标出。

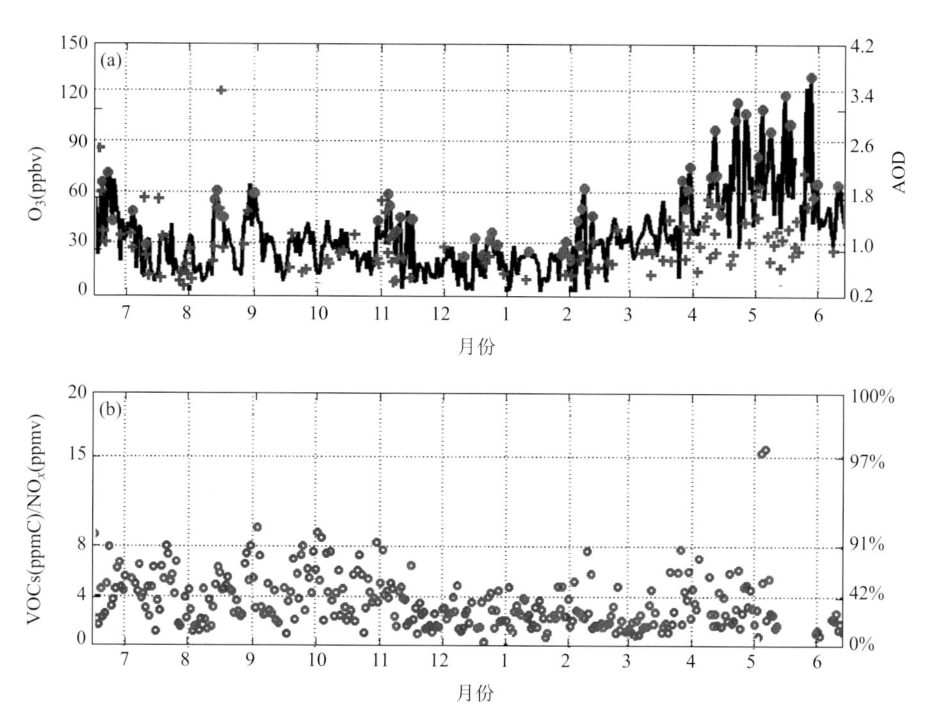

图 1.26 O_3 浓度每日最大小时平均（黑线）和 MODIS AOD（蓝色十字）(a)
和每日清晨 VOCs/NO_x 的值（b）
（相应比值以下的日数所占百分比在右边标出，红点标出了挑选出的 52 d）

由图 1.27 可以看到，几乎所有的 VOCs/NO_x 比值都围绕 4∶1 线为中心，明显位于 VOCs 敏感区。这表明徐家汇的臭氧产生主要对前体物 VOCs 敏感，O_3 浓度随 VOCs 浓度和活性的升高而升高，随 NO_x 浓度的升高而下降，这符合前述的观测结论。需要强调的是，观测到的 NO_x 总是实际大气中 NO_x 的一个上限，因此存在着高估，对 VOCs 物种的观测只是环境大气中所有 VOCs 的一个子集，因此存在着低估。尽管有这些不确定性，作为一个合理的假设，可以认为在城市中心区，观测的 NO_x 浓度非常接近实际值，没有在 VOCs 观测名单上的物种对于 VOCs 总浓度的影响不大。因此，图中 VOCs/NO_x 的值基本代表了真实的情况。

1.2.2.4 臭氧对前体物的敏感性试验

为了进一步分析中心城区臭氧化学生成的敏感性，采用 OZIPR 模式进行了一系列模拟。标准场景来自清晨 NO_x、CO 和 VOCs 的地面观测以及当地的气象资料。随后，在固定 VOCs 的情形下，调节 NO_x 浓度为标准场景 NO_x 的 0.1～1.5 倍，每升高 0.1 倍做一次模拟场景；固定 NO_x时亦然，共进行了 225 次（15×15）模拟。根据模拟结果绘制等臭氧浓度图显示，不同区域内臭氧对前体物的敏感性差异很大（图 1.28）。代表实际情形的标准场景（黑点）所在区域内，臭氧随着初始 NO_x 浓度增加而减少，随着初始 VOCs 浓度增加而增加，表明臭氧生成处于 VOCs 控制区。

如果考虑更加复杂的气相化学过程，采用 NCAR-MM 模式进一步模拟分析不同 NO_x 和 VOCs 浓度条件对徐家汇臭氧生成的影响。在控制试验中，H_2O、CH_4 和 CO 初始浓度分别设置为 0.02 ppmv、2 ppmv 和 1 ppmv，NO_x 和 VOCs 浓度分别设置为 2008 年的观测

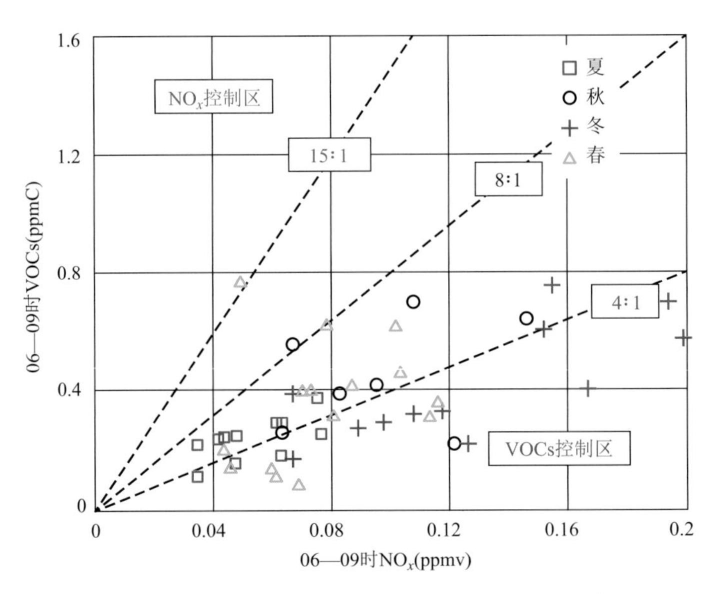

图 1.27　2006 年夏季到 2007 年春季徐家汇 TODC 日 06—09 时 $VOCs/NO_x$ 的值（其中有 4 个 TODC 日由于 VOCs 或 NO_x 缺测，2 个 TODC 日由于 NO_x 太高而没有出现在图上，这两天的情况为：NO_x = 2.86 ppmv，$VOCs/NO_x$ = 2.44；NO_x = 2.11 ppmv，$VOCs/NO_x$ = 4.36）

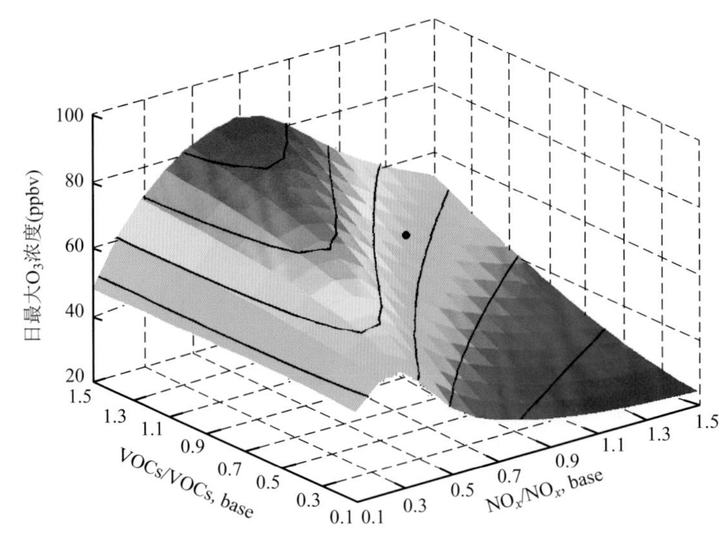

图 1.28　不同 NO_x 和 VOCs 初始浓度下用 OZIPR 模式模拟得到的日最大 O_3 浓度（其中，NO_x，base= 93 ppbv；VOCs，base= 0.315 ppbC，标准场景（O_3 = 57.6 ppbv）用黑点标出）

值。设计了 10 个敏感性试验，NO_x 的浓度从 35 ppbv 上升至 130 ppbv，VOCs 的浓度从 25 ppbv 上升至 300 ppbv。由图 1.29 可见，当 VOCs 浓度不变时，O_3 随着 NO_x 浓度的上升而下降。当 NO_x 浓度从 60 ppmv 上升到 100 ppbv 时，对应的 O_3 浓度从 30 ppmv 下降至 7 ppbv。按照 NO_x 和 VOCs 浓度接近 3∶1 的观测比例，徐家汇的 O_3 处于明显的 VOCs 控制区。相反，当保持 NO_x 浓度不变，VOCs 浓度从 50 ppmv 上升到 150 ppbv 时，对应的 O_3 浓度从 40 ppmv 快速上升至 100 ppbv。这与 OZIPR 的模拟分析结果一致，再次确认了

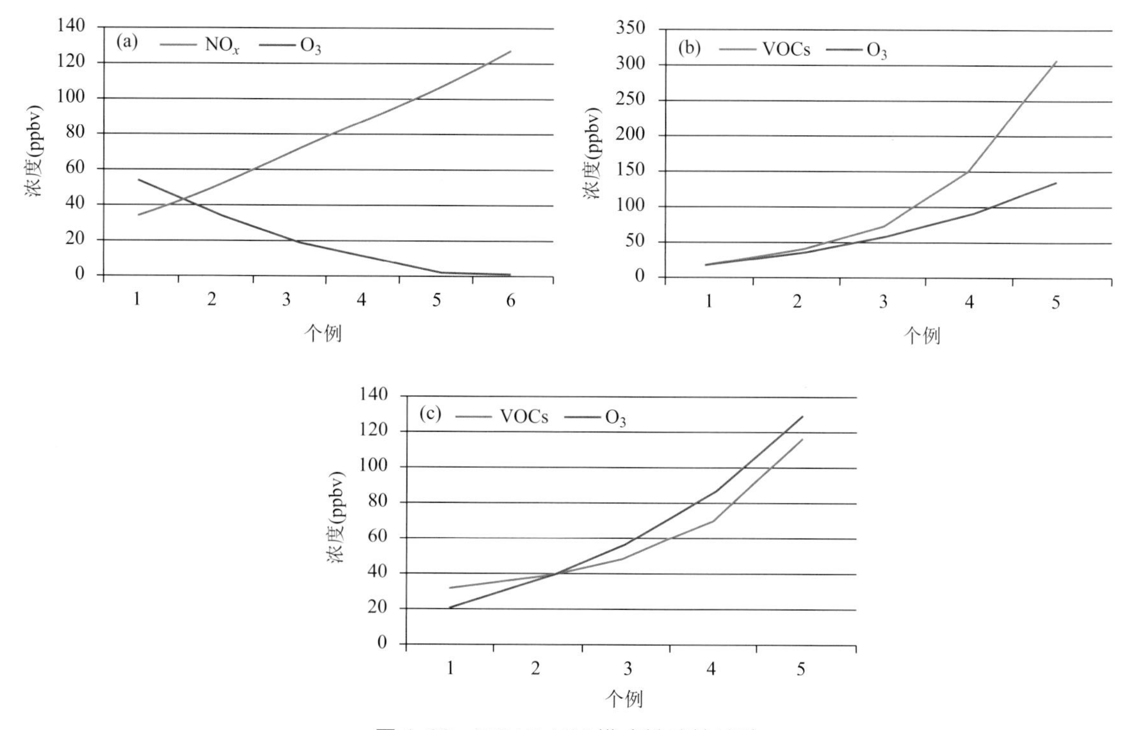

图 1.29　NCAR-MM 模式敏感性试验

（a. 保持 VOCs 不变，O_3 随 NO_x 的变化；b. 保持 NO_x 不变，O_3 随 VOCs 的变化；c. 其他均不变，O_3 随芳香烃的变化）

上海市区徐家汇的臭氧光化学产生对 VOCs 敏感，因此深入了解徐家汇 VOCs 的现状、组成和源排放，对于制定有效的臭氧控制措施极为重要。正如前文所言，上海徐家汇观测的 VOCs 没有明显的季节变化特征，但是月平均浓度仍然有明显的波动。其中烷烃浓度最高为 15～29 ppbv，芳香烃次之，为 6～15 ppbv。相比之下，烯烃、丙酮、乙醇和甲醛的浓度较低。由于上海中心城区的臭氧生成受 VOCs 控制，VOCs 对臭氧的化学生成具有重要影响，包括不同 VOCs 组分的浓度及其与 OH 的反应速率。由图 1.30 可见，虽然芳香烃的浓度只占 VOCs 总浓度的 25%，但它对臭氧生成的贡献最显著达到 45%；其次为烯烃其浓度占总 VOCs 浓度的 7%，但对臭氧生成的贡献占 34%。相比之下，烷烃在 VOCs 中的浓度占比虽然达到 55%，但是由于其化学活性较低，对臭氧生成的贡献只占 11%。继续采用 NCAR-MM 模式开展敏感性试验，分析不同 VOCs 组分对上海城区 O_3 生成的贡献。共设计了 5 个试验（图 1.31），在控制试验（Run-1）中根据观测分别将烷烃、烯烃、乙烯、芳香烃设置为 39 ppbv、7 ppbv、8 ppbv 和 30 ppbv，NO_x、CO、H_2O、CH_4 分别设置为 25 ppbv、1 ppmv、0.02 ppmv 和 2 ppmv。这是徐家汇典型的晴朗、静稳天气的观测结果，臭氧的日变化主要受光化学反应控制。在敏感性试验中（Run-2、Run-3、Run-4、Run-5）将烷烃、烯烃、乙烯、芳香烃浓度都设为 0，其他条件保持不变。由图可见，烷烃的浓度最高，但对臭氧生成的贡献最低，约为 3%；烯烃和乙烯的浓度虽然较低，但对臭氧的贡献分别为 37% 和 16%。相比而言，芳香烃对臭氧生成的贡献最高，达 79%，而且在 Run-5 中去除芳香烃后，臭氧峰值浓度从 80 ppbv 下降至 15 ppbv。根据 Geng 等（2008）的研究，上海城区芳香烃主要来源于机动车排放，因此，控制机动车对于减缓城区的高臭氧事件具有重要作用。

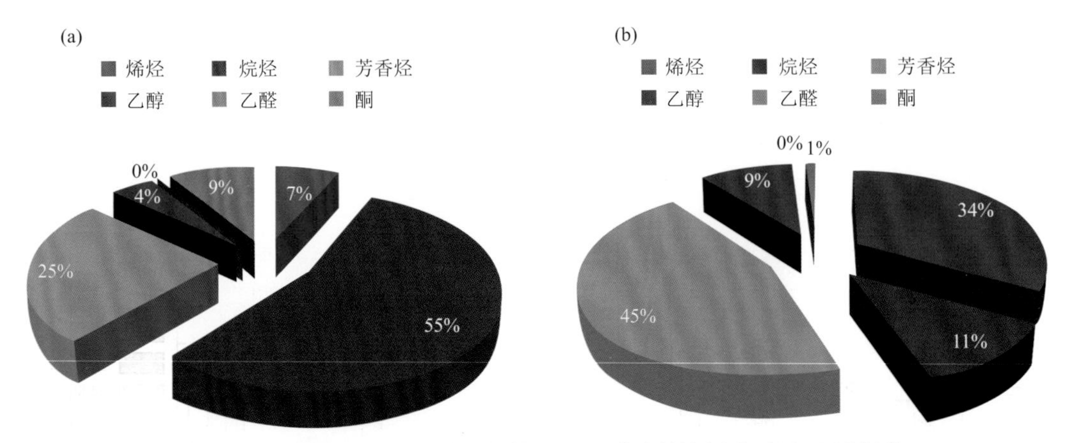

图 1.30　不同组分 VOCs 浓度占总 VOCs 浓度的比例（a）和不同组分 VOCs 对 OH 反应活性的贡献比（b）

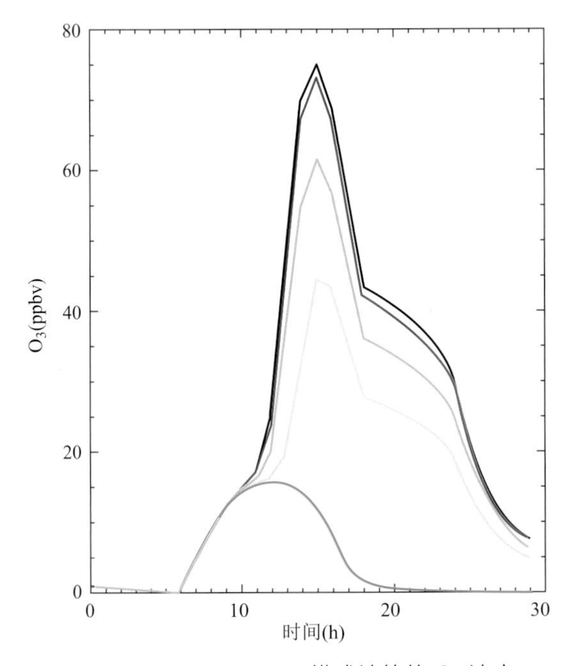

图 1.31　用 NCAR-MM 模式计算的 O_3 浓度

（黑色线为控制试验，红色、蓝色、黄色、绿色线分别表示去除烷烃、烯烃、乙烯、芳香烃后的臭氧浓度）

1.2.3　地面臭氧的周末效应

由于工作日（周一至周五）和周末（周六、周日）的交通、工业生产等人为活动存在明显的差异，造成工作日的 NO_x、VOCs 等排放量高于休息日，因此，臭氧浓度将出现明显的周末效应，为研究臭氧的生成机制提供了良好的“自然大气实验”。过去的研究结果表明，臭氧浓度的周末效应在不同城市具有不同的表现。如果臭氧生成处于 NO_x 敏感区，周末 NO_x 的减少将引起臭氧浓度下降；反之，如果处于 VOCs 控制区，则 NO_x 的减少反而会引起臭氧浓度上升。因此，一个城市的臭氧周末效应特征可以在一定程度上描述该城市的臭氧生成机制。本节利用2006年的观测数据研究上海地面臭氧的周末效应。

图1.32显示了上海5个站点（崇明、宝山、浦东、徐家汇和金山）周一到周日小时臭氧最大值的距平。由图可见，各站点中徐家汇周六、周日的臭氧浓度明显高于工作日，呈现出典型的周末效应特征。金山也有明显的表现，除了周六、周日，周五的臭氧浓度也明显升高，这可能与周五化工区的大型车运输量下降有关。其他几个站的臭氧浓度呈现周六高、周日低的特点，可能与居民周日外出活动增加有关。

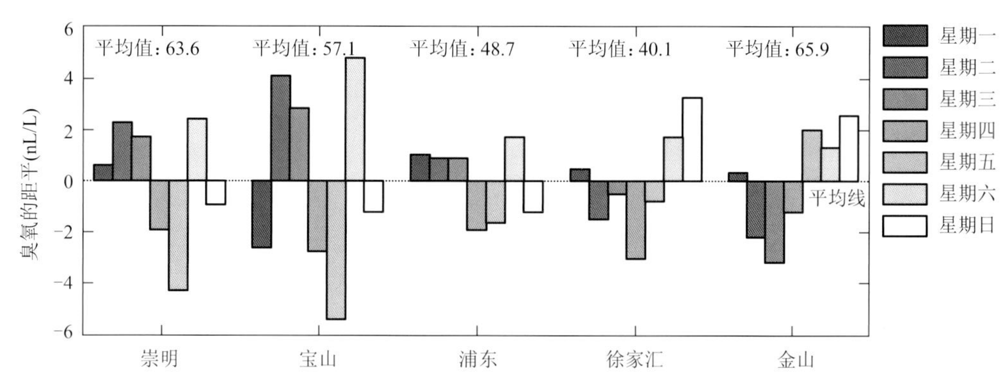

图1.32　上海5个站点臭氧周末效应

周末效应主要与人类活动排放的臭氧前体物差异有关。徐家汇周一臭氧浓度平均值为40.6 nL/L（ppbv），周四最低，为37.2 nL/L，周六、周日最高，分别为41.8 nL/L、43.4 nL/L。可见周日的臭氧浓度比周四高16.9%。对工作日及休息日的两组臭氧日最大值进行显著性检验，结果表明存在显著差异。此外，进一步分析周一至周日NO、NO_2和CO浓度的日平均值（图1.33），发现NO、NO_2和CO作为臭氧的前体物，在周六、周日的浓度明显低于工作日。在不考虑输送的条件下，臭氧的产生取决于VOCs和NO_x的含量以及O_3和NO_2的光解速率。在高NO浓度的情况下，NO将会与O_3反应（滴定反应，Titration）消耗臭氧。徐家汇是上海交通比较拥堵的地区，该地区的观测结果表明，在周末，NO_2日平均浓度为31.6 nL/L，而在工作日其浓度为34.2 nL/L；周末，NO日平均浓度为8.7 nL/L，工作日为11.9 nL/L。所以，NO/NO_2在周末比工作日要低20.4%。根据臭氧光化学理论，周末与工作日NO_x的排放强度发生明显变化是造成该地区臭氧周末效应可能的原因。

臭氧的日循环主要分为4个阶段：臭氧及其前体物的前夜累积阶段、清晨NO_x大量排放的臭氧抑制阶段、臭氧光化学生成阶段、臭氧消耗阶段。上海臭氧浓度的日循环也存在类似明显的4个阶段（图1.34）。

（1）午夜到05时，对流层低层城市大气中臭氧及其前体物（NO_2、NO和CO）浓度基本维持（O_3和NO）或略有降低（CO和NO_2）。该阶段O_3、NO、NO_2和CO浓度周末与工作日基本一致，并且臭氧处于全日低浓度区，臭氧浓度维持在10.0 nL/L左右。

（2）05—08时，由于上班高峰产生的机动车辆尾气排放，NO浓度增加了10 nL/L（周末）到20 nL/L（工作日）。由于这个时段太阳辐射较弱，主要是NO作为还原物质消耗臭氧过程，使臭氧浓度略有下降，是消耗臭氧的臭氧抑制阶段。

（3）臭氧光化学生成积累阶段，时间段为08—13时。由于上午太阳辐射逐渐加强，

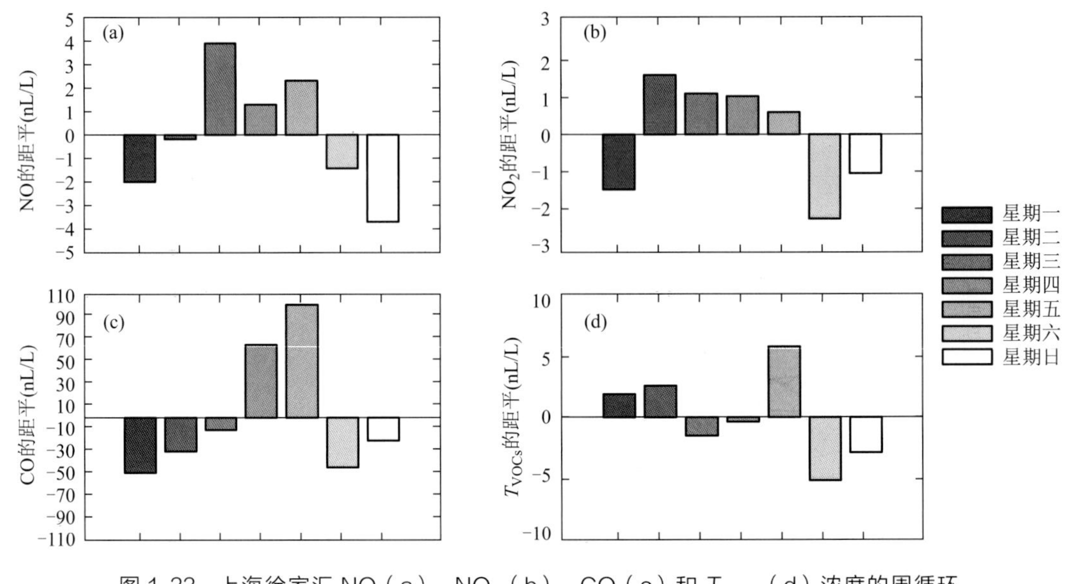

图 1.33　上海徐家汇 NO（a）、NO_2（b）、CO（c）和 T_{VOCs}（d）浓度的周循环

NO_2 增加并大量光解，使臭氧增加，浓度超过 20.0 nL/L。

（4）13 时到午夜是臭氧消耗减少阶段。主要是太阳辐射强度减弱以及下班产生的 NO 排放对臭氧的消耗作用，使臭氧在 20 时下降到全日浓度低值区。

徐家汇地区前夜排放的 NO 周末与工作日相差不大，这部分 NO 通过氧化反应消耗臭氧，使近地面臭氧浓度在前夜降低到全日最低值。05 时后，由于车流量开始增加，特别是工作日早高峰补充大量新鲜的 NO，抑制了日出后臭氧的生成（对应图 1.34 中 O_3 抑制阶段区）。NO 在 07 时达到最高值，此时工作日 NO 浓度要比周末高 50%，说明 NO 对臭氧的抑制作用在工作日要强于周末。在臭氧抑制阶段区，CO、VOCs 和 OH 反应是过氧自由基（HO_2 和 RO_2）最主要的源，直到充足的 NO 已经转化为 NO_2。此后由于臭氧的光化学生成，使臭氧浓度迅速上升，在 13 时达到峰值。

把早晨 NO 与臭氧浓度曲线交点（TNO＝O_3）对应的时刻定义为臭氧抑制阶段的结束和臭氧光化学产生的开始（主要是通过过氧自由基氧化 NO，生成 NO_2 对臭氧产生过程做贡献）。NO 与臭氧浓度曲线交点到臭氧浓度达到日最大值的时段，是臭氧光化学生成的持续时间。臭氧光化学平均生成速率是 NO 与 O_3 浓度曲线交点对应的臭氧浓度值与最大臭氧浓度值的差值与臭氧积累持续时间的比值。臭氧抑制时间长短由 NO、NO_2 和 NO_x 的浓度共同决定。结合图 1.34，在上海徐家汇，由于周末 NO_x（NO＋NO_2）比工作日在清晨（05—09 时）平均减少近 12.13%，使臭氧清晨 NO 抑制持续时间比工作日少近半个小时，而全日臭氧浓度峰值时刻周末与工作日一致。综上所述，相对于工作日而言，周末臭氧积累持续时间更长，臭氧平均生成速率更大，这使得周末臭氧浓度增加。

需要说明的是，作为臭氧的前体物，徐家汇的 VOCs 在周末也有明显的降低，尤其是与 OH 反应活性较高的芳香烃平均偏低了 5 ppbv，这显然和机动车出行减少有关。由于徐家汇的臭氧生成处于 VOCs 控制区，VOCs 浓度下降会导致臭氧浓度下降，因而部分抵消了由于 NO_x 浓度下降导致的臭氧浓度升高。NCAR-MM 模式的试验结果表明，在休息日 NO_x 浓度的下降使得臭氧峰值浓度上升 9 ppbv，而同时考虑 NO_x 和 VOCs 浓度的下降，峰

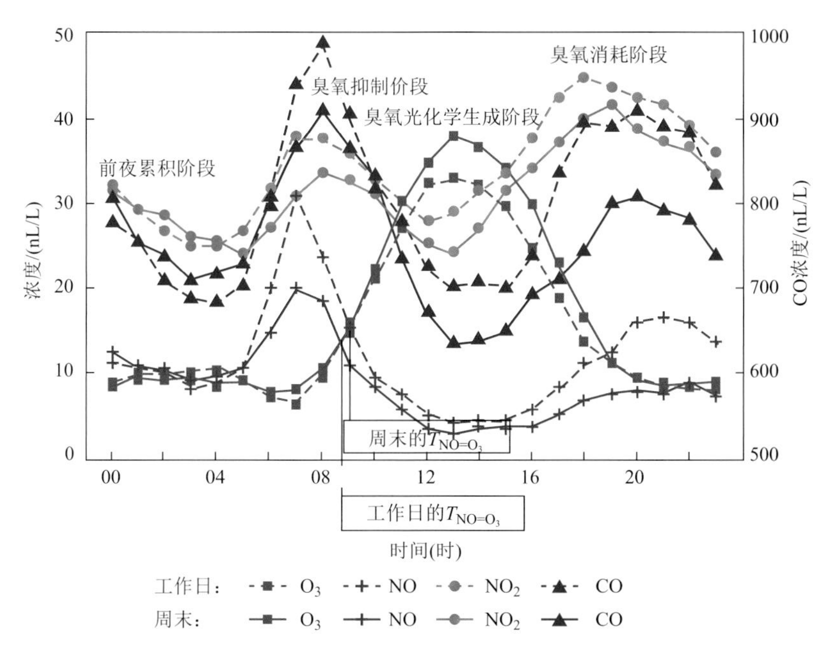

图 1.34　上海徐家汇 O_3、NO、NO_2 和 CO 浓度平均日变化曲线

值浓度仅上升 5 ppbv。可见，休息日 VOCs 浓度的变化对于臭氧的周末效应具有显著影响，今后需要加强对 VOCs 的在线监测能力。

臭氧作为光化学产物，与 VOCs 和 NO_x 有着高度非线性关系。图 1.35 是利用臭氧等气体浓度线绘制（OZIPR）模式得到的臭氧等气体浓度曲线，表示在给定的 VOCs 和 NO_x 的初始浓度下，臭氧最大浓度值的变化。臭氧产生和消耗的复杂光化学过程是造成周末效应最根本原因。臭氧的产生率是环境中 VOCs 与 NO_x 比值的函数。VOCs/NO_x 的大小决定了

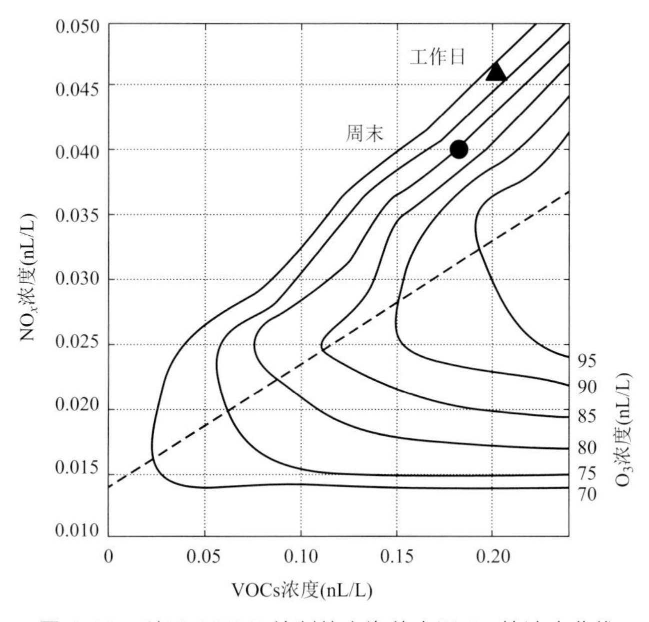

图 1.35　利用 OZIPR 绘制的上海徐家汇 O_3 等浓度曲线

（虚线上部和下部分别表示 VOCs 控制区和 NO_x 控制区，三角形和圆点分别表示工作日和周末的 VOCs/NO_x）

臭氧是处于 VOCs 敏感区还是 NO_x 敏感区。图 1.35 虚线上方是 VOCs 敏感区，在这个敏感区中，NO_x 浓度的改变对臭氧光化学生成与消耗贡献不大，环境 VOCs 浓度的变化决定臭氧的环境浓度，降低 VOCs 能最有效地降低臭氧最大浓度，达到控制城市光化学污染目的。虚线下方是 NO_x 敏感区，这里 NO_x 浓度值较低，VOCs 浓度的改变对臭氧光化学生成与消耗贡献不大，环境 NO_x 的变化决定臭氧的环境浓度。上海徐家汇 VOCs 与 NO_x 比率周末为 4.55，工作日为 4.37，周末比工作日高 4.12%。由图可见，上海徐家汇臭氧生成位于 VOCs 敏感区，由于周末 NO_x 和 VOCs 浓度降低，同时 VOCs/NO_x 增大，臭氧从 73 nL/L 增加到 80 nL/L，这与徐家汇的周末效应基本一致。

1.2.4 MIRAGE-Shanghai 科学观测实验

2009 年 9 月 1 日—10 月 8 日，上海市气象局（SMB）、北京大学（PKU）、中国气象科学研究院（CAMS）、复旦大学（FDU）、美国大气研究中心化学部（NCAR-ACD）和美国德州农机大学（TAMU）在上海地区联合开展了 Mirage-Shanghai 大型综合外场实验，旨在通过广泛观测臭氧化学相关的大气成分，分析从市区到郊区的臭氧化学特征，研究臭氧前体物和气溶胶对臭氧光化学过程的影响，为臭氧控制政策提供更可靠的科学依据，同时探讨超大型城市污染对区域尺度对流层化学的影响和臭氧污染预报的可行性。联合观测期间，除了 6 个站点的常规监测外，在浦东、东滩和金山建立了 3 个超级站点，新增了 SO_2、HNO_3、HONO、NO_y（总含活性氮化合物）、紫外短波辐射（UVB）、JNO_2、在线 VOCs 分析、瞬时 VOCs 采样分析和气溶胶数谱等观测。

1.2.4.1 试验期间的气象条件

2009 年 8 月 30 日—9 月 23 日观测期间，上海以偏东风为主，约占 62%，在此条件下影响上海的气团主要来自相对清洁的海洋；此外偏北风约占 10%，使得观测期间浦东站也明显受到上游污染气团的影响。图 1.36 显示了观测期间水平风速、风向、NO_2 光解速率（JNO_2），以及 CO、$PM_{2.5}$ 和 O_3 浓度的时间变化。可见，观测期间的水平风速基本在 0～5 m/s，平均约为 2 m/s，呈现白天高、夜间低的日变化特征，表明未受到强天气系统的影响。如前所述，本次观测期间出现了 3 个明显的北风主导阶段，分别为 9 月 1—2 日、8—10 日和 12—13 日。由图 1.36 可见，CO 和 $PM_{2.5}$ 的浓度变化明显和风向密切相关。在东风条件下，CO 和 $PM_{2.5}$ 的平均浓度分别为 0.4～0.5 ppmv 和 30～50 $\mu g/m^3$，而在 9 月 12—13 日则迅速上升至 1.5 ppmv 和 130 $\mu g/m^3$，表明明显存在上游污染气团输送的影响。因此接下来的分析将东风影响时段定义为清洁时段，北风影响时段定义为污染时段。从图 1.36 可以看出，首先，观测期间高浓度气溶胶对辐射光解有一定的抑制作用，比如 9 月 13 日和 14 日均为晴朗天气，但前者的 JNO_2 明显低于后者，表明气溶胶升高将降低到达地面的紫外辐射。其次，城市站浦东和背景站东滩观测的 CO、$PM_{2.5}$ 和 O_3 浓度存在明显差异。清洁时段，浦东和东滩观测的 CO 浓度基本相近，表明上海周边地区 CO 的背景浓度约为 400 ppbv。但是浦东观测的 $PM_{2.5}$ 浓度明显高于东滩，表明在浦东存在明显的污染局地排放。

1.2.4.2 数值模拟结果检验

MIRAGE-Shanghai 观测试验的重要目的之一是评估 WRF-Chem 模式对上海反应性气

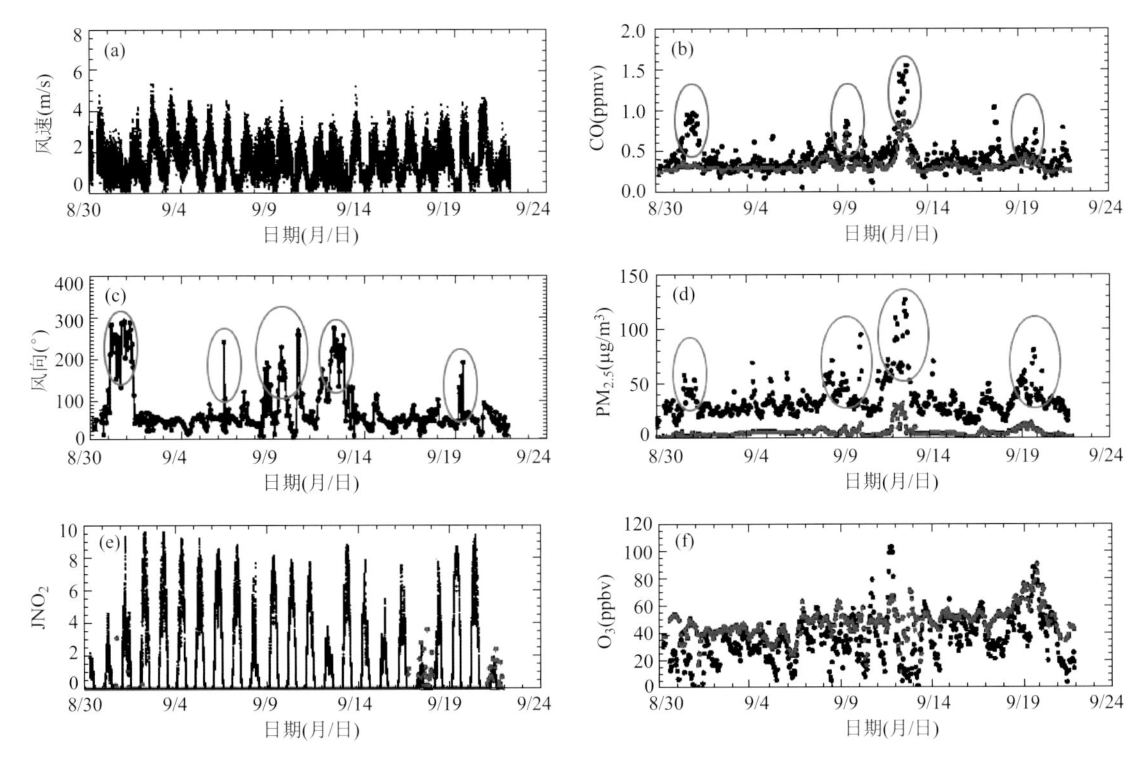

图 1.36 观测试验期间水平风速（a）、CO（b）、风向（c）、$PM_{2.5}$（d）、JNO_2（e）和 O_3（f）变化

（图中黑色和红色分别代表浦东和东滩的观测数据；椭圆表示污染时段）

体，尤其是对臭氧及其前体物、中间物和产物的模拟能力，进而对城市尺度的排放清单进行调整，并利用 WRF-Chem 模式研究不同尺度的污染排放对地面臭氧生成的影响。模式采用 6 km 的水平分辨率，模拟区域覆盖上海及周边的安徽、江苏、浙江三省，因而能够刻画城市-区域尺度的大气物理化学过程。图 1.37 显示了浦东、东滩观测的 CO、O_3、$PM_{2.5}$ 浓度变化和模拟结果的对比。首先，WRF-Chem 模拟的浦东的 CO 浓度及其变化基本和观测一致，但是明显低估了清洁时段东滩站的 CO 浓度。当风向转为北风即污染时段时，模式模拟的东滩的 CO 浓度明显升高基本和观测一致。因为模式排放清单中东滩没有人为排放，上述结果说明 WRF-Chem 能够较好地刻画区域污染输送的影响，但是低估了区域 CO 的背景浓度。其次，模式模拟的两个站的 O_3 浓度及其变化和观测结果基本一致。由于受到局地光化学反应和区域输送的共同影响，浦东站观测和模拟的 O_3 浓度呈现非常强的时间变化，模式较好地刻画了上述两种过程。最后，模式计算的 $PM_{2.5}$ 浓度及其时间变化和 CO 类似，在时间变化上呈现和观测一致的特征，但对清洁时段的 $PM_{2.5}$ 背景浓度有明显的低估。上述结果表明，区域尺度的排放清单存在一定低估。

图 1.38 对比了 WRF-Chem 计算的 NO_x、HNO_3、HONO、NO_y 和浦东的观测结果对比。需要说明的是，浦东站没有开展 PAN（过氧乙酰硝酸酯）和 MPAN（过氧甲基丙烯酸硝酸酯）的观测，但是观测的 NO_x/NO_y 的值接近 0.99，说明观测期间 NO_x 基本代表了 NO_y，它呈现显著的时间变化特点，表明主要受局地排放的影响。模式计算的清洁时段的 HNO_3 浓度和观测基本一致，但是高估了污染时段的 HNO_3。值得注意的是，和观测相比，

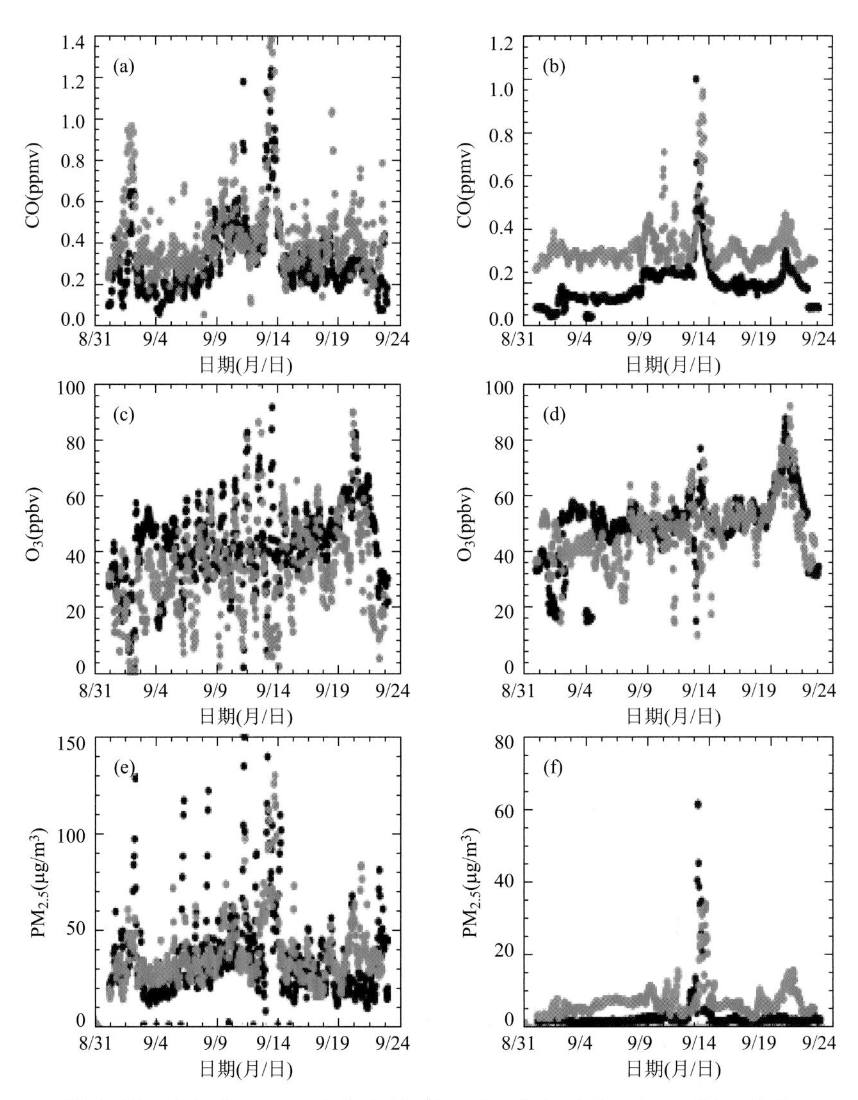

图 1.37 浦东（a、c、e）和东滩（b、d、f）的 CO、O_3、$PM_{2.5}$ 浓度

（橙色代表 WRF-Chem 模拟结果；黑色代表观测结果）

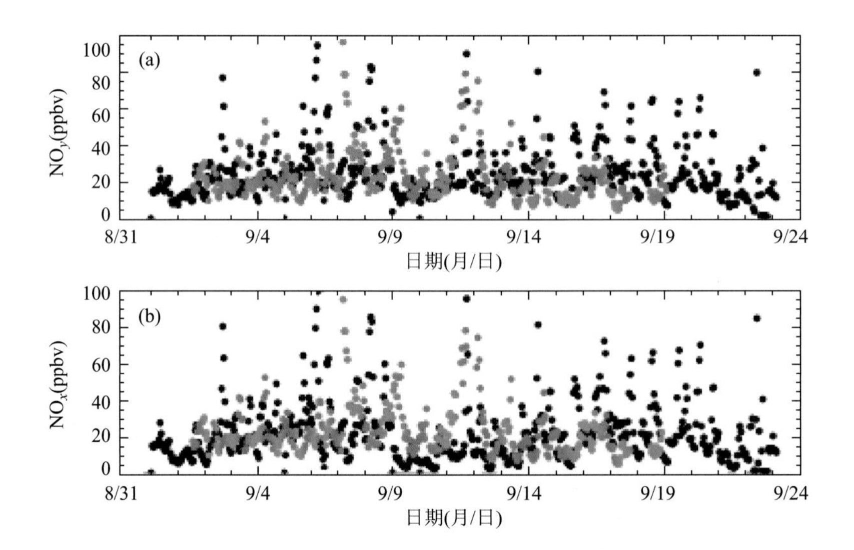

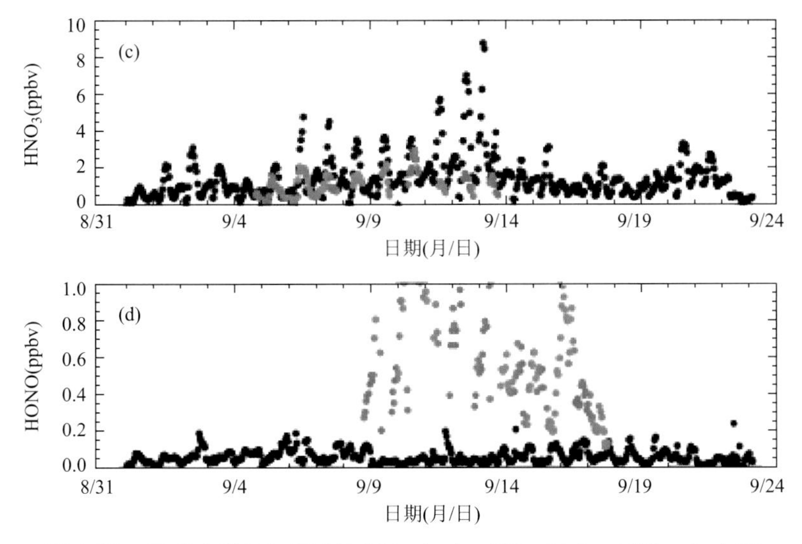

图 1.38　模式（橙色）模拟的 NO_y（a）、NO_x（b）、HNO_3（c）和 HONO（d）浓度与浦东站观测（黑色）浓度对比

WRF-Chem 低估 HONO 达到 90%左右，表明模式中现有的气相化学机制不能准确刻画 HONO 的非均相化学反应过程。图 1.39 对比了 WRF-Chem 计算的几种主要的 VOCs 浓度，包括烷烃、烯烃、芳香烃和 OVOCs。结果表明，模式计算的几种主要 VOCs 的变化和观测基本接近，尤其是较好地模拟了几个典型污染时段 VOCs 浓度的上升过程，但是对烯烃、芳香烃和 OVOCs 都存在一定的低估，因此，通过观测改进上海及周边地区 VOCs 的排放清单对于准确模拟地面臭氧具有非常重要的意义。

总体而言，通过与观测对比（图 1.40），WRF-Chem 计算的浦东和东滩两个站的臭氧平均偏差分别为 18%和 4%，浦东的 NO_x、VOCs 和 $PM_{2.5}$ 的平均偏差分别为 6%、4%和 7%。模式基本能够准确刻画各种污染物的时间变化，表明较好地模拟了天气系统的演变，因此，可用于研究关键大气化学和物理过程对臭氧形成的影响。

1.2.4.3　城市气团中的臭氧浓度变化

本节首先对比分析观测期间浦东站和东滩站气团的化学老化性质。根据通常采用的气团老化指标 $AG=-\ln(NO_x/NO_y)$，认为当气团的 AG 在 0～1 时为新鲜气团，大都出现在城市附近，靠近排放源；当 AG 大于 2 则为老化气团，大都位于城市下风方向几百千米处；当 AG 在 1～2 时则为混合气团。图 1.41 显示了试验期间实际观测和 WRF-Chem 计算的气团老化指标。由图 1.41 可见，浦东站观测的气团为新鲜气团（AG 基本小于 1），模式计算的结果和观测基本一致，表明该站的污染物浓度主要受城市排放的影响。而在东滩站，模式计算的 AG 为 0～2，大部分 AG 值为 1～2，表明该站的污染物浓度主要受区域输送控制。

已有研究显示，城市下风方向的老化气团中有明显的臭氧生成。下面将利用 WRF-Chem 模式分析城市新鲜气团在传输过程中的化学过程及其对臭氧浓度的影响。根据试验期间的气象条件选择了清洁时段（东风）和污染时段（北风）两个例子。将 CO 作为示踪气体表征气团的传输轨迹。图 1.42 分别对比了两种风向条件下城市气团在传输过程中 CO、O_3 浓度的分布。图 1.43 为城市 CO 和 O_3 气团在向下风方向传输路径上的高度—距离的浓度分布。由图可见，在东风条件下，CO 浓度在城市附近最高（50 km 范围），随着气团离开向

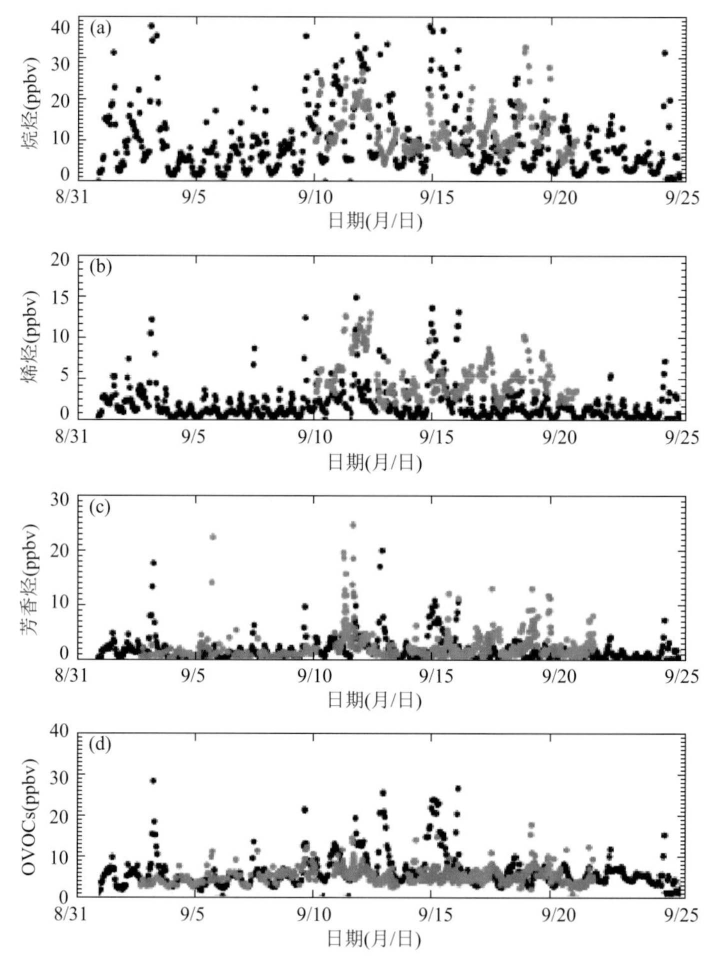

图 1.39　模式（橙色）模拟的烷烃（a）、烯烃（b）、芳香烃（c）、OVOCs（d）浓度与浦东站观测（黑色）浓度对比

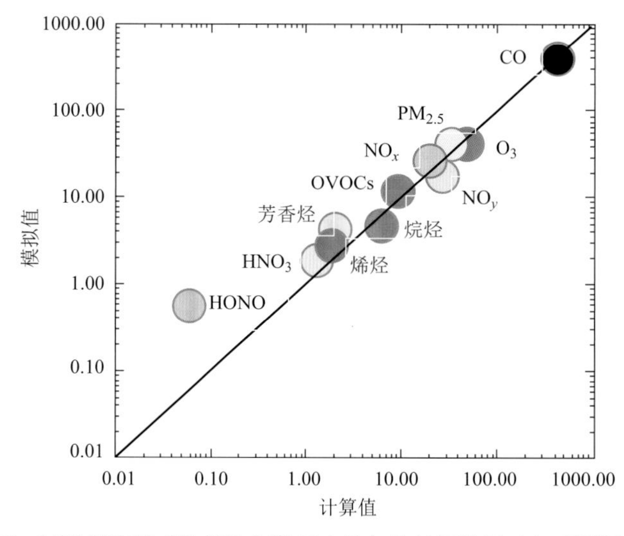

图 1.40　试验期间模式计算的各种反应性气体的平均浓度与观测浓度对比

（黑色斜线为 1：1 线）

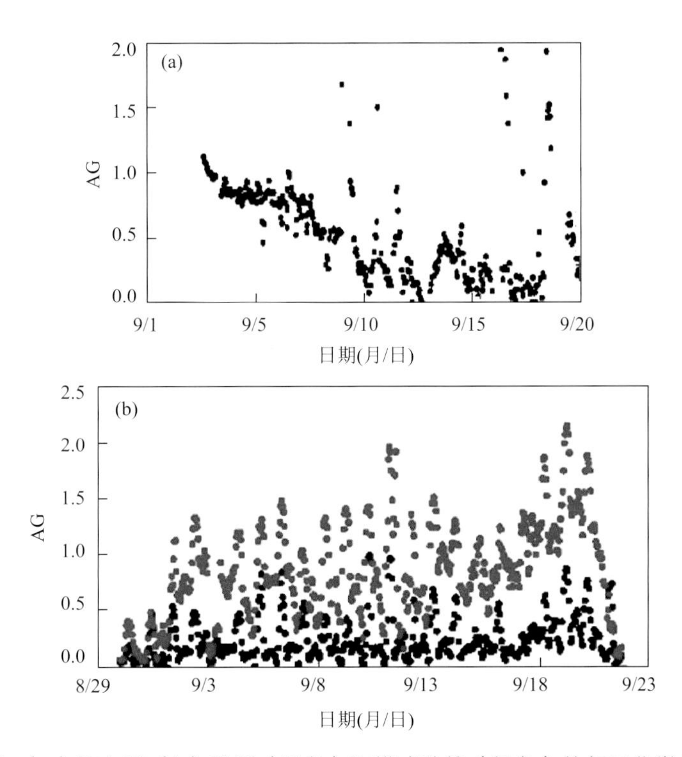

图 1.41　浦东（a）和东滩（b）观测（黑色）和模式计算（红色）的气团化学老化指标 AG

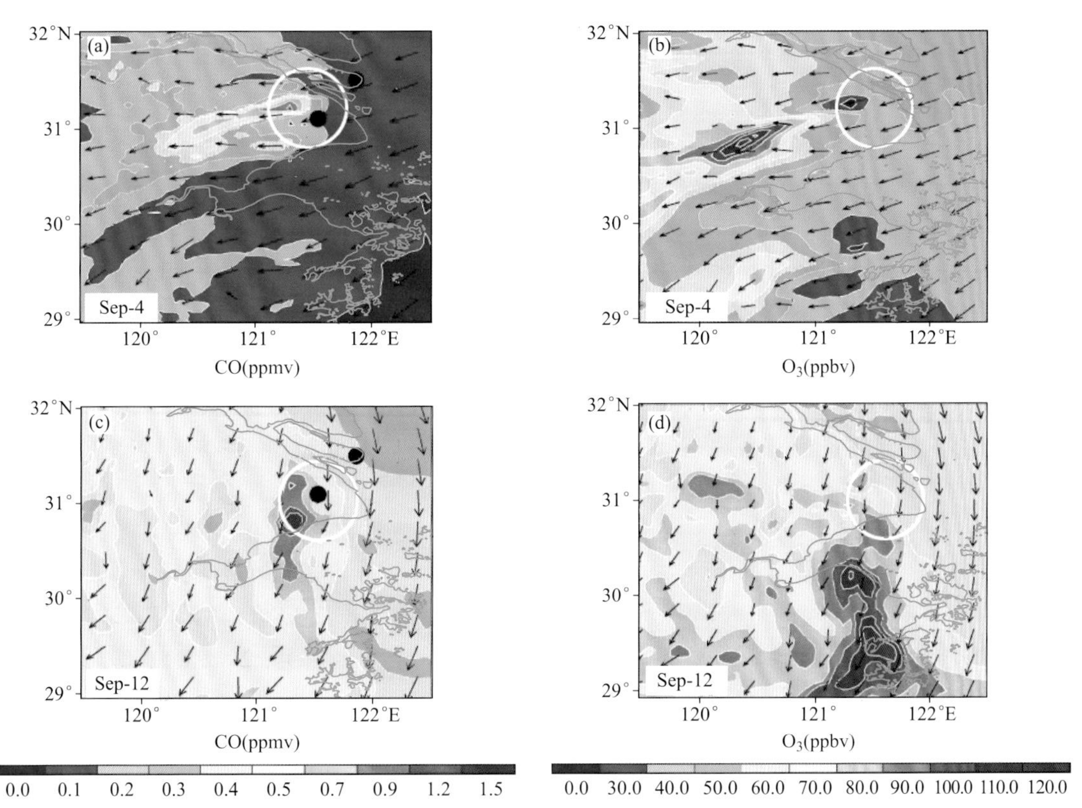

图 1.42　模式计算的东风背景（9 月 4 日，a、b）、北风背景（9 月 12 日，c、d）下城市 CO 和 O_3 气团的传输分布（图中圆圈表示重点关注的上海区域）

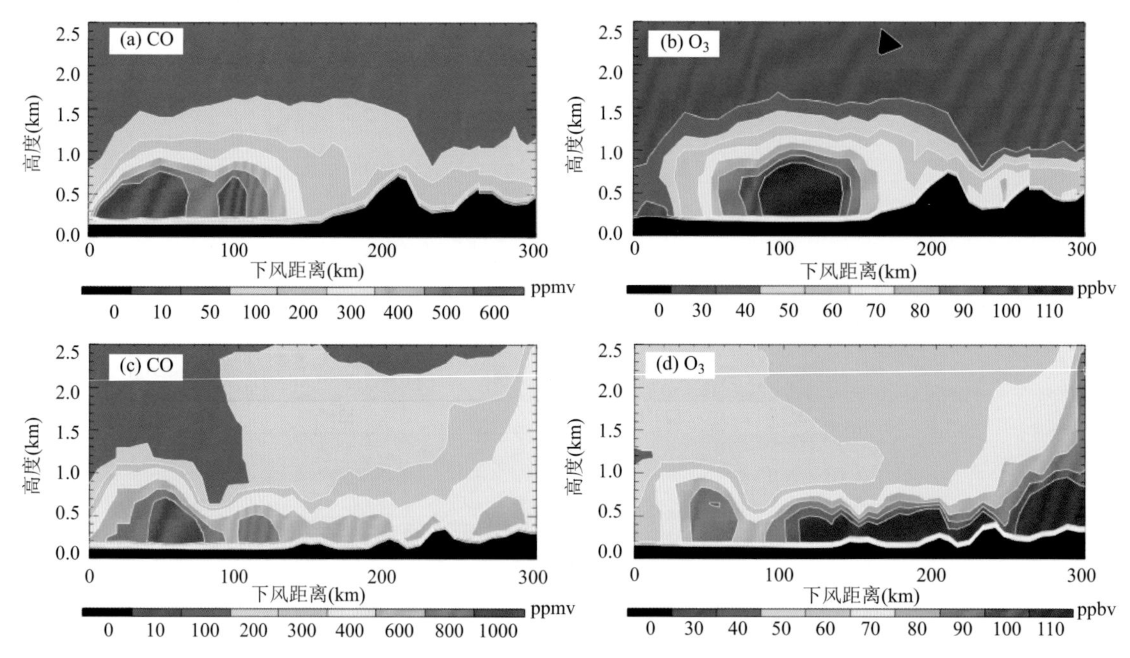

图 1.43　东风背景（9 月 4 日，a、b）、北风背景（9 月 12 日，c、d）下城市 CO 和 O_3 气团向下风方向传输的距离—高度浓度分布

西传输 CO 浓度不断稀释降低，表明 CO 的排放主要来源于城区机动车。而 O_3 浓度则是在城区最低，高值反而出现在城市下风方向 100～150 km 处。在北风条件下，城市气团向南传输，CO 和 O_3 的分布特点和东风条件基本相似，但存在一定差异。比如 CO 高值出现在城区 80 km 范围内，可传输到下风方向 200 km。而 O_3 的高值则出现在下风方向 100～300 km，而且明显高于东风条件城市下风方向的臭氧浓度。

上述研究已经揭示了上海城区臭氧生成处于 VOCs 控制区，即城区机动车排放的 NO_x 对 O_3 浓度具有抑制作用，这也是图 1.42 两类气团中臭氧浓度在城区最低的原因。接下来将利用 WRF-Chem 模式研究城市气团在传输过程中臭氧的生成过程。根据 Sillman 等（1995）的研究，用 CH_2O/NO_y 表征地面臭氧的形成机制，当 CH_2O/NO_y 小于 0.28 时，认为臭氧处于 VOCs 控制区，大于 0.28 时，则认为处于 NO_x 控制区。图 1.44 计算了东风、北风两种条件下上海城市及下风风向的 CH_2O/NO_y 值，可见在两种风向条件下，上海城区及其下风方向的臭氧生成都明显受到 VOCs 控制（$CH_2O/NO_y<0.28$）。因此在城市及其附近，由于受到 NO_x 高排放影响，臭氧浓度受到抑制出现低值。当气团传输离开城市区域后，由于 NO_x 浓度减少臭氧浓度反而升高。另外当下风方向有 VOCs 加入或者 VOCs 的化学产生也会增加气团中的 O_3 浓度。为了进一步说明 NO_x 和 VOCs 排放对城市下风风向臭氧生成的不同影响，利用 WRF-Chem 模式设计了两个敏感性试验，分别将 NO_x 排放和 VOCs 排放增加 2 倍，由图 1.45 可见，和控制试验对比，NO_x 排放增加 2 倍后城市下风方向 100～200 km 范围内气团中的臭氧浓度明显下降，表明 NO_x 浓度的升高进一步抑制了臭氧的生成；相反当 VOCs 增加 2 倍后，下风方向 50～300 km 范围内的臭氧浓度都明显升高，而且在 250～300 km 处受局地气象条件影响高浓度臭氧能够一直抬升到 2 km 高度使得边界层内的臭氧浓度也显著升高。可见，上海城市及下风方向气团中臭氧浓度的变化明显和臭氧的化学生成处于 VOCs 控制区有关。

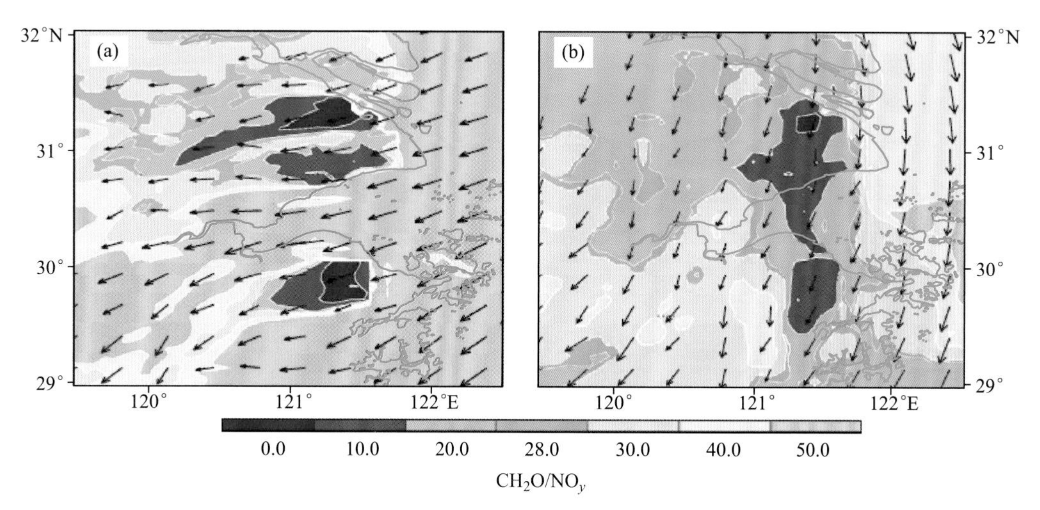

图 1.44　模式计算的 9 月 4 日东风背景（a）和 9 月 12 日北风背景（b）下的 CH_2O/NO_y 值（小于 0.28（蓝色区域）表示 O_3 形成处于 VOCs 控制，否则为 NO_x 控制）

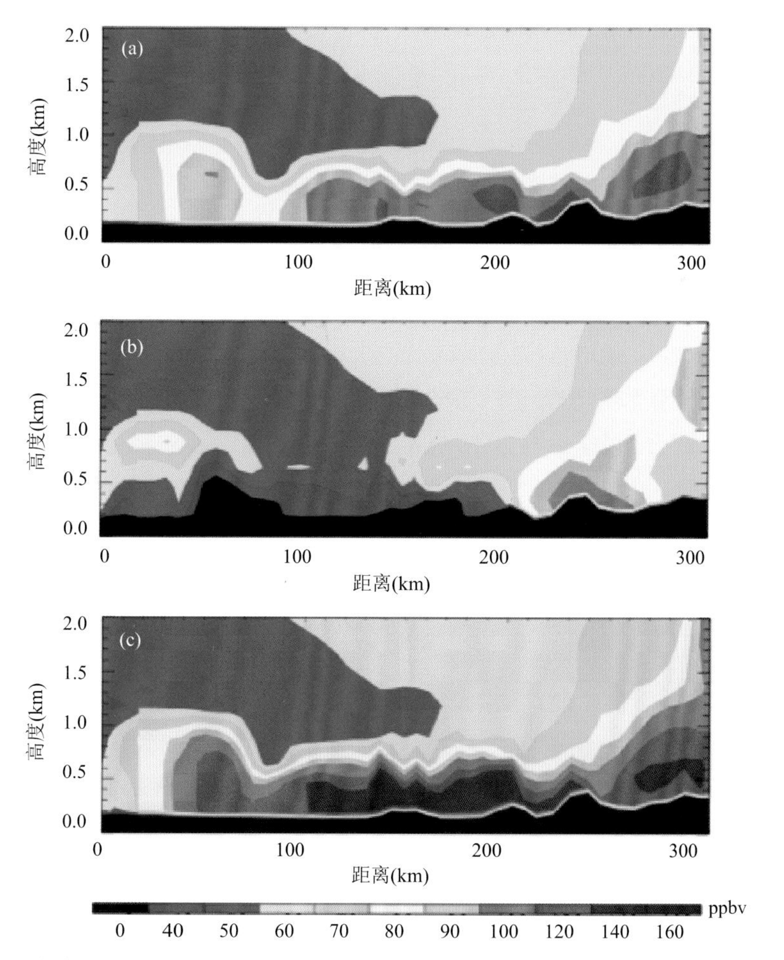

图 1.45　模式模拟的不同排放源条件下的城市 O_3 气团传输路径上的距离—高度浓度分布（a. 控制试验；b. 将 NO_x 排放源扩大 2 倍；c. 将 VOCs 排放源扩大 2 倍）

上述研究表明，由于城市下风方向的臭氧处于 VOCs 控制，因此不同前体物的变化对臭氧浓度具有重要影响。根据 Tie 等（2009）的研究，城市下风方向臭氧浓度的升高可能归结于 VOCs 的氧化、CO 的氧化以及生物 VOCs 排放的影响。图 1.46 分别计算了 CO、烯烃＋烷烃＋芳香烃、OVOCs 和异戊二烯对 OH 的氧化速率。由图可见，VOCs 对于城市下风方向气团中的臭氧浓度升高具有主导作用，其中烯烃、烷烃和芳香烃主要贡献了上海城市及附近（50 km）的臭氧生成，特别是中心城区及南部金山化工区的 VOCs 排放是影响臭氧生成的主要因素。OVOCs 对城市下风方向气团中的臭氧生成具有更加显著和重要的贡献，随着气团的传输其影响一直延伸至几百千米以外的杭州湾。相比之下，CO 主要贡献了区域尺度背景臭氧的生成，而植物排放的异戊二烯的影响主要局限在浙江北部的森林附近。

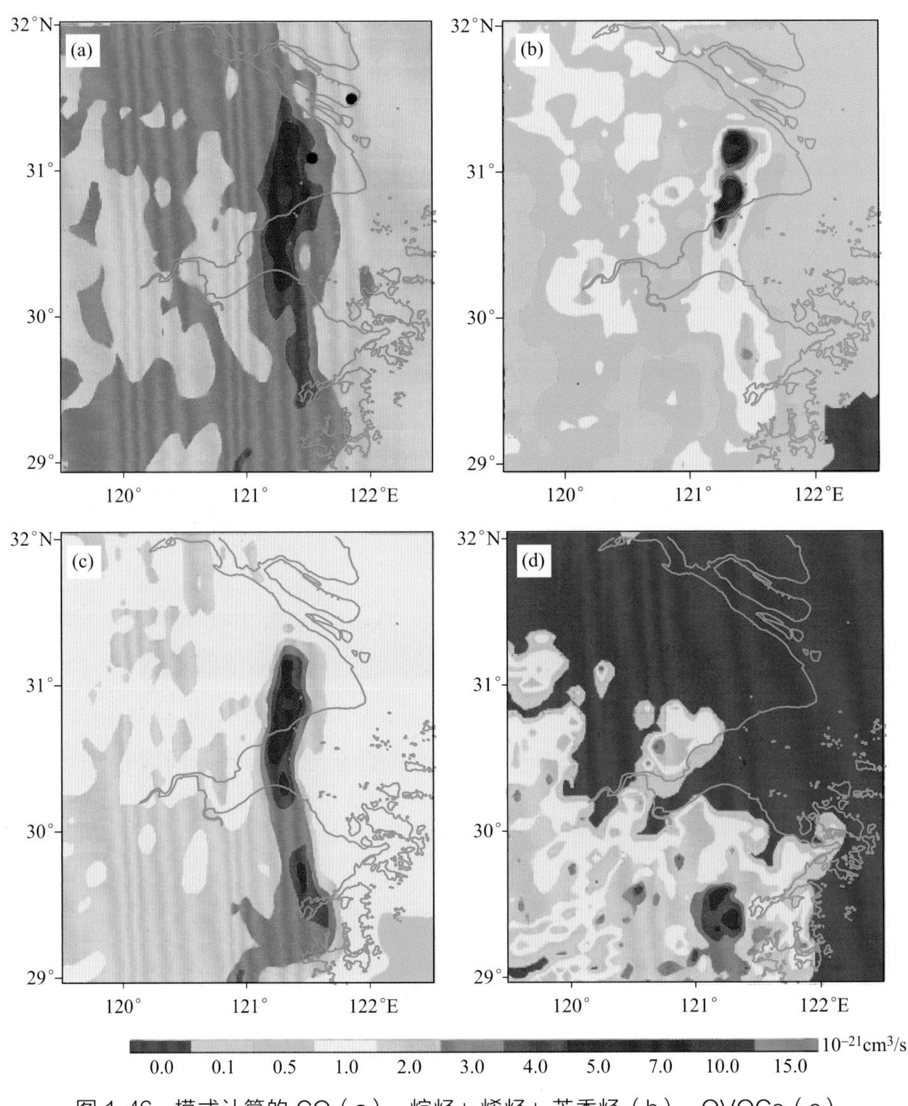

图 1.46 模式计算的 CO（a）、烷烃+ 烯烃+ 芳香烃（b）、OVOCs（c）和异戊二烯（d）对 OH 的反应活性

1.2.5 上海 VOCs 的来源分析

前文研究发现，上海地面臭氧的生成总体上处于 VOCs 控制区，VOCs 的组分、浓度对地面臭氧的生成具有重要影响，厘清 VOCs 来源将有助于臭氧污染的科学治理。

VOCs 指除 CO 和 CO_2 之外的气态有机化合物，主要包括碳氢化合物（烷烃 Alkanes、烯烃 Alkenes、炔烃 Alkynes 和芳香烃 Aromatics）和含氧烃（醛 Aldehydes、酮 Ketones、醇 Alcohols、醚 Ethers、酯 Esters、有机酸 Organic Acids 和不饱和羰基化合物）。虽然含有卤族元素的卤代烃以及含有多种非碳氢元素的复杂有机化合物也在 VOCs 的范畴内，但是由于它们的反应活性比较低，对臭氧产生的贡献很小，因此可以忽略不计。VOCs 的自然源主要是各种生物源，包括草本植物、树木、菌类、藻类和动物。生物源排放的 VOCs 称为 BVOCs。植被排放的 VOCs 主要是反应活性高的烯烃，也包括醛、酮、醇、酯等含氧烃。落叶林一般排放异戊二烯（C_5H_8），针叶林则主要排放萜烯（$C_{10}H_{16}$）。不同植被在排放的 VOCs 种类和强度上差异很大，排放速率取决于日照强度和温度。VOCs 的人为源主要包括汽车尾气、有机溶剂挥发和工业排放。人为源排放的 VOCs 称为 AVOCs。在绿化良好的城区，BVOCs 对总 VOCs 有较大贡献，但在大多数植被状况不那么好的城市地区，AVOCs 占据主导性地位。城市机动车尾气排放含碳数小于 6 的烷烃、烯烃和芳香族化合物，如苯、甲苯和二甲苯。油漆等涂料在内的建筑材料挥发大量芳香烃、醛和酯等。加工制造业排放的 VOCs 主要是作为工业原料、添加剂和保护涂层的物种，如正己烷、丙酮和异丙醇。石油化工工业是乙烯和丁烯等烯烃的重要来源，同时也排放芳香烃和卤代烃。此外，含碳数小于 6 的烷烃和烯烃还可来自汽油挥发，含碳数大于 8 的重烷烃可来自沥青路面和石油炼制过程。本节应用 PCA/APCS 受体模型对上海中心城区的 VOCs 进行定性和定量源解析，以了解大气中各类 VOC（芳香烃、烯烃和烷烃等）的来源，进而为上海的环境污染治理提供科学依据。

上海市气象局在徐家汇开展了臭氧及其前体物的长期连续监测，同时也开展了大气挥发性有机物的采样监测。徐家汇地处上海市中心，周围主要是大型商场、宾馆、居民区和公园，人口密集、交通繁忙。采样点设在上海市气象局的 5 层办公楼楼顶，距地面大约 15 m。应用 Summar 罐对 VOCs 进行采样，采用 TM1000 定时器自动控制采样开始和结束时间，每天 06 时开始，进行连续 3 h 积分采样，然后在实验室进行分析。同时也采用 ECOTECH 的 EC/ML9830 一氧化碳分析仪对 CO 进行同步观测，采样时段设在 06—09 时，主要考虑该时段是交通早高峰，而太阳辐射并不强，VOCs 的光化学反应较弱，能更真实地反映 VOCs 的排放特征。

主成分分析（PCA）是对一组变量降维的统计学方法，它包括奇异值的分解（SDV）、维数的选择（选取主成分）和旋转（使因子更具有代表性）3 个步骤。早期 PCA 方法得到的因子数和初始变量数相同，但是只有少数不相关的因子才有价值。1975 年，Harris 提出旋转后的主成分更具有代表性，因此现在 PCA 方法中普遍采用 varimax 旋转来得到有意义的因子。

在 2006—2008 年夏季徐家汇采样的 72 个有效样本中，共检出了 84 种 VOCs。根据主成分分析方法要求（非零值），共挑选出 21 种 VOCs 进行源解析，这 21 种 VOCs 占 84 种

VOCs 的 77%±8%。表 1.3 列出了 CO 和 VOCs 质量浓度的最小值、最大值、平均值及标准偏差。VOCs 中所占份额最高的是芳香烃和 C3～C6（C3 表示含 3 个碳，C6 表示含 6 个碳，余下类同）的烷烃，分别占总 VOCs 的 34.5% 和 33.8%，烯烃占 5.3%，卤代烃占 16.8%。由图 1.47 可以看出，3 年内主要 VOCs 所占份额变化不大，2007 年 VOCs 质量浓度偏高，为（135.98±52.6）$\mu g/m^3$，2006 年总 VOCs 质量浓度为（98.76± 47.75）$\mu g/m^3$，2008 年为（119.24±48.05）$\mu g/m^3$。

表 1.3　CO 和 VOCs 质量浓度极值、平均值和标准差　　单位：$\mu g/m^3$

大气成分种类		最小值	最大值	平均值	标准差
CO		0.34	1.98	0.98	0.42
VOCs 种类	丙烯	0.65	12.76	2.63	2.04
	丁烯	0.34	2.84	0.94	0.46
	反-2-丁烯	0.23	2.52	0.89	0.44
	顺-2-丁烯	0.21	2.38	0.80	0.44
	1-戊烯	0.26	1.86	0.60	0.31
	异戊二烯	0.14	2.06	0.58	0.31
	丙烷	2.61	23.33	9.85	4.32
	正丁烷	2.18	14.09	7.03	3.08
	异丁烷	2.18	11.93	5.28	2.53
	异戊烷	3.77	29.66	11.07	5.80
	2-甲基-戊烷	0.81	10.34	3.62	1.83
	正己烷	0.74	15.72	4.19	2.85
	苯	1.66	20.95	6.47	3.41
	甲苯	4.93	66.00	20.31	12.22
	乙苯	1.78	24.61	6.50	4.51
	间/对-二甲苯	2.03	28.64	6.14	4.11
	邻-二甲苯	0.78	7.83	2.42	1.34
	氯甲烷	1.20	26.48	5.50	5.58
	二氯甲烷	0.66	13.94	4.44	2.77
	1,2-二氯乙烷	1.37	60.88	10.50	10.83
	乙酸乙酯	0.83	54.70	10.61	9.96

对选取的 21 种 VOCs 进行了主成分分析，按照特征值大于 1 的提取原则（Kaiser 标准），得到 5 个因子（表 1.4）。各因子的初始解释方差分别为 55%、9.8%、7.5%、6.6%、5% 。5 个因子的累计解释方差为 83.9%，表明主成分分析结果提取出了 VOCs 的主要信息，而且 5 个因子没有出现不同主要成分的汇聚现象。从表 1.4 中可知，C4～C5 的烯烃、丙烷、丁烷、异戊烷、2-甲基-戊烷、正己烷与因子 1 有显著的相关。因此，因子 1 可以代表它们的主要来源。丙烷和丁烷是 LPG 和 NG 的主要成分，因子 1 中有高载荷的丙烷和丁烷略低于因子 2，表明在因子 1 中 LPG 和 NG 的泄露是主要源之一。异戊烷是典型的汽油蒸发的示踪剂，上海城区基本采用天然气，可以推测徐家汇的 LPG/NG 泄露主要来自燃料使

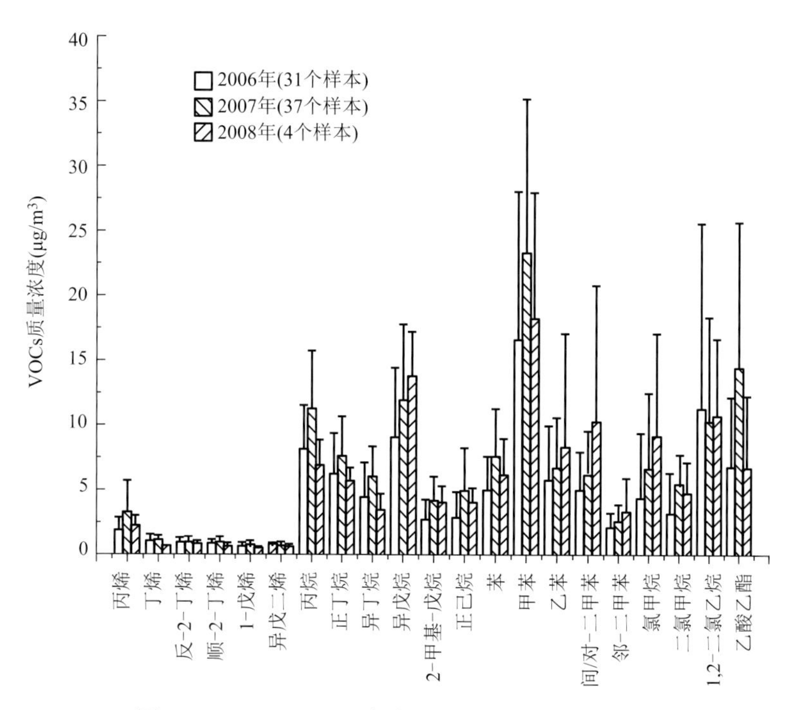

图 1.47　2006—2008 年各 VOCs 的平均质量浓度

用。因子 2 中 CO、丙烯、丙烷、丁烷、异戊烷、2-甲基-戊烷、正已烷和苯的荷载较高。CO 是化石燃料不充分燃烧的产物，在城市地区 CO 主要来自汽车尾气排放。丙烯和苯同样来自汽车尾气，而且 C3～C6 的烷烃也与交通工具尾气排放的未充分燃烧有关。可见因子 2 可作为交通工具尾气排放源。因子 3 中荷载较高的是芳香烃。因为溶剂中含有大量的 BTEX，它们是涂料的主要成分，涂料挥发是大气中芳香烃的主要来源之一。因子 3 定性为溶剂使用源。因子 4 中苯、甲苯、二氯甲烷和乙酸乙酯的因子荷载较高，除了交通和溶剂使用，苯和甲苯也来自工业生产，乙酸乙酯也用于工业溶剂和稀释剂，但徐家汇无大型工厂，因此，因子 4 可能来自外部输送。因子 5 中氯甲烷和 1,2-二氯乙烷的荷载较高，氯甲烷是典型的生物质/生物燃烧的示踪物，此外也会明显受到海洋气团的影响。

表 1.4　VOCs 和 CO 的 PCA 分析

大气成分种类		因子 1	因子 2	因子 3	因子 4	因子 5
CO			0.707			
VOCs 种类	丙烯		0.827			
	1-丁烯	0.759	0.306		0.346	
	反-2-丁烯	0.882				
	顺-2-丁烯	0.902				
	1-戊烯	0.829	0.386			
	异戊二烯	0.908				
	丙烷	0.416	0.775			
	正丁烷	0.492	0.640		0.327	

续表

大气成分种类		因子1	因子2	因子3	因子4	因子5
VOCs种类	异丁烷	0.519	0.585		0.438	
	异戊烷	0.627	0.453			
	2-甲基-戊烷	0.466	0.736			
	正己烷	0.375	0.717			
	苯		0.600	0.349	0.536	
	甲苯			0.420	0.759	
	乙苯			0.926		
	间/对-二甲苯			0.933		
	邻-二甲苯	0.308		0.857		
	氯甲烷					0.880
	二氯甲烷		0.341		0.645	0.317
	1,2-二氯乙烷					0.844
	乙酸乙酯				0.830	
	初始特征值	12.1	2.15	1.65	1.46	1.10
	初始方差百分比	54.98%	9.77%	7.49%	6.64%	5.02%
	累计方差百分比	54.98%	64.75%	72.24%	78.88%	83.9%
	主要来源	燃料挥发(LPG/NG泄露和汽油蒸发)	交通工具尾气排放	溶剂使用	工业生产	生物质/生物燃料和海洋

利用PCA/APCS受体模型，在监测污染物浓度的基础上定量计算每一个排放源对于每一种VOCs的贡献值（分担率），从表1.5可以看出，PCA/APCS模型得到的21种VOCs浓度和实际观测浓度的相关系数均大于0.7，表明模型计算值和观测较为一致，源分配的结果可信。从表1.5还可以看出，燃料挥发贡献了21%～67%的C3～C5烯烃，24%～44%的C3～C6烷烃，9%～23%的芳香烃；交通工具尾气排放贡献了15%～94%的C3～C5烯烃，35%～72%的C3～C6烷烃，生物质/生物燃料燃烧和海洋源贡献了14%～61%的卤代烃。分担率是描述各排放源对大气污染物浓度贡献的定量比率，对控制污染排放具有较强的指示意义。本节计算了各排放源对大气VOCs的分担率，结果见图1.48。燃料挥发（LPG/NG泄漏和汽油蒸发）、交通工具尾气排放、溶剂使用、工业生产、生物质/生物燃料燃烧和海洋源分别贡献了24%、34%、16%、14%和12%。因此，上海中心城区大气中VOCs主要来自交通工具尾气排放、燃料挥发和溶剂使用。另外，工业生产和生物质/生物燃烧和海洋源主要来自区域输送。由于芳香烃对上海城区地面臭氧生成的贡献最大，因此，图1.48也计算了芳香烃的分担率。可以发现，芳香烃主要来自溶剂使用、交通工具尾气排放、工业生产和燃料挥发，其分担率分别为35%、26%、22%和17%。此外，烯烃的活性很强，也是对流层臭氧生成的重要前体物，计算表明，交通工具尾气排放和燃料挥发是其两大主要来源，分别占49%和40%；烷烃的浓度最高，来源与烯烃相似，交通工具尾气排放和燃料挥发的贡献分别为45%和32%，溶剂使用贡献了12%。

表1.5　VOCs的APCS分析（源分配）　%

VOCs种类	燃料挥发(LPG和NG泄露，汽油蒸发)	交通工具尾气排放	溶剂使用	工业生产	生物质/生物燃料的燃烧和海洋源	R2
丙烯	21.4±16	94.2±64.2	−2.9±3.0	2.7±4.0	4.7±7.0	0.74
1-丁烯	50.5±37.8	22.2±15.1	7.8±8.0	11.9±17.3	2.5±3.7	0.82
反-2-丁烯	58.6±43.8	17.4±11.9	11.5±11.9	6.6±9.5	2.1±3.1	0.93
顺-2-丁烯	65.0±48.7	18.4±12.5	8.0±8.3	4.7±6.8	2.9±4.3	0.91
1-戊烯	56.4±42.2	29.2±19.9	5.7±5.8	5.0±7.3	4.6±6.8	0.89
异戊二烯	66.7±49.9	14.8±10.1	6.1±6.2	5.3±7.7	0.0±0.0	0.89
丙烷	24.3±18.2	49.8±34.0	10.0±10.3	5.2±7.6	1.6±2.3	0.86
正丁烷	28.8±21.6	41.2±28.1	12.7±13.0	9.8±14.3	3.9±5.8	0.87
异丁烷	33.3±24.9	41.2±28.1	13.4±13.8	14.4±21.0	2.4±3.6	0.89
异戊烷	43.8±32.8	34.7±23.7	15.0±15.4	0.1±0.2	9.2±13.6	0.75
2-甲基-戊烷	31.3±23.4	54.4±37.1	13.8±14.2	7.7±11.2	1.4±2.0	0.89
正己烷	34.3±25.7	72.2±49.2	10.1±10.4	10.1±14.7	5.4±8.0	0.74
苯	9.2±6.9	46.6±31.8	17.9±78.5	19.5±28.4	5.9±8.7	0.81
甲苯	19.5±14.6	23.2±15.8	24.5±25.2	31.4±45.7	−2.1±3.1	0.88
乙苯	16.4±12.3	18.5±12.6	62.5±64.4	7.6±11.1	−0.2±0.3	0.95
间/对-二甲苯	15.3±11.4	15.9±10.9	60.6±62.4	7.9±11.5	−0.6±0.9	0.96
邻-二甲苯	23.2±17.4	21.0±14.3	46.8±48.2	10.4±15.1	4.7±7.0	0.98
氯甲烷	−3.1±2.3	14.7±10.0	0.8±0.9	−0.7±1.1	60.6±89.5	0.79
二氯甲烷	19.7±14.8	31.4±21.4	12.1±12.5	27.8±40.4	13.5±19.9	0.73
1,2-二氯乙烷	32.1±24.0	7.2±4.9	2.8±2.9	11.2±16.3	58.8±86.8	0.80
乙酸乙酯	21.4±16.0	21.4±14.6	8.7±9.0	53.7±78.0	1.8±2.7	0.75

1.2.6　生物VOCs对地面臭氧的影响贡献

生物VOCs多为高反应活性的烯烃，在大气中，与OH自由基的反应速度相比，人为源排放的VOCs高很多，对于对流层气溶胶及臭氧的化学生成有重要影响。例如，异戊二烯大多来自生物排放，其排放速率随温度升高呈指数上升，并且随辐射增强而升高，因此，在夏季中午时段异戊二烯排放强度最高，与臭氧最大光化学生成的时段一致，这也使得异戊二烯的氧化较其他生物VOCs（如单萜类）对臭氧生成的影响效率更高。因此，NO_x浓度较高的城市羽流与生物VOCs浓度较高的羽流混合，将更有利于大城市附近臭氧的生成，进而在城市区域引起臭氧污染。

上海以南的浙江北部山区分布着大面积的阔叶林，是生物VOCs，尤其是生物异戊二烯重要的排放源区。图1.49为2009年9月4—5日09—15时观测及WRF-Chem模拟异戊二烯浓度分布情况。异戊二烯浓度分布基本与植被分布情况一致，例如最低浓度在站点10附

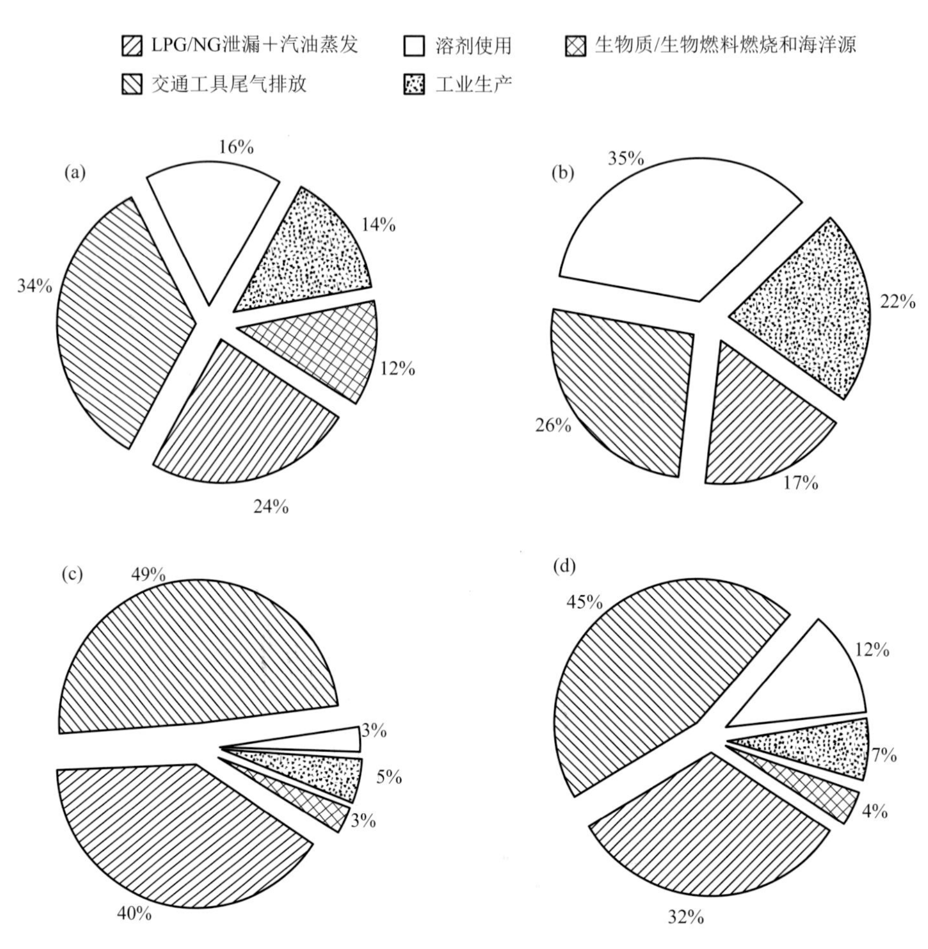

图 1.48　VOCs 的源分配

（a. 总 VOCs；b. 芳香烃；c. 烯烃；d. 烷烃）

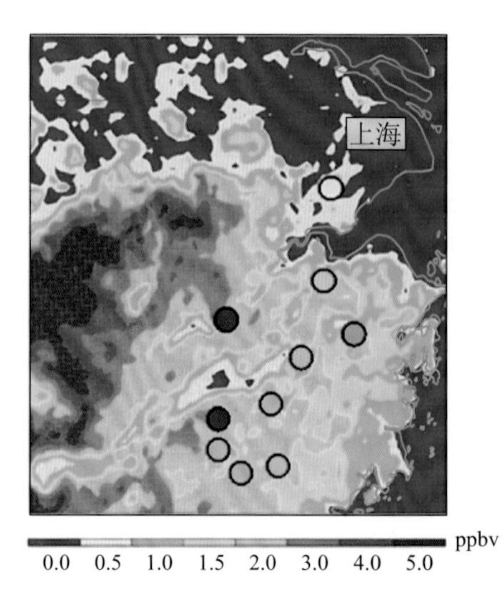

图 1.49　2009 年 9 月 4—5 日 09—15 时观测（圆圈）及 WRF-Chem 模拟的异戊二烯浓度分布

近，浓度约为0.3 ppbv；对于站点2～7，观测及模拟异戊二烯浓度均在1～3 ppbv；观测浓度在站点8和9最高，可达5～6 ppbv。本节将重点讨论浙江森林地区生物异戊二烯排放对上海臭氧形成的影响。

在上海地区，人为排放是VOCs的主要来源，其中以丙烷和甲苯最为丰富，平均浓度分别约为4.2 ppbv和3.2 ppbv，总的VOCs浓度平均约为32.4 ppbv。上海以南森林地区的VOCs总浓度相较城市区域浓度低了很多，但生物异戊二烯的浓度却与城市观测到的主要人为VOCs浓度相当。除了浓度之外，大气VOCs的反应活性也是决定臭氧生成的重要指标。由于在所有上海地区的VOCs种类中，异戊二烯与OH化学反应速率最高，因而异戊二烯与OH的反应相较其他VOCs物种反应更快。例如，异戊二烯（森林区域，约1 ppbv）、甲苯（上海地区，约3 ppbv）以及丙烷（上海地区，约4 ppbv）与OH的反应速率分别为100、18和4.5（$\times10^{-21}$ cm^3/s），表明异戊二烯相比其他上海主要VOCs物种更有利于臭氧的生成。

图1.50分别显示了上海及附近区域生物异戊二烯排放及NO_x排放的分布情况。对比可以看出，异戊二烯及NO_x排放分布呈现反相关，在森林地区，异戊二烯排放较高而NO_x排放很低，在城市区域，NO_x排放较高而异戊二烯排放较低。因此，在南部森林区域，低NO_x排放会在异戊二烯氧化的过程中抑制臭氧的生成，而在南风作用下，高生物排放的气团由森林区域输送至城市。在一些情况下，携带丰富异戊二烯的气团会和城市高NO_x浓度气团混合，为臭氧的化学生成创造有利条件。

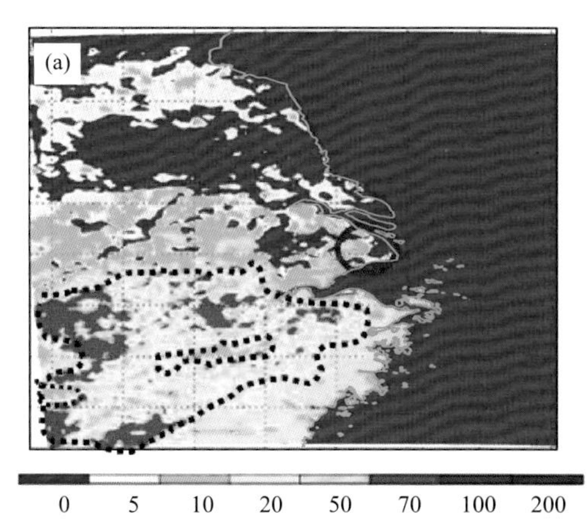

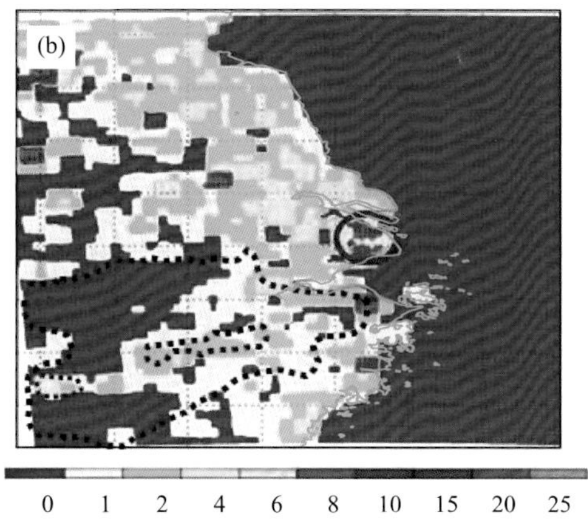

图1.50 上海及附近区域生物异戊二烯（a）和NO_x（b）排放的分布（Tie et al.，2009）
（单位：mol/（km^2 · h）；虚线强调区域为高生物排放区域）

图1.51为2009年7月10—18日一个典型输送个例中上海浦东（PD，城市站）和崇明（CM，郊区站）主要气象和化学要素随时间变化情况。所选时段内，主导风多为南风和西南风，因而森林地区气团可以输送至城市区域。为了揭示浙江北部地区异戊二烯排放对上海城区臭氧的可能影响，采用WRF-Chem模式进行数值试验。图1.52展示了主要污染物及考虑了生物排放（RUN-0）以及未考虑生物排放（RUN-1）WRF-Chem模拟的2009年7月12日正午臭氧浓度差异的分布情况。由于生命周期较长，化学性质较稳定，CO可以作为区域污染物输送的一个指示因子。CO浓度分布表明在西南风影响下，气团向东北方向传输。南部区域的异戊二烯排放易对城市的臭氧生成造成影响。NO_x高浓度地区位于森林以北，

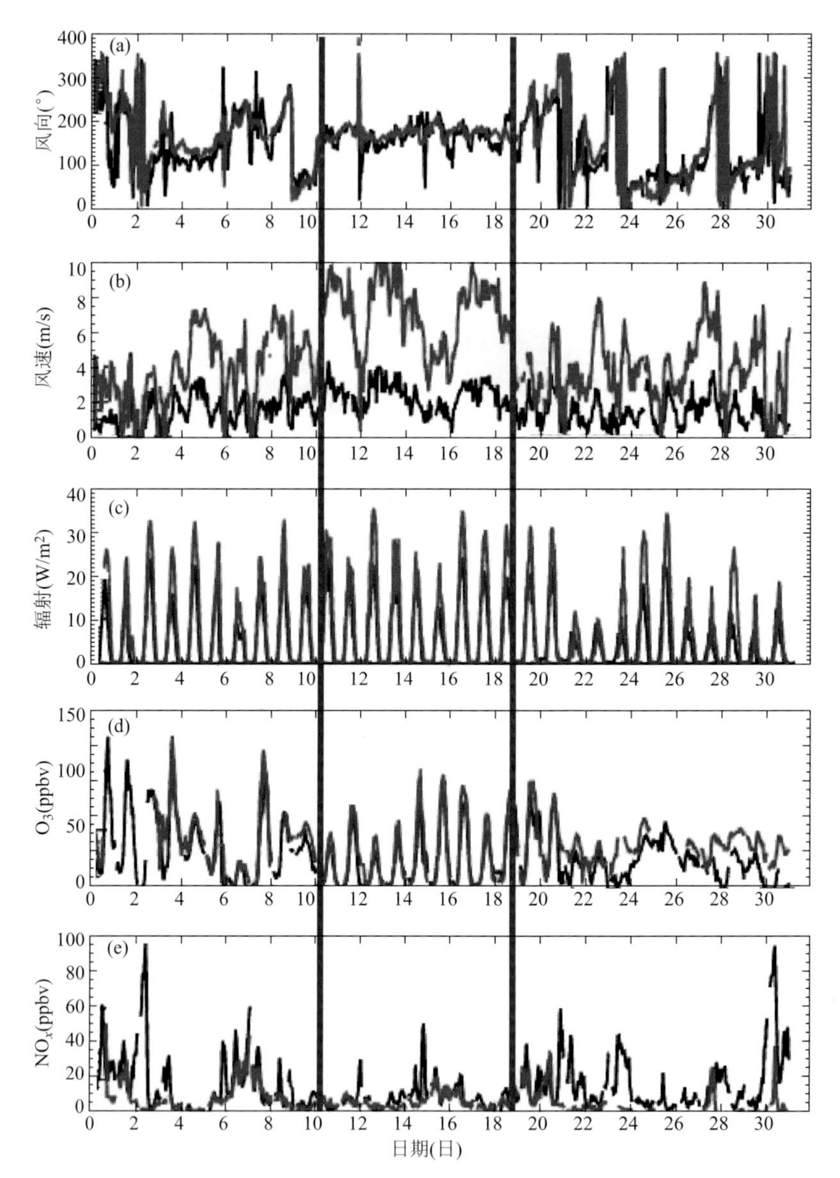

图 1.51　2009 年 7 月上海浦东（黑色）和崇明（红色）风向（a）、风速（b）、辐射（c）、O_3（d）以及 NO_x（e）随时间变化情况

（蓝色线之间表示 7 月 10—18 日主要风向多为南风和西南风）

而在森林区域浓度很低。异戊二烯浓度分布表明，由于反应活性很高，生命周期很短，森林地区的异戊二烯很难输送到北部 NO_x 浓度较高的城市地区。然而，由于生物排放导致的臭氧浓度增加不仅仅出现在森林生物排放较高的地区，臭氧浓度在下风向也有明显增加。

臭氧浓度在下风向的增加，可以通过图 1.53 中所示的化学机制进行解释。在森林地区，异戊二烯能够被 OH 自由基快速氧化，在 1 h 内形成 RO_2 过氧自由基。由于森林地区 NO_x 浓度较低，因而该区域臭氧生成并不显著。然而，随着异戊二烯继续氧化，会继续生成甲醛及乙醚等含碳化合物，而甲醛和乙醚可以通过光解继续生成 HO_2 自由基。由于甲醛及乙醚的生命周期（约几个小时）相较异戊二烯（1 h 左右）较长，因而可以被输

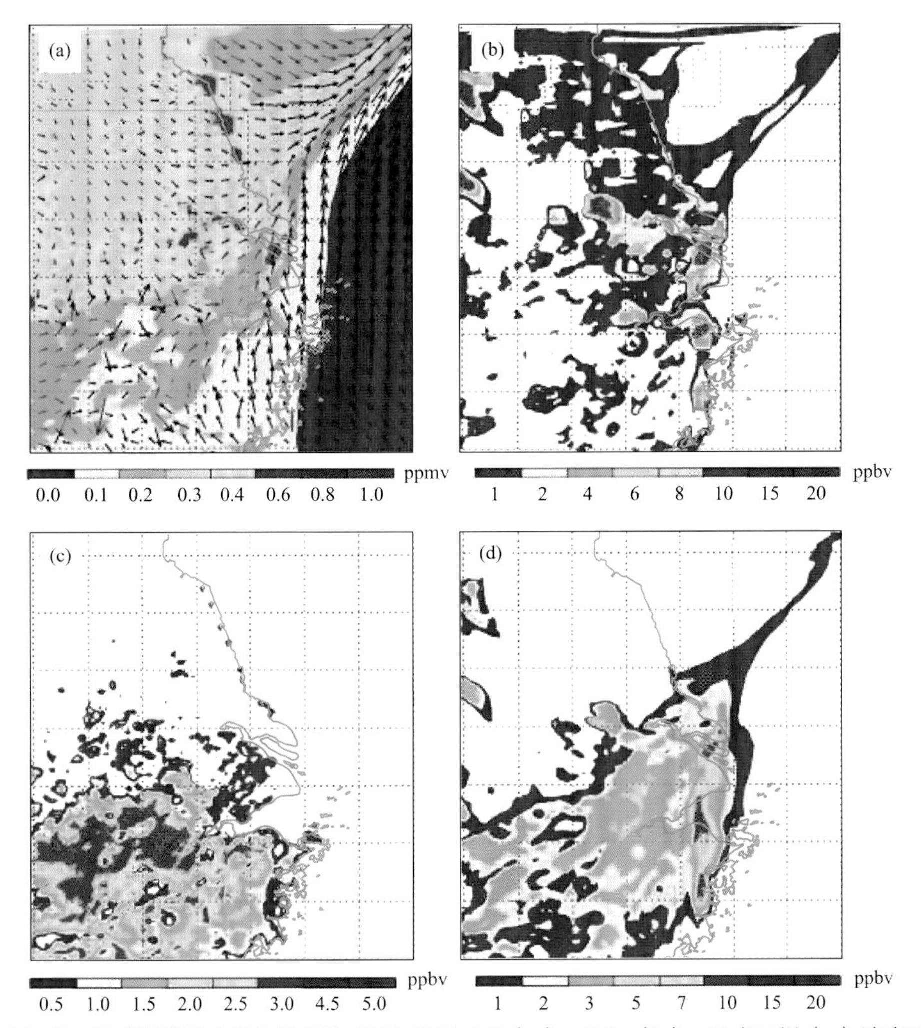

图 1.52　模式模拟的 2009 年 7 月 12 日 12 时 CO（a）、NO_x（b）、异戊二烯（c）浓度和由于生物异戊二烯排放导致的 O_3 浓度差异（RUN-0-RUN-1）（d）

送到下风向地区，例如上海城区，由于 NO_x 浓度较高，与 HO_2 自由基反应能够促进臭氧的生成。

图 1.54 显示了由于生物异戊二烯排放导致的 RO_2 浓度的差异。由于异戊二烯的氧化，RO_2 浓度显著上升，最高可增加 30 pptv。然而，RO_2 的增加仅限于森林地区，因而使得臭氧的生成也主要发生在森林地区。由图 1.54 可以看出，臭氧的生成对 NO_x 浓度更加敏感，例如在东部沿海地区，尽管 RO_2 并未明显增加，但由于 NO_x 浓度较高，因而臭氧的化学生成较森林区域更强。当考虑了长寿命的含碳化合物（如甲醛和乙醚）的作用，上述臭氧生成的分布就能得到很好的解释。生命周期相对较长的甲醛和乙醚可以输送到更远的下风向，进而光解产生更多的 HO_2 自由基，一旦与 NO_x 反应将促进更多臭氧的生成。图 1.55 即为模拟中下风向甲醛和乙醚浓度的增加情况，随着二者浓度的增加，HO_2 也增加了 6～8 pptv，进而在下风向 NO_x 浓度较高的区域造成了更多臭氧的生成。以上就是浙北森林排放的 BVOCs 对上海及周边地区臭氧生成影响的主要途径。

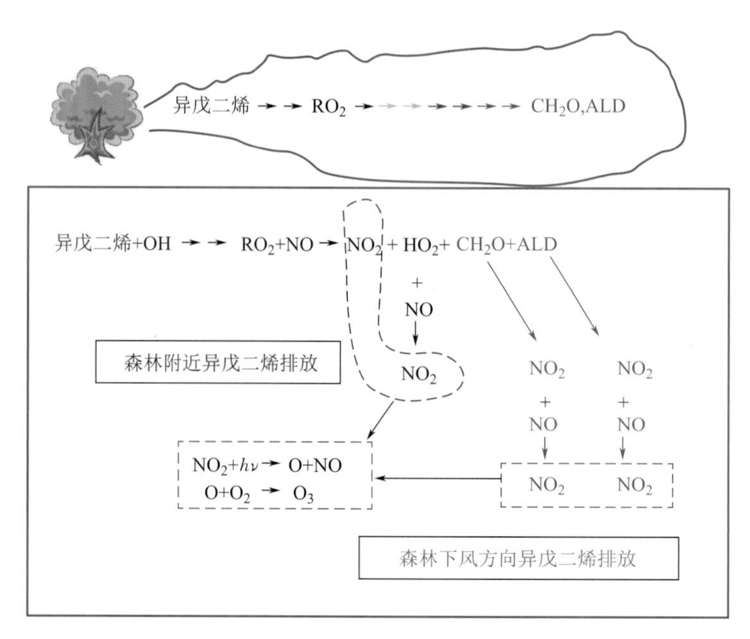

图 1.53　生物排放对森林及其下风向地区臭氧光化学生成的影响机制

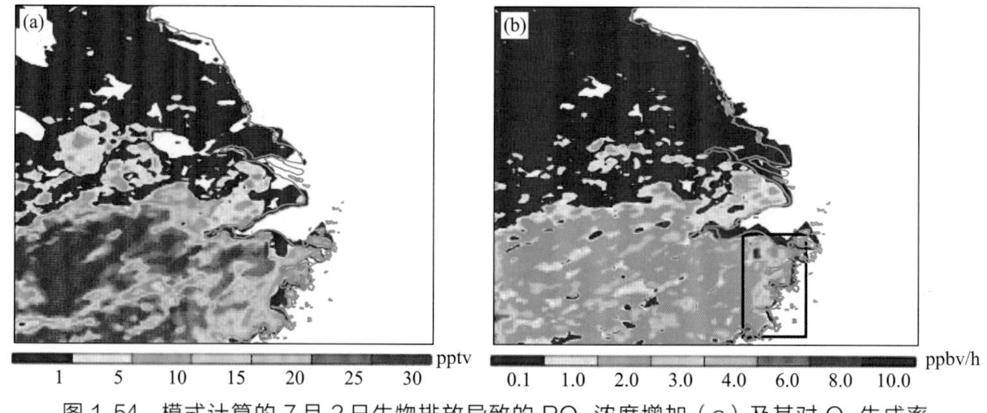

图 1.54　模式计算的 7 月 2 日生物排放导致的 RO_2 浓度增加（a）及其对 O_3 生成率的贡献（b）（图中方框表示东部沿海高浓度 NO_x 排放区）

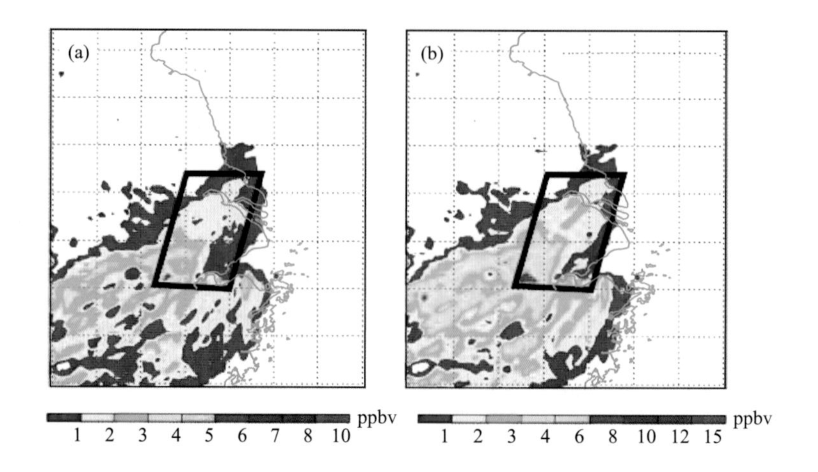

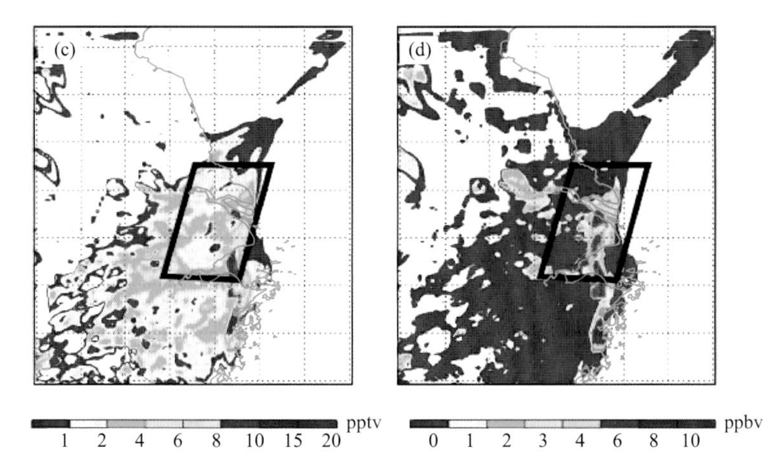

图1.55 WRF-Chem模式计算的7月2日中午生物排放导致的CH_2O（a）和ALD（b）浓度增量，以及由此产生的HO_2（c）和O_3（d）浓度增量（黑色平行四边形代表森林的下风方向）

1.3 上海臭氧和前体物的垂直结构

1.3.1 臭氧探空

1.3.1.1 上海臭氧垂直分布月统计特征

理解上海臭氧垂直分布特征有利于深入了解臭氧形成机理。2007年5月—2009年12月在上海市气象局宝山国家气候观象台每月实施一次臭氧探空观测，分析结果表明臭氧的垂直分布主要受光化学和动力输送作用的影响。光化学对臭氧分布的影响在边界层和平流层中上层非常显著。边界层内臭氧浓度呈正梯度变化，气温、辐射、水汽等因素的影响，造成了边界层内臭氧浓度夏季最高，冬季最低的季节变化特征。在26 km以上的平流层中上层，光化学作用使得夏季平流层中上层臭氧浓度最高，冬季相反。动力输送作用对对流层上层至平流层低层10～17 km高度的臭氧影响显著，平流层－对流层交换使得春季该层臭氧浓度最高。

上海地处亚热带季风气候区，呈现季风性、海洋性气候特征。2007—2009年与常年相比，气温偏高、降水偏多、日照时数偏少。秋冬季上海盛行西北风，气候寒冷干燥；而且春末—夏季盛行东南风，暖热湿润，其中7—8月在西北太平洋副热带高压（WPSH，简称“副高”）控制下，有时出现西南风高温高湿天气；春、秋季的前期是季风转换的过渡季节，一般以东北风和东风为主。

观测期间，上海臭氧数密度年平均廓线（图1.56a）显示上海地区边界层内臭氧呈正梯度变化，地面浓度最低，至1.6 km高度臭氧浓度达到最大，边界层峰值浓度为1.15 e^{12} mol/cm^3。研究表明，上海地区臭氧化学反应处于VOCs控制区，臭氧浓度随着氮氧化物增加而减少。

氮氧化物的垂直分布是影响臭氧垂直分布的重要因素，长三角地区飞机观测发现，氮氧化物在地面浓度最高，随着高度增加浓度迅速减小，在边界层内臭氧分布与氮氧化物的分布呈反相关，臭氧在边界层内随高度上升而增加。从臭氧探空曲线可以看出，在 1.6～10 km 高度范围的自由对流层，臭氧随高度逐渐减少。10～15.6 km 臭氧浓度变化不大，臭氧浓度为 6～7 e^{11} mol/cm^3。15.6 km 以上臭氧急剧增加，在平流层 25 km 高度附近形成臭氧最大峰值，臭氧极大值浓度约为 4.34 e^{12} mol/cm^3，臭氧主要分布为 15.6～35 km，该区域集中了 75%的臭氧。

上海地区臭氧垂直廓线具有非常明显的季节变化（图 1.56a）。在边界层内夏季臭氧浓度最高，边界层臭氧峰值浓度为 1.43 e^{11} mol/cm^3，春季次之，冬季最低（9.22 e^{11} mol/cm^3）。夏季，边界层气温高、太阳辐射强度强（图 1.56b），有利于臭氧的光化学生成，因此浓度最高。冬季，由于气温低、辐射弱，光化学反应速率慢，边界层臭氧浓度偏低。春、秋两季边界层气温相似，太阳辐射强度相当，但臭氧浓度却差别明显。分析相对湿度垂直分布（图 1.56c）发现，秋季边界层内的水汽含量比春季更为丰沛，水汽与臭氧的反应是对流层臭氧一个重要的汇，两者的反相分布特点在很多观测中都有反映，较高的水汽是造成秋季边界层内臭氧浓度偏低的可能原因。边界层内臭氧浓度的变化受到气温、辐射、水汽等因素的影响，反映了光化学过程对臭氧分布的重要作用。边界层臭氧峰值位置的季节变化与峰值浓度的季节变化相反，春、夏季峰值位置最低，为 1.2 km，秋季其次，冬季最高，为 2.4 km。

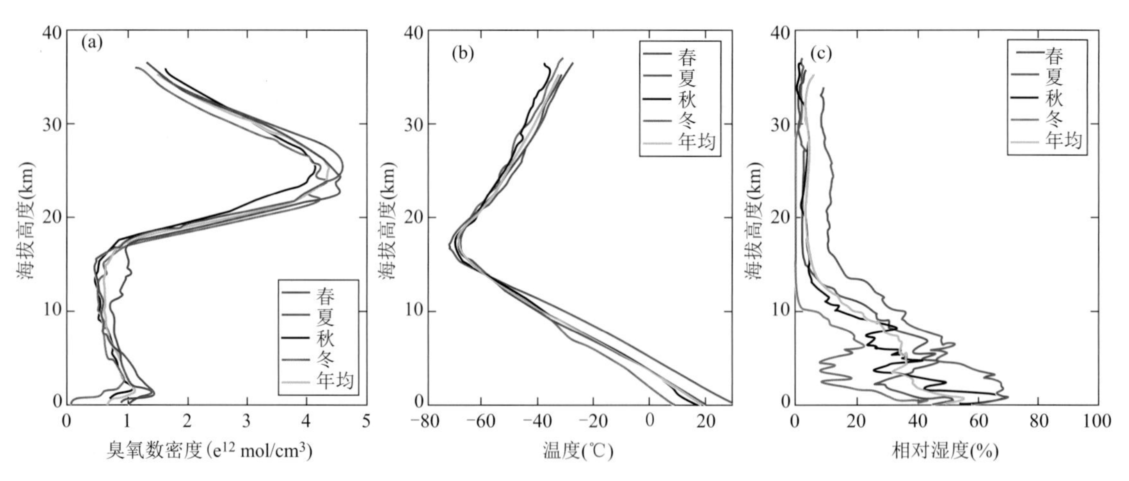

图 1.56　上海宝山臭氧数密度（a）、温度（b）和相对湿度（c）的垂直分布

边界层以上至平流层低层 17 km 高度，春季臭氧浓度明显高于其余季节，14 km 高度附近的臭氧浓度较其他季节高 2 倍左右，形成了较为明显的臭氧次峰。图 1.57 显示了观测期间所有的臭氧廓线，发现春季臭氧在对流层 5 km 高度以下以及 9 km 高度以上变化较为剧烈，且臭氧浓度明显高于其他季节。5 km 以下是上海地区自由对流层臭氧的高浓度层，该高度经常形成不稳定的臭氧浓度峰值。研究表明，低层对流层臭氧峰值与温度有关。由于逆温层的存在使得自由大气中较高臭氧浓度的空气难以向下传输，因此，逆温会使边界层顶附近形成臭氧峰值，同时氮氧化物的垂直分布也会加剧边界层内臭氧正梯度分布的效应。当低层有多个对流层逆温层时，对应出现了多个臭氧浓度峰值，其中以双逆温层对应双臭氧峰值

居多。观测期间，对流层低层 5 km 以下逆温对应臭氧峰值出现的概率为 45.95%，以 2008 年 3 月 6 日较为显著，0.3 km 和 3 km 高度分别出现逆温层，1 km 和 4 km 高度形成臭氧峰值。春季是中纬度地区对流层顶折叠现象的多发季节，该季节释放获取的 15 条廓线中，双次峰和多个次峰型臭氧廓线出现的概率为 53.33%。一些研究表明，臭氧次峰的分布变化明显受高空天气过程的影响，在春季，同属长三角州地区与上海纬度相近的临安由于冷空气和气旋活动导致平流层空气侵入对流层，使对流层顶附近出现明显的臭氧次峰。上海地区由于高空西北冷平流的影响，在对流层顶附近也多次出现臭氧次峰，其中以 2008 年 3 月 12 日、2009 年 4 月 8 日和 15 日最为显著，臭氧次峰浓度超过 2 e^{12} mol/cm^3。

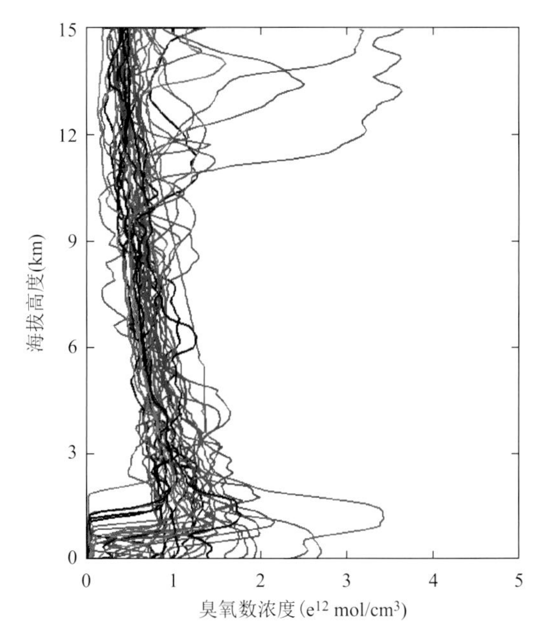

图 1.57　观测期间上海宝山臭氧探空廓线
（春季蓝色，夏季红色，秋季黑色、冬季洋红色）

平流层内不同高度的臭氧浓度随季节变化有所不同，在 17～21 km 的平流层下层，季节差异相对较小，冬、春季臭氧略微大于夏、秋季。21～26 km 臭氧浓度的季节差异发生了转变，随高度增加冬季逐渐成为臭氧浓度最小的季节，而夏季逐渐变成臭氧浓度最大的季节。26 km 以上的平流层中上层臭氧浓度与平流层下层呈反相变化，由于平流层中上层臭氧主要由光化学反应控制，北半球夏季太阳辐射最强，因此，夏季平流层中上层臭氧浓度最高，冬季则反之。不同季节平流层臭氧最大峰值的浓度、峰值宽度和峰值位置也有明显差异：春、夏季峰值浓度较大，峰值宽度较广；秋、冬季峰值浓度较小，峰值宽度窄。臭氧最大峰值高度在冬季最低约为 24 km，夏季最高约为 26 km，夏季从对流层向平流层的输送过程较强，低浓度对流层臭氧的输入使得平流层下部臭氧浓度变低，而夏季北半球光化学作用强，平流层中部的臭氧浓度增加，两者的作用使得夏季臭氧峰值高度升高，这种臭氧峰值高度的季节变化在同纬度的合肥同样存在。平流层臭氧浓度变化主要由光化学反应和动力输送机制共同决定，其季节变化体现了两种机制的季节差异。

表 1.6 为臭氧垂直廓线一些特征量的年平均、季节平均以及相应的标准偏差，其中臭氧总量由两部分构成，探空观测的臭氧廓线积分和气球爆破高度以上的臭氧，本节中球破高度以上的臭氧采用 McPeter 反演的 30°～40°纬向平均的月平均臭氧积分气候值。探空观测表明，上海臭氧总量年平均值为 282.44 DU（DU 为多普森单位），低于北京地区的观测结果，大气臭氧的全球分布主要与地理位置和季节有关，臭氧总量的极小值在热带，随着纬度增大，臭氧总量也变大，在高纬度（60°～80°）地区达到最大值。上海地区臭氧总量季节变化明显，春季最多，为 302.61 DU，秋、冬季节是臭氧总量最少的时期。根据 TOMS 卫星在长江三角洲地区的探测，发现长三角洲地区臭氧总量在春季的 5 月最大，臭氧总量超过 310 DU，

11 月最小，臭氧总量略高于 260 DU，冬季也是长江三角洲地区臭氧总量较低的季节，宝山站探空观测的臭氧总量季节变化与区域相似。

表 1.6　2007 年 5 月—2009 年 12 月上海宝山臭氧探空数据　　单位：DU

	边界层 0～1.5 km	自由对流层 1.5～12 km	平流层 12 km～	臭氧总量
春	6.59±2.22	35.95±5.24	260.07±21.24	302.61±25.61
夏	6.89±5.67	29.76±9.06	250.55±11.74	287.20±16.98
秋	4.51±2.89	29.52±3.08	236.66±7.44	270.69±7.52
冬	2.09±1.88	26.43±3.39	240.70±24.31	269.22±28.57
年平均	5.02±3.57	30.42±6.55	247.00±20.09	282.44±25.72

上海地区边界层、自由对流层以及平流层的臭氧积分量体现了各层臭氧廓线的特点，是廓线特征的量化。边界层臭氧积分量受局地排放和光化学反应的影响较为明显，年平均值为 5.02 DU，占臭氧总量的 1.78%。边界层是人类活动的主要范围，虽然臭氧积分量比例较小，但它对环境、生态、健康的影响却非常大。边界层臭氧积分浓度在春、夏季最高，冬季最小，春、夏季臭氧超标最多，其臭氧浓度约是冬季的 3 倍，冬季边界层臭氧仅占臭氧总量的 0.77%。

自由对流层 1.5～12 km 高度范围内的年平均臭氧积分量占臭氧总量的 10.77%左右。该层臭氧积分量在春季最高（35.95 DU），春季适宜的温度和湿度有利于臭氧的生成，上述分析也表明平流层下传的高浓度臭氧使得自由对流层顶上部臭氧浓度高于其他季节，光化学和动力输送的因素导致春季自由对流层臭氧浓度较高。冬季，自由对流层臭氧积分量最小，为 26.43 DU。

大部分臭氧集中在平流层内，上海宝山探空观测的平流层年平均臭氧积分量占臭氧总量的 87.45%，平流层中的臭氧吸收了大部分紫外辐射，是地球防止紫外线辐射的屏障，对全球生态系统有重要作用，也是影响平流层大气动力、热力和化学过程的重要成分之一。平流层臭氧积分量季节差异不大，与年平均量相比变化在−4.19%～5.29%，春季最高，秋季最低，方差的大小也表明春季臭氧变化幅度较大。

1.3.1.2　典型天气过程的臭氧垂直特征

为了研究典型天气过程下臭氧的垂直变化特性，在宝山进行了臭氧探空加密观测试验。该试验于 2017 年 10 月 9 日 20 时开始，2017 年 10 月 14 日 14 时结束。每天进行 3 次探空观测，施放时间分别为北京时间 08 时、14 时和 20 时，分别代表一天中的早、中、晚时间段。施放前，仪器准备工作严格按照操作规程进行，没有发现异常的仪器参数变化，保证了数据的可靠性。探空仪在对流层的升速平均为 5～6 m/s，即对流层臭氧垂直分布的有效分辨率在 50～60 m。探空仪从地面飞到 5 km 高度这一时段内，与上海宝山气象站点的水平距离在 15 km 之内。

上海地区 9 日高空受副热带高压控制，底层为东南风，低云较多，为多云间阴的天气。由于低层湿度较大，气压也较低，10 日早晨前后，东部沿海地区出现大雾。10 日地面受暖气团控制，以多云天气为主，气温上升快，受高空槽东移及浅层冷空气南下影响，10 日夜间到 11 日出现降水及降温过程。12 日处在高空槽前，受低空锋区和切变线影响，阴有时有小雨。13 日受弱高压楔控制，以多云天气为主。14 日受台风“卡努”倒槽云系影响，下午起逐渐转阵雨天气，风力逐渐加大。图 1.58 中存在着低空锋区、切变和急流现象，与后面的臭氧浓度垂直变化相关。

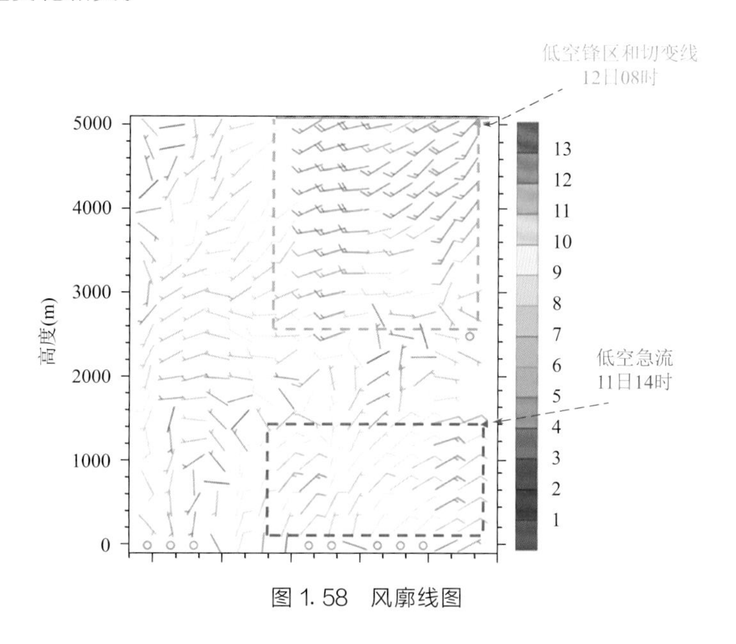

图 1.58 风廓线图

从地面观测要素（略）也可以看出 10 月 9—14 日，出现了一次降雨与降温的天气过程，分界点为 10 月 11 日 00 时左右。地面温度降低、降雨出现、风向转变和气压上升为特征现象，地面臭氧浓度由具有明显的局地光化学日变化转变为不明显，整体浓度上升。

由图 1.59 可以看出 9—14 日上海宝山上空风场及温湿层结变化。10 日 08 时，整层风力较小，风向随高度顺转，有暖平流影响上海，低空为一致的偏南气流。600～250 hPa 存在对流有效位能（CAPE）大值区，为不稳定层结，以上升运动为主。600 hPa 以下呈现上干下湿的配置，低云较多，低空有一定的下沉运动。10 日 20 时，高空风力开始增大。CAPE 大值区扩展到 850～200 hPa，上升运动进一步加大，低云较多。11 日 08—20 时，整层风力增大，有冷平流影响上海，低空为一致的偏北气流。500 hPa 以下存在下沉对流有效位能（DCAPE）大值区，说明该层以下存在下沉运动。600 hPa 以下大气饱和，云系较多，以阴天为主。12 日 20 时，整层大气饱和，高空风力进一步增大。13 日 20 时—14 日 08 时，低空 850 hPa 以下为一致的东北偏东气流控制（南海台风外围环流影响），风力较大，且 850 hPa 为干区，该层以下存在 DCAPE 大值区，该层到地面有下沉运动区。

图 1.60 显示了连续 5 d（每天 3 次探空）共计 15 条臭氧廓线。500 m 以下受低空急流、近地面混合和光化学反应的共同作用，表现出 O_3 浓度随高度递减的特征，但浓度不一：冷空气前地面臭氧浓度偏低 5～20 ppbv（除 10 日 14 时 50 ppbv，静稳天气）；冷空气后地面 O_3 浓度整体上升 30～55 ppbv（除 11 日 08 时 15 ppbv，降雨直接影响）；在 500～2500 m 高度上，9 日 20 时—11 日 08 时，O_3 垂直浓度变化波动较大；11 日 14 时—14 日 14 时，O_3 浓度垂直变化率趋势较一致；2500 m 以上高度，O_3 垂直浓度出现明显变化的拐点形态，表现为 2017 年 10 月 12 日 08 时前后臭氧垂直浓度由增加变为减少的过程（12 日 08 时，观测

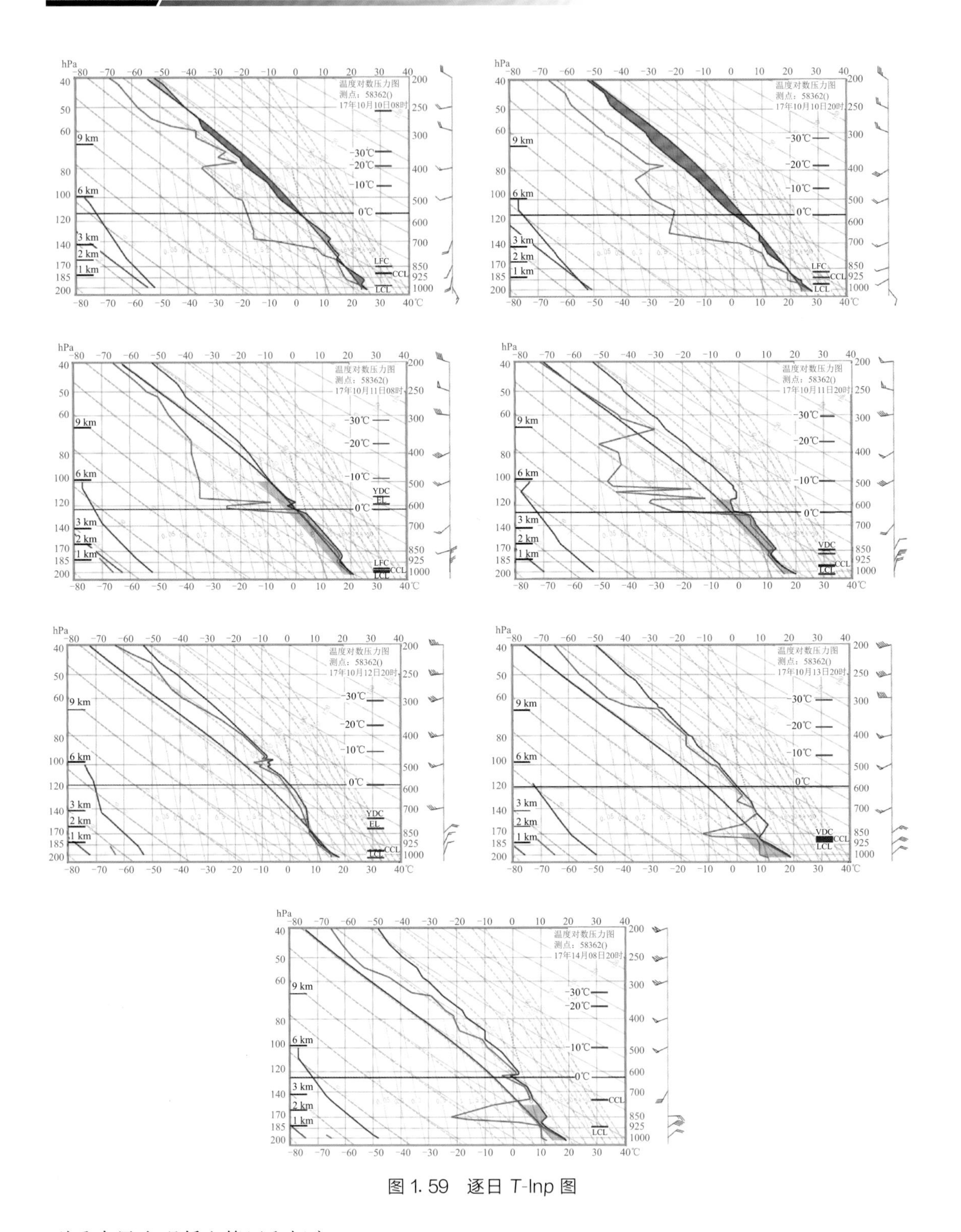

图 1.59　逐日 T-lnp 图

到垂直风出现低空锋区和切变）。

以臭氧廓线为核心研究对象，配合同步的比湿、位温、风向风速综合分析上海低空（0～5 km）臭氧垂直特征和影响因素。图 1.61 是每次探空的廓线图。动力、热力和光化学反应是影响臭氧垂直分布的 3 个因素：热力上选取 08 时、14 时和 20 时，分别代表混合层起始

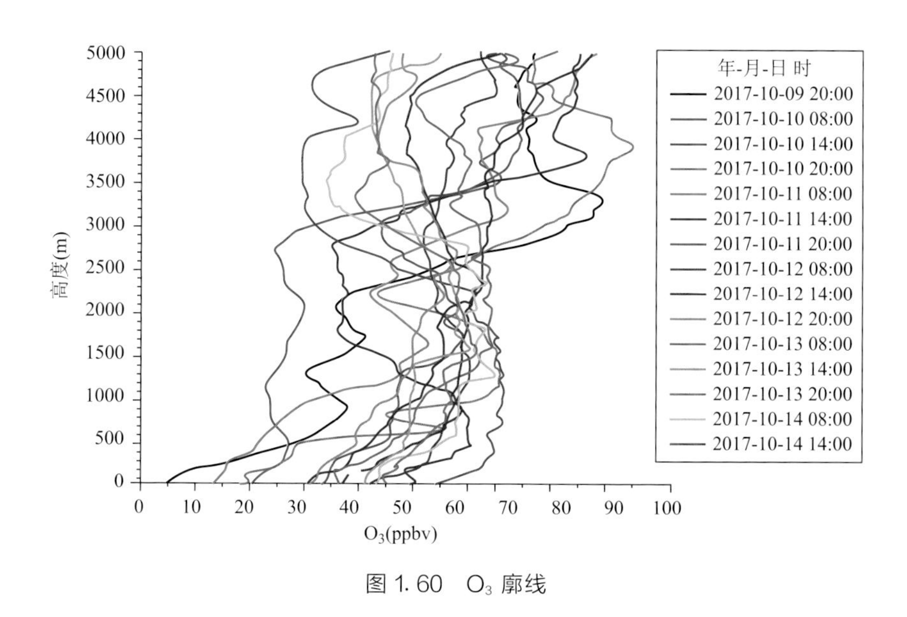

图 1.60　O_3 廓线

发展、混合层充分发展和混合层下降过程段特征；动力上通过风向风速分析水平和垂直方向的输送过程；光化学反应上分析污染来源和前体物的化学反应作用。

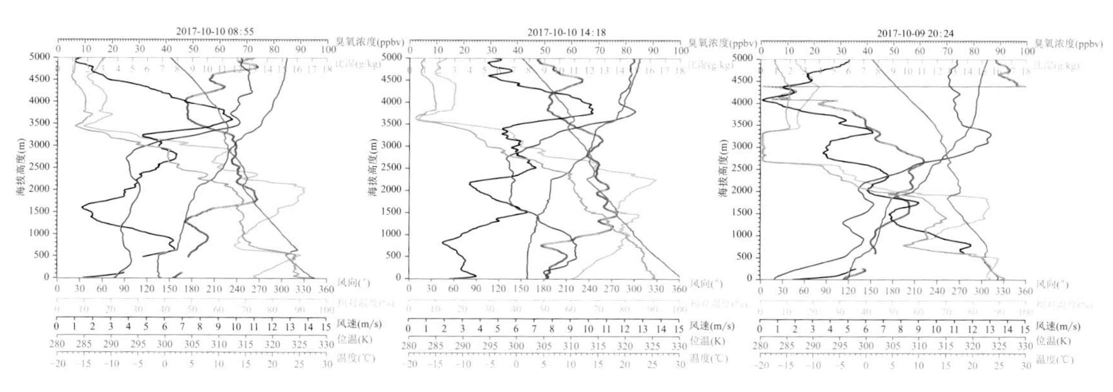

图 1.61　各探空要素廓线

（1）平流层向对流层输送现象

观测期间（图 1.62），发现 9 日 20 时和 14 日 08 时 2 次均有明显的平流层向对流层的臭氧输送过程，高度分别在 2700～3300 m、1300～2300 m。其高度区间比湿几乎为 0，对照前后过程时间看出，期间所对应的臭氧浓度相对偏高。此现象可推测为对流层顶折叠现象所致，需要结合天气系统进一步分析。

（2）混合层与臭氧光化学的关系

通过图 1.63 利用位温、比湿判断混合层高度的变化，揭示混合层变化对臭氧浓度的影响。可以看出，光化学反应与混合层的发展影响着臭氧廓线形态。夜间存在残留层臭氧浓度，如 2017 年 10 月 10 日 20 时。

（3）低空臭氧浓度分层特征

上海低空臭氧廓线可分为 500 m、2500 m 及大于 2500 m 的主要结构，500 m 以下受低空急流、近地面混合和光化学反应机制及臭氧自然沉降作用，表现出浓度梯度递减的特征，

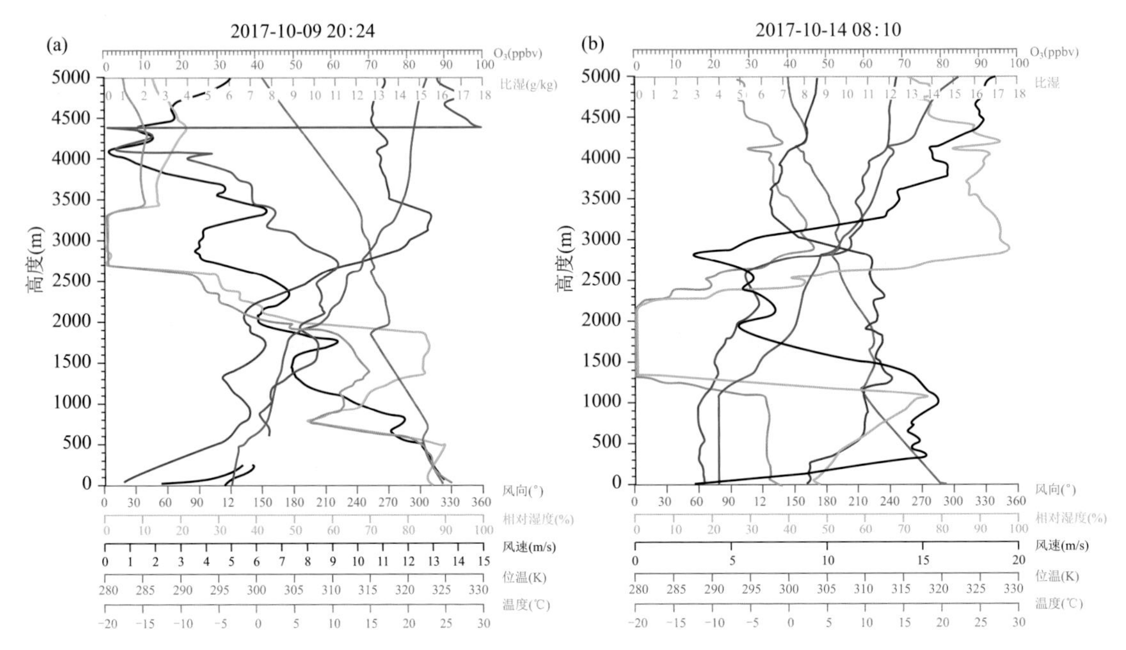

图 1.62　平流层往对流层输送现象案例

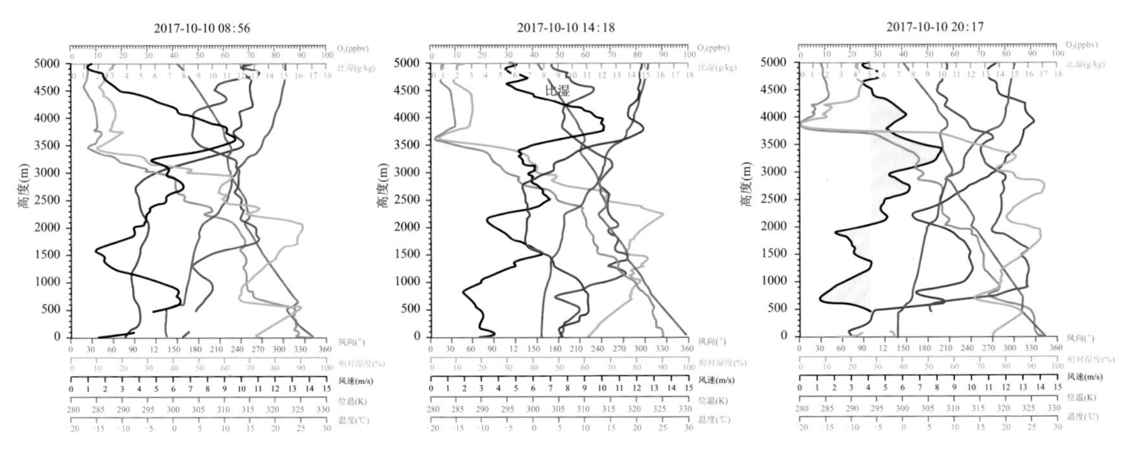

图 1.63　混合层与臭氧光化学的关系案例

浓度特征表现不一；500～2500 m，浓度均为 50～60 ppbv；2500 m 以上，则表现出不同的廓线特征，因受输送、混合、上下交换重叠影响。

1.3.2　飞机观测试验

污染物的垂直变化是了解污染物分布特征、输送扩散状况并进而开展预报和预警的重要因素，但在过去很长的一段时间内，由于技术难度高、经济负担重等因素开展垂直观测非常困难。在 2007 年世界夏季特殊奥林匹克运动会期间，上海市气象局联合北京市人工影响天气办公室在上海及周边地区首次开展了大气成分飞机观测试验。2007 年 9 月 28 日至 10 月 11 日，共飞行了 7 个架次（设备状况见图 1.64），获得了从地面到高空的反应性气体（CO、

NO、NO_2、NO_x、SO_2、VOCs、O_3 等）浓度、气溶胶（谱分布、数浓度及 CCN 浓度）和气象参数共 20 多万个宝贵数据，首次得到了上海及周边地区不同高度大气成分的分布以及海陆结合处大气成分的垂直和水平分布，为研究长三角地区污染物的长距离输送和转化积累了科学数据。

图 1.64　飞机观测设备简图

下面以 2007 年 9 月 30 日至 10 月 11 日 5 次飞行试验观测结果为例，分析飞机观测上海及周边地区主要大气污染物垂直分布特征。5 次飞行观测时间分别为 9 月 30 日（flight-1）、10 月 2 日（flight-2）、10 月 5 日（flight-3）、10 月 9 日（flight-4）和 10 月 11 日（flight-5），其中 flight-2 和 flight-3 航线相似，flight-4 和 flight-5 相似，主要水平航线如图 1.65 所示。5 次飞行的高度均在 3000 m 以下，各飞行高度以及对应露点温度如图 1.66 所示，飞行观测均在边界层高度以内，在快速起飞和降落阶段，飞机快速上升和下降，为靠近无锡城市区域的污染物垂直分布提供了重要的观测数据。

图 1.67a 为 5 次飞行中臭氧浓度的变化情况，观测结果表明，起飞后和降落前的时段，臭氧浓度相对较高，为 40～60 ppbv 且存在较小波动，而在起飞及降落时段（靠近无锡城市地区）浓度变化较大。边界层内，臭氧浓度在垂直方向呈现负梯度，近地面臭氧浓度较低，可能与 NO_x 浓度较高有关。图 1.67b 为对应 NO_x 浓度变化情况，NO_x 浓度与臭氧浓度呈现明显的负相关，在起飞后及降落前时段浓度相对较低，不到 10 ppbv。然而，在起飞及降落时段（靠近无锡城市地区），浓度有所上升。边界层内，NO_x 浓度呈现正的垂直梯度，近地面浓度较高，随高度增加浓度降低。近地面臭氧及 NO_x 浓度观测结果表明，该区域 NO_x 在臭氧消耗中具有重要作用，这与上海及附近区域臭氧生成处于 VOCs 控制区特征一致。

从区域特征来说，观测区域分为近城市（NCITY）观测以及郊区边界层（RPBL）观测两类。在 NCITY 观测中，飞行路线覆盖的垂直高度介于近地面至约 1500 m 的区域内，而在 RPBL 中，观测多集中于远离城市 500～2500 m 高度区域。图 1.68 为两种观测情形下各主要大气成分平均浓度变化情况。NCITY 对应臭氧浓度为 15～40 ppbv，而 RPBL 对应臭

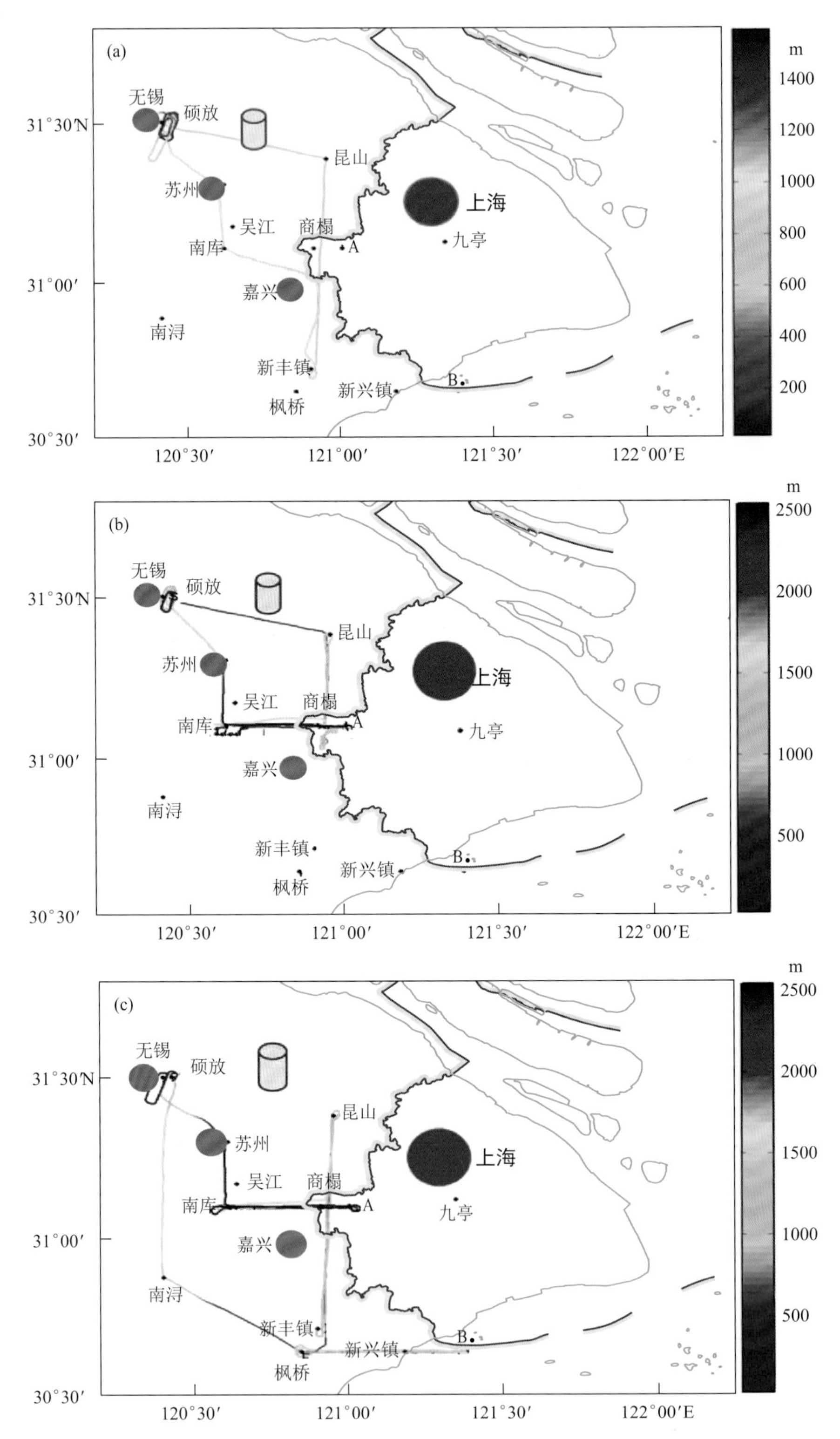

图 1.65　9 月 30 日（a）、10 月 2 日（b）和 10 月 11 日（c）　3 次飞行航迹

（红色代表上海位置，棕色代表上海周边主要大城市，如苏州、无锡、嘉兴，

绿色圆柱体代表常熟发电站位置。航迹颜色代表不同飞行高度）

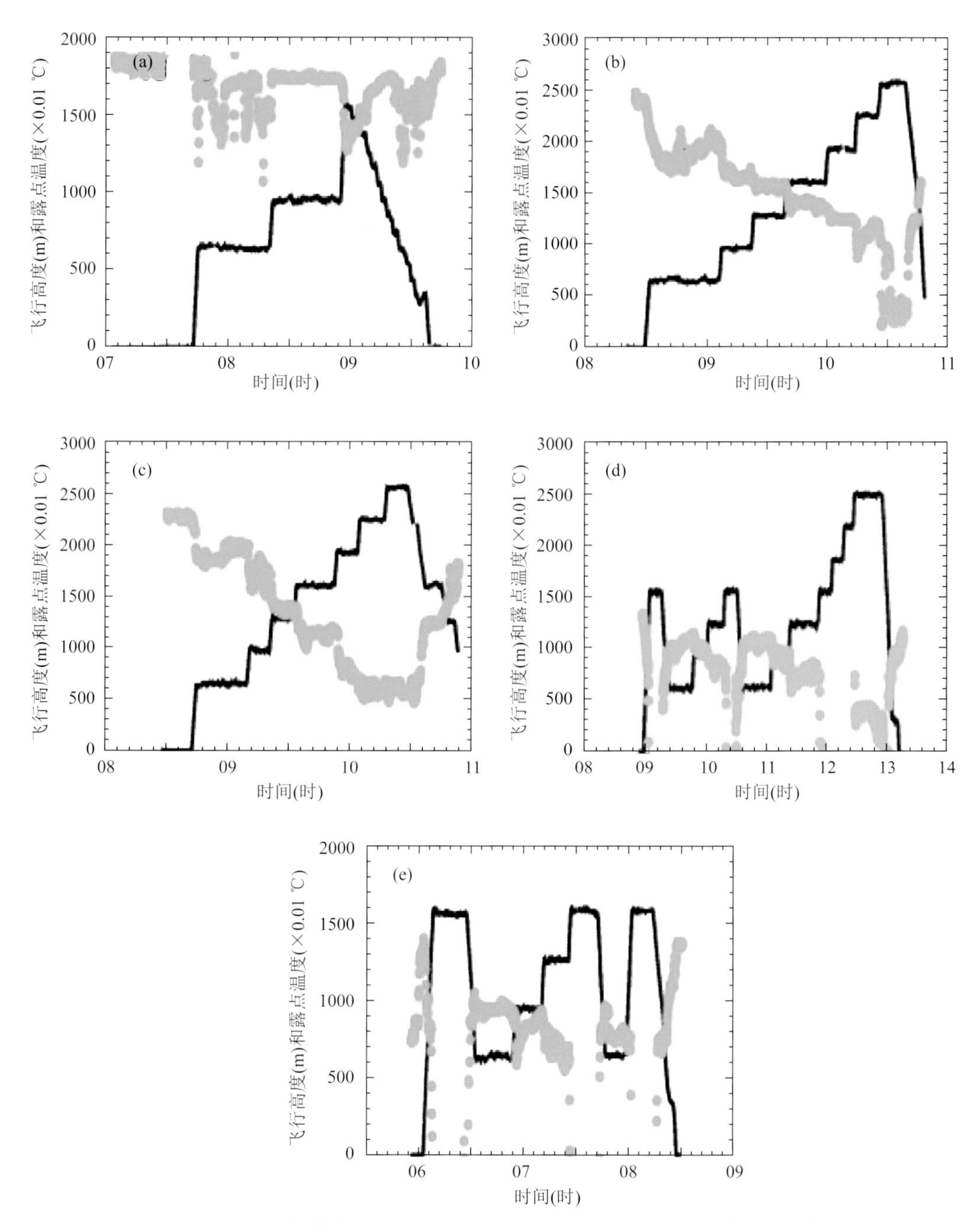

图1.66　5次航线的飞行高度（黑色线）以及对应露点温度（绿色点）
（a. 9月30日；b. 10月2日；c. 10月5日；d. 10月9日；e. 10月11日）

氧浓度为45～60 ppbv。受人为排放影响，观测 NO_x 浓度呈现较大变化，最高浓度出现在NCITY区域，介于10～40 ppbv，而靠近郊区 NO_x 浓度多小于5 ppbv。SO_2 浓度特征与 NO_x 相似，在NCITY较高，为7～35 ppbv，而RPBL对应浓度多低于5 ppbv。CO浓度较高，由于生命周期较长，相较 NO_x 及 SO_2 更容易输送至城市下风向地区，因而浓度变化较小，介于3～7 ppmv。

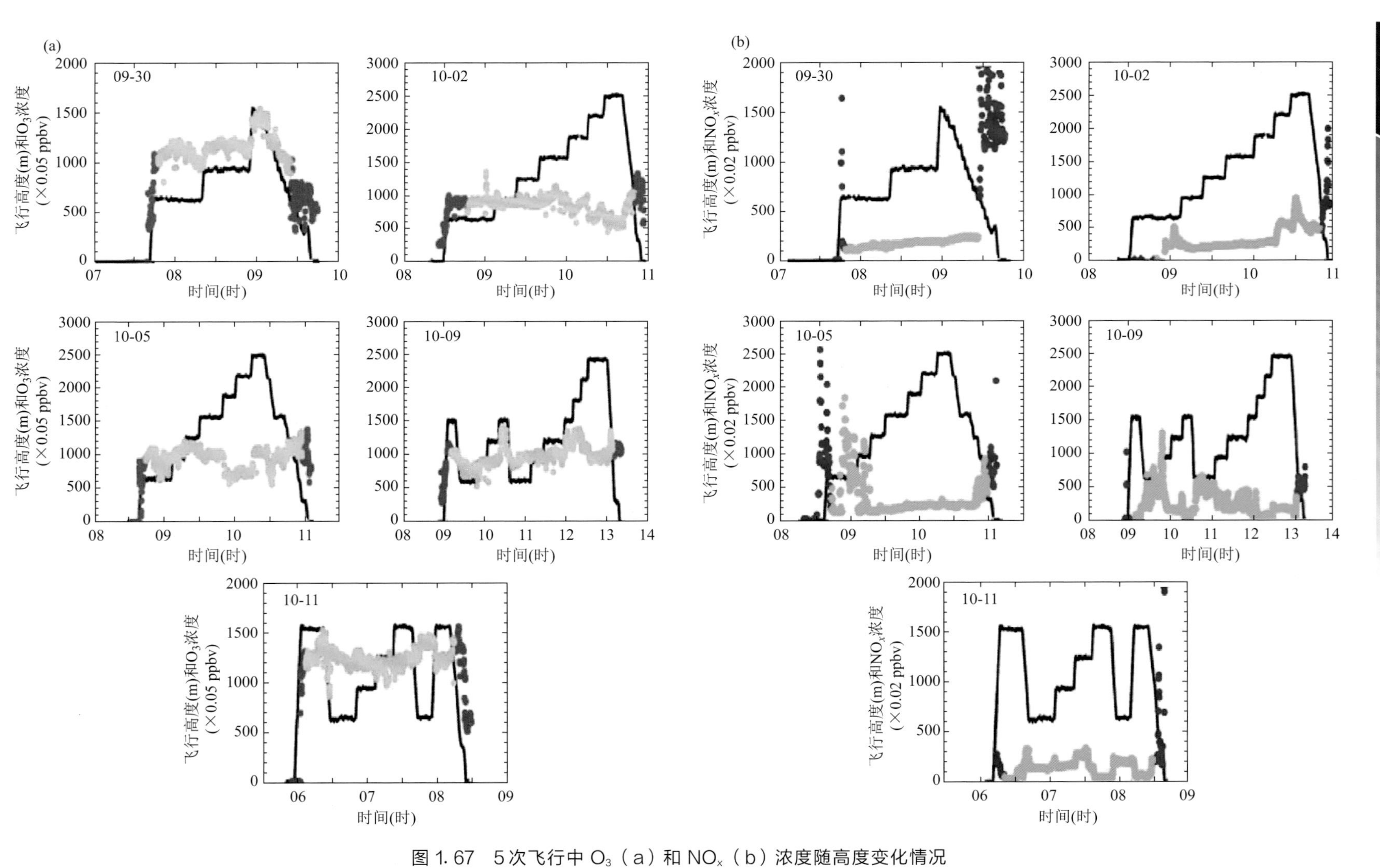

图 1.67　5 次飞行中 O_3（a）和 NO_x（b）浓度随高度变化情况

（黑线表示飞机飞行高度，红色和黄色点表示 O_3 浓度，蓝色和绿色点表示 NO_x 浓度；图左上角为日期）

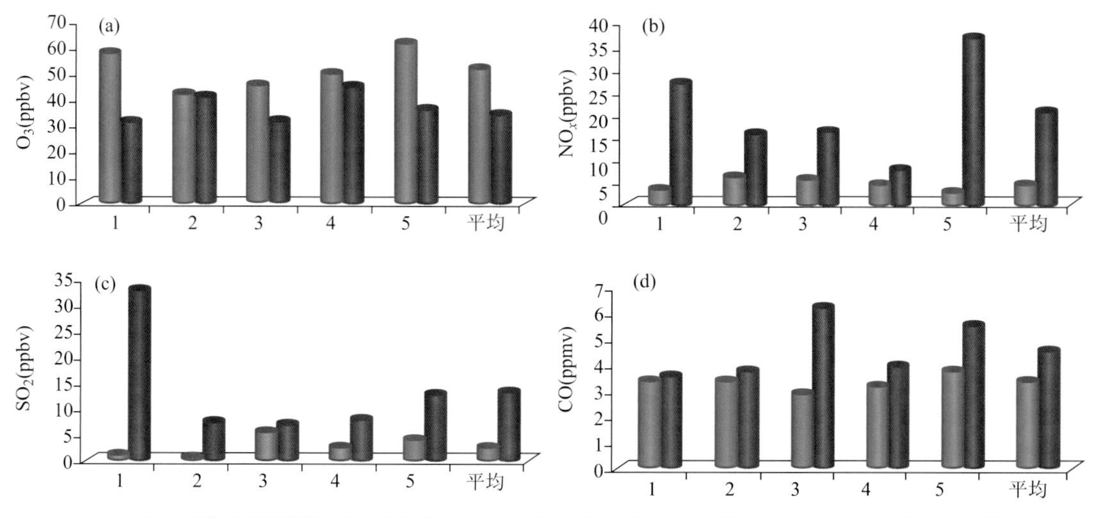

图 1.68　5 次飞行观测中近城市（NCITY，红色柱形）和郊区边界层（RPBL，蓝色柱形）区域 O_3（a）、NO_x（b）、SO_2（c）和 CO（d）平均浓度

在郊区边界层（RPBL）区域 NO_x、SO_2 以及 CO 浓度与其化学消耗速率密切相关，主要的气态化学机制由以下 3 个化学反应所示：

$$CO+OH \rightarrow 产物+HO_2 \tag{1.1}$$

$$SO_2+OH \rightarrow 硫酸盐 \tag{1.2}$$

$$NO_2+OH \rightarrow HNO_3 \tag{1.3}$$

在 298 K 时，式（1.1）～（1.3）的反应速率分别为 2.4×10^{-13}、8.9×10^{-13} 和 1.1×10^{-11}。由于 SO_2 及 NO_x 相较 CO 消耗速率更快，因而在城市向郊区输送的过程中，二者损耗更高，使得浓度城郊差异相较 CO 更大。例如，相较城市高排放区域，郊区 NO_x 及 SO_2 平均分别约下降 72%及 80%，而 CO 浓度仅下降 18%。

由上述观测分析发现，上海及周边区域臭氧与 NO_x 浓度呈现负相关变化，表现出明显的臭氧生成受 VOCs 控制的特征。臭氧对 VOCs 及 NO_x 的敏感性可以大致分为以下两种情况：

在高 VOCs 浓度及低 NO_x 浓度条件下（NO_x/VOCs 值很低）：

$$OH+VOCs \rightarrow RO_2+产物 \tag{1.4}$$

$$RO_2+NO \rightarrow NO \rightarrow NO_2+产物 \tag{1.5}$$

$$NO_2+h\nu \rightarrow O_3 \tag{1.6}$$

在低 VOCs 浓度及高 NO_x 浓度条件下（NO_x/VOCs 值较高）：

$$O_3+NO \rightarrow NO_2+O_2 \tag{1.7}$$

$$NO_2+OH \rightarrow HNO_3 \tag{1.8}$$

当 VOCs 浓度较高时，由式（1.4）可知，RO_2 浓度会升高，在这种情况下，NO 排放增加会使得反应式（1.5）中 NO_2 增加，因而有利于臭氧的化学生成，这种臭氧浓度随 NO_x 排放增加的情况被认为是臭氧生成处于 NO_x 控制情形。而当 VOCs 浓度很低，不足以生成足够的 RO_2 时，由于式（1.7）的反应相较式（1.5）更快，此时增加 NO 排放将导致更多的臭氧被消耗，即为本次飞机观测个例对应的臭氧生成为 VOCs 控制的情形。图 1.69

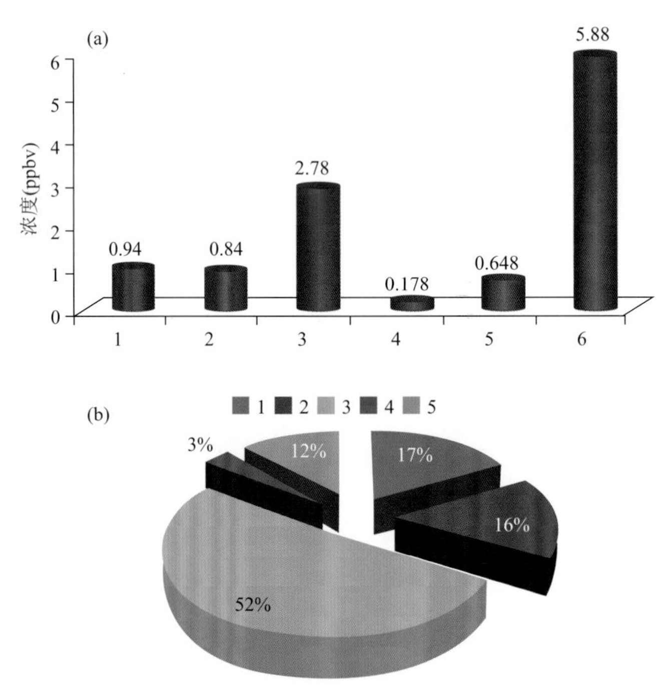

图 1.69　地面观测烯烃（1）、芳香烃（2）、烷烃（3）、酮类（4）、其他（5）以及总 VOCs（6）浓度（a）及其占比（b）

为观测 VOCs 及主要组分浓度情况。总 VOCs 平均浓度较低，约为 5.88 ppbv，其中烷烃是 VOCs 中含量最高的成分，其次为烯烃和芳香烃类有机物，分别占总 VOCs 浓度的 52%、17%和 16%。

图 1.70 为所有飞行观测中臭氧随 NO_x 浓度变化情况，在 NCITY 和 RPBL 两种情形中，臭氧和 NO_x 均呈现负相关，在 RPBL 中，臭氧与 NO_x 的负相关变化更加显著。例如，

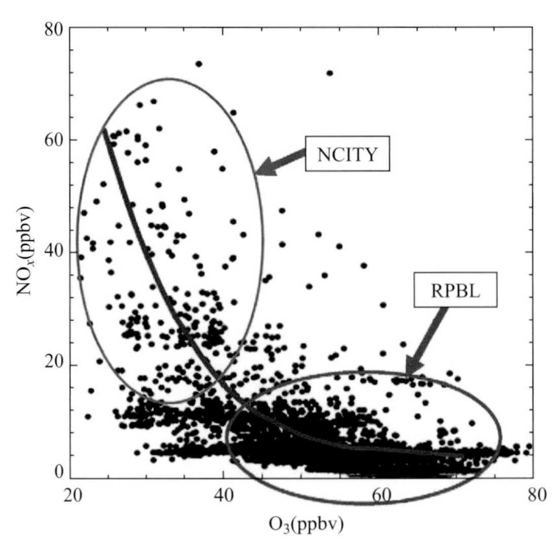

图 1.70　所有飞行观测中 O_3 浓度随 NO_x 浓度的变化

（蓝色和红色分别为近城市（NCITY）和郊区边界层（RPBL）区域观测）

在 RPBL 中，NO_x 浓度从 20 ppbv 降至 5 ppbv，臭氧浓度则从 35 ppbv 上升至 70 ppbv；而在 NCITY 中，NO_x 浓度从 60 ppbv 降至 20 ppbv，臭氧浓度仅由 25 ppbv 上升至 35 ppbv。观测结果表明，臭氧生成在 NCITY 和 RPBL 上均呈现受 VOCs 浓度控制的特征，而在 RPBL 中臭氧浓度对 NO_x 浓度变化更加敏感，原因主要是由于 VOCs 浓度在 RPBL 更低。

臭氧对 NO_x 和 VOCs 浓度变化的敏感性可以进一步用图 1.71 臭氧 EKMA 曲线进行说明。当 VOCs 浓度较高、NO_x 浓度较低（右下区域）时，曲线基本为水平，表明臭氧浓度受 NO_x 浓度变化控制，在这种情况下，VOCs 浓度改变对臭氧浓度影响很小，而 NO_x 浓度增加会显著增加臭氧浓度；当 VOCs 浓度较低、NO_x 浓度较高（左上区域）时，臭氧浓度受 VOCs 浓度变化控制，在这种情况下，VOCs 浓度增加将显著增加臭氧浓度，而 NO_x 浓度增加反而会导致臭氧浓度降低。图中的红色点为飞行观测试验中 VOCs 及 NO_x 平均浓度，表明观测时段的臭氧生成处于显著的 VOCs 控制区。对臭氧生成控制区的确定能够有效地区分影响区域臭氧浓度的关键前体物，对于针对性的臭氧调控具有重要意义。

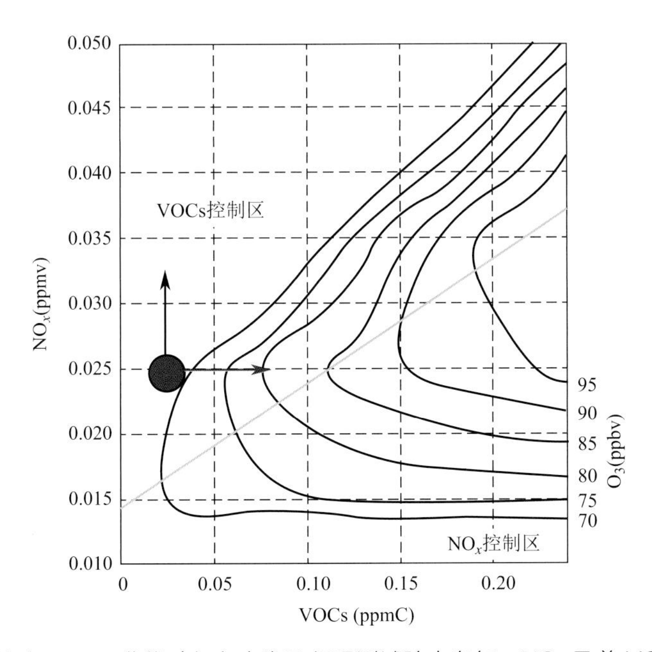

图 1.71　臭氧浓度 EKMA 曲线（红色点为飞行观测试验中臭氧、NO_x 及总 VOCs 浓度关系）

1.4 地面臭氧及其前体物的长期变化

1.4.1　臭氧及其前体物的长期变化特征

2014 年以来，上海采取了清洁空气行动计划减少污染排放（比如 NO_x 和 VOCs），改善环境空气质量。但是 NO_x 和 VOCs 不仅是二次气溶胶的气态前体物，也是 O_3 的重要前体物。鉴于 O_3 的非线性光化学生成，NO_x 和 VOCs 的变化必然影响 O_3 的生成趋势。本节利用上海中心城区徐家汇和背景站东滩的长期观测，分析 O_3 的长期变化趋势，为今后 O_3 和 $PM_{2.5}$ 的协同控制提供参考。采用的观测包括 O_3 及其前体物（NO、NO_2、VOCs）以及 $PM_{2.5}$、CO，其中 VOCs 包括烷烃、烯烃和芳香烃 3 类。研究时段为 2006—2015 年。城市中心徐家汇的 O_3 生成主要受到局地排放的控制，而背景站东滩位于自然保护区内，监测的 O_3 及其前体物主要受到城市气团的传输影响。

图 1.72 显示了 2006—2015 年徐家汇 O_3 及其前体物的逐月变化，O_3 从 2006 年的 15.3 ppbv 显著上升至 2015 年的 25.9 ppbv，上升幅度约为 69%。相比之下，NO_x 则从 52.4 ppbv 下降至 31.9 ppbv，下降幅度约为 40%。徐家汇位于中心城区，主要受交通排放的影响，O_3 的化学生成受局地源的控制。由于大量的 NO 会加快 O_3 向 NO_2 的转化，因此分析 $O_x=O_3+NO_2$ 发现，虽然 O_3 呈现非常明显的上升趋势，但是 O_x 的变化幅度很小，表明 NO_x 的变化可能是影响徐家汇 O_3 升高的原因。

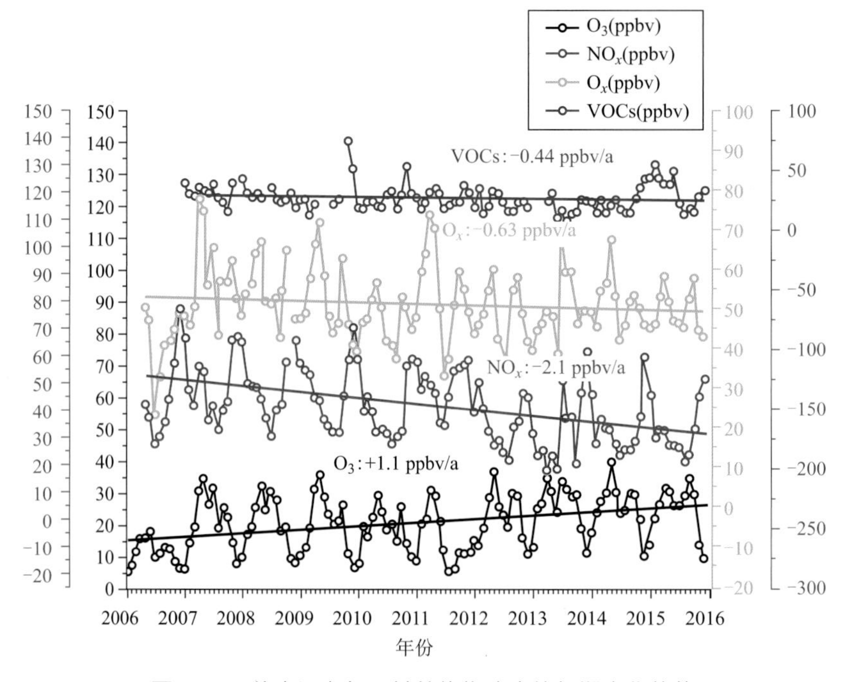

图 1.72　徐家汇臭氧及其前体物浓度的长期变化趋势

图 1.73 显示了 2006—2015 年背景站东滩观测的 O_3 及其前体物的逐月变化。东滩基本不受人为活动影响，NO_x 和 VOCs 的局地排放很少。有研究指出，一些主要活性 VOCs 的生命周期在分钟至小时量级。但是 NO_2 的生命周期相对较长，大约几个小时，因此在有利的风向条件和弱的辐射条件下，NO_2 能够从上海城区传输到东滩。由图可见，东滩观测的 NO_x 浓度为 9.6～13.5 ppbv，远低于徐家汇。此外，2006—2015 年东滩观测的 O_3、NO_x 和 O_x 浓度没有明显的变化趋势，表明 O_3 的快速上升主要局限在城市地区，这和前体物的变化有关。由于东滩站的特殊位置，其观测的短生命周期的 NO_x 和活性 VOCs 以及长生命周期的 CO 和 O_3 有助于理解区域的大气成分特征。

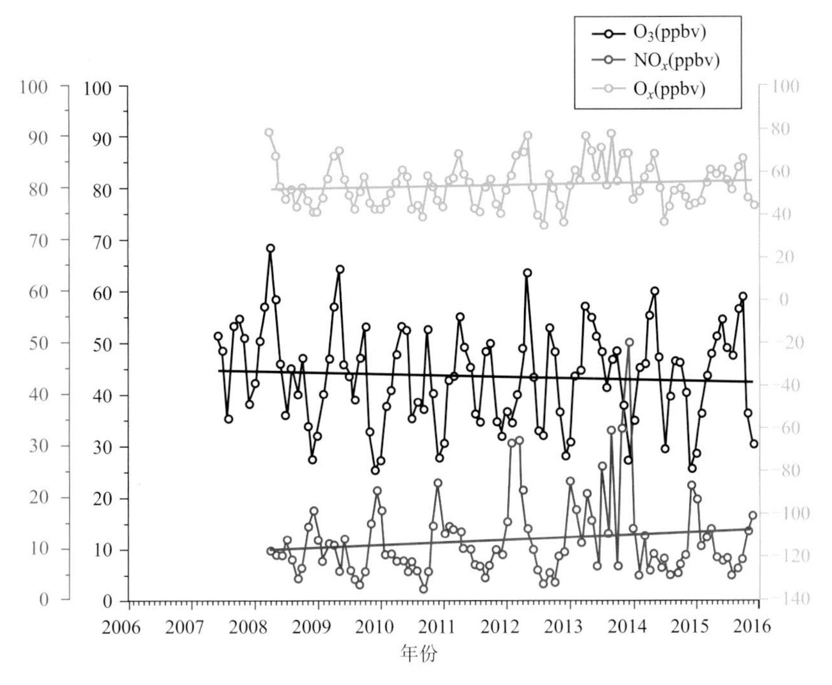

图 1.73　东滩臭氧及前体物浓度长期变化趋势

1.4.2　臭氧长期变化的原因分析

O_3 的变化主要受区域传输、光化学反应（前体物）、太阳辐射强度 3 个因素的影响。下面将逐一分析不同因素的变化特征，从而揭示造成徐家汇 O_3 浓度上升的主要原因。图 1.74 显示了徐家汇和东滩站观测的 CO 和 $PM_{2.5}$ 的长期变化。由图可见，东滩站的 CO 基本保持

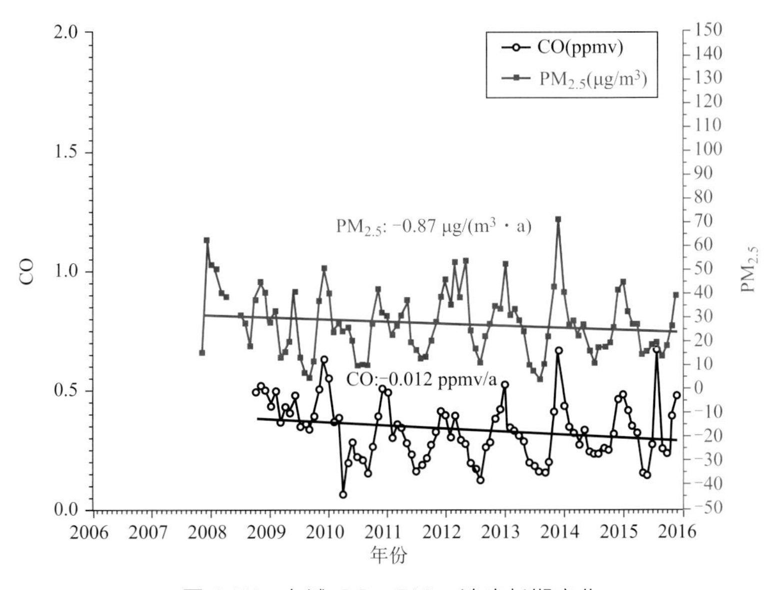

图 1.74　东滩 CO、$PM_{2.5}$ 浓度长期变化

稳定，没有明显的变化趋势，而徐家汇的 CO 则和 NO_x 相似，呈现快速下降的趋势。由于 CO 的生命周期很长（几个月），东滩观测的 CO 主要来自区域输送，由此可以推测，过去10年影响上海的输送条件没有发生明显的长期变化，因此，徐家汇 O_3 浓度的上升和区域输送的关系不显著。此外，图 1.75 显示了上海宝山观象台的太阳辐射，虽然过去 10 年到达地面的太阳辐射有所增加（6%左右），有利于 O_3 的光化学生成，但是依然不能解释 O_3 的快速上升（68%）现象。

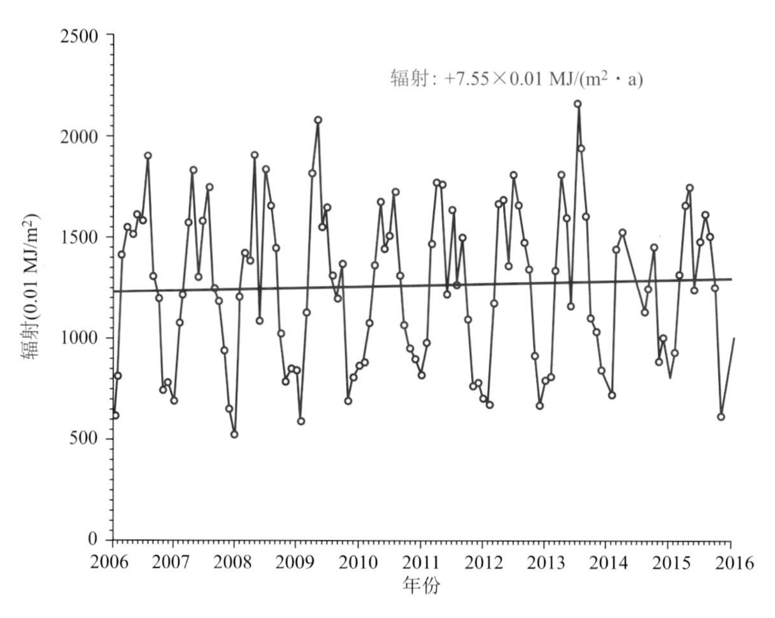

图 1.75　宝山辐射长期变化

大量研究都显示，上海中心城区的地面 O_3 生成处于 VOCs 控制区，即 O_3 浓度随 VOCs 上升。另外，NO_x 浓度升高对 O_3 具有抑制作用。因此从前体物的角度分析，O_3 浓度升高的原因可能是 VOCs 浓度上升或者 NO_x 浓度下降。图 1.76 显示过去 10 年上海徐家汇 VOCs 浓度基本没有变化，考虑到不同 VOCs 组分的反应活性存在较大差异，比如烯烃与 OH 自由基的反应速率为（2.6～10）$\times 10^{-11}$，芳香烃的反应速率约为 1.4×10^{-11}，而烷烃的速率只有（0.1～0.4）$\times 10^{-11}$。这种活性的差异会对 O_3 的生成产生不同的影响，为此进一步分析了过去 10 年徐家汇观测的烯烃、烷烃和芳香烃的长期变化。可见，烷烃的浓度最高约为 15 ppbv，其变化趋势不明显。烯烃和芳香烃的浓度较低，分别仅为 1～3 ppbv 和 5～10 ppbv，两者都呈现略有下降的趋势，这和污染物排放的控制有一定联系。由于烯烃和芳香烃的反应速率较高，它们对 O_3 的生成具有重要影响，但是从长期变化趋势来看，它们显然不是 O_3 浓度上升的主要原因。

基于以上分析，排除了区域输送、太阳辐射和 VOCs 的影响之后，可以推测徐家汇 O_3 的快速上升很大可能与 NO_x 的显著下降有关。图 1.77 显示了徐家汇月均 O_3 浓度和 NO_x 浓度的关系，由图可见两者呈现明显的反相关变化，表明 NO_x 对于地面 O_3 的生成具有抑制作用。比如当 NO_x 浓度从 80 ppbv 降低至 20 ppbv 时，对应的 O_3 浓度则从 5 ppbv 增加至 35 ppbv。这种 NO_x 对 O_3 的抑制作用在中心城区非常显著，因为中心城区机动车较多，NO_x 排放很高，使得 O_3 的化学生成处于 VOCs 控制区。需要指出的是，如果分析某一特

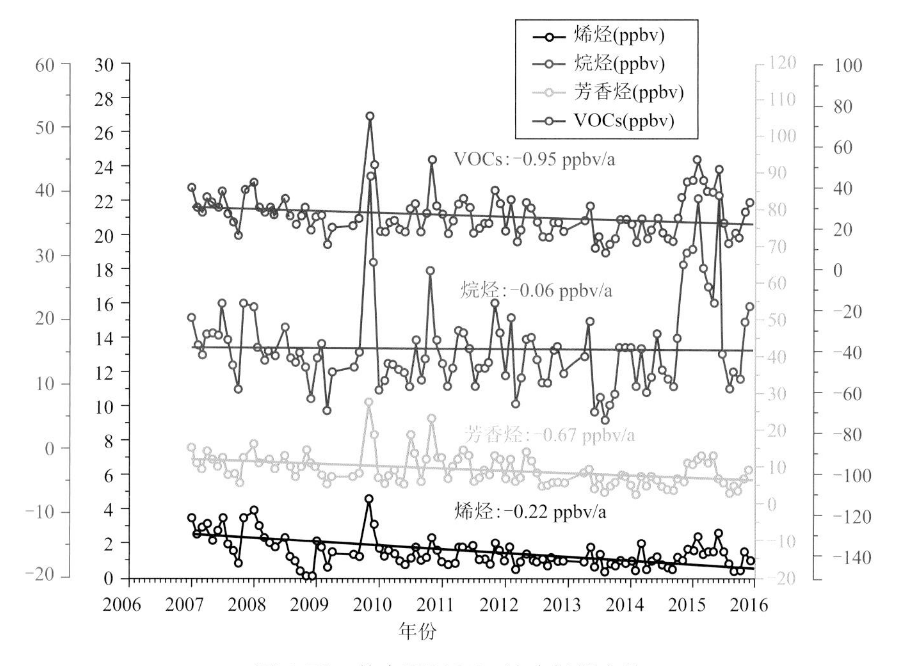

图1.76　徐家汇VOCs浓度长期变化

定时期的观测，O_3 和 NO_x 的反相关则未必显著，因为 O_3 的生成还会受到传输、辐射等过程的影响。此外图1.77显示 NO_x 和 O_3 呈现非线性的反相关，当 O_3 浓度较高时（20～35 ppbv），其斜率约为−1.5，而当 O_3 浓度较低时（10～15 ppbv），两者的斜率仅为−0.2，可见在徐家汇，O_3 浓度越高，对 NO_x 的变化越敏感，可能是因为 O_3 浓度较高时，其化学生成处于很强的VOCs控制区，而 O_3 浓度降低后，则处于相对较弱的VOCs控制区。

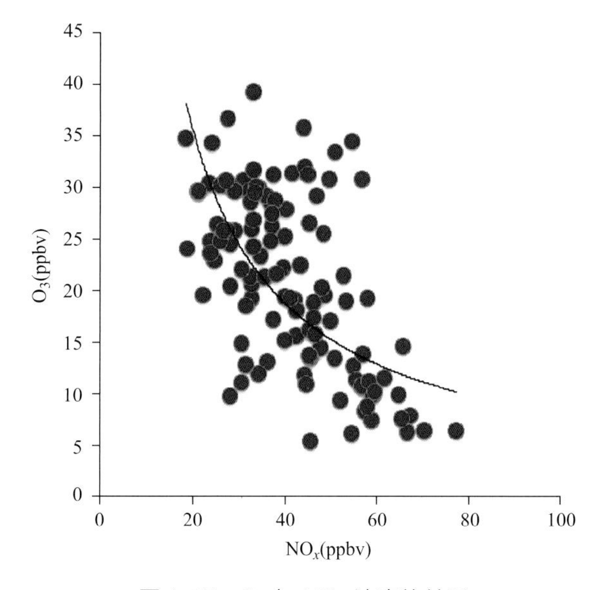

图1.77　O_3 与 NO_x 浓度的关系

图1.78显示了2007—2015年逐年 NO_x 和 O_3 的平均日变化，可见随着 NO_x 浓度的下降，O_3 浓度的日较差发生了显著改变。2007—2008年，O_3 日变化的低值和高值分别为10 ppbv（07时）和35～40 ppbv（13时）。相比之下，2013—2014年，O_3 的低值增加到15 ppbv，峰值基本保持在40 ppbv。早上 O_3 浓度的显著升高，一方面降低了 O_3 的日较差，另一方面使得 O_3 的长期变化呈现上升的趋势。此外，从图1.78还可以发现，早晨 O_3 浓度的升高与 NO_x 浓度的下降关系密切，一天中 NO_x 的峰值出现在交通早高峰，该峰值从2007—2008年的70 ppbv下降至2013—2014年的50 ppbv，NO_x 的减少降低了NO对 O_3 的消耗，使得早晨的 O_3 浓度显著上升。

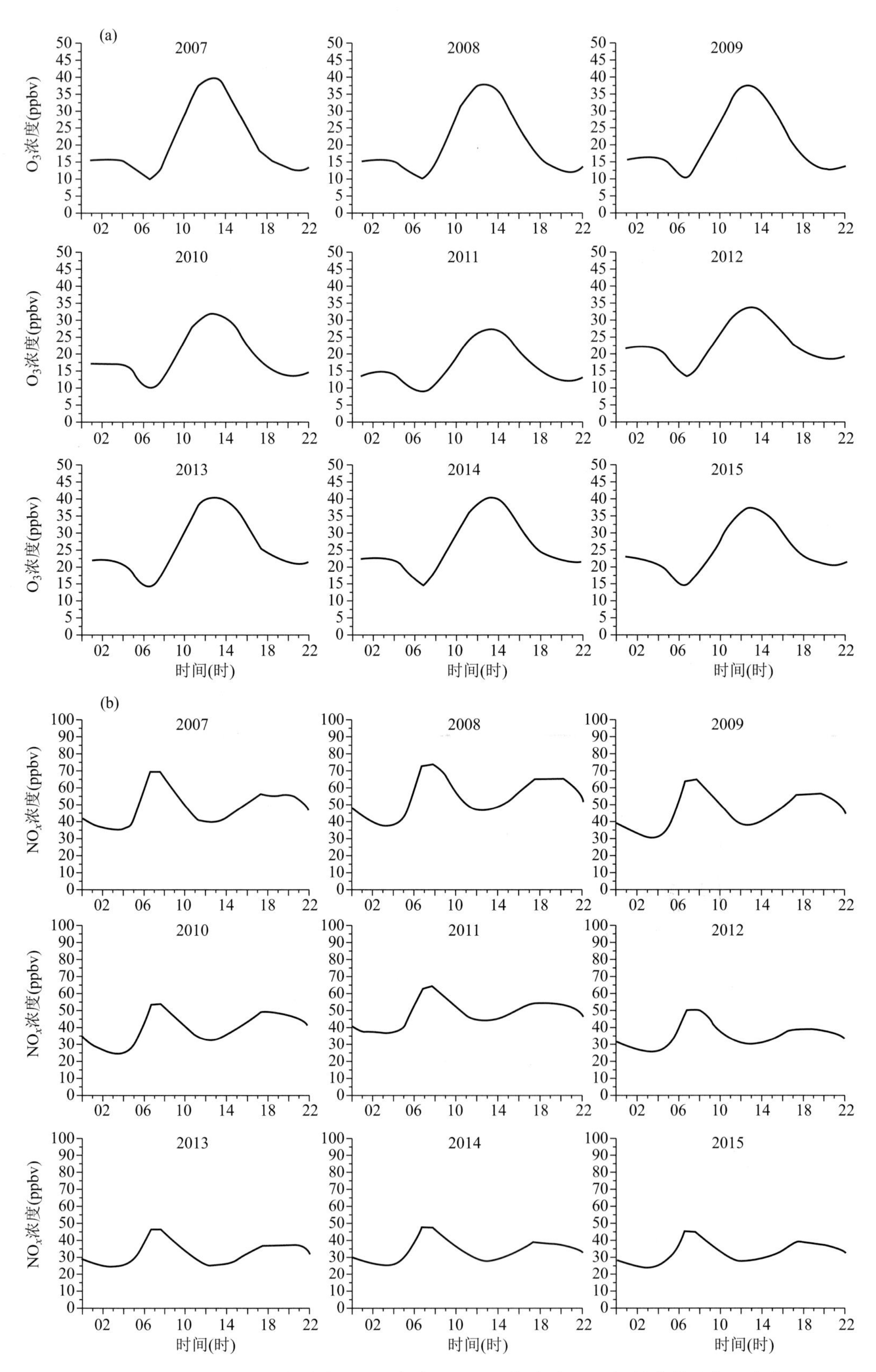

图 1.78　2007—2015 年徐家汇 O_3（a）和 NO_x（b）在不同年份中的平均日变化

图1.78同时显示了O_3和NO_x在不同年份中的平均日变化。结果表明，O_3的日变化有长期的变化趋势。前期O_3浓度日变化波动大，而近年来O_3浓度日变化波动下降。例如，在2007年和2008年中，早晨（07时）的O_3浓度最低，为10 ppbv，而下午（13时）O_3浓度最大，为35～40 ppbv。相比之下，在2013年和2014年中，O_3浓度的最小值增加到15 ppbv，并且O_3浓度的最大值略微增加到约40 ppbv。早晨O_3浓度的较大增加导致日O_3浓度的变化波动减小（例如，2013—2014年）。图1.78还表明，O_3浓度变化的减少是由于NO_x的变化在后几年比早年小的事实所致。例如，在2007年和2008年，NO_x在早晨（07时）浓度为70 ppbv。相比之下，在2013年和2014年中，NO_x在早晨的峰值降低到50 ppbv。结果表明，徐家汇O_3到NO_2的化学转化在随后的几年中降低，导致O_3浓度较高，并且长期趋势增加。

1.4.3 地面臭氧对排放变化的响应

前文研究揭示了NO_x降低是导致上海中心城区臭氧升高的可能原因。本节利用WRF-Chem模式进行数值试验，分析前体物变化对O_3浓度的影响。根据《2015年上海统计年鉴》，2015年上海的NO_x排放约为33.4×10^4 t，较2009年削减了30%。因此，在保持气象条件和其他排放不变的条件下，利用WRF-Chem模式模拟NO_x排放变化对O_3浓度的影响。2009年9月在上海实施了MIRAGE-Shanghai观测试验，该月的平均温度、风速、总降水量分别为25 ℃、2.85 m/s、89.5 mm，与常年的气候条件非常接近（常年的温度、风速和降水分别为24.7 ℃、2.81 m/s、126 mm）。9月，上海多为高压控制，天气静稳晴朗，根据Tie等（2013）的研究，2009年9月上海O_3的生成主要受局地排放影响，污染气团比较新鲜，因此，为研究局地臭氧的光化学过程和排放源之间的关系提供了有利条件。研究表明，MIRAGE-Shanghai期间WRF-Chem模式能够较好地刻画O_3及其前体物、$PM_{2.5}$的浓度及其变化特征，表明模式采用的排放清单比较合理，基本能够客观代表2009年上海的排放场景。为了研究NO_x排放变化对O_3的影响，共设计了7个试验，每个试验采用相同的气象场。其中控制试验（T1）采用2009年的排放场景。上海的NO_x排放主要集中在中心城区，约为16 kg/(h·km^2)，在郊区为2～6 kg/(h·km^2)。此外，在上海南部由于存在副城区，NO_x排放相对较高。估算清单发现上海地区的NO_x排放约为41.4×10^4 t，和《2015年上海统计年鉴》的结果相近。

首先图1.79显示了控制试验（T1）模拟的白天和夜间的平均O_3浓度的分布及其和观测对比情况，观测和模拟结果都呈现O_3浓度白天高、夜间低的特征，其中模式模拟城市区域白天的O_3浓度较夜间偏高10～18 ppbv，和徐家汇、浦东观测的O_3昼夜浓度差异（12～14 ppbv）基本接近。而在背景站东滩，由于不受人为排放的影响，观测和模拟的昼夜O_3浓度差异很小，仅为5 ppbv。在图1.79a中，模式结果清晰显示了白天城市气团的传输过程，使得高浓度臭氧（40～48 ppbv）出现在城市的下风方向约150 km附近，这和Tie等（2013）的研究结果一致。观测也显示上海西部佘山天文台的O_3浓度高达40 ppbv，和模式模拟的上海西部地区的O_3浓度基本相近。此外，模式和观测的结果都表明上海城区的O_3浓度明显低于郊区，体现了NO_x排放对城市O_3化学生成的抑制作用。比如模式模拟的城区白天O_3浓度为28～32 ppbv，明显低于郊区（40～42 ppbv）。与之相似，中心城区徐家

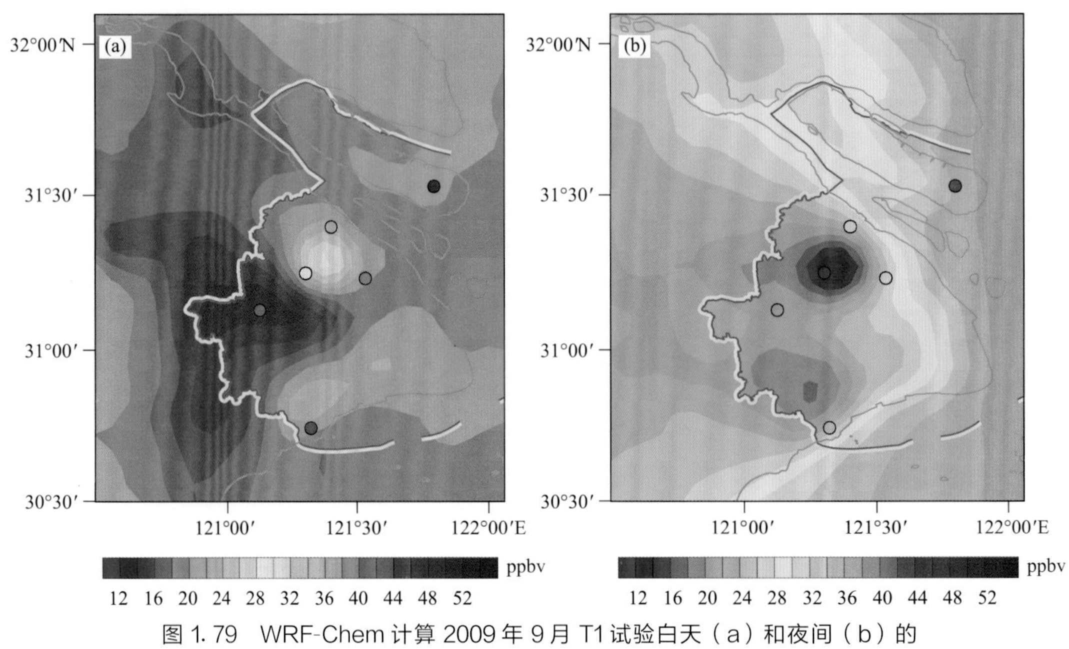

图 1.79　WRF-Chem 计算 2009 年 9 月 T1 试验白天（a）和夜间（b）的 O_3 浓度（阴影）和观测（圆点）对比

汇白天的 O_3 浓度为 28 ppbv，较东滩偏低了 21 ppbv。值得注意的是，模式模拟的背景站东滩、化工区金山的 O_3 浓度较观测偏低了 10 ppbv 和 6 ppbv，前者可能与模式对风速的高估有关，增加了 O_3 的水平扩散；后者可能是源自 VOCs 不同组分的排放偏差。图 1.80 进一步对比了上海 5 个站点模拟和观测的逐日 NO_x 和 O_3 浓度，两者在幅度和趋势上都呈现很好的一致性，其中模式模拟的 O_3 的平均浓度偏差基本低于 10%，模拟和观测的相关系数在 0.6～0.8，表明控制试验较好地刻画了气象条件和光化学过程，能够体现 O_3 的空间分布和时间变化特征。

如前文所述，控制试验 T1 代表了 2009 年的排放场景，根据《2015 年上海统计年鉴》，2015 年上海的 NO_x 排放下降了 30%，因此在 T2 试验中将模式清单中上海区域的 NO_x 排放同样削减 30%，而其他排放保持不变。图 1.81a 显示了 T2 和 T1 试验模拟的 O_3 浓度差（T2－T1），可见 NO_x 排放的降低使得上海 O_3 浓度显著升高了 2～7 ppbv，其中徐家汇的 O_3 浓度上升最明显，为 6.4 ppbv，其次是浦东，为 4～5 ppbv，郊区的 O_3 也有所上升，但明显小于城市，仅为 1～1.3 ppbv。总体而言，模式模拟的 O_3 浓度上升幅度和观测非常接近，由于上海的 O_3 生成处于 VOCs 控制区，因此，过去 10 年上海 O_3 浓度的显著上升可能与 NO_x 排放的降低密切相关。为了进一步观测前体物变化对 O_3 浓度的影响，在 T3 试验中将 VOCs 各组分排放都增加 50%，而保持其他排放不变，图 1.81b 显示了 T3 和 T1 模拟的 O_3 浓度差（T3－T1），可见由于目前上海的 O_3 生成处于 VOCs 控制区，因此 VOCs 浓度的增加使城区的 O_3 浓度上升了 3～4 ppbv。此外，由于 VOCs 的增加，城市气团在传输过程中有更多的 O_3 生成，使得下风方向的 O_3 浓度也明显上升。上述 3 个试验的结果表明由于上海的 O_3 生成处于 VOCs 控制区，因此从 2009—2015 年由于 NO_x 排放下降了 30%，使得 O_3 浓度每年上升 1～1.3 ppbv。

根据上海市清洁行动计划，2020 年上海的 NO_x 排放较 2015 年（T2）继续下降 20%，

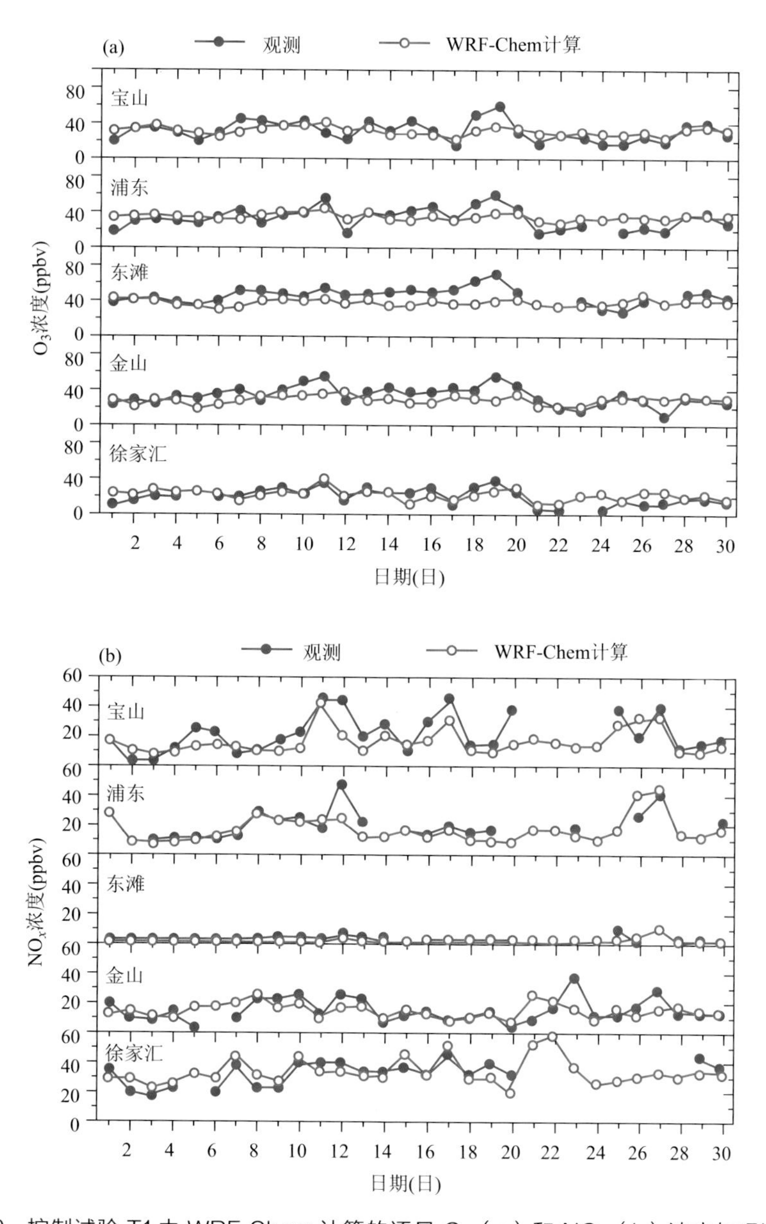

图1.80 控制试验T1中WRF-Chem计算的逐日 O_3（a）和 NO_x（b）浓度与观测对比

为了评估 NO_x 的持续减排对 O_3 的影响，设计开展了T4试验（NO_x 较T2下降20%），图1.82显示了T4和T2模拟的臭氧浓度差（T4－T2），可见随着 NO_x 的持续下降，上海城区的 O_3 将继续上升2～4 ppbv，但是郊区的 O_3 基本保持不变。可见2015年以后上海城区的 O_3 生成仍然处于VOCs控制区，但是郊区的 O_3 则进入 NO_x 和VOCs的过渡区，因此，郊区的 O_3 浓度对 NO_x 的变化并不敏感。为此在T5试验中保持 NO_x 浓度和T2相同，而将VOCs排放增加50%，可见上海城区的 O_3 浓度仍然上升2～4 ppbv，并且下风方向的 O_3 浓度也显著升高了3 ppbv，但是郊区的 O_3 浓度变化同样很小，仅为1 ppbv，这与前面的分析结果一致。

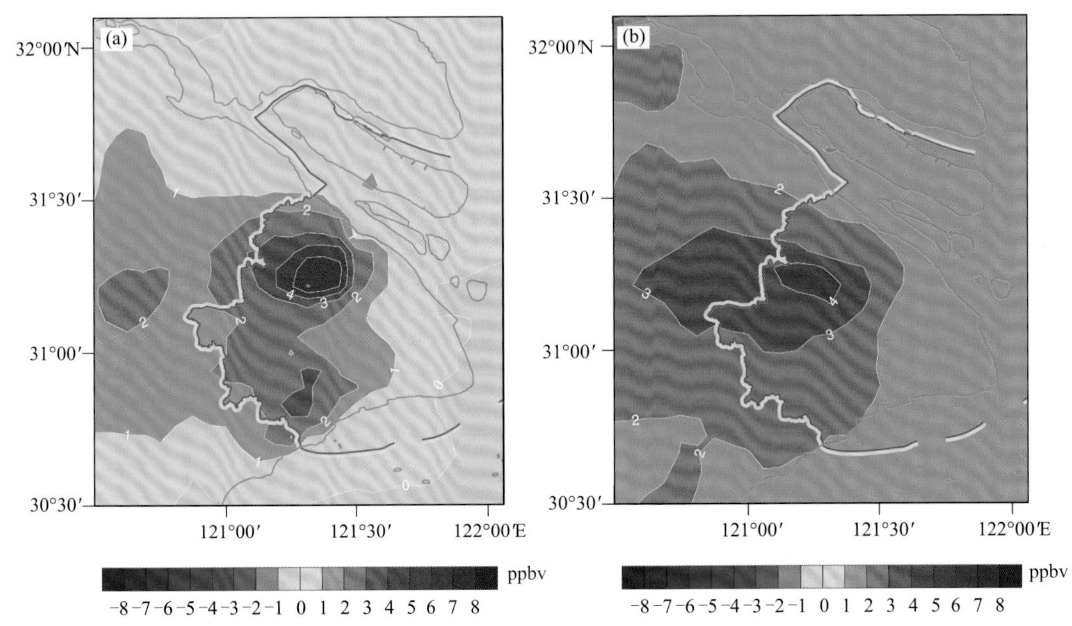

图 1.81　控制试验 T1、敏感性试验 T2（NO_x 排放降低 30%）、T3（VOCs 排放增加 50%）模拟的 O_3 浓度差（a. T2−T1；b. T3−T1）

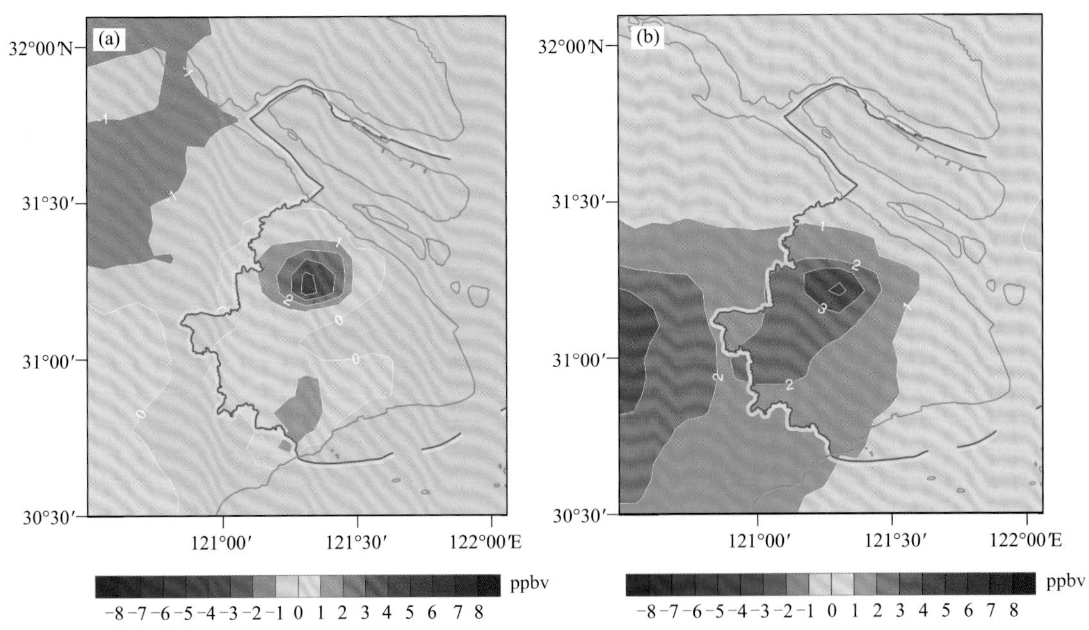

图 1.82　T4 试验（NO_x 排放降低 20%）、T5 试验（VOCs 排放增加 50%）相对 T2 试验模拟的 O_3 浓度差（a. T4−T2；b. T5−T2）

第2章 污染天气的动力热力机制分析

大气污染物在大气中经历复杂的物理化学过程，进而形成空间分布和时间演变特征。大气的动力热力条件主要影响污染物的传输、扩散、沉降过程。此外，辐射、相对湿度、温度等要素对反应性气体的光化学生成和转化、对气溶胶的非均相反应也会产生显著影响。本章主要围绕上海细颗粒物的形成和变化特征，首先从大气环流入手阐述容易触发污染事件的天气类型，阐述水平风、边界层高度、降雨对污染物传输、垂直混合、湿清除的影响，从而揭示触发上海大气污染过程的动力热力指标，为环境气象预报服务提供支持。

2.1 上海污染天气概况

现行的《环境空气质量标准》（GB 3095—2012）评价指标，除了传统的 PM_{10}、SO_2、NO_2、CO 外，增加了 $PM_{2.5}$ 和 O_3，采用空气质量指数 AQI 评价城市空气质量等级。本节采用上海市环境监测中心提供的 2013—2020 年的污染物监测数据，阐述上海过去 8 年的空气质量状况。

2.1.1 主要污染物的逐年变化特征

上海的 SO_2 和 CO 浓度很低，一直没有出现过超标情况，因此，本节主要针对 PM_{10}、$PM_{2.5}$、O_3 和 NO_2 4 项指标进行分析。图 2.1 显示了 2013—2020 年 $PM_{2.5}$、PM_{10}、NO_2 和 O_3-8 h 浓度的逐年变化。由于上海实施清洁空气行动计划，从 2014 年开始主要污染物（除 O_3-8 h 外）浓度显著下降。2020 年 $PM_{2.5}$、PM_{10} 和 NO_2 浓度分别为 32 $\mu g/m^3$、45 $\mu g/m^3$ 和 37 $\mu g/m^3$，较 2013 年分别下降了 48%、45%和 23%。相比之下，PM_{10} 的下降幅度最显著，几乎呈现逐年下降的特征。而 $PM_{2.5}$ 和 NO_2 的变化明显受到气象条件的调节作用，比如 $PM_{2.5}$ 在 2015 年出现反弹，而 NO_2 则在 2015 年、2017 年和 2019 年有所反弹。值得注意的是，2020 年 NO_2 的浓度异常偏低，仅为 37 $\mu g/m^3$，可能是受疫情的影响。O_3-8 h 的变化不同于上述 3 种污染物，呈现波动振荡的特点。O_3-8 h 在 2017 年异常偏高，达 118 $\mu g/m^3$，之后 3 年明显下降。图 2.2 显示了 4 种主要污染物每年的超标日数。由图可见，2013—2015 年上海以 $PM_{2.5}$ 污染为主，每年的超标日数为 70～100 d。2016 年之后 $PM_{2.5}$ 的超标日数迅速减少，2020 年已经少于 20 d。NO_2 超标日数的变化与 $PM_{2.5}$ 相似，2015 年以后逐年下降。相比之下，O_3-8 h 超标日数的变化幅度较小，除 2017 年异常偏多外，其余年份基本在 30～45 d 波动。值得注意的是，最近几年上海 $PM_{2.5}$ 和 O_3-8 h 的超标日数基本相当，细颗粒物和光化学复合污染的特征更加显著。2016 年之后上海已经很少出现 PM_{10} 超标的情况，PM_{10} 超标基本都由沙尘天气引起。

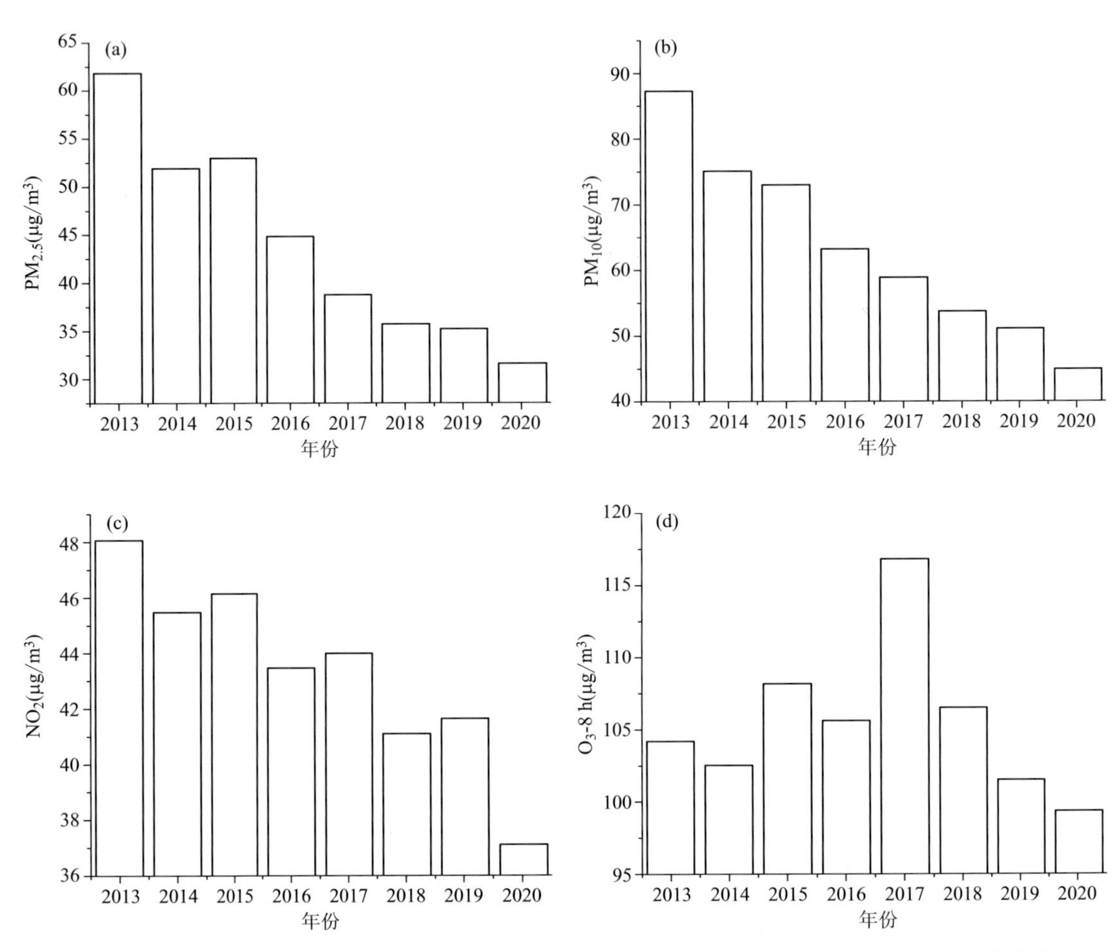

图 2.1　2013—2020 年上海 $PM_{2.5}$（a）、PM_{10}（b）、NO_2（c）和 O_3-8 h（d）浓度的逐年变化

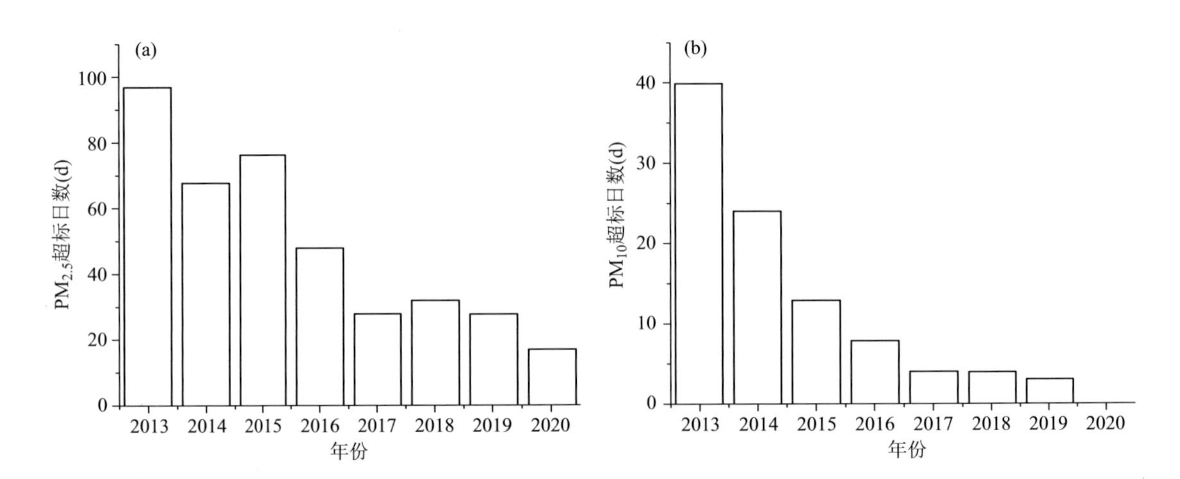

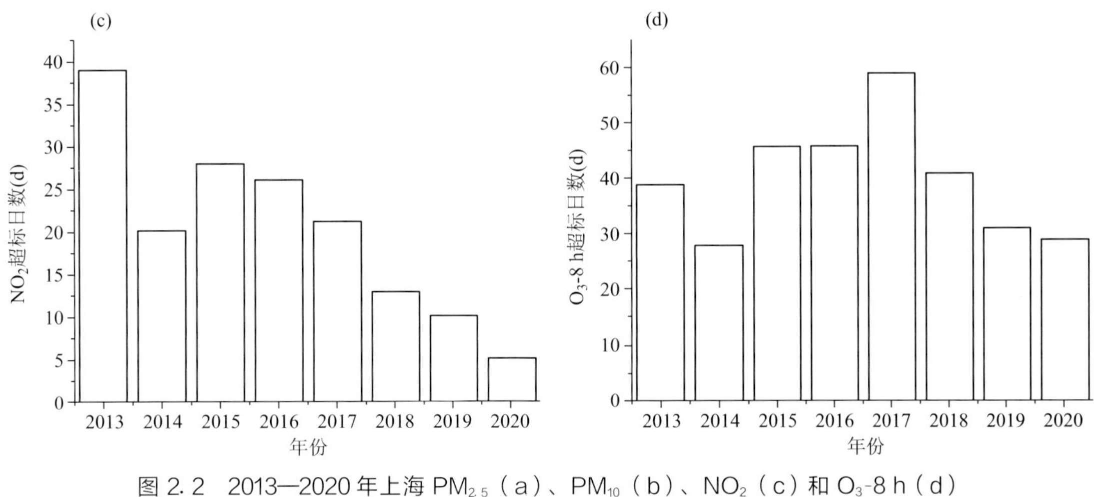

图 2.2　2013—2020 年上海 $PM_{2.5}$（a）、PM_{10}（b）、NO_2（c）和 O_3-8 h（d）超标日数的逐年变化

2.1.2　主要污染物的年变化特征

不同季节上海的气象条件存在显著差异，对污染物形成了不同的传输、扩散、沉降以及化学生成和转化条件，是导致污染物季节变化的重要原因之一。图 2.3 显示了 $PM_{2.5}$、PM_{10}、

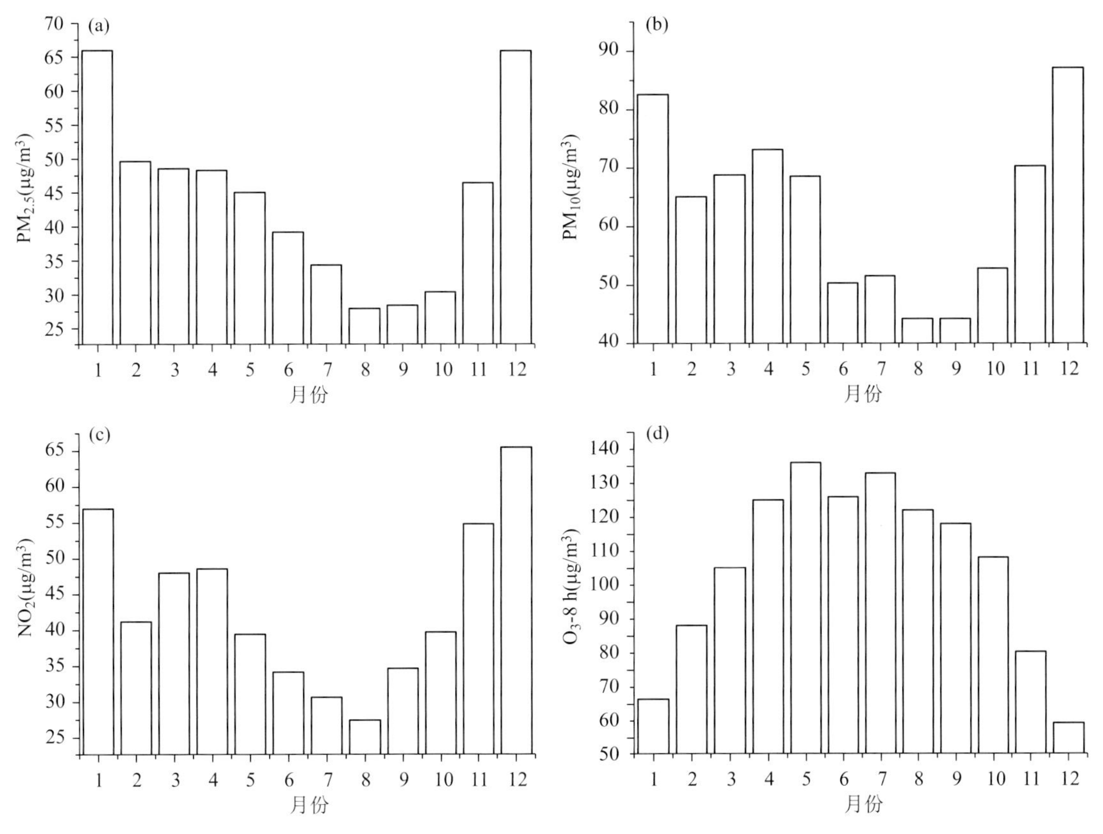

图 2.3　2013—2020 年上海 $PM_{2.5}$（a）、PM_{10}（b）、NO_2（c）和 O_3-8 h（d）浓度的年变化

NO_2 和 O_3-8 h 浓度的年变化。其中 $PM_{2.5}$、PM_{10} 和 NO_2 的变化相似，都呈现冬季最高、夏季最低、春季高于秋季的特点。而 O_3-8 h 的变化则明显不同，在 4—9 月最高，11 月—次年 2 月最低。上海的 $PM_{2.5}$ 和 PM_{10} 主要受上游输送和边界层的影响，冬季上海盛行偏北风，边界层最低，因此颗粒物浓度最高。NO_2 主要受局地排放和光化学转化的影响，冬季的弱辐射抑制了 NO_2 的光解，另外低边界层有利于其累积，因此浓度同样在冬季最高。O_3 是一种二次污染物，主要来自光化学生成，反而呈现冬季低，春、夏季高的特点。值得注意的是，5 月 O_3-8 h 的浓度高于盛夏 7 月，可见其浓度除了受到辐射的影响外，还与风速、风向、水汽等气象条件有关。图 2.4 显示了 4 种污染物超标日数的年变化，其变化更加明显。$PM_{2.5}$ 和 NO_2 主要在 11 月—次年 1 月超标，不同的是 NO_2 在 6—8 月没有出现超标，而 $PM_{2.5}$ 在夏季仍有超标发生。一些研究表明，夏季的 $PM_{2.5}$ 污染主要与局地辐合叠加二次气溶胶生成有关。O_3-8 h 超标主要集中在 4—9 月，与浓度的年变化特征有所不同，O_3-8 h 超标日数在 7 月最高，5 月和 8 月次之，说明高温仍然是触发 O_3 污染最重要的气象因子。

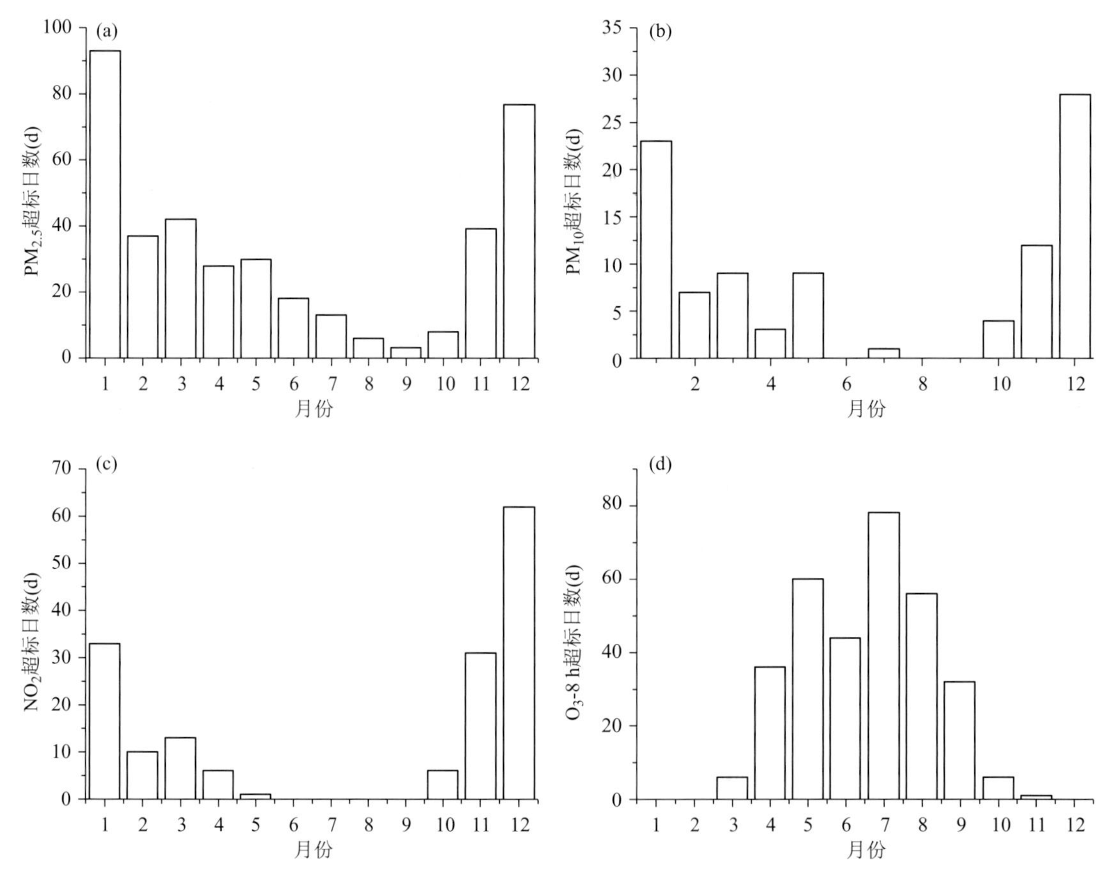

图 2.4　2013—2020 年上海 $PM_{2.5}$（a）、PM_{10}（b）、NO_2（c）和 O_3-8 h（d）超标日数的年变化

2.1.3　主要污染物的日变化特征

城市污染物的日变化主要受人类活动的影响，同时也会受到辐射、边界层、风速日变化的调节作用。图 2.5 显示了 $PM_{2.5}$、PM_{10}、NO_2 和 O_3 浓度的日变化特征。$PM_{2.5}$、PM_{10} 和

NO_2 的日变化特点基本一致，在08—09时和20—21时出现双峰，而在14—15时出现谷值。这种"双峰一谷"的结构显然是局地排放和边界层综合作用的结果。O_3 的日变化则不同于上述3种污染物，它呈现白天高、夜间低的特点，谷值出现在07时，峰值出现在14—15时，其原因在1.2.3节中已经详细叙述。值得注意的是，上海20—23时的 NO_2 浓度始终维持高值，表明一直存在较高的NO排放，对 O_3 的滴定作用非常明显，此外也有利于 NO_3 自由基的生成，能够促进二次气溶胶的生成。

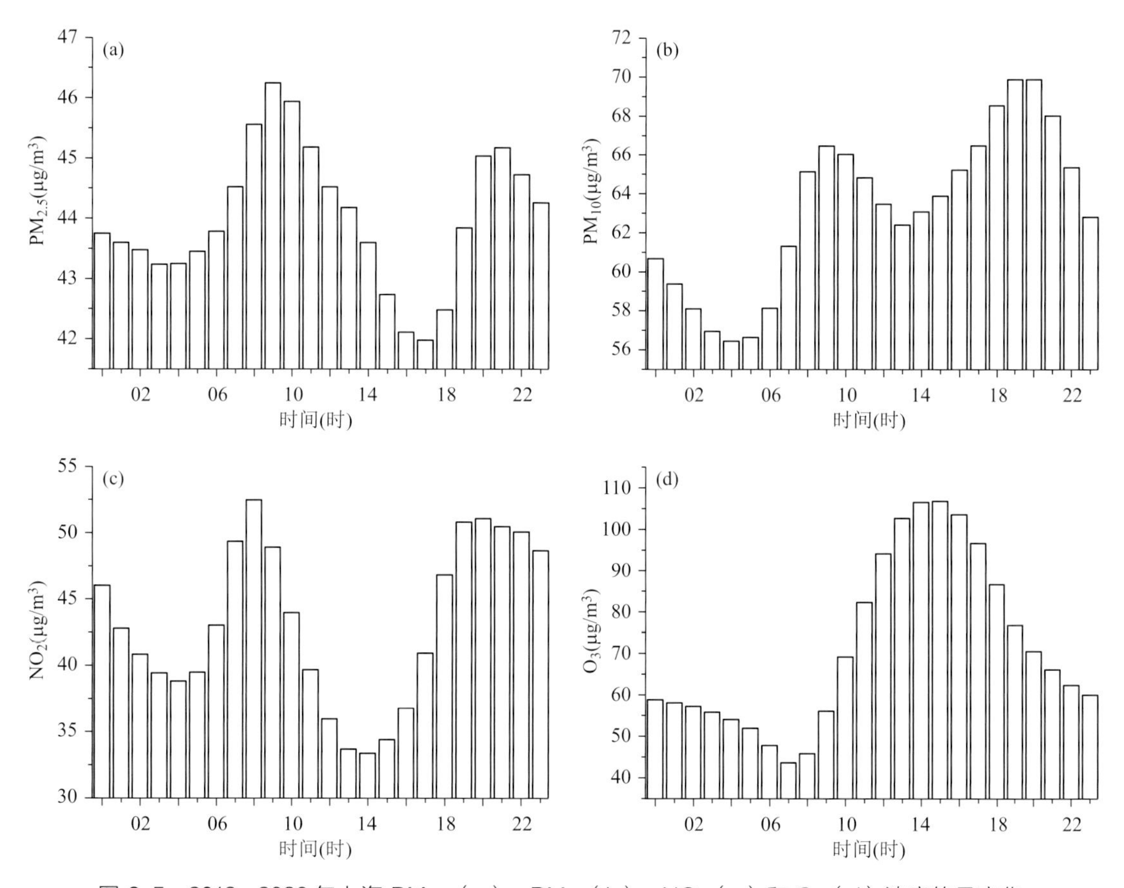

图2.5　2013—2020年上海 $PM_{2.5}$（a）、PM_{10}（b）、NO_2（c）和 O_3（d）浓度的日变化

2.1.4　主要污染物的浓度拟合对比

受到本地排放以及不同尺度气团传输的影响，某一地区的污染物表现出不同的时间变化特征。一般可采用洛伦兹方法对一段时间的观测数据进行拟合，通过拟合峰值得到某种污染物的浓度特征，一般不同的峰值对应于不同来源的气团性质。近年来上海空气质量不断改善，$PM_{2.5}$ 浓度显著下降。图2.6为对2013年、2015年、2017年和2019年的 $PM_{2.5}$ 浓度进行洛伦兹拟合，每年都拟合得到两个峰值，高值代表污染气团，低值代表清洁气团。污染气团主要受排放影响，包括一次气溶胶以及气态前体物排放转化生成的二次气溶胶。由图可见，近年来影响上海的污染气团浓度不断下降，从2013年的45.75 $\mu g/m^3$ 下降至2019年的30 $\mu g/m^3$，说明区域和本地的排放强度都在持续降低。影响上海的清洁气团主要来自海洋，

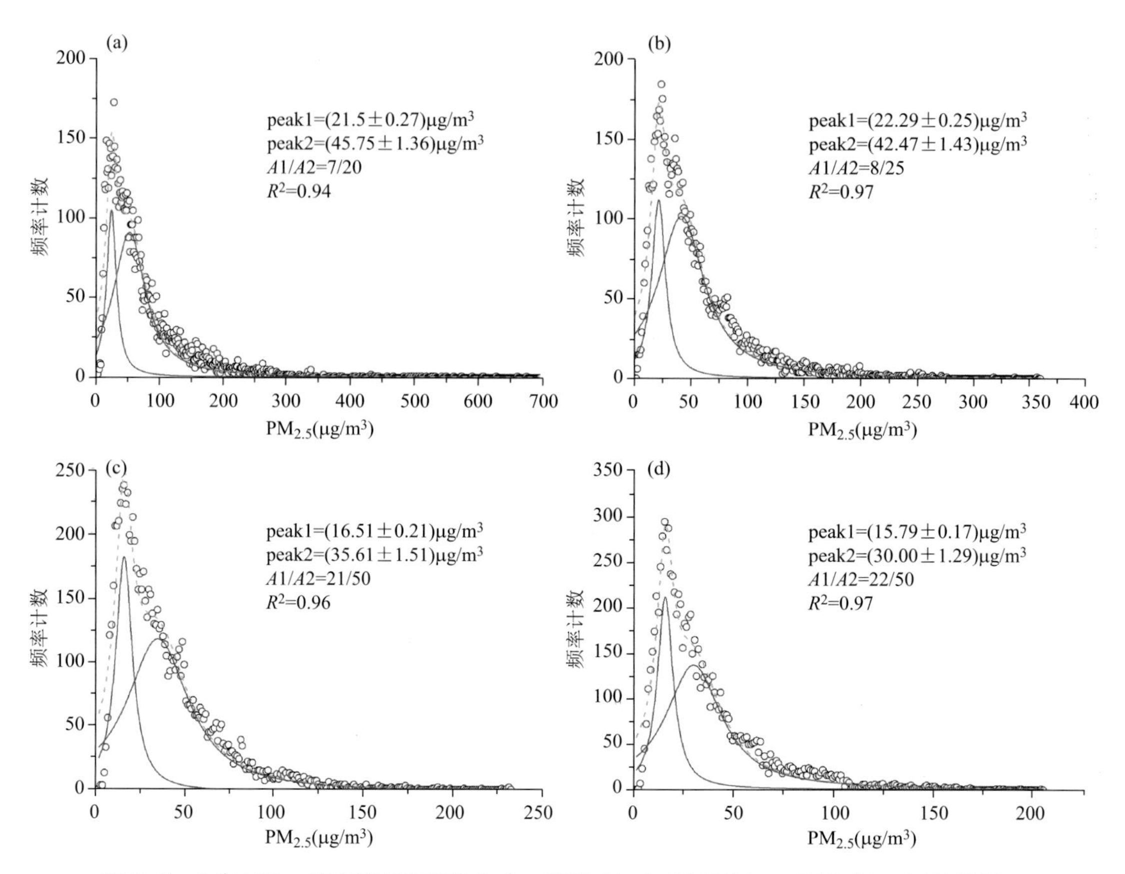

图 2.6　上海 $PM_{2.5}$ 浓度的洛伦兹拟合（a. 2013 年；b. 2015 年；c. 2017 年；d. 2019 年；圆圈表示原始浓度数据，绿色虚线为其拟合；peak1（红线）和 peak2（蓝线）分别代表拟合的低值浓度和高值浓度；A1 和 A2 分别表示 peak1 和 peak2 的拟合面积；*R* 表示拟合系数）

2013 年和 2015 年，上海清洁气团的 $PM_{2.5}$ 浓度为 21～22 μg/m³，而 2017 和 2019 年，则降低至 15～16 μg/m³。对比可以发现，清洁气团的 $PM_{2.5}$ 浓度约为污染气团的一半。上海位于中纬度，经常受到入海高压的底部或者后部环流影响，因此，海洋气团中也包含了大陆老化气团，排放的削减也会降低海洋气团中 $PM_{2.5}$ 的浓度。图 2.7 显示了 PM_{10} 的浓度拟合结果，由图可见，2017 年和 2019 年的 PM_{10} 浓度较 2013 年和 2015 年也明显下降，但是海洋气团的 PM_{10} 浓度呈现波动变化，比如 2015 年、2017 年和 2019 年海洋气团的 PM_{10} 浓度明显高于 2013 年，可能和不同年份沙尘天气的频数有关。图 2.8 显示了 NO_2 的拟合结果，由图可见，污染气团和清洁气团中的 NO_2 浓度都呈现逐年下降的特点，和 2013 年相比，2019 年污染气团的 NO_2 浓度下降了 25%，清洁气团的 NO_2 浓度下降了 14%，表明氮氧化物的排放明显降低。图 2.9 显示了 O_3 的拟合结果，和颗粒物及氮氧化物不同，上海的 O_3 污染主要受局地气象条件控制，高浓度 O_3 主要发生在静稳和高温的天气条件下，而低浓度 O_3 则和降雨、大风、低温天气有关。由图可见，2013 年、2015 年、2017 年和 2019 年污染气团的 O_3 浓度分别为 61.7 μg/m³、65.4 μg/m³、77.9 μg/m³ 和 69.4 μg/m³，清洁气团的 O_3 浓度分别为 10.8 μg/m³、10.9 μg/m³、25.9 μg/m³ 和 19.2 μg/m³，呈现波动变化的特点，表明 O_3 对气象条件的变化更加敏感。

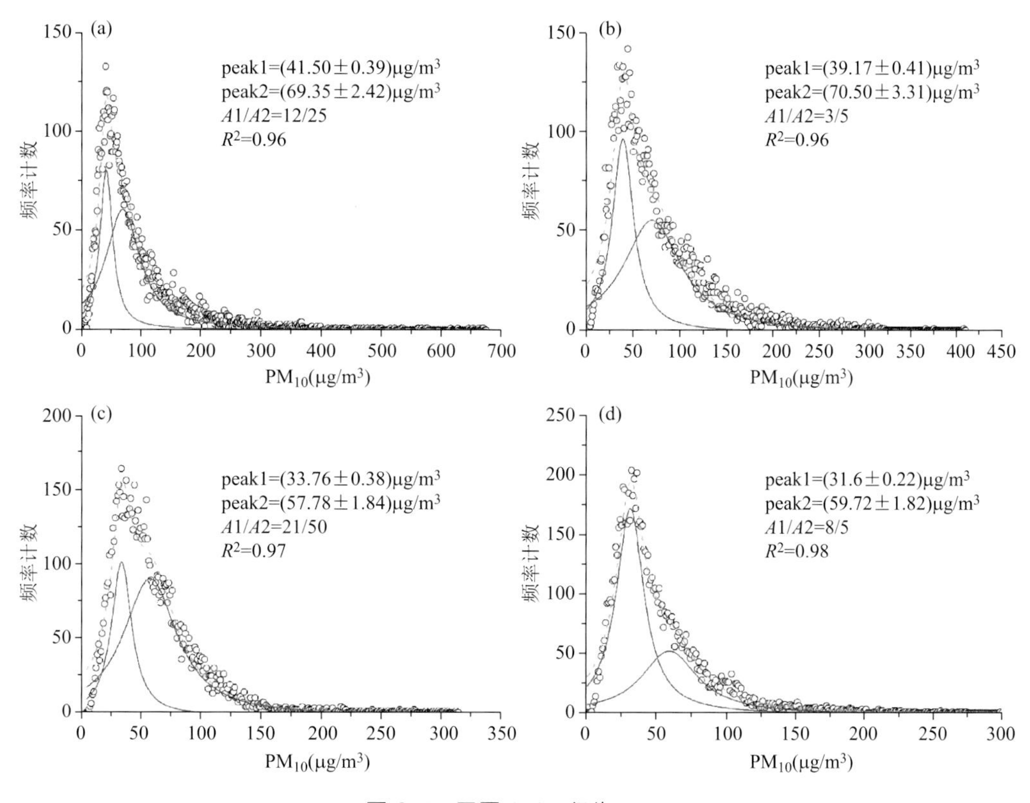

图 2.7　同图 2.6，但为 PM_{10}

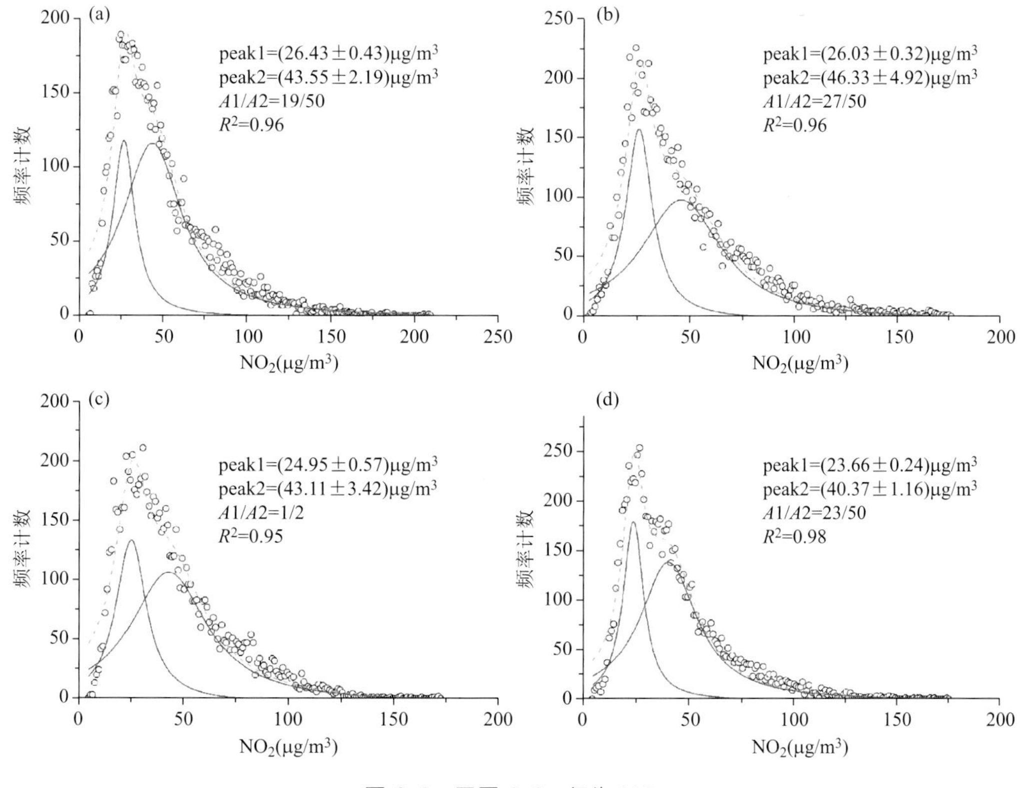

图 2.8　同图 2.6，但为 NO_2

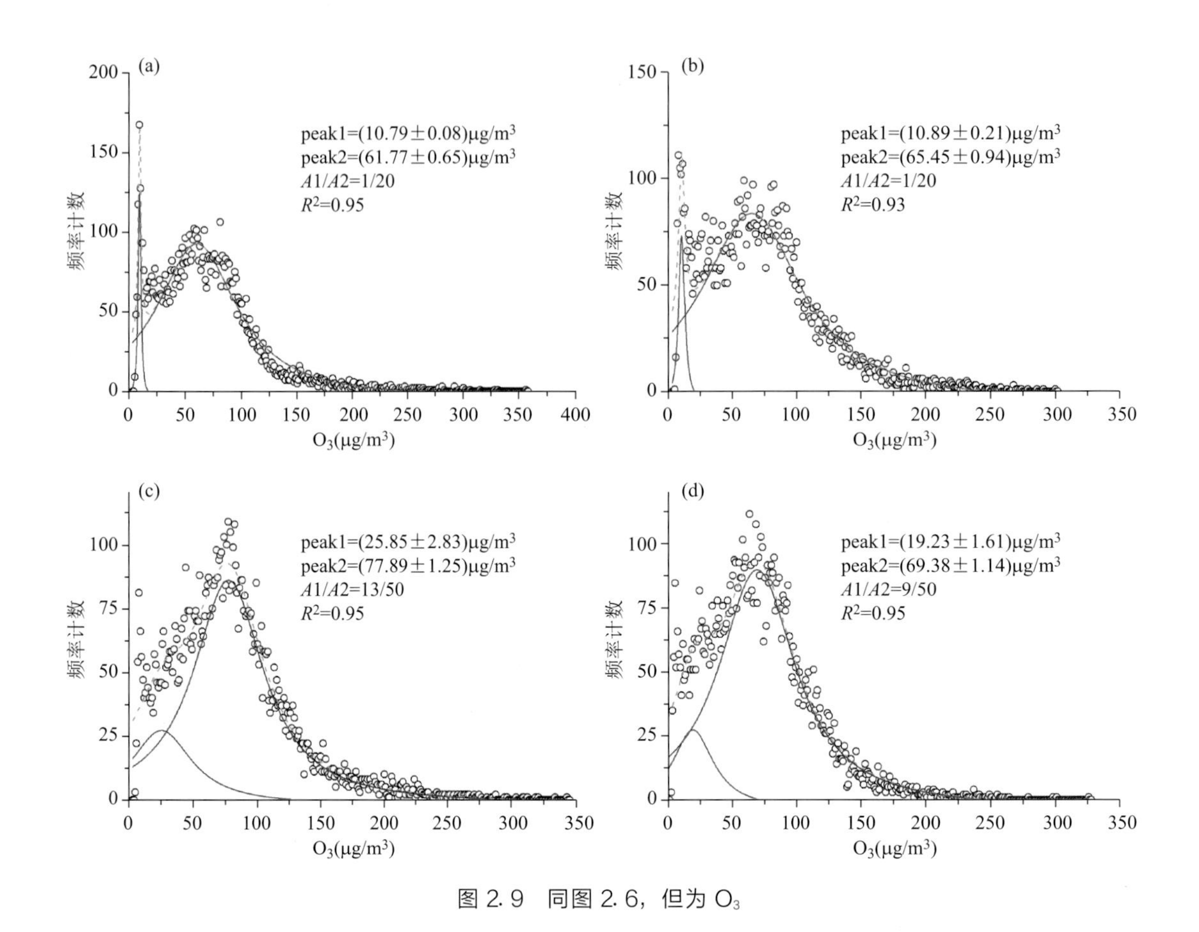

图 2.9　同图 2.6，但为 O_3

2.2 污染天气学客观分型

天气系统及其演变决定了污染物的空间分布和时间变化特征。因为天气过程决定了局地的气象要素，即大气的动力热力条件，进而影响污染物的传输、扩散和沉降等过程。因此，根据长序列观测资料识别典型的污染天气形势是准确开展环境气象预报的基础。本节以 $PM_{2.5}$ 和 O_3 为例，揭示影响上海空气质量的污染天气形势和清洁天气形势，同时结合地面气象观测分析造成污染天气、清洁天气的物理典型原因。

2.2.1 客观分型方法介绍

天气分型通常是对大气环流进行分型，通过对海平面气压、位势高度、水平风等格点场的分析，识别不同的天气形势特征（Huth et al.，2008）。常用的客观天气分型方法有 5 种，分别为相关法（Lund，1963）、聚类分析法（Brinkmann，1999）、主成分分析（PCA）法（Richman，1981；Huth，2000）、Fuzzy 法（Bardossy et al.，1995）和非线性方法比如神经网络（Cavazos，2000）。Huth 等（2008）对比了上述5种方法针对天气形势的分型效果后，推荐使用T-mode斜交旋转主成分分析法，将原始高维数据 $\boldsymbol{Z}$ 分解为 $\boldsymbol{F}$ 和 $\boldsymbol{A}$ 两个低维矩阵，$\boldsymbol{Z}=\boldsymbol{F}\boldsymbol{A}^{\mathrm{T}}$，每行为 N 个空间格点；每列为 M 个观测时次；$\boldsymbol{F}$ 为主成分（称为PC）；$\boldsymbol{A}$ 为PC载荷。所有的主成分按照对应特征值的大小排序，特征值越大表示对原数据的贡献越大。最后取对原数据累计贡献率超过一定百分比（一般为85%）的特征值所对应的第1～K 个（$K \leqslant M$）主成分F达到降维的目的（Huth，1996）。该方法可以较准确地反映原始环流场的特征，不会因分型对象的调整而产生太大变化，得到的时空场也更加稳定（Huth et al.，2008）。因此，选择Huth（1996）和Zhang等（2012）推荐的T-mode斜交旋转主成分分析法，采用欧盟COST 733项目开发的天气分型软件（http：//www.cost733.org），对FNL海平面气压场以及10 m风场进行多变量斜交旋转分解，即将多个物理量作为一个整体进行时空展开，同时表现要素的空间分布以及各要素之间的空间关系，进而得到较准确的环流分型结果。

2.2.2 $PM_{2.5}$ 污染的客观分型研究

以上海为例，基于大样本数据开展针对 $PM_{2.5}$ 的大气环流客观分型研究，一方面验证客观分型技术的适用性和科学性；另一方面揭示秋冬季上海有利于发生 $PM_{2.5}$ 污染的主要天气形势，分析对应的地面空气污染气象条件及其对污染物扩散、传输和沉降过程的影响，目的是为提高上海及周边地区的 $PM_{2.5}$ 预报水平，尤其是为重污染预报、预警提供参考。

2.2.2.1 上海 $PM_{2.5}$ 质量浓度的年变化特征

图2.10显示了2013—2015年上海 $PM_{2.5}$ 月平均质量浓度，这3年上海 $PM_{2.5}$ 平均质量浓度为55.5 μg/m³。由图可见，11月、12月和1月的 $PM_{2.5}$ 质量浓度最高，分别为63.3 μg/m³、93.9 μg/m³ 和84.1 μg/m³。7—10月的浓度较低，各月分别为42.6 μg/m³、

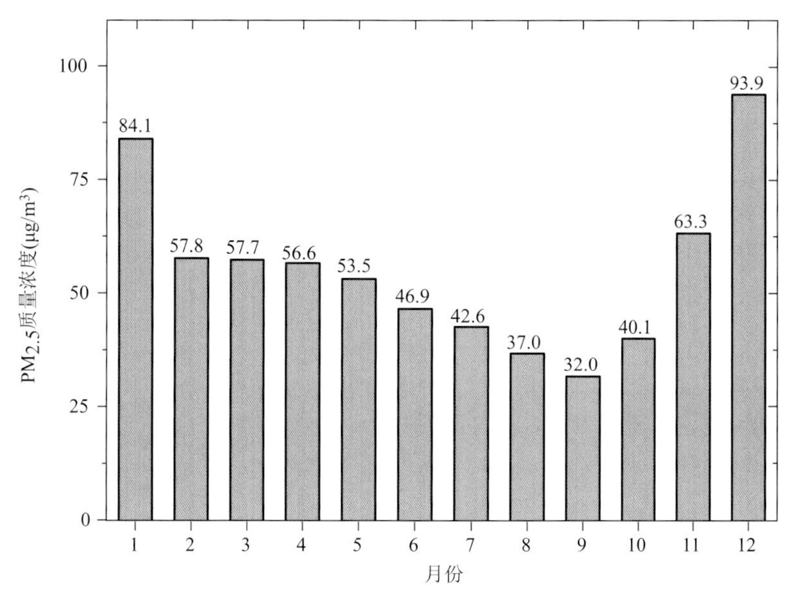

图2.10 2013—2015年上海 $PM_{2.5}$ 逐月平均质量浓度

37.0 μg/m³、32.0 μg/m³ 和 40.1 μg/m³，这和朱红霞等（2015）的研究结论一致。朱红霞等（2015）同时指出，我国典型城市（沈阳、北京、上海、广州、海口）的 $PM_{2.5}$ 月变化特征存在差异，这和不同地理位置、不同季节的大气环流形势有关，形成不同的主导风向、边界层抬升和降水量，由此产生不同的扩散、传输和沉降条件。此外也和人为、自然源的季节变化有关。比如 3—4 月上海的污染事件经常和北方沙尘输送有关，而 5 月和 10 月的秸秆燃烧会导致区域重污染事件（Wang et al.，2009；唐喜斌 等，2014）。计算发现，2013—2015 年，11 月—次年 1 月这 3 个月对 $PM_{2.5}$ 年总浓度的贡献达到 36.4%，对总污染日数的贡献达到 50.4%，而且 76%的重度及以上污染都发生在这 3 个月，因此，将其定义为污染月。本节主要对 2012—2015 年污染月的大气环流进行分型研究，揭示影响上海 $PM_{2.5}$ 污染的主要天气形势及其环流特征。

2.2.2.2 污染天气形势分型结果及描述

利用 NCEP（FNL）日平均资料，对 2012—2015 年易污染月（11 月、12 月及次年 1 月）的海平面气压（SLP）场和 10 m 水平风场进行主成分分析（图略），样本数共 368 d，得到 9 种环流类型，方差贡献分别为 14.3%、13.1%、10.8%、10.2%、8.3%、8%、7.8%、7%、6.6%，累计解释方差超过 86%。

（1）冷锋型（Cw）出现了 102 d，冷空气路径偏西，锋面呈东北至西南向经过上海，本地以西北风为主，风力较强。上游的河北、河南、安徽及山东内陆地区受变性冷高压控制，气压场较弱，且主导风向为西北风，有利于将上述区域的污染物向下游输送。

（2）东路冷空气（Ce）出现了 42 d，强冷空气东移南下，但路径偏东，主要影响华北地区。长三角地区受东路冷空气扩散影响，主导风向为北至东北风。

（3）高压底部（GBn）出现了 77 d，华东—山东半岛受弱高压控制，上海位于高压底前部，近地面受北至东北气流影响，但风速不大。

（4）GBe 为另一种高压底部型，出现了 19 d，冷空气和 Ce 相似，也为偏东路径，但势力较弱且位置偏东，上海位于冷高压底后部受海上东北气流影响。同为高压底部形势，GBn 控制下，上海地面风向为东北偏北。

（5）高压后部弱气压场（WGh）出现了 44 d，冷空气主力还位于新疆北部，华东北部、黄海受弱高压控制，弱高压后部山东—安徽一带存在风场辐合。上海位于海上弱高压环流底后部，气压场弱，风力小。

（6）两种高压前部弱气压场 WGl 和 WGf 分别出现了 31 d 和 16 d，WGl 的形态和 L 型高压相近，长三角处于高压前部弱气压场控制，风速较小，上海地面为偏西风。而 WGf 控制下高压中心位于我国新疆地区，较 WGl 偏西偏北，上海以西北风为主。

（7）TGh 和 TGf 都与倒槽有关。前者为高压后部倒槽，出现了 19 d，为暖区降水天气，我国西南及西部大部地区受低压控制，上海受西南暖湿气流和海上高压后部环流共同影响。后者为高压前部倒槽，出现了 18 d，弱冷空气位于蒙古以北，上海处于倒槽内。

分析上述 9 种天气形势发现，2012—2015 年秋冬季（368 d）影响上海的天气形势以冷锋（Cw）最多，达 102 d，符合冬季大陆冷高压控制的天气学特征。其次为高压底部（GBn 和 GBe）共计 96 d，弱气压场（WGh、WGl 和 WGf）共 91 d，而倒槽型（TGf 和 TGh）和东路冷空气（Ce）较少，各为 37 d 和 42 d。

张国琏等（2010）的主观分型研究显示，秋冬季影响上海的主要天气形势为高压前、高压、L型高压、高压后、高压底、低压槽、冷锋过境、东路冷空气。与本书的客观分型结果基本一致，其中高压型对应WGh，L型高压和高压前分别对应WGl和WGh，高压底和高压后分别对应GBn、GBe，冷锋过境对应Cw，东路冷空气对应Ce。但低压槽有所差异，这将在后文讨论。以上分析表明客观分型技术适用于天气分型研究。

2.2.2.3 不同形势下的$PM_{2.5}$浓度分布特征

图2.11和图2.12分别计算了9种天气形势下的$PM_{2.5}$平均质量浓度及污染超标率。可见，冷锋形势（Cw）、弱气压场（WGh、WGl、WGf）和高压后部倒槽（TGh）3种天气形势下$PM_{2.5}$平均浓度均超过污染等级，是上海秋冬季容易产生$PM_{2.5}$污染（后文用“易污染”表示）的天气形势。其中WGl的平均质量浓度最高，为100.7 μg/m³，污染超标率达到67.7%，而且重度及以上超标率达到16%；其次为高压后部倒槽（TGh），平均质量浓度为90.2 μg/m³，污染超标率也高达68.5%，以轻度污染为主，占42.1%；另外两种弱气压形势WGh和WGf的平均质量浓度分别为84.7 μg/m³和81 μg/m³，超标率分别为36.4%和50.1%。冷锋（Cw）的平均质量浓度为82.5 μg/m³，超标率为43.1%。

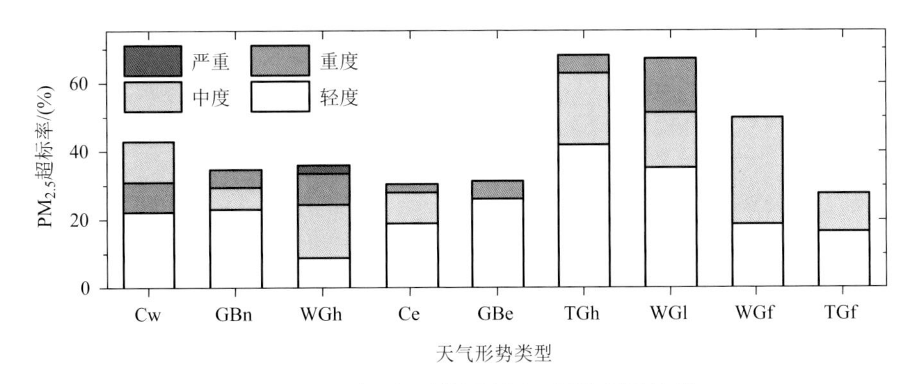

图2.11 9种天气形势下$PM_{2.5}$平均质量浓度

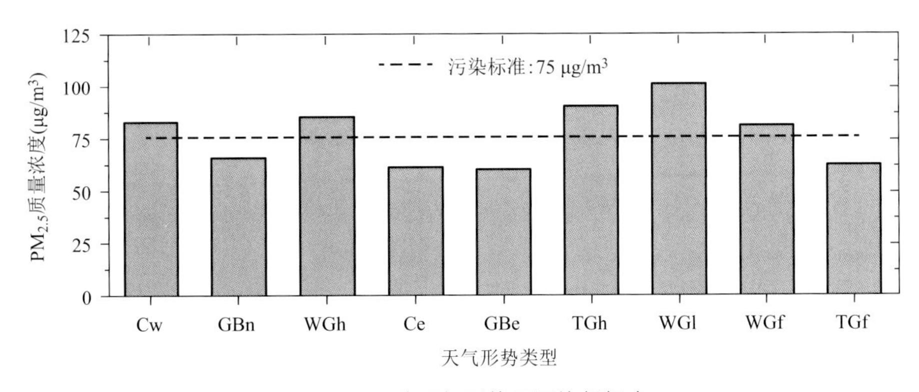

图2.12 9种天气形势下污染超标率

其余4种形势下的$PM_{2.5}$质量浓度均低于75 μg/m³，不易产生污染（后文简称“不易污染”）。其中高压底部GBn和GBe的平均质量浓度分别为66.2 μg/m³和60 μg/m³，东路冷空气（Ce）和高压前部倒槽（TGf）的平均质量浓度分别为61 μg/m³和62 μg/m³，超标率为28%～34%。相比之下，GBn的平均质量浓度和超标率相对较高，原因在后文解释。

由于短期内（比如1～2 d）排放源基本稳定，那么$PM_{2.5}$质量浓度的差异可看成是由于天气过程演变产生的结果。图 2.13 计算了每种天气形势下所有样本的日均 $PM_{2.5}$ 质量浓度与前一天的浓度差，正值表示此类天气形势有利于 $PM_{2.5}$ 浓度升高，从而形成或维持污染；反之则有利于 $PM_{2.5}$ 浓度降低，从而清除污染物，改善空气质量。由图可见，在 5 种“易污染”的天气形势中，除了高压后部倒槽（TGh）的 $PM_{2.5}$ 质量浓度变化接近 0，其余各种形势下的 $PM_{2.5}$ 质量浓度变化均为正值，表示气象条件有利于 $PM_{2.5}$ 浓度升高形成污染事件。其中高压前部弱气压（WGl 和 WGf）的升幅最显著，分别为 13 $\mu g/m^3$ 和 18 $\mu g/m^3$，冷锋（Cw）和高压后部弱气压（WGh）的上升幅度分别为 1.3 $\mu g/m^3$ 和 1.6 $\mu g/m^3$。其余 4 种“不易污染”天气形势下，$PM_{2.5}$ 质量浓度变化均为负值，表示气象条件有利于 $PM_{2.5}$ 浓度降低。其中高压前部倒槽（TGf）的下降幅度最显著，达到 −13 $\mu g/m^3$，两种高压底部（GBe 和 GBn）的平均下降幅度分别为 −3.9 $\mu g/m^3$ 和 −4.1 $\mu g/m^3$，东路冷空气（Ce）的下降幅度为 −4.8 $\mu g/m^3$。以上统计表明，3 种弱气压形势（WGh、WGf、WGl）和冷锋（Cw）有利于 $PM_{2.5}$ 浓度升高，而高压底部（GBn、GBe）、偏东路冷空气（Ce）、高压前部倒槽（TGf）则有利于 $PM_{2.5}$ 浓度降低，这和前文的分析结果基本一致。

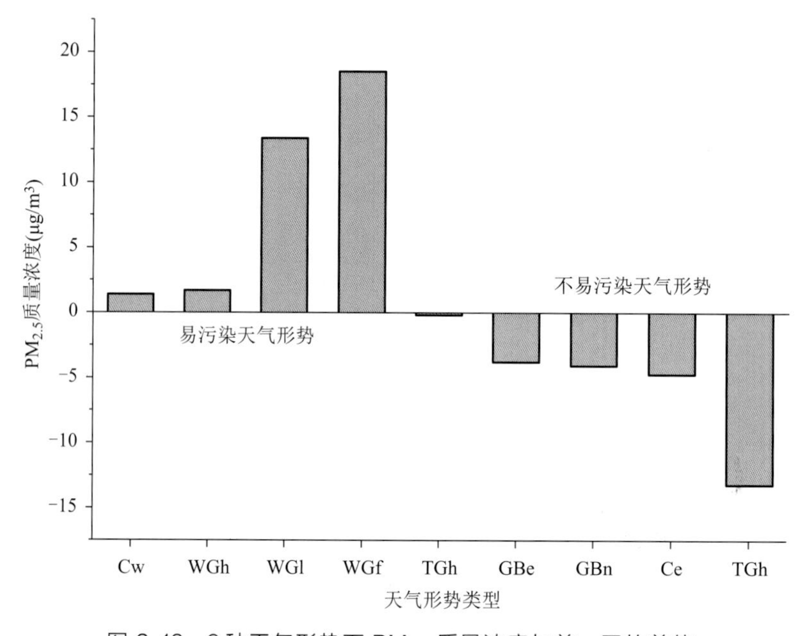

图 2.13　9 种天气形势下 $PM_{2.5}$ 质量浓度与前一天的差值

张国琏等（2010）指出，2003—2005 年秋冬季上海的 PM_{10} 污染主要和 L 型高压、高压前、高压（弱气压场）3 种天气形势有关，约占 80%。这和本节的客观分型结论一致。不同的是本节将 L 型高压也归并到高压前形势中。

2.2.2.4　不同天气形势下的气象要素特征及其对污染物的影响

秋冬季近地面水平风（包括风速、风向）是影响颗粒物污染最重要的气象因子，它对扩散条件和输送条件都有重要影响。水平风速决定了本地水平扩散条件。风向则是决定上游输送的重要因子，这与地理位置和上游的污染程度有关。此外，温度层结、云量、降水也是重要的空气污染气象条件，它们主要影响污染物的垂直扩散和沉降过程。本节将利用地面气象观测资料分析各种天气形势下的地面气象要素特征及其对 $PM_{2.5}$ 的影响，从气象角度（扩散、传输）解释几类天气形势“易污染”和“不易污染”的原因。表2.1统计了2012—2015年秋冬季（11月—次年1月）每类天气形势下的平均气温、日平均降雨量、平均风速和相对湿度发现，除了冷锋（Cw）外上海的平均气温为9～13 ℃，相对湿度为70%～85%，水平风速为2～2.5 m/s。其中冷锋（Cw）影响时上海的气温最低为5.45 ℃、相对湿度最小为64%、平均水平风速为2.98 m/s，在9个类型中风速最大，表明水平扩散条件最好；而弱气压场（WGh、WGl、WGf）控制时上海的水平扩散条件最差，表现为平均风速分别为2.16 m/s、1.97 m/s和2.02 m/s，为9个类型中最小。倒槽（TGh、TGf）形势下的气温最高，分别为13.3 ℃和11.9 ℃，呈现回暖的特征。不同天气形势下的降雨存在较大差异，其中高压后部（GBe）和东路冷空气（Ce）影响下降水比较明显，日平均降雨量分别为7.6 mm和4.3 mm，其次为倒槽形势（TGh、TGf）和高压前部弱气压（WGf），为3～4 mm，有利于污染物的湿清除。其他天气类型下的降水不明显。在诸多气象要素中，水平风直接影响污染物的扩散和输送条件（Xu et al.，2011），是最重要的污染因子，下面将重点进行分析。

表2.1 不同天气类型下的平均气温、相对湿度、日平均降水和水平风速

天气类型	气温(℃)	相对湿度(%)	日平均降水(mm)	水平风速(m/s)
Cw	5.45	64	0.4	2.98
GBn	10	71	1	2.32
WGh	8.9	73	0.66	2.16
Ce	9.2	82	4.3	2.44
GBe	11.3	84	7.6	2.1
TGh	13.3	79	3.7	2.48
WGl	9.3	66	0.87	1.97
WGf	11.3	75	3.9	2.02
TGf	11.9	74	3	2.57

图2.14为每种“易污染”天气形势下所有样本的风玫瑰图，从图中可见：

(1) 两种高压前部弱气压（WGl和WGf）形势的水平风速最小分别为1.97 m/s和2.02 m/s，静风频数最高分别为13.73%和14.59%，表明这种形势下上海本地扩散条件最差。此外主导风向都是西至西北风，分别占44.7%和36.4%，其中小于2 m/s的频数分别为15.3%和10%，即偏西风较弱。由图2.11可见，在这种形势下华中—华东大部地区都受弱气压控制，上海处于弱气压控制区的下风方向，弱的偏西风将上游的污染物不断输送到上海，加之本地扩散条件差，两者叠加导致$PM_{2.5}$质量浓度不断上升形成污染事件。相比之下，WGl的气压场更弱、控制范围更广，因此，维持时间更长，对上海的影响也更显著。

(2) 高压后部弱气压形势（WGh）的水平风速为2.16 m/s，静风频数为6.33%，扩散条件好于高压前部弱气压场，但WGh的主导风向不明确，东北风、东风、东南风、西风各占20.7%、18.4%、14.9%和19%，体现了静稳条件下风向较乱的特点，$PM_{2.5}$以本地累积为主。张国琏等（2010）将这种形势统称为高压型。虽然在WGh下上海的风向以东向风为主，有利于空气质量改善，但值得注意的是在弱高压环流后部存在明显的风场辐合，如果高

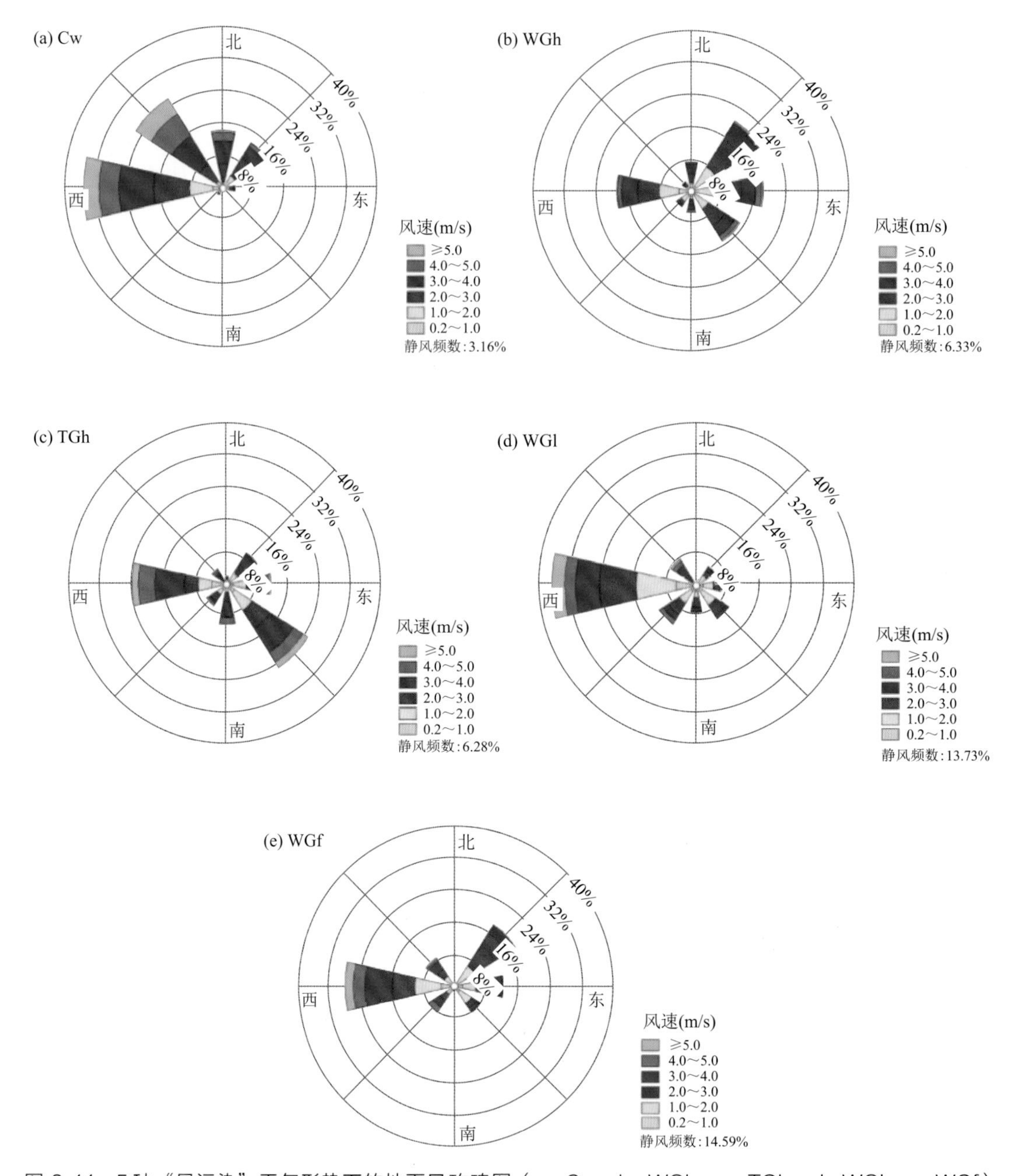

图 2.14　5种“易污染”天气形势下的地面风玫瑰图（a. Cw；b. WGh；c. TGh；d. WGl；e. WGf）

压位置偏东，辐合区将出现在上海附近会形成重污染事件。比如 2015 年 12 月 14 日，海上高压后部偏东风和冷空气前部西北风在上海西面形成辐合，导致 $PM_{2.5}$ 日平均浓度（147 μg/m³）达到重度污染。

（3）冷锋（Cw）形势下上海的水平风速最大，为 2.98 m/s，水平扩散条件最好，但不利的是锋面呈东北—西南向经过上海，导致西风和西北风的频数最高，共计达 61.7%，远高于其他各类天气形势。由图 2.11 可见，上游的江苏、安徽、河南和山东大部处于弱气压场控制，西至西北风条件下有利于将上游累积的污染物输送到上海，加重本地污染水平。利用美国国家海洋和大气管理局（NOAA）开发的 Hysplit 模式计算冷锋类型下每个样本（24 h）

影响上海的后向轨迹（500 m 高度），发现大部分气团都是从华北经山东、江苏影响上海（图 2.15），可见，对于上海而言，冷锋（Cw）是输送型污染天气。这种形势在秋冬季最常见，污染物随着冷锋移动不断向下游传输，这和戴竹君等（2016）对江苏重度霾的形势分析一致。可见，在区域性大气污染特征下，采取联防联控对于污染应急预警非常必要。

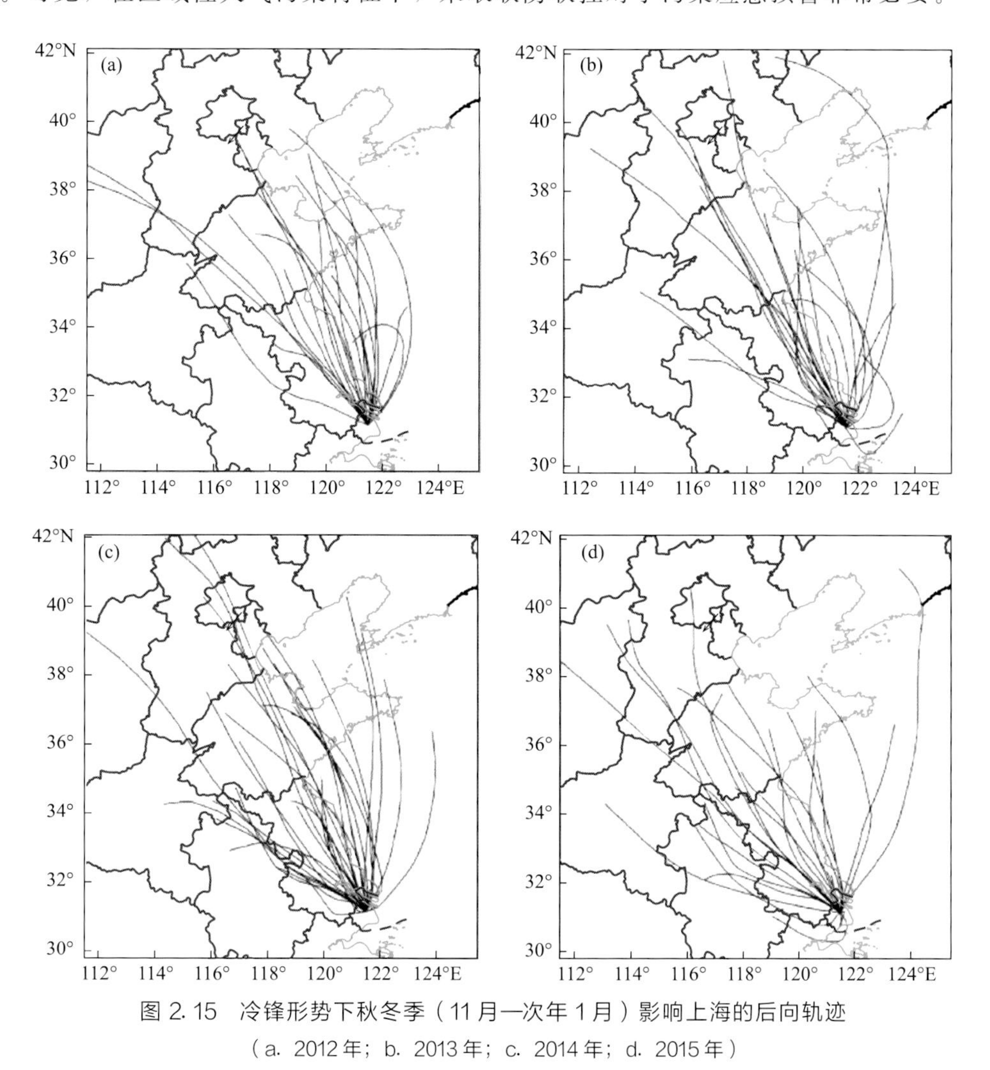

图 2.15　冷锋形势下秋冬季（11 月—次年 1 月）影响上海的后向轨迹

（a. 2012 年；b. 2013 年；c. 2014 年；d. 2015 年）

（4）高压后部倒槽（TGh）形势下上海近地面水平风速为 2.48 m/s，静风频数占 6.25%。由图 2.13 可见，此类天气形势下的 $PM_{2.5}$ 与前一天的平均浓度差接近 0，表明具备有利和不利两类污染气象条件。一般冬季的 TGh 为暖区天气，北方冷空气尚未建立，西南暖湿气流较强，上海及周边地区回暖特征明显。这种形势下上海的主导风向以偏西风和东南风为主（图 2.14），分别占 24.3% 和 24.9%，容易形成辐合，有利于污染物堆积。张国琏等（2010）发现，上海冬季回暖天气时高层（如 850 hPa）大气增温明显使得层结稳定不利于污染物扩散，这些都是不利的空气污染气象条件。有利的是由于 TGh 下水汽条件好有利于发生降水，前文计算表明研究时段 TGh 的日平均降水量为 3.7 mm，有利于污染物的清除。研究样本中 TGh 共计 19 d，其中有 12 d 达到污染，其余 7 d 为优，$PM_{2.5}$ 浓度差异较大。这是因为空气质量为优的样本日在前一天或者当天出现了明显降水，湿清除作用明显。而12个污染日基本没有明显降水，或者降水出现在夜间（2012年11月8日）。可见，TGh形势下是否出现降水对于$PM_{2.5}$的质量浓度非常关键。最典型的污染过程为2013年11月7—8日，上海出现中度—重度污染。分析MICAPS地面天气图发现，7日弱高压缓慢东移入海，8日高压后部偏东风和西南风形成辐合，静稳与辐合叠加导致发生连续2 d的污染过程。需要指出的是，张国琏等（2010）和戴竹君等（2016）的研究中均提到低压倒槽形势，前者将其归为清洁形势，后者将其归为污染形势。对比发现，本书定义的高压后部倒槽（TGh）形势和戴竹君等（2016）定义的低压倒槽相近，而张国琏等（2010）提到的低压倒槽则和本书定义的高压前部倒槽（TGf）相近，上海主要受南—东南风控制，伴有弱降水，有利于污染物清除。可见，这两种形势不宜统称为低压倒槽。由于TGh下同时具备有利和不利的空气污染气象条件，是否发生降水的不确定性较大，而且出现次数较少，因此，本书不将其作为主要的"易污染"天气形势。戴竹君等（2016）的研究也发现，TGh出现次数很少且维持时间较短。

另外4种"不易污染"的天气形势下的$PM_{2.5}$质量浓度明显偏低，分析地面风场可见（图2.16），它们的共同特点是主导风向为偏东（东北—东—东南），其中高压底部（GBe和GBn）形势下偏东风频数分别占46.5%和56.8%，偏东路冷空气（Ce）和高压前部倒槽（TGf）分别占48.8%和45%，海上清洁气团的输入有利于本地污染物的稀释，从而降低污染浓度，改善空气质量。这和张国琏等（2010）、戴竹君等（2016）的研究结论一致。和GBn、Ce相比，GBe、TGf的偏东风分量更多，因此更加有利于空气质量改善。此外，由图可见，两类高压底部形势GBe和GBn的风频特征非常相似，但GBn的北风频数较多，为15.7%，而且降水偏少，是$PM_{2.5}$质量浓度相对较高的可能原因。

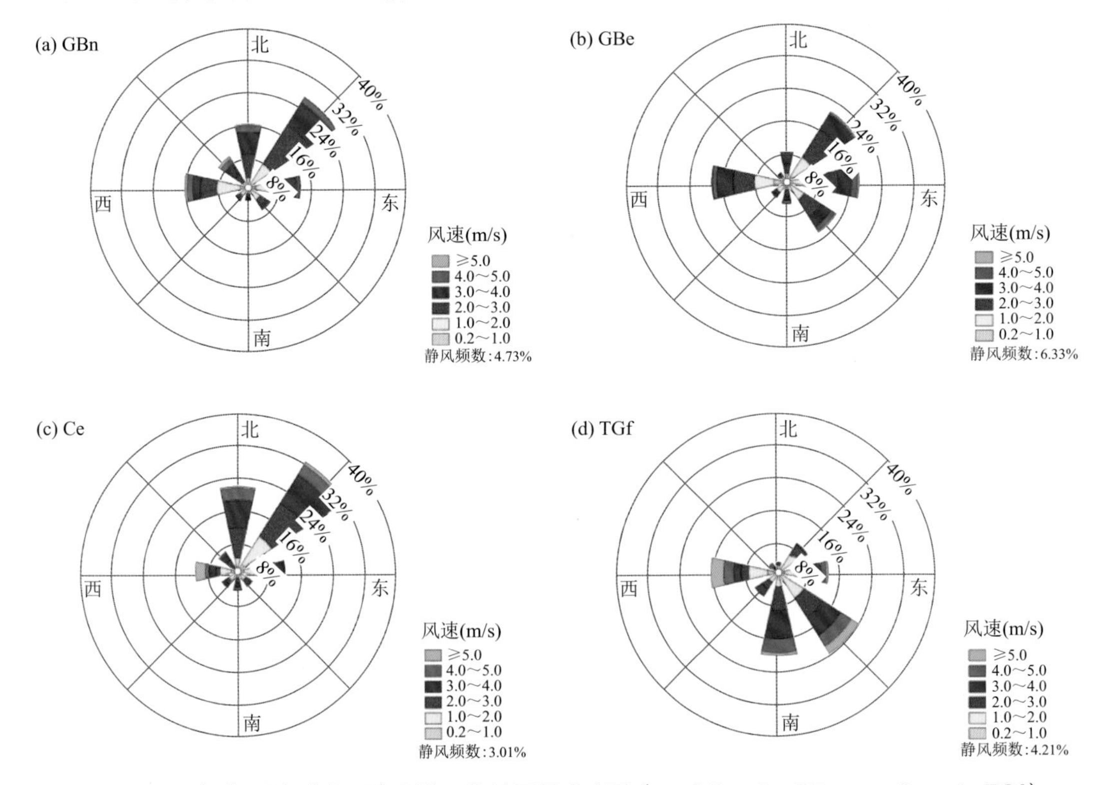

图2.16　4种"不易污染"天气形势下的地面风玫瑰图（a. GBn; b. GBe; c. Ce; d. TGf）

综上，对于秋冬季上海而言，高压前部弱气压形势（WGl 和 WGf）下，上游输送和扩散条件差叠加导致 $PM_{2.5}$ 浓度最高、污染概率增加；高压后部弱气压形势（WGh）下，天气静稳有利于 $PM_{2.5}$ 累积。而冷锋（Cw）形势下，上海本地以西至西北风为主，风速较大，$PM_{2.5}$ 以输送为主。对于上海而言，在过去 4 个秋冬季中（2012—2015 年），弱气压场（WGl、WGf 和 WGh）和冷锋（Cw）形势分别出现了 91 d 和 102 d，是影响秋冬季上海 $PM_{2.5}$ 污染的主要天气类型。

除了水平风和降水，垂直扩散条件也是重要的污染气象条件，垂直扩散能力越强，污染物有利于抬升到高处从而降低近地面的污染水平。它主要决定污染物的日变化过程。此外，夜间逆温和小风的维持是上海重度污染的天气学原因之一（常炉予 等，2016）。垂直扩散条件实际由边界层内湍流混合强度决定，在边界层气象学中一般利用风温廓线计算湍流交换系数进而得到垂直动量热量通量。由于风温廓线很难连续准确测量，很多学者采用激光雷达反演混合层高度表征大气垂直扩散能力（Xu et al.，2015）。本节利用上海世纪公园站激光雷达反演的白天混合层高度，统计 4 种典型污染天气形势（Cw、WGh、WGl、WGf）白天（北京时 08—18 时）的混合层平均高度演变，资料长度为 2013—2014 年的 11 月、12 月和 1 月。由图 2.17 可见，弱气压形势下（WGh、WGl、WGf）混合层的日变化特征比较明显，一般在 15 时左右达到最高，分别为 767 m、868 m 和 867 m。而冷锋形势下由于降温、大风天气和太阳辐射较弱导致混合层日变化平缓，最高仅为 700 m。4 种形势的混合层在上午（08—10 时）基本接近 600～700 m，中午以后差异不断加大，其中 12—16 时的混合层差异最显著，达 100～200 m。总体而言，WGf 和 WGl 的混合层发展较高，表明湍流交换强，垂直扩散条件较好。而高压后部弱气压（WGh）和冷锋（Cw）下混合层高度较低，垂直扩散能力较差。对比前面统计的地面气象要素发现，WGf 和 WGl 下混合层较高，而 WGh 和 Cw 下混合层较低，和气温的关系密切，气温越高，湍流混合越强，越有利于混合层抬升。

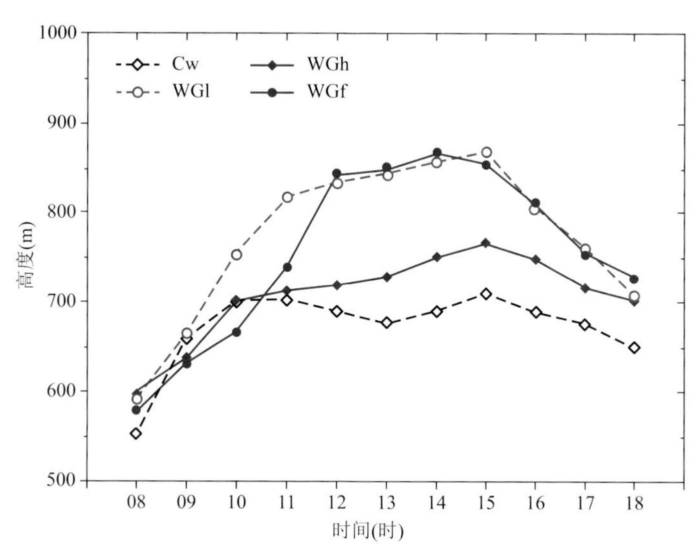

图 2.17　4 种“易污染”天气形势下的白天混合层高度变化

2.2.2.5　典型污染月和清洁月的分型结果对比分析

本节选择 $PM_{2.5}$ 质量浓度最高的 2 个污染月（2013 年 1 月和 12 月，浓度分别为 95.3 $\mu g/m^3$、

128.3 μg/m³）和质量浓度最低的 2 个清洁月（2014 年 11 月和 2015 年 11 月，浓度分别为 51.1 μg/m³ 和 57.9 μg/m³），通过对比污染月与清洁月的天气形势分型结果，分析 $PM_{2.5}$ 重污染形成的天气学原因和差异。

表 2.2 统计了污染月和清洁月主要“易污染”天气形势的出现天数。由表可见，“易污染”形势在 2 个污染月分别出现了 15 d 和 23 d，较清洁月（10 d、7 d）明显偏多。污染月和清洁月相比，最大差异是冷锋（Cw）形势偏多了 1.5 倍，即输送型污染天气明显增多，而且对于污染月而言，也是冷锋形势（Cw）居多，出现了 10 d，表明上游输送的强弱对于秋冬季上海空气质量有重要影响。2013 年 12 月，上海 $PM_{2.5}$ 污染最严重，除了冷锋形势（Cw）频繁出现外，高压前部弱气压场形势（WGl 和 WGf）增多（9 d）是重要原因。特别是 1—9 日上海 $PM_{2.5}$ 平均质量浓度高达 211.9 μg/m³，其中 6 d 达到重度及以上污染等级。分析逐日天气分型结果发现，期间出现了 4 次 WGl 叠加天气（1 日、3 日、4 日、5 日）和 2 次 WGh 静稳天气（6 日、7 日）。尤其是 3—5 日上海受 WGl 叠加形势控制（图 2.18），扩散条件差和输送相叠加，12 月 4 日 20 时—5 日 23 时，$PM_{2.5}$ 质量浓度从 137 μg/m³ 上升到 509 μg/m³。6 日 02 时，弱冷空气影响上海，风速增大首先使得 $PM_{2.5}$ 下降到 423 μg/m³，接着受上游输送影响，$PM_{2.5}$ 继续上升至峰值 602 μg/m³。可见，3—5 日高压前部弱气压场（WGl）的维持导致上海 $PM_{2.5}$ 质量浓度持续上升至 509 μg/m³，是 6 日出现历史观测极值的主要原因。6 日 14 时以后，弱冷空气过境上海转为高压后部（WGh）控制，上游输送结束，$PM_{2.5}$ 浓度逐步下降。8 日，转为高压前部倒槽，空气质量继续改善，9 日，受冷锋（Cw）

表 2.2　污染月和清洁月 3 类“易污染”天气形势的出现天数　　单位：d

天气形势		叠加型(WGl 和 WGf)	静稳型(WGh)	输送型(Cw)
污染月	2013 年 1 月	2	3	10
	2013 年 12 月	9	4	10
清洁月	2014 年 11 月	4	3	3
	2015 年 11 月	0	2	5

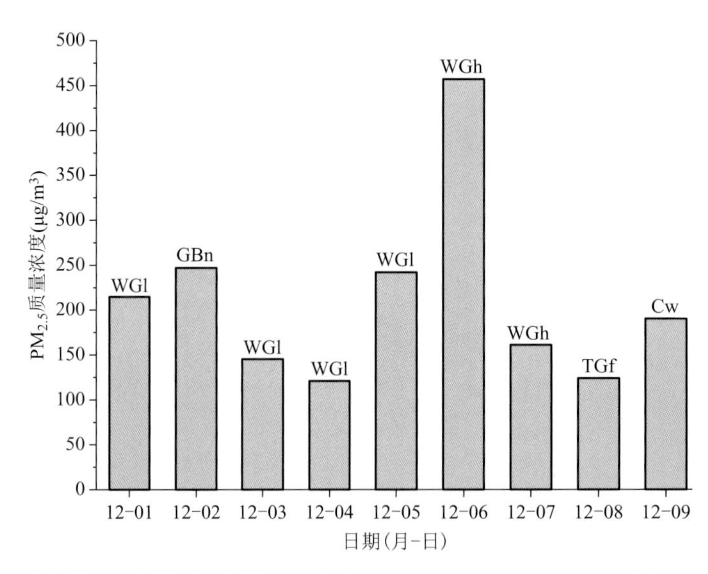

图 2.18　2013 年 12 月 1—9 日连续重度污染期间逐日天气形势分型结果

影响，上游输送使得 $PM_{2.5}$ 质量浓度再次上升。可见，前期高压前部弱气压形势持续，之后转为弱冷空气扩散是这次重污染过程的天气学特征，和 Xu 等（2015）的分析一致。分析另外两次连续性重污染过程（2013 年 1 月 23—26 日和 12 月 29—31 日），同样发现和高压前部弱气压形势的维持有关。

2.2.2.6　小结

以上海为例，采用一种客观分型方法，对 2012—2015 年秋冬季的海平面气压场和 10 m 风场进行大样本天气形势分型研究，同时结合地面 $PM_{2.5}$ 和气象观测资料揭示“易污染”的主要天气形势以及对应的气象条件对污染物传输和扩散过程的影响，主要结论如下：

（1）秋冬季对上海 $PM_{2.5}$ 环境质量影响最显著的天气形势主要有 4 种，分别为冷锋（Cw）、高压后部弱气压场（WGh）、高压前部弱气压场（WGl 和 WGf），分别出现了 102 d、44 d、31 d 和 16 d，对应的 $PM_{2.5}$ 平均质量浓度分别为 82.5 $\mu g/m^3$、84.7 $\mu g/m^3$、100.7 $\mu g/m^3$ 和 81 $\mu g/m^3$，且 $PM_{2.5}$ 质量浓度较前一天呈升高趋势，天气形势易于形成和加重污染，说明客观分型技术适用于 $PM_{2.5}$ 污染天气分型。

（2）高压前部弱气压形势（WGl 和 WGf）下，上海的水平风速最小，分别为 1.97 m/s 和 2.02 m/s，静风频数最高，分别为 13.73％和 14.59％，主导风向都是西—西北风且上游为弱气压控制区，呈现扩散条件差和上游输送相叠加的污染天气特征。高压后部弱气压场（WGh）下，风向较乱，东北风、东风、东南风和西风各占 20.7％、18.4％、14.9％和 19％，呈现静稳形势下本地累积的污染天气特征。而冷锋（Cw）下，上海扩散条件最好，但西—西北风频数占 60％以上，呈现上游输送的污染天气特征。分析混合层高度，发现高压前部弱气压形势的垂直扩散能力好于高压后部弱气压和冷锋形势。

（3）“不易污染”天气形势的共同特点是以偏东风为主，海上清洁气团的输入有利于本地污染物的稀释，从而降低污染浓度改善空气质量。

（4）污染月和清洁月分型结果的最大差异是 Cw 输送型天气形势偏多了 1.5 倍，同时在污染月 Cw 形势占“易污染”天气形势的一半以上，说明输送强弱对上海秋冬季的 $PM_{2.5}$ 环境质量影响显著。此外，分析 3 次连续重度污染过程发现，高压前部弱气压场形势的建立和维持具有重要影响。

2.2.3　O_3 污染的客观分型研究

以上海为例，通过对臭氧污染季节的大气环流进行客观分型研究，揭示有利于和不利于上海臭氧污染的典型大气环流配置，进而从气象学角度揭示不同环流类型下促发臭氧污染的原因和差异，为上海臭氧的预报、预警和机制研究提供参考依据。

2.2.3.1　上海 O_3 浓度的年变化特征

Gao 等（2017）、林燕芬等（2017）的研究都表明，过去 10 年上海臭氧的年际变化呈明显的上升趋势，上升速度为 2 $\mu g/(m^3 \cdot a)$。图 2.19 显示了 2013—2017 年上海日最大 O_3-8 h 平均浓度和超标日数的季节变化，过去 5 年上海日最大 O_3-8 h 平均浓度为 104 $\mu g/m^3$，夏季最高，春、秋次之，冬季最低。其中 7 月和 8 月的平均浓度分别为 144 $\mu g/m^3$ 和 127 $\mu g/m^3$，而冬季浓度仅为夏季的二分之一。这种季节变化特征和其他中纬度城市的观测结论基本一致

（程念亮 等，2016）。不同的是由于梅雨作用，上海6月的臭氧浓度出现明显下降。另外需要指出的是，一些基于小时O_3观测数据的研究发现，春季的O_3平均浓度较夏季更高（段玉森 等，2011）。由图2.19可见，上海O_3-8 h超标日集中出现在3—10月，5年的总超标日数为198 d，其中盛夏（7—8月）最多，占70%。因此，下文选择3—10月的数据开展上海臭氧的天气分型研究。

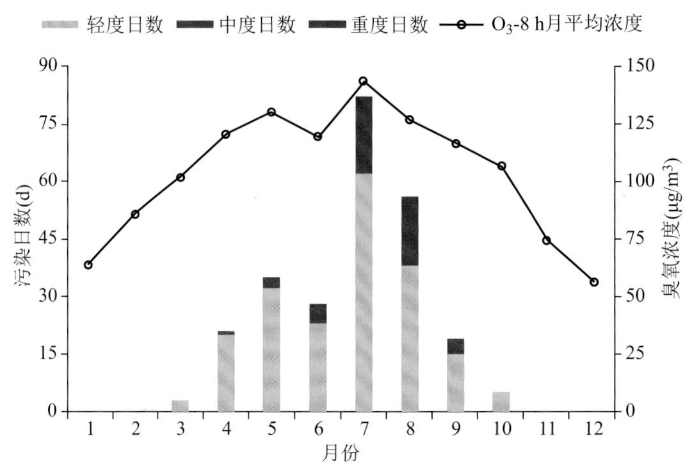

图2.19　2013—2017年上海日最大O_3-8 h月平均浓度（黑实线）及污染发生平均日数（柱图）年变化特征

2.2.3.2　大气环流分型

对2013—2017年3—10月的低层925 hPa位势高度场和水平全风速场（U和V）进行客观分型，样本数共1225 d，得到8种环流类型，累积解释方差贡献超过85%。图2.20显示了每种类型合成的925 hPa和500 hPa位势高度场和水平风场，表2.3给出了每种类型在各月的分布日数、O_3-8 h超标率和平均浓度。

（1）高压底部（HB，372 d），主要出现在春、秋两季（3—4月、9—10月）。东亚大陆高空位势高度较低（图略），上海位于近地面高压底部（图2.20），主导风向为东风和东北风，占50%，平均日最高气温为20.9 ℃。除4月O_3-8 h超标率约为15%外，3月、9月和10月都低于5%。

（2）副高西北侧（HW，219 d），主要出现在春、夏两季（4—8月）。500 hPa副高主体（位势高度高于5880 gpm）位于120°E以西距离上海较远的偏南洋面上（图略），低层上海受其外围西北气流控制（图2.20），主导风向为西风或西南风，约占35%，平均最高气温为22.6 ℃。O_3-8 h超标率较高，春季为15%～19%，夏季为30%～40%。

（3）均压场（WP，186 d），主要出现在初夏（5—6月）和8月。上海受弱气压场控制，等压线稀疏，平均风速较小，为2.4 m/s，主导风向不明确。上海位于切变线附近，平均日降水量为4 mm，O_3-8 h超标率为10%～20%。

（4）低压北侧（LN，105 d），主要出现在夏、秋季（7—9月）。台湾及其附近海域有较强的低值系统（多为低压槽和台风，如2016年17号台风“鲇鱼”），在500 hPa合成图上也可以看到在台湾附近海域有明显的气旋环流（图略），上海受低压北侧东南气流影响，平均风速较大，为3.2 m/s，臭氧超标率较低，小于5%。

（5）副高控制（HC，106 d），主要出现在盛夏(7—8 月)。上海受西太平洋副热带高压主体控制，风速小（平均风速约为 2.5 m/s）、辐射强（平均辐射约为 983 W/m²）、温度高（平均日最高气温约为 33.4 ℃），有利于臭氧的光化学生成和积聚，O_3-8 h 超标率较高，均超过 50%.

（6）低压东侧（LE，共 119 d），主要出现在春季。对流层低层，我国东南部有较强的低压槽系统，产生明显的水汽输送，上海多降水天气，平均日降水量为 9.5 mm，平均风速较大，约为 3 m/s，臭氧超标率较低，普遍低于 5%。

（7）西高东低（WE，共 62 d），主要出现在春末（4—5 月）。上海位于高、低值系统之间，等压线密集、平均风速约为 3 m/s，不同月份 O_3-8 h 超标率的差异较大，4 月为 13%，而 5 月为 42%。

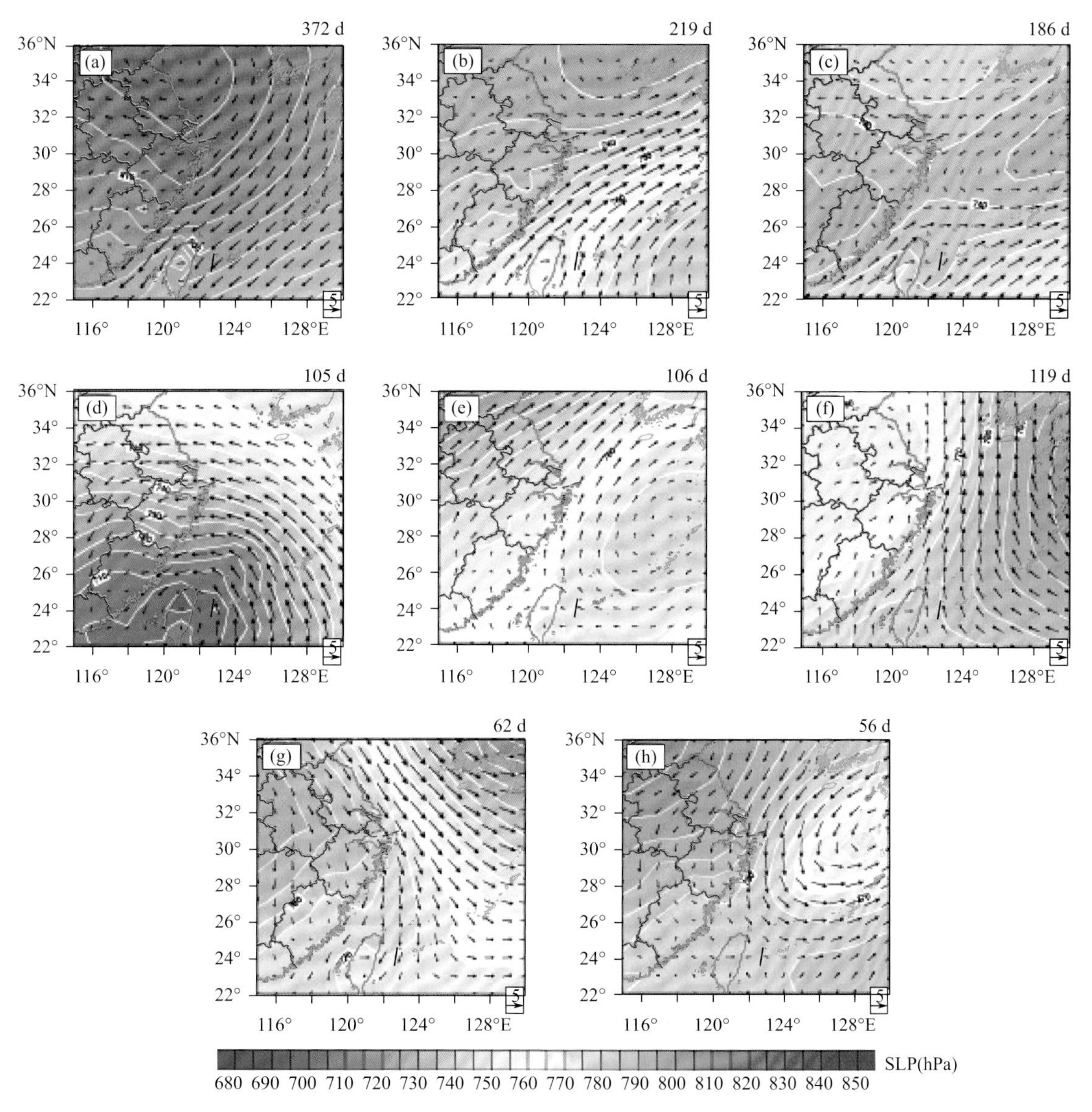

图 2.20　8 种客观分型的 925 hPa 位势高度场和风场（右上角为出现日数）

（a. HB；b. HW；c. WP；d. LN；e. HC；f. LE；g. WE；h. LW）

（8）低压西侧（LW，56 d），主要出现在春季和秋季（3—4 月、9 月），该类型的频数最少。上海受低压系统（如 2013 年 17 号台风“桃芝”）影响，易出现多云和降水天气，主导风向为东北风，占 35%。温度偏低，平均日最高气温小于 20 ℃，臭氧超标率较低。

上述分型结果总结了研究时段内（3—10 月）影响上海的典型天气系统，包括春、秋季的大陆高压和低压槽，夏季的副热带高压和台风，这和张国链等（2010）的主观分析结论基本一致，表明客观分型方法能够比较准确地提炼环流形势，而且分型结果较主观方法更加详细。

表 2.3　8 种环流类型在各月出现的总日数、超标率和日最大 O_3-8 h 平均浓度

		3 月	4 月	5 月	6 月	7 月	8 月	9 月	10 月
	总日数	**99**	**46**	25	2	3	9	**61**	**127**
HB	超标率	2	15.2	4	50	0	0	3.3	2.4
	臭氧浓度	105.91	127.96	133.04	152.50	103.00	107.56	116.97	109.02
	总日数	10	19	22	**61**	**60**	33	12	2
HW	超标率	0	15.8	18.2	16.4	45	27.3	0	0
	臭氧浓度	83.00	109.53	114.50	113.89	149.50	130.24	116.50	72.00
	总日数	3	18	**39**	**63**	10	35	17	1
WP	超标率	0	11.1	15.4	11.1	30	20	23.5	0
	臭氧浓度	83.67	117.72	129.49	119.95	122.20	124.69	134.94	124.00
	总日数	0	2	4	12	**30**	**33**	**21**	3
LN	超标率	/	0	0	8.3	3.3	3	4.8	0
	臭氧浓度	/	94.50	149.50	111.50	85.23	82.45	103.67	80.67
	总日数	2	12	20	3	**38**	**27**	4	0
HC	超标率	50	41.7	70	100	76.3	59.3	100	/
	臭氧浓度	161.00	167.08	175.90	222.00	196.00	183.59	198.50	/
	总日数	**18**	**25**	**25**	7	14	9	16	5
LE	超标率	0	4	0	0	14.3	22.2	12.5	20
	臭氧浓度	98.83	99.68	94.88	98.57	126.50	114.00	98.31	98.80
	总日数	8	**15**	**16**	2	/	7	3	11
WE	超标率	0	13.3	43.8	50	/	42.9	33.3	9.1
	臭氧浓度	100.25	125.33	153.00	176.00	/	157.43	119.00	106.73
	总日数	**15**	**13**	4	0	0	2	**16**	6
LW	超标率	0	0	0	/	/	0	6.3	0
	臭氧浓度	88.47	109.00	91.50	/	/	91.50	111.19	89.00

注：“/”表示没有出现对应的天气形势

2.2.3.3　容易和不易促发臭氧污染的环流形势判别

为了对比不同环流形势下臭氧超标的差异（魏凤英，2007），图 2.21 对 8 种环流类型下的臭氧超标日数进行标准化处理。由图可见，两种和副高相关的环流类型（副高控制、副高西北侧）的臭氧超标日数标准化值均超过＋0.6，表明这两种环流形势影响下上海臭氧超标

日数较其他环流形势偏多，累积占总超标日数的 63%，容易促发臭氧污染事件，将其定义为“臭氧污染环流类型”。相比之下，副高控制下臭氧超标更加显著，超标日数高达 72 d，比副高西北侧多 19 d。而 3 种和低压相关的环流类型（低压北侧、低压东侧和低压西侧）的标准化值均低于−0.6，臭氧超标日数分别仅为 4 d、8 d、1 d，表明以上 3 种环流类型不利于促发臭氧污染，将其定义为“臭氧清洁环流类型”。下文将分别针对污染型和清洁型的环流形势，分析有利于和不利于促发臭氧污染的天气学原因。

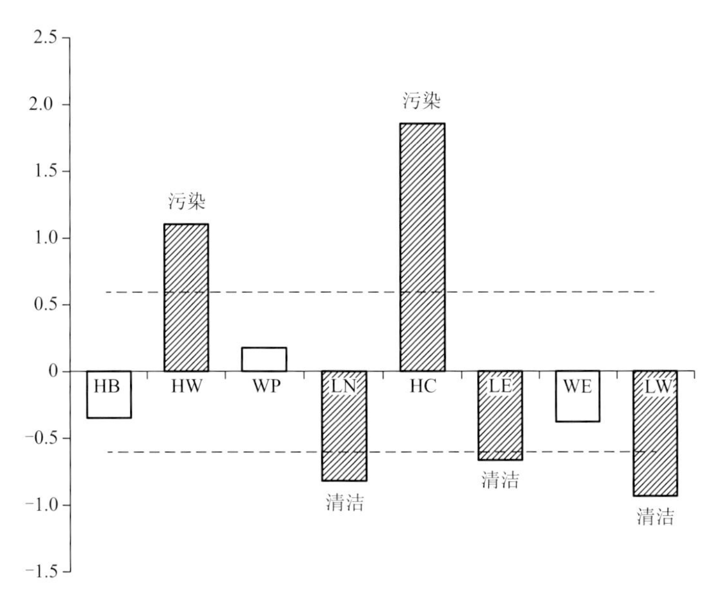

图 2.21　8 种天气形势下标准化的 O_3 超标日数（虚线：±0.6 标准化值）

2.2.3.4　臭氧污染类型的天气学原因

Tie 等（2009）指出，前体物、光化学反应速率、扩散传输是影响局地臭氧浓度的 3 个主要因素。其中光化学反应速率和辐射密切相关，辐射强则有利于臭氧的光化学生成，这是夏季臭氧高于冬季、晴天臭氧高于阴雨天的原因，在不同城市的研究结论都一致。而臭氧的扩散传输除了受水平风影响，还和城市的地理位置、地形条件有关，比如 Duan 等（2008）研究发现，北京在南风条件下臭氧浓度偏高，严仁嫦等（2018）研究发现，杭州在偏东风条件下臭氧浓度偏高。可见，水平风尤其是风向对臭氧的影响在不同城市存在较大差异，具有局地性特点。因此，本节首先利用宝山站的协同观测资料分析高浓度臭氧（小时平均 O_3 浓度≥200 μg/m^3）和水平风的关系。

图 2.22 显示了无降水日宝山站高浓度臭氧、水平风（风速风向）的小时观测散点图。由图可见，上海的高浓度臭氧主要集中在两个风向区间：东北—东风（22.5°～112.5°）和西南—西北风（202.5°～337.5°）。在东向风区间，高浓度臭氧对应的温度较高，平均日最高气温为 34.6 ℃，其中 56%的样本高于 35 ℃。这是因为大部分样本都出现在夏季，上海受副高控制，辐射强、温度高，有利于臭氧的光化学生成，且上海以东洋面上臭氧前体物排放源很小，因此，在东向风区间强烈的太阳辐射是产生高臭氧浓度的主要原因。相比之下，在西向风区间，高浓度臭氧对应的平均气温较东向风明显偏低，平均为 30.4 ℃，其中约 27%的样本气温低于 30 ℃，辐射条件较前者差。但是和前者不同的是在西向风区间，高浓

度臭氧随风速呈离散分布，即在 1～6 m/s 的全风速范围内都有高浓度臭氧发生。而在东向风区间，高浓度臭氧主要集中在 2～4 m/s 的全风速范围内，表明西向风区间存在明显的臭氧或者前体物的输送效应，这与上海以西密集且数值较大的臭氧前体物排放源（如 NO_x、VOCs 等）分布特征一致。林燕芬等（2017）认为上海高浓度臭氧主要集中在西南部郊区，因此，在西南风条件下会形成明显的输送，导致下风方向的站点在下午臭氧峰值出现延迟。Geng 等（2011）也发现，浙江北部山区的生物排放（异戊二烯）氧化形成碳酰基（如醛类）通过光解反应，生成 HO_2 自由基，在西南风条件下输送到上海与 NO 反应，可使臭氧浓度增加 6～8 ppbv。因此，图中两个风向区间高臭氧的形成原因有所不同，东向风区间主要是因为辐射强导致臭氧的光化学生成增加，而西向风区间则可能是因为臭氧或者前体物的输送。

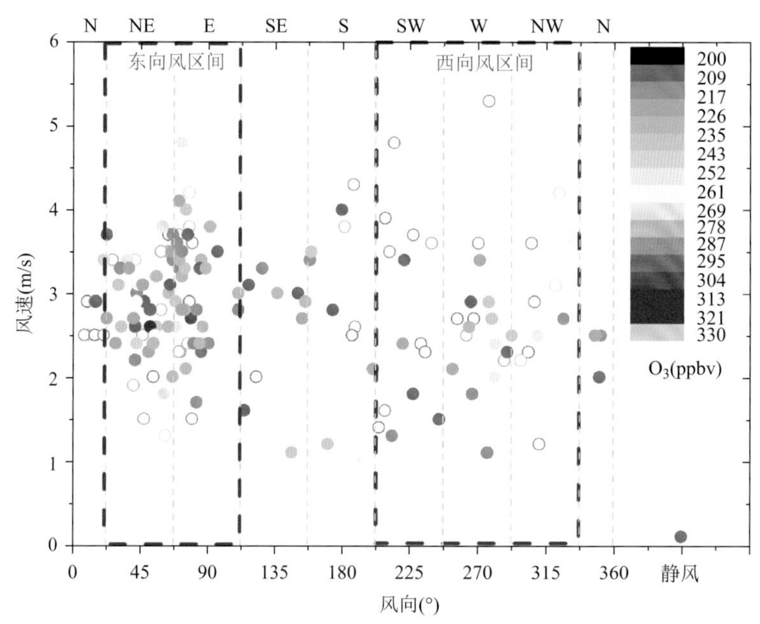

图 2.22　宝山站无降水日超标小时臭氧浓度与风速、风向的关系

（散点颜色表示 O_3-1 h 浓度；实心圆圈表示气温高于 33 ℃；空心圆圈表示气温低于 33 ℃）

为了进一步分析臭氧超标和水平风的关系，图 2.23 显示了无降水日小时臭氧超标率（小时平均 O_3 浓度≥200 $\mu g/m^3$）和风向、风速的关系（共 735 个样本）。由图可见，在西南—西北风区间存在显著的臭氧超标现象，而且超标发生在 1～6 m/s 的全风速区间，表明在西向风区间存在明显的臭氧或者前体物的输送效应，这与图 2.22 的结论一致。此外，西南风时臭氧超标在 4～6 m/s 的较大风速区间最显著，而在西北风条件下则是 1～3 m/s 的较小风速区间更明显，说明在西向风时可能存在不同尺度的输送贡献。另外，东北风时臭氧超标同样明显，而且大多出现在 2～4 m/s 的风速区间，这也和前文的结论相同。

图 2.24 显示了 8 种环流形势下宝山站标准化的太阳总辐射和平均日最高气温。由图可见，副高控制形势下的太阳总辐射标准化值最大（超过＋1.6），平均太阳总辐射约为 983 W/m^2，是 3—10 月辐射平均值的 1.2 倍，对应平均最高气温达 28.9 ℃，较 3—10 月偏高 6.3 ℃，强烈的太阳辐射加速臭氧的光化学生成。此外，该形势下近地面水平风速相对较小，为 2.53 m/s，不利于臭氧的水平扩散，也加剧了臭氧的污染水平。

由前文的分析可知，副高西北侧是另一种有利于促发臭氧污染的天气形势，臭氧超标率

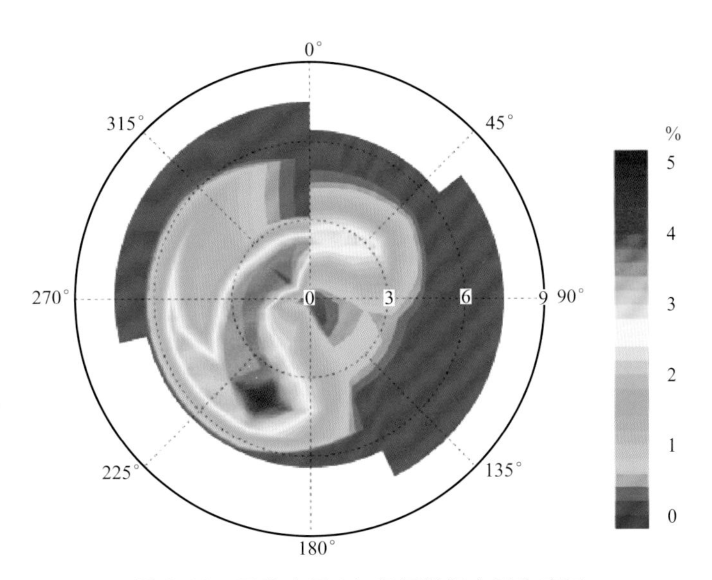

图 2.23　无降水日 1 h 臭氧超标率风玫瑰图
（经向坐标代表风向；纬向坐标代表风速大小（单位：m/s）；
阴影表示 O_3-1 h 浓度≥200 μg/m^3 超标率）

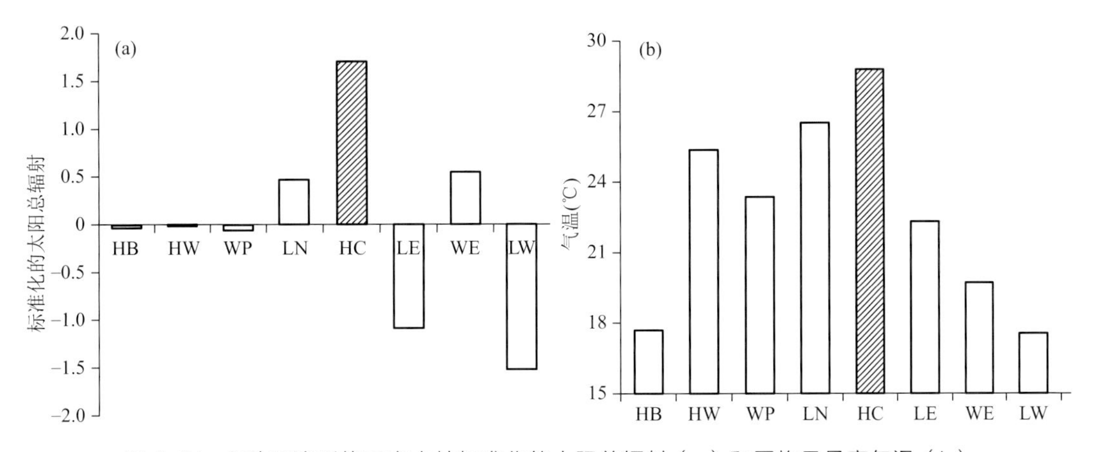

图 2.24　8 种环流形势下宝山站标准化的太阳总辐射（a）和平均日最高气温（b）

为 24.2%。但由图 2.24 可见，该类型下太阳总辐射并不强（−0.1），仅为 826 W/m^2，和 3—10 月的平均辐射相当，明显低于副高控制型，甚至低于臭氧比较清洁的低压北侧型。可见，局地光化学反应不是形成高臭氧浓度的主要原因。进一步分析风玫瑰图（图 2.25）发现，该类型下上海以西向风为主，占 35%，西向风频次达 2138（图 2.26），较其他类型明显偏高。可见，在副高西北侧控制下，臭氧及前体物的输送可能是导致上海臭氧超标的重要原因。

为了分析副高北侧控制下的输送效应，参考 Gao 等（2017）的方法，计算不同环流类型下的 CO 浓度。CO 的生命周期较长（通常为几个月），对于同一站点而言其差异主要源于输送的差异。由图 2.27 可见，在副高西北侧控制下，宝山站的 CO 浓度很高，达 0.83 μg/m^3，仅次于西高东低型，较副高控制下的 CO 浓度偏高了 0.1 μg/m^3，进一步证实了该类型下区域输送的显著效应。需要说明的是，在西向风区间，小于和大于 3 m/s 的风速分别占 60% 和 40%，即可能存在上海本地、上海以外两种输送来源，这种不同尺度的输送作用需要进一步加强研究。

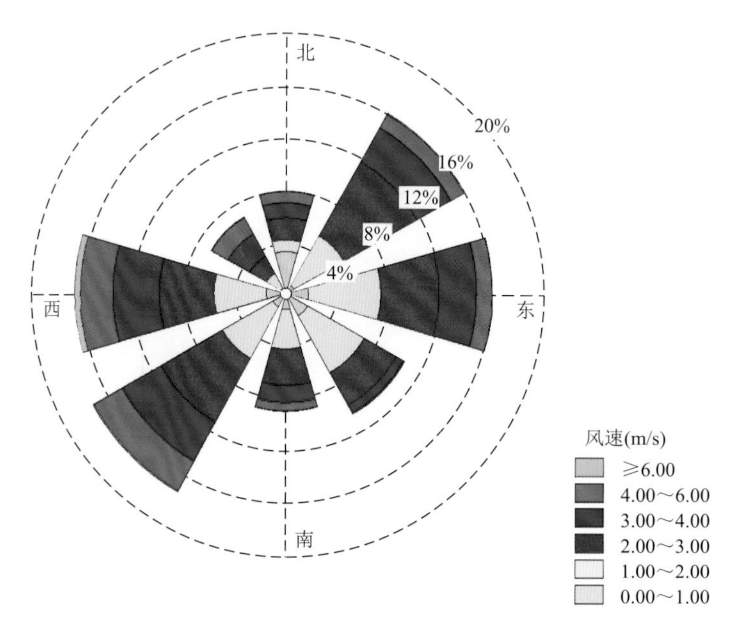

图 2.25　副高西北侧环流型控制下风玫瑰图

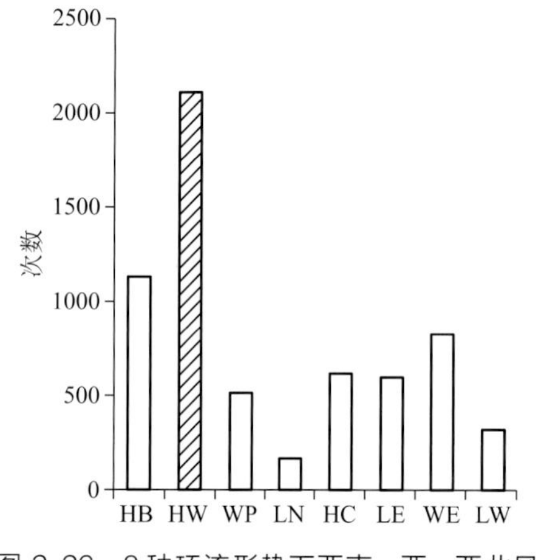

图 2.26　8 种环流形势下西南—西—西北风（202.5° ~ 337.5°）出现次数

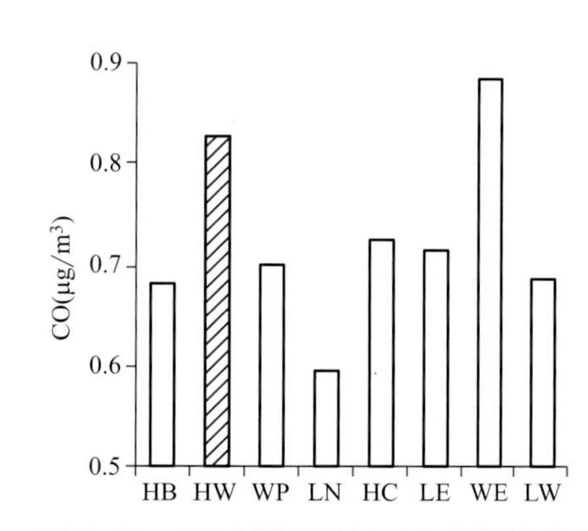

图 2.27　8 种环流形势下 CO 平均浓度

2.2.3.5　臭氧清洁类型的天气学原因

从气象角度而言，不利于臭氧污染形成的天气条件可归纳为：辐射弱抑制臭氧的光化学反应、风速大使得本地臭氧被传输到下风方向、清洁气团的输入稀释本地臭氧浓度。由前面的分型结果可知，上海 3 种不利于促发臭氧污染的天气形势都和低压系统有关，分别为低压北侧、低压东侧和低压西侧。其中低压北侧型控制下，在台湾南海一带有很强的低压气旋系统，上海位于其外围北侧，水平风速最大达到 3.17 m/s，而且 3 m/s 以上风速出现频次最多，约 50%，扩散条件好，不利于臭氧的积聚，这是臭氧偏低的主要原因。而低压东侧和低压西侧环流型多在春秋季出现，上海以多云、降水天气为主，累计降水量分别为 9.5 mm 和 6.7 mm（图略），标准化值均超过 0.5（图 2.28），降水多导致辐射降低，分别为 728 W/m^2 和 688 W/m^2，抑制了臭氧的光化学生成，使得臭氧浓度明显偏低。

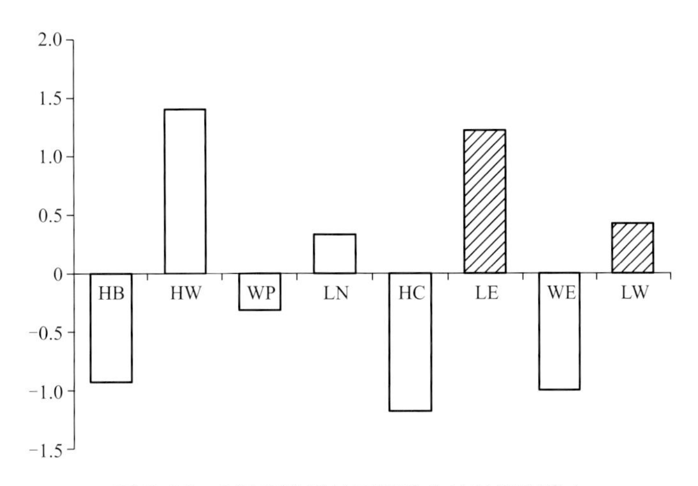

图 2.28 8种环流形势下标准化的日累积降水

2.2.3.6 WRF-Chem 数值模拟

上述研究已经通过统计诊断方法从辐射、扩散、传输3个方面定性分析了不同大气环流类型对上海地面臭氧的影响，可见有利于促发上海臭氧污染的环流形势和副高有关，下面以副高控制型为例，选择副高强（2017年7月）、副高弱（2016年8月）两个月，保持排放不变，使用区域化学/传输模式 WRF-Chem，定量分析典型污染环流型副高控制下气象因素对 O_3 浓度的影响。由图2.29可见，2017年7月，西太平洋副热带高压十分强盛，分裂的副高主体（5880 gpm 位势高度线范围内）稳定地控制我国东南部大部分地区，其中上海就在副高主体控制下，为典型副高强月。相反，2016年8月，西太平洋副热带高压带在我国东南洋面断裂，我国东南部地区包括上海在内上空位势高度较低，低于5880 gpm，为典型的副高弱月。

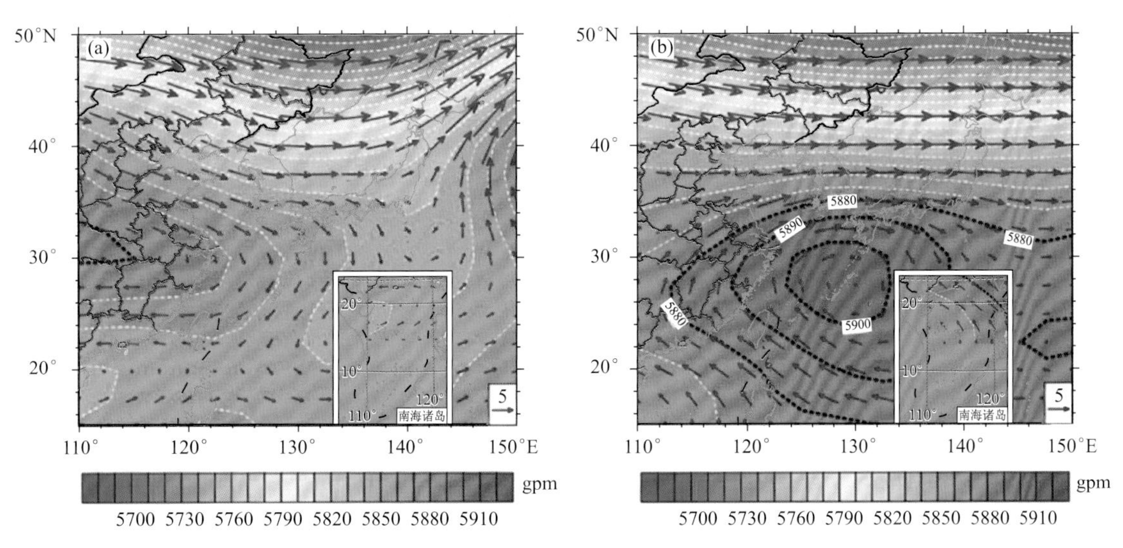

图 2.29 2016年8月（a）和2017年7月（b）500 hPa 环流场

（阴影和虚线表示位势高度，其中黑色虚线为副高主体，箭矢表示风场）

图 2.30 给出了副高强月（2017 年 7 月）和副高弱月（2016 年 8 月）白天平均臭氧浓度的差值，可见，副高控制强月上海及其周边沿海地区白天平均臭氧浓度比副高弱月明显偏高，偏多 10～20 ppbv，与历年夏季白天平均臭氧浓度相比，数值较大，意味着典型污染环流形势副高控制型通过辐射、扩散、传输等气象条件对上海臭氧污染的综合影响较大。

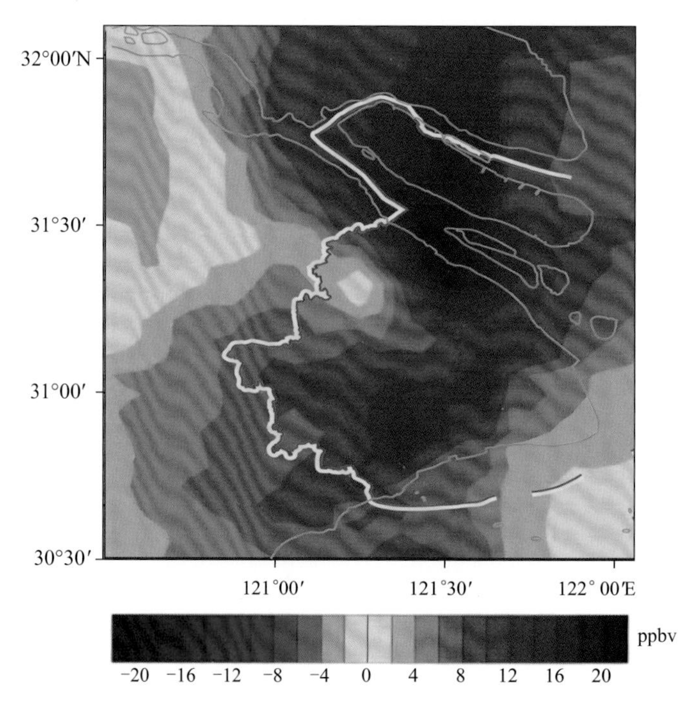

图 2.30 WRF-Chem 模拟的 2017 年 7 月和 2016 年 8 月白天平均臭氧浓度差值（2017 年 7 月减去 2016 年 8 月）

2.2.3.7 小结

分析发现上海地面臭氧超标集中出现在 3—10 月，其中 70%出现在盛夏（7—8 月）。利用 T-mode 主成分分析法（PCT）对 2013—2017 年 3—10 月的大气环流形势进行客观分型研究，结合观测资料总结了有利于和不利于促发上海臭氧污染的大气环流类型，从辐射、扩散、传输 3 个方面分析了不同环流类型对上海地面臭氧的影响。

（1）有利于促发上海臭氧污染的环流形势和副高有关，分别为副高控制（HC）和副高西北侧（HW）。前者主要出现在盛夏（7—8 月），臭氧超标率高达 68%，上海受西太平洋副热带高压主体控制。后者出现在春、夏两季（4—8 月），上海受其外围西北气流控制，春季臭氧超标率为 15%～19%，夏季为 30%～40%。

（2）副高控制（HC）和副高西北侧（HW）两种环流类型都有利于促发地面臭氧污染，但气象影响机制有所差异。前者主要表现为辐射强、温度高加速臭氧的光化学反应；而后者可能是由于西向风导致上游地区臭氧及其前体物的输送效应增加。

（3）不利于促发上海地面臭氧污染的环流形势都和低值系统有关，分别为低压北侧（LN）、低压东侧（LE）和低压西侧（LW），臭氧超标率低于 7%。其中低压北侧影响下水平风速最大，为 3.17 m/s，有利于臭氧扩散；低压东侧和低压西侧影响下上海多阴雨天气，太阳辐射低，分别为 728 W/m^2 和 688 W/m^2，抑制了臭氧的光化学反应。

研究表明，促发上海臭氧污染的气象特点表现为强辐射、高气温的本地臭氧光化学生成的天气类型和以西向风为主的跨区域输送效应天气类型，可见对上海地区臭氧污染的整治不仅要考虑本地排放源的减排，同时还需同步上海以西其他长三角区域的减排工作，考虑长三角区域内污染物及其前体物的跨区域输送影响，协同治理区域内污染是大气环境治理的关键。此外，两个典型臭氧污染型均与副高有关，实际上国家气候中心对副高面积、脊线的月尺度预测已经具有较高的参考性，因此，今后可以将臭氧的天气分型结果和短期气候预测相结合，发展短期臭氧气候预测方法和业务，从更长尺度为臭氧污染的应对提供技术支持。

2.3 污染天气的预报指标

通过大气环流识别污染天气形势是预报污染天气过程的基础。进一步准确预报污染程度需要大气化学数值模式、特征预报指标等客观产品提供支持。本节着眼于影响上海的细颗粒物大气动力过程，通过观测资料的计算分析得到几个特征物理量，作为预报上海细颗粒物污染的重要指标。

2.3.1 平衡风速

2.3.1.1 平衡风速定义

水平风是影响局地空气质量最重要的气象条件。由于水平风同时产生污染输入和输出，因此它和污染物浓度一般呈非线性关系，不能直接作为预报指标。Tie 等（2015）提出了平衡风速的概念，认为当水平风速大于平衡风速时，$PM_{2.5}$ 的清除能力大于积聚能力，有利于 $PM_{2.5}$ 浓度下降；反之，则有利于 $PM_{2.5}$ 浓度上升。

2.3.1.2 计算方法

根据上述思路，利用 $PM_{2.5}$ 浓度和水平风速观测数据计算平衡风速。图 2.31 显示了在不同风速区间 $PM_{2.5}$ 平均变率（当前和前一小时的 $PM_{2.5}$ 浓度差），风速区间间隔设置为 0.2 m/s，共 6351 个有效样本。由图 2.31 可见，当水平风速小于 1.8 m/s 时，$PM_{2.5}$ 变率为正值，表明有利于 $PM_{2.5}$ 浓度上升。当水平风速大于 1.8 m/s 后，$PM_{2.5}$ 变率转为负值，表明清除能力大于积聚能力，有利于 $PM_{2.5}$ 浓度降低。因此，上海的平衡风速约为 1.8 m/s。此外，当水平风速位于 1.8～3 m/s 时，$PM_{2.5}$ 浓度下降速率很小，平均每小时为 1 $\mu g/m^3$，采取减排措施将会取得较好效果。而当水平风速大于 3 m/s 后，$PM_{2.5}$ 浓度下降速率明显增大，表明水平扩散能力显著增强，污染气团得到快速清除无需采取应急措施。因此，可将平衡风速作为空气污染气象条件的预报指标。统计发现，平衡风持续时间越长，$PM_{2.5}$ 日平均浓度越高，当达到 10 h 时，日平均浓度将达到 100 $\mu g/m^3$。

2.3.1.3 风向对上海污染的影响

表 2.4 显示了上海 2013—2015 年污染月 8 个风向区间的 $PM_{2.5}$ 平均质量浓度，计算时

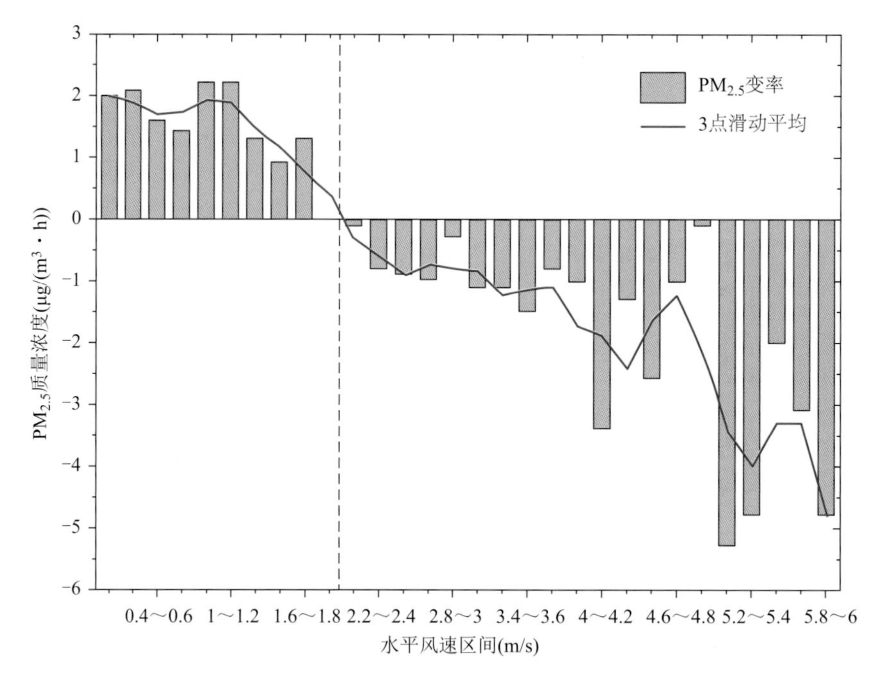

图 2.31　不同水平风速区间的 $PM_{2.5}$ 浓度

剔除了有降水时的数据。可见对上海而言，西向风区间（SW、W、NW）的 $PM_{2.5}$ 浓度较其他风向区间明显偏高，呈现两极分化特点。2013—2015 年，西向风区间的 $PM_{2.5}$ 平均质量浓度分别为 125.2 μg/m³、89.6 μg/m³ 和 98.5 μg/m³，较其他风向区间分别偏高了 53%、72%和 68%。其中西风（W）时的 $PM_{2.5}$ 浓度在 2014 年和 2015 年甚至高于静风（<0.2 m/s）时的平均浓度，表明存在明显的输送效应。2014 年，上海的 $PM_{2.5}$ 平均质量浓度为 52 μg/m³，较 2013 年下降了 16.1%，污染日数减少了 29 d，污染控制取得显著成效。但是 2015 年上海的 $PM_{2.5}$ 浓度没有继续下降反而出现反弹，较 2014 年上升了 2.2%，污染日数增加了 9 d。分析发现，空气污染气象条件对 $PM_{2.5}$ 的年际变化具有调节作用，2014 年的空气污染气象条件最好，表现为西向风频数最少，为 35%，明显少于 2013 年（42%）和 2015 年（45%）。因此，西向风频数可作为评估空气污染气象条件的指标之一。

表 2.4　上海 2013—2015 年污染月 8 个风向区间的 $PM_{2.5}$ 平均质量浓度　单位：μg/m³

年份	风向									平均
	N	NE	E	SE	S	SW	W	NW	C	
2013	71.1	82.1	90.1	85.0	81.5	121.8	133.6	109.5	139.8	104.2
2014	59.4	48.4	54.2	48.8	52.4	91.5	91.6	86.7	72.1	67.0
2015	55.3	53.6	63.1	65.3	68.6	92.4	104.0	88.4	90.5	78.8

2.3.2　大气扩散指数

2.3.2.1　大气扩散指数定义

滞留指数（RF）最初由 Allwine 等（1994）提出，通过风场的变化特征，反映风场的通风和污染物滞留程度，从而可以间接反映大气的水平扩散条件。当 RF 值趋于 0 时，表示一段时间内风向趋于一致，水平扩散条件较好，不利于本地污染物的堆积；当 RF 值趋于 1 时，表示一段时间内风向变化较大，风力较小，水平扩散条件较差，污染物容易滞留，其计算公式如下：

$$RF = 1 - \frac{\sqrt{\left(\Delta T \sum_{i_s}^{i_e} u_i\right)^2 + \left(\Delta T \sum_{i_s}^{i_e} v_i\right)^2}}{\Delta T \sum_{i_s}^{i_e} \sqrt{u_i^2 + v_i^2}} \tag{2.1}$$

式中，RF 为滞留指数（数值范围为 0～1）；u 和 v 为速度分量（m/s）；i 为某一时刻；i_s 为起始时间；i_e 为终止时间；ΔT 为时间间隔（本节所选时间间隔为 1 h）。

混合层高度可以反映污染物在垂直方向上的扩散水平，混合层高度越高，越有利于污染在垂直方向的扩散。混合层高度的计算方法较多（程水源 等，1997），其中罗氏法综合了热力和动力因素对混合层高度的影响，且在计算过程中考虑了地面粗糙度，对于局地混合层高度的计算效果较好，因此，本节采取罗氏法计算混合层高度。

$$H = \frac{121}{6}(6 - P) \times (T - T_d) + \frac{0.169 \times P \times (U_z + 0.257)}{12f \times \ln\left(\frac{z}{z_0}\right)} \tag{2.2}$$

式中，H 为混合层高度；P 为帕斯奎尔稳定度级别的取值（程水源 等，1997）；$T - T_d$ 为温度露点差，U_z 为 z 高度处所观测的平均风速（这里选取地面 10 m 风速）；z_0 为地面粗糙度；f 为地转参数。

通风系数和滞留指数反映大气垂直及水平扩散的能力，均与 $PM_{2.5}$ 浓度有较好的相关性，本节综合考虑大气水平扩散条件和垂直扩散条件构建了扩散指数，见式（2.3）。

$$DI = x \cdot VI_{norm} + (1 - x) RF \tag{2.3}$$

式中，DI 为扩散指数；VI_{norm} 为通风系数；RF 为滞留指数；x 为通风系数的权重；$1-x$ 则为滞留指数的权重。

因通风系数的数值较大，而滞留指数为 0～1 的实数，因此，在构建扩散指数之前先对通风系数作了归一化处理，见式（2.4）。

$$VI_{norm} = 1 - \frac{\arctan(VI/Mid)}{\pi/2} \tag{2.4}$$

式中，Mid 为所有样本的中位数，主要是优化归一化效果。

2.3.2.2　计算实验

统计 2013—2015 年 $PM_{2.5}$ 浓度发现，有、无降水时 $PM_{2.5}$ 平均浓度分别为 35.35 μg/m³ 和 63.85 μg/m³，可见降水对 $PM_{2.5}$ 的冲刷作用明显，因此计算个例排除了降水日。

通过计算，发现上海地区白天和夜间的混合层高度差别较大，白天的混合层平均高度为 940 m，夜间为 527 m。因此，分白天和夜间分别计算 2013—2015 年上海地区的通风系数，对比 $PM_{2.5}$ 浓度后发现，当 $PM_{2.5}$ 浓度达到轻度及以上污染时，白天的通风系数为 1624 m²/s，夜间为 566 m²/s；当环境质量为优和良时，白天的通风系数为 2197 m²/s，夜间为 980 m²/s。可见，污染越重，通风系数越低。通风系数和 $PM_{2.5}$ 浓度呈显著负相关（图 2.32），通风系数越低，垂直扩散条件越差，不利于污染物在垂直方向扩散，污染程度越重。

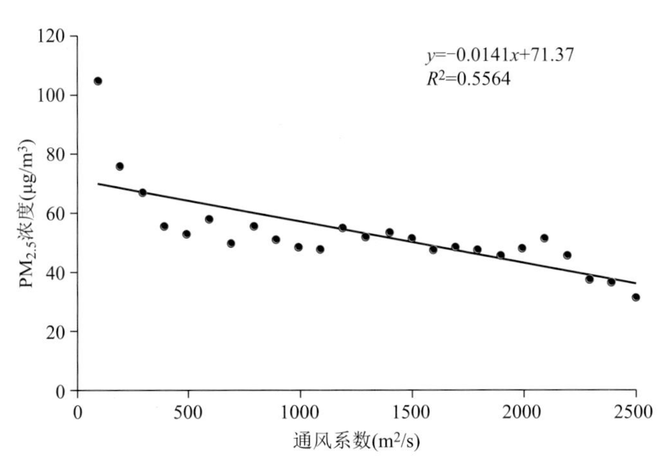

图 2.32 地表通风系数和 $PM_{2.5}$ 浓度的关系

通风系数反映了大气的垂直扩散能力，滞留指数则可以反映大气的水平扩散条件。图 2.33a 为 2015 年 1 月 4 日的污染过程，华东中北部和京津冀等地出现了大范围的重污染天气，对同期气象场的分析发现此次污染过程主要由静稳天气造成。由图 2.33a 可见，滞留指数大于 0.3 的覆盖区和重污染区重合度较好，尤其在京津冀、河南、山东中东部和江苏地区，说明该地区的污染主要是由于水平扩散条件差导致。但山东西部和华东南部重合度较差，这主要由地形原因造成，因为滞留指数的计算主要由风场得出，而地形对地面风有很大影响。此外，通过分析滞留指数的公式后可以发现滞留指数在适用上有一定的局限性，上海东部沿海，当主导风向为持续偏东风时，海上清洁空气对污染物有一定的稀释作用，因此滞留指数在使用过程中要考虑偏东风的作用。当主导风向为持续西北风时，滞留指数较小，但上游城市群污染物对上海产生输送，$PM_{2.5}$ 浓度相对较高，因此滞留指数在使用过程中要考虑风向的作用，此外，滞留指数无法指示输送的作用（图 2.33b）。

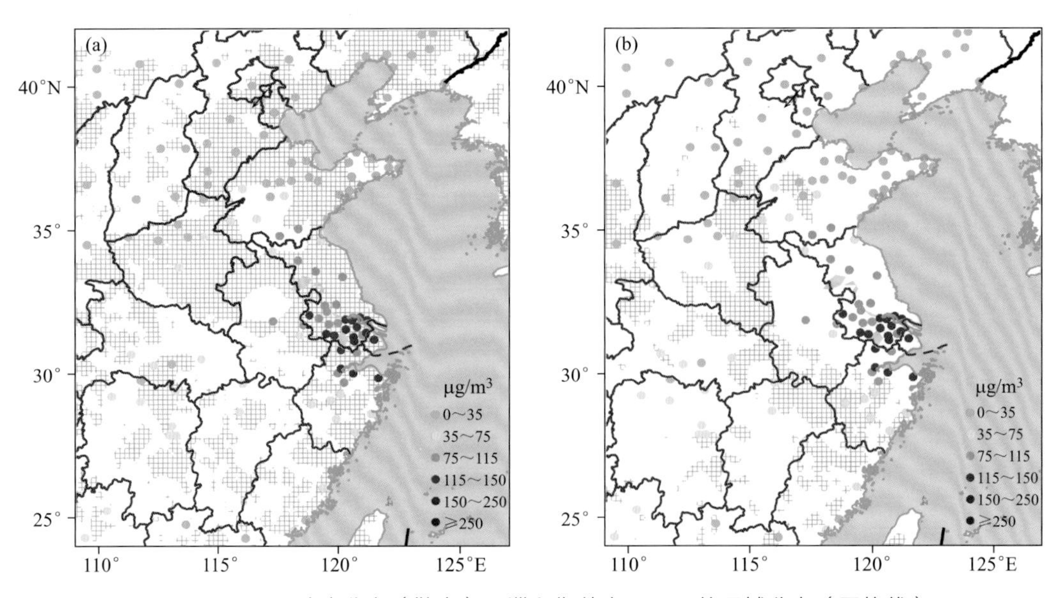

图 2.33 $PM_{2.5}$ 浓度分布（散点）和滞留指数大于 0.3 的区域分布（网格线）

（a. 2015 年 1 月 4 日； b. 2014 年 11 月 12 日）

进一步对比分析滞留指数和 $PM_{2.5}$ 浓度的关系发现，对上海而言，在污染情况下，滞留指数平均值为0.34，在 $PM_{2.5}$ 浓度未达到污染程度时，滞留指数平均值为0.14。可见，滞留指数越高，水平扩散条件越差，越容易导致污染的发生。同样对滞留指数和 $PM_{2.5}$ 浓度进行回归分析后发现，$PM_{2.5}$ 浓度和滞留指数呈正相关（样本数 $n=1468$，相关系数 $r=0.503$，显著性水平 $\alpha<0.01$）。

对于式（2.3）中权重 x 的选择，做了敏感性试验，表2.5为不同权重下扩散指数与 $PM_{2.5}$ 浓度的相关系数，当通风系数的权重为0.15时，扩散指数与 $PM_{2.5}$ 浓度的相关系数最大，因此，将 x 选取为0.15作为权重因子。

表2.5 不同权重下扩散指数与 $PM_{2.5}$ 浓度的相关关系

权重 x	0.05	0.1	0.15	0.2	0.25	0.3
相关系数 r	0.519	0.523	0.525	0.522	0.517	0.506

2.3.2.3 检验评估

图2.34对比了滞留指数和扩散指数与 $PM_{2.5}$ 浓度的相关关系，可见，综合考虑大气水平扩散条件和垂直扩散条件创建的扩散指数与 $PM_{2.5}$ 浓度的相关关系要优于单一的滞留指数，而且用一个指数可以同时表征大气的水平和垂直扩散能力，在实际业务中更加实用。

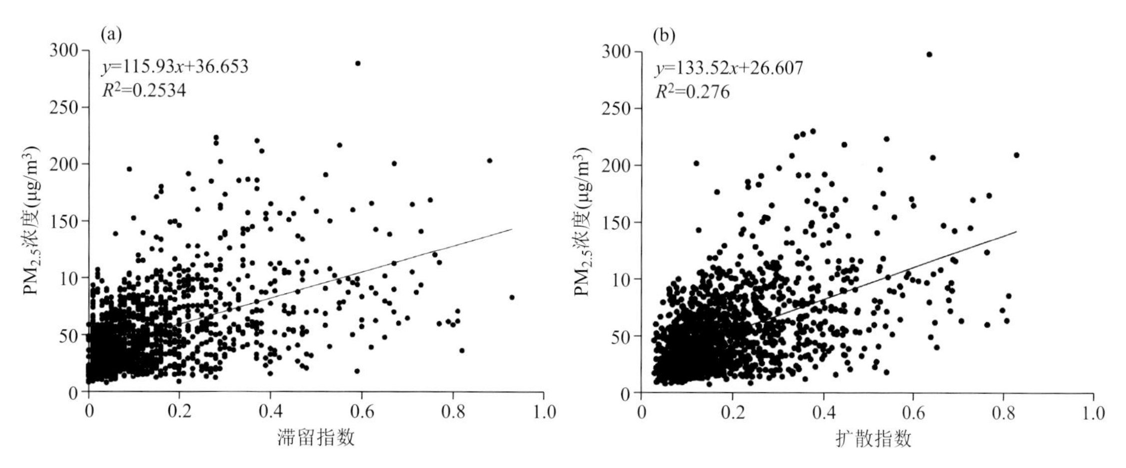

图2.34 滞留指数（a）和扩散指数（b）与 $PM_{2.5}$ 浓度的关系

2.3.3 传输指数

颗粒物的输送主要特征为空间上高污染带受风场等气象要素影响逐渐向下游推移的过程。在具体地区的反映则是颗粒物浓度梯度明显增加，随着高污染带的移出，颗粒物浓度又有一个明显的下降过程（曹钰 等，2016；王艳 等，2008；陈镭 等，2016）。图2.35给出了2014年11月11—12日上海地区3个环境监测站的典型颗粒物输送过程 $PM_{2.5}$ 浓度的时间变化序列，11日20时之前3个测站的 $PM_{2.5}$ 浓度都维持在较低值，20时以后 $PM_{2.5}$ 浓度快速上升，12日10时前后达到了峰值，之后便快速下降。结合图2.36可以更清晰地看出这次污染物输送过程，11日12时高污染区主要分布在华东北部地区，受北方冷空气扩散南下影响，我国东部地区盛行西北风，20 时高污染区有所南移，12 日 12 时高污染区主要分布在上海及周边一带，随着污染带的进一步南压，上海的污染过程结束。

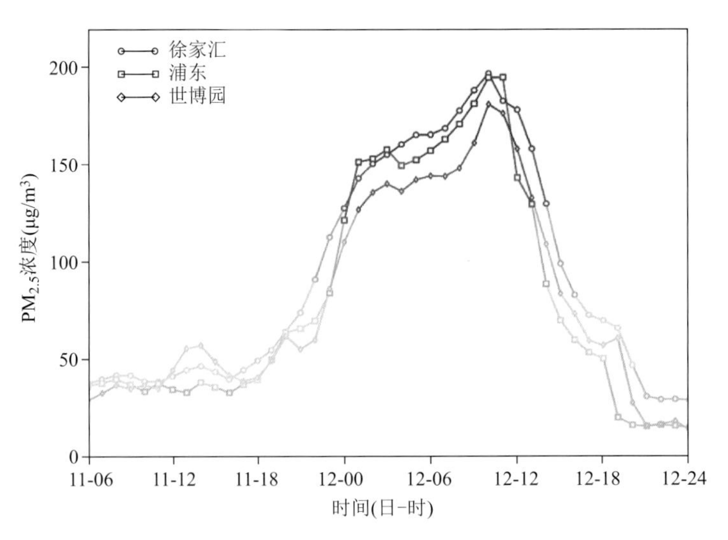

图 2.35　2014 年 11 月 11—12 日 $PM_{2.5}$ 浓度时间序列

2.3.3.1　传输指数定义

国内外一些学者构建了一些适用于本地的输送指数，主要思想是根据后向轨迹经过区域的污染在一定的时间衰减和距离衰减后到达终点的输送强度的累加，主要公式如下：

$$T_l(i,j)=R_l(i,j)\cdot E_l(i,j)\cdot W_d(i,j)\cdot W_{tl}(i,j)\cdot \mathrm{PSCF} \tag{2.5}$$

$$W_d(i,j)=\frac{1}{\frac{d(i,j)}{5}+1} \tag{2.6}$$

$$W_{tl}(i,j)=\frac{1}{\frac{tl(i,j)}{5}+1} \tag{2.7}$$

式中，T_l 为输送强度；R_l 为输送概率（轨迹 l 在网格（i，j）内的停留时间占总时间的比例）；E_l 为 $PM_{2.5}$ 排放强度；W_d 为距离权重函数（权重随着输送距离的增加而减小）；d 为网格（i，j）与观测点的距离；W_{tl} 为时间权重函数（权重随着输送时间的增加而减小）；tl 为（i，j）网格移动到观测点所需要的时间；PSCF 为潜在源贡献因子；下标 l 和（i，j）为轨迹和网格（花丛 等，2016）。这里对公式做了改进，将公式中的 E 改为上游 $PM_{2.5}$ 浓度实况 ES，见式（2.8）。

$$T_l(i,j)=R_l(i,j)\cdot \mathrm{ES}_l(i,j)\cdot W_d(i,j)\cdot W_{tl}(i,j)\cdot \mathrm{PSCF} \tag{2.8}$$

2.3.3.2　计算实验

（1）输送潜在源区分析

图 2.37 给出了上海 $PM_{2.5}$ 逐 6 h 浓度均值（02 时、08 时、14 时、20 时）达到中度污染过程的后向轨迹分布，轨迹时长为 48 h。通过聚类分析发现，上海污染物的输送来源有 4 类主要路径，第一类路径为东路冷空气引导山东半岛的污染物输送到上海市，第二类主要为中路冷空气引导京津冀地区和山东中西部污染物输送到上海市，第三类和第四类路径则为西

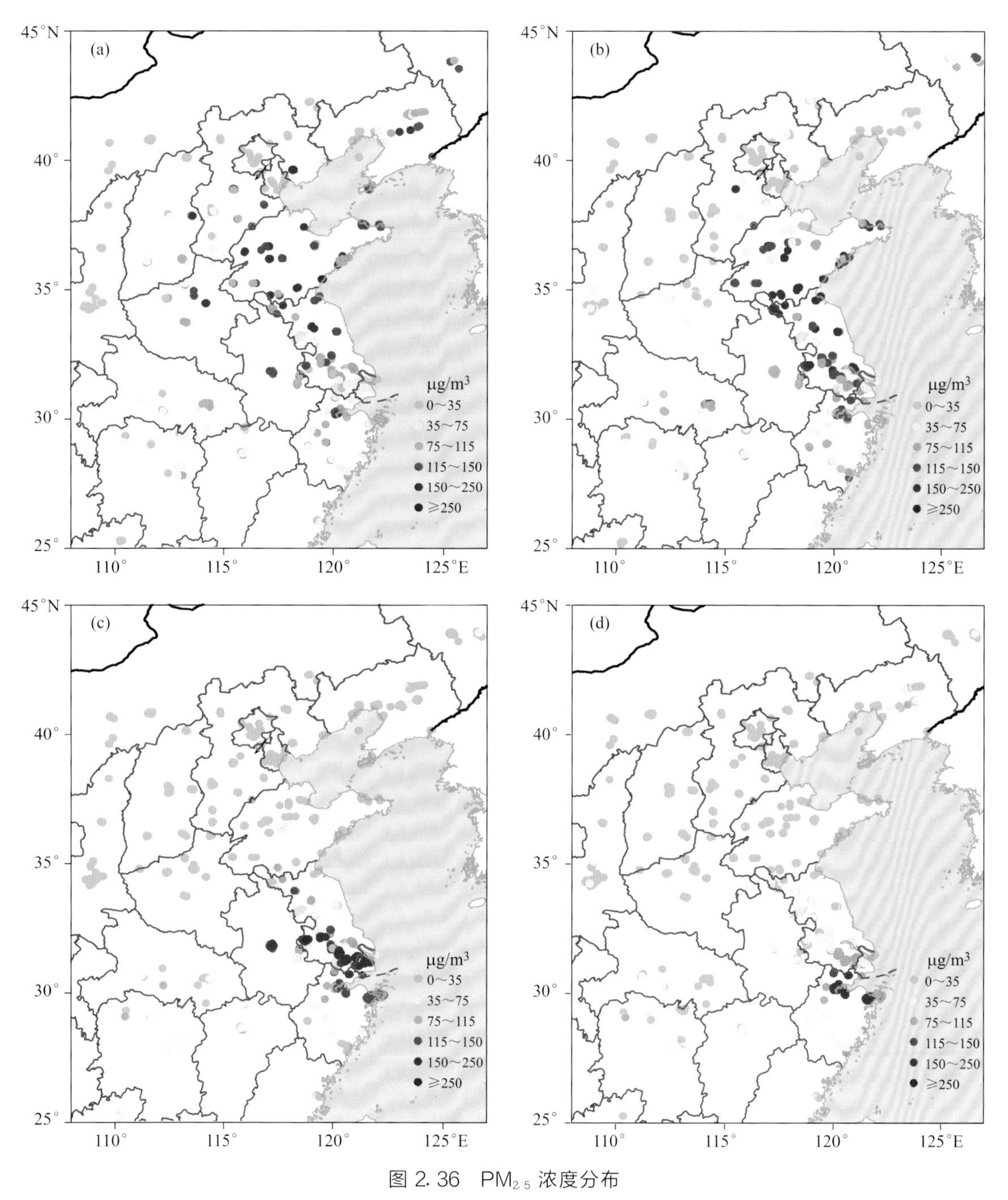

图 2.36　$PM_{2.5}$ 浓度分布

（a. 11 日 12 时；b. 11 日 20 时；c. 12 日 12 时；d. 12 日 18 时）

路冷空气引导陕西南部、河南和安徽的污染物输送到上海市。由于第一类路径经过我国东海地区，而海上清洁空气对污染物有一定的稀释作用，输送引起污染程度存在一定的不确定性，因此，本节重点研究第二、第三和第四类路径。

为了进一步确定污染物输送的潜在源区，本节以上述路径的所有个例为样本，利用 PSCF 分析法计算得出了图 2.38，从图中可以看出，PSCF 的大值中心主要分布在京津冀中南部地区和山东西北部地区。

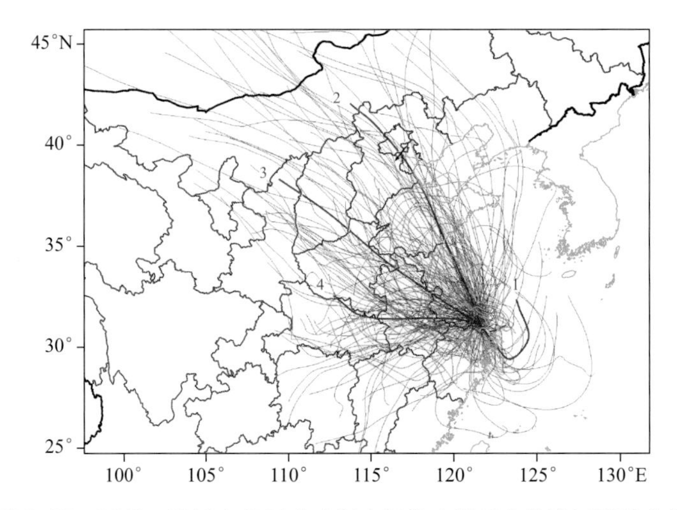

图 2.37　2013—2015 年冬季中度以上污染个例后向轨迹及聚类分析

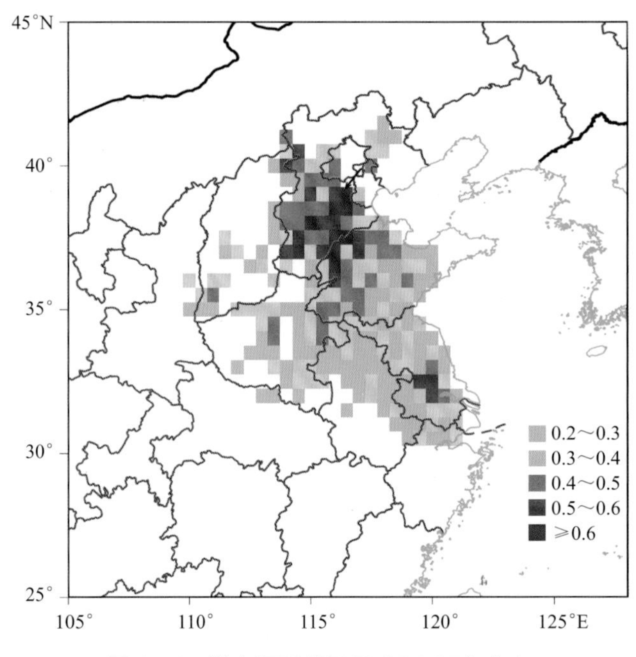

图 2.38　潜在源贡献因子（PSCF）分布

（2）轨迹路径分析

式（2.5）中 E 为排放强度，排放源清单数据只有逐月数据，如同一月内有两条近似轨迹，根据式（2.5）的计算结果，输送强度值会相近。但结合个例分析后发现，如若两个个例轨迹近似，上游污染程度不同，输送强度会有很大差异。如图 2.39 所示的两个冷空气输送个例，前者上游浓度较低，经过 24～48 h 的传输后，上海 12 月 2 日夜间的空气质量为优到良；后者在轨迹上的京津冀南部和山东西部的浓度较高，同样经过 24～48 h 的传输后，上海 12 月 4 日的空气质量达到了轻度污染，并出现了短时的中度污染。

2.3.3.3　检验评估

根据上文所选的输送路径，筛选 2013—2015 年的输送个例，利用式（2.5）计算了这些

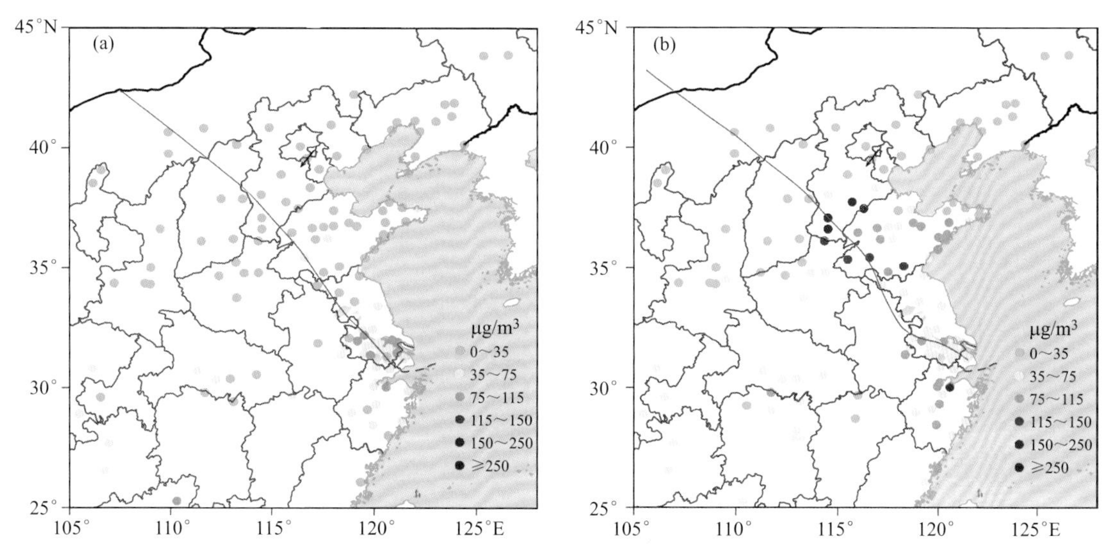

图 2.39　上海地区后向轨迹和前 24～48 h 的 $PM_{2.5}$ 浓度分布
（a. 2014 年 12 月 3 日 02 时；b. 2014 年 12 月 4 日 20 时）

污染个例的输送强度，并对输送强度做归一化处理。图 2.40 给出了原始输送强度指数、改进后的输送指数和 $PM_{2.5}$ 浓度的关系，发现原来的输送强度指数和 $PM_{2.5}$ 浓度的对应关系一般，并不能较好地体现输送强度指数和 $PM_{2.5}$ 浓度的线性相关关系。进一步计算改进后的输送强度发现，输送强度指数和 $PM_{2.5}$ 浓度有很好的对应关系，随着输送强度指数的增加，$PM_{2.5}$ 浓度呈指数增长。两者相关系数达到 0.658。在实际业务中，改进后的空气污染输送指数对上海地区典型的污染物输送过程有很好的指示意义，给预报员提供了很好的技术支持。

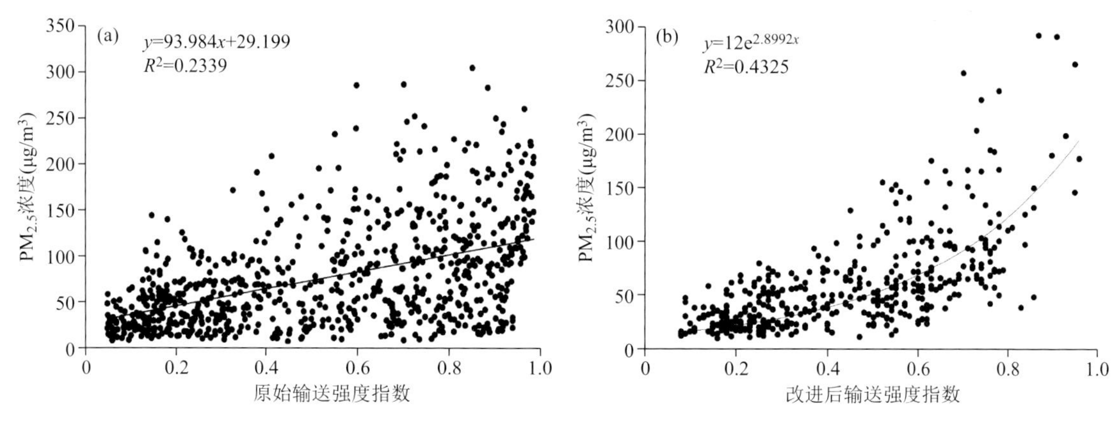

图 2.40　原始（a）、改进后（b）输送强度指数和 $PM_{2.5}$ 浓度的关系

2.3.3.4　小结

结合影响空气质量的天气条件，提出了静稳天气条件的空气污染扩散指数和输送条件下的空气污染输送指数，并对两个指数在上海的适用性进行验证，表明两个指数均能对上海的空气污染起到较好的提示作用，在空气污染预报业务及空气污染防治方面具有现实支撑意义。

（1）通风系数反映了大气垂直扩散条件，滞留指数则可以反映大气的水平扩散条件，两

者和 $PM_{2.5}$ 浓度线性相关。本节为研究大气扩散条件和 $PM_{2.5}$ 浓度的关系，综合考虑大气水平扩散条件和垂直扩散条件创建了扩散指数，结果表明扩散指数和 $PM_{2.5}$ 浓度的相关系数为 0.525，扩散指数与 $PM_{2.5}$ 浓度的相关关系要优于单一的通风系数和滞留指数。

（2）输送强度指数在上海地区的适用效果一般，本节通过历史个例分析，在输送强度指数公式的基础上做了一些改进，将公式中的排放源强度 E 改为上游 $PM_{2.5}$ 浓度实况 ES，计算结果表明改进后的输送强度指数和 $PM_{2.5}$ 浓度呈指数正相关，相关系数达 0.658，改进后的输送强度指数效果更佳。

上海地区污染程度有很明显的季节特征，夏季颗粒物污染浓度较低，污染日数较少，冬季则相反，扩散指数和输送指数对季节变化考虑不够全面，还需进一步深入研究。另外，上述指数在长三角其他地区的适用性还需进一步验证。

2.3.4 改进的通风指数

2.3.4.1 通风指数定义

大气污染形成的主要原因是污染物的大量排放，但受客观气象条件的影响，当出现不利于污染物输送扩散的天气时，易造成污染物的积聚（蒋伊蓉 等，2015）。因此，污染气象条件在污染物的扩散和输送中起到了主要的作用，风向、风速、温度、混合层厚度、大气稳定度等大气边界层特征，都会在空气质量的下降中产生显著影响（Feng et al.，2007；范绍佳等，2005）。通风指数是一个用来表征边界层内大气对污染物稀释和扩散能力的物理量，它能够指示某一地区的空气质量和污染潜势。某一地区通风指数越大，说明大气对污染物的扩散能力越强，该地区的空气质量越好；通风指数越小，说明大气对污染物的扩散能力越弱，该地区的空气质量越差，甚至可能出现空气污染（Iyer et al.，2013；Cheremisinoff，2002）。对于通风指数，国内外学者已经做过一些研究，我国学者徐大海等（1989）提出采用气象站资料来计算通风指数，并研究了我国大陆通风指数的分布情况。国外学者 Gassmann 等（2000）、Ashrafi 等（2009）定义了类似于徐大海等（1989）提出的通风指数计算公式，分别对阿根廷地区和伊朗德黑兰地区的通风指数进行了研究。Praveena 等（2004）、Iyer 等（2013）简单定义通风指数为大气边界层高度与边界层内平均风速的乘积，并分析了印度地区通风指数的时间变化特征，研究表明，印度地区冬季通风指数低，季风季节通风指数高，过去 30 年通风指数基本呈下降趋势，空气质量处于持续恶化中。国内学者蒋伊蓉等（2015）利用通风指数研究京津冀地区的重污染过程发现，重污染期间空气质量指数与日平均通风指数呈负相关，平均通风指数比近 5 年同期平均值偏低 29.3%～52.8%。吴蒙等（2015）也利用通风指数对珠江三角洲地区的污染气象条件进行研究，结果表明，污染日各观测站的通风指数普遍偏小，非污染日的通风指数明显大于污染日。

目前，对于通风指数在上海地区的时间变化特征及应用情况的研究较少，也没有学者提出适用于上海地区的通风指数公式。由于通风指数能够较好地表征边界层内大气对污染物的扩散作用，因此，本节利用上海地区的风廓线资料及 NCEP 再分析资料，计算研究 2013—2014 年上海地区的通风指数，并提出适用于上海地区的通风指数公式，研究其时间变化特征及与颗粒物浓度的关系，并分析本地化后的通风指数在污染个例中的应用情况，以期能够为上海地区空气质量预报等业务提供一个新的参考指标。

2.3.4.2　计算方法

目前，常用的通风指数（VI）计算公式（Pasch et al.，2011）如式（2.9）所示。由于风廓线仪能够很好地反映垂直方向上的风场特征，且精度较高，因此，本节利用上海市浦东新区气象局风廓线仪的资料来计算通风指数，其时间精度为30 min，垂直精度为62～63 m，最大探测高度3500 m。由于该风廓线仪最低探测高度为164 m，因此，最低层风速用浦东新区气象局观测的10 m风代替，式中将最低层设置为10 m，向上积分至边界层顶计算VI。

$$\mathrm{VI}=\sum_{0}^{\mathrm{PBL}}\mathrm{WS}\times\Delta h \tag{2.9}$$

式中，VI为通风指数（m^2/s）；PBL为边界层高度（m）；WS为各层次的水平风速（m/s）；Δh为上下层的高度差（m）。

边界层高度资料来自NCEP每6 h一次的FNL1°×1°再分析资料。由于目前研究中很难同时取得连续的高时空精度的垂直风速资料和边界层资料，因此，较少能够获得连续的边界层通风指数的特征。本节由于边界层资料时间精度较低，故而只能进行粗略研究，但也能够反映出一定的特征。采用常用通风指数公式（2.9）计算上海地区2013—2014年的通风指数（由于仪器故障，2014年的风廓线风场资料仅到10月17日止），并与每日$PM_{2.5}$的IAQI作距平相关系数（式（2.10））。由于降水对污染物具有一定的湿沉降作用，会影响通风指数与污染物的相关性，因此，在计算相关系数时，将两年中的降水日（日降水量>0.1 mm）剔除，共得到样本502个，其中冬季样本127个。两年相关系数为−0.26，两年冬季的相关系数为−0.29，说明通风指数与$PM_{2.5}$浓度之间确实存在负相关关系，且在冬季对$PM_{2.5}$浓度的指示意义更明显，因此，能够在一定程度上反映边界层内大气对污染物的扩散作用。

$$C=\frac{\sum_{1}^{N}(A_f-\overline{A}_f)(A_0-\overline{A}_0)}{\sqrt{\sum_{1}^{N}(A_f-\overline{A}_f)^2}\sqrt{\sum_{1}^{N}(A_0-\overline{A}_0)^2}} \tag{2.10}$$

式中，C为相关系数（无量纲）；A_f为$PM_{2.5}$的每日IAQI值（无量纲）；$\overline{A}_f$为所有样本的$PM_{2.5}$的平均IAQI值（无量纲）；A_0为每日平均通风指数（m^2/s）；$\overline{A}_0$为所有样本的平均通风指数（m^2/s）；N为样本量。

常用通风指数公式虽然能在一定程度上反映大气对污染物的扩散作用，但在上海地区实际应用中仍存在一些问题。如当上海地区受冷空气影响时，上游污染物会随着冷空气南下对本地造成明显的输送，但由于风力也在同时增大，因此，会出现通风指数较大，而污染物浓度也较高的情况，通风指数对污染的指示作用不显著；再如上海地区地处我国东部、太平洋西岸，当本地主导风为东风时，来自海上的清洁空气对于本地的污染物有明显的稀释清洁作用，而当本地主导风为西风时，来自内陆地区的空气相对较脏，对本地污染物浓度有加重的作用，等等。因此，通风指数常用计算公式没有考虑不同风速、风向条件下的输送作用和清洁作用，为了能够更好地适应于本地的预报业务，本节尝试对通风指数进行一定的修正。利用不同风速、风向条件下$PM_{2.5}$平均浓度之间的倍数关系，设定修正系数，在不考虑静风（风速≤0.2 m/s）的情况下，由于来自内陆风向（180°～360°）条件下$PM_{2.5}$的平均浓度与来自海上风向（0°～180°）条件下$PM_{2.5}$平均浓度的倍数范围为1.1～1.9，因此，给来自海上的风（0°～180°）设定修正系数的取值范围为1.1～1.9。给来自内陆的风（180°～360°）设定修正系数时考虑了风速阈值，由前文所述，当风速>3.3 m/s时，$PM_{2.5}$出现污染的概率都低，且来自内陆的风向（180°～360°）下 $PM_{2.5}$ 的平均浓度较风速≤3.3 m/s 时降低明显，因此，以 3.3 m/s 作为风速的修正阈值；当风速≤3.3 m/s 时，认为输送至本地的 $PM_{2.5}$ 浓度要大于扩散出去的浓度，系数取值范围为 0.1～0.9；当风速>3.3 m/s 时，认为扩散出去的 $PM_{2.5}$ 浓度要大于输送至本地的浓度，不对公式做调整。另外，当出现静风（风速≤0.2 m/s）时，由于风速很小，污染以本地积累为主，没有明显的上游输送存在，因此，不对公式做调整。根据上述不同风向、风速条件下的取值范围，进行不同的取值组合，计算 2013—2014 年修正后的通风指数与 $PM_{2.5}$ 的 IAQI 的相关系数，最终得出一组负相关最显著的系数组合（表 2.6），修正后的通风指数计算公式见式（2.11）。修正后的通风指数与 $PM_{2.5}$ 的负相关性明显提高，两年的相关系数达到了－0.38，冬季的相关系数达到了－0.42，能够更好地反映边界层内大气对污染物的输送和稀释清洁作用，尤其在冬季上海地区污染过程较多，污染物浓度较高时，本地应用性增强明显。

$$VI_m = a \times \sum_{0}^{PBL} WS \times \Delta h \tag{2.11}$$

式中，VI_m 为修正通风指数（m^2/s）；PBL 为边界层高度（m）；a 为修正系数（无量纲量，取值见表 2.6）；WS 为各层次的水平风速（m/s）；Δh 为上下层的高度差（m）。

表 2.6 不同风向风速条件下通风指数的修正系数

风向	风速(m/s)	修正系数
0°～45°,135°～180°		1.1
45°～135°		1.5
180°～270°	≤3.3	0.5
	>3.3	1.0
270°～360°	≥3.3	0.3
	>3.3	1.0
静风	≤0.2	1.0

2.3.4.3 检验评估

为了进一步对比修正前后通风指数的日变化情况，给出每日 02 时、08 时、14 时和 20 时修正前后通风指数和 $PM_{2.5}$ 浓度的箱线图（图 2.41a、b）。另外，由于通风指数最大值和最小值差距太大，小值区不易比较，因此，取修正前后通风指数前 75%的数据另做箱线图（图 2.41c）。由图 2.41a 可以看到，修正后的通风指数最大值整体要大于修正前，且各时次的差异增大；另外，14 时和 20 时的第三四分位数修正后也要大于修正前。由图 2.41c 比较前 75%的数据分布情况来看，除 20 时外，修正后其余时次的中位数和第三四分位数均较修正前有所降低，08 时和 14 时的第一四分位数修正后也低于修正前。总体来看，通过修正，通风指数的一部分数值扩大，一部分数值降低，整体数值分布的区间范围较修正前明显扩大。对比 $PM_{2.5}$ 浓度的日变化来看（图 2.41b），除 02 时外，14 时的 $PM_{2.5}$ 浓度数值变化区间最大，08 时次之，20 时最小，而修正前的通风指数 08—20 时的数值变化区间差异不大，尤其是 14 时和 20 时几乎一致，修正后的通风指数差异明显增大，且变化趋势与 $PM_{2.5}$ 浓度完全一致，由此可见，修正后的通风指数对 $PM_{2.5}$ 的指示意义更明显。总体来说，修正后通风指数的日变化特征与 $PM_{2.5}$ 浓度的日变化有更显著的负相关关系，但由于污染源等因素的影响，可能会影响修正通风指数对 $PM_{2.5}$ 浓度的指示作用。

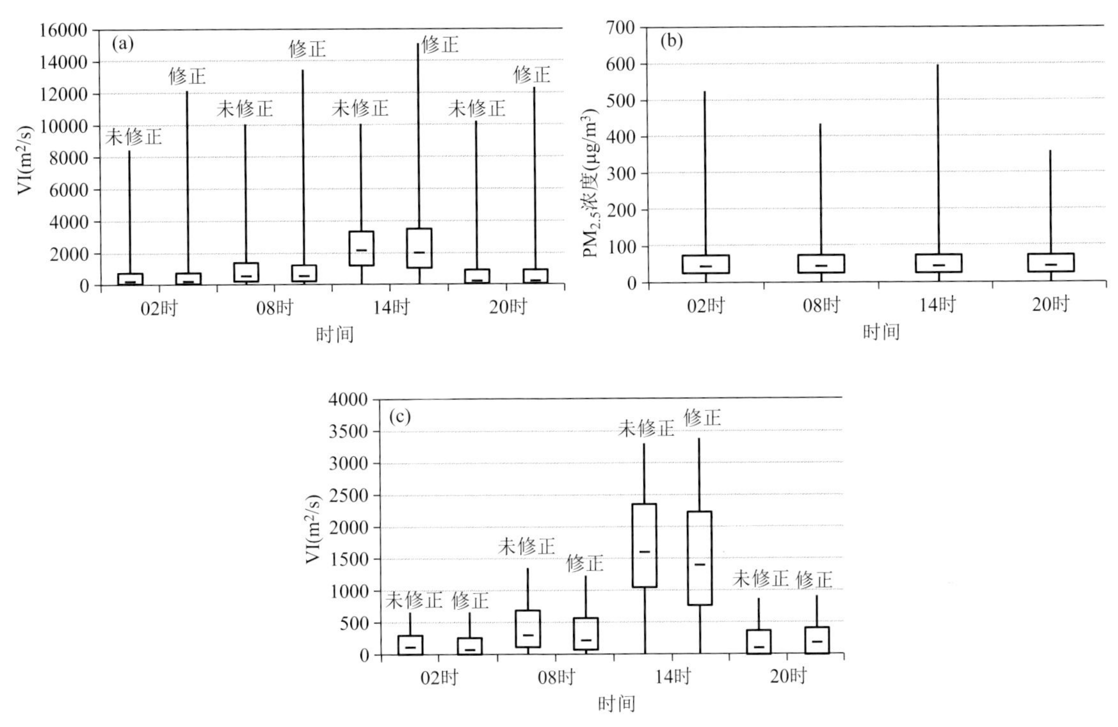

图 2.41　2013—2014 年上海地区两年平均修正前后通风指数 VI（a）、$PM_{2.5}$ 浓度（b）和修正前后通风指数前 75 分位数据（c）箱线图

图 2.42 为 2013—2014 年上海地区修正前后通风指数和 $PM_{2.5}$ 浓度的逐月分布。从图上可以看到，修正后通风指数秋季相对其他季节更高，其中 10 月指数最大，平均值超过 2300 m^2/s，而冬季则偏低，尤其表现在 1 月和 12 月偏低明显，平均值基本在 900 m^2/s 以下。从逐月变化来看，6—10 月修正后的通风指数呈现明显的上升趋势，10 月之后指数逐月下降，而 1—5 月则有起伏。从修正前后通风指数的逐月变化与 $PM_{2.5}$ 的月平均浓度对比来看，修正后的通风指数与 $PM_{2.5}$ 浓度的负相关关系更加显著，11 月、12 月和 1 月为 $PM_{2.5}$ 浓度较高的月份，其中 12 月 $PM_{2.5}$ 浓度最高，而对应修正后的通风指数在这 3 个月数值也较低，12 月也是一年中数值最低的月份，修正后的通风指数明显低于这几个月修正前的数值；9 月和 10 月为 $PM_{2.5}$ 浓度的低值月，对应此时的修正后的通风指数也达到了一年中的高值，对比修正前，在数值上明显增大，尤其是对 9 月的调整，更加符合 $PM_{2.5}$ 浓度的变化特征。总体来看，经过修正后的通风指数与 $PM_{2.5}$ 浓度的负相关关系更加显著，尤其是对秋、冬季的调整，使其更加符合 $PM_{2.5}$ 浓度的变化；但修正后的通风指数仍然存在一些局限性，图 2.42 中 12 月和 1 月的 $PM_{2.5}$ 浓度存在差异，但指数值却相差不大，究其原因可能和气象条件及污染源有关。这两年 12 月上海地区来自内陆的风较多，其中，来自西北向（270°～360°）风的频率达到 35.5%，1 月仅 26.2%，说明 12 月冷空气较多，有利于上游污染物向本地传输，$PM_{2.5}$ 浓度容易上升，但 12 月来自西北向（270°～360°）的风的平均风速较大，达到 2.0 m/s，而 1 月为 1.6 m/s，虽然修正后的通风指数通过判别风向、风速会进行调整，但风速偏大，仍会使得指数不易下降；另外，即使在相同的风向、风速条件下，上游地区污染物浓度的变化也会造成下游地区浓度的不同，因此，即使通风指数相同，$PM_{2.5}$ 的浓度也会存在差异。

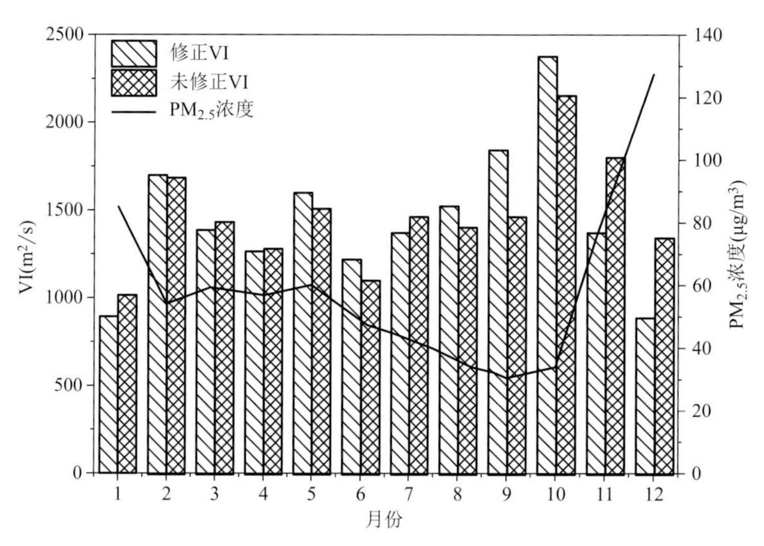

图 2.42　2013—2014 年上海地区两年平均修正前后通风指数 VI 和 $PM_{2.5}$ 浓度逐月变化

修正后通风指数的季节变化特征与上海地区不同季节的天气系统有关。夏、秋季，上海地区主要受副热带高压控制，气温较高，天气晴好，有利于边界层抬升；同时，上海地区地面盛行风以东南风为主，海上洁净的空气有利于污染物的稀释。因此，边界层内的大气对污染物的扩散能力更强，$PM_{2.5}$ 浓度容易偏低，且污染日数要少于其他季节（图 2.41b、c），修正后的通风指数通过乘以一定的系数，来增加来自海上风的稀释清洁作用，从而达到提高指数值的目的。随着冬季的到来，北方冷空气活动开始增多，高空基本以西北气流为主，这种天气形势容易将上游的污染物输送至本地；此外，冬季上海地区多受高压环流的控制，气压场容易偏弱，风力小。因此，冬季边界层内大气对污染物的扩散能力较差，且受冷空气影响时对污染物还具有明显的输送作用，这就造成了冬季 $PM_{2.5}$ 月平均浓度明显升高，修正后的通风指数通过对风向、风速的判别，判断输送的影响，增加来自内陆风的输送作用，尤其是冷空气输送影响的作用，以此达到降低通风指数值的目的，从而能够更好地指示 $PM_{2.5}$ 的污染过程。春季，随着北方冷空气势力逐渐减弱，西南暖湿气流逐渐活跃，上海地区受气旋影响开始增多，由高压环流导致的弱气压场形势减少，同时由冷空气输送造成的污染也开始减少，因此，春季 $PM_{2.5}$ 月平均浓度较冬季明显降低。另外，由于春季冷暖气团势力相当，互有进退，不同的气团占主导地位时，影响上海的天气系统就不同，从而对空气质量的影响也不相同，因此，春季修正后的通风指数逐月变化有起伏，且相对应未修正的通风指数优势也不明显。综上所述，修正通风指数的逐月变化特征显示，其对 $PM_{2.5}$ 浓度变化有更好的指示意义，对于空气质量的预报具有一定的指导作用。

2.3.4.4　个例应用

2013 年 12 月 1—9 日，上海地区出现了一次长时间的污染过程，首要污染物为 $PM_{2.5}$，9 d 内 AQI 均超过 150 的中度污染限值，其中，5 日和 6 日出现了严重污染，6 日 14 时的 $PM_{2.5}$ 小时浓度达到 602.3 $\mu g/m^3$，创造上海市有 $PM_{2.5}$ 监测记录以来的历史峰值。利用风廓线资料和 NCEP 每 6 h 一次 FNL 1°×1°的再分析资料，计算 12 月 1—9 日修正前后的通风指数，结果如图 2.43 所示。修正后的通风指数和 $PM_{2.5}$ 小时浓度呈现负相关关系，大部分时次指数值低时，对应的 $PM_{2.5}$ 小时浓度值都高，但也存在个别时次指数较低，$PM_{2.5}$ 浓度相对不高的情况。对比风向变化发现，这种现象主要出现在风向来自海上（0°～180°）的情况下，虽然风速较小，但海上的空气仍然具备一定的稀释清洁作用，$PM_{2.5}$ 浓度不易上升，但风速太小，会导致指数值偏低，容易出现空报现象。对比修正前后的通风指数可以看到，通过修正降低了一部分原通风指数的数值，对于污染的指示意义更强，尤其是冷空气的输送影响，指示作用增强明显，图中 12 月 9 日就是此种情况，当天上海地区由于受到冷空气影响，白天风力逐渐增大，未修正通风指数也相应出现了增大过程，但此时对应的 $PM_{2.5}$ 浓度也显著上升，两者的负相关关系不显著；修正通风指数通过对风速、风向进行判别，并乘以一定的系数，大幅降低了原通风指数的数值。从图上可以看到，14 时和 20 时修正后的通风指数要明显低于修正前，尤其是 20 时未修正通风指数数值超过 8000 m^2/s，而修正后数值降至 2630.3 m^2/s，经过修正后的通风指数，对于此类过程的指示作用明显增强。另外，对于来自海上的风，修正后的通风指数也在一定程度上增大了原指数的数值，增大了边界层内大气对污染物的稀释清洁作用，使其与 $PM_{2.5}$ 浓度的负相关关系更显著。综上所述，修正后的通风指数更适用于本地化的预报服务，但需要指出的是，当风速很小时，对于来自海上的风，修正后通风指数也容易出现空报现象，因此，在实际预报中，需要结合风向、风速情况进行综合判断。

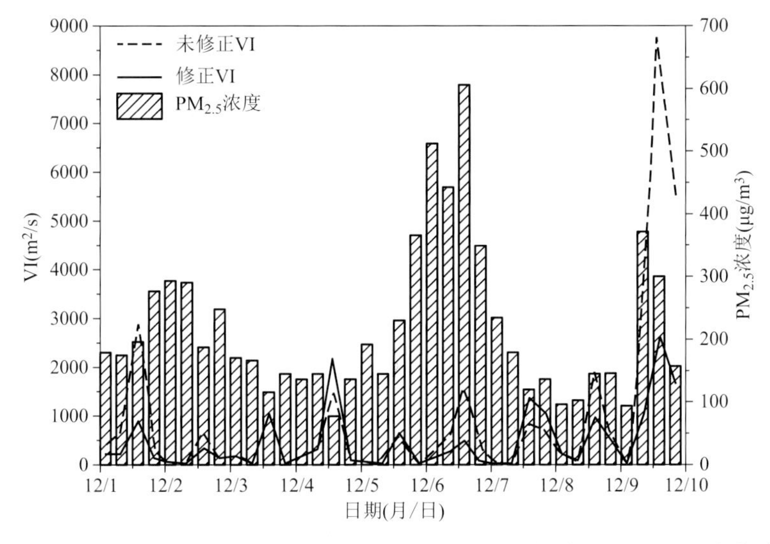

图 2.43 2013 年 12 月 1—9 日上海地区修正前后通风指数 VI 和 $PM_{2.5}$ 浓度时序

2.3.4.5 小结

利用 2013—2014 年上海地区的风廓线资料及 NCEP 再分析资料，计算研究了上海地区通风指数的变化情况，并结合实际天气情况和预报经验，对常用通风指数公式进行本地化修正。结果发现，修正后的通风指数能够更好地反映边界层内大气对污染物的输送和稀释清洁作用，尤其在冬季上海地区污染过程较多、污染物浓度较高时，本地应用性增强明显。

（1）分析了 2013—2014 年上海地区修正前后的通风指数，研究其与 $PM_{2.5}$ 浓度的关系发现，修正后通风指数的日变化及季节变化与 $PM_{2.5}$ 浓度的日变化及季节变化有负相关且关系显著，对比未修正的通风指数，无论是日变化还是季节变化，修正后通风指数的优势都更加明显，尤其是秋、冬季通过对原通风指数的修正，对于 $PM_{2.5}$ 浓度变化的指示意义明显增强。因此，修正后的通风指数对于空气质量预报具有一定的指导作用。

（2）通过对上海地区典型污染个例的分析，研究了修正后的通风指数在个例中的应用情况，结果发现，修正后通风指数低时，对应的 $PM_{2.5}$ 浓度值高，容易出现污染；与未修正通风指数对比发现，修正后的通风指数降低了一部分原通风指数的数值，对污染的指示意义更强，尤其表现在上海地区受冷空气影响时，修正后的通风指数较原通风指数降低明显，能够更好地反映大气对上游地区污染物的输送作用。另外，修正后的通风指数也增大一部分原通风指数的数值，在一定程度上增强了来自海上风的稀释清洁作用，使得修正后的通风指数更适用于本地化的预报服务，为上海地区的空气质量预报和霾预报提供了一个新的参考指标。但需要指出的是，当风速很小时，修正后的通风指数的数值也易偏低，如果风是来自海上，就容易造成空报现象，因此，在实际预报中，需要结合风向、风速情况进行综合判断。

2.4 降雨对气溶胶的影响

除了受排放源和二次气溶胶过程影响外，大气物理过程是影响 $PM_{2.5}$ 累积和消散的重要因素（徐祥德 等，2003；任阵海 等，2008；Tie et al.，2015），其中湿清除作为大气中气溶胶粒子的主要清除机制，维持着大气中气溶胶粒子源、汇之间的平衡，是大气自净的最重要过程之一（秦瑜 等，2003）。大气气溶胶粒子的湿清除是指气溶胶粒子被大气凝结物清除并最终降落到地面的过程，包括云内清除和云下清除两个阶段，其中云下清除是指雨滴（或其他降水粒子）在降落过程中通过布朗扩散、惯性碰并等过程捕获气溶胶粒子使之从大气中清除。大气气溶胶湿清除的机制非常复杂，和气溶胶粒子谱、雨滴谱、雨滴下落末端速度、粒子荷电数等都有关（Wang et al.，1978；Herbert et al.，1986；Mircea et al.，2000）。

国内对云下清除的研究大都通过观测试验分析降水对不同粒径段气溶胶粒子的清除效率（李霞 等，2003；康汉青 等，2009；董群 等，2016），侧重于降水对大气气溶胶清除系数的观测和理论计算，分析气溶胶粒径谱、雨滴谱、碰并系数等参数对湿清除系数的影响（彭红 等，1992；王瑛 等，2014），建立湿清除的参数化方案（姚克亚 等，1999；赵海波 等，2005）。相关研究也指出，在实际观测中存在很多降雨后 $PM_{2.5}$ 质量浓度不降反升的现象，因为 $PM_{2.5}$ 的变化还和气团性质有关。也有研究认为，由于 $PM_{2.5}$ 粒径主要分布在积聚模态（0.1～1 μm），导致降水对 $PM_{2.5}$ 的碰并清除作用很弱（董群 等，2016）。可见降雨对 $PM_{2.5}$ 的湿清除作用还存在很多不确定性，这是一些污染天气过程预报失误的重要原因之一。由于缺少对长序列观测资料的分析研究，目前对于降雨清除 $PM_{2.5}$ 的一般性规律和特征缺乏定量结论，比如不同等级降雨对 $PM_{2.5}$ 的清除能力、降雨过程前后 $PM_{2.5}$ 质量浓度变化的主要特征等。在长三角地区，一些典型的污染天气过程如倒槽、冷锋通常伴有降雨发生（许建明 等，2016），因此非常有必要基于长序列的降雨和 $PM_{2.5}$ 协同观测数据，分析不同季节、不同等级降雨清除 $PM_{2.5}$ 的规律，总结降雨过程前后 $PM_{2.5}$ 浓度变化的主要特征并提取可用的预报因子，对于提高预报员对大气气溶胶湿清除的认识、提高 $PM_{2.5}$ 预报技巧具有重要意义。

2.4.1 不同降雨量级下 $PM_{2.5}$ 的浓度特征

雨量数据采用上海徐家汇、宝山、金山3个气象站的报表数据，该数据经过人工审核用于制作我国的气候日值资料集，是目前质量最高的一套台站气象观测数据。雨量数据时间序列为2012—2016年，时间分辨率为1 h（指前1 h的累积降雨量），精度为0.1 mm，研究时段内3个站均无缺测。

本节采用徐家汇气象站的颗粒物质量浓度观测资料，其中 $PM_{2.5}$ 和 PM_{10} 的时间序列为2012年8月—2016年12月，PM_1 为2013年8月—2016年12月。颗粒物的观测仪器为SHARP5030型分析仪，观测方法是β射线法+浊度计法。仪器采样系统采用动态加热湿度控制，样品湿度控制在60%以下。按照《中国气象局大气成分观测规范》每季度进行仪器采样杆和切割器的清洗，仪器流量的检查校准、零点浊度检测和标准质量膜标定。观测数据被广泛应用于上海大气环境的诸多研究中（赵辰航 等，2015；常炉予 等，2016；高伟 等，2016）。仪器的观测频率为每分钟1个数据，处理成小时平均浓度，和雨量观测数据相对应，是指前1 h颗粒物的平均质量浓度。研究时段内，PM_1、$PM_{2.5}$ 和 PM_{10} 的数据有效率均达到99.9%。

图2.44给出了2012—2016年3个站的各月总降雨量，可见上海降雨的季节变化特征非常明显，呈现夏季最高、春秋次之、冬季最小的特征。从年变化看，6月雨量最多，3个站的平均雨量达到1301 mm，主要和每年影响江淮流域的梅雨期降水有关。7月、8月和9月3个站的雨量分别为716 mm、818 mm和741 mm，主要和台风降水、强对流天气有关。相比之下，12月和1月3个站的雨量较少，分别为278 mm和256 mm，约为夏季雨量的1/3。由图2.44可知，除8月以外3个站的雨量差异不大，普遍低于20%，表明上海主要受系统性降水影响。而8月宝山和徐家汇的雨量相差了44%，可能和局地性暴雨过程有关。

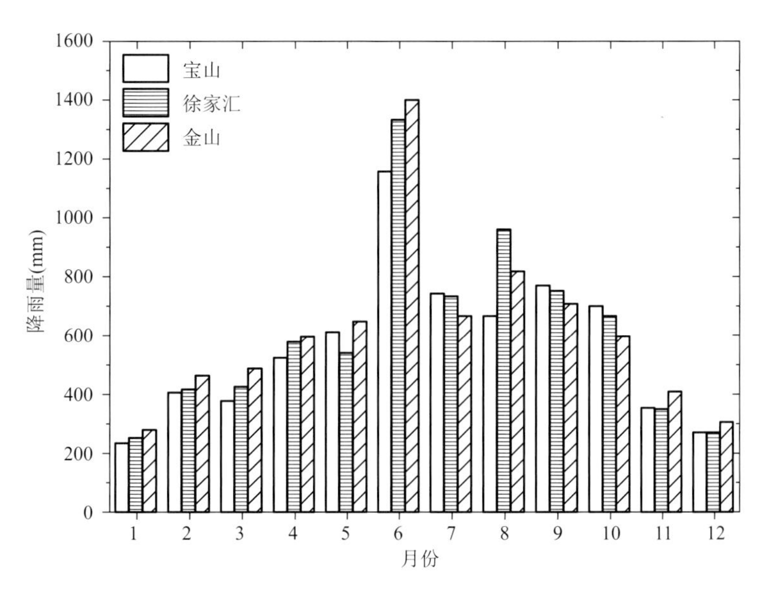

图2.44　2012—2016年宝山、徐家汇、金山3个站各月的总降雨量

降雨分为微量降雨（零星小雨）、小雨、中雨、大雨、暴雨、大暴雨、特大暴雨共7个等级，指24 h降雨量（mm）分别对应<0.1、0.1～9.9、10.0～24.9、25.0～49.9、50.0～99.9、100.0～249.9、≥250.0。按照上述等级规定，图2.45统计了2012—2016年各月的小雨、中雨、大雨、暴雨、大暴雨、特大暴雨的总日数。由图可知，各月降雨日数为40～80 d，同样存在季节差异，但不如总雨量的季节差异显著。暴雨和大暴雨基本出现在5—10月，主要和梅雨、台风、强对流有关，在研究时段内没有出现特大暴雨日。各月都以小雨日数最多，超过60%，其中冬季小雨日数的比例达到75%～85%，夏季也达到60%～70%。许建明等（2016）指出，对上海而言，11月、12月和1月是典型的$PM_{2.5}$污染月，对$PM_{2.5}$总浓度和污染日数的贡献分别达到36.4%和50.4%。以徐家汇为例，过去5年上述3个月的平均降雨日数分别为13 d、8 d和9.6 d，即在污染季节几乎1/3的天数有降雨发生，因此，正确认识降雨对$PM_{2.5}$的湿清除对于准确开展$PM_{2.5}$预报非常重要。

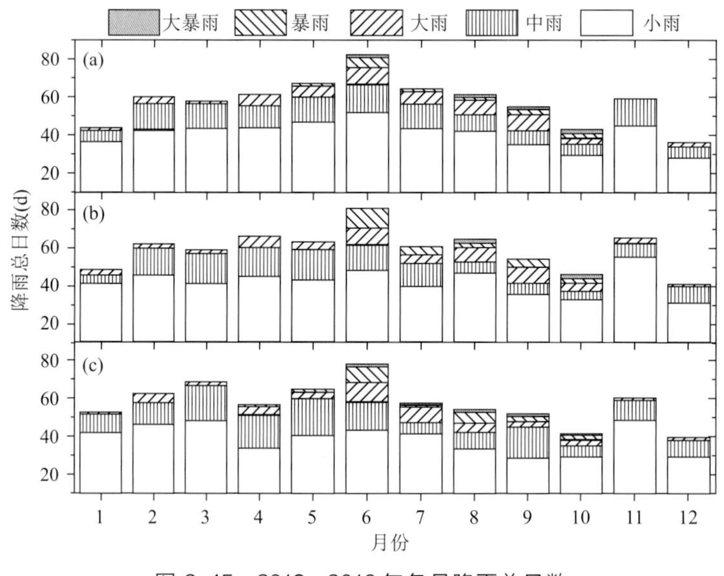

图2.45　2012—2016年各月降雨总日数

（a. 宝山；b. 徐家汇；c. 金山）

2.4.2　降雨对不同粒径$PM_{2.5}$的清除作用

2.4.2.1　降雨日和非降雨日$PM_{2.5}$质量浓度的差异

为了揭示不同等级降雨对$PM_{2.5}$质量浓度的清除作用，图2.46a统计了不同季节降雨日和非降雨日的$PM_{2.5}$平均质量浓度。由图可见，各月降雨日的$PM_{2.5}$质量浓度明显小于非降雨日，平均降低约30%，其中在冬季更加显著，11月、12月、1月降雨日的$PM_{2.5}$质量浓度较非降雨日分别降低了50.3%、51.9%和49.4%，即使在小雨量级下上述3个月的$PM_{2.5}$质量浓度也分别下降了29.9%、24.9%和29.8%。除了对比降雨日和非降雨日的$PM_{2.5}$质量浓度，进一步计算降雨时段和非降雨时段的$PM_{2.5}$质量浓度，分别为31.8 $\mu g/m^3$和52.7 $\mu g/m^3$。降雨时段$PM_{2.5}$质量浓度较非降雨时段下降约40%，其中在污染季节降雨时段的$PM_{2.5}$质量浓度仅为非降雨时段的50%，可见在上海降雨对大气中$PM_{2.5}$的清除作用比较显著，是降低大气中 $PM_{2.5}$ 的重要气象条件，这和康汉青等（2009）对南京的研究结论一致。相比而言，夏季降雨日和非降雨日的 $PM_{2.5}$ 质量浓度差异较小，7 月、8 月降雨日的 $PM_{2.5}$ 质量浓度较非降雨日分别降低了 5.9%和 14.7%，这可能和夏季 $PM_{2.5}$ 背景浓度较低有关（李霞 等，2003）。Xu 等（2016）指出 2013 年以来上海 7 月和 8 月的 $PM_{2.5}$ 平均质量浓度仅为 41.5 $\mu g/m^3$ 和 32.4 $\mu g/m^3$，几乎达到优等级。此外，由图 2.46a 可见，除了 7 月和 8 月以外，随着降雨等级增大，$PM_{2.5}$ 平均质量浓度不断降低，其中小雨日、中雨日和大雨日的 $PM_{2.5}$ 质量浓度较非降雨日分别下降了 17.2%、32%和 46%，可见随着雨量增加对 $PM_{2.5}$ 的清除作用更加显著。值得注意的是在 7 月和 8 月，降雨日的 $PM_{2.5}$ 质量浓度和小雨日持平甚至略有偏高，可能是因为夏季非降雨日气温高、垂直混合作用强，海风强盛，有利于 $PM_{2.5}$ 的稀释，而发生降雨时气温降低，地面气流辐合，不利于 $PM_{2.5}$ 的水平和垂直扩散。

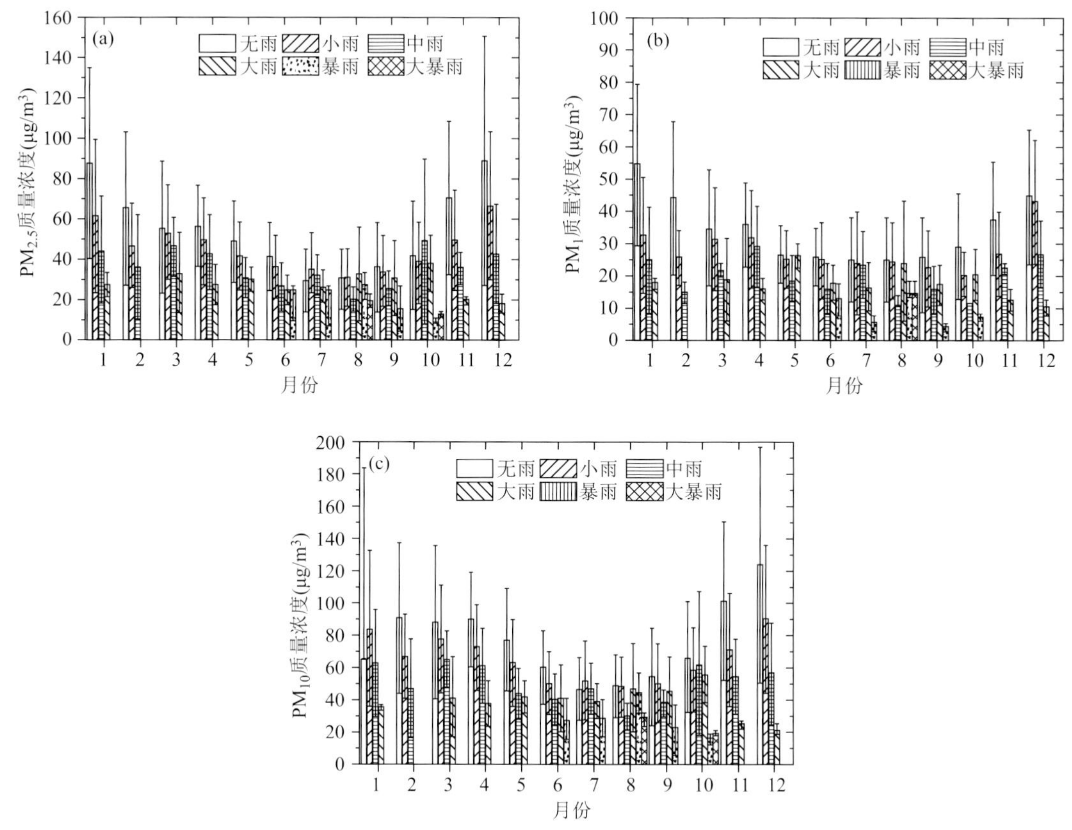

图 2.46　2012—2016 年徐家汇各月降雨日和非降雨日 $PM_{2.5}$（a）、PM_1（b）和 PM_{10}（c）的平均质量浓度

2.4.2.2　降雨日和非降雨日 $PM_1/PM_{2.5}$ 质量浓度比

由图 2.46a 发现，降雨日的 $PM_{2.5}$ 质量浓度较非降雨日下降约 30%，由图 2.46b 和图 2.46c 进一步分析 PM_1 和 PM_{10} 在降雨日和非降雨日的差异，发现降雨日 PM_1 和 PM_{10} 质量浓度较非降雨日分别下降约 32.6%和 33.8%，表明降雨对不同粒径段气溶胶粒子的清除效应存在差异。此外，和 $PM_{2.5}$ 相似，PM_1 和 PM_{10} 的质量浓度随着降雨等级增大同样呈下降

趋势。为了分析降雨日 $PM_{2.5}$ 质量浓度下降的可能原因，图 2.47 进一步给出了每个月降雨日和非降雨日的 $PM_1/PM_{2.5}$、$PM_{2.5}/PM_{10}$ 的质量浓度比。由图可知，非降雨日 PM_1 在 $PM_{2.5}$ 中平均占比为 0.7，其中夏季占比为 0.72～0.75，冬季为 0.65～0.7。而在降雨日，$PM_1/PM_{2.5}$ 明显下降，平均仅为 0.64，其中夏季约为 0.7，而冬季仅为 0.56～0.65。相比之下，非降雨日 $PM_{2.5}/PM_{10}$ 为 0.638，降雨日却上升为 0.668，表明降雨主要清除的是粒径＜1 μm 和粒径为 2.5～10 μm 的大气气溶胶粒子。表 2.7 统计了 PM_1、$PM_{2.5}$ 在降雨和非降雨时段的质量浓度差，负值表示降雨时浓度下降。从表中可见，降雨时 $PM_{2.5}$ 和 PM_1 的质量浓度都明显下降，其中 PM_1 在冬季下降 15～27 $\mu g/m^3$，夏季下降约 10 $\mu g/m^3$。平均而言，降雨时 PM_1 的下降幅度占 $PM_{2.5}$ 下降幅度的 84%，夏季达到 95%左右，冬季为 67%～87%。因此，降雨时 $PM_{2.5}$ 质量浓度下降的主要原因是 PM_1 得到有效清除。Qiao 等（2016）发现上海 PM_1 在 $PM_{2.5}$ 中占比很高，平均达到 0.75～0.9，因此，降雨对 PM_1 的有效清除可降低 $PM_{2.5}$ 的浓度水平。此外，每个月降雨日的 $PM_1/PM_{2.5}$ 都呈现下降的特点，说明降雨日 $PM_{2.5}$ 下降的主要原因是湿清除作用，而不是其他气象条件导致。需要指出的是，由于 PM_1 涵盖了核模态和部分积聚态的气溶胶粒子，相关研究指出，降水对积聚模态的气溶胶粒子清除作用较弱，但具体结论有所差异。比如董群等（2016）分析北京海淀的观测数据发现降水对 0.1～1 μm 粒径段的气溶胶粒子清除作用很弱；而康汉青等（2009）对南京的观测则发现小雨对 0.2～2 μm 段气溶胶粒子清除效率相对较差。王瑛等（2014）发现即使在＜2 μm 的粒径段，实际观测的清除系数较理论计算值高出一个数量级。这种差异可能和局地的气溶胶粒子谱分布、观测期间的气象条件有关，比如气溶胶粒子的吸湿增长效应。计算发现，徐家汇站降雨时的平均相对湿度达到 90%（非降雨时仅为 65%），非常有利于气溶胶粒子的吸湿整长（刘新罡 等，2010）。根据 Liu 等（2011）的研究，在该湿度条件下 50～250 nm 粒径段的气溶胶粒子可增长到干粒径的 1.6～4.0 倍，从而增加降雨对 $PM_{2.5}$ 的碰并清除作用。今后在开展相关研究时，需要结合气溶胶数谱观测、颗粒物吸湿粒径分析仪 H-TDMA 等观测，深入分析不同粒子谱气溶胶及其吸湿增长效应对湿清除的可能影响。

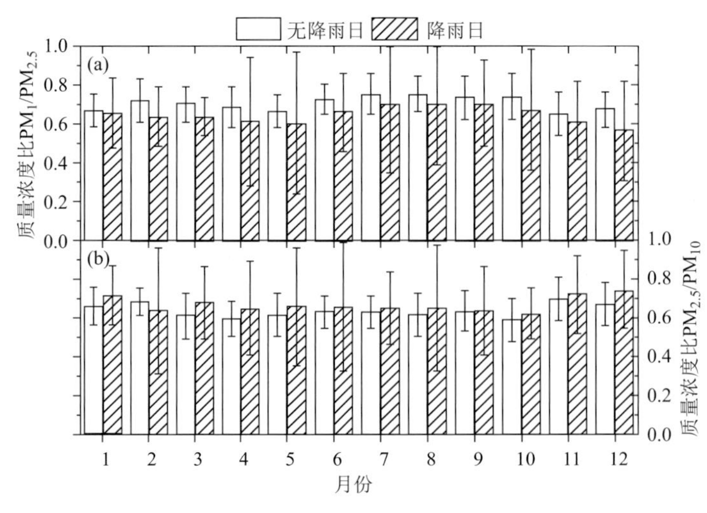

图 2.47 降雨日和非降雨日各月 $PM_1/PM_{2.5}$（a）和 $PM_{2.5}/PM_{10}$（b）的质量浓度比

表 2.7　降雨时 PM_1、$PM_{2.5}$ 质量浓度的下降幅度 ΔPM_1、$\Delta PM_{2.5}$

月份	ΔPM_1（$\mu g/m^3$）	$\Delta PM_{2.5}$（$\mu g/m^3$）	$\Delta PM_1/\Delta PM_{2.5}$（%）
1月	−27.1	−40.4	67.0
2月	−20.1	−26.8	75.0
3月	−15.9	−18.8	84.6
4月	−15.6	−18.5	84.2
5月	−9.7	−11.4	84.6
6月	−11.1	−13.1	84.4
7月	−10.5	−10.7	98.5
8月	−10.0	−10.5	94.4
9月	−10.9	−12.6	86.4
10月	−12.5	−14.3	87.1
11月	−14.6	−19.6	74.4
12月	−17.5	−20.1	87.1

注：负值表示降雨时浓度下降

2.4.3　连续性降雨过程对 $PM_{2.5}$ 质量浓度的影响

本节针对连续性降雨过程，对比降雨过程前后 $PM_{2.5}$ 质量浓度的差异，分析影响 $PM_{2.5}$ 质量浓度变化的可能原因，总结一般性规律并提取预报因子。

考虑到上海降雨的季节性差异，将统计时段分为3—6月、7—10月、11月—次年2月，分别代表春季连阴雨和梅雨、夏秋季强对流和台风、冬季冷空气产生的降雨特征。借鉴王瑛等（2014）的研究，为了剔除短时降水和零星降水的影响，仅选择持续时间大于3 h的连续性降雨过程。此外为了排除台风、强对流产生的大风影响，要求降雨期间的平均风速小于3 m/s。根据以上条件共筛选出416次连续降雨过程，其中7—10月出现了123次，11月—次年2月出现了136次，3—6月出现了157次。最强降雨过程出现在2016年8月4日，平均雨强达到14.3 mm/h。持续时间最长的过程开始于2013年12月16日04时，达到48 h。统计发现，有225次降雨过程结束后 $PM_{2.5}$ 质量浓度较降雨前下降，其中7—10月为76次、11月—次年2月为64次、3—6月为85次。有35次降雨过程后 $PM_{2.5}$ 质量浓度几乎不变。有156次降雨过程后 $PM_{2.5}$ 质量浓度出现反弹。董群等（2016）在北京海淀的观测显示 $PM_{2.5}$ 上升的降水过程约占1/3。

研究表明，气溶胶湿清除系数可用雨强进行参数化（Seinfeld et al.，2006）。康汉青等（2009）、王瑛等（2014）均指出清除系数和降水前后气溶胶粒子的数浓度关系密切。因此，本节重点分析降雨前后 $PM_{2.5}$ 质量浓度变化（$\Delta PM_{2.5}$）和降雨强度、降雨发生前 $PM_{2.5}$ 初始质量浓度的关系。需要说明的是，由于气溶胶数浓度不是常规观测项目，因此用 $PM_{2.5}$ 质量浓度代替（马楠 等，2015）。图2.48显示了每次降雨过程前后 $\Delta PM_{2.5}$ 随雨强、初始浓度的分布。由图2.48可见，红色圆点基本分布在初始浓度较小的区域，即降雨结束后 $PM_{2.5}$ 上升的过程，其特点是降雨开始前的 $PM_{2.5}$ 初始浓度较低，在3—10月基本小于45 $\mu g/m^3$，在11月—次年2月基本低于70 $\mu g/m^3$。

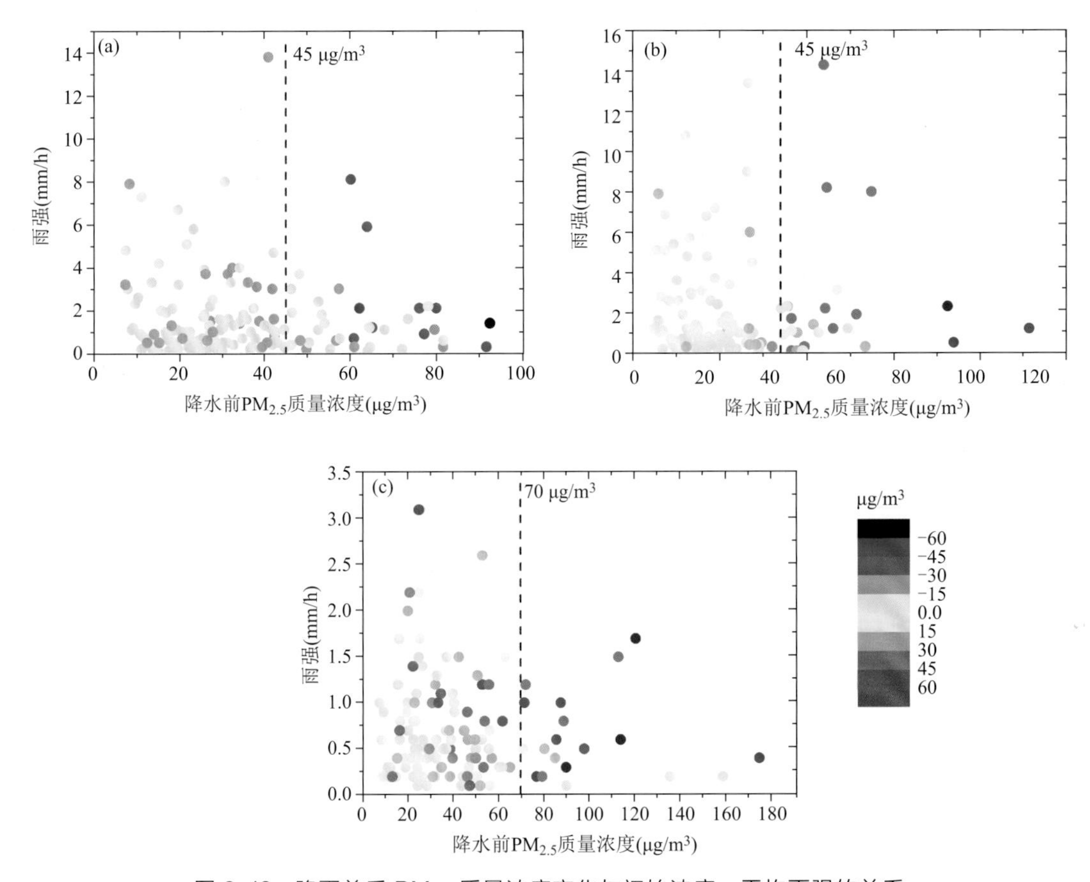

图 2.48　降雨前后 $PM_{2.5}$ 质量浓度变化与初始浓度、平均雨强的关系

（a. 3—6 月；b. 7—10 月；c. 11 月—次年 2 月；蓝色和红色圆点分别表示降雨结束后 $PM_{2.5}$ 质量浓度下降和上升）

图 2.49 显示了 $\Delta PM_{2.5}>0$、$\Delta PM_{2.5}<0$ 两类降雨过程的初始浓度在不同季节的分布。可见对于 $\Delta PM_{2.5}<0$（降雨结束后 $PM_{2.5}$ 浓度下降）的过程，其平均初始浓度在 7—10 月、11 月—次年 2 月、3—6 月分别为 35.6 μg/m³、51.3 μg/m³ 和 43 μg/m³，而对于 $\Delta PM_{2.5}>0$（降雨结束后 $PM_{2.5}$ 上升）的过程，对应的平均初始浓度分别为 21.5 μg/m³、35.8 μg/m³ 和 26.8 μg/m³，前者较后者分别偏高了 65%、43%和 60%。可见降雨过程结束后 $PM_{2.5}$ 质量浓度是否下降和降雨开始前 $PM_{2.5}$ 的初始浓度关系密切。对于 $\Delta PM_{2.5}<0$ 的降雨过程，将初始浓度的 95 分位数作为阈值，由图 2.49 可知，在 3—10 月该阈值约为 45 μg/m³，在 11 月—次年 2 月约为 70 μg/m³，这和图 2.48 中蓝色圆点的分布规律一致。按照该阈值进一步统计初始浓度和降雨过程（$\Delta PM_{2.5}<0$）的关系（表 2.8），发现当初始浓度小于阈值时，$\Delta PM_{2.5}<0$ 的降雨过程占一半，其中在夏季为 57%，在其他季节为 42%～46%，即只有一半不到的降雨过程结束后 $PM_{2.5}$ 质量浓度下降；当初始浓度大于阈值后，$\Delta PM_{2.5}<0$ 的降雨过程占 80%以上，其中在夏季达到 88%，即大部分降雨过程结束后 $PM_{2.5}$ 质量浓度较降雨前下降。因此，降雨开始前的 $PM_{2.5}$ 初始浓度可以作为研判降雨结束后 $PM_{2.5}$ 是否降低的预报因子。对上海而言，冬季可取 70 μg/m³，其他季节为 45 μg/m³。按照目前我国《环境空气质量标准》，$PM_{2.5}$ 超标的日平均浓度为 75 μg/m³。可见当出现 $PM_{2.5}$ 污染时，连续性降雨过程可降低 $PM_{2.5}$ 的浓度水平，改善空气质量。需要指出的是，降雨过程中 $\Delta PM_{2.5}$ 除了

和湿清除有关，还受到其他因素的影响。比如冬季锋面降水通常伴随上游污染输送。此外，计算发现降雨时大气扩散能力有所减弱，表现为水平风速减小 4.8%、温度降低 9.7%。上述条件都会影响 $PM_{2.5}$ 的质量浓度。本节借鉴了王瑛等（2014）的研究方法选取小风降雨个例，目的就是减小降雨之外的其他因素对 $PM_{2.5}$ 的影响，但是显然不能完全排除。因此，未来有必要继续积累观测资料，针对不同的降雨类型细致分析气溶胶的湿清除效应及其差异。

研究表明，降雨对大气气溶胶粒子的云下清除接近指数衰减过程（Scott，1982），总质量清除系数 Λ 可用降雨强度进行参数化，通常表示为

$$\Lambda = A \times I^B$$

式中，I 为降雨强度；参数 A 和 B 与雨滴谱、气溶胶谱、雨滴下落末端速度及雨滴与气溶胶粒子的碰并系数有关。由图 2.49 可知，和初始浓度相比，平均雨强和 $\Delta PM_{2.5}$ 的关系并不明显。只有当初始浓度大于阈值后，$PM_{2.5}$ 下降幅度呈现随雨强增大而升高的趋势。可能的原因是在 0.01～1 μm 粒径段，清除系数的计算对碰并系数非常敏感，而且不同的雨滴谱对清除系数有较大影响。王瑛等（2014）指出，清除系数和雨强的关系式在不同粒径段存在很大差异。康汉青等（2009）也认为清除系数和降水前后气溶胶粒子数浓度及降水持续时间的关系更密切。综上，降雨前后 $PM_{2.5}$ 质量浓度的变化和初始浓度的关系较雨强更加密切，和康汉青等（2009）的结论更加接近。

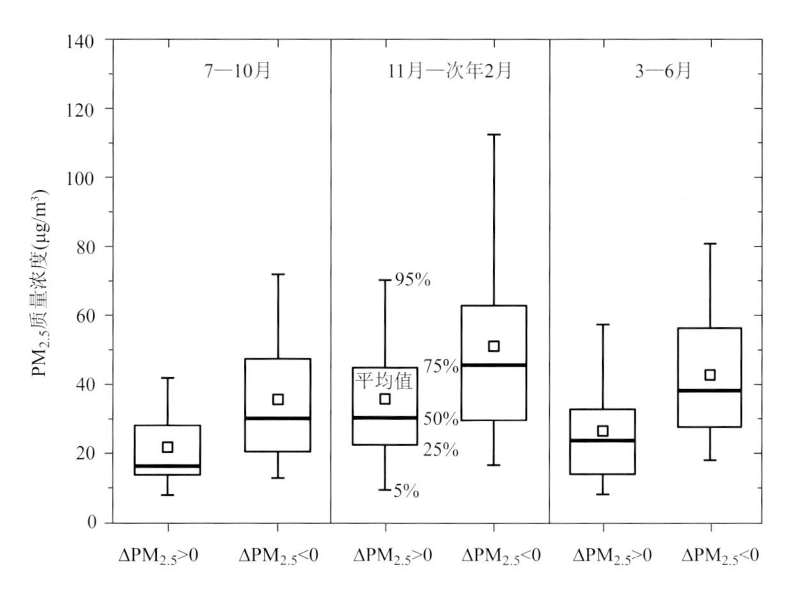

图 2.49　$\Delta PM_{2.5}<0$ 和 $\Delta PM_{2.5}>0$ 两类降雨过程的 $PM_{2.5}$ 初始质量浓度在不同季节的分布

表 2.8　降雨结束后 $PM_{2.5}$ 质量浓度下降（$\Delta PM_{2.5}<0$）的降雨过程比例和初始质量浓度的关系

月份	$PM_{2.5}$ 初始质量浓度(μg/m³)	$\Delta PM_{2.5}<0$ 的降雨比例(%)
3—6 月	<45	46
7—10 月		57
11 月—次年 2 月	<70	42
3—6 月	>45	81
7—10 月		88
11 月—次年 2 月	>70	80

图 2.50 给出了连续性降雨过程中 PM_1、$PM_{2.5}$、$PM_1/PM_{2.5}$ 随降雨时间的变化趋势。在降雨过程中，$PM_{2.5}$ 和 PM_1 的变化趋势基本一致。它们并非随降雨时间的持续一直下降，而是呈现先下降、后反弹的特征。其中在前 3 h 下降趋势非常明显，之后有明显的反弹。对比发现，$PM_1/PM_{2.5}$ 的变化趋势和质量浓度的变化类似，也呈现先下降、后反弹的特点，表明在降雨期间 $PM_{2.5}$ 质量浓度的变化主要由 PM_1 决定，这和前文得出的降雨主要清除粒径<1 μm 气溶胶粒子的结论一致。由此可见，降雨对 $PM_{2.5}$ 的湿清除作用和大气中 PM_1 粒子的数量（或质量浓度）关系密切。在降雨前期，由于大气中 PM_1 数量较多，雨滴对粒子的碰并清除作用显著从而降低 $PM_{2.5}$ 质量浓度。随着 PM_1 粒子的不断减少，虽然降雨继续维持但雨滴的碰并清除作用减弱，因此不利于 $PM_{2.5}$ 质量浓度的继续下降。另外，需要指出的是在降雨过程中，除了湿清除，其他气象条件也会对颗粒物的浓度变化产生影响。计算发现，降雨时和非降雨时的水平风速分别为 0.79 m/s 和 0.83 m/s，温度分别为 16.1 ℃和 17.9 ℃。可见降雨时水平风速减弱、温度下降使得大气扩散条件转差、边界层更加稳定，从而降低了颗粒物的水平和垂直扩散能力。因此，在降雨后期，当颗粒物湿清除作用减弱时，稳定的大气条件会导致在观测中出现颗粒物质量浓度升高的现象。进一步计算连续性降雨过程中水平风速和温度的变化趋势（图略），发现随着降雨时间的持续，水平风速和气温均呈现下降趋势，可见，在降雨过程中大气趋于稳定，因而有利于颗粒物浓度出现反弹。

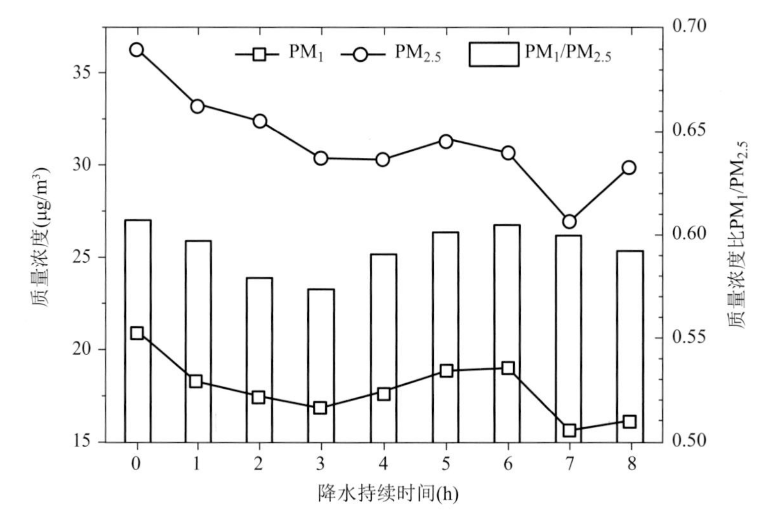

图 2.50　PM_1、$PM_{2.5}$ 质量浓度及其质量浓度比 $PM_1/PM_{2.5}$ 随降雨持续时间的变化

2.4.4　小结

各月降雨日的 $PM_{2.5}$ 质量浓度明显小于非降雨日，平均降低约 30%。其中在冬季更加显著，降低约 50%。可见，在上海，降雨对大气中 $PM_{2.5}$ 的清除作用比较显著，是降低大气中 $PM_{2.5}$ 质量浓度的重要气象条件。除了 7 月和 8 月以外，随着降雨等级增大，降雨日的 $PM_{2.5}$ 平均质量浓度不断降低，其中小雨日、中雨日和大雨日的 $PM_{2.5}$ 质量浓度较非降雨日分别下降了 17.2%、32%和 46%。

和非降雨日相比，降雨日的 $PM_1/PM_{2.5}$ 从 0.70 下降为 0.64，而 $PM_{2.5}/PM_{10}$ 则从

0.638上升为0.668，表明降雨主要清除的是粒径＜1 μm和粒径为2.5～10 μm的大气气溶胶粒子。降雨时段，$PM_{2.5}$和PM_1的质量浓度都较非降雨时段明显下降，其中PM_1的下降幅度占$PM_{2.5}$下降幅度的84%，因此，降雨时$PM_{2.5}$质量浓度下降的主要原因是PM_1得到有效清除。

连续性降雨过程结束后，$PM_{2.5}$质量浓度的变化和降雨开始前$PM_{2.5}$的初始浓度关系密切，可作为研判降雨对$PM_{2.5}$湿清除作用的预报因子。当初始浓度在冬季大于70 μg/m^3，在其他季节大于45 μg/m^{3}时，80%以上的降雨过程结束后$PM_{2.5}$质量浓度较降雨前下降。

在连续性降雨过程中，PM_1和$PM_{2.5}$并非持续下降，而是呈现先下降、后反弹的变化特征，$PM_1/PM_{2.5}$也呈现相似的变化趋势，表明降雨对$PM_{2.5}$的湿清除作用和大气中PM_1粒子的数量（或质量浓度）关系密切。当PM_1减少后，气溶胶湿清除作用减弱，虽然降雨继续维持，但也不利于$PM_{2.5}$质量浓度的继续下降。

2.5 边界层稳定度特征及其对$PM_{2.5}$的影响

大气边界层直接受到地球表面的影响，基本特点是其运动的湍流性（Stull，1988），这也是动量、热量、水汽及大气污染物在垂直方向输送的主要驱动力。边界层高度（PBLH）是一个重要的特征参数，用于表征物质、动量和能量在一定时间内由于湍流混合所能达到的垂直高度（Garratt，1992）。在静稳天气条件下，由于水平风速较小，白天的湍流交换成为调节污染物浓度的重要因素。Xu等（2016）和Pan等（2019）的研究都表明，在上海的重污染时段，白天PBLH一般低于500 m，较非污染日下降约50%，是重污染维持的重要原因之一。需要强调的是，绝大多数文献中的PBLH一般是日最大边界层高度，通常出现在14—15时，此时垂直湍流混合最强，是污染物日变化的谷值。然而陆地边界层具有明显的日变化特征，表现为白天的对流边界层（CBL）、夜间的稳定边界层（SBL），早晨和傍晚的边界层结构则介于CBL和SBL之间，处于两者的过渡和转换阶段。以往的文献很少关注和研究早晨的边界层结构。主要原因是早晨边界层存在逆温或者尚未得到发展，在中纬度地区通常低于200 m（Liu et al.，2010），处于激光雷达等地基观测的盲区内。其次，通用的气象探空资料仅有特征层数据，比如在1 km以内仅有2～3层数据，无法获取精细的风温湿廓线，不适于研究早晨的低边界层结构。最后，目前基于探空资料反演PBLH的算法更加适用于对流边界层，而对稳定和中性边界层有较大分歧。Seidel等（2012）指出，由于早晨和夜间SBL发生的频数最高（50%～80%），各种算法反演的PBLH分歧最大（相差3～4倍）。上述原因增加了对早晨边界层研究的困难。然而观测显示，上海大气污染物的峰值浓度出现在早晨（许建明 等，2010）。图2.51给出了2013—2017年上海4个季节$PM_{2.5}$浓度的日变化，可见早晨（07—09时）的$PM_{2.5}$浓度是一天中的峰值，较日平均浓度分别偏高4.6%、2.4%、6.0%和6.4%，冬季更加显著。早晨$PM_{2.5}$浓度最高、上升速率最快，是排放和边界层共同作用的结果（赵鸣，2006）。早晨是一天中$PM_{2.5}$排放最强的时段（Zhou et al.，2017），在边界层稳定的情况下容易快速累积形成高值。此外，由于早晨风速较小、二次气溶胶转化很弱，早晨观测的 $PM_{2.5}$ 浓度具有明显的局地性，直接反映了局地的排放强度。因此，研究早晨边界层的结构特征、变化趋势及其与 $PM_{2.5}$ 浓度的关系，对于深入理解 $PM_{2.5}$ 的年际变化及其与排放变化的关系具有重要意义。

与 2013 年相比，2017 年上海的平均 $PM_{2.5}$ 质量浓度下降了 31%，其中，早晨的峰值浓度下降了 33.3%。由于通用的 PBLH 很难准确表征早晨低边界层的特点，因此，本节收集了 2013 年以来上海宝山站的 L 波段探空雷达秒级气象数据（北京时 08 时，垂直分辨率约 10 m），通过高分辨率的风温廓线计算经典的里查森数来判定边界层的稳定程度，分析不同季节早晨边界层的稳定度特征和风温廓线特征，探讨早晨边界层稳定度对 $PM_{2.5}$ 峰值浓度的影响，进而研究 2013—2017 年早晨边界层稳定度的变化趋势及其与 $PM_{2.5}$ 浓度年际变化的关系。

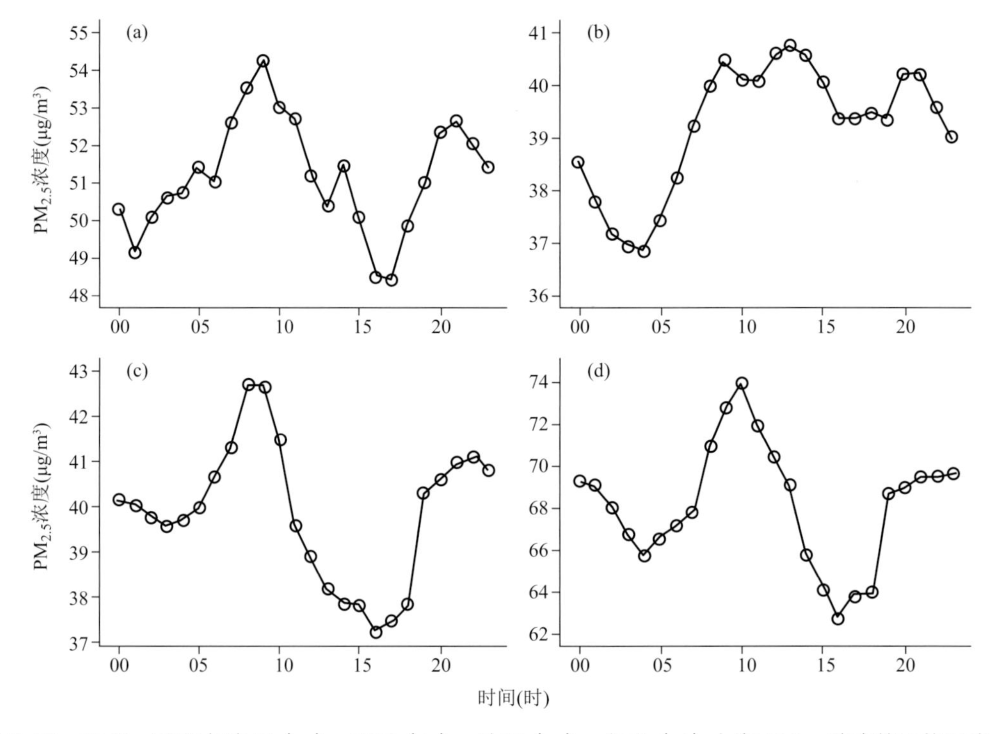

图 2.51 2013—2017 年春季（a）、夏季（b）、秋季（c）、冬季（d）上海 $PM_{2.5}$ 浓度的平均日变化

2.5.1 整体里查森数计算

如前文所述，早晨边界层一般处于稳定或者中性结构（夏季除外）（Stull，1988），Liu 等（2010）、Seidel 等（2012）对全球探空数据的分析表明，早晨稳定边界层（SBL）的出现频率超过 50%。目前各种算法对稳定边界层高度的自动反演存在较大的分歧和争议。Liu 等（2010）特别指出，早晨逆温层之上存在残留层时会增加 PBLH 的计算难度。因此，本节不采用 PBLH 表征早晨的边界层特点，而是利用高分辨率的垂直风温资料计算里查森数进而判定边界层的稳定度。里查森数定义为热力湍能产生率的负值与机械湍能产生率的比值（Stull，1988），里查森数小于 0 表示浮力做功使得湍能增强，绝对值越大代表湍能越强。实际计算中一般采用整体里查森数 Ri_b：

$$Ri_b=\frac{g}{T}\frac{\frac{\partial\theta}{\partial z}}{\left(\frac{\partial u}{\partial z}\right)^2}=\frac{\frac{\theta_2-\theta_1}{z_2-z_1}}{\left(\frac{u_2-u_1}{z_2-z_1}\right)^2} \tag{2.12}$$

式中，g 为重力加速度；T 为近地面温度；u_1 和 u_2 分别为 z_1 和 z_2 两个高度的水平风速；θ_1 和 θ_2 分别为两个高度的位温。计算 Ri_b 采用线性差分得到 z_1 和 z_2 之间的风温梯度，因此，其能够表征 z_1 和 z_2 两个高度之间大气的平均稳定度特征。$Ri_b<0$ 时，湍流肯定发展，为不稳定边界层或对流边界层（CBL）；$Ri_b>0.25$ 时，表示热力衰减作用大于湍流动力增强效应，为稳定边界层（SBL）（赵鸣，2006；Seidel et al.，2012）。由于早晨边界层比较浅薄，因此，z_1 和 z_2 的取值对于准确研判边界层稳定度非常关键。一般可将 z_1 设为0，但Liu等（2010）和Seidel等（2012）都指出，直接用地面观测计算垂直风温梯度会产生虚假的数据垂直梯度和噪声，建议将 z_1 设为探空第一层高度（本节为20 m）。而 z_2 的取值与早晨边界层的结构有关，本节采用Liu等（2010）建议的梯度扫描方法确定 z_2，即逐层计算相邻两个高度之间的位温梯度，找到第一个位温梯度大于 θ_r（文本取值为1 K）的高度即为 z_2。另外，当出现强天气时（比如台风、强对流、寒潮等），边界层的湍流作用几乎可以忽略，因此，本节在计算 Ri_b 时剔除了地面水平风速大于5 m/s的个例。

2.5.2 稳定度的年变化特征

为了检验利用 Ri_b 判定早晨（北京时间08—09时）边界层稳定度的合理性，图2.52给出了2013—2017年逐月的 Ri_b 分布特征。由图可见，早晨边界层的稳定度特征具有非常明显的季节差异，表现为秋冬季以正值为主（SBL）、春夏季以负值为主（CBL）的特点。其中，11月、12月和1月的 Ri_b 均值最高，分别为1.60、1.61、1.88，分别有63.0%、69.6%、62.0%的廓线表现为SBL的特征。这是因为夜间地面长波辐射降温，容易形成逆温层；而冬季早晨日出较晚，太阳辐射很弱，使得逆温层稳定维持，抑制了垂直方向的湍流发展，有利于 $PM_{2.5}$ 的累积。许建明等（2016）研究表明，上述3个月上海的 $PM_{2.5}$ 浓度最高，对全年总浓度贡献了36.2%。相比之下，5—8月的 Ri_b 值全部小于0，表现为明显的CBL结构，这是因为夏季日出较早、太阳辐射较强，使得地面快速升温形成自下向上的感热交换，有利于垂直方向湍流发展，从而降低近地面的 $PM_{2.5}$ 浓度。统计发现，上述4个月上海平均 $PM_{2.5}$ 浓度较年均浓度偏低约30%（Xu et al.，2016）。此外，2月、10月基本以稳定边界层为主，SBL频数分别占49.44%、44.14%。4月、9月则以不稳定边界层为主，CBL频数分别占60.64%、67.71%。从图2.52可见，本节利用高分辨率探空资料计算 Ri_b，得到的早晨边界层稳定度的季节差异符合对中纬度城市边界层研究的结论（Liu et al.，2010；Guo et al.，2016）。

在此基础上进一步计算2013—2017年上海冬季SBL（$Ri_b>0.25$）、夏季CBL（$Ri_b<0$）早晨两种典型边界层结构的温度、位温、风速的平均廓线，分析上海早晨边界层的垂直结构。由图2.53a、b可见，冬季稳定边界层在低层有明显的逆温存在，高度为100～200 m，平均逆温强度为2.4 ℃/100 m。在逆温层之上有一个温度随高度变化很小的残留层（图2.53b），保持了前一天白天温度的特点。Liu等（2010）指出，当早晨边界层存在逆温时，

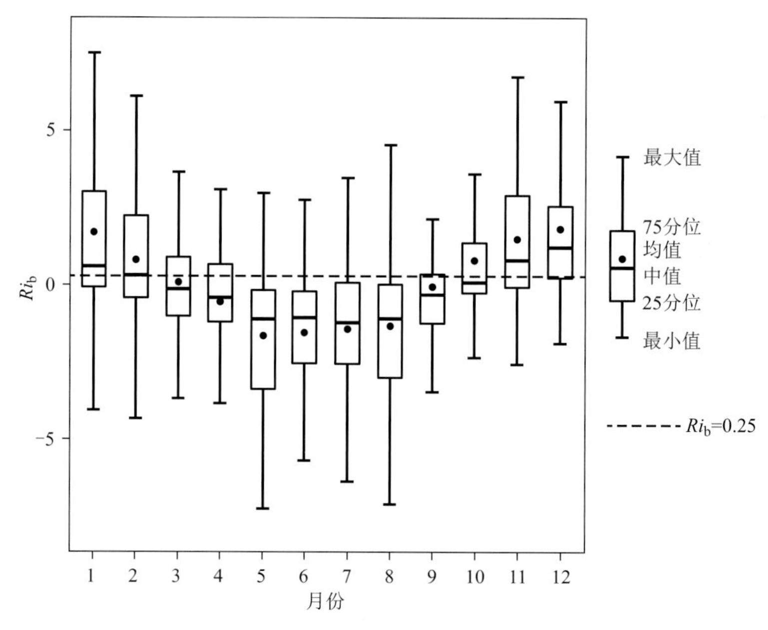

图 2.52　2013—2017 年上海早晨整体里查森数 Ri_b 的年变化特征

边界层高度即是逆温层顶的高度。由图 2.53b 可见，上海冬季早晨 SBL 的平均高度为 100～200 m。这与水平风速廓线的判别结果一致，即风速垂直梯度最大的高度范围。值得注意的是，图中显示的早晨稳定边界层在激光雷达的探测盲区范围内（300 m），可见高分辨率探空资料仍然是研究冬季稳定边界层结构的有效手段。

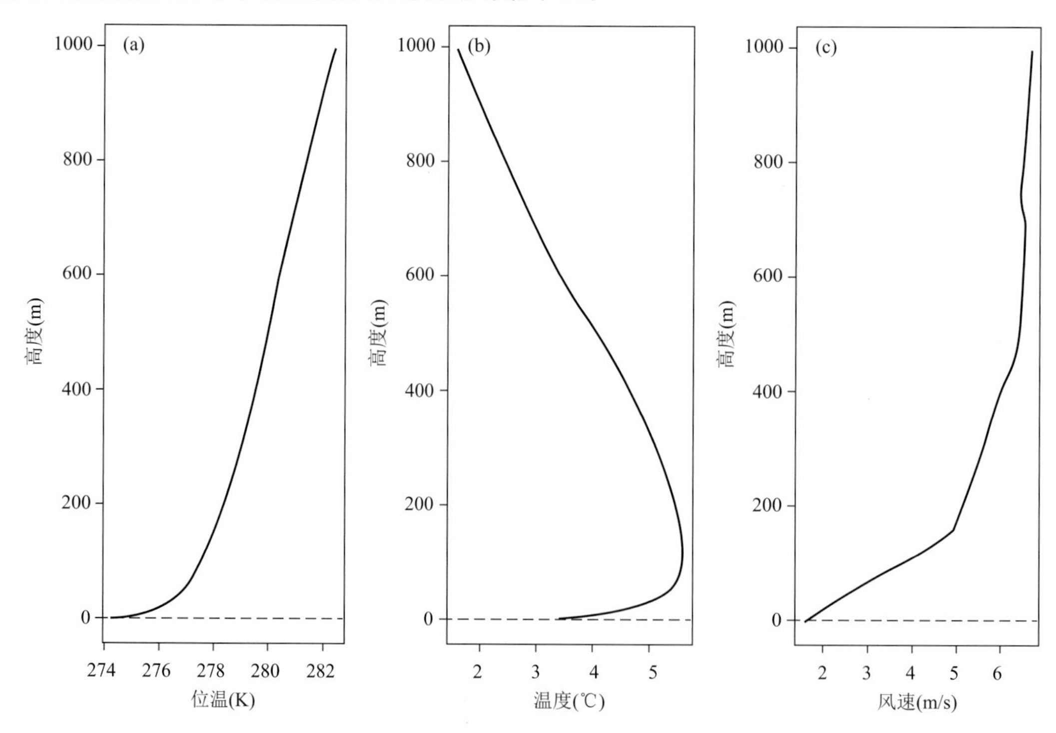

图 2.53　2013—2017 年上海冬季早晨 SBL 的位温（a）、温度（b）、水平风速（c）平均廓线

图 2.54 显示了夏季早晨不稳定边界层的廓线。由图可见，受地面加热作用，夏季 08 时

边界层已经开始发展，低层的位温随高度变化较小（图 2.54a），原因是湍流混合使得位温梯度减小，但由于早晨湍流混合强度仍然较弱，影响的高度约为 400 m，再向上位温随高度明显增加，表现为自由大气的特征。Liu 等（2010）认为，对流边界层的高度可定义在夹卷层的中部。由图 2.54a、b 可见，上海夏季早晨 CBL 的平均高度为 400～500 m。边界层内风速仍然随高度上升（图 2.54c），表明 08 时的湍流垂直混合并不充分。

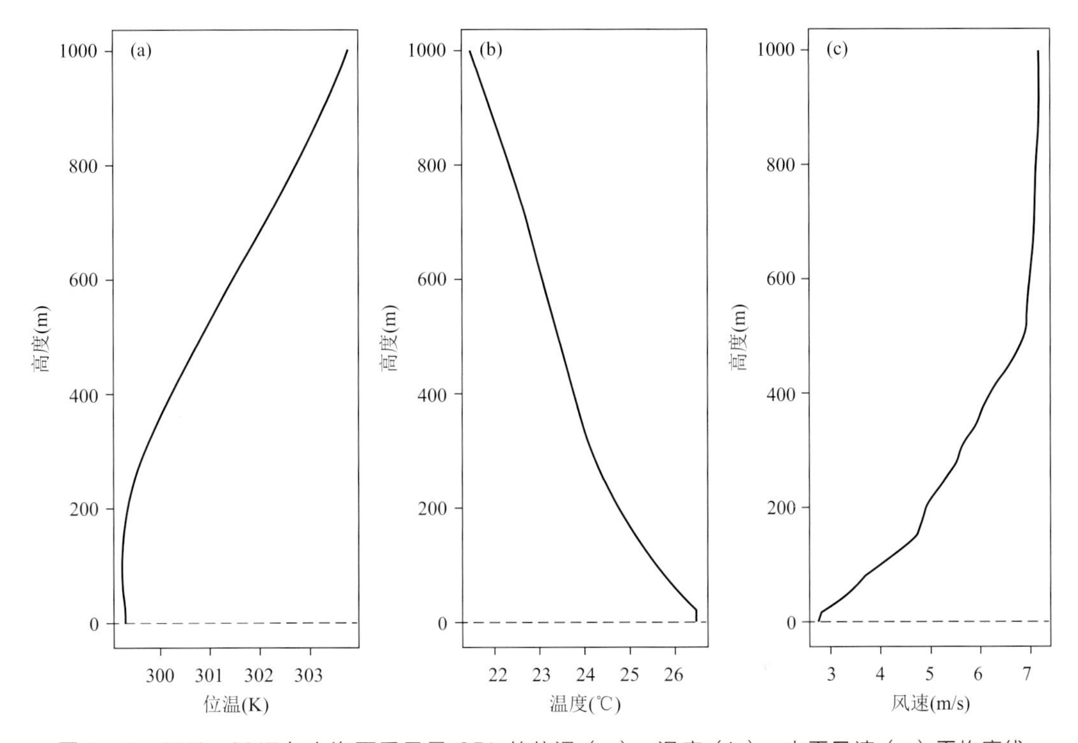

图 2.54　2013—2017 年上海夏季早晨 CBL 的位温（a）、温度（b）、水平风速（c）平均廓线

边界层的热力稳定度取决于下垫面的热力属性和太阳辐射强度，由此形成了边界层结构的季节变化和日变化特点。上文利用 08 时高分辨率探空资料计算 Ri_b 来判别早晨边界层的稳定度，继而分析早晨冬季 SBL、夏季 CBL 的风温廓线特征，得到的结果符合文献中关于边界层季节变化和日变化的规律。上述结果表明，利用高分辨率探空资料计算 Ri_b 可较好地表示早晨边界层的稳定特征。

2.5.3　早晨边界层稳定度对 $PM_{2.5}$ 峰值浓度的影响

研究表明，大部分污染物日变化的峰值出现在早晨，以上海为例，早晨的 $PM_{2.5}$ 浓度较日平均浓度偏高 5%。由于早晨风速较小，气溶胶二次生成很弱，因此，边界层的特征及变化对污染物峰值浓度具有重要影响。图 2.55 给出了早晨 $PM_{2.5}$ 浓度随 Ri_b 的分布，Ri_b 取值范围在 −3～3，设置了 50 个区间，柱条表示每个 Ri_b 区间对应的 $PM_{2.5}$ 平均质量浓度。由图可见，$PM_{2.5}$ 浓度明显随 Ri_b 的升高而上升。当 $Ri_b < 0$ 时（CBL），$PM_{2.5}$ 峰值浓度基本低于 50 μg/m³，平均为 42.77 μg/m³；而当 $Ri_b > 0.25$ 后（SBL），$PM_{2.5}$ 峰值浓度显著升高，普遍大于 60 μg/m³，平均为 62.65 μg/m³。即早晨的 $PM_{2.5}$ 高浓度基本发生在边界层稳定的情况下。由此可见，早晨边界层的稳定度对 $PM_{2.5}$ 峰值浓度具有重要影响。

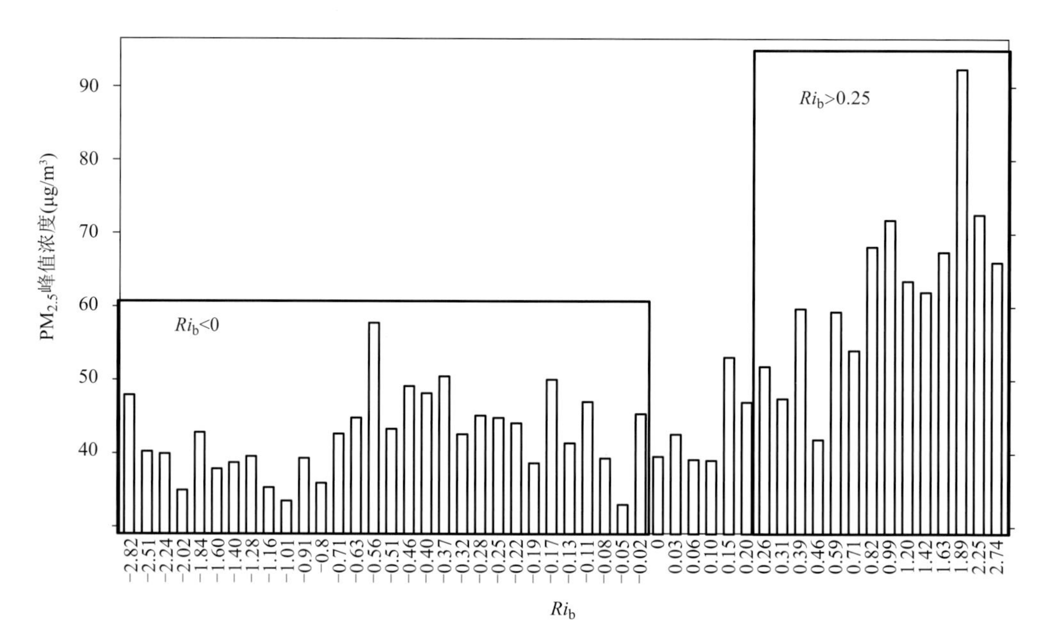

图 2.55　2013—2017 年上海早晨（07—09 时） $PM_{2.5}$ 峰值浓度随 Ri_b 的分布

图 2.56 给出了 4 个季节（冬季为 12 月—次年 2 月，春季为 3—5 月，夏季为 6—8 月，

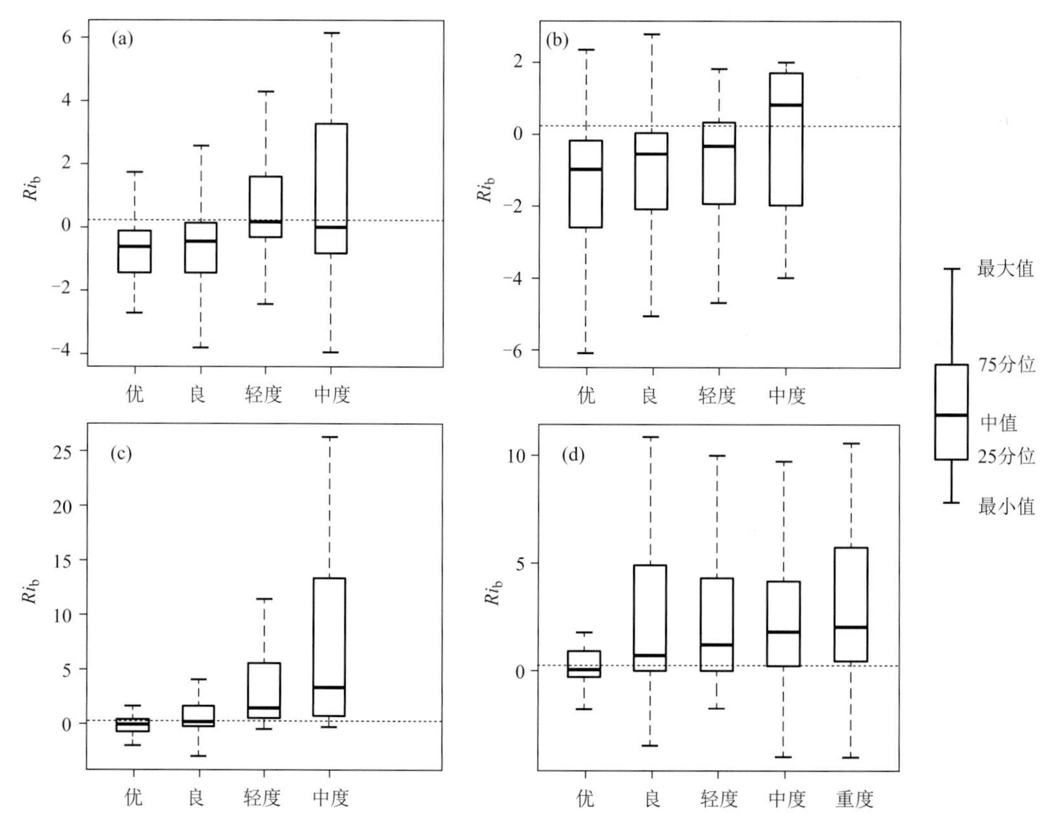

图 2.56　2013—2017 年春（a）、夏（b）、秋（c）、冬（d）早晨不同 $PM_{2.5}$ 浓度等级的 Ri_b 值分布

秋季为9—11月）早晨不同$PM_{2.5}$质量浓度等级对应的Ri_b值。由于春、夏、秋季重度污染的个例很少，因此没有计算。由图可见，随着$PM_{2.5}$浓度等级的升高，Ri_b值显著增大，说明边界层结构越稳定越有利于$PM_{2.5}$的累积，更加容易出现高浓度$PM_{2.5}$污染，这与图2.55的结论一致。图2.56a中，春季轻度和中度污染时的Ri_b值相近，主要是因为中度污染时西风频数较轻度污染时增加了20%，上游输送加剧了上海本地的污染水平（Xu et al.，2015）。

稳定边界层和不稳定边界层对$PM_{2.5}$的影响差异在春季和秋季更加明显，优良等级的$PM_{2.5}$浓度大都出现在不稳定边界层条件下，在春季和秋季分别占58.12%和38.44%。而污染等级的$PM_{2.5}$浓度大都发生在稳定边界层条件下，在春、秋两季分别占31.34%、53.55%。虽然夏季和冬季的边界层结构分别显著表现为不稳定和稳定的特征，但由图2.56可见，$PM_{2.5}$污染等级越高对应的Ri_b值越大，同样表明早晨边界层是否稳定对$PM_{2.5}$峰值浓度具有非常显著的影响。

2.5.4　早晨边界层稳定度的长期变化

早晨人类活动最密集，是一天中污染排放的峰值。由于边界层较低，早晨观测的污染物浓度具有很强的局地性，直接反映了局地排放的强度（许建明 等，2010）。因此，研究早晨边界层的变化趋势对于研判排放强度的变化具有很好的指示作用。图2.57给出了2013—2017年不同时段$PM_{2.5}$浓度的逐年变化，可见每个时段的$PM_{2.5}$浓度都呈现明显的下降趋势，其中，早晨$PM_{2.5}$浓度下降幅度最大，2017年较2013年下降了20.17 μg/m³，平均每年下降5.1 μg/m³；其他时段的$PM_{2.5}$浓度也都呈现下降特点，幅度在4.5 μg/m³左右。Lu等（2018）也发现，2013—2017年全国74个主要城市的$PM_{2.5}$平均浓度下降了40%。

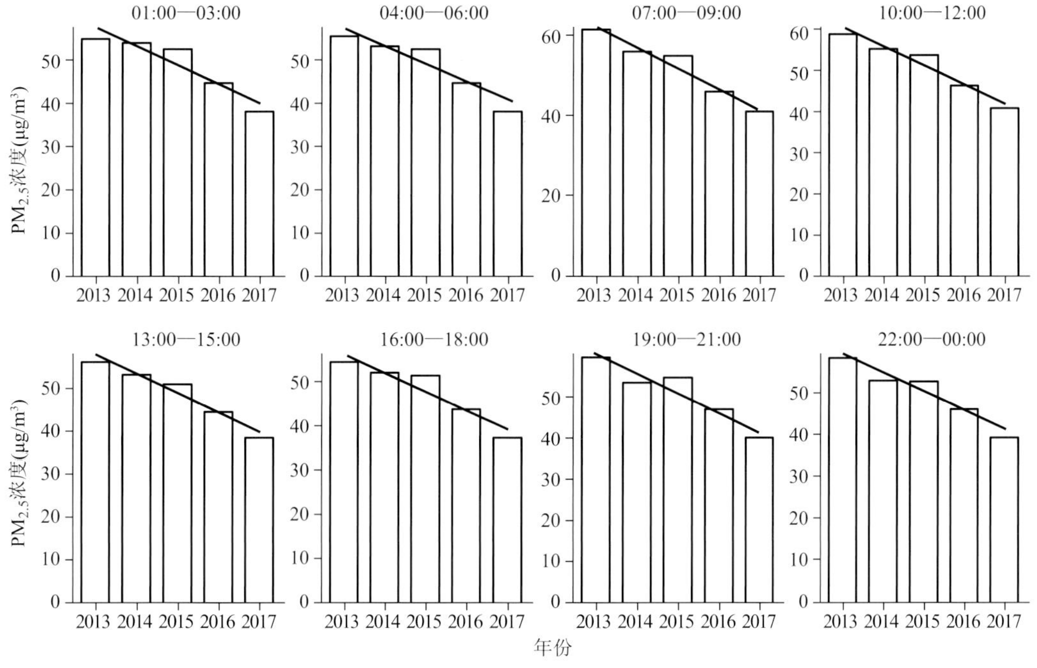

图2.57　2013—2017年不同时段（逐3 h）$PM_{2.5}$浓度的变化

由于早晨污染物主要受排放和边界层的影响，图 2.58 给出了 2013—2017 年 4 个季节 Ri_b 的变化趋势。在春季和冬季，早晨边界层的稳定度呈现波动上升的趋势，其中，2016 年和 2017 年的上升幅度比较明显。以春季为例，2013—2015 年 Ri_b 值的 75 分位数基本小于 0，以不稳定边界层为主；而 2016 年和 2017 年的 Ri_b 值明显上升，75 分位数分别为 0.51、0.66，呈现稳定边界层的特点。冬季的变化特征与春季类似，2016 年和 2017 年 Ri_b 值的中位数分别为 1.16、0.63；75 分位数分别为 5.23、4.59，较 2013—2015 年明显增大，表明冬季早晨边界层的稳定度趋于增强。相比之下，夏季和秋季的边界层稳定度变化很小。这里进一步计算了 4 个季节早晨 SBL 的日数（图 2.59）。与图 2.58 的结果相似，2016 年、2017 年春季的 SBL 频数较 2013—2015 年同期分别偏多 12.5%、17.0%，冬季分别偏多 10.8%、9.0%，而 2016 年、2017 年春季的 $PM_{2.5}$ 浓度却分别下降 11.00%、23.00%，冬季分别下降 27.94% 和 34.38%（图 2.59）。上述结果表明，2016 年、2017 年春、冬季早晨的边界层趋于更加稳定，更加不利于污染物的扩散，但 $PM_{2.5}$ 浓度却显著下降，这显然是排放强度降低的结果。图 2.60 进一步对比了春、冬两季稳定边界层条件下的 $PM_{2.5}$ 浓度，发现 2016 年、2017 年同样明显下降。其中，2016 年、2017 年春季较 2013—2015 年同期分别下降 25.80 μg/m³、29.00 μg/m³，冬季分别下降 35.81 μg/m³、38.38 μg/m³。即使排除污染异常的 2013 年，与 2014—2015 年相比，春季分别下降 24.2 μg/m³、14.2 μg/m³，冬季分别下降 34.2 μg/m³ 和 23.6 μg/m³，进一步证实了早晨排放强度明显降低的结论。

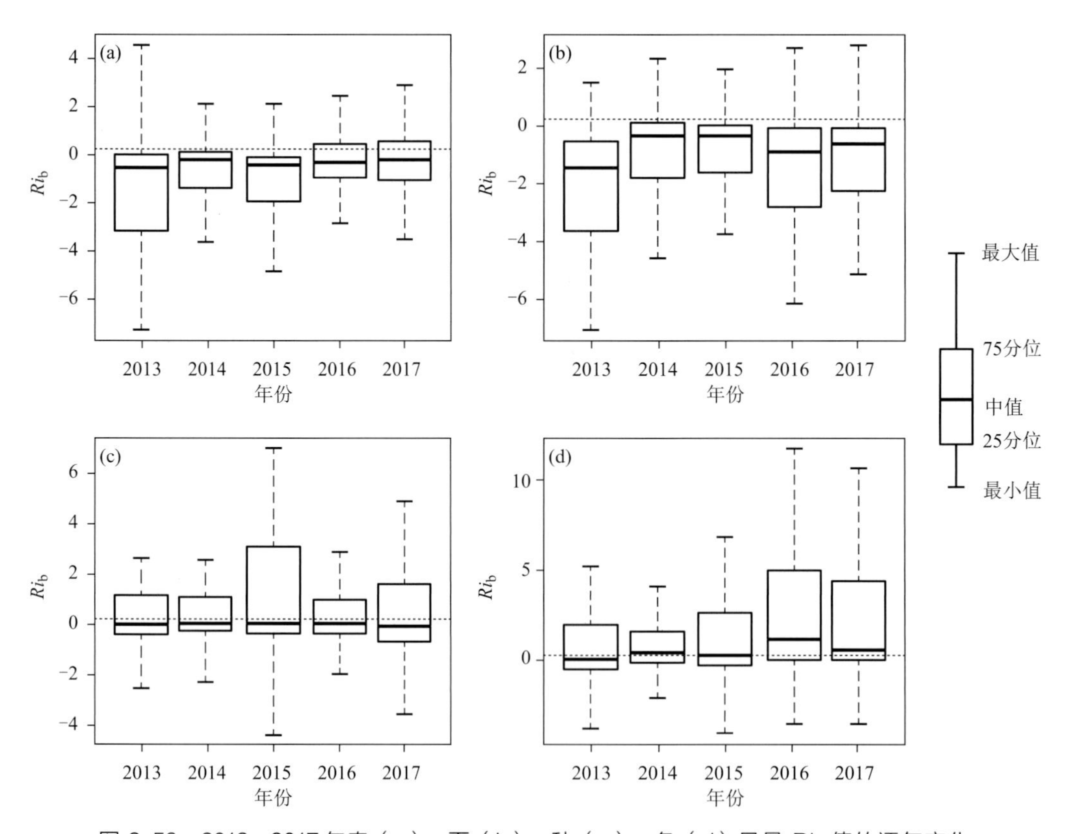

图 2.58　2013—2017 年春（a）、夏（b）、秋（c）、冬（d）早晨 Ri_b 值的逐年变化

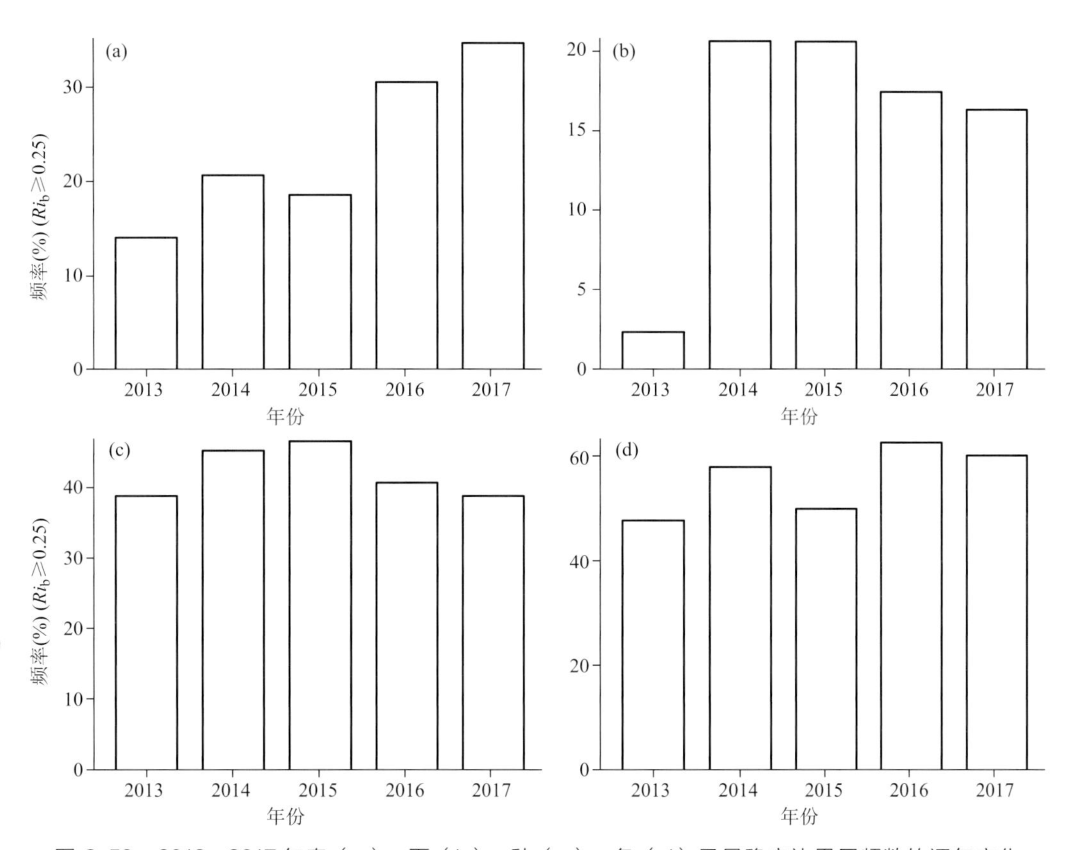

图 2.59　2013—2017 年春（a）、夏（b）、秋（c）、冬（d）早晨稳定边界层频数的逐年变化

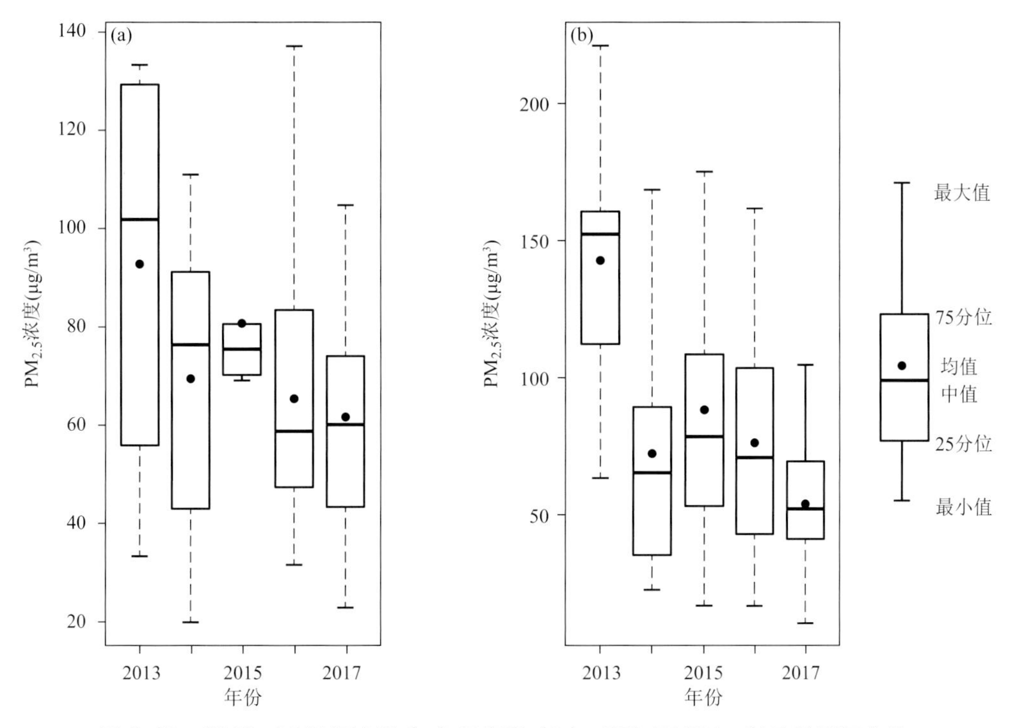

图 2.60　2013—2017 年春季（a）和冬季（b）SBL 下 $PM_{2.5}$ 浓度的逐年变化

2.5.5 讨论

通过计算 Ri_b 发现，早晨边界层的稳定度具有明显的季节差异，其中，11 月、12 月和 1 月分别有 63%、69.6%、62.0%的廓线表现为稳定边界层结构，而 5—8 月则表现为显著的不稳定边界层结构（CBL）。此外，2 月、10 月基本以稳定边界层为主，而 4 月、9 月则以不稳定边界层为主。上述季节差异表明 Ri_b 能够合理反映上海早晨边界层的稳定特征。

通过分析风温廓线发现，冬季稳定边界层在低层有明显的逆温存在，高度为 100～200 m，平均逆温强度为 2.4 ℃/100 m。而夏季早晨的不稳定边界层可发展至 400～500 m，但边界层内风速仍然随高度上升而增大，表明早晨湍流垂直混合并不充分。

早晨边界层的稳定度对 $PM_{2.5}$ 峰值浓度具有重要影响。$PM_{2.5}$ 浓度明显随 Ri_b 的升高而上升。SBL 条件下的 $PM_{2.5}$ 浓度较 CBL 偏高约 20 $\mu g/m^3$。而且随着 $PM_{2.5}$ 浓度等级的升高，对应的 Ri_b 值显著增大，说明边界层结构越稳定，更加容易促发高浓度 $PM_{2.5}$ 污染。

2013—2017 年上海早晨的 Ri_b 呈波动上升的趋势，在春季和冬季更加明显。2016 年、2017 年春季的 SBL 频数较 2013—2015 年同期分别偏多 12.5%、17.0%，冬季分别偏多 10.8%、9.0%，而 2016 年、2017 年春季的 $PM_{2.5}$ 浓度却分别下降 11.00%、23.00%，冬季分别下降 27.94%和 34.38%。表明 2016 年、2017 年春冬季早晨的边界层趋于更加稳定，更加不利于污染物的扩散，但 $PM_{2.5}$ 浓度却显著下降，这显然是排放强度降低的结果。

2.6 接地逆温及其对 $PM_{2.5}$ 的影响

低空逆温是一种常见的大气温度层结，表现为温度随高度升高而上升的现象（盛裴轩 等，2003）。逆温发生时，大气通常处于稳定状态，大气中动量、热量、物质的垂直交换很弱，因此容易促发或者加重大气污染事件（张小曳 等，2020）。近年来，我国东部的气溶胶细颗粒物重污染事件都和逆温密切相关（孙业乐，2018；Ding et al.，2019）。边界层逆温被认为是重污染天气形成和维持最重要的气象条件之一。低空逆温一般分为接地逆温（surface based inversion，SBI）和悬浮逆温（enhanced inversion，EI）。前者由于下垫面冷却使得近地面的空气迅速降温；后者则和天气系统的演变有关，暖气团平流或者下沉到较冷空气的上方（Kahl，1990；Li et al.，2019）。大气探空资料是识别和分析逆温最重要的数据。国内外学者利用探空资料对不同地区的低空逆温进行了大量研究，结论基本相似。首先，几乎所有的文献都发现 EI 的出现频次高于 SBI，前者平均超过 60%，后者为 30%～40%；其次，逆温存在明显的季节变化，中纬度地区冬季的逆温频率最高、夏季最低，而高纬度地区则是春季最高；最后，一些加密观测试验显示逆温具有明显的日变化，SBI 一般在夜间出现并发展，黎明达到最强，日出后减弱，中午前后消失。利用探空资料识别低空逆温首先需要找到逆温层的底部和顶部，进而计算逆温厚度（ΔZ，单位：m）、垂直温差（ΔT，单位：℃）、逆温强度（dT/dZ，单位：℃/100 m）3 个指标分析逆温的特征。逆温的计算主要存在两个难点：一是资料的垂直分辨率，比如 SBI 的高度通常低于 200 m（夏敏洁 等，2017；伊承美 等，2019），如果采用标准层的探空资料（1 km 以下通常只有 2 层；2 km 以下通常只有 3 层）识别逆温必然会出现遗漏，或者在计算逆温厚度时出现偏差；二是逆温结构比较复杂，经常出现 SBI 和 EI 共存以及多层逆温的现象，如夏敏洁等（2017）发现南京 08 时低空逆温最多有 4 层。目前各种方法在识别复杂逆温结构时都存在局限（Fochesatto，2015）。Li 等（2019）推荐采用 Kahl（1990）和 Fochesatto（2015）的方法能够比较准确地识别 5 层低空逆温结构。需要强调的是，Fochesatto（2015）和 Li 等（2019）都强调高分辨率的探空资料是准确识别逆温的重要前提。虽然很多研究都定性揭示了逆温对 $PM_{2.5}$ 污染过程的重要影响，但是 $PM_{2.5}$ 浓度和不同逆温指标的定量关系仍然缺乏深入分析，发生高浓度 $PM_{2.5}$ 污染的逆温阈值还不明确，不同文献的研究结果还存在一定分歧，这是目前深刻理解逆温条件下 $PM_{2.5}$ 演变规律、准确开展污染天气预报的制约因素。

值得注意的是，虽然 EI 的发生频率高于 SBI，但是根据 Li 等（2019）的研究，单独出现 SBI、单独出现 EI、同时出现 SBI 和 EI 3 种情况下，地面气溶胶数浓度较没有逆温（no temperature inversion，NTI）时分别升高了 49.1%、4.5%和 49.4%，说明 SBI 是导致地面气溶胶浓度升高的主导因素，而 EI 对 $PM_{2.5}$ 的作用并不显著。鉴于 SBI 对 $PM_{2.5}$ 污染的重要影响，本节利用 2013—2019 年 08 时（北京时）上海宝山气候观象台的高分辨率气象探空数据识别 SBI，并计算 SBI 的厚度、垂直温差、强度 3 个指标的特征及其演变规律；研究地面 $PM_{2.5}$ 浓度与 SBI 指标的定量关系，从而为改进空气质量数值模式的边界层过程、提高重污染天气的预报预警水平提供参考。

2.6.1　逆温识别方法

识别逆温的基本方法是利用探空数据自下向上逐层扫描，根据温度随高度的变化（dT/dZ）判别是否存在逆温。第一个 $dT/dZ>0$ 的高度即为逆温层底部，dT/dZ 由正转负的高度即为逆温层顶部，然后可以计算得到逆温层的垂直温差、厚度和强度 3 个指标。但是实际的温度廓线非常复杂，首先通常会出现多个不同厚度的逆温层，即 SBI 和多层 EI 同时出现；其次由于气球在上升过程中受到气流影响，导致某层逆温中可能出现温度突然振荡的“锯齿”现象，或者短暂的等温现象，因此难以准确识别不同逆温层的底部、顶部高度。本节对逆温的识别采用 Li 等（2019）的建议，即采用 Kahl（1990）和 Fochesatto（2015）的方法识别 SBI 和 EI，其中相邻高度层的温差 ΔT、逆温厚度 ΔZ 的最小值是识别复杂逆温结构的关键阈值。Li 等（2019）建议 ΔZ 的最小值为 40 m，即认为小于 40 m 的温度波动作为干扰忽略。另外，根据 Liu 等（2010）将判断逆温的阈值 ΔT 设为 0.1 K。图 2.61 显示了对 3 类典型逆温个例的判别，可见利用该方法可以较好地确定 SBI、EI、SBI/EI 并存的逆温结构，尤其图 2.61a、b 中较好地排除了温度扰动的影响。

2.6.2　接地逆温的季节变化

逆温尤其是接地逆温有明显的季节变化特征，因而在不同季节对地面 $PM_{2.5}$ 浓度具有不同影响。图 2.62 显示了 2013—2019 年 08 时宝山观测的 SBI 频率、$PM_{2.5}$ 质量浓度的逐月

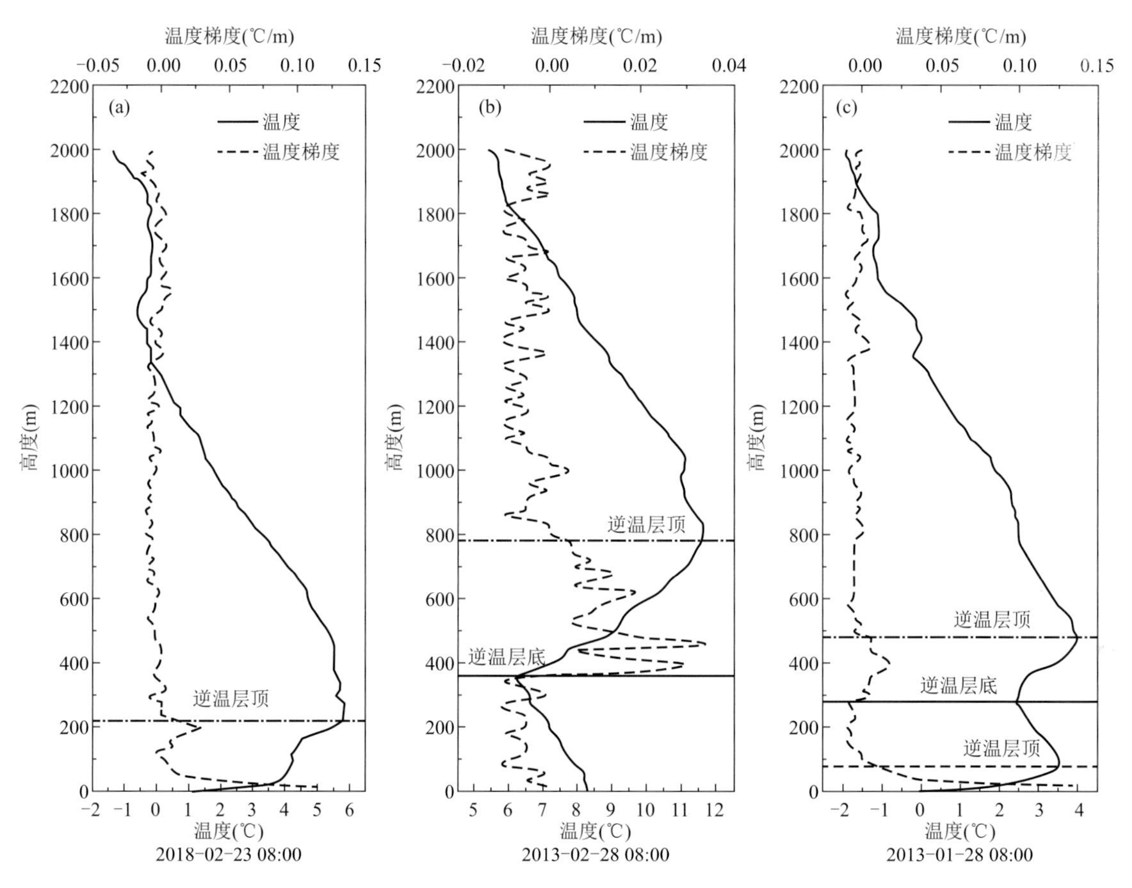

图 2.61 利用宝山站 08 时探空温度廓线识别接地逆温（a）、悬浮逆温（b）和混合逆温（c）的个例试验

变化。可见 SBI 的频次具有冬季高、夏季低的特点，11 月—次年 2 月的出现频率最高，平均约为 35.7%，其中 12 月高达 43.8%。这和秋冬季早晨强烈的地面辐射降温有关。而夏季（6—8 月）则很少出现 SBI，平均出现频次仅为 0.8%。该结果和济南、南京、杭州等城市的观测结论相似（杜荣光 等，2011；夏敏洁 等，2017；伊承美 等，2019）。图 2.62 中早晨的 $PM_{2.5}$ 浓度也呈现秋冬季高、夏季低的特点，其中易污染月份（11 月、12 月、1 月、2 月）的 $PM_{2.5}$ 浓度平均为 71.8 $\mu g/m^3$，是 6—8 月 $PM_{2.5}$ 浓度的 1.8～2.4 倍，这和 SBI 频次的季节变化特征完全一致，表明逆温是影响 $PM_{2.5}$ 浓度变化的重要气象条件之一。

垂直温差、厚度和强度是表征逆温的 3 个重要指标。图 2.63 给出了它们的逐月箱格分布，其平均值分别为 3.2 ℃、106 m 和 3.4 ℃/100 m。在易污染月份 SBI 显著增强，3 个指标分别升高至 3.7 ℃、118 m 和 3.6 ℃/100 m。由图 2.63 可见，3 个指标呈现相似的“V”字型季节分布，即冬季高、夏季低，其中垂直温差的逐月变化特点最显著。需要指出的是，上述 3 个指标的逐月变化存在一定差异。比如垂直温差在 1 月和 12 月最大，分别为 4.0 ℃和 3.9 ℃，而厚度则是在 4 月最大，为 144 m。伊承美等（2019）、夏敏洁等（2017）对南京和济南的研究也有类似的发现，认为可能与春季风速增大以及地形促发的局地环流有关。强度表现为秋冬高、春夏低的特点，在 10 月—次年 3 月较高，约为 3.5 ℃/100 m，而 4—9 月明显降低，约为 1.1 ℃/100 m。SBI 的 3 个指标相互关联，计算它们之间的相关系数发现，垂直温差与强度、厚度的相关性都很好，相关系数都超过 0.8（$P<0.01$），但厚度与强

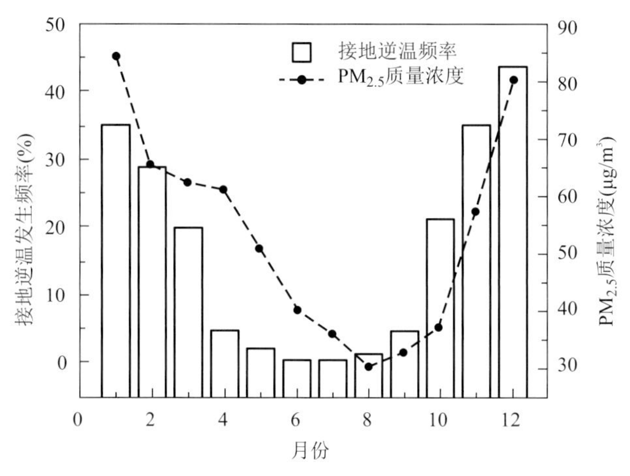

图 2.62　2013—2019年宝山观测的08时接地逆温的逐月频次和 $PM_{2.5}$ 平均质量浓度

度的相关性较低，相关系数仅为0.6（$P<0.05$）。由于强度是垂直温差和厚度的比值，其变化受到它们的共同影响，因此呈现不同的变化特征。比如在易污染月份，垂直温差和厚度都显著上升，但强度基本保持不变，季节内差异很小。Xu 等（2015）指出，在易污染月份，上海 $PM_{2.5}$ 浓度超标日数最多，是上海典型的 $PM_{2.5}$ 污染季节。由图 2.63 可见，11 月一次

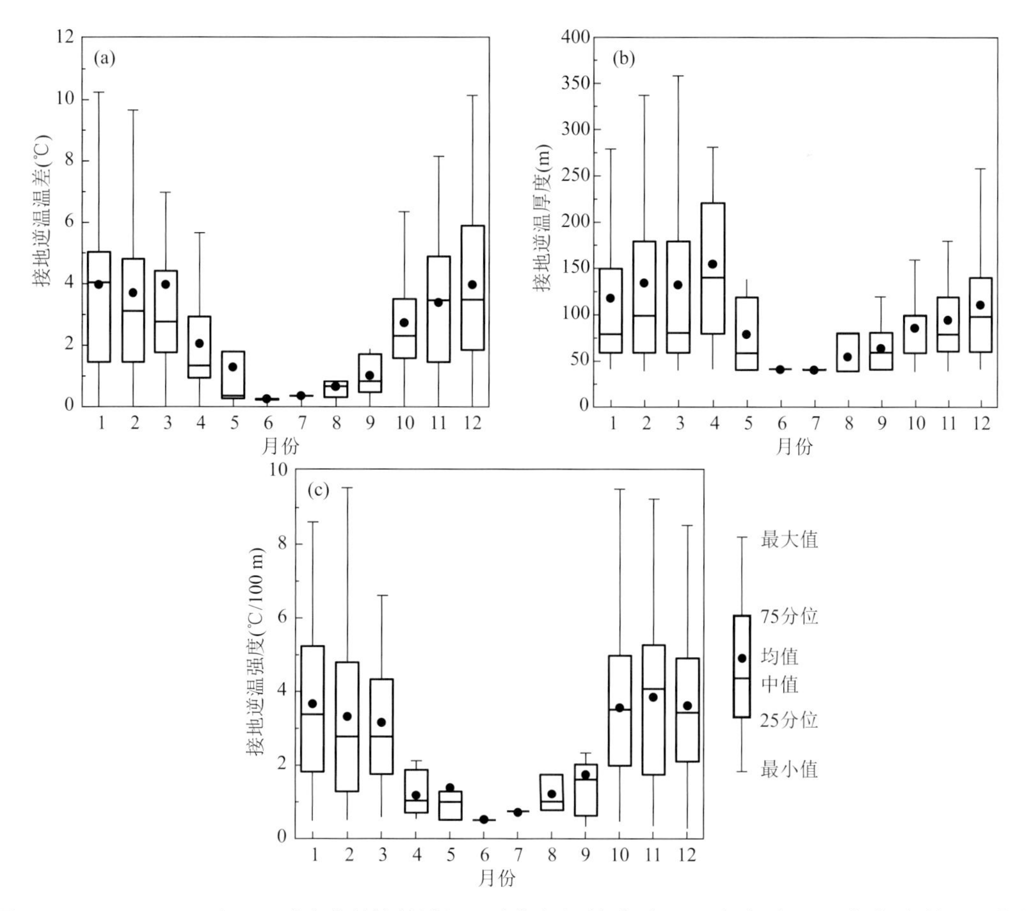

图 2.63　2013—2019年08时宝山站接地逆温3个指标温差（a）、厚度（b）和强度（c）的逐月变化

年 2 月也是 SBI 出现频次最多的 4 个月（共占 72.2%）。因此，下文的分析选择 11 月—次年 2 月作为研究时段，分析 SBI 的动力热力特征及其对 $PM_{2.5}$ 的影响，并建立定量关系。

2.6.3 接地逆温的动力热力特征

逆温出现时大气层结稳定，有利于局地 $PM_{2.5}$ 浓度的累积从而形成污染事件。图 2.64 显示了 2013—2019 年污染季节 08 时 SBI 和 NTI 两种情况下的 $PM_{2.5}$ 质量浓度。可见，由于实施清洁空气行动计划，$PM_{2.5}$ 质量浓度呈现非常明显的下降趋势，下降速率分别为 16 μg/(m³ · a) 和 7 μg/(m³ · a)，空气质量显著改善。但是当出现不利气象条件 SBI 时，以 2019 年为例，早晨的 $PM_{2.5}$ 平均浓度仍然达到 61.9 μg/m³，较 NTI 时升高了 79%，表明 SBI 是促发早晨 $PM_{2.5}$ 污染的重要气象条件。下文将利用地面和探空资料分析 SBI 的大气动力热力特征。首先，表 2.9 对比了 2013—2019 年 SBI 和 NTI 两种条件下近地面气象要素包括气温、相对湿度、风速、静风频率、0 cm 地温。从表中可见，SBI 时的平均风速在 0.9～1.3 m/s 波动，平均为 1.1 m/s，较 NTI 时（3.6 m/s）偏低了 69%，尤其在 2017 年、2018 年偏低更加显著，达到 74%～75%；此外，SBI 时的静风频率为 17%，相比之下，NTI 的静风频率不到 1%。Xu 等（2015）指出，上海近地面风速小于 1.8 m/s 时，$PM_{2.5}$ 的累积速度将超过扩散速度。因此，出现 SBI 时由于水平风速显著下降，非常有利于地面 $PM_{2.5}$ 浓度的累积。另外，出现 SBI 时的近地面气温为 4.2 ℃、相对湿度为 87%，和 NTI 相比气温降低了 42%，而相对湿度则升高了 10%，呈现低温、高湿的特点。Su 等（2017）、Chen 等（2018）的研究表明，夜间—早晨的高湿条件能够增加气溶胶含水量，从而增加硫酸盐和硝酸盐的非均相化学生成，而低温则有效抑制了硝酸铵及有机气溶胶的挥发，是 $PM_{2.5}$ 污染加重的重要原因。可见，发生 SBI 时近地面的气象条件具有小风、低温、高湿的特点，因而有利于 $PM_{2.5}$ 的二次生成和局地累积，从而促发大气污染事件。

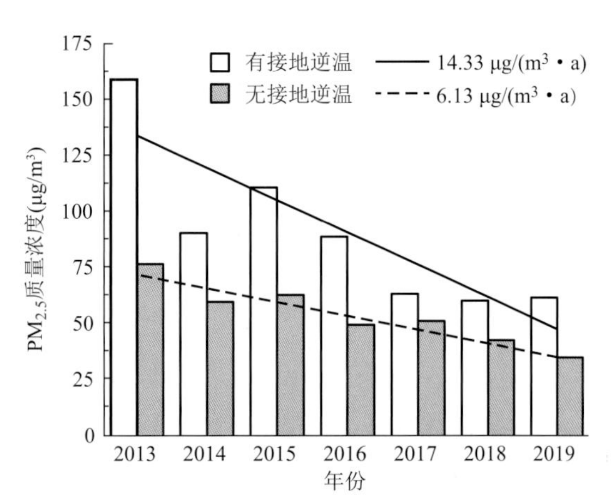

图 2.64 2013—2019 年污染季节 08 时有接地逆温、无接地逆温两种条件下宝山 $PM_{2.5}$ 质量浓度的逐年变化

表 2.9 2013—2019 年污染季节 08 时宝山站有接地逆温和无逆温两种条件下近地面气温、风速、静风频率、相对湿度、 0 cm 地温对比

年份		温度(℃)	风速(m/s)	静风频率(%)	相对湿度(%)	0 cm 地温(℃)
2013	NTI	6.8±5.4	3.1±1.3	0	77±11	4.8±5.4
	SBI	3.3±4.9	1.2±1.1	23.4	85±9	1.9±4.5
2014	NTI	7.2±4.7	4.0±1.7	1.6	76±15	5.6±4.9
	SBI	4.4±5.6	1.1±1.4	30.0	84±10	2.5±5.1

续表

年份		温度(℃)	风速(m/s)	静风频率(%)	相对湿度(%)	0 cm 地温(℃)
2015	NTI	7.9±5.5	3.7±1.7	0.8	80±10	6.9±5.8
	SBI	4.3±4.8	1.1±0.9	13.3	87±8	2.5±4.6
2016	NTI	7.2±6.0	3.9±2.3	0.7	79±13	6.1±5.8
	SBI	4.5±5.4	1.3±1.4	12.8	88±8	3.1±4.8
2017	NTI	7.5±4.2	3.8±2.1	0	75.6±12	5.8±4.7
	SBI	4.3±5.2	1.0±0.9	17.2	87±9	2.0±5.4
2018	NTI	7.0±5.8	3.6±1.7	0.8	82±12	6.1±5.7
	SBI	3.8±5.8	0.9±0.8	13.5	86±13	2.2±5.5
2019	NTI	7.8±4.3	3.6±2.1	0	81±11	6.6±4.2
	SBI	5.1±5.5	1.3±0.8	10.0	91±8	3.2±5.1

除了近地面气象条件，边界层的垂直结构对 $PM_{2.5}$ 的水平和垂直扩散同样具有重要作用。图 2.65 对比了污染季节 SBI 和 NTI 两种条件下的温度、水平风速廓线。由图可见，早晨 SBI 的平均高度为 118 m，温度随高度增加，平均逆温强度为 3.6 ℃/100 m。在 SBI 之上存在一个温度变化很小的残留层，与之对应，200 m 以下风速随高度增加，风速梯度最大的高度略高于 SBI 的顶部。而在 NTI 条件下，温度随高度明显下降，但温度的垂直递减率很小，仅为−0.7 ℃/100 m，表明即使没有出现逆温，早晨的湍流交换仍然很弱。受此影响，低层的水平风速随高度明显上升。对比发现，出现 SBI 时垂直方向的风速明显降低，0～100 m、100～200 m、200～300 m、300～400 m、400～500 m 范围内的通风指数分别下降了 44.73%、18.05%、18.11%、22.15%、25.04%，表明低层污染物的水平扩散能力显著下降。图 2.66 给出了两种条件下的梯度里查森数 Ri 的垂直分布，它反映了大气垂直稳定度的

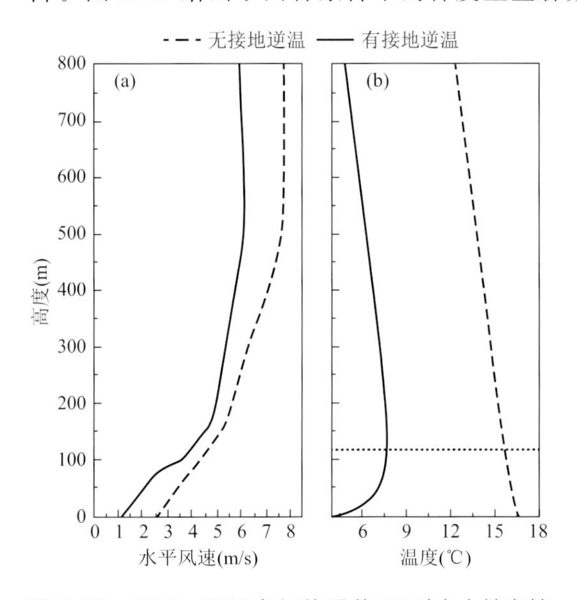

图 2.65　2013—2019 年污染季节 08 时宝山站有接地逆温、无接地逆温两种条件下的水平风速廓线（a）和温度廓线（b）（点画线表示 SBI 的高度）

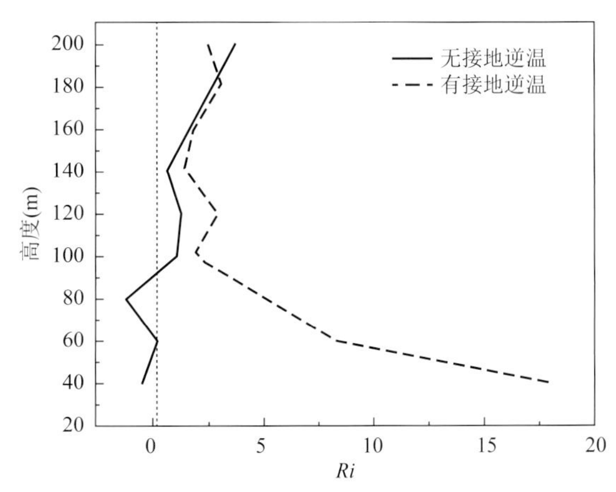

图 2.66　2013—2019 年污染季节 08 时宝山站无接地逆温（a）和有接地逆温（b）两种条件下的梯度里查森数的垂直分布

垂直变化。NTI时，100 m之下的Ri数小于0，但绝对值较小，表明大气处于弱不稳定—中性层结，这和图2.65b中温度随高度略有下降的特征一致。而出现SBI时，200 m以下Ri数均大于0.25，表明大气处于稳定层结，而且越接近地面Ri数越大，表明稳定度越强。近地面附近的Ri数接近20，呈现强稳定的特点，说明垂直扩散能力非常弱。在SBI之上，逆温结构消失，大气基本处于中性层结。综上可见，出现SBI时近地面及边界层的气象条件表现为风速减小、通风能力下降、层结稳定，有利于污染物的局地累积；另外，低温、高湿的环境增强了$PM_{2.5}$的二次生成，也是地面$PM_{2.5}$质量浓度升高的重要原因。

2.6.4 $PM_{2.5}$浓度与接地逆温的定量关系

前文分析发现，出现SBI时的大气动力热力条件有利于$PM_{2.5}$浓度升高，这和Li等（2019）、伊承美等（2019）的研究结果一致。本节将研究和建立$PM_{2.5}$质量浓度与SBI指标之间的定量关系，得到促发$PM_{2.5}$污染过程的SBI阈值。需要指出的是，国内不同城市的研究结果存在一定差异，比如一些研究认为污染物浓度与逆温强度、厚度呈正相关，但伊承美等（2019）则发现济南的$PM_{2.5}$浓度与逆温强度的关系不显著，龙时磊等（2013）发现上海的PM_{10}浓度与逆温厚度呈反比例关系。不同研究出现分歧首先是因为不同城市的排放特征、地理环境、天气气候背景不同；其次与采用探空资料的垂直分辨率、逆温指标的计算方法有非常直接的关系；第三，不同文献采用的污染物资料也存在较大差异，比如龙石磊等（2013）采用的是日均PM_{10}浓度，李培荣等（2018）采用的是AQI的日值；此外，几乎所有文献的污染物观测资料都不是在气象探空站获取，观测地点的差异可能也是导致偏差的原因之一。

本节首先分析$PM_{2.5}$浓度与SBI 3个指标之间的相关性。利用2013—2019年污染季节08时310个有效SBI的垂直温差、强度、厚度数据，分别计算与同时段地面$PM_{2.5}$平均浓度之间的相关系数，发现相关系数均为正值，其中$PM_{2.5}$浓度与垂直温差、厚度都显著正相关（0.01显著性水平），与垂直温差的相关系数最高，但是与逆温强度的相关没有通过显著性检验。Li等（2019）对美国俄克拉何马研究发现，气溶胶数浓度与SBI的垂直温差呈显著的正相关；而伊承美等（2019）则发现，济南的$PM_{2.5}$浓度与SBI厚度呈正相关，与强度的相关性不显著，这与本节的结果相近。从表2.9的数据可以发现，出现SBI时0 cm地温平均为2.5 ℃，较NTI时偏低了58%，说明早晨地表辐射降温是形成接地逆温的重要原因。地温越低，地气之间的感热交换越大，使得近地面的气温下降越显著，造成垂直方向的温差越大，从而形成接地逆温。综上可见，垂直温差是表征SBI最直接的指标，因此它和$PM_{2.5}$的相关性最好。相比之下，强度是垂直温差和厚度的比值，它的变化会受到垂直温差、厚度的共同影响，呈现更加复杂的变化特征。如前文所述，10—12月$PM_{2.5}$浓度显著升高，SBI的垂直温差和厚度也明显上升，但是强度却基本不变，由此造成$PM_{2.5}$浓度与垂直温差、厚度呈正相关，但与强度的相关性却不显著。为了建立$PM_{2.5}$质量浓度与逆温指标之间的定量关系，借鉴Li等（2019）的研究方法，根据垂直温差、强度、厚度的数值范围首先对它们进行分段，然后分别拟合它们与$PM_{2.5}$质量浓度之间的关系。由图2.67可见，总体上$PM_{2.5}$质量浓度随SBI垂直温差、厚度的增加而增加，呈现二次非线性关系（$P<0.01$）。

由图2.67a可见，$PM_{2.5}$浓度与垂直温差的拟合关系为$y=2.17x^2-9.9x+90.24$。当垂直温差小于3.6 ℃时，$PM_{2.5}$浓度随温差增大有所上升，但上升幅度较小，而且$PM_{2.5}$的平均浓度基本低于75 μg/m³。之后$PM_{2.5}$浓度随温差的增大迅速上升，当垂直温差达到4.6 ℃时，$PM_{2.5}$均值浓度超过100 μg/m³，表明此时大气层结非常稳定，有利于形成$PM_{2.5}$的污染过程。图2.67b显示$PM_{2.5}$浓度与SBI厚度的拟合关系为$y=-0.002x^2+9.9x+35.98$。同样，随着逆温厚度的增加，$PM_{2.5}$浓度持续上升。当厚度从50 m增加到100 m时，对应的$PM_{2.5}$均值浓度迅速从60 μg/m³增加到100 μg/m³，表明大气稳定度不断增强有利于$PM_{2.5}$的累积。当逆温厚度为100～160 m时，$PM_{2.5}$浓度基本稳定维持，表明边界层湍流已经很弱，层结稳定维持。需要指出的是，由于$PM_{2.5}$浓度与SBI强度的相关性不显著，因此两者的拟合关系并没有通过显著性检验（图略）。

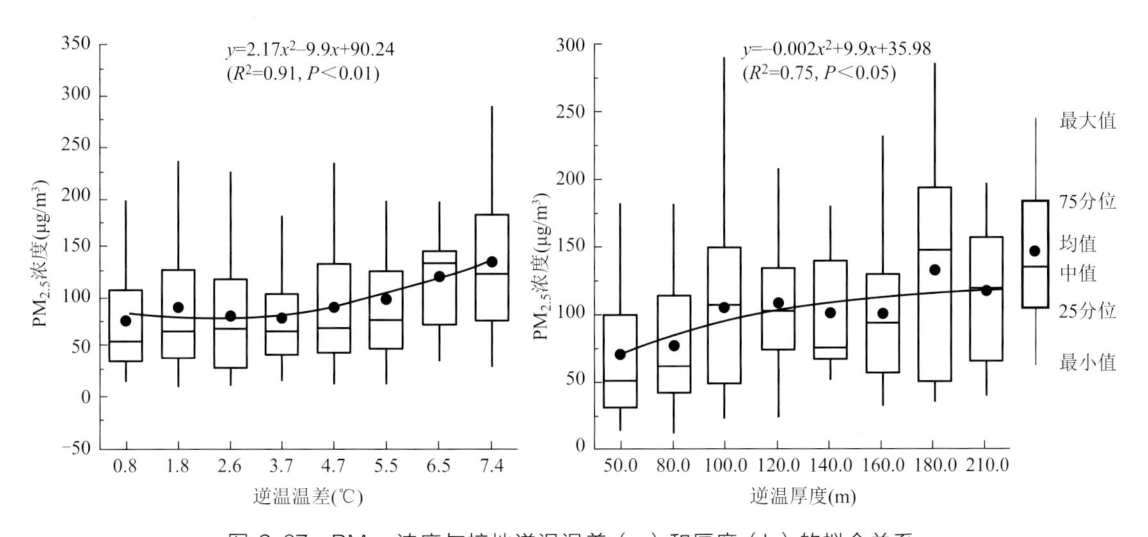

图2.67　$PM_{2.5}$浓度与接地逆温温差（a）和厚度（b）的拟合关系

2.6.5　接地逆温的长期变化

为了考察SBI长期变化对地面$PM_{2.5}$浓度的可能影响，图2.68给出了2013—2019年污染季节08时SBI频次、垂直温差、厚度、强度的逐年变化。可见，在过去的7年里上海早晨SBI的频次略有下降，从2013年的43%下降至2019年的30%。夏敏洁等（2017）也发现2015年南京08时的逆温频率较2013年下降了4%，和本节的结果相近。2013年12月上海的SBI频次高达68%，很多研究都证实2013年逆温频次异常偏高，可能是中国东部气溶胶污染频发的原因之一。与SBI频次的年变化特征不同，SBI的垂直温差基本在3～4 ℃波动，而厚度略有下降，对应强度则略有上升，但它们的变化趋势都不显著。近年来，南京（夏敏洁 等，2017）、济南（伊承美 等，2019）都呈现逆温厚度略下降、逆温强度略上升但都不显著的特点，这和本节的结论一致。考虑到2013—2019年上海早晨的SBI没有显著的年变化，但同时段的$PM_{2.5}$浓度却下降了50.5%，说明局地污染排放强度明显降低。

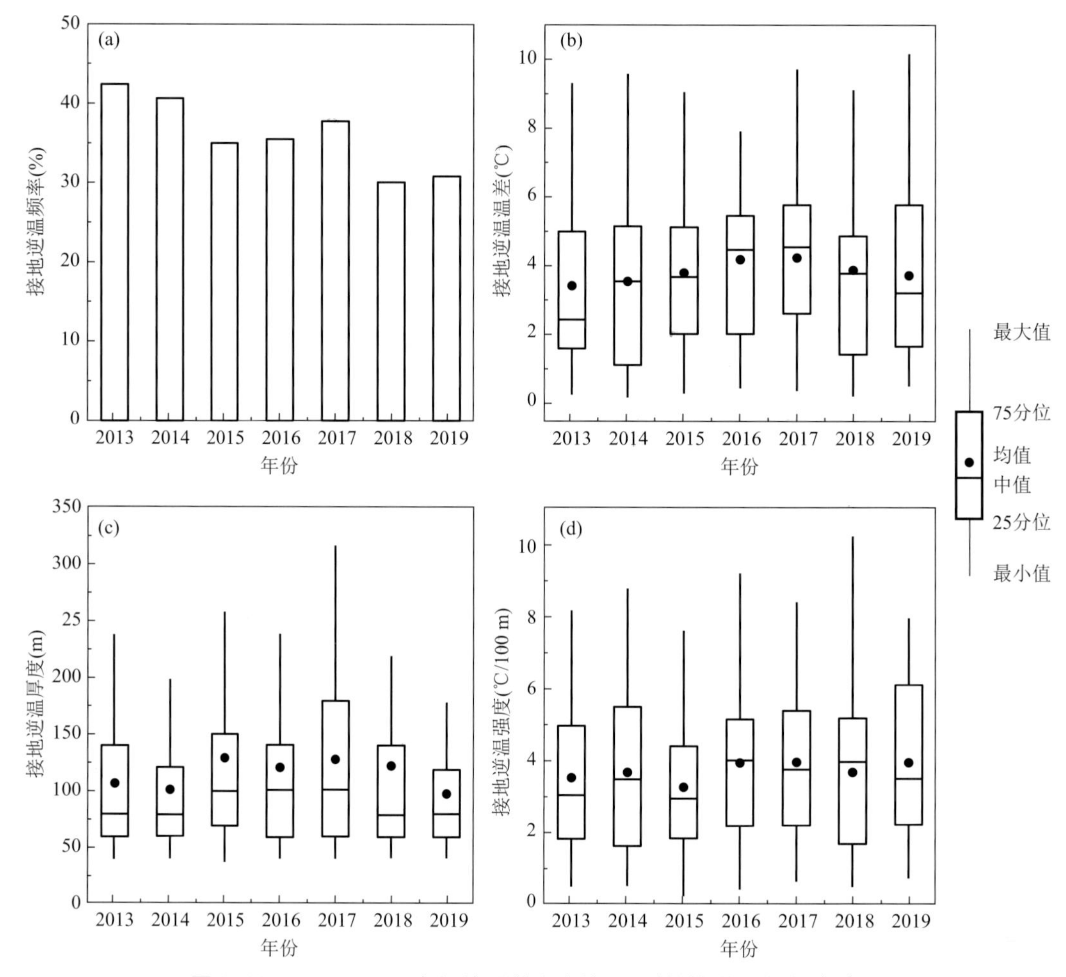

图 2.68　2013—2019 年污染季节宝山站 08 时接地逆温频率（a）、温差（b）、厚度（c）和强度（d）的逐年变化

2.6.6　讨论

鉴于 SBI 对地面 $PM_{2.5}$ 浓度的重要影响，本节利用 2013—2019 年上海宝山观象台高分辨率气象探空数据，分析了 08 时 SBI 的频次、垂直温差、厚度、强度的特征，研究 SBI 出现时的大气动力热力条件及其对 $PM_{2.5}$ 浓度的影响，建立了早晨 $PM_{2.5}$ 浓度与 SBI 垂直温差、厚度的定量关系，得到出现 $PM_{2.5}$ 重污染天气的 SBI 参考阈值。

（1）2013—2019 年上海早晨 SBI 的频次为 16.5%，具有冬季高、夏季低的特点，在 $PM_{2.5}$ 易污染月份达到 35.7%。SBI 频次和 $PM_{2.5}$ 的季节变化非常一致，表明 SBI 是触发早晨 $PM_{2.5}$ 污染的重要气象条件之一。SBI 的垂直温差、厚度和强度也呈现相似的“V”字型季节分布。在易污染月份，垂直温差和厚度的变化趋势相近，而强度由于是垂直温差和厚度的比值，其变化受到两者的共同影响，呈现季节内变化较小的不同特点。

（2）虽然近 7 年上海 $PM_{2.5}$ 浓度显著下降，但 2019 年易污染月份早晨出现 SBI 时 $PM_{2.5}$ 浓度仍然高达 61.9 $\mu g/m^3$，是促发早晨 $PM_{2.5}$ 污染的重要气象原因。出现 SBI 时大气动力热力条件呈现水平风速降低（69%）、边界层通风能力下降（18%～44%）、垂直层结稳定和低温高湿的特点，因此非常有利于$PM_{2.5}$的局地累积和二次非均相生成，使得2013—2019年早晨SBI下的$PM_{2.5}$浓度较NTI时偏高20%～107%。

（3）$PM_{2.5}$浓度与SBI的垂直温差、厚度呈显著的正相关，而与强度的相关性不显著。$PM_{2.5}$浓度随着垂直温差、厚度的增加而增加，呈现二次非线性关系，拟合关系分别为$y=2.17x^2-9.9x+90.24$（0.01信度）、$y=-0.002x^2+9.9x+35.98$（0.01信度）。当垂直温差大于4.6 ℃或者厚度大于100 m，$PM_{2.5}$的均值浓度都超过100 μg/m³，可作为判别出现$PM_{2.5}$重污染天气的SBI阈值。

2.7 气溶胶和边界层的相互作用

大气边界层是大气受下垫面影响的层次，或大气与下垫面相互作用的层次。大气边界层与下垫面发生相互作用的时间尺度小于1 d。大气边界层区别于其上的自由大气的基本特点就是其运动的湍流性，包括机械湍流和热力湍流。边界层湍流运动正是下垫面作用的结果。不同类型的下垫面由于其物理性质不同，它们的辐射性质、热容量、含水量、粗糙程度等都不相同，因此，对大气运动的动力影响、层结影响具有明显差异，形成不同的边界层状态。大气边界层在对气象要素进行湍流输送的同时，也对其中的污染物进行着扩散和传输，因此，大气边界层在污染物的散布、运动、转化中也是关键的区域。

边界层高度是衡量边界层内湍流强弱的重要指标。由于边界层复杂的动力和热力特性，利用常规气象资料反演边界层高度比较困难，近年来地基遥感仪器被广泛用于大气边界层的研究中，其中气溶胶激光雷达（MPL）具有高时空分辨率的特点，成为估算边界层高度的有效手段。本节采用的气溶胶激光雷达由美国Sigma Space公司生产，激光波长为532 nm，垂直分辨率为30 m，盲区约130 m。可吸入颗粒物的观测仪器为Thermo Scientific公司的TEOM 1405DF，两台仪器均安装在上海市浦东新区气象局楼顶的方舱内。

2.7.1 边界层高度的长期变化特征

图2.69显示了2010—2015年MPL反演的白天边界层最大高度、$PM_{2.5}$质量浓度及主要气象要素的5 d滑动平均。观测期间上海边界层的平均高度约为905 m，略低于北京和天津的观测结果（Quan et al.，2013；Tang et al.，2016）。上海的边界层高度具有夏季高、冬季低的特点，其中夏季的7—8月最大，约1000 m；而冬季则降低至300 m左右。值得注意的是，虽然春季至夏季边界层高度显著上升，但是在6月则突然下降，这显然是受到梅雨的影响，连续的阴雨天气抑制了边界层的发展。

表2.10显示了边界层高度与$PM_{2.5}$浓度和气象要素（包括水平风速、垂直温差、辐射JNO_2）的相关系数。从表中可见，边界层高度与$PM_{2.5}$浓度、垂直温度梯度$\Delta T_{925\ hPa-1000\ hPa}$呈负相关，相关系数分别为−0.225和−0.25，其中在4月和10月的相关性更加显著，说

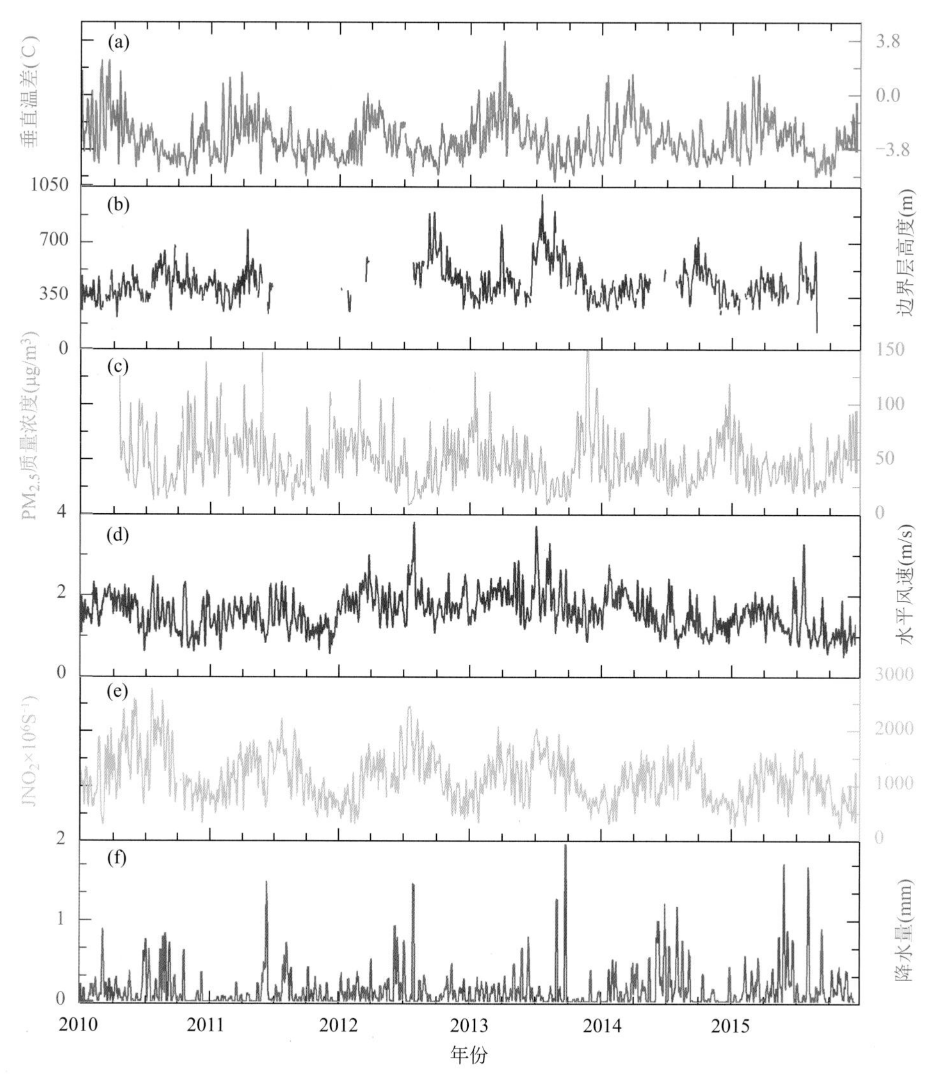

图 2.69　2010—2015 年气象要素及边界层高度的时间序列（5 d 滑动平均）

明高浓度气溶胶、稳定的层结对边界层的发展具有明显的抑制作用。相反，边界层高度与水平风速、JNO_2 呈正相关关系，相关系数分别为 0.194 和 0.27。这是因为风速越大，机械湍流越强，而太阳辐射增强有利于地表升温促进热力湍流，从而有利于边界层发展。

边界层高度与颗粒物浓度呈现明显的反相关关系，冬季（1 月）尤其显著，相关系数为 −0.28。边界层的发展能够显著影响颗粒物的日变化过程，特别是在静稳天气条件下，水平传输作用较弱，湍流对污染物的垂直扩散作用将更加明显。湍流作用使得污染物从高浓度向低浓度扩散，在垂直方向均匀混合。因此，白天边界层发展越高，说明湍流越强，从而把更多的 $PM_{2.5}$ 从地面扩散到高空，从而降低近地面的 $PM_{2.5}$ 浓度（Quan et al.，2013；Tie et al.，2015）。

表 2.10　不同季节边界层高度与 $PM_{2.5}$ 质量浓度、水平风速、垂直温度梯度和 JNO_2 的相关系数

	$PM_{2.5}$ 质量浓度	水平风速	垂直温度梯度 ΔT	JNO_2
全部	−0.225	0.194	−0.250	0.270

续表

	$PM_{2.5}$ 质量浓度	水平风速	垂直温度梯度 ΔT	JNO_2
1 月	−0.280	0.320	−0.370	0.230
4 月	−0.147	0.153	−0.180	0.294
7 月	−0.202	0.173	−0.299	0.088
10 月	−0.187	0.185	−0.259	0.286

为了更加深入地理解边界层发展与污染物和主要气象要素之间的关系，进一步利用 GAMs 模型计算了边界层高度与温度、风速和 $PM_{2.5}$ 浓度之间的关系（图 2.70）。GAMs 计算结果和前述相关分析的结果相同，即边界层高度与 $PM_{2.5}$ 浓度之间存在明显的反相关，而与温度和风速呈现正相关关系。由图 2.70a 可见，边界层高度对温度的变化更加敏感，特别是温度高于 30 ℃后，两者的正相关关系表现得尤其显著；图 2.70b 给出了边界层高度和 $PM_{2.5}$ 浓度之间的关系，由图可见，当 $PM_{2.5}$ 浓度较低时，两者之间的关系并不明显，但是随着 $PM_{2.5}$ 浓度升高，两者之间的反相关趋于明显，其中当 $PM_{2.5}$ 浓度为 70～200 μg/m^3 时，对边界层发展的抑制作用最明显。而当 $PM_{2.5}$ 浓度高于 200 μg/m^3 之后，两者的反相关趋于减弱，可能是因为此时边界层已经很低，湍流很弱，对气溶胶的变化不再敏感。与温度、$PM_{2.5}$ 浓度相比，边界层高度和风速之间的相关较弱，这是因为边界层的发展主要取决于热力湍流，由于风速梯度产生的机械湍流较热力湍流显著偏小。

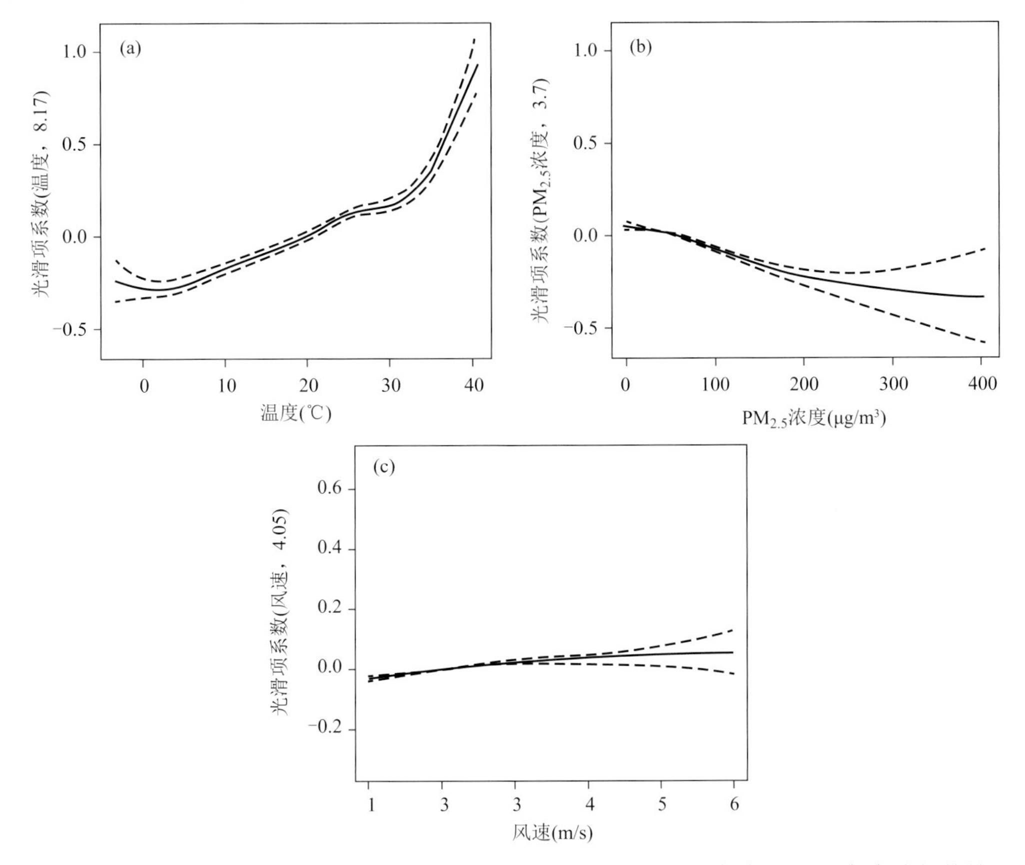

图 2.70　GAMs 模型计算的边界层高度与温度（a）、$PM_{2.5}$ 浓度（b）和风速（c）之间的关系

边界层的演变和太阳辐射密切关联，因此具有明显的日变化特征。日出后太阳辐射增强，地气感热通量加大，边界层开始发展，一般在14时达到最高。之后由于太阳辐射减弱，地面由于长波辐射而冷却，在地面之上形成逆温层，湍流迅速减弱，直到次日再重复。图2.71显示了边界层高度、JNO_2和$PM_{2.5}$质量浓度的日变化过程（图a代表夏季，图b代表冬季）。由图可见，冬、夏两季边界层呈现相似的日变化形态，06—07时边界层开始发展，14—15时达到最大，之后迅速降低。夜间边界层基本维持在200～300 m，夏季略高。白天最大边界层高度在夏季为1200 m，冬季为900 m。边界层发展的日变化主要受太阳辐射驱动，但边界层高度与太阳辐射的日变化并非同步对应关系，最大太阳辐射和最大边界层高度出现时间相差约2 h，即太阳辐射在中午（12时左右）达到最大值，而边界层高度在午后（14—15时）达到最大值。

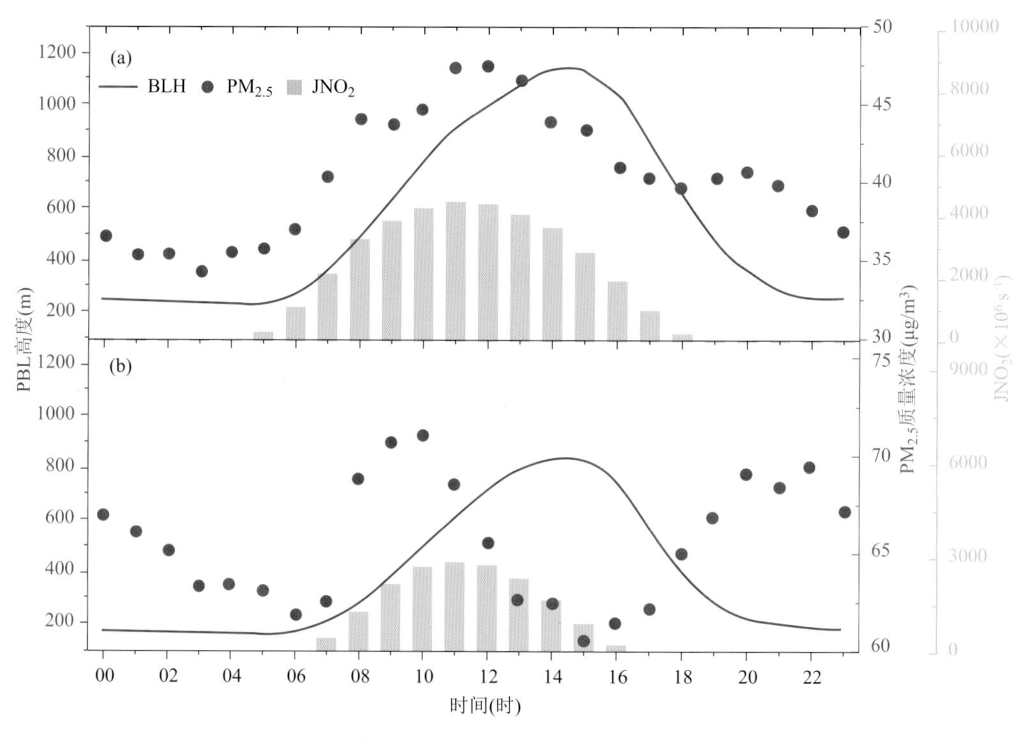

图2.71　7月（a）和12月（b）边界层PBL高度、$PM_{2.5}$质量浓度和JNO_2的日变化

$PM_{2.5}$质量浓度也存在明显的日变化特征，但是在不同的季节（冬季和夏季）呈现不同的变化模式。冬季，边界层较低（均值为800 m），使得$PM_{2.5}$质量浓度明显偏高（均值65 $\mu g/m^3$）；$PM_{2.5}$质量浓度的日变化呈现双峰一谷的特征，即在08时和20时出现峰值，时间上对应于边界层高度的低值。$PM_{2.5}$质量浓度的谷值出现在下午，此时边界层发展最充分、湍流最强，污染物在垂直方向充分混合，使得近地面的$PM_{2.5}$质量浓度最低。夏季，颗粒物的浓度及其变化与冬季明显不同，边界层高度较高（均值1100 m），使得$PM_{2.5}$质量浓度较冬季明显偏低（均值40 $\mu g/m^3$）；$PM_{2.5}$质量浓度日变化的峰值出现在中午，这与冬季的特征截然不同。可能的原因是，夏季中午时段O_3浓度最高，大气氧化能力强，促进了二次气溶胶的生成。为进一步分析边界层发展与太阳辐射的关系，图2.72给出了2010—2015年白天（06—19时）观测的边界层高度、云量和JNO_2数据的逐月平均值。由图可见，边

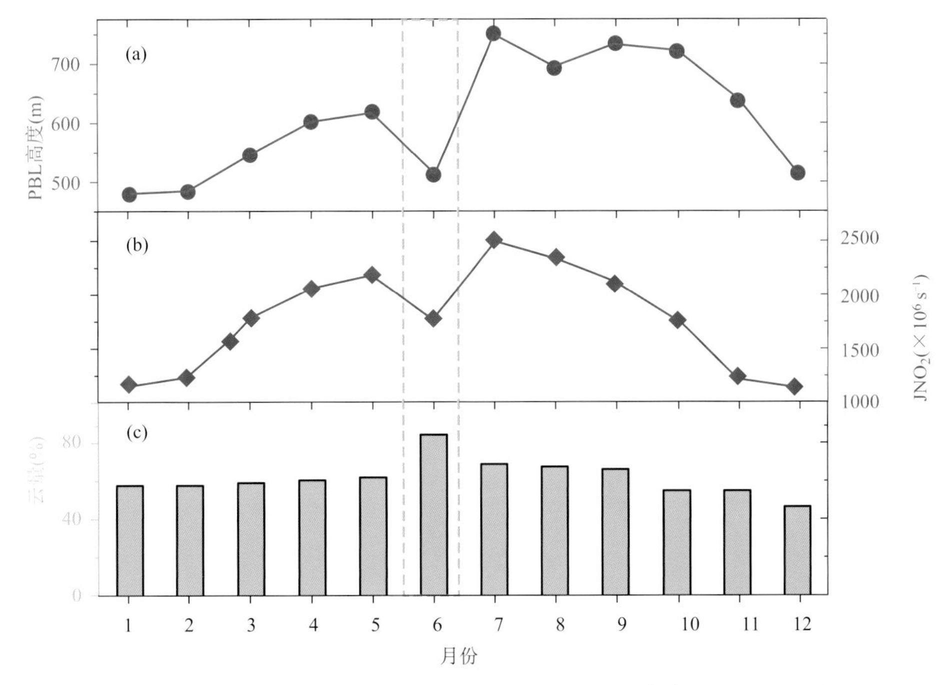

图 2.72 边界层高度（a）、 JNO_2（b）和云量（c）的逐月平均值

界层高度的季节变化与 JNO_2 相似，都呈现夏、秋两季较高，冬季迅速下降的特点。6 月，由于梅雨的影响，超过 80%的天数均被云层覆盖，导致太阳辐射量迅速降低，对应于边界层高度与 JNO_2 的转折下降。梅雨结束后，两者继续上升。

2.7.2 气象因子和 $PM_{2.5}$ 与边界层高度的相关分析

一些研究（Quan et al.，2013；Tie et al.，2015；Xu et al.，2015）揭示了边界层发展与 $PM_{2.5}$ 质量浓度之间的相互作用，一方面，高浓度 $PM_{2.5}$ 通过散射和吸收作用降低到达地面的太阳辐射，减少地气之间的感热通量，从而抑制边界层的发展；另一方面，边界层的发展受到抑制后，湍流减弱，$PM_{2.5}$ 的垂直扩散能力下降，使得大量气溶胶在近地面累积，从而增加 $PM_{2.5}$ 浓度。本节通过 2010 年 12 月的一次污染个例，分析气溶胶与边界层发展之间的相互关系。

图 2.73 显示了 2010 年 12 月 16—24 日边界层高度、$PM_{2.5}$ 质量浓度、风速和 JNO_2 等要素的小时变化。该时段上海地区位于 L 型高压的前端，16—17 日主导风向为西北至北风；18—19 日上海位于高压中心附近，风向转为西南至南风，风速为 3 m/s；20—21 日，弱冷空气影响上海，主导风向为西北风，但风速小于 2.5 m/s；22 日转为弱高压控制；23 日午后一股强冷空气影响上海，风速明显增强至 4 m/s。在此期间云量较少，由图 2.73a 可见，白天（06—20 时）边界层的演变特征非常明显。

由图 2.73b 可见，16—17 日，$PM_{2.5}$ 质量浓度约为 50 $\mu g/m^3$，从 20 日开始不断上升，24 日达到 250 $\mu g/m^3$。与之对应的是，边界层最大高度也由前期的 950 m 下降至 400 m 左右。边界层高度的变化和太阳辐射（JNO_2）完全一致。16—19 日 JNO_2 数值很高，对应较高的边界层高度（最大值达到 750～900 m）；但是在 20—21 日，JNO_2 明显下降，与之相对

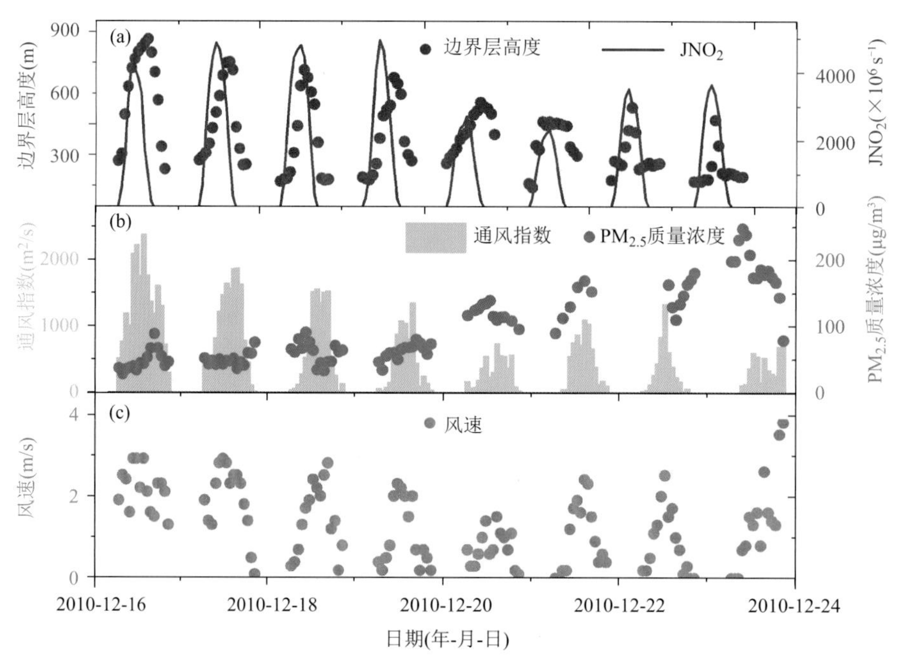

图 2.73　2010 年 12 月 16—24 日边界层高度及 JNO_2（a）、$PM_{2.5}$ 质量浓度及通风指数（b）、风速（c）变化

应，边界层高度也随之下降（最大值仅为 450～500 m），表明太阳辐射是驱动边界层发展的主导气象因子（Tie et al.，2007）。通风指数 VI（边界层高度×风速）是衡量污染物水平和垂直扩散能力的综合指标，由图可见，16—18 日，水平风速为 2.5～3.0 m/s，期间边界层最大高度为 700～900 m，水平方向和垂直方向均利于污染物的扩散；相比之下，20 日之后，风速和边界层高度均迅速降低，由图 2.73b 可见，VI 明显降低，导致 $PM_{2.5}$ 质量浓度从 50 μg/m³ 迅速上升至 250 μg/m³。

图 2.74 分别计算了该个例中 $PM_{2.5}$ 质量浓度与边界层高度、水平风速、通风指数之间的关系。边界层高度是衡量污染物垂直扩散能力的指标。总体而言，$PM_{2.5}$ 质量浓度与 3 个因子分别都呈现复杂的非线性关系。虽然 $PM_{2.5}$ 浓度和边界层高度一般呈反位相变化，但由于两者之间存在相互作用，因此非线性的关系比较明显。由图 2.74a 可见，当边界层高度较高时，边界层高度变化引起的 $PM_{2.5}$ 质量浓度的变化较小；但是在边界层较低时，$PM_{2.5}$ 质量浓度的变化对边界层高度的响应非常敏感，当边界层高度从 300 m 降低到 200 m 时，$PM_{2.5}$ 质量浓度迅速从 150 μg/m³ 增加至 250 μg/m³，说明出现中度—重度污染时，垂直扩散是调节 $PM_{2.5}$ 质量浓度的重要因素，Tie 等（2015）和 Miao 等（2016）也得出类似的结论。

2.7.3　$PM_{2.5}$ 和混合层相互影响效应

为了进一步分析 $PM_{2.5}$ 质量浓度与边界层之间的相互作用，基于长序列观测数据，分析了 4 个季节不同等级 $PM_{2.5}$ 质量浓度条件下边界层的日变化特点，分析中剔除了雨日的数据。依据 $PM_{2.5}$ 日平均浓度，将空气质量划分为 4 个等级：优良（$PM_{2.5}$≤75 μg/m³）、轻度污染（75 μg/m³＜$PM_{2.5}$≤115 μg/m³）、中度污染（115 μg/m³＜$PM_{2.5}$≤150 μg/m³）和重

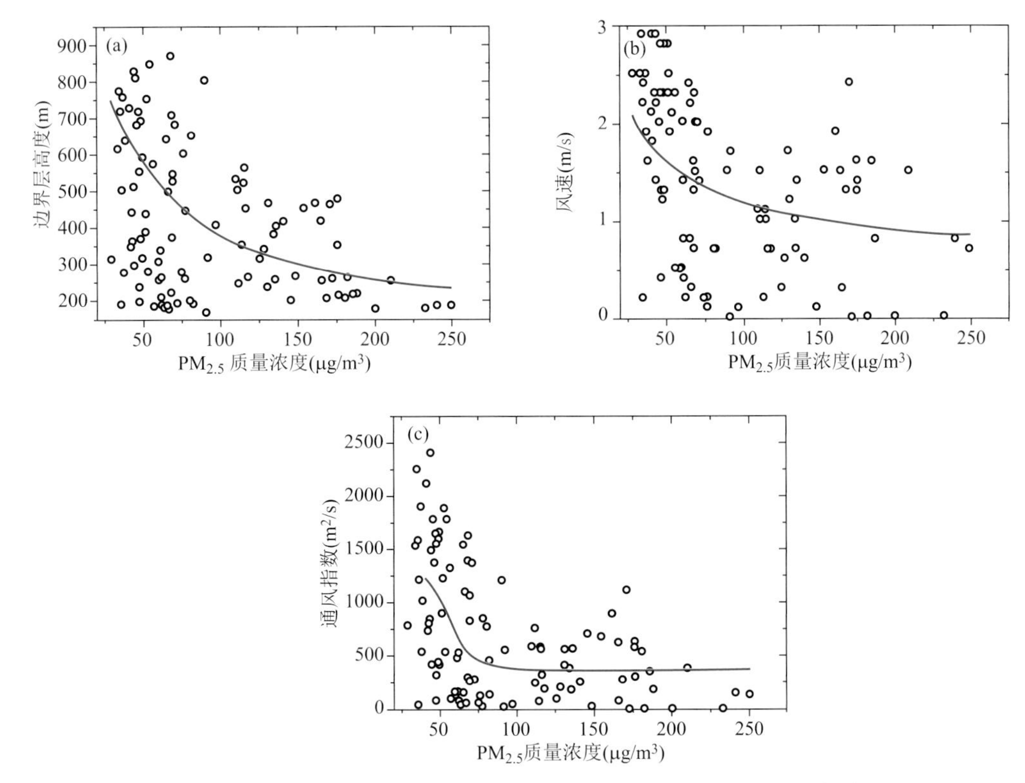

图 2.74　2010 年 12 月 16—24 日 $PM_{2.5}$ 质量浓度与边界层高度（a）、风速（b）和通风指数（c）的相关关系

度及以上等级（$PM_{2.5}$>150 μg/m³）。图 2.75 显示了不同季节、不同污染等级下边界层高度的日变化特点。由图可见，4 个季节 $PM_{2.5}$ 质量浓度对边界层的演变都会产生明显的影响。在低浓度 $PM_{2.5}$ 条件下，边界层发展得更充分。例如，在冬季重污染期间，边界层最大高度仅为 400 m，其发生时间在 12 时左右；而在优良等级下边界层高度最大可达 800 m，出现在 14 时左右，表明高浓度气溶胶降低了到达地面的太阳辐射，从而抑制了边界层的发展。而夜间没有太阳辐射，湍流很弱，边界层高度基本保持稳定，$PM_{2.5}$ 质量浓度的变化对边界层基本没有影响。

图 2.76 是 $PM_{2.5}$ 质量浓度和边界层高度的拟合，定量计算了两者之间的关系。由图可见，随着 $PM_{2.5}$ 质量浓度的增加，边界层高度逐渐降低，说明高浓度 $PM_{2.5}$ 会抑制边界层的发展，两者呈现非线性的关系。根据拟合方程，当 $PM_{2.5}$ 日平均质量浓度大于 70 μg/m³ 以后，其浓度每增加 30～50 μg/m³，边界层高度则下降 100 m。在所有季节里，$PM_{2.5}$ 质量浓度对边界层发展的总体影响效应相似，但是影响幅度存在差异。用 PBL/$PM_{2.5}$ 的值作为评估 $PM_{2.5}$ 浓度影响边界层的指标，高比值代表影响比较大，低比值代表影响比较小。春季、夏季、秋季、冬季的比值分别为 2.7、9.0、3.3、2.7，说明夏季 $PM_{2.5}$ 质量浓度对边界层影响显著，这是因为夏季太阳辐射最强，同样浓度的 $PM_{2.5}$ 粒子会散射和吸收更多的太阳辐射，从而对边界层的演变产生更加显著的作用。相比之下，冬、春两季由于太阳辐射较弱，只有当气溶胶浓度很高时才会对边界层产生明显的抑制效应。

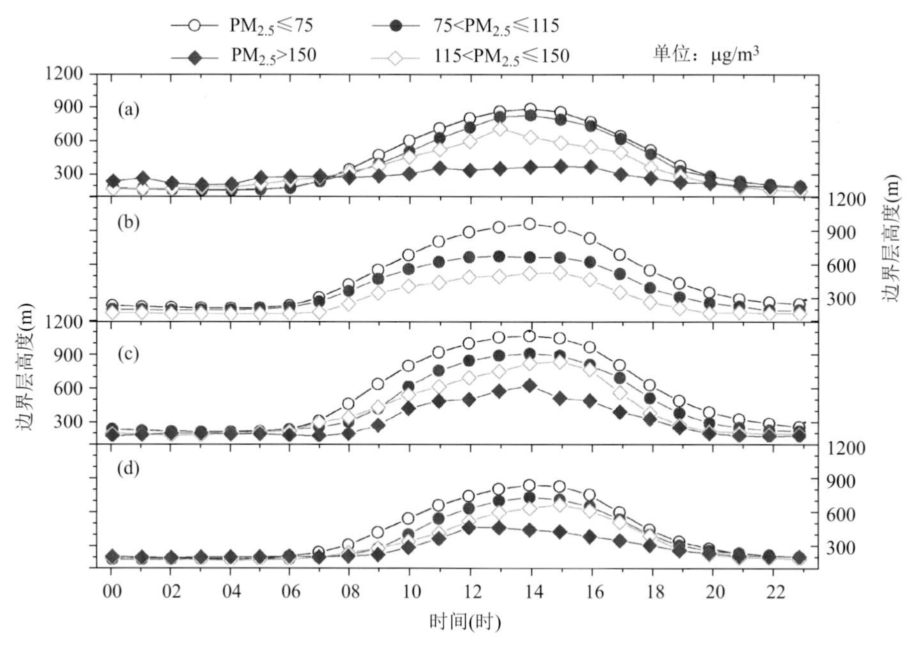

图 2.75　不同季节不同污染等级条件下边界层高度日循环变化
（a. 春；b. 夏；c. 秋；d. 冬）

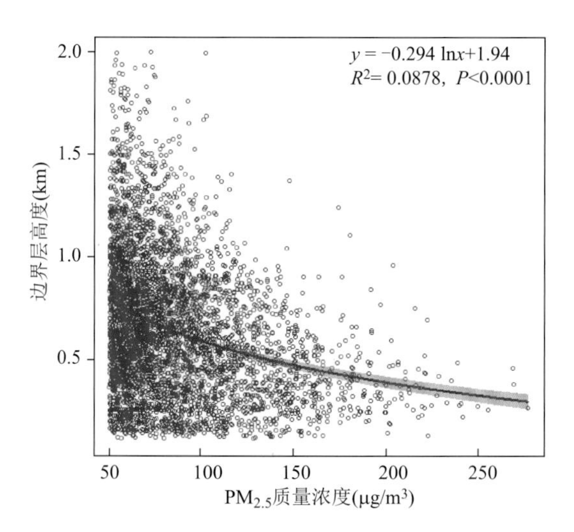

图 2.76　$PM_{2.5}$ 质量浓度与边界层高度散点图（红线为拟合曲线）

2.7.4　讨论

边界层的演变对于调节局地污染物浓度变化尤其是日变化具有重要作用。本节采用 6 年的连续观测数据，首次详细分析了上海边界层日最大高度的长期变化特征及其与气象条件和气溶胶浓度之间的关系。

（1）2010—2015 年上海边界层高度没有显著的变化趋势，其平均高度约为 400 m。因此，上海污染物浓度的长期变化主要受到排放源以及其他气象敏感因子的影响。

（2）边界层高度的演变主要受太阳辐射的驱动，其日变化和季节变化特征都非常显著。上海边界层高度最低值出现在2月，为450 m，最高值出现在7月，为750 m，6月受到梅雨的影响，边界层高度转折下降。不同季节夜间边界层高度基本稳定在200 m左右。6年的观测数据显示，上海日最大边界层高度为650～1200 m。

（3）上海冬、夏两季$PM_{2.5}$浓度日变化呈现不同的特征。冬季$PM_{2.5}$浓度在08时和20时出现峰值，分别对应于边界层的低值。而夏季$PM_{2.5}$浓度则在中午最高，表明存在明显的二次气溶胶生成。

（4）边界层高度与太阳辐射、风速呈正相关，与$PM_{2.5}$浓度和垂直温度梯度呈负相关，相比之下，边界层高度的变化主要受热力因子驱动。此外，气溶胶对边界层的演变具有显著效应，$PM_{2.5}$污染对边界层的日变化具有明显的非线性抑制作用，在夏季更加显著。

2.8 上海细颗粒物和臭氧复合污染特征

目前，以O_3和$PM_{2.5}$为代表的大气复合污染成为我国城市的主要大气污染类型。很多学者从时空分布（程麟钧 等，2017）、气象条件（赵敬国 等，2015；王莉莉 等，2010；赵辉 等，2018）、来源解析（李浩 等，2015；霍静 等，2011；周勤迁 等，2014）和数值模拟（胡亚男 等，2018；）等方面针对夏季O_3和秋冬季$PM_{2.5}$开展了大量的研究。O_3和$PM_{2.5}$通过基于光化学反应的相互作用（Meng et al.，1997；Real et al.，2011）及基于非均相反应的相互作用引起复杂的非线性响应。近年来，很多城市出现了高浓度O_3和高浓度$PM_{2.5}$同时并存的事件（$PM_{2.5}$-O_3复合污染）（Yang et al.，2012；赖安琪 等，2017）。数值模拟研究显示，气象条件对典型复合污染事件的出现及维持发展具有重要作用。李婷婷等（2017）指出，O_3和$PM_{2.5}$出现高浓度污染与大陆高压和副热带高压系统的相继持续控制有关；而王占山等（2016）对北京的个例研究表明，较高的起始浓度、不利的气象条件以及区域输送是造成复合污染的主要原因。国外学者（Deng et al.，2010）通过实验室研究和外场观测发现，细颗粒物除了会减少达到地面的紫外辐射、抑制大气的光化学作用、削弱O_3的生成和积累，还可以通过表面的非均相化学过程（朱彤 等，2010），改变大气中的O_3浓度和颗粒物的化学组分，促进大气复合污染的形成。目前，对于这一特殊污染类型的研究主要集中在数值模拟和个例分析方面，对其时空特征、形成机制中的气象条件等分析还比较少。2013—2017年《上海市环境状况公报》显示，上海地区$PM_{2.5}$年平均浓度整体呈下降趋势，但O_3浓度明显上升，持续时间和污染日也明显增多；空间分布上，$PM_{2.5}$浓度分布西高东低（许建明 等，2016），O_3超标主要集中在西南部郊区，但市区O_3超标潜势不容忽视（赵辰航 等，2015；林燕芬 等，2017；），$PM_{2.5}$-O_3复合污染事件时有发生。本节对2013—2017年上海地区$PM_{2.5}$-O_3复合污染事件进行分析，以期得出引起二者同时污染的气象原因和污染特征，为上海及长江三角洲地区$PM_{2.5}$-O_3复合污染的预报和防控提供参考。根据《环境空气质量指数（AQI）技术规定》（HJ 633—2012）分级方法，$PM_{2.5}$分指数达到污染的浓度阈值为75 $\mu g/m^3$，O_3分指数达到污染的标准分为日最大8 h滑动平均和小时最大浓度两种，污染浓度阈值分别为 160 μg/m³ 和 200 μg/m³。为更好地分析 $PM_{2.5}$-O_3 复合污染的小时变化特征和形成原因，本节选用小时浓度平均标准统计。复合污染的小时数根据多个站点的小时平均值满足条件计算，具体定义见表 2.11。

表 2.11　$PM_{2.5}$-O_3 复合污染、单 O_3 污染和单 $PM_{2.5}$ 污染定义

名称	定义
$PM_{2.5}$-O_3 复合污染	同一小时内 $PM_{2.5}$ 浓度＞75 μg/m³，O_3 浓度＞200 μg/m³
单 O_3 污染	同一小时内 $PM_{2.5}$ 浓度≤75 μg/m³，O_3 浓度＞200 μg/m³
单 $PM_{2.5}$ 污染	同一小时内 $PM_{2.5}$ 浓度＞75 μg/m³，O_3 浓度≤200 μg/m³

2.8.1　上海 $PM_{2.5}$-O_3 复合污染特征

2013—2017 年上海地区共出现 $PM_{2.5}$-O_3 复合污染 228 h，分布在 66 d 里，其中 2013—2015 年出现次数较多，2016—2017 年出现了明显下降（图 2.77a）。从年平均浓度变化上看，从 2014 年开始，$PM_{2.5}$-O_3 复合污染中 O_3 浓度逐年上升，$PM_{2.5}$ 浓度逐年下降。月际分布上（图 2.77b），$PM_{2.5}$-O_3 复合污染仅出现在 3—10 月，呈单峰型态，月累积峰值为 56 h，出现在 8 月。这主要是因为上海地区一年中 5—9 月最易出现 O_3 污染，虽然夏季 $PM_{2.5}$ 的浓度值在一年中相对较低，但是夏季海陆温差较大，容易出现海陆风辐合，有利于 $PM_{2.5}$ 的积累，个别小时仍然可能出现轻度以上污染，因此，7—8 月成为 $PM_{2.5}$-O_3 复合污染最易出现的月份。分析监测数据，发现年与年之间的月变化差异较大，2013 年最多的月份在 7—8 月，而 2014 年则出现在 5—6 月，月变化的这种不确定性增加了预报和服务的难度。在所有 O_3 污染中，复合污染平均占比 33.4%，大致每 3 次 O_3 小时污染里就有 1 次伴随 $PM_{2.5}$ 污染，其中 2014 年占比最高，达 85.7%，2014 年以后逐渐下降。

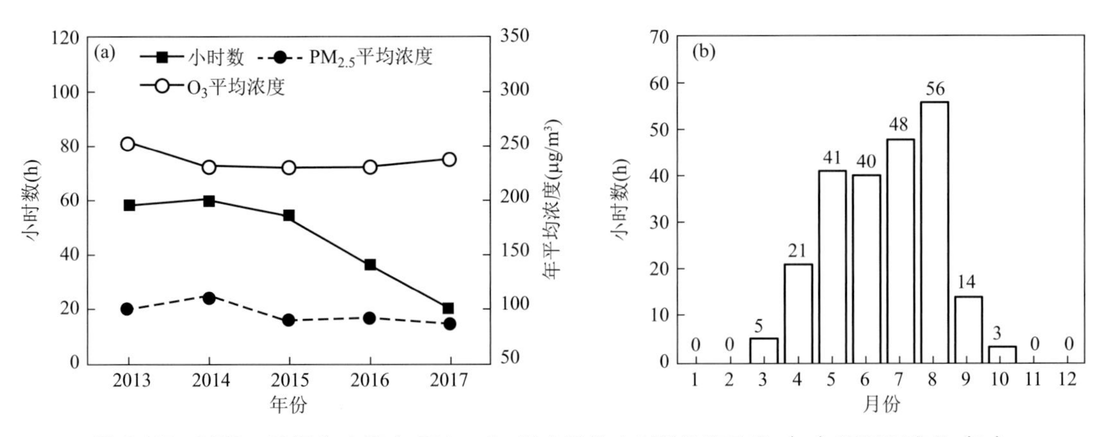

图 2.77　2013—2017 年上海市 $PM_{2.5}$-O_3 复合污染小时数逐年变化（a）和月际变化（b）

以 $PM_{2.5}$ 污染为界，在 $PM_{2.5}$-O_3 复合污染和单 O_3 污染中各存在一个峰值区间（图 2.78a）：75～90 μg/m³ 和 45～60 μg/m³，对比这两个区间的峰值次数，前者（111 h）较后

者（204 h）明显偏少。从 O_3 污染时的 $PM_{2.5}$ 浓度散点分布图（图 2.78b）上看，与次数分布相类似，在 80～110 μg/m³ 和 40～60 μg/m³ 同样各对应一个高值区间，对比这两个区间的 O_3 峰值浓度，发现与出现次数的分布不同，前者的 O_3 峰值浓度（357.8 μg/m³）较后者（331.6 μg/m³）明显偏高。$PM_{2.5}$-O_3 复合污染的 O_3 平均浓度（236.1 μg/m³）同样较单 O_3 污染的平均浓度（230.8 μg/m³）偏高。

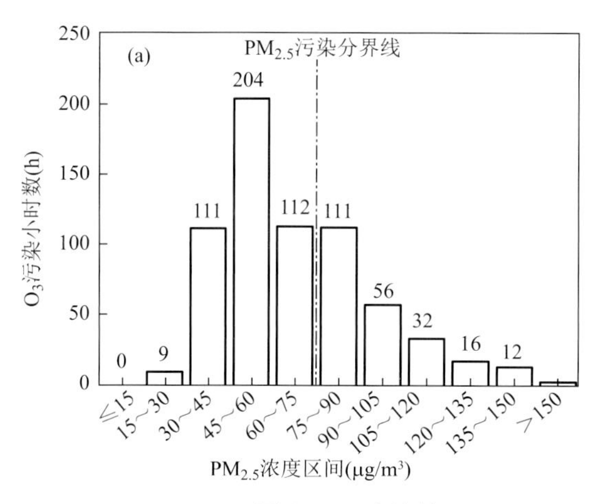

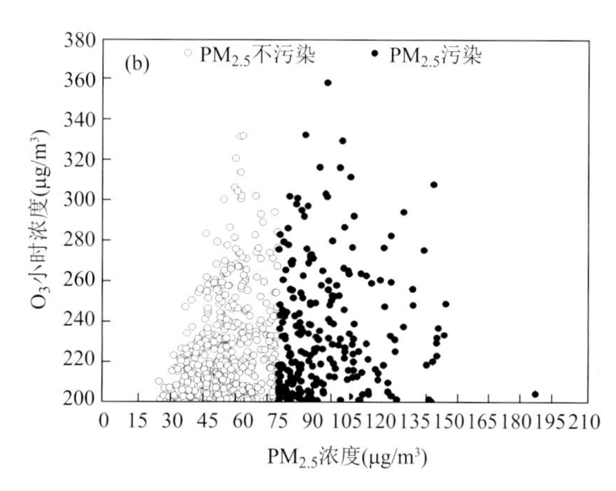

图 2.78　上海地区不同 $PM_{2.5}$ 浓度区间 O_3 污染小时数（a）和 O_3 污染时随 $PM_{2.5}$ 浓度变化散点分布（b）

除了 O_3 峰值浓度和平均浓度较单 O_3 污染偏高外，$PM_{2.5}$-O_3 复合污染的 O_3 小时平均浓度分布也明显偏高，如图 2.79a 所示，12—19 时均高于单 O_3 污染，区间平均浓度较单 O_3 污染偏高 35 μg/m³。从出现次数的日变化上看（图 2.79b），$PM_{2.5}$-O_3 复合污染 13—16 时出现次数相对较多，最早出现在 11 时，较单 O_3 污染偏晚 1 h，最晚出现在 23 时，较单 O_3 污染维持更晚，峰值出现在 14 时前后，这可能和海陆风辐合的出现和维持时间有一定的关系。总之，与单 O_3 和单 $PM_{2.5}$ 污染相比，复合污染不仅具有 $PM_{2.5}$ 和 O_3 双重危害，而且 O_3 的浓度普遍较单污染高，对人体健康的危害性更大。

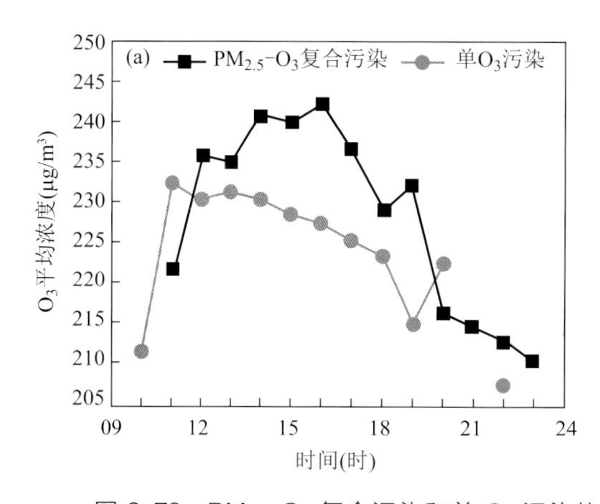

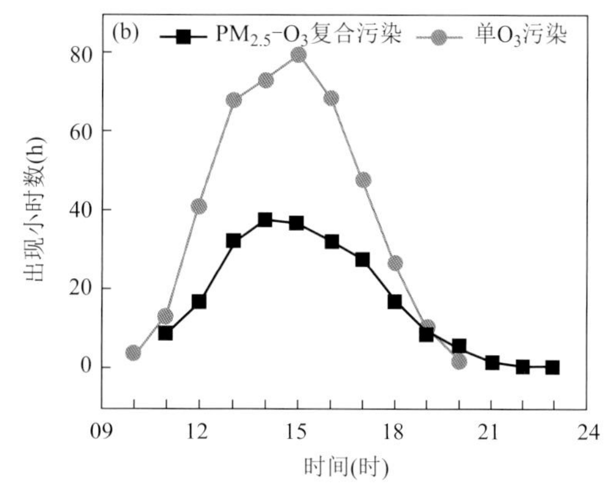

图 2.79　$PM_{2.5}$-O_3 复合污染和单 O_3 污染的 O_3 平均浓度（a）和出现小时数（b）变化

2.8.2 复合污染的气象因子阈值

关于 $PM_{2.5}$、O_3 与气象因子的关系研究，不同地区略有差异，但在气温、相对湿度、风速等方面都有大致相同的结论（齐冰 等，2017），从以往的研究可以看出，单 O_3 和单 $PM_{2.5}$，它们与湿度、温度和风速的相关性存在相反的情况（洪盛茂 等，2009；程念亮 等，2016；许建明 等，2017），例如，安俊琳等（2009）指出 O_3 与温度呈正相关，高嵩等（2018）通过对长三角典型城市 $PM_{2.5}$ 与气象要素的定量分析，发现 $PM_{2.5}$ 与气温呈负相关，过高的温度会抑制 $PM_{2.5}$，而过低的温度则会抑制 O_3，因此为满足 $PM_{2.5}$ 和 O_3 同时达到污染级别，对气象因子的阈值要求会更加严格。从图 2.80a 可以看出，复合污染的温度阈值为 20.2～38.7 ℃，介于单 $PM_{2.5}$ 和单 O_3 污染温度阈值之间，超过 38.7 ℃不再出现 $PM_{2.5}$ 污染，低于 20.2 ℃不再出现 O_3 污染。从集中区域上看，复合污染为 27.9～34 ℃，较单 O_3 污染区间（31.3～36.9 ℃）低 2～3 ℃，明显高于单 $PM_{2.5}$ 污染（15.2～24.8 ℃）。从湿度来看（图 2.80b），湿度区间跨度较大，为 14%～83%，主要集中在 43%～58%，较单 O_3 污染（41%～55%）偏高 2%～3%，明显低于单 $PM_{2.5}$ 污染（59%～86%）。平均风速也出现了略偏低现象，但区间相差较小（图 2.80c），主要集中在 2.1～3.3 m/s。总体上看，上述复合污染的气象因子集中区间介于单 $PM_{2.5}$ 和单 O_3 之间，范围在缩小，并且在向有利于 $PM_{2.5}$ 浓度上升而部分抑制 O_3 的方向偏移。

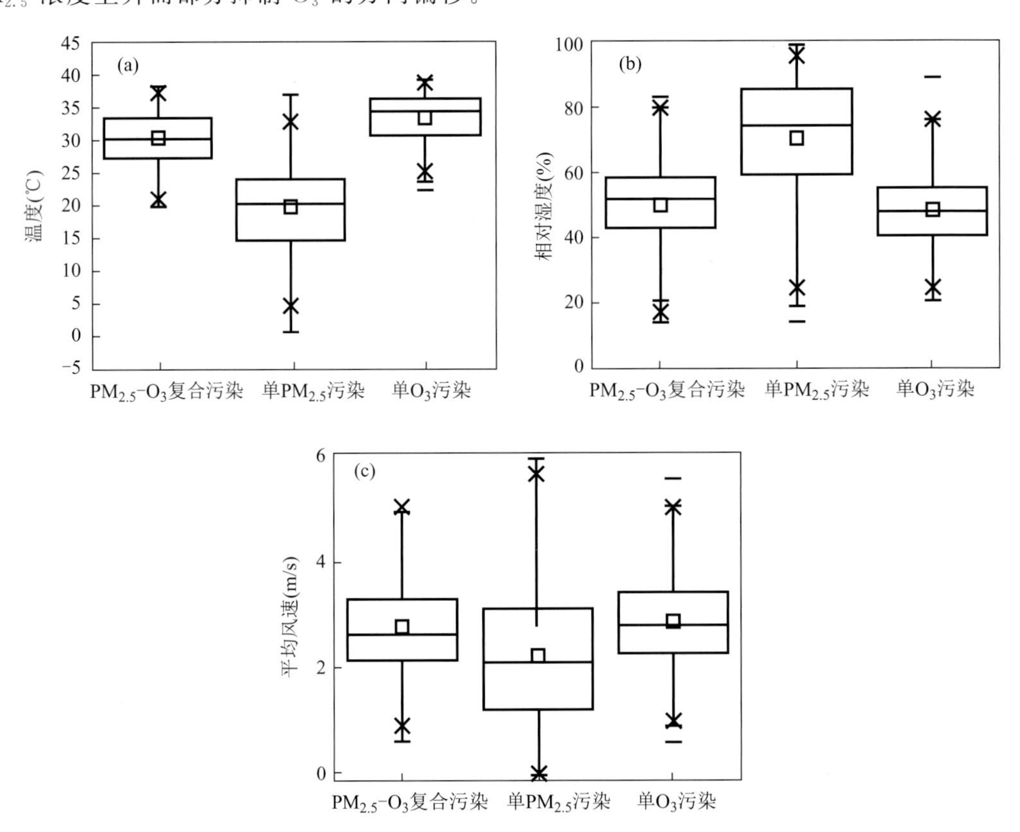

图 2.80 上海市 3—10 月 $PM_{2.5}$-O_3 复合污染、单 O_3 污染和单 $PM_{2.5}$ 污染时的气象因子分布

（a. 温度；b. 相对湿度；c. 平均风速）

2.8.3 复合污染时的 O_3 浓度特征

研究发现，复合污染时的温度、湿度和风速这3个气象因子都出现了有利于 $PM_{2.5}$ 浓度上升而部分减弱 O_3 的现象。同时有文献指出，伴随 $PM_{2.5}$ 浓度上升，颗粒物的散射和反射作用，对辐射的减弱开始加强，尤其是 $PM_{2.5}$ 达到污染时，会显著抑制 O_3 的光化学反应（赖安琪 等，2017）。但是前面的观测统计显示，复合污染的 O_3 平均浓度和小时浓度均高于单污染，因此必然还有其他原因在引起 O_3 浓度上升，并且这个上升作用与前面3个气象因子和 $PM_{2.5}$ 对 O_3 的联合抑制作用相比更加显著。

2.8.3.1 辐合

从各站 $PM_{2.5}$-O_3 复合污染时的风频分布看（图2.81），沿海站里，宝山站主导风向为东北风，南汇和奉贤站为南到东南风，而内陆站点嘉定和松江多以西向风为主，徐家汇则以小风或静风为主，大致围绕中心城区形成一个辐合风场。根据出现复合污染所对应日（共对应66 d）的14时地面风场看，其中48 d存在风向的辐合，占72.7%，图2.82是其中2个典型的辐合风场个例（2013年6月17日和2013年5月19日），图2.82a是3个风向的辐合，占辐合风场的33.3%，图2.82b是2个风向的辐合，占辐合风场的66.7%。辐合风场的出现，均有利于 O_3 和 $PM_{2.5}$ 的积累，可见地面辐合是造成 $PM_{2.5}$ 和 O_3 浓度同时上升的一个重要原因。很好地解释了为什么在 $PM_{2.5}$ 浓度上升对 O_3 抑制作用加强的情况下，O_3 浓度仍然很高，即与 $PM_{2.5}$ 浓度上升对 O_3 光化学反应的减弱作用相比，风场辐合对 O_3 浓度的聚集作用更显著。同时侧面反映了上海地区 $PM_{2.5}$-O_3 复合污染主要来自本地。

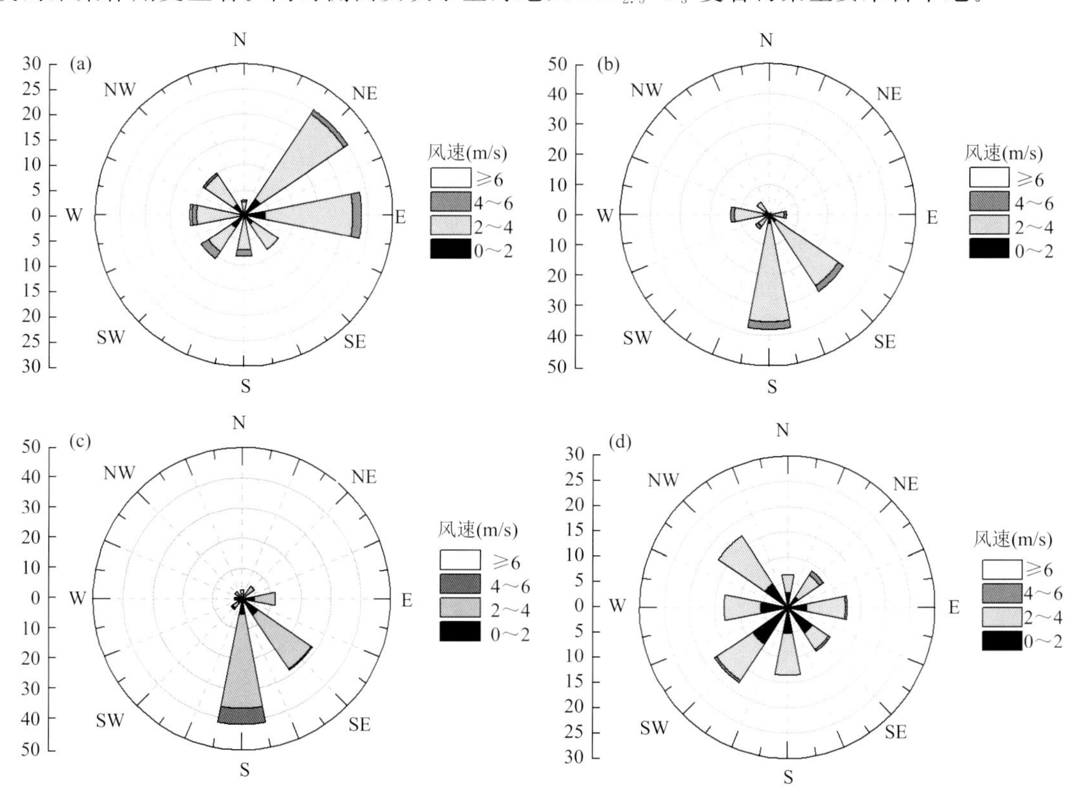

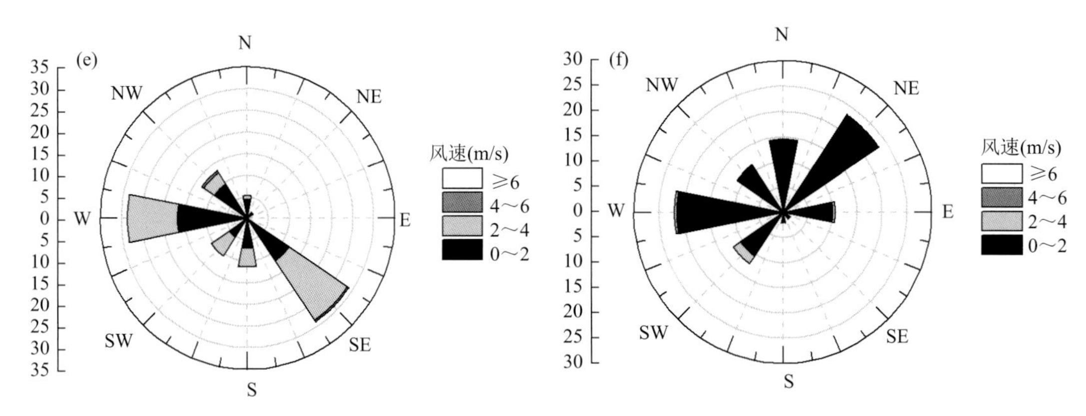

图 2.81 $PM_{2.5}$-O_3 复合污染时 6 个地面气象观测站的风速（阴影）和频率（%）分布

（a. 宝山；b. 南汇；c. 奉贤；d. 嘉定；e. 松江；f. 徐家汇）

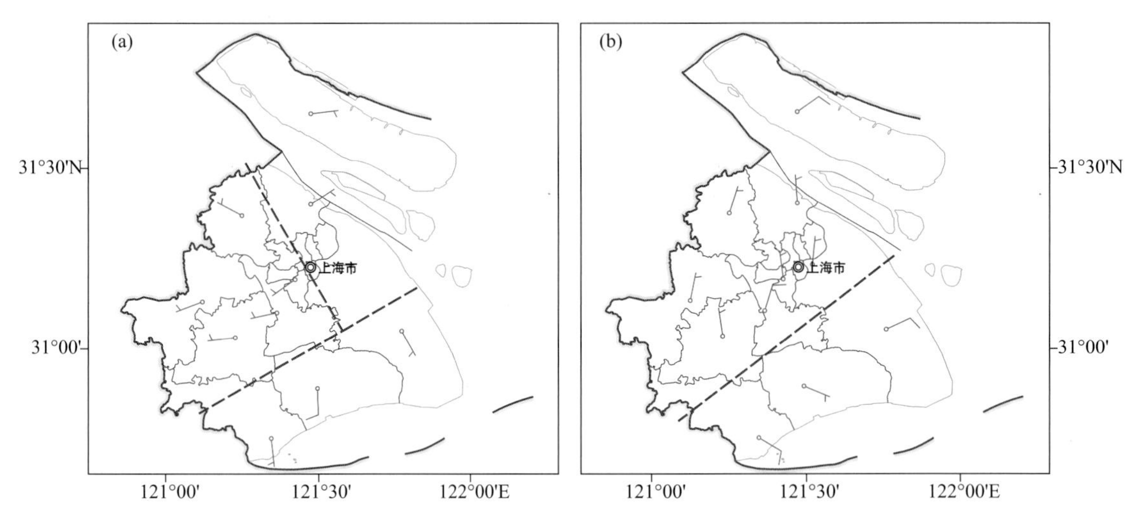

图 2.82 两个典型辐合地面风场分布（虚线为地面辐合线位置）

（a. 2013 年 6 月 17 日 14 时；b. 2013 年 5 月 19 日 14 时）

2.8.3.2 混合层高度

$PM_{2.5}$-O_3 复合污染的混合层高度阈值区间为 619～2839 m，平均值为 1412 m，集中区间为 1122～1599 m，与单 O_3 污染平均混合层高度（1523 m）相比，下降了 111 m，集中区间同样也偏低，并且各时次平均混合层高度均高于单 $PM_{2.5}$ 污染，而低于单 O_3 污染。双污染过程的混合层高度偏低，一方面是由于双污染的温度较单污染低，不利于混合层高度的上升，另一方面受 $PM_{2.5}$ 浓度的影响，对混合层高度的上升有一定影响。较低的混合层高度，抑制了垂直扩散能力，在垂直方向上，同样有利于 O_3 和 $PM_{2.5}$ 污染物的积累。

2.8.3.3 复合污染的天气类型

根据 $PM_{2.5}$-O_3 复合污染时的海平面气压场进行主观分类（表 2.12），大致可以分为 5 种天气类型：低压底部和前部、高压顶部和后部以及均压场。其中均压场出现次数最多，占 53%，其次为低压底部型，占 24%。从各类型 14 时的平均浓度上看，低压前部型的 O_3 浓度最高，为 228.6 $\mu g/m^3$，高压后部型的 $PM_{2.5}$ 浓度最高，为 106.0 $\mu g/m^3$。5 种类型的共同特征都是在上海地区气压场很弱，在这种弱气压场下，局地的风场分布在污染物的积累或扩散上就显得尤为重要，再结合上海特殊的地理位置，在3—10月容易形成海陆风辐合，为前文中复合污染的出现提供了有利的地面辐合条件。

表2.12　$PM_{2.5}$-O_3 复合污染天气分型占比和14时的 O_3 和 $PM_{2.5}$ 平均浓度

类型	14时 O_3 浓度（$\mu g/m^3$）	14时 $PM_{2.5}$ 浓度（$\mu g/m^3$）	占比（%）
低压底部	211.1	83.0	24
低压前部	228.6	67.6	12
高压顶部	206.8	77.8	8
高压后部	204.5	106.0	3
均压型	204.5	84.1	53

图2.83概括了上海地区 $PM_{2.5}$-O_3 复合污染出现概率较高时段对应的气象条件。从中可以看出，$PM_{2.5}$-O_3 复合污染首先需要有利的气象要素区间，为 $PM_{2.5}$-O_3 复合污染的出现提供合适的发展条件，在该区间内，$PM_{2.5}$ 和 O_3 浓度上升均不会得到明显抑制，而一旦超出该区间，$PM_{2.5}$ 或 O_3 浓度将出现明显下降；其次局地辐合叠加较低的边界层，在水平和垂直方向上，保证了这种上升趋势可以得到进一步的维持和加强，最终引起 $PM_{2.5}$-O_3 复合污染事件的发生。

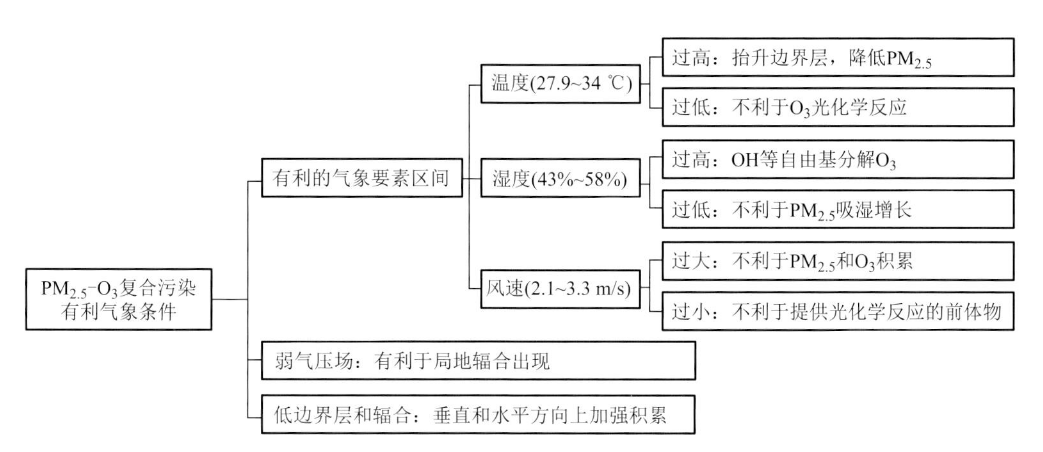

图2.83　$PM_{2.5}$-O_3 复合污染出现概率较高时段对应的气象条件示意

2.8.4　讨论

上海地区 $PM_{2.5}$-O_3 复合污染仅出现在3—10月，总体呈逐年减少的趋势，不同年份的月变化差异较大。

复合污染时的 O_3 峰值浓度和平均浓度较单 O_3 污染高，维持时间较单 O_3 污染长，地面辐合和较低的边界层是主要原因。

复合污染的天气形势大致可以分为5种：低压底部和前部，高压顶部和后部以及均压场。复合污染往往与弱气压场有关。

当温度为 27.9～34 ℃，湿度为 43%～58%，风速为 2.1～3.3 m/s，混合层高度为 1122～1599 m，并且存在辐合时，最有利于 $PM_{2.5}$-O_3 复合污染发生。

2.9 东风系统对上海 $PM_{2.5}$ 的影响

上海位于长江和钱塘江入海汇合处，大陆凸向东海的长三角东端，近地面风场和温度显著受到海面的气象条件影响（陈永林 等，2010）。一般认为，海上清洁空气对上海空气质量有较显著的改善作用，是判别上海空气质量的重要指标之一。但是实际预报过程中却发现，在相同的东风系统下上海的 $PM_{2.5}$ 浓度会产生显著差异，成为空气质量预报的困扰之一。本节针对这一预报问题，从动力、热力角度分析导致 $PM_{2.5}$ 浓度差异的原因，为上海的空气质量预报提供支持。

2.9.1 $PM_{2.5}$ 浓度的显著差异

2014 年 3 月 9—11 日受颗粒物输送和较差的污染扩散条件共同影响，上海地区出现了一次重污染天气过程。9 日后期上海以偏北风为主，存在一定的颗粒物输送，观测数据显示（图 2.84a），全市 $PM_{2.5}$ 小时浓度 9 日 17 时达到轻度污染，9 日 20 时浓度开始明显上升，10 日上午随着高压东移入海，上海地面风向转为高压后部偏东风，对应 10 日 05 时 $PM_{2.5}$ 小时浓度上升至重度污染，其中 10 日上午伴随相对湿度下降，地面观测天气现象由轻雾转为霾，虽然上海白天近地面偏东风明显增大，14 时风速近 5 m/s，但是直到 10 日 23 时颗粒物浓度才下降到中度污染水平，11 日 00 时颗粒物浓度明显下降至轻度污染水平，截至 11 日 01 时空气污染过程结束，整个污染过程维持近 30 h，其中白天近 18 h 的东风影响时段里，$PM_{2.5}$ 浓度始终维持在重度污染级别。本次过程 $PM_{2.5}$ 小时浓度最高出现在宝山，为 220.2 μg/m³。上海东、西部观测站颗粒物浓度上升和下降时间差异明显，上升阶段自西向东呈现时间上的阶梯状递增；下降阶段呈自东向西的阶梯状下降。这是上海地区在东风系统控制下，$PM_{2.5}$ 浓度一种典型的时空变化特征，同时该特征排除了颗粒物海上回流的可能。

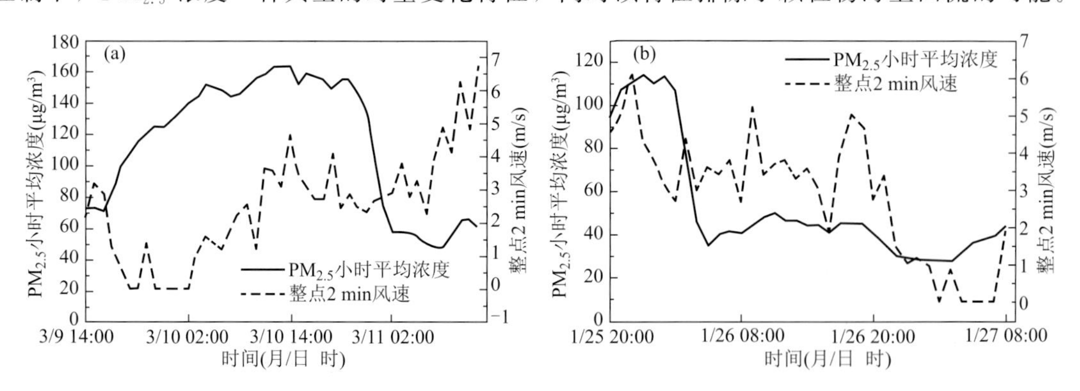

图 2.84　上海 2014 年 3 月 9—11 日（a）和 1 月 25—27 日（b）$PM_{2.5}$ 平均浓度及宝山站风速随时间变化

1 月 26 日的过程与 3 月 10 日的污染过程地面天气形势较为相似，上海地区前期主导风向均为偏北风，上游地区颗粒物浓度较高，因此存在明显的颗粒物对本地的输送，由图 2.84b 可见，26 日 20 时前地面风速较大，平均风速为 3～4 m/s，$PM_{2.5}$ 浓度明显下降，26 日 03 时下降到轻度污染以下，14 时起随着地面高压中心移出上海，风向逐渐转为偏东风，但风速较小，$PM_{2.5}$ 浓度变化不明显，基本维持在良的低值，这是东风系统影响下上海地区颗粒物变化的常规形态，即上海近地面转为东向风后，颗粒物浓度明显降低。但与常规形态不同，3 月 10 日上午开始，地面风速开始增大，$PM_{2.5}$ 浓度并未伴随风力增大而降低，始终维持在 140～160 $\mu g/m^3$。

从 3 月 10 日和 1 月 26 日过程 20 时海平面气压场可见，东亚大陆 30°N 以北基本为稳定的高—低—高天气形势，整个华东沿海处于入海高压环流控制之下，上海处于海上高压后部，风向以偏东风为主，高压中心移动缓慢，两者位置和强度基本一致。同时，850 hPa 温度场显示，两次过程上海均处于冷温度槽底部，3 月 10 日过程 850 hPa 温度较 1 月 26 日略偏低。相似的天气形势，反映出两个时段地面风场具有一定的相似性，但造成的空气污染状况却截然不同。

2.9.2　水平和垂直扩散条件

近地层风的变化对大气污染物的传输和扩散影响显著，对于气态污染物和颗粒态污染物来说，风主要表现了平流输送的能力（陈丽芳，2012）。宝山铁塔测风资料数据显示（图 2.85），3 月 10 日上海宝山站近地层除去静风时段，主要为偏东风，3 月 10 日凌晨 10 m 风速基本为静风状态，受日变化影响，白天风速略有增大，为 3 m/s 左右，$PM_{2.5}$ 浓度随风速的增加而增大，此时水平扩散条件并未对全市污染物扩散起明显作用。但是从各观测站点的 $PM_{2.5}$ 浓度分钟数据来看，来自海上空气存在一定的清洁稀释作用，自东向西存在明显的从低到高的分布特征，反映出水平扩散条件并不是空气污染的主导因素。与 1 月 26 日相比，相似点是都以东风系统为主，东风时段都维持了近 15 h，不同点是污染前期风速差异较为明显（图 2.84），1 月 26 日前期平均风速维持在 3～4 m/s，明显大于 3 月 10 日。前期水平扩散条件的差异仅仅造成了两者 $PM_{2.5}$ 浓度基数上的差异，说明两者在源和水平扩散稀释上具有一定的相似性。

大气热力状况的变化与非绝热加热及冷暖平流过程紧密相关。陈永林等（2010）曾对比 2008 年 1 月 13 日—2 月 2 日浙江嵊泗和上海徐家汇温差发现，当嵊泗为北—东北风时，嵊泗到徐家汇 110 km 内的平均温差为 1.3 ℃，可见地面风向对上海近地面气温的影响非常显著。从宝山和嵊泗站地面温度对比（图 2.86b）来看，3 月 10 日白天宝山地面温度明显高于嵊泗，相对于陆地，偏东风为近地层带来冷平流，到了夜间，宝山和嵊泗站地面温度基本持平。3 月 10 日 850 hPa 温度图上，上海 08 时处于冷槽里，到 20 时，随着 850 hPa 南支系统北抬，上海逐渐转为暖脊控制，850 hPa 上是一个逐渐回暖过程。850 hPa 上为暖平流，地面为冷平流，使温度直减率明显减小，有利于上暖下冷“暖盖”结构的形成，最终表现为垂直扩散能力明显减弱，图 2.87a 为 3 月 10 日温度层结示意图。与 3 月 10 日相反，1 月 26 日（图 2.86a）白天温度嵊泗和宝山站相差较小，17 时起受海陆热力差异影响，两站地面温度差别开始明显加大，嵊泗温度明显高于宝山站，相对于上海陆地，偏东风为暖气流，有利于

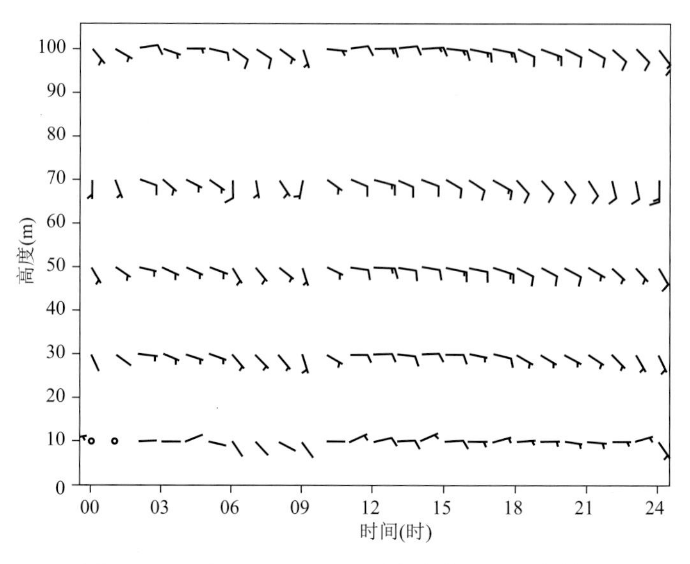

图 2.85　3 月 10 日 00—24 时宝山水平风垂直剖面

陆地上的增温。从 1 月 26 日 850 hPa 温度场上看，08—20 时同样是冷槽向暖脊的转变，850 hPa 暖平流，地面暖平流，但地面暖平流明显大于 850 hPa 暖平流，图 2.87b 为 1 月 26 日温度层结示意图，相对于 3 月 10 日过程，更有利于温度直减率加大，加强了气流的垂直交换，最终表现为垂直扩散能力明显加强。

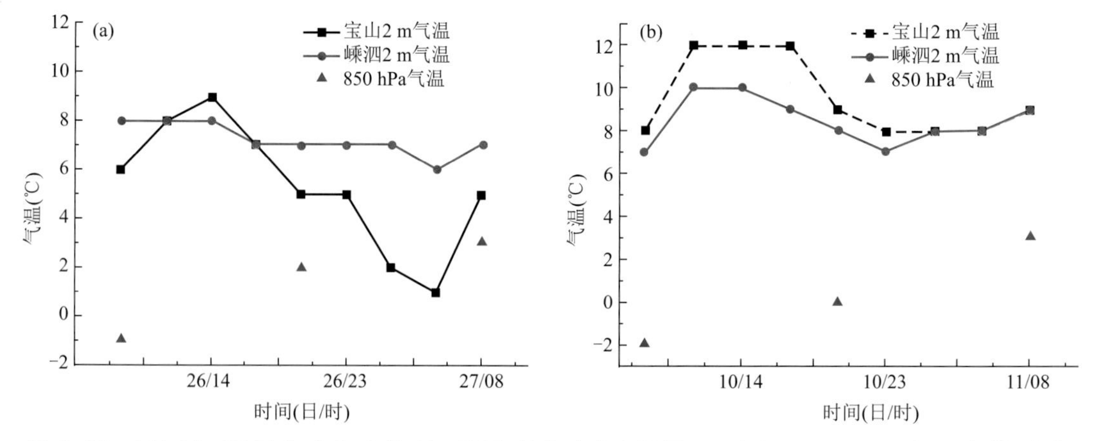

图 2.86　1 月 26—27 日（a）和 3 月 10—11 日（b）宝山和嵊泗 2 m 气温及 850 hPa 气温随时间变化（850 hPa 气温从探空获取，每天 2 次，因此用散点表示）

激光雷达资料可以直观地显示污染物的垂直结构日变化情况（贺千山 等，2005），由图 2.88 可以看出，两次过程边界层顶（激光雷达观测的距离平方订正回波信号强度垂直梯度最大区）日变化均呈现白天高、夜间低的日变化特征。

相应地，边界层内气溶胶的上界也表现出同样的日变化特征。两次过程的激光雷达观测的距离平方订正回波信号强度垂直分布差异明显，3 月 10—11 日过程 1 km 以下信号强度变化梯度大，可以明显地看到越接近地面，信号强度越大，说明颗粒物集中在较低的气层内，而随着高度增加，信号强度会减小。与该次过程明显不同，1 月 26—27 日过程边界层内信号强度垂直分布均匀，说明边界层内混合作用强，垂直扩散条件好。

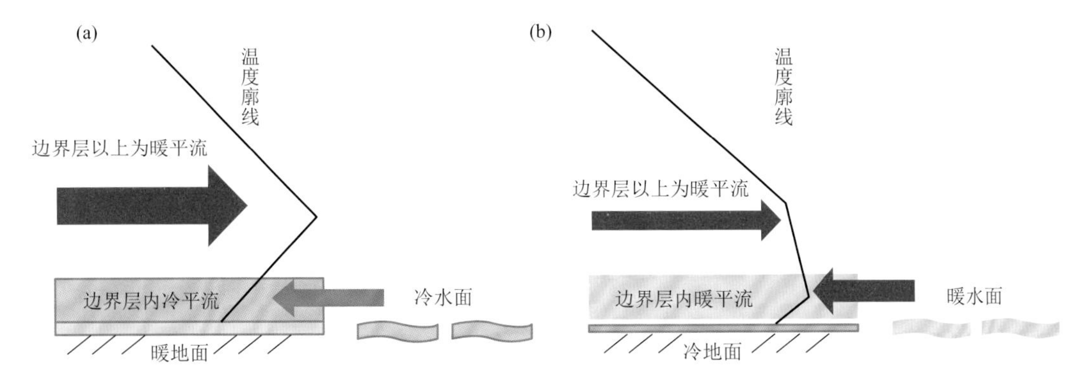

图 2.87　3月10—11日（a）和1月26—27日（b）宝山站逆温成因示意图

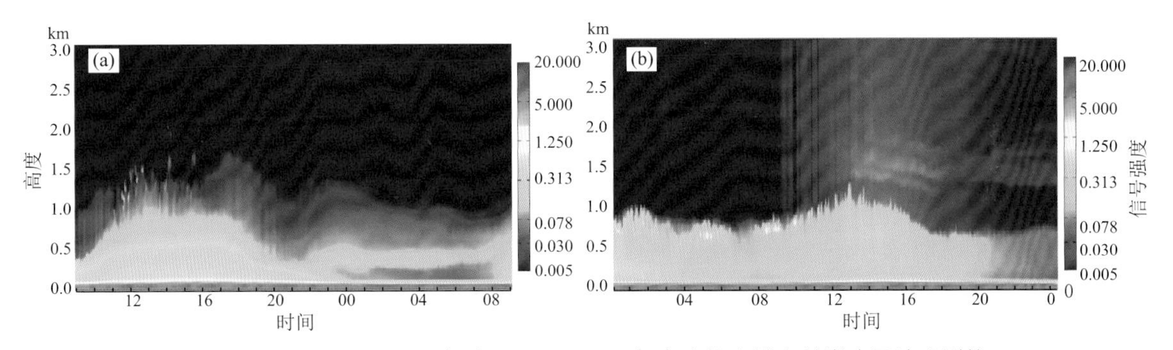

图 2.88　3月10—11日（a）和1月26日（b）上海市浦东站激光雷达观测的距离平方订正回波信号强度随时间变化

以3月10—11日为例，分析典型时次消光系数的垂直分布情况，分别取上午、下午、上半夜和午夜4个时段的消光系数随高度的分布（图2.89），可见与边界层顶日变化相反，下午时段近地面消光系数数值最大，午夜时段近地面消光系数最小，上午时段次之，上半夜近地面消光系数介于上午和下午之间。这也很好地验证了东风气流带来海上较低温度平流与925 hPa暖脊叠加形成较稳定温度层结抑制污染物垂直扩散有直接关系。消光系数垂直伸展高度与边界层日变化一致，下午最高（750 m），上午和午夜次之（250 m），上半夜最低（130 m），说明温度日变化对颗粒物的垂直扩散速度有一定的影响。与其他几个时段不同，午夜时段在120～250 m存在单峰结构，说明污染物在午夜抬升至该高度层，低空存在逆温层，抑制污染物垂直扩散，底层偏东风带来相对清洁空气，消光系数在底层较小。

2.9.3　垂直和水平效应的对比

通过以上分析可知，3月10日污染过程水平扩散条件和垂直扩散条件作用相反，究竟该次过程谁起主要作用？3月10日全市$PM_{2.5}$浓度变化大致可以分成上升、平衡、下降3个阶段，上升阶段在9日20时—10日05时，平衡阶段为05—23时，下降阶段为10日23时至11日01时。从各个污染等级变化时间可以看出：从轻度上升到中度污染仅3 h，从中度上升到重度污染需要8 h，维持在重度污染18 h，而从中度转为轻度污染仅1 h，轻度转为良1 h，上升过程明显比下降过程慢，说明上升和下降过程中，主导扩散条件有了明显的改变。

上升阶段，水平方向上存在着弱的清洁稀释作用，此时风速较小，对全市的水平扩散作

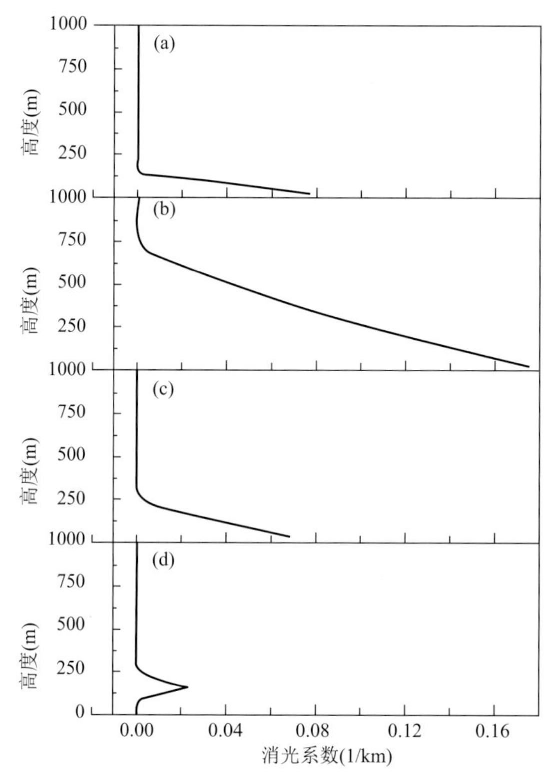

图 2.89　3 月 10—11 日消光系数（527 nm）垂直廓线

（a. 20—21 时；b. 14—15 时；c. 09—10 时；d. 00—01 时）

用基本可以忽略，海上清洁空气仅对东部站点起到了清洁稀释作用。但是从垂直温度场上看，850 hPa 的暖脊配合地面来自海上较低温度的东风气流，形成低空暖平流，近地层冷平流，气温直减率趋于减小，由表 2.13 可见，3 月 10 日，嵊泗温度垂直递减率绝对值小于宝山，在东风情况下，下游温度垂直递减率绝对值趋于减小，垂直稳定性增加。1 月 26 日，嵊泗温度垂直递减率绝对值大于宝山，在东风情况下，下游温度垂直递减率绝对值趋于增大，垂直稳定性减小。大气扩散条件的主导因素还是以垂直方向上湍流交换变弱为主，最终导致颗粒物浓度明显上升，垂直方向上的净累积量要远大于水平方向的浓度稀释速率，尤其是在中心城区，这就很好地解释了 $PM_{2.5}$ 分钟浓度数据出现站点自东向西从低到高的空间分布，以及为什么一直是海上偏东气流，全市 $PM_{2.5}$ 浓度还是处于上升阶段。平衡阶段，水平风速受日变化影响有所增大，此时水平扩散条件和稀释作用并存，水平方向的浓度减少速率开始与垂直方向上的净累积量逐渐达到平衡，温度直减率进一步减小，全市 $PM_{2.5}$ 平均浓度基本维持不变，但是各站点浓度还是存在显著空间差异，东滩随着水平风速加大（12 时）开始下降，而中西部站点在 20 时前后出现了短暂的小高峰，这是由于一方面主城区源存在“晚高峰”现象（杨柳 等，2012），另一方面逆温层是影响层结稳定和空气质量的重要气象条件，逆温层的存在意味着低空暖且轻的空气位于冷且重的空气上面，形成稳定的大气层结（唐宜西 等，2013），最终垂直方向上的净累积量进一步增大。到了下降阶段，随着上海本地排放源的进一步减少，垂直方向上的积累作用明显减弱，加上水平风速依旧维持在 3 m/s 左右，此时水平方向上的清洁稀释和扩散作用开始占主导作用，全市 $PM_{2.5}$ 浓度开始明显下降。1 月 26 日过程则相反，低空虽然有暖平流，但近地层同样为暖平流，近地层暖平流强度较低空大，抑制了气温直减率的减小，使气层稳定度减小，进而促进垂直方向上的扩散，加上水平方向的浓度稀释速率也在增加，最终全市 $PM_{2.5}$ 浓度维持在较低水平，整个过程中，水平扩散和垂直扩散条件作用相同，均以扩散为主，从而造成颗粒物浓度伴随风向转变及风力增大而迅速降低。

表 2.13 地面至 850 hPa 温度垂直递减率 单位:℃/100 m

	3月10日		1月26日	
	08时	20时	08时	20时
宝山	−0.66	−0.59	−0.45	−0.19
嵊泗	−0.59	−0.46	−0.58	−0.32

2.9.4 讨论

3月10日和1月26日上海地区在具有相似的地面天气形势，且持续的东风系统影响下，$PM_{2.5}$ 浓度变化上存在明显差别。通过对这两个时段的常规气象资料、物理量场资料、$PM_{2.5}$ 浓度数据以及激光雷达资料进行对比分析，得出以下结论。

（1）上海处于相似的气压场控制下，在不同的季节会出现截然不同的空气污染状况，这是动力、热力条件共同作用的结果。

（2）上海地区在东风系统控制下仍可能出现重度污染天气，垂直扩散条件较差是主要原因，当水平扩散稀释作用远低于垂直上的污染物积累时，颗粒物浓度增加。

（3）不同季节，海陆温差造成的近地面温度层结状况截然相反，当上海吹东风时，冬季海温较高，相对于内陆为暖平流，不利于建立稳定层结；而在春季则相反，为冷平流，因此当低空气温变化不大，近地面是冷平流时，近地层大气层结趋于稳定，从而抑制污染物垂直扩散，反之有利于污染物垂直扩散。

（4）激光雷达可以清晰地监测颗粒物污染天气过程，通过监测消光系数的空间分布，可以得到污染时段的时空变化情况及边界层高度情况。通过分析激光雷达观测的距离平方订正回波信号强度垂直分布情况，可以判断垂直扩散条件，近地层垂直分布不均匀，说明存在抑制边界层混合作用的热力因子。

本节针对3月10—11日东风系统重污染过程研究表明，其发生发展有区别于以往重污染天气的特点：海陆热力差异造成近地层垂直温度层结趋于稳定，抑制边界层污染物的垂直扩散，预报中关注此类天气过程，探讨类似过程污染天气的形成机理，为今后的空气质量预报预警提供新的思路。

2.10 长三角区域性 $PM_{2.5}$ 污染的气象机制

随着快速的城市化进程，我国东部地区的污染排放集中在京津冀、长三角、珠三角等地，使得大气污染呈现区域性特征（肖娴 等，2014；朱红霞 等，2015；张小曳 等，2020；Zhu et al.，2018），即区域经济一体化造成区域污染一体化。比如任阵海等（2008）发现，21 世纪初期我国的大气环境质量表现为大区域特征，污染区主要位于华北、东北和长江中下游。贺克斌（2018）指出，2013 年前后我国高浓度 $PM_{2.5}$ 污染主要集中在京津冀、长三角、珠三角和四川盆地，而且几乎每次重污染过程的区域性特点都非常显著。区域性污染事件的主要特点是高浓度污染区连片出现、空间范围广，给重污染应急预警带来困难。为此 2013 年国务院颁布的“大气十条”中明确提出建立京津冀、长三角区域大气污染防治协作机制，目的是有效应对区域性污染事件。

除了污染排放，区域性大气污染事件的形成和加重与气象条件也密切相关（苏福庆 等，2004；张人禾 等，2014；张小曳 等，2020）。在大尺度静稳天气（如鞍型场、L 型高压等）控制下，人为排放的污染物迅速累积和转化，使得局地污染浓度迅速升高，通过传输混合形成大范围、高浓度的污染气团，这是长三角等区域性污染事件的典型触发机制（Huang et al.，2020）。此外，冷空气携带的污染输送也是秋冬季长三角地区出现大范围污染过程的重要原因（周敏 等，2016；石春娥 等，2017）。翟华等（2018）发现，冷空气输送叠加局地静稳天气是 2015 年 12 月长三角一次大范围重污染天气的重要形成原因。邓发荣等（2018）认为，沙尘输入和生物质燃烧能够加重长三角区域的重污染过程。李莉等（2015）、周述学等（2017）都发现，西北路径、偏北路径是造成 2013 年 12 月长三角区域性重污染过程的两条输送通道。可见长三角区域性重污染过程多为不利天气条件下本地排放和跨区域输送相叠加的结果，而生物质燃烧能够加重污染程度。上述研究加深了对长三角区域性大气污染事件的环流背景、演变特征的理解，为区域性污染过程的预报预警和联防联控提供了重要支持。目前对长三角区域性大气污染的研究仍然存在两个问题。首先，区域性污染事件的特征是空间范围广、污染区域连片，以往文献大多分析长三角典型污染过程的形成和演变机制，很少涉及区域性污染日的判定方法和标准，因而对长三角区域性污染日缺乏规律性认识，比如影响范围、污染程度和持续时间等。其次，由于区域性污染过程的形成和天气形势关系密切，环流位置和演变的差异都会对污染事件的影响范围、演变过程造成较大差异，但以往研究缺乏对长三角区域性污染过程之间相互差异的详细分析，这也是目前制约区域性污染过程预报预警水平的重要原因。

基于上述两个问题，本节首先利用 2015—2018 年长三角国控点的地面 $PM_{2.5}$ 观测资料探讨了长三角区域性 $PM_{2.5}$ 污染日的判别方法；其次针对所有的区域性污染日进行空间分型研究，揭示长三角区域性 $PM_{2.5}$ 污染事件的主要类型及其差异，包括影响区域、污染程度、持续时间等；最后对每一类区域性污染过程的大气环流进行合成分析，揭示触发不同类型区域性 $PM_{2.5}$ 污染过程的主导天气系统及其动力、热力特征，从而为长三角区域性 $PM_{2.5}$ 污染过程的预报预警提供支持。

2.10.1 长三角气候环境背景

长三角地区位于我国东部 115°E 以西、26°～35°N，属于典型的亚热带季风气候，年平均气温在 20～25 ℃。冬季，长三角主要受冷空气影响，盛行偏北风，而夏季的主导天气系统是副热带高压和台风。图 2.90a 显示了 2015 年污染季节（1 月、2 月、11 月、12 月）影响长三角（以合肥、南京、上海、杭州为例）的气团轨迹，从图中可以看出，主要有华北长距离传输、长三角区域内传输、海洋气团3类。其中来自北方的长距离传输气团占17%～25%，对合肥的影响最高，约为24.7%；长三角区域内气团传输约占30%，但不同城市的气团来源方向有所差异，比如杭州主要受上海和江苏的影响，而南京主要受安徽的影响。海洋气团对上海和杭州的影响非常显著，都超过30%，对改善局地空气质量具有显著作用。长三角是我国经济最发达、城镇集聚水平最高的地区。近年来由于实施清洁空气行动计划，污染排放显著下降。Li等（2019）指出，2017年长三角的$PM_{2.5}$、NO_x、SO_2排放较2013年分别下降了36%、21%和67%。图2.90b显示了2017年长三角$PM_{2.5}$的一次排放总量(上海市环境科学研究院提供，空间分辨率为3 km)，与2013年相比（图略），排放的空间分布并没有发生变化，仍然和长三角城市、交通干线的分布基本一致。高排放区主要集中在上海及周边的南京—镇江—苏锡常—昆山一线，杭州及周边的嘉兴、湖州一线，安徽合肥及周边的马鞍山—芜湖—铜陵一线，以及皖北的阜阳、滁州、淮北等地。其中4个省会城市合肥、南京、上海、杭州及周边地区的排放最为密集，对区域空气质量产生显著影响。

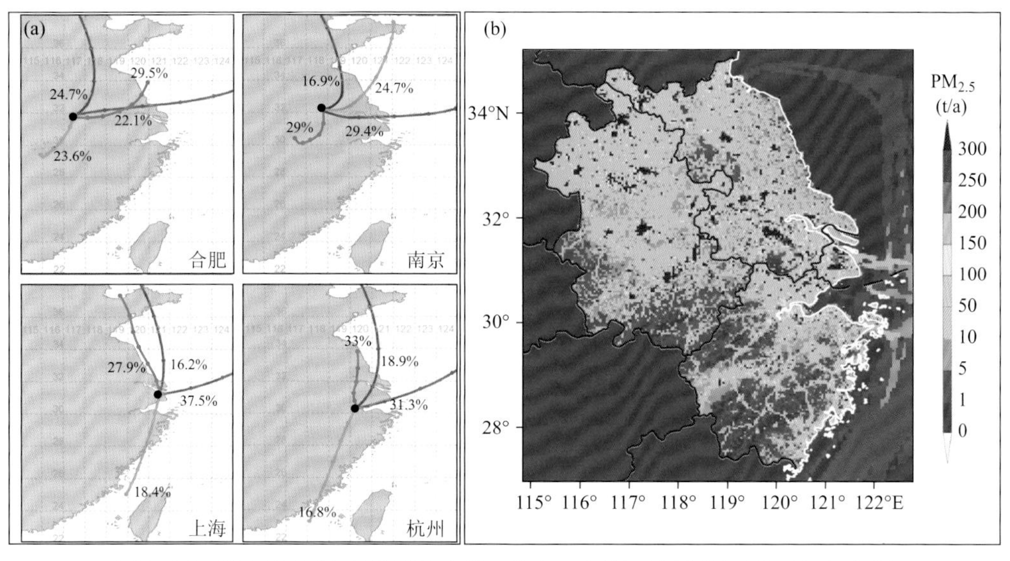

图2.90 2015年污染季节影响合肥、南京、上海、杭州的气团轨迹（a）和2017年长三角$PM_{2.5}$的一次排放总量（b）

2.10.2 污染月区域$PM_{2.5}$浓度的空间分布

计算2015—2018年长三角4个代表城市（合肥、南京、上海和杭州）各月的$PM_{2.5}$污染超标日数发现，1月、2月、11月和12月的超标日数最多，占全年超标总日数的50%以上。其中，合肥的比例最高，为69%；南京和杭州次之，均为68%；上海为55%。90%以上的重度及以上污染日都发生在上述4个月。这和许建明等（2016）对2013—2016年上海$PM_{2.5}$污染特征的分析结果一致。可见虽然近年来长三角地区的$PM_{2.5}$浓度显著下降（戴昭鑫 等，2016；高嵩 等，2018），但$PM_{2.5}$污染的季节性暴发特征仍然非常明显。借鉴许建明等（2016）的方法，本节主要针对上述4个月（定义为$PM_{2.5}$“污染月”）的区域性$PM_{2.5}$污染过程进行分析研究。计算2015—2018年上述4个月的平均$PM_{2.5}$浓度空间分布（图

2.91）发现，长三角地区的 $PM_{2.5}$ 浓度呈现北高南低、西高东低的特点，浓度值从西北向东南递减。安徽西北部的 $PM_{2.5}$ 浓度最高为 81.7～95.1 μg/m³，而浙江南部仅为 43.1～44.8 μg/m³。这种空间分布形态首先与长三角的工业、交通等排放源的分布有关，长三角北部、中部的污染排放强度明显高于南部（图 2.90b）；其次与冬季冷空气自北向南的输送路径有关，越往下游冷空气越弱，输送影响越小；此外也和海洋清洁气团对东部沿海城市空气质量的稀释改善有关。由图 2.91 可见，长三角高浓度 $PM_{2.5}$ 连片分布，具有明显的区域性特征。以 12 月为例，$PM_{2.5}$ 污染区主要集中在安徽淮北、宿州、亳州至江苏徐州和宿迁一带，覆盖面积约为 50000 km²，平均浓度超过 90 μg/m³。此外，在安徽合肥、六安一带，江苏常州、泰州一带有两个明显的 $PM_{2.5}$ 高浓度中心，浓度值较周边地区偏高约 10 μg/m³。

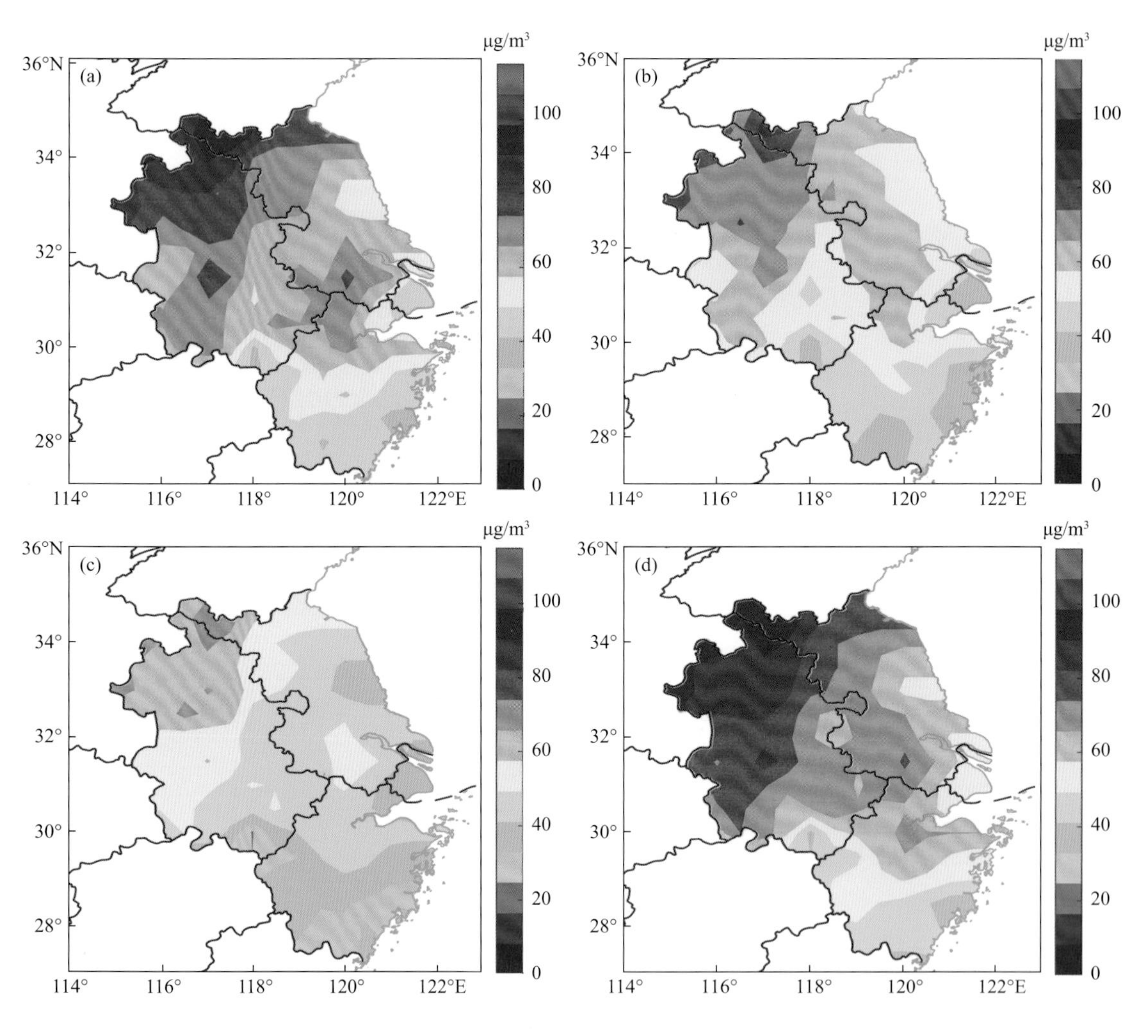

图 2.91 2015—2018 年 1 月（a）、2 月（b）、11 月（c）、12 月（d）长三角区域 $PM_{2.5}$ 平均质量浓度分布

2.10.3 长三角区域性 $PM_{2.5}$ 污染日的研判标准

区域性过程的特点是范围大且连片出现。牛若云等（2018）对我国东部区域性暴雨日的

判断标准为：日累计降水量达到暴雨的格点数大于15个且相连成片。王国复等（2018）对于区域性高温日的判定标准为：日最高气温≥35 ℃的站点数超过总站点数的3%，且相邻站点之间的最大距离小于250 km。可见相关研究对区域性过程的判别重在连片、大范围，判别的结果取决于研究区域内的站点数量和空间均匀性。站点数越多、空间分布越均匀，就能够更加准确地揭示区域性过程的特征。参照上述研究，本节对长三角区域性$PM_{2.5}$污染过程的判别主要基于两点：首先由于长三角环境空气质量的国控点数较少（256个），而且主要集中在城市地区，因此本节选择城市而不是站点作为区域性过程的研判对象（共41个城市）；其次区域性过程的重要特点是连片，而不是跨省，因此定义安徽、江苏（考虑到上海面积较小，其和江苏相邻，因此将上海作为一个城市和江苏合并）、浙江至少一个省超过50%的城市$PM_{2.5}$日均浓度达到污染等级（>75 μg/m^3）为一个区域性$PM_{2.5}$污染日。

根据上述标准，对2015—2018年11月—次年2月长三角$PM_{2.5}$日均浓度（共481 d）进行分析，得到260个区域性$PM_{2.5}$污染日。按照上述定义，图2.92显示了区域性污染日（260 d）和其他空气质量日（221 d）两类情况下长三角41个城市$PM_{2.5}$日均浓度等级。纵坐标中41个城市从北向南基本按照相邻的顺序排列。由图可见，图2.92a中每一个区域性污染日都覆盖了30%～98%的城市，其中相邻城市的数目为8～39，体现了区域性污染过程的大范围、连片特征。

其他情况下（图2.92b），长三角个别城市也出现了污染超标现象，但污染城市大都孤立分布，平均为1～4个，最多为7个（2018年11月20日），基本没有出现大范围、连片的情况。为了验证本节定义的区域性$PM_{2.5}$污染日的合理性，以5个相邻城市达到轻度污染等级为检验阈值，研究时段内共出现272 d。本节定义的区域性$PM_{2.5}$污染日包含了254 d，对污染日的覆盖率达到96%。如果以8个连片城市达到污染等级为检验阈值，则本节定义的区域性污染日覆盖100%。可见，本节对于长三角区域性$PM_{2.5}$污染日的定义比较合理，基本包含了连片、大范围的$PM_{2.5}$污染过程。按照此定义，长三角区域性$PM_{2.5}$污染日从2015年的66 d下降至2018年的55 d，表明区域大气污染联防联控取得成效。但是受不利气象条件影响，2018年长三角区域性$PM_{2.5}$重度污染日达到21 d，占全部污染日的39%。Ding等（2019）也发现，2018年长三角秋冬季的污染过程明显增多，说明本节定义的区域性$PM_{2.5}$污染日能够较好地反映区域性污染的年际变化特征。

2.10.4　长三角区域性$PM_{2.5}$污染的空间分型

前文得到了长三角260个典型的区域性$PM_{2.5}$污染日。本节采用PCT方法对上述污染日的$PM_{2.5}$日均浓度进行分型研究，得到4种区域性$PM_{2.5}$的污染类型（图2.93），累积方差贡献达到90%，分型结果反映了不同区域性$PM_{2.5}$污染类型的空间分布形态、影响范围和污染等级，分别称之为整体型（图2.93a）、西部型（图2.93b）、西北型（图2.93c）、东北型（图2.93d）。表2.14统计了4种类型的出现日数、长三角区域及各省的$PM_{2.5}$平均浓度、$PM_{2.5}$超标城市、污染过程平均持续时间。可见，4种区域性$PM_{2.5}$污染的空间范围、污染程度、持续时间存在显著差异。

整体型的出现日数最多（139 d）、覆盖范围最广（31个城市）、长三角区域平均浓度最高（104.3 μg/m^3）、污染过程（若出现连续的区域性$PM_{2.5}$污染日，则作为1次区域性

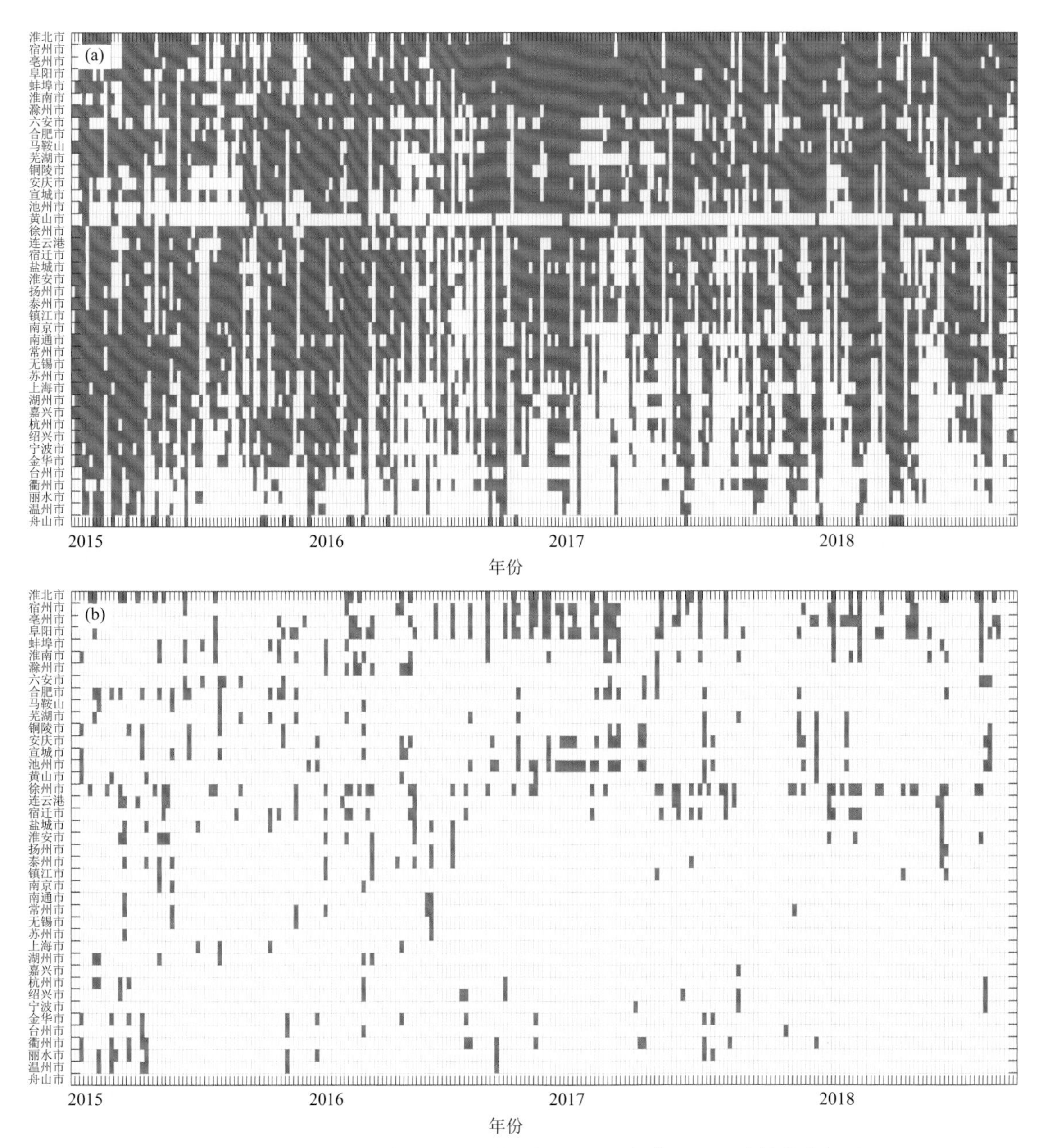

图 2.92　2015—2018 年污染月份 260 个区域污染日（a）和 221 个其他空气质量日（b）长三角 41 个城市的日污染等级（橙色填色表示达到 $PM_{2.5}$ 污染程度）

$PM_{2.5}$ 污染过程）平均持续时间最长（1.67 d），是影响长三角 $PM_{2.5}$ 环境质量最重要的区域性污染类型。由图 2.93a 可知，长三角地面风场非常紊乱，存在不同尺度的辐合作用，有利于污染物累积。$PM_{2.5}$ 的污染范围覆盖了安徽、江苏、上海及浙江北部共 31 个城市，超过区域总面积的 2/3。安徽、江苏、上海、浙江的 $PM_{2.5}$ 平均浓度分别为 114.2 μg/m³、119.2 μg/m³、93.0 μg/m³ 和 78.6 μg/m³，全部达到污染等级，其中江苏的徐州、宿迁，安徽的亳州、淮北、宿州污染程度最重，$PM_{2.5}$ 平均浓度超过 130 μg/m³。此外，整体型污染过程的平均持续时间为 1.67 d，70%以上污染过程的持续时间超过 2 d，具有明显的持续特征，最长的过程达到 7 d（2016 年 1 月 13 日—2016 年 1 月 19 日）。

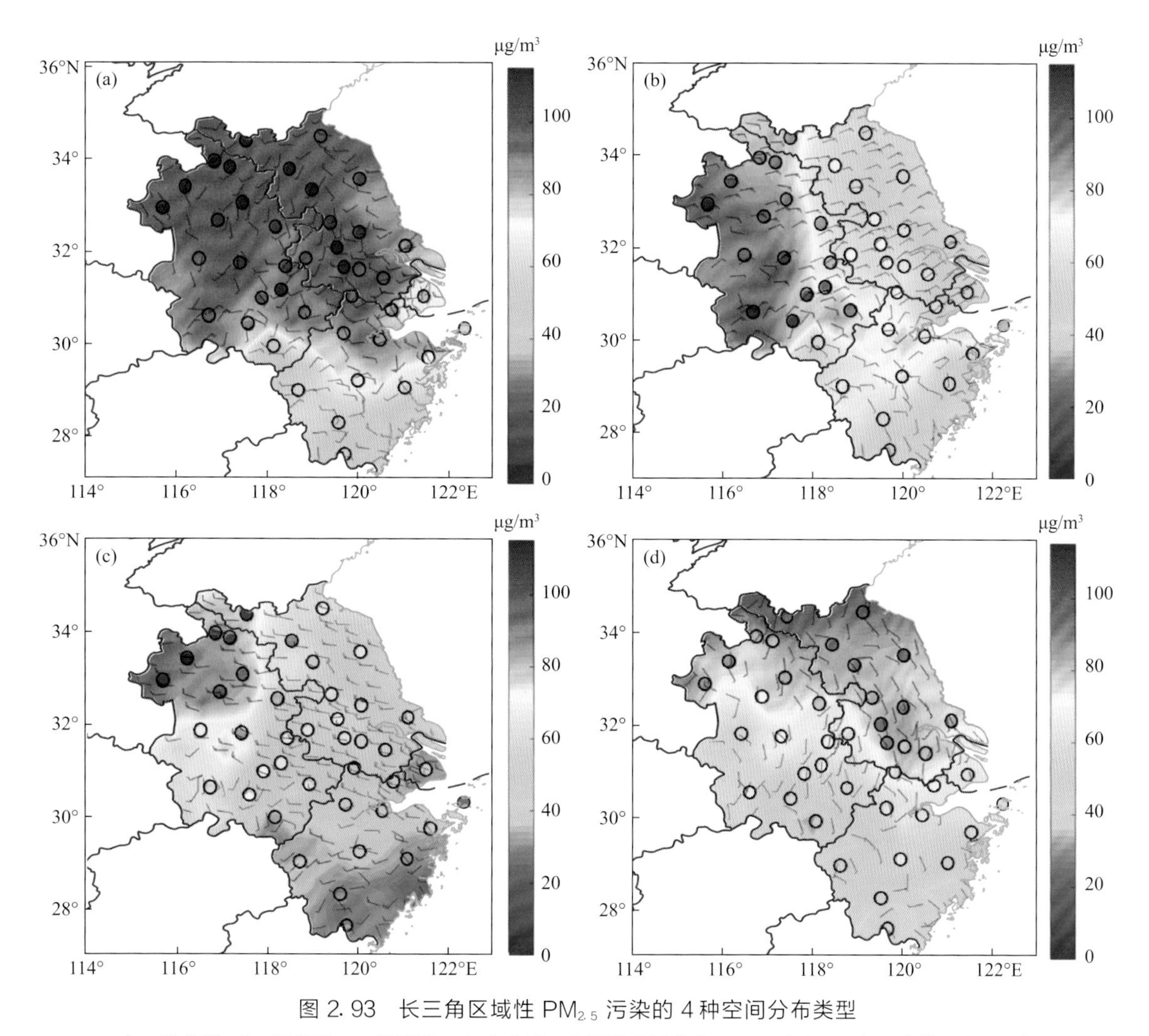

图 2.93　长三角区域性 $PM_{2.5}$ 污染的 4 种空间分布类型

（a. 整体型；b. 西部型；c. 西北型；d. 东北型；圆圈代表城市的 $PM_{2.5}$ 浓度，风矢量为地面主导风）

西部型一共出现 49 d，区域平均浓度为 75.4 μg/m³。长三角地面主导风向为东北风，污染物自东向西被挤压到内陆地区，$PM_{2.5}$ 浓度的空间分布呈现西高东低的特点，影响范围包括安徽大部和浙江北部共 18 个城市。西部型对安徽的影响最大，$PM_{2.5}$ 平均浓度为 97.5 μg/m³，阜阳、合肥、淮南和池州的均值浓度大于 100 μg/m³。对浙江的影响主要集中在杭州、绍兴、金华一带，为轻度污染等级。相比之下，东部沿海城市在海风的影响下 $PM_{2.5}$ 浓度较低，仅为 40 μg/m³。西部型污染过程的平均持续时间为 1.17 d，持续 2 d 及以上的污染过程较少，约占 21%。

西北型一共出现 43 d，区域平均浓度最低（66.6 μg/m³）、影响范围最小（8 个城市）。长三角地面主导风向为西北风，风速较大，表明受到冷空气扩散影响，污染物自西北向东南传输。$PM_{2.5}$ 污染范围主要覆盖安徽北部（6 个城市）和江苏西北部（2 个城市），高值中心位于安徽的亳州、阜阳、宿州，平均浓度为 105～115 μg/m³。西北型污染对上海和浙江的影响很小，$PM_{2.5}$ 平均浓度分别为 43 μg/m³ 和 39.8 μg/m³。此外，北部型平均持续时间为 1.16 d，而且很少出现重度污染日。

东北型共出现 29 d，区域平均浓度约为 71.5 μg/m³。东北型的影响范围覆盖了江苏大部（11 个城市）和上海，平均浓度分别为 89.2 μg/m³ 和 74.9 μg/m³，明显高于安徽（67.7 μg/m³）和浙江（55.6 μg/m³）。东北型污染存在两个 $PM_{2.5}$ 高值中心，分别位于徐州、宿迁、连云港一带和常州、泰州、南通一带，平均浓度分别为 98.5 μg/m³ 和 77.8 μg/m³，较周边明显偏高。长三角地面以偏南风为主，表明基本不存在跨区域输送，由于风速很小，高浓度 $PM_{2.5}$ 主要来自本地污染排放的累积和混合。对比图 2.90b 发现，高浓度 $PM_{2.5}$ 的空间分布与长三角污染排放的分布非常相似，基本集中在上海、江苏、合肥周边地区。在偏南风的作用下，污染气团同时覆盖了江苏北部地区。东北型污染过程的持续时间最短（1.14 d），持续 2 d 的过程仅有 3 次，且范围较小。

通过上述分析发现，整体型是影响长三角 $PM_{2.5}$ 环境质量最重要的区域性污染类型，其出现日数最多、影响范围最大、污染程度最重，是长三角区域大气污染联防联控的重点。而西部型、西北型、东北型的影响范围相对较小，对各省的影响差异较大，可以考虑差异化的大气污染联防联控措施。

表 2.14　4 种区域性 $PM_{2.5}$ 污染类型的出现日数、平均浓度、污染范围和持续时间

类型	出现日数(d)	平均浓度(μg/m³)	污染城市	污染过程平均持续时间(d)	持续 2 d 及以上的污染过程次数
整体型	139	长三角 104.3 安徽 114.2 江苏 119.2 上海 93.0 浙江 78.6	安徽:淮北、宿州、亳州、阜阳、蚌埠、淮南、滁州、合肥、马鞍山、芜湖、铜陵、安庆、宣城 江苏:徐州、连云港、宿迁、盐城、淮安、扬州、泰州、镇江、南京、南通、常州、无锡、苏州 上海 浙江:湖州、嘉兴、杭州、绍兴	1.67	2 d:10 3 d:5 4 d 及以上:9
西部型	49	长三角 75.4 安徽 97.5 江苏 63.6 上海 46.7 浙江 63.3	安徽:淮北、宿州、亳州、阜阳、蚌埠、淮南、滁州、六安、合肥、马鞍山、芜湖、安庆、宣城、池州 江苏:徐州 浙江:杭州、绍兴、金华	1.17	2 d:5 3 d:1
西北型	43	长三角 66.6 安徽 82.8 江苏 71.2 上海 43.0 浙江 39.8	安徽:淮北、宿州、亳州、蚌埠、淮南、合肥 江苏:徐州、宿迁	1.16	2 d:4 3 d:1
东北型	29	长三角 71.5 安徽 67.7 江苏 89.2 上海 74.9 浙江 55.6	安徽:滁州 江苏:徐州、连云港、宿迁、盐城、淮安、扬州、泰州、镇江、南通、常州、无锡 上海	1.14	2 d:3

2.10.5 区域性污染类型的大气环流合成分析

已有研究表明，我国东部地区的 $PM_{2.5}$ 污染与天气形势密切相关，直接影响 $PM_{2.5}$ 污染的形成、发展及消亡过程（祁妙 等，2015；俞布 等，2017；朱丽 等，2020）。由图 2.93 可见，4 种污染类型对应的地面风场存在显著差异，而温度和相对湿度分别呈现北低南高、北干南湿的空间分布形态（图略）。为了进一步分析长三角区域性 $PM_{2.5}$ 污染的动力热力形成机制，为预报预警提供支持，本节采用环流合成的方法分别对 4 种区域性污染过程的 SLP、10 m 水平风场进行合成分析，结合地面气象观测资料揭示每种污染类型的主导天气形势及对应的传输和扩散特征。

2.10.5.1 整体型

从前面的分析可知，整体型污染过程具有明显的持续性特点，超过 2 d 的污染过程共计 110 d，约占总日数的 80%。可见整体型污染具有形成、维持、消散的演变特点。为了揭示此类污染过程在不同阶段的主导天气形势，本节以持续 2 d 及以上时间的污染过程为对象，根据 $PM_{2.5}$ 小时浓度变化（表 2.14 中整体型影响的 31 个城市）分别合成了污染形成（浓度上升）、维持（高浓度持续）、消散（浓度下降）阶段的地面 SLP 场和 10 m 水平风场，发现整体型污染过程并非受单一天气系统控制，而是通常发生在两股冷空气的间歇期。图 2.94 显示了 3 个阶段的高低空环流合成场。第一阶段，我国东部受高压控制，等压线密集带位于华南地区，表明前一股冷空气对华北和长三角的影响已经结束，而新一股冷空气正在蒙古国和西伯利亚堆积。华北、黄淮受高压楔控制，气压场较弱，出现明显的污染累积。而长三角处于高压楔前部，主导风向为西北风，但风速普遍小于 3 m/s。受此影响，华北和黄淮的污染气团逐步向南输送，导致长三角地区的 $PM_{2.5}$ 浓度由北向南升高，为区域性污染事件的形成提供了有利条件。期间区域平均温度为 2～6 ℃，受冷空气影响存在明显的降温过程，其中安徽北部和江苏北部的降温幅度小于 5 ℃，其他地区降温幅度一般小于 3 ℃，基本没有明显的降水过程。第二阶段，随着高压变性，黄淮至长三角地区转为大尺度 L 型高压控制，等压线稀疏、天气静稳，地面风速明显降低至 2 m/s 以下，非常不利于污染物扩散。前期输送和本地排放的污染物叠加，形成大范围污染气团并滞留在长三角地区，使得区域性污染过程维持甚至加重。第三阶段，前期累积的较强冷空气影响我国，长三角气压梯度显著增大，地面风速增强至 4～5 m/s，冷空气将污染物自北向南迅速清除。由于冷空气较强，使得区域温度明显降低至−2～4 ℃，其中安徽北部和江苏北部的降温在 5～7 ℃，其他地区的降温幅度小于 3～5 ℃。与地面天气系统相对应，850 hPa 表现为高空槽的移动和过境过程。首先长三角处于槽前西北气流控制，然后在长三角西部形成明显的高压中心并稳定维持，最后随着冷空气扩散，高空槽自西向东迅速移出长三角。可见，L 型高压是整体型污染形成和维持的主导天气系统，其特点是尺度大、维持时间长，使得不同城市的污染物相互传输、混合，形成大范围污染气团。实际上，整体型污染的影响范围不仅覆盖长三角，也覆盖了山东、河南等地。在 L 型高压控制下，长三角地区受到上游输送和本地污染排放的叠加效应，污染程度最重。这和许建明等（2016）对上海重度污染的分析结果一致。

为了进一步分析 3 个阶段的地面气象特征，以 2018 年 1 月 28 日—2 月 3 日的过程为例，

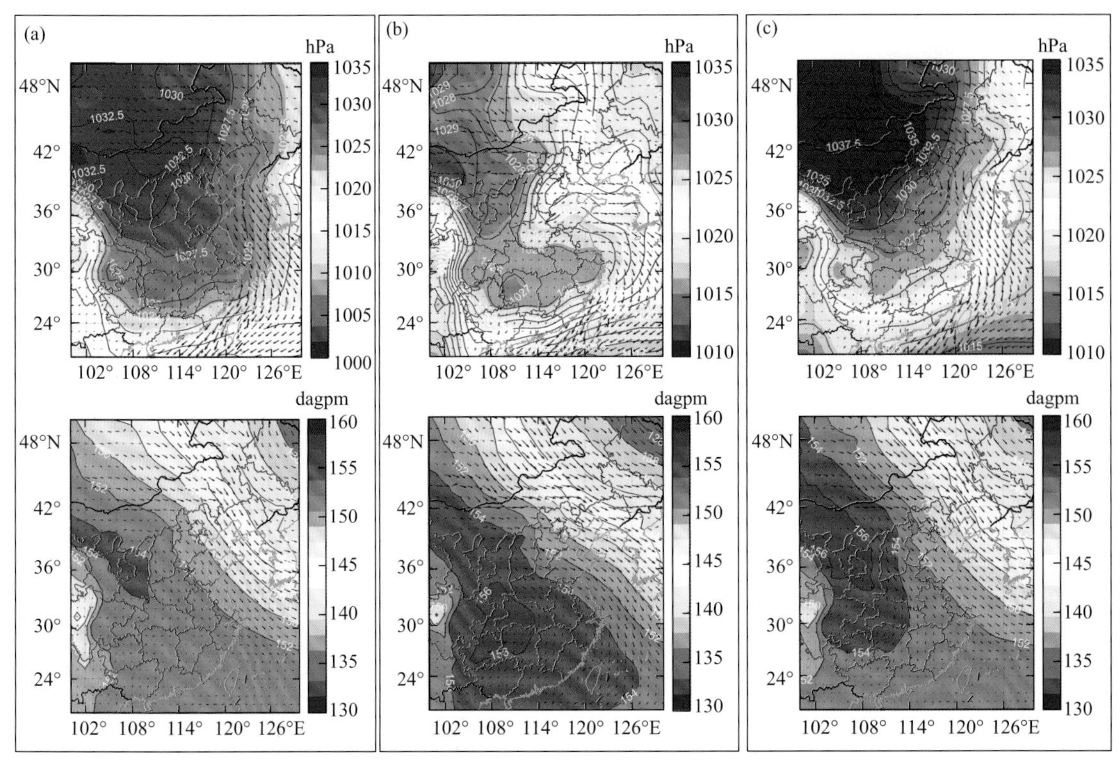

图 2.94 整体型污染的海平面气压场（填色和等值线）和 10 m 水平风场（上图）、850 hPa 位势高度（填色和等值线）和风场（下图）的合成

（a. 形成阶段；b. 维持阶段；c. 消散阶段）

自北向南显示了合肥、南京、上海和绍兴 4 个城市的 $PM_{2.5}$ 浓度和水平风速的小时变化（图 2.95）。可见 4 个城市的 $PM_{2.5}$ 浓度都呈现上升、维持、快速消散的变化过程，符合整体型污染的演变特征。在上升阶段，各城市的 $PM_{2.5}$ 浓度经过 8～12 h，迅速从优良上升至中度—重度污染水平，平均每小时上升超过 10 $\mu g/m^3$；在维持阶段，受边界层影响，$PM_{2.5}$ 浓度虽然有波动，但中度—重度污染一般持续 48～72 h；在快速消散阶段，$PM_{2.5}$ 浓度一般在 6～10 h 内降至优良水平，平均每小时下降 15～20 $\mu g/m^3$。此次过程区域内 27 个城市的 $PM_{2.5}$ 浓度变化呈现相似的三阶段特征，表明 L 型高压的影响范围较大。此外，统计发现，当发生整体型污染过程时，区域内超过 85％的城市 $PM_{2.5}$ 浓度变化都具有上述变化特点，但不同阶段 $PM_{2.5}$ 浓度和风速变化的关系存在差异，体现了输送和扩散对本地空气质量的相对影响。第一阶段，南京、上海、绍兴的风速明显上升至 3～4 m/s，对应 $PM_{2.5}$ 浓度也从 30 $\mu g/m^3$ 迅速上升至 100 $\mu g/m^3$ 以上，表明污染输送是导致 $PM_{2.5}$ 升高的主要原因。第二阶段，4 个城市的风速明显下降，小风维持（<2 m/s）了 60～70 h，对应 $PM_{2.5}$ 浓度也维持高值（150～200 $\mu g/m^3$）。受边界层日变化的调节，$PM_{2.5}$ 浓度呈现白天略低、夜间升高的日变化过程。第三阶段，风速增强至 5～6 m/s，明显高于第一阶段的风速，表明长三角地区受到较强冷空气影响，$PM_{2.5}$ 污染气团被有效清除，7 h 内浓度迅速下降至清洁水平。

2.10.5.2 西部型和西北型

西部型和西北型的出现日数、持续时间、污染等级相近，但影响范围存在较大差异。图

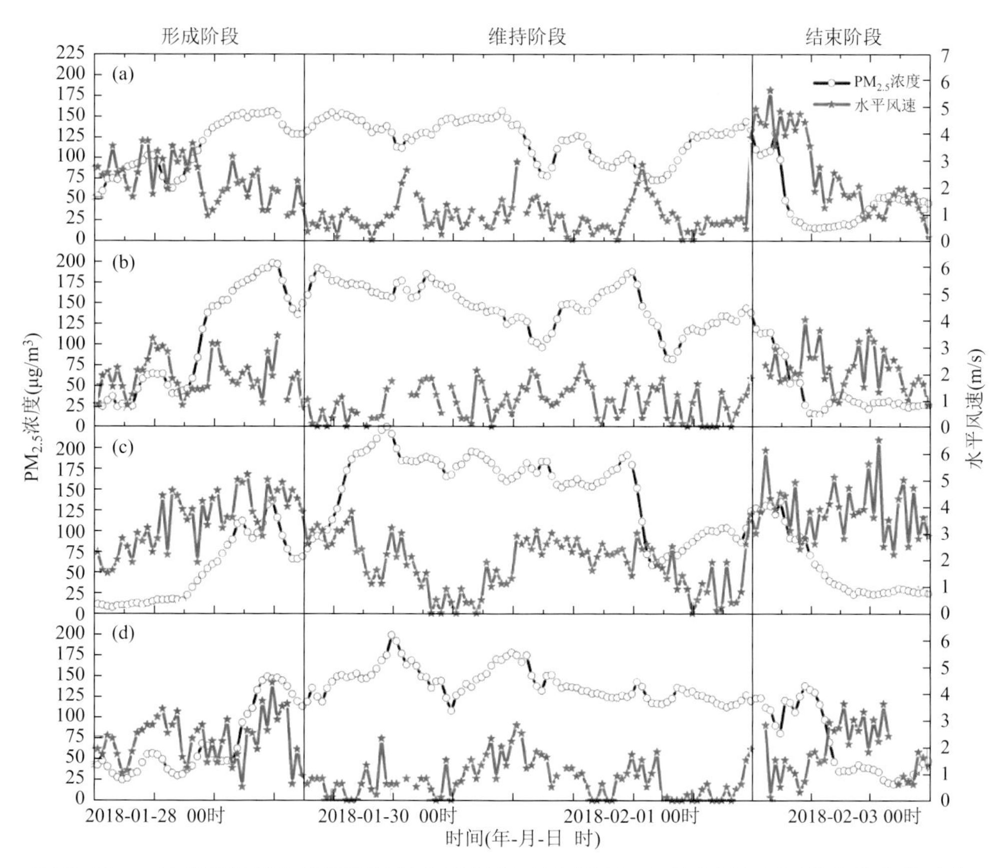

图 2.95 一次典型的整体型污染过程（2018 年 1 月 28 日—2 月 3 日）长三角从北向南 4 个城市的地面 $PM_{2.5}$ 浓度和水平风速的小时变化 （a. 合肥；b. 南京；c. 上海；d. 绍兴）

2.96 分别是合成的两种类型的高、低空形势场，可见两种污染类型的控制系统都是冷高压，是冬季典型的冷空气天气形势。不同的是西部型对应的冷空气较弱（图 2.96a），中心气压约为 1029 hPa，冷空气路径偏东，冷空气主体主要影响我国华北和东北地区，长三角处于冷高压底部，低层以东北风或偏东风为主导风向。西部型的降温不显著，降温幅度通常小于 3 ℃，而且没有降雨过程。而西北部型对应的冷空气明显偏强（图 2.96b），中心气压超过 1035 hPa，长三角地区过程降温明显，降温幅度通常达到 5～7 ℃，同期的平均气温较西部型偏高 3～5 ℃。由于冷空气路径偏西，锋面自西北向东南移动，经新疆、河套等地直接过境长三角，且移速较快。冷空气过境时长三角主导风向为西北风。同样对比 850 hPa 高空形势可以发现，西部型时长三角处于南侧高压顶部控制，受东北气流影响；而西北型时高空槽自西北向东南移动，长三角受西北气流影响，高低空风场具有一致性。

上述两种冷空气路径对长三角的空气质量造成不同影响。在东路冷空气控制下，长三角沿海城市受海洋清洁气团的影响，$PM_{2.5}$ 浓度较低；但是东向风将污染物向长三角内陆挤压，造成安徽和浙江北部的 $PM_{2.5}$ 浓度显著升高，其中安徽西部的污染程度最重，形成了 $PM_{2.5}$ 浓度西高东低的分布特点。而在西路较强冷空气影响下，冷空气携污染物直接过境长三角，形成了 $PM_{2.5}$ 浓度从西北向东南递减的分布形态。由于锋面移速较快，锋面过境时段就是污染输送的影响时段，$PM_{2.5}$ 的浓度变化呈现快速上升和快速下降的特点，北部地区的超标时间为 24～36 h，而南部地区一般为 6～13 h。当冷空气较强时（西北型），由于风速

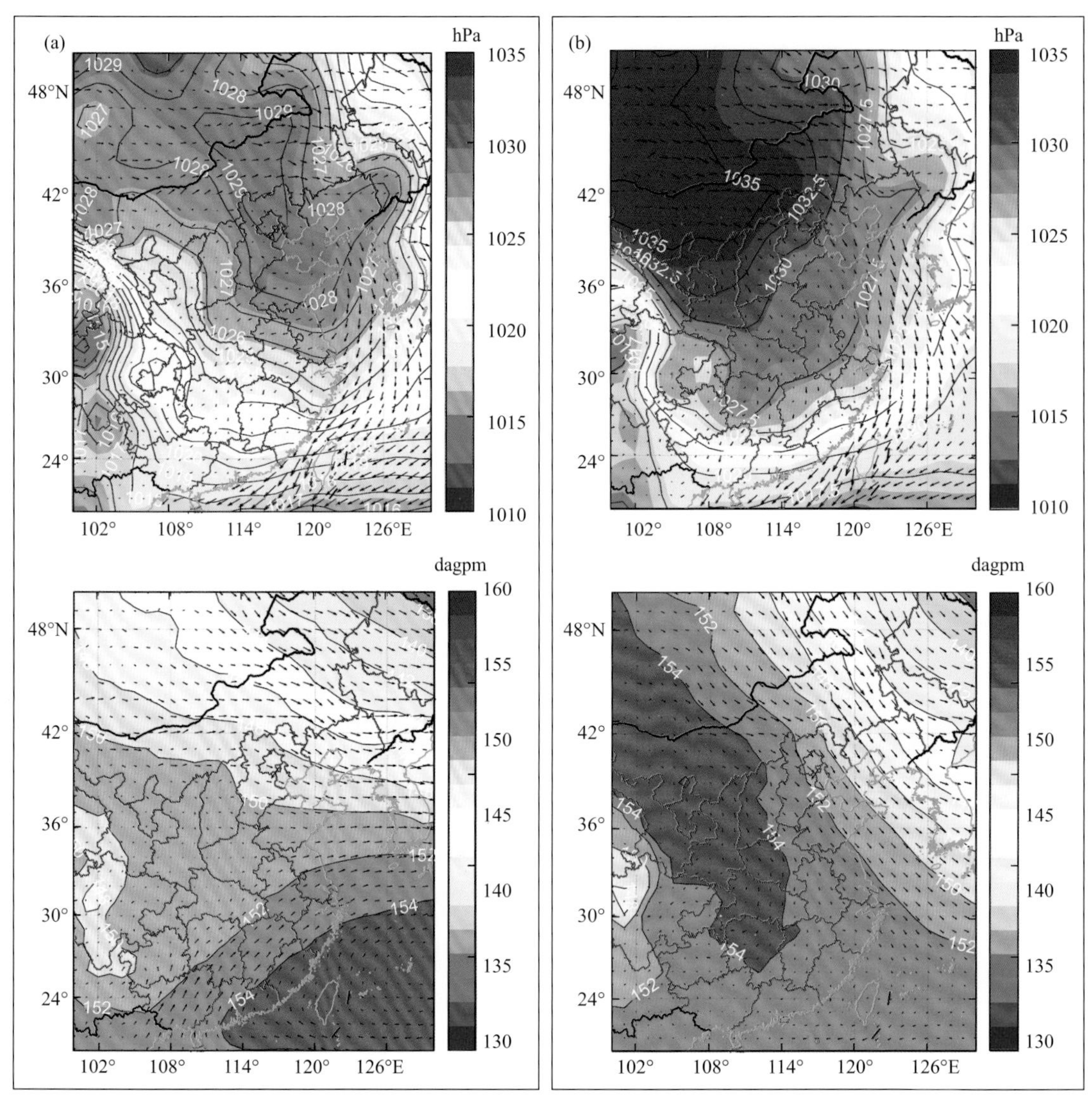

图 2.96 西部型（a）和西北型（b）区域性污染的海平面气压场（填色和等值线）和 10 m 水平风场（上图）、850 hPa 位势高度场（填色和等值线）和风场（下图）的合成

较大，污染气团在移动过程中浓度不断降低、空间尺度不断减小，越往下游，输送强度越低，形成了 $PM_{2.5}$ 浓度自西北向东南递减的分布形态。冷空气输送对安徽北部和江苏北部的影响较重，$PM_{2.5}$ 的超标时间较长。而江苏中南部、上海、浙江北部虽然也明显受到输送的影响，但由于输送强度降低，上述地区虽然出现 $PM_{2.5}$ 浓度短时超标的现象，但是日均浓度通常达不到污染等级。许建明等（2016）发现，西路冷空气虽然是上海冬季典型的输送型污染天气，但由于其风速大、移速快，$PM_{2.5}$ 浓度主要表现为短时超标的特点。李瑞等（2020）也发现受较强冷空气输送影响，高浓度 $PM_{2.5}$ 主要集中在安徽北部，这和本节的分析结果相近。

为了对比东路弱冷空气对内陆城市和沿海城市 $PM_{2.5}$ 污染浓度的不同影响，图 2.97 显示了一次典型的西部型污染过程（2016 年 11 月 15 日），长三角内陆城市（芜湖市、六安市）和沿海城市（南通市和上海市）$PM_{2.5}$ 浓度随风向的分布。可以看出，在冷高压底部环流背景下，4 个城市的主导风向一致，均为东北风或东风，不同的是沿海城市南通、上海在东北风下的 $PM_{2.5}$ 浓度很低，仅为 39.5 μg/m³ 和 40.1 μg/m³，而西部的芜湖、六安在东北风下的 $PM_{2.5}$ 浓度高达 102 μg/m³ 和 87.9 μg/m³，表明东向风将污染物向长三角内陆挤压，形成了西高东低的空间分布。为了对比西路冷空气对长三角北部、南部城市 $PM_{2.5}$ 浓度的影响差异，图 2.98 给出了一次典型的西北型污染过程（2018 年 1 月 7—8 日），长三角自西北向东南 4 个城市（宿州、镇江、上海和杭州）的 $PM_{2.5}$ 浓度变化。从图中可见，4 个城市都出现了 $PM_{2.5}$ 浓度上升和超标的现象，但自北向南 4 个城市的污染超标时段不断延迟，表明冷空气输送是 $PM_{2.5}$ 浓度升高的原因。其次自北向南 4 个城市的超标时段不断缩短、污染浓度不断降低，比如安徽宿州的超标时间持续了 38 h，峰值浓度接近 200 μg/m³，而苏南的镇江、上海超标时间分别约为 22 h 和 17 h，峰值浓度降低到 125～160 μg/m³；杭州的超标时间仅为 8 h，表明越往下游，输送影响越小，从而形成了 $PM_{2.5}$ 浓度自西北向东南递减的空间分布特点。

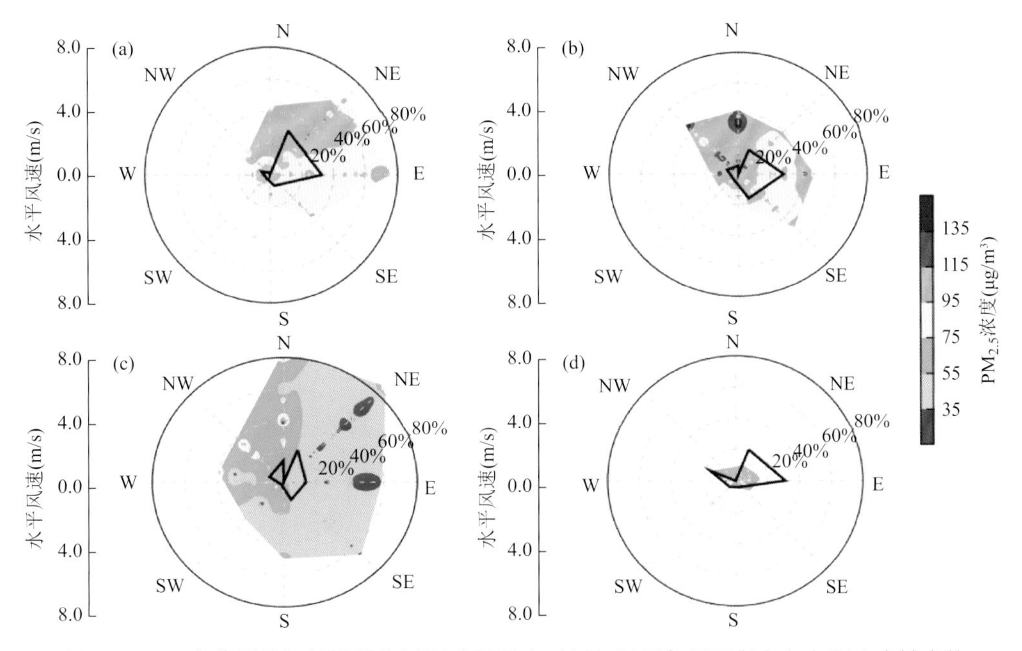

图 2.97　一次典型的西部型污染过程（2016 年 11 月 15 日）长三角自东向西 4 个城市的 $PM_{2.5}$ 浓度（填色）随风向的分布（a. 芜湖；b. 六安；c. 南通；d. 上海）

2.10.5.3　东北型

东北型 $PM_{2.5}$ 污染的出现日数最少，而且很少出现 2 d 及以上的污染过程，通过合成该类型的高低空形势场（图 2.99）发现，大气环流表现为弱气压场的特点，长三角主要受均压场和高压中心两类形势场控制，其共同的特点是等压线非常稀疏，地面气压场很弱，使得水平风速小（<1 m/s），扩散条件很差。相比其他三种类型，东北型的同期平均温度最高，南北温差最小，过程温度稳定，没有明显的降温过程和降雨过程。其中 11 月为 13～14 ℃，其他月份为 5～8 ℃。对比 850 hPa 形势场可以发现，高低层长三角受一致的高压系统控制，高压中心与地面系统对应较好，表明垂直方向为深厚的稳定层结。图 2.100 为东北型下长三角地面平均风速的分布图，从图中可见，长三角区域的风速小于 2 m/s，呈现自西向东不断

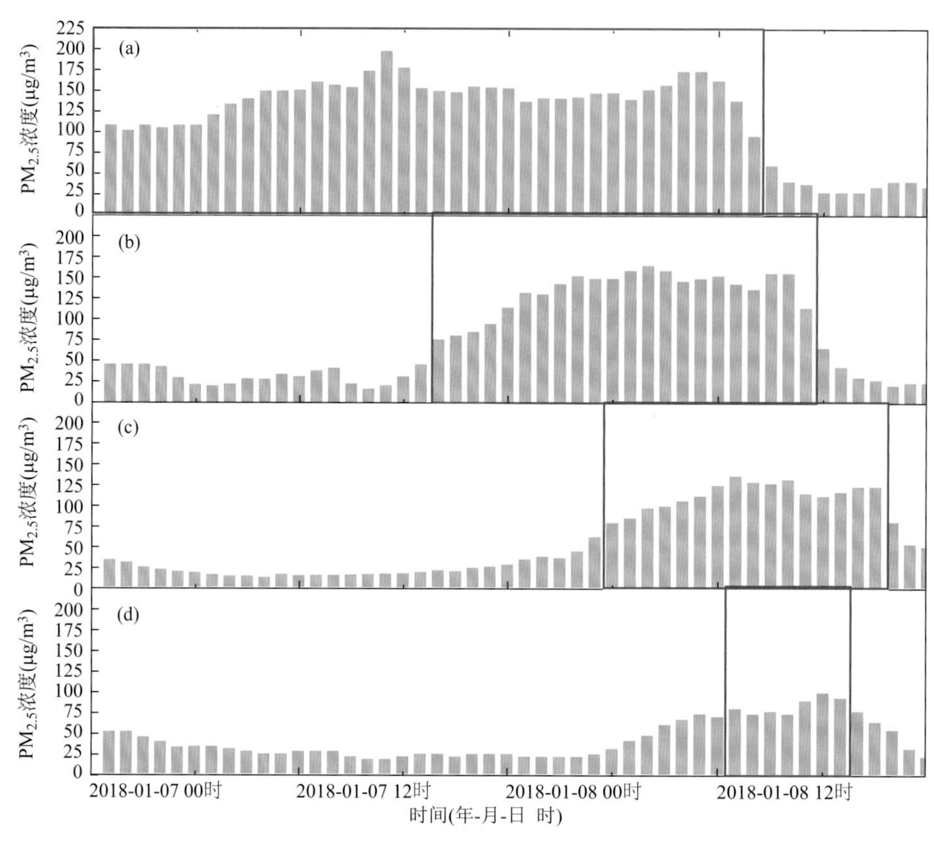

图 2.98　一次典型的西北型污染过程（2018 年 1 月 7 日—2018 年 1 月 8 日）长三角自北向南 4 个城市的 $PM_{2.5}$ 小时浓度变化（a. 宿州；b. 镇江；c. 上海；d. 杭州；红色方框表示 $PM_{2.5}$ 浓度超标时段）

下降的趋势，这和 $PM_{2.5}$ 浓度的空间分布形态相似，小风区与 $PM_{2.5}$ 污染区空间匹配较好。东部地区的江苏和上海风速最小，其中江苏平均风速基本低于 0.4 m/s，小风中心位于苏南地区，接近静风，非常有利于 $PM_{2.5}$ 污染物的累积。综上，东北型污染主要由长三角本区域内污染排放累积产生，弱扩散条件是东北型形成的主要气象因子。和其他三种类型不同，东北型污染基本不受跨区域的输送影响。

2.10.6　区域性 $PM_{2.5}$ 污染的地面气象要素

前文分析了 4 种区域性 $PM_{2.5}$ 污染类型的高低空环流场，阐明了不同类型 $PM_{2.5}$ 污染的主导天气系统，并定性分析了每种污染类型对应的大气扩散条件和污染输送条件。本节的研究目的是为长三角区域性 $PM_{2.5}$ 污染过程的预报提供参考。本节在前文环流分析的基础之上，通过总结每种污染类型影响区域（即表 2.11 中“污染城市”）的地面气象要素及其变化特征，从而为区域性 $PM_{2.5}$ 污染过程的研判提供参考指标。由于秋冬季影响长三角 $PM_{2.5}$ 污染的主要天气系统是冷空气、弱气压场/高压中心，因此选择水平风速、主导风向、变温和相对湿度 4 个要素。表 2.15 总结了 4 种类型污染过程在不同区域的要素范围。从表中可以看出，整体型、西部型和西北型都和冷空气相关，对应地面主导风向为西北至东北风，其中西北型对应的风速最大超过 4 m/s，24 h 降温最显著，通常达到 4～7 ℃，表明受到较强

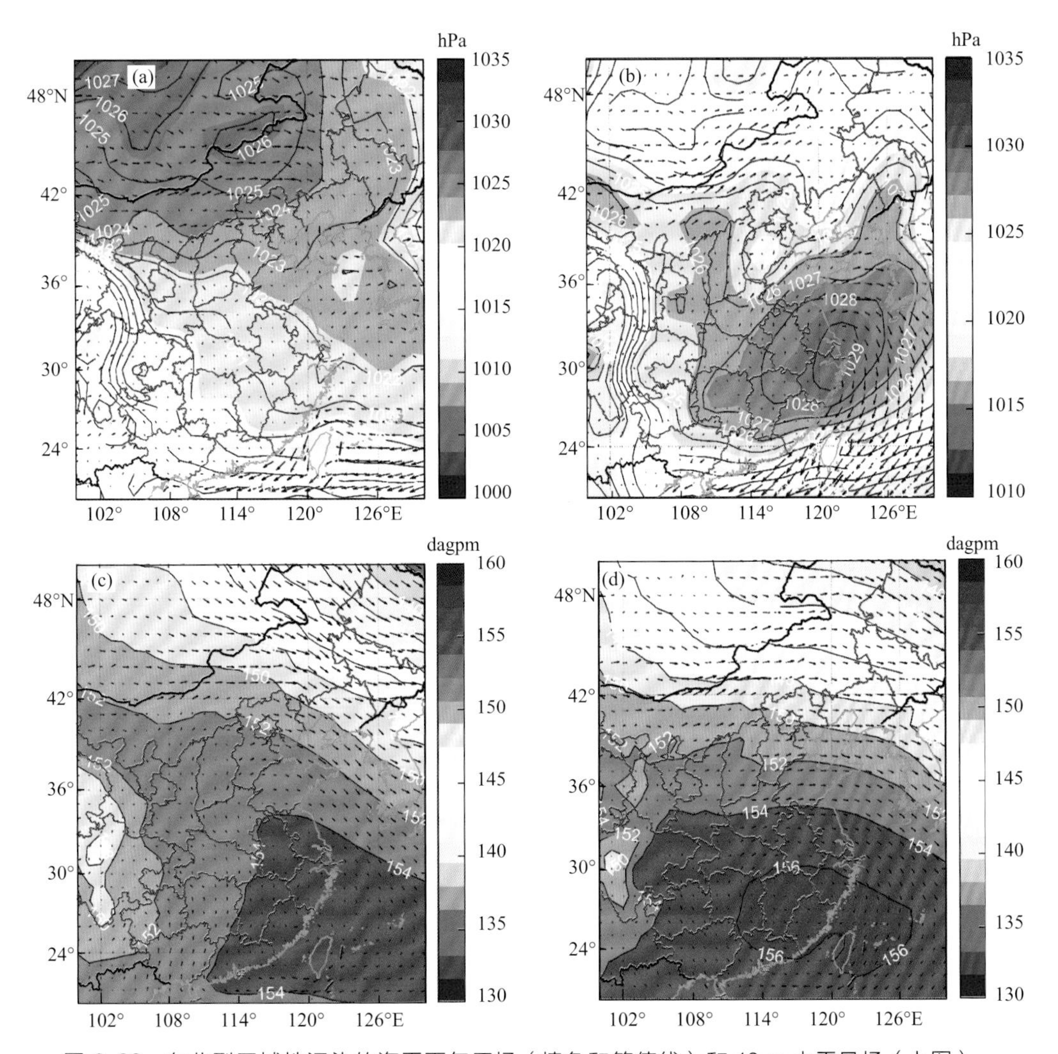

图 2.99　东北型区域性污染的海平面气压场（填色和等值线）和 10 m 水平风场（上图）、850 hPa 位势高度场（填色和等值线）和风场（下图）的合成 （a. 弱气压场；b. 高压中心）

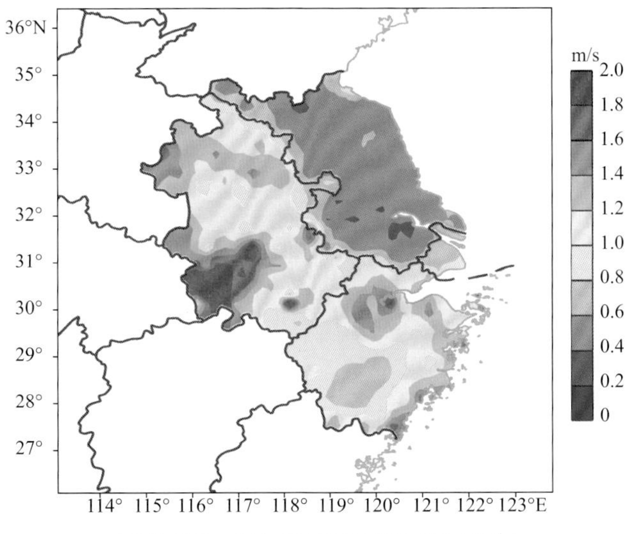

图 2.100　东北型地面风速的空间分布

冷空气影响。而西部型的降温幅度小于 3 ℃，表明冷空气较弱。东北型的风速最小，基本低于 1 m/s，表明天气静稳，温度变化很小。需要注意的是，4 种污染类型的夜间相对湿度都很高，普遍大于 80%，尤其整体型可达 90%左右，非常有利于二次气溶胶的非均相生成，是高浓度 $PM_{2.5}$ 维持的重要原因之一（Ding et al.，2019）。

表 2.15　4 种区域性 $PM_{2.5}$ 污染类型的地面气象要素特征

类型	影响区域	平均风速 (m/s)	主导风向	24 h 降温 (℃)	白天/夜间的相对湿度 (%)
整体型	安徽	3.2	西北风	3～7	61～72/79～91
	江苏	3.1	西北风至西风	3～7	59～68/80～90
	上海	2.5	西北风至西风	3～5	60～64/80～85
	浙江	2.0	偏东风	3～5	66～72/77～90
西部型	安徽	2.8	东北风至东风	1～3	57～73/72～88
	江苏	3.2	东北风至东风	1～3	53～69/68～88
	浙江	2.3	东南风至东风	<2	65～73/76～89
西北型	安徽	4.3	西北风	4～7	56～69/72～88
	江苏	4.1	西北风	4～6	55～67/76～87
东北型	安徽	1.2	南风	\	61～73/72～90
	江苏	0.4	西南风至南风	\	58～70/73～88
	上海	0.5	南风	\	62～66/81～84

2.10.7　讨论

针对区域性过程大范围和连片的特点，本书提出了一种长三角区域性 $PM_{2.5}$ 污染日的标准，由此得到 2015—2018 年污染月份共 260 个典型区域性污染日。以 5 个和 8 个连片城市出现污染日为检验阈值，本节定义的区域性污染日能够覆盖 96%和 100%的个例，同时也能够合理反映区域性污染日的年际变化趋势。

对 260 个长三角区域性 $PM_{2.5}$ 污染日的日均浓度分布进行空间分型研究，得到 4 种区域性污染类型（整体型、西部型、西北型和东北型），反映了不同的影响范围、持续时间和污染程度。其中整体型的出现日数最多（139 d）、覆盖范围最广（31 个城市）、区域平均浓度最高（104.3 $\mu g/m^3$）、污染过程的持续时间最长（1.67 d），是影响长三角 $PM_{2.5}$ 环境质量最重要的污染类型，也是区域联防联控的重点。而西部型、西北型、东北型的影响范围相对较小，对各省的影响差异较大，可以考虑差异化的区域防治措施。

对 4 类区域性 $PM_{2.5}$ 污染过程进行环流合成分析，揭示了不同类型区域性 $PM_{2.5}$ 污染的主导天气系统及其扩散、输送条件。其中整体型具有明显的持续性演变特点，通常发生在两次冷空气的间歇期，L 型高压是整体型污染形成和维持的主导天气系统，前期高压楔导致的跨区域输送和后期静稳条件下的本地排放相叠加，是形成整体型污染的重要气象条件。东路弱冷空气和西路较强冷空气分别是西部型和西北型污染的主导天气系统，两种冷空气路径和强度的差异分别形成了 $PM_{2.5}$ 浓度西高东低、北高南低的空间分布形态。和上述 3 类不同，东北型是长三角本地排放在不利扩散条件下（弱气压场和高压中心）累积混合产生，基本不受跨区域的输送影响。

统计4种污染类型的地面气象要素及其变化范围发现，整体型、西部型和西北型的地面主导风向为西北/东北风，其中西北型对应的风速最大，超过4 m/s，24 h降温最显著，通常达到4～7 ℃，表明受到较强冷空气影响。而西部型的降温幅度小于3 ℃，表明冷空气较弱。东北型的风速最小，基本低于1 m/s，温度变化很小，表明天气静稳。4种污染类型的夜间相对湿度都很高，普遍大于80%，尤其整体型可达90%左右，非常有利于二次气溶胶的非均相生成。

第3章 环境气象数值模拟研究

环境气象数值模拟是认识污染过程的时空分布和演变特征、理解污染过程的形成机制、制定污染调控策略的重要手段。本章主要利用在线大气化学模式 WRF-Chem、气团模式 FLEXPART 分析重污染过程的形成机制，包括城市建筑群、海陆风对局地污染形成的影响，计算不同类型污染过程的影响源区、周边输送的定量贡献，介绍大气化学同化技术、污染来源快速识别技术在大气化学数值模拟中的应用。

3.1 城市冠层参数化方案在 WRF-Chem 中的应用

我国城市化进程迅速，城市的规模不断扩大，建筑高度和密度不断增强，形成三维的城市形态特征。因此，城市冠层（地面到建筑物顶）形成的特殊的动力热力效应对大气污染物平流和垂直扩散的影响不断凸显，这是目前城市空气质量数值预报亟须解决的重要问题。城市会改变大气的平流、湍流、能量收支，继而影响城市内及其下游方向污染物的传输、扩散和沉降过程。城市冠层内的垂直扩散过程又会影响局地排放物（如交通排放）的生命周期。一些研究发展了单层（UCM）、多层（BEP）城市冠层参数化方案耦合到中尺度模式中，计算城市下垫面的动力、热力效应对边界层的影响，进而产生对污染物动力和化学过程的影响。考虑到 UCM 中冠层的风、温等要素是通过经验公式诊断得到，没有反馈到模式预报方程中，因此无法进一步研究冠层对污染物的影响尤其是动力影响，本节首先构建上海精细化的冠层下垫面数据集，采用耦合 BEP 方案的 WRF-Chem 模式分析城市三维形态产生的动力、热力效应对细颗粒物污染尤其是暴发式增长的影响。

3.1.1 上海城市冠层数据集

城市冠层是从地面至建筑物顶部的范围，最大的特点是存在建筑物，因而具有三维特征。冠层的存在将改变混合层低层的动力、热力结构，对整个边界层和局地环流系统（比如海风、辐合）产生显著影响。动力方面，将产生明显的拖曳作用，降低水平风速进而影响污染物的平流过程；热力方面，建筑物的三维分布不但改变二维热力场分布，特别是当建筑物高度的标准差较大时，建筑物会在不同高度形成热力效应，进而改变三维热力分布，影响湍能的垂直结构，对污染物的垂直扩散造成显著影响。传统的陆面过程不能准确表述城市冠层的三维特征，是造成边界层尤其是近地面数值模拟偏差的主要来源，而对污染物的影响要高于对水汽和温度的影响。为了解决该问题，Martilli 等（2002）发展了多层冠层参数化方案（BEP），用于解析建筑三维结构对动量、热量和湍能的影响，改进了对城市边界层结构尤其是冠层内气象要素的模拟能力。首先是在运动方程中考虑了建筑群的水平拖曳效应，改进对水平风速的模拟；其次是在不同高度考虑了建筑物的热力效应，完善了对垂直扩散的模拟。上述两个重要过程对污染物的水平扩散和垂直扩散具有重要作用。然而 BEP 方案在实际模拟和预报中并没有得到有效应用，是因为需要建立一套与之匹配的下垫面参数数据集，尤其是下垫面分类（低密度建筑、中密度建筑、高密度建筑）参数集，以及建筑物高度密度参数集。目前国内只有北京建立了满足 BEP 计算的城市冠层数据集（He et al.，2019），本书利用卫星数据和上海市建筑设计院提供的建筑物数据构建了上海城市冠层数据集，继而计算冠层参数化方案模拟必需的动力、热力参数。

3.1.1.1 上海高分辨率下垫面分类

高分辨率数值模拟首先需要精细的下垫面分类（LUCC）数据获取不同格点的动力、热力参数（城市除外），其次需要精细的建筑物数据计算高度、密度、标准差等参数（城市）。目前 WPS 自带的 LUCC 数据主要来自 MODIS，反演精度不足。为此首先选择 Landsat8 为主要数据源反演上海的 LUCC，产品分辨率为 30 m，既能反映人类土地利用活动造成的地表覆盖格局，又能在短时间内实现对大区域的全部覆盖。Landsat8 多光谱影像从美国地质调查局（USGS，https：//glovis.usgs.gov/）网站下载获取。根据分类区域的大小和范围、影像清晰度，以影像质量好、图面清楚为要求，并保证数据实时性，最终确定 2017 年 8 月 3 日过境 118/038、118/039 两景影像。采用文献通用的随机森林集成学习分类方法进行 LUCC 分类，考虑到城市地域核心生态系统类型兼顾遥感的可分性与效率，确定上海市域用地一级类为 8 类地表覆盖类型，分别为城市及建设用地、耕地、林地、灌丛、草地、湿地、水体、裸露地（图 3.1）。

3.1.1.2 上海城市冠层分级

城市冠层方案的设计将城市冠层内城市用地细分为高密度城市用地、中密度城市用地和低密度城市用地 3 种不同建设强度的城市用地类型，并分别设定了 3 种城市用地类型的相关参数（区别于 LUCC）。高、中、低密度的城市用地的建设强度用建筑平均高度、屋顶和道路平均宽度、人工产热量、建筑墙面、屋顶和道路的热容、导热系数等参数分别描述城市和建筑的三维特征和人为产热。这些不同的建筑密度和道路宽度等几何特征和产热特征可以表示城市冠层对短波、长波辐射的遮挡、吸收、反射作用的城市气候效应影响。根据 WRF 对高、中、低 3 类冠层用地类型，结合上海建筑分布的特点，估算确定了典型城市用地建筑物平均高度，其中低强度居住区以别墅和 6 层住宅为主（建筑物高度为 12 m，相当于 4 层楼高）；高强度居住区包含 6 层、12 层和 18 层住宅（建筑物平均高度为 27 m，相当于 9 层楼高）；工商业和交通是除居住区以外的高度城市发展区，以 12 层和 18 层建筑为主（建筑物平均高度为 48 m，相当于 16 层楼高）。然而即使在建筑物高度数据支持下，上述低强度（密度）就是低层建筑、高强度（密度）就是中高层建筑、工商业/交通区就是超高层建筑的划分方式，明显有其不合理性。为科学地体现城市冠层内部及周边地表覆盖的多样性，对前

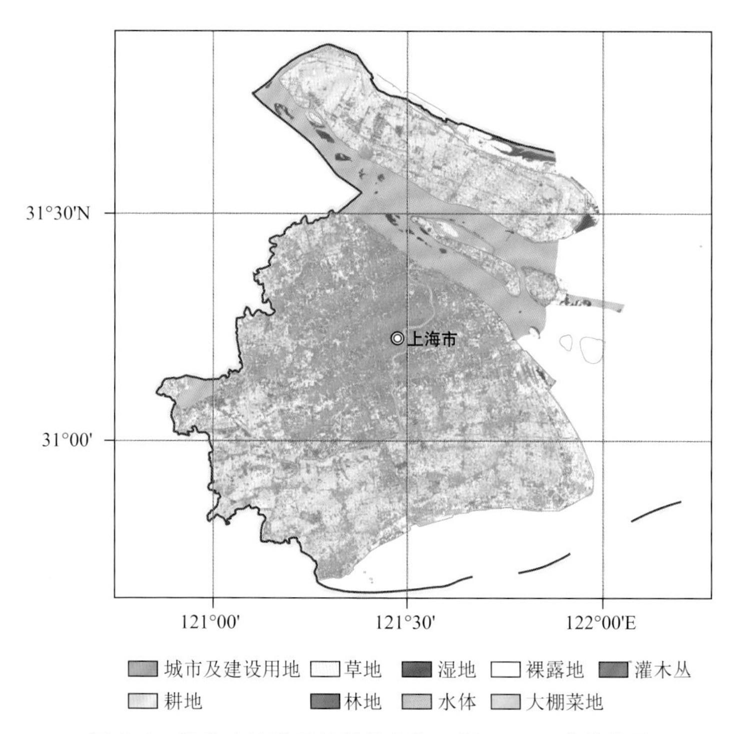

图 3.1　随机森林学习获得的上海一级 LUCC 分类结果

述建筑密度、建筑高度的分类方法进行改进完善，同时考虑遥感数据及处理的便捷性，提出如下分类方法与原则。一是城市冠层首先可划分为自然环境和建成环境两大基本类型。自然环境以植被为主，建成环境以人造地表为主。无论人造地表或自然植被，其分布均有稀疏、稠密之分。二是对于人造地表覆盖，衡量其密度的指标是建筑密度。建筑密度又称为建筑系数，是在一定的用地范围内，所有建筑物的基底总面积与用地面积之比。城市建筑密度在一定程度上直观反映了城市内建筑密集程度和空地率的多少，是反映土地利用强度的一项重要指标，可以综合衡量建筑布局的紧凑和开敞程度。对于高密度即稠密建筑区，房屋建筑密集，间距很小，绿化面积极少；对于中密度建筑区，房屋建筑较密集，与稠密建筑区比，楼间距稍大，绿化面积较多；对于低密度即稀疏建筑区，房屋建筑比较稀疏，房屋建筑之间自然植被分布较多。三是对于不同密度的建筑区，继续考虑高、中、低 3 种建筑高度情况，以突出刻画建筑冠层内部不同下垫面的流体力学特征，继而划分为稠密高建筑区、稠密中高建筑区、稠密低建筑区、中密度高建筑区、中密度中高建筑区、中密度低建筑区、稀疏高建筑区、稀疏中高建筑区、稀疏低建筑区。四是对于自然植被，按密集程度划分为高密度植被区、低密度植被区。由于乔木、灌木、草地、耕地已自然地反映出了植被冠层的高度特征，不需再进行高度的划分。

3.1.1.3　LUCC 和冠层建筑分类的融合

目前，WRF 中将冠层分为高、中、低 3 类，进而设置不同的参数区分不同的动力、热力参数。由于上海城市化程度高，具有建筑物密集、高大建筑多的特点，按照前文密度分级和建筑分级的结果，根据目前可参考的参数设置，最终将上海的冠层分为低建筑区、中高建筑区、高建筑区、超高建筑区 4 类（图 3.2）。4 类建筑区的平均建筑高度分别为 5.1 m、14 m、34.8 m、60.4 m，平均不透水比分别为 22%、33%、35%、32%。

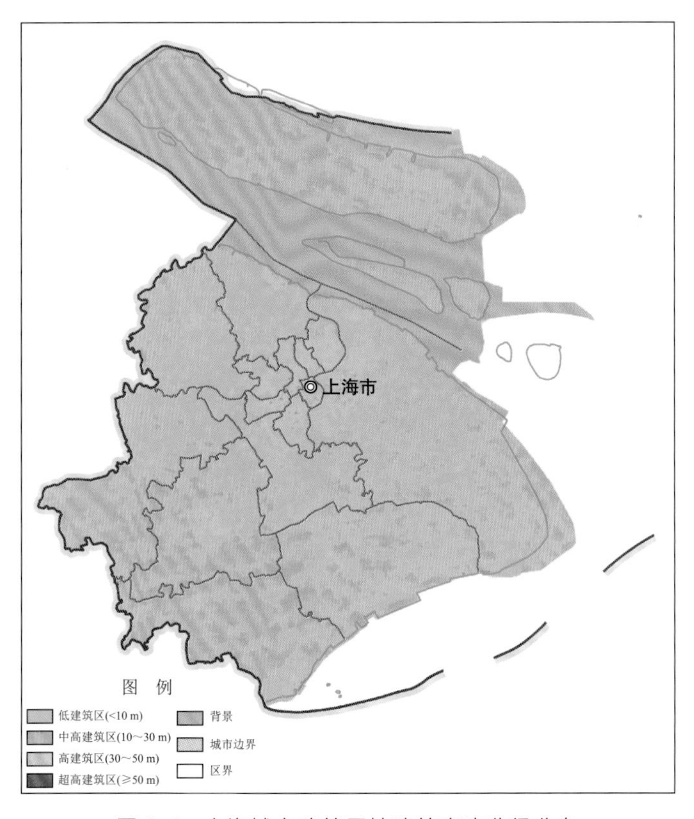

图 3.2　上海城市建筑用地建筑高度分级分布

3.1.2　WRF-Chem-BEP 数值模拟

BEP 的作用在于在热量方程、湍能方程中解析建筑物的三维热力效应，在动量方程中解析建筑物的拖曳效应，进而改变污染物的平流过程和垂直扩散过程。因此，基于在线模式耦合 BEP 方案能够更加有效地解析冠层的动力和热力效应，比如动量拖曳可以直接反馈到动量方程中，获得 u 和 v，进而影响污染物的平流，而温度的改变造成湍能的改变，影响垂直扩散系数，进而改变污染物的垂直混合。因此，本项目基于在线模式 WRF-Chem 耦合 BEP 方案研究城市建筑对污染物的影响。理论上，模式分辨率越高越能精准解析建筑物的三维结构，从而准确计算建筑群的动力、热力效应及其对污染物的影响。但考虑到在线模式的计算量较大，从后期业务转化的可能性出发，考虑采用 9 km 和 3 km 两层嵌套，垂直方向 61 层，其中 1 km 以下 22 层，100 m 以下 6 层。图 3.3 显示了利用 WPS 计算获取的模式内层上海及周边范围内的建筑高度信息。

此外根据 $PM_{2.5}$ 的垂直观测分析结果，高低层 $PM_{2.5}$ 的反位相特征主要发生在静稳条件下，此时边界层以热力过程为主导，BEP 的效应更加显著，对 $PM_{2.5}$ 的调节作用更加显著。而输送天气下高低层的 $PM_{2.5}$ 浓度趋势基本一致，表明边界层的调节作用很小。而目前上海 $PM_{2.5}$ 污染预报的难点正是夜间污染的累积、白天污染的日变化。为此分别选择了夏季、冬季的静稳个例，研究耦合了 BEP 以后对夜间、白天污染的模拟影响效应。个例分别是 2018

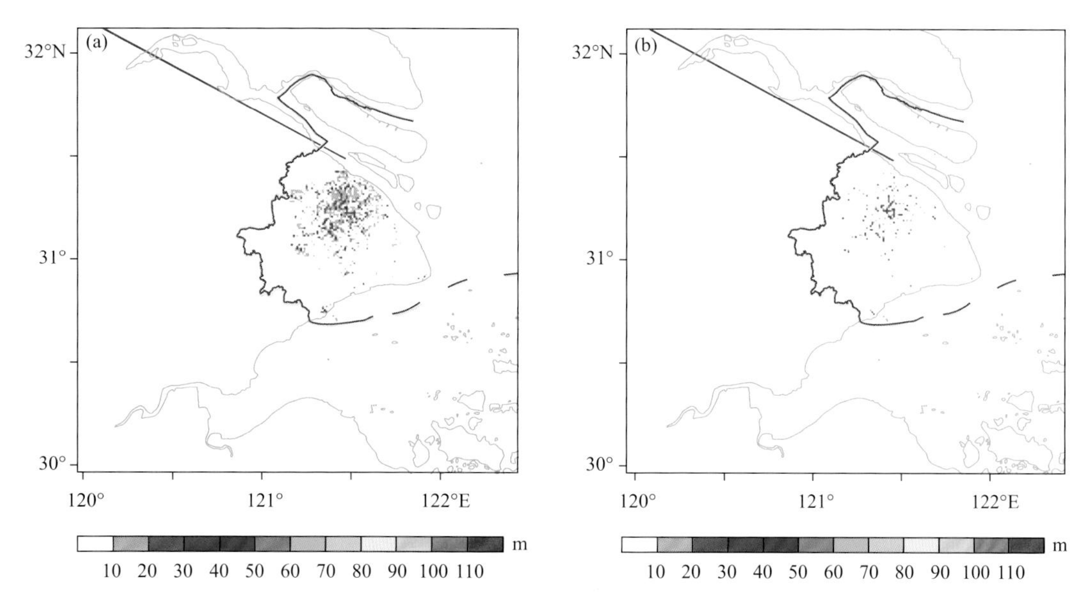

图3.3 WPS处理的平均建筑高度(a)和高度标准差(b)分布

年12月27—28日、2017年6月6—9日，都是弱气压场或者高压中心附近的污染天气形势，属于比较典型的静稳天气。但两个个例的主导风有差异。另外，$PM_{2.5}$浓度在夜间都有暴发式上升的特点。

3.1.2.1 夏季个例试验

2017年6月7—9日，上海处于高压中心附近后期转为弱气压场(图3.4)，出现了连续3 d的轻度污染过程，其中$PM_{2.5}$浓度在7日夜间出现暴发式增长，从30 $\mu g/m^3$迅速上升至8日上午的110 $\mu g/m^3$，夜间累积非常迅速和显著。8日夜间至9日上午同样出现了$PM_{2.5}$的累积过程。白天由于海风作用，上海的$PM_{2.5}$浓度明显改善。

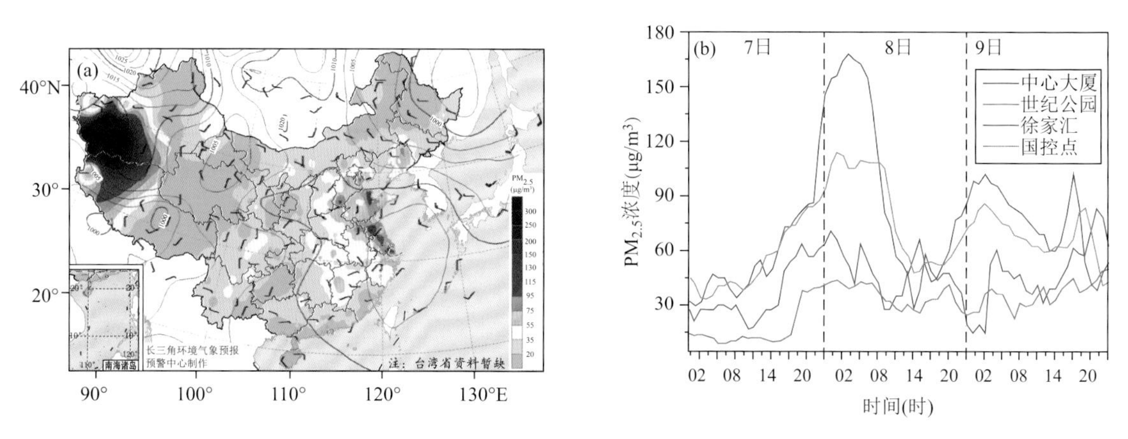

图3.4 6月8日08时海平面气压场和$PM_{2.5}$浓度分布(a)以及7—9日中心大厦、世纪公园、徐家汇、国控点的小时$PM_{2.5}$浓度(b)

针对该过程，基于WRF-Chem模式采用局地MYJ方案、非局地BL方案以及BL+

BEP 方案分别进行模拟，重点分析不同方案模拟的夜间 $PM_{2.5}$ 的暴发式增长过程。图 3.5 显示了 3 种方案模拟的 8 日 00 时的 $PM_{2.5}$ 浓度分布，受静稳天气影响，虽然主导风为东—东南风，但全市 $PM_{2.5}$ 累积明显，西北部浓度更高（图 3.5a），3 种方案均模拟出了 $PM_{2.5}$ 的空间分布，但 BEP 模拟的 $PM_{2.5}$ 浓度更高，和实况更加接近（图 3.5b）。从差值可以看出，耦合 BEP 方案后（图 3.5e），在上海城区及下游地区模拟的风速显著降低，反映了城市建筑群对水平动量的拖曳效应，进而降低了对污染物的平流作用，使得 $PM_{2.5}$ 浓度累积增加达到 20 μg/m³，表明 BEP 方案能够更好地模拟静稳小风条件下的污染物累积的暴发式上升过程。8 日白天，受海风影响，$PM_{2.5}$ 浓度迅速下降，15 时除西部地区全市 $PM_{2.5}$ 浓度已经普遍低于 50 μg/m³。3 种方案均模拟了白天 $PM_{2.5}$ 浓度的下降过程，也模拟了西部的 $PM_{2.5}$ 高值区，模拟的 $PM_{2.5}$ 的分布形态也非常相似。从风矢差可以看出，BEP 模拟的白天海风更加明显，在西部形成辐合小风区，导致 $PM_{2.5}$ 累积，其浓度和范围要高于 MYJ 和 BL 方案（图 3.5b～d），浓度约 10 μg/m³。但在其他地区，BEP 模拟的 $PM_{2.5}$ 浓度则明显偏低。9 日夜间同样出现了 $PM_{2.5}$ 的累积过程，但由于风速较 8 日夜间强，$PM_{2.5}$ 的污染范围和浓度均低于 8 日夜间。同样，与 MYJ 和 BL 相比，BEP 模拟的风矢差表现为西北风，表明模拟的风速偏小，因此，对 $PM_{2.5}$ 的平流扩散作用较 MYJ 和 BL 小，浓度更高接近实况。

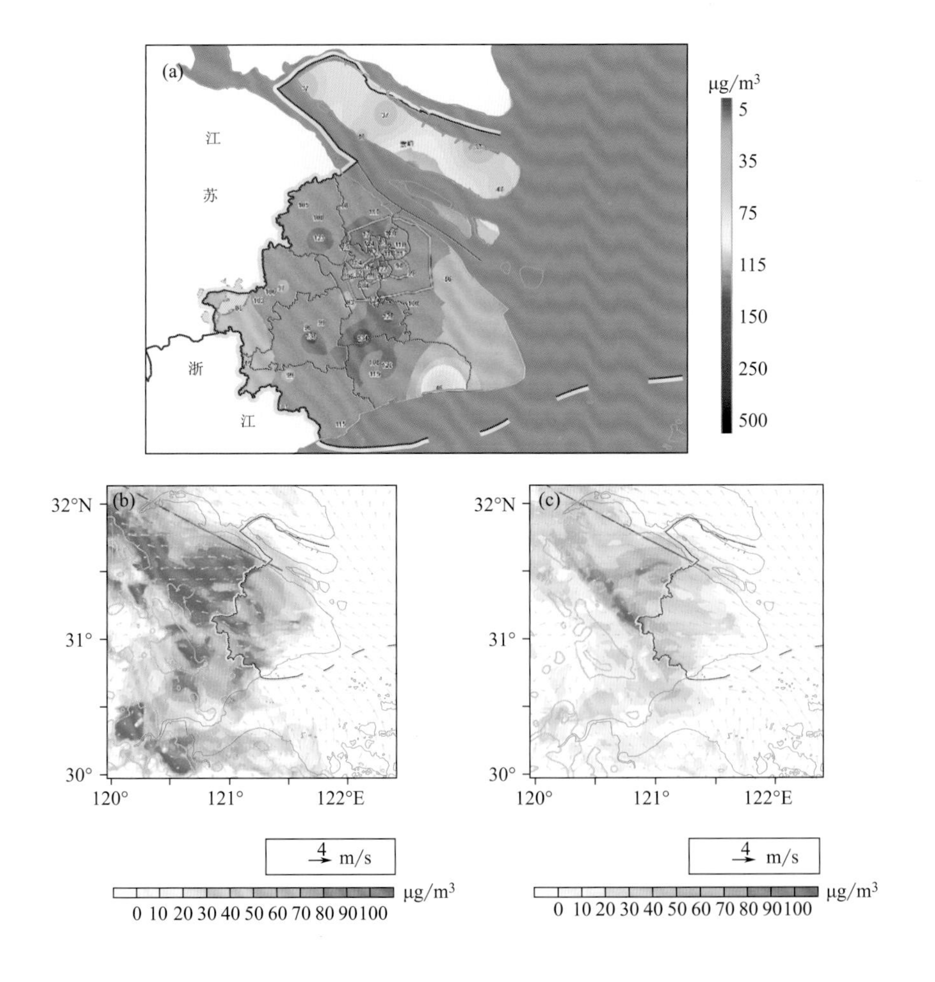

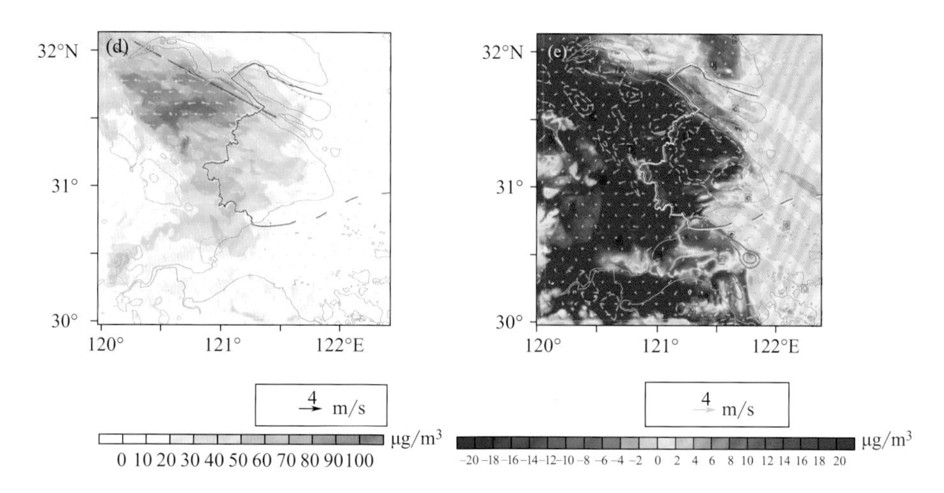

图 3.5　8 日 00 时 $PM_{2.5}$ 实况（a）与 BEP（b）、BL（c）、MYJ（d）的模拟对比，以及 BEP 和 BL 的模拟差（e）（填色为 $PM_{2.5}$ 浓度，黄色等值线为风速差，绿色等值线表示风速为 1 m/s）

上面分析了不同方案模拟的 $PM_{2.5}$ 浓度的空间分布及变化，下文进一步对比不同方案在城市和郊区站点模拟的气象条件及其对 $PM_{2.5}$ 浓度的影响。图 3.6 显示了 3 种方案在中心大厦（600 m）、徐家汇（城中心）、世纪公园、青浦（郊区）的模拟结果，3 种方案都明显低估了 $PM_{2.5}$ 浓度，但趋势基本和观测一致，4 个站的相关系数为 0.62～0.83。首先，对于 7 日夜间的暴发式上升，BEP 在城市站徐家汇和浦东的表现好于 BL 和 MYJ，呈现更加显著的上升趋势，对浦东的模拟结果更好，这是因为 BEP 在两个城市站更好地模拟了夜间的低风速。其次，3 种方案对 7 日夜间—8 日上午中心大厦（600 m）的 $PM_{2.5}$ 浓度模拟结果都明显偏低，但 3 种方案都较好地模拟出了 8 日白天中心大厦 $PM_{2.5}$ 浓度的上升趋势，而且量值非常接近。对比 $PM_{2.5}$ 浓度的垂直廓线发现，夜间 200 m 之下 BEP 模拟的 $PM_{2.5}$ 浓度较 BL 和 MYJ 偏高 15 μg/m³，而白天 3 种方案在 200 m 以下模拟的 $PM_{2.5}$ 浓度非常接近，基本小于 5 μg/m³，可能是因为中午之后海风明显增强，平流或是对流作用远高于垂直混合（下文分析），而且由图 3.7 可以看出 200 m 之上的 $PM_{2.5}$ 浓度模拟结果基本一致。

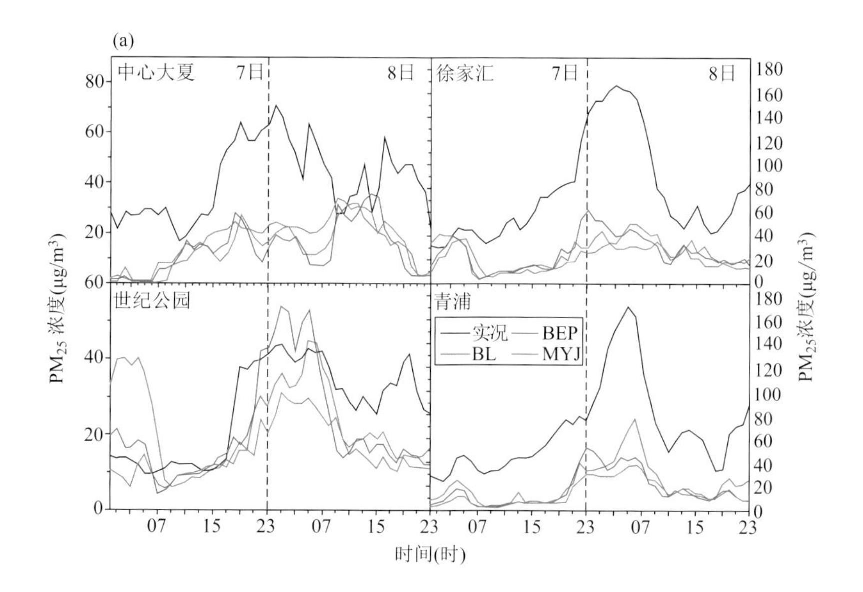

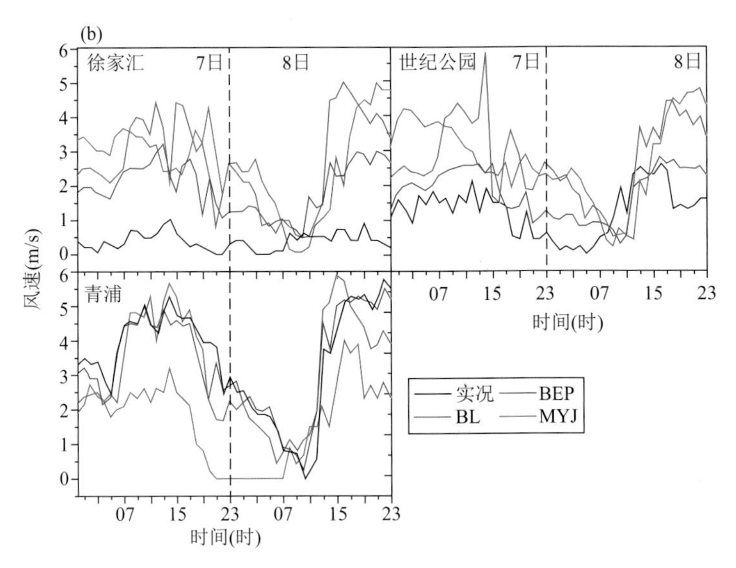

图 3.6 BEP、BL、MYJ 模拟的不同站点的 $PM_{2.5}$ 浓度（a）、风速（b）和实况对比

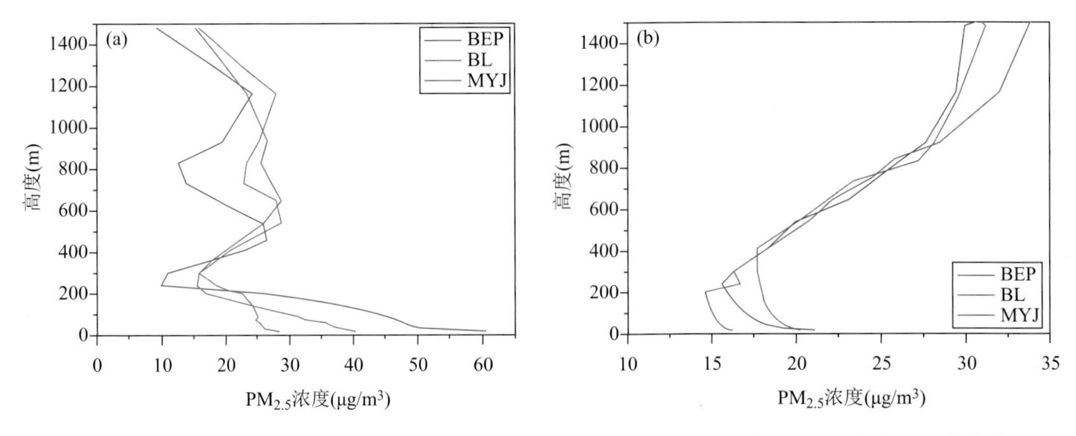

图 3.7 BEP、BL、MYJ 模拟的徐家汇 00 时（a）和 14 时（b）$PM_{2.5}$ 浓度的垂直廓线

图 3.8 显示了 BEP 和 BL 模拟的徐家汇站 7 日夜间—8 日上午的 $PM_{2.5}$ 累积差异，可见在 $PM_{2.5}$ 暴发式增长阶段，BEP 模拟的 $PM_{2.5}$ 浓度较 BL 偏高了 20～30 $\mu g/m^3$，这种浓度差一直伸展到 200 m 高度。而且 $PM_{2.5}$ 的浓度差和风速差具有很好的对应关系，200 m 以下 BEP 模拟的风速偏低，约 2 m/s，可见夜间的暴发式上升主要是小风导致累积的结果，由于 BEP 考虑了建筑物的拖曳作用，因此更好地模拟了小风，因而更好模拟出 $PM_{2.5}$ 的累积过程。

3.1.2.2 冬季个例试验

从图 3.9 可以看出，2018 年 11 月 26—29 日，受弱气压场控制，上海及上游的长三角—山东等地出现区域性污染过程，出现连续 3 d 的污染过程。从日变化可以看出，上海的 $PM_{2.5}$ 浓度 27 日夜间出现暴发式增长，城区从 40 $\mu g/m^3$ 上升至 120 $\mu g/m^3$，郊区甚至高达 160 $\mu g/m^3$；28 日 $PM_{2.5}$ 浓度基本维持或者有所缓解，表明受到边界层日变化的调节

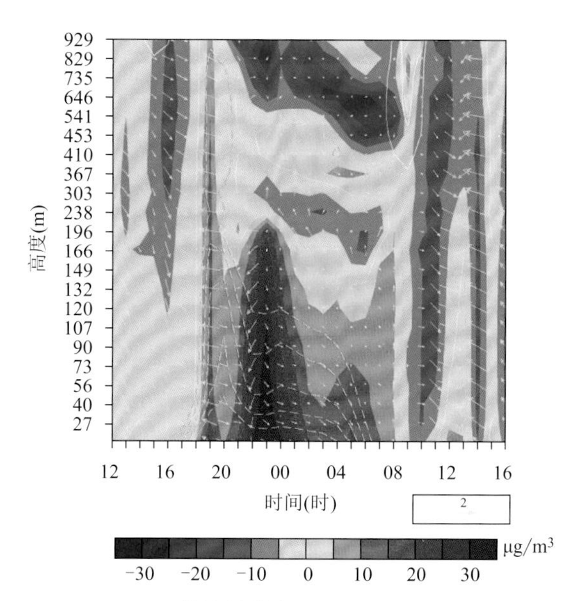

图 3.8 BEP 和 BL 模拟的徐家汇站 7—8 日 $PM_{2.5}$ 浓度、风速（绿色等值线， m/s）、温度（黄色等值线， K）的高度—时间差值（虚线为负值，实线为正值）

作用；29 日 $PM_{2.5}$ 浓度明显下降。模式从 26 日 20 时积分至 29 日 20 时，分别采用了 MYJ、BL、BEP 3 种方案进行模拟，重点考察不同方案对 28 日白天 $PM_{2.5}$ 垂直扩散的模拟效果。

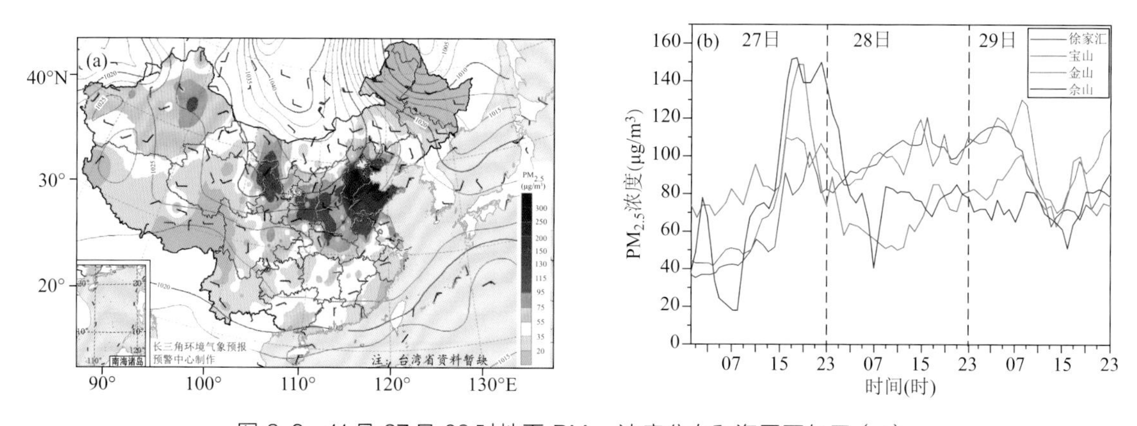

图 3.9 11 月 27 日 08 时地面 $PM_{2.5}$ 浓度分布和海平面气压（a）以及 27—29 日徐家汇、宝山、金山、佘山 4 个站的 $PM_{2.5}$ 小时浓度（b）

图 3.10 显示了 3 种方案模拟的 $PM_{2.5}$ 空间分布和观测对比，27 日夜间是 $PM_{2.5}$ 的暴发式上升过程，中心城区—西部地区的 $PM_{2.5}$ 累积效应明显，3 种方案模拟的 $PM_{2.5}$ 高值分布基本一致，范围较实况偏小。BEP 低估了中心城区、南部的高浓度 $PM_{2.5}$，但 BEP 模拟的 $PM_{2.5}$ 浓度明显高于 BL 和 MYJ，西部地区和实况更加接近。从 BEP 和 BL 模拟的 $PM_{2.5}$ 差值可以看出，BEP 模拟的风速较 BL 偏低（黄色等值线），造成了更多的 $PM_{2.5}$ 累积，超过 10 $\mu g/m^3$，然而 BEP 对中心城区 $PM_{2.5}$ 浓度的模拟则低于其他两种方案，对西部和南部的 $PM_{2.5}$ 高值模拟则更好。29 日 15 时，在偏南风作用下，中心城区的污染基本消散，污染物

被偏南风输送到崇明，此外在南部、西南部有两块 $PM_{2.5}$ 浓度的高值区域，BEP 较好地模拟了上述特征，但在中心城区的模拟则偏低。相比之下，MYJ 和 BL 模拟的主导风出现偏差，使得 $PM_{2.5}$ 的分布集中在中心城区，和实况偏差较大。

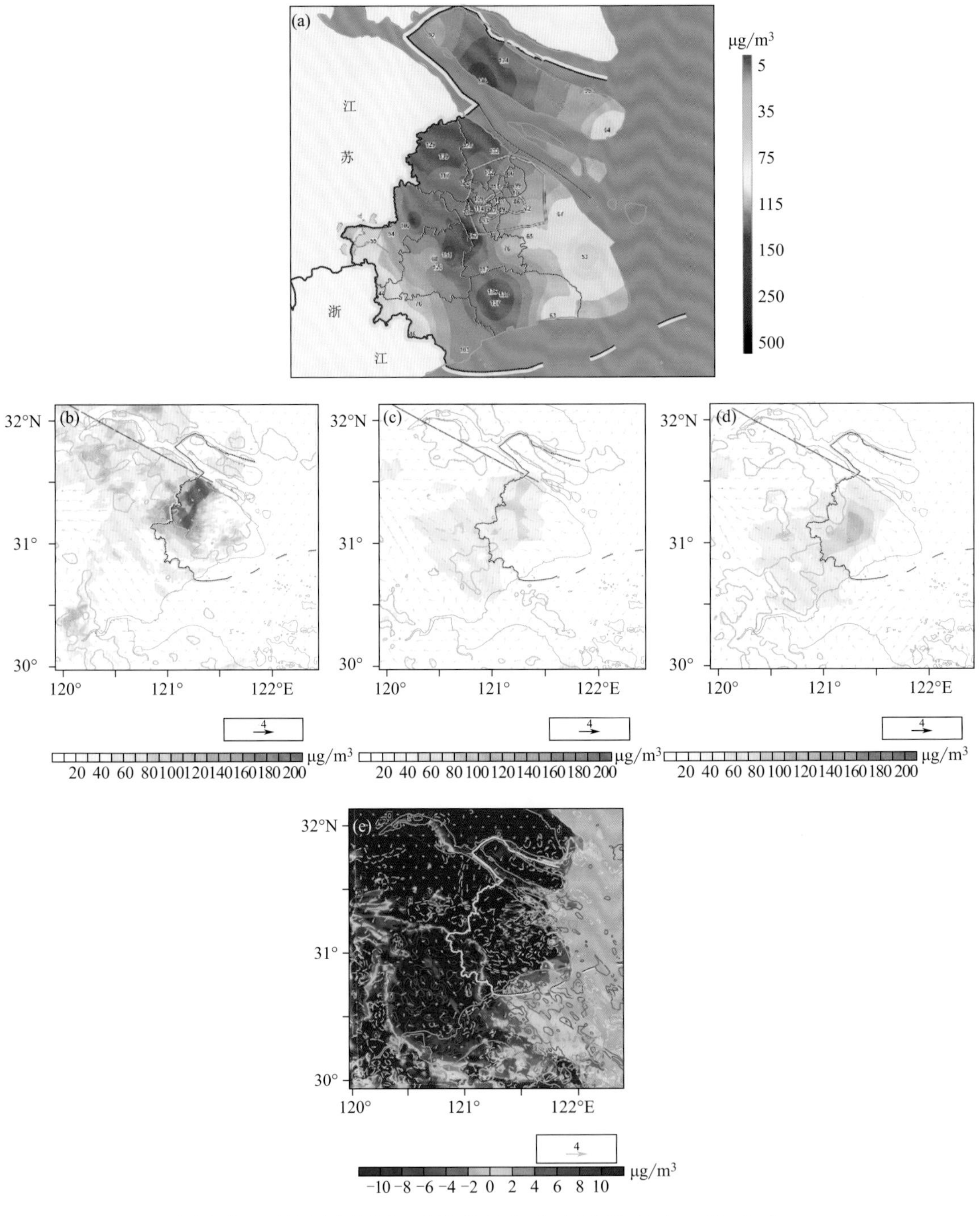

图 3.10　27 日夜间 $PM_{2.5}$ 实况分布（a）和 BEP（b）、BL（c）、MYJ（d）模拟的结果对比，以及实况与 BEP 的差值（e）

（填色为 $PM_{2.5}$ 浓度；绿色等值线表示风速为 1 m/s；黄色等值线表示风速差为负值；b、c、d 中的黑色直线为绘图软件中的底图所带）

图3.11对比了3种方案在中心城区徐家汇、郊区金山、副城区宝山的$PM_{2.5}$模拟结果。第一，3种方案模拟的$PM_{2.5}$浓度和实况有明显差异，在城区徐家汇、宝山尤其明显。相关系数仅为0.3～0.4。第二，3种方案在郊区金山的模拟结果比较相似，主要是因为郊区建筑物较少，基本没有冠层的效应。第三，BEP模拟的夜间$PM_{2.5}$累积更快，上升的速率更高，更好反映了暴发式上升的过程，主要原因是模拟时段内城区风速很小，夜间基本为静风。而MYJ和BL在夜间的模拟风速高达2.0 m/s，高估了污染物的平流作用，相比之下，BEP模拟的夜间风速明显偏小，为0.5～1 m/s，因此，对$PM_{2.5}$的累积效应更加显著。

由图3.11可知，BEP模拟的28日下午的$PM_{2.5}$浓度呈下降特征，虽然下降幅度较实况偏高，但BL和MYJ都没有模拟出上述特征。进一步对比3种方案在中心大厦（600 m）的模拟结果发现，28日和29日下午，中心大厦的$PM_{2.5}$浓度有非常明显的上升过程，在14时的峰值分别达到140 $\mu g/m^3$和90 $\mu g/m^3$。BL和MYJ都没有模拟出600 m高度$PM_{2.5}$的

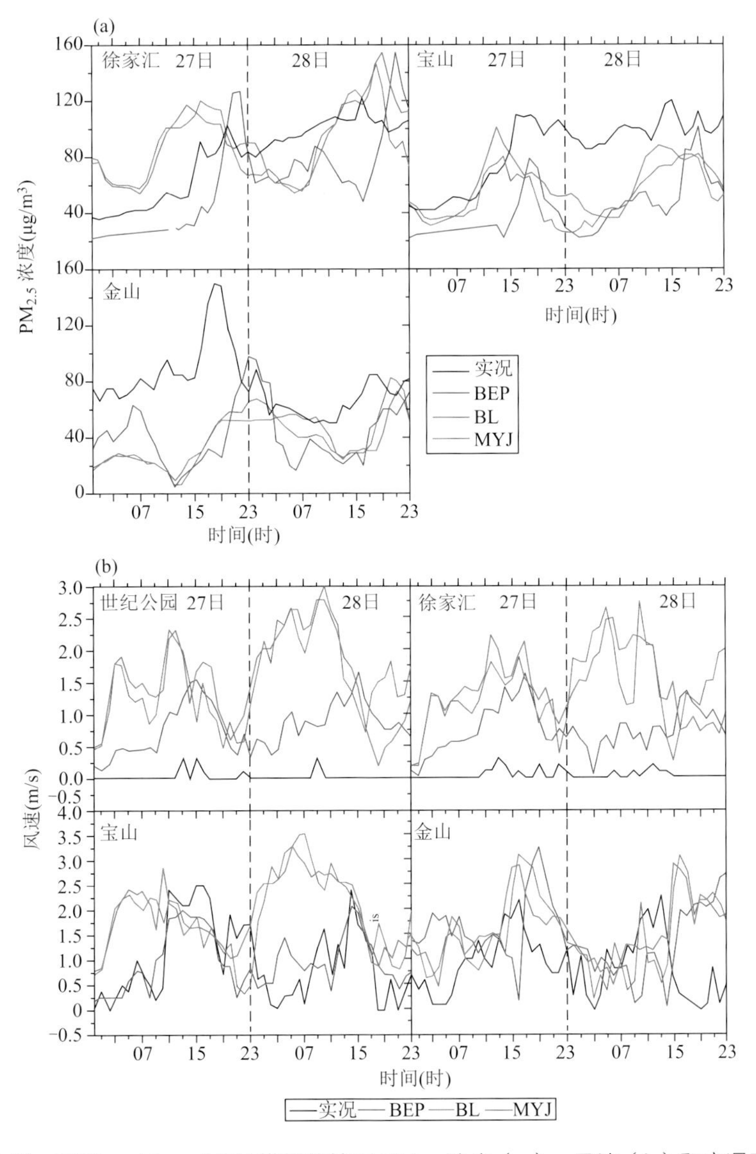

图3.11 BEP、BL、MYJ模拟的地面$PM_{2.5}$浓度（a）、风速（b）和实况对比

上升特征，而 BEP 方案则清楚地反映了白天 $PM_{2.5}$ 的上升趋势，模拟的峰值分别为 90 $\mu g/m^3$ 和 60 $\mu g/m^3$，较实况偏低 30～50 $\mu g/m^3$。为了分析高层 $PM_{2.5}$ 在白天上升的原因，图 3.12 显示了 3 种方案模拟的 28 日 14 时 $PM_{2.5}$ 浓度、垂直扩散系数、位温的廓线，只有 BEP 方案模拟出了混合层的发展，垂直交换系数在 500 m 处达到最高，接近 200 m^2/s^2，使得 $PM_{2.5}$ 和位温在混合层内充分混合。29 日 14 时也有类似的模拟结果。

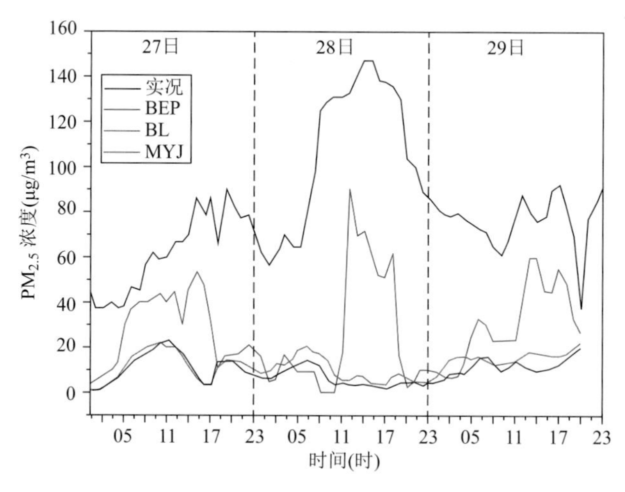

图 3.12　BEP、BL、MYJ 模拟的 600 m 高度 $PM_{2.5}$ 浓度和实况对比

图 3.13a 显示了 28—29 日 BEP 模拟的徐家汇站 $PM_{2.5}$ 浓度、风场和温度场的高度—时间演变。一是夜间浓度明显高于白天，主要原因是白天温度升高、垂直扩散增强，把近地面的污染物抬升到高空；二是风速有明显的日变化特点，白天受海风影响，主导风向转为偏东风或者偏南风，风速明显增大，有利于 $PM_{2.5}$ 扩散。因此，白天低层的 $PM_{2.5}$ 浓度较夜间偏

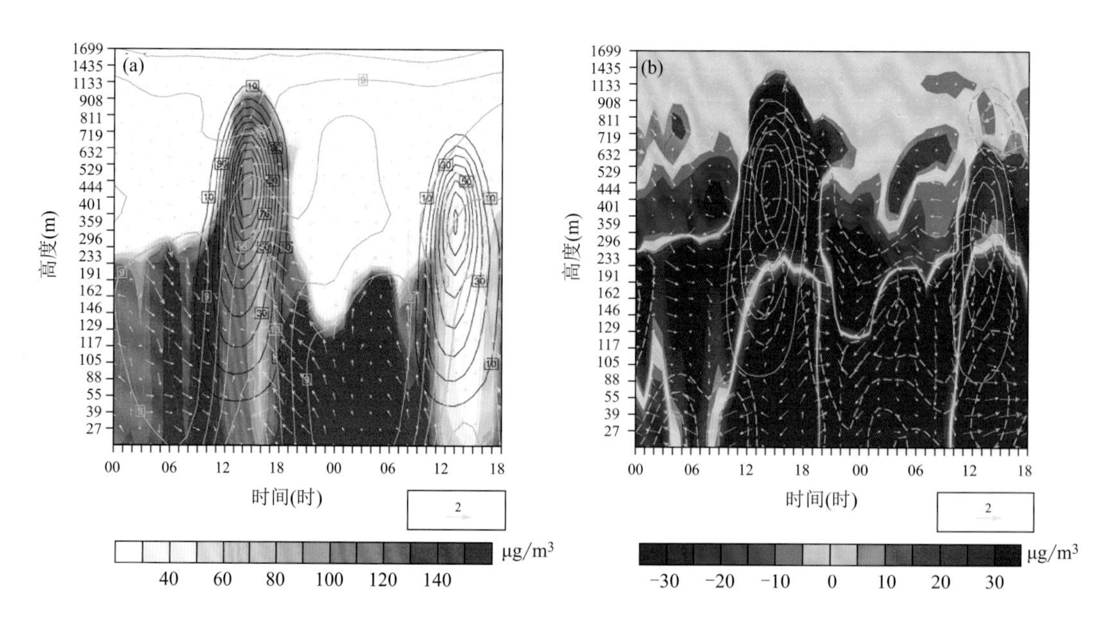

图 3.13　BEP 方案模拟的 28—29 日城市 $PM_{2.5}$ 浓度（填色）、风场、垂直交换系数（蓝色等值线，m^2/s^2）、温度（绿色等值线，℃）(a) 以及 BEP 和 BL 的差值（填色为 $PM_{2.5}$ 浓度，黄色等值线为垂直交换系数（实线为正），绿色等值线为风速（虚线为负））(b)

低了 40 μg/m³。图 3.13b 显示了 BEP 和 BL 模拟的 $PM_{2.5}$、风场和温度场的高度—时间差值，白天 BEP 模拟的 200 m 以下的 $PM_{2.5}$ 浓度低于 BL，原因是垂直扩散系数更大，将 $PM_{2.5}$ 扩散到高层，使得 200～1500 m 高度范围内的 $PM_{2.5}$ 浓度升高。而 BEP 模拟的夜间 $PM_{2.5}$ 浓度则明显大于 BL，其原因是水平风速小，有利于 $PM_{2.5}$ 累积。综上可见，在静稳天气下，BEP 方案由于增加了建筑拖曳过程和垂直方向的辐射过程，使得风速下降、湍能增强，更加准确地模拟了夜间 $PM_{2.5}$ 的累积和白天的垂直扩散过程。此外，由于 BEP 模拟的白天气温更高，有利于海风发展，也是造成 28 日白天 $PM_{2.5}$ 浓度下降的原因之一。

为了进一步证实上述观点，结合主导风选择了东西、南北、东南—西北 3 个剖面分析 BEP 和 BL 的模拟结果（图 3.14）。从图中可见，夜间，BEP 模拟的城市地区 $PM_{2.5}$ 浓度偏高 20 μg/m³，原因是风速显著偏低。此外，夜间在 700 m 上空同样有 $PM_{2.5}$ 的高值，可能来自白天的残留。相反，白天 BEP 模拟的城区低层的 $PM_{2.5}$ 浓度偏低，约 10 μg/m³，一方面是垂直扩散强，另一方面城区由于温度高表现为更强的上升气流，使得 $PM_{2.5}$ 向高空扩散，在 400～1000 m 范围内形成高值，这也可能是夜间残留的来源。

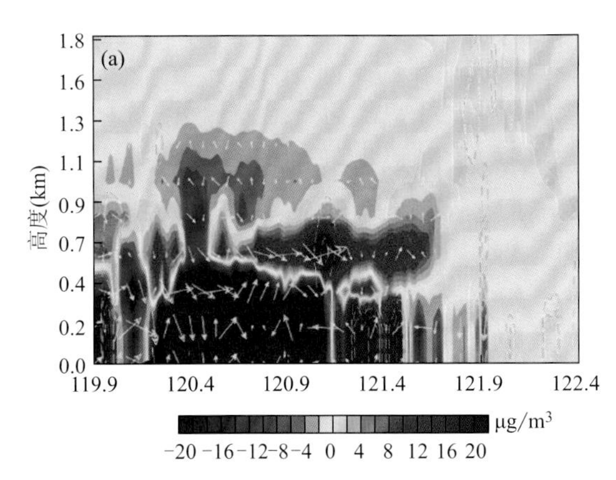

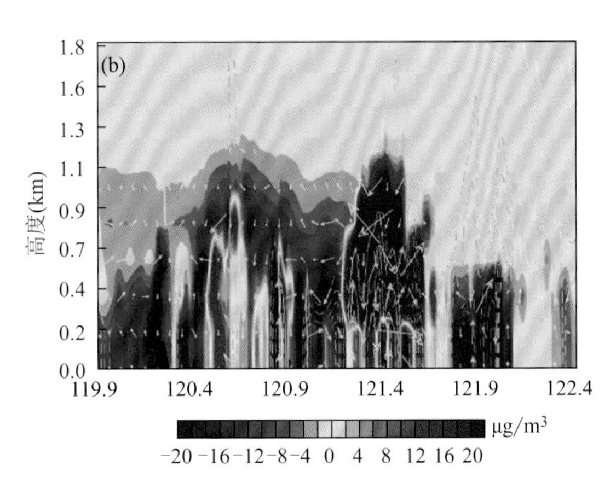

图 3.14 27 日夜间（a）和白天（b） BEP 和 BL 模拟的东西向剖面的差值
（填色为 $PM_{2.5}$ 浓度；箭头为风矢；绿色等值线为风速差；黄色等值线为垂直扩散系数）

3.1.3 小结与讨论

利用高分辨率卫星遥感数据和建筑物数据，建立了适用于城市冠层数值模拟的上海城市冠层数据集，可直接应用于 WRF 中尺度模式。

搭建了高分辨率 WRF-Chem-BEP 城市冠层数值模拟方案，分别对夏季、冬季的静稳天气个例进行数值试验，结果发现，采用冠层参数化方案后，能够较好地刻画城市建筑群对污染物的平流拖曳作用以及冠层内湍流的增强效应。

上海夜间 $PM_{2.5}$ 的暴发式增长主要和建筑群拖曳造成水平扩散能力下降有关；白天城市建筑群的效应增强了湍流强度，使得更多的污染物被抬升到混合层上部，在夜间形成更加显著的污染残留层。

3.2 海陆风对上海大气污染的数值研究

海陆风是由于海陆热力差异，受气压梯度力作用引起的由高压（低温）区域向低压（高温）区域流动的局地环流。在海陆风环流发展时段，由于海洋相较陆地比热更大，因而在日间海面温度低于陆地，近地面风由海洋吹向陆地；夜间海面温度高于陆地，近地面风由陆地吹向海洋。海风对局地大气污染的影响主要表现在两个方面。一是海风垂直环流，低层风向由海洋吹向陆地，高层则是从陆地吹向海洋，由此形成海风的垂直环流。这种效应和城市热岛叠加后会更加显著。高层的海风会将城市地区的污染物传输到沿海形成污染。二是海风和背景风的辐合效应，使得污染物迅速累积形成局地污染事件。

3.2.1 上海海陆风的观测特征

本节首先分析2009—2019年7个观测站的数据，发现符合日东（海）西（陆）风交替控制的环流事件在沿海站点（如南汇、奉贤、金山）的发生频次较稍内陆站点（如松江、闵行）更高，其中市中心站点受城市建筑物影响，海风较难发展深入，因此，在市中心站点（徐家汇）受海陆风交替影响的环流日较少。在过去研究中，通常认为夏季由于海陆温差更加明显，因而我国沿海地区夏季出现海陆风的频率会相对较高（殷达中 等，1997），然而通过对上海各站点风速风向观测数据的筛选分析，发现秋季（9—10月）是上海多数站点受海陆风交替影响最多的季节。与我国辽东湾等地区不同，夏季上海地区符合海陆风筛选条件的事件相对较低，主要由于上海受东亚夏季风影响，夏季盛行风向为偏东风，在盛行风较强的情形下，会一定程度覆盖夜晚海陆热力差异导致的气压差的作用，在风向上仍表现为海风控制，因而没有表现出海风和陆风的交替作用。总体而言，各站点日间的海风风速相较夜间的陆风风速更高，平均海风和陆风风速分别为0.9～3.3 m/s和0.8～2.4 m/s。多数站点日间的海风风速在夏季最高，8月平均风速最高可达4.5 m/s。距离海洋较近的站点相较于距离海岸线有一定距离的站点在符合筛选条件的海陆风事件中地面风速更高，市中心站点（徐家汇）受城市下垫面影响地面风速最小。多数时间海风开始于上午晚些至中午（10—12时），结束在18时前后，个别事件中海风甚至能够持续至午夜（23时）；陆风多在午夜左右开始，早上时段结束，而个别事件中有时持续到中午。相对于冬季，夏季的海风在上午时段发展更早，对应事件中海风控制时段夏季多为11—21（23）时、冬季12（13）—22（23）时，陆风控制时段夏季多为23—09（11）时、冬季为00—12时。

由于海陆风环流是海陆热力差异强迫导致的局地环流，对风速风向的筛选很难有效分离系统风和海陆风的作用，同时，海陆风的发展很大程度受海岸线走向的限制，对于上海地区来说，从东北到东南方向都接壤大海，使得海风的风向更加多变，从而在统计上更加复杂，需要进一步结合个例进行具体分析。图3.15展示了根据观测数据整理得到的上海3种主要的近地面海陆风辐合型，根据海风以及背景风风向的不同，影响上海城市的海陆风辐合大致可以分为西南东北型、西北东南型和三风辐合型。由于海岸线的影响，影响上海城市的海风主要来自东北和东南两个方向，西南东北型辐合主要为偏南背景风和来自东北方向的海风辐合，西北东南型辐合主要是偏北背景风与来自东南方向的海风辐合，三风辐合型是西向背景风和来自东南、东北两个方向的海风在城市区域辐合对峙。以上 3 种辐合环流型均有利于污染物在城市地面的累积，尤其是在夏季海风发展的下午时段，臭氧浓度较高，上述 3 种海陆风辐合环流型是造成城市 $PM_{2.5}$-O_3 复合污染的重要气象因素。毛卓成等（2019）的统计结果表明，2013—2017 年，上海地区共出现 $PM_{2.5}$-O_3 复合污染事件（同一小时内 $PM_{2.5}$ 浓度 >75 μg/m³，O_3 浓度 >200 μg/m³）66 d，其中 5—8 月是复合污染事件出现最多的时段，多数复合污染事件与上海地区海陆风辐合环流的形成和维持有关。

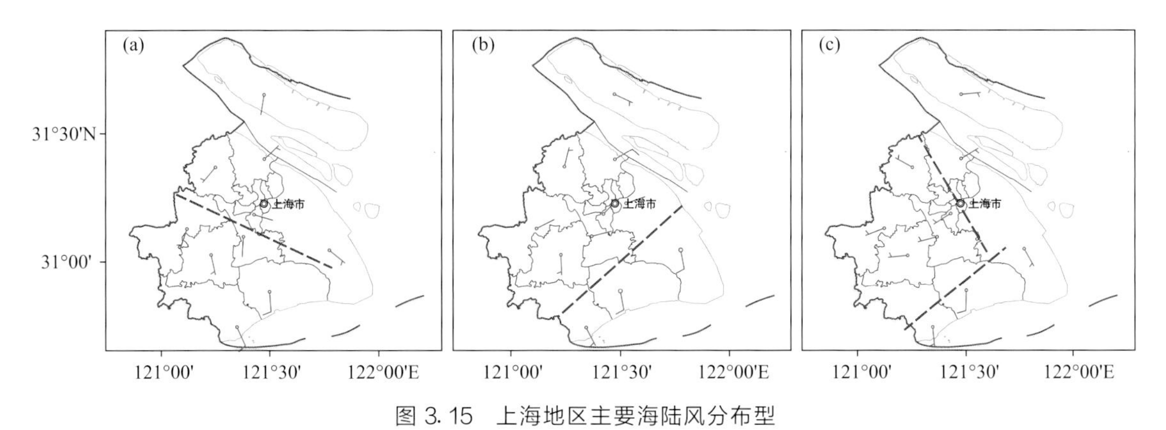

图 3.15　上海地区主要海陆风分布型

（a. 西南东北型；b. 西北东南型；c. 三风辐合型；虚线表示不同方向海风形成的辐合线）

图 3.16 通过 2013 年 7 月 26 日和 27 日上海世博站风廓线观测数据展示了海陆风环流发展时风场的垂直分布情况。由风廓线观测可以看出，该时段是两次连续的海陆风环流日，海风从 26 日 06 时开始发展，至夜晚 22 时转变为陆风，27 日 05 时海风再次发展，并在 19 时左右转变为陆风。垂直方向上，海风发展时段，近地面盛行偏东风，边界层上层区域盛行偏东风；陆风控制时段，近地面盛行偏西风，上层区域盛行偏东风，从而形成了闭合的海风及陆风环流。下午时段的海风由于常常叠加了城市热岛效应的影响，因而能够发展到更高的高度，可以达到地面 2000 m 以上，而陆风相对于海风能够影响的高度范围较小，为 1000～

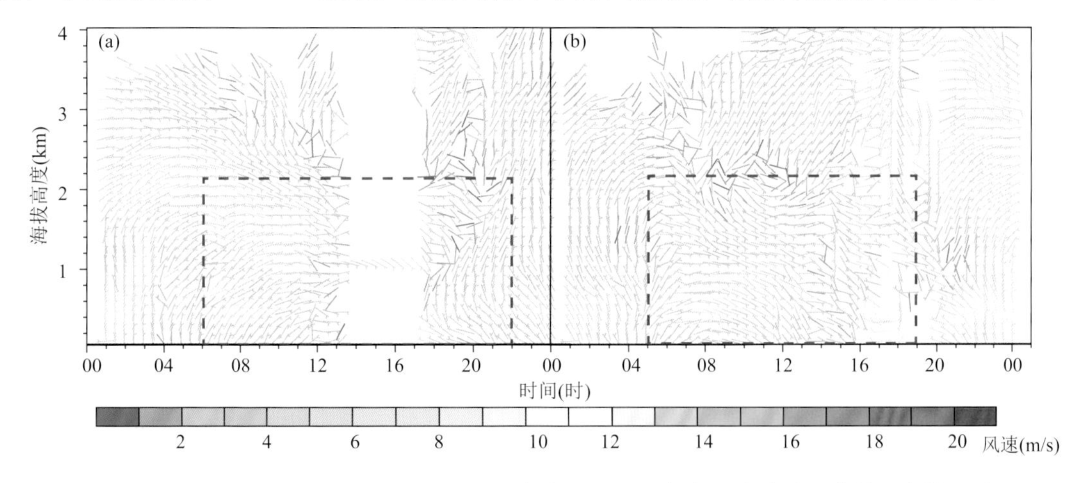

图 3.16　上海世博站 2013 年 7 月 26 日（a）和 27 日（b）一次海陆风事件风廓线观测

2000 m。由于城市下垫面的影响，最大风速往往出现在近地面层 200 m 以上高度，如图 3.16 中 26 日最大海风风速位于 600～1400 m 高度，而陆风最大风速位于 200～800 m 高度。多数情况下，海风在 15 时左右发展到最强，对应的影响高度范围以及风速最大。

图 3.17 分别展示了 26 日和 27 日上海地区的海风辐合型，其中 26 日为三风辐合型，27 日为西南东北辐合型。结合图 3.16 和图 3.17 可以看出，海风在三风辐合型中发展的高度相对单辐合型更高，多数海风发展高度在 1000～2000 m，而三风辐合型海风的发展高度可以超过 2000 m。图 3.18 为所选观测时段上海城市 $PM_{2.5}$ 和 O_3 的浓度变化情况，可以看出，无论何种辐合型环流，均会造成污染物在上海城市范围内的累积，进而导致颗粒物及臭氧超标事件的发生。尤其在夏季，由于光化学反应增强使得臭氧生成相对其他季节更多，因而在下午背景风为偏西风，且近地面风速为 2～4 m/s 的海风发展时段，更容易出现由于海风和背景风在城市的辐合，从而导致污染物在城市区域累积，形成 $PM_{2.5}$-O_3 复合污染事件。近期研究表明，城市臭氧浓度上升导致的城市大气氧化性的增强会进一步促进二次气溶胶的生成，从而使 $PM_{2.5}$ 浓度进一步增加（Huang et al.，2020），这也是目前我国大气环境治理亟须解决的问题。

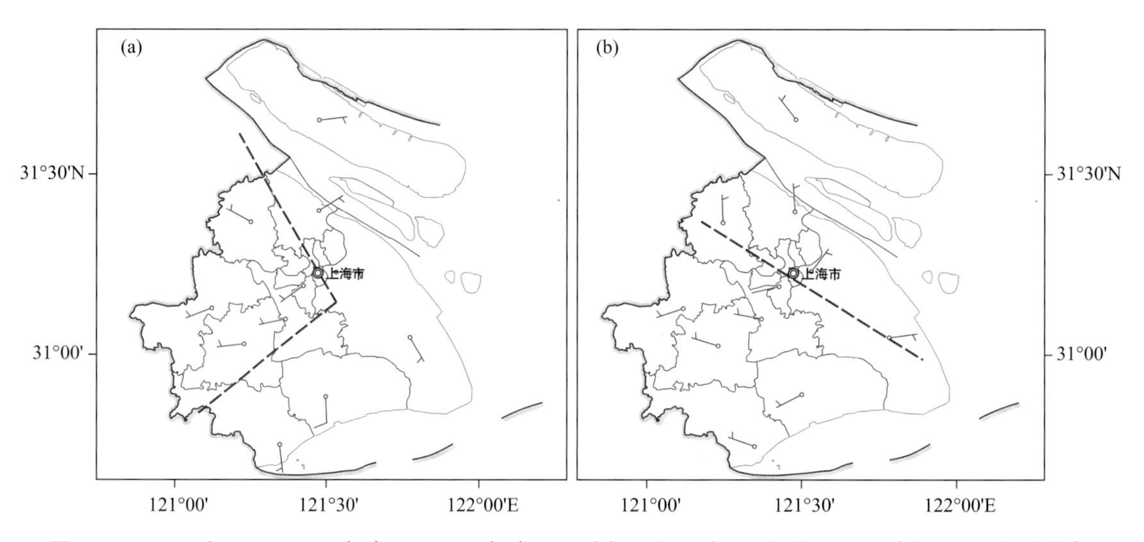

图 3.17　2013 年 7 月 26 日（a）和 27 日（b）14 时海风发展时段上海地面风场（虚线表示辐合线）

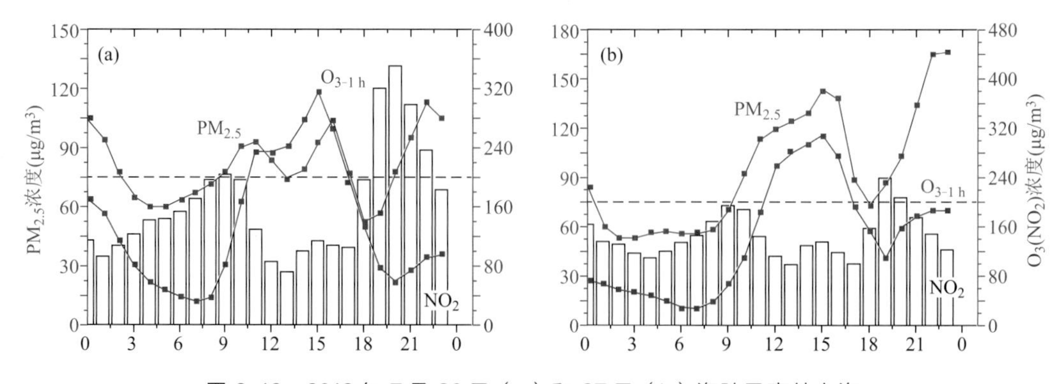

图 3.18　2013 年 7 月 26 日（a）和 27 日（b）海陆风事件上海 $PM_{2.5}$ 和 O_3 浓度变化（虚线表示 $PM_{2.5}$ 和 O_3 浓度超过二级标准）

3.2.2　数值试验

由于臭氧是二次污染物，对于臭氧污染事件，陆风多携带较高浓度的一次污染物，伴随着较强的臭氧消耗过程（如 $NO+O_3 \rightarrow NO_2+O_2$），海风则由于大气传输过程中化学反应的发生，携带一次污染物较少，臭氧浓度较高。通常研究认为海风会带来洁净的空气，有利于空气质量的改善，然而臭氧情况有所不同。结合上海地区气象要素和大气成分观测数据及WRF-Chem模式，针对局地环流影响下一个典型臭氧污染事件，开展数值模拟试验，分析海陆风循环影响下地表臭氧浓度时空变化特征和峰值出现窗口，探讨海陆风循环对上海臭氧污染影响的途径。

3.2.2.1　研究方法

观测数据基于2014年上海市空气质量国控点观测数据及上海市气象局地面气象、大气成分小时浓度观测资料。观测覆盖上海地区7个站点，各站点位置均具有突出代表性。(1) 徐家汇站，市中心站点，受城市大气污染物排放影响显著；(2) 宝山站，城市站点，位于上海北部沿海地区；(3) 浦东站，城市站点，靠近城市公园；(4) 金山站，郊区站点，位于城市南部沿海，靠近石油工业区；(5) 世博站，城市站点；(6) 东滩站，背景站点；(7) 崇明站，乡村站，位于崇明岛。观测要素包括常规气象要素及 O_3、NO_x、CO、$PM_{2.5}$、PM_{10} 浓度，观测设备及数据质控同Gao等（2017）。

研究利用WRF-Chem模式（v3.7，https://www2.acom.ucar.edu/wrf-chem），开展海陆风循环对臭氧浓度影响数值试验。模式采用Lambert地形投影，中心（118°E，32.5°N），参考纬度为30°N和60°N，标准经度为118°E；采用2层嵌套，外层水平方向格点为300（东西）×300（南北），水平分辨率为9 km×9 km，内层水平方向格点为300（东西）×360（南北），水平分辨率为3 km×3 km，覆盖范围见图3.19；垂直方向27层，层顶气压50 hPa。气象初始场及边界条件来自NCEP FNL 1°×1°全球再分析数据，化学边界条件由全球大气化学传输模式MOZART-4月平均历史值构建。

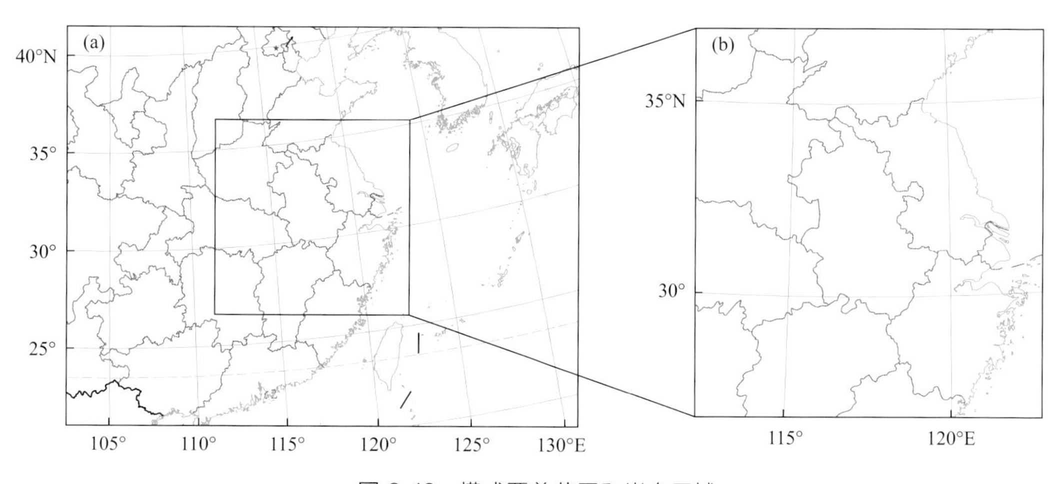

图3.19　模式覆盖范围和嵌套区域

模式生物排放由 MEGAN2 模式在线计算获得（Guenther et al.，1994，2006）。人为排放清单基于清华大学 MEIC（http：//www.meicmodel.org/；Li et al.，2014）2010 年排放清单，包括中国地区来自五种行业（工业、能源、居民、交通和农业）10 种主要大气污染物和温室气体排放，水平分辨率为 0.25°×0.25°。中国以外排放基于 NASA INTEX-B 2008 年亚洲排放清单，水平分辨率为 0.5°×0.5°。小时排放由上海市环境科学研究院提供的各行业排放日变化确定。根据 Zhang 等（2015）研究指出，NO 和 NO_2 排放分别占 NO_x 排放的 90%和 10%。

由于对流层臭氧浓度受多种因素（如前体物浓度、光照强度、气象条件等）共同影响，因此研究基于以下特征选择了 2014 年 7 月 9—11 日臭氧污染事件进行模拟和分析。首先，所选时段臭氧浓度变化在上海各站点特征相同，以保证所选臭氧污染过程是区域性过程而非局地事件；其次，各站点大气污染物总体变化特征相同，以排除由于前体物排放及气溶胶浓度变化对臭氧污染的影响；最后，所选污染时段为海陆风发展阶段，存在海风和陆风在不同时段的交替。此外，研究进行了 48 h 预模拟以保证能够提供稳定化学初始条件。

3.2.2.2 结果与分析

（1）观测海陆风环流对上海地面臭氧空气质量的影响

图 3.20 为上海地区 7 个代表性站点 2014 年 7 月 9—11 日观测的臭氧小时浓度随时间变化情况。观测结果表明，7 月 10 日下午各站点同时出现臭氧浓度显著升高的情况，个别站

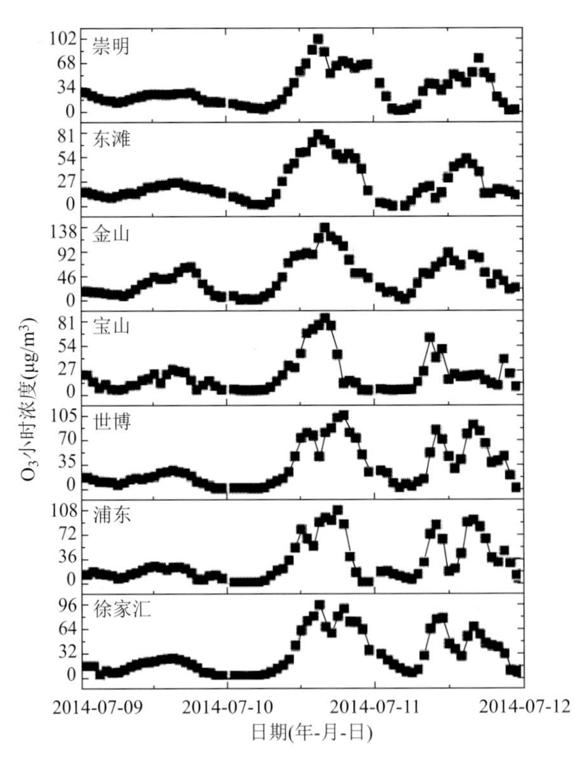

图 3.20 上海徐家汇、浦东、世博、宝山、金山、东滩和崇明大气成分观测站观测的 O_3 小时浓度

点臭氧浓度超过100 $\mu g/m^3$，且高浓度事件在11日下午再次发生。各站点臭氧浓度呈现相似的变化特征，表明此次污染事件是区域性过程而非局地事件。图3.21展示了所选个例时段上海地区以上有 $PM_{2.5}$ 观测记录站点 $PM_{2.5}$ 小时浓度随时间变化情况。可以看出，臭氧浓度显著上升的同时伴随着 $PM_{2.5}$ 浓度的上升。研究表明，气溶胶浓度的增加趋于减弱光化学反应强度，因而在没有其他因素影响下气溶胶浓度上升易导致臭氧浓度降低。观测气溶胶及臭氧浓度同时升高表明气象条件可能是本次污染事件发生的主要原因，尤其是近地面风速风向的改变。城市各站点前体物排放很难在短时间内发生明显且相同程度的增加，局地人为排放改变对本次事件影响的可能性很小，污染事件的发展主要受气象要素变化的控制。上海位于东部沿海地区，是我国城市化最为发达的城市之一，东邻太平洋，西邻长三角城市群。通常情况下，东风多带来海洋气团，而西风则多将邻近城市的污染气团输送到上海地区，因此，风速风向对本地区的大气污染物浓度影响显著。

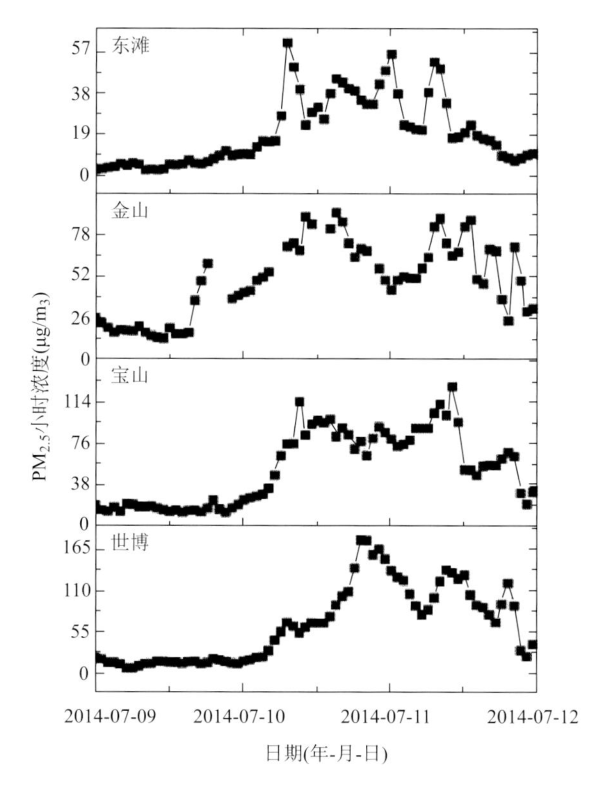

图3.21　上海世博、宝山、金山和东滩站观测的 $PM_{2.5}$ 小时浓度

（其中徐家汇、浦东、东滩及崇明站在所选个例时段 $PM_{2.5}$ 缺测）

图3.22为上海各站点2014年7月9—11日观测的小时风向随时间变化情况，由图可知，7月10—11日各站点风向呈现周期性变化，夜间及上午时段受偏西风（即陆风）影响，下午及傍晚时段受偏东风（即海风）影响，为典型的受海陆风影响时段。对比图3.23至图3.25可知，7月10—11日下午上海地区臭氧浓度升高，为典型海陆风影响下的臭氧污染事件，针对这次事件，通过WRF-Chem数值模拟试验进一步分析2014年7月10—11日上海臭氧浓度升高的原因，认识海陆风循环对上海地区臭氧污染事件的影响。

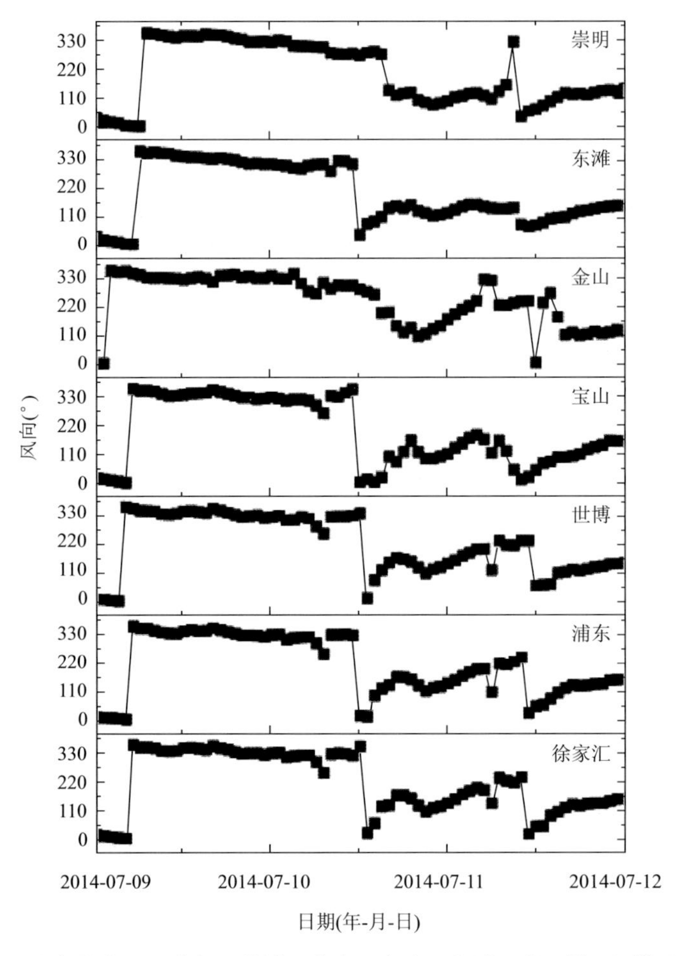

图 3.22 上海徐家汇、浦东、世博、宝山、金山、东滩和崇明站观测的小时风向

（2）模拟海陆风环流对上海地面臭氧空气质量的影响

图 3.23 和图 3.24 为徐家汇、世博、金山和东滩 4 个站点观测及模拟 O_3、$PM_{2.5}$ 小时浓度和风速风向对比图。通过对比可知，WRF-Chem 模式基本可以抓住各站点风以及污染物随时间变化特征，相关系数均在 0.5 以上，因而是模拟上海地区海陆风局地环流，探究其对于城市空气污染事件影响的有利工具。由图 3.23 可知，模式在各站点对臭氧浓度存在不同程度的高估，而对 $PM_{2.5}$ 浓度存在一定程度的低估。由于排放清单对城市污染物的浓度模拟具有重要影响，用于模式计算的现有排放清单水平分辨率（约 27 km）远大于模式水平分辨率（3 km），对本区域 NO_x 和 VOCs 排放的估计相较实际仍存在很大偏差，是影响 WRF-Chem 对臭氧模拟效果的主要原因。由图 3.24 可知，模式模拟的风速相对观测普遍偏高，一定程度上源于模式所用城市下垫面数据的偏差，此外针对海陆风模拟而言，3 km 相对于海陆风尺度还是相对较大，进一步优化城市下垫面数据、提高模式分辨率，是改善未来城市海陆风模拟的首要任务。总体而言，3 km 的 WRF-Chem 模式仍旧是目前进行上海城市局地环流对空气质量影响研究的有力工具。

利用 WRF-Chem 模式模拟污染时段中海风及陆风分别控制时段地面 O_3 和 $PM_{2.5}$ 浓度分布及地面风场如图 3.25 所示。由图可知，在海风控制的下午时段，由于前体物排放增加，

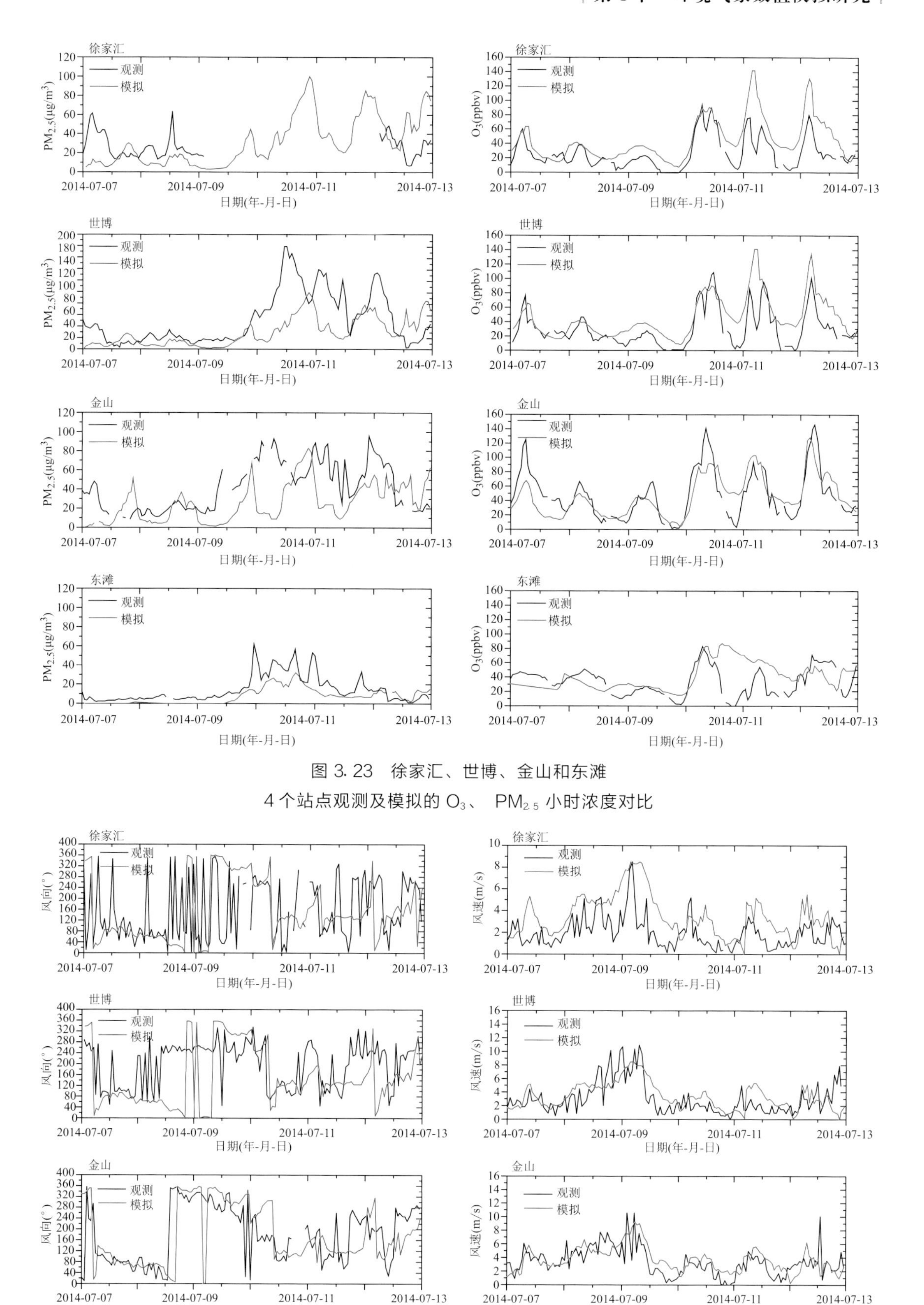

图 3.23　徐家汇、世博、金山和东滩 4 个站点观测及模拟的 O_3、 $PM_{2.5}$ 小时浓度对比

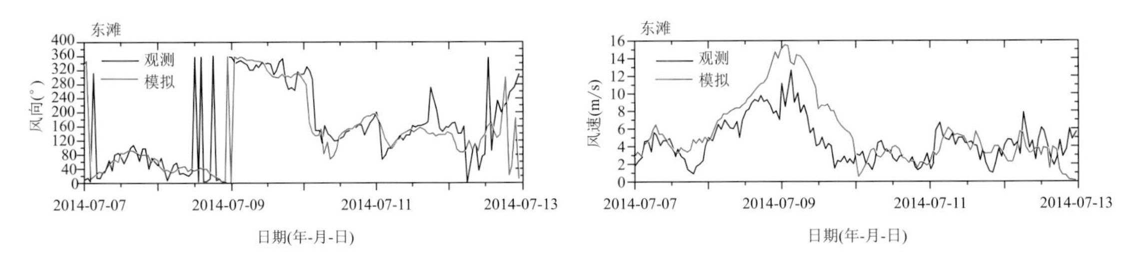

图 3.24　同图 3.23，但为 4 个站点观测及模拟的风向、风速小时浓度对比

光照增强，臭氧经由光化学反应生成，同时，由于陆地背景风为弱偏西风，其与海风风向相反、风速相当，因而相互对峙，在上海城市区域形成辐合，进而将污染物同时限制在辐合区内，致使城市 O_3 和 $PM_{2.5}$ 浓度升高，造成海风控制时段的上海城市复合污染；而在陆风控制时段，陆风能够加强陆地背景偏西风作用，共同将城市污染物输送到海洋区域。陆风控制大多为夜晚和清晨时段，排放较低，光化学反应较弱，因而城市臭氧浓度也相对较低。陆风控制时段，部分臭氧浓度较高区域存在于海洋区域，其原因主要为远距离输送二次污染物生成。所选时段部分区域夜晚 $PM_{2.5}$ 浓度较下午略有升高，由于 $PM_{2.5}$ 浓度受光照影响较弱，其浓度在夜晚受边界层高度等因素影响明显，夜晚及凌晨边界层高度较低，对流较弱，因而部分地区地面 $PM_{2.5}$ 浓度相较下午海风控制时段较高。

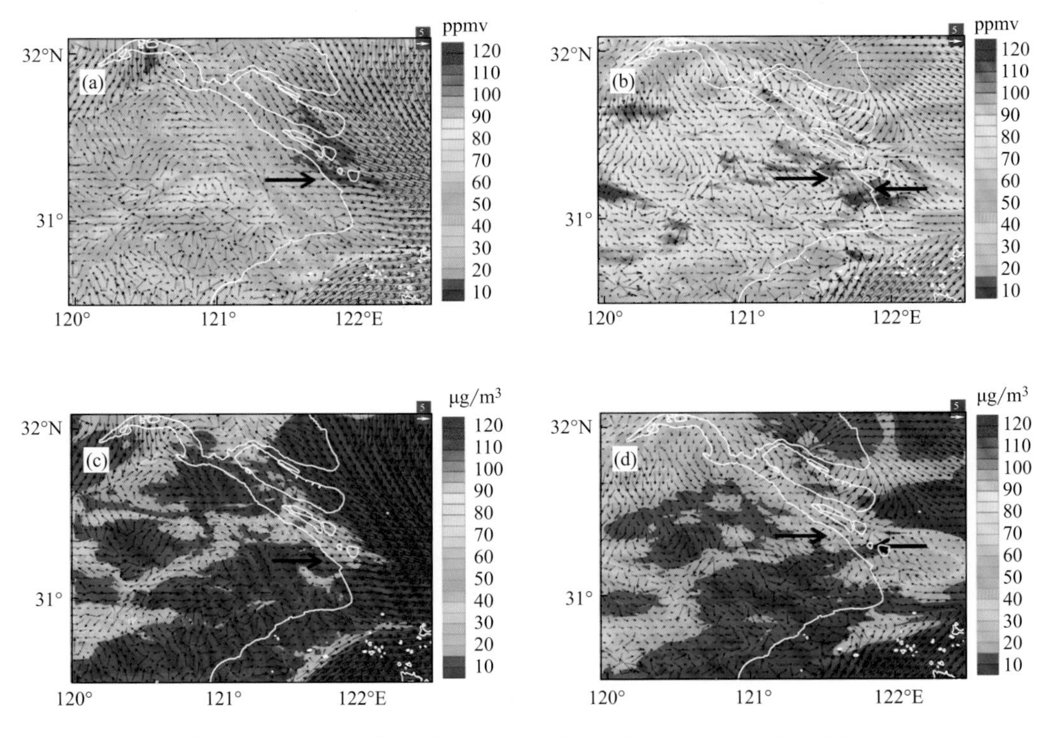

图 3.25　WRF-Chem 模拟 2014 年 7 月 10 日 00 时（a、c. 陆风控制时段，箭头表示陆风的风向）及 15 时（b、d. 海风控制时段，箭头表示海风和背景风辐合）模拟地面 O_3 浓度（a、b）、 $PM_{2.5}$ 浓度（c、d）及地面风场（m/s）分布情况

3.2.3 小结与讨论

结合上海地区气象要素和大气成分观测数据及 WRF-Chem 模式，基于区域性过程、非前体物排放和气溶胶浓度变化影响及海陆风发展 3 个特征筛选了 2014 年 7 月 9—11 日上海一次臭氧污染个例进行观测分析和数值模拟，分析海陆风循环影响下地表臭氧浓度时空变化特点及海陆风循环对上海臭氧污染影响的作用和作用途径。

观测结果表明，7 月 10 日下午上海各观测站点同时出现臭氧浓度显著升高，个别站点 O_3 浓度超过 100 $\mu g/m^3$，且臭氧浓度显著上升的同时伴随着 $PM_{2.5}$ 浓度的上升，表明臭氧浓度上升是区域性过程，主要原因是气象条件的影响，尤其是风速风向的改变。观测数据显示，7 月 10—11 日各站点在海陆风影响窗口时段风向呈现明显周期性变化，夜间及上午时段受偏西风（即陆风）影响，下午及傍晚时段受偏东风（即海风）影响，是典型海陆风影响下的臭氧污染事件。

数值模拟结果表明，模式结果在多数站点与观测臭氧浓度具有较好相关性，相关系数在 0.5 以上，能较好重现所选个例时段各站点臭氧浓度随时间的变化情况，是探究海陆风对本地区臭氧污染影响的有效工具。在陆地，背景风为弱偏西风，且风速在 1.5～4.0 m/s 的海风发展时段，背景弱西风易和海风形成辐合，进而将高浓度污染物限制在辐合区内，致使上海城市臭氧和 $PM_{2.5}$ 浓度同时升高，造成海风控制时段的复合污染，对上海夏季高臭氧污染事件及臭氧和 $PM_{2.5}$ 协同污染事件的形成有重要影响。

3.3 气溶胶光解和辐射效应对臭氧的影响

气溶胶通过消光影响大气辐射传输过程进而影响臭氧的生成，主要包括两个方面：一是由于气溶胶消光效应减弱大气辐射而直接影响臭氧光化学过程；二是气溶胶消光效应削弱太阳短波辐射，同时气溶胶又发射和吸收长波辐射，进而对大气加热或降温（辐射效应），从而引起大气热力和动力过程的改变间接影响臭氧光化学过程。气溶胶消光对臭氧影响的这两个方面在 WRF-Chem 模式（Grell et al.，2005）不同参数化方案（模块）中分别实现：气溶胶光解效应在 FTUV 光解方案中实现，而辐射效应在辐射传输方案中实现。本节介绍 WRF-Chem 模式中气溶胶消光特性算法、光解效应和辐射效应算法的实现，并通过个例开展数值试验，验证算法的正确性并初步分析效果。

3.3.1 气溶胶消光算法及其在模式中的实现

建立体积平均的简化米散射方法进行气溶胶消光特性计算。对不同组分和粒径尺度气溶胶采用体积平均混合法，计算时气溶胶组分内混，对每个模态（mode）气溶胶折射率进行平均。采用切比雪夫简化（Chebyshev economization，Fast et al.，2006）方法对米散射算法进行简化，即在模式运行过程中只在初始时进行一次完全米散射计算，之后采用相同的展开系数，以达到节约计算时间的目的。

气溶胶消光特性计算模块输出不同波长的气溶胶消光参数（包括光学厚度、单散射反照率、不对称因子等），供辐射/光解方案使用。波长分 4 个短波波段（波长为 300、400、600 和 999 nm）和 16 个长波波段（波数为 10、350、500、630、700、820、980、1080、1180、1390、1480、1800、2080、2250、2390、2600、3250 cm^{-1}）。

基于 RRTMG 辐射方案建立气溶胶辐射效应算法，分别在长波和短波方案中增加气溶胶辐射的作用。对于长波辐射，增加气溶胶光学厚度，即在原有的光学厚度上直接增加气溶胶光学厚度（$\tau=\tau+\tau_{aer}$）。对于短波辐射，增加气溶胶光学厚度、单散射反照率（以光学厚度为权重，$\omega=\sum(\omega_i\tau_i/\tau)$，$i$ 指不同种类如云、气溶胶等）、不对称因子（以单散射反照率和光学厚度的乘积为权重，$g=\sum g_i\omega_i\tau_i/\sum\omega_i\tau_i$）3 个参数的影响。由于计算的气溶胶波段少于短波辐射的波段，单散射反照率和不对称因子采用线性内插和外插处理；光学厚度采用 Angstrom 指数方法，Angstrom 指数为 300 nm 与 999 nm 光学厚度比的对数和二者波长比对数的比值（$ang=\ln(\tau_{300}/\tau_{999})/\ln(999/300)$），任一波长（λ）的光学厚度为 400 nm 光学厚度与波长比 Angstrom 指数的乘积（$\tau_\lambda=\tau_{400}\cdot(400/\lambda)^{ang}$）。

基于 FTUV 光解方案建立气溶胶光解效应算法。光解只考虑短波辐射的作用，引入气溶胶光学厚度、单散射反照率、不对称因子 3 个参数，与其他物质光学特性参数合并计算时，算法同辐射效应计算。输出 300 nm、400 nm、600 nm 和 999 nm 4 个波长不同化学物质的光解系数。

利用修改完善后的 WRF-Chem 模式，开展气溶胶光解效应和辐射效应对臭氧生成的影响数值研究。试验采用 Lambert 地形投影，中心（119°E，33°N），参考纬度为 30°N 和 60°N，标准经度为 119°E；水平方向 290（东西）× 350（南北）网格，分辨率为 4.5 km，覆盖范围见图 3.26；垂直方向 50 层，层顶气压 50 hPa。土地利用资料为 MODIS（MODIFIED _ IGBP _ MODIS _ NOAH）20 类数据（图 3.26）。物理和化学方案选项如表 3.1 所示。

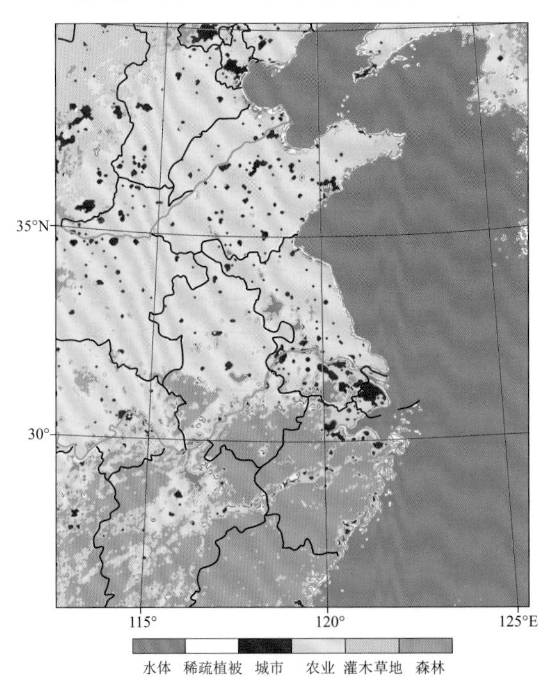

图 3.26　模式范围和土地利用分布

表 3.1 试验物理和化学参数化方案选项

参数化方案类型	选项
微物理方案（mp_physics）	WSM 5-class
积云对流参数化（cu_phy）	不使用
长波辐射（ra_lw）	修改后 RRTMG
短波辐射（ra_sw）	修改后 RRTMG
表面层方案（sf_sfclay）	Molin_Obukhov
陆面过程（sf_surface）	Unified Noah
边界层（bl_pbl）	Bougeault and Lacarrere
气相化学	RADM2
无机气溶胶	MADE
有机气溶胶	SORGAM

为便于分析气溶胶消光对臭氧的影响，选择天气晴朗的2017年6月26—27日进行模拟和分析，进行了48 h预模拟来提供化学初始条件；化学边界条件使用MOZART月平均历史值。气象初始和边界条件采用NCEP资料。设计了3个数值试验来对比分析气溶胶光解效应和辐射效应对臭氧生成的影响（表3.2），其中"√"表示该试验包含选项内容而"×"为不包含。

表 3.2 数值试验设计

试验名称	辐射效应	光解效应
T0	√	√
T1	√	×
T2	×	×

3.3.2 气溶胶光解效应对臭氧生成的影响

气溶胶消光作用减弱了到达近地层的太阳辐射，造成近地层光化学反应的削弱，在其他条件不变的情况下，臭氧的光化学生成将受到抑制，造成臭氧浓度下降，这是气溶胶光解效应对臭氧生成的直接影响。数值模拟的结果（T0与T1的臭氧浓度差）证实了气溶胶消光光解效应的存在、效果和发展过程。图3.27显示，光解效应在26日06时初步体现，上海和江苏南部等$PM_{2.5}$较高浓度区域的臭氧浓度出现下降，但由于此时太阳辐射很弱，臭氧浓度的下降程度较小，最大不超过5 $\mu g/m^3$。到08时，太阳辐射逐步增强，气溶胶的光解效应也相应增强，长江沿线及以北区域均表现出明显的臭氧浓度下降，最大超过10 $\mu g/m^3$，臭氧浓度下降大值区对应于$PM_{2.5}$浓度高值区。到10时，光解效应继续增强，影响区域同样与$PM_{2.5}$浓度分布一致。12时和14时，$PM_{2.5}$浓度减弱，其光解效应也随之减弱，但臭氧浓度整体上仍存在较明显的下降。

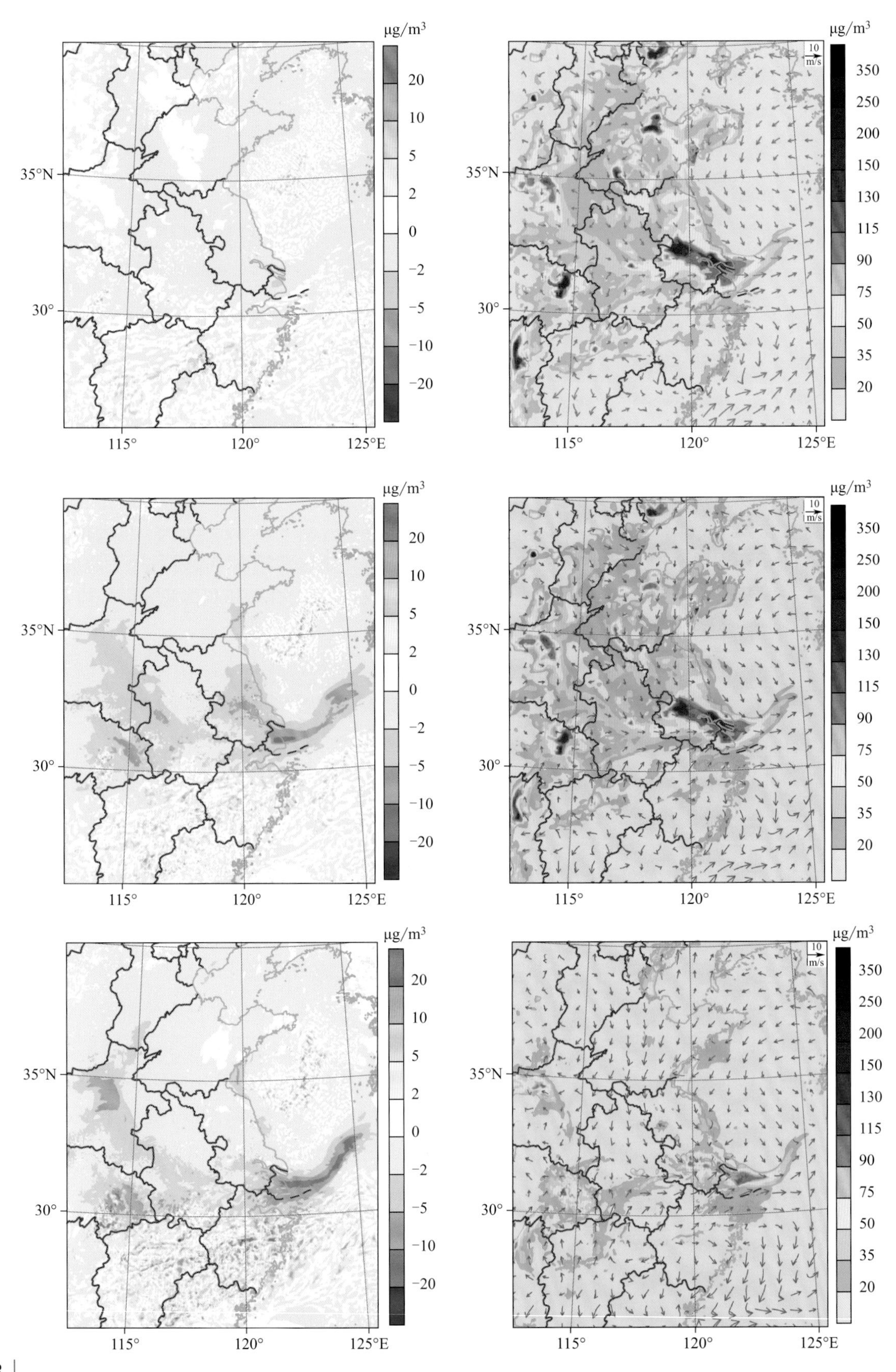
μg/m³
20
10
5
2
0
−2
−5
−10
−20
35°N
30°
115°
120°
125°E
10 m/s
μg/m³
350
250
200
150
130
115
90
75
50
35
20
35°N
30°
115°
120°
125°E
μg/m³
20
10
5
2
0
−2
−5
−10
−20
35°N
30°
115°
120°
125°E
10 m/s
μg/m³
350
250
200
150
130
115
90
75
50
35
20
35°N
30°
115°
120°
125°E
μg/m³
20
10
5
2
0
−2
−5
−10
−20
35°N
30°
115°
120°
125°E
10 m/s
μg/m³
350
250
200
150
130
115
90
75
50
35
20
35°N
30°
115°
120°
125°E

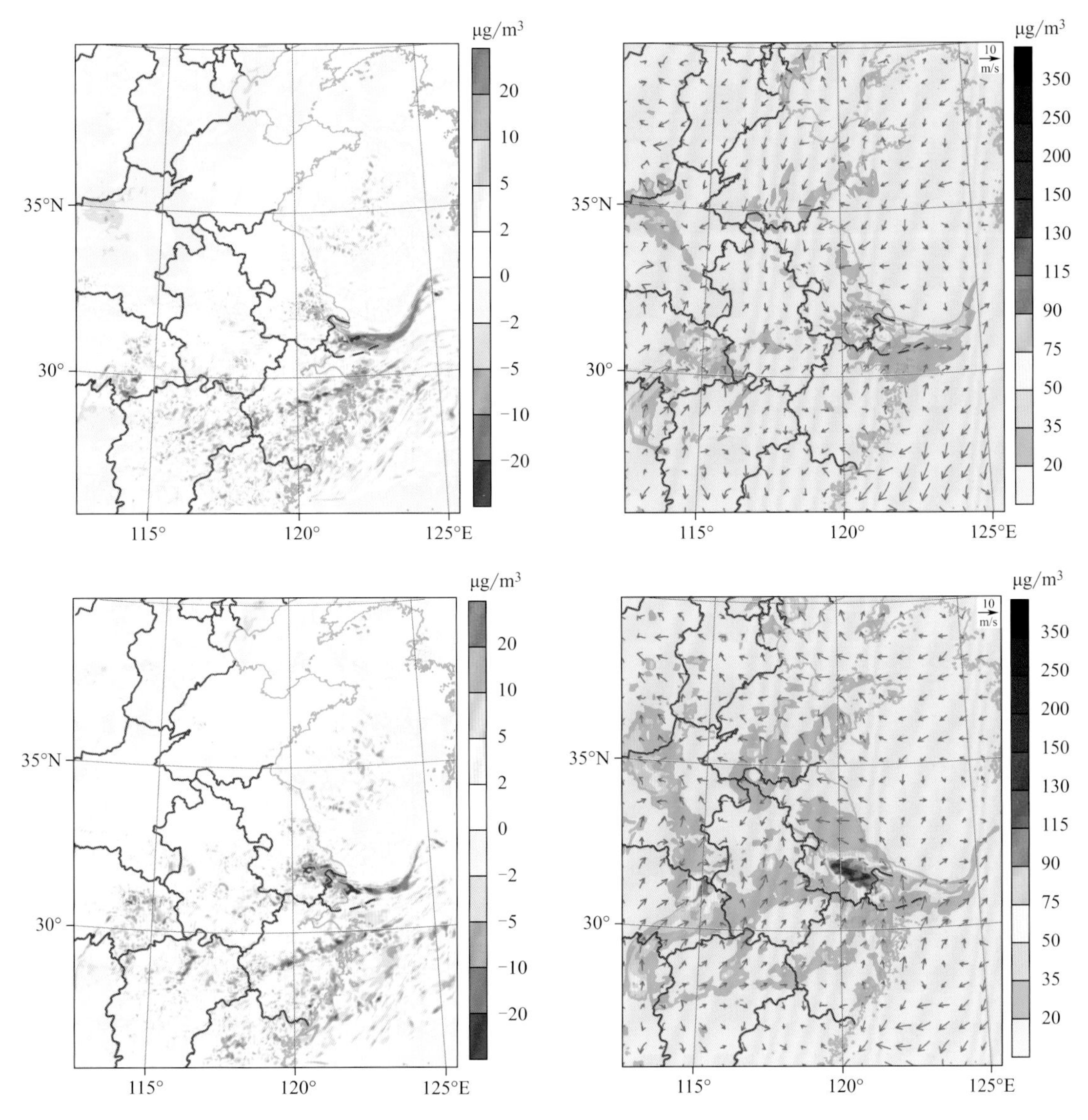

图 3.27　T0与T1臭氧浓度差异分布（左）和T0试验 $PM_{2.5}$ 浓度分布（右）
（全图从上至下依次为26日06、08、10、12和14时结果）

从过程演变可以看出，初始时段光解效应更清晰、明确，对 $PM_{2.5}$ 浓度的响应也有更好的一致性。到26日中午后，气溶胶消光对臭氧的影响在空间分布上不再与 $PM_{2.5}$ 浓度的分布具有非常好的一致性，反映出该效应经过完整的物理和化学过程的相互作用后变得不再直观（单纯地削弱臭氧的生成），部分区域还出现了相反的效果，臭氧浓度增加。事实上，由于不同大气物理和化学过程之间相互影响和反作用，模拟的臭氧的分布也变得更复杂和非单调。比如，气溶胶的光解效应造成臭氧浓度降低，氧化性因此减弱，进而降低颗粒物的氧化生成，$PM_{2.5}$ 浓度下降（图3.28）造成光解效应减弱；颗粒物下降也造成辐射效应减弱，影响大气辐射变温，进而改变整个大气过程，引起一系列变化。这种涉及多个过程的复杂变化造成了气溶胶光解效应显得不再那么“纯粹”，即造成臭氧浓度单调地下降，体现出大气的复杂性。

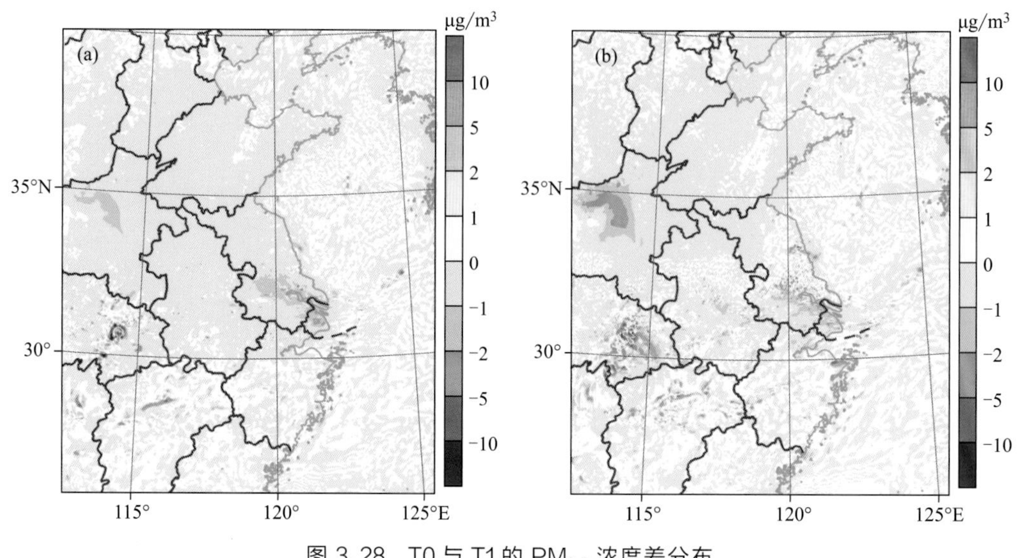

图 3.28　T0 与 T1 的 $PM_{2.5}$ 浓度差分布

（a. 08 时；b. 10 时）

3.3.3　气溶胶辐射效应对臭氧生成的影响

气溶胶消光的辐射效应通过影响大气辐射变温率而改变大气热力和动力过程，进而影响臭氧的物理化学过程。相对于光解效应对臭氧化学过程的直接影响，辐射效应通过动力、热力效应间接影响臭氧的变化。总体上，气溶胶消光对短波辐射起削弱作用，造成到达地面的辐射减少，同时加热近地层的大气；吸收大气长波辐射并向外发生长波辐射，表现出气溶胶层顶部冷却和底部加热的基本特征。

由于辐射效应的间接性，初始时的体现并不显著，到 26 日 12 时相对还比较小，但随着时间的增加辐射效应逐渐得到显现，到 18 时就有显著的作用，臭氧浓度最大变化超过 20 $\mu g/m^3$，并一直持续（图 3.29）。空间分布上，辐射效应在一些区域造成臭氧浓度增加而

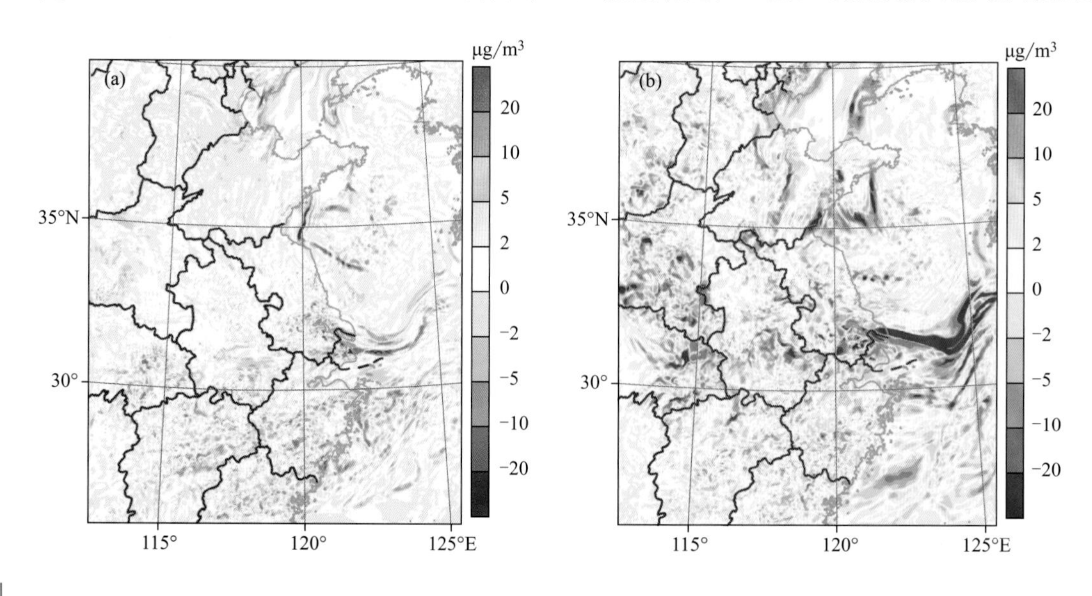

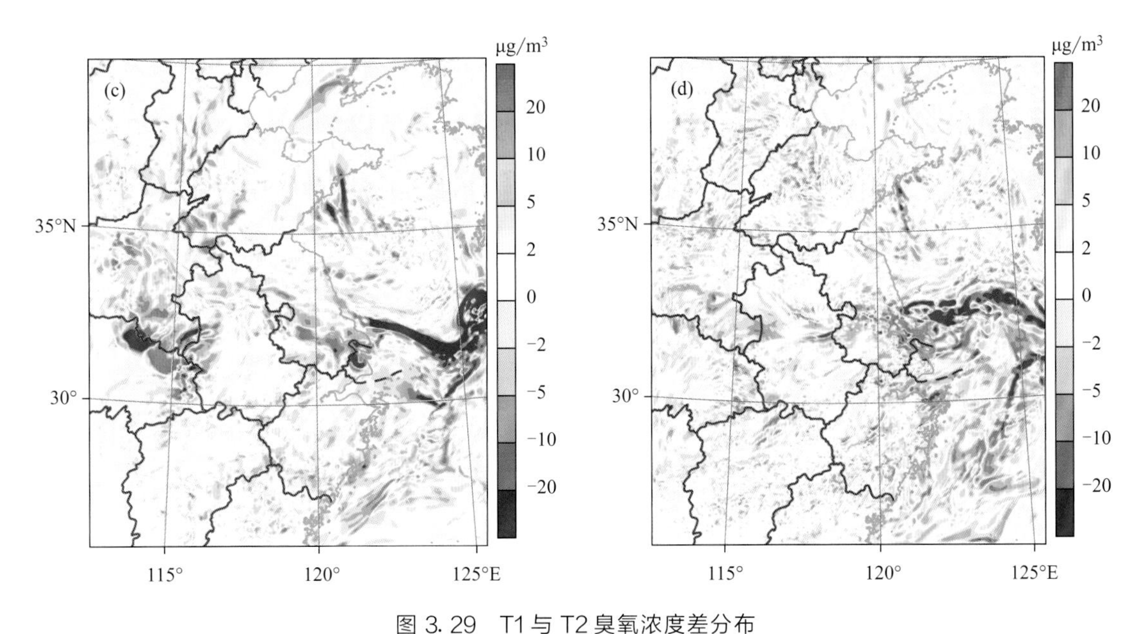

图 3.29 T1与T2臭氧浓度差分布
（a. 26日12时；b. 26日18时；c. 27日00时；d. 27日12时）

在一些区域造成下降，增加和下降的区域相互交错，并不与 $PM_{2.5}$ 浓度分布具有一致性。这些都体现出辐射效应的间接性和大气过程的复杂性。辐射效应对大气动力和热力过程的改变，引起水平输送、垂直运动等诸多过程的变化，如边界层厚度和降水（图 3.30），进而引起臭氧光化学过程和输送扩散过程的改变，造成臭氧浓度变化。

基于 WRF-Chem 模式建立了气溶胶光解效应和辐射效应对臭氧生成影响的算法，并通过数值试验证实了算法的正确性。数值试验结果表明，气溶胶光解效应对臭氧生成有抑制作用，该抑制作用也会在一定程度上反过来造成颗粒物浓度降低；辐射效应对臭氧生成的影响是间接的，可能造成臭氧浓度增加，也可能降低。气溶胶消光对臭氧的间接影响随时间增加而变大，形成污染和气象各过程的连带作用，在一定程度上反映了气象和污染各过程的相互作用。

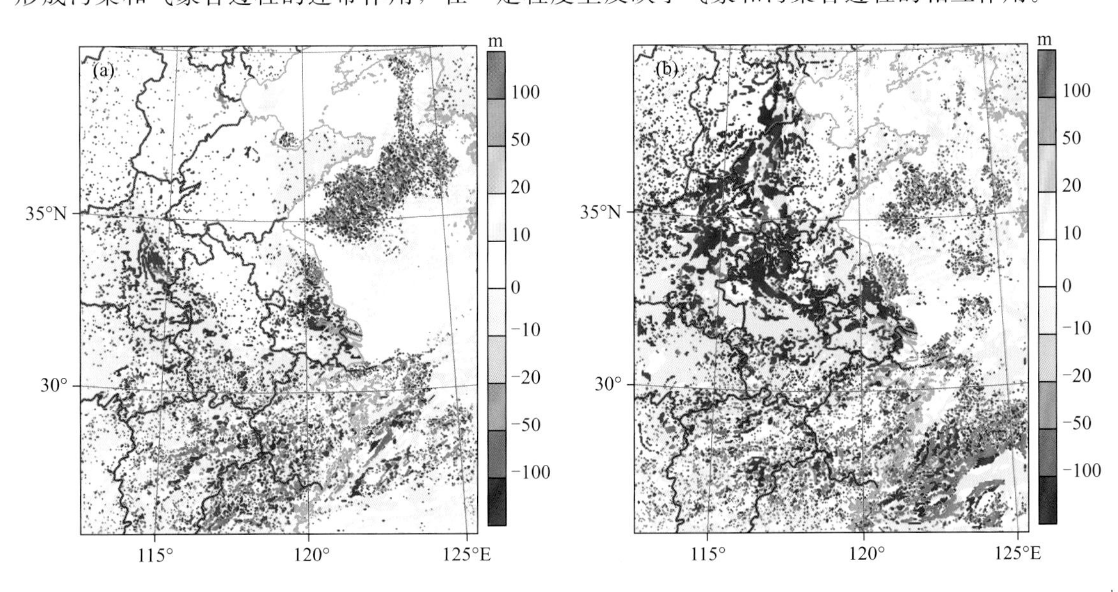

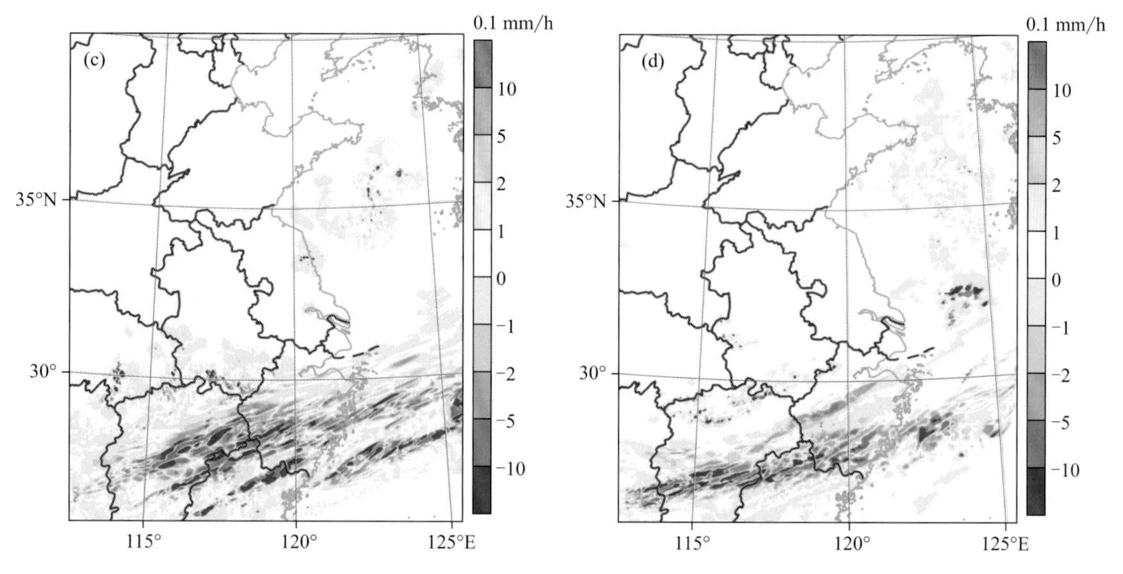

图 3.30 T1（a、c）与 T2（b、d）边界层厚度（a、b）和小时降水（c、d）差异分布

3.4 气温影响上海城市臭氧的数值研究

除叠加海陆风环流通过风向辐合和海风直接输送直接影响城市臭氧浓度外，热岛效应直接表现为城市近地面温度升高。臭氧生成过程对温度非常敏感，温度被认为是地面臭氧浓度的一个重要指示因子，不仅能直接影响与臭氧生成密切相关的化学反应速率，同时与臭氧前期物（如生物 VOCs）的排放速率密切相关（Jacob et al.，1993；Steiner et al.，2010）。此外，高温也经常伴随着晴朗、干燥、稳定的大气条件，有利于城市臭氧的进一步累积（Li et al.，2019）。近年研究表明，城市热岛乃至气候变化导致的温度升高会降低污染物减排的效果，对臭氧空气质量的影响是不可忽略的。因此，结合上海地面臭氧、气象观测数据以及化学箱模型，对上海城市臭氧浓度和温度的相关关系开展如下研究，首次量化了上海城市及郊区地面臭氧浓度对温度的敏感性，探索了现有减排措施对臭氧敏感性的影响。

3.4.1 上海臭氧浓度对温度的敏感性

本节研究收集了上海徐家汇和东滩观测站 2010 年 1 月至 2017 年 12 月的臭氧连续观测数据，分别代表城市中心和城郊地区的臭氧水平，结合同时段地面温度观测，得到两个站点不同季节臭氧浓度随温度变化关系，如图 3.31 所示。臭氧及温度观测方法同 3.2.1 节和 3.3.1 节。通过计算臭氧浓度随温度升高的增长率（mO_3-T，ppbv/℃）定量分析上海城市及城郊地区臭氧浓度对温度升高的响应情况。根据 Bloomfield 等（1996）、Jing 等（2017）的分析方法，将日最大臭氧浓度（O_3-max）和日最高气温（T_{max}）进行了二次回归，回归方程为

$$[O_3\text{-max}] = b_0 + b_1 [T_{max}] + b_2 [T_{max}]^2$$

根据上式计算得到，$b_1/(-2b_2)$ 为臭氧浓度随温度上升开始升高时的温度，$2b_2$（ppbv/℃^{2}）为 mO_3-T 随温度升高的增长率。表 3.3 为 4 个季节对应的各参数情况。

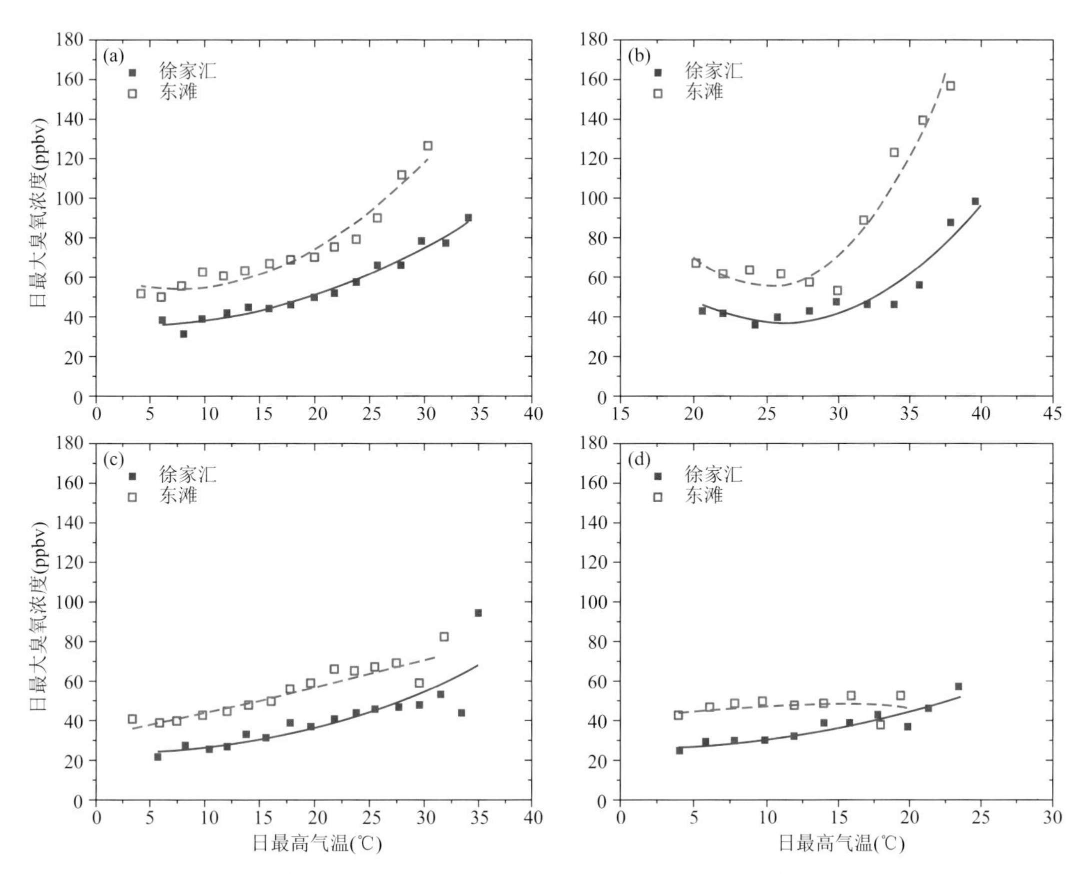

图 3.31　观测上海徐家汇站和东滩站 2010—2017 年各季节地面日最大臭氧浓度随日最高气温变化情况（其中臭氧浓度为每 2 ℃温度区间的平均值）（a. 春；b. 夏；c. 秋；d. 冬）

表 3.3　上海徐家汇站及东滩站各季节臭氧浓度与温度二次回归各参数统计情况

（$y= b_0+ b_1x+ b_2x^2$，其中 x 为日最高气温（℃），y 为日最大臭氧浓度（ppbv））

站点	季节	b_0	b_1	b_2	$b_1/(-2b_2)$	$2b_2$
徐家汇	春	37.13*	−0.46*	0.06*	3.83*	0.12*
	夏	249.18	−16.29	0.31	26.27	0.62
	秋	25.73*	−0.44*	0.05*	4.40*	0.10*
	冬	26.65*	−0.13*	0.05*	1.30*	0.10*
东滩	春	62.29*	−1.94*	0.13*	7.46*	0.26*
	夏	473.5*	−33.45*	0.67*	24.96*	1.34*
	秋	33.1*	1.04*	0.01*	−52*	0.02*
	冬	38.26	1.48	−0.05	14.8	−1.0

* 表示统计结果可以通过 95% 的置信水平

统计结果表明，在多数时段，O_3-max 随 T_{max} 升高呈现上升趋势。在春季、秋季和冬季，O_3-max 随 T_{max} 升高接近线性增加，而在夏季，O_3-max 随 T_{max} 升高的增长速率随温度的上升而显著增加，mO_3-T 平均增长速率（$2b_2$）在徐家汇站及东滩站分别为 0.62 ppbv/℃^{2} 和 1.34 ppbv/℃^{2}，在温度高于 30 ℃时，臭氧浓度对温度升高的敏感性最高，平均温度每升高 1 ℃，臭氧浓度在徐家汇和东滩分别增加 6.65 ppbv 和 13.68 ppbv。在城郊站点，温度升高对臭氧浓度增加的影响相较城市站点更加显著。受大气中臭氧前体物 NO_x 和 VOCs 浓度影响，上海臭氧对温度升高的这种响应特征与欧美地区的观测特征有明显不同。Jing 等（2017）针对美国地区的观测结果表明，mO_3-T 的增长率在城市和城郊地区分别为 0.12～0.27 ppbv/℃^{2} 和 0.09～0.14 ppbv/℃^{2}，城市臭氧相较郊区对温度升高更加敏感，且随着 NO_x 排放的降低，温度升高对臭氧的影响有逐渐减弱的趋势。而在上海地区，尽管过去十年我国采取了非常严格的氮氧化物减排措施，上海城市 NO_x 浓度仍旧是美国大部分地区的 2 倍以上，无论是在城市还是郊区站点，温度升高对臭氧浓度的影响都相较欧美地区更加显著。

3.4.2 影响上海臭氧对温度敏感性的关键因子

基于夏季上海臭氧浓度对温度的敏感响应，研究首先结合 NO_x、生物 VOCs 等大气成分观测以及常规气象数据（降水、风向、风速），对影响 mO_3-T 的可能因子进行了讨论。前体物浓度的变化对大气臭氧浓度有直接影响，为了探索臭氧前体物随温度升高的影响，图 3.32 展示了上海徐家汇站异戊二烯和 NO_x 浓度的季节变化和随温度的变化情况。异戊二烯观测为 2010—2015 年 06—08 时不连续观测，其和 NO_x 浓度具体观测手段可见 Geng 等（2009）、Gao 等（2017）。

在前期针对 mO_3-T 的研究中，高化学活性的生物 VOCs 排放对温度的敏感响应被认为是影响臭氧浓度随温度变化的关键化学因子之一（Bloomer et al.，2009；Steiner et al.，2010）。异戊二烯是长三角地区最主要的生物 VOCs 种类，占上海总生物 VOCs 排放的近 40%（Liu et al.，2018），受植物活性的影响，其排放强度在 40 ℃以下随温度升高呈指数上升。由图 3.32 可知，上海城市异戊二烯浓度有明显的季节变化，夏季浓度显著高于其他季节，且浓度以 0.01 ppbv/℃的速率随温度上升，表现出明显的生物源特征。由于上海臭氧的生成目前仍处于 VOCs 控制区，臭氧浓度对 VOCs 排放非常敏感，因此上述观测事实表明，生物 VOCs 的温度响应是影响上海城市臭氧对温度敏感性的一个重要原因。

除了生物 VOCs 的影响外，相关研究表明，受 PAN（peroxyacetyl nitrate，过氧乙酰硝酸酯）分解作用的影响，城市 NO_x 浓度也随温度升高变化，进而影响臭氧浓度。由图 3.32 可知，受边界层和输送过程的影响，上海 NO_x 浓度水平尽管在夏季最低，但随着温度增加，仍旧表现出微弱的上升趋势，平均增长率为 1.01 ppbv/℃。除了由于温度升高，PAN 分解作用增强，导致大气中 NO_x 浓度升高外，夏季高温用电增加也会一定程度增加 NO_x 排放。然而，与国外地区不同的是，上海臭氧生成处于 VOCs 控制区，大气中 NO_x 浓度增加趋向于从 VOCs 氧化过程中抢夺更多的 OH 自由基，阻碍臭氧的生成，因此不会造成臭氧浓度随温度上升的增加。此外，相比其他温度较低季节，上海 NO_x 浓度在夏季仍旧处于较低水平，表明温度并不是影响上海城市 NO_x 浓度的主要因素。

除前体物外，还针对气象条件对上海臭氧—温度相关关系的影响进行了分析。对于上海

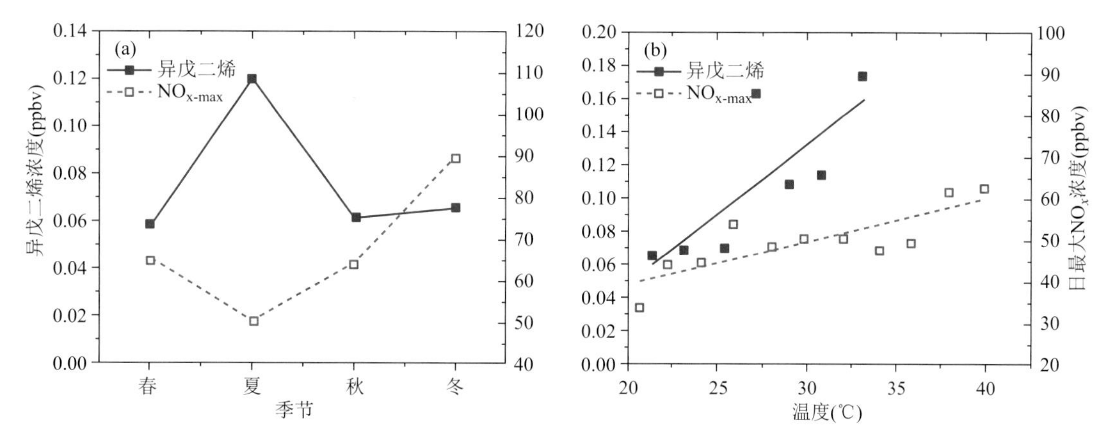

图 3.32 上海徐家汇站异戊二烯浓度和日最大 NO_x 浓度（NO_{x-max}）的季节变化（a）和夏季异戊二烯和 NO_{x-max} 浓度随温度的变化情况（b）（由于异戊二烯观测为 2010—2015 年 06—08 时不连续观测，图中分析所用数据为逐日 3 h 平均浓度；图 b 浓度为每 2 ℃温度区间的平均值）

地区来说，夏季高温多与对流降水、副热带高压及地面风场变化紧密相关。图 3.33 分别统计了夏季无降水观测日和低风速观测日徐家汇站和东滩站臭氧随温度变化情况。对比基于全部观测日数据的统计结果，发现降水和风速对上海臭氧—温度相关关系影响很小，徐家汇和东滩站在全部夏季观测日、无降水观测日，以及低风速观测日平均 mO_3-T 分别为 2.53 ppbv/℃、2.77 ppbv/℃、2.92 ppbv/℃和 5.32 ppbv/℃、5.28 ppbv/℃、5.46 ppbv/℃。2010—2017 年，徐家汇和东滩站日最高气温平均值分别为 33.0 ℃和 29.3 ℃，虽然东滩站温度较城市站低，但臭氧浓度却随温度升高增加得更快。由于东滩站位于自然保护区内，大量植被使得该站生物 VOCs 排放远高于城市站，这一结果进一步说明对于上海而言，生物 VOCs 的温度响应相较温度引起的其他气象条件的变化对本地区臭氧—温度相关关系影响更加显著。

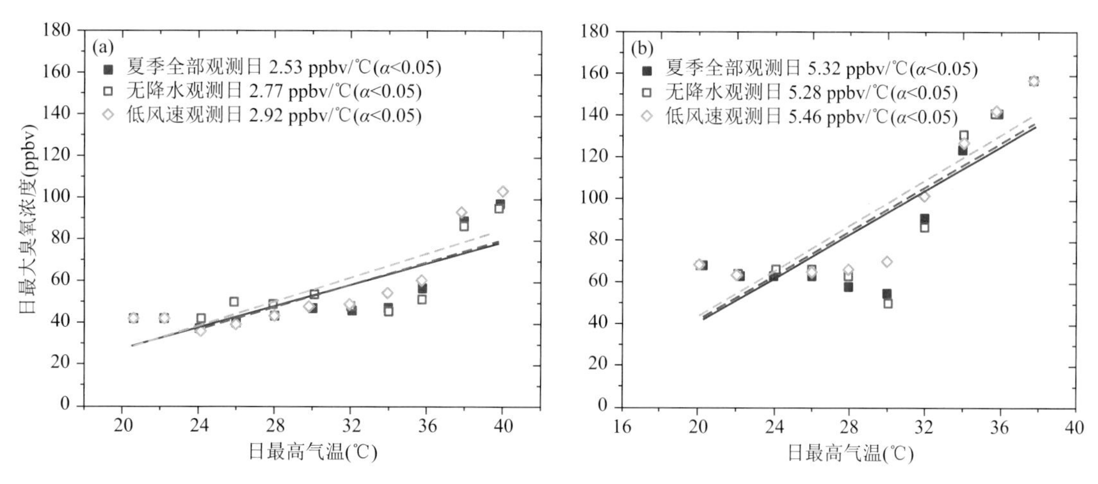

图 3.33 上海徐家汇站（a）和东滩站（b） 2010—2017 年夏季全部观测日、无降水观测日和低风速观测日地面日最大臭氧浓度随日最大温度变化情况（臭氧浓度为每 2 ℃温度区间的平均值，低风速观测日定义为日平均风速小于夏季平均风速，徐家汇和东滩站夏季平均风速分别为 1.0 m/s 和 4.8 m/s）

基于观测分析结果，研究结合化学箱模式开展了模拟试验，进一步确定了影响上海臭氧对温度敏感性的关键因子。所用模式为 NCAR Master Mechanism（v2.5，https://www2.acom.ucar.edu/modeling/ncar-master-mechanism），包含了 2000 多个反应物、5000 多个化学反应，能够基于已知的初始条件、排放和气象参数，模拟单个格点气团化学组成的演变（Madronich et al.，1990）。所用模式针对臭氧生成考虑了 NO_x、CO 和超过 32 种 VOCs 前体物，光化学反应基于 Madronich 等（1999）在线辐射传输模块计算。模式的各气象、化学初始条件均基于观测设定，生物排放基于 Guenther 等（2006）的参数方案。

分别针对生物 VOCs、人为 VOCs 以及 NO_x 排放对温度升高的不同响应，开展如下试验：（1）BASE，仅温度改变，所有排放均不随温度改变；（2）ISOP，生物异戊二烯排放随温度改变，其他与 BASE 相同；（3）AVOCs，人为 VOCs 排放随温度改变，其他与 BASE 相同；（4）NO_x，NO_x 排放随温度改变，其他与 BASE 相同。其中生物异戊二烯排放随温度的变化基于 Guenther 等（2006）的研究，人为 VOCs 和 NO_x 排放随温度的变化基于 Steiner 等（2010）的研究。图 3.34 为徐家汇和东滩站各敏感性试验中 O_3-max 随 T_{max} 变化情况。模拟结果表明，相对于温度升高引起的化学反应速率增加以及人为用电增加导致的人为 VOCs 和 NO_x 排放增加，温度升高造成的生物 VOCs 排放增加是上海城市及郊区臭氧浓度随温度上升增加最重要的原因。尤其是在东滩这样人为排放较低、生物 VOCs 排放较高的城郊区域，生物 VOCs 对臭氧—温度相关关系的影响更加显著，远远大于其他温度引起的其他要素变化的影响。随着城市绿地面积的逐年升高，城市生物 VOCs 的排放也逐年增加，因而更加需要制定合理规划措施以最大限度减少植被 VOCs 排放对城市臭氧的不利影响。

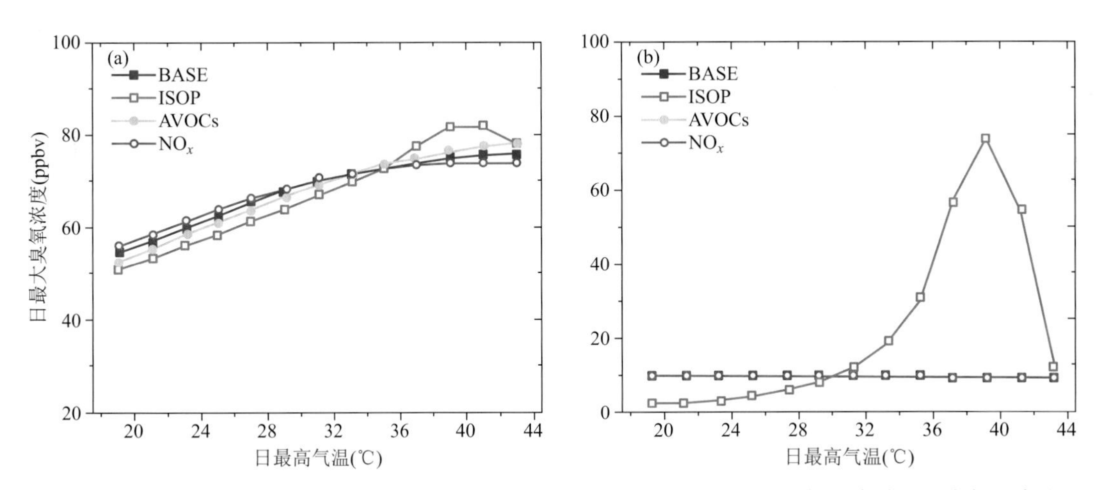

图 3.34 上海徐家汇站（a）和东滩站（b）各敏感性试验中地面日最大臭氧浓度随日最高气温变化（臭氧浓度为每 2 ℃温度区间的平均值）

3.4.3 减排对上海臭氧的温度敏感性的影响

面对城市臭氧调控的需要，结合观测及敏感性试验就污染物减排对上海臭氧—温度关系的影响进行讨论。考虑到 2010 年以后 NO_x 排放持续降低，将观测时段分为减排前期（2010—2012 年）和减排后期（2013—2017 年）两部分。图 3.35a、b 分别展示了徐家汇和

东滩站点不同阶段 O_3-max 随 T_{max} 的变化情况。观测结果表明，这一阶段的 NO_x 减排使得上海地区臭氧对温度升高的响应更加敏感，臭氧增长速率在城市及城郊站点均有增加，而在人为排放较高的城市站点，NO_x 减排对臭氧增长速率的影响更加明显。

图 3.35c、d 的敏感性试验结果进一步证实了观测的结论。以前一部分中的 ISOP 试验为基础，设计了如下敏感性试验：

EMI_2010——基于 ISOP，人为排放基于 2010 年排放清单；

EMI_2017——同 EMI_2010，NO_x 排放降低 30%；

EMI_202xA——同 EMI_2017，NO_x 排放降低 15%；

EMI_202xB——同 EMI_2017，人为 VOCs 排放降低 15%。

敏感性试验结果表明，污染物减排对于城郊区域臭氧—温度关系影响很小。而在城市站点，随着 NO_x 排放降低，mO_3-T 先由 EMI_2010 中的 1.35 ppbv/℃上升至 EMI_2017 中的 2.00 ppbv/℃，而后由于臭氧生成控制区由 VOC 控制区向过渡区及 NO_x 控制区转变，臭氧对 VOCs 浓度变化的敏感性降低，使得 mO_3-T 呈现轻微下降，达到 EMI_202xA 中的 1.83 ppbv/℃。相对于 NO_x 减排，人为 VOCs 排放的下降能够更加直接且明显地降低温度升高对臭氧浓度增加的影响，在 EMI_202xB 中，平均 mO_3-T 仅为 1.63 ppbv/℃。

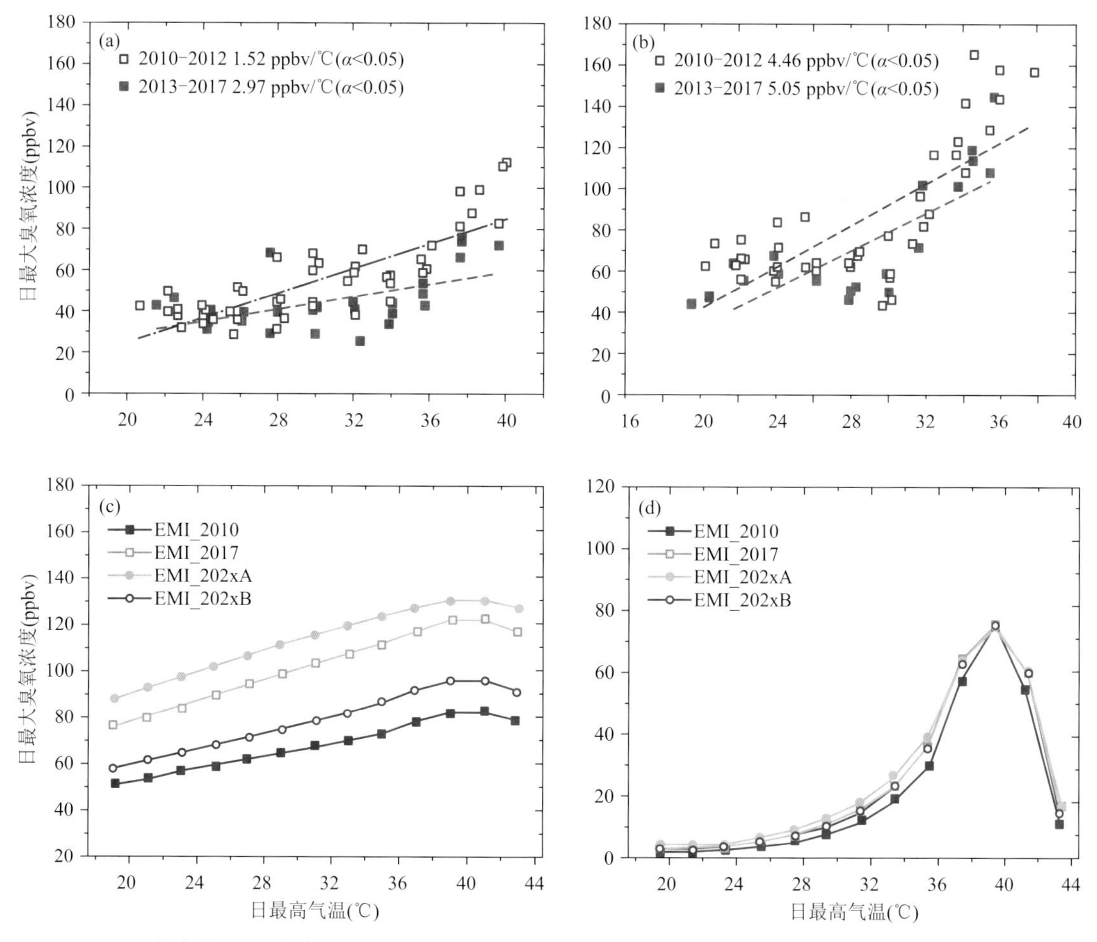

图 3.35　上海徐家汇站（a、c）和东滩站（b、d）减排前期、后期（a、b）以及不同排放敏感性试验（c、d）日最高臭氧浓度随日最高气温变化（其中臭氧浓度为每 2 ℃温度区间的平均值）

2010—2017 年长时间连续臭氧及温度观测数据分析结果表明，上海城市和郊区地面臭氧浓度随温度升高而呈现上升趋势，温度对臭氧的这种影响在夏季 30 ℃以上时最显著，平均温度每升高 1 ℃，臭氧浓度在徐家汇和东滩分别增加 6.65 ppbv 和 13.68 ppbv。相对于欧美城市地区，上海地区温度上升对臭氧浓度的不利影响更加明显。

观测及模拟结果均表明，相较于温度升高引起的气象条件、化学反应速率、人为 VOCs 和 NO_x 排放的改变，生物 VOCs 排放随温度上升的显著升高是影响上海地区臭氧对温度上升响应最重要的驱动因子，在人为排放较低、植被较多的城郊地区，生物 VOCs 对臭氧—温度关系的影响相对城市更加明显。随着城市绿化建设的不断推进，制定合理的规划措施以控制城市异戊二烯生物排放，减弱其对城市臭氧浓度的不利影响，是上海超大城市臭氧调控的重要问题。

敏感性试验结果进一步表明，目前的 NO_x 减排措施会放大温度上升对上海地区臭氧浓度的不利影响。但随着 NO_x 排放持续降低，上海臭氧生成的控制区将由目前的 VOCs 控制区逐渐过渡到 NO_x 控制区，城市臭氧浓度对 VOCs 排放变化的敏感性会逐渐降低，温度升高对臭氧浓度的影响也会在上升后逐渐下降。相对于 NO_x 减排，目前人为 VOCs 排放的降低能够更加直接且有效地降低城市温度上升对臭氧浓度的不利影响，这也是上海臭氧调控的另一个重要途径。

3.4.4 小结与讨论

本节发现 2010—2017 年上海地面 O_3 显著上升。O_3 对温度的响应在夏季更加显著，当温度大于 30 ℃时，O_3 随温度的变率在城区和远郊分别为 6.65 ppbv/℃和 13.68 ppbv/℃。

分析影响臭氧—温度响应关系的不同因子发现，夏季中心城区生物排放的异戊二烯随温度升高而增加，约为 0.01 ppbv/℃。数值试验表明，反应速率随温度的变化不能完全解释上海的臭氧—温度响应关系，而和温度密切相关的是生物排放具有重要的贡献。

本节只分析了异戊二烯随温度的变化，尚未考虑生物排放中心的其他物种。未来在上海绿化增加、气候变暖的双重效应下，夏季臭氧的调控将面临更加严峻的形势。

3.5 污染来源的快速识别技术

随着社会和经济的快速发展，我国的大气环境污染日益严重，并带来了显著的环境、生态和健康问题，因而受到全社会的广泛关注，大气污染研究也因此成为非常重要而必要的研究课题（上官铁梁 等，2000）。局地大气污染或污染物排放在大气环流的作用下会产生输送和扩散，使得大气环境污染表现出明显的区域性特征，因此，在关注某个地区的污染问题时，不仅需要关注当地的排放，还要考虑周边及更远地区不同程度的贡献。在过去的研究中，有两种方法被经常用于分析大气污染的源区分布：一是采用气象和大气化学模式相结合的方法定量计算；二是使用轨迹模式在一定气象条件下定性估计。前者如李锋等（2015）利用WRF-CMAQ模型探究了长江三角洲在灰霾天气下大气细颗粒物的时空分布和输送，并定量研究了外部源区及本地源对长江三角洲 $PM_{2.5}$ 的贡献；王自发等（2009）利用嵌套网格空气质量预报模式系统（NAQPMS）模拟了北京及周边地区臭氧污染情况，并利用质量追踪法计算了周边地区对北京的贡献率；Fountoukis 等（2011）利用三维化学传输模式 PMCAMx 研究了 2008 年 5 月欧洲颗粒物的组成和质量浓度。后者如王爱平等（2014）利用潜在源贡献因子分析法 PSCF 定性分析了不同气团背景下黄山顶积聚模态颗粒物数浓度的潜在源区；王茜（2013）为分析不同季节的潜在源区分布概率特征，利用 HYSPLIT 模式结合全球气象数据确定了影响上海气流的后向轨迹；Karaca 等（2009）利用 HYSPLIT 的后向轨迹来估量可能对土耳其伊斯坦布尔 PM_{10} 浓度有远距离输送影响的区域。

FLEXPART 是一个拉格朗日粒子扩散模式，自 1996 年被用于计算长距离中尺度的点源空气扩散问题以来，越来越多地被应用于大气污染研究。Stohl 等（2003）运用该模式验证了城市区域间的污染输送；Halse 等（2013）利用 FLEXPART 对持久性有机污染物的长距离运输进行了预测，并根据预报结果收集样本，验证了预测结果的正确性；DeCarlo 等（2010）在 MILAGRO 综合外场观测期间研究墨西哥高原有机气溶胶的来源和过程中运用该模式验证了：在盆地地区，火灾影响因素与生物质燃烧有机气溶胶质量浓度具有很好的相关性。这些工作证实了 FLEXPART 模式对于污染物来源的模拟具有较高的可靠性。同时，Foy 等（2009）比较了 WRF 和 MM5 两个区域气象模式结果驱动 FLEXPART 的效果，结果显示，WRF 气象场的效果更好，因此，目前多用 WRF 模式模拟的结果作为驱动 FLEXPART 的气象场。

为解决气象与大气化学模式定量计算大气污染物来源的方法存在耗费大量计算资源及单纯气象条件分析又只能得到定性结果的不足，本节利用 FLEXPART 模式、WRF 模式和清华大学 MEIC 人为排放源清单，建立一种快速定量估计某个目标地区大气污染物源区时空分布的方法，并通过 WRF-Chem 模式模拟证实该方法的有效性。

3.5.1 技术方法介绍

快速定量估计一定区域大气污染物源区的时空分布是有效应对空气污染的重要支撑技术，在大气污染防控中具有重要的作用。

FLEXPART 模式是由挪威大气研究所（norwegian institute for air research，NILU）开发的一种拉格朗日粒子扩散模式，它通过计算排放源释放的粒子的轨迹来描述示踪物在大气中的传输、扩散、干湿沉降和衰减等过程，其中，粒子排放源可以是点、线、面或体积源。该模式支持前向轨迹和后向轨迹计算，前向轨迹可以模拟示踪物释放后随着时间的变化，刻画出自源区释放后随气象条件的输送和扩散情况，常用于判断特殊状况发生（如大气污染物泄露）后污染物的演变情况；应用后向运算则可以确定对目标点或区域有影响的潜在源区的分布。FLEXPART 可以描述一定气象条件下大气污染物的源与汇的关系，目标区域为“汇”，类似于受体，大气污染物排放区域则为“源”（李岩 等，2010）。事实上，FLEXPART 模拟得到的是潜在源区，即印痕（蔡旭晖，2008），而不是真正的大气污染物的源区。

WRF-Chem 模式是一个当前广泛应用的气象和大气化学在线耦合模式，由美国多个研究部门的学者共同参与研发而成。该模式包含了详细的大气物理和化学过程，其化学部分和物理部分在空间和时间上完全在线耦合，使用相同的模式网格、平流、对流和扩散方案，计算化学反应时避免了对气象场插值而带来的误差，因而得到广泛运用。

清华大学 MEIC 人为排放源清单基于 700 多种人为排放源资料研制而成，涵盖了 10 种主要大气污染物和温室气体，分辨率为 $0.25° \times 0.25°$，它按照电力、交通、工业、民用和农业 5 个行业进行逐月编制，可以适应不同化学机制的需要，应用广泛。本节使用基于 2010 年排放情景编制的版本，常炉予等（2016）利用该清单研究了上海持续性重污染天气过程，具有较好的模拟效果。

利用 WRF 模式模拟得到气象场，利用该结果驱动 FLEXPART 模式后向运行，得到针对目标区域和目标时间段内大气污染物的潜在源区时空分布。在此基础上，根据目标污染物的特性，确定示踪物，使其能够较好反映目标污染物在大气中的生成和传输过程。以该前体物的排放强度（排放率）作为权重，进而计算得到任意时刻和地点的“源”（所求源）对目标区域在目标时段内选定的大气污染物（目标物）的贡献率，具体算法见式（3.1），进而获得某个时段和范围内的排放源对目标区域和目标时段的累计贡献率，见式（3.2）。

$$r_{(i,j),t} = \frac{P_{(i,j),t} E_{(i,j,),t}}{\sum_{(i,j)=(0,0),(N,S)}^{t=0,-\infty} P_{(i,j),t} E_{(i,j),t}} \tag{3.1}$$

$$R = \sum_{(i,j)=(N_1,S_1),(N_2,S_2)}^{t=t_1,t_2} r_{(i,j),t} \tag{3.2}$$

式中，(i, j) 和 t 分别代表某个空间位置和时刻；P 为所求源在该时刻和位置上的敏感性系数；E 为对应的代表示踪物排放强度；t_1、t_2 为所求时段起止时刻；$-\infty$ 代表研究目标的最早时间；(N_1, S_1) 和 (N_2, S_2) 分别表示累计贡献的起始和终止位置，当为 $(0, 0)$ 和 (N, S) 且 $t \in (-\infty, 0)$ 时，$R=1$；(N, S) 为模式区域最大位置。E 为 1 时，其结果为潜在贡献率。

3.5.2　个例应用分析

在过去几年中，快速识别技术在上海的污染来源分析中得到了应用，取得了良好效果。本节以上海地区 2015 年 12 月 22—23 日一次 $PM_{2.5}$ 污染过程为例，验证了前文建立的快速定量估计算法。此次污染时段涵盖了从较清洁到较重污染的不同程度 $PM_{2.5}$ 状况，污染过程较完整，有利于凸显算法。徐家汇、闵行、宝山、崇明、浦东、金山、佘山和临港 8 个观测站平均结果（图 3.36）显示，上海地区在此过程中，22 日 04 时 $PM_{2.5}$ 浓度较低，为 40.7 $\mu g/m^3$；之后迅速增大，至 23 日 02 时达到最大浓度，为 213.1 $\mu g/m^3$；之后快速下降，至 23 日 22 时降至 29.3 $\mu g/m^3$，污染过程结束。22 日 20 时—23 日 12 时为 $PM_{2.5}$ 高浓度时段，平均浓度达到 179.9 $\mu g/m^3$。

2015 年 12 月 22—23 日，$PM_{2.5}$ 污染过程涵盖了从较清洁到较重污染的不同程度 $PM_{2.5}$ 状况，污染过程较完整，有利于检验快速识别技术的可用性。与观测资料的对比表明，模拟的风场具有良好的可靠性。近地面（10 m）、925 hPa 和 850 hPa 对污染物输送作用影响显著的 3 个层次风速与观测接近，风向与观测一致。WRF-Chem 模式模拟 $PM_{2.5}$ 浓度与观测

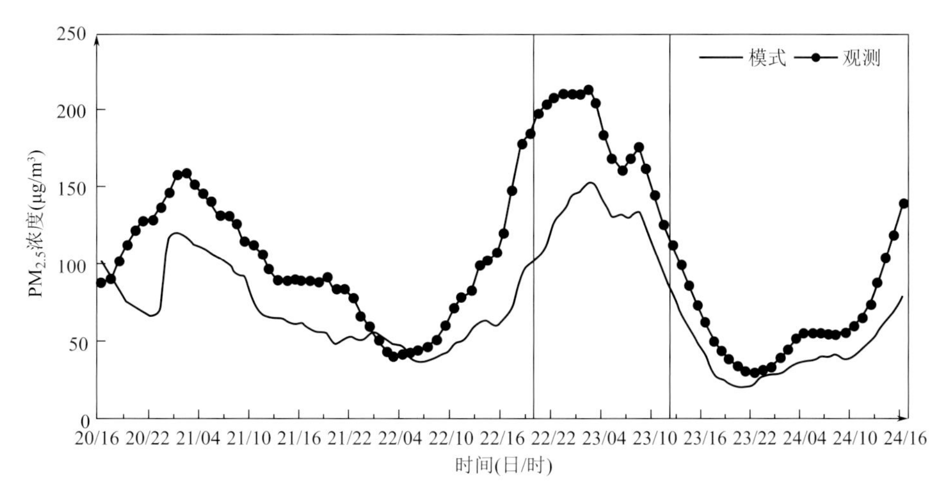

图 3.36 20日16时—24日16时上海 $PM_{2.5}$ 浓度模拟值与观测值对比

相比有一定的低估（图 3.36），与周广强等（2016）得出的模式倾向于低估污染时 $PM_{2.5}$ 浓度的结论一致。但模拟的 $PM_{2.5}$ 浓度的变化趋势与观测具有非常好的一致性，21日00时—23日23时的相关系数达到0.95，合理地模拟出了该时段内 $PM_{2.5}$ 浓度的变化规律，说明模拟的气象场和 $PM_{2.5}$ 状况可以用于污染物输送过程的模拟和分析。

FLEXPART 采用后向模拟，模拟时段为20日00时—23日12时，垂直方向分5层（5 m、10 m、100 m、500 m、1000 m）；取22日20时至23日12时作为粒子释放时段，上海部分区域离地高度0～100 m作为粒子的释放区域，连续释放粒子10000个，粒子在释放区域和时段内均匀分布。Zhou 等（2017）研究发现，上海在 $PM_{2.5}$ 污染时硫酸盐、硝酸盐和铵盐占质量浓度的41.6%，在重污染时铵盐浓度较之前不污染时增大10倍；同时，一般区域大气化学模式不考虑金属粒子，铵根离子是其中唯一的阳粒子，因此，本节选择铵盐的前体物 NH_3 作为 $PM_{2.5}$ 示踪物，其排放强度分布如图 3.37 所示。考虑到人为排放源的高度，选择1～3层高度内的敏感性系数参与定量估计。

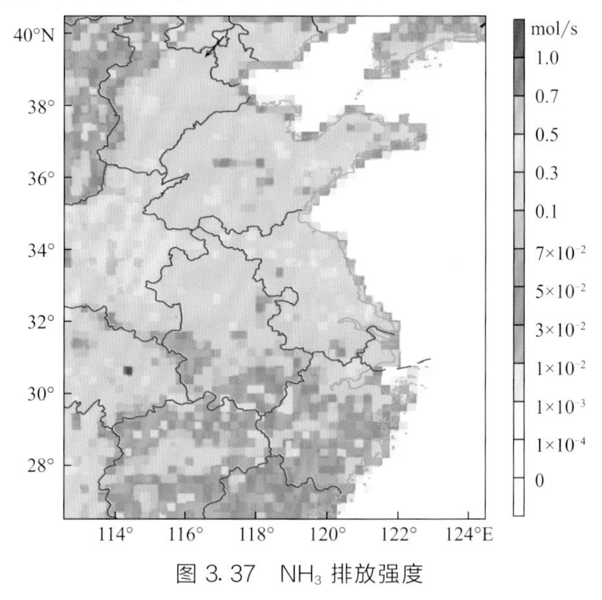

图 3.37 NH_3 排放强度

首先分析贡献率的时间变化。22 日 20 时—23 日 12 时，本地和外地（本地之外所有区域）对上海 $PM_{2.5}$ 污染的贡献总体相当；目标时段内，本地的贡献略高于外地，而由于输送作用的存在，目标时段之前则是外地的贡献略高。针对本次过程，22 日 10 时之前外地的贡献基本为 0（图 3.38）。22 日之前，上海主要受东北风的影响，气团来源于海上，因此，22 日之前的外地贡献几乎没有。

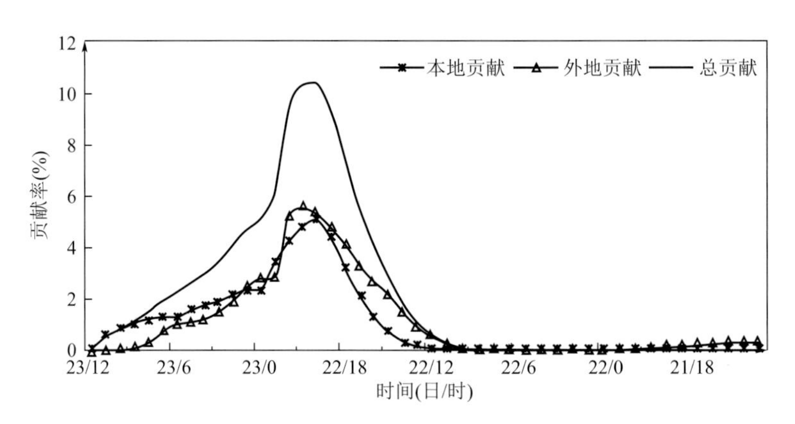

图 3.38　目标时段内的本地、外地及总小时贡献率随时间变化

空间分布上，图 3.39a、c、e 分别显示了 23 日 12 时起后向依次前推 12 h 的贡献率分布，反映了气象因素输送的踪影，发现上海以东海洋区域也存在明显的贡献，且随着时间的延长，贡献区域范围增大，最远延伸至朝鲜半岛；高贡献率主要集中在本地及邻近地区，远离本地的贡献率很低；主要气流方向上的贡献率明显高于其侧向上。加入示踪物 NH_3 排放强度作为权重后，贡献率的分布发生了显著的变化（图 3.39b、d、f），由于海上没有人为 NH_3 排放，贡献率全部集中在本地和邻近地区，远距离输送的贡献极少。综合贡献率的时间变化和空间分布，造成本次目标区域和目标时段内 $PM_{2.5}$ 污染的主要来源为上海及邻近的江苏地区。

为验证快速定量估计结果的可靠性，使用 WRF-Chem 模式设计了一组敏感性试验，对选定源区和时段内的人为排放源进行“清零”。

首先开展了基本试验，使用完整的人为排放源数据，观测和模拟的 $PM_{2.5}$ 质量浓度结果如图 3.40 所示。模拟结果与观测值相比有较明显的低估，其中 22 日 20 时—23 日 12 时平均 $PM_{2.5}$ 浓度为 126.1 $\mu g/m^3$，比观测值偏低 30%；21 日 16 时—23 日 12 时的平均 $PM_{2.5}$ 浓度为 82 $\mu g/m^3$，比观测值偏低 31.3%，基本合理地模拟出了该时段内 $PM_{2.5}$ 浓度的变化规律，说明其可以用于本节相关定量数值试验。

清零试验中，根据贡献率的相对大小，确定了 A 区（31.0°～31.4°N，121.2°～121.7°E）、B 区（32.0°～33.0°N，120.0°～122.0°E）和 C 区（29.5°～30.5°N，120.0°～122.0°E）（图 3.40），分别代表本地、有一定贡献区域和无贡献区域，B 区和 C 区为随机选择；分别将 22 日 08 时—23 日 07 时和 21 日 08 时—23 日 07 时内（表 3.4）的所有人为排放源调整为 0。图 3.40 显示了基本试验中上海 8 个站点平均 $PM_{2.5}$ 浓度及 22 日 08 时—23 日 07 时清零试验前后 $PM_{2.5}$ 浓度的变化。A 区清零后，22 日 08 时上海 $PM_{2.5}$ 浓度开始变化，于 22 时达到最大，较基本试验偏低 5.3%；23 日 11 时后 $PM_{2.5}$ 浓度变化趋于 0。B 区清零后，22 日 08 时上海 $PM_{2.5}$ 浓度开始变化，于 22 时达到最大，较

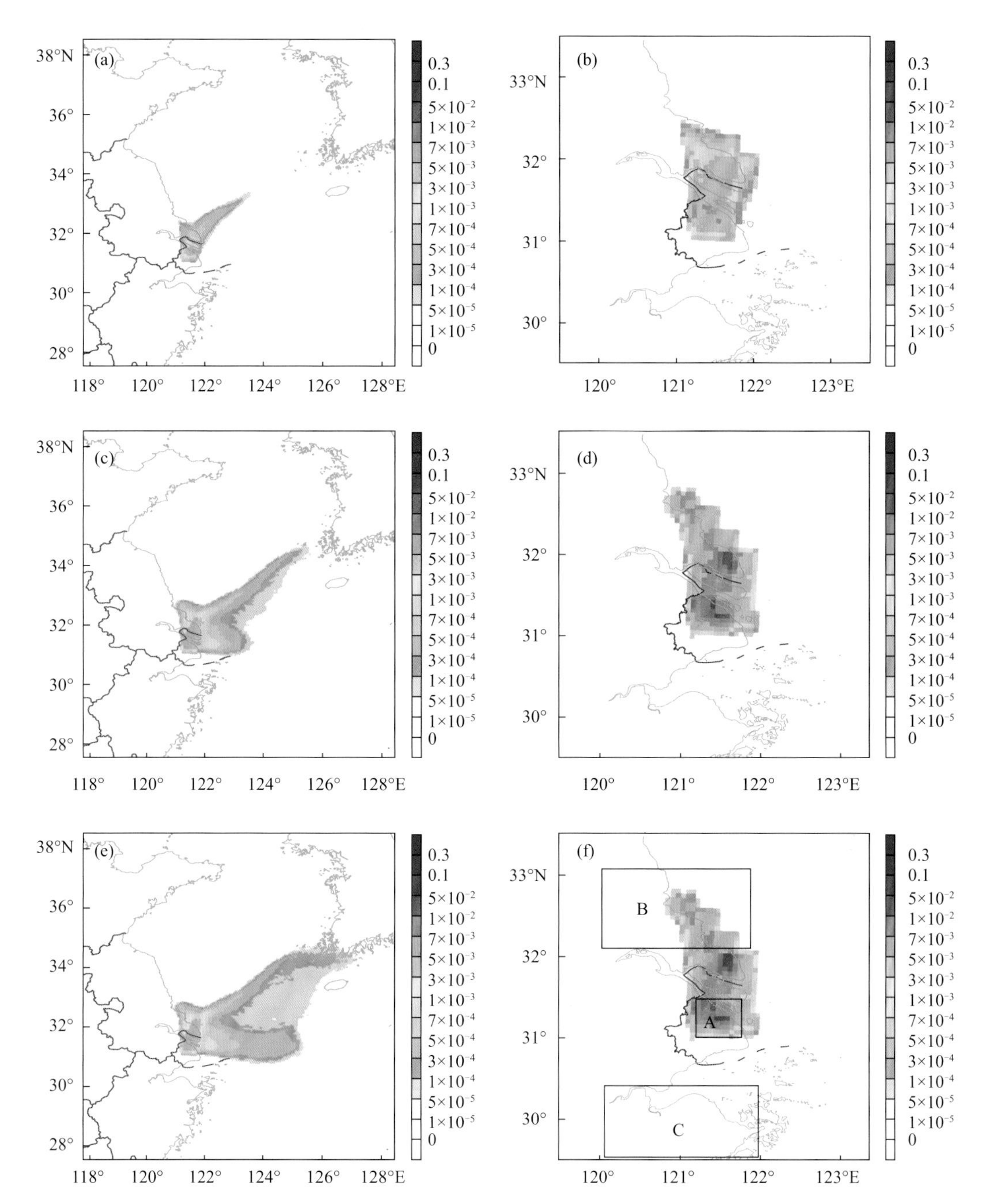

图3.39　不考虑（a、c、e）和考虑（b、d、f）排放源作用下单位面积潜在贡献率分布（单位：1/km²）（从上至下依次为23日00—12时、22日12时—23日12时、22日00时—23日12时）

基本试验偏低5%；23日11时后 $PM_{2.5}$ 浓度变化趋于0。区域清零后，上海 $PM_{2.5}$ 浓度与基本试验相同无变化。

试验结果显示，WRF-FLEXPART与WRF-Chem接近，高、中、低贡献率的分布趋势相同。但与WRF-Chem结果相比，FLEXPART计算的A区和B区22日08时—23日07时的贡献率略高，21日08时—22日07时3个区域的贡献均为0，表明WRF-FLEXPART方法低估了本地的贡献而高估了外来输送的作用。由于模拟期间发生了降水，湿沉降对

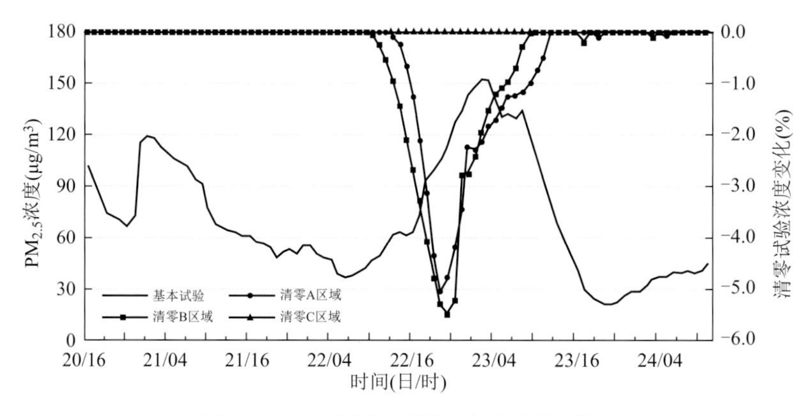

图 3.40　基本试验观测和数值模拟对比

$PM_{2.5}$ 的清除作用也是一个重要因素，因此，对 WRF-FLEXPART 进行了湿沉降的敏感性试验，采用铵盐的湿沉降特性参数进行计算。增加湿沉降作用后，WRF-FLEXPART 结果更接近 WRF-Chem，偏差显著降低：本地的贡献明显上升，外来输送的贡献下降，无贡献的 C 区保持不变。湿沉降作用的存在使得外地污染物在输送过程中通过降水而被部分清除，输送作用对上海 $PM_{2.5}$ 的贡献降低；与此同时，本地排放的污染物停留时间相对较短，湿沉降的作用较小。两个因素综合作用下，外地贡献明显下降，本地贡献明显上升。虽然 WRF-FLEXPART 的模拟结果仍与 WRF-Chem 模拟结果存在一定偏差，但已显著改善，具有可比性。因此试验均证实了污染来源快速识别技术的可用性，该方法有助于在开展完整大气化学模式分析条件不足时确定污染事件源区的时间和空间分布。

表 3.4　WRF-FLEXPART 与 WRF-Chem 对目标区域 $PM_{2.5}$ 来源的定量计算结果对比

区域	选取时段	WRF-FLEXPART	WRF-Chem
A	22 日 08 时—23 日 07 时	18.57%	15.79%
	21 日 08 时—22 日 07 时	0	0
B	22 日 08 时—23 日 07 时	2.56%	1.71%
	21 日 08 时—22 日 07 时	0	0
C	22 日 08 时—23 日 07 时	0	0

3.5.3　小结

本节利用 FLEXPART 拉格朗日粒子扩散模式、WRF 模式和清华大学 MEIC 人为排放源清单，建立了一个快速定量估计大气污染物来源时空分布的方法。此方法弥补了气象条件分析只能定性估计，而大气化学模式方法计算量过大的不足，可以快速获得不同区域、不同时段的污染物排放对目标区域、目标时段大气污染物浓度的贡献率。

本节建立的方法其计算结果具有较好的可用性，与利用 WRF-Chem 模式进行人为排放源清零试验结果相比，该方法得到的不同源区和不同时段的贡献率在时空分布上具有良好的一致性，贡献率在数值上存在一定偏差但具有可比性。

本节所建立方法的定量估计结果存在一定不确定性，应用FLEXPART模式时，示踪物的选择、传输过程参数的确定（如湿沉降特性参数）等都可能带来偏差，需要根据研究对象进行合理的设置。

3.6 影响上海 $PM_{2.5}$ 污染的输送特征研究

鉴于天气形势对局地空气污染的重要影响，在对污染事件研究以及预报的过程中，如何衡量气象条件的贡献非常重要。同时，由于大气污染物浓度受气象条件和人为排放共同影响，关注污染事件的发生发展不仅要关注本地的污染排放，还要关注本区域以外污染源的贡献以及污染输送路径。针对影响上海地区污染物来源及输送路径的定量数值模拟方法主要为基于FLEXPART的气团来源分析以及基于WRF-Chem的污染过程贡献分析。

大气颗粒物的污染水平和时空分布与其输送途径密切相关，在研究中常常通过分析气团轨迹来定性或半定量研究目标区的气团来源。对于上海而言，冷锋输送型大气污染在秋冬季最为常见，污染物（如 $PM_{2.5}$、PM_{10}、NO_2 等）随着冷锋移动不断向下游传输，随着系统强度的不同，对本地污染物造成不同影响。因此，在区域性大气污染特征背景下，提前掌握污染物来源路径对于认识重污染事件的形成机制非常必要。

对于区分不同类型排放源、本地和周边排放源的贡献，利用WRF-Chem模式通过敏感性试验实现。WRF-Chem是目前华东区域大气环境数值预报业务系统的核心模式，用于华东区域空气污染计算的气相化学为RADM2机制，气溶胶化学为ISORROPIA Ⅱ动力平衡无机气溶胶机制和SORGAM有机气溶胶机制，主要物理过程为WSM6微物理方案、RRTM长波和Dudhia短波辐射方案、Molin _ Obukhov近地面层方案、Unified Noah陆面过程方案和YSU边界层物理方案，并在光解和辐射方案中增加了气溶胶的消光作用。此外，由于WRF-Chem同时输出气象场，可用于驱动FLEXPART，进而形成完整的WRF-Chem-FLEXPART系统。

3.6.1 气团来源模拟分析

FLEXPART模式适用于模拟和计算较大范围的大气传输过程，并可以根据目标污染物的特性确定污染示踪物，使其能够合理地反映目标污染物在大气中的形成和传输过程。本节将以2014—2017年上海市 $PM_{2.5}$ 日均中度及以上污染个例为例（上海市空气质量日报），利用FLEXPART进行数值模拟分析不同污染类型污染物源区的分布特征。下面给出输送型、静稳型和叠加型三种类型污染在不同时段的潜在来源区域分布。

3.6.1.1 输送型污染的气团来源

输送型个例占2014—2017年 $PM_{2.5}$ 中度及以上污染总日数的45.8%。由上海污染当天至污染前2 d平均潜在源区分布（图3.41a）可见，输送型污染潜在源区主要来自江苏大部、山东中南部以及安徽中北部等地。污染前1 d，影响上海的潜在贡献来源有明显的3条路径，分别为东路（1）、中路（2）和西路（3）（图 3.41b）；而污染前 2 d，可以从图 3.41c 中看到此时段的潜在贡献来源在山东中西部、山西中东部以及安徽—河南中部一带。值得注意的是，有一条较明显的潜在输送带自辽宁中东部从海上传输影响上海地区，在实际预报中容易忽略。

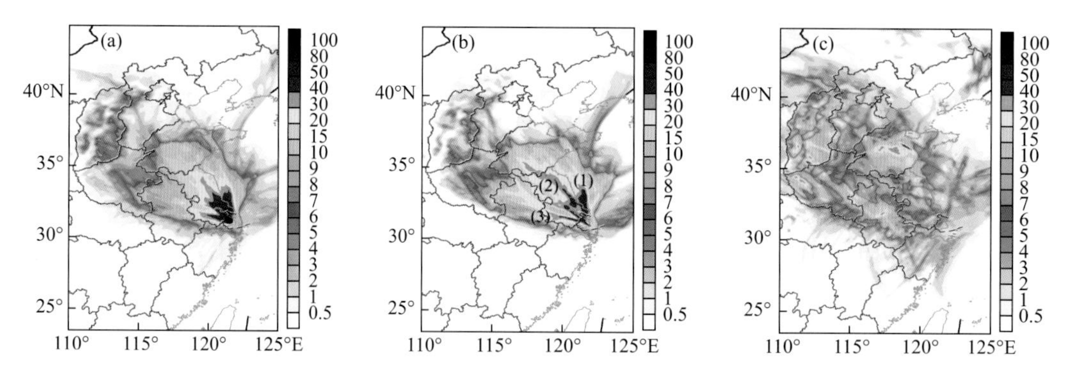

图 3.41　上海地区输送型 $PM_{2.5}$ 高浓度单位网格潜在源区分布（单位：$10^{-7}/km^2$）

（a. 污染当天至污染前 2 天；b. 污染前 1 天；c. 污染前 2 天）

3.6.1.2　静稳型污染的气团来源

静稳型个例占 2014—2017 年 $PM_{2.5}$ 中度及以上等级污染总日数的 23.7%。如图 3.42a 所示，静稳型污染天气类型的污染潜在贡献区域主要集中在上海本地以及周边的江苏中南部、安徽东南部和浙江中北部地区；其中，上海本地的潜在污染贡献最为显著。与输送型污染天气不同的是，静稳型污染天气类型在污染前 2 d 的潜在污染源区分布较为分散，贡献程度也相对较弱（图 3.42b、c）。因此，静稳型污染天气类型主要是由于污染前 1 天开始的上海本地及周边地区的潜在污染贡献所导致。

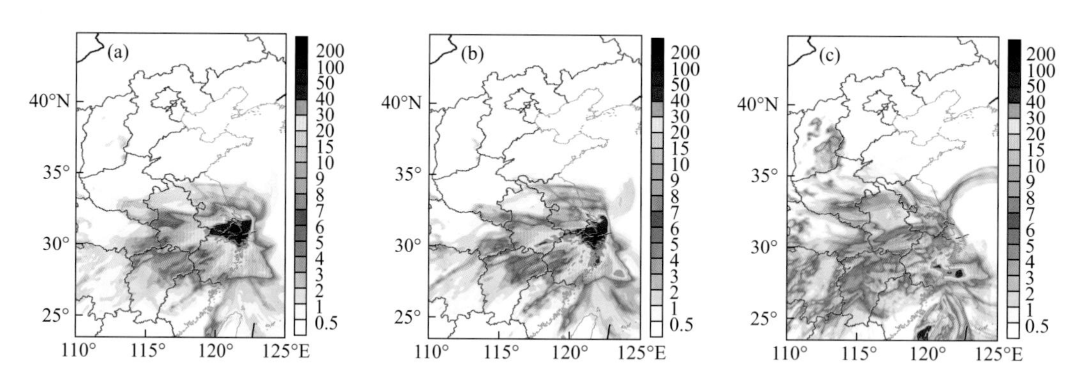

图 3.42　上海地区静稳型 $PM_{2.5}$ 高浓度单位网格潜在源区分布（单位：$10^{-7}/km^2$）

（a. 污染当天至污染前 2 天；b. 污染前 1 天；c. 污染前 2 天）

3.6.1.3　叠加型污染的气团来源

叠加型个例占 2014—2017 年 $PM_{2.5}$ 中度污染及以上总日数的 30.5%。如图 3.43a 所示，此类型的污染潜在贡献分布介于输送型和静稳型之间，既有明显的潜在输送带，也有较明显的上海周边潜在贡献区域。在污染前 2 天（图 3.43c），也能够明显看到东路（1）、中路

（2）和西路（3）3条较明显的输送带；而浙江中北部地区的潜在源区也体现了静稳天气条件下影响上海的潜在输送来源区域。

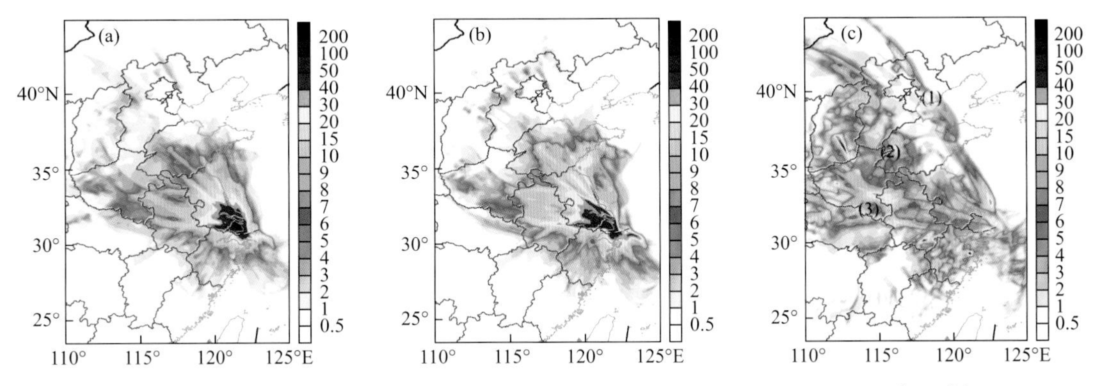

图3.43 上海地区叠加型$PM_{2.5}$高浓度单位网格潜在源区分布（单位：$10^{-7}/km^2$）

（a. 污染当天至污染前2天；b. 污染前1天；c. 污染前2天）

3.6.1.4 典型个例分析

根据以上3类上海污染最严重的污染型，分别选择2015年12月15日作为输送型个例、2014年1月30日作为静稳型个例、2015年1月10日作为叠加型个例进行详细分析，利用FLEXPART模式结合MEIC排放源（2010年）进行贡献定量分析。

从2015年12月15日的FLEXPART定量分析中可以看到，潜在贡献来源分布（未考虑排放源信息）（图3.44a）能够给出直观的污染前0～48小时的潜在西北方向污染输送通道。距离上海越近的区域潜在污染来源通道宽度越窄，贡献强度越集中。污染上游的山西、京津冀、山东等地距离上海较远，潜在贡献较小。其中，最大潜在污染贡献区域集中在江苏中南部地区。由于上海污染时段铵盐浓度较不污染时段增大5倍左右（Zhou et al.，2017），这里选择前体物氨气（NH_3）作为$PM_{2.5}$示踪物。考虑NH_3示踪物的排放源后（图3.44b），此次污染过程的实际污染贡献区域主要分布在江苏沿海地区及山东西南部，与上海距离更远的京津冀和山西地区的实际污染贡献则较低。

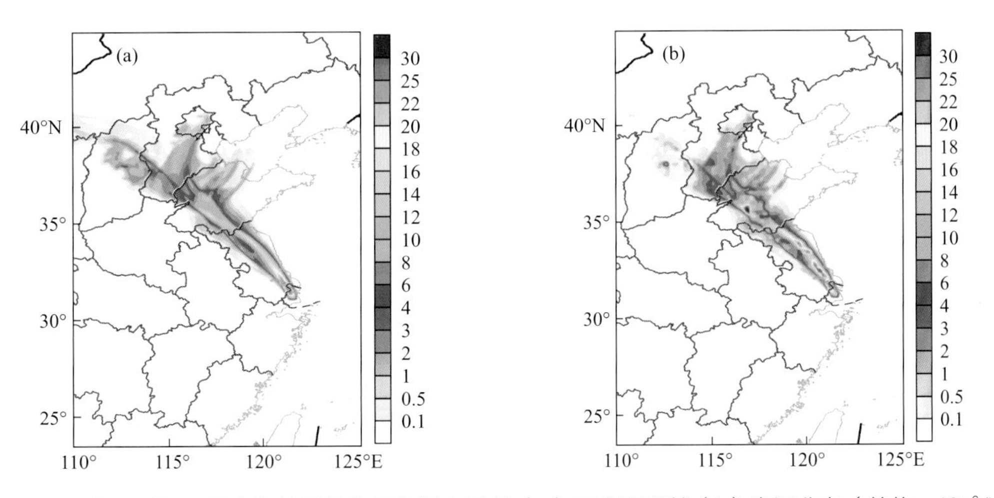

图3.44 2015年12月15日上海地区单位网格潜在贡献（a）和实际贡献（b）来源分布（单位：$10^{-6}/km^2$）

2014 年 1 月 30 日，上海属于静稳型污染类型。通过 FLEXPART 定量分析，主要的潜在污染贡献区域分布在上海及其周边区域（图 3.45a）。受到主导风向为偏西风和偏南风的影响，安徽中部—江苏南部以和浙江沿海和海面也存在两条弱潜在污染贡献带。而将 NH_3 示踪物的排放强度作为权重之后（图 3.45b），实际贡献相比潜在贡献发生了显著变化。由于海上没有人为 NH_3 排放，浙江东部海面便不存在实际污染贡献区域，影响上海实际污染贡献绝大部分集中在上海本地及周边区域。

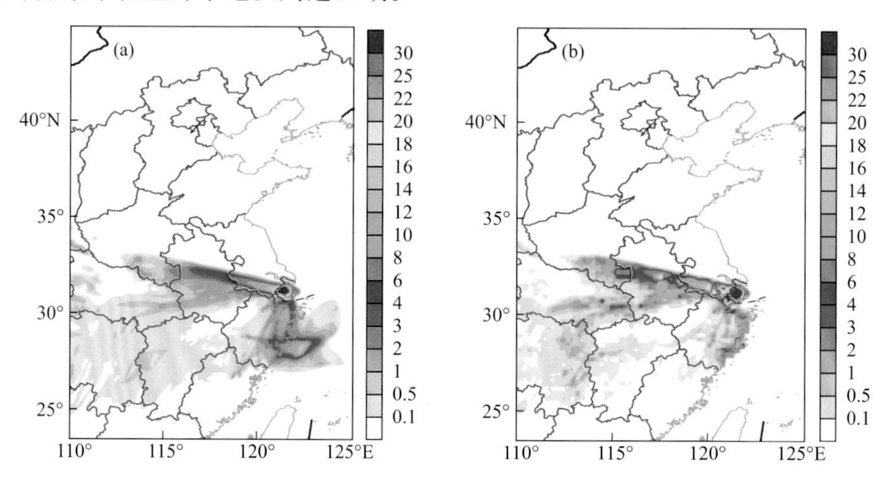

图 3.45　2014 年 1 月 30 日上海地区单位网格潜在贡献（a）和实际贡献（b）来源分布（单位：10^{-6}/km^2）

2015 年 1 月 10 日属于叠加型污染个例。从图 3.46a 中可以看到，此次污染过程的潜在输送贡献来源主要分布于上海本地以及江苏中北部一带；同时，受到主导风向的影响，上海东北部海面也有一条较弱的潜在污染输送带。考虑 NH_3 排放源之后（图 3.46b），主要的实际污染贡献区域集中在上海及江苏中部的一条污染贡献带上，而距离较远的河南中部—安徽西部也存在一条强度稍弱的污染贡献带。此外，原本出现在海上的潜在污染区域没有出现在实际污染贡献区域中。值得注意的是，此类型中，上海本地的潜在污染贡献和实际污染贡献的强度和范围（图 3.46）要明显高于输送型，同时低于静稳型，显示了静稳和输送对本地污染的共同作用，上海大部分重度污染过程都由叠加型导致。

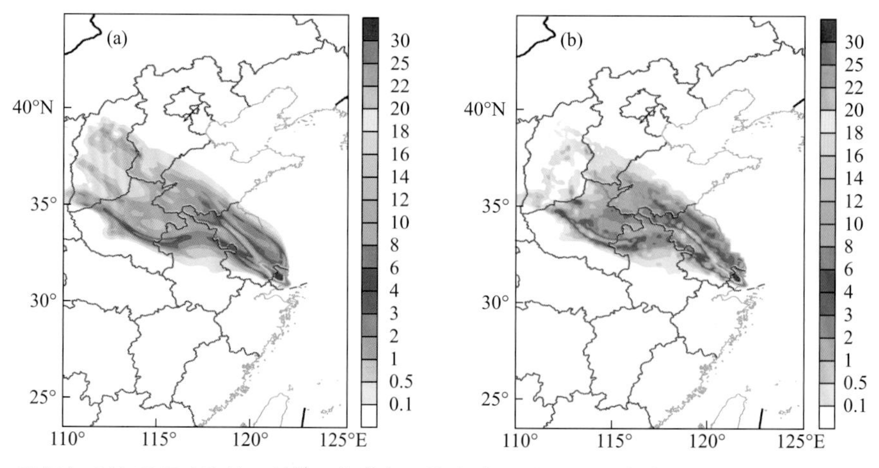

图 3.46　2015 年 1 月 10 日上海地区单位网格潜在贡献（a）和实际贡献（b）来源分布（单位：10^{-6}/km^2）

综上所述，FLEXPART 模式是一个分析污染事件中污染来源和路径的有效工具。该模式对上海地区 $PM_{2.5}$ 重污染过程气团主要源地模拟能力较好，可以为大气污染区域协同控制减排提供参考。

3.6.2　输送贡献的定量模拟分析

作为华东区域大气环境数值预报业务系统的核心模式，WRF-Chem 对于上海地区污染事件 $PM_{2.5}$、臭氧等污染物浓度的变化具有较好的模拟效果，可以通过敏感性试验控制不同类型、不同区域排放源的强度，定量分析特定天气条件下不同类型、不同区域污染源对目标区污染物浓度的贡献。本节选取 2017 年 10 月 30 日 20 时—11 月 3 日 20 时以及 11 月 5 日 20 时—8 日 20 时上海两次 $PM_{2.5}$ 污染事件，基于 WRF-Chem 模式分析上海本地和上海以外排放源对 $PM_{2.5}$ 的贡献。利用 WRF-Chem 模式开展保留和去除上海地区排放源的数值试验，模拟两次污染过程 $PM_{2.5}$ 浓度和实况的对比，如图 3.47 所示。由图可见，两次污染过程模拟的 $PM_{2.5}$ 浓度变化趋势与观测基本一致，但污染峰值偏高且出现时间偏早。总体而言，WRF-Chem 较好地反映出所选过程上海地区 $PM_{2.5}$ 浓度的变化过程，因而可以通过数值敏感性试验定量分析污染过程中 $PM_{2.5}$ 的来源。

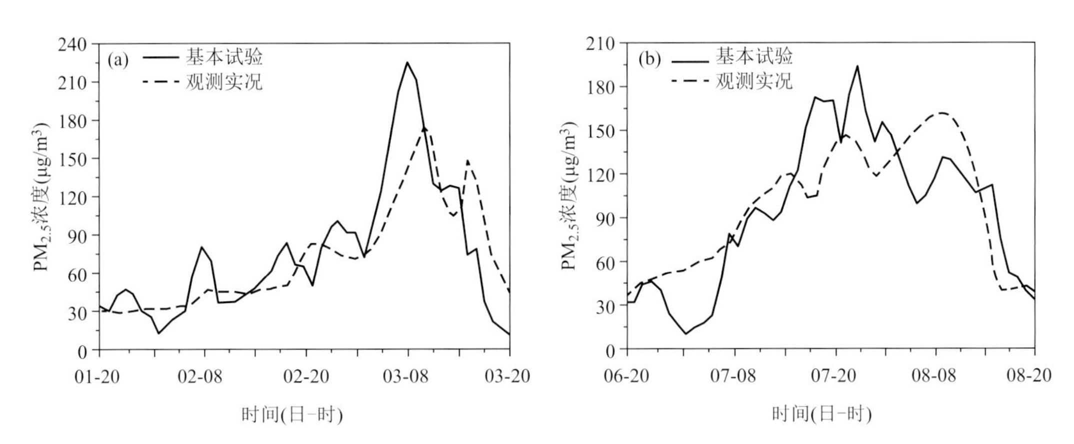

图 3.47　2017 年两次污染过程上海地区 $PM_{2.5}$ 浓度观测实况和模式基本试验对比
（a. 11 月 1 日 20 时至 3 日 20 时；b. 11 月 6 日 20 时至 8 日 20 时）

敏感性试验结果如图 3.48 所示。两次污染过程前期，上海本地排放起主要作用，$PM_{2.5}$ 来源均以本地积累为主，11 月 2 日和 7 日的本地贡献率均超过 98%。3 日和 8 日受冷空气影响，外源输送的贡献率明显上升，这两日的外源输送贡献率均达到 66%，超过本地贡献率，说明这两次污染过程为静稳叠加输送型污染。值得注意的是，11 月 3 日 15—18 时关闭上海本地排放后，$PM_{2.5}$ 的浓度值略高于基本试验模拟的浓度值，主要原因可能和该时段降水模拟差异有关。

图 3.49 给出了 3 日 11—17 时的控制试验和关闭上海本地排放源后的降水量。从中可以看到，关闭上海本地排放源后，降水发生和结束的时间均较控制试验提前了 2 h，最强降水发生时段在 13—14 时，而控制试验则出现在 14—15 时，此时前者的降水量已明显减弱了，因此对颗粒物的湿清除作用也明显降低，3 日上海地区受冷空气输送影响，$PM_{2.5}$ 的主要来源逐渐由本地积累转为外源输送，因此 3 日后期两种试验的 $PM_{2.5}$ 浓度值相差很小，再叠加

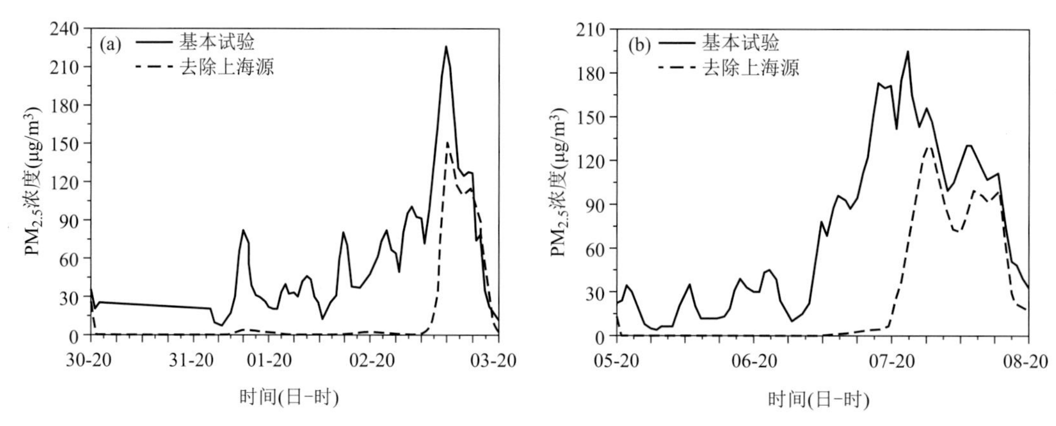

图 3.48　打开及关闭上海地区排放试验中 2017 年两次污染过程上海 $PM_{2.5}$ 模拟浓度

（a. 10 月 30 日 20 时至 11 月 3 日 20 时；b. 11 月 5 日 20 时至 8 日 20 时）

不同时段降水的湿清除作用，容易造成个别时段 $PM_{2.5}$ 浓度值出现异常现象。气溶胶的辐射作用一定程度上导致了不同数值模拟试验中降水模拟的差异。控制试验在 11 月 3 日前期的 $PM_{2.5}$ 浓度值较高，受气溶胶辐射效应影响，颗粒物浓度越高，阻挡更多的太阳短波辐射，致使上午时段的升温较慢，垂直交换减弱，对流发展偏慢，降水时段和强降水出现时段均偏晚；而关闭本地排放源后，颗粒物浓度降低，上午时段升温快，对流更容易发展，降水时段和较强降水时段较控制试验偏早。

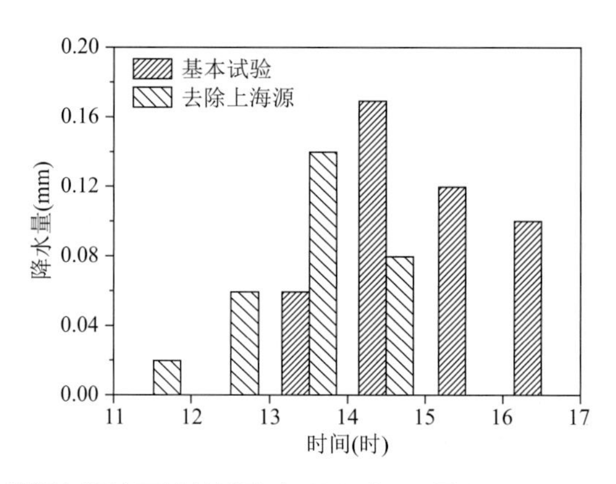

图 3.49　打开及关闭上海地区排放试验中 2017 年 11 月 3 日 11—17 时上海模拟降水量

总体而言，这两次污染输送过程的潜在来源区域均为上海周边地区，来源包括江苏、浙江和安徽等。此外，通过与观测对比发现，目前 WRF-Chem 数值对污染快速输送过程的模拟效果较差，其原因可能与模式中设置的排放时间变化廓线有关，需要在后续工作中加以改善。

3.6.3　小结与讨论

上海发生 $PM_{2.5}$ 中度及以上污染的污染天气类型主要分为 3 类：输送型、静稳型和叠加型。其中输送型天气最多，叠加型最少。输送型是造成上海 $PM_{2.5}$ 中度及以上污染的主要天气类型。

利用 WRF-FLEXPART 模式模拟上海 $PM_{2.5}$ 污染的潜在源区发现，输送型污染的潜在源区主要位于江苏、安徽中北部、河南东部以及山东中南部等地，分为东路、中路和西路3条明显影响上海的污染潜在输送路径。静稳型污染的潜在源区集中在上海及周边。而叠加型的潜在源区介于前两种类型之间。

利用 WRF-Chem 开展清零试验发现，输送型个例中外部输送对上海 $PM_{2.5}$ 浓度的定量贡献为60%～70%，输送贡献随 $PM_{2.5}$ 浓度的上升而增加。

3.7 长三角区域 $PM_{2.5}$ 污染来源的数值模拟

京津冀、珠江三角洲和长江三角洲等重点城市圈因各自不同的地理条件和与污染物的上下游关系而表现出不同的污染气象特征。苏福庆等（2004）发现，太行山和燕山的山前输送汇常造成北京地区大气污染物汇聚。吴兑等（2014）发现，近地层偏南气流输送和辐合作用容易加重京津冀地区的空气污染。吴兑等（2008）研究表明，当珠江三角洲处于变性高压脊控制下，近地层持续小风静稳时易出现严重污染天气；而伴随冷空气的大风有利于污染物扩散。对于长江三角洲地区而言，每年秋冬季尤其是在北方冷空气南下时，污染物输送作用显得尤为明显：锋前对流将污染物引导至边界层以上；冷锋过境时，锋面引导华北污染物迅速输送至长江三角洲地区；冷锋过境后，长江三角洲地区受均压场控制，锋后下沉气流将污染物抑制在边界层内，本地排放在此气象条件影响下导致 $PM_{2.5}$ 明显积累。同时，长江三角洲北低南高的地形也会导致污染物南移过程中在长江三角洲减速或累积。这是输送作用和静稳气象条件影响长江三角洲空气质量的典型情形（李莉 等，2015；Kang et al.，2019）。

因此，为有效应对 $PM_{2.5}$ 污染，研究污染空间输送作用对指导区域大气联防联控显得尤为重要。观测分析和数值模拟是研究空气污染输送的两个重要途径，通过前者能获得与实际大气污染状况一致的结果但常受限于观测资料完整性的不足，难以详细了解污染发展的完整过程，因此常用数值模拟方法进行弥补。目前，通过数值模式研究污染贡献的方法主要有两类：第一类是利用大气化学数值模式（如 WRF-Chem、CMAQ 等）进行定量模拟（Chang et al.，2019；李锋 等，2015），研究排放对空气污染的贡献特征；第二类是利用大气轨迹模式（如 FLEXPART、HYSPLIT 等）进行大气传输定性或定量模拟（李岩 等，2010；刘娜等，2015），研究影响空气污染的潜在源区。王燕丽等（2017）发现，在年尺度上京津冀地区 $PM_{2.5}$ 以本地污染源贡献为主，传输贡献为辅；王文丁等（2016）研究发现，重污染过程中珠江三角洲区域内城市间传输作用明显；吕炜等（2015）发现，珠江三角洲在受沿岸气团控制时存在从福建或江西延伸至珠江三角洲的 $PM_{2.5}$ 高通量污染传输通道。长江三角洲方面，王艳等（2008）研究发现，影响长江三角洲污染的主要气流方向来自华北或东北地区。这些研究证实了输送对 $PM_{2.5}$ 浓度的重要影响，这对区域大气污染联防联控有着重要意义；但同时也发现不同研究结果之间因研究对象不同而存在明显差异，而且以往基于数值模式的定量模拟方法普遍受制于计算资源限制，常用于分析单个区域污染事件（李莉 等，2015；

钱俊龙 等，2019），而对较长时段、面积较大的区域特别是长江三角洲区域的污染传输贡献研究较少。长江三角洲地区是我国人口最密集、经济发展最活跃、开放程度最高、创新能力最强的区域之一，是我国的重要经济中心。区域大气污染联防联控，推动长江三角洲一体化发展，提高长江三角洲区域连接性和政策协同效率，对引领全国建设现代化意义重大。本节利用 WRF-Chem 输送定量模拟法和 WRF-FLEXPART 潜在源区定量模拟法，针对长江三角洲地区 2018 年秋冬季的 $PM_{2.5}$ 浓度进行模拟研究，探讨秋冬季尤其是在明显冷空气影响下的长江三角洲不同区域 $PM_{2.5}$ 来源贡献，以期为长江三角洲区域大气污染联防联控及污染预测预警提供科学参考。

3.7.1 大气污染潜在源区的定量计算方法

基于华东区域大气环境数值预报业务系统构建长江三角洲区域污染输送定量评估模式系统。华东区域大气环境数值预报业务系统以 WRF-Chem 模式和清华大学中国多尺度人为排放清单（MEIC，http：//www. meicmodel. org/）为基础构建；模拟区域以（32.5°N，118°E）为中心，水平分辨率 6 km，水平网格 360（东西）×400（南北）、垂直 28 层。已有研究结果表明，该模式系统对长江三角洲区域 $PM_{2.5}$ 以及风速风向等与 $PM_{2.5}$ 浓度变化密切相关的气象要素有良好的模拟和预报能力（周广强 等，2015；常炉予 等，2016）。长江三角洲区域污染输送定量评估模式系统采用清零方法计算本地和外来贡献（常炉予 等，2016；陈赛华 等，2017），具有较好的准确性。除人为排放清单和化学初始条件不同之外，清零试验与基本试验的设置完全相同。清零时，分别将上海、浙江、江苏、安徽和长江三角洲区域共 5 个目标区域内的人为污染排放设置为 0，即无人为排放。基本试验和清零试验的气象资料使用、时间步长等基本设计和物理、化学选项选择同 Zhou 等（2017）在华东区域空气质量数值预报业务系统中所使用的参数选项，每日单独模拟，模拟时长为 30 h，采用各自的第 24 小时模拟场作为化学初始条件。正式模拟前进行 5 d 基本试验预模拟，以减小化学初始条件的不利影响。以目标区域内平均 $PM_{2.5}$ 浓度作为分析对象。将清零试验结果与基本试验结果进行对比分析，确定清零区域（本地）和其他区域（输送）对目标区域 $PM_{2.5}$ 的贡献。长江三角洲清零试验中的各目标区域（5 个）浓度为长江三角洲外部对该目标区域浓度的贡献。长江三角洲区域内其他省市对目标区域的输送贡献为总输送与长江三角洲区域外输送之差。

建立了 WRF-FLEXPART 定量分析算法，得到目标区域（城市、站点等）在目标时段内的潜在污染源区时空分布。设置 FLEXPART 垂直输出层次为 5 层，分别为 50 m、100 m、500 m、1000 m、1500 m，将 4 个长江三角洲重点城市（上海、合肥、南京、杭州）作为粒子释放区域，连续释放粒子 100000 个，粒子在释放区域和时段（受冷空气影响当日 24 h）内均匀分布，模拟预报时段为受冷空气影响当日及其前 2 天。模式运算结束后，计算污染敏感系数 $R_{(i,\ j)}$（km^2），即每个模式网格上（所有层次）的粒子个数除以释放粒子总个数再除以单位网格面积，以获得最终的潜在源区（污染敏感系数）分布。$R(I,\ j)$ 计算公式如下：

$$M_{(i,\ j,\ t)} = \sum_{l=1}^{l=l_{\max}} m(i,\ j,\ l,\ t) \tag{3.3}$$

$$\mathrm{MR}_{(i,\ j)}=\sum\nolimits_{t=t_1}^{t=t_2}M(i,\ j,\ t) \quad (3.4)$$

$$R_{(i,\ j)}=\mathrm{MR}_{(i,\ j)}/\sum\nolimits_{(i,\ j)=(x_0,\ y_0)}^{(i,\ j)=(x_{\max},\ y_{\max})}\mathrm{MR}_{(i,\ j)}/S \quad (3.5)$$

式中，$(i,\ j)$ 代表模式格点坐标位置；l 代表模式垂直层次；$l_{\max}$ 代表选取的最高层次；t_1 和 t_2 代表所研究时段的起止时间，$(x_0$、$y_0)$ 和 $(x_{\max}$、$y_{\max})$ 代表模式区域起止位置，可为整个或部分模拟区域，S 代表单位网格面积，这里取 36 km^2（6 km×6 km）。

3.7.2 秋冬季长三角 $PM_{2.5}$ 输送贡献的定量估算

2018 年秋冬季长江三角洲区域内 41 个地级市 $PM_{2.5}$ 平均浓度为 55 $\mu g/m^3$，呈西北高、东南低的分布形态，西北部城市的 $PM_{2.5}$ 浓度普遍高于 55 $\mu g/m^3$，个别城市 $PM_{2.5}$ 浓度超过 75 $\mu g/m^3$；而东南部城市 $PM_{2.5}$ 浓度基本低于 35 $\mu g/m^3$，南北差异非常明显。从长江三角洲三省一市的重点城市来看，上海 $PM_{2.5}$ 浓度最低，为 41.4 $\mu g/m^3$，合肥最高，为 69.9 $\mu g/m^3$。冷空气输送是影响长江三角洲区域 $PM_{2.5}$ 浓度的重要因素。2018 年秋冬季，长江三角洲区域受到冷空气影响 20 次。其中，弱冷空气 8 次（区域城市平均降温小于 5 ℃），中等冷空气 8 次（区域城市平均降温 5～7 ℃），强冷空气 4 次（区域城市平均降温 7 ℃及以上）。按照气象定义的冷空气路径标准，西路冷空气出现 2 次，中路冷空气出现 10 次，东路冷空气出现 8 次。

WRF-Chem 基本试验模拟长江三角洲地区 41 个地级市 2018 年秋冬季 $PM_{2.5}$ 平均浓度为 49.0 $\mu g/m^3$，较观测浓度偏低 10.9%。长江三角洲各城市 $PM_{2.5}$ 模拟与观测结果的相关系数都在 0.5 以上，中北部城市多在 0.7 以上；均方根误差呈中北部较大、南部较小的形态，中北部多在 30～40 $\mu g/m^3$，南部多在 20～30 $\mu g/m^3$。这与以前对长江三角洲区域 $PM_{2.5}$ 业务预报效果一致，符合本书研究的准确性要求。长江三角洲 $PM_{2.5}$ 总平均浓度中长江三角洲以外的跨区域输送贡献为 7.8 $\mu g/m^3$，占比为 15.9%；长江三角洲内部排放贡献占比 84.1%，这与过去针对长江三角洲区域污染输送特征的相关研究结论相近（薛文博 等，2014），即长江三角洲区域污染主要受内部排放及内部省市间相互输送影响。由于面积、地理位置、气象条件、上游背景污染条件等差异，长江三角洲不同省市 $PM_{2.5}$ 的本地贡献和外来输送贡献存在比较明显的区别。长江三角洲以外的跨区域输送对长江三角洲不同省份 $PM_{2.5}$ 的贡献为 4.2%～19.1%，其中对安徽和江苏的贡献较高，分别为 17.4%和 19.1%，略低于 Li 等（2019）的模拟研究结论，这与模式和模拟时段不同有关。而长江三角洲区域内污染相互传输对各省份 $PM_{2.5}$ 的贡献达 14.4%～42.6%，明显高于跨区域外部传输的影响；上海受长江三角洲内部输送贡献明显高于其余三省，达到 42.6%，这主要是由于地理位置不同所致，而这与以前的研究结论一致。综上可见，在气候变暖的背景下，长江三角洲各省污染相互传输的影响相对长江三角洲以外跨区域输送的影响更加显著，因此区域大气污染联防联控更加重要。此外，尽管从季节平均来看区域内污染传输更加显著，但在该时段出现区域性污染事件时（本书定义长江三角洲区域总共 41 个地级市中单日 $PM_{2.5}$ 浓度达 75 $\mu g/m^3$ 的城市数大于等于 10 个），跨区域输送对长江三角洲 $PM_{2.5}$ 的贡献可达 20%～40%；出现冷空气影响时（不一定出现污染事件），单次冷空气过程中跨区域输送对长江三角洲 $PM_{2.5}$ 的贡献甚至能超过 40%。

根据2018年秋冬季冷空气活动的特征及其对污染物输送的影响，筛选了9次明显的输送过程，分别为12月11日、12月16日、12月23日、1月5日、1月8日、1月15日、1月20日、2月3日和2月7日。依据WRF-Chem模式基本试验的模拟结果，2018年秋冬季冷空气影响的时段，长江三角洲地区$PM_{2.5}$平均浓度为52.9 $\mu g/m^3$，其中长江三角洲以外跨区域输送的$PM_{2.5}$浓度为17.5 $\mu g/m^3$，贡献率为33.1%，约为整个秋冬季平均跨区域输送贡献的2倍，冷空气活动时的跨区域输送对长江三角洲$PM_{2.5}$浓度的影响更加明显（表3.5、表3.6）。冷空气影响下，输送对长江三角洲三省一市的贡献在46.2%～56.2%，上海和安徽受到的输送贡献超50%（表3.6）；其中，跨区域输送对长江三角洲三省一市的贡献率在10.2%～38.6%，都明显高于各自秋冬季的平均贡献率。这表明，在长江三角洲出现污染输送通道的气象条件下，输送对长江三角洲污染的贡献明显增加，这与以前的污染输送研究结论一致（常炉予 等，2016），也与京津冀（陈朝晖 等，2008）、珠江三角洲（吴兑 等，2008）等区域出现污染输送通道时的情形较为相似。

表3.5　2018年秋冬季长三角各省市$PM_{2.5}$不同来源的贡献率　%

区域	本地排放	输送	长三角内输送	长三角外输送
上海	53.2	46.8	42.6	4.2
安徽	61.3	38.7	21.3	17.4
江苏	66.5	33.5	14.4	19.1
浙江	70.5	29.0	22.6	6.9
长三角	84.1	15.9	/	15.9

表3.6　2018年秋冬季冷空气影响下长三角各省市$PM_{2.5}$不同来源的贡献率　%

区域	本地排放	输送	长三角内输送	长三角外输送
上海	43.8	56.2	46	10.2
安徽	48.6	51.4	19	32.4
江苏	52.5	47.5	8.9	38.6
浙江	53.8	46.2	34.7	11.5
长三角	66.9	33.1	/	33.1

9次输送过程中，长江三角洲外输送对长江三角洲$PM_{2.5}$的贡献率具有较明显的差异，多数在30%以上，最大为41.9%，最低为23.2%，明显高于其他时段的14.2%（图3.50e）。在这些过程中，位于长江三角洲北部的江苏和安徽受长江三角洲以外的跨区域输送影响更加明显，在30%以上的过程分别为8次和7次（分别占88.9%和77.8%），超过50%的过程分别为2次和1次；江苏和安徽受长江三角洲内其他省市的输送影响较小，一般不超过20%（除江苏1次、安徽3次），均低于其他时段。这些过程中，位置偏南的上海和浙江受到输送影响明显高于偏北的江苏和安徽，上海受输送影响多数在50%以上，最高达到83%。浙江受输送影响达到50%的次数为4次。上海和浙江的输送贡献主要来自长江三角洲内部，并且存在一些输送贡献不高的过程，长江三角洲以外的输送贡献仅个别过程比较明显。上海和浙江分别只有1次存在明显来自长江三角洲以外的输送，贡献率约30%。总体来说，在较

明显的冷空气过程中，长江三角洲地区的 $PM_{2.5}$ 明显受跨区域外来输送影响，外来输送的贡献率可达 23.2%～41.9%。多数过程中，长江三角洲以外的跨区域输送对江苏和安徽有较为明显的贡献，可超过 30%；上海和浙江受长江三角洲以外跨区域输送的影响相对较小，这两地主要受长江三角洲内部输送影响（图 3.50a～d）。

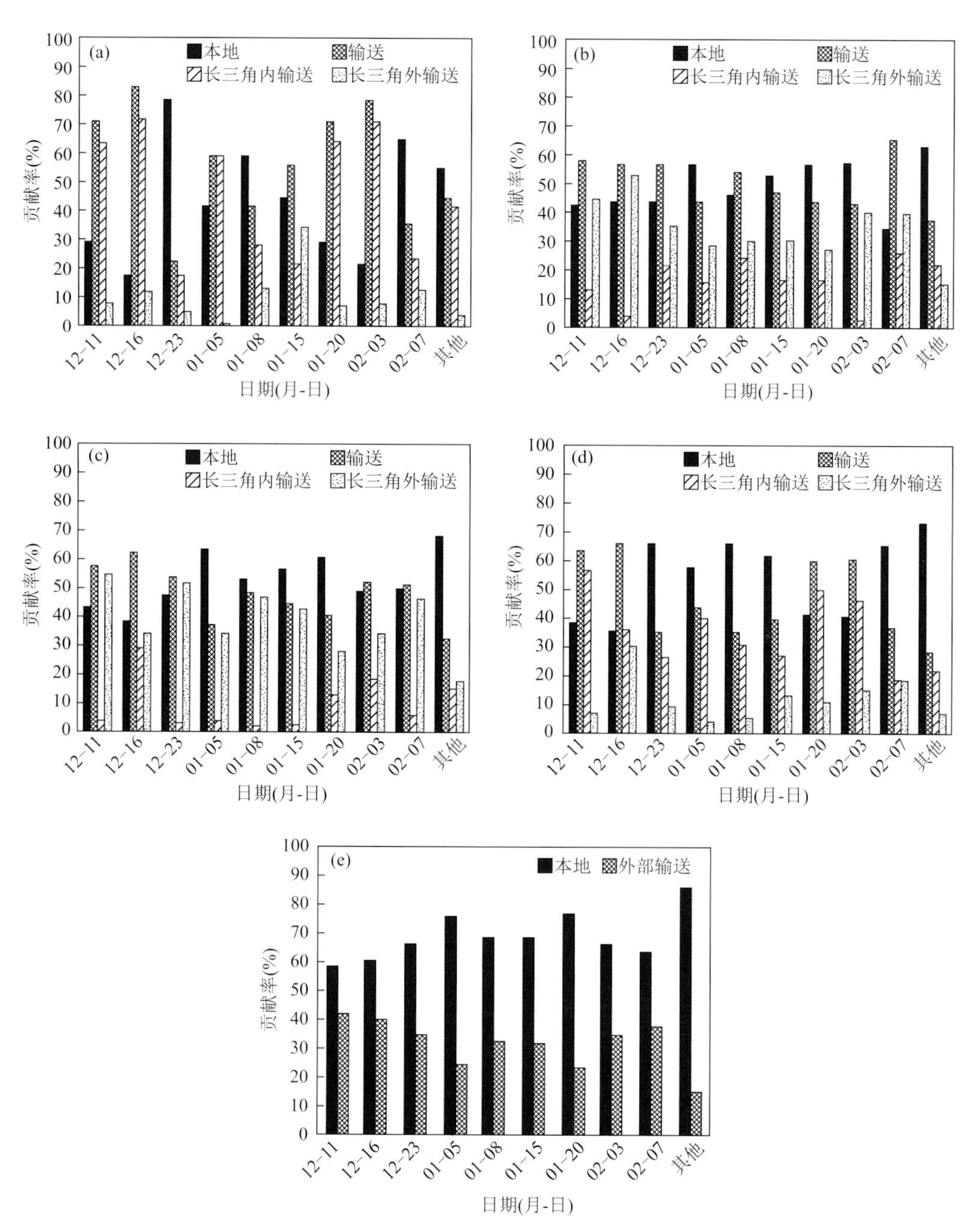

图 3.50　2018 年秋冬季冷空气影响下 $PM_{2.5}$ 不同区域的分类贡献
（a. 上海；b. 安徽；c. 江苏；d. 浙江；e. 长三角）

以上海、合肥、南京、杭州 4 个重点城市作为长江三角洲三省一市不同区域的代表，结合 WRF-Chem 定量模拟结果，使用 WRF-FLEXPART 模式模拟分析了 2018 年秋冬季4座城市在冷空气影响时段的污染潜在源区分布情况。模拟结果显示，影响上海（长江三角洲东部沿海）的污染传输路径主要有3条（图3.51a）：东路，输送由东北方向影响上海；中路，输送由山东半岛经黄海影响上海；中西路，输送由山东南部经江苏沿海地区影响上海。影响南京（长江三角洲中部）的污染传输路径主要有3条（图3.51b）：东路，输送由山东半岛经黄海、江苏中部影响南京；中东路，输送由山东中东部自北向南影响南京；西路，输送自山东中西部自北向南影响南京。影响合肥（长江三角洲内陆）的污染传输路径主要有3条：东路，输送由山东半岛自东北向西南逐步影响合肥；中东路，输送由山东中东部经江苏北部影响合肥；中路，输送由山东西部自北向南影响合肥。影响杭州（长江三角洲中南部）的污染传输路径主要有2条：东路，输送由黄海自东北向西南影响杭州；中路，输送自山东中东部经黄海、江苏中南部影响杭州。整体而言，2018年秋冬季冷空气整体输送路径表现为东、中东、中3路，输送路径偏东。这与前文中冷空气路径的观测结果吻合，同时与以前的观测研究（周述学 等，2017）和数值研究结论相近（王艳 等，2008）。需要注意的是，冷空气影响下的污染输送潜在源区分布与典型静稳条件下的污染潜在源区分布有着明显差异。以2018年11月26—30日（地面均压场）和12月17—18日（地面高压控制）两次典型静稳天气过程为例（图3.51c、d）。典型静稳天气形势下，地面及低空水平风速较小，水平扩散能力弱。影响上海的污染潜在源区主要分布于江苏南通—上海—浙江舟山一带，影响南京的潜在源区分布于安徽中部—江苏中部，上海、南京受本地及周边近距离潜在源区的影响较大，潜在源区范围尤其是北方源区范围都明显小于冷空气影响下的潜在源区范围。

从潜在污染贡献率分布来看，各城市受到影响存在差异（表3.7），从长江三角洲内、外潜在污染贡献对比来说，上海与南京两市受到长江三角洲以外的潜在污染贡献都超过了30%；上海受到本地和江苏的潜在贡献以及南京受到本省潜在贡献都接近60%，长江三角洲区域内近距离输送的潜在贡献占比较大。合肥位于内陆地区，受到江苏和安徽的潜在贡献达到77.5%。杭州位置偏南，受到长江三角洲以外的潜在贡献比例为4座城市中最少（16.1%）；其受到浙江和江苏的潜在贡献较多。总体来说，因为该季节长江三角洲区域受到冷空气输送路径以中东路为主，这也导致了该区域形成了相应的潜在污染贡献分布形态。结合WRF-Chem定量模拟结果分析（表3.7），在冷空气作用下，影响上海的潜在污染源区贡献中有30.2%来自上海本地，69.8%来自上海以外（总计贡献了56.2%的$PM_{2.5}$浓度）。由于外部输送潜在源区有一部分来自东部海面（排放源很少，或$PM_{2.5}$在海面输送时受到沉降等作用导致浓度减小），因此实际对$PM_{2.5}$浓度贡献小于69.8%。合肥、南京、杭州作为各省省会城市，以点带面也说明了各自的潜在污染贡献特征。合肥和南京位于长江三角洲中部，各自受到本省的潜在污染贡献为46.9%和58.9%，这与安徽、江苏两省受到的本地排放对$PM_{2.5}$的贡献率基本一致；两座城市不与长江三角洲以外地区接壤，影响它们的长江三角洲外部输送距离较远，长江三角洲以外的潜在污染源区对两座城市的贡献率在20%～30%，小于安徽和江苏全省各自受长江三角洲以外跨区域输送的$PM_{2.5}$贡献率。对于杭州而言，在秋冬季冷空气主导风向为偏北风的情况下，其受长江三角洲以外潜在污染输送的贡献率较小（16.1%），这与长江三角洲外部输送对浙江$PM_{2.5}$的贡献率（11.5%）较为一致。

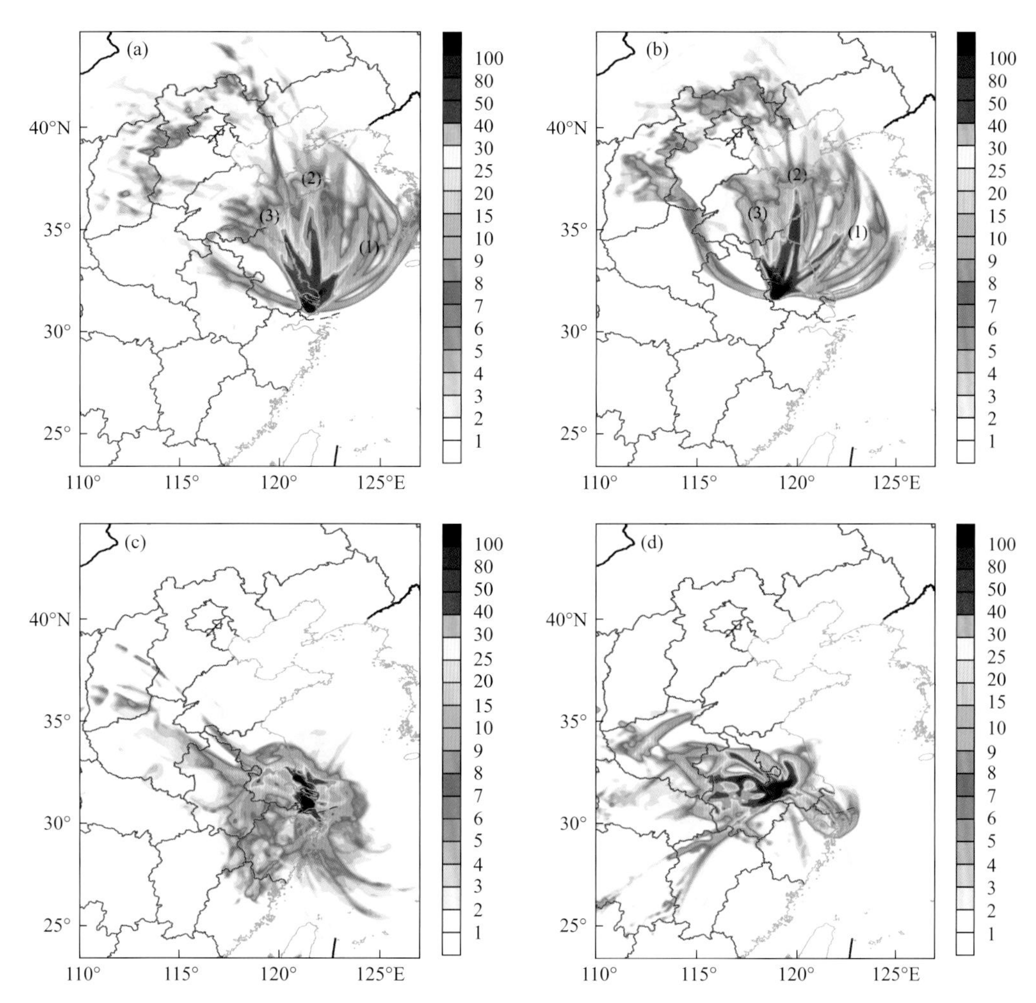

图 3.51　2018 年秋冬季冷空气影响下和典型静稳天气条件下上海和南京的潜在源区（单位：10^{-7}/km^2）
（a. 上海-冷空气；b. 南京-冷空气；c. 上海-静稳；d. 南京-静稳）

表 3.7　2018 年秋冬季冷空气影响下长三角重点城市潜在污染来源贡献率　%

城市	上海源	江苏源	安徽源	浙江源	其他源
上海	30.2	28.5	3.7	0.1	37.5
合肥	0.1	30.6	46.9	0	22.4
南京	0	58.9	10.4	0	30.7
杭州	9.6	28.8	11.1	34.4	16.1

3.7.3　小结与讨论

2018 年秋冬季长江三角洲 $PM_{2.5}$ 浓度呈西北高、东南低的分布形态，区域内 41 个地级城市平均浓度为 55 μg/m^3。西北部城市的 $PM_{2.5}$ 浓度普遍高于 55 μg/m^3，东南部城市 $PM_{2.5}$ 浓度多数低于 35 μg/m^3，南北差异明显。

2018年秋冬季长江三角洲以外的跨区域输送对长江三角洲$PM_{2.5}$平均浓度的贡献占比为15.9%；长江三角洲内部排放贡献占比84.1%。长江三角洲污染主要受区域内部排放及区域内省市间互相传输影响。跨区域输送对长江三角洲三省一市$PM_{2.5}$的贡献分别为4.2%（上海）、17.4%（安徽）、19.1%（江苏）和6.9%（浙江）。而长江三角洲区域内污染相互传输对各省份$PM_{2.5}$的贡献在14.4%～42.6%。长江三角洲区域内相互传输的影响相对长江三角洲以外跨区域输送的影响较为显著。

2018年秋冬季冷空气影响时，长江三角洲受到区域外$PM_{2.5}$输送的贡献率为33.1%，约为整个秋冬季平均跨区域输送平均贡献的2倍。输送对长江三角洲三省一市各自的贡献为46.2%～56.2%，其中上海和安徽超过50%；长江三角洲外跨区域输送对长江三角洲三省一市各自的贡献为10.2%～38.6%，明显大于整个秋冬季的平均水平。

2018年秋冬季，影响长江三角洲4座重点城市（上海、合肥、南京、杭州）的冷空气输送路径主要以中东路为主。在该季节冷空气影响时段，4座重点城市受长江三角洲以外的污染潜在贡献为16.1%～37.5%。上海、南京受到长江三角洲以外的污染潜在贡献较多（超过30%）；杭州受到长江三角洲以外的污染潜在贡献较少（为16.1%）。

3.8 厄尔尼诺和副高对区域空气质量的影响

本节利用全球大气化学模式MOZART研究ENSO、副高等气候因子对区域空气质量的影响。MOZART是由美国国家大气研究中心（NCAR）发布的全球大气化学模式，主要用来模拟大气中O_3及其相关微量物种的时空分布规律。MOZART的建立是以MATCH（Rasch et al.，1997）为框架，包括对物种平流和对流输送、垂直扩散以及干湿沉降过程的参数化计算。质量通量采用班拉格朗日计算方案（Lin et al.，1996）；深对流采用Zhang等（1995）的方案；湿沉降计算采用Brasseur等（1998）的方案考虑了一阶损耗过程，其中云内清除项包含CH3OOH、C3H7OOH、C3H6OHOOH、CH3COCH2OOH、CH3COOOH、C2H5OOH、HO2NO2、ONIT、CH2O，MOZART自开发以来，共经历了4个版本：MOZART-1、MOZART-2、MOZART-3及最新版本MOZART-4，目前MOZART-1和MOZART-2已不再使用，MOZART-3为平流层模式，MOZART-4则是针对对流层开发的。MOZART-4垂直层数为28层，模式顶高为2 hPa，采用σ-p混合坐标，水平分辨率约为2.8°×2.8°，模拟过程所用时间步长均为20 min。

MOZART-4考虑了85个气相化学物种、12种气溶胶物种、39个光解反应及157个气相化学反应，采用的化学计算方案与IMAGES模式类似，并更新了MOZART-2中异戊二烯的氧化机制，采用3种集中物种代表4个碳原子以上的烷烃、烯烃和芳香烃。MOZART-4标准模拟采用的排放清单中，大部分人为排放来自2000年POET数据库，该数据库包括基于EDGAR-3排放清单的人为排放（化石燃料和生物燃料的燃烧），黑碳和有机碳的人为排放由Bond等（2004）确定，SO_2和NH_3的人为排放分别来自EDGAR-FT2000和EDGAR-2数据库；在亚洲地区，这类清单由REAS取代；当前用于1997—2007年的月平均生物质燃烧排放来自全球火点排放资料库（GFED-v2）；来自植物的异戊二烯和单萜及来自土壤和闪电的NO的排放采用气体和气溶胶自然排放模式（MEGAN）在线的计算；二甲基硫（DMS）的排放来自海洋生物地球化学模式HAMOCC5的月平均值；火山喷发释放的SO_2来自GEIA-v1清单。MOZART-4标准模拟的气象场采用NCEP每天4次（6 h一次）的气象场数据。模式的更多详细介绍参见Emmons等（2010）。

3.8.1　厄尔尼诺对我国冬季空气质量的影响

众所周知，厄尔尼诺-南方涛动（ENSO）事件会造成大气环流和气象条件发生显著异常变化，该海温异常信号通常在冬季达到最强。除了排放源的影响，大气环流和气象条件是造成大气污染的关键外因（Tie et al.，2009），ENSO事件是否能够影响我国东部的大气污染以及影响的途径和程度是气候与环境研究领域关注的重点。2015年12月，中东太平洋的海面温度（SST）存在显著异常。与正常海温相比，SST异常值超过了2.4 ℃，是一次超级厄尔尼诺事件。考虑到全国$PM_{2.5}$质量浓度的近地面观测资料从2014年开始，因此，本节通过比较2014年12月和2015年12月气象条件和空气污染的异常情况，并结合MOZART-4数值模式，定性并定量研究厄尔尼诺对我国东部冬季大气污染的影响。

3.8.1.1　厄尔尼诺年我国大气污染及相关大气环流异常特征

图3.52a给出了2015年12月和2014年12月海平面气压场大尺度大气环流形势的差异（2015年12月减2014年12月）。由图可见，与气候态相反，阿留申地区气压明显偏高，2015年12月比2014年12月高4～10 hPa；西伯利亚附近区域气压显著偏低，2015年12月比2014年12月低4～10 hPa，在该异常环流控制下，我国东北部地区近地面出现异常的东南风，特别是在华北平原一带（32°～40°N，114°～121°E）异常东南风最强，异常的东南风达到4～5 m/s。已有研究表明，由于地形的阻挡，在东南风向影响下，污染容易在华北平原一带堆积，导致华北平原一带重污染的发生发展。图3.52b给出了对流层中层500 hPa高度场上大尺度大气环流形势的差异。可见，乌拉尔山—西伯利亚阻高（阻塞高压简称“阻高”）和东亚大槽异常偏弱，预示着冬季风强度偏弱，冷空气对我国的影响偏弱。此外，在亚洲南部孟加拉湾和中国南海附近存在异常的气旋性环流，有利于印度洋和南海暖湿水汽的输送，对我国华南一带形成明显影响，产生更多降水。

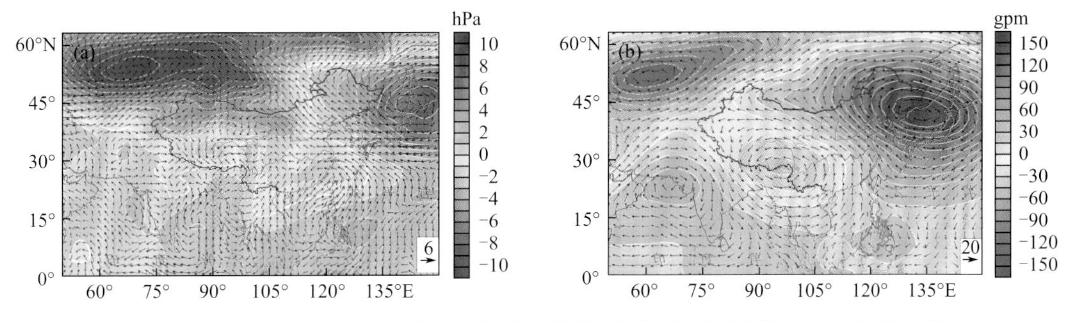

图3.52　2015年12月和2014年12月海平面气压场（a）和对流层中层500 hPa高度场（b）上环流形势的差异（2015年12月减2014年12月）

图 3.53a 给出了 2015 年 12 月和 2014 年 12 月对流层低层（1000～700 hPa）水汽输送通量和观测到的中—大雨（日累计降水超过 10 mm）在我国发生频率的差值场（2015 年 12 月减 2014 年 12 月）。从图中可以看到，在 2015 年 12 月，有两条影响我国的异常水汽输送通道建立，一条可以将孟加拉湾的暖湿水汽输送到我国，另一条可以将我国南海附近的暖湿气流输送过来，对华南一带影响最大，最终导致我国华南地区降雨显著增多，如图 3.53b 所示，与 2014 年 12 月相比，2015 年 12 月中雨及以上量级的降水频次增多了 15%～20%，而降水的湿沉降过程最终导致该区域的 $PM_{2.5}$ 浓度异常偏低。

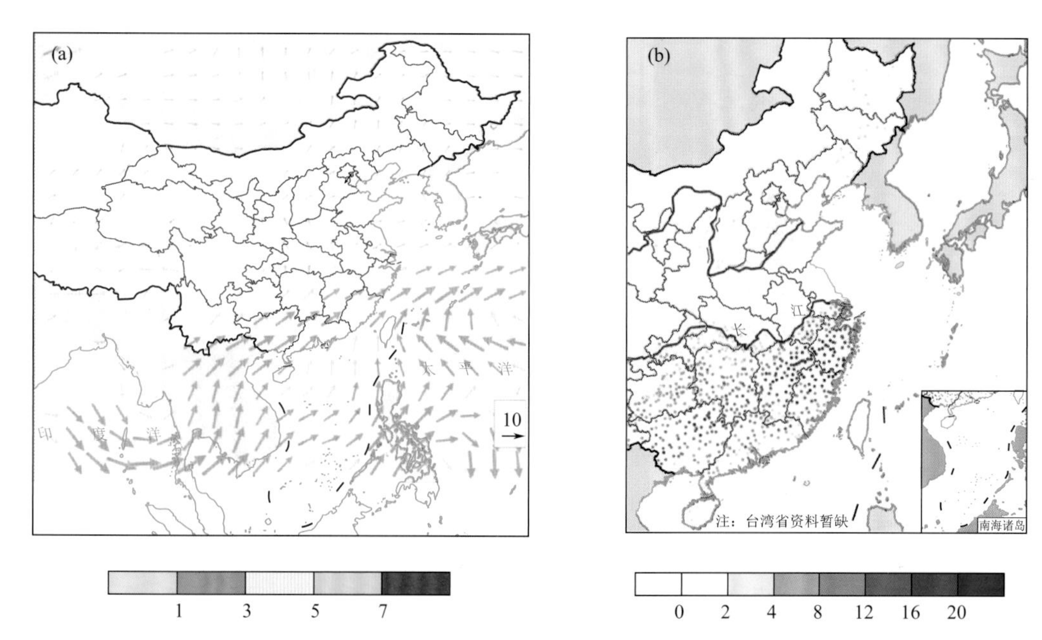

图 3.53　2015 年 12 月和 2014 年 12 月对流层低层（1000～700 hPa）水汽输送通量（a）和观测到的中-大雨（日累计降水超过 10 mm）在我国发生频率（b）的差值场（2015 年 12 月减 2014 年 12 月）

除了降水，另一个重要气象因素是风速。研究表明，风速对近地面 $PM_{2.5}$ 浓度有十分重要的影响，即风速小不利于污染物的扩散，易出现污染事件。图 3.54 给出了 2015 年 12 月和 2014 年 12 月月平均地面风速的异常特征。2015 年厄尔尼诺期间我国东部地区地面风速普遍降低，但从南至北风速降低程度存在着明显的空间差异，如在华北平原附近（黄河以北），近地面风速降低 0.5～1.0 m/s，东部中部地区（黄河和长江流域之间），地面风速最大减少 0.5 m/s，而在东部的南部地区（长江以南），地面风速的变化正负交替，大多数地区地面风速略有增加，最大增加 0.8 m/s。然而，有一个小区域，其中主要的变化是风速下降。整体而言，该区域的地面风速变化范围为－0.6～0.8 m/s。可见，厄尔尼诺年异常东南风的作用下可以造成我国华北平原一带的风速显著偏小，污染物易局地累积发生污染事件。

图 3.55 给出了 2015 年 12 月和 2014 年 12 月观测的近地面 $PM_{2.5}$ 浓度的差值分布。结果表明，我国东部 $PM_{2.5}$ 异常存在南低北高的空间分布差异。华北平原一带 $PM_{2.5}$ 浓度显著增加，最大达到 80～100 $\mu g/m^3$。在该区域，东南风显著偏多，有利于 $PM_{2.5}$ 浓度的累积。已往研究表明，东南风对华北一带近地面 $PM_{2.5}$ 的浓度有两个重要影响：首先，东南风易将

上游华东一带的污染物水平输送到华北平原，导致 $PM_{2.5}$ 浓度增加。此外，华北平原一带的西北部有山脉地形影响，从其上游地区输送来的污染物被地形“封锁”在华北区域，导致该地区 $PM_{2.5}$ 浓度显著增加。除了异常东南风，另一个使得 $PM_{2.5}$ 浓度增加的气象因素是风速明显下降，这进一步加强了该地区 $PM_{2.5}$ 的局地累积，不易扩散。在中国东部中部地区（黄河和长江之间），$PM_{2.5}$ 浓度也是显著增加的，增加范围为 20～80 $\mu g/m^3$，这与地面风速的减小是一致的。在我国华南一带大部分地区 $PM_{2.5}$ 浓度普遍下降，这与厄尔尼诺影响下该地区异常偏多的降水有关，降水偏多带来更多的湿沉降过程导致该地区 $PM_{2.5}$ 浓度显著下降。

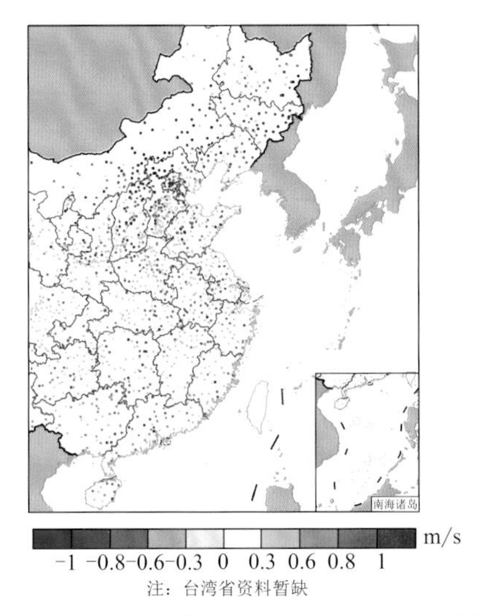

图 3.54　2015 年 12 月和 2014 年 12 月月平均地面风速的差值分布

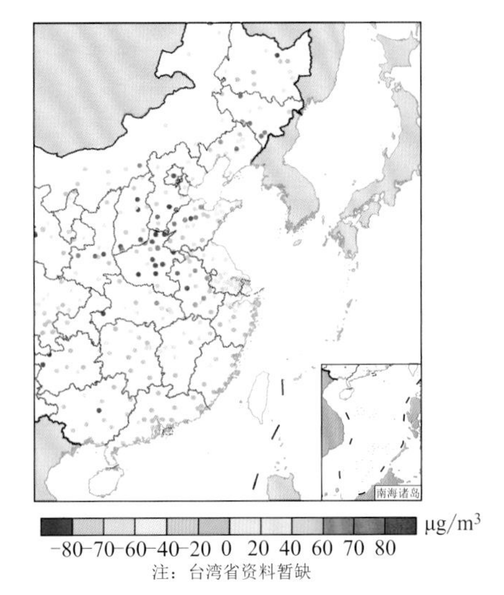

图 3.55　2015 年 12 月和 2014 年 12 月观测的近地面 $PM_{2.5}$ 浓度的差值分布

3.8.1.2　MOZART-4 模拟结果

为了深入分析 2015 冬季厄尔尼诺期间风和降水异常对我国东部 $PM_{2.5}$ 浓度的影响，通过引进全球化学传输模型（MOZART-4）设计了两组数值试验，一组是关闭模式中湿沉降过程，即排除湿沉降的影响得到由于风速等关键气象因素对 $PM_{2.5}$ 浓度的影响，另一组试验是考虑所有过程导致的 $PM_{2.5}$ 浓度分量的变化，该模式的详细介绍见前文。图 3.56a 给出了在关闭湿沉降过程后，2015 年 12 月和 2014 年 12 月模式模拟的 $PM_{2.5}$ 浓度的差异，结果表明，风的异常（风向和风速，不考虑降水）会造成 2015 年冬季厄尔尼诺期间我国东部 $PM_{2.5}$ 浓度普遍升高，且异常最大值区位于我国华北平原一带，$PM_{2.5}$ 浓度最大增加 80～100 $\mu g/m^3$，与观测得到的 $PM_{2.5}$ 浓度基本一致，基于模式定量试验证实了厄尔尼诺期间我国华北地面水平风异常对我国东部中北部地区 $PM_{2.5}$ 浓度的显著增加所起到的重要作用。此外，在华南一带，模式计算的 $PM_{2.5}$ 浓度在大多数地区也是增加的，但增量较小，范围为 0～20 $\mu g/m^3$，与观测分析得到的该区域 $PM_{2.5}$ 浓度有所下降不同，这主要是模式关闭了湿沉降过程，进一步说明风速的异常对该地区 $PM_{2.5}$ 浓度有正贡献，但影响该区域的关键气象因素是降水。图 3.56b 给出了湿沉降过程产生的 $PM_{2.5}$ 浓度分量的异常变化，可见，降水增加产生的湿沉降作用导致我国华南一带 $PM_{2.5}$ 浓度显著下降了 0～10 $\mu g/m^3$，虽然模拟结果与观测相比略微低估浓度下降的量值，但定性验证了厄尔尼诺导致降水增多，通过湿沉降的过程造成该区域 $PM_{2.5}$ 浓度降低。

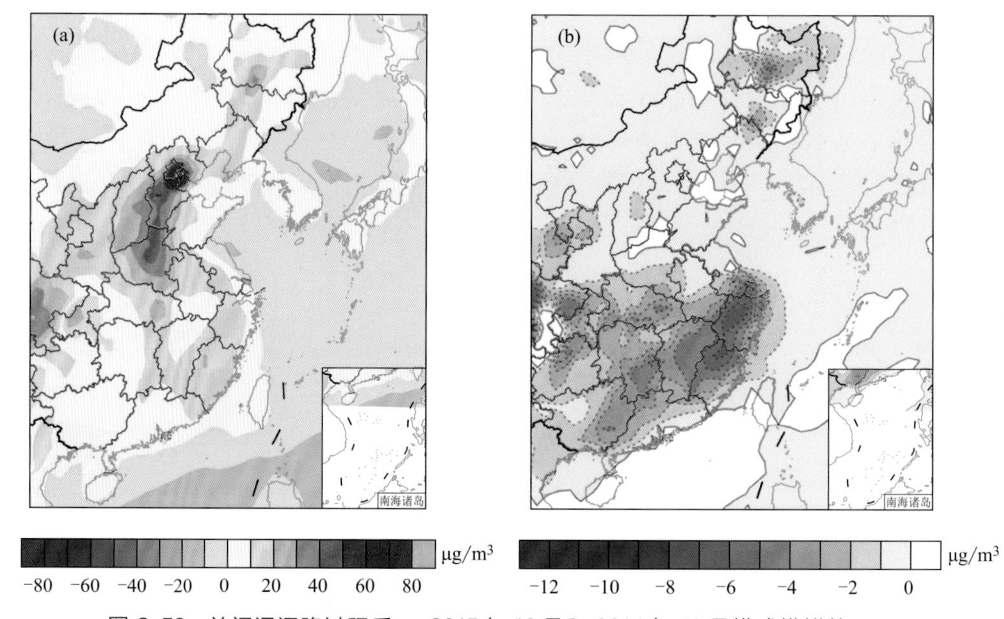

图 3.56 关闭湿沉降过程后， 2015 年 12 月和 2014 年 12 月模式模拟的 $PM_{2.5}$ 浓度差值分布（a）和湿沉降过程产生的 $PM_{2.5}$ 浓度分量的变化（b）

3.8.1.3 小结

通过对比 2015 冬季和 2014 年同期我国东部地区的天气气候条件和 $PM_{2.5}$ 质量浓度，发现强厄尔尼诺事件对我国华南、华北地区的空气质量具有不同影响。在华南地区，东亚大槽的减弱增强了来自孟加拉湾和南海的水汽输送，中雨及以上强度的降水增加了 15%～20%，气溶胶的湿沉降作用显著增强，使得该地区 $PM_{2.5}$ 质量浓度普遍降低约 20 μg/m³。而在华北平原，大陆高压的减弱使得近地面风速减小 0.5～1.0 m/s，同时偏南气流显著增强，地形的阻挡（燕山、太行山）和区域输送相叠加，增强了北京及周边地区的气溶胶累积过程，导致 $PM_{2.5}$ 质量浓度偏高 80～100 μg/m³，不利于局地空气质量的改善。

3.8.2 副高对夏季长三角臭氧污染的影响

夏季，西太平洋副热带高压（WPSH）控制了副热带地区天气系统的运动、水汽输送以及一些极端天气（如炎热、极端强降水等）的发生，它的强度、结构和位置的变化对长三角区域局地气象条件起到了决定性的作用（Li et al.，2012）。因此，研究夏季 WPSH 对长三角地区臭氧生成和消散的影响及其物理机制，探究典型城市严重的高浓度臭氧污染天气产生的原因，具有重要的科学意义和实际应用价值。此外，由于 WPSH 的中长期气候预测技术已非常成熟，认清 WPSH 与长三角地区臭氧的联系，这不仅对城市高浓度臭氧污染事件的研究、延伸期预报、气候预测具有重要的科学意义，并且为政府提早制定相关措施来控制和减少光化学烟雾的发生提供重要的指导意见。

3.8.2.1　西太平洋副热带高压指数与上海臭氧浓度年际变化特征的关系及新指数的定义

WPSH是出现在对流层中、下层位于西太平洋上的暖高压，它的结构范围比较庞大复杂，因此一般用多个一维指数表征它的位置、强度等特征。已往不少研究WPSH对空气质量的影响文献中，基本都用国家气候中心对外公布的面积、强度、脊线、北界、西伸脊点这5个WPSH指数（具体定义方法见国家气候中心官网）。表3.8给出了盛夏WPSH的5个指数与上海市日最大O_3-1 h月平均浓度的相关关系，可见在近10年的前5年里盛夏WPSH各指数与上海市O_3浓度有着较高的相关关系，特别是与脊线位置的相关高达0.95，但是在2013—2017年，相关关系明显减弱。众所周知，WPSH指数定义范围很大，使用这么大范围的区域环流作为WPSH指标不足以代表其对上海空气质量的影响，因此有必要重新定义适用于上海地区的WPSH影响O_3浓度的指数。

表3.8　盛夏WPSH各指数与上海市臭氧浓度的相关系数

年份	面积	强度	脊线位置	北界位置	西伸脊点
2008—2012	0.29	0.38	−0.95	−0.41	−0.23
2013—2017	0.14	−0.24	−0.15	0.36	0.12

图3.57给出了2013—2017年盛夏（7—8月）上海日最大O_3-8 h浓度月平均值与500 hPa位势高度场的相关系数特征。由图可见，二者在上海以东的洋面有较大的相关区，通过了信度0.05的显著性检验，所以尽管WPSH范围很大，但实际影响上海市O_3浓度的关键区较小，这解释了在近5年现有的WPSH指数与上海市O_3浓度相关性明显减弱的原因。因此，取上海及其邻近地区的高相关区域（122.5°～135°E，27.5°～35°N）上空500 hPa平均位势高度值作为表征盛夏WPSH影响上海市O_3浓度的新指数，即WPSH _ SHO_3指数。

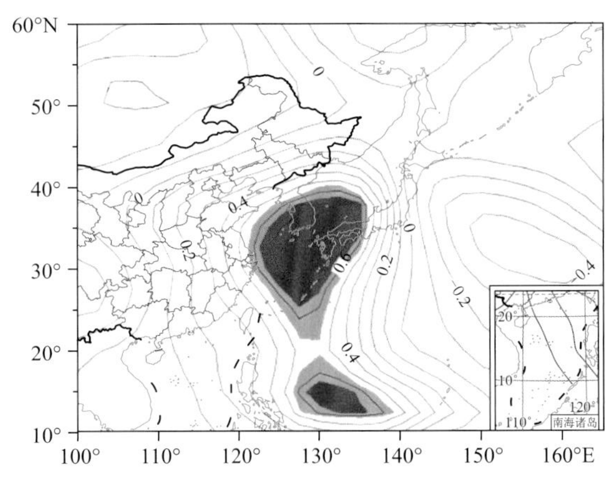

图3.57　2013—2017年盛夏上海日最大O_3-8 h浓度月平均值与500 hPa位势高度场的相关分析（阴影分别表示通过信度0.1和0.05的显著性检验）

3.8.2.2　WPSH _ SHO_3指数高低值年上海及其邻近地区臭氧污染特征差异

图3.58给出了盛夏（7—8月）WPSH _ SHO_3指数与日最大O_3-8 h月平均浓度的逐年变化特征，可见，两者具有较高的相关性，相关系数达到了0.76。为了更好地研究WPSH对上海市O_3浓度的影响，取指数的极高值年份2017年7月和极低值年份2016年8月作为典型年份，下面具体分析指数高低值年O_3浓度的差异及其气象成因。

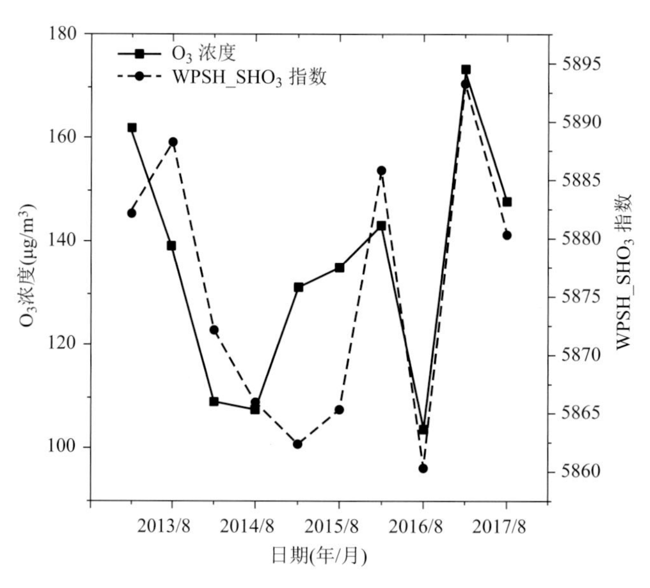

图 3.58 盛夏（7—8 月） WPSH_SHO₃ 指数与日最大 O_3-8 h 月平均浓度的逐年变化特征

图 3.59 给出了高（2017 年 7 月）、低（2016 年 8 月）指数年上海及其邻近地区日最大 O_3-1 h 的月平均浓度特征，由图可见，在低指数年上海的 O_3 浓度偏低，从沿海至内陆浓度逐渐升高，为 120～150 μg/m³，而在高值年 O_3 浓度异常偏高，从沿海至内陆逐渐降低，超过了 170 μg/m³。

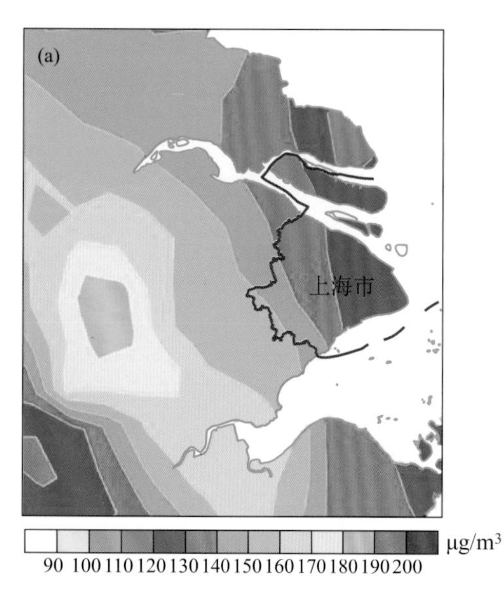

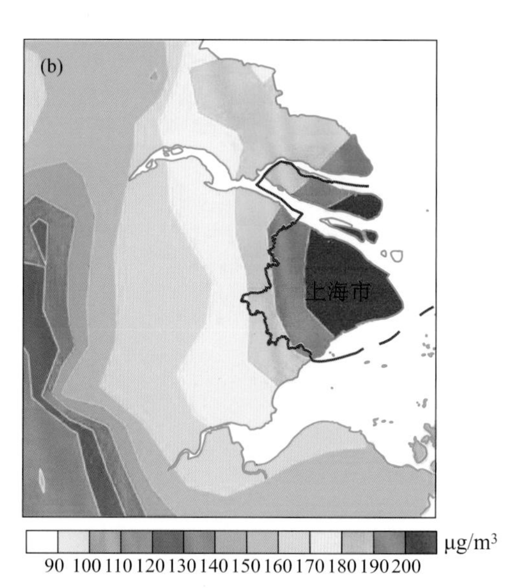

图 3.59 高（a，2017 年 7 月）、低（b，2016 年 8 月）
指数年上海及其邻近地区日最大 O_3-1 h 的月平均浓度特征

3.8.2.3 WPSH _ SHO₃ 指数高低值年西太平洋副热带高压主体和环流特征差异

已往研究常用 500 hPa 高度上 5880 gpm 位势高度的范围表征西太平洋副热带高压的主体特征，图 3.60 给出了高（2017 年 7 月）、低（2016 年 8 月）指数年 500 hPa 西太平洋副热带高压主体和环流特征，由图可见，与气候态（黑实线）相比，低指数年西太平洋副热带高压位置明显偏西，西伸脊点位于 150°E 附近，与上海臭氧浓度高相关的关键区位势高度偏低。高指数年则相反，西太平洋副热带高压异常强盛，分裂的高压中心位于我国东部邻近海域，整个上海及其周边地区被高压主体控制，关键区位势高度较常年异常偏高。这进一步证明了所定义的新指数可以很好地表征 WPSH 的特征，特别是其在关键区的强度。

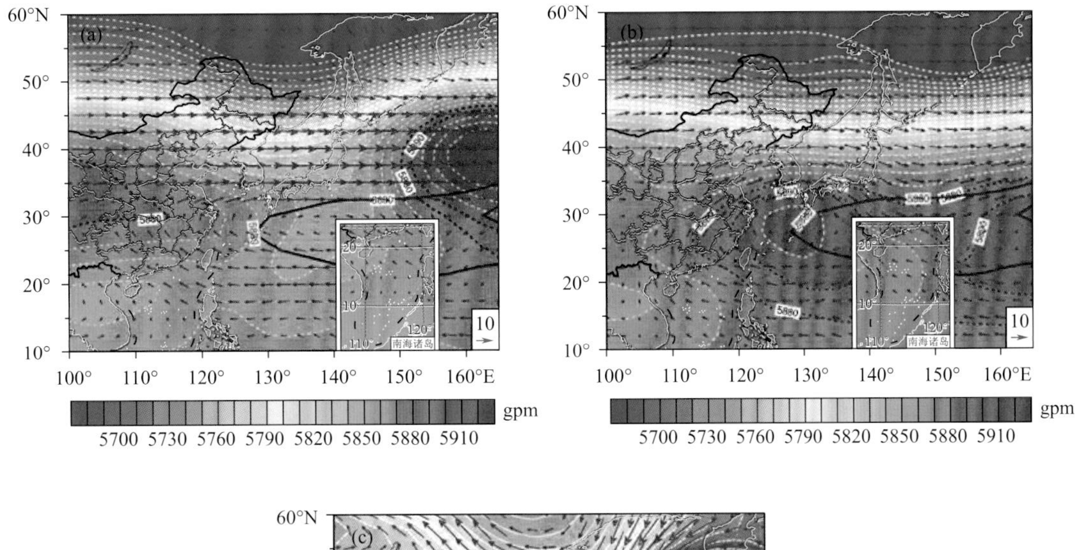

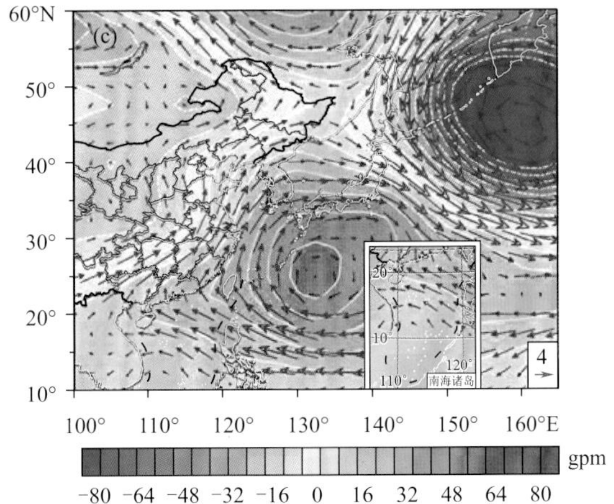

图 3.60　500 hPa 位势高度（白色等值线及阴影）和风场（箭头）在低指数（a，2016 年 8 月）和高指数（b，2017 年 7 月）时期平均特征，图 c 为高指数年减低指数年环流差值场（黑线表征 5880 gpm 位势高度等值线气候态）

图 3.61 给出了在高低指数年不同的 WPSH 状态控制下，我国东部及西太平洋地区低层（925 hPa）大尺度环流和相对湿度以及近地面降水和温度的异常特征，高指数年减去低指数年的上海及其邻近地区差值场的主要特征如下：由于 WPSH 较强，在我国东部邻近海域有分裂的高压中心，导致位于 WPSH 西北侧外围的我国东南部地区有着显著异常加强的西南风环流。已往研究表明，上海在西南风向条件下臭氧容易超标，因此高指数年为上海臭氧及其前体物西南向的输送提供了稳定的大尺度环流背景，与此同时，除降水量基本相当外，低层相对湿度偏低约 10%，日最高气温均值偏高 1.2～2 ℃，这也为臭氧的光化学生成提供了有利的大尺度背景。

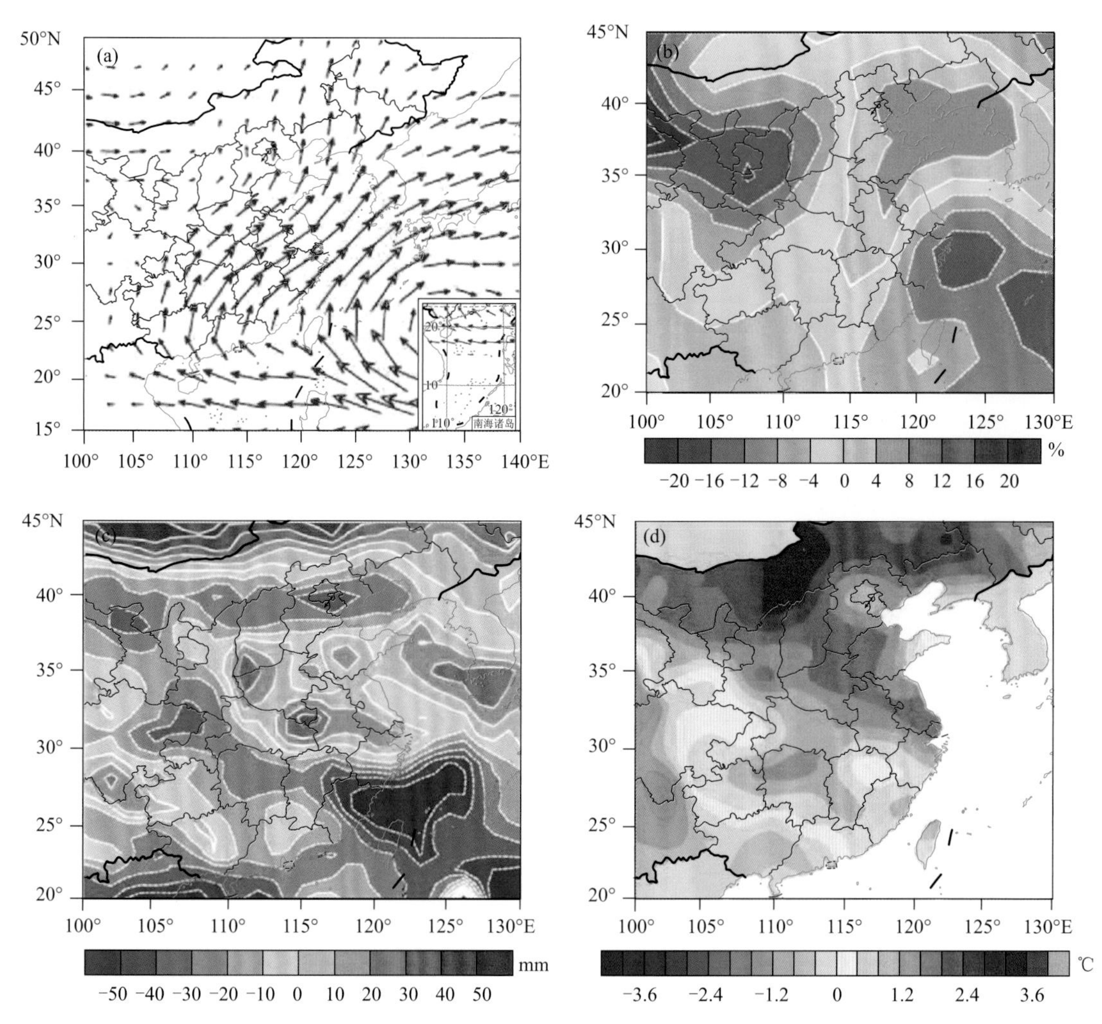

图 3.61 高（2017 年 7 月）指数年减低（2016 年 8 月）指数年低层 925 hPa
风场（a，单位：m/s）、相对湿度（b）、降水（c）和日最高 2 m 气温（d）差值场

3.8.2.4 WPSH_SHO$_3$ 指数高低值年上海局地气象条件差异

由上文可见，高指数年给上海臭氧的光化学生成以及区域输送提供了稳定有利的大尺度环流背景，再进一步认识局地气象条件对当地臭氧污染的贡献。由表 3.9 可见，虽然高低指数年风速差异不大，水平扩散条件相当，但高指数年日最高气温比低指数年偏高约 2.6 ℃，同时相对湿度偏低 6%，此外 NO_2 光解速率明显增加，是低指数年的 2 倍左右，有利于上海臭氧的局地光化学生成。与此同时，低指数年上海盛行偏东风，而高指数年上海盛行偏南风（图 3.62），其中西南风出现频次较高，存在明显的区域臭氧及其前体物的输送。

表 3.9 高、低指数年上海局地气象要素平均值

年份	1 h 降水(mm)	相对湿度(%)	T_{max}(℃)	NO_2 光解速率(10^{-3}/s)	风速(m/s)
2016	0.04	71.3	29.8	1.1	2.7
2017	0.04	65.4	32.4	1.9	2.5

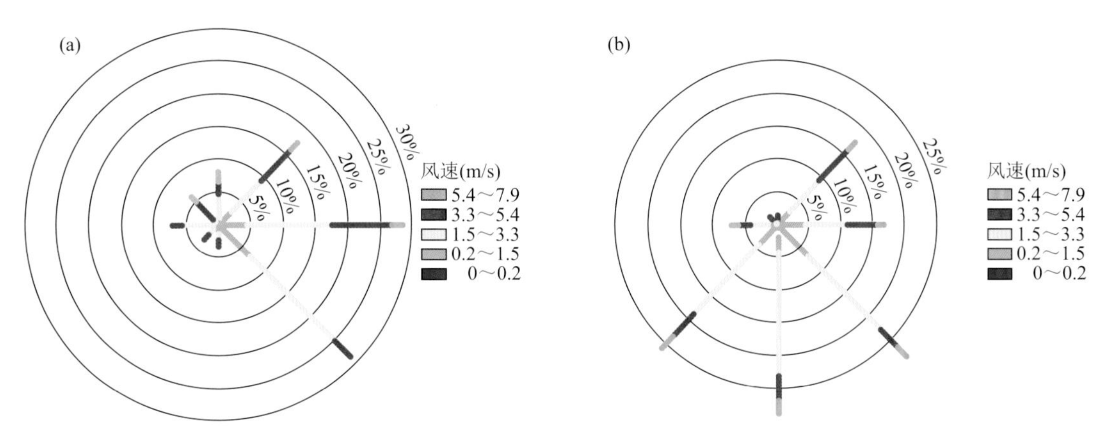

图 3.62　低（a，2016 年 8 月）、高（b，2017 年 7 月）指数年宝山站风玫瑰图

影响 O_3 生成、消耗的重要理化过程包括扩散（DIF）、平流（ADV）和气相化学（CHEM）。通过 MOZART-4 模式可以分别量化这些过程在副高高低指数年对臭氧浓度的贡献，更好地理解 WPSH _ SHO3 对上海 O_3 污染的影响。

图 3.63 给出了高低副高指数年，关键理化过程对 O_3 生成贡献的差异。在高指数年，垂直扩散过程使得地表的 O_3 浓度显著降低。这是因为在高指数年，受副高主体控制，云量偏少，太阳短波辐射更多，垂直热湍流较强，地表 O_3 污染物在行星边界层内垂直混合加强，导致上海近地面 O_3 浓度降低（最大降低 80～160 μg/(m^3 · d)，如图 3.64a 所示）。正如前文提及，西南风有利于上游臭氧及其前体物向上海地区输送，有利于上海臭氧浓度升高，如图 3.64b 所示，平流造成 O_3 浓度最大增加 20～40 μg/(m^3 · d)。高低指数年对 O_3 影响最重要的过程是光化学生成（图 3.64c）。由于高指数年，辐射强，温度高，NO_2 光解速率快，光化学过程生成的 O_3 浓度最大增幅 100～180 μg/(m^3 · d)。综上可见，高指数年有利的气象条件会使得近地面 O_3 浓度明显高于低指数年。

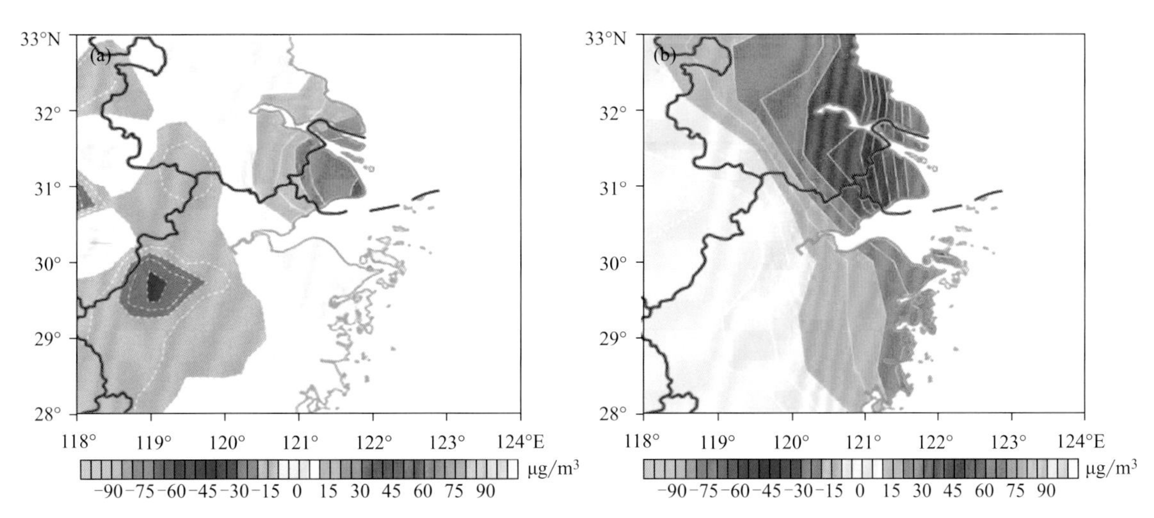

图 3.63　观测（a）和 MOZART-4 模拟（b）的上海及其周边区域高（2017 年 7 月）、低（2016 年 8 月）指数年 O_3 浓度差

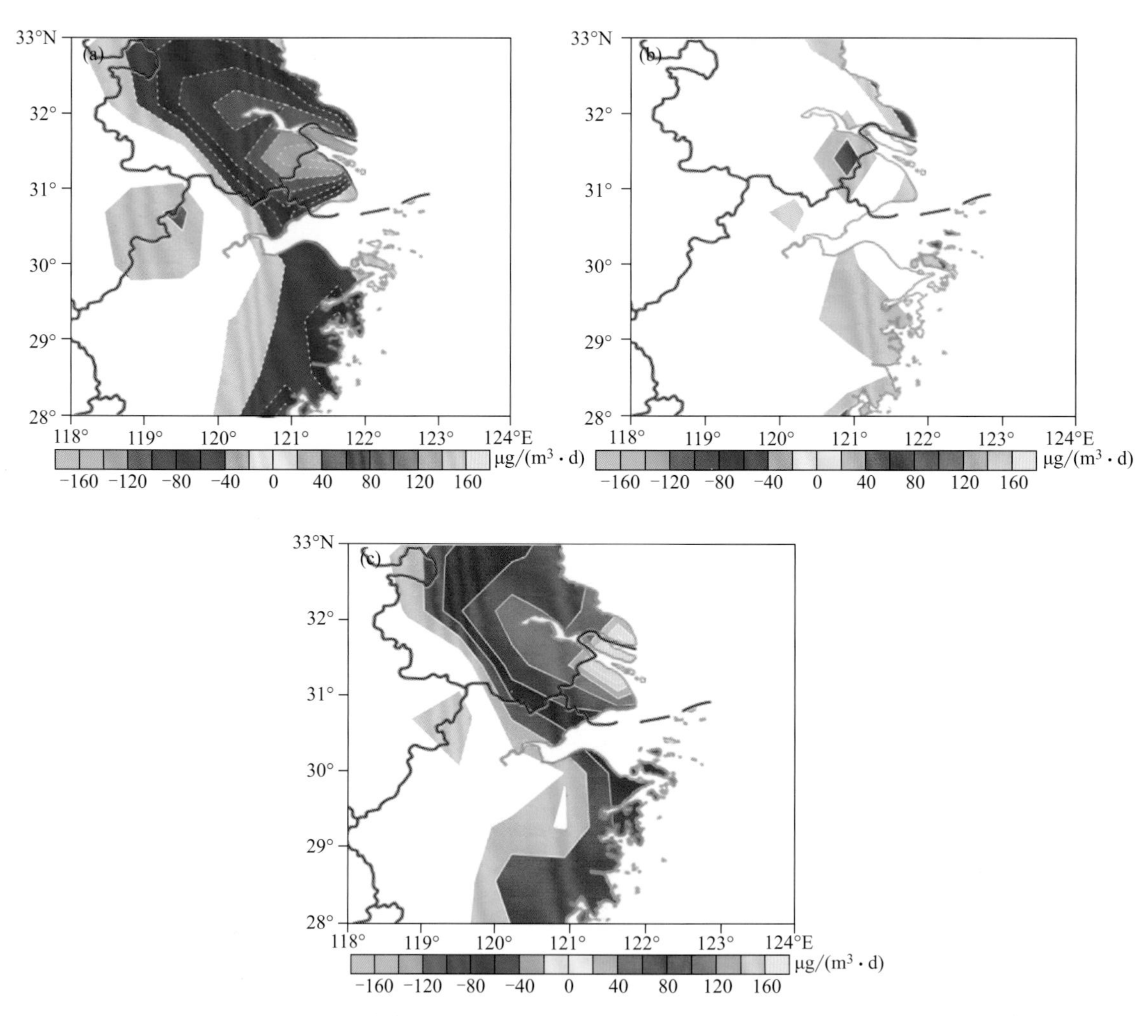

图 3.64 MOZART-4 模式中几个关键理化过程对高、低指数年上海及其周边地区 O_3 形成贡献的差值（a. 总扩散（DIF）；b. 平流（ADV）；c. 气相化学（CHEM））

3.8.2.5 小结

综上可见，针对西太平洋副热带高压对上海 O_3 的影响所定义的新 WPSH _ SHO_3 指数，不仅较好地表征了 WPSH 在关键区的位置和强度，且与上海臭氧浓度具有显著的正相关关系：高指数年为本地臭氧生成和上游区域污染物及前体物输送提供了稳定的大尺度环流背景和有利的局地气象条件，进而解释了高指数年上海臭氧浓度偏高的原因。此外，近 60 年，WPSH _ SHO_3 指数具有显著的线性增长趋势（图 3.65），间接反映了现阶段正处于有利于 O_3 产生的气候背景下。

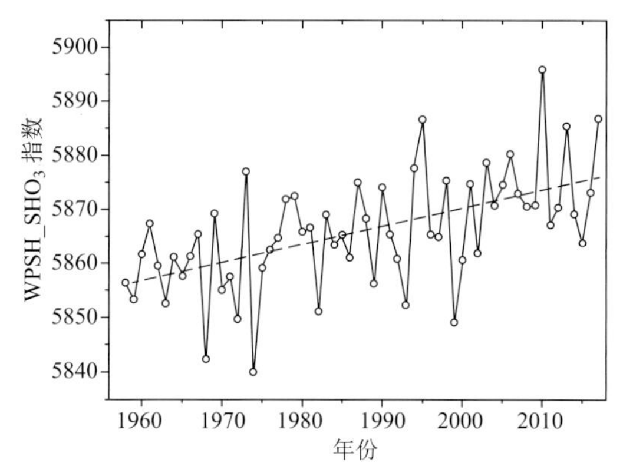

图 3.65 回算的 1958—2017 年盛夏 WPSH_ SHO_3 指数序列

3.9 化学观测资料同化技术

和天气数值预报相似，初始场的偏差也是污染天气数值预报的重要误差来源。利用资料同化技术，通过观测资料优化模式初始场，使得全球和区域的数值天气预报取得显著进步。然而，由于大气污染物地面观测资料的缺乏，针对污染天气数值模式的资料同化技术并没有得到有效发展。但是一些研究仍然证实，采用变分、集合卡尔曼滤波等同化技术能够有效改进 SO_2、NO_x 等污染物的数值模拟水平。本节将介绍基于 WRF-Chem 模式的 GSI 同化系统，该系统将地面 $PM_{2.5}$ 观测资料同化到 WRF-Chem 模式的初始场中，进而检验资料同化对改进 $PM_{2.5}$ 的数值模拟的有效性。

3.9.1 同化方法

GSI 系统采用 3D-VAR 同化方法，通过最小化价值函数得到分析场：

$$J(\boldsymbol{x})=(\boldsymbol{x}-\boldsymbol{x}_b)^{\mathrm{T}}\boldsymbol{B}^{-1}(\boldsymbol{x}-\boldsymbol{x}_b)+(\boldsymbol{y}-H_{(X)})^{\mathrm{T}}\boldsymbol{R}^{-1}(\boldsymbol{y}-H_{(X)}) \tag{3.6}$$

式中，$\boldsymbol{x}$ 为分析矢量；$\boldsymbol{x}_b$ 为背景矢量；$\boldsymbol{y}$ 为观测矢量；$\boldsymbol{B}$ 为背景误差矩阵；H 为观测算子；$\boldsymbol{R}$ 为观测误差矩阵。其中 $\boldsymbol{B}$ 近似为诊断的协方差矩阵和相关矩阵。相关矩阵分解为水平和垂直分量。利用观测算子 H 将模式结果转化到观测空间上。实际应用中，$PM_{2.5}$ 是状态变量，将地面观测的 $PM_{2.5}$ 质量浓度同化到模式的第一层，即将站点的数据进行水平插值。因此观测算子即为水平插值。观测误差 ε_{obs} 包括测量误差 ε_m 和代表性误差 ε_{repr} 两部分，其中测量误差根据 $PM_{2.5}$ 的化学组分确定，即为 1.5 μg/m³ 加上观测浓度乘以 0.75%。代表性误差根据站点的属性计算获得 $\varepsilon_{repr}=\alpha\times\sqrt{x/L_{repr}}$，其中 α 设为 0.5，x 为模式水平分辨率，L_{repr} 为观测影响半径，对于农村、郊区、城市分别设为 10 km、4 km、2 km。

3.9.2 数值试验方案

采用 WRF-Chem 模式开展 $PM_{2.5}$ 的数值模拟，模式区域覆盖中国东部地区（图 3.66a），27 km 水平分辨率，90×125 个网格，垂直方向 35 层。采用的物理化学方案包括 YSU 边界层参数化方案、Noah 陆面模式、Grell 对流参数化方案、WSM-5 微物理方案、Dudhia 短波辐射方案、RRTM 长波辐射方案、RADM-2 气相化学机制、MADE/SORGAM 气溶胶机制。中国的排放清单采用 2010 年的 MEIC 清单（图 3.66b），中国之外的清单采用 REAS-2.1。为了优化人为源的空间分布，利用 2005 年全球人口数据和路网数据对人为源进行空间分摊。数值试验方案见表 3.10。控制试验每 48 h 启动一次，化学初始场采用前一次的预报。

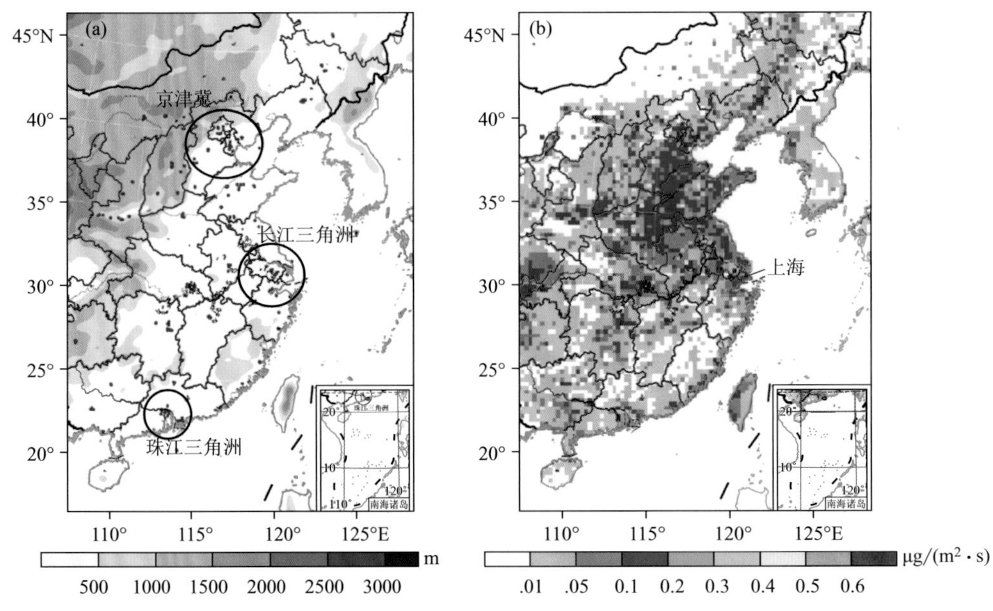

图 3.66 模式模拟区域（a）和 $PM_{2.5}$ 人为源排放（b）

（红点表示 315 个 $PM_{2.5}$ 观测点，阴影表示地形高度）

表 3.10 控制试验和敏感性试验介绍

试验名称	描述
Fct_CTL	控制试验，积分 48 h，无同化
Fct_GSI_12h	敏感性试验，积分 12 h，循环同化初始场
Fct_GSI_24h	敏感性试验，积分 24 h，循环同化初始场
Fct_GSI_48h	敏感性试验，积分 48 h，循环同化初始场

3.9.3 试验结果分析

根据上海市环境监测中心的观测数据，2013 年 12 月 1—9 日上海出现了连续性的 $PM_{2.5}$ 重污染事件，期间 $PM_{2.5}$ 平均浓度为 213.2 μg/m³，峰值浓度达到 602 μg/m³。其中 3 d 达到中度污染，3 d 达到重度污染，3 d 达到严重污染。本节定义了 3 个主要的污染时段，分别为 C1（1—2 日，平均浓度 228 μg/m³）、C2（5—6 日，平均浓度 355.8 μg/m³）、C3（9 日，平均浓度 150 μg/m³）。从图 3.67 可以看出，3 个污染时段的气象特征表现为小风累积和西北风输送相叠加。在 C1 阶段，$PM_{2.5}$ 浓度主要受偏西风的输送影响，从 11 月 30 日至 12 月 1 日显著上升。之后，上海从 12 月 1 日 20 时—2 日 08 时一直维持静风，使得 $PM_{2.5}$ 浓度上升到 300 μg/m³。C2 是污染最严重的阶段，$PM_{2.5}$ 浓度从 12 月 5 日 08 时开始迅速上升，24 h 内达到 500 μg/m³。12 月 6 日 08 时弱冷空气影响上海，产生显著的上游输送，使得 $PM_{2.5}$ 浓度达到峰值。冷空气过境后 $PM_{2.5}$ 被迅速清除。直到 C3 阶段一股新的冷空气对上海造成快速的污染输送过程。由此可见，小风累积和输送叠加是造成上海严重污染的关键气象原因，上海的空气质量受到本地和上游污染源的共同影响。

图 3.68 显示了控制试验模拟的 11 月 30 日—12 月 9 日逐日的 $PM_{2.5}$、PM_{10}、CO、SO_2、

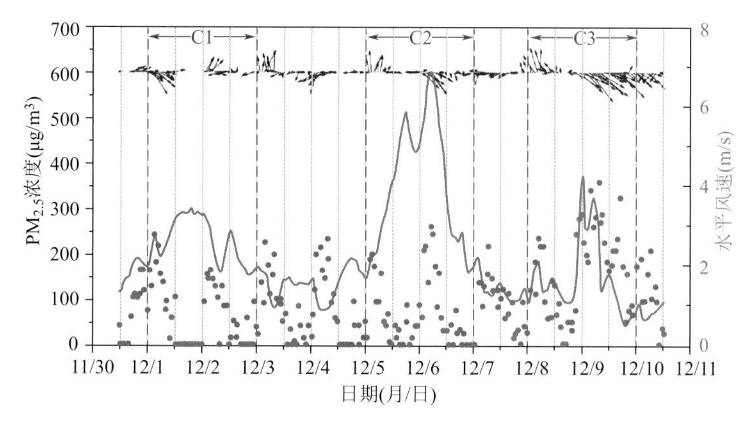

图 3.67 试验期间观测的 $PM_{2.5}$ 浓度、水平风速和风矢量的逐小时变化

NO_2 浓度和观测数据。由图可见，模式显著低估了 12 月 1 日、2 日、6 日、9 日几个重污染日的 $PM_{2.5}$ 和 PM_{10} 浓度，而模拟的 NO_2 浓度较观测略有偏低。值得注意的是，WRF-Chem 模拟的 O_3 浓度较观测明显偏高，实际上模式模拟的重污染期间的温度也比实况明显偏高，可见严重的气溶胶污染降低了近地面的太阳辐射，从而抑制了 NO_2 的光解反应，由于数值试验没有考虑气溶胶的辐射反馈，因此，显著高估了 O_3 浓度。总体而言，控制试验对 $PM_{2.5}$ 浓度的逐日变化及污染峰值的模拟结果和实况存在较大偏差，尤其在重污染时段更加明显。

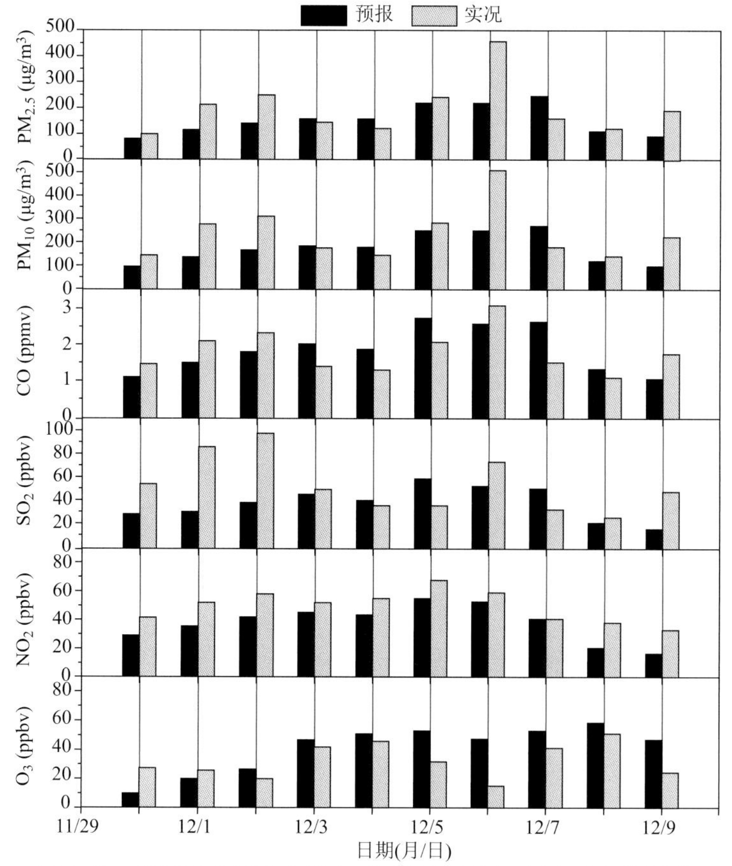

图 3.68 控制试验模拟的 2013 年 11 月 30 日—12 月 9 日逐日的 $PM_{2.5}$、PM_{10}、CO、SO_2、NO_2 和 O_3 浓度与实况对比

为了改进 WRF-Chem 模式对 $PM_{2.5}$ 重污染的模拟效果，基于 GSI 系统采用地面 $PM_{2.5}$ 观测资料对每次模拟的 $PM_{2.5}$ 初始场进行同化。图 3.69 显示了 12 月 2 日 08 时和 20 时、5 日 20 时、6 日 08 时、9 日 08 时和 20 时 $PM_{2.5}$ 同化场的空间分布。由图可见，在 C1 阶段（12 月 2 日），高浓度 $PM_{2.5}$ 主要分布在华北地区，长三角地区以轻度污染为主。到了 C2 阶段（5—6 日），由于冷空气扩散，华北和黄淮的污染物输送到长三角地区，和本地污染相叠加，使得长三角地区的 $PM_{2.5}$ 浓度显著升高，达到重度污染水平。同样，在 C3 阶段（9 日）由于新一股冷空气的输送影响，上海的 $PM_{2.5}$ 浓度达到了中度—重度的污染水平。由图可见，同化了地面观测资料后，$PM_{2.5}$ 浓度的空间分布和量值较好地刻画了污染气团的演变过程，显著改善了模式的初始场。

利用同化的初始场进行敏感性试验，图 3.70 显示了控制试验（灰色）、敏感性试验（红色）与观测（黑色）的对比，橙色和绿色线分别表示控制试验、敏感性试验与观测的相对偏差。由图可见，控制试验显著低估了 $PM_{2.5}$ 浓度，尤其在 C2 阶段（5—6 日）的偏差更加明

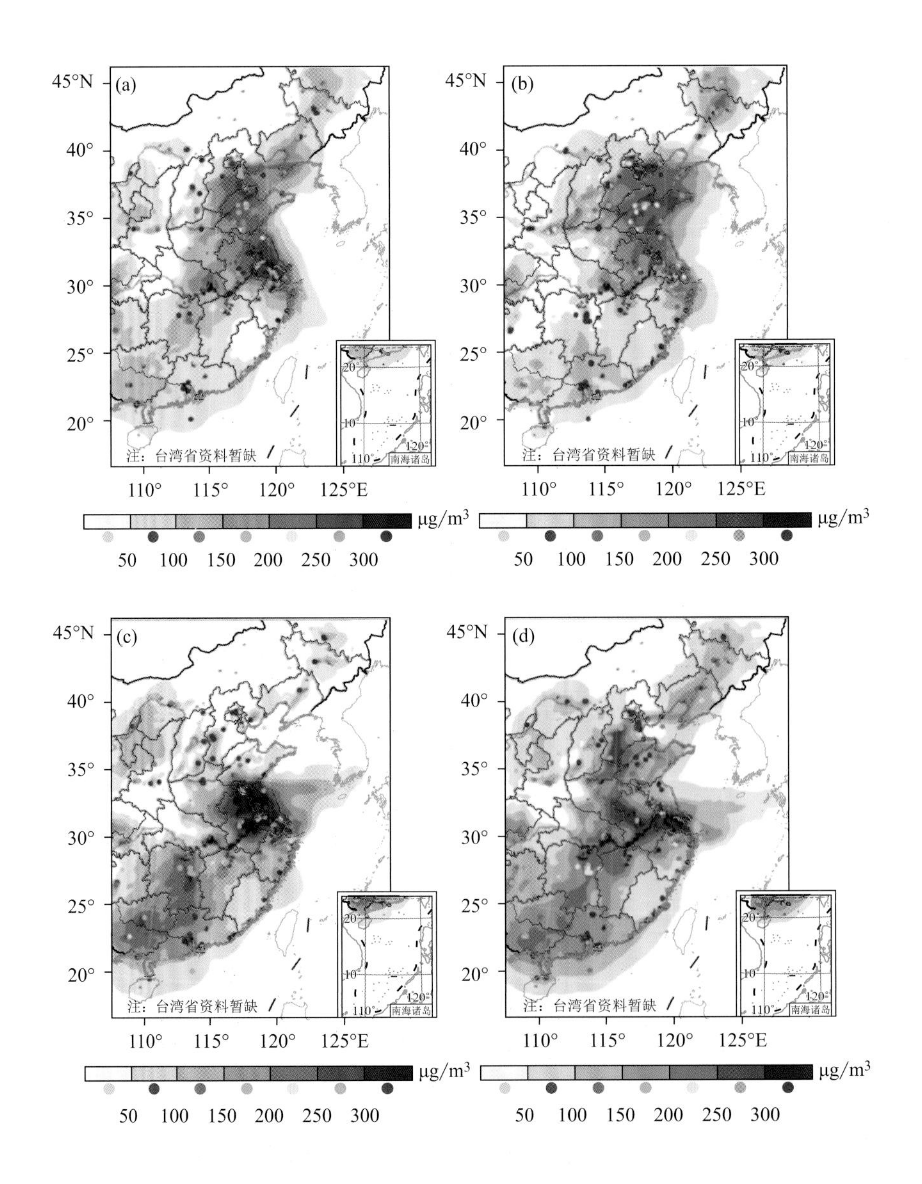

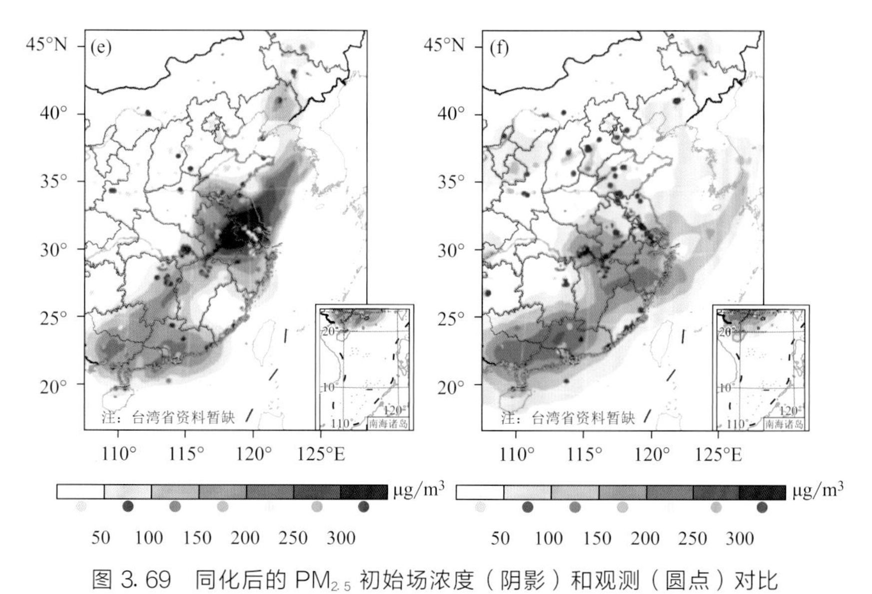

图 3.69　同化后的 $PM_{2.5}$ 初始场浓度（阴影）和观测（圆点）对比
（a. 2日08时；　b. 2日20时；　c. 5日20时；　d. 6日08时；　e. 9日08时；　f. 9日20时）

显。相比之下，12 h循环同化的模拟试验显著改进了污染时段 $PM_{2.5}$ 的模拟效果，降低了和实况的模拟偏差。相比之下，24 h和48 h循环同化的模拟试验对 $PM_{2.5}$ 浓度的模拟改进非常有限，尤其是48 h循环同化基本和控制试验相当。由此可见，污染初始场同化的影响会随着积分时间的延长不断降低，为了得到更好的效果必须缩短循环同化的时间，根据数值试验研究其间隔时间应小于12 h。此外，图3.70显示敏感性试验对12月9日重污染过程的模拟仍然存在较大偏差，其原因是同化窗口和重污染发生的时间不一致，没有能够捕捉到重污染的起始信息，因此同化窗口的选择也是影响 $PM_{2.5}$ 重污染模拟的重要因素。

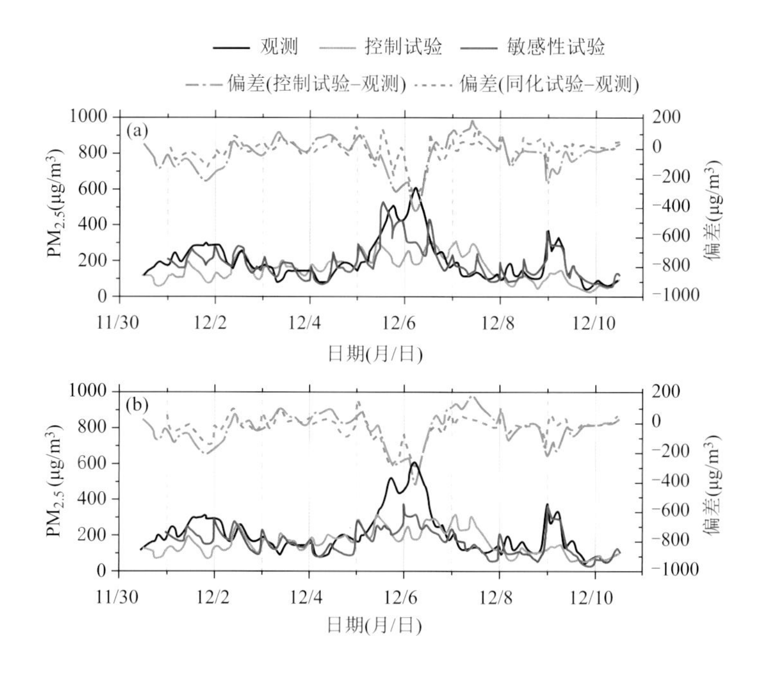

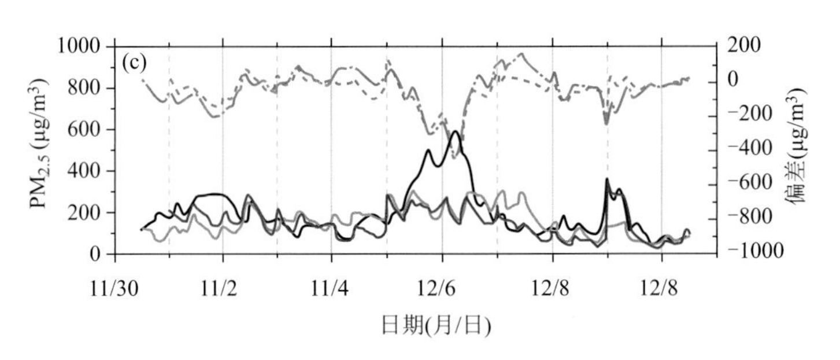

图 3.70 控制试验、敏感性试验模拟的
11 月 30 日—12 月 9 日上海逐小时的 $PM_{2.5}$ 浓度与观测对比
（a. 12 h 循环同化；b. 24 h 循环同化；c. 48 h 循环同化）

图 3.71 进一步评估了控制试验、敏感性试验对上海 $PM_{2.5}$ 浓度的模拟能力。由图可见，控制试验模拟的 $PM_{2.5}$ 的相关系数仅为 0.4，敏感性试验提高到 0.6 以上，其中 12 h 循环同化的效果最好，达到 0.8。同样，循环同化后模拟的 $PM_{2.5}$ 浓度的均方根偏差分别为 73.8 $\mu g/m^3$、91.7 $\mu g/m^3$ 和 106.4 $\mu g/m^3$，较控制试验的均方根偏差也显著下降（120.3 $\mu g/m^3$）。此外，与 24 h 和 48 h 循环同化相比，12 h 循环同化对 $PM_{2.5}$ 的改进最显著，这和前文的结论一致。图 3.72 对比了控制试验和 12 h 循环同化对整个东部区域 $PM_{2.5}$ 的模拟结果。由图可见，控制试验模拟的 $PM_{2.5}$ 浓度的均方根偏差高达 150 $\mu g/m^3$，相比之下，同化后模拟的 $PM_{2.5}$ 浓度的均方根偏差普遍降低了 30 $\mu g/m^3$，与 315 个观测站点的数据相比，同化后模拟的 $PM_{2.5}$ 浓度在超过 90%的站点都有明显改进，可见同化能够显著改进区域性的 $PM_{2.5}$ 浓度模拟能力。

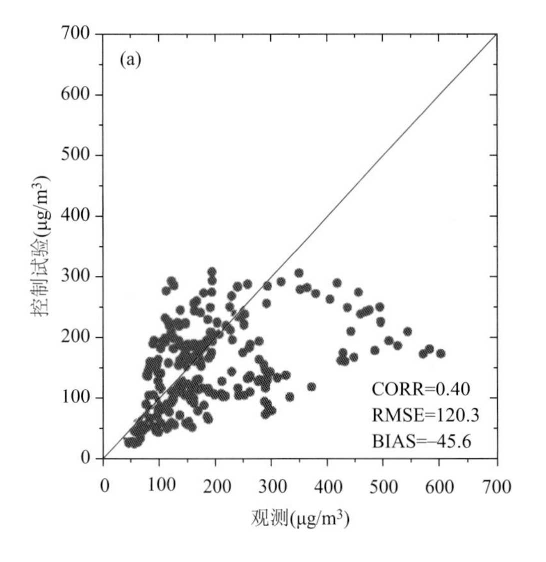

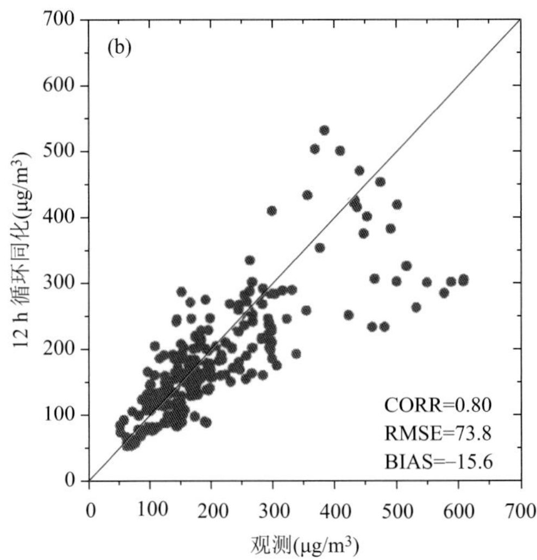

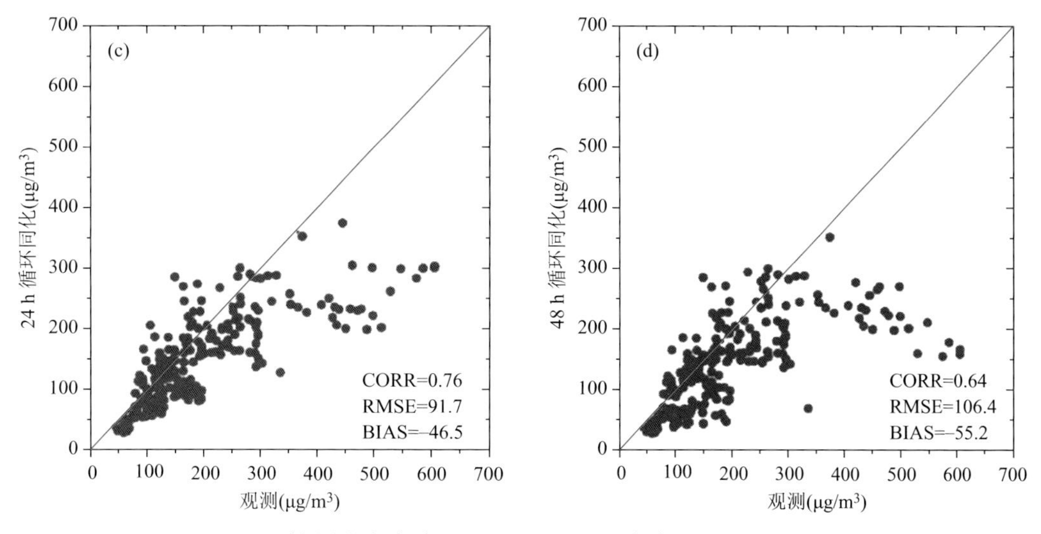

图 3.71　控制试验（a）、 12 h 循环同化（b）、 24 h 循环同化（c）和 48 h 循环同化（d）模拟的 $PM_{2.5}$ 与观测的散点图（CORR 为相关系数， RMSE 为均方根偏差， BIAS 为平均偏差）

3.9.4　小结与讨论

本节基于 GSI 系统，采用 3DVAR 方法评估了地面观测资料同化对 $PM_{2.5}$ 重污染过程的数值模拟结果，揭示了循环同化能够有效降低 WRF-Chem 对 $PM_{2.5}$ 浓度的模拟偏差。需要指出的是，除了初始场，排放清单、物理化学过程都是产生污染物模拟偏差的重要因素。在今后的研究中需要采用不同的技术降低上述因子的不确定性，比如采用伴随方法得到更加准确的排放清单。此外，除了地面观测资料，需要将卫星资料、垂直观测等多源数据进行同化，从而得到更好的模拟结果。

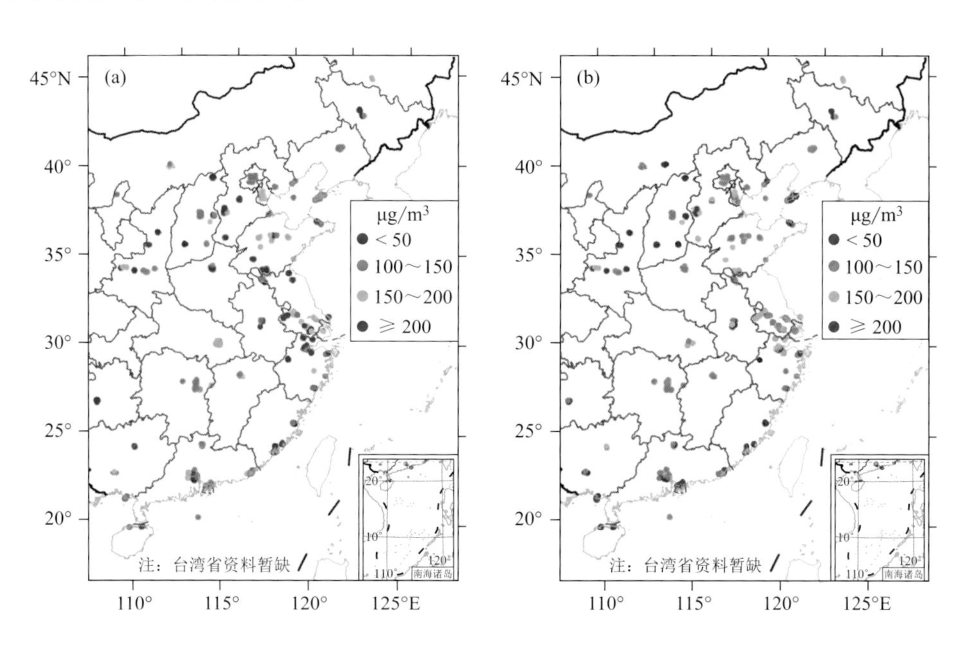

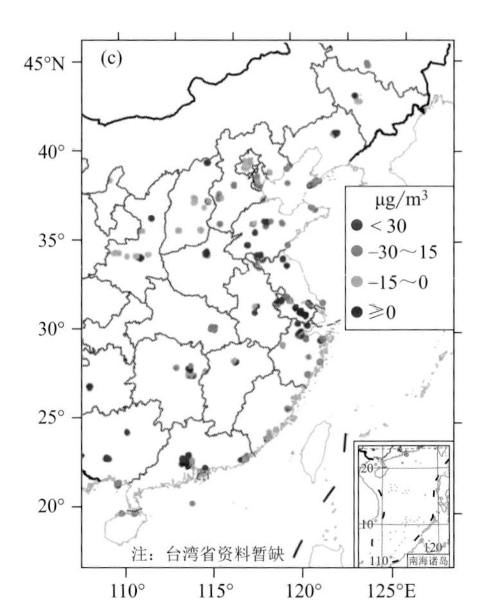

图 3.72 控制试验（a）、12 h 循环同化（b）模拟的各站点的 $PM_{2.5}$ 均方根偏差以及控制试验和敏感性试验的均方根偏差的对比（c）

第4章 长三角大气环境遥感研究

卫星遥感具有观测范围广的优势，因而可以弥补地面环境监测点位的不足，能够为全球和区域尺度气溶胶光学特性的空间分布变化及其辐射效应的观测研究提供可靠的技术手段。20世纪末以来，国际上实施了一系列卫星观测计划，以获取气溶胶光学特性的全球分布及气溶胶直接、间接强迫的时间变化。地球观测系统（EOS）是美国国家航空航天局（NASA）建立的旨在对全球变化进行观测研究的综合计划，包括发射一系列先进的卫星系统，对太阳辐射、大气、海洋和陆地进行全面综合观测。作为EOS第一颗卫星的Terra（AM-1）发射于1999年12月18日，并于2000年2月24日开始提供全球遥感资料。EOS的第二颗卫星Aqua（PM-1）于2002年5月4日成功发射。作为EOS系列卫星Terra和Aqua最主要的探测仪器，中分辨率成像光谱仪（MODIS）每天覆盖全球一次，可提供可见光、近红外和红外共36个通道的观测，星下点分辨率分别为250 m、500 m和1 km，扫描宽度为2330 km，为反演陆地、云、气溶胶、水汽、臭氧、海温、浮游植物、生物地球化学等产品提供了重要信息，广泛服务于气溶胶、地表和云的高分辨率监测研究。

4.1 气溶胶光学厚度

4.1.1 气溶胶光学厚度的验证及误差来源

气溶胶光学厚度（AOD）是气溶胶最基本的光学特性之一，也是开展气溶胶对气候、环境及健康研究的基础数据。AOD是指在无云大气的垂直方向上，由于气溶胶的散射作用引起的气溶胶消光系数在该方向上的积分。搭载在EOS上的MODIS能得到晴空条件下的实时AOD数据，从而为大气污染过程的遥感监测提供可能性。验证研究显示，陆地MODIS AOD产品的误差（$\Delta\tau_{land}$）约为$\pm0.05\pm0.20\tau$（τ为气溶胶光学厚度），而对应海洋上的误差（$\Delta\tau_{ocean}$）约为$\pm0.03\pm0.05\tau$。本节基于全球自动观测网（AERONET）的长三角地面太阳光度计数据，分析了10 km×10 km分辨率的550 nm Level-2 MODIS AOD产品（Collection 5）在长三角地区的适用性及误差来源。

4.1.1.1 数据来源及比较方法

全球AERONET站点在地面利用太阳光度计观测气溶胶的光学厚度，进而检验卫星反演。本节采用了长三角地区的临安、宁波、南京、上海、千岛湖和太湖 6 个 AERONET 观测站（图 4.1），其中上海和宁波站位于市区，其观测结果受到城市工业和海洋性气溶胶的影响。千岛湖和临安大气基准站位于山区，其特点是人类活动较少、植被茂密，以大陆性气溶胶占主导地位。

图 4.1　太阳光度计测站的具体地理位置及分布

选取以地面观测站所在经纬度为中心，边长为 40 km 正方形范围内的 MODIS AOD 产品，进行空间平均。与此同时，选取卫星过境前后 30 min 内的太阳光度计 AOD 的平均值作为时间匹配。MODIS 和太阳光度计 AOD 的对比结果可以通过二者之间的相关系数、截距、斜率和均方根误差进行评估。基于 GDAS 再分析气象数据，利用 NOAA 的 HYSPLIT4 后向轨迹模式（http：//www. arl。noaa. gov/ready/hysplit4. html）模拟得到后向气团轨迹及大气气溶胶粒子的传输和沉降，进而分析其上空气溶胶来源。MODIS 云检测算法由 20 多种云掩膜算法组成，用于筛选网格内的有云像素。由于 2.1 μm 波长对气溶胶是透明的，故可直接用于估算地表反射率，而 0.47 μm 和 0.66 μm 波段上的地表反射率 ρ 可以根据经验公式从 2.1 μm 通道计算得到（$\rho_s^{0.47}/\rho_s^{2.1}=0.25$ 和 $\rho_s^{0.66}/\rho_s^{2.1}=0.5$；像素点要求满足 $\rho<0.15$）。剔除积雪、水体等影响后，40％的数据满足网格中的背景条件。基于 2.1 μm 表面反射率经验公式，沙尘 AOD 的反演误差达＋0.3，而城市/工业气溶胶和生物质燃烧气溶胶的 AOD 误差小于－0.05。沙尘气溶胶可以通过城市/工业气溶胶中 0.66 μm 和 0.47 μm 的辐射比开展进一步识别。烟雾气溶胶和硫酸盐气溶胶可以根据地理位置和季节变化特征进行识别。中国东部和南部，在非沙尘情况下，通常采用假定的城市/工业气溶胶模型。

4.1.1.2　结果与讨论

图4.2显示了MODIS反演结果与6个站点地面太阳光度计观测的AOD散点图。由图可见，地-空AOD拟合结果较好，所有站点线性拟合直线的斜率均小于1，表明MODIS AOD产品在长三角地区存在系统偏差。MODIS反演的AOD整体低于太阳光度计，一方面，可能是由于卫星反演AOD过程中假设的气溶胶模型与长三角实际情况存在差异，或高估了气溶胶单次散射反照率（ω_0）；另一方面，在空气洁净条件下，MODIS反演的AOD高于太阳光度计，这主要是由于其低估了地表反射率。因此，MODIS AOD反演结果在过于洁净或污染的情况下存在一定误差。具体而言，临安基站线性拟合直线的斜率和截距分别为0.55和0.19。13个样本中的3个（占总样本数的23%）超出$\Delta\tau=\pm0.05\pm0.2\tau$的误差范围，相关系数为0.77，RMSE为0.11。NASA的研究表明，RMSE在陆地上通常小于0.10，沿海地区高达0.30。宁波站二者的相关系数约为0.83，截距减小到0.12。同时，斜率（0.50）和RMSE（0.25）明显偏离理想状态，表明MODIS AOD总体存在低估。许多研究显示，卫星反演的误差来源可能包括：气溶胶模型假设（0～20%）、仪器校准（2%～5%）和像素选择（0～10%）3个方面。MODIS反演结果与千岛湖站观测数据的相关系数最高（0.87），RMSE最小（0.093），斜率（0.69）和截距（0.15）相对接近理想状态。千岛湖位于含有茂密常绿植物（如硬木林、混合物和农田等）的山区，具有相对简单和均匀的气溶胶类型。22个样本中只有1个高于允许的误差范围，占总样本的4.5%，表明暗象元AOD反演算法对于长三角植被茂密地区的准确性很高。上海站与宁波相似，二者拟合直线的斜率为0.60，截距为0.32，相关系数为0.68，RMSE为0.21。50%的样本在允许的误差范围内，表明此MODIS反演结果可以接受。图中离散的数据点表明2.1 μm的经验公式或许不适于估算典型城市的下垫面反射率，特别是在秋季和冬季，稀疏植被会影响经验公式的适用性。此外，单一的气溶胶模型假设也是误差来源之一。在太湖站，35%的MODIS AOD样本超出了允许的误差范围，与太阳光度计观测的相关系数为0.81，斜率为0.63，截距为0.22，RMSE为0.22。虽然太湖与千岛湖类似，但太湖位于无锡市郊区，周围是农田和居民区，导致站点附近地表性质不均匀。此外，太湖水质近年来受到污染，导致水面反照率显著变化，这也是造成反演误差的原因之一。研究表明，在陆地上空MODIS AOD反演的主要误差来源于不平整的地表或网格中存有被污染的水体。此外，该地区人类活动频繁，如生物质燃烧产生的黑碳气溶胶与MODIS AOD反演过程中由地理位置确定的城市/工业气溶胶模型存在明显偏差。在临安的浙江林学院，MODIS与太阳光度计的AOD相关很高（相关系数为0.85），81%的样本在误差范围内，RMSE为0.13。这些统计参数表明MODIS AOD反演结果在浙江林学院站点较为准确。

基于对MODIS AOD产品与太阳光度计观测差异的深入分析，发现其误差来源主要存在以下3个方面：(1) 云污染：MODIS AOD的去云并不彻底，云的干扰使得卫星反演出现误差；(2) 时空匹配；(3) MODIS AOD反演过程中假设的地表反射率和气溶胶模型与实际情况存在差异。为了研究反演误差，详细研究了误差（$\Delta\tau$）超过$\pm0.05\pm0.20\tau$的样本。将这些由于云污染和比较方法导致误差大的点去掉之后发现，地-空AOD相关系数为0.85。这表明MODIS AOD反演算法包括其假设的气溶胶和地表模型在长三角地区基本适用。但同时也注意到验证结果的斜率和截距均小于1.0，这表明MODIS AOD反演过程中对地表反射率和气溶胶的吸收性仍存在低估。

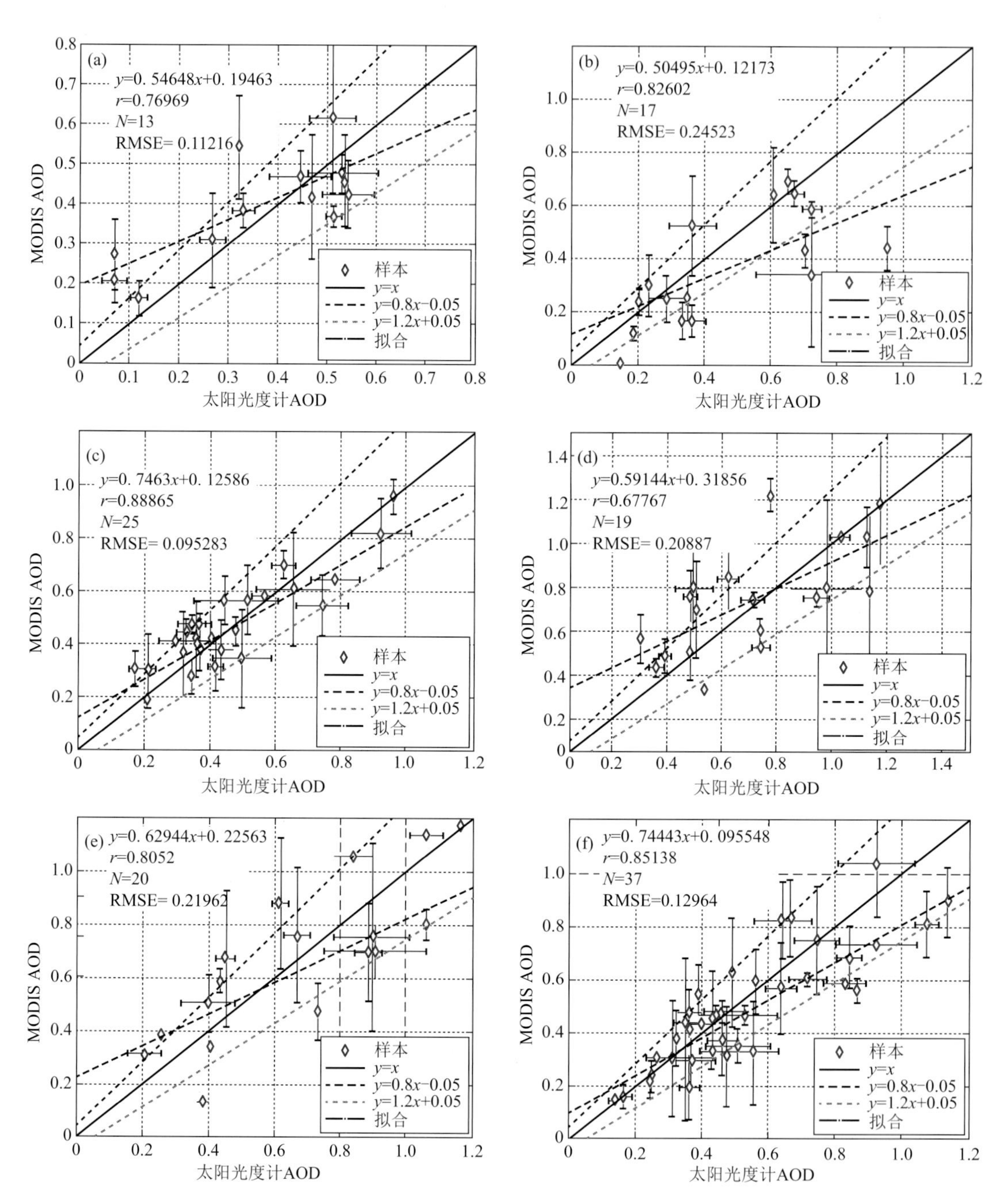

图 4.2　MODIS AOD 和太阳光度计 AOD 的散点图（x 轴的误差棒表示 MODIS AOD 在 40 km × 40 km 范围内空间平均的标准偏差， y 轴上的误差棒是卫星过境 ± 30 min 内时间平均 AOD 的标准偏差）

（a. 临安基准站；b. 宁波；c. 千岛湖；d. 上海；e. 太湖；f. 浙江林业大学）

4.1.2　气溶胶光学厚度的时空演变特征

本节使用 MODIS 反演的 AOD、Angstrom 指数（α）和 FMF 产品（C5，空间分辨率为

10 km×10 km)，分析其在华东地区的季节变化和年际变化趋势。研究区域包括：山东、江苏、浙江、福建、江西、安徽和上海。

4.1.2.1　2000—2007年AOD、Angstrom指数（α）和FMF年平均空间分布

如图4.3所示，华东地区AOD高值区主要分布在人口密集和工业化较为严重的山东、黄淮、鄱阳湖平原、长江三角洲地区（特别是沿江地区、上海、南京）。AOD低值出现在华东南部地区和武夷山脉等山区。显然，大多数气溶胶分布靠近其源区。粗模态时α很小，细模态对应的α很大。由图4.3b可以看出，华东大部分地区α的范围为0～1.8，北部低于南部。α与AOD显著相关（r约为0.79），表明华东北部地区AOD高值主要是由大尺寸的沙尘粒子造成的。在华东地区，较小的α值通常出现在沿海地区。而α大值（>1.6）通常位于浙江天目山、江西齐云山和福建武夷山。图4.3c中FMF的空间分布类似于α，即呈现北部低、南部高的特点。FMF（<20%）低值位于安徽中部和山东北部，而在北部地区FMF基本位于40%～60%。根据Barnaba等（2004）提出的AOD-FMF分类方法，将气溶胶分为以下几类：AOD（550 nm）≤0.3且FMF<0.8为海洋型气溶胶，AOD>0.3且FMF<0.7为沙尘型气溶胶，所有其他情况均为大陆型气溶胶（AOD<0.3且FMF≥0.8，或AOD>0.3和FMF≥0.7）。由此可见，华东南部（不包括鄱阳湖平原）的气溶胶以自然源为主，主要是大陆和海洋型气溶胶；华东北部以土壤沙尘、生物质燃烧和城市/工业类型为主。沙尘主要来自春季沙尘暴的远距离运输。华东北部气溶胶的光学特性经常受到沙尘和人为污染的影响。

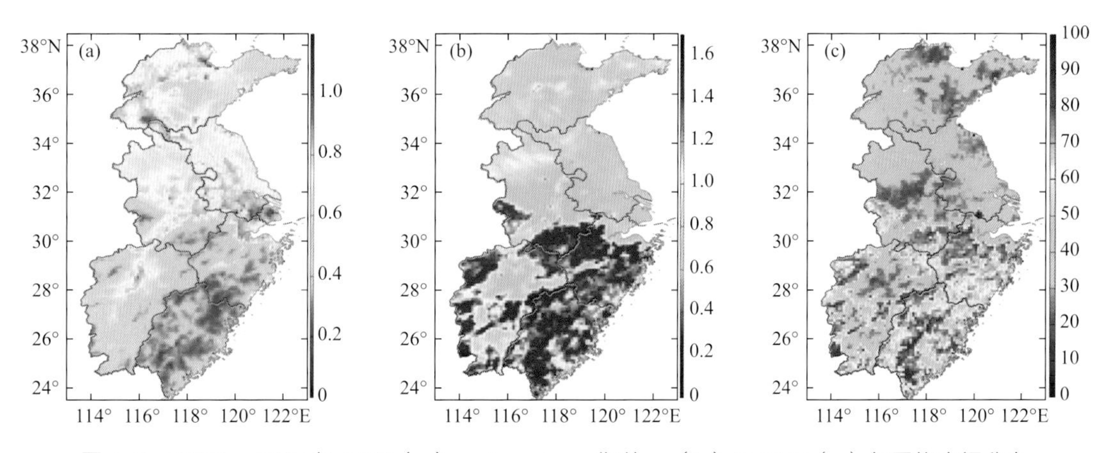

图4.3　2000—2007年AOD（a）、Angstrom指数α（b）和FMF（c）年平均空间分布

4.1.2.2　2000—2007年AOD空间分布的变化情况

图4.4显示了2000—2007年华东地区AOD空间分布的变化情况。2000—2007年华东地区AOD呈现快速增长趋势，2006年山东和长三角的AOD明显较高，可能和春季的沙尘影响有关。2000—2007年，华东北部气溶胶增幅超过南部，除鄱阳湖外南方地区AOD增幅较小。北部地区（如上海北部、山东济宁和安徽马鞍山）的AOD增幅较高，可能与密集的人类活动有关，如工业排放、工地扬尘、交通扬尘等。此外，发现在2006年之前AOD呈稳步增长趋势，而在2006年之后表现为暴发式增长的特点，其中长三角地区增幅最为显著。

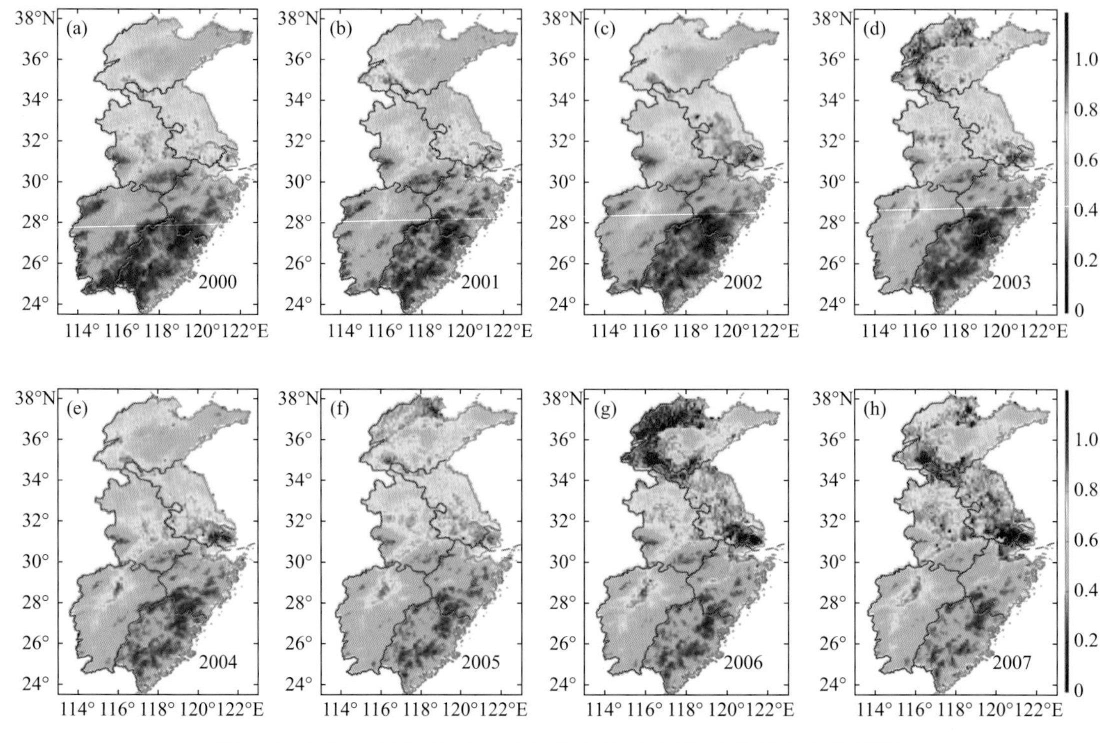

图 4.4　2000—2007 年（a~h）华东地区 AOD 空间分布变化情况

4.1.2.3　2000—2007 年 AOD 和 α 的季节分布情况

图 4.5 展示了 2000—2007 年华东地区季节平均 AOD 和 α 的空间分布情况。春季，AOD 高值出现在淮河和鄱阳湖平原（基本高于 0.9），长三角沿海地区由于工业化程度高 AOD 达到了 0.7。气溶胶颗粒物大小如图 4.5 所示，夏季的颗粒物粒径最小，其次是秋季，而在春季呈现最大值。AOD 低值出现在秋季（9—11 月）和冬季（12 月—次年 2 月），由于气溶胶污染受快速移动的天气系统和强劲西北风的影响而得到扩散，冬季 AOD 空间分布与秋季类似。

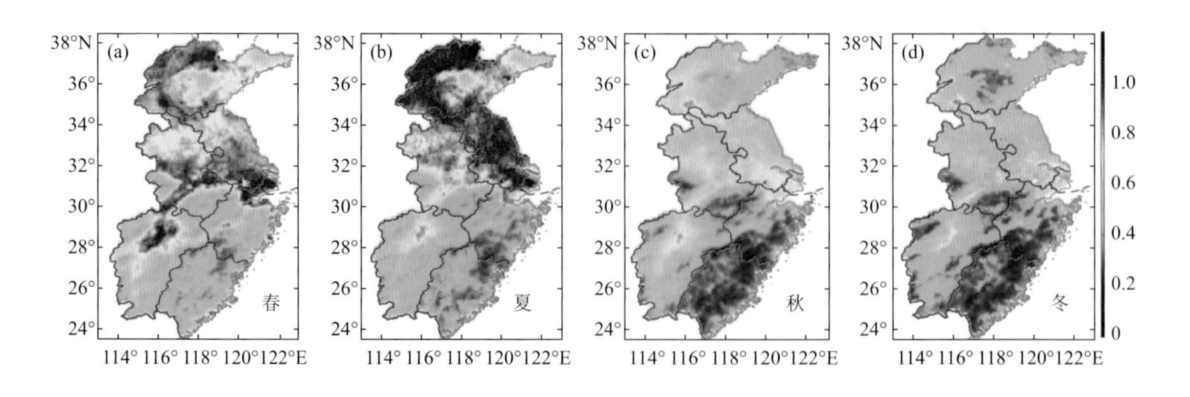

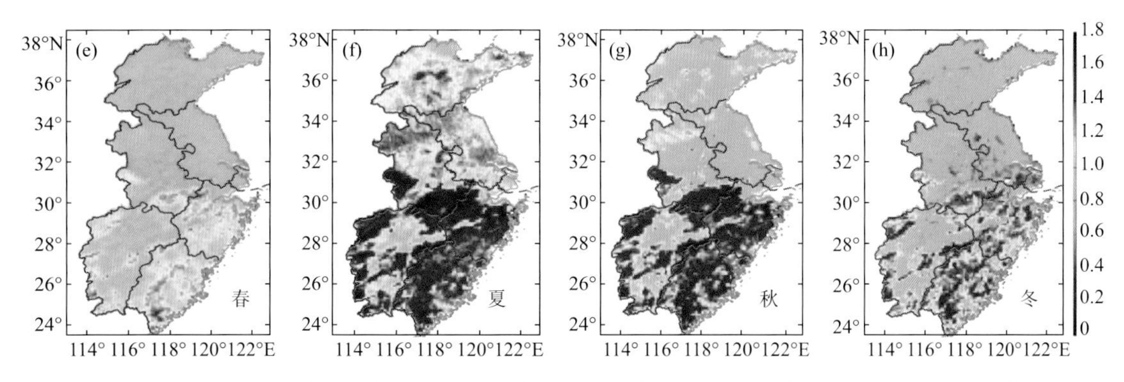

图 4.5　2000—2007 年华东地区春、夏、秋、冬季平均 AOD（a~d）和 α（e~h）空间分布

4.2
NO_2 柱浓度

NO_2 是对流层大气中的一种重要痕量气体，是臭氧的前体物，会导致光化学烟雾和对流层臭氧含量增加。NO_2 也是形成酸雨、酸雾及光化学烟雾的重要前体物，会对动植物和人类健康产生很大危害。2010 年，上海世博会向全世界传递了“绿色、环保、生态”的理念。为进一步改善空气质量，自 2000 年起上海滚动实施了《上海市环境保护和建设三年行动计划》，大力发展公共交通，于 2009 年年底世博前完成了 420 km 轨道交通，淘汰更新高排放的公交车和出租车，实现了 7000 辆公交车和 32000 辆出租车的更新，机动车新车率先在国内实施国Ⅳ标准，有效控制中心城区的机动车尾气排放。此外，通过落实建设施工、道路和管线施工、堆场、道路保洁以及物料运输等扬尘污染防治规范化管理，上海市创建了 728 km^2 的扬尘污染控制区，减少了城区的扬尘排放。通过燃煤设施的清洁能源替代淘汰改造了近 6000 台燃煤设施，创建了 674 km^2 的基本无燃煤区。通过产业结构调整淘汰了 3000 余家高污染、高能耗、技术工艺落后的企业和生产工艺。采取这些措施后，上海环境空气质量状况明显改善，颗粒物和二氧化硫浓度显著下降，为世博会期间的环境空气质量保障提供了基础。

为了对世博会前期上海地区 NO_2 变化特征、治理效果进行评估，利用 EOS Aura 卫星上的臭氧监测仪（OMI）反演的 NO_2 柱浓度产品，分析了世博会前后上海市空气质量的变化及其与周边城市的差别，以评估空气质量保障措施对上海市空气质量的改善效果。OMI 观测的对流层 NO_2 柱浓度被广泛应用于全球范围内不同地区的 NO_2 柱浓度的年变化趋势、分布特征等研究。由于 NO_2 化学活性高、生命周期短，因此 NO_2 对流层柱浓度主要反映的是局地低层大气中的 NO_2 浓度。

4.2.1　上海及周边地区 NO_2 柱浓度空间分布

利用 OMI 反演的长三角地区 2005—2009 年世博会同期（5—10 月）NO_2 柱浓度空间分布（图 4.6），分析其在上海与周边地区的差异。由图可见，长三角地区高 NO_2 浓度分布呈区域性特征，上海和无锡为两个明显的高值中心。由上海市 NO_2 柱浓度的平均分布可见，高浓度 NO_2 主要分布在上海西部，黄浦江以西，包括宝山、嘉定、青浦、松江、闵行和市区。世博园区也位于高值覆盖区的边缘，浓度达到 30×10^{15}～35×10^{15} 分子/cm^2。

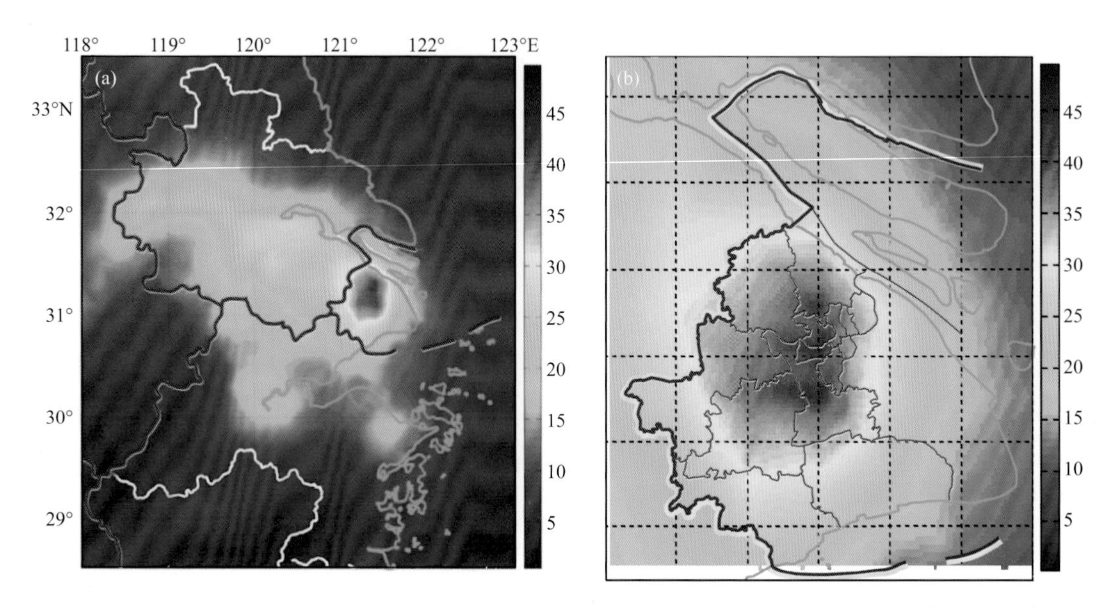

图 4.6　2005—2009 年世博会同期（5—10 月） NO_2 柱浓度的平均分布（单位：$\times10^{15}$ 分子/cm^2）
（a. 长三角范围；b. 上海市的放大效果）

图 4.7 显示了世博园区和无锡 2009 年 5—10 月 NO_2 柱浓度的变化。可以看出，NO_2 柱浓度日变化明显，常出现 20×10^{15} 分子/cm^2 的高值，特别是 5 月 31 日和 7 月 2 日柱浓度分别高达 89×10^{15} 分子/cm^2 和 64×10^{15} 分子/cm^2。7 月以后，NO_2 柱浓度一直维持较低浓度，基本在 1×10^{15}～20×10^{15} 分子/cm^2 范围内变化。

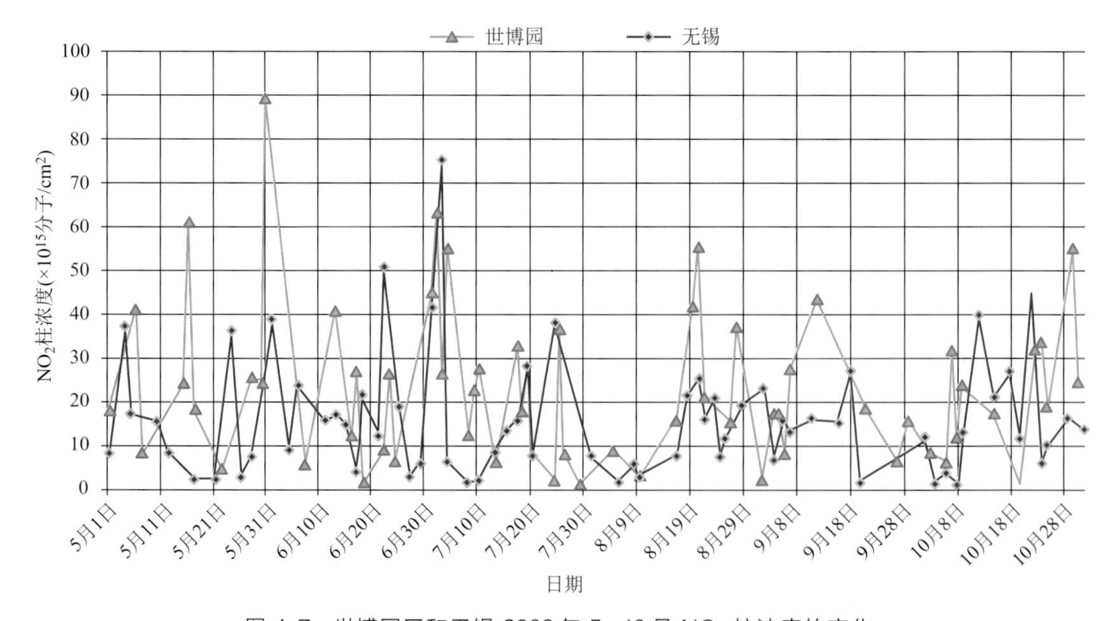

图 4.7　世博园区和无锡 2009 年 5—10 月 NO_2 柱浓度的变化

4.2.2　污染减排对 NO_2 柱浓度的定量影响

为了定量评估上海世博会前期保障措施对氮氧化物排放的削减效果，将 2009 年世博会同期上海 NO_2 柱浓度与 2004—2008 年同期进行了比较（图 4.8），发现 2009 年世博会同期上海 NO_2 柱浓度（20×10^{15} 分子/cm^2 以下）明显低于 2005—2008 年同期（20×10^{15} 分子/cm^2 以上），下降了近 1/3。可见上海市 NO_2 污染程度显著减轻，高值范围也有明显缩小。

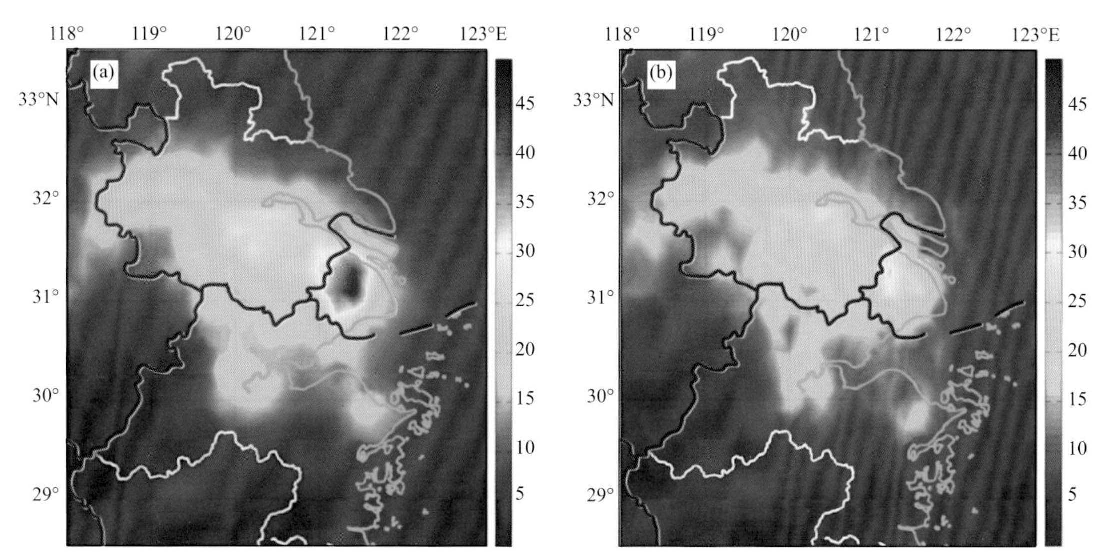

图 4.8　长三角地区 NO_2 平均柱浓度（单位：$\times10^{15}$ 分子/cm^2）分布
（a. 2005—2008 年世博会同期（5—10 月）；b. 2009 年世博会期间平均）

图 4.9 为世博园 2009 年 5—10 月 NO_2 浓度的逐日变化与 2005—2008 年 4 年同期平均结果的比较。世博园 2009 年 5—10 月的 NO_2 柱浓度明显低于前 4 年同期，下降了 50%，二者之差为 5×10^{15}～130×10^{15} 分子/cm^2。由于上海市政府对高污染机动车中环线内提出限行要求以及对上海及周边的高排放工厂实行了停产、限产、达标排放等控制措施，使得 2009 年世博园区 NO_2 柱浓度已经接近了邻近地区，同时也低于 2005—2008 年的平均值，表明世博会空气质量保障措施取得成效。

为了对世博会前期空气质量保障措施的定量效果进行评估，开展了以下研究：第一，把 2009 年世博会期间与前 4 年同期平均结果进行比较；第二，把 2009 年世博会期间与非世博会期相比；第三，为了考察世博会空气质量保障措施实施效果与 NO_2 柱浓度下降的关系，比较了 2005—2008 年世博会同期与非世博会期的 NO_2 柱浓度。图 4.10 给出了 3 个不同阶段 NO_2 柱浓度的减少量，可见在完成实施世博会空气质量保障措施的 2009 年比前 4 年世博会同期平均减少量最大达到 42.1%。冬、春季是一年中 NO_2 最高的季节，世博会同期 NO_2 的浓度必然会小一些，但对于没有采取空气污染控制措施的时段，即 2005—2008 年平均世博会同期比非世博会期仅减少了 11.8%，而此减少量在 2009 年表现得更加明显，高达 36.4%，说明空气质量保障措施在世博会期间起到了切实作用，显著改善了上海市世博会期间的空气质量。

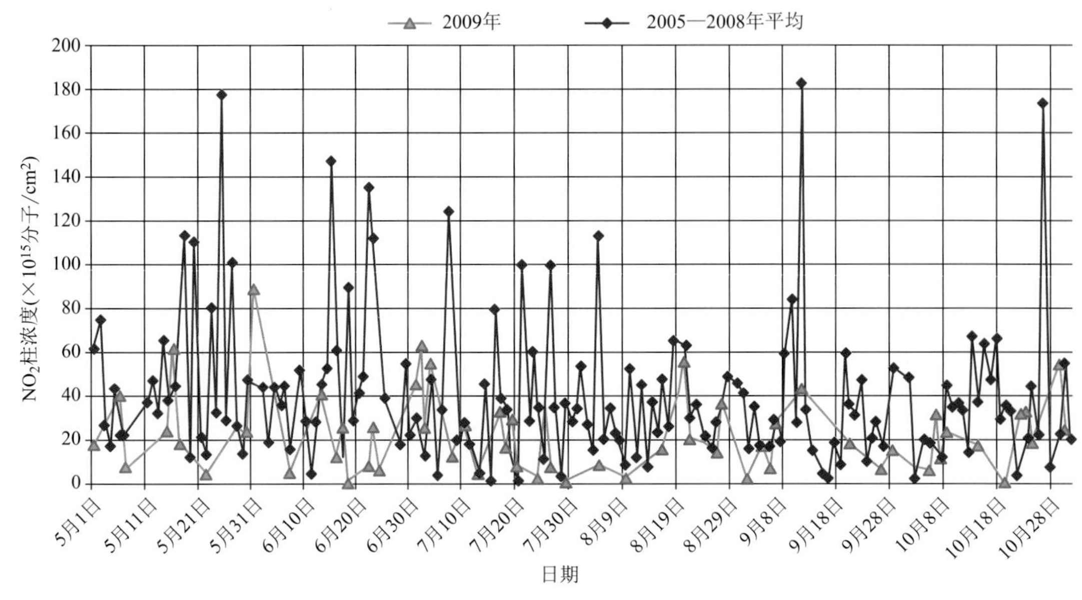

图 4.9　世博园区 2009 年 5—10 月 NO_2 柱浓度的变化与 2005—2008 年 4 年同期平均结果的比较

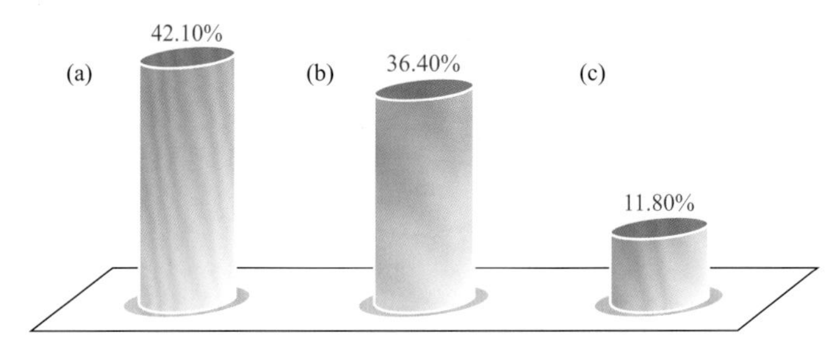

图 4.10　不同阶段 NO_2 柱浓度的减少量

(a. 2009 年世博会期间比前 4 年（2005—2008 年）平均世博会同期的减少量；b. 2009 年世博会期间比非世博会期的减少量；c. 2005—2008 年世博会同期比非世博会期的减少量）

表 4.1 列出了 2005—2009 年世博园每年的污染日数及相应的气象因子特征。把 NO_2 柱浓度高于 20×10^{15} 分子/cm^2 的样本列为 NO_2 污染日，高于 60×10^{15} 分子/cm^2 的样本列为 NO_2 严重污染日。由表可知，2007 年和 2009 年的污染日数最少，分别为 33 d 和 35 d，但 2007 年由于云的影响致使有效日数偏低，仅为 53 d，因此，可认为 2009 年的污染日数较前 4 年明显减少，占总有效日数的 56%，且该年的重污染日数非常少，仅占总有效日数的 8%，比前几年下降了 10%～20%。

表 4.1　2005—2009 年世博园每年的污染日数及相应的气象因子特征

	2005 年	2006 年	2007 年	2008 年	2009 年
有效日数(d)	53	58	53	86	63
NO_2 污染($N>20$)日数(d)	43	40	33	71	35
NO_2 严重污染($N>60$)日数(d)	10	10	15	22	5

续表

	2005 年	2006 年	2007 年	2008 年	2009 年
静风(<3.0 m/s)	21(6)	22(6)	20(12)	43(16)	21(3)
NO_2 污染日 东/南/西/北风日数(d)	16/16/4/7	14/12/4/10	14/14/4/1	35/19/5/12	14/13/3/5
NO_2 严重污染日 东/南/西/北风日数(d)	2/6/0/2	4/5/0/1	4/10/1/0	12/6/1/3	1/3/0/1

注：静风一栏中括号内的数字为 NO_2 严重污染时的静风日数（d）；N 表示 NO_2 柱浓度（单位：$\times 10^{15}$ 分子/cm^2）

NO_2 的浓度分布主要与排放源和天气系统有关。2009 年世博会期间依然出现了超过一半的污染天气。这些污染天气主要和不利天气系统有关，其中强逆温、层结稳定的天气系统尤其不利于污染物扩散，静风（风速<3.0 m/s）天占了当年污染日数的 50%以上，其中超过 60%的重污染天气和静风有关，2007 年的静风甚至造成了 80%的重污染。从风向与 NO_2 污染的关系来看，东风和南风容易造成世博园区的 NO_2 污染，NO_2 重污染和南风的关系更为密切。

4.2.3　小结与讨论

利用卫星反演的长三角地区 NO_2 柱浓度定量分析了 2005—2009 年上海及其周边地区 NO_2 的分布及变化特征，评估了《上海市环境保护和建设三年行动计划》对 NO_2 治理的实效，对引起 NO_2 污染的气象因素进行了梳理，结果如下：

（1）长三角地区高浓度 NO_2 呈区域性分布，以上海和无锡为 2 个高值中心。

（2）2005—2009 年上海市平均高浓度 NO_2 主要分布在上海西部，包括宝山、嘉定、青浦、松江、闵行和市区。世博园区也位于高值覆盖区的边缘，浓度达到 $30\times10^{15}\sim35\times10^{15}$ 分子/cm^2。

（3）2009 年世博园的 NO_2 柱浓度较前 4 年下降了 50%。2009 年年底前完成的公交车和出租车的更新及机动车新车国Ⅳ标准和高污染机动车中环线内限行措施使上海市 NO_2 污染程度明显减轻，污染范围也有一定程度缩小，可以认为这是世博会空气质量保障措施实施的效果。

（4）2009 年的污染日数较前 4 年下降了 10%～20%。强逆温、层结稳定的天气系统尤其不利于污染物的扩散，重污染日数中超过 60%是由静风引起的，而东风和南风是引起世博园区 NO_2 污染的主要风向。

4.3
地面 $PM_{2.5}$ 浓度反演

气溶胶光学厚度与 $PM_{2.5}$ 质量浓度之间存在相关性，通过整层气溶胶光学厚度可以反演 $PM_{2.5}$ 质量浓度。Liu 等（2005）考虑大气边界层高度、湿度、季节和监测站点特征等因素的影响，建立了 AOD 和 $PM_{2.5}$ 质量浓度之间的回归模型，估算了美国东部 4 个季节的平均 $PM_{2.5}$ 质量浓度。Lin 等（2015）利用 MODIS AOD，经过气溶胶季节标高垂直订正及相对湿度订正后，反演得到近地面 $PM_{2.5}$ 质量浓度，并基于 565 个地面站的 $PM_{2.5}$ 监测数据对其进行验证，结果显示反演效果较佳。研究表明，由于卫星遥感的是整层大气的气溶胶光学厚度，而气溶胶光学厚度与地面监测的颗粒物浓度之间的关系受气溶胶垂直分布的影响。此外，气象条件（如湿度、温度、风速以及降水等）的影响也不容忽视。因此，卫星遥感的气溶胶光学厚度与近地面监测的颗粒物浓度之间的相关系数较低，对气溶胶光学厚度进行相对湿度和垂直高度校正，有助于提高二者间的相关性。本节将卫星遥感 AOD 产品经过垂直订正之后得到地面消光系数，再通过湿度订正反演得到地面 $PM_{2.5}$ 质量浓度分布。

4.3.1 反演算法

4.3.1.1 反演方法

（1）格点化地面消光系数（能见度）的反演

图 4.11 表示气溶胶垂直分布。假定气溶胶垂直分布表现为两层结构，即消光系数在 PBL（行星边界层）内是固定的数值，而在 PBL 以上随高度呈指数递减。通过从地面到高空无气溶胶层之间积分气溶胶消光系数可得到 AOD，表示为图中两个阴影部分的总面积。假定 PBL 以上的气溶胶消光系数随高度呈指数衰减，则雷达观测的 PBL 以上气溶胶消光系数减少为原来的 1/e 所对应的高度（大气标高）即为气溶胶层高度（ALH），其中 PBL 通过 WRF 模式模拟计算得到。

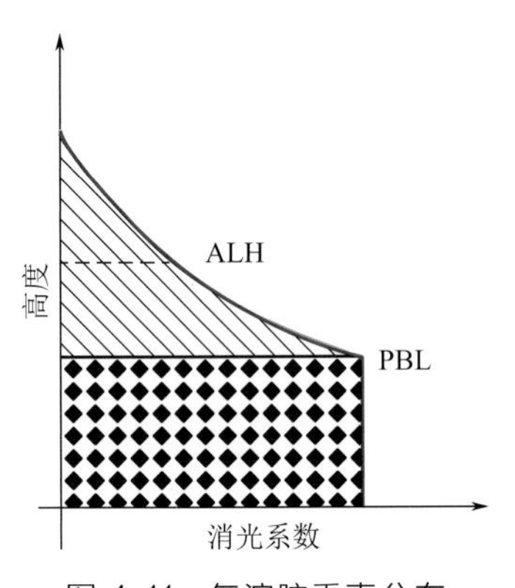

图 4.11　气溶胶垂直分布
（蓝线代表消光系数，ALH 代表气溶胶层高度，PBL 代表边界层高度）

由于大尺度天气形势的存在，ALH 会受大量气溶胶远距离传输和垂直对流的影响。如图 4.11 所示，地面气溶胶消光系数可以根据下式通过 AOD 计算得到

$$\Sigma_s = \frac{\tau}{h_{\mathrm{ALH}}} \tag{4.1}$$

式中，h_{ALH} 代表 ALH，结合 Koschmieder 经验公式，AOD 可以表示为

$$\tau = 3.912/L \times h_{\mathrm{ALH}} \tag{4.2}$$

式中，τ 为 AOD；L 为能见度。

利用 NCEP 再分析资料定量计算 ALH，首先研究基于雷达廓线得到的 ALH 与气象条件的关系。图 4.12 为典型的气溶胶消光系数廓线及对应于气溶胶垂直分布的气象要素，激光雷达站点对应的 NCEP 数据表明气溶胶层之上存在着明显的逆温及稳定层（点划线代表雷达观测得到的 ALH，其与逆温层底高度一致），因而在很大程度上限制了气溶胶层上下的气团交换。此外，风（风速和风切变）和 RH 的垂直分布呈现了垂直混合情况以及在气溶胶层顶部交换受到阻碍的特征。图 4.12b～e 中，雷达反演的 ALHs 分别与 RH 和三维风场最大变化所对应的高度一致。RH 和风速对高度的二阶导数说明气象参数在这两层之间存在差异，阻碍了气溶胶颗粒物从低层到对流层高层的进一步交换。对流层上层与底层空气的来源不同，并且上层受到地面感热通量的变化影响较小。因此，对流层上层更稳定，且具有较小的日变化。

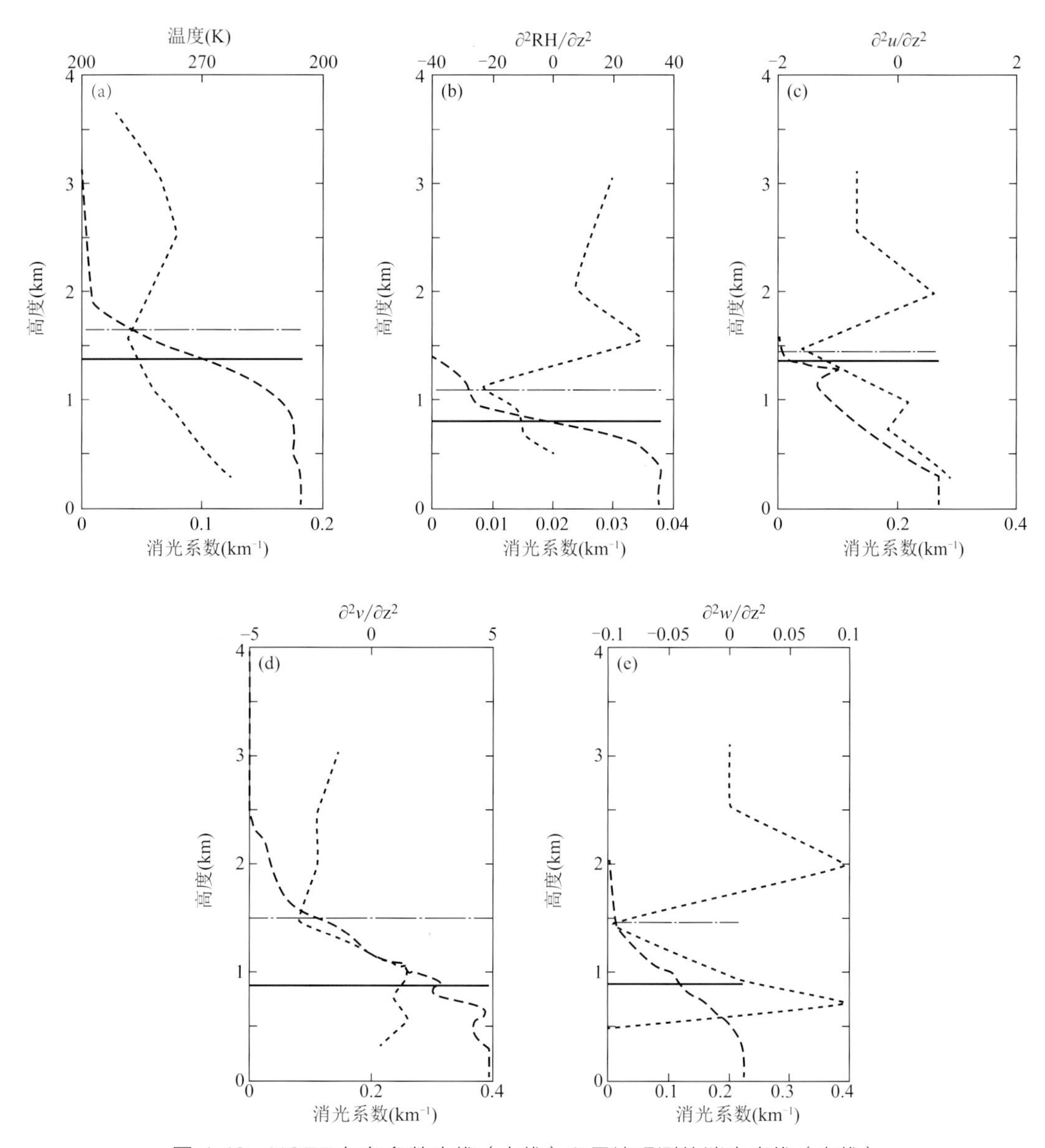

图 4.12　NCEP 气象参数廓线（点线）和雷达观测的消光廓线（虚线）

（实线代表 PBL 顶，点划线代表雷达观测的 ALH，每个图上标有对应的气象参数）

以上分析表明用 NCEP 数据计算 ALH 是可行的。然而气溶胶颗粒物的垂直扩散受大气环流和热动力学的影响，非常复杂。实际计算时，将上述气象条件垂直变化的转折高度作为气溶胶层位置的指示剂。将雷达反演的 ALH 作为真实值，测试影响大气扩散的关键气象参数。通过比较雷达观测的 ALH 和同时刻来自 NCEP 气象参数的垂直廓线，发现边界层顶以上的逆温是决定 ALH 的最主要因素，通常逆温强度大于 0.2 时对应的高度即为 ALH（a_1），满足条件的高度依次为 a_2，…，a_n，依次随高度而增加。对于廓线满足逆温条件的情况，用 a_1 和 PBL 顶之间的 RH 条件（b_1，b_2，…，b_n）来确定 ALH，即在该逆温层下若存在干空气层（RH＜40％），则该干空气层 b_1-1 优先决定 ALH。如果不满足 RH 条件，若存在垂直速度为 0 的中性层，则该层高度优先决定 ALH。接下来，在整个层结均没有逆温强度大于 0.2 的情况出现时，便根据图 4.12 定义了 4 个判别因子，分别为：d_1（$\partial^2\sqrt{u^2+v^2}/\partial^2 z$ 的最大值所在高度）、d_2（$\sqrt{u^2+v^2}$ 的最小值所在高度）、d_3（垂直风度的最小值所在高度）和 d_4（$\partial^2\mathrm{RH}/\partial^2 z$ 的最大值所在高度）。上述 4 个因子中的最小值设为 e_1，如果在 e_1 和边界层顶之间存在 RH＜20％的干空气层，则最低的干空气层所在高度设为 f_1；如果边界层顶空气层 RH＞60％并且 e_1 所在高度空气层 RH＜60％，则设 $e_2=e_1-1$，这代表明显的吸湿增长主导 PBL 的气溶胶消光能力，并且导致了 PBL 内 AOD 占更小的比例；如果边界层顶以上存在垂直速度为 0 的层结，则将满足条件的最低层结所在高度设为 g_1。综合判断以上因子，将 e_1、e_2、f_1、g_1 中的最小值所在高度定为 ALH。最后，将下层空气湿度较大（RH＞70％）并且边界层顶上部空气较干燥（RH＜50％）时对应的 ALH 即为边界层顶高度。基于上述自动流程计算 ALH 的方法（图 4.13）可应用于没有雷达观测的格点上求取地面消光系数（能见度），每一给定参数的阈值由研究期内的所有雷达观测结果计算得到。

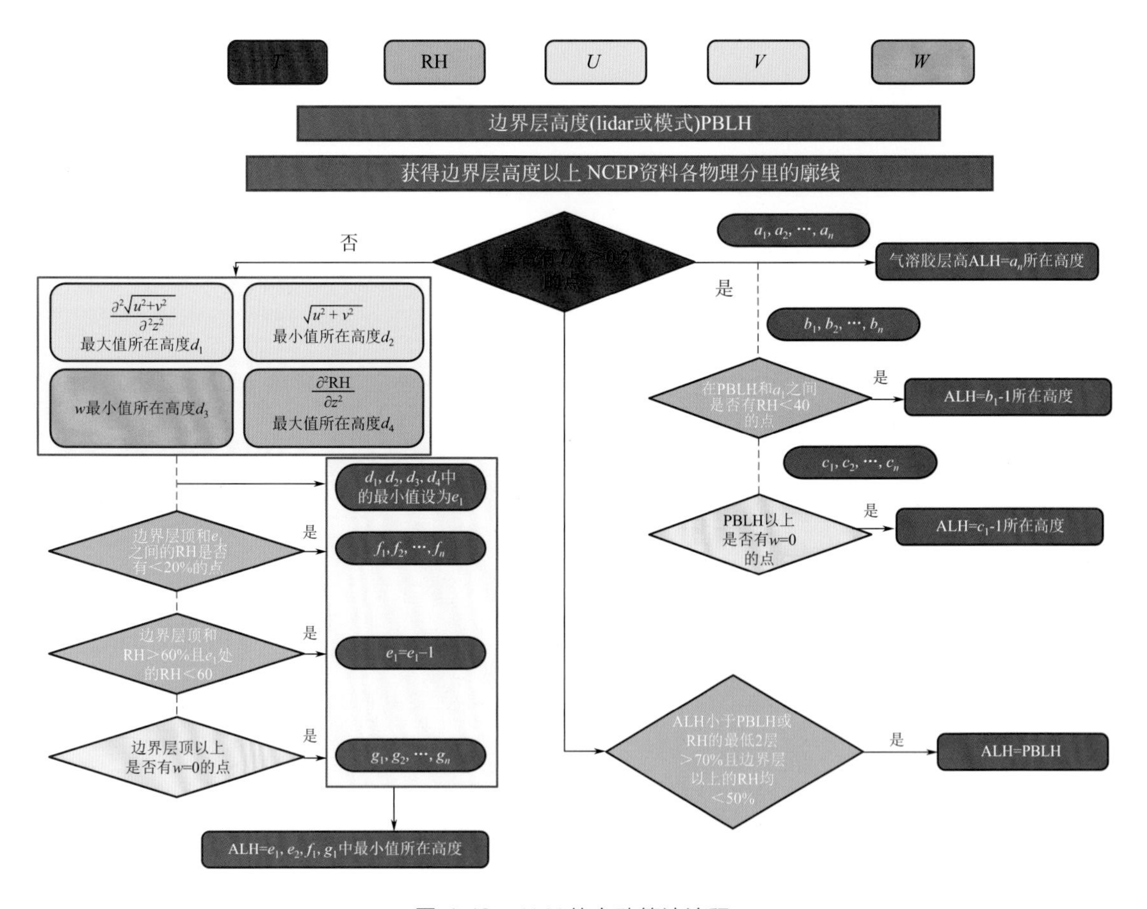

图 4.13　ALH 的自动算法流程

（2）湿度订正

将相对湿度和气溶胶消光系数代入湿度公式得到综合湿度影响物理量（α_{ext}，γ），进而订正 $PM_{2.5}$ 质量浓度（湿度订正），验证表明考虑了吸湿增长系数后计算的 $PM_{2.5}$ 质量浓度与实测值变化一致，二者相关系数高达 0.85。

（3）地面能见度的比较

地面消光系数是基于 MODIS AOD 数据和假设的双层气溶胶模型计算得到的。根据 Koschmieder 公式将消光系数转化为水平能见度，进而与观测结果对比验证反演精度。空间相关系数是指所有站点反演的能见度在同一时刻与观测值的相关性，用于评价空间分布的相似性。图 4.14 反映了空间相关系数和 RMSE 的时间序列，大多数相关系数（90%）高于 0.6，超过一半的样本（68%）大于 0.7。此外，受沙尘等影响，反演结果相较观测值也存在明显偏差。比如沙尘输送层位于对流层中下层（即 PBL 顶部上方），使得气溶胶廓线与假设不符，导致高估或低估地面消光系数/能见度（图 4.14）。RH 是影响卫星反演能见度的另一个重要因素，统计表明，较高的 RH 可能会干扰反演结果。

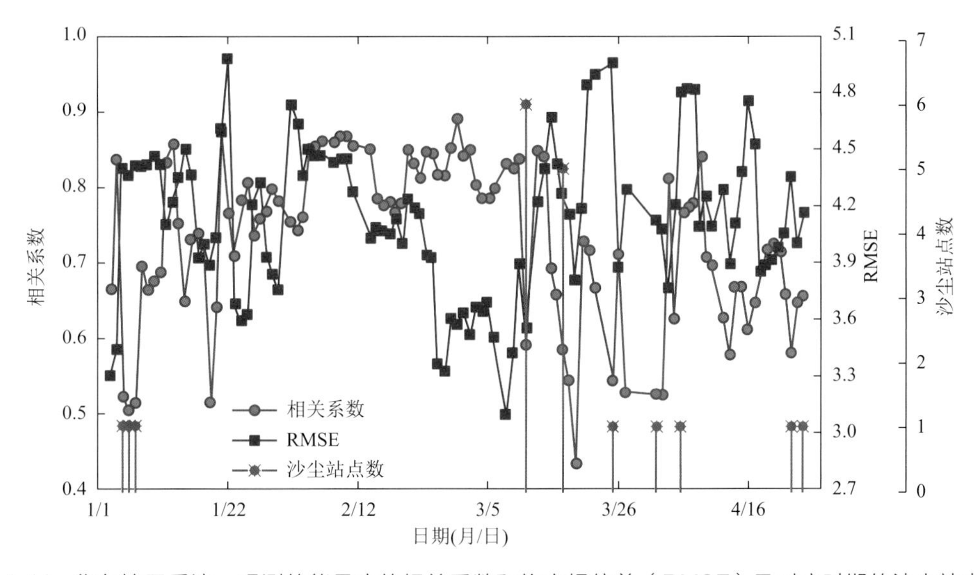

图 4.14　华东地区反演、观测的能见度的相关系数和均方根偏差（RMSE）及对应时期的沙尘站点数

为了进一步验证能见度反演的准确性，图 4.15 显示了研究期华东地区反演的能见度与实测值之间时间相关系数的空间分布情况。在研究期间，发现大部分卫星反演站点（>74%）与地面观测存在较好吻合，相关系数高达 0.6。华东北部地区的相关性高于南部地区，而二者在福建中部和江西南部的相关系数低于−0.2。南部地区反演结果较差可能与复杂的地表特征及高湿环境有关，复杂地形将改变气象要素的空间分布（如温度、压力和湿度）和流场特征。此外，AOD 反演中双向反射分布函数（BRDF）反演算法在这样复杂的地形中可能不准确。在得到反演的地面能见度之后，研究结果详细讨论了经垂直—湿度订正之后的 $PM_{2.5}$ 质量浓度的反演结果及其与地面观测值的对比情况。

4.3.1.2　小结

本节提出了一种基于双层气溶胶模型的垂直校正，利用卫星遥感 AOD 产品反演地面水平能见度的方法。将上海 MPL 雷达反演的 PBL 和利用 NCEP 计算的 ALH 应用到反演结

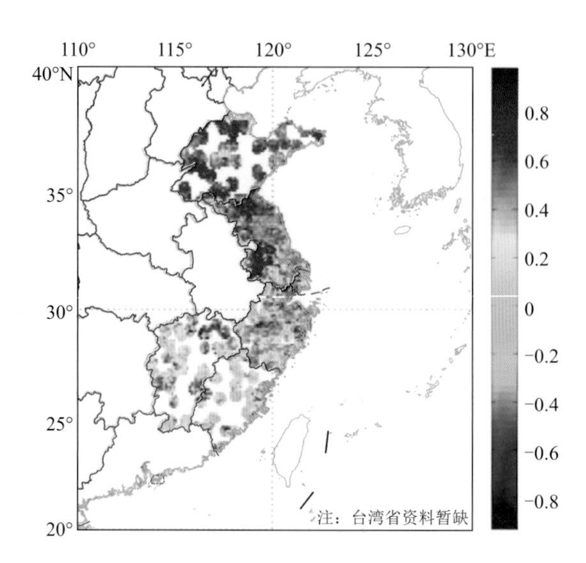

图 4.15　研究期华东地区反演及观测的能见度时间相关系数的空间分布

果，发现单点反演的能见度与地面测量结果一致，相关系数为 0.86，RMSE 为 0.19。接着扩展并应用于华东地区，PBL 来自 WRF 模拟而不是激光雷达。季节性的空间比较结果表明，大多数（90%）相关系数均高于 0.6，超过一半样本（68%）的相关系数高于 0.7。随后证实了沙尘输送和较高的相对湿度是降低反演能见度准确性的重要因素。这是因为以上情况无法满足假设的垂直气溶胶双层模型。此外，MOIDIS AOD 的云掩模算法可能会导致 AOD 高估和能见度反演误差，时间相关系数的空间变化也表明了这一点。

大多数（>74%）站点的卫星反演结果与地面实测值的相关系数高达 0.6，华东北部地区比南部地区的反演效果更好，这可能与南部复杂的下垫面特征和较高的 RH 有关。该研究将显著改善中国东部气候质量模拟及空气质量预测。

4.3.2　地面 $PM_{2.5}$ 浓度的演变特征

与温室气体不同，对流层气溶胶具有较短的寿命，这一特点决定了其时空分布的复杂性。因此，开展气溶胶颗粒物的观测研究，比如建立了中国太阳分光观测网（CSHNET）、中国大气观测网（CAWNET）、中国气溶胶遥感网（CARSNET）、云与辐射综合观测站（CRIO）等，对于探究华东地区的污染成因尤为重要。为深入研究空气污染（气溶胶浓度）与亚洲季风之间的相互作用，分析中国东部地区 $PM_{2.5}$ 质量浓度的长期年际尺度变化特征，开展了利用 2000—2015 年 MODIS AOD 产品反演华东地面 $PM_{2.5}$ 质量浓度的研究。

4.3.2.1　$PM_{2.5}$ 遥感产品的时空分布特征

图 4.16 给出了华东地区年平均 $PM_{2.5}$ 质量浓度的空间分布。由图可知，$PM_{2.5}$ 质量浓度的高值区主要分布在城市区域，在淮河平原的西北部、鄱阳湖平原和长三角地区（尤其是长江流域）。中心城市（如南京、上海）的浓度也明显偏高。$PM_{2.5}$ 质量浓度低值区分布在南部山区（武夷山等）。长三角本身是气溶胶高排放区域，与其相比，山东西北部平原的城市化程度较低，但它很容易受到华北地区污染传输的影响。此外，山东省东部的沂蒙山阻断了西风

图4.16　2000—2015年华东地区年平均 $PM_{2.5}$ 质量浓度空间分布

带，导致气溶胶在其西部积累。淮河平原上的气溶胶分布特征也与地形和工业区位置有关。安徽境内的长江流域部分城市人口超过100万，是铜冶炼工业和煤炭基地，由于周围被大别山和天目山阻挡，抑制了气溶胶扩散，同时也受到西部地区污染传输的影响。鄱阳湖平原由于盆地地形再加上人为污染物的排放量很大，气溶胶在山地周围积累，使得污染严重。

$PM_{2.5}$ 质量浓度的时间变化表明，华东地区北部的细颗粒物浓度上升速度远大于南部地区。南部地区也呈现污染加重的趋势，但其强度较弱。这是因为上述地区人类活动少、植被覆盖好，使得 $PM_{2.5}$ 质量浓度变化相对较为稳定。尽管边界层内垂直交换和区域传输等外部因素可以调节 $PM_{2.5}$ 质量浓度，但 $PM_{2.5}$ 质量浓度空间分布显著不均匀的现象很大程度受本地排放的影响。

4.3.2.2　$PM_{2.5}$ 质量浓度遥感产品季节分布特征

季节平均 $PM_{2.5}$ 质量浓度的空间分布差异与当地排放量的变化和气象条件（风、边界层结构、水汽、温度和降水量等）有关。图4.17显示了2000—2015年4个季节 $PM_{2.5}$ 质量浓度空间分布的变化情况。春季（3—5月）$PM_{2.5}$ 质量浓度的空间变化与3—5月的区域传输和当地人为排放有关，夏季（6—8月）主要与降水有关，秋季（9—11月）与大陆高压控制下的大气扩散条件有关，冬季（12月—次年2月）则与冷空气系统有关。春季 $PM_{2.5}$ 质量浓度的最大值出现在淮河地区和鄱阳湖平原，约为180 μg/m³。此外，在长三角沿海地区，$PM_{2.5}$ 质量浓度也高达120 μg/m³。夏季除了鄱阳湖平原等内陆地区 $PM_{2.5}$ 质量浓度维持高值（150 μg/m³），华东大部分地区的 $PM_{2.5}$ 质量浓度较低。这和强烈太阳辐射导致的高边界层、强天气过程带来的降水湿清除作用有关，进而使得近地面 $PM_{2.5}$ 质量浓度降低、大气能见度改善。秋、冬季的华东北部地区均呈现出 $PM_{2.5}$ 质量浓度相对较高的特征，这与局地排放增加有关，此外，大陆高压控制下的静稳天气和降水减少、冷空气导致的北方污染输送增加是秋、冬季 $PM_{2.5}$ 质量浓度升高的重要因素。

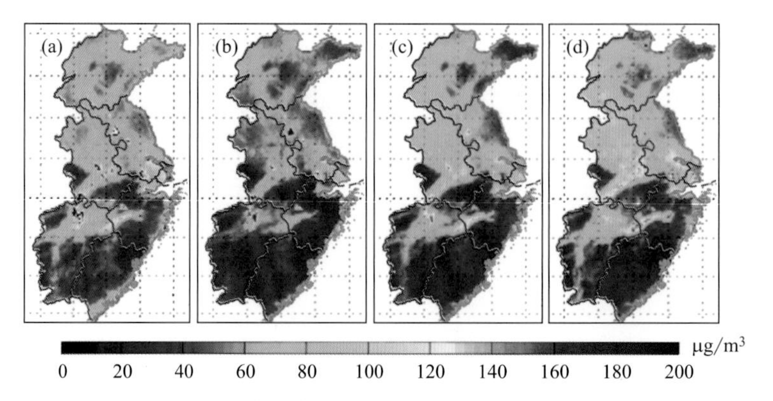

图 4.17　2000—2015 年华东地区各季节平均 $PM_{2.5}$ 质量浓度空间分布
（a. 春；b. 夏；c. 秋；d. 冬）

4.3.2.3　$PM_{2.5}$ 频率分布

图 4.18 显示了 2000—2015 年华东地区年平均 $PM_{2.5}$ 质量浓度的频率分布，浓度间隔为 20 μg/m³。不同颜色代表不同年份。采用对数正态分布函数进行拟合，拟合参数见表 4.2。

$$F=\frac{C}{x}\mathrm{e}^{-\frac{\left(\frac{\ln x-\ln\mu}{\sigma}\right)^2}{2}} \tag{4.3}$$

式中，x 为间隔 20 μg/m³ 的 $PM_{2.5}$ 质量浓度；C 为峰度系数；μ 为平均值；σ 为标准偏差。$PM_{2.5}$ 的年平均浓度主要分布在 20～80 μg/m³。在大部分年份里，华东约 30％的地区达到年平均浓度标准（35 μg/m³），2005—2008 年 $PM_{2.5}$ 质量浓度年平均值达标的地区明显减少，超过 80 μg/m³ 的地区则明显增多。从对数正态分布的拟合系数中可以发现，C、μ 和算术平均值 c_{mean} 均呈单调递增趋势，而 σ 在 2000—2007 年呈单调递减趋势。在某些区域内

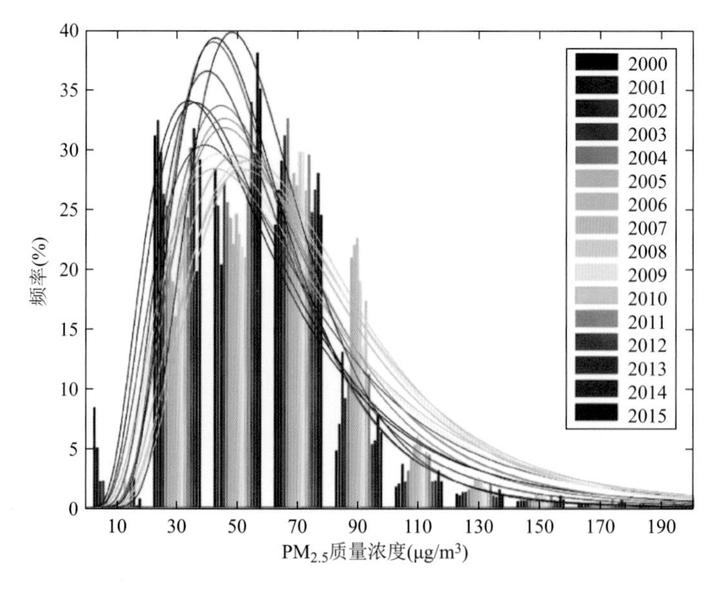

图 4.18　2000—2015 年华东地区年平均 $PM_{2.5}$ 质量浓度的频率分布

均值 μ 的附近，$PM_{2.5}$ 质量浓度最大值与峰度系数成正比。这说明在这8年间，华东很多地区 $PM_{2.5}$ 质量浓度逐年上升，部分 $PM_{2.5}$ 质量浓度低于40 $\mu g/m^3$ 的地区也明显出现污染加重的趋势。期间由于工业发展和城市化进程，人类排放显著增长。2007年以后，拟合系数趋于下降，并于2011—2015年呈现出强烈的波动特征。尽管华东地区 $PM_{2.5}$ 质量浓度整体下降，高浓度区域减小，但平均浓度尚未恢复到2000年的水平。

表4.2 2000—2015年华东地区 $PM_{2.5}$ 质量浓度对数正态分布拟合曲线参数

年份	C	μ	σ	c_{mean}
2000	1381.84	49.15	0.61	51.65
2001	1440.48	50.68	0.59	55.17
2002	1424.32	56.66	0.61	60.03
2003	1679.25	56.48	0.49	57.89
2004	1675.96	58.51	0.50	61.60
2005	1653.49	64.24	0.52	65.18
2006	1674.31	67.50	0.51	68.70
2007	1768.34	68.16	0.47	70.69
2008	1710.72	66.61	0.49	67.71
2009	1508.91	59.90	0.57	63.91
2010	1439.23	60.81	0.60	62.07
2011	1642.74	58.86	0.51	63.61
2012	1794.61	50.96	0.45	55.18
2013	1643.08	51.11	0.50	54.50
2014	2054.46	55.76	0.39	61.30
2015	1837.53	51.51	0.44	57.00

4.3.2.4 人类活动对 $PM_{2.5}$ 质量浓度分布的影响

人类活动是影响 $PM_{2.5}$ 质量浓度及其时空分布的关键因素。密集的人类活动产生大量的一次气体和气溶胶，加剧了局地大气污染程度。图4.19显示了2000—2015年华东地区 $PM_{2.5}$ 质量浓度的年际变化情况。结果表明，2007年的年平均 $PM_{2.5}$ 质量浓度最高，为70.69 $\mu g/m^3$，2000年浓度最低，为51.65 $\mu g/m^3$。从不同污染物的年排放量变化可以看出，$PM_{2.5}$ 年平均浓度与 SO_2（Gg/a）和VOCs（kg/a）的排放变化趋势相同，均于2007年达到最高值。2005—2009年，农业燃烧形成的CO排放量（kg/a）急剧减少，这与2007—2009年的 $PM_{2.5}$ 质量浓度的变化大致相同。与 SO_2、VOCs、CO不同，NO_x 的排放量不断增加，在2014年达到最大值，为1.66 Gg/a。SO_2、NO_x 和VOCs是二次气溶胶生成的重要前体物，其与一次颗粒物排放共同决定了 $PM_{2.5}$ 质量浓度的变化特征。

4.3.2.5 格点化 $PM_{2.5}$ 质量浓度变化率

求取每个格点 $PM_{2.5}$ 质量浓度的年变化率（VR），均通过99%置信水平（t 检验）。图4.20a给出了16年（2000—2015年）VR的变化情况，图4.20b是前8年（2000—2007年）、图4.20c是后8年（2008—2015年）VR的变化情况。对比两个时期 $PM_{2.5}$ 质量浓度的变化，发现除了少许未开发的沿海地区，大部分华东地区的 $PM_{2.5}$ 质量浓度都呈现上升趋势。自2000年以来，上海、山东、江西和福建沿海地区的 $PM_{2.5}$ 质量浓度一直快速增长，增长率超过了6.0 $\mu g/(m^3 \cdot a)$。在过去的16年里，长三角和江西西北部地区的 $PM_{2.5}$ 质量

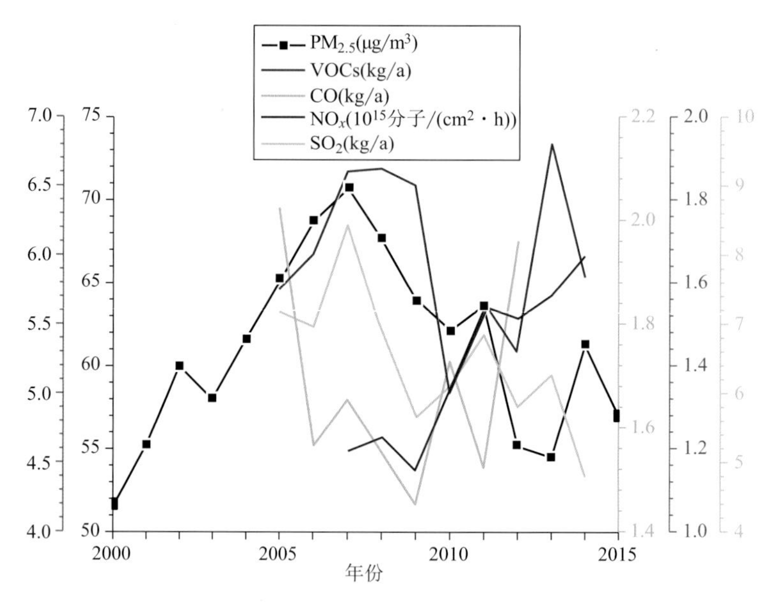

图 4.19　2000—2015 年华东地区年平均 $PM_{2.5}$ 质量浓度及各污染物排放量的时间变化

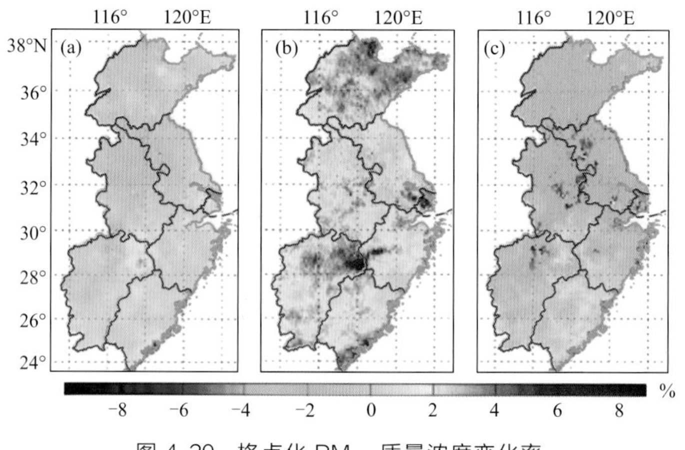

图 4.20　格点化 $PM_{2.5}$ 质量浓度变化率

（a. 2000—2015 年；b. 2000—2007 年；c. 2008—2015 年）

浓度的年增长率约为 2.0 μg/(m³·a)；而在淮河平原，$PM_{2.5}$ 质量浓度呈现下降趋势，下降速率为 2.0 μg/(m³·a)。在前 8 年，长江三角洲、山东、江西和福建等地的 VR 最高，增长速率为 5 μg/(m³·a)，上述地区也是华东经济增长最快的地区。2007 年以后，除了东南部的一些欠发达地区，大部分地区的 $PM_{2.5}$ 质量浓度开始下降，其中长三角和淮河平原的变化趋势分别为 4.0 μg/(m³·a) 和−6.0 μg/(m³·a)。

4.3.2.6　小结

利用 MODIS AOD 反演得到华东地区地面 $PM_{2.5}$ 质量浓度的空间分布，呈现北高南低的特征，这可能跟气溶胶排放区域相关。$PM_{2.5}$ 质量浓度在秋、冬季较高，而于春、夏季较低，这与排放因子的季节变化及气象要素有关。年平均 $PM_{2.5}$ 质量浓度主要分布在 20～80 μg/m³，2005—2008 年大于 80 μg/m³ 的比例显著增加。$PM_{2.5}$ 质量浓度逐年增长，格点平均最高值出现在 2007 年，为 60.13 μg/m³，最低值为 2000 年的 46.18 μg/m³。

4.3.3　影响华东地区地面 $PM_{2.5}$ 质量浓度的气候因子

近年来，重污染事件频繁发生，它不仅与经济快速发展和城市化进程下的排放增长密切相关，而且受气候变暖的影响。大气气溶胶的时空变化及其对太阳辐射和云的影响，对于区域和全球大气环境（空气质量评估）非常重要。在过去的20年里，华东地区经历了快速的城市化发展，人为排放大幅增加，在全球变暖的背景下，中国东部的气候也发生显著变化。受季风影响，华东地区的天气气候具有明显的季节特征，是全球气候变化研究的关键区域。因此，气溶胶的产生、排放和传输将显著受到气候变化的影响，这是大气环境和气候变化的热门研究课题之一。本节用2000—2015年MODIS AOD（垂直订正和湿度订正）反演的地面 $PM_{2.5}$ 质量浓度进行时空特征分析（详细算法见4.3.1节），进而分析 $PM_{2.5}$ 质量浓度与气候因子之间的关系。使用的数据除了2000—2015年基于MODIS AOD反演的 $PM_{2.5}$ 质量浓度之外，还包括国家气候中心提供的130个气候指数（88个大气环流指数、26个海洋温度指数和16个其他指数），用于分析影响 $PM_{2.5}$ 质量浓度的关键因子。

4.3.3.1　方法

经验正交函数（EOF）能够把三维变量场分解为不随时间变化的空间函数部分和只依赖时间变化的时间函数部分，见式（4.4）。

$$\boldsymbol{X}_{m\times n}=\boldsymbol{V}_{m\times m}\boldsymbol{T}_{m\times n} \tag{4.4}$$

式中，$\boldsymbol{X}_{m\times n}$ 为 $m\times n$ $PM_{2.5}$ 质量浓度矩阵；$\boldsymbol{V}_{m\times m}$ 为空间模态；$\boldsymbol{T}_{m\times n}$ 为时间系数（PC）。主要模态随时间变化的规律可以代替场的时间变化，解释场的物理变化特征。分析前两个模态EOF1、EOF2以及对应的时间系数PC1、PC2，EOF分解的 $PM_{2.5}$ 质量浓度时间范围为2000—2015年。随后，将PC与气候因子做相关，选取相关系数高并且有明确物理意义的气候因子作为自变量，用线性回归的方法拟合PC。

4.3.3.2　结果与讨论

利用EOF方法提取不同季节 $PM_{2.5}$ 质量浓度的主要变化特征。为了减少小尺度局地 $PM_{2.5}$ 质量浓度的扰动，采用30 km×30 km的空间平均值分析 $PM_{2.5}$ 质量浓度的季节平均分布特征。表4.3列出了不同季节EOF第一、第二模态的方差总贡献。春季，前两个模态的方差总贡献为38.7%，夏季为65.9%，因此，能够代表 $PM_{2.5}$ 质量浓度的长期特征趋势。

表4.3　不同季节EOF第一、第二模态方差总贡献

季节	方差总贡献百分比(%)	
	PC1	PC2
春	24.9	13.8
夏	50.0	15.9
秋	48.4	11.8
冬	33.9	13.8

图4.21分别展示了4个季节EOF第一主分量（PC1）和第二主分量（PC2）的空间分布特征。通过将EOF的线性趋势与不同季节气候指数进行线性回归，找到相关性高的气候因子，基于对大气环流场和气象场分析，进一步揭示气候变化影响 $PM_{2.5}$ 质量浓度的长期变化机制。

分析发现，春季 $PM_{2.5}$ 质量浓度的年变化受太平洋暖池和极涡强度影响较大；夏季主要受西太平洋台风个数、北半球副高脊线位置和黑潮指数支配；秋季与亚洲区极涡面积及东亚大槽强度关系密切；冬季受冷空气影响次数、NINO A 区海表温度距平和太平洋十年涛动（PDO）指数支配。各季节不同气候因子的组合能够较好地拟合区域 $PM_{2.5}$ 质量浓度的年变化特征，表明在全球气候变暖的背景下，中国东部的气候变化对 $PM_{2.5}$ 质量浓度具有一定作用。

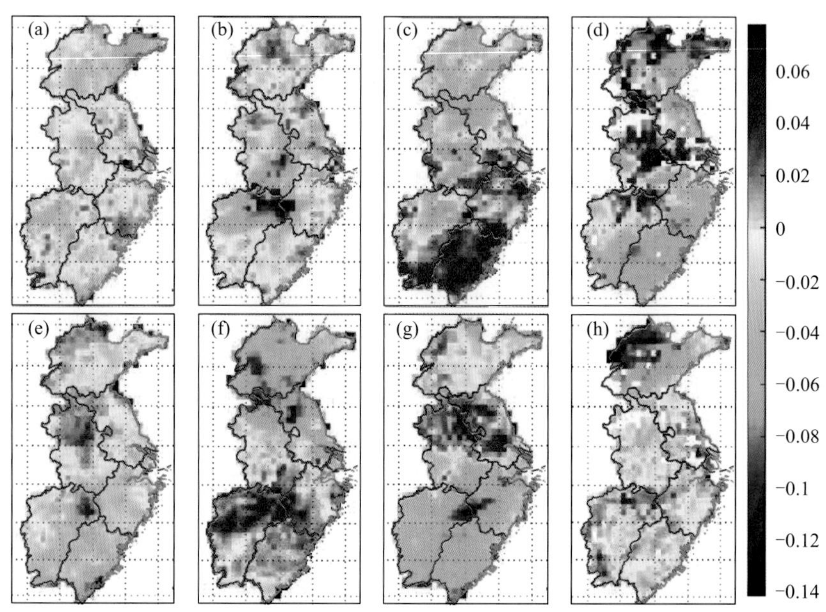

图 4.21 EOF 第一模态 PC1（a. 春；b. 夏；c. 秋；d. 冬）和第二模态 PC2（e. 春；f. 夏；g. 秋；h. 冬）的空间分布

4.3.4 基于卫星反演的 $PM_{2.5}$ 浓度的长期预测

上节分析了影响华东地区 $PM_{2.5}$ 质量浓度分布及其变化的关键气候因子。本节将结合 2000—2015 年 $PM_{2.5}$ 遥感产品和上述气候因子对 $PM_{2.5}$ 质量浓度的时空分布进行预测。

4.3.4.1 算法原理

通过 EOF 可以将 $PM_{2.5}$ 质量浓度空间场分解为空间模态和时间主分量两部分。反之，由前几个模态的时间主分量和空间模态也可以得到原场，即

$$\boldsymbol{X}_{m\times n} \approx \boldsymbol{V}_{m\times k}\boldsymbol{T}_{k\times n} \tag{4.5}$$

若已知下一年的时间函数（$\boldsymbol{T}_{k,\ n+1}$）与原有的空间函数，可以计算出下一年的空间场（$\boldsymbol{X}_{m,\ n+1}$），即

$$\boldsymbol{X}_{m,\ n+1} \approx \boldsymbol{V}_{m,\ k}\boldsymbol{T}_{k,\ n+1} \tag{4.6}$$

下一年的时间函数通过对 2000—2015 年 EOF 的 PC 序列与同时期的气候因子进行逐步回归，即将气候因子作为自变量，PC 作为因变量，拟合出 2016 年的 PC 值，再将 PC 值代入式（4.5）中进行计算，即可算出下一年的 $PM_{2.5}$ 质量浓度空间场。这里选用逐步回归的目的是消除气候因子之间的高相关性。

4.3.4.2 结果与讨论

表 4.4 列出了各季节经筛选的气候因子与 PC 的回归方程。

表 4.4 各季节经筛选的气候因子与 PC 的回归方程

季节	回归方程
春	PC1＝0.7×WPWPS
	PC2＝0.75×APVI
夏	PC1＝0.53×WNPTN＋0.54×NHSHRP
	PC2＝0.68×KCSST
秋	PC1＝0.68×APVA
	PC2＝－0.65×EATI
冬	PC1＝－0.47×CAA＋0.42×NINO A SSTA
	PC2＝－0.48×PPVA－0.37×PDO

注：WPWPS 为西太平洋暖池强度指数，APVI 为亚洲极涡强度指数，WNPTN 为西北太平洋台风数，NHSHRP 为北半球副热带高压脊位置指数，KCSST 为黑潮海温指数，APVA 为亚洲极涡面积指数，EATI 为东亚大槽强度指数，CAA 为冷空气活动次数，NINO A SSTA 为 NINO A 海温异常指数，PPVA 为太平洋极涡面积指数，PDO 为太平洋年代际振荡指数

为了验证预测方法的准确性，利用过去 16 年（2000—2015 年）卫星反演的 $PM_{2.5}$ 质量浓度空间分布建立 EOF 预报方法，对 2016 年华东地区 $PM_{2.5}$ 质量浓度进行预测。图 4.22 显示了夏、秋季预测与实测的距平对比。其中，阴影值代表预测值，等值线图代表实测值，正值代表 $PM_{2.5}$ 质量浓度增加的区域，而负值代表 $PM_{2.5}$ 质量浓度减少的区域。在夏季，预测与实际符号相同的区域占所有格点的 63%，RMSE 为 17.22 $\mu g/m^3$，而秋季相同符号占比为 69.4%，RMSE 为 15.43 $\mu g/m^3$。这表明该方法可用于预报 $PM_{2.5}$ 质量浓度的变化。

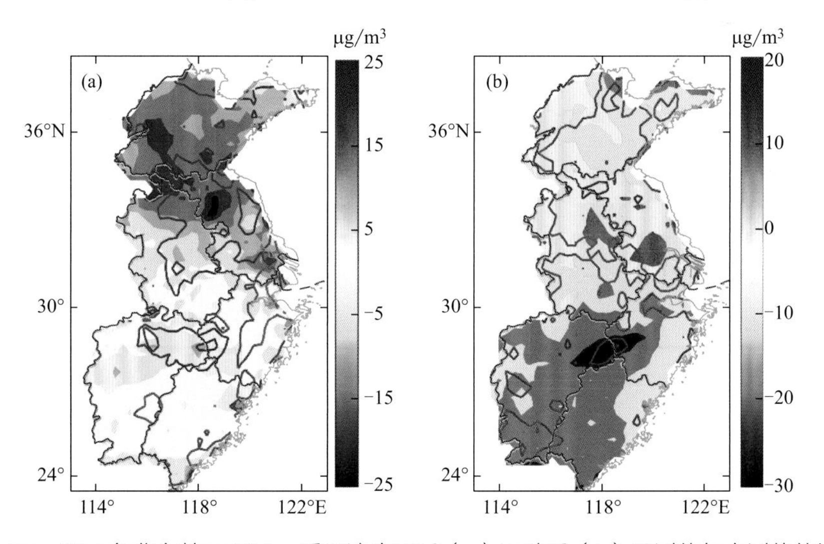

图 4.22 2016 年华东地区 $PM_{2.5}$ 质量浓度夏季（a）和秋季（b）预测值与实测值的比较

需要注意的是，春、冬季的预报效果不如夏、秋两季。这两个季节前两个模态的方差占比较小，不能表征 $PM_{2.5}$ 质量浓度空间场的分布特征。春季由于天气系统变化快，比如寒潮和沙尘暴的频繁发生对气候因子产生扰动，使得春季 $PM_{2.5}$ 质量浓度空间场的统计规律并不明显。

4.3.4.3 小结

本节基于 2000—2015 年 MODIS AOD 反演的季节平均 $PM_{2.5}$ 质量浓度空间分布，结合

EOF 和逐步回归的统计方法与气候指数，建立了华东地区 $PM_{2.5}$ 质量浓度变化的预报方法。通过交叉验证和回顾检验，探讨得出气候对华东内陆的影响比沿海、夏秋的影响比冬春更显著。通过对 2016 年的 $PM_{2.5}$ 质量浓度变化进行验证，取得了满意的效果。最后，揭示了气候因子对过去 16 年华东地区 $PM_{2.5}$ 质量浓度空间分布的贡献为 5%～30%，这表明在全球变暖的大背景下，环流形式的改变对于华东地区 $PM_{2.5}$ 质量浓度分布具有不可忽略的作用。

4.3.5 卫星反演气溶胶对华东地区的辐射影响

大气气溶胶是引起气候变化的一个重要因子，它能够直接吸收和散射太阳辐射，同时作为凝结核（CCN）间接影响云的微物理特征和降水的形成。气溶胶能够通过直接辐射强迫和间接辐射强迫影响气候系统，很多科学家研究了气溶胶的辐射强迫及其气候效应。气溶胶的辐射强迫比温室气体复杂很多，这是由于：(1) 气溶胶自身的特性十分复杂。气溶胶粒子的大小、形状、表面结构、化学组分及其折射率等特性各不相同，而目前对气溶胶各属性的观测均不充分。(2) 气溶胶在大气中的停留时间较温室气体短，导致空间分布的不均匀性和随时间的快速变化。(3) 气溶胶直接辐射强迫作用不仅取决于气溶胶自身的特性，还与下垫面的反射特性有关，气溶胶主要通过短波辐射影响地气系统的辐射平衡，而地表对短波辐射的反照率变化范围很大，从 0.02 至近 1.0。即使气溶胶粒子的物理、化学特性完全没有变化，但由于不同下垫面短波辐射的差异，也会导致增温或者降温效应。(4) 气溶胶直接辐射强迫与云的状况有关，而云又是大气中最不确定的要素之一。因此，在区域尺度上评估气溶胶的直接辐射强迫和天气效应更有价值。过去对气溶胶直接辐射的研究主要集中于地面单站或是个例研究，少有关于气溶胶直接辐射的长期研究。本节将利用卫星遥感手段、辐射传输模式和再分析资料相结合的方式，建立长时间尺度（2000—2016 年）的二维直接辐射强迫反演算法，并分析其演变规律，从而量化气溶胶污染对华东地区辐射收支的贡献。

4.3.5.1 反演算法

(1) 气溶胶直接辐射强迫的计算

近地面气溶胶直接辐射强迫定义为有无气溶胶时净辐射通量之差，计算公式如下：

$$\Delta F=(F_{\downarrow}-F_{\uparrow})-(F_{0\downarrow}-F_{0\uparrow}) \tag{4.7}$$

式中，ΔF 为净辐射通量，即入射辐射量与出射辐射量之差，定义指向地面（向下↓）的辐射量为入射辐射方向，指向大气顶（向上↑）的辐射量为出射辐射方向；F 和 F_0 分别为有气溶胶和无气溶胶时的情况。MODIS 提供气溶胶光学厚度和地表反照率，MERRA-2 提供气溶胶单次散射反照率（SSA），ECMWF 提供整层大气的臭氧、水汽资料和大气廓线。根据 4.3.1 节从 NCEP 资料计算的每日格点化的大气气溶胶垂直廓线，将这些变量作为辐射传输模式的主要输入参数，模式输出大气层顶和地面的向上、向下的辐射量，再根据式 (4.7) 计算直接辐射强迫。本节采用的是加州大学圣塔芭芭拉分校地球系统计算学院在 1998 年开发的平面平行辐射传输模式 SBDART（图 4.23）。

(2) 气溶胶不对称因子（ASY）的反演

辐射模式中唯一未知的输入参数是 ASY，将根据 CERES 卫星提供的大气层顶向上的辐射通量与模式计算的辐射通量相吻合时对应的 ASY 视为当前大气状况下的 ASY 真值。为了提高运算效率，选择二分位法进行格点化 ASY 的提取。

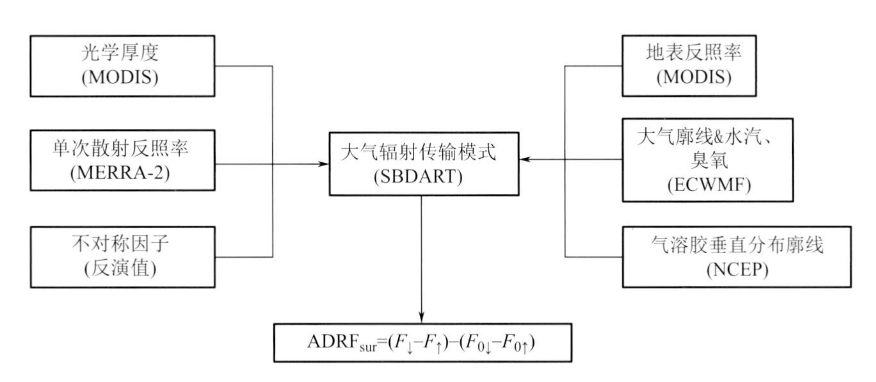

图 4.23　气溶胶直接辐射强迫计算图解

4.3.5.2　结果与讨论

本节利用卫星遥感和再分析资料，模拟了整个华东地区 2013—2016 年的格点化辐射强迫。为了验证模拟结果的准确性，对比了地面向下辐射强迫与太阳辐射计的观测值。图 4.24 显示了 3 个站点（宝山、福州、永安）模拟的辐射量与太阳辐射计观测值的拟合情况，可见城市站和郊区站二者的相关系数均超过 0.86，说明反演算法适用于华东地区。需要注意的是，个别点差异比较大，可能是由于受到了云的干扰（MODIS AOD 产品中去云不彻底，使得有云条件下气溶胶辐射强迫模拟不准确）。此外，热偏移效应使得太阳辐射计存在

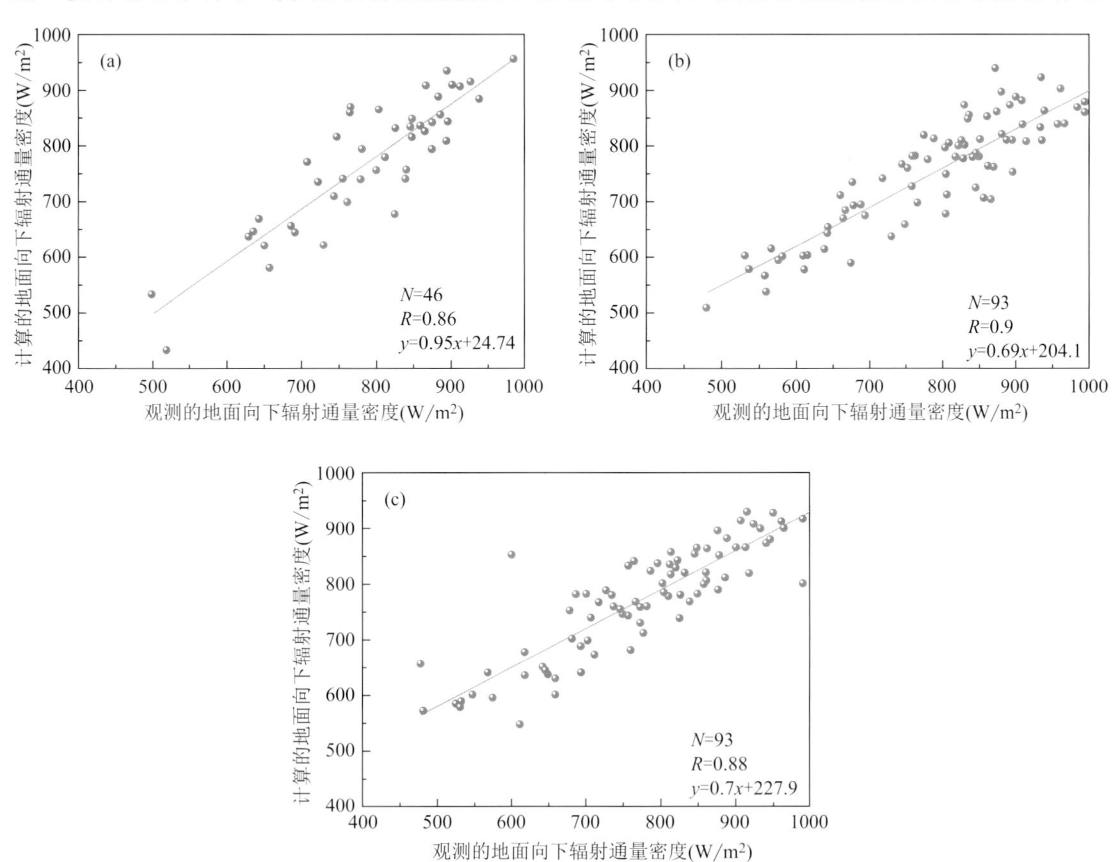

图 4.24　华东 3 个站点模式计算的地面向下辐射与太阳辐射计观测值的验证

（a. 宝山；b. 福州；c. 永安）

一定的系统误差。另外，MERRA-2 产品中只包括了五种常见的气溶胶（硫酸盐、沙尘、海盐、黑碳和有机碳），会影响 SSA 产品在气溶胶种类较多区域的模拟精度。选取特定个例，通过改变某一参数检验该参数对辐射强迫的敏感性。如图 4.25 所示，x 轴代表输入参数基于原参数的比例，大于 1 表示输入参数大于原参数。斜率的绝对值越大表示由于该参数的改变引起的辐射强迫值的变化越大，即对应参数的影响越大。此外，斜率为正表示该参数与辐射强迫为正相关，即随着该参数的增大，辐射强迫值也增大；斜率为负表示二者呈负相关，参数的增加会使得辐射强迫值变小。试验表明，AOD、SSA 和 ASY 是影响地面向上辐射通量最重要的 3 个参数，而对于地面向下辐射强迫，地表反照率、AOD 和 SSA 的影响最大。对于直接辐射强迫而言，SSA、AOD 和 ASY 对其影响很大。因此，以上参数准确性的提高，将有助于改善模拟精度。

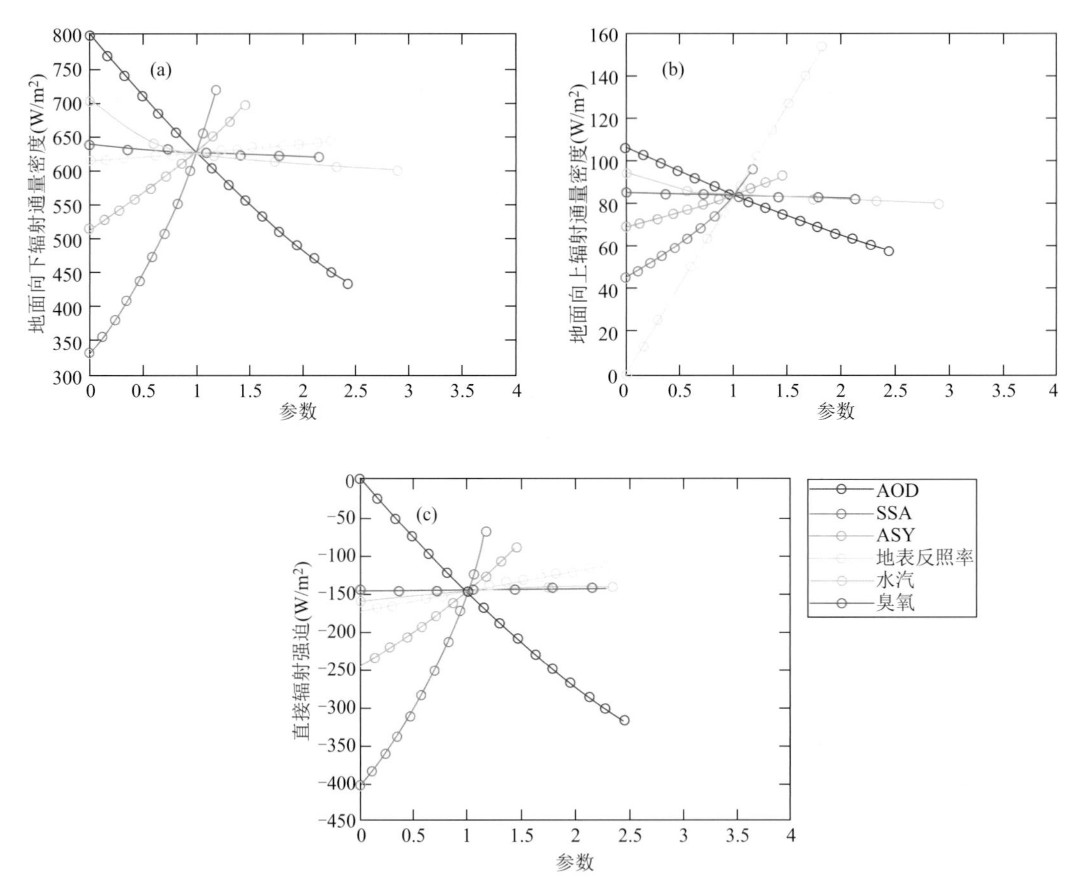

图 4.25　各参数（AOD、地表反照率、SSA、ASY 及水汽、臭氧总量）对地面向下辐射通量（a）、地面向上辐射通量（b）和直接辐射强迫（c）的影响

4.3.5.3　小结

本节基于 SBDART 辐射传输模式，利用卫星遥感和再分析资料模拟了华东地区直接辐射强迫，该方法使得对气溶胶辐射效应的研究不再局限于单个测站。在验证了各参数的准确度之后，通过对比模式模拟的地面辐射通量与太阳辐射计实测值，证实该反演方法的可靠性。进一步对输入参数进行敏感性试验表明，SSA、AOD 和 ASY 的准确性显著影响辐射精度的计算。今后将深入研究近十几年来气溶胶直接辐射的时空变化特征，尤其是探究人为气

溶胶对辐射强迫的贡献以及对地面温度的影响，相信会对气溶胶辐射效应有更深刻的认知，有助于改进和提高气溶胶模拟的准确度。

4.4 气溶胶光学特性的地基遥感

4.4.1　观测及反演方法

利用太阳光度计通过观测太阳直接辐射进而反演得到 AOD，此外还可以得到日周光和太阳所在地平纬圈的天空散射光、反演散射相函数及气溶胶折射率等许多重要的参数。在过去几十年，人们提出了很多方法利用地面测量的太阳直接辐射和太阳所在地平纬圈的天空散射计算大气柱平均气溶胶光学属性，同时考虑了粒子的球形和椭球形近似。毛节泰等（1985）提出，通过逐次迭代，根据测量的天空亮度分布得到一次散射的天空亮度分布。黎洁等（1989）进一步利用该方法反演气溶胶散射的相函数和折射率。在反演算法中处理大散射角的天空散射信息时必须对多次散射效果、地面散射光和上层大气散射贡献进行精确订正。Nakajima 等（1996）提出了一个基于精确的辐射传输模型的反演方案，该方案采用球形粒子近似并考虑了多次散射订正（Skyrad. pack code，以下简称“Skyra 方法”），为了考虑气体吸收作用，在辐射传输模型中使用了特定的波长，在反演过程中采用了归一化的天空散射辐射和气溶胶光学厚度，其中光学厚度的计算要求仪器必须经过绝对定标，因而在考虑了多次散射的辐射传输方程后通过一层平面平行大气模型把光学测量和气溶胶参数联系起来。Olmo 等（2006）在 Nakajima 方法的基础上加入了随机分布的椭球近似，并利用平纬圈测量反演气溶胶参数。

虽然 Skyrad 反演方法建立在比较成熟的理论体系之上，但目前还没有在中国区域进行应用及验证。因此，本节针对临安观测的典型气溶胶类型进行反演，并与基于 Dobivok 等（2000）的反演方法（以下简称“Dobivok 算法”）进行对比，以此说明 Skyrad 反演方法在分析气溶胶光学特征时的可行性及可能存在的问题。

（1）资料及仪器介绍

观测地点位于浙江临安（海拔 14 m），实验所用的 CE318 太阳光度计用于测量太阳直接辐射光谱。CE318 在地面用于测量直射太阳辐射和天空辐射，其中在可见光和近红外的通道用于确定大气透过率和散射特性。它不仅能自动跟踪太阳用于太阳直射辐射测量，而且可以进行太阳等高度角天空扫描、太阳主平面扫描和极化通道天空扫描。太阳等高度角扫描是指观测时保持仪器的天顶角与太阳天顶角相同，而仪器与太阳的相对方位角逐渐变化；主平面扫描是指观测时仪器与太阳之间的相对方位角不变，仪器的天顶角可变。通过测量直射太阳辐射、天空辐射进而推算反演大气气溶胶的光学辐射特性（AOD、粒子谱分布、ω_0、相函数和折射指数），其中 AOD 的反演波长是 340 nm、380 nm、440 nm、500 nm、670 nm、870 nm、936 nm 和 1020 nm，利用平纬圈扫描的天空散射测量仅在 440 nm、670 nm、

870 nm 和 1020 nm 观测。CE318 的波段配置除 936 nm 通道位于水汽强吸收区外，其他都位于大气窗区，在 670 nm 通道有微弱的臭氧吸收。8 个波段的带宽为 10 nm，峰值波长偏差为±12 nm。实际观测时从早晨大气质量数为 6 时（太阳高度角约为 9°）一起自动工作，到下午大气质量数为 6 时结束自动观测。

精确反演 AOD 需要对仪器进行严格标定，而且必须在清洁稳定的大气条件下进行标定工作。在观测开始前一个月左右由生产厂家进行定标。此外，仪器要在 3 个月到半年的间隔内利用 Langley 方法进行外场标定以保证定标系数的准确性。Langley 方法的基本原理是：假设大气状况稳定，$\tau(\lambda)$ 基本不变，测量不同太阳天顶角（θ）的太阳直接辐射强度。把测得的电压 $V(\lambda)$ 以大气质量 m 为自变量，根据 $\ln V(\lambda)$ 与 m 的线性关系外推到 m 为 0 时的 $\ln V_0(\lambda)$ 就是标定系数的对数。实际计算时，根据 $\ln V_0(\lambda)+\ln R^2$ 与 m 的关系拟合，直线的斜率就是垂直光学厚度 $\tau(\lambda)$，截距就是太阳光度计获得的大气外界太阳辐射强度 $V_0(\lambda)$ 的对数即 $\ln V_0(\lambda)$。2007 年 8 月 8—17 日在浙江临安对仪器进行了定标，图 4.26a 是 2007 年 8 月 17 日太阳光度计各波段太阳直接辐射测量值的时间变化，发现随太阳高度角的增加，各波段的测量值也逐渐增大，这和大气质量数的变化有关。图 4.26b 给出了同一天各波段的定标结果，图中横坐标是大气质量数，纵坐标是 $\ln[V(\lambda)R^2]$，各个波段的测量值由散点给出，各个波段拟合的斜率绝对值表示当天对应波长的大气光学厚度，而直线的截距就是定标常数。从图中可以看到，用于拟合的各点与拟和直线十分吻合，拟和参数在表 4.5 中给出，可以认为这次试验取得的定标参数非常合理。标定后光学厚度的反演误差和天空散射测量的相对误差分别<±0.01 和<±5%。

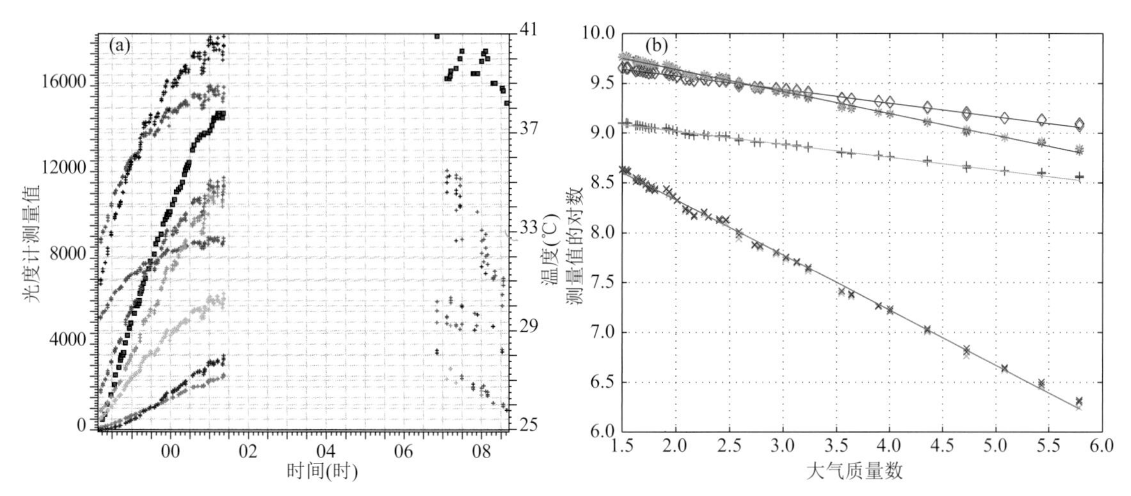

图 4.26　2007 年 8 月 17 日太阳光度计各波段太阳直接辐射测量值随时间的变化（a）以及 Langley 方法的定标曲线（b）

表 4.5　CE318 的标定结果

通道(nm)	太阳光度计标定常数	相关系数	方差	光学厚度
1020	9337	0.996	28.4	0.13
870	14122	0.997	2.5	0.14
670	18142	0.997	18.8	0.22
440	10596	0.999	94.5	0.55

（2）数据质量控制及去云方案

直接辐射AOD反演的数据质量控制方法：第一，对于所有波段而言，如果某一时刻反演得到的光学厚度小于0.01，则该时刻的所有反演结果均剔除；第二，对于三次一组的反演结果，只要任何一次大于或小于平均AOD的0.02或0.03，则该组数据不可用；第三，对于全天观测而言，如果500 nm的气溶胶光学厚度的标准偏差小于0.015，则认定该天所有结果都有效；若该条件不满足，则选定平滑因子D为

$$D^2=\int_{t1}^{t2}\left[\frac{\partial^2\tau(t)}{\partial t^2}\right]^2\mathrm{d}t\leqslant D_c^2 \tag{4.8}$$

式中，D_c^2为一天中AOD可能达到的最大变化量，一般采用经验值16。若D不满足小于16的条件，则认为一天中最大的AOD是云污染结果，从数据序列中去除后，返回第二步判断；若满足$D<16$，则继续进行下一步判断；第四，对于全天观测而言，只选择满足τ（500 nm）$\pm 3\sigma$和Angstrom指数$\alpha\pm 3\sigma$之内的数据作为有效结果，其中τ（500 nm）是500 nm的日平均光学厚度，σ为标准偏差，α根据440～870 nm的光学厚度利用最小二乘法估算。图4.27给出了直接辐射AOD反演的数据质量控制方案。

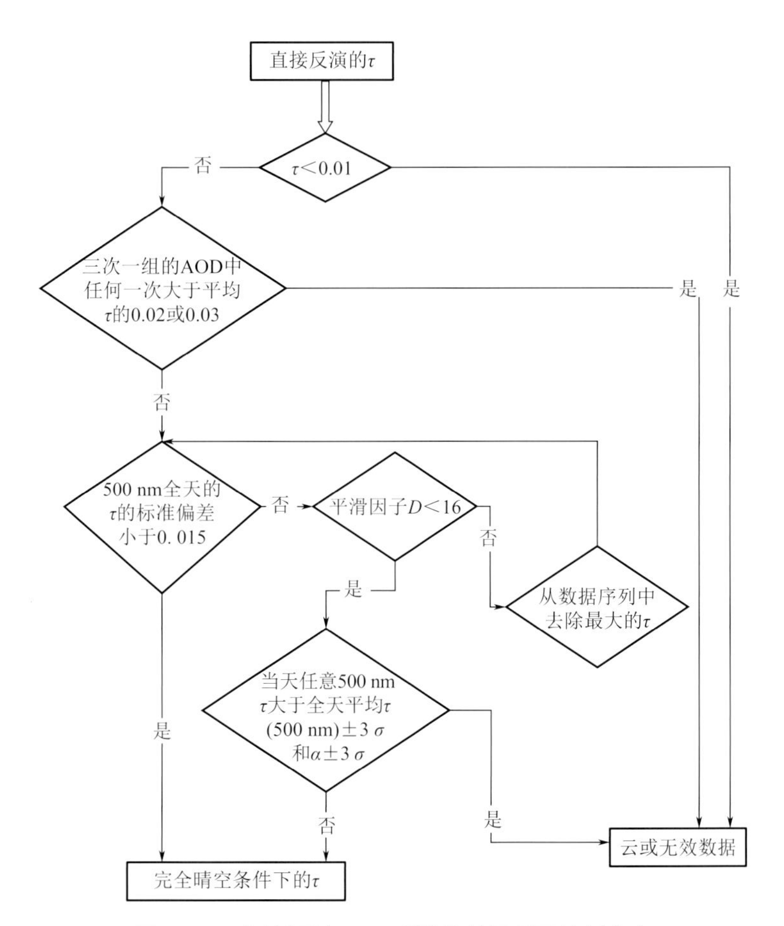

图4.27 直接辐射AOD反演的数据质量控制方案

天空散射反演的质量控制标准：去云对于CE318观测反演AOD的精确程度非常重要，而利用平纬圈扫描观测的天空散射反演气溶胶参数也要采用检查对称性的方法剔除云的干

扰。对于空间均匀大气而言，平纬圈扫描观测得到的左半部和右半部的天空散射应该一致，而两边的不对称处表明存在云或其他不均匀因子的影响，在反演的过程中需要将这部分测量值剔除。对于有云的大气平纬圈反演，当满足标准的散射角数量小于 21 个（最大 28 个）时，反演的结果就不可信，进而放弃该时刻的计算。通过程序自动判别扫描数据质量，消除光晕测量的不对称数据。定义角度不对称因子为 $(l-r)/(l+r)\times 0.5$，其中 l 和 r 分别为左边和右边天空散射测量，当不对称因子超过 10%，则该角度的数据不进入反演过程。如果有效反演角度小于 21 个，则不对该时刻的观测结果进行反演。为了得到高精度的气溶胶反演信息，具体反演标准可以描述为：(1) 只用对称的天空辐射测量参与反演过程，满足对称的角度大于 21 个；(2) 反演结果的拟合误差小于 5%；(3) 只在气溶胶含量 τ（440 nm）$\geqslant 0.5$ 和太阳天顶角 $>50°$ 的情况下进行反演，对于海洋气溶胶其光学厚度标准可以降低。

(3) AOD 的反演方法

根据 Bouguer 定律，在地面直接测得的太阳辐射能 F（W/m^2）和波长的关系为

$$F(\lambda)=F_0(\lambda)R^{-2}\exp[-m\tau(\lambda)] \tag{4.9}$$

式中，F_0 为日地平均距离处大气上界的太阳直接辐射度；R 为日地距离；m 为大气质量；$\tau(\lambda)$ 为波长 λ 的大气总光学厚度。若 F 在太阳光度计上的响应值是 DN，则式（4.9）可变为

$$\mathrm{DN}(\lambda)=\mathrm{DN}_0(\lambda)R^{-2}\exp[-m\tau(\lambda)] \tag{4.10}$$

式中，DN_0 为标定常数。日地修正因子采用下式近似：

$$R^{-2}=1+0.033\cos\frac{2\pi J}{365} \tag{4.11}$$

式中，J 为一年中的日序数。大气质量采用太阳天顶角 θ_0（单位：°）的函数形式表示如下：

$$m=\frac{1}{\cos\theta_0+0.15\times(93.385-\theta_0)^{-1.253}}\times\frac{P}{1013.25} \tag{4.12}$$

将式（4.11）变换并取对数得到

$$\ln[\mathrm{DN}(\lambda)R^2]=\ln\mathrm{DN}_0-m\tau(\lambda) \tag{4.13}$$

根据 DN_0 的数值通过式（4.13）可以计算出 $\tau(\lambda)$。总的大气光学厚度 $\tau(\lambda)$ 由三部分组成：瑞利散射 $\tau_R(\lambda)$、气体吸收光学厚度 $\tau_g(\lambda)$ 和气溶胶光学厚度 $\tau_a(\lambda)$，即

$$\tau(\lambda)=\tau_a(\lambda)+\tau_R(\lambda)+\tau_g(\lambda) \tag{4.14}$$

其中瑞利散射 $\tau_R(\lambda)$ 部分由下式给出

$$\tau_R(\lambda)=0.008569\lambda^{-4}(1+0.0113\lambda^{-2}+0.00013\lambda^{-4})\frac{p}{1013.25}\mathrm{e}^{-0.125H} \tag{4.15}$$

式中，H 为海拔高度（km）；p 为大气压（Pa）；$\tau_g(\lambda)$ 为气体吸收消光光学厚度（如臭氧、水汽等），4 个通道中只有 670 nm 有微弱的臭氧吸收。

臭氧的光学厚度 $\tau_{oz}(\lambda)$ 采用如下公式计算：

$$\tau_{oz}(\lambda)=a_{oz}(\lambda)\frac{U}{1000} \tag{4.16}$$

式中，$a_{oz}(\lambda)$ 为臭氧吸收系数；U 为臭氧含量（单位为 DU）。臭氧含量可从 NASA 网站提供的 TOMS 遥感产品下载，臭氧吸收系数见表 4.6。

表 4.6 CE318 各个波段的臭氧吸收系数

波段(nm)	1020	870	670	440	500	936	340
$a_{oz}(\lambda)$	0.0000491	0.00133	0.0445	0.0026	0.0315	0.000493	0.0307

对于水汽，只在 936 nm 波段上考虑。对于臭氧则需要在每个波段上都考虑，而其他一些吸收气体诸如 NO_2 和 CO_2 在太阳光度计所配置的波段上影响非常小，在处理时可忽略它们的影响。

(4) Angstrom 指数的计算

Angstrom 给出了 AOD 与波长之间的关系式：

$$\tau_{aer}(\lambda)=\beta\lambda^{-\alpha} \tag{4.17}$$

式中，$\tau_{aer}(\lambda)$ 为 AOD；β 为 Angstrom 混浊系数，代表大气中气溶胶的浓度；α 为 Angstrom 波长指数。对于不同波长相除后取对数，则 Angstrom 波长指数可以表示为

$$\alpha=-\frac{\ln[\tau_{aer}(\lambda_2)]-\ln[\tau_{aer}(\lambda_1)]}{\ln\lambda_2-\ln\lambda_1} \tag{4.18}$$

α 的取值范围一般设为 $0<\alpha<2$，平均值大约为 1.3。较小的 α 值表示较大粒径的气溶胶粒子为主控粒子，相反，较大的 α 代表较小粒径的气溶胶粒子为主控粒子。例如，当 α 接近于 0 时，说明气溶胶主控粒子是大粒径的沙尘粒子，而当 α 接近于 2 时，气溶胶主控粒子是小粒径的烟雾粒子。

(5) 等天顶角观测的气溶胶参数反演

Dobivok 算法是目前 AERONET 反演气溶胶的业务方法，该算法基于统计原理考虑了已知的气溶胶特征和光谱辐射特性，在一定的理论模型基础上拟合与实测数据的最佳结果。拟合的数学基础是矩阵反演和单变量张弛法。通过该算法可以从太阳光度计观测的直射和散射辐射数据反演得到气溶胶的粒子谱、折射率和一次散射反射比。需要说明的是由于算法中对折射率的波长关系进行了平滑限制处理，因此，该算法的反演结果会对粒子谱的反演结果产生平滑影响。

即使测量数据存在一定的系统偏差或随机偏差，该算法的反演精度仍然较高。但是当光学厚度较低或者散射角（≤75°）较小时，就会产生较大的反演误差。在无系统偏差的情况下，Dobivok 算法反演得到的折射率实部的标准偏差约为 0.01，折射率虚部的标准偏差约为 10%，一次散射反射比的标准偏差约为 0.01。粒子谱的反演误差是粒子尺度的函数，当气溶胶粒子尺度较小或较大时反演误差都会增大。研究表明，当粒子半径 $<0.1\ \mu m$ 或 $>0.7\ \mu m$ 时反演的相对偏差会急剧增加，甚至高达 60%。另外，当利用等天顶角测量数据反演气溶胶参数时，测量误差对反演精度将产生更大的影响。当太阳高度角为 60°时，对于一定的测量误差（光学厚度误差为±0.01，天空散射误差为±5%，光度计指向方位角误差为 0.5°，地面反射率估计误差为±50%）反演得到的水溶性和生物燃烧气溶胶的粒子谱的误差在 15%～100%，其中对于粒子尺度半径在 0.1～7 μm 的反演结果精度最高；一次散射反射比的反演误差为 0.03，当 440 nm 波长的光学厚度较小时（≤0.2），误差会升高到 0.05～0.07。

对比其他大多数气溶胶光学属性反演方法，Nakajima 算法充分考虑了各个散射角的多次散射效果，采用了 IMS（改进的多次和单次散射）方法并使用 δ-M 近似对气溶胶相函数进行截断处理，取其第一和第二阶散射求解辐射传输方程。基于 Nakajima 算法的

Skyrad. pack 利用光度计测量的太阳直接辐射和归一化天空散射数据可以反演出柱平均气溶胶的光学和物理参数。反演需要的输入量包括太阳光度计测量的地理位置（所在时区经度）、太阳天顶角、太阳与地球的相对位置（即日地距离）、波长数量和对应波长的测量值、散射角、归一化天空辐射值、各波长的光学厚度及地面反射率、气溶胶折射率和反演气溶胶的半径范围。反演得到的物理量主要包括气溶胶体积谱、各波长的光学厚度和一次散射反射比、相函数。实际反演中对天空散射测量值不需要绝对标定。对于体积谱分布反演结果，当粒子半径为 0. 1～0. 7 μm 时，相对误差在±10％以内，当粒子半径＜0. 1 μm 或＞0. 7 μm 时反演结果的相对偏差非线性增加到 60％，对大粒子的反演偏差更大一些。

4. 4. 2 反演结果分析

4. 4. 2. 1 气溶胶光学厚度

为了分析 Skyrad 方法反演气溶胶光学参数的有效性和合理性，分别选取了 3 个典型的太阳光度计观测个例进行反演。图 4. 28 给出了 2007 年 8 月 12 日 08：20（个例 1）、8 月 14 日 09：08（个例 2）和 8 月 17 日 07：55（个例 3）不同波长的气溶胶光学厚度的反演结果。从图 4. 28 中可以看出，反演得到的 AOD 随着波长的增加而逐渐减小，这是因为气溶胶成分在不同波段具有显著差异。440 nm 波段受人类活动的影响很大，对气溶胶物理、化学特性的变化比较灵敏，而另外 3 个波段的变化受人类活动的影响较小，但 1020 nm 波段对大气中沙尘的反应比较灵敏。

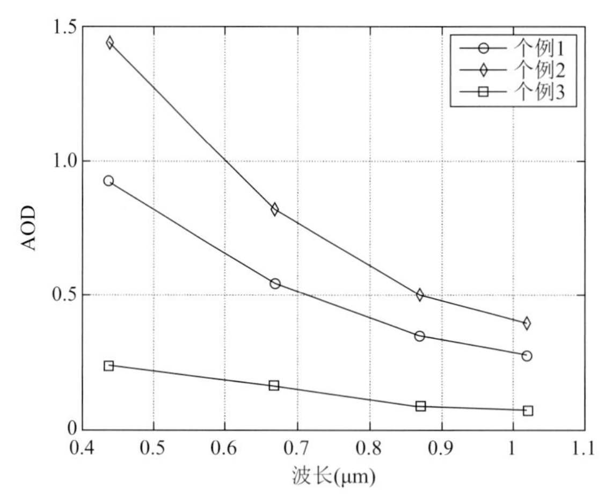

图 4. 28　2007 年 8 月 12 日 08：20（个例 1）、14 日 09：08（个例 2）和 17 日 07：55（个例 3）利用直接辐射结果反演得到的 AOD 随波长的变化

对于个例 2 和个例 3，反演的 440 nm 的 AOD 分别为 1. 44 和 0. 23，670 nm 的 AOD 分别为 0. 82 和 0. 16。可以看出，个例 2 和个例 3 各波长的 AOD 具有量级的差异。个例 3 的大气十分洁净，而个例 2 明显受到污染排放的影响，气溶胶含量较高。同时计算显示它们的 Angstrom 波长指数分别为 1. 34 和 0. 86。这表明在临安观测期间，随着气溶胶消光作用的增加，波长指数会增加，其中大气中小粒径的气溶胶浓度增大对总 AOD 的贡献更加显著。波长指数 α 反映了大气中不同半径气溶胶粒子的比例。α 越大则小粒子所占比例越大，其中 α 与气溶胶平均半径的对应关系参考表 4. 7。一般而言，影响气溶胶粗细粒分布的因素包括

粒子来源、天气状况、传输特征、气溶胶理化形成机制等。海洋气溶胶的来源以海水飞沫溅射和蒸发产生的海盐粒子为主，因此海盐主要以大颗粒出现（γ>1 μm）。根据表中的关系和反演的 Angstrom 指数可见，个例 2 的气溶胶类型接近于海洋气溶胶和城市/工业气溶胶的混合类型，而个例 3 的气溶胶主要由大粒径的海盐粒子组成。

表 4.7　波长指数 α 与气溶胶平均半径 γ 的统计关系

α	0	1.3	1.5	2.0	2.25	3.0	3.8～4.0
γ(μm)	>2.0	0.6	0.5	0.22～0.25	0.15	0.062～0.10	≤0.02

4.4.2.2　等太阳天顶角观测的光学参数

（1）天空辐射及云检测

图 4.29a、b、c 分别为个例 1、个例 2 和个例 3 的观测数据。横坐标是与太阳方位的角度差，负角和正角分别表示光度计的左旋和右旋，纵坐标为光度计在指向角度接收到的辐射量响应值。从图中可以发现，左圈扫描和右圈扫描的对称性很好，两条曲线上的所有点均满足（$l-r$）/（$l+r$）×0.5<10%的条件，并且每条曲线上都没有明显的不连续点，表明该时刻光度计等纬圈扫描得到的辐射量在各个角度均未受到云污染。从 3 个个例的结果可以看

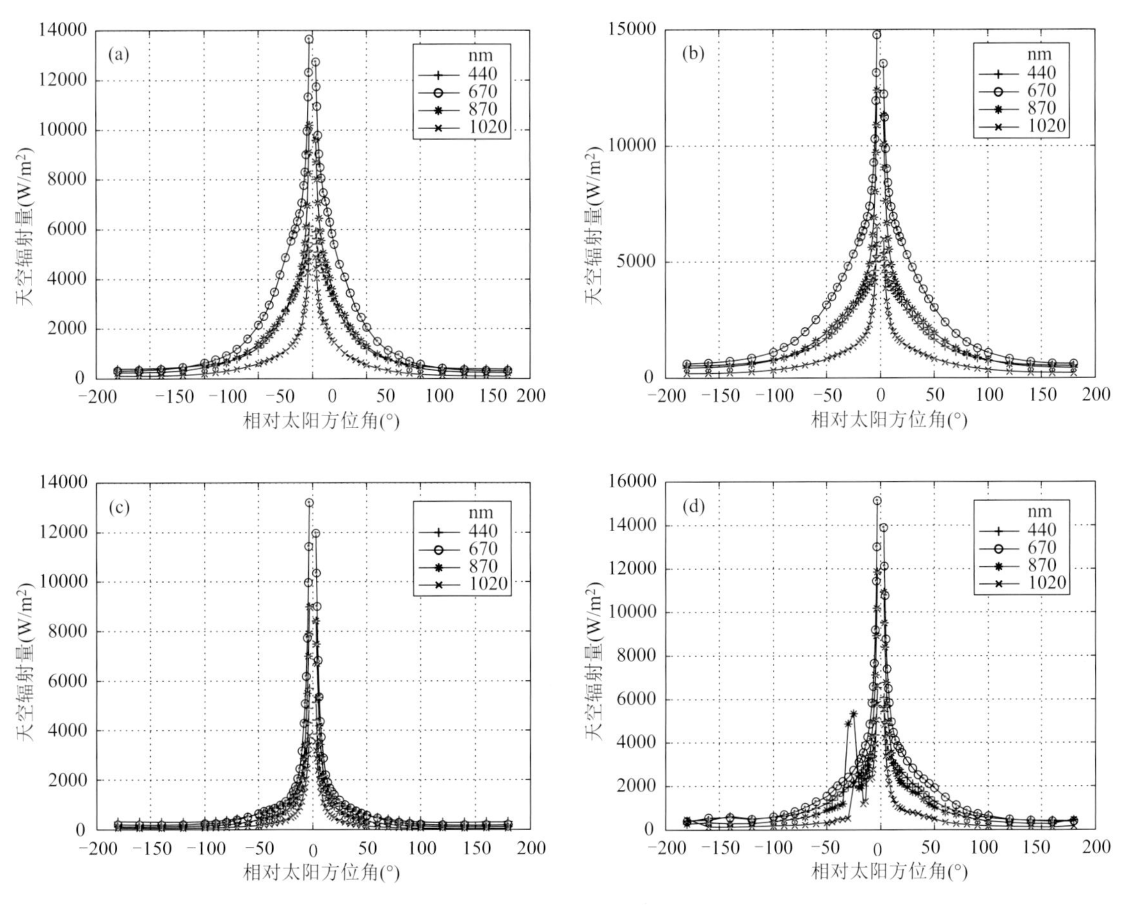

图 4.29　个例 1（a）、个例 2（b）、个例 3（c）和 2007 年 8 月 17 日 15：10（d）等纬圈扫描的观测数据（负角度表示太阳光度计向左半边扫描，正角度表示右边扫描所对应的相对太阳方位角。图中红点表示云检测算法识别的晴空数据）

出，在 4 个波长中 1020 nm 的辐射量随相对方位角的变化最强烈，尤其是相对方位角较小时（<50°），该波长的辐射量随角度的增大迅速减小。440 nm 和 870 nm 的辐射量随相对方位角几乎同步变化，而 670 nm 辐射量的变化最为缓慢。为了证明云检测方法的有效性，可以看到左圈扫描时 10°～50°辐射量有明显的变化，且具有一定的不连续性，同时根据云判别算法也判别这个角度存在云的影响，可见该算法自动判别等纬圈晴空观测的结果比较合理。需要注意的是，当扫描遇到云时，870 nm 和 1020 nm 的辐射量变化更加明显，而其他两个波长的观测值几乎不受影响，可以认为随着波长增加，辐射量对云的存在更加敏感，云对长波的散射能力更强。

为了把两种测量统一起来，CE318 等纬圈扫描时在 6°做了两次纪录。因为<6°时采用的是光晕测量，而>6°时改用散射测量，两者的增益不同。通过同一角度的测量可以建立不同方式测量结果的关系，同时也可以消除仪器性能的影响。

（2）AOD、ω_0 和相函数 g

表 4.8 列出了 3 个例子利用等天顶角观测数据反演得到的不同波长气溶胶 AOD、ω_0 和 g 的结果，同时给出了基于 Dobivok 反演算法得到的各参数的数值。太阳辐射通过地球大气时受到气溶胶粒子的散射和吸收作用，ω_0 是气溶胶散射消光系数与总消光系数的比值，反映了气溶胶粒子的散射辐射能力。在研究气溶胶直接辐射强迫时，气溶胶的 ω_0 是一个十分关键的参数。计算结果显示，在个例 1 和个例 2 中各波段 ω_0 均大于 0.93，且随着波长的增长呈递减趋势。Dobivok 反演结果与 Skyrad 反演结果比较一致，但相对较大一些。从两天的例子可以发现，两种算法得到的 ω_0 在 440 nm 相差最大，如个例 1 的差别为 0.018，个例 2 的差别为 0.024，而两个个例在 870 nm 的差别仅为 0.002 和 0.018。

表 4.8 利用等天顶角观测数据基于 Skyrad 和 Dobivok 两种算法反演得到 3 个例子的不同波长气溶胶 AOD、ω_0 和 g

波长(μm)		ω_0		AOD		g	
		Skyrad	Dobivok	Skyrad	Dobivok	Skyrad	Dobivok
个例 1*	0.44	0.9627	0.9804	0.9248	0.9287	0.6902	0.7823
	0.67	0.9599	0.9671	0.5400	0.5405	0.6632	0.7395
	0.87	0.9552	0.957	0.3453	0.3430	0.6388	0.7016
	1.02	0.9510	0.9529	0.2742	0.2706	0.6211	0.6711
个例 2**	0.44	0.9567	0.9802	1.4401	1.4923	0.6747	0.7677
	0.67	0.9492	0.968	0.8172	0.8425	0.6475	0.6985
	0.87	0.9417	0.9589	0.5009	0.5245	0.6239	0.6525
	1.02	0.9353	0.9548	0.3934	0.4061	0.6069	0.6193
个例 3***	0.44	0.9229	0.9095	0.2337	0.2025	0.7155	0.7464
	0.67	0.9257	0.8678	0.1584	0.1205	0.7127	0.6912
	0.87	0.9290	0.8492	0.0837	0.0797	0.7149	0.6711
	1.02	0.9314	0.8476	0.0681	0.0777	0.7149	0.6624

* 表示 Skyrad 算法误差为 14.45%，Dobivok 算法误差为 11.22%

* * 表示 Skyrad 算法误差为 16.36%，Dobivok 算法误差为 10.44%

* * * 表示 Skyrad 算法误差为 16.77%，Dobivok 算法误差为 10.27%

与之对应，AOD的反演结果表明，Skyrad方法的计算也与Dobivok结果几乎一致。与同一时刻的直接辐射反演的AOD比较，虽然两种算法的AOD在个例2中与直接辐射AOD的值更加接近，但Skyrad算法得到的AOD明显更接近直接辐射AOD。

图4.30是利用三个例子的等太阳天顶角观测数据反演得到的不同波长相函数。然后根据相函数计算各个波长的不对称因子（表4.8）。可以发现，对于个例1和个例2，不对称因子g呈现随波长的增加而下降的趋势，这与Dobivok结果的变化一致，但Skyrad的反演结果相对Dobivok结果有所降低，并且波长越小，两种算法计算的g差异越大。在个例1中，440 nm的结果相差0.09，而1020 nm相差0.05；对于个例2的结果，440 nm相差0.09，而1020 nm相差0.01。

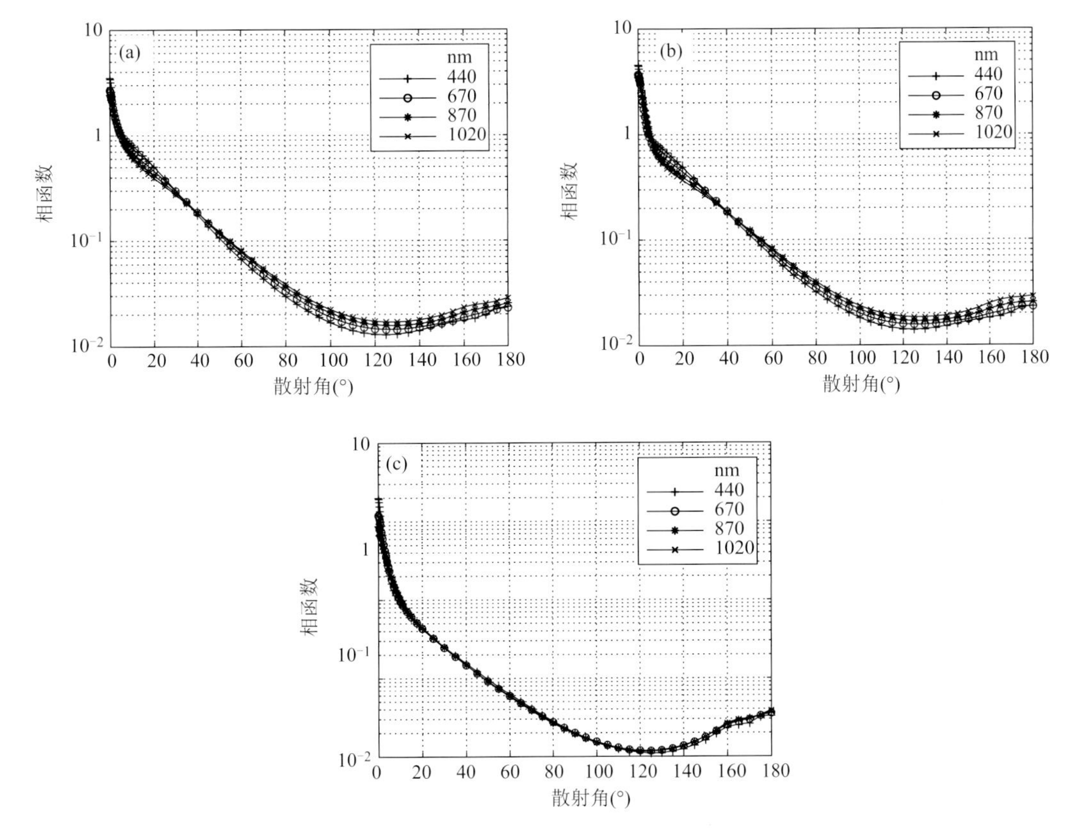

图4.30 个例1（a）、个例2（b）和个例3（c）等太阳天顶角观测模式下反演得到的不同波长的相函数

个例3与个例1、个例2的不同之处是该时刻大气清洁度很好、AOD较低。从两种算法得到的AOD也可以看出，两种算法的最大AOD都在440 nm，结果约为0.2，同时两种算法计算的各波长的AOD数值也比较一致。Skyrad反演得到该时刻所有波长的SSA均小于0.94，较Dobivok的计算结果偏大，最大偏差为1020 nm，两者相差0.08。Skyrad的计算结果表明，ω_0随着波长的增大呈现上升的趋势，这与Dobivok的结果相反。但Skyrad算法得到的AOD在这个例子中明显更靠近直接辐射AOD。需要注意的是，较高的SSA对应于绝对值较小的折射率虚部，但这两个量仍然有一定的差别。根据米散射理论，折射率虚部代表了气溶胶粒子对光的吸收作用，而SSA不仅与吸收有关，还和粒子的尺度分布有关。在这个例子中，根据Skyrad算法反演的相函数计算出来的不对称因子与波长的关系不太明

显，虽然 440 nm 的 g 值在所有波长中仍然最大，但 670 nm 的 g 值却最小，而 870 nm 和 1020 nm 的 g 值几乎相等，这种波长变化和 Dobivok 算法反演的趋势存在一些差异，但两者在数值上相差不大。

表 4.8 还列出了两种算法反演 3 个例子的计算误差。误差是（AURC（i）－AUR（i））/AUR（i）的标准偏差，其中 AUR（i）和 AURC（i）分别是第 i 个散射角上测量和反演的天空辐射的值。可以看到，在 3 个例子中 Skyrad 的计算误差与 Dobivok 相比稍大，但都在 20％以内。对于个例 3 呈现的 AOD 较小、SSA 较小的特点，Skyrad 的计算误差有所增加，达到 16.77％。这表明在 AOD 较小时，散射光中所包含的信息量减少，Skyrad 算法的稳定性有所降低，但其反演结果依然能够定量表征气溶胶的光学特征。

（3）粒子体积谱的反演

气溶胶粒子的大小决定了气溶胶的光学属性，在 Skyrad 反演算法中选择反演气溶胶的粒子半径范围为 0.05～15 μm，分为 22 个间隔。同样，Dobivok 粒子谱反演算法中粒子半径的反演范围和间隔取相同的数值。反演气溶胶粒子谱分布时需要给定粒子的初始复折射指数，采用经验值 1.500－0.005i，理论分析表明，复折射指数对反演结果影响不大。图 4.31 给出了反演的 3 个例子气溶胶粒子谱分布的结果，并且和 Dobivok 算法的反演结果进行比较。由图可见，Skyrad 反演得到气溶胶体积谱的形态接近双峰型谱，第 1 峰位于半径 0.2～0.4 μm 处；第 2 峰位于半径 2～6 μm。对于个例 1 和个例 2 这种 AOD 较大的情况，爱根核模态粒子的体积浓度占较大比例，和水溶性污染气溶胶特征类似，气溶胶的体积浓度向细粒

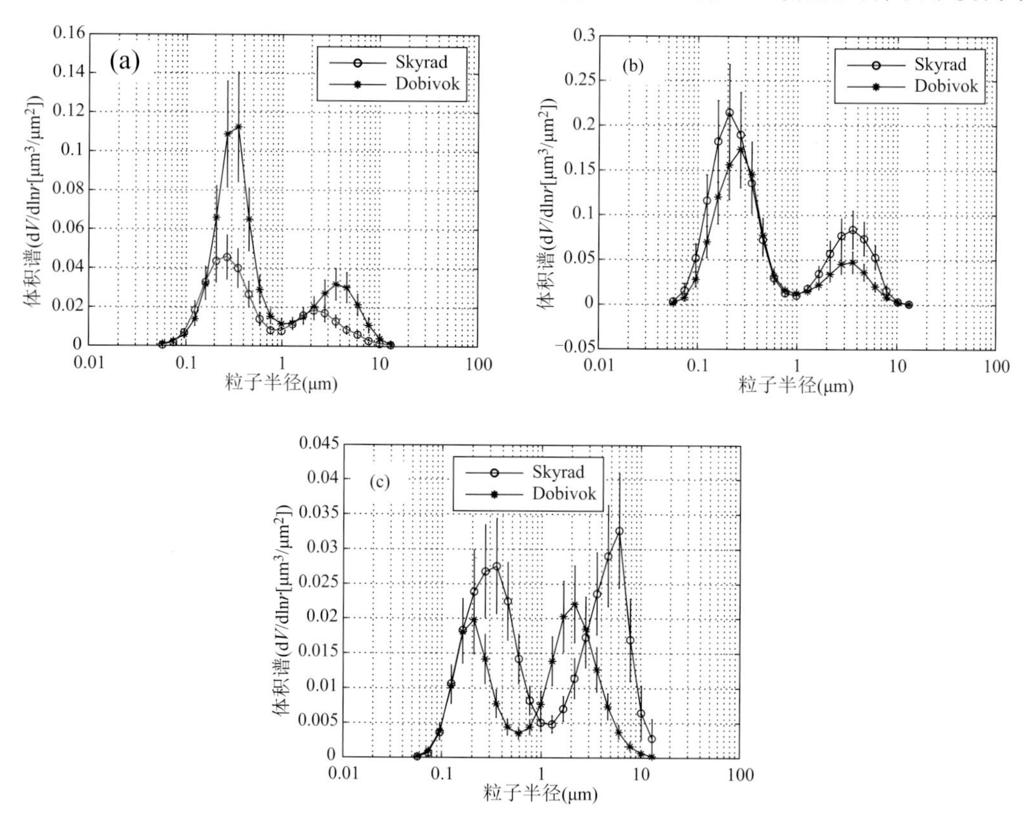

图 4.31　个例 1（a）、个例 2（b）和个例 3（c）由两种算法反演得到的气溶胶粒子体积谱分布
（点上竖线表示反演的误差范围）

子倾斜。细颗粒物多来源于人类活动如燃烧过程。Skyrad 算法的反演结果在谱型上与 Dobivok 算法的反演结果较一致，尤其是在反演半径范围的两端几乎完全相同。但在峰值半径和峰值体积浓度上，Skyrad 的结果与 Dobivok 具有一定的差异。而对于大多粒子半径上的体积浓度，两种方法反演的结果在误差范围内基本重合，表明 Skyrad 算法反演的粒子体积谱分布总体可信。对于个例 3 的清洁条件，Skyrad 算法得到的峰值半径与 Dobivok 算法的结果存在明显的差异，粒子体积谱的形态明显向大粒子方向倾斜。

为了进一步比较两个算法的结果，利用双模态粒子对数正态分布模型计算了两种算法得到的谱分布的峰值体积浓度、峰值体积平均半径及其谱宽，计算结果分为粗模态和细模态（表 4.9）。可以看出，对于大气浑浊度较高的个例 1 和个例 2，两种算法通过双模态粒子对数正态分布拟合得到的体积浓度和峰值半径基本一致。Skyrad 的峰值体积浓度与 Dobivok 的相对偏差最大为 54%，峰值平均半径最大偏差为 21%，粗模态的谱宽差别很小，而粗模态谱宽的最大偏差为 34%。个例 3 中两个算法的峰值平均半径出现较大的差异，Skyrad 结果明显偏大，尤其在粗模态半径偏大约 111%，细模态的峰值体积浓度的偏差也高达 100%。谱分布的这种差异表明，当大气混浊度较低时，Skyrad 谱分布反演结果的可信度降低。Dobivok 等（2000）对反演误差的分析结果也表明，当光学厚度很低时很难正确反演气溶胶的一些光学和微物理属性。例如，折射率和一次散射反射比的反演误差会随光学厚度下降而迅速增加，谱分布的反演同样具有相同的趋势。这和本节对个例 3 中 Dobivok 的谱分布结果一致。

表 4.9 根据粒子体积谱分布计算得到的粗模态和细模态的峰值体积浓度（Cv）、峰值体积平均半径（Rv）和谱宽（σ）

		Cv（$\mu m^3/\mu m^2$）		Rv（μm）		σ	
		Skyrad	Dobivok	Skyrad	Dobivok	Skyrad	Dobivok
粗模态	个例 1	0.03	0.05	2.47	3.00	0.56	0.56
	个例 2	0.11	0.09	3.24	2.86	0.50	0.51
	个例 3	0.04	0.03	4.31	2.04	0.52	0.56
细模态	个例 1	0.06	0.13	0.27	0.33	0.55	0.41
	个例 2	0.27	0.21	0. 22	0.28	0.51	0.44
	个例 3	0.04	0.02	0.31	0.24	0.60	0.41

4.4.3 气溶胶光学特性的演变特征

本节分析上海地区大气气溶胶光学特征的演变。观测站点位于上海市浦东新区气象局，观测仪器是太阳光度计（CE-318），观测时间为 2007 年 4 月—2009 年 1 月。采用 Skyrad 算法反演气溶胶谱分布、相函数 ω_0 以及不对称因子 g，得到气溶胶光学参数变化特征。

（1）光学厚度（AOD）和粒径大小

AOD 和 Angstrom 指数是描述气溶胶光学特征的基本物理量，被广泛用于计算大气气溶胶的含量，研究气溶胶粒径谱分布，并用于卫星反演产品中气溶胶光学特性的验证。

图4.32显示了观测期间AOD和Angstrom指数的月平均变化。其中AOD在1月最低（0.43），6月最高（4.41）。冬季，天气干燥寒冷，盛行强的西北风，有利于气溶胶扩散，由于相对湿度较低，气溶胶吸湿效应很弱，因此，冬季平均AOD较低。Angstrom指数在3—5月最低，秋季的Angstrom指数大于夏季。春季呈现出高AOD和低Angstrom指数的特点，原因是春季上海明显受到沙尘天气的影响，空气相对干燥。如图4.33所示，沙尘影响时，$PM_{10}/PM_{2.5}$的值显著增大，在3月尤其显著，表明沙尘对AOD和Angstrom指数具有明显影响。沙尘粒子的影响可以一直延伸到对流层中部，进而影响整层柱状平均气溶胶粒子大小并使Angstrom指数减小。上海AOD的峰值出现在夏季，一方面强的太阳辐射促进了气粒转化，从而产生更多的二次气溶胶细颗粒物；另一方面受夏季风影响，充沛的水汽输送使得相对湿度最高，硫酸盐、硝酸盐等亲水性颗粒物的吸湿增长过程增加了气溶胶的消光作用。此外，5—6月上海周边地区存在秸秆燃烧事件，也会导致AOD的短暂增加。

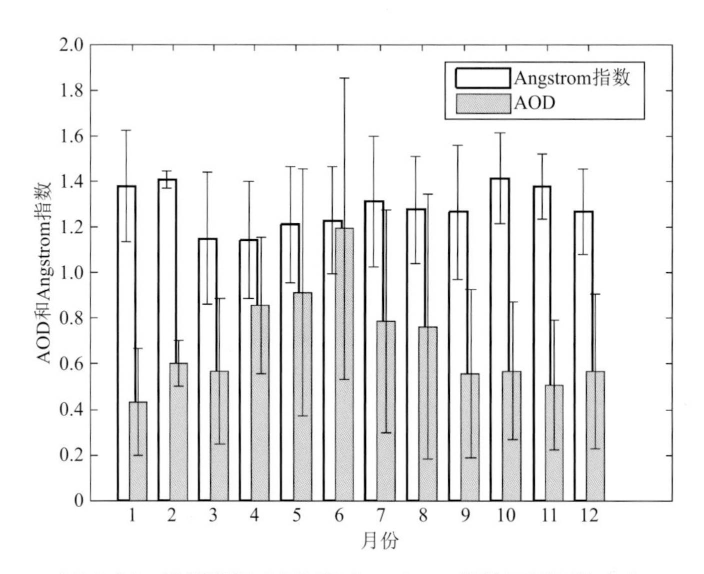

图4.32　观测期间AOD和Angstrom指数逐月平均变化

图4.34显示了AOD和Angstrom指数的频率分布。由图可见，两个参数都呈现对数正态分布。图中虚线和折线分别表示AOD和Angstrom指数的频率拟合曲线。F、x和σ分别代表对数正态分布的峰值、平均值和标准值。AOD主要分布在0.2～1.0，占整个样本的80%。低AOD（AOD≤0.6）占总样本的47%。中等AOD（0.6<AOD<1.0）占33%。高AOD（AOD>1.0）占20%。AOD很少出现大于1.6的情况，仅占8%。0.4～0.6区间的AOD样本占32%。Angstrom指数主要集中在1.4～1.6，占总样本的38%，大于1.8和小于0.6的样本分别占总数的0.3%和1%。总样本与对数正态分布一致（平均1.29；中位数1.34）。上海气溶胶主要来自城市工业和生物质燃烧。基于其Angstrom指数平均值，可以推断上海上空的气溶胶主要是大陆型气溶胶，此外还混合了传输的沙尘气溶胶。

（2）气溶胶单次散射反照率

气溶胶单次散射反照率在观测期间的平均值为0.94±0.02，分布范围在0.81～0.97。

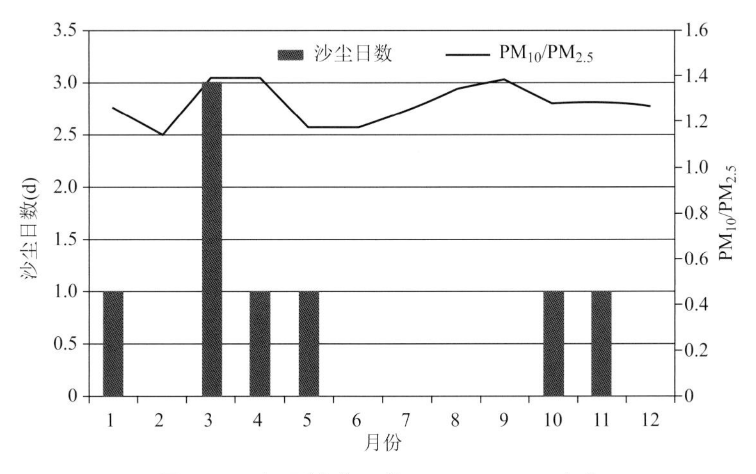

图 4.33　逐月沙尘日数及 $PM_{10}/PM_{2.5}$ 变化

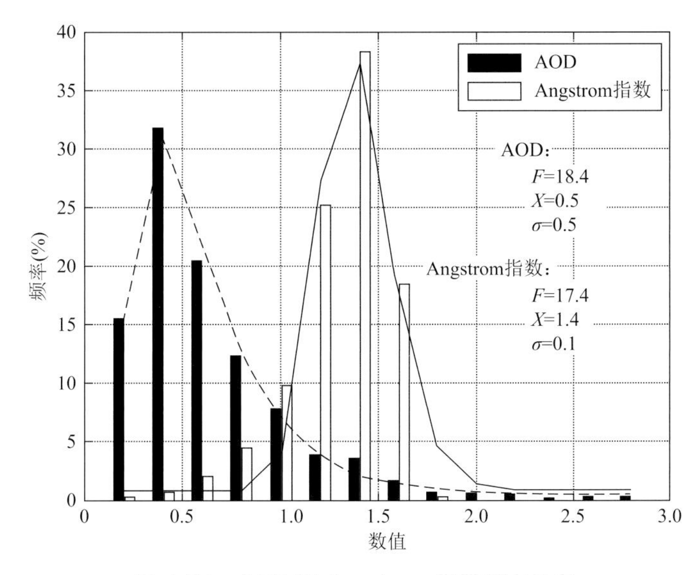

图 4.34　AOD 和 Angstrom 指数频率分布

Levy 等（2007）将气溶胶按照 ω_0 数值分类如下：城市/工业气溶胶是非吸收性气溶胶，代表性值为 0.95；一般的森林烟雾和发展中国家气溶胶排放被归类为中等吸收的气溶胶，代表值为 0.90；来自草原大火的烟雾气溶胶是高吸收气溶胶，代表性值为 0.85。根据上述分类标准，认为东南亚的气溶胶主要由非吸收的气溶胶组成。本节对上海气溶胶的反演和该结论较为一致。图 4.35 给出了 ω_0（550 nm）逐月平均变化。图中显示 3 月的 ω_0 月平均最小，值为 0.92，最大值（0.95）出现在 8 月。低 ω_0 一般代表沙尘和生物质燃烧气溶胶，高 ω_0 通常对应高湿度环境下的水溶性气溶胶。但也有研究发现，城市的工业/城市气溶胶的 ω_0 在相对湿度＞90％也可以呈现出低值。每个波段的平均值都大于 0.91，并且在可见光波段随着波长增加呈下降趋势（表 4.10）。冬季气溶胶在每个波段的消光特性几乎相同。除春季外，ω_0 的范围随着波长的增加逐渐增大。而春季由于沙尘影响气溶胶粒子集中于粗粒子。对于每个波段，气溶胶粒子的散射特性在春季最弱，但它们的吸收性却在春季最强。与此相反，气溶胶的散射特性在夏季最强，而吸收特性在夏季最弱。

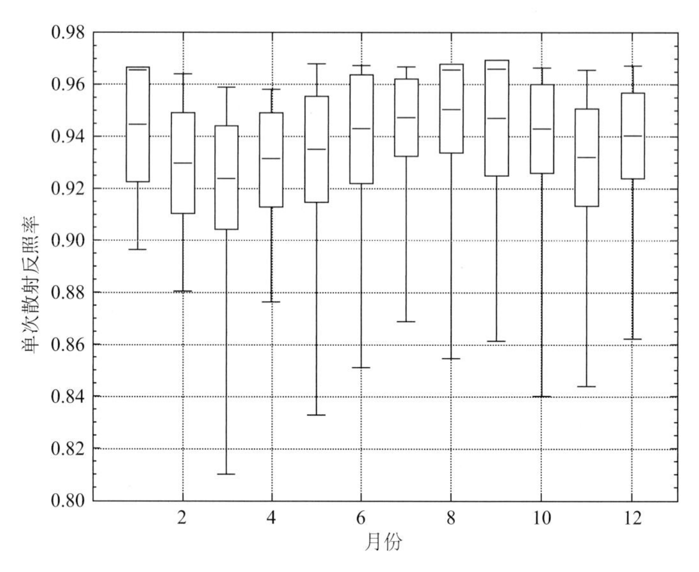

图 4.35 单次散射反照率逐月平均变化

表 4.10 不同季节下单次散射反照率在不同波段的平均值 ω、最大值 ω_{max}、最小值 ω_{min}

季节	440 nm			670 nm			870 nm			1020 nm		
	ω	ω_{max}	ω_{min}	ω	ω_{max}	ω_{min}	ω	ω_{max}	ω_{min}	ω	ω_{max}	ω_{min}
春	0.935	0.968	0.802	0.925	0.968	0.818	0.92	0.965	0.823	0.917	0.962	0.825
夏	0.95	0.968	0.849	0.944	0.968	0.829	0.938	0.967	0.815	0.933	0.966	0.813
秋	0.944	0.968	0.842	0.934	0.967	0.821	0.928	0.966	0.815	0.923	0.964	0.817
冬	0.942	0.969	0.868	0.934	0.967	0.84	0.929	0.963	0.828	0.925	0.961	0.826

（3）气溶胶粒径谱分布

气溶胶粒径谱在不同的样本中呈现不同的形态，包括单峰、双峰和三峰。然而，大多数气溶胶粒径谱都可以用双峰分布来表征，当粒子半径为 0.2～5 μm 时，体积浓度通常达到最小值。反演的体积分布的结果表明，每种形态都比较接近对数正态分布。然而也有一些体积分布偏离对数正态分布。研究表明，这种偏差对辐射的影响很小。最小体积浓度选择 0.2～5 μm，作为细模态和粗模态粒子的截断点。图 4.36 显示了气溶胶平均体积分布在 4 个季节的反演结果。$dv(r)/d\ln r$（对于垂直空气柱来说，指的是单位面积每对数半径上的粒子体积浓度）被用来表示气溶胶粒径谱分布，并计算了每种模态的体积浓度的中值半径和标准偏差。燃煤产生的颗粒物直径通常小于 1 μm，而汽车尾气产生的颗粒通常小于 2 μm。一些观测显示，汽车排放物是爱根核气溶胶的主要来源（直径≤0.1 μm）。城市光化学烟雾污染颗粒物的直径为 0.002 μm，沙尘粒径一般大于 2 μm。由此可见，气溶胶粒径谱分布的第一峰值主要与人类活动有关，如煤炭燃烧和车辆排放。唐孝炎等（2006）揭示亚微米颗粒物主要来源是燃烧过程，并认为细颗粒物主要来源于人类活动。气溶胶粒径谱分布的第二峰值主要由传输、扬尘和沙尘产生的土尘颗粒组成。海浪也可以产生大量海盐气溶胶（Angstrom 指数在 1.1～1.8），而来自干旱和半干旱地区（如西北、内蒙古）土壤颗粒物通过传输可以产生大量粗颗粒物。影响粒径谱分布的因素包括颗粒物燃烧状态、燃料特性，颗粒物的寿命，燃烧强度，环境温度和相对湿度。春季，大小粒子在每个气溶胶对数半径间隔最大。尺寸为 1～2 μm 的大颗粒体积浓度特别高。上海的积聚模态浓度在秋季最低，但粗模态几乎与冬季相等，表明秋季由于气溶胶源的改变，气体粒子转化生成的气溶胶显著减少而大颗粒增加。

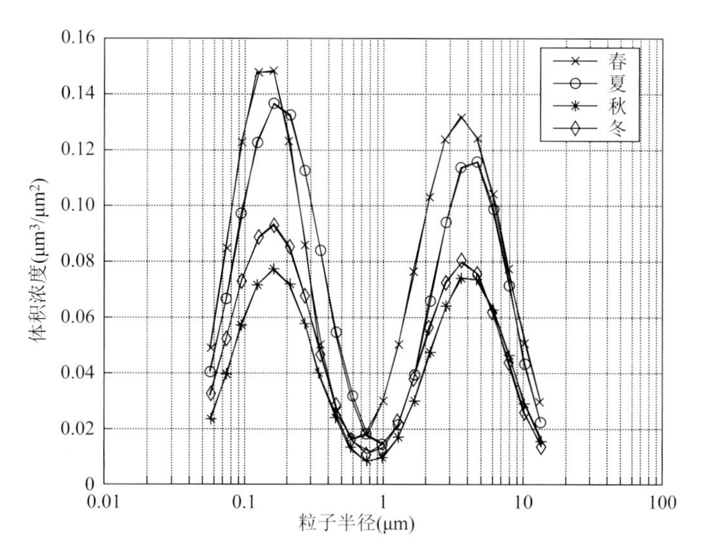

图 4.36　上海气溶胶在不同季节下体积浓度分布情况

探究气溶胶光学性质与光学厚度的关系有助于厘清气溶胶光学特征与颗粒物质量和气溶胶过程（即老化、颗粒尺寸和成分转换等）。图 4.37 显示了上海不同模态下气溶胶体积浓度与 AOD 的关系。气溶胶总体体积浓度随 AOD 升高而增加（相关系数 0.78）。积聚模态和粗模态与 AOD 都呈现正相关趋势。其中，积聚模态气溶胶与 AOD 的相关性（0.85）高于粗模态（0.47）。这意味着上海气溶胶光学性质的变化主要与积聚模态粒子的形成、发展和清除有关。图 4.38 揭示了 ω_0 与气溶胶体积浓度的关系，认为 ω_0 不仅与折射率有关（主要是虚部），也与颗粒大小有关。气溶胶体积浓度与 ω_0 呈负相关（−0.37），表明气溶胶体积浓度越高，气溶胶粒子吸收性越强。积聚模态的拟合线斜率及其相关系数接近 0，表明积聚模态的体积浓度对气溶胶散射能力的影响很小。然而粗模态气溶胶的体积浓度随着 ω_0 的增加而降低，相关系数为−0.46（样品量为 1431）。这表明大颗粒物在颗粒消光过程中的吸收效率更大。

4.4.4　生物燃烧气溶胶的光学特征

生物质燃烧是空气污染的重要来源之一。本节以两个上海重污染事件为例，详细探究大气颗粒物的光学性质和化学成分的差异，其中一个个例和生物质燃烧相关，另一个则与沙尘天气有关。

（1）观测站点和数据

观测站点位于上海市浦东新区气象局。利用 CE-318 太阳光度计观测反演气溶胶光学特征（AOD、SSA、相函数、粒子谱分布、Angstrom 指数 α）。利用 M9003 积分浊度计测量

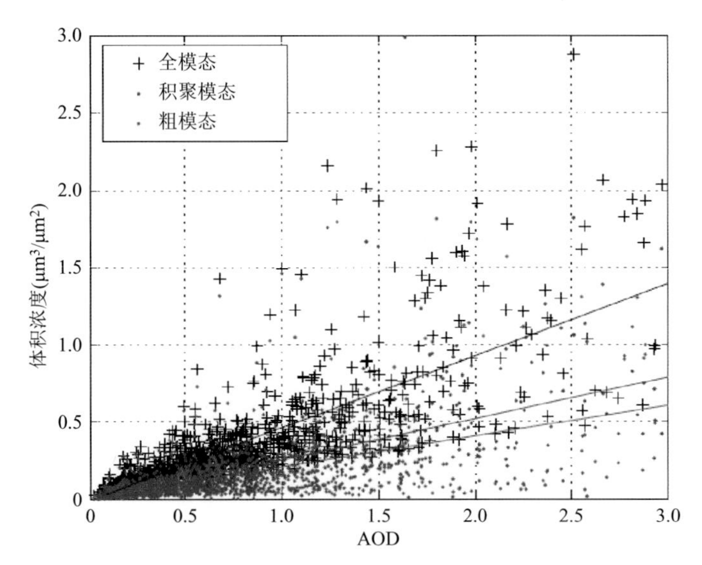

图 4.37　观测期间气溶胶积聚模态和粗模态气溶胶体积浓度随 AOD 的变化
（蓝线是积聚模态拟合曲线，红线是粗模态拟合曲线，黑线是这两种气溶胶类型总体的拟合曲线）

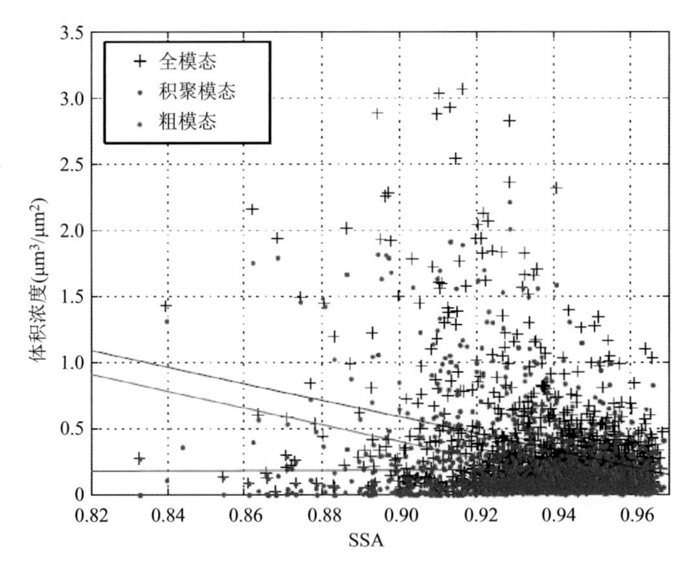

图 4.38　观测期间气溶胶积聚模态和粗模态气溶胶体积浓度随 SSA 的变化

气溶胶 525 nm 处的散射系数。利用 GRIMM EDM 180 测量 PM_{10}、$PM_{2.5}$ 和 PM_1 的质量浓度。用微脉冲激光雷达（MPL-4B）探测气溶胶消光系数的垂直分布。MPL 输出功率为 12 J，波长为 532 nm，垂直分辨率为 30 m，积分时间为 30 s。用 ADI 2080 在线监测气溶胶和气体的分析仪（MARGA）测定水溶性气溶胶无机离子和微量气体的质量浓度（NH_4^+、Na^+、K^+、Ca^{2+}、Mg^{2+}、SO_4^{2-}、NO^{3-}、Cl^-、HCl、HNO_2、SO_2、HNO_3、NH_3），该仪器位于复旦大学第四教学楼楼顶，时间分辨率为 1 h。生物质燃烧火点位置从 Terra 和 Aqua 极轨卫星上的 MODIS 中获取。MODIS 产品（MOD14A1，MYD14A1）用于识别火点位置（https：//lpdaac. usgs. gov/data access）。

（2）观测结果分析

一般将日平均 K^+ 浓度用作生物质燃烧排放的指标，以识别是否发生生物质燃烧事件。K^+ 浓度的日均值根据 MARGA 观测获取。由图 4.39a 可见，K^+ 浓度具有显著的日变化，最高值、最低值分别出现在 5 月 30 日（8.19 g/m^3）和 6 月 19 日（0.043 g/m^3）。K^+ 浓度从 5 月 26 日开始急剧增加，在 5 月 30 日达到峰值，然后在 6 月 17 日降至背景值。峰值 K^+ 浓度大约是背景浓度的 27 倍。同时，$K^+/PM_{2.5}$ 的变化趋势与 K^+ 非常相似，表明生物质燃烧对上海 $PM_{2.5}$ 质量浓度的增加具有显著影响。图 4.39b 显示了同一时期 AOD 和 α 的变化，与清洁条件下的 500 nm AOD 相比（6 月 18 日），5 月 29 日出现生物质燃烧时 AOD 增加到 1.00，比清洁时增加了 37%。5 月 29 日，$K^+/PM_{2.5}$ 的值达到观测期间的最大值，同时 α 日平均值达到 1.53，同样表明生物质燃烧对细颗粒物浓度具有显著贡献。此外，由太阳光度计观测得到的日平均气溶胶吸收波长指数（AAE）的时间序列变化可见，它与气溶胶成分和类型密切相关。5 月 29 日，AAE 值为 1.48，代表上海地区大气气溶胶明显受到生物燃烧的影响，与 5 月 30 日—6 月 1 日和 6 月 14—15 日的气溶胶类型相似。5 月 29 日 AAE 值与 AOD 同步变化，4 个峰值（6 月 3 日、5 日、10 日和 13 日）均高于 1.5，但 6 月 3 日和 6 月 10 日的 α 值接近 1，表明即使 K^+ 浓度明显高于背景值，期间仍以较大粒径为主。根据 Russell 等（2010）的研究，6 月 3 日和 10 日长三角明显受到沙尘颗粒的影响，而 6 月 3 日 $PM_{2.5}/PM_{10}$ 的值急剧下降（图 4.39c），说明大颗粒气溶胶粒子明显增多。同时，6 月 5 日和 13 日的气溶胶 AAE 和 α 值更高，表明典型的城市/工业气溶胶以细颗粒物为主。

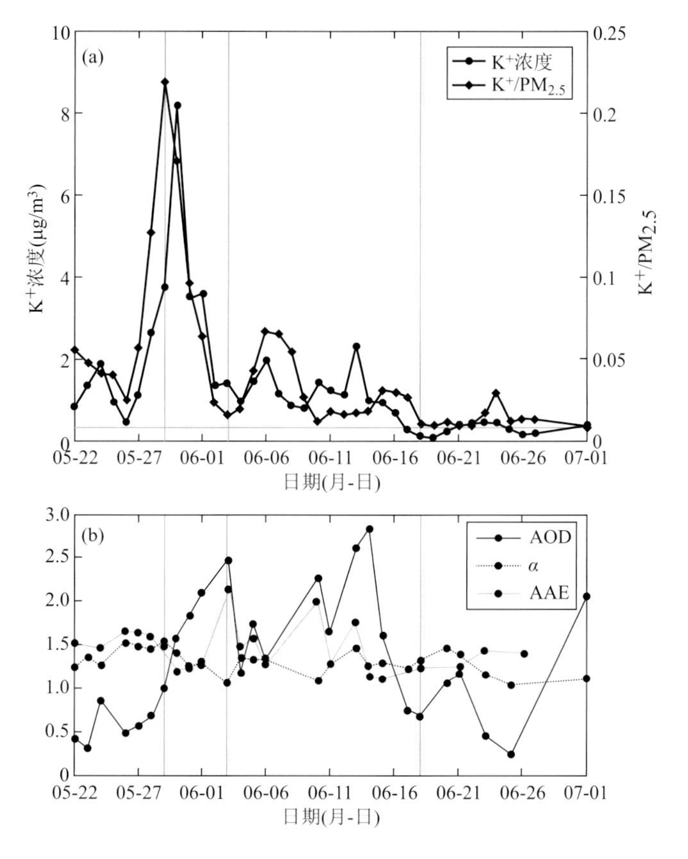

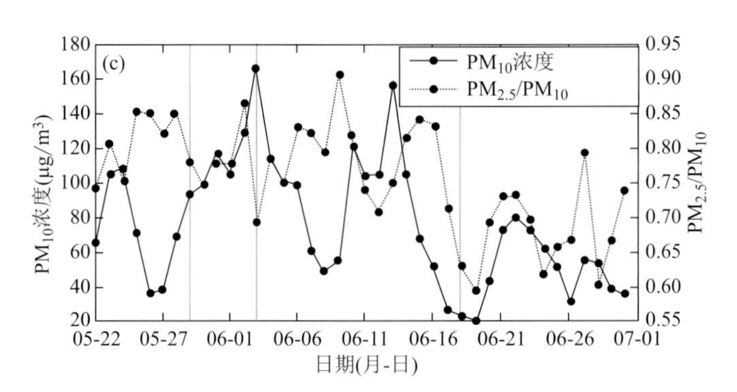

图 4.39 K^+ 浓度及其与 $PM_{2.5}$ 比值日变化（a）、太阳光度计观测到的 AOD、 AAE 和 α 日变化（b）以及 PM_{10} 和 $PM_{2.5}/PM_{10}$ 的日变化（c）（3 条红线表示由生物质燃烧（5 月 29 日）和沙尘（6 月 3 日）引起的两次严重雾霾事件以及洁净背景条件（6 月 18 日））

利用 MODIS 火点产品，结合拉格朗日轨迹模型（HYSPLIT，http：//www. arl. noaa. gov）研判生物质燃烧及传输对目标区空气质量的影响。图 4.40 分别显示了 5 月 31 日、6 月 3 日和 6 月 18 日之前前 5 天监测的 MODIS 火点分布。当 K^+ 浓度增加时，卫星监测的火点数目也在同步增加。如图 4.40a 所示，在目标区的西南部出现了大量的火点，明显和秸秆燃烧有关。使用 HYSPLIT 模型，分别在近地面、边界层内和边界层外 3 个高度（10 m、500 m、1000 m）计算过去 120 h 到达目标区的后向气团轨迹，可以发现不同高度的气团均经过东北部的生物质燃烧地区，此外，一些气团也经过了海洋区域，形成了海洋气溶胶与生物质燃烧气溶胶的混合。与图 4.40a 显著不同的是，卫星观测显示 6 月 3 日火点数目明显减少，而且后向气团轨迹以相对较慢的速度经过中国东部城市地区。此外，6 月 18 日的后向轨迹气团主要来自海洋。

图 4.41a 利用太阳光度计的观测数据显示了 AAE 和 α 之间的关系，两者呈现 3 个不同的扇区，每个扇区对应不同的气溶胶类型。与 6 月 18 日清洁日相比，5 月 29 日计算的两个参数的增量呈现出更加显著的气溶胶细模态分布和气溶胶消光特性，这与生物量燃烧产生大量细颗粒物有关。6 月 3 日，α 接近 1 并且 AAE 值达到最大，为 2.14，表明气溶胶中粗模态颗粒显著增多。6 月 18 日，AOD 的平均值最小，且 α 的平均值为 1.6，这可能与来自海洋地区的气溶胶粒子有关，而且通过与城市气溶胶粒子混合导致相对较小的 AAE。图 4.41b 显示了没有生物质燃烧情况下 AOD 光谱的变化。5 月 29 日，生物质燃烧影响了区域空气的光学特性，AOD 光谱曲线其斜率较高，导致较短波长的 AOD 快速增加，表明在此期间小颗粒的消光特性明显增强。6 月 3 日，在沙尘气溶胶影响下，AOD 显示出与生物质燃烧气溶胶相似的波长依赖性；然而较长波长的 AOD 也明显增加，表明大颗粒的沙尘颗粒物具有显著的消光能力。

图 4.42a 显示了在生物质燃烧、沙尘和相对清洁条件下 SSA 在不同波段的变化。受生物质燃烧影响，SSA 显著降低。在相对清洁的条件下，SSA 为 0.92，但受到生物质燃烧影响时，670 nm 处的 SSA 在 5 月 29 日降低到 0.9。670 nm 处的 SSA 在 6 月 3 日达到 0.96，表明当地沙尘颗粒具有很强的散射能力。较低的 SSA 值反映了生物质燃烧气溶胶的强吸收能力。此外，随着 AOD 和 α 的增加，SSA 的减少证实了与沙尘、海洋气团相比，生物质燃烧空气团中包含大量的细颗粒物。在生物质燃烧的影响下，随着波长的增加 SSA 显著降低，这与沙尘条件下的变化不同。如图 4.42b 所示，5 月 26—30 日生物质燃烧期间，K^+ 浓度的

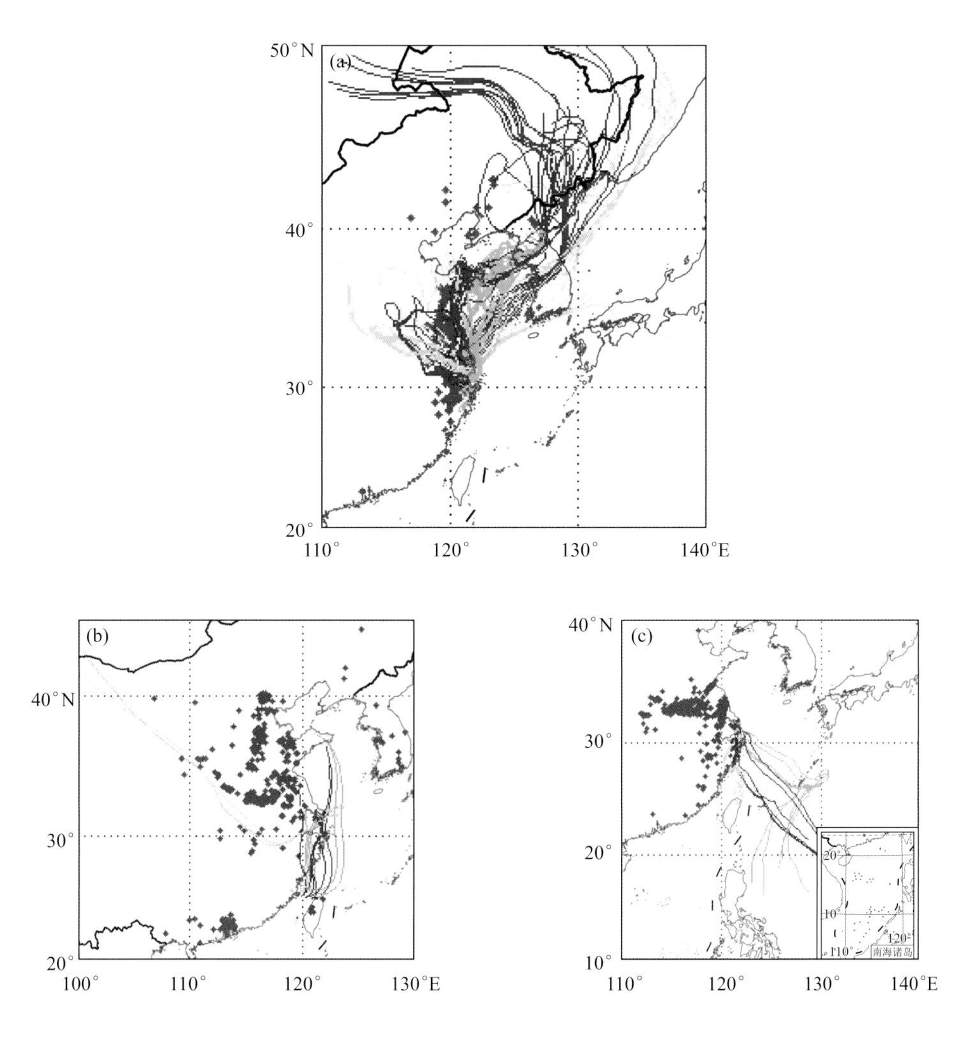

图 4.40　中国东部地区火点产品（MOD14A1 和 MYD14A1）覆盖 3 个高度的 120 h 后退轨迹（10 m（绿色）、 500 m（蓝色）和 1000 m（青色）；后向轨迹的开始时间根据太阳光度计 AOD 观测时间而定）（a. 5 月 29—31 日； b. 6 月 3 日； c. 6 月 18 日）

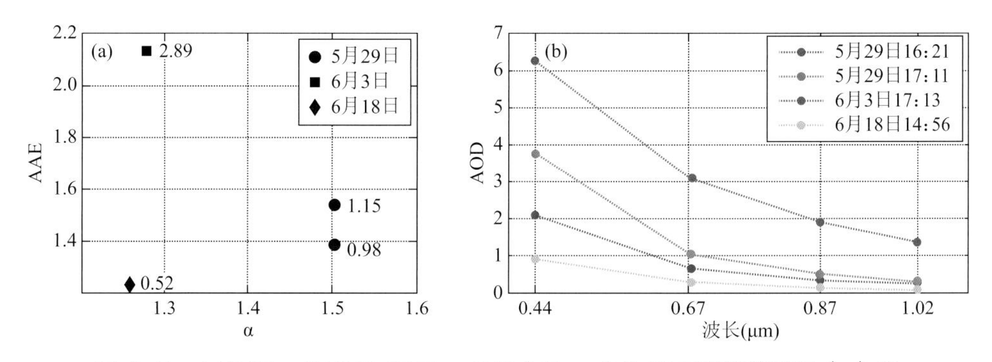

图 4.41　AAE 和 α 在 5 月 29 日、 6 月 3 日、 6 月 18 日的观测情况（a）及其在 3 个个例中各个波长的变化（b）

增加对应散射系数的增加。散射系数的变化表明，在中国东部生物质燃烧事件可以提高气溶胶的散射能力。此外还发现，在同一时期内散射系数与 SO_4^{2-} （$R^2=0.32$）和 NO^- （$R^2=0.38$）浓度之间存在明显的相关。

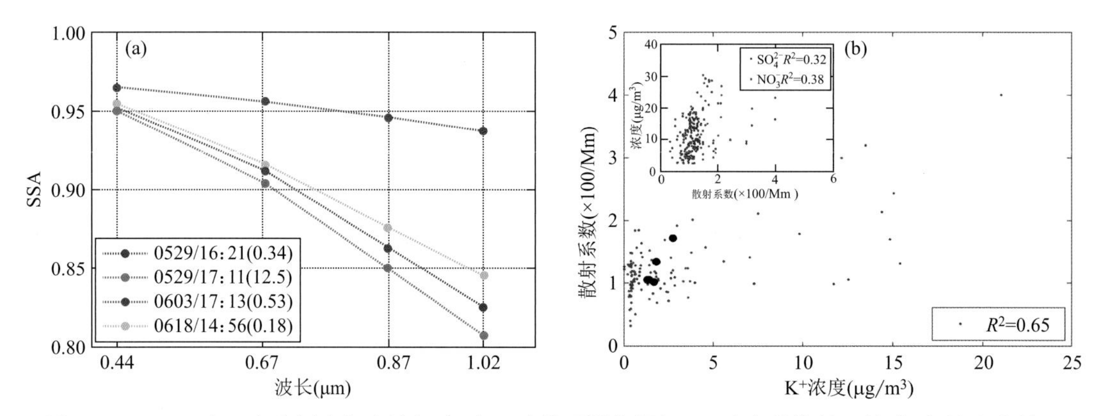

图 4.42　SSA 在 3 个个例中各个波长（a）和生物质燃烧期间 K^+ 浓度随散射系数（b）的变化情况（黑圈为日平均散射系数，在插图中显示了散射系数与 SO_4^{2-} 和 NO_3^- 浓度关系）

图 4.43 显示了由太阳光度计反演的生物质燃烧、局部沙尘和清洁日的气溶胶体积浓度的分布。具有明显双峰特征的气溶胶体积谱分布在 3 个时期内存在显著差异。生物质燃烧和沙尘的颗粒物体积浓度大于清洁日。生物质燃烧的气溶胶中尺寸在 0.2～0.3 μm 范围内的小颗粒的体积浓度非常高。当局部沙尘气溶胶占主导时，积聚模态的浓度几乎与粗模态的体积浓度相当，表明细颗粒物和粗颗粒物在沙尘天气中都很重要。影响上海的生物质燃烧气溶胶的 AOD 值更高、颗粒物半径更大。上海气溶胶粒径谱分布的特征可能与气-粒转化过程以及由于东海附近的高相对湿度引起的气溶胶颗粒的吸湿生长过程有关。

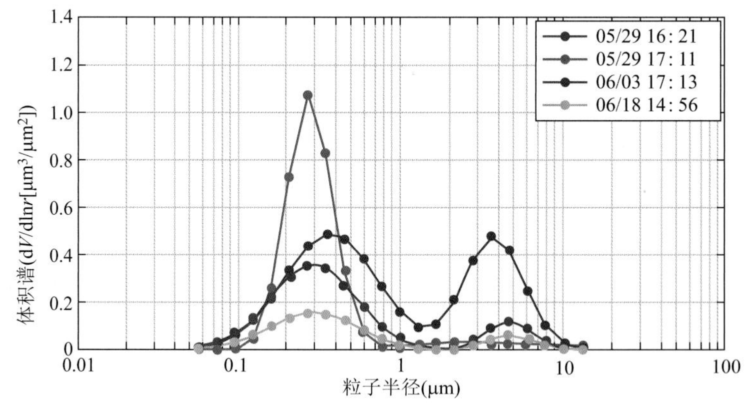

图 4.43　生物质燃烧（5 月 29 日）、局部沙尘污染事件（6 月 3 日）和清洁日（6 月 18 日）下的气溶胶体积浓度分布

4.4.5　华东地区气溶胶吸湿特性

大气气溶胶的吸湿性是连接其微物理和化学特性以及光学性质的桥梁。亲水性气溶胶颗

粒通过吸湿增长改变气溶胶的光学特性，从而降低能见度。一般用吸湿性增长因子 $f(RH)$ 描述空气湿度对气溶胶消光系数的影响，其定义为气溶胶消光系数在当前环境湿度条件下与 RH＝40%下的比值。f（RH）一般为1.2～4.1。通常海洋气溶胶的 f（RH）最高（f(80%)约2.68），其次是城市气溶胶和大陆气溶胶（约2.04），生物质燃烧的气溶胶最低（约1.55）。根据不同的吸湿特性，可将气溶胶分为3类，即疏水气溶胶、吸湿性较小的颗粒、亲水气溶胶。本节旨在分析华东地区气溶胶的吸湿特性以及影响气溶胶吸湿性的主要因素，同时尝试利用气溶胶光学特性估算干气溶胶浓度。

（1）观测与反演方法

与Lin等（2015）提出的 f(RH）和质量消光系数之间的算法类似，根据米散射理论，$\sigma_{a,\ \mathrm{dry}}$ 和PM的物理联系可以用下式表达：

$$\sigma_{a,\ \mathrm{dry}} = \alpha_{\mathrm{ext},\ a} \cdot \mathrm{PM} = \alpha_{\mathrm{ext}} \cdot \mathrm{PM}_{2.5} + \alpha'_{\mathrm{ext}} \cdot \mathrm{PM}_{>2.5} \tag{4.19}$$

式中，$\sigma_{a,\ \mathrm{dry}}$ 为干空气消光系数；$\alpha_{\mathrm{ext},\ a}$ 为平均质量消光效率；α_{ext} 为细颗粒物（粒径≤2.5 μm）的消光系数效率；α'_{ext} 为粗模态细颗粒物气溶胶占气溶胶消光系数的比例。$\sigma_{a,\ \mathrm{dry}}$ 和PM的关系大致可以用式（4.19）的第一项来代表。

气溶胶吸湿增长因子 f(RH)的经验公式为

$$f(\mathrm{RH}) = \frac{\sigma_a}{\sigma_{a,\ \mathrm{dry}}} = \left(\frac{1-\mathrm{RH}}{1-\mathrm{RH}_0}\right)^{-\gamma} \tag{4.20}$$

式中，γ 为Hänel成长系数；RH_0 为干气溶胶的RH，取值为40%。结合式（4.19）和（4.20），可以得到

$$\mathrm{PM}_{2.5} = \frac{1}{\alpha_{\mathrm{ext}}} \cdot \frac{\sigma_a}{f(\mathrm{RH})} = \frac{\sigma_a}{\alpha_{\mathrm{ext}}} \cdot \left(\frac{1-\mathrm{RH}}{1-\mathrm{RH}_0}\right)^{\gamma} \tag{4.21}$$

式（4.21）包括两个未知参数 α_{ext} 和 γ，它的线性化形式如下所示：

$$\ln\frac{\sigma_{a,\ i}}{\mathrm{PM}_{2.5,\ i}} = \ln\alpha_{\mathrm{ext},\ i} - \gamma_i \ln\left(\frac{1-\mathrm{RH}_i}{1-\mathrm{RH}_0}\right) \tag{4.22}$$

i 代表不同站点下的 $\mathrm{PM}_{2.5}$、σ_a 和RH。α_{ext} 和 γ 的空间分布可由插值得到。地面消光系数利用能见度观测，根据经验公式 $\sigma_{a,i} = 3.912/L$ 计算，人眼视程阈值设置为0.02。

本节采用华东地区82个站点的地面气象数据，包括能见度和RH。时间分辨率为3 h。11时的数据剔除。在相同或附近站点测量的 $\mathrm{PM}_{2.5}$ 浓度数据的分辨率是小时平均，观测时间为2014年1月1日至12月31日，利用上述数据构建能见度-$\mathrm{PM}_{2.5}$ 的关系模型。$\mathrm{PM}_{2.5}$ 浓度采用振荡微量天平（TEOM）技术或β衰减监测方法（BAM或β-gauge）测量。数据不确定性为0.75%。2015年1月1日—3月31日在同一站点测量的气象和PM数据，用于验证反演的 $\mathrm{PM}_{2.5}$ 质量浓度。

（2）结果和讨论

图4.44显示了华东地区 α_{ext}、γ 和 $f(80\%)\gamma$ 的空间分布。作为表征平均质量消光性质的指标，α_{ext} 代表干气溶胶粒子的消光能力，它与粒子的化学成分、混合状态和老化阶段有关。由于不同季节的气溶胶来源存在差异，使得 α_{ext} 也存在明显的季节变化。虽然缺乏气溶胶化学成分和混合状态限制了不同气溶胶类型反演的准确性，但是本节用1年的观测数据反演的气溶胶参数能够合理地代表研究区域的气溶胶总体特征。从图4.44a可以看出，较小的 α_{ext} 值（～2.0 $\mathrm{m^2/g}$）基本上分布在山区和农业区。大于7.0 $\mathrm{m^2/g}$ 的 α_{ext} 分布在安徽省中西

部和北部以及江苏中北部。由于工业生产和人类活动排放了更多高消光性的粒子，如有机气溶胶和硫酸盐气溶胶，因此，可能会显著贡献更大的 α_{ext}。γ 值代表湿气溶胶的吸湿性增长特性，数值越高表示吸湿增长能力越强。由图 4.44b 可见，华东地区 γ 值为 0.48～1.08，其中安徽省南部、浙江南部沿海地区相对较高，而在山东中部和江苏北部数值较小（<0.5）。OMC/AS 也可以用来指示气溶胶吸湿增长能力。OMC 是指含碳的有机物，AS 是硫酸铵浓度。通常气溶胶吸湿性增长能力随着城市污染物气溶胶 OMC/AS 的增加而下降。苏北地区高浓度的 POM 可能是导致 γ 偏低的原因。全球边界层内的平均相对湿度约为 80%，因此，$f(80\%)$ 被认为是影响不同气溶胶类型吸湿增长的因素。华东地区的 $f(80\%)$ 如图 4.44c 所示，2014 年 $f(80\%)$ 的平均值为 2.2 ± 0.3，其空间分布与 γ 的分布一致。其中浙江沿海地区的 $f(80\%)$ 大于 3.0。Xu 等（2002）研究了 1999 年临安本底站气溶胶的物理化学性质，发现 $f(80\%)$ 为 1.7～2.0，与这里的结果基本一致。在江苏和安徽的内陆交界地区，包含了如芜湖、铜陵、镇江、常州等工业城市，$f(80\%)$ 值大约是 3.0，表明气溶胶的吸湿增长特性很高。此外，酸雨观测表明，上述城市的 SO_4^{2-}、NO_3^- 和 NH_4^+ 的浓度也很高。

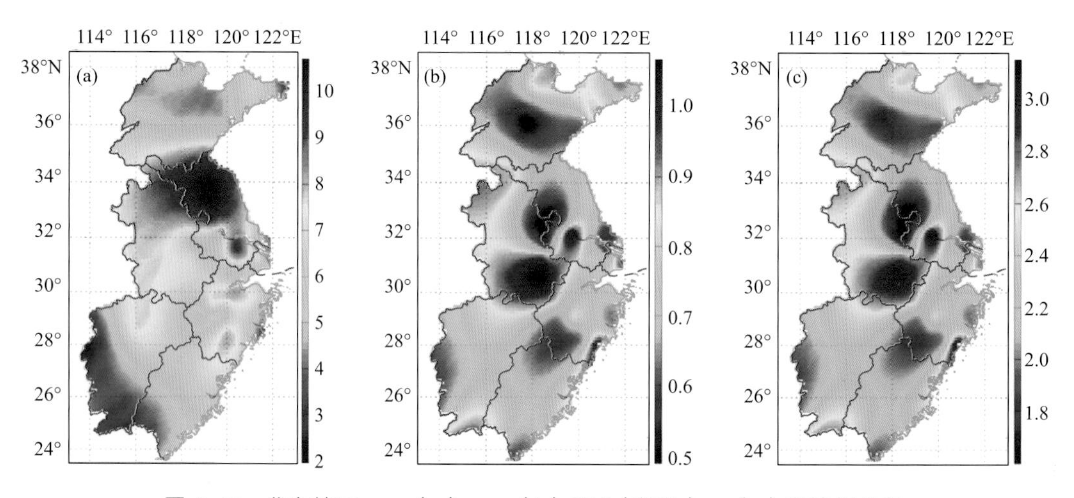

图 4.44　华东地区 α_{ext}（a）、γ（b）和 f（80%）γ（c）的空间分布

为了进一步对比验证吸湿性增长模型中两个参数的合理性，下文比较了用地面能见度数据反演的 $PM_{2.5}$（$PM_{2.5,c}$）和实际观测的 $PM_{2.5}$（$PM_{2.5,m}$），选择的时段为 2015 年 1 月 1 日至 3 月 31 日。图 4.45 显示了各个站点的相关系数和均方根误差（RMSE）。由图可见，相关系数为 0.67～0.96，并且 70%站点的相关系数在 0.85 左右。RMSE 较高的站点主要分布在华东北部地区，可能与该地区复杂的气溶胶特性有关，使得气溶胶的吸湿生长能力呈现复杂的特点。图 4.45c 显示大部分地区的相对误差都小于 30%，表明即使反演结果有偏差，但是采用的吸湿增长模型基本合理。通过分析误差较大的站点发现，反演差异与测站的地理位置及空间代表性有关。有些内陆测站的 RH 都比较小（60%），吸湿增长模型并不十分适合。另外，由于风向的缘故，有些地区气溶胶类型复杂，为混合型气溶胶，这也导致计算的吸湿增长模型有偏差，因此也会出现反演的 $PM_{2.5}$ 浓度与实测不同。

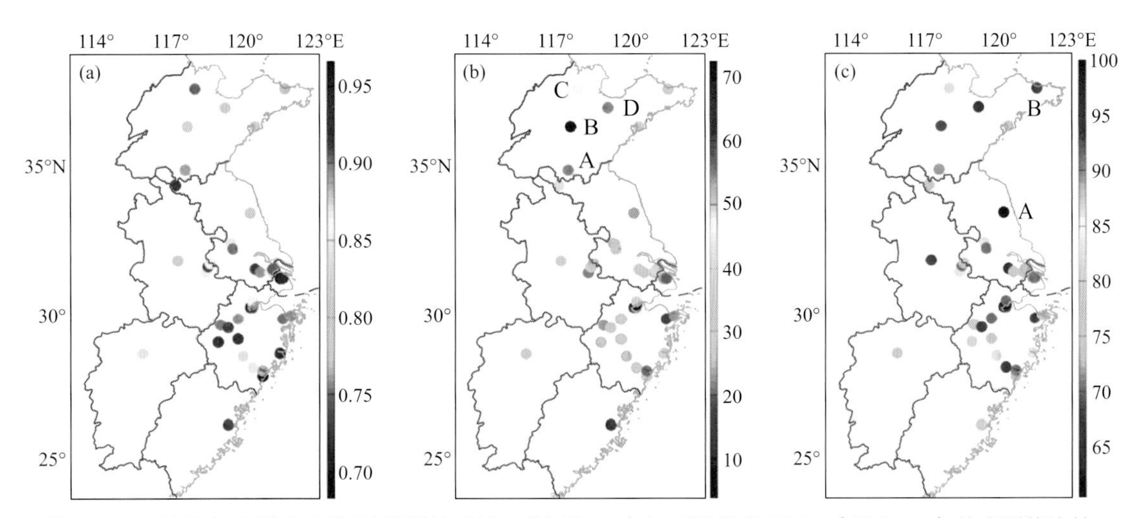

图 4.45　2015 年 1 月至 3 月 31 日反演 $PM_{2.5}$（$PM_{2.5,c}$）与不同站点 $PM_{2.5}$（$PM_{2.5,m}$）的实测值比较（a. 相关系数；b. RMSE；c. 相对误差小于 30%的记录百分比）

第5章 污染天气的健康影响

5.1 大气污染对人体健康的流行病学研究

5.1.1 资料和方法

5.1.1.1 数据资料

（1）健康数据

健康数据主要包括每日的死亡人数和疾病就诊人数，其中死亡资料来源于上海市疾病预防控制中心，疾病就诊资料来源于上海市医疗保险事务中心和多家医院。死亡资料以ICD-10（国际疾病分类第10次修订版本）的首要死因进行分类，包括总死亡人数（A00-R99）、呼吸疾病死亡人数（J00-J98）和心脑血管疾病死亡人数（I00-I99）。疾病就诊资料包括门诊、急诊和住院的资料，按疾病类别进行分类，主要是呼吸系统疾病（总呼吸、过敏性哮喘、过敏性鼻炎）和心血管系统疾病（总心血管、冠心病、缺血性心脏病）。

（2）大气污染和气象数据

大气污染资料选取与健康资料同期的每日污染物浓度，包括PM_{10}、$PM_{2.5}$、SO_2、NO_2和O_3。除O_3为每日的最大8 h平均浓度外，其余污染物均为日平均浓度。数据来源于上海市环境监测中心和上海市环境气象中心。

气象资料选取同期逐日平均气温和平均相对湿度，数据来自上海地面气象观测基本站。

5.1.1.2 研究方法

在研究大气污染急性健康效应时，可采用多种研究方法，如时间序列、病例交叉、定群研究等。本节主要采用时间序列研究方法。

时间序列研究设计用于评估某一段时间内随着污染暴露而改变的健康结局的短期变化，是研究大气污染对健康的急性影响最常见的研究方法。时间序列研究的数据以群体为单位，通常利用有关部门获取常规收集的资料，例如，大气污染暴露的指标是某地区的污染浓度，疾病的指标是人群的发病率、死亡率等。暴露和疾病的资料以一定的时间间隔（如每日）依次排列，把大气污染监测资料（如$PM_{2.5}$浓度）和疾病资料（如医院门诊）联系起来，分析该地区的大气污染是否对健康造成危害。

时间序列的健康结局常常表现为季节性和长期的变化趋势，主要应用广义线性模型（generalized linear models，GLM）和广义相加模型（generalized additive models，GAM）

来分析时间序列数据，在泊松回归中采用时间协同变量的参数函数（如自然立方样条）或非参数平滑函数（如平滑样条函数）控制周期性趋势。分析数据的一般模型如下：

$$\ln[E(Y_t)] = \alpha_0 + \sum_{j=1}^{q} f_j(X_{tj}) + \sum_{d=1}^{p} \beta_d Z_d + \beta E_t \tag{5.1}$$

式中，Y_t 为实际某日 t 的相关健康结局的记数；β 为某空气污染物的效应估计值；X_{tj} 为随时间变化的预测变量和可能的混杂因素（如气象因素）；f_j 为这些变量非线性关系的参数函数或非参数平滑函数；Z_d 为其他非时间协同变量（如星期几效应）。

在利用平滑函数控制时间混杂时，需要选择合适的自由度，在消除季节性和长期趋势的同时，尽可能地保留短期波动，一般采用的方法是基于文献或研究组先期工作的固定自由度和模型最优选择的方法（如 AIC）。

在研究空气污染物的滞后效应时，需要选择合适的滞后结构，一般采用基于先验知识的指定暴露时间，比如用当日和前一日的平均浓度作为暴露浓度，或者采用分布滞后模型来估计某日的健康结局与前几日污染物浓度之间的关联。

5.1.2 大气污染对人群死亡的急性影响

5.1.2.1 人群死亡和污染暴露特征

研究收集了 2007 年 4 月—2008 年 12 月上海市城区居民的逐日非意外死亡人数资料，以及同期的每日黑碳（BC）和 $PM_{2.5}$ 浓度资料。从表 5.1 可见，期间发生的非意外死亡共计 77964 例，平均每天为 125.1 例。心肺系统疾病是居民的主要死因，占总死亡人数的 50.0%，其中心脑血管疾病死亡 50 人，呼吸系统疾病死亡 12.6 人。死亡病例中大多数是 65 岁以上老年人，占 83.6%。研究期间，BC 和 $PM_{2.5}$ 的日平均浓度分别为 3.9 μg/m^3 和 53.9 μg/m^3，两者之间的相关系数为 0.71（$P<0.01$）。

表 5.1 2007 年 4 月—2008 年 12 月上海市城区居民的日死亡人数及同期的大气污染和气象条件

	变量	平均值	标准差	最小值	25 分位数	中位数	75 分位数	最大值	IQR*
日死亡人数(人)	总的非意外死亡	125.1	22.4	71.0	110.0	121.0	137.0	201.0	27.0
	心血管疾病死亡	50.0	12.4	25.0	41.0	48.0	56.0	100.0	15.0
	呼吸疾病死亡	12.6	5.2	2.0	9.0	12.0	16.0	33.0	7.0
大气污染物浓度(μg/m^3)	BC	3.9	2.4	0.8	2.2	3.4	4.9	15.6	2.7
	$PM_{2.5}$	53.9	31.4	9.0	30.0	47.0	71.8	174.0	41.8
气象因素	平均气温(℃)	19.1	8.7	−1.5	12.6	21.0	26.2	33.8	13.6
	相对湿度(%)	70.0	12.0	31.0	63.0	71.0	78.0	95.0	15.0

* IQR：四分位间距

5.1.2.2 颗粒物污染与人群死亡的关系

本节利用分布滞后模型（distributed lag models，DLM），模型中的污染物浓度采用当日及滞后 2 d 的平均浓度，分析了 3 d 的颗粒物（BC、$PM_{2.5}$）暴露对人群疾病死亡的累积效应（Geng et al.，2013）。

（1）BC与人群死亡

单污染物模型结果显示，BC浓度与非意外死亡、心脑血管疾病死亡密切相关，而与呼吸疾病死亡的相关性不具有统计学意义（表5.2）。BC每增加2.7 μg/m³（IQR），非意外死亡、心脑血管死亡和呼吸系统死亡人数分别上升2.3%（95%CI：0.6%～4.1%）、3.2%（95%CI：0.6%～5.7%）和0.6%（95%CI：−4.5%～5.7%）。对多种心肺系统疾病进行分别统计，发现BC浓度与脑卒中死亡存在明显的相关性，但没有发现与心脏病、慢性阻塞性肺病（COPD）和急性呼吸道感染等疾病死亡之间的相关关系。

从表5.2可见，BC与非意外死亡的关系在不同性别、年龄人群中效应不一。女性、65岁（含）以上老年人中随着BC浓度的上升，死亡人数明显增加，而男性和65岁以下人群中则没有发现明显的效应。

表5.2　BC浓度增加一个四分位距浓度（2.7 μg/m³）后日死亡人数的变化百分比

	日死亡人数(人)	死亡增加(%)	95%CI
非意外死亡	125.1	2.3	0.6,4.1
男性	66.0	2.0	−0.4,4.4
女性	59.2	2.7	0.4,5.0
0～4岁	0.3	−5.9	−38.0,26.1
5～44岁	2.2	−3.8	−17.2,9.5
45～64岁	19.0	0.1	−4.2,4.4
≥65岁	103.7	2.9	1.0,4.7
心脑血管疾病	50.0	3.2	0.6,5.7
脑卒中	27.2	3.6	0.3,7.0
心脏病	20.5	2.7	−1.4,6.7
呼吸系统疾病	12.6	0.6	−4.5,5.7
COPD	11.5	0.9	−4.4,6.1
急性呼吸道感染	0.8	−3.6	−26.3,19.2

本节将时间分为温暖季节（5—10月）和寒冷季节（11月—次年4月）分别进行模型分析，结果见表5.3。BC对非意外死亡和心血管疾病死亡的急性效应具有明显的季节差异，在寒冷季节中的效应明显大于在温暖季节。

表5.3　不同季节中BC浓度增加一个四分位距浓度（2.7 μg/m³）后日死亡人数的变化百分比（95% CI）

疾病死因	寒冷季节	温暖季节
非意外死亡	4.0(1.2,6.8)	0.2(−2.4,2.8)
心脑血管疾病	5.2(1.5,8.8)	0.2(−4.1,4.5)
呼吸系统疾病	1.0(−6.3,8.3)	−0.2(−10.4,6.3)

（2）$PM_{2.5}$、BC与人群死亡

将$PM_{2.5}$加入BC的模型中建立双污染物模型，模拟结果显示，控制了$PM_{2.5}$后，BC对人群非意外死亡和心脑血管疾病死亡的效应略有增加，具有统计学意义。BC每增加2.7 μg/m³，

非意外死亡人数以及心脑血管疾病和呼吸系统疾病死亡人数分别上升 4.9%（95%CI：1.4%～8.4%）、5.8%（95%CI：0.6%～11.0%）和 8.2%（95%CI：－2.0%～18.4%）。

$PM_{2.5}$ 的单污染物模型结果显示，$PM_{2.5}$ 每增加 41.8 $\mu g/m^3$（IQR），非意外死亡、心脑血管死亡和呼吸系统死亡人数分别可上升 2.4%（95%CI：0.5%～4.3%）、3.3%（95%CI：0.4%～6.1%）和 0.3%（95%CI：－5.3%～5.9%）。但当控制了 BC 后，$PM_{2.5}$ 的效应明显下降，不具有统计学意义。

5.1.3 大气污染对呼吸系统疾病发病的急性影响

颗粒物可通过对肺部的物理堵塞和附着的有害成分降低支气管的通气功能，损害呼吸道的防御功能，导致气管炎症和哮喘等疾病。SO_2、NO_2 和 O_3 均可使气管或支气管收缩，引起肺组织的炎症反应，造成肺部损伤（杨克敌 等，2012）。本节阐述了这些常见的大气污染物对人群呼吸系统疾病、儿童过敏性哮喘和鼻炎发病的急性效应。

5.1.3.1 污染物对呼吸健康影响的易感人群

本节基于 2008 年 1 月—2012 年 12 月上海市常住人口每日由于呼吸系统疾病就诊（门诊和急诊）的数据，利用广义线性的泊松回归模型分析了大气污染物（$PM_{2.5}$、SO_2、NO_2）对不同年龄、性别人群呼吸系统就诊人数的影响（牟喆 等，2016）。

（1）呼吸系统疾病的人群分布特征

表 5.4 显示，研究期间上海市的呼吸系统门急诊就诊人次共计 8656015 例，平均日就诊 2115.1 人次。在呼吸系统疾病就诊患者中，女性较多，占总就诊人次的 53.2%。成年人是就诊的主要人群，其中 18～65 岁成年人占总就诊人次的 63.2%，其次为 65 岁以上老年人，占 35.4%。

表 5.4 2008 年 1 月—2012 年 12 月上海市常住人口的呼吸系统疾病就诊的人群特征

分组	总计	男性	女性
总计	8656015(100%)	4054692(46.8%)	4601323(53.2%)
0～17 岁	125964(1.4%)	63589(0.7%)	62375(0.7%)
18～65 岁	5468655(63.2%)	2328516(26.9%)	3140139(36.3%)
≥66 岁	3061396(35.4%)	1662587(19.2%)	1398809(16.2%)

注：括号内为占比

（2）不同年龄、性别人群中污染物对呼吸系统疾病影响的差异

表 5.5 显示了 3 种大气污染物对不同年龄、性别人群呼吸系统疾病就诊的急性影响。$PM_{2.5}$ 对女性呼吸系统疾病的影响大于男性，对儿童和老人的影响大于成人，从大到小依次为女童、男童、年老女性、年老男性、成年女性和成年男性。在不同季节里，$PM_{2.5}$ 对不同性别、年龄人群呼吸系统就诊的健康效应又略有不同。

NO_2 仅对儿童和老年人群的呼吸系统疾病有影响，对成年人影响不明显，NO_2 浓度每升高 10 $\mu g/m^3$，呼吸系统就诊数升高的百分比从大到小依次为 0～17 岁女性、0～17 岁男性和≥66 岁女性。NO_2 在任何季节均会对儿童呼吸系统就诊数有影响，其中对女童的影响高于男童，且在秋冬季和春季明显高于夏季。

SO_2 仅对儿童和年老人群的呼吸系统疾病有影响，成年人中仅有女性受其影响，SO_2 每升高 10 μg/m^3，呼吸系统就诊数升高的百分比从大到小依次为≥66 岁女性、≥66 岁男性、0～17 岁女性、0～17 岁男性和 18～65 岁女性。SO_2 对呼吸系统就诊人数的影响的季节性规律并不明显。

表 5.5　$PM_{2.5}$、NO_2 和 SO_2 每升高 10 μg/m^3 不同年龄、性别人群呼吸系统就诊人数升高的百分比

大气污染物	性别	年龄(岁)	估计值(%)	95%CI
$PM_{2.5}$	男性	0～17	2.15	1.83～2.47
		18～65	0.01	−0.05～0.06
		≥66	0.67	0.60～0.74
	女性	0～17	2.48	2.14～2.82
		18～65	0.46	0.41～0.51
		≥66	0.96	0.89～1.03
NO_2	男性	0～17	2.83	2.43～3.22
		18～65	−0.69	−0.76～−0.62
		≥66	−0.05	−0.13～0.03
	女性	0～17	3.46	3.04～3.87
		18～65	−0.16	−0.22～−0.10
		≥66	0.22	0.14～0.31
SO_2	男性	0～17	1.54	1.14～0.94
		18～65	−0.09	−0.16～−0.02
		≥66	1.83	1.75～1.91
	女性	0～17	1.63	1.21～2.06
		18～65	1.11	1.05～1.17
		≥66	2.58	2.50～2.66

5.1.3.2　大气污染与儿童哮喘发病的关系

（1）影响儿童哮喘发病的大气污染物

基于上海市 3 家儿科专科三甲医院（上海儿童医学中心、上海交通大学附属新华医院、复旦大学附属儿科医院）2009 年 1 月—2010 年 12 月逐日 3～14 岁儿童的哮喘就诊（门诊和急诊）数据，利用带有自然立方样条函数的广义相加模型分析了就诊人次与天气、大气污染物（PM_{10}、$PM_{2.5}$、NO_2、SO_2、O_3）之间的关系（牟喆 等，2014）。

2 年间在该 3 家医院中共有 65809 例哮喘患者就诊，平均每天约 90 例。儿童哮喘就诊在 10—12 月和 5—6 月较多，7—9 月较少。

模型结果显示，污染物浓度与儿童哮喘就诊人次呈近似线性的正相关，即随着污染物浓度的升高，儿童哮喘就诊人数明显增加。PM_{10}、$PM_{2.5}$、NO_2、SO_2 每升高 10 μg/m^3，滞后 1 d 的儿童哮喘就诊人数分别增加 0.69%（95%CI：0.27%～1.1%）、0.78%（95%CI：0.16%～1.4%）、1.49%（95% CI：0.64%～2.34%）和 1.73%（95% CI：0.7%～2.76%），O_3（8 h 平均最大）每升高 10 ppbv，儿童哮喘就诊人数增加 3.83%（95%CI：2.72%～4.94%）。

（2）颗粒物与儿童哮喘的关系

在对大气污染与儿童哮喘有了基本认识后，从这三家医院中选取了一家（上海儿童医学中心），收集了 2007 年 1 月—2012 年 7 月长时间的儿童哮喘门急诊就诊的详细资料，重点分析了 BC 和 $PM_{2.5}$ 的效应（Hua et al.，2014）。利用分布滞后模型，模型中的污染物浓度采用当日及滞后 2 d 或 4 d 的平均浓度，分析了 3 d 或 5 d 的颗粒物暴露对儿童哮喘发病的累积效应。

从表 5.6 可见，儿童哮喘就诊共计 114673 例，平均每天为 56.2 例。其中 65.6%的就诊患儿在 0～4 岁，男童的哮喘就诊人数高于女童，占总就诊的 67.3%。研究期间，BC 和 $PM_{2.5}$ 的日平均浓度分别为 3.49 μg/m³ 和 40.88 μg/m³，两者之间相关性较高（$r=0.80$，$P<0.05$）。

表 5.6　2007 年 1 月—2012 年 7 月上海市某一医院儿童哮喘门急诊就诊的基本特征

分组	平均值	标准差	最小值	25 分位数	中位数	75 分位数	最大值	IQR*
总计	56.2	30.9	6	33	49	74	213	41
0～4 岁	36.9	23.5	3	19	31	51	175	32
5～14 岁	19.3	11.0	1	12	17	25	68	13
男童	37.8	20.7	2	22	33	50	148	28
女童	18.4	11.0	1	10	16	25	65	15

* IQR：四分位间距

$PM_{2.5}$、BC 浓度变化与儿童哮喘就诊存在明显的相关关系，BC 的效应比 $PM_{2.5}$ 大。单污染物模型中，滞后 0～2 d 的污染物浓度每增加一个 IQR（$PM_{2.5}$ 为 31.1 μg/m³，BC 为 2.5 μg/m³），儿童哮喘就诊人次的相对危险度（RR）分别为 1.04（95%CI：1.02～1.05）和 1.07（95%CI：1.05～1.08）。当污染物暴露增加到滞后 0～4 d 时，相应的儿童哮喘就诊人次的 RR 分别增加到 1.06（95%CI：1.05～1.08）和 1.10（95%CI：1.08～1.11）。将 SO_2 和 NO_2 作为控制因素加入单污染物模型后，$PM_{2.5}$ 和 BC 的效应大小变化不大。滞后 0～2 d 和滞后 0～4 d 的 $PM_{2.5}$ 浓度增加后，儿童哮喘就诊 RR 分别为 1.03（95%CI：1.02～1.05）和 1.06（95%CI：1.04～1.08）。滞后 0～2 d 和滞后 0～4 d 的 BC 浓度增加后，儿童哮喘就诊 RR 分别为 1.06（95%CI：1.05～1.07）和 1.09（95%CI：1.08～1.10）。

从表 5.7 中见，$PM_{2.5}$ 和 BC 对儿童哮喘的急性影响在不同年龄和不同季节存在差异。对于相同的污染物浓度变化，5～14 岁儿童的哮喘发病风险明显高于 0～4 岁儿童（$P<0.05$），在温暖季节的效应明显大于寒冷季节（$P<0.05$），而男童和女童的效应没有差异。

表 5.7　滞后 0~4 d $PM_{2.5}$ 和 BC 增加一个四分位距浓度后不同性别、年龄和季节儿童哮喘就诊的 RR 变化

		$PM_{2.5}$	BC	$PM_{2.5}$(控制 NO_2 和 SO_2 后)	BC(控制 NO_2 和 SO_2 后)
年龄	0～4 岁	1.03(1.01,1.05)	1.07(1.05,1.09)	1.03(1.01,1.05)	1.07(1.05,1.08)
	5～14 岁	1.14(1.11,1.17)	1.16(1.13,1.18)	1.13(1.10,1.16)	1.15(1.12,1.17)
性别	男童	1.06(1.05,1.08)	1.10(1.08,1.11)	1.06(1.04,1.08)	1.09(1.07,1.11)
	女童	1.06(1.03,1.09)	1.10(1.07,1.12)	1.06(1.03,1.08)	1.09(1.06,1.11)

续表

		$PM_{2.5}$	BC	$PM_{2.5}$（控制 NO_2 和 SO_2 后）	BC（控制 NO_2 和 SO_2 后）
季节	寒冷季节	0.98(0.96,1.00)	1.01(1.00,1.03)	0.97(0.96,1.10)	1.01(0.99,1.03)
	温暖季节	1.18(1.14,1.21)	1.14(1.11,1.17)	1.18(1.14,1.23)	1.12(1.08,1.54)

5.1.3.3 大气污染与儿童过敏性鼻炎发病的关系

除哮喘以外，过敏性鼻炎也是儿童常见的一种与环境有关的过敏性疾病。本节在一家儿童医院收集了2007年1月—2011年12月的儿童过敏性鼻炎门诊就诊资料，利用广义相加模型分析了就诊人次与天气、大气污染物（PM_{10}、NO_2、SO_2、O_3）之间的关系（Chen et al.，2015）。

2007—2011年共收集到儿童过敏性鼻炎就诊共19370例，日均就诊29.3例，年龄在2～15岁，其中男童13014例，女童6356例，分别占总就诊人次的67.2%和32.8%。从时间上看，在春季（4—5月）和秋季（10—11月），儿童过敏性鼻炎就诊较多。

模型结果显示，对儿童过敏性鼻炎来说，当天的O_3和SO_2、滞后6 d的PM_{10}的效应最明显，O_3、SO_2和PM_{10}每升高10 μg/m³，儿童过敏性鼻炎就诊人数会分别升高1.95%（95%CI：1.46%～2.45%）、1.19%（95%CI：0.70%～1.68%）和0.33%（95%CI：0.16%～0.50%）。

5.1.4 大气污染对心血管系统疾病发病的急性影响

5.1.4.1 污染物对心血管疾病影响的季节差异

本节基于2013年1月—2014年12月上海市40岁以上居民每日由于心血管疾病就诊（门诊和急诊）的数据，利用广义线性的泊松回归模型定量评估了不同季节大气污染物（$PM_{2.5}$、PM_{10}、SO_2、NO_2）对成年人心血管疾病就诊人数的影响（许安阳 等，2017）。

2013—2014年，上海市心血管内科日门急诊就诊人数为13567例。当平均温度低于18 ℃时，心血管疾病的就诊风险是平均温度高于18 ℃时的1.016倍（95%CI：1.013～1.018）。从图5.1可见，春夏季时，4种污染物均与上海市居民心血管内科日门急诊人数呈正相关且有滞后效应，$PM_{2.5}$、PM_{10}、SO_2和NO_2分别在滞后2 d、滞后2 d、滞后1 d和当天的效应最强，污染物浓度每升高10 μg/m³，日门急诊人数分别增加0.502%（95%CI：0.464%～0.545%）、0.251%（95%CI：0.221%～0.282%）、2.716%（95%CI：2.558%～2.874%）和1.496%（95%CI：1.421%～1.571%）。从图5.2可见，秋冬季时，$PM_{2.5}$、PM_{10}、SO_2和NO_2分别在滞后5 d、滞后5 d、滞后1 d和当天的效应最强，污染物浓度每升高10 μg/m³，日门急诊人数分别增加0.543%（95%CI：0.521%～0.570%）、0.568%（95%CI：0.548%～0.587%）、1.607%（95%CI：1.528%～1.685%）和1.923%（95%CI：1.868%～1.978%）。

5.1.4.2 颗粒物与缺血性心脏病发病的关系

基于上海市2013年1月—2014年12月40岁以上居民的缺血性心脏病的逐日住院数据，利用广义线性模型，分析了颗粒物（PM_{10}、$PM_{2.5}$）对缺血性心脏病住院的急性及滞后效应（Xu et al.，2017）。

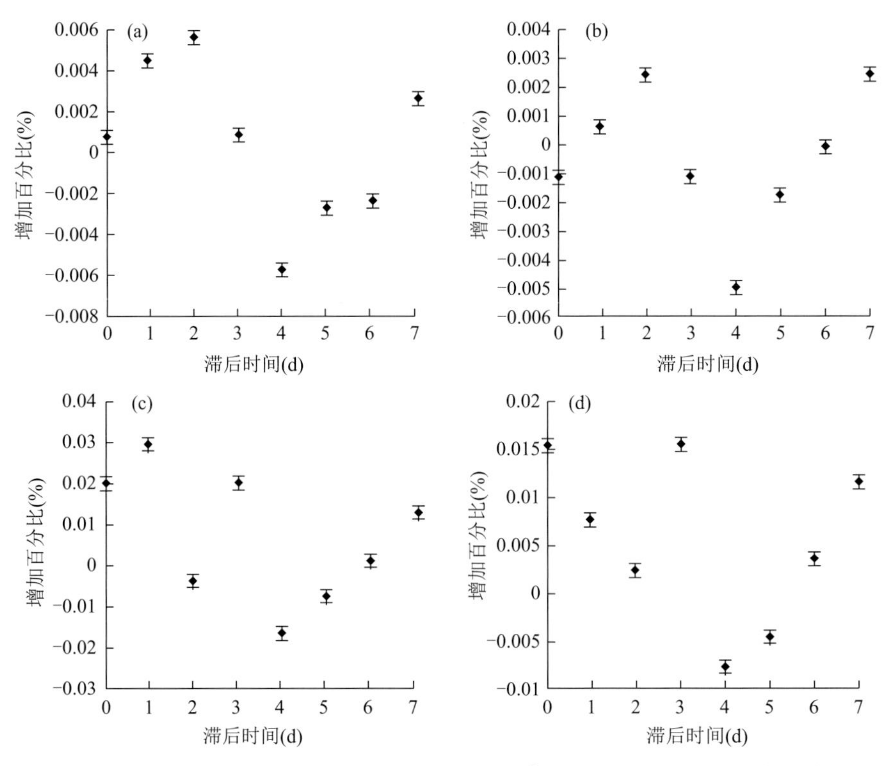

图 5.1　春夏季不同滞后日数大气污染物每升高 10 μg/m³ 导致的心血管疾病发病风险增加百分比
（a. $PM_{2.5}$；b. PM_{10}；c. SO_2；　d. NO_2）

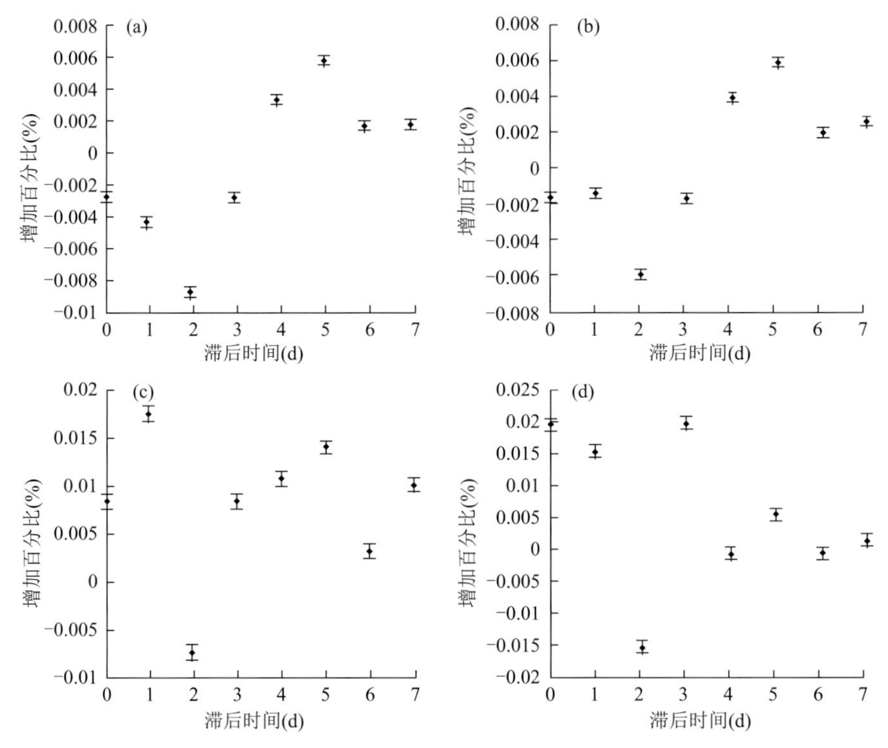

图 5.2　秋冬季不同滞后日数大气污染物每升高 10 μg/m³ 导致的心血管疾病发病风险增加百分比
（a. $PM_{2.5}$；b. PM_{10}；c. SO_2；d. NO_2）

从表5.8可见，研究期间共有缺血性心脏病住院患者188198例，平均每日住院258例，其中51.8%的患者是女性，51.1%的患者年龄为65～85岁。研究期间，PM_{10}、$PM_{2.5}$和O_3的日平均浓度分别为76.0 μg/m³、56.3 μg/m³和101.5 μg/m³，日平均气温为14.1 ℃，相对湿度为70.2%。

表5.8　2013—2014年上海市缺血性心脏病住院的分布特征

分组		患者(例)	均值±标准差(例)
总计		188198	258.2±103.6
性别	男性	90739(48.2%)	124.5±50.4
	女性	97459(51.8%)	133.7±54.9
年龄(岁)	41～65	45009(23.9%)	61.7±27.7
	66～85	96135(51.1%)	131.9±52.5
	≥85	47054(25.0%)	64.6±28.4

注：括号内为占比

模型结果显示，颗粒物浓度上升与缺血性心脏病的住院之间存在明显的正相关。PM_{10}和$PM_{2.5}$每上升10 μg/m³，当日缺血性心脏病住院风险分别升高0.25%（95%CI：0.10%～0.39%）和0.57%（95%CI：0.46%～0.68%）。图5.3显示了当日到滞后7 d的颗粒物与缺血性心脏病住院风险之间的关系，可见除了当日的颗粒物浓度外，滞后1 d、5 d和7 d的$PM_{2.5}$以及滞后1 d和7 d的PM_{10}浓度的升高也会增加缺血性心脏病住院的风险。

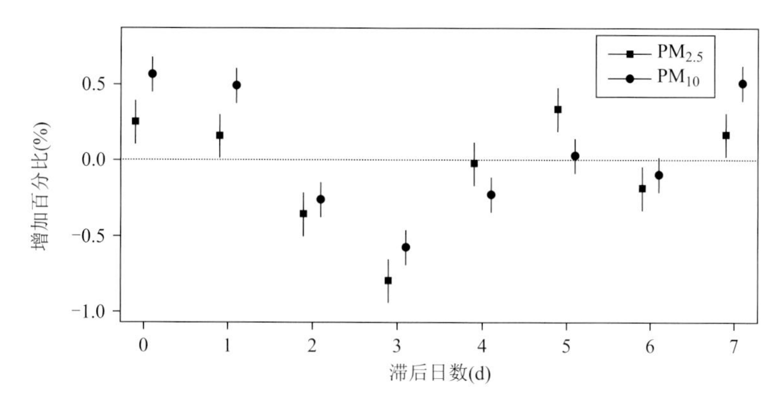

图5.3　不同滞后时间内颗粒物上升导致的缺血性心脏病住院风险增加百分比

5.1.4.3　颗粒物与冠心病发病的关系

本节同时基于上海市2005年1月—2012年12月40岁以上居民冠心病的逐日门诊数据，利用广义线性模型，分析了2 d的颗粒物（PM_{10}、$PM_{2.5}$）暴露对冠心病门急诊的急性效应（Ye et al.，2016）。

（1）冠心病门急诊和污染暴露特征

从表5.9可见，研究期间发生冠心病门急诊人次共计604944例，平均每日就诊207例，寒冷季节就诊人数较多。在这些病例中，女性较多，65岁以上患者大约占全部患者的3/4。PM_{10}和$PM_{2.5}$的日平均浓度分别为81.7 μg/m³和38.6 μg/m³，寒冷季节的颗粒物浓度明显高于温暖季节。上海市平均温度在温暖季节是25.0 ℃，在寒冷季节则为9.7 ℃。

表 5.9　2005—2012 年上海市冠心病门急诊、气象和大气污染情况

		全年	寒冷季节	温暖季节
冠心病门急诊人次	总计	207.0±51.1	237.8±48.3	176.7±32.0
	男性	92.4±24.9	107.0±24.1	78.0±15.5
	女性	114.6±28.5	130.8±27.0	98.7±19.6
	41～65 岁	56.6±12.7	61.9±12.7	51.5±10.5
	≥65 岁	150.4±43.7	175.9±42.3	125.2±27.4
PM_{10}(μg/m³)		81.7±54.4	93.8±60.1	70.0±45.4
$PM_{2.5}$(μg/m³)*		38.6±26.7	48.7±29.3	28.9±19.5
日均气温(℃)		17.4±9.1	9.7±5.6	25.0±4.3
相对湿度(%)		69.5±12.3	67.9±13.8	71.1±10.4

* 表示 $PM_{2.5}$ 环境数据只有 2009—2012 年 4 年

（2）颗粒物污染与冠心病发病的暴露-反应关系

目前普遍认为大气污染物的健康效应是无阈值的。图 5.4 显示的是 PM_{10} 和 $PM_{2.5}$ 浓度与冠心病门急诊就诊人次之间的关系呈现单调递增。两日平均 $PM_{2.5}$ 浓度每升高 10 μg/m³ 后冠心病就诊风险增加 0.74%（95% CI：0.44%，1.04%），PM_{10} 浓度每升高 10 μg/m³ 后冠心病就诊风险增加仅为 0.23%（95% CI：0.12%，0.34%）。

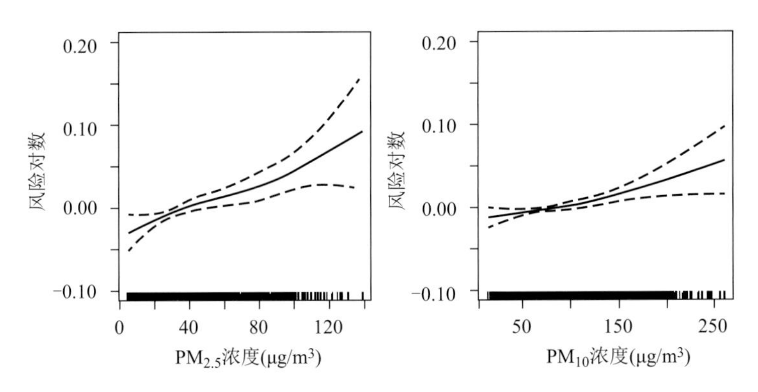

图 5.4　颗粒物浓度与冠心病门急诊就诊之间的暴露-反应关系

表 5.10 显示了不同季节 $PM_{2.5}$ 或 PM_{10} 每升高 10 μg/m³ 后不同人群的冠心病就诊的变化。在不同季节，颗粒物的急性效应存在明显差异，其中寒冷季节的效应具有统计学意义。同时，颗粒物对冠心病的急性效应还与不同的人群特征相关，其中男性和 65 岁以上的人群中颗粒物的急性效应的估计值较大。

表 5.10　不同季节不同性别年龄人群中颗粒物每升高 10 μg/m³ 后冠心病就诊的相对危险度（95% CI）

组别	全年		温暖季节		寒冷季节	
	$PM_{2.5}$	PM_{10}	$PM_{2.5}$	PM_{10}	$PM_{2.5}$	PM_{10}
总计	0.74 (0.44,1.04)*	0.23 (0.12,0.34)*	0.40 (−0.15,0.95)	0.17 (−0.01,0.35)	0.93 (0.53,1.34)*	0.28 (0.12,0.43)*
男性	1.10 (0.72,1.47)*	0.33 (0.19,0.47)*	1.05 (0.35,1.75)*	0.28 (0.05,0.52)*	1.25 (0.78,1.73)*	0.38 (0.20,0.57)*

续表

组别	全年		温暖季节		寒冷季节	
	$PM_{2.5}$	PM_{10}	$PM_{2.5}$	PM_{10}	$PM_{2.5}$	PM_{10}
女性	0.44 (0.10,0.79)*	0.14 (0.01,0.27)*	−0.13 (−0.76,0.51)	0.08 (−0.14,0.29)	0.67 (0.22,1.13)*	0.19 (0.01,0.36)*
41～65岁	0.54 (0.09,1.00)*	0.09 (−0.07,0.26)	−0.28 (−1.04,0.49)	0.01 (−0.26,0.27)	0.79 (0.22,1.37)*	0.13 (−0.09,0.34)
＞65岁	0.80 (0.47,1.13)*	0.27 (0.15,0.40)*	0.64 (0.00,1.29)*	0.24 (0.03,0.45)*	0.97 (0.54,1.41)*	0.33 (0.17,0.50)*

* 表示 $P<0.05$

5.2 大气污染对健康影响的机制研究

5.2.1 $PM_{2.5}$不同污染过程的健康损害研究

近年来，在政府不断加大对大气环境污染的治理力度及气候变化和地理位置等因素的综合影响下，地区污染呈逐年下降趋势（亢燕铭 等，2014），但又出现新的变化特征。根据上海环境监测中心发布的空气质量数据显示（图5.5），2013—2015年$PM_{2.5}$日平均浓度超过国家污染标准的日数共计240 d，其中$PM_{2.5}$轻度污染日为159 d，中度污染日48 d，重度污染及以上33 d。持续2 d及以上的$PM_{2.5}$污染过程共计65次，污染日共计191 d，占所有$PM_{2.5}$超标日的79.6%。上海$PM_{2.5}$污染呈现出高浓度持续时间短、低浓度持续时间长的特征（周骥 等，2018）。

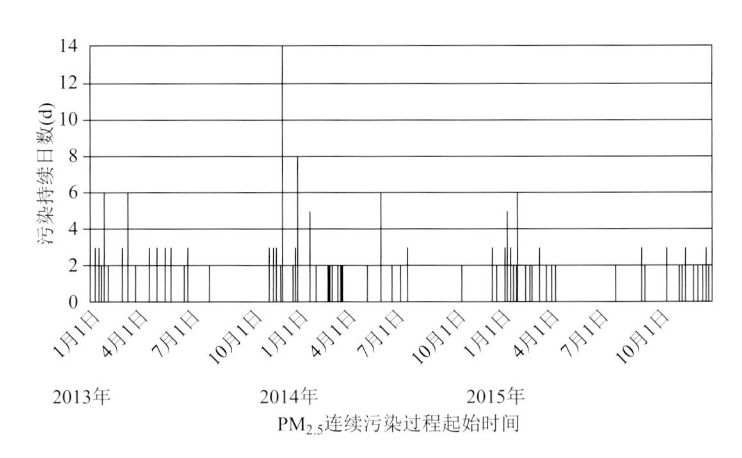

图5.5　2013—2015年上海$PM_{2.5}$污染持续2 d及以上的过程

目前的环境预警信号和相关的研究较多关注短期高浓度的空气污染对人体健康的影响，如谢元博等（2014）研究了北京地区短期高浓度$PM_{2.5}$污染对人群健康风险影响的研究。因此，从基础研究的角度出发，定量评估短时高浓度与长时低浓度下 $PM_{2.5}$ 暴露对健康的风险度是迫切需要解决的问题，也为进一步提高环境健康精细化预报预警业务及社会防范指引提供重要的参考依据。

本节将人工模拟不同的 $PM_{2.5}$ 污染过程，对比在相同 $PM_{2.5}$ 的总暴露剂量下，设定长时间低浓度暴露和短时间高浓度暴露，并从抗氧化能力及炎症应激反应的角度来探讨在不同 $PM_{2.5}$ 污染过程下对机体可能造成损伤程度的大小。

5.2.1.1 材料与方法

（1）自然吸入式 $PM_{2.5}$ 的暴露

采用由上海市气象局长三角环境气象预报预警中心研发的人工气候环境暴露仓（型号 Shanghai-Metas），该设备引进了美国哈佛大学于 2003 年发明的富集环境空气颗粒物暴露装置（HUCAPS），该装置在国外已广泛应用于研究颗粒物暴露导致动物生理病理变化的研究（Maciejczyk et al.，2005；Sun et al.，2005），气候环境暴露仓可模拟真实大气温度、湿度及气压，并融入 SO_2、NO、O_3 和 CO 等有害气体。颗粒物采用旋风切割和富集式浓缩的方式能够达到比较理想的浓缩效果，能完成不同浓度的 $PM_{2.5}$ 暴露实验。全过程为物理方式浓缩，最大限度地保留了 $PM_{2.5}$ 浓缩前的化学特性，设备突破了现有颗粒物滴灌染毒方式的局限，实现了自然吸入式暴露，实验过程更接近人体真实的 $PM_{2.5}$ 吸入式暴露。暴露仓通过第三方专业检测机构的合格检验，且整体研制过程获得国家 ISO9001 体系认证。

（2）实验动物及分组

选取 5 周龄的健康雄性 C57 小鼠：上海杰思捷实验动物有限公司，合格证号为 2010002609112，体重（17±1.3)g。将 48 只小鼠按体重随机分成 6 组（$n=6$），每组 8 只，分笼饲养，分别标记为低浓度对照组、低浓度暴露组、中浓度对照组、中浓度暴露组、高浓度对照组和高浓度暴露组，置于清洁级动物房，室温（20±1)℃、相对湿度 40%～60%，适应性饲养一周，期间给予充足的水和饲料。

（3）自然吸入式 $PM_{2.5}$ 暴露染毒

适应性饲养后，按接受同样暴露剂量的原则，6 组小鼠接受不同的处理。具体实验过程为：(1）模拟轻度污染过程组，控制暴露仓中 $PM_{2.5}$ 平均浓度为（100±10)$\mu g/m^3$，将低浓度暴露组和对照组分别放入暴露仓和对照仓中，两组小鼠同时暴露 3（日数)×24 h，累计暴露 $PM_{2.5}$ 剂量为（7200±720)μg。(2）模拟中度污染组，控制 $PM_{2.5}$ 平均浓度为（150±15)$\mu g/m^3$，将中浓度暴露组和中浓度对照组分别放到暴露仓和对照仓中，同时暴露 2（日数)×24 h，累计暴露剂量同样为（7200±720)μg。(3）模拟重度污染组，控制 $PM_{2.5}$ 平均浓度为（250±25)$\mu g/m^3$，将高浓度暴露组和高浓度对照组放入暴露仓和对照仓中，同时暴露 28.8 h，累计暴露剂量同样为（7200±720)μg。

（4）血浆制备及指标测定

3 种不同浓度暴露后，腹腔注射水合氯醛（5%，0.6 mL/kg）通过摘除眼球取血法处死小鼠，在 4 ℃ 3000 r/min 离心 30 min，取上清液分装成 4 管，保存于－80 ℃，分别测定白介素-8（interleukin-8，IL-8）、C 反应蛋白（C-reactive protein，CRP）（R&D Systems，Inc)、同型半胱氨酸（homocysteine，HCY)、结构性一氧化氮合酶（construtive NOS，cNOS)，具体步骤严格按照试剂盒说明操作。

（5）统计学方法

实验数据以均数±标准差表示，统计学分析采用 GraphPad prism5 软件完成，对照组和实验组的组间两两比较采用单因素方差分析，空白对照组及不同浓度组之间比较采用 t 检验。

5.2.1.2 氧化应激和炎症因子结果

（1）各组小鼠氧化能力及内皮功能的变化

由图 5.6 可知，HCY 在经过颗粒物暴露后水平度均有所升高，在低浓度长时间组高于中度和重度组，且显著高于对照组（$P<0.05$），中度污染和重度污染组的差异不大。cNOS 受到不同程度的抑制，低浓度长时间暴露的抑制效果最明显，中度次之，重度短时间暴露抑制效果最弱，且重度短时间暴露与长时间低浓度暴露组之间有显著性差异。

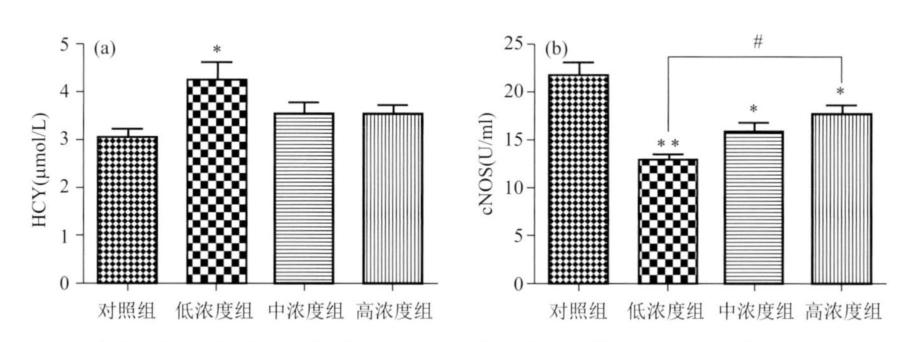

图 5.6 各组小鼠氧化能力 HCY（a）及内皮功能 cNOS（b）的变化

（** 表示 $P<0.01$ 与对照组相比， * 表示 $P<0.05$ 与对照组相比； # 表示 $P<0.05$ 高浓度组与低浓度组相比；对照组为 3 组的平均值，下同）

（2）各组小鼠 CRP 和 IL-8 的变化

由图 5.7 可知，CRP 及 IL-8 在低浓度长时间暴露组最高，都显著高于对照组。低浓度长时间组的 CRP 值与对照组有明显的统计学差异，且高浓度短时间组与低浓度长时间组具有显著性差异。IL-8 具有与 CRP 一致的趋势，中度与重度组之间没有差异。

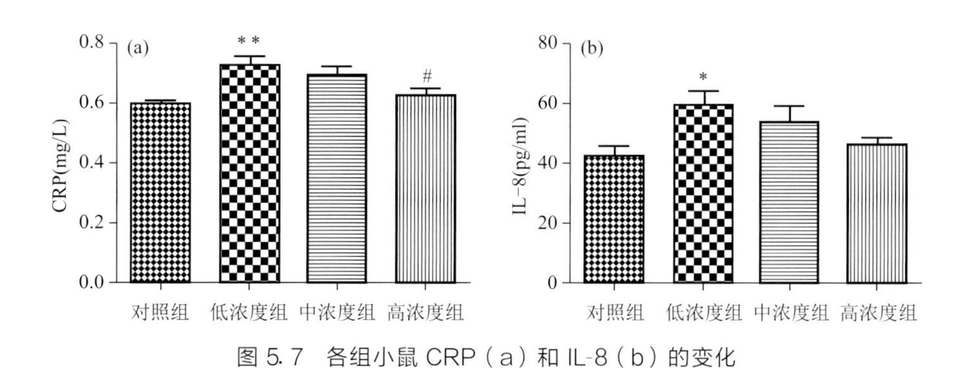

图 5.7 各组小鼠 CRP（a）和 IL-8（b）的变化

5.2.1.3 小结和讨论

近年来，一些流行病学及动物实验研究发现呼吸系统疾病和心血管疾病发病与 $PM_{2.5}$ 之间均存在关联，尤其是老年人和已患有慢性疾病的病人则更为敏感（白志鹏 等，2006；贾

玉巧 等，2011）。实验室研究了不同浓度的 $PM_{2.5}$ 对健康的影响，结果都一致反映高浓度相比低浓度的污染更加会引起机体的损伤程度。张蕴晖（2006）等通过培养体外血管内皮细胞，观察 $PM_{2.5}$ 对 cNOS 的影响，发现随着 $PM_{2.5}$ 染毒浓度的增加，小鼠心血管内皮细胞的 cNOS 活力逐渐降低。本实验结果显示，长时间低浓度的 $PM_{2.5}$ 暴露相比高浓度短时间的暴露更易使得 cNOS 的活性受到抑制和降低。

同型半胱氨酸（homocysteine，HCY）又称高半胱氨酸，作为人体内含硫氨基酸的一个重要的代谢中间产物，是蛋氨酸循环的正常代谢产物。由于高 HCY 血症在血栓栓塞性疾病的发生中起着重要的作用，临床上将血清中的 HCY 浓度作为心血管疾病早期诊断的重要依据，本次实验选取 HCY 作为检测因子之一。结果显示，HCY 在长时间低浓度暴露后表现出显著的慢性累积毒性作用。

IL-8 为趋化因子，具有较强的炎性细胞趋化活性，在机体炎症的形成中起重要作用。Crooks 等（2000）研究发现，COPD 急性发作期 IL-8 水平升高，并提示 IL-8 可能涉及中性粒细胞的趋化和激活过程，过量的 IL-8 从而诱发过度的炎症反应和组织损伤。在本实验中，IL-8 表现为受到低浓度长时间 $PM_{2.5}$ 暴露后的值高出短时高浓度 $PM_{2.5}$ 暴露后的值。CRP 作为机体受到感染或损伤时血液中急性上升的蛋白质，具有加强吞噬细胞的吞噬调理作用，在机体的天然免疫过程中发挥着重要的保护作用，是最强有力的预示因子与危险因子。CRP 在本实验中也同样表现出长时间低浓度比短时高浓度的 $PM_{2.5}$ 暴露对机体的损伤更严重。

以现有的上海市空气重污染专项应急预案（沪府办〔2014〕3 号）为例，空气重污染分为 4 个预警级别，由轻到重顺序依次为蓝、黄、橙、红色预警，在未来一天环境空气质量达到重度污染的情况下，对外发布蓝色预警，随着污染物浓度增加和污染持续时间延长，升级预警级别。2016 年上海市空气重污染应急工作组办公室对预警信号进行了修订，降低了蓝色预警标准，在保留原有判别标准的同时，增加未来一天环境空气质量达到中度污染且可能出现短时重污染的判别标准。$PM_{2.5}$ 轻度污染时不进行预警，主要是向社会发布监测和预报信息，提醒敏感人群（儿童、老人和心脏病、呼吸系统疾病患者）减少长时间、高强度的户外锻炼。预警的健康指引随着浓度的变化而有所调整，其中未涉及时间的累加效应。从本次的动物实验来看，长时间的轻度污染给机体造成的损伤程度可能会大于高浓度短时间对机体的影响，需在污染累积暴露量达到一定以后加大对大气污染减排力度，缓解不利天气条件下大气污染物的输送和堆积，尽可能降低影响居民健康的污染暴露水平，最大限度减少受影响人群规模及发病人数。

从 $PM_{2.5}$ 对氧化应激因子、内皮功能因子和炎症因子的影响来看，低浓度长时间的 $PM_{2.5}$ 暴露对 CPR、cNOS、IL-8 的影响高于高浓度短时间暴露，长时间低浓度暴露对机体的损伤可能存在一定的叠加效应，最终导致对人体健康损伤程度大于短时间的重度污染暴露。

5.2.2 $PM_{2.5}$ 和冷空气对哮喘的协同作用

流行病学研究认为，人们短时或长期暴露于大气颗粒物环境中，会引起哮喘发病急剧增加。这种增加的机制可能与颗粒物引起呼吸系统氧化应激损伤和炎症等有关，通过抑制肺组织抗氧化能力和增加氧化自由基的产生，并引起炎症因子水平的升高，从而诱发哮喘疾病发作。低温作为呼吸系统的又一危险因素，它与呼吸系统疾病的增加呈负相关，气温越低呼吸系统疾病危险性越大。本节通过开展动物实验，探讨 $PM_{2.5}$ 和冷空气对哮喘影响的协同作用机制，并观察相关生理、生化因子对哮喘发展的影响，为哮喘疾病的预防和治疗提供理论支持（Zhou et al.，2019）。

5.2.2.1 材料与方法

（1）实验动物及分组

购买8周龄雄性BALB/c小鼠80只，饲养在特定的清洁级的环境中，给予无卵清蛋白（OVA）的食物和水。小鼠被随机分为4组，分别暴露在不同的条件下：（1）清洁空气接触＋室温（RT，21～23 ℃）作为阴性对照组（NC）；（2）清洁空气接触＋冷应激（2 ℃）作为冷应激组（CS）；（3）$PM_{2.5}$ 平均浓度为400 $\mu g/m^3$，环境 $PM_{2.5}$ 加上RT作为 $PM_{2.5}$ 暴露组（PM）；（4）$PM_{2.5}$ 平均浓度为400 $\mu g/m^3$，环境 $PM_{2.5}$＋冷应激（2 ℃）作为 $PM_{2.5}$ 组＋冷应激组（PMCS）。

（2）OVA致敏、$PM_{2.5}$ 和冷应激暴露

小鼠腹腔内注射200 μL磷酸盐（PBS），其中含有20 μg的卵白蛋白和2 μg $Al(OH)_3$，在第7天和第14天，小鼠接受两次相同的加强注射。在第28～30天，小鼠每天接受5％OVA的气雾刺激30 min。

动物暴露于人工气候环境暴露仓（Shanghai-METAS）（专利号201510453600.8）。在药物致敏和刺激后，小鼠每天暴露于不同条件下8 h，每周7 d，连续4周。

（3）生化检验

通过生化分析仪（Beckman Coulter，USA）采集尾静脉100 μL的外周血进行血常规检查。用酶联免疫吸附试验（ELISA）试剂盒（ELISA）检测200例BALF中过氧化氢酶（CAT）、谷胱甘肽（GSH）、丙二醛（MDA）和超氧化物歧化酶（SOD）水平。

（4）VOA特异IgE的测定

根据制造商的说明书，通过ELISA（小鼠ova-SiGeELISA试剂盒，AmekoCo.，上海，中国）测量血清卵特异性IgE水平。

（5）Th1/Th2细胞的检测

用Miltenyi Biotec从BALF中分离出CD4＋T细胞，检测Th1/Th2细胞。细胞内染色按照制造商的指示进行。经6 h刺激（细胞刺激鸡尾酒，eBioscience）后，用FITC结合抗CD4抗体进行表面标记染色。然后将细胞固定，用APC结合抗IFN-g和e-共轭抗IL-4抗体（EBioscience）进行细胞间细胞因子染色。Flow jo 10用于图像处理和数据分析。

（6）BALF液和HE染色分析

将BALF细胞沉淀重悬于RPMI1640培养基中，然后计数细胞总数。用CytoSpin制备用于微分细胞计数的载玻片，并用Diff-Quik染色。此后，由2名研究者对细胞数进行计数，并对结果进行平均。简言之，在室温下将灌洗性能后的肺组织用4％多聚甲醛固定，并在20％和30％蔗糖溶液中沉淀24 h以脱水，然后通过最佳切割温度（OCT）化合物包埋，用于预冷，随后在8 μm处进行连续组织学切片。将载玻片在苏木精中浸泡10 min，0.1％

HCl-乙醇 3 min，0.5%NH_3 · H_2O 30 s 和 0.5%伊红-乙醇 30 s。每个步骤通过用自来水冲洗而分离。

（7）染色质免疫沉淀试验（CHIP）

用 1%甲醛处理纯化的 CD4+T 细胞，室温处理 10 min。然后收集细胞，并按先前的描述进行芯片分析。芯片检测用的抗体为抗 H3K9 乙酰化抗体和抗 H3K14 乙酰化抗体，芯片引物序列如下：5 引物：5-TTGGTCTGATTTCACAGG；3 引物：5-AACAATGCAATGCTGGC。

（8）蛋白质印迹法

从肺分离 CD4+T 细胞，用 RIPA 裂解缓冲液（150mM NaCl，50mM Tris-HCl，pH7.2，1%TritonX-100，0.1%SDS）提取总蛋白。将总蛋白在 10%十二烷基硫酸钠-PAGE 电泳（SDS-PAGE）上分离，然后转移到聚偏二氟乙烯（PVDF）膜上。阻断 PVDF 膜并与抗 P300、GCN5 和 HDAc1 抗体（ABCAM）一起孵育。用 ECL 试剂（Millipore）检测免疫反应带。

（9）统计学方法

实验数据采用 SPSS 20 软件进行处理，除另有说明外，均以均数±标准误差（SEM）表示。采用独立样本 t 检验进行统计分析。P 值小于 0.05 为差异有统计学意义。

5.2.2.2 结果分析

（1）$PM_{2.5}$ 与冷应激协同作用加重小鼠哮喘

如图 5.8a 所示，与 NC 组相比，PM 组和 PMCS 组卵子特异性 IgE 水平较高，NC 组与 CS 组差异不显著。另外，PMCS 组小鼠的卵子特异性 IgE 水平明显高于 PM 组。与其他组相比，PMCS 组小鼠炎症细胞浸润增加，肺泡壁增厚（图 5.8b）。进一步检查从 BALF 获得的炎症细胞的数量。结果表明，与 NC 组相比，PM 组和 PMCS 组小鼠细胞总数、淋巴细胞、中性粒细胞、巨噬细胞和嗜酸性粒细胞均显著增加（图 5.8c）。此外，与 PM 组相比，PMCS 组小鼠的麻木率显著增加。结果表明，与 NC 组相比，PM 组和 PMCS 组小鼠 CAT、GSH 和 SOD 水平显著降低，而 MDA 水平显著升高。此外，与 PM 组相比，PMCS 组小鼠肺泡灌洗液中 CAT、GSH、SOD 水平显著降低，MDA 含量显著升高（图 5.8d）。

（2）$PM_{2.5}$ 暴露加上冷应激使 Th1/Th2 平衡的极化偏向 Th2T 细胞

由图 5.9 可知，由于中性 Th1/Th2 平衡的极化与哮喘的发展密切相关，因此测定了不同组 BALF CD4+T 细胞中 Th1 和 Th2 细胞的百分比。如图所示，与 NC 组相比，PM 组和 PMCS 组小鼠 Th1 细胞明显减少，Th2 细胞显著增加。此外，与 PM 组相比，PMCS 组小鼠 Th1 细胞明显减少，Th2 细胞显著增加。结果表明，与 NC 组相比，PM 组和 PMCS 组 IL-4 水平显著升高。此外，与 PM 组相比，PMCS 组 IL-4 水平也显著升高。

（3）$PM_{2.5}$ 暴露加上冷应激增加了 H3K9 和 H3K14 在 IL-4 基因启动子区的缩醛化

组蛋白乙酰化通常被认为与活性染色质和基因表达的进一步激活有关。本节检测了两种组蛋白标记物，即组蛋白 H3K9（H3K9ac）和 K14（H3K14ac）在肺 CD4+T 细胞 IL-4 基因启动子中的乙酰化作用。如图 5.10 所示，与 NC 组相比，PM 组和 PMCS 组小鼠 IL-4 基因启动子中 H3K9ac 和 H3K14ac 明显增加。另外，与 PM 组相比，PMCS 组小鼠 IL-4 基因启动子中 H3K9ac 和 H3K14ac 明显增加。

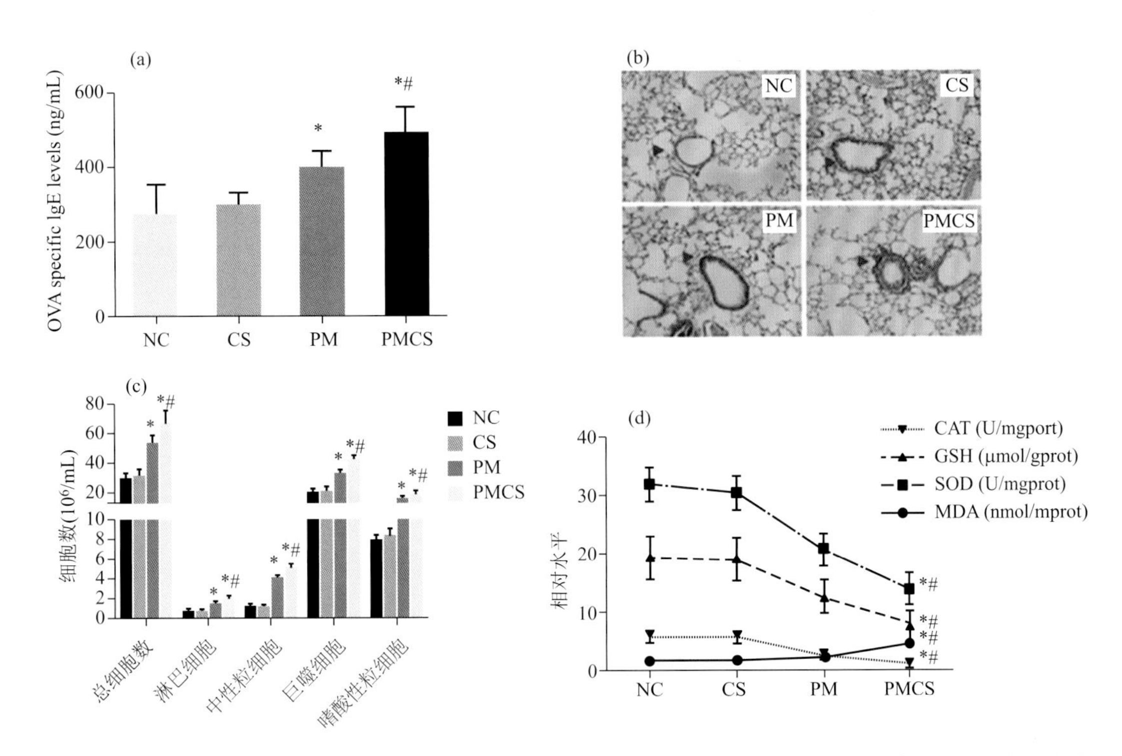

图 5.8　通过酶联免疫吸附法（ELIA）检测组中血清卵磷脂（OVA）特异性 IgE（a）；来自各组肺组织 HE 染色的代表性显微照片（b）；检测来自各组支气管肺泡洗液（BALF）中的总细胞、淋巴细胞、中性粒细胞、巨噬细胞和嗜酸性粒细胞数（c）；从各组（$n=5$）检测到 BALF 中的 CAT、 GSH、SOD 和 MDA（d）（数值表示为平均值 ± 标准差（$n=5$）

* 表示 $P<0.05$ 与对照组相比， ** 表示 $P<0.01$ 与对照组相比， # 表示 $P<0.05$ 与 $PM_{2.5}$ 暴露组相比，下同）

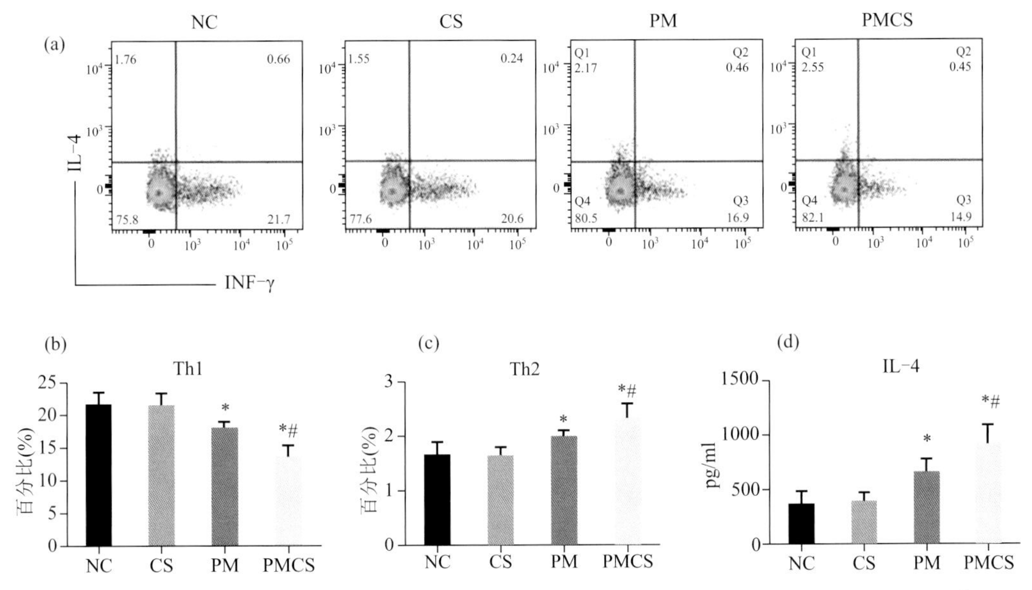

图 5.9　具有代表性的流式细胞仪图显示（a, 各组肺细胞均有细胞内 IFN-γ（Th1）和 IL-4（Th2）染色）；CD4+T 细胞中 Th1（b）和 Th2（c）的百分比；支气管肺泡灌洗液中 IL-4 水平（d）

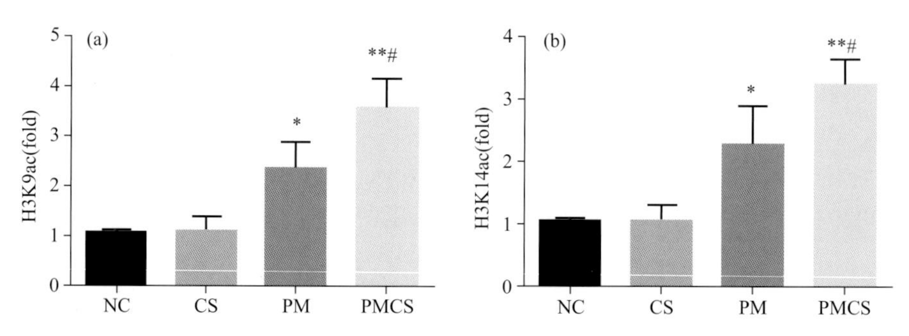

图 5.10 通过染色质免疫沉淀（Chip）分析检测 IL-4 基因启动子中 H3K9ac（a）和 H3K14ac（b）的磷酸化

（4）$PM_{2.5}$ 暴露加上冷应激增加 P300，使 CD4+T 细胞中 HDAc 1 表达降低

由于 P 300/CBP 和 GCN 5/PCAF 是 H3K9ac 和 H3K14ac 主要的组蛋白乙酰转移酶，进一步通过 westernblot 检测了 P 300 和 GCN 5 在 CD4+T 细胞中的表达。如图 5.11 所示，与 NC 组相比，PM 组和 PMCS 组小鼠 P 300 表达显著增加，而 GCN 5 在各组间无显著性差异。此外，与 PM 组相比，PMCS 组小鼠 P 300 表达明显增加。

还检测到这些组中 CD4+T 细胞中 HDAC 1 的全球表达。如图 5.11 所示，与 NC 组相比，在 PM 和 PMCS 组中的小鼠中观察到 HDAC 1 的显著降低。此外，与 PM 组相比，在 PMCS 组中的小鼠中观察到 HDAC 1 的显著降低。

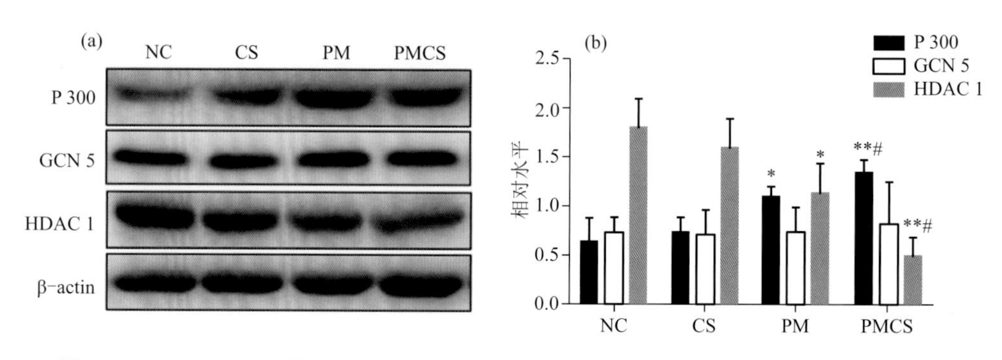

图 5.11 Westernblot 检测 P 300、 GCN 5 和 HDAC 1 的表达谱带（a）和分析（b）

5.2.2.3 小结

环境暴露被认为是表观遗传改变最重要的诱导因素之一。研究发现，表观遗传改变不仅影响暴露于环境因素的个体，而且影响他们的后代。

在过去的几年中，$PM_{2.5}$ 和哮喘之间的关系得到了良好的证实。一些可能的机制包括引发和加剧细胞炎症、引发氧化应激、改变表观遗传修饰和削弱正常免疫应答。冷应激也是哮喘的危险因素。据报道，寒冷季节与温暖季节相比，哮喘住院的风险更高，这表明冷应激可能与哮喘相关。此外，在寒冷的季节，由于化石燃料或生物质燃烧，将产生更多的 $PM_{2.5}$。因此，通常同时存在冷空气和 $PM_{2.5}$ 暴露。

为了评价 $PM_{2.5}$ 和冷应激对哮喘的联合作用，本节生成并评价了典型实验小鼠哮喘模型，使用卵特异性 IgE 水平和病理学改变评价疾病的严重程度。正如以前报告的，在研究中发现，与单独的 $PM_{2.5}$ 暴露相比，$PM_{2.5}$ 暴露加上冷应激的组合显示在小鼠中加剧了哮喘，此过程中 Th2 细胞主要参与 IgE 介导的 fl 过敏反应，该反应被认为是哮喘发病最重要的病理因素。为确定 $PM_{2.5}$ 暴露加冷应激对哮喘的影响是否与 Th1/Th2 平衡的极化有关，测定 IFN-g（Th1）和 IL-4（Th2）的表达水平。结果发现，$PM_{2.5}$ 单独作用可降低 Th1/Th2 细胞比例，而冷应激对 Th1/Th2 细胞比率无明显影响。此外，与 PM 组小鼠相比，PMCS 组小鼠 Th1/Th2 平衡向 Th2 方向的极化更严重，提示 $PM_{2.5}$ 暴露加冷应激可能通过扭曲 Th1/Th2 平衡而加重哮喘。还检查了不同组 BALF 中炎症细胞数和氧化酶应力指标的水平。结果进一步证实了 $PM_{2.5}$ 暴露加上冷应激对小鼠哮喘的联合作用，增加的炎性细胞数和氧化酶应力可能是其主要的分子机制之一。

5.2.3　臭氧和高温对心脑血管的协同作用

心血管疾病是一类严重损害人体健康的疾病，它具有发病率高、致残率高、死亡率高等特点，其中，冠心病、心肌梗死对健康威胁最为严重，而且这类疾病的发生和人员的死亡与气象条件的剧烈变化存在着非常密切的关系。高温热浪是夏季对人体健康影响最为直接和明显的天气事件，能够造成严重的健康危害，可造成多种疾病发病率和死亡率增加。热浪期间，老年人和有基础疾病的人超额死亡率最高，这部分超额死亡率主要是由心、脑血管疾病和呼吸系统疾病引起的。全球气候变化很可能伴随着热浪发生频率和强度的增加以及炎夏和暖冬出现的增多、湿度的增加，加剧了夏季极端高温对人类健康的影响。近年来，因气候变化加剧所引起的高温热浪天气频繁出现以及因大气污染所致臭氧浓度日趋严重，它们所带来的心血管系统健康问题也变得越发严峻。各类研究证实高温热浪天气及臭氧与心血管疾病发生或死亡的增加呈正相关。有研究认为，气温升高和近地层臭氧增加呈正相关，人类活动产生的臭氧能增加心血管疾病的发病率和死亡率。臭氧与高温热浪分别都对心血管疾病有明显的影响，已往有对高温热浪作用的机理研究，有臭氧与 PM 协同作用对心血管影响的机理研究，但未见臭氧单独对心血管疾病的影响机理研究及高温和臭氧对心血管疾病协同作用的研究。本节通过对高血压大鼠进行不同持续时间的高温刺激和臭氧暴露来探究高温及臭氧对高血压大鼠的影响差异及机理。老年人群是受高温热浪刺激和空气污染的易感人群，所以也选择老年大鼠作为研究对象探究高温热浪及臭氧对老年大鼠心血管疾病的影响及机制。

5.2.3.1　材料和方法

（1）动物模型

采用 64 只雄性 SPF 级 $ApoE^{-/-}$ 小鼠（(18.0±2.0)g），饲养环境温度为 28.3 ℃（此温度为 2017 年石家庄夏季 7 月平均气温），相对湿度 40%～60%。饲养期间每日对小鼠进行捉拿训练以减少实验过程中因捉拿带来的额外影响。

（2）高温热浪和臭氧污染曲线的模拟

根据中国《环境空气质量标准》规定，确定轻度、中度和重度 O_3 污染浓度分别为 200 $\mu g/m^3$、300 $\mu g/m^3$ 和 400 $\mu g/m^3$。另外，考虑到动物的耐热性，选取 2017 年 7 月 7 日 01 时—10 日 03 时，一次石家庄持续时长超过 3 d 的实际热浪和 O_3 污染过程进行模拟暴露实验。对照组实验温度选取恒温 28.3 ℃，模拟曲线见图 5.12。

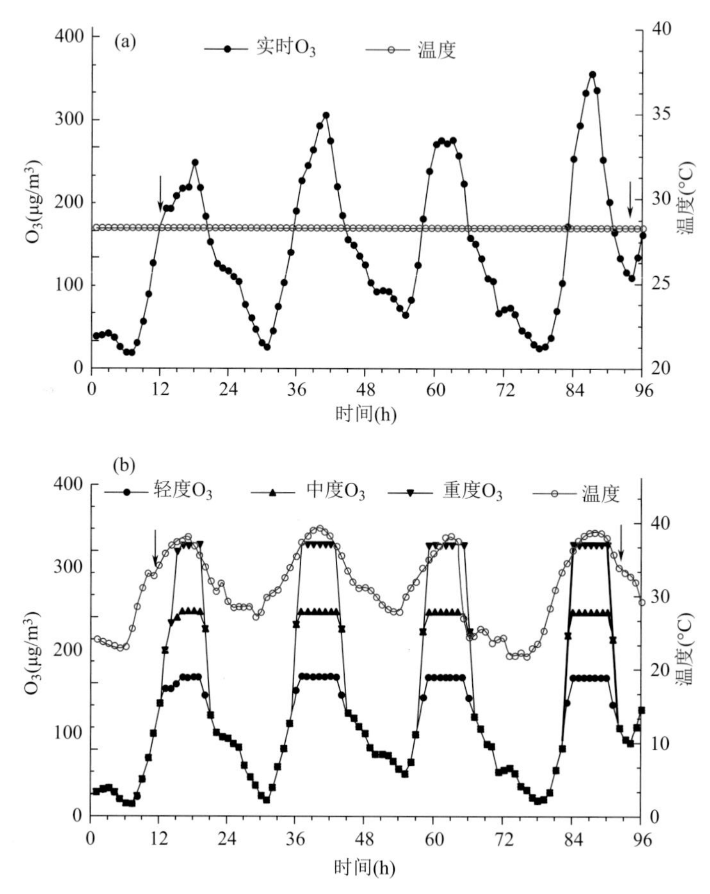

图 5.12 高温热浪与 O_3 联合暴露实验模拟曲线（箭头所指为小鼠生理功能监测点）

（a. 对照组；b. 实验组）

（3）暴露过程

所有实验小鼠空白对照饲养 7 d，于暴露前 30 min 打开人工环境暴露仓，依照高温热浪和 O_3 模拟曲线手动输入气象参数和 O_3 浓度值，待仓内环境稳定后，将单纯臭氧组、热浪组小鼠随机放入对照仓内，热浪＋臭氧联合暴露组（轻度、中度、重度）随机分别放入暴露仓内，使其接受不同程度 O_3 暴露和（或）热浪刺激。暴露时长超过 72 h，且舱内温度达 28.3 ℃时将其取出，观察小鼠状况并测量体重、肛温、心率及血压。单纯 O_3 组、对照组实验温度为 28.3 ℃，饲养条件同适应期，实验期间，各组小鼠自由摄食及饮水，气象环境暴露仓内光照节律仍控制为 12 h/12 h，保证小鼠呼吸通畅。

（4）生物样本采集及测定

暴露结束后，采用腹腔注射水合氯醛（7%水合氯醛，0.3 mL/100 g）对小鼠实施麻醉并进行断头采血。所采血样置于加入抗凝剂的真空采血管，使用低温超速离心机，3000 r/min 离心 10 min，分离血浆、血清，分装成 6 管冻存于－20 ℃低温冰箱待检，并立即摘取小鼠心脏，取心尖部称重，心肌组织称取 10 mg 加预冷 0.9%生理盐水 2 mL 匀浆，3000 r/min 离心 15 min，取上清，分装成 4 管于－20 ℃保存待检。利用酶联免疫试剂盒测定。

① 生理功能

利用小鼠尾根部脉搏振动情况来反映其心率及血压的变化，开启 BP-2006A 智能无创血压计并成功校准后，将检测小鼠置于保温鼠袋内，然后将其尾巴放入感应器中，待血压计达到稳定状态后记录小鼠心率和收缩压，并随即监测其体重和肛温。

② 心肌组织病理学

心肌组织固定超过48 h，常规石蜡包埋并制作心肌组织病理切片，而后进行HE染色，最后封片观察。

③ 热应激因子和炎性因子

心肌组织热应激因子HSP60含量（ng/mL）、HIF-1α水平（pg/mL）以及炎性因子TNF-α、IL-6及IFN-γ含量（pg/mL）、sICAM-1和CRP水平（ng/mL）测定均采用双抗体夹心酶联免疫法（ELISA）。

（5）指标检测

利用酶联免疫检测法检测HSP60、sICAM-1、HIF-1α、ET-1、AngⅡ、IL-6、CRP、TNF、PAI-1、D-dimer；利用血脂4项试剂盒检测TC、TG、HDL-C、LDL-C；利用硝酸还原酶法试剂盒测定大鼠血浆NO水平；利用TBA比色法检测心肌组织中的MDA；利用羟胺法测定心肌组织中SOD的活性。

5.2.3.2 结果分析

（1）小鼠基本生理功能变化

① 体重变化

暴露前后监测实验小鼠体重。由图5.13所示，暴露前小鼠体重在组间无明显差异，经96 h暴露后，各组小鼠体重均有所增加。与对照组相比，在中度、重度O_3单独暴露组中，小鼠体重显著增加（$P<0.05$）。与对照组和热浪组相比，联合暴露组小鼠体重也有所上升，但上升趋势均不明显；而与单独O_3组相比，中、重度臭氧联合暴露引起小鼠体重显著下降（$P<0.05$）。因此，可以推断热浪和O_3联合暴露可以延缓小鼠体重的增长，甚至造成体重的负增长。

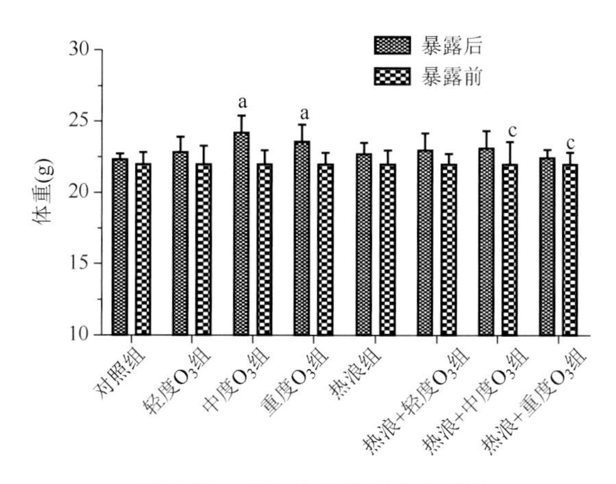

图5.13 各组小鼠体重变化情况

（a表示$P<0.05$与对照组比较，c表示$P<0.05$与相对应单独臭氧组相比）

② 心率变化

暴露前后监测实验小鼠心率。如图5.14所示，对照组小鼠暴露后心率略微增加，而其余各组小鼠心率随着臭氧暴露程度的增加明显下降，且热浪与O_3联合暴露组下降趋势更明显（$P<0.05$）。与热浪组和臭氧组相比，重度臭氧联合暴露小鼠心率表现为显著下降（$P<0.05$）。此外，中度和轻度 O_3 联合暴露组较热浪组小鼠体温反而略有上升趋势，但差异不具有统计学意义（$P>0.05$）。

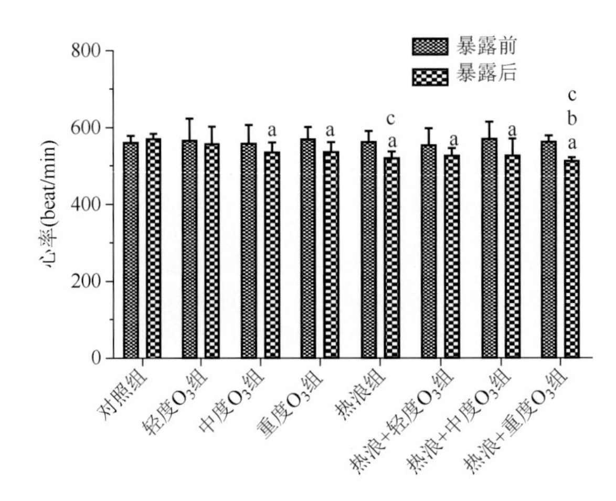

图 5.14　各组小鼠心率变化情况

（a 表示 $P<0.05$ 与对照组比较，b 表示 $P<0.05$ 与热浪组比较，

c 表示 $P<0.05$ 与相对应单独臭氧组相比，下同）

③ 血压变化

暴露前后监测实验小鼠收缩压。如图 5.15 所示，各组小鼠暴露后血压均呈下降趋势。与对照组相比，除中度 O_3 暴露组外，其余各组小鼠血压均明显下降（$P<0.05$），而中度、重度 O_3 联合暴露组小鼠血压下降趋势更显著（$P<0.05$），并且中度、重度 O_3 联合暴露组较相应单纯臭氧组和热浪组也有明显的下降趋势（$P<0.05$）。

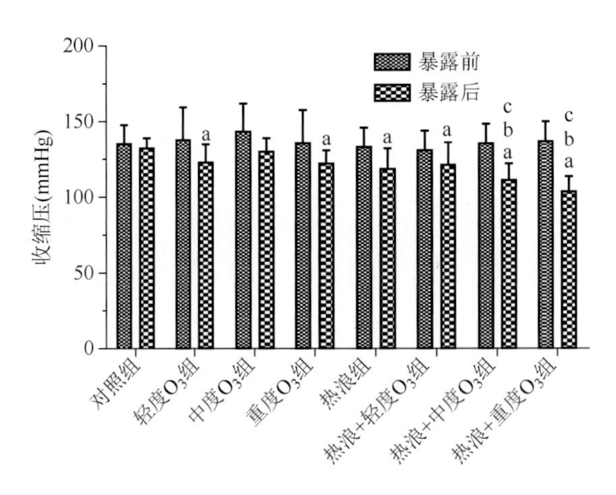

图 5.15　各组小鼠收缩压变化情况

（2）心血管组织病理改变

图 5.16 为高温热浪和 O_3 暴露下小鼠心肌组织病理改变，观察发现，对照组心肌结构基本完整（图 5.16a），随着 O_3 暴露程度增加，轻度组、中度组平滑肌细胞排列紊乱、内膜偶见脂肪细胞堆积，伴随典型斑块形成（图 5.16d）。与对照组相比，O_3 暴露组小鼠病理损

伤较为严重。高温热浪刺激下，可见大量脂肪细胞堆积于内膜、管腔严重狭窄、堵塞（图 5.16e）。臭氧和高温共同暴露下，内膜遭严重破坏，出现严重斑块（图 5.16f、g），平滑肌细胞大量增生，出现严重的心肌梗死病灶（图 5.16h）。

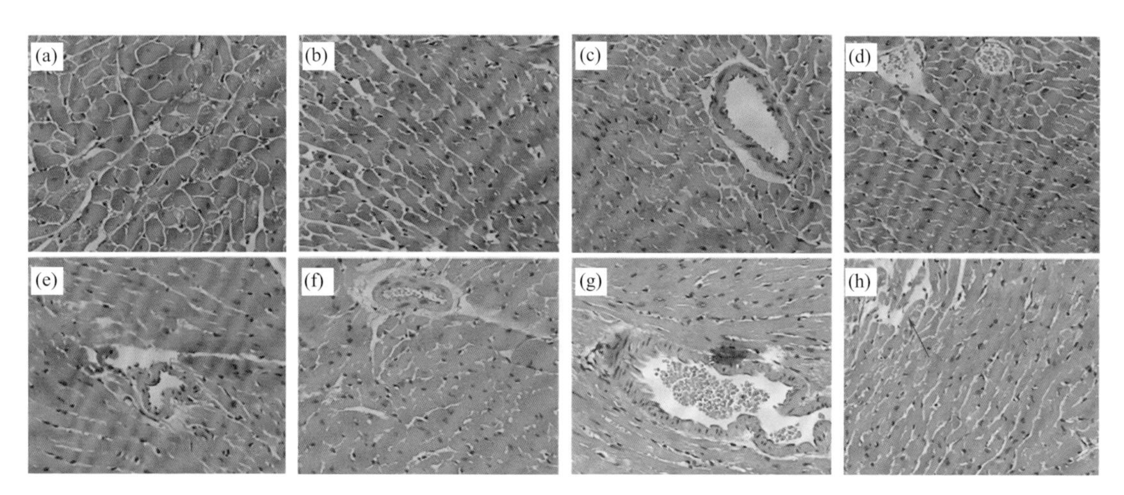

图 5.16　高温热浪和 O_3 对 AS 小鼠心肌组织病理学影响

（注：a、e：对照组和高温热浪组；b~d：不同程度臭氧组（轻度、中度、重度）；f~h：高温热浪组+不同程度臭氧（轻度、中度、重度）。放大倍数 400，红色箭头表示平滑肌细胞增生）

（3）心肌损伤指标

为了反映热浪和不同程度 O_3 暴露对 AS 小鼠心肌造成的毒性影响，主要检测小鼠血清中 CK、D-LDH 水平（图 5.17）。

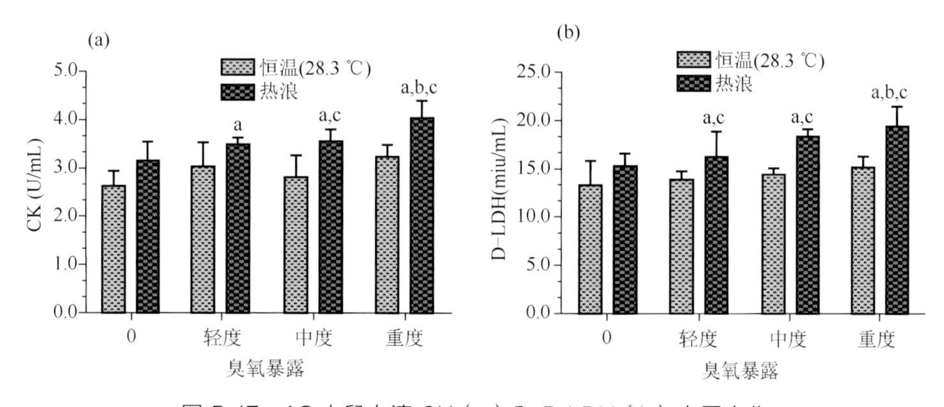

图 5.17　AS 小鼠血清 CK（a）和 D-LDH（b）水平变化

各组小鼠血清 CK 的浓度均高于对照组，但热浪组和单纯臭氧组差异不具有统计学意义（$P>0.05$）。在联合暴露组中，CK 随着 O_3 暴露程度的增加而明显升高（$P<0.05$），当 O_3 暴露程度达到中度及以上时，与相应单纯臭氧组相比，CK 的含量亦显著升高（$P<0.05$）。

随着 O_3 暴露程度增加，各组小鼠 D-LDH 含量均明显上升。相较对照组和单纯 O_3 组，3 个联合暴露组中 D-LDH 的含量显著增加（$P<0.05$），且重度臭氧联合暴露组 D-LDH 增加最快。综上所述，热浪联合 O_3 暴露对 CK、D-LDH 的影响比热浪或臭氧单独暴露更明显，两者具有一定的协同增强作用。

（4）热应激因子

为了评价热浪和 O_3 暴露所致 AS 小鼠热应激损伤能力，主要检测小鼠心肌中 HSP60、HIF-1α 的水平（图 5.18）。

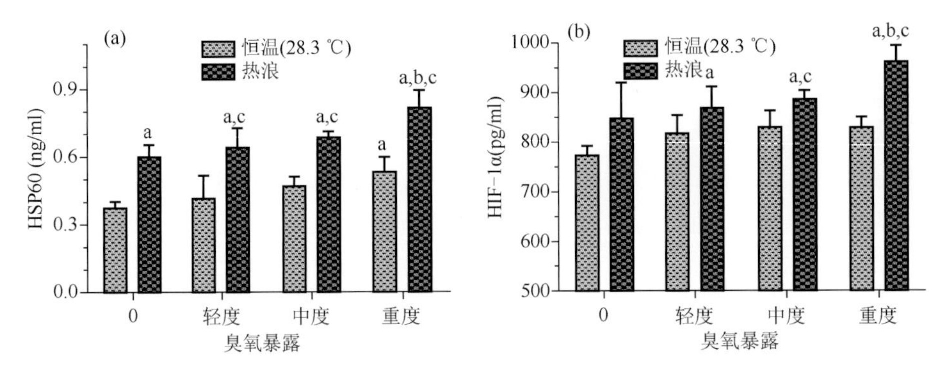

图 5.18 AS 小鼠心肌组织 HSP60（a）和 HIF-1α（b）的水平变化

臭氧单独暴露组中，心肌 HSP60 的含量随着 O_3 暴露程度的增加而上升，但只有重度臭氧暴露组与对照组相比，差异具有统计学意义（$P<0.05$）。而热浪组、O_3 联合暴露组小鼠 HSP60 较对照组均显著上升（$P<0.05$），且 3 个臭氧联合暴露组与对照组、相应单独臭氧暴露组相比，随着臭氧暴露程度的增加，HSP60 也明显增加（$P<0.05$）。此外，重度臭氧联合暴露组 HSP60 的含量较热浪组亦显著增加。

各组小鼠心肌中 HIF-1α 均高于对照组，在热浪或 O_3 单独暴露组中，重度臭氧暴露下 HIF-1α 的浓度略低于中度臭氧组，但各组与对照组比较均无明显差异（$P>0.05$）。而联合暴露组中，HIF-1α 的浓度较对照组显著增加（$P<0.05$），且随着 O_3 暴露程度的增加而依次升高，并且臭氧暴露程度达到重度时，较热浪组和臭氧暴露组 HIF-1α 亦显著升高（$P<0.05$）。可见，高温热浪能加速臭氧暴露引起 HSP60 和 HIF-1α 的增加，热浪和臭氧联合暴露对 HSP60 和 HIF-1α 的影响存在一定的协同增强效应，且该效应在重度 O_3 水平下表现显著。

（5）炎性因子

为了评价在热浪刺激下 O_3 暴露所致小鼠心血管系统炎症损伤，主要检测小鼠心肌中 IL-6、TNF-α、sCMA-1 和 CRP 水平，及血浆中 IL-6、TNF-α、sCMA-1、CRP 及 INF-γ 的水平（图 5.19 至图 5.22）。

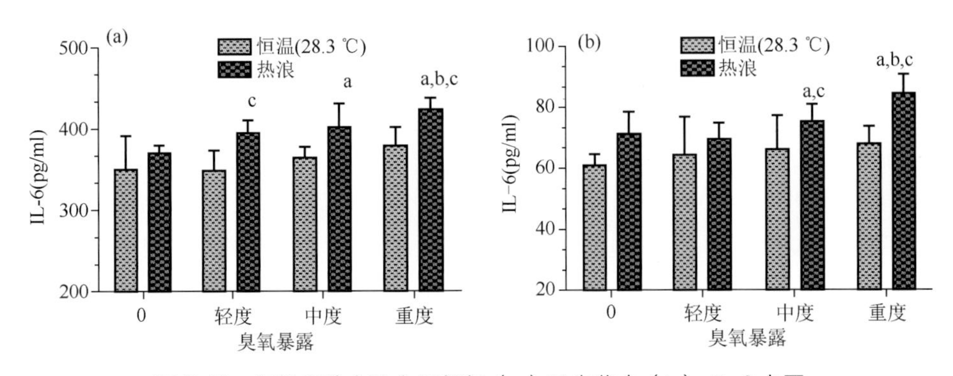

图 5.19 各组实验小鼠心肌组织（a）及血浆中（b） IL-6 水平

① 炎性因子 IL-6

除轻度 O_3 暴露组小鼠心肌 IL-6 水平略微低于对照组，其余各单纯臭氧组 IL-6 水平均高于对照组，但差异均不具有统计学意义（$P>0.05$）。而联合暴露组中，随着 O_3 暴露程度的增加，IL-6 水平呈现上升趋势，轻度联合暴露组与单独臭氧组相比，中度、重度联合暴露组与对照组相比，重度联合暴露组与热浪组相比，小鼠 IL-6 含量均显著上升（$P<0.05$）。

各组小鼠血浆 IL-6 的浓度均高于对照组，但所有 O_3 单独暴露组、热浪组 IL-6 水平较对照组均无明显改变（$P>0.05$）。而中度和重度联合暴露组中，IL-6 水平较相应 O_3 单独暴露组和对照组均表现为显著增加（$P<0.05$），并且重度联合暴露组与热浪组相比统计学差异显著（$P<0.05$），其值约为热浪组的 1.19 倍。

② 炎性因子 CRP

除轻度臭氧组，其余各组小鼠心肌组织 CRP 均显著高于对照组（$P<0.05$），中度、重度臭氧联合组中 CRP 浓度明显高于对照和相应臭氧组（$P<0.05$），见图 5.20a。

与对照组相比，热浪或 O_3 单独暴露可引起小鼠血浆中 CRP 水平的升高，但差异均无统计学意义（图 5.20b）。中度联合暴露组中，CRP 水平较相应 O_3 单独暴露组和对照组均呈显著上升趋势（$P<0.05$）。此外，重度联合暴露组 CRP 水平不仅较热浪组和对照组显著升高（$P<0.05$），与单纯 O_3 组相比亦显著增加（$P<0.05$），其值分别为对照组、热浪组、单纯 O_3 组的 1.59、1.42、1.36 倍。

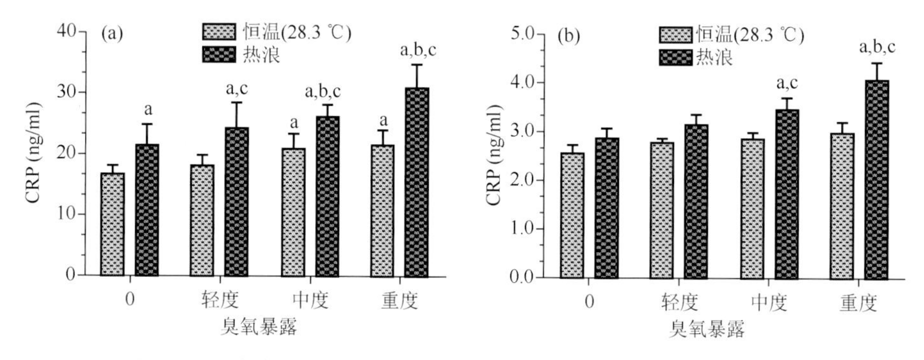

图 5.20 各组实验小鼠心肌组织（a）及血浆中（b） CRP 水平

③ 炎性因子 sCMA-1

单独 O_3 暴露组中，小鼠心肌 sCMA-1 的含量随着 O_3 暴露程度的增加而增加，且中度、重度臭氧组与对照组相比，sCMA-1 显著增加（$P<0.05$）。在热浪与 O_3 联合暴露组中也有相似的结果，即与对照组和相应 O_3 单独暴露组比较，sCMA-1 含量均显著增加（$P<0.05$）。此外，在 3 个联合暴露组中 sCMA-1 含量明显高于热浪组，但只有重度联合暴露组达到统计学意义上的差异，其浓度分别是对照组和热浪组的 2.67 倍和 1.58 倍。

小鼠血浆中 sCMA-1 的浓度在 O_3 组及联合暴露组中随着 O_3 暴露程度的增加均有上升趋势。与对照组相比，单独 O_3 组小鼠血浆中 sCMA-1 上升明显，但差异不具有统计学意义（$P>0.05$）。而在热浪组及 3 个联合暴露组中，sCMA-1 浓度较对照组均显著升高（$P<0.05$），并且当 O_3 暴露程度达到中度及以上时，联合暴露组较热浪组和相应单纯臭氧组 sC-MA-1 也显著升高（$P<0.05$）。

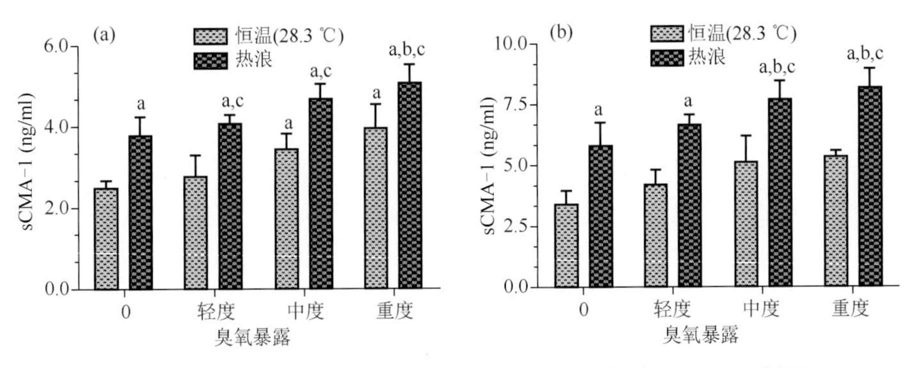

图 5.21　各组实验小鼠心肌组织（a）及血浆中（b） sCMA-1 水平

（6）氧化应激指标

为了评价热浪和 O_3 暴露对 AS 小鼠心血管系统氧化应激损伤能力，主要检测小鼠血浆 MDA 含量及心脏组织 SOD 活性，结果见图 5.22。

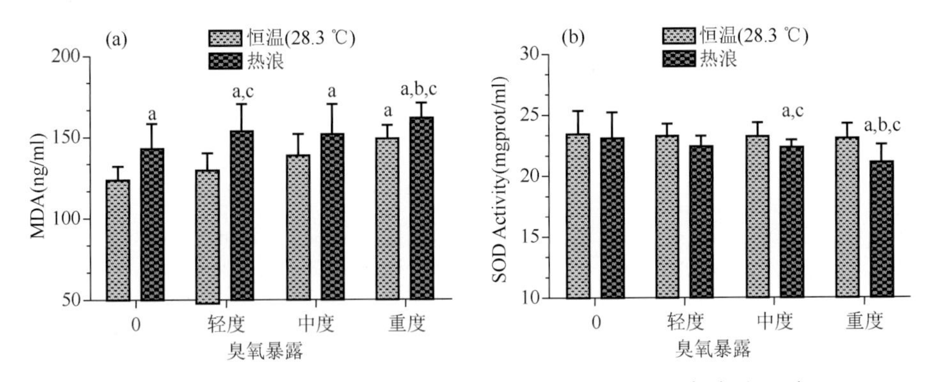

图 5.22　各组 AS 小鼠血浆 MDA 水平（a）和心脏组织中 SOD 活性（b）变化（$\bar{x}\pm s$，n= 8）

与对照组相比，单纯 O_3 或者热浪刺激均引起血浆 MDA 含量明显升高，且随着 O_3 暴露程度的增加 MDA 呈递增趋势，此外，在 O_3 和热浪联合暴露的 3 个组中，轻度、中度联合暴露组 MDA 的含量亦显著增加（$P<0.05$），其增加值分别为 30.04 ng/mL 和 27.78 ng/mL，而重度臭氧联合暴露组 MDA 含量显著高于对照组、热浪组及单独臭氧组（$P<0.05$）。可见，热浪和 O_3 共同作用对 MDA 的影响均比 O_3 暴露或热浪单独影响要显著，两者协同增强作用明显。

SOD 是一个抗氧化酶，与对照组相比，小鼠暴露于单纯 O_3、热浪及两者联合暴露，SOD 活力均明显下降。其中中度 O_3 联合暴露组与对照组、相应单纯 O_3 组相比，SOD 活力均呈现显著下降（$P<0.05$），而重度臭氧联合暴露组不仅较对照组和单纯臭氧组明显下降，与热浪组相比亦显著下降（$P<0.05$），两组 SOD 活力分别被抑制了 64%和 68%。

（7）血管舒缩因子

为了评价热浪联合臭氧对动脉粥样硬化小鼠血管收缩能力的影响，主要检测小鼠血浆中 NO、ET-1 的含量，结果见图 5.23。

ET-1 是一种血管收缩因子。无论是在热浪或 O_3 组，还是两者联合暴露组小鼠血浆 ET-1 浓度均略高于对照组，而联合暴露组 ET-1 较热浪组或对应的 O_3 单独暴露组也略有所上升，

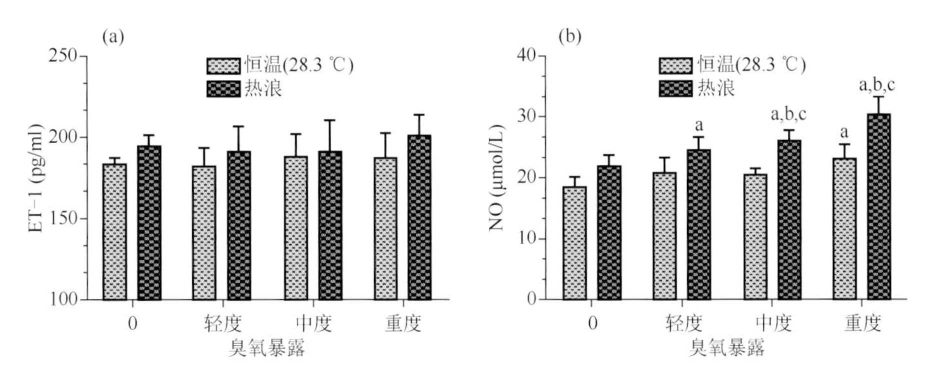

图 5.23　各组 AS 小鼠血浆 ET-1（a）和 NO（b）水平变化（$\bar{x} \pm s$，$n=8$）

但均未达到显著性改变（$P>0.05$）。

在 O_3 单独暴露组中，只有在重度臭氧暴露的情况下，小鼠血浆 NO 的含量才表现出较对照组显著升高（$P<0.05$），各联合暴露组 NO 较对照组亦明显升高（$P<0.05$），且随着暴露程度的增加而增加。重度 O_3 联合暴露组 NO 含量较热浪组和相应臭氧单独暴露组也显著升高（$P<0.05$）。因此，热浪和臭氧对 ET-1 的影响不明显，主要引起 NO 显著升高，并且在对 NO 的影响上存在交互作用。

（8）血栓形成因子

为反映在热浪刺激下 O_3 暴露对 AS 小鼠凝血能力的影响，主要检测小鼠血浆中 D2D、PAI-1 的水平，结果见图 5.24。

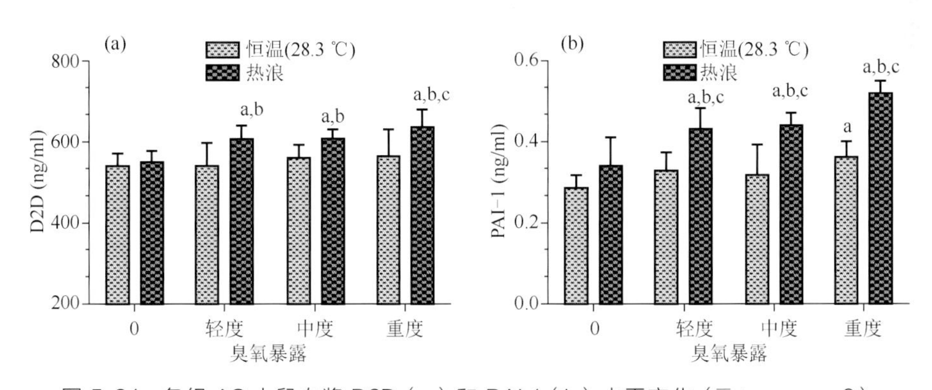

图 5.24　各组 AS 小鼠血浆 D2D（a）和 PAI-1（b）水平变化（$\bar{x} \pm s$，$n=8$）

热浪或 O_3 单独暴露，血浆 D2D 的含量与对照组相比无明显差异（$P>0.05$）。但是在热浪和臭氧联合暴露情况下，小鼠 D2D 均显著高于对照组（$P<0.05$），并且随着 O_3 暴露程度的增加，D2D 含量呈递增趋势。同时，重度臭氧联合暴露组中，D2D 的含量较热浪组及单纯臭氧组均显著上升（$P<0.05$）。

各组小鼠血浆中 PAI-1 水平均高于对照组，在 O_3 单独暴露组中，只有重度 O_3 暴露情况下，血浆 PAI-1 较对照组的改变具有统计学意义（$P<0.05$）。而轻度、中度臭氧联合暴露组 PAI-1 水平较对照组和相应单纯 O_3 组均显著升高，且重度联合暴露组较对照组和热浪组也显著升高（$P<0.05$）。

5.2.3.3 小结和讨论

本实验结果显示，热浪和臭氧联合暴露可以延缓小鼠体重的增长，甚至造成体重的负增长，其原因可能与外界不良刺激，导致机体不适和食欲下降有关。另外，热浪和臭氧对AS小鼠基本生理功能的影响具有一致性，与热浪组和单纯臭氧组相比，联合暴露组小鼠体温显著上升，心率和血压显著下降。

诱导AS小鼠心肌组织HSP-60、HIF-1α含量增加。升高的HSP60可促进内皮细胞、巨噬细胞分泌大量IL-6、TNF-α、sCMA-1、CRP等炎性因子，使体内炎症系统被激活，加速炎症细胞聚集，促进动脉粥样硬化斑块的形成与发展。同时，HIF-1α含量的增加，加重心肌缺血程度，进一步加剧机体炎症反应，使sICAM-1和CRP上升，导致动脉粥样硬化范围扩大。此外，心血管疾病也是一种自身免疫性疾病，细胞免疫参与其发生发展过程，过高的HSP60可引起细胞免疫功能下降，导致Th1大量分泌IFN-γ，升高的IFN-γ不仅能引起多种炎性因子水平增加，而且参与脂纹形成、斑块钙化、斑块破裂、血栓形成等各环节。降低小鼠心脏抗氧化能力，促进心肌氧化损伤。热浪与臭氧协同暴露使心肌组织SOD活性降低，导致心脏组织氧自由基过多，抑制脂蛋白酶活性，加速脂类物质沉积于血管壁，形成动脉粥样硬化及斑块，增加冠状动脉疾病风险。因此，SOD活性下降引起的血管内皮NO灭活以及ROS的增加，可能是冠状动脉粥样硬化形成的一个重要机制。同时，较高水平的MAD引起心肌组织脂质过氧化损伤，加剧血脂异常，从而进一步增加心血管疾病的发病风险。破坏血管内皮内膜结构，使血管内皮功能调节紊乱。一方面，NO水平显著增加引起全身血管大幅扩张，降低血压压力，造成局部心肌供血不足，加速血液黏稠。另一方面，系统ET-1含量升高，使血管通透性增加，导致机体炎症损伤程度加重，促进血管内皮细胞和平滑肌细胞增生，有利于形成钙化斑块。

5.2.4 负氧离子暴露改善抑郁行为的趋利效应

抑郁症是一种以显著而持久的心境低落为主要特征的精神疾患，主要表现为情绪消沉、焦虑等精神病性症状。世界卫生组织的报告显示，全球的抑郁症患者超过3.5亿人，其中至少一半的患者没有得到有效治疗。在一些低收入国家抑郁症患者的治疗率不到10%。Huang等（2019）在对中国精神卫生调查（CMHS）的患病率数据报告中估算，截至2019年中国有超过9500万的抑郁症患者。药物治疗和心理治疗是目前控制抑郁症患者病情加重的主要手段，然而抗抑郁药物的副作用大，心理疗法效果有限，因此亟须探索针对抑郁症的物理治疗等替代疗法。

负氧离子是空气中水分子在高压或强射线的作用下被电离所产生的自由电子，然后大部分被氧气所获得，因此常常把空气负离子统称为负氧离子。中国气象局监测显示，空气中每立方厘米负氧离子的含量，城市住宅内仅40～50个，城市上空有100～200个，田野上空有700～1000个，山谷可超过5000个。世界卫生组织定义清新空气的标准为负氧离子浓度为1000～1500个/cm^3。负氧离子被称为空气中的维生素，具有镇静、催眠、降血压、改善注意力的效果。Perez等（2013）研究发现，接受负氧离子暴露的抑郁症患者在SIGH-SAD自评量表和Beck抑郁量表上的得分显著下降，抑郁反应症状会随着负氧离子的暴露而减弱甚至消失，且高浓度负氧离子暴露对抑郁症的临床缓解效果更好。

近年来已有学者从流行病学的角度分析了负氧离子的康养作用，为进一步证实负氧离子暴露对人体健康的潜在正效应，尤其为抑郁症患者康复提供新途径，上海市气象局在纽约大学医学院环境暴露装置建设专家的指导下，研制了国内首个负氧离子暴露系统（图5.25），并与复旦大学医学院、复旦大学动物行为学国家重点实验室合作开展了为期两年的负氧离子暴露对小鼠行为学的影响研究，旨在揭示负氧离子对人体神经系统的趋利作用。本次实验按照随机、对照、双盲的实验原则，将C57小鼠分为健康对照组、抑郁模型组和负氧离子暴露组，通过检测、对比、分析接受负氧离子暴露抑郁小鼠的神经行为变化及炎症因子水平，揭示负氧离子暴露对抑郁症患者情绪及行为可能产生的趋利影响。

图5.25　负氧离子动物暴露仓

5.2.4.1　负氧离子暴露对动物情绪和行为学的影响

负氧离子暴露可能降低抑郁水平。实验采用3种经典评估抑郁样反应的行为学实验（糖水实验、悬尾实验和强迫游泳），分别对实验小鼠开展5轮重复暴露检测实验（图5.26），检测结果显示，抑郁小鼠经过高浓度（8000个/cm^3）负氧离子暴露后，核心症状——“快感缺失”有所改善，“绝望状态”“持续不动时间”有缩短的趋势，表明负氧离子暴露可能降低小鼠的抑郁水平，改善小鼠的低落情绪。黑白箱实验结果（图5.27）显示，经过负氧离子暴露后抑郁小鼠在白箱中停留的时间与无负氧离子暴露组相比延长26%，表明负氧离子暴露可能改善抑郁症患者的焦虑样行为。

负氧离子暴露可能提高抑郁小鼠的运动协调能力、空间学习和记忆能力。转棒实验和Y迷宫实验是评价实验动物焦虑行为和空间学习记忆的经典实验。转棒实验（图5.28a、b）的结果发现，抑郁小鼠经过高浓度的负氧离子暴露后，在转棒上的停留时间和掉落时的转速

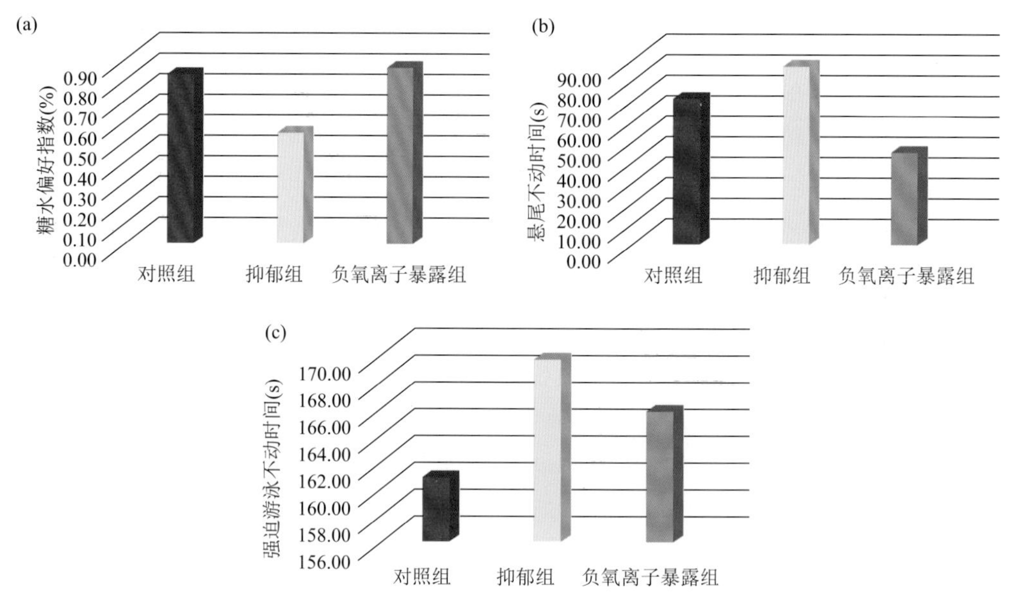

图 5.26 糖水偏好实验（a）、悬尾实验（b）和强迫游泳实验（c）结果（红色、黄色、蓝色分别表示健康小鼠、抑郁小鼠、接受负氧离子暴露的抑郁小鼠）

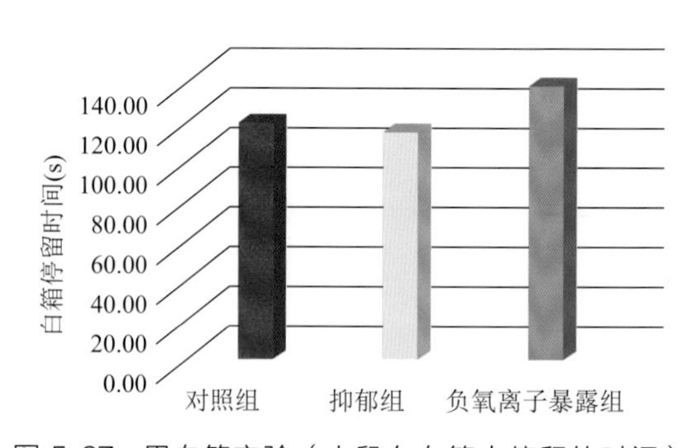

图 5.27 黑白箱实验（小鼠在白箱中停留的时间）

可以分别增加 21%和 11%，表明负氧离子暴露对抑郁小鼠的平衡和运动协调产生有利影响。Y 迷宫结果（图 5.28c）显示，抑郁小鼠的自发轮流行为得分有所提高，表明小鼠的空间学习和记忆能力有所改善。

5.2.4.2 负氧离子暴露改变抑郁症患者的炎性标志物

对差异表达蛋白进行聚类分析（图 5.29），每个小方格表示每个炎性标志物，其颜色表示表达量的大小，表达量越大颜色越深，红色为上调，蓝色为下调。对炎性标志物进行 GO 和 KEGG 通路分析，研究炎性因子参与的生物过程、分子功能和信号通路。筛选条件 $P \leqslant 0.05$。炎性因子主要参与组织重塑、应激激活蛋白激酶、调控 JNK、白细胞分化、铜离子结合，PI3K-AKT 信号通路和 FcεR 信号通路。突触可塑性的改变可能是抑郁症发生的原因之一，有研究表明，抑郁症动物的突触减少且可塑性降低。PI3K-AKT 信号通路可影响突触可塑性，与抑郁症的发生相关，是多数抗抑郁药物发挥作用的通路之一。活化的 Akt 可调节下游因子糖原合成酶激酶-3（GSK-3β），GSK-3β 在整个中枢神经系统中广泛表达，其活性与 5-羟色胺（5-HT）调节有关，中枢神经系统中 5-HT 的含量及功能异常与精神病和

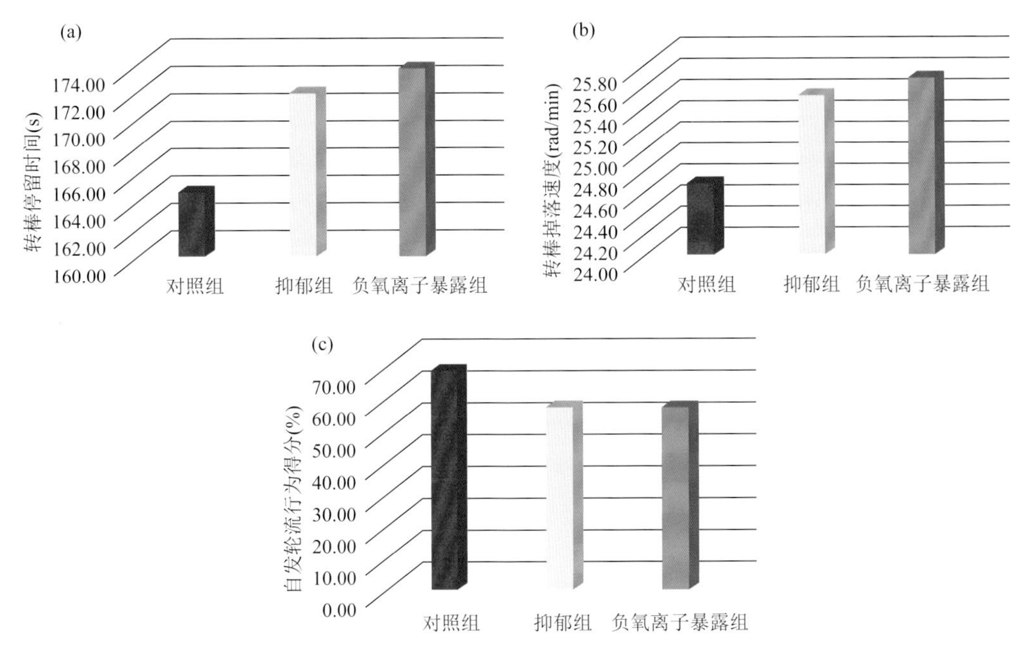

图 5.28 转棒实验（a、b）和 Y 迷宫实验（c）结果解释

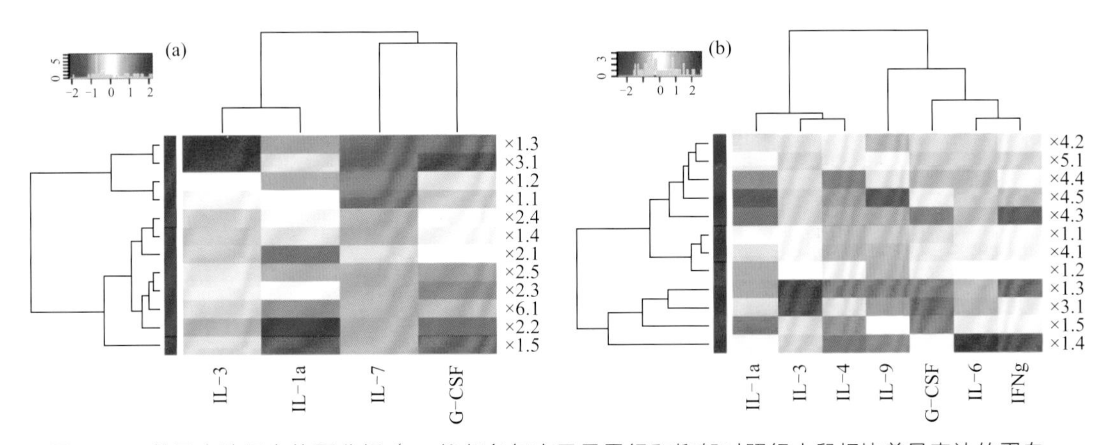

图 5.29 差异表达蛋白热图分析（a. 抑郁负氧离子暴露组和抑郁对照组小鼠相比差异表达的蛋白；b. 抑郁组和对照组小鼠相比差异表达的蛋白）

偏头痛等多种疾病的发病有关。此外，促炎细胞因子可诱导吲哚胺 2，3-双加氧酶（IDO）减少合成 5-HT 和褪黑激素所必需的前体色氨酸而导致抑郁症状。IDO 的活化还增加了色氨酸分解代谢产物的合成，激活内源性 N-甲基-D-天冬氨酸受体，干扰谷氨酸能途径的神经传递，导致海马神经元损伤和凋亡，从而导致抑郁。JNK 是丝裂原活化蛋白激酶（MAPK）家族的成员，氧化应激、神经兴奋性毒性、炎性因子 IL-1β 和 TNF-α 等可激活 JNK，被 JNK 磷酸化调控活性的底物分子与抑郁症的各种病理有关，包括参与应激和炎症反应的转录因子 AP-1；与 HPA 轴功能亢进和糖皮质激素抵抗相关的糖皮质激素受体 GR；细胞凋亡诱导因子 Bax 等。神经细胞凋亡可促进抑郁症的发生，PI3K/AKT 和 JNK 信号通路都参与调节细胞凋亡，AKT 可作为 JNK 信号通路的上游起作用，但具体机制必须通过进一步研究来验证。激活的小胶质细胞利用 IL-6 和 TNF-α 等促炎因子作为抗神经源性信号与神经前体

细胞相互作用，导致神经发生减少，参与抑郁情绪调节的脑结构。IL-4 是由 Th2 细胞分泌的抗炎因子，本次实验结果显示抑郁症患者的 IL-4 水平有所降低，负氧离子暴露组小鼠的 IL-4 水平显著升高。IL-9 是由 Th9 细胞分泌的抗炎因子，可抑制促炎因子的分泌，结果显示负氧离子暴露可提高抑郁症患者的 IL-9 表达水平。因此，负氧离子暴露可提高抑郁症患者的抗炎因子表达水平，抑制促炎因子的产生，减少体内的炎症反应，降低抑郁水平。

负氧离子暴露可提高抑郁症患者体内的抗炎因子水平。抑郁症与炎症失调有关。促炎因子可穿过血脑屏障直接进入大脑，或通过激活小胶质细胞等的间接途径扩散到大脑，导致抑郁行为的异常或加剧。IL-4 是指示抗炎因子的关键指标，通过对各组实验小鼠的脑部组织进行解剖和检测分析发现（图 5.30），抑郁小鼠的 IL-4 水平偏低，经过负氧离子暴露后抑郁小鼠的 IL-4 水平显著升高。其原因是负氧离子暴露提高了抑郁小鼠的 IL-9 表达水平，使得 IL-4 指标升高。实验和检测分析结果说明，负氧离子暴露可提高抑郁症患者的抗炎因子表达水平，抑制促炎因子的产生，减少体内的炎症反应，降低抑郁水平。

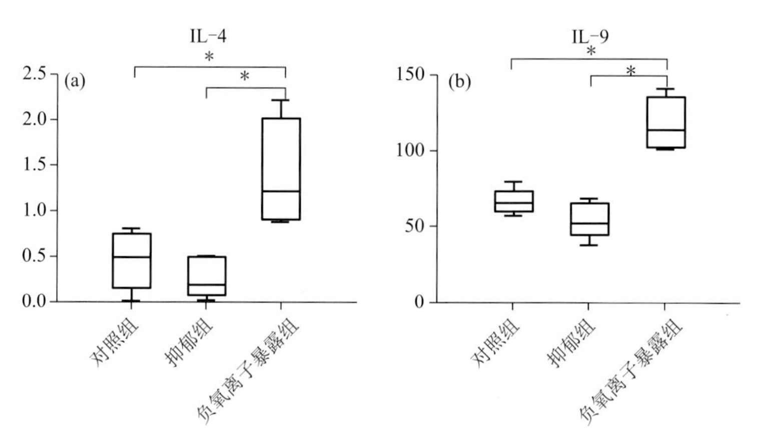

图 5.30 小鼠体内抗炎因子 IL-4（a）和 IL-9（b）的表达水平

5.2.4.3 小结

动物实验结果揭示了负氧离子暴露对抑郁小鼠的症状缓解和康复具有趋利作用，为国家层面制定康复和疗养政策、减缓目前心理相关疾病发生的上升趋势提供了支持；也为各级政府因地制宜催生负氧离子康养新产业，培育健康与旅游、养老相融合的新模式，实施健康环境促进行动提供依据。

实验部分证实了负氧离子暴露对人体健康的有利影响，为气象部门科学实施“天然氧吧”等康养环境认证、全面提升健康气象服务能力提供了科学支撑，也为气象部门贯彻落实《国务院关于实施健康中国行动的意见》和《“健康中国 2030”规划纲要》提供了思路。

第6章 环境气象预报服务业务

《上海市大气污染防治条例》第二十七条规定“市环保、气象部门应当建立大气环境信息和气象信息共享、预测预报会商等相关工作机制，并联合发布空气质量预报信息”。《上海市空气重污染专项应急预案》规定“市气象局承担市工作组办公室的相应职责。负责制定空气重污染天气预报应急工作方案；开展空气污染气象条件预报，与市环保局进行空气质量预报和空气重污染预报预警会商；做好长三角气象部门有关空气重污染预报预警的协调联动工作”。为了履行气象部门的职责，服务上海及长三角大气污染防治，根据“中国气象局关于印发《环境气象业务发展指导意见》的通知”（气发〔2013〕36号）要求，上海市气象局着力建设环境气象、健康气象预报服务业务，主要包括空气质量指数AQI预报、重污染天气应急预警、霾及紫外线预报、气象生活指数预报等。为了有效支撑环境气象预报服务，建立发展了华东区域环境气象数值预报业务，研制了长三角环境气象预报平台。本章主要介绍环境气象数值预报业务、空气质量预报服务业务、健康气象服务业务以及长三角环境气象预报业务平台。

6.1 华东区域环境气象数值预报业务

上海市气象局建立了较为完整的华东区域环境气象数值预报业务，包括以动力—化学耦合模式（WRF-Chem）为核心、覆盖短期-中期-延伸期的大气化学数值预报系统，提供0～30 d主要污染物的浓度预报产品；以WRF-Dust模式为核心的华东区域沙尘预报系统，提供0～72 h沙尘（PM_{10}）浓度预报产品；以拉格朗日扩散模式Hysplit为核心的泄漏扩散系统，通过模拟气团的前向轨迹或者后向轨迹，判断针对目标区的气团来源和传输路径，提供针对目标区的气团来源轨迹产品，以及从目标区扩散泄漏的气体轨迹和影响范围。华东区域环境气象数值模式系统的数据和产品通过云服务、网页服务两种形式进行查询、推送和下载，为上海及华东区域各省开展环境气象预报服务提供了重要支撑（图6.1）。

6.1.1 大气化学数值模式系统

从2005年开始，上海市气象局认为大气环境问题及其引发的健康问题可能是未来大城市气象服务的重点内容。因此，上海市气象局和世界气象组织联合实施了Shanghai-GUR-

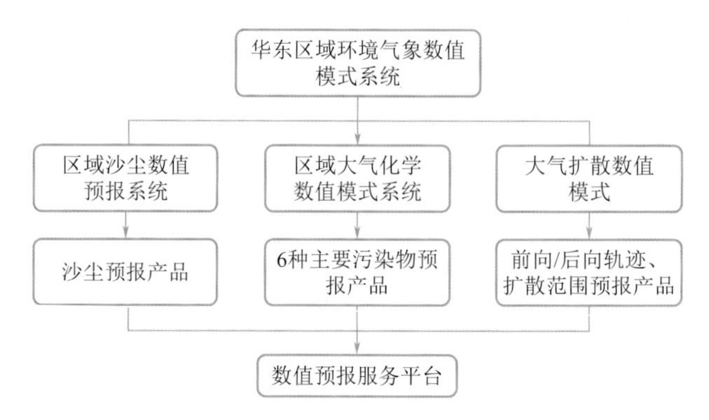

图 6.1 华东区域环境气象数值预报系统的组成

ME 城市环境项目，旨在引进和建立区域大气化学数值模式，为城市大气环境及健康气象服务提供技术和产品支撑。上海市气象局聘请国际著名大气化学专家铁学熙教授作为中国气象局特聘专家，指导和帮助上海市气象局建立大气化学模式团队，引进和研制大气化学模式系统，确定了美国国家海洋大气局（NOAA）、美国国家大气研究中心（NCAR）等机构联合研发的动力化学耦合模式 WRF-Chem 作为开展环境气象预报服务的业务模式。和传统的气象-化学离线模式不同，WRF-Chem 中的气象和化学过程完全耦合，计算时采用相同的平流、对流、扩散和物理过程方案、模式网格以及时间步长，不需要对气象场进行时间、水平空间以及垂直方向的插值处理，而且能够计算气溶胶对大气辐射的直接和间接反馈，以及大气成分对云物理过程的影响，被认为是下一代大气模式的发展方向。但 WRF-Chem 的缺点是需要大量的高性能计算资源，对业务运行是巨大的挑战。

上海市气象局大气化学数值模式系统的业务研制经历了 10 年历程。2008 年铁学熙教授指导团队进行了 WRF-Chem 的引进和本地化运行，通过大量数值试验对上海本地的排放清单进行优化和调整，联合国内外高校实施了 MIRAGE-Shanghai 大气化学外场观测试验，为调整 NO_x 和 VOCs 排放的空间分布和季节变化提供了重要依据。在此基础上，2009 年建立了覆盖长三角区域的 WRF-Chem 预报试验系统，评估发现 WRF-Chem 模式运行稳定，对静稳天气条件下的污染过程具有较好的预报效果，但对输送型污染过程的预报能力较低。主要问题是试验系统的预报区域仅覆盖长三角，因而不能模拟华北、黄淮对长三角的污染输送。经过不断评估和试验，2012 年上海市气象局建立了首个华东区域大气化学短期数值预报系统，预报区域覆盖中国东部，预报时效 72 h，每天运行 1 次，为华东区域主要城市提供 $PM_{2.5}$、PM_{10}、O_3、NO_2、SO_2 和 CO 6 种污染物的预报产品。该系统在 2013 年通过了中国气象局预报司组织的业务验收，每天向国家气象中心传输模式预报数据，参与国家级单位组织的国家级和区域级模式预报性能评估。区域大气化学短期数值预报系统为 2013 年以来华东各省开展空气质量预报、重污染天气应急服务提供了有效支持。近几年，上海市气象局结合实际服务需求，对该系统不断完善和更新。2016 年根据秋冬季大气污染治理的服务需求，建立了延伸期大气化学数值预报系统（30 d）；2019 年根据进博会（中国国际进口博览会简称“进博会”）空气质量保障的需求对短期数值预报系统进行强化，增加了 EC 气象场作为驱动；同时建立了区域大气化学中期数值预报系统（10 d），逐步形成了以 WRF-Chem 为核心，覆盖短期-中期-延伸期的区域大气化学数值预报业务，为环境气象预报服务提供支持。

6.1.1.1　华东区域大气化学短期数值预报系统

（1）模式系统构架

华东区域大气化学短期数值预报业务系统采用了 WRF-Chem 模式 3.2 版并进行了多个方面的改进，包括在光解中增加了气溶胶的光学效应、调整了夜间臭氧消耗计算、引进了 ISORROPIA Ⅱ二次气溶胶方案等。这些改进提升了上海臭氧和 $PM_{2.5}$ 的模拟效果。

图 6.2 显示了华东区域大气化学短期数值预报系统的运行流程，预报区域覆盖我国东部区域，以（32.5°N，118°E）为中心，东西方向 400 个网格、南北方向 360 个，水平分辨率 6 km；垂直方向 28 层，层顶 50 hPa。气象积分步长 30 s、化学 60 s。物理过程方案选择见表 6.1。气相化学为 RADM2、无机气溶胶为 ISORROPIA Ⅱ方案、有机气溶胶为 SORGAM 方案、光解为 Madronich 方案。采用 National Centers for Environmental Prediction Global Forecast System（NCEP GFS）预报数据为初始和边界气象条件，其分辨率为 0.5°；采用前次预报作为化学初始条件；化学边界条件采用 MOZART-4 全球化学模式提供的月平均值，并根据沙尘模式预报更新沙尘边界条件。

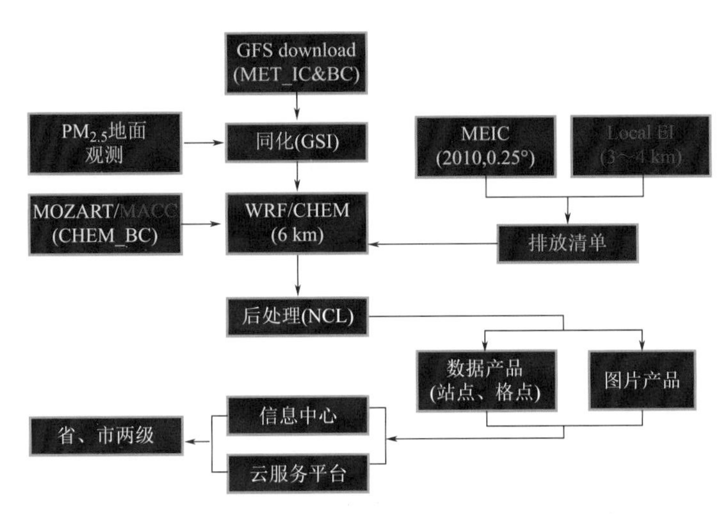

图 6.2　区域大气化学短期数值预报业务系统框架

表 6.1　华东区域大气化学短期数值预报业务系统物理和化学选项设置

参数化方案类型	方案选项
云微物理(mp_physics)	WSM 6-class
积云参数化(cu_phy)	Not used
长波辐射(ra_lw)	RRTM
短波辐射(ra_sw)	Dudhia
地表(sf_sfclay)	Monin_Obukhov
陆面过程(sf_surface)	Unified Noah
边界层(bl_pbl)	YSU
气相化学	RADM2
二次无机气溶胶	ISORROPIA Ⅱ
二次有机气溶胶	SORGAM

生物排放由 MEGAN2 模式在线计算，人为排放基于清华大学研制的 MEIC 清单制作。MEIC 清单包括了主要气体和一次颗粒物（SO_2、NO_x、CO、NMVOC、NH_3、CO_2、$PM_{2.5}$、PM_{10}、BC 和 OC）月度排放，空间分辨率 0.25°。应用于华东区域大气化学短期数值预报业务系统时，对 MEIC 清单进行了空间插值处理并增加了日变化曲线，设定 NO 占 NO_x 的 90%（分指数）、NO_2 占剩余的 10%。业务系统 12 月的主要人为源排放强度分布如图 6.3 所示，其区域排放总量见表 6.2。

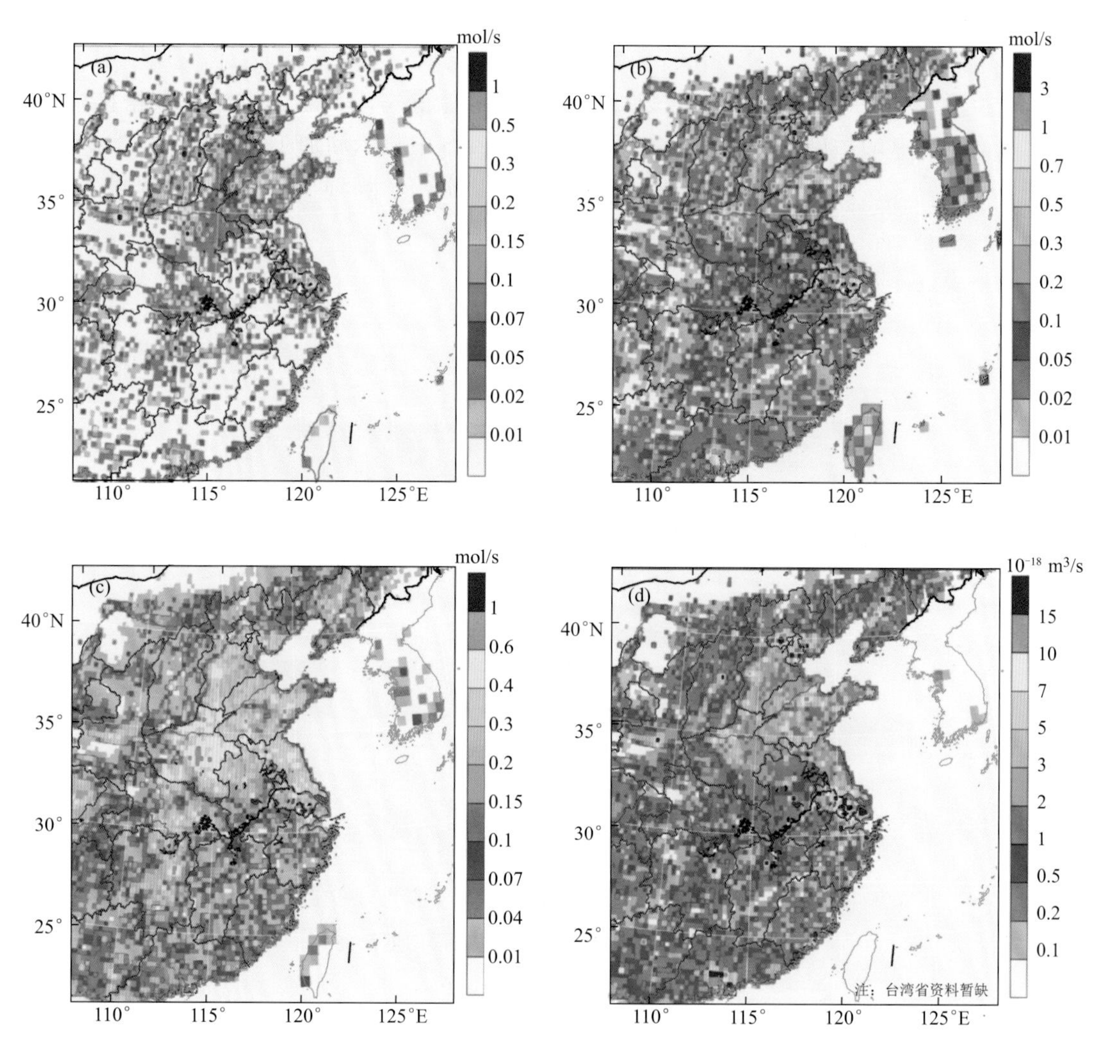

图 6.3 12 月人为源 SO_2（a）、NO（b）、NH_3（c）和 VOCs（d）潜在反应率排放强度

表 6.2 模式区域 12 月主要污染物排放强度（PMC 指粗颗粒物） 单位：(1000 t)/d

CO	NO_x	SO_2	NH_3	VOCs	$PM_{2.5}$	PMC	EC	有机物
501.0	41.2	26.3	16.2	37.1	13.9	12.2	5.3	10.9

2013 年 3 月 23 日通过中国气象局业务验收后，华东区域大气化学短期数值预报业务系统一直保持稳定的业务运行。该系统每天运行一次，起报时间为北京时 20 时，提供 72 h 时效预报。业务产品类型包括格点数据、站点数据、区域分布图片、时序变化图片等，涵盖

$PM_{2.5}$、PM_{10}、O_3、NO_2、SO_2 和 CO 6 种污染物要素（浓度、空气质量指数与分指数、首要污染物）和与污染密切相关的近地面风、相对湿度、降水及高空天气形势场等气象要素，通过网站和气象信息渠道与华东区域及周边省市共享。

（2）主要产品

根据空气质量预报业务的需求，基于 WRF-Chem 短期数值预报开发了图片产品和数据产品两类。其中图片产品包括逐小时污染物浓度的空间分布（图 6.4）和风场叠加，用于判别污染天气的影响范围和传输演变过程；此外包括长三角主要城市污染物的逐小时时序变化（图 6.5），用于判别污染过程的影响时段和污染程度；还包括污染物的经向—高度剖面（图 6.6），用于判别污染物的传输高度。数据产品包含两种格式，一是 MICAPS 数据格式，包含长三角所有站点的污染物浓度预报，用于在 MICAPS 中显示和加工；二是 NC 数据格式，包含模式输出的主要污染物及关键气象要素的格点数据，用于不同用户实施数值预报的订正和解释应用。

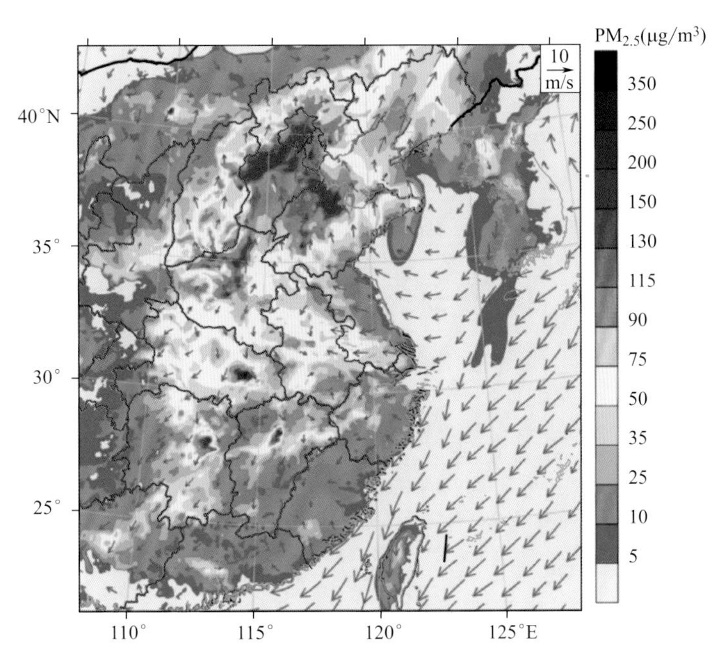

图 6.4 大气化学短期数值预报面浓度产品

（3）大气化学短期数值预报效果评估

① $PM_{2.5}$ 浓度预报效果评估

详细评估了 2014—2015 年两整年空气质量预报效果。评估时，大气污染物观测数据来自全国城市空气质量实时发布平台（http：//106.37.208.233：20035），为小时数据。由于监测站点基本位于市区，因此对城市而不是逐站进行评估，将小时数据计算为城市日值。评估对象包括 $PM_{2.5}$、PM_{10}、NO_2、SO_2、CO 日平均值和日最大 8 h 滑动平均臭氧（O_3-8 h）与日最大小时臭氧（O_3-1 h），关注重点是 $PM_{2.5}$ 和 O_3。模式结果取观测站所在网格，用相同的方法计算日值。基于模式覆盖范围，评估区域确定为上海、浙江、江苏、安徽、山东、江西、福建、北京、天津、河北、河南、山西、湖北、湖南和广东 15 个省市内的 195 个城市，但针对不同污染物要素去除评估期内数据有效率低于 50%的城市。

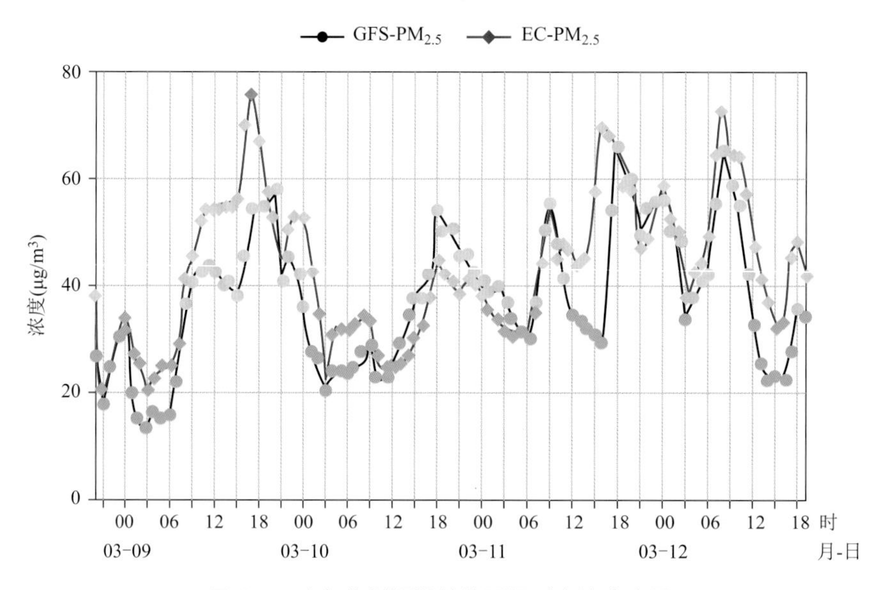

图 6.5　大气化学短期数值预报时序浓度产品

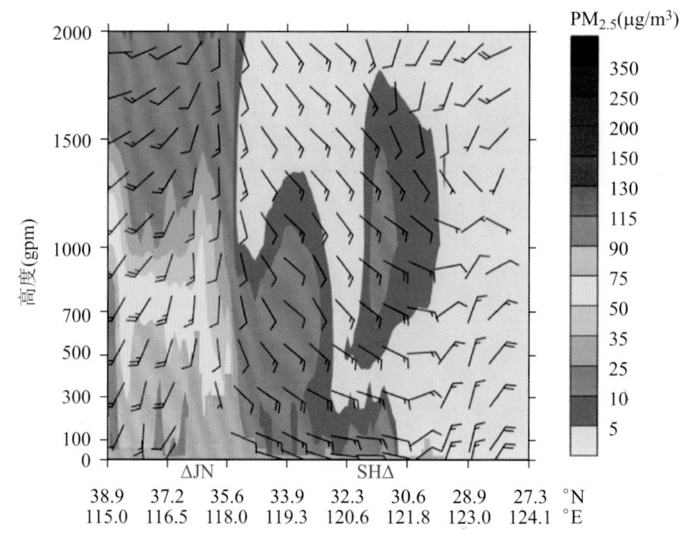

图 6.6　大气化学短期数值预报剖面产品

（JN 表示济南， SH 表示上海）

首先评估 $PM_{2.5}$ 浓度预报效果，符合评估数据有效率要求的共有 131 个城市。这两年各城市的 $PM_{2.5}$ 平均浓度为 59.3 μg/m³，高于国家年平均浓度标准（35 μg/m³）69%。统计结果显示，数值预报值略低于观测，以 48 h 为例，预报平均浓度为 50.0 μg/m³，低于观测 16%；浓度中值也相似，偏低 13%。总的来看，约 70% 的预报值落在观测的 1/2～2 倍（FAC2 指数）；较高的相关系数（0.66）显示较好地预报了观测的时间变化趋势，更详细评估结果见表 6.3。

表 6.3　不同预报时效 $PM_{2.5}$ 和 O_3-8 h 总体预报效果

	$PM_{2.5}$($N\approx84000$,87%)(μg/m³)				O_3-8 h($N\approx89000$,94%)(ppbv)			
	OBS	24 h	48 h	72 h	OBS	24 h	48 h	72 h
平均浓度	59.3	47.4	50.0	51.2	41.9	61.0	59.6	59.0
浓度中值	47.9	40.0	41.8	42.5	38.6	59.2	58.4	57.5
平均偏差		−12.0	−9.3	−8.2		18.9	17.7	17.1
平均误差		24.6	24.6	25.1		21.9	20.9	20.5
偏差中值		−9.9	−8.3	−7.8		16.7	15.7	15.3
误差中值		17.2	17.0	17.4		17.7	16.9	16.6
归一化平均偏差		−0.20	−0.16	−0.14		0.45	0.42	0.41
归一化平均误差		0.41	0.42	0.42		0.52	0.50	0.49
均方根误差		35.8	35.9	36.2		27.9	26.8	26.4
相关系数		0.67	0.66	0.66		0.63	0.63	0.62
平均归一化偏差		−9%	−3%	0%		77%	74%	74%
平均归一化误差		46%	48%	50%		83%	80%	80%
FAC2 指数		0.71	0.72	0.71		0.75	0.78	0.80

图 6.7 显示了 48 h 预报值与观测值的散点分布，结果表明无论是观测还是预报，$PM_{2.5}$ 日平均浓度大部分都在 75 μg/m³ 以下，即优良等级。与观测相比，预报浓度具有较好的整体一致性，大部分的数据点位于 $y=2x$ 和 $y=x/2$ 线之间（图中的红色、黄色和绿色点），但数值上有所低估，数据点密度最大的区域均位于 $y=x$ 线下方。为进一步分析模式对不同污染程度的预报效果，计算了不同阈值下的预报效果（表 6.4），结果显示数值预报的统计指标均较好，同时也发现检出率和 TS 评分随阈值增大而下降，空报率和漏报率则上升，表明预报效果随阈值增大而降低。

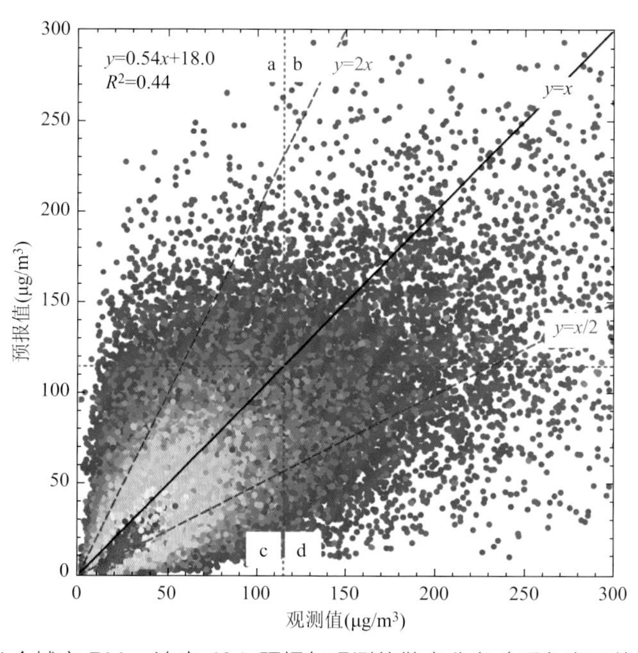

图 6.7　131 个城市 $PM_{2.5}$ 浓度 48 h 预报与观测的散点分布（暖色表示数据密度高；十字线所划象限用于分类统计计算， a、b、c、d 分别表示所在象限）

表 6.4　不同阈值下的 $PM_{2.5}$ 污染预报效果评分

阈值($\mu g/m^3$)	75	115	150	定义
检出率(%)	51.3	38.1	29.9	$b/(b+d)$
漏报率(%)	48.7	61.9	70.1	$d/(b+d)$
空报率(%)	37.0	42.0	40.6	$a/(a+b)$
TS 评分	0.39	0.30	0.25	$b/(a+b+d)$

空间分布也是 $PM_{2.5}$ 的重要特征。观测结果（图 6.8a）显示，131 个城市中，没有城市两年平均值达到一级标准（15 $\mu g/m^3$），15 个城市达到二级标准（35 $\mu g/m^3$），其余城市超过二级标准，其中 32 个城市超过 70 $\mu g/m^3$。空间分布差异非常明显，北部城市显著高于南部，沿海城市相对较低。预报结果（图 6.8b）显示了与观测一致的空间分布（相关系数达 0.86）。约有一半（64 个）城市的平均偏差在 ±10 $\mu g/m^3$ 之间，66 个城市小于 −10 $\mu g/m^3$，仅有 1 个城市高于 10 $\mu g/m^3$；109 个城市为负偏差，占 83%；空间上，北部城市的平均偏差较大。北部和中部城市的相关系数较高，而南部较低，分别有 71 和 34 个相关系数超过 0.6 和 0.7（图 6.8d）。同时也看到，有 11 个城市的相关系数低于 0.3，这些城市位于中部偏西区域，靠近模式区域的西侧边界。中北部城市的均方根误差也整体较大（图 6.8e），这些城市通常具有较高的 $PM_{2.5}$ 浓度或较低的相关系数。总的来说，数值预报能够更好地捕捉北部和东中部城市的 $PM_{2.5}$ 空间分布特征，而在西南部表现较差。

② O_3 预报效果评估

近地面臭氧也是我国东部区域的重要大气污染物，臭氧污染在近年来明显加剧，已成为中南部沿海城市的最主要污染物，尤其是在暖季。关于臭氧的日标准指标有 O_3-8 h 和 O_3-1 h 两个，但以前的研究表明 O_3-8 h 更容易成为首要污染物，因此这里重点分析 O_3-8 h 的预报效果。分析期间，共有 130 个城市的臭氧观测数据符合统计要求，其总体预报效果见表 6.3。分析期间，O_3-8 h 平均浓度约 42 ppbv，48 h 预报值达到近 60 ppbv，偏高 42%，同时也发现较大的平均偏差（18 ppbv）、偏差中值（16 ppbv）、平均误差（21 ppbv）和误差中

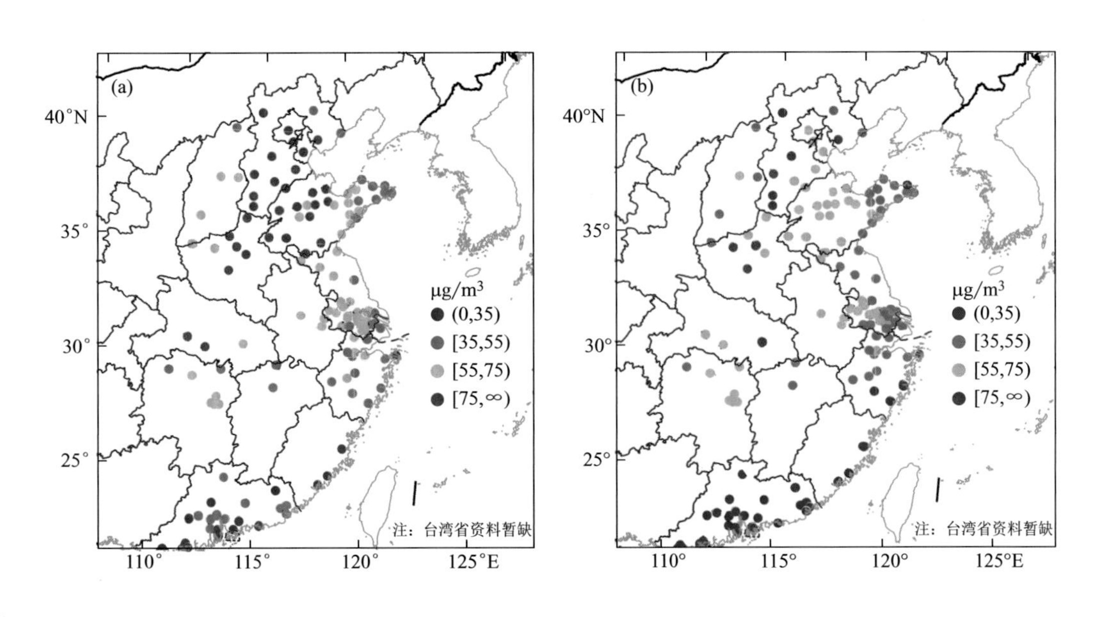

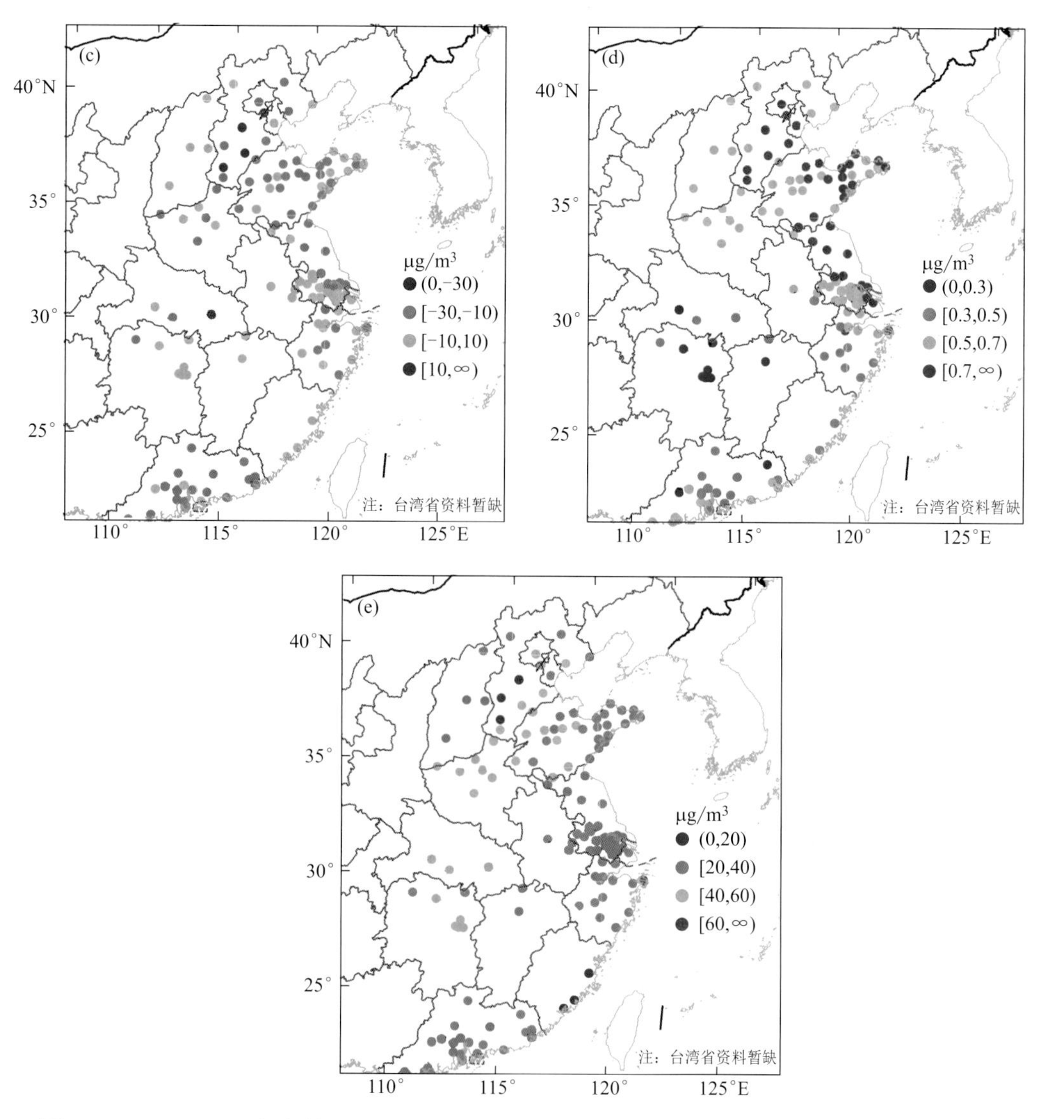

图 6.8　2014—2015 年各城市 $PM_{2.5}$ 观测（a）和预报（b）平均浓度与预报平均偏差（c）、相关系数（d）和均方根误差 RMSE（e）

值（17 ppbv），也因此出现较大的归一化平均偏差/误差等相对指标。尽管如此，数值预报仍然较好地捕捉到了臭氧的浓度特征，FAC2 指数达到 0.78，总体相关系数（0.63）也与 $PM_{2.5}$ 相当。

从总体分析还可以发现，平均偏差与平均误差、平均归一化偏差与平均归一化误差分别接近，这说明 O_3-8 h 预报偏高是系统性的，其也可以从图 6.9 得到体现。散点结果显示，数据点高密度区主要位于 $y=x$ 和 $y=2x$ 两线之间，$y>2x$ 区域的点数也明显多于 $y<x/2$ 区域。预报偏差概率峰值位于＋10 ppbv，峰值右侧的下降速度略低于其左侧；约 1/6 偏差为负，中间 2/3 位于 0.3～35.9 ppbv。按 O_3-8 h 轻度、中度和重度污染为阈值的分类预报效果（表 6.5）表明，48 h 预报的检出率非常高而漏报率很低，TS 评分也明显高于 $PM_{2.5}$ 的对应指标，但空报率随污染等级升高而明显增大。

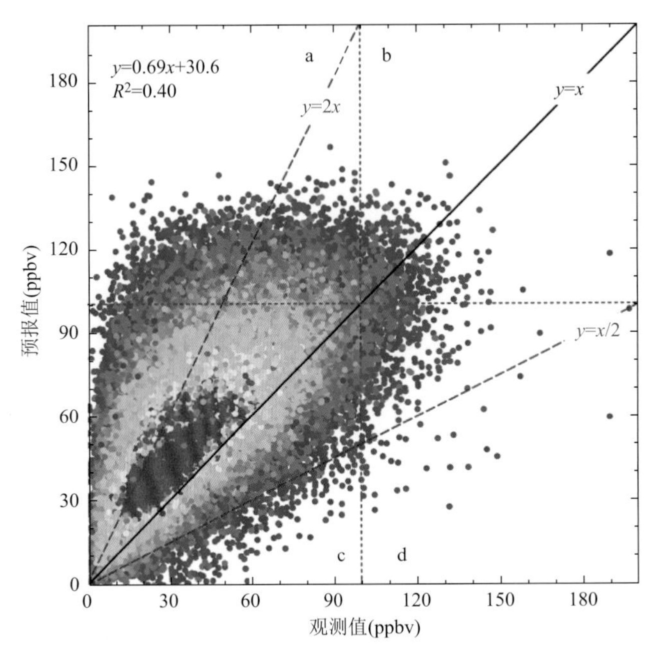

图 6.9 同图 6.7，但为 O_3-8 h

表 6.5 同表 6.4，但为 O_3-8 h

阈值(ppbv)	75	100	124
检出率(%)	97.0	94.0	89.0
漏报率(%)	3.0	6.0	11.0
空报率(%)	35.6	48.4	60.2
TS 评分	0.63	0.50	0.38

平均而言，我国东部区域的臭氧浓度并不高，分别有 11、72、43 和 4 个城市的浓度位于 50～60 ppbv、40～50 ppbv、30～40 ppbv 和低于 30 ppbv，其中沿海城市相对较高（图 6.10a）。相对于观测，预报浓度在内陆和南部区域城市较高（图 6.10b）。偏差的空间分析表明数值预报在沿海城市有更好的预报效果（图 6.10c），大部分±10 ppbv 之间的偏差在沿海城市，而 30 ppbv 以上的偏差在内陆城市。所有城市的平均偏差均为正值，表明预报偏高在空间上也是系统性的。48 h 臭氧预报的相关系数较高，尤其是北部和中东部城市（图 6.10d），有 114 个城市超过 0.5，其中 62 个超过 0.7；城市相关系数高于 $PM_{2.5}$。约 1/4 城市的均方根误差低于 20 ppbv，1/2 在 20～30 ppbv（图 6.10e）；均方根误差的空间分布与平均偏差相似。从各城市看，约 1/2 的城市 FAC2 值超过 80%。

捕捉日变化特征也是臭氧预报的重要能力。整体而言，48 h 预报与观测具有良好的一致性（图 6.11），130 个城市的均值、25%和 75%分位值具有很好表现，它们的相关系数分别达到 0.97、0.94 和 0.98；峰值和谷值时刻也一致，分别出现在 15 时和 07 时。除 10—13 时外，预报的 25%～75%宽度相对较大。数值上，除傍晚前后（17—20 时）外，预报和观测的偏差保持了较好的稳定性。进一步分析 48 h 预报 O_3-8 h 和 O_3-1 h 峰值时刻与观测的偏差（图 6.12），结果显示，约 2/3 的城市偏差在 2 h 以内（O_3-8 h 和 O_3-1 h 的比例分别为 68.2%和 63.7%），其中分别有 22%和 17%完全相同。峰值时刻的偏差基本成对称分布，但 O_3-8 h 略有右偏而 O_3-1 h 略有左偏。

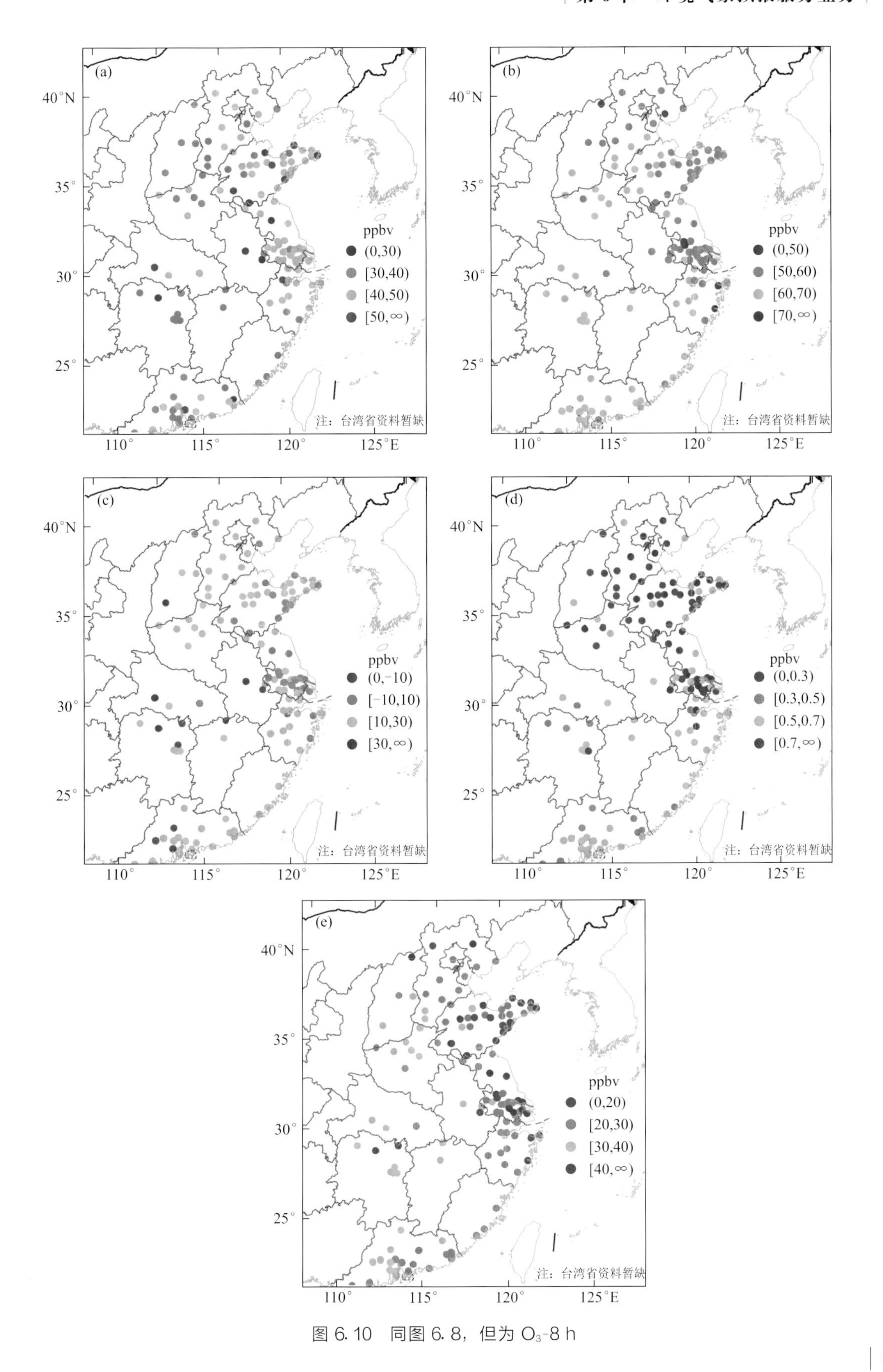

图 6.10　同图 6.8，但为 O_3-8 h

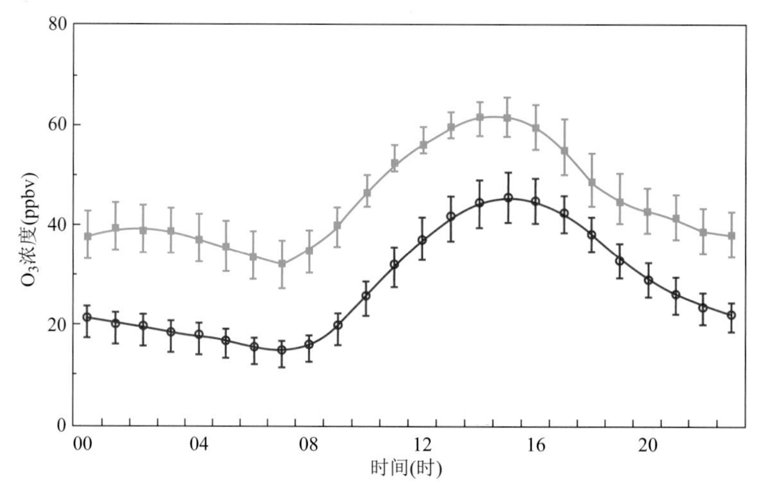

图 6.11 观测（虚线）与 48 h 预报（实线）平均 O_3 浓度日变化

（误差棒上下端分别表示 130 个城市的 25%和 74%分位值）

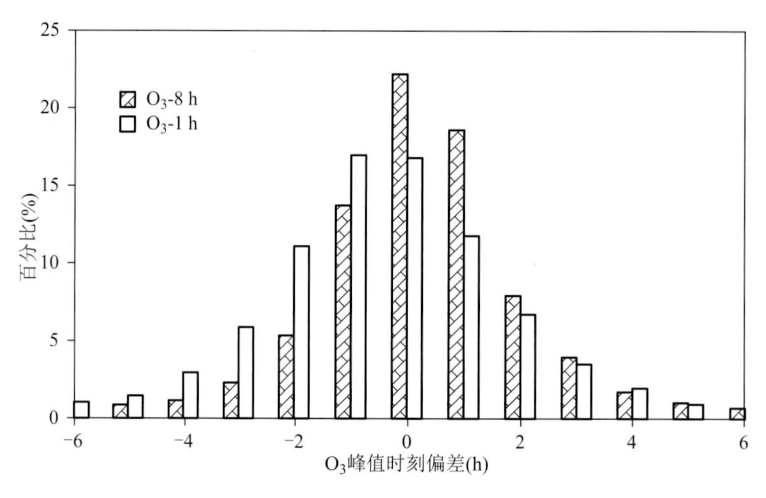

图 6.12 48 h 预报 O_3-8 h 和 O_3-1 h 峰值时刻与观测偏差的分布

③ 其他污染物预报效果评估

PM_{10}、NO_2、SO_2 和 CO 4 种污染物的影响相对较小，评估期间 PM_{10} 污染有 119 个城市，其他污染有 131 个城市。统计结果（表 6.6）表明，PM_{10}、SO_2 和 CO 浓度约偏低一半，NO_2 浓度约偏低 1/6。PM_{10}、SO_2 和 CO 浓度的平均偏差、偏差中值在大小上分别接近平均误差和误差中值，表明这 3 个要素预报的偏低是系统性的。预报 NO_2 浓度约 2/3 为观测的 1/2 至 2 倍，其他 3 个要素则约 1/2。相对于 $PM_{2.5}$ 的预报效果，PM_{10} 在各评估指标上均较低，说明模式在预报 2.5～10 μm 的粗颗粒物上的性能较低，还需要明显提升。

均方根误差分布（图 6.13）表明，PM_{10}、SO_2 和 CO 浓度预报具有显著的空间特征，北部区域尤其是河北、河南、山西及山东西部城市的均方根误差明显高于其他地区城市，结合预报浓度的系统性偏低，这 3 个要素在上述区域存在严重的低估；中部和南部预报效果相对较好，得益于这些地区浓度相对较低。NO_2 的均方根误差分布没有显著的区域性特征，多在 5～15 ppbv，这表明整个区域的 NO_2 预报能力较为接近。

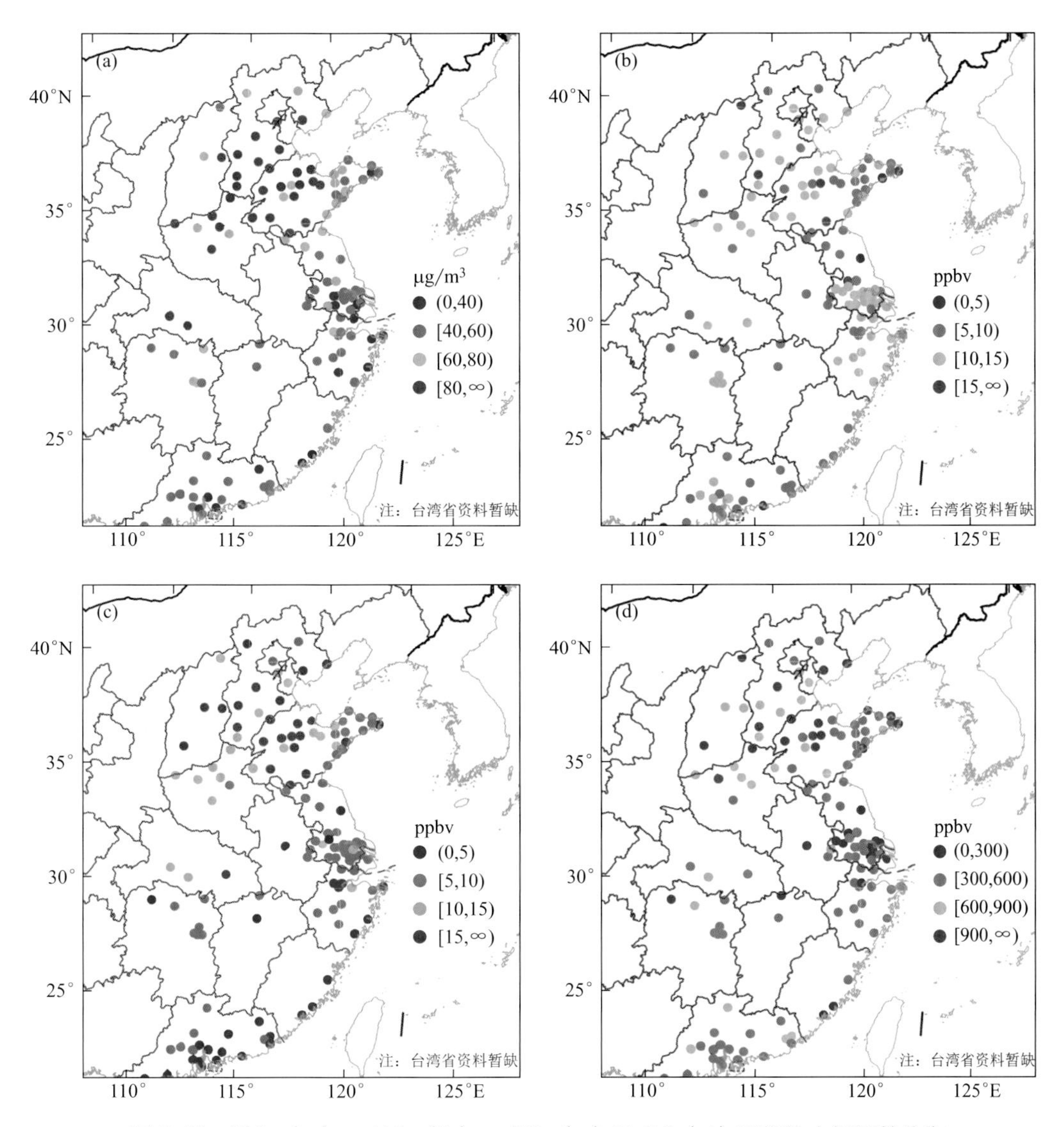

图 6.13　PM_{10}（a）、NO_2（b）、SO_2（c）和 CO（d）预报均方根误差分布

表 6.6　PM_{10}、NO_2、SO_2 和 CO 48 h 预报效果统计

	PM_{10}(μg/m³)	NO_2(ppbv)	SO_2(ppbv)	CO(ppbv)
记录数(/1000);有效率	65;74%	81;84%	82;85%	81;85%
观测均值	102.1	17.7	10.7	556
预报均值	58.2	14.6	5.8	295
平均偏差	−43.9	−3.1	−4.9	−261
平均误差	50.4	8.0	6.9	276
偏差中值	−35.3	−3.4	−3.2	−213
误差中值	37.9	6.3	4.1	217
均方根误差	68.4	10.5	11.2	374
相关系数	0.64	0.48	0.33	0.56

续表

	PM_{10}(μg/m³)	NO_2(ppbv)	SO_2(ppbv)	CO(ppbv)
平均归一化偏差	−36%	−5%	−18%	−40%
平均归一化误差	49%	51%	67%	46%
FAC2	0.53	0.67	0.45	0.56

(4) EC 驱动 WRF-Chem 业务试验

气象初始场对大气化学模式非常重要，它直接影响污染物的各种物理过程（平流、湍流、沉降等），气象预报的不确定性是影响大气化学数值预报的重要因素。目前国内外大部分大气化学数值预报系统都采用 GFS 作为气象初始场，一旦 GFS 出现预报偏差，所有主流的大气化学数值预报都会受到影响。为了更加客观地反映气象初始预报的影响，对比不同气象场驱动大气化学数值预报的一致性，上海市气象局于 2019 年根据进博会空气质量保障的需求对短期数值预报系统进行强化，增加了欧洲中期天气预报中心全球高分辨率数值天气预报（ECMWF）驱动的华东区域大气化学短期数值预报系统（RAEMS-EC），该系统除驱动气象场外，其他设置和数据使用与 GFS 驱动系统（RAEMS-GFS）完全相同。ECMWF 数据水平分辨率为 0.125°、垂直 19 层，每 6 h 更新一次。对 2019 年秋冬季（2019 年 11 月 1 日—2020 年 2 月 29 日）长三角 55 个城市 $PM_{2.5}$ 的预报效果进行评估。这 55 个城市中安徽、江苏、浙江和上海分别有 16、24、14 和 1 个；地级以上城市有 41 个、县级城市有 14 个。评估期间，$PM_{2.5}$ 日值浓度观测数据有效率 99.8%，ECMWF 气象场驱动预报数据有效率 95.8%，观测与预报成对数据有效率 95.7%；GFS 驱动预报数据有效率 100%。图 6.14 和图 6.15 显示了 EC 和 GFS 预报的 $PM_{2.5}$ 浓度分布和时间序列的差异。

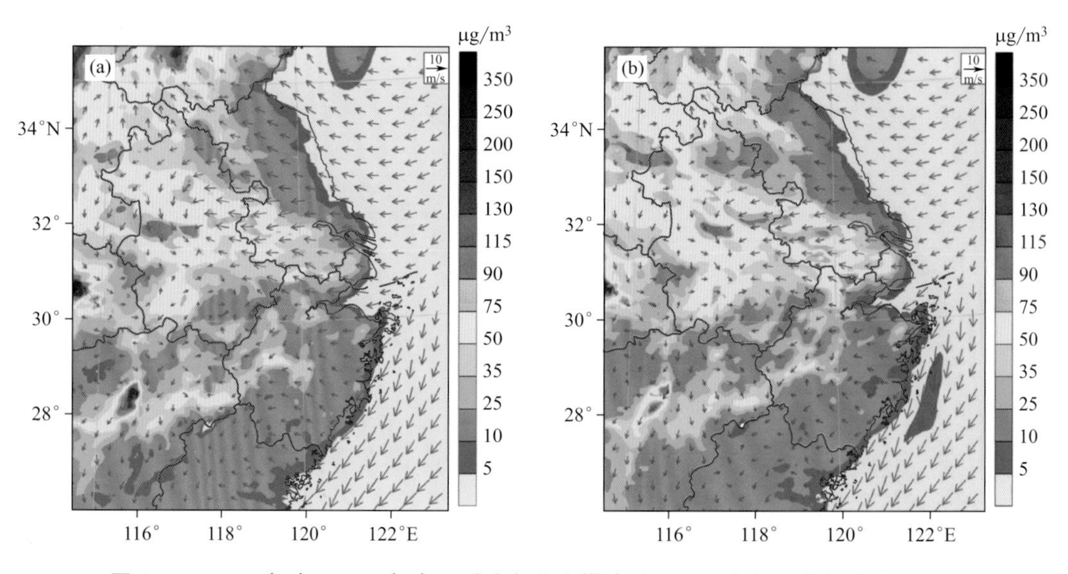

图 6.14 GFS（a）和 EC（b）驱动大气化学模式对 $PM_{2.5}$ 浓度面分布的预报对比

长三角 55 个城市不同预报时效的 $PM_{2.5}$ 浓度预报效果总体相当（表 6.7）。$PM_{2.5}$ 预报浓度随预报时效增加呈弱上升趋势，其中 24 h 预报与其他 3 个时效的结果有较大偏离；24 h 预报的平均偏差和偏差中值也与其他 3 个时效有一定偏离。4 个预报时效的 FAC2 和

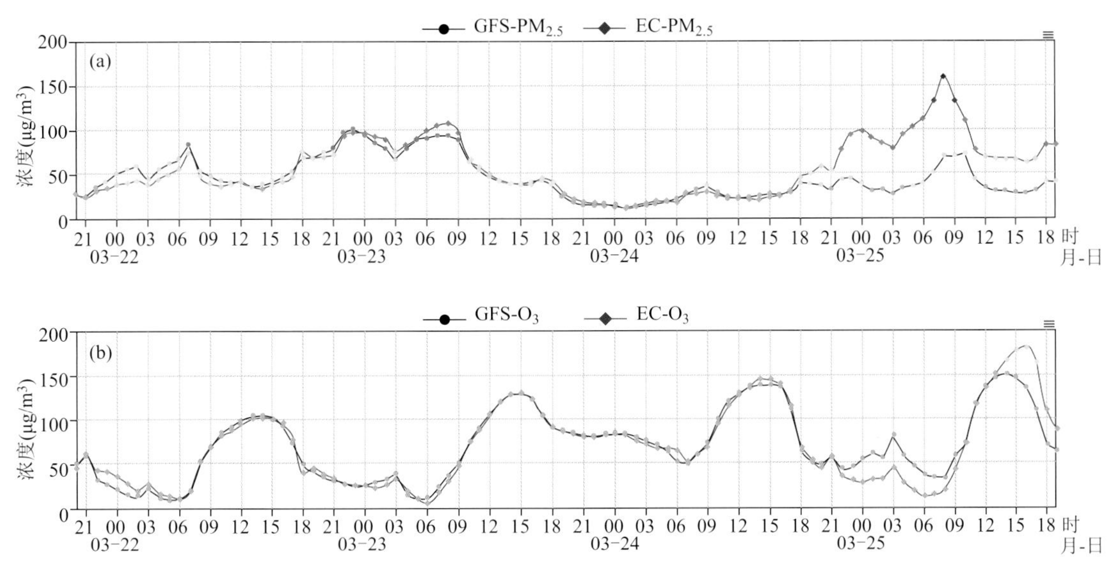

图 6.15　GFS 和 EC 驱动大气化学模式对上海 $PM_{2.5}$（a）和 O_3（b）小时浓度的预报对比

FAC1.5 两个指标则非常接近。96 h 预报时效的相关系数较其他时效略小。总的来说，尽管不同预报时效的效果存在一定差异，但差异都不大，各时效总体上可比，同时考虑预报业务的实际应用，以下分析主要基于 48 h 预报的结果开展。

表 6.7　分时效长三角城市 $PM_{2.5}$ 浓度预报总体效果

	24 h	48 h	72 h	96 h
观测均值/OBS*a	49.2	49.1	49.7	49.3
预报均值/FCT*	56.8	59.8	60.3	60.3
相关系数/r	0.60	0.60	0.59	0.55
均方根误差/RMSE*	29.7	30.7	31.7	33.7
平均偏差/MB*	7.5	10.7	10.6	11.0
平均误差/ME*	21.9	22.8	22.7	24.4
平均归一化偏差/MNB	0.38	0.46	0.44	0.46
平均归一化误差/MNE	0.62	0.66	0.64	0.69
偏差中值/medB*	5.1	7.9	7.7	7.6
误差中值/medE*	16.1	16.3	16.2	17.4
二倍比/FAC_2	0.76	0.76	0.77	0.74
1.5 倍比/$FAC_{1.5}$	0.54	0.54	0.55	0.52

* 表示单位为 $\mu g/m^3$，其他无量纲；a 表示因预报数据缺失造成不同预报时效对应的观测值略有差异

ECMWF 气象场驱动的数值预报整体上对长三角 2019 年秋冬季的 $PM_{2.5}$ 浓度具有较好的预报能力（图 6.16）。预报与观测的城市日平均 $PM_{2.5}$ 浓度的总体相关系数为 0.6，均方根误差约 30 $\mu g/m^3$；FAC2 和 FAC1.5 分别达到 0.76 和 0.54，表明预报值多数处于观测值附近。同时也发现预报明显偏高，以 48 h 预报为例，平均偏差为 10.7 $\mu g/m^3$，约为观测均值的 22%，其原因可能与疫情期间 $PM_{2.5}$ 浓度明显下降有关，如乐旭等（2020）的研究显示

2020 年 2—3 月长三角地区 $PM_{2.5}$ 浓度较预期下降了 16.7 μg/m³（34%）；平均偏差接近平均误差的 1/2，这表明多数偏差为正偏差；偏差中值 7.9 μg/m³，也为明显正值。散点分布结果（图 6.16）显示，更多点分布于 1∶1 线左上侧，数据点高密度区也主要位于 1∶1 和 1∶2 线之间，也反映出 $PM_{2.5}$ 预报浓度存在一定程度的偏高。

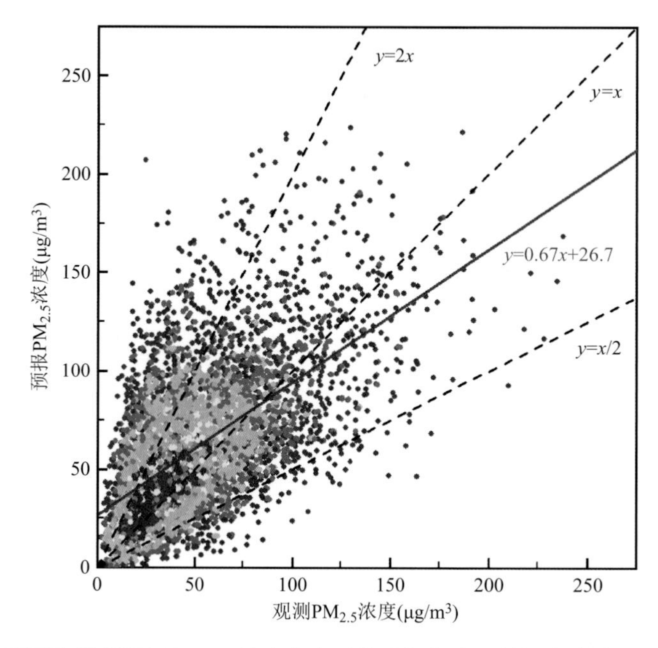

图 6.16　观测和预报逐日 $PM_{2.5}$ 浓度分布对比（颜色表示数据点密度，暖色为高）

ECMWF 气象场驱动预报的长三角地区秋冬季 $PM_{2.5}$ 浓度分布整体与观测一致（图 6.17），呈现西部和北部高、南部低的空间分布特征；浓度范围上，各城市的预报 $PM_{2.5}$ 浓度基本与观测等级（颜色）相同或相差一个等级内。各城市独立评估结果显示，55 个城市中有 22 个城市的相关系数超过 0.6；17 个城市的平均预报偏差绝对值小于 5 μg/m³，27 个城市小于 10 μg/m³；32 个城市均方根误差小于 30 μg/m³，50 个城市小于 40 μg/m³；25 个城市 FAC2 超过 0.8，37 个城市超过 0.7；35 个城市 FAC1.5 超过 0.5。因此，数值预报在大多数城市具有良好表现。

对长三角城市逐日 $PM_{2.5}$ 浓度的整体预报效果，ECMWF 驱动与 GFS 驱动的结果相当（图 6.18），二者之间有非常高的可比性（$R^2 \approx 0.98$，线性斜率 1.00）；绝大部分数据在 1∶1 附近（FAC1.5 高达 0.99）。预报效果的统计指标也都非常接近，差别非常细微。从图中也可以看出，有少量 ECMWF 预报结果在 GFS 的 1.5 倍之外，极个别在 1/1.5 之外，体现出一定的差异性，可以为一些特殊情况提供不同的选择。

总的来说，华东区域大气化学短期数值预报业务系统对华东及周边区域城市的主要大气污染物具有良好的预报能力，预报的污染物时间和空间分布均与观测具有较好的一致性，不同时效的预报结果具有很好的稳定性，对污染也有可靠的预报性能。对长三角城市 $PM_{2.5}$ 预报而言，ECMWF 气象场驱动具有良好的预报准确性，其性能与 GFS 驱动的结果具有高度可比性，同时也存在一定的差异，为华东区域大气化学短期数值预报业务系统提供了对比验证和补充。

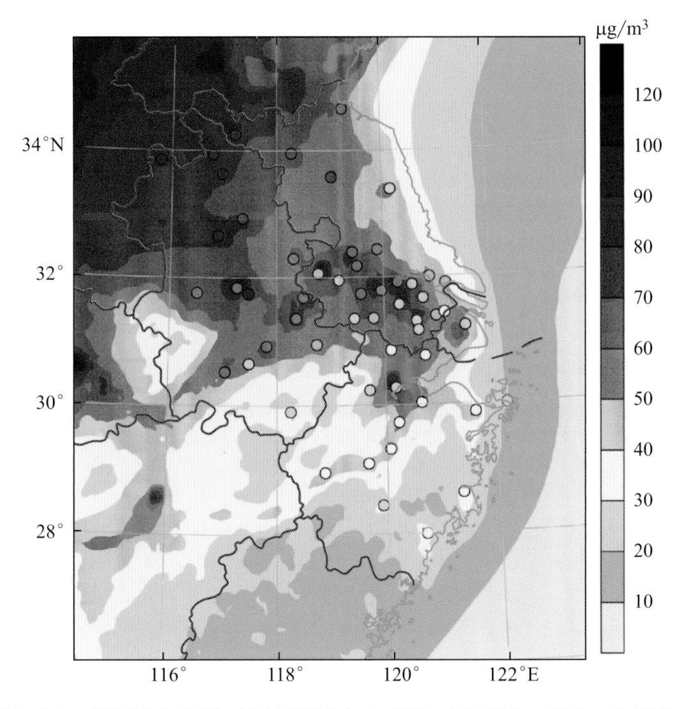

图 6.17　观测城市平均（圆圈填充）和预报（阴影） $PM_{2.5}$ 浓度分布

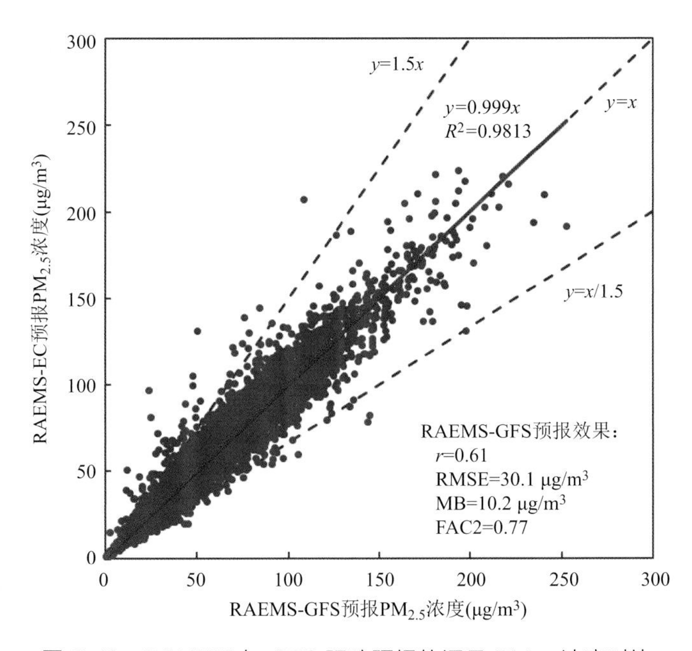

图 6.18　ECMWF 与 GFS 驱动预报的逐日 $PM_{2.5}$ 浓度对比

6.1.1.2　华东区域大气化学中期数值预报系统

政府实施重污染天气的应急减排通常需要提前 2～3 d 布置和准备。因此，从 2015 年开始，上海市重污染天气应急领导小组要求气象部门开展 10 d 空气质量预报的决策服务，为政府提前管控、降低污染天气的影响程度提供支持。为此上海市气象局着手研制大气化学中期数值预报系统。该系统基于 WRF-Chem 3.9.1 版本建立，由气象驱动数据下载系统、数值模式系统、资料后处理及产品制作系统、产品发布系统、产品检验系统和业务运行监控系统 6 个部分组成。其中，气象驱动数据下载系统主要负责模式运行所需气象初始场的下载以及前期处理，数值模式系统负责模式主程序的运行，资料后处理及产品发布系统主要负责模式结果的后处理以及主要产品的制作和分发；业务运行监控系统则对上述系统运行的各个环节实行实时监控，以保障整个数值预报系统的正常运行和故障时的针对性修正。

（1）预报区域和系统搭建

预报区域的中心为（37°N，101°E），水平分辨率为 12 km×12 km，包括东西方向 390 个格点，南北方向 350 个格点，垂直方向 30 层，最高可达 50 hPa。模式预报范围覆盖我国绝大部分地区，如图 6.19 所示。模式气象模块计算的时间步长为 45 s，采用的物理方案和短期模式一致，气态化学机制采用 RADM2，考虑了 36 个物种 158 个化学反应，计算时间步长为 90 s。模式气象初始场及边界来自 NCEP GFS，化学初始场来自前一天模拟结果，化学边界条件基于全球化学传输模式 MOZART-4 月平均估算结果。生物排放基于 MEGAN v2.0 模型进行在线计算，人为排放基于清华大学 2010 中国排放清单，并进行本地化调整。

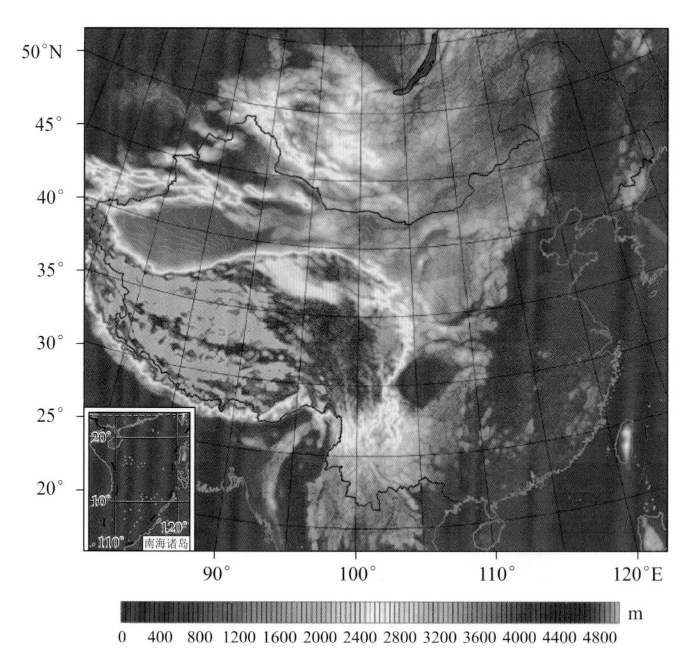

图 6.19 华东环境气象中期数值预报系统预报区域（阴影：地形高度）

系统起报时间为北京时 20 时，预报时效 240 h，在气象驱动数据结束下载后，根据完整初始气象场获取时间开始模式积分计算。系统通过自动化脚本逐步完成模拟时间设置、驱动气象场链接、WRF 预处理、WRF 初始化、人为及生物排放更新、化学初始及边界条件更新以及主程序预报模拟运算，运行流程见图 6.20。模式输出的数据及格式说明见表 6.8 和表 6.9。

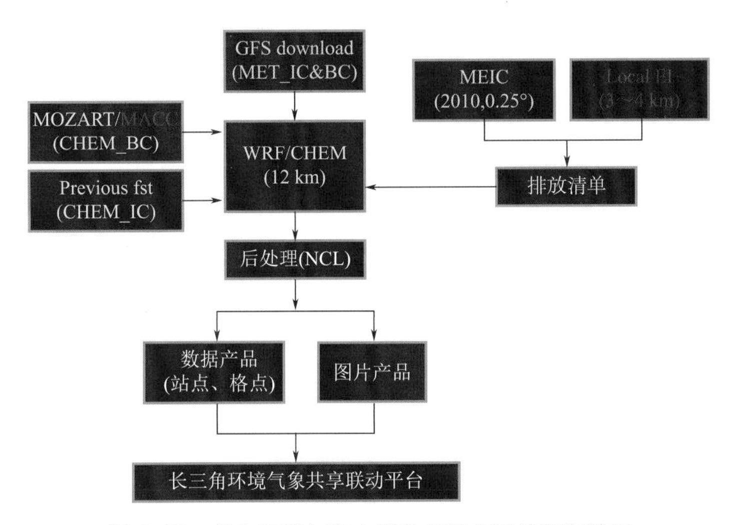

图 6.20 华东环境气象中期数值预报系统运行流程

表 6.8 华东环境气象中期数值预报系统 nc 数据说明

系统名称	华东环境气象中期数值预报系统(RAEMS-Medium)
产品种类	$PM_{2.5}$、PM_{10}、O_3、NO_2、SO_2、CO 浓度、东西方向 10 m 风速、南北方向 10 m 风速、经度、纬度、世界时、北京时
格式	nc
分辨率	12 km
范围	全国区域
时次	每天一次
时效	240 h
传输方式	ftp
数据生成时间	15 时左右

表 6.9 地面要素及单位说明表

要素	变量名	单位
世界时	Times	格式 yyyy-mm-dd_hh:mm:ss
北京时(本地)	LST	格式 yyyy-mm-dd_hh:mm:ss
纬度	XLAT	deg
经度	XLONG	deg
$PM_{2.5}$ 浓度	$PM_{2.5}$	$\mu g/m^3$
PM_{10} 浓度	PM_{10}	$\mu g/m^3$
臭氧浓度	O_3	ppbv
二氧化氮浓度	NO_2	ppbv
二氧化硫浓度	SO_2	ppbv
一氧化碳浓度	CO	ppbv
东西方向 10 m 风速	$U_{10\ m}$	m/s
南北方向 10 m 风速	$V_{10\ m}$	m/s

（2）产品制作和分发系统

数值模式系统结束运行后，资料后处理及产品制作系统开始对数值预报模式的预报结果进行后处理，生成各种图形产品，并完成 ftp 上传。核心绘图软件为美国国家大气研究中心的 NCL（NCAR Command Language）。目前后处理系统在模式预报开始 13 h 后启动，每次运行约需要 20 min，预报产品在生成后即可完成上传。

结合进博会和秋冬季环境气象预报需求，目前的预报服务产品包括了未来 240 h 的 $PM_{2.5}$、O_3 和 NO_2 全国逐小时分布产品（图 6.21、图 6.22），长三角主要城市（上海、南京、杭州、合肥）$PM_{2.5}$、PM_{10}、O_3 和 NO_2 浓度逐日逐小时平均预报产品，以及全国主要城市 AQI 预报产品。2019 年世博会期间，系统提供的环境气象中期客观预报产品在进博空气质量保障中发挥了重要作用。

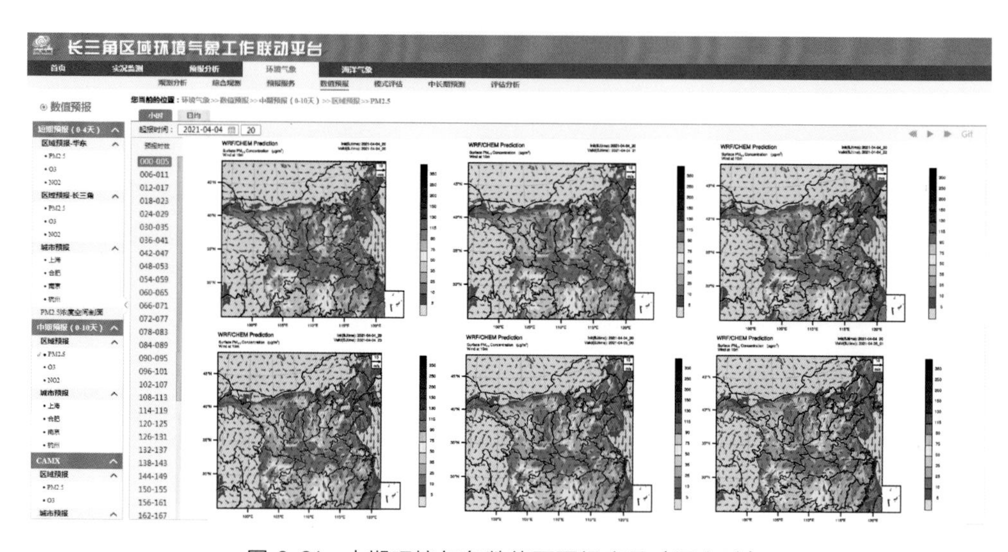

图 6.21　中期环境气象数值面预报产品（逐小时）

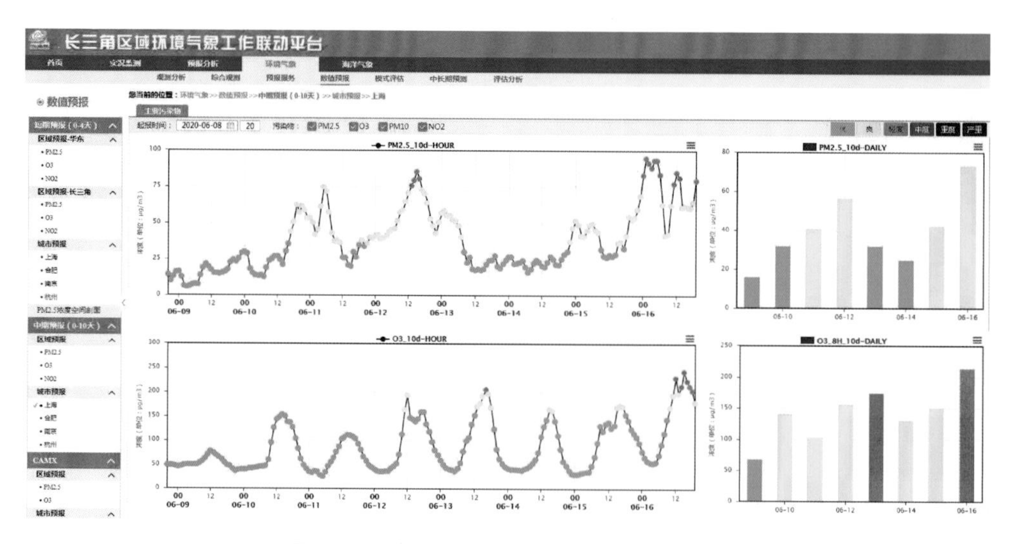

图 6.22　中期环境气象时间序列预报产品

产品分发在数据服务节点和数据发布系统上完成。模式产品首先在本地制作生成，随后进行分发，产品分发主要包括数据和图片两种形式。模式产品通过长三角区域环境气象工作联动平台和数据云平台两种途径对长三角主要省市环境气象业务部门提供调阅和数据下载服务，平台通过网络节点和互联网通道为各省市气象部门提供贡献服务，实现对模式格点预报产品的实时分发推送。系统提供NC格式的数据产品，主要为气象及主要污染物地面要素数据，按本地起报时间命名为 wrfresult _ d1 _ 2020060720. nc，其中 wrfresult 为产品简称，d1 为产品 domain 编号，2020060720 为起报时间，每个文件正常大小约 1.23 GB。

（3）预报效果检验

① 逐日预报效果检验

预报评分是预报准确性的定量检验方法，评分的结果可以直接反映模式在不同城市不同时段对污染物的预报质量。本节采用精度评分的方法，分别针对 $PM_{2.5}$ 和 O_3，对中期预报系统在上海、南京、杭州和合肥4个城市的逐日预报进行评分。污染物AQI精度根据预报值与实况值之间的差别计算得到，如果差别过大出现得分为负的情况，以0分代替，如果实况为优级天，则分母以优级天的最大AQI（50）代替。计算公式为

$$\text{score}=\max\left(1-\frac{|\text{预报值}-\text{实况值}|}{\max(\text{实况值},50)},0\right)\times 100$$

式中，预报值和实况值分别为模式预报和观测 $PM_{2.5}$（O_3-8 h）日平均分AQI值。

对2020年1月、4月、7月和9月 $PM_{2.5}$ 预报的综合逐日精度评分结果（图6.23a）表明，中期模式在长三角主要省会城市的预报效果为上海优于杭州，杭州优于南京，南京优于合肥。模式在各个城市对颗粒物的预报效果很大程度受排放清单的不确定性影响，由于系统对上海地区人为排放进行了本地调整，因而在上海地区对 $PM_{2.5}$ 浓度的预报评分明显高于其他3个城市，在0～168 h可保持在70以上，169～240 h预报评分也均高于65。相对于上海 $PM_{2.5}$ 的预报，中期模式在南京、杭州、合肥对 $PM_{2.5}$ 的预报评分略低，分别为53.8～64.1、57.3～68.0和51.7～62.4。由于模式在每日20时起报，受气象初始场（0.5°×0.5°）的影响，模式在预报的初始阶段（0～24 h）在各个城市对 $PM_{2.5}$ 的预报存在一个相对后期预报较为明显的偏差，该影响随预报运算时间的推进初步减弱。在上海，$PM_{2.5}$ 预报评分在24～48 h达到最高，继而随着预报时效延长，评分逐步降低；在南京和杭州，$PM_{2.5}$ 预报评分在48～72 h达到最高，在72～168 h保持相对稳定，后续随预报时效延长评分降低；在合肥，$PM_{2.5}$ 预报评分在72～96 h达到最高，在168 h之前保持相对稳定。

由于臭氧为二次污染物，其在大气中的浓度受人为排放的直接影响较小，与排放变化呈现非线性相关关系，因而中期预报系统对于同时段 O_3-8 h的预报效果相对于 $PM_{2.5}$ 的预报评分较高。臭氧污染呈现明显的区域性特征，在4个城市的预报评分较为接近，在绝大部分时段均维持在70分以上。由于臭氧的生成最强时段为下午光照最强时段，因而夜间起报的气象初始场对于 O_3-8 h预报的影响也较微弱，在0～24 h预报评分未呈现非常明显的偏低。O_3-8 h预报评分在0～48 h维持在较高水平，在上海、南京、杭州和合肥分别为77.9～78.4、76.2～77.9、71.7～72.1和76.5～76.6。随着预报时效的延长，O_3-8 h预报评分在4个城市呈现非常缓慢的下降，但总体维持在一个相对较高的水平，最低评分不低于68。总体 O_3-8 h预报评分仍旧上海最高，0～240 h评分高于73，其次为南京和合肥，0～240 h评分分别为69.4～77.9和69.6～76.6，杭州 O_3-8 h预报评分相对其他3个城市略低，0～240 h评分68.3～72.1。

综合看来，中期预报系统能够较好地弥补目前短期预报系统难以提供的 96～240 h $PM_{2.5}$ 和 O_3 浓度预报产品，预报效果稳定，随预报时效延长没有表现出明显下降，能够较好地为长三角主要城市，尤其是上海地区的环境气象预报提供客观预报产品。

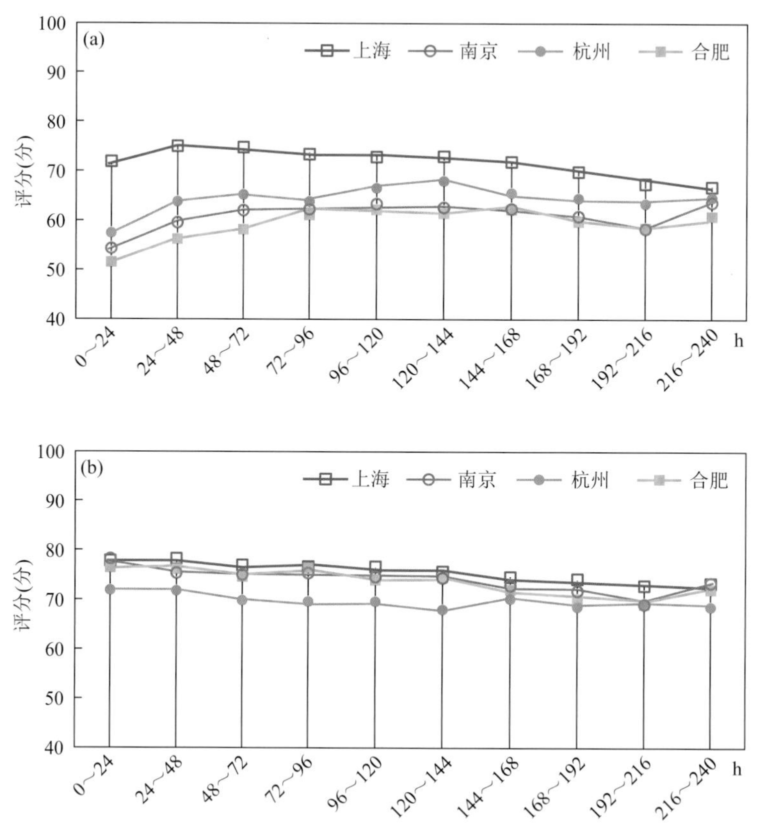

图 6.23　系统在上海、南京、杭州、合肥 4 个城市 2020 年 1 月、 4 月、 7 月、 9 月对 $PM_{2.5}$（a）和 O_3-8 h（b）逐日预报精度评分

② 不同季节预报检验

为了对中期预报系统在不同季节对长三角主要城市 $PM_{2.5}$ 和 O_3 的预报效果进行检验，本节选取了 2020 年 1 月、4 月、7 月、9 月分别代表冬、春、夏、秋季节对预报系统在上海、南京、杭州及合肥的预报效果进行了逐日精度评分（表 6.10、表 6.11），结果表明，中期预报系统对于 $PM_{2.5}$ 和 O_3-8 h 的预报在不同季节不同城市表现有所差异。中期模式对 $PM_{2.5}$ 的预报评分在 4 个城市均为 4 月（春季）最高，在上海 4 月 $PM_{2.5}$ 预报评分在 48～120 h 最高可达 84.3；$PM_{2.5}$ 的最低预报评分多出现在秋冬季节，以南京为例，9 月 $PM_{2.5}$ 浓度多数低于 50 $\mu g/m^3$，表明秋冬季 $PM_{2.5}$ 预报仍旧是影响目前模式系统预报效果的主要制约因素，需要结合多模式预报产品以及主观预报方法对预报结果进行进一步修正。气象初始场在各个季节对 $PM_{2.5}$ 预报评分均有不同程度的影响。在 1 月（冬季），120 h 以后 $PM_{2.5}$ 预报评分在 4 个城市均有明显下降，其中 121～240 h 评分相对于 0～120 h 评分在上海、南京、杭州及合肥分别下降 8.6%、10.0%、10.5%和 6.0%，表明冬季 120 h 后的 $PM_{2.5}$ 预报是未来数值预报模式需要尤为关注的窗口区域。

表6.10 2020年1月、4月、7月、9月上海、南京、杭州和合肥$PM_{2.5}$预报逐日精度评分

	月份	0～24 h	24～48 h	48～72 h	72～96 h	96～120 h	120～144 h	144～168 h	168～192 h	192～216 h	216～240 h
上海	1	68.4	68.6	68.4	66.7	68.8	66.1	64.1	61.2	61.3	58.8
	4	79.0	78.6	82.4	84.3	81.4	78.0	76.8	71.7	66.4	75.0
	7	68.2	72.3	73.1	71.3	69.2	74.9	73.0	69.7	67.9	57.5
	9	71.6	81.9	74.3	72.0	73.2	73.2	73.4	76.9	77.7	75.6
	平均	71.8	75.3	74.5	73.6	73.1	73.0	71.8	69.9	68.3	66.7
南京	1	68.6	69.1	67.8	66.7	66.0	61.6	59.9	57.3	59.6	65.8
	4	65.9	71.7	75.1	72.1	75.6	78.1	77.8	75.6	70.0	74.8
	7	41.0	50.0	56.7	63.4	62.6	65.4	66.5	64.2	61.0	65.2
	9	39.6	47.4	49.3	47.5	48.3	45.7	44.7	45.3	43.6	50.4
	平均	53.8	59.6	62.2	62.4	63.1	62.7	62.2	60.6	58.6	64.1
杭州	1	55.9	58.3	60.3	60.5	60.7	55.9	52.8	49.4	49.0	57.5
	4	67.8	70.8	68.2	66.6	69.9	76.8	70.7	70.6	68.4	68.5
	7	50.6	60.1	64.2	65.2	73.4	73.0	72.6	71.7	70.9	69.0
	9	54.9	66.6	68.5	64.0	62.7	66.2	66.3	66.3	66.5	64.1
	平均	57.3	64.0	65.3	64.1	66.7	68.0	65.6	64.5	63.7	64.8
合肥	1	60.1	63.5	66.2	67.2	67.0	63.0	63.5	58.9	58.7	60.4
	4	66.5	72.5	71.5	74.9	74.9	74.7	78.5	72.9	71.4	68.2
	7	37.1	40.8	45.1	51.4	56.2	56.5	61.7	55.7	54.6	61.0
	9	42.9	48.2	51.7	54.1	51.7	51.4	47.0	52.9	49.2	53.0
	平均	51.7	56.3	58.6	61.9	62.4	61.4	62.7	60.1	58.5	60.6

表6.11 2020年1月、4月、7月、9月上海、南京、杭州和合肥O_3-8 h预报逐日精度评分

	月份	0～24 h	24～48 h	48～72 h	72～96 h	96～120 h	120～144 h	144～168 h	168～192 h	192～216 h	216～240 h
上海	1	81.1	81.4	81.3	81.0	82.4	82.5	82.3	80.9	81.6	81.8
	4	78.9	81.9	82.1	81.8	77.9	77.0	73.1	73.0	71.4	71.5
	7	72.7	68.8	69.0	67.7	64.7	65.9	67.0	64.1	65.7	62.8
	9	79.1	81.5	74.4	77.6	79.3	78.1	73.4	77.7	74.0	73.7
	平均	77.9	78.4	76.7	77.0	76.1	75.9	73.9	73.9	73.2	72.5
南京	1	80.9	79.3	76.8	77.4	77.9	79.5	79.9	79.3	79.2	81.1
	4	70.8	72.5	75.8	78.1	71.9	67.6	69.2	71.1	67.4	72.1
	7	75.7	67.7	69.1	65.6	65.1	70.4	63.9	62.6	60.0	64.8
	9	84.0	85.0	79.2	82.4	82.4	80.2	76.3	74.5	70.9	76.3
	平均	77.9	76.2	75.2	75.9	74.3	74.4	72.3	71.9	69.4	73.6

续表

城市	月份	0～24 h	24～48 h	48～72 h	72～96 h	96～120 h	120～144 h	144～168 h	168～192 h	192～216 h	216～240 h
杭州	1	71.1	69.8	67.2	71.0	72.2	72.1	72.7	72.6	76.8	75.6
	4	75.1	80.2	78.8	78.9	73.2	67.7	71.0	69.2	74.8	70.5
	7	58.8	56.8	61.4	55.4	55.7	58.0	59.3	58.4	62.0	63.0
	9	82.0	81.6	72.3	72.6	75.3	75.3	79.1	73.6	64.9	65.2
	平均	71.7	72.1	70.0	69.5	69.1	68.3	70.5	68.4	69.6	68.6
合肥	1	77.2	77.4	75.4	76.1	76.6	79.0	75.1	72.4	72.0	75.3
	4	80.0	80.2	80.5	79.3	75.4	70.6	76.6	74.7	72.3	73.1
	7	70.1	66.5	65.1	67.1	62.6	67.8	62.2	63.0	63.1	65.6
	9	78.6	82.2	78.7	82.4	80.8	80.6	73.1	71.9	71.0	75.4
	平均	76.5	76.6	74.9	76.2	73.9	74.5	71.8	70.5	69.6	72.4

O_3-8 h预报评分结果（表6.11）表明，中期模式对长三角地区臭氧的预报效果整体明显高于$PM_{2.5}$。与$PM_{2.5}$的低预报评分不同，4个城市O_3-8 h评分在秋冬季表现较高水平，在上海为73.4～82.5，南京为70.9～85.0，杭州为64.9～82.0，合肥为71.0～82.4。系统对于O_3-8 h的预报评分在冬季最为稳定，在其他季节随预报时效延长而呈现轻微下降趋势。O_3-8 h评分的低值在4个城市均出现在夏季，相对于其他季节高于70的评分，O_3-8 h预报评分在夏季多低于70，平均评分上海、南京、杭州和合肥分别为66.8、66.5、58.9和65.3。评分结果表明对于臭氧而言，目前模式在夏季较难捕捉臭氧浓度的时空变化，这很大程度上源于模式对于局地气象过程的捕捉能力较弱，这也是目前制约中期臭氧客观预报效果的主要问题。

③ 与短期预报模式对比

为了进一步检验环境气象中期预报系统在华东区域对$PM_{2.5}$和O_3的预报能力，本节将其预报表现与目前业务化使用的华东环境气象短期预报系统的预报情况进行对比。目前业务化运行的短期预报系统以WRF-Chem v3.2模式为核心，水平分辨率为6 km，主要覆盖华东区域，气象驱动场为欧洲中期天气预报中心（ECWMF）提供的再分析资料场，世界时12时起报，数据水平分辨率为0.5°×0.5°，每6 h更新1次（00时、06时、12时、18时），预报时效96 h。所用化学驱动及边界设置，主要物理化学模块，人为排放清单及调整均与中期模式相同。短期模式在2020年1月、4月、7月、9月对上海、南京、杭州和合肥4个城市$PM_{2.5}$和O_3-8 h预报逐日精度评分结果如表6.12所示。

表6.12　短期大气化学模式在2020年1月、4月、7月、9月长三角省会城市的$PM_{2.5}$和O_3-8 h预报精度评分

城市	月份	$PM_{2.5}$预报评分				O_3-8 h预报评分			
		0～24 h	24～48 h	48～72 h	72～96 h	0～24 h	24～48 h	48～72 h	72～96 h
上海	1	67.7	68.9	73.1	71.0	76.6	74.1	76.0	73.1
	4	82.1	81.9	81.0	83.3	87.1	84.8	84.5	76.5
	7	68.4	72.6	69.9	71.6	71.9	68.7	71.5	62.0
	9	77.1	79.5	78.4	77.9	72.6	73.9	74.2	70.8
	平均	73.8	75.7	75.6	76.0	77.0	75.4	76.5	70.6

续表

月份		$PM_{2.5}$ 预报评分				O_3-8 h 预报评分			
		0～24 h	24～48 h	48～72 h	72～96 h	0～24 h	24～48 h	48～72 h	72～96 h
南京	1 月	56.8	53.5	57.5	54.2	75.8	71.2	68.7	61.0
	4 月	63.6	61.9	62.3	66.1	82.7	81.9	79.7	76.0
	7 月	44.1	43.6	50.0	58.3	61.7	59.1	59.0	64.9
	9 月	51.1	52.3	55.1	57.0	76.6	75.5	80.4	76.0
	平均	53.9	52.8	56.2	58.9	74.2	71.9	72.0	69.5
杭州	1 月	50.2	49.8	53.5	51.5	80.3	75.6	72.0	66.2
	4 月	71.6	67.6	73.6	69.9	76.9	79.0	81.4	79.6
	7 月	59.4	63.5	63.9	61.7	47.4	49.5	52.2	55.4
	9 月	65.2	70.6	69.3	68.5	74.3	76.1	75.6	71.3
	平均	61.6	62.9	65.1	62.9	69.7	70.0	70.3	68.1
合肥	1 月	54.4	50.8	52.9	50.3	88.1	86.6	80.9	79.6
	4 月	64.1	63.7	61.6	64.6	82.5	80.4	77.2	77.3
	7 月	42.2	44.8	49.7	56.2	54.7	50.3	55.1	63.3
	9 月	56.9	60.0	57.3	60.8	72.6	74.0	75.8	74.2
	平均	54.4	54.8	55.4	58.0	74.5	72.8	72.2	73.6

对比表 6.10 和表 6.11 结果可知，对于中期和短期预报系统，$PM_{2.5}$ 预报评分最高均出现在春季，前 96 h 二者平均评分为 81.1 和 82.1。与中期系统预报评分略有差异，除冬季外，短期系统前 96 h $PM_{2.5}$ 预报在夏季评分也较低，在南京和合肥所选时段综合评分甚至低于秋冬季节，分别为 49.0 和 48.2。短期预报评分结果同样反映出气象初始场对 $PM_{2.5}$ 预报的影响，在 0～48 h 有评分逐渐上升的情况出现。对臭氧的预报，2 个系统在 4 个城市的表现较为接近，前 96 h O_3-8 h 预报评分均在夏季最低，另外 3 个季节较高。对臭氧预报的综合表现，中期模式略优于短期系统，前 96 h O_3-8 h 平均预报评分在上海分别为 77.5 和 74.9，南京分别为 76.3 和 71.9，杭州分别为 70.8 和 69.5，合肥分别为 76.1 和 73.3。

图 6.24 为短期和中期模式在 2020 年 1 月、4 月、7 月、9 月分别对上海、南京、杭州、合肥 $PM_{2.5}$ 及 O_3-8 h 预报的综合逐日精度评分结果对比。总体来看，中期模式在 4 个城市对 $PM_{2.5}$ 和 O_3-8 h 预报评分相当，两个系统对臭氧的预报均优于其对 $PM_{2.5}$ 的预报效果。由于长三角区域在中期模式中受边界强迫的影响更小，且由于模式覆盖全国，能够考虑更大范围环流的影响，因此中期预报系统在长三角主要城市对臭氧的预报评分在 0～96 h 甚至高于短期模式，对于 $PM_{2.5}$ 的预报在部分城市也表现得更好。总体而言，短期及中期预报系统在上海的预报表现优于其他城市，主要原因可能是人为排放清单针对上海进行了本地化调整。在未来的工作中，进一步优化模式系统的区域排放清单是提高模式系统预报表现的重要工作。

对比结果表明，环境气象中期预报系统的建立相对于目前的短期预报模式，在预报时效和预报效果上均有一定程度的提升。建立中期数值预报系统不仅是为了满足区域大气环境治理的需求，同时也是提升环境气象预报水平的重要工作。

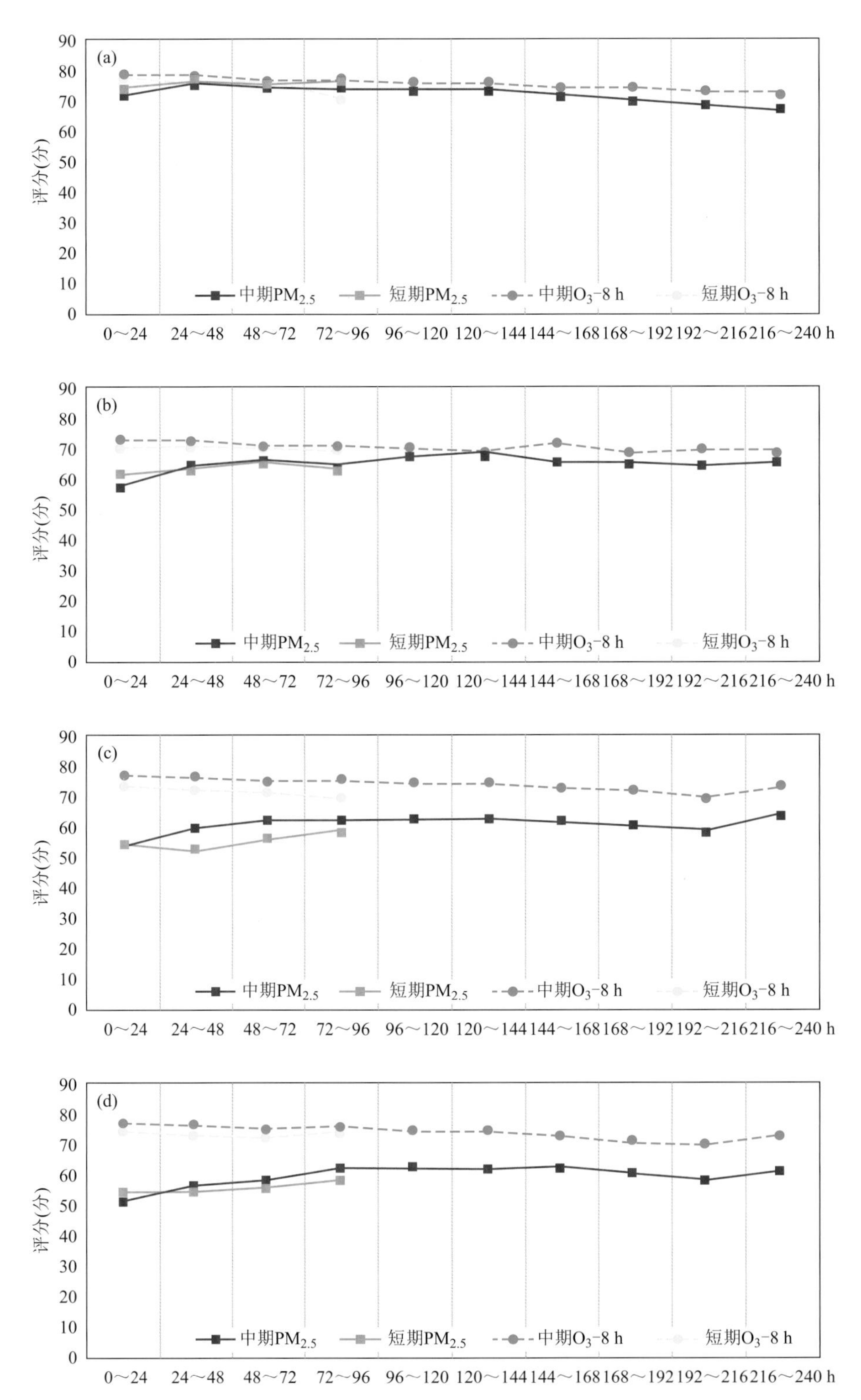

图 6.24　目前的短期及中期环境气象模式在上海（a）、杭州（b）、南京（c）、合肥（d）对 2020 年 4 个月 $PM_{2.5}$ 和 O_3-8 h 预报逐日综合精度评分

④ 污染个例预报效果分析

作为进博会环境空气质量保障工作的主要业务预报模式之一，环境气象中期预报系统于 2019 年 9 月建成，同年进博会保障阶段正式开始业务试运行。本节针对 2019 年 11 月 1—2 日的一次 $PM_{2.5}$ 污染过程，对中期系统的预报效果进行检验，并与 GFS 和 ECWMF 气象场驱动的短期模式的预报结果进行对比。

大气环流和天气形势特征与 2018 年同期相比，2019 年进博会期间冷空气过程频繁，但势力明显偏弱。11 月 1 日夜间，长三角地区出现一次由于冷空气导致的 $PM_{2.5}$ 污染过程，其中上海地区受弱冷空气输送和本地不利扩散条件的影响，$PM_{2.5}$ 出现了 7 h 轻度污染过程。受前期辐合风影响，$PM_{2.5}$ 污染首先在江苏沿海地区累积，而后受东北风影响回流，并持续向南输送，影响上海。图 6.25 是 11 月 1 日 23 时长三角地区 $PM_{2.5}$ 浓度和地面风场的实况分布。$PM_{2.5}$ 浓度高值区主要位于江苏省东南部以及江苏和安徽北部交界处，地面主要风向为东北风和东风。

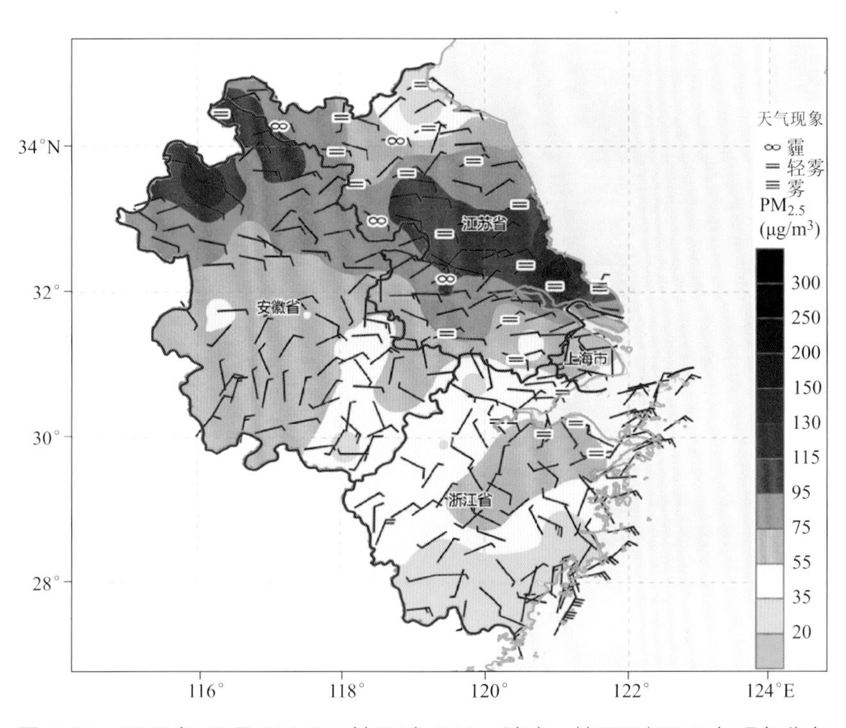

图 6.25　2019 年 11 月 1 日 23 时长三角 $PM_{2.5}$ 浓度、地面风场及天气现象分布

中期模式对于相同时刻的 $PM_{2.5}$ 分布预报结果如图 6.26 所示。对于长三角地区，中期模式能够较好地捕捉到这次冷空气及辐合风引起的污染过程，预报结果对于地面风、$PM_{2.5}$ 浓度范围以及高值区分布均有较好反映。在 10 月 23 日起报的结果中，模式结果对于 11 月 1 日夜间 $PM_{2.5}$ 浓度范围及分布情况就有很好的体现。通过每天的预报调整，$PM_{2.5}$ 浓度预报得到了明显改进，在 26 日起报的结果中对上海及周边区域的 $PM_{2.5}$ 污染情况就有了较接近实况的预报结果。在 31 日起报的结果中，$PM_{2.5}$ 浓度预报与实况更加接近，污染高值区集中在上海以北江苏省东南部地区，在江苏安徽北部交界处 $PM_{2.5}$ 浓度也较高。

图 6.27 是 10 月 29 日和 31 日起报的短期系统预报结果。对比图 6.26 中期预报结果可以看到，虽然短期预报也能够较好地反映 11 月 1 日夜间的地面风和长三角地区 $PM_{2.5}$

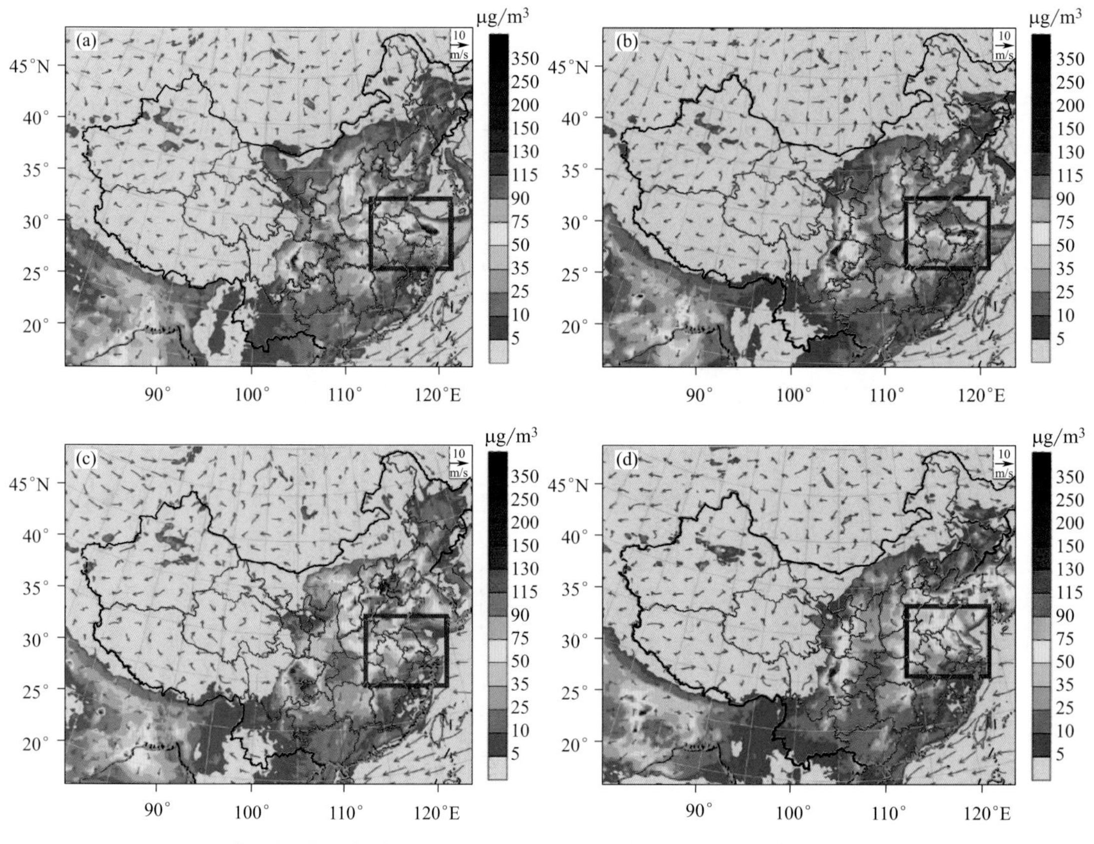

图 6.26　中期模式北京时间 2019 年 10 月 31 日（a）、 26 日（b）、 24 日（c）及 23 日（d） 20 时起报的 $PM_{2.5}$ 及地面风场分布情况（红色框代表长三角）

的污染情况，但 $PM_{2.5}$ 高值区相对于实况偏南，上海地区 $PM_{2.5}$ 浓度偏高。不同气象初始场驱动得到的短期预报结果相似，$PM_{2.5}$ 污染区域均以上海为中心向内陆西北方向延伸，虽然 31 日起报的结果相对于 29 日起报的结果略有调整，但污染整体位置仍旧相较实际情况偏南。

中短期预报对比结果表明，针对长三角地区秋冬季一些冷空气引起的污染事件，中期模式由于能够考虑更大范围更长时间尺度的环流发展对污染物浓度的影响，是对目前的短期预报结果的必要补充，多系统预报结果对比将有利于预报员结合实际天气形势进行多种污染可能性分析，以得到更接近实际情况的预报结论

6.1.1.3　多模式最优集成预报系统

目前天气模式、大气化学传输模式对污染物在大气中经历的各种物理、化学过程等关键影响因子的计算还不完善，不同模式预报的污染物浓度、变化通常存在明显差异。根据对模式预报的检验评估，采用数学方法对多个模式的输出结果进行修正，可以在一定时间尺度上降低模式的预报偏差，避免出现明显的空报和漏报。多模式最优集成方法（optimal consensus forecast，OCF）通过对预报成员进行权重平均，能够综合体现各模式预报结果的优势，又不会因为其中一个或者两个模式的性能变化使得集成预报发生较大改变，因而被广泛应用于气象要素的集成预报并在实际业务中取得很好效果。

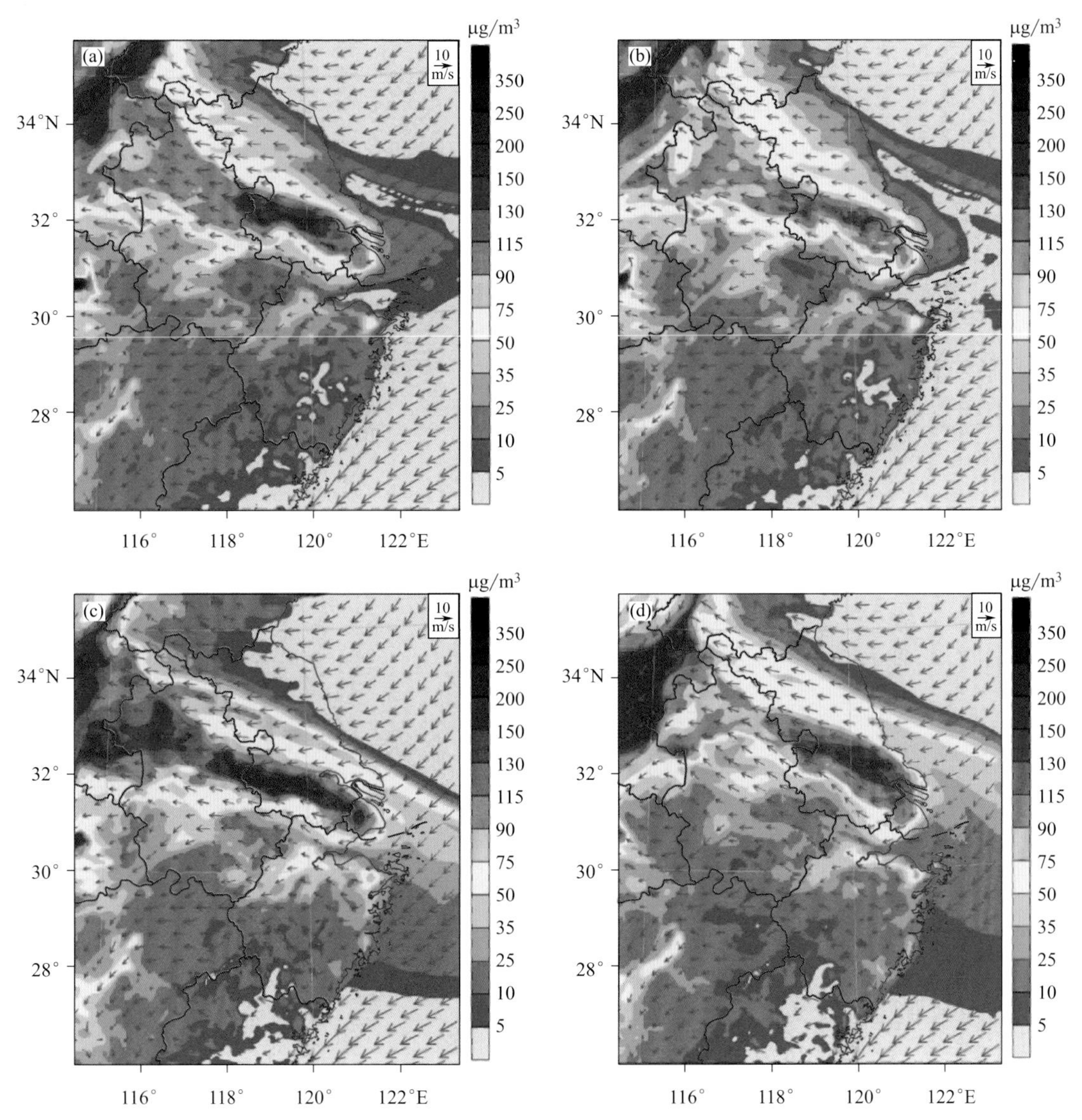

图 6.27　由 GFS（a、c）及 ECWMF（b、d）初始气象场驱动的短期模式在北京时间 2019 年 10 月 29 日（c、d）和 31 日（a、b）起报的 $PM_{2.5}$ 及地面风场分布情况

（1）计算方法

OCF 的基本思路是对预报成员进行权重平均。首先对各模式的预报结果进行滚动检验，根据检验结果赋予每个模式不同的权重系数，然后对每个模式进行加权平均。采取滚动检验的目的是考虑各模式在不同阶段的预报表现可能存在差异。OCF 主要分两步。

第一步，对各模式的预报结果进行偏差校正。根据式（6.1）计算各模式在过去一段时间的平均偏差（MB_{sw}），然后根据 MB_{sw} 对各模式的预报结果进行校正（式（6.2）），目的是减小各模式之间预报性能的差异。

$$MB_{sw}=\frac{1}{m}\sum\nolimits_{k=1}^{m}(FCT_k-OBS_k) \tag{6.1}$$

$$FA = \frac{FCT}{1 + MB_{sw}} \quad (6.2)$$

式中，FCT 为预报值；OBS 为观测值；k 为向后滑动天数；FA 为偏差校正后的预报值。前期试验结果表明在上海平滑窗以 10 d 为最佳，故本节 m 取为 10 d。

第二步，进行权重平均集成。首先根据式（6.3）计算各模式（偏差校正后）在过去一段时间的平均绝对误差 E，然后根据式（6.4）计算各模式的权重系数 W，绝对误差越大，则权重系数越小。最后根据式（6.5）对各模式进行加权平均获得集成预报结果 F_{OCF}。

$$E = \frac{1}{m}\sum_{k=1}^{m} \mid FA_k - OBS_k \mid \quad (6.3)$$

$$W_i = \frac{E_i^{-1}}{E_1^{-1} + E_2^{-1} + \cdots + E_n^{-1}} \quad (6.4)$$

$$F_{OCF} = FA_1 \cdot W_1 + FA_2 \cdot W_2 + \cdots + FA_n \cdot W_n \quad (6.5)$$

式中，n 为模式样本数。

（2）集成系统的搭建和检验

2014 年欧盟第七科技框架计划（FP7）设立了 MarcoPolo-Panda 项目，PANDA 项目建立了空气质量多模式预报系统，系统包括 7 个模式，分别为欧洲中期天气预报中心（ECWMF）的 IFS、荷兰气象研究所（KNMI）的 CHIMERE、德国马普气象研究所（MPI-M）的 WRF-Chem-MPI、芬兰气象研究所（FMI）的 SLAM、挪威气象局（MetNo）的 EMEP、荷兰应用科学研究组织（TNO）的 LOTOS、上海市气象局（SMS）的区域大气化学短期预报模式系统 WRF-Chem（SMS）。上述 7 个模式成员采用了不同的气象-化学耦合方式、不同来源的排放清单、不同的预报区域、不同的物理过程和化学机制、不同的初始驱动场，为开展多模式集成释用提供了很好的条件。对上述 7 个模式成员进行 OCF 方法的搭建，检验时间段是 2016 年 6 月—2017 年 5 月，对象是 $PM_{2.5}$ 日平均质量浓度数据。

（3）评估方法

平均偏差和均方根误差：参照周广强等（2016）对 $PM_{2.5}$ 质量浓度预报的评估方法，选取平均偏差（MB）和均方根误差（RMSE）分别表征预报值与观测值的绝对差异、预报偏差的集中度（式（6.6）、式（6.7））。

$$MB = \frac{1}{n}\sum_{i=1}^{n}(FCT_i - OBS_i) \quad (6.6)$$

$$RMSE = \sqrt{\frac{1}{n}\sum_{i=1}^{n}(FCT_i - OBS_i)^2} \quad (6.7)$$

空报率、漏报率、TS 评分：污染预报的准确性是空气质量预报水平的重要指标。选择漏报率、空报率和 TS 评分作为污染预报的评估指标。我国《环境空气质量标准》（GB 3095—2012）规定判别 $PM_{2.5}$ 污染日的阈值是日平均质量浓度为 75 $\mu g/m^3$。漏报率 PO 表示没有预报出的污染日数占实际污染日数的比率，见式（6.8）。空报率 FAR 表示预报的污染日中没有发生的比率，见式（6.9）。TS 评分反映污染日有效预报的准确程度，见式（6.10）。式中的参数说明见表 6.13，漏报率和空报率越低、TS 评分越高，表示污染日预报性能越好。

表 6.13　污染预报检验的参数

实况	预报	
	优良	污染
优良	a	b
污染	c	d

注：a、b分别表示优良等级预报正确和错误的日数；c、d分别表示污染等级预报正确和错误的日数

$$PO=\frac{c}{c+d} \tag{6.8}$$

$$FAR=\frac{b}{b+d} \tag{6.9}$$

$$TS=\frac{d}{b+c+d} \tag{6.10}$$

预报精度评分TI：在城市空气质量预报业务中，除了要求预报员准确预报污染等级，同时要求准确预报平均质量浓度，目的是提高空气质量预报的精准度，为公众提供更加精细的服务。本节采用胡鸣等（2015）提出的方法对日平均质量浓度的预报精度进行评分，见式（6.11）。

在空气质量预报业务中，$PM_{2.5}$ 预报精度评分TI根据预报值与实况值之间的差别计算得到。如果差别过大出现得分为负数的情况，则以0分代替；若实况为优（日平均质量浓度小于等于35 $\mu g/m^3$），则分母以优等级的最大值（35 $\mu g/m^3$）代替。f_0 为污染预报附加分（胡鸣 等，2015），如实况和预报值都为中度污染，则TI相应加4分（表6.14）。

$$TI=1-\max\left(1-\frac{|FCT-OBS|}{\max(OBS,35)},0\right)\times 100\%+f_0 \tag{6.11}$$

表 6.14　污染预报附加得分（f_0）

实况	预报				
	优良	轻度	中度	重度	严重
优良	0	0	−1	−2	−4
轻度	0	2	0	−1	−2
中度	−2	0	4	0	−1
重度	−4	−2	0	8	1
严重	−8	−4	−2	1	10

（4）结果分析

表6.15统计了OCF和单个模式的预报指标，同时也对比OCF和集合平均（AVE）的预报效果。在7个预报模式中，对于 $PM_{2.5}$ 浓度的预报，SMS和LOTUS的平均偏差和均方根误差明显小于其他模式；除了IFS和MPI，其他模式的相关系数都在0.7以上，其中LOTUS最高；对于污染等级的预报，SMS的空报率最低（45%），其次为LOTUS，为50%，而其他模式的空报率都在65%以上。EMEP、CHIMMER和SLAM的漏报率较低，且明显低于空报率，表明上述3个模式的预报结果明显偏高。综合空报率、漏报率和TS评分3项指标可见，SMS对污染等级的预报效果最好，表现为空报、漏报少，TS评分高。对于精度预报评分TI，LOTOS最高（78.5），其次为SMS。综上可以看出，SMS和LOTUS

对上海 $PM_{2.5}$ 的预报性能明显优于其他模式。

将 OCF 的结果和单个模式对比发现，除了平均偏差和漏报率，OCF 的各项指标都优于单个模式，其中 TS 评分达到 0.66，空报率降至 25%，明显提高了对污染等级的预报技巧；而且 OCF 精度评分 TI 达到 80.9，均方根误差降至 12 μg/m³，相关系数达到 0.86，表明 OCF 预报的 $PM_{2.5}$ 日平均质量浓度、变化趋势和实况更加接近。综上可见，采用 OCF 对 PANDA 系统中各模式进行权重平均后，明显减小了 $PM_{2.5}$ 质量浓度的预报偏差，提高了趋势预报和等级预报的技巧，预报性能优于单个模式。表 6.15 也将 OCF 和另一种经常使用的集合方法 AVE 进行对比，发现 AVE 除了漏报率略低于 OCF，其余各项检验指标较 OCF 都明显偏差，而且也不如模式中表现较好的 SMS 和 LOTUS。

表 6.15　PANDA 系统各模式、OCF、AVE 对上海 $PM_{2.5}$ 的预报评估

系统模式	平均偏差 (μg/m³)	相关系数	均方根误差 (μg/m³)	精度评分 TI	污染空报率	污染漏报率	污染 TS 评分
IFS	−8.6	0.32	34.5	49.8	88%	74%	0.09
SILAM	11.3	0.77	26.7	65.2	70%	16%	0.29
CHIMERE	14.5	0.76	25.3	65.8	65%	11%	0.34
EMEP	35.3	0.73	41.1	26.7	82%	8%	0.18
MPI	17.9	0.65	30.6	55.1	76%	27%	0.22
SMS	−0.9	0.78	16.7	73.3	45%	16%	0.5
LOTOS	−3.2	0.82	13.9	78.5	50%	50%	0.33
AVE	10.5	0.81	18.3	69.8	59%	14%	0.38
OCF	1.2	0.86	12	80.9	25%	16%	0.66

前面的分析表明，基于 PANDA 系统的 OCF 试验对上海 $PM_{2.5}$ 浓度的精度预报、趋势预报和等级预报都有明显改进。为了进一步考察 OCF 的适用性，本节选择了长三角其他 5 个城市（南京、杭州、合肥、苏州和宁波）进行类似的对比检验。图 6.28 用箱体图表示 5

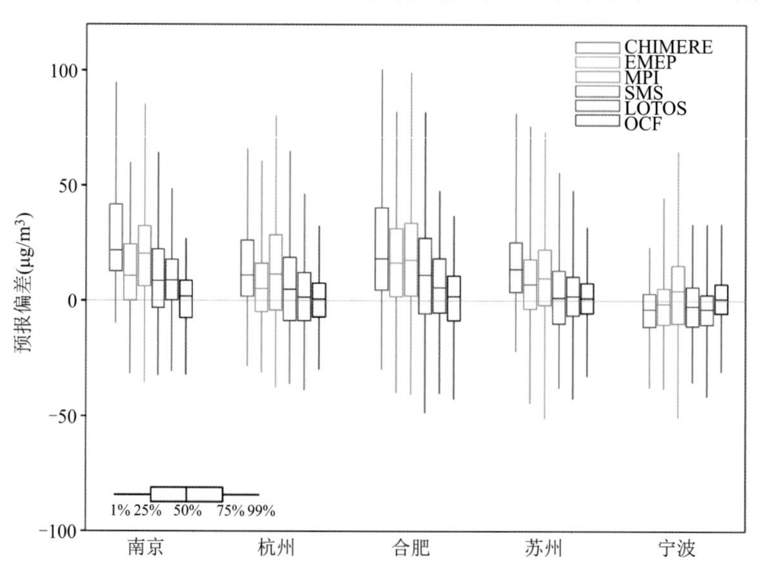

图 6.28　长三角重点城市 OCF 方法及各模式日平均 $PM_{2.5}$ 质量预报偏差的箱体分布

个模式和 OCF 预报不同城市 $PM_{2.5}$ 质量浓度的偏差分布。由图可见，PANDA 系统各模式在不同城市的表现有所差异，相比而言对内陆城市南京、合肥的预报偏差较大，中值为 10～25 μg/m³；杭州和苏州的预报偏差和上海接近（小于 10 μg/m³）；各模式对宁波的预报偏差最小。单个模式中 LOTUS 的预报偏差和离散度最小，SMS 和 LOTUS 的偏差相当，但离散度要大于 LOTUS。相比而言，OCF 的平均偏差基本小于 5 μg/m³，对南京、合肥的改进尤其明显，此外离散度也明显减小，除了宁波，对其余 4 个城市都有明显改进，可提高长三角地区的预报水平。

6.1.2 WRF-Dust 沙尘数值预报系统

沙尘数值预报系统基于 WRF-Dust 模式构建，该模式在 WRF 中引入经改进后的 GOCART（Georgia Tech/Goddard Global Ozone Chemistry Aerosol Radiation and Transport）沙尘气溶胶模块，可应用于区域尺度沙尘气溶胶的模拟。WRF-Dust 模式对沙尘气溶胶进行分档计算，模式将沙尘粒子分为 5 挡，有效半径分别为 0.73 μm、1.4 μm、2.4 μm、4.5 μm 和 8 μm。每档气溶胶粒子的起沙通量为

$$F=\begin{cases}C\alpha_p E_r V_s^2(V_s-V_t) & V_s>V_t\\ 0 & V_s\leqslant V_t\end{cases}\tag{6.12}$$

式中，C 为经验常数，这里使用 0.8（μg·s²）/m⁵；α_p 为土壤粒子在 p 挡的比例；E_r 为土壤侵蚀因子；V_s 为地表风速（10 m 风速）；V_t 为风蚀的最低风速。风蚀最低风速由粒子尺度、密度和土壤湿度决定。WRF-Dust 模式适用于沙尘气溶胶的模拟（图 6.29）。相关研究表明，WRF-Dust 模式总体能够较好地刻画矿物沙尘气溶胶的分布及其辐射特性。Bian 等（2011）利用 WRF-Dust 成功模拟了我国 2010 年 3 月的一次严重沙尘暴事件，同时该研究还表明沙尘在输送过程中的大量沉降可能成为新的沙尘源（二次源）从而增加起沙量，二次起

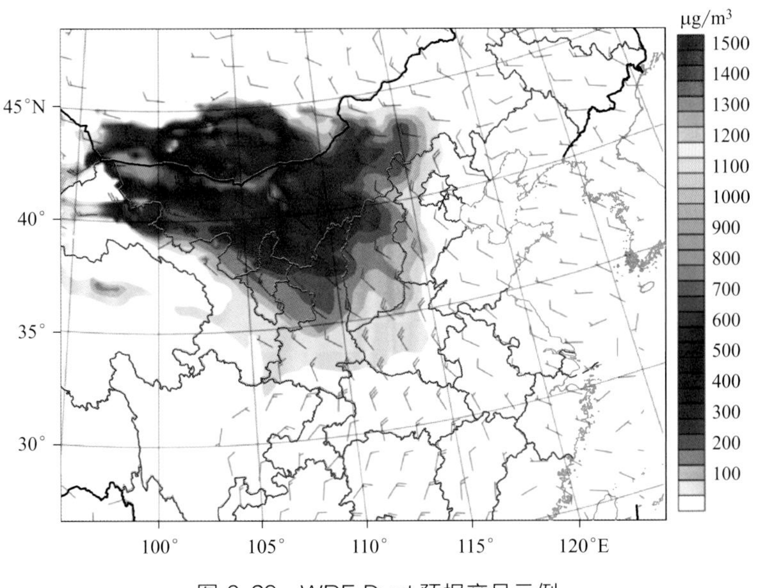

图 6.29　WRF-Dust 预报产品示例

沙源对沙尘粒子的长距离输送（如输送到我国东部或南部）具有重要的影响，也是导致沙尘数值模拟偏低的重要因素之一。综上，WRF-Dust 模式可以用于模拟区域尺度沙尘事件的发生和输送过程，提供 PM_{10} 的空间分布及其演变。

在研发 WRF-Dust 沙尘数值预报系统时，根据 WRF-Dust 在上海的实际应用经验，对 WRF-Dust 进行了局部的改进，主要为微调沙尘粒子的比例和二次起沙机制的参数阈值。沙尘粒子不同挡比例设置时，略增了第二挡（有效半径 1.4 μm）比例，从 25%增加到了 30%，降低了第五挡（有效半径 8 μm）比例至 5%。应用了二次起沙机制。根据 Bian 等（2011）的研究结果和个例试验结果，确定了二次起沙机制的方案：（1）当近地层沙尘浓度为 400 $\mu g/m^3$ 时，可能发生二次起沙；（2）除林地、草地和水面外，其他地表类型可能发生起沙；（3）是否发生二次起沙由近地面风速决定，当 $V_s > V_t$ 时可能发生二次起沙。

考虑我国及周边区域沙漠和戈壁的分布，WRF-Dust 沙尘数值预报系统以（40°N，100°E）为中心、300×300 网格，水平分辨率为 24 km，模式区域覆盖了我国大陆。主要物理和化学设置见表 6.16。WRF-Dust 沙尘数值预报系统于 2011 年 5 月初开始业务运行，每天运行一次，起报时间为北京时 20 时，积分时间 96 h，在提供沙尘预报产品的同时也为华东区域环境气象数值预报业务系统提供沙尘边界条件。

表 6.16　主要物理和化学选项设置

主要物理方案选择		化学设置	
云微物理（MP）	Lin	化学选项	方案
积云对流(CU)	K-F	人为源	否
长波辐射(LW)	RRTM	气相化学	否
短波辐射(SW)	Dudhia	光化学	否
边界层(PBL)	YSU	干沉降	是
地表层方案	MO	气溶胶化学	是
路面过程	Noah	气溶胶辐射反馈	是

6.1.3　污染泄漏应急扩散系统

污染泄漏应急扩散系统以 Hysplit 拉格朗日扩散模式为核心构建，包括气象场处理、污染信息收集、空气污染物扩散计算、后处理等组成部分。Hysplit 模式由美国国家大气海洋局（NOAA）空气资源实验室开发，是一个拉格朗日型的空气污染扩散与输送模式，本系统使用了其中的浓度扩散和轨迹计算两个模块。

气象场准备是将上海市气象局区域天气模式 SMS 的预报数据（包括地面和空中的风、垂直速度、温度、湿度、边界层厚度、地表感热通量、辐射通量、降水等）转化为 Hysplit 模式要求的数据格式。污染信息收集包括获取污染泄漏发生的时间、地点、强度和持续时间等信息及其物理和化学性质，并由此确定相应的参数。空气污染物扩散计算指利用经过预处理的气象场驱动粒子扩散的浓度。后处理指将污染物扩散和输送的预报结果转化为图形产品或者 GIS 格式数据。

该系统具有快速响应的特点，水平分辨率设置为 0.01°、时间分辨率为 10 min，能够在获得污染事故信息后的 10 min 之内完成扩散产品的制作，主要应用于火点、泄露点的气体扩散模拟，如 2008 年龙华污染物泄漏处置演习、2010 年世博会污染物泄漏应急保障、2011 年日本福岛核泄漏决策服务、2018 年“桑吉”号油轮倾覆事故搜救服务保障等。

根据现场服务和应急服务的需求，开发了应急扩散的移动终端，安装在气象移动观测车辆上。应急人员随移动车到现场进行局地定位、气象要素观测，将上述信息传输回业务平台，由值守人员及时启动应急扩散系统进行运算并生成服务产品。现场应急人员可在线查阅、调取、打印相关产品用于决策指挥。

6.1.4　环境气象数值预报平台

为了充分发挥环境气象数值预报在服务中的应用和支撑作用，首先需要根据不同层级的服务需求开发不同类型的显示产品，比如污染物的空间分布及其变化、针对站点或者城市的污染物时间变化序列等，方便用户查询并应用到服务中；其次部分专业用户期望对环境气象数值预报开展本地修正、进行二次产品开发，为此需要抽取模式的三维预报格点数据或者解析符合业务系统要求的标准站点数据，并提供稳定的数据下载功能；再次需要提供模式预报的检验产品，为用户基于模式预报开展决策或者公共服务提供依据，也为模式人员发现模式问题改进模式过程提供关键信息；最后业务系统需要定时启动，在规定时间内自动完成多个流程的计算和产品制作，一旦出现故障，模式人员需要及时处理。因此需要提供针对模式系统运行的监控功能，模式人员能够了解运行的状态和出错信息。

基于上述考虑，继而开发了华东区域环境气象数值预报服务网站（图 6.30），实时提供各类大气化学模式、沙尘模式、应急扩散模式预报产品的显示、查询功能，提供大气化学模式格点预报数据的下载服务，提供模式系统运行流程的监控。以大气化学模式为例，提供区域预报、城市预报、站点预报 3 类产品。区域预报显示主要污染物的逐小时空间分布，城市预报显示华东区域主要城市的污染物逐小时浓度变化，站点预报根据 MICAPS 站号提供所有站点的污染物和气象要素的逐小时协同变化。目前检验产品主要针对大气化学模式，包括偏差检验、相关检验和稳定性检验。偏差检验显示特定时刻模式预报的二维污染物浓度与实况差值的空间分布，预报员能够研判模式对污染气团位置和强度的预报信度，进而修正本地的污染时段和峰值浓度。此外，偏差检验也显示特定时段内模式定点预报的污染物与实况偏差的时间变化，预报员可判断模式预报的系统偏差，进而对预报结果进行主观订正。相关检验根据用户选择的时间窗口计算模式预报和实况的滑动相关系数，进而判断模式对污染物趋势变化的预报效果。稳定性检验显示不同时刻起报的模式结果的对比，包括污染物的空间分布和时间变化，提示预报员分析预报出现差异的原因，做出合适的预报结论。

模式数据的下载功能基于阿里云开发完成。平台主要针对华东区域省级和地市级环境气象用户，开发前充分调研了各省市管理和业务部门的需求和要求，确定采用能够更为便捷访问的云平台方式提供模式格点化预报数据，包括 NetCDF、MICAPS 两类格点预报数据和文本格式站点预报数据；为各省级和地市级配置了独立用户，获取数据便捷、高效。云平台的活跃用户约 20 个，日数据下载量为 3 TB。

图 6.30 华东区域环境气象数值预报服务系统

6.1.5 污染输送评估系统

随着快速的城市化进程，尤其是超大城市、城市群的发展，我国现阶段的大气污染呈现显著的区域性特征。受到不同尺度天气系统的影响，跨区域、区域之间的污染气团相互传输、混合和影响，对我国东部地区大气污染调控造成严峻挑战。长三角位于华北和黄淮的下游，容易受到上游输送的影响。根据 Xu 等（2016）的研究，冷空气对长三角地区会产生明显的污染输送，是触发和加剧重污染天气的重要原因。而不同路径、不同强度的冷空气对不同城市造成的输送影响也存在明显差异。因此，定量计算输送对区域和特定城市空气质量的贡献是评估大气污染减排成效的重要前提。

以 $PM_{2.5}$ 为例，输送评估的定量计算一般采用两种方法。一种是标记法，即将不同地区的排放源进行编号，进而分别计算不同编号的排放源对目标区的贡献。标记法被 CAMx 等模式应用于 PSAT 等分析过程。第二种是清零法，即将目标区之外的排放源清除进行敏感实验，然后与控制实验进行对比即可得到目标区之外的输送贡献。

为了开展长三角环境气象决策服务，上海市气象局在大气化学短期数值预报的基础上研制了污染输送评估系统，每天在业务预报结束后，继续运行 5 个数值方案，分别将长三角之外、上海之外、江苏之外、安徽之外、浙江之外的人为源排放清零，5 个结果分别和业务预报对比，即可得到输送对长三角、上海、江苏、安徽、浙江的定量贡献。需要指出的是，5 个输送评估方案和业务方案采用相同的气象和化学初始场。图 6.31 显示了 2021 年 2 月 9 日—3 月 9 日输送对上海的贡献分析。其中绿色柱状图为本地排放贡献的 $PM_{2.5}$ 浓度，橙色柱状图为输送贡献的 $PM_{2.5}$ 浓度，蓝色原点表示每天输送贡献的 $PM_{2.5}$ 比率。由图可见，输送贡献具有明显的时间变化特征，表明主要受到天气系统演变的影响。计算期间输送对长三角的平均贡献为 28.9%，最强的输送过程出现在 2021 年 2 月 20 日，达到 67.5%。

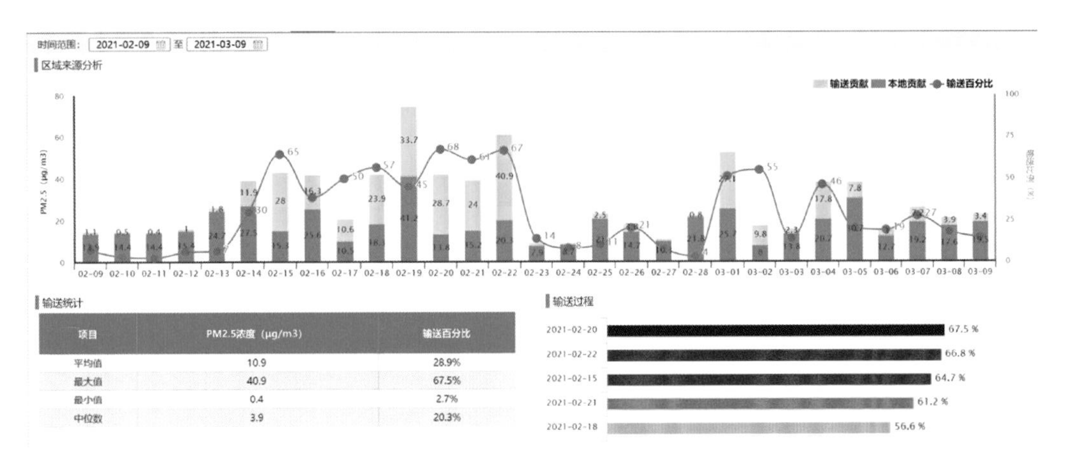

项目	PM2.5浓度（μg/m3）	输送百分比
平均值	10.9	28.9%
最大值	40.9	67.5%
最小值	0.4	2.7%
中位数	3.9	20.3%

图 6.31　利用输送评估系统定量计算输送对上海 $PM_{2.5}$ 的贡献

进一步结合 Hysplit 模式计算评估期间的后向轨迹（图 6.32），并进行聚类可以发现评估期间，上海主要受到东风（38.4%）和北风（30.4%）影响（图 6.33）。污染输送主要来自长三角北部和山东等地。通过分析地面 $PM_{2.5}$ 浓度和水平风的观测发现，评估期间，北风和西北风条件下上海的 $PM_{2.5}$ 浓度偏高，对上海具有明显的输送效应。

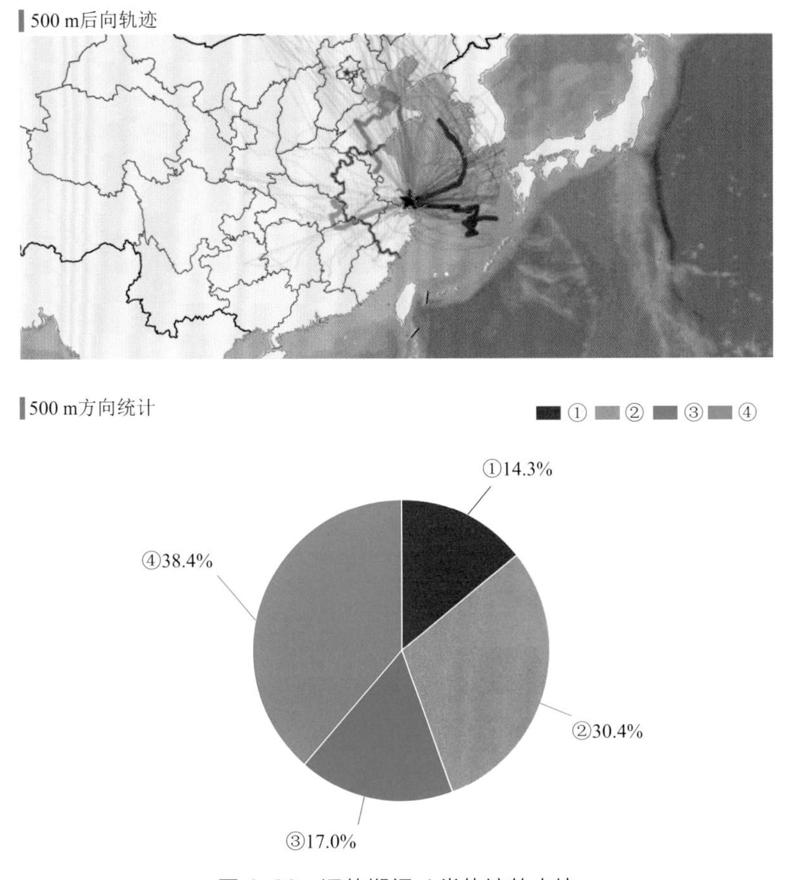

图 6.32　评估期间 4 类轨迹的占比

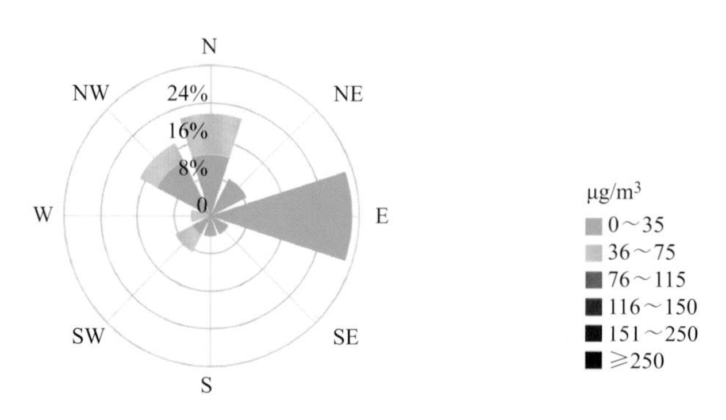

图 6.33　评估期间上海 $PM_{2.5}$ 浓度随风向的分布

输送评估系统主要利用大气化学短期数值预报采用清零方法定量计算输送对目标区 $PM_{2.5}$ 的贡献，同时利用 Hysplit 扩散模式聚类分析目标区后向轨迹的来源，找到主要的影响源区，并且利用 $PM_{2.5}$ 和气象观测资料对计算结果进行验证。

该系统为长三角各省的环境气象决策服务提供了技术支持。由于采用相同的系统定量计算输送贡献，避免了各省采用不同模式系统计算产生的结果偏差，使得开展长三角区域层面的环境气象决策服务成为可能。比如长三角三省一市联合开展了 2018 年长三角区域空气污染气象条件的分析工作，发现 2018 年秋冬季影响长三角的冷空气过程比 2017 年同期减少 5 次，使得跨区域污染输送减少，区域内污染物相互传输的影响更加显著。利用输送评估系统计算发现（表 6.17），2018 年秋冬季跨区域输送对长三角 $PM_{2.5}$ 的贡献仅为 16%，较过去 3 年同期平均下降了 6%～15%。跨区域输送对长三角各省 $PM_{2.5}$ 的贡献为 4%～19%，其中对安徽和江苏的贡献较高，约为 17%和 19%。相比之下，长三角区域内的污染相互传输对各省 $PM_{2.5}$ 的贡献达到 14%～42%，明显高于跨区域传输的影响。可见，在气候变暖的背景下，未来冷空气活动趋于减弱，长三角污染相互传输的影响将更加明显，因此，长三角区域大气污染联防联控对于改善区域空气质量、保障生态文明具有重要意义。但需要指出的是，跨区域输送对于长三角污染过程的影响仍然明显，发生区域性污染过程时，跨区域输送对 $PM_{2.5}$ 的贡献仍然可达 20%～40%。

表 6.17　2018 年秋冬季输送对长三角及各省 $PM_{2.5}$ 浓度的贡献率

	长三角以内输送(%)	长三角以外输送(%)
上海	42.6	4.2
江苏	14.4	19.1
浙江	22.6	6.9
安徽	21.3	17.4
长三角	—	15.9

此外，冷空气路径偏东，使得污染物向长三角西北部堆积，加重了局地污染程度。2018 年秋冬季影响长三角的冷空气路径更加偏东。中路冷空气为 12 次，同比减少 6 次；东路冷空气为 8 次，同比增加 1 次，冷空气路径更加偏东，使得影响长三角的西北—北向气团明显减少（图 6.34），而东北向气团显著增加。在东路冷空气的影响下，长三角主导风向为东北风，总体有利于沿海地区空气质量的改善，却将污染物向长三角内陆挤压，加重了长三角西北部的污染程度，这是目前长三角 $PM_{2.5}$ 浓度空间分布维持西北高、东南低的主要原因之一。因此，长三角西北部是未来区域大气污染管控的重点。

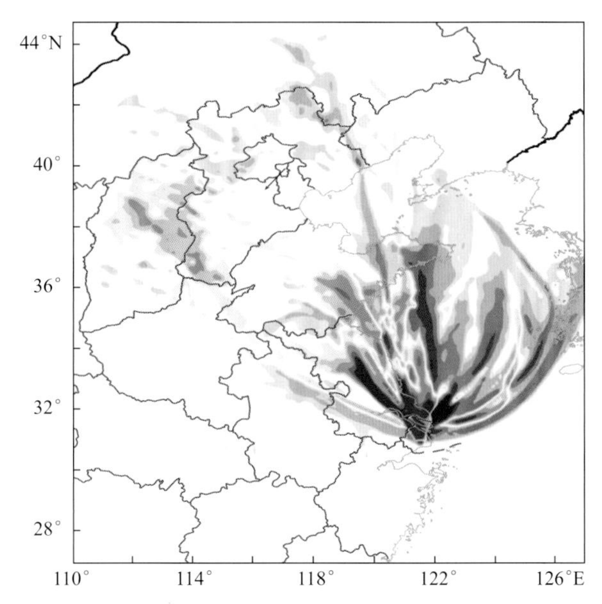

图 6.34　2018 秋冬季影响上海的气团来源和 2017 年同期对比
（红色表示增加，蓝色表示减少）

6.1.6　增雨减污评估系统

首届进博会期间，为了降低上游污染气团对长三角尤其对上海的输送强度达到改善空气质量的目的，上海市气象局联合原市环保局、中国气象局人工影响天气中心以及安徽、山东、江苏三省气象部门，于 2018 年 10 月 16 日—11 月 10 日在输送通道上（安徽北部—江苏南部）实施了人工增雨改善空气质量试验。以上海为中心设置了 500 km 保障半径，划分为 27 个空域。利用新舟 60、空中国王、运 12 三架高性能人工增雨飞机开展探测和催化增雨作业，共飞行 27 架次，累计飞行 74 小时 21 分钟，播撒烟条 170 余根。首届进博会人工增雨改善空气质量试验通过跨部门合作、跨区域联动首次探索了增雨减污的科学性和有效性，初步形成了增雨减污作业的整套技术方案和作业流程，为长三角区域大气污染防治提供了新的思路并积累了宝贵经验。为了评估增雨对 $PM_{2.5}$ 湿清除的效果，上海市气象局和中国气象局人影中心联合开展技术攻关，探索了基于多源观测和云降水数值模式、大气化学数值模式的增雨减污评估技术。

进博会期间（2018 年 11 月 4—8 日），受西南暖湿气流影响，长三角地区出现了 3 次降水过程，累积雨量普遍达到 25～70 mm，呈北高、南低的空间分布特点，有效降低了华北污染气团对长三角的输送影响。数值计算显示，进博会期间长三角降雨对区域 $PM_{2.5}$ 浓度具有明显的清除作用（图 6.35）。江苏中部、安徽中部累积雨量超过 50 mm，对 $PM_{2.5}$ 的清除作用超过 30～50 $\mu g/m^3$，部分地区超过了 70 $\mu g/m^3$。进博会期间，上游空气质量改善和本地降雨清除作用相叠加，使得上海的 $PM_{2.5}$ 总浓度下降超过 30 $\mu g/m^3$，北部地区达到 50～70 $\mu g/m^3$，有效改善了空气质量。

11 月 2—3 日，华北出现了区域性重污染过程。污染气团随冷空气扩散南下，前锋在

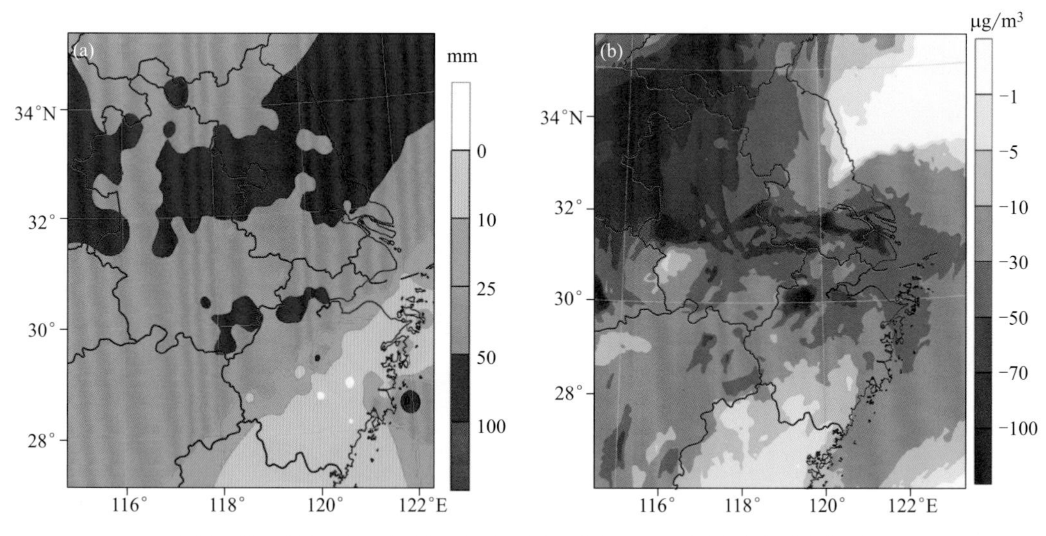

图 6.35　11 月 4—8 日长三角地区累积降雨（a）和数值模式计算的降雨清除的 $PM_{2.5}$ 总浓度（b）

5 日 08 时到达安徽北部。亳州、淮北、阜阳等地的 $PM_{2.5}$ 快速上升至轻度到中度污染，$PM_{2.5}$ 平均浓度超过 100 $\mu g/m^3$。5—6 日受高空槽东移影响，长三角中北部出现了大范围降雨过程（图 6.36），安徽北部累积雨量超过 10 mm，其中在亳州、阜阳和淮南等地达到大雨量级。降雨结束后，长三角大部分地区 $PM_{2.5}$ 浓度显著下降超过 30 $\mu g/m^3$，其中安徽西部和北部超过 70 $\mu g/m^3$，有效降低了华北污染气团的输送影响。5 日上午，长三角北部有明

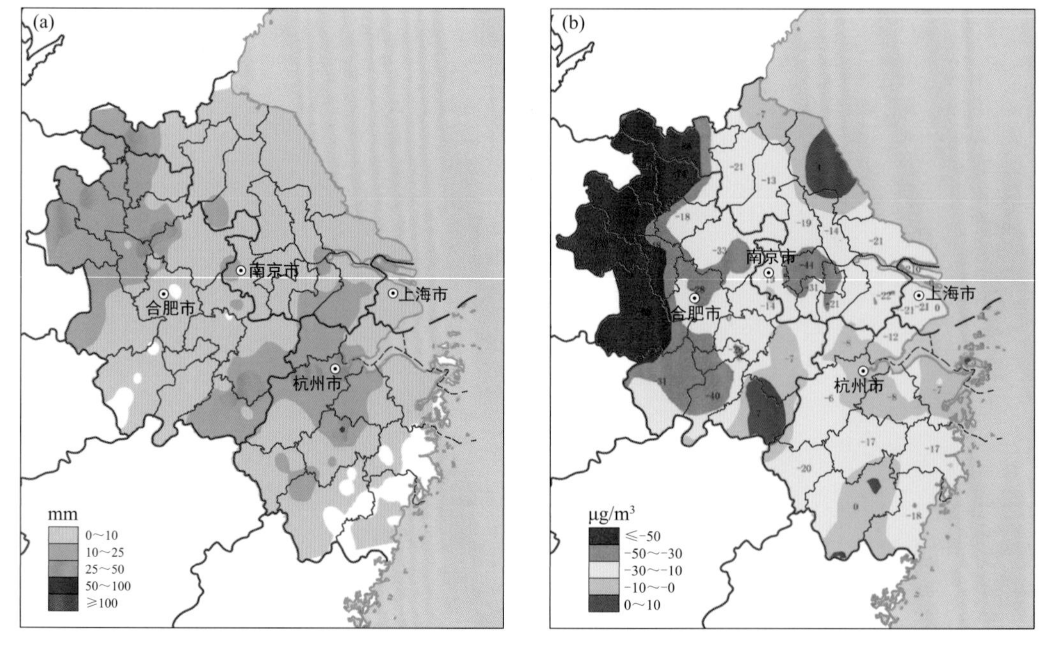

图 6.36　长三角地区 11 月 5 日雨量（a）和降雨前后 $PM_{2.5}$ 浓度差（b）

显回波发展，云层深厚，安徽和江苏中北部地区出现零星降水，符合人工增雨条件。为降低华北污染输送的影响，经过气象、环保部门的会商，5日上午在安徽淮南、蚌埠一线组织实施了飞机增雨作业，取得较好效果。

人工增雨作业区设置在安徽北部淮南—蚌埠—宿州一带。“空中国王”飞机从蚌埠机场起飞，作业时间为09：20—10：10，催化高度4800 m，释放焰条34根。“新舟60”飞机从九华山机场起飞，作业时间为10：00—11：10，催化高度4500 m，释放焰条12根。两架飞机到达预设作业区后开展蛇形飞行，达到充分播撒碘化银的效果。作业结束后，作业区雷达回波向西南方向移动约5 h，15时到达苏皖交界处，增雨扩散长度约180 km。中国气象局人影中心评估结果显示本次作业影响面积为5000 km^2，扩散影响面积约为13000 km^2。作业区和扩散区都普降小雨。

将位于作业区内的淮南和扩散区内的蚌埠作为评估点。作业开始之前雨带主要位于江西境内，安徽北部处于雨带边缘，云层深厚，但没有观测到明显降水。作业开始后半小时淮南出现弱降雨，从10时持续到14时，小时雨量1～2 mm。对比作业前后的雨量分布发现（图6.37），作业区淮南附近的雨量较周边明显增加，表明人工增雨取得效果。分析环境部门的观测数据发现（图6.38），作业开始之前（08时左右）淮南的$PM_{2.5}$浓度接近轻度污染，增雨作业期间$PM_{2.5}$浓度逐步下降，到14时下降至55 $\mu g/m^3$，每小时清除$PM_{2.5}$ 3～4 $\mu g/m^3$。蚌埠位于增雨作业的扩散区内，降雨较淮南偏晚2～3 h出现（13时），小时雨量和淮南相近。受降雨影响，从13时到15时$PM_{2.5}$浓度下降约20 $\mu g/m^3$。中国气象局人影中心开展了区域动态多参量增雨效果检验，结果显示，本次人工增雨作业累积增加降水约450万t。作业区和扩散区的雨量比周围偏多0.3～1.5 mm。超过90%的站点$PM_{2.5}$浓度出现下降，平均每小时下降2.5～4 $\mu g/m^3$。

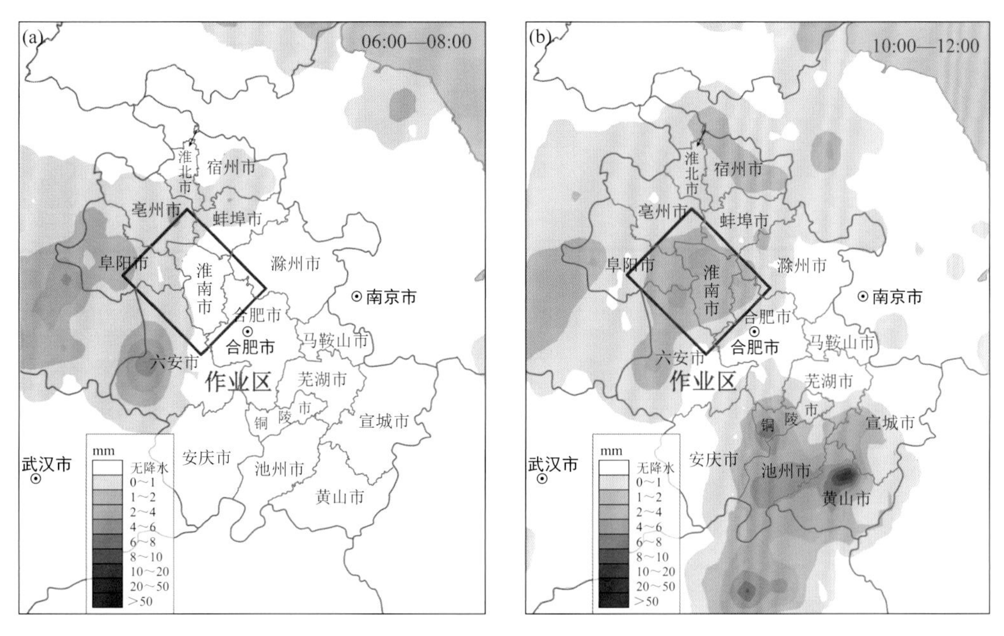

图6.37　人工增雨作业前（a）、作业期间（b）观测的雨量（红色框表示作业区）

进一步利用数值模型评估自然降水和人工增雨清除$PM_{2.5}$的效果。图6.39显示自然降

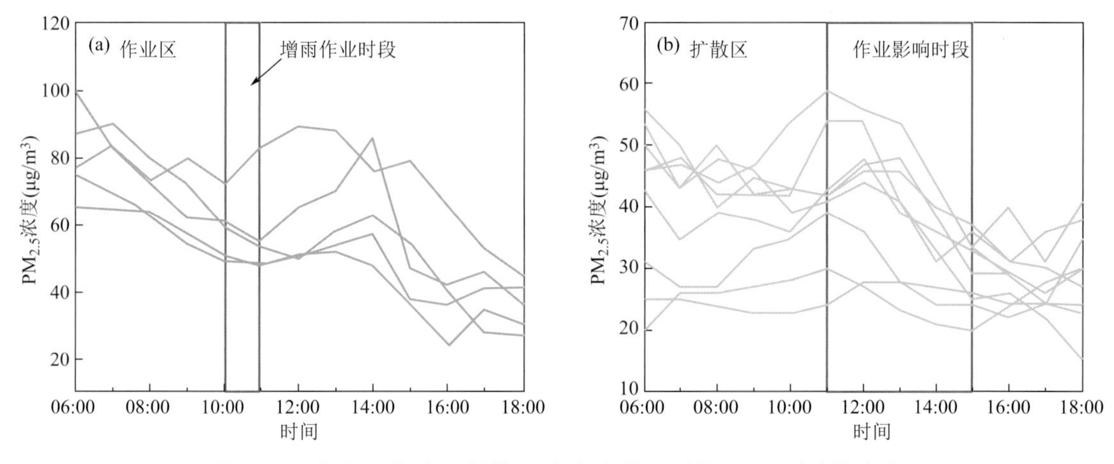

图 6.38　作业区（a）和扩散区（b）点位观测的 $PM_{2.5}$ 浓度的变化

水使得安徽大部、浙江北部和上海西部的 $PM_{2.5}$ 浓度下降了 5～50 μg/m³。其中安徽北部和南部雨量最大，$PM_{2.5}$ 的下降幅度也大，基本超过 30 μg/m³。其他地区雨量较小，对 $PM_{2.5}$ 的清除作用为 1～10 μg/m³。上海市降雨虽然不明显，但由于上游地区 $PM_{2.5}$ 浓度下降，清洁气团的输入使得上海市西部地区 $PM_{2.5}$ 浓度也下降了 5～10 μg/m³。另外，人工增雨对 $PM_{2.5}$ 的清除作用主要体现在作业区和扩散区，其中作业区内的 $PM_{2.5}$ 下降了 20～30 μg/m³，与观测基本一致。作业结束后 1 h 对 $PM_{2.5}$ 的清除作用达到最大，之后清除作用逐步影响扩散区并减弱，有效清除时间约为 5 h。随着扩散距离的延伸，清除效果不断降低，扩散区边缘苏皖交界处 $PM_{2.5}$ 浓度下降仅为 1～3 μg/m³。

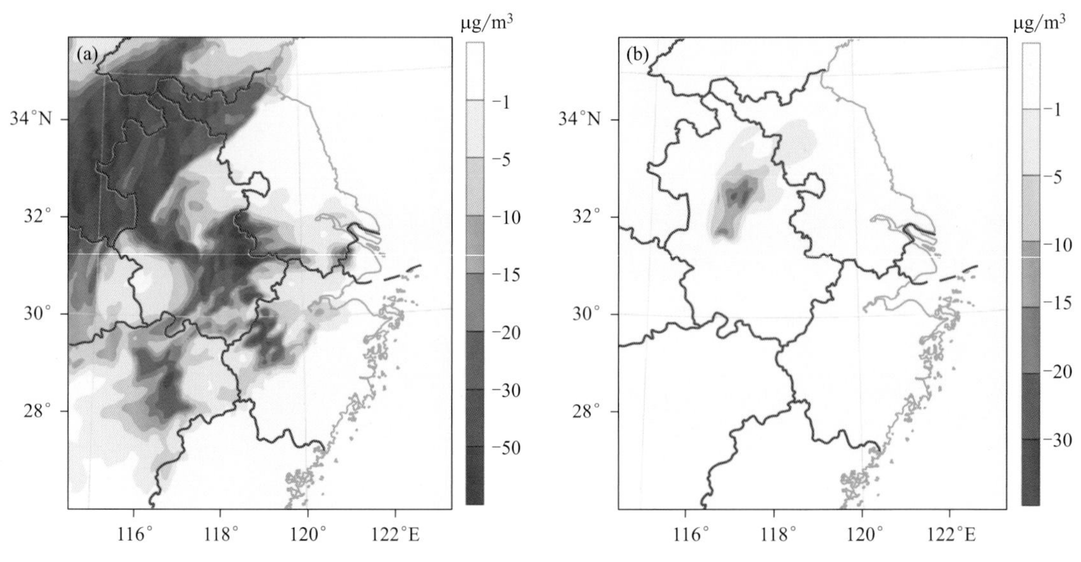

图 6.39　数值模式计算的 11 月 5 日自然降雨（a）和人工增雨（b）清除的 $PM_{2.5}$ 浓度

6.2 空气质量预报预警业务

从2000年开始，上海市气象局和上海市环保局合作开展空气质量预报工作，根据《环境空气质量标准》（GB3095—1996），预报对象是API（空气污染指数），包括PM_{10}、SO_2和NO_2。双方每天定时电话会商。2012年2月，生态环境部发布《环境空气质量标准》（GB 3095—2012），包括$PM_{2.5}$、PM_{10}、O_3、NO_2、SO_2、CO 6种污染物的浓度标准，并且用AQI（空气质量指数）评价城市的空气质量状况。2013年1月，我国东部曾出现严重的雾/霾事件，造成非常显著的社会影响。上海市委市政府高度重视，要求环保和气象部门联合开展空气质量预报服务，明确提出数据共享、预报会商、联合发布3项任务。根据市领导的指示要求，上海市气象和环保部门成立联合工作组，一是实现了观测数据的实时共享，二是搭建了空气质量预报会商平台，三是制定了上海AQI分时段预报的业务规范和业务流程，于2013年9月1日联合对外发布未来24 h AQI预报信息。2014年1月，上海市人民政府办公厅印发《上海市空气重污染专项应急预案》，气象和环保部门根据要求建立了针对重污染天气的应急预报和服务流程。2014年7月，上海市十四届人大常委会修订通过《上海市大气污染防治条例》，进一步明确了大气污染防治中气象、环保部门的职责和分工，为上海市空气质量预报预警业务的有序、规范发展提供了法制保障。经过几年的发展，上海市气象和环保部门的科技业务合作不断深化，空气质量预报预警业务不断完善，其中分时段AQI预报的时效延伸到未来3 d。由于双方同时承担长三角区域中心的职能，2015年之后又联合开展了针对长三角区域的空气质量指导预报业务，双方联合发布长三角未来5 d的空气质量落区产品。

6.2.1 上海市AQI分时段预报

上海市AQI分时段预报由上海市环境监测中心、上海市环境气象中心合作承担，在2013年9月1日联合对外发布。上海是全国第一个由气象、生态环境部门联合发布AQI预报的城市，为周边的苏州、无锡等城市开展相关工作提供了模板。为了建立上海AQI预报业务，上海市环境监测中心、上海市环境气象中心首先实现了污染物、气象要素观测数据的实时共享；其次明确了预报对象为首要污染物和污染等级，预报时效为24 h，分为上午、下午和晚上3个时段，目的是为了紧扣首要污染物从$PM_{2.5}$转到O_3再转回$PM_{2.5}$的特征；然后双方共同制定了AQI预报的会商流程、产品形式、署名方式和发布渠道；最后联合开发了预报会商平台。预报会商平台集成了双方的观测共享数据、主要的预报支撑产品、预报检验和评估等信息。双方预报员在一个平台上登记预报结果，实施会商讨论，确定预报结论。需要强调的是，预报结论只有在双方预报员都手动确认后，系统才会制作产品，并通过上海天气、上海环境等官方网站、APP、微信等渠道联合发布，从而确保了不同渠道发布预报信息的一致性。

详细会商流程如下：

（1）每周五 16：30 前，上海市环境监测中心和上海市环境气象中心将各自的预报员值班表发送到对方指定的邮件地址或会商平台。

（2）每天例行会商时，双方预报员应在预定的 16 时前到岗，任何可预计的变化应事先通知到对方。每日例行的 24 h 分段预报、48 h 预报（以下称“每日例行预报”）会商于 16 时开始。在双方预报员均上班的时段内，当空气质量已经达到污染或可能发生污染时，会商可由任何一方发起，尽快进行会商。

（3）预报会商前，双方将各自需提供的空气质量状况及气象信息提交到预报平台，供对方预报时参考，并作为未来回顾、预报评价分析时的存档材料。

根据上海地区的污染特点，目前进行预报的参数包括：$PM_{2.5}$、PM_{10}、NO_2、O_3-1 h、O_3-8 h 浓度。分段预报：对外发布 3 段，实际会商根据 4 段进行，具体为：未来 24 h 分时段（夜间：20 时—次日 06 时；上午：06—12 时；下午：12—20 时）进行预报；在实际预报操作时，由于夜间上半夜和下半夜往往有不同的污染特点，将夜间进一步分为 2 段，即 20—24 时和 00—06 时，分别进行会商预报，由系统自动获得夜间的平均预报结果。

预报流程：分别对 5 种污染物进行 24 h 分段预报及 48 h 预报；预报平台生成相应的 AQI 预报指数区间、污染等级、首要污染物和健康提醒信息（图 6.40）。气象局预报员撰写简要的污染物扩散气象条件；环保局预报员撰写简明污染变化过程。向公众进行预报发布时，发布 24 h 分时段的预报，预报内容为：AQI 指数区间（区间宽度：20 个指数点，指数个位数为 0 或 5）、污染等级、首要污染物及健康提醒。同时，注明简要的污染物扩散的气象条件，必要时再注明污染变化过程。

图 6.40　上海空气质量分时段预报

6.2.2　上海市重污染天气应急预警

2014 年 1 月，上海市人民政府办公厅印发《上海市空气重污染专项应急预案》，气象和环保部门根据要求建立工作流程，开展重污染天气的应急预报和服务流程。

6.2.2.1　发布重污染内部通报短信

（1）启动条件

实况已经出现重度及以上污染，但预计短时间内（2 h）达不到预警标准（维持时间），但至少维持4 h重度及以上污染。

上游已出现重度以上污染，上海市污染物浓度快速上升，预计短时间内（2 h）达不到预警标准（维持时间），但至少维持4 h重度及以上污染。

已经发布预警信号，但出现级别更高的实况，但未达到预警升级的标准（维持时间）。

（2）短信内容

①当前最近时次影响系统及实况；②预计重污染持续时间；③高污染时段出现的时间及峰值浓度；④重污染结束时间及影响系统；⑤应对措施及预计将采取的措施；⑥落款。

（3）业务职责

预报主班在业务平台值守，负责实时监测污染物实况演变，达到启动标准及时通知领班。领班组织会商讨论重污染持续时间及峰值浓度，取得确定意见后向分管领导汇报，决定是否发布短信。工作日领班负责起草内部通报短信，节假日及早晨班主班负责起草，反复校对（领班起草主班校对，主班起草发送领班校对）无误后发送短信。

6.2.2.2　发布空气重污染预警信息

（1）联合会商

当达到预警发布、降级或解除条件时，由上海市环境监测中心发起会商。

（2）短信发布和模版

与环境监测中心会商后，确定预警发布、降级或解除，按照接收到的环境监测中心发布的短信进行编辑修改，短信内容包括预警等级、发布时间或解除时间等。

（3）发布方式和发布对象

通过业务平台或短信发送给上海市预警信息发布中心值班员，并电话通知值班员和首席服务官。

（4）岗位职责

预报主班在业务平台值守，负责与环境监测中心值班员会商，建议是否发布、降级或解除预警，会商后及时向领班及分管领导汇报，接收预警短信后制作和发布短信。领班负责把关结论。短信应经反复校对，无误后发送。

6.2.3　长三角空气质量分区预报

上海市环境监测中心、上海市环境气象中心分别是生态环境部长三角空气质量预报预测中心和中国气象局长三角环境气象预报预警中心，双方同时承担对长三角区域空气质量的预报职责。根据生态环境部和中国气象局的要求，2015年以后，双方联合制作和发布长三角区域空气质量指导预报。每天上午双方预报员会商未来5 d长三角区域的污染气象条件和空气质量状况，制作逐日的长三角空气质量指导预报，产品形式是空气质量逐日污染级别的空间分布（图6.41）。会商时间在每日10：15；会商形式基于电话/可视化会商方式；会商内容包括未来 24 h、48 h 空气质量变化趋势和级别范围、首要污染物、建议采取的防护措施等，以及未来 3～5 d 的空气质量变化趋势。会商结果以专报形式于每日 11 时前报生态环境部监测司、中国气象局应急减灾与公共服务司，中国环境监测总站、国家气象中心，长三角区域协作小组办公室、三省一市环保厅（局）、气象局，三省一市分中心，并在生态环境部等网站上联合发布。

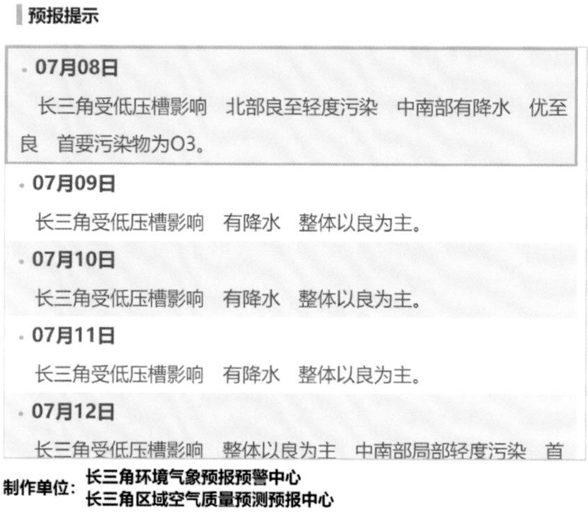

预报提示

· 07月08日
长三角受低压槽影响　北部良至轻度污染　中南部有降水　优至良　首要污染物为O3。
· 07月09日
长三角受低压槽影响　有降水　整体以良为主。
· 07月10日
长三角受低压槽影响　有降水　整体以良为主。
· 07月11日
长三角受低压槽影响　有降水　整体以良为主。
· 07月12日
长三角受低压槽影响　整体以良为主　中南部局部轻度污染　首

制作单位：长三角环境气象预报预警中心
长三角区域空气质量预测预报中心

图 6.41　长三角空气质量指导预报

6.2.4　空气质量预报评分方法

为了检验预报员的业务能力，不断提升分时段空气质量预报水平。上海市气象和环保部门在《上海市环境空气质量预报技术规范》中增加了预报评分办法。对值班预报员预报的空气质量等级、首要污染物及 AQI 预报值进行评分。目的是不断提高业务能力，提升上海市空气质量的服务水平。

评分方法主要针对上海市已对公众发布的 24 h 分段 AQI 预报，并对次日的日 AQI 预报结果进行统计。空气质量 24 h 内分时段空气质量等级、首要污染物及 AQI 预报评分。AQI 逐小时实况以生态环境部全国城市空气质量实时发布平台显示的上海市 10 个国控点的 AQI 为实况。首要污染物判定为上海市 10 个国控站观测首要污染物中出现站点最多的污染物，若有两个或多个污染物为相等数量国控站观测的首要污染物，那么这些污染物并列为该城市的首要污染物。

由于 O_3 浓度在冬半年较低，故本规定仅对每年夏半年（3 月 16 日—11 月 15 日）的下午时段进行 O_3 的预报和考核工作。冬半年（11 月 16 日—次年 3 月 15 日）O_3 不作为考核指标。考虑到 O_3 日最大浓度主要出现在下午，O_3 的 IAQI 预报只参与下午时段的考核。但若上午 O_3-1 h 的 IAQI 超过 100 且成为首要污染物，则需要增加对 O_3-1 h IAQI 的考核。夜间不对 O_3 进行考核。次日下午的 O_3-8 h 预报结果仅作为计算日 AQI 预报结果的依据，不参与该时段预报及考核的计算。预报员在夏半年的上午时段可以根据空气质量变化状况预判，选择是否填报 O_3：若填报，则该项指数和其他污染物并列计入各项考核内容；若未填报且该时段 O_3 实况未达到考核条件（第 2 条），则 O_3 不计入考核；若未填报且该时段 O_3

实况达到考核条件，则该项指数以预报值为“0”记录和考核。分段预报仅以 O_3-1 h 浓度参照对应标准计算 AQI 和首要污染物并进行评价，日报则以 O_3-8 h 浓度参照对应标准计算 AQI 和首要污染物并进行评价。

根据预报对象中预报时段的划分，预报考核时段和发布时段一致，为夜间、次日上午、次日下午 3 个时间段，此外还包括次日的日 AQI 预报结果，每个时间段的预报满分均为 100 分，总分的计算方式如下：

$$f_{总分}=0.3f_{夜间}+0.3f_{上午}+0.3f_{下午}+0.1f_{次日} \tag{6.13}$$

在计算首要污染物时，二氧化氮分段预报指数的计算参照小时浓度标准，而日 AQI 则参照日均浓度标准。

各时段得分统计方法为当实况各指标均为优等级时，有

$$F=0.3f_1+0.7f_4+f_0 \tag{6.14}$$

式中，f_1 为级别正确性评分；f_4 为所有参与考核指标的精度评分的平均；f_0 为污染附加分。

当实况各指标有污染等级时，有

$$F=0.1f_1+0.2f_2+0.3f_3+0.4f_4+f_0 \tag{6.15}$$

式中，f_1 为首要污染物正确性评分；f_2 为级别准确性评分；f_3 为首要污染物（以实况为准）IAQI 精度评分；f_4 为其他指标的 IAQI 精度评分的平均；f_0 为污染附加分。

f_1（首要污染物正确分）：仅在实况为非优级的情况下对首要污染物的准确性进行评价；如果预报首要污染物和实况完全相同，得 100 分；如果预报首要污染物和实况完全不同，得 0 分；如果预报出现 2 个或以上首要污染物，实况首要污染物为其中一项，得分为 $f_1=100\times1/N$ 预报（N 预报为预报污染物个数）；如果实况出现 2 个或以上首要污染物，预报为其中一项，得 100 分。

f_2（级别准确分）：级别准确性的考核适用于所有时段，根据分时段的预报发布内容和该时段实时空气质量指数变化的符合程度进行评价，发布内容分为基本级别描述和变化趋势描述。对基本级别描述的评价分为完全准确、部分准确（跨一级）和不准确（跨两级以上），实况的基本级别判定为该时段内出现频次最多的相邻两个级别（或一个级别）。如果实况的基本级别完全被预报的基本级别覆盖，则判定为完全准确，得 100 分；如果实况的基本级别部分被预报的基本级别覆盖，其他时间和预报基本级别之间有一级的差别，则判定为部分准确，得 50 分；如果实况的基本级别完全没有被预报的基本级别覆盖，和预报基本级别之间有两级（含）以上的差别，则判定为不准确，得 0 分；级别准确性得分最高为 100 分，最低为 0 分，得分高于 100 分/低于 0 分则以 100 分/0 分计算。

f_3（首要污染物 IAQI 精度）：首要污染物 IAQI 精度根据预报值与实况值之间的差别计算得到。如果差别过大出现得分为负数的情况，则以 0 分代替；如果实况为优级天，则分母以优级天的最大 AQI（50）代替。具体计算公式如下：

$$f_3=\max\left(1-\frac{|预报值-实况|}{\max(实况，50)}，0\right)\times100 \tag{6.16}$$

f_4（其他污染物 IAQI 精度）：其他污染物 IAQI 精度与首要污染物的计算方法基本一致，具体计算公式如下：

$$f_{4i}=\max\left(1-\frac{|预报值_i-实况_i|}{\max(实况_i，50)}，0\right)\times100 \tag{6.17}$$

式中，i 为纳入评价范围的各项污染物。而 f_4 的得分为所有 f_{4i} 的平均值。

f_0（污染预报加分项）：当实况或预报出现轻度及以上污染时，进行 AQI 附加分（f_0）评定，并加入各段的总评分。实况和预报等级对应得分（f_0）见表 6.18。

表 6.18 实况和预报等级对应得分 f_0

预报实况	优良	轻度	中度	重度	严重
优良	0	0	−1	−2	−4
轻度	0	2	0	−1	−2
中度	−2	0	4	0	−1
重度	−4	−2	0	8	1
严重	−8	−4	−2	1	10

6.2.5 上海空气质量中期潜势预报

2014 年以来，重污染天气应急预警是政府实施大气污染防治的重要内容。为了有效降低重污染天气的影响程度，上海市政府设置了蓝、黄、橙、红 4 级预警信号，根据不同的预警等级采取相应的减排和管控措施。实际上发布重污染天气预警信号意味着必定会出现或者已经出现重污染天气现象，仅仅针对重度污染天气采取管控措施显然不能满足改善城市空气质量的需求。为此，上海市政府借鉴防汛防台的做法，提出当预判未来有可能出现轻度、中度污染天气时，提前采取相关措施，减少本地排放强度，目的是降低污染的等级和强度，通过常态化实施该项工作达到改善空气质量的目标。因此，市政府提出开展中期（未来 10 d）空气质量潜势预报工作，通过提前研判、滚动更新为常态化实施大气污染应对措施提供支持。

大气化学中期数值预报为开展该项工作提供了重要支持。但数值预报的性能受到气象化学初始场、排放清单、物理化学过程等不确定性的影响，上述问题的优化需要经历很长的时间。因此，在实际业务中必须根据上海空气质量的特点，研发支撑污染气象条件预报的分析产品。因此，基于 ECMWF 数值预报要素产品和配料法原理，利用 $PM_{2.5}$ 浓度与气象要素相关性高、与上下游关联度高的特点，将未来 10 d 与 $PM_{2.5}$ 浓度最相关的气象要素时空信息，沿特定的经纬度绘制成斜剖面图，构建出气象要素图形特征、污染气象条件和 $PM_{2.5}$ 污染潜势三者的对应关系，为 $PM_{2.5}$ 中期潜势预报提供一种直观和便利的产品支撑。

6.2.5.1 预报产品的设计

配料法又称成分法，是目前常见的一种数值预报释用方法（俞小鼎，2011），它最初由 Doswell 等（1996）提出，后来由陶诗言等（2004）引入我国。配料法基于对天气过程物理机制的认识，通过分析关键物理因子互相配合和演变过程，推导出某种天气潜势，构成要素是尽量相互独立的基本气象变量。本节将其引用到环境预报中，即基于对污染过程物理机制的认识，通过分析对污染扩散和传输起重要作用的关键气象因子组合和演变特征，预测是否发生污染天气。参照天气预报中的配料法步骤，在环境气象预报中的应用主要分为以下三步：一是分析触发污染过程的基本气象条件；二是选择相互独立的关键诊断因子（配料）；三是定量计算或定性研究诊断因子（配料）与污染的对应关系。具体而言，当本地源相对稳定时，大气污染浓度就取决于外来源和本地大气扩散条件，因此第一步中污染过程对应的基本条件就简化为与空气污染过程发展和消亡最相关的输送、静稳和清洁条件；第二步诊断因子（配料）的选择。在第一步中虽然将气象成因简化成了输送、静稳和清洁3个条件，但实际上与之相关的要素还是很多，还需要考虑如下几个方面：诊断因子能够表征上述基本条件，例如风场配合850 hPa温度场可以直观表现冷空气输送特征；去除同质的诊断因子，保证诊断因子的相互独立性，例如相对湿度和降水，当湿度饱和时一定程度上可以和降水相互表征；从业务应用出发，诊断因子尽量选用容易获取的常规气象要素且图形简洁美观；诊断因子还需要尽量避免雾、沙尘等天气现象对预报效果的干扰，因此统计预报中常用的能见度因子被排除在外；另外，在风的选择上，近地层的风由于受下垫面的影响较大，模式释用中一般不采用10 m风场，大多采用受下垫面影响较小的低空风场。经过多种组合方案的试验比较，最终选用相互独立的700 hPa相对湿度、1000 hPa风向风速、850 hPa温度作为"配料"，基本能够满足上述要求；第三步定性研究上述3个诊断因子（配料）的组合演变与污染潜势的对应关系，并在斜剖面图中将这种对应关系以图形特征的方式展现。

单站时序图和单时次空间剖面图是目前支撑污染气象条件分析的常用业务产品，单时次空间剖面图在垂直方向上还细分为不同层次，例如500 hPa高度场、700 hPa高度场等。两类图的优缺点十分明显：单站时序图包含了时间维度信息，能够直观地反映某个站点的气象要素未来几天连续变化特征，但是缺少空间维度信息，无法了解周边区域的气象要素演变情况，较适用于本地排放源引起的污染过程；单时次空间剖面图能够掌握某一时次本站和上下游站点的气象要素情况，但是由于单张图上缺少时间维度信息，需要根据不同时次和不同层次一张张地翻阅，按照目前气象常用模式产品逐6 h的时间分辨率，对于未来10 d的预报时效，仅地面一层就需要翻阅40张图片，大量占用了预报员的分析时间。因此，斜剖图的图形设计思路，就是选取合适的剖面位置，沿特定经纬度做前文中3个诊断因子（配料）的垂直剖面，在一张图上实现单站时序图（要素和时间维度）和单时次空间剖面图（要素和不同层次空间维度）两者优点的融合，并且在展现形式上直观简洁。静稳型污染主要来源于本地积累，预报中一般关注本地空气污染气象条件，输送型污染则需要关注区域内甚至更远地区的空气污染气象条件。大量研究（高健 等，2010；贺瑶 等，2017）表明，冷空气是造成长三角地区秋冬季输送型污染的重要天气过程之一，当冷空气经过华北、黄淮等地的重污染区时，容易将该地区的污染物向下游输送，例如中路冷空气经过河套西部时，会将山西、河南地区的颗粒物输送至安徽和江苏地区（顾沛澍 等，2018）。这与花丛等（2016）、瞿元昊等（2018a）通过秋冬季后向轨迹聚类分析的结果一致。根据经典天气学原理，影响我国的冷空气95%左右经过西伯利亚中部的寒潮关键区（70°～90°E，43°～65°N）积累加强后，分为4条路径（西路、中路、东路、东路加西路）入侵我国（图6.42）。因此，沿冷空气输送方向穿过华北重污染区，经过需要预报的站点，做诊断因子（配料）未来10 d的时空剖面，可以从上游影响（外来源）和本地大气扩散条件两个角度把握该地区未来10 d的空气污染潜势。

以上海作为预报站点为例，根据上海输送型污染个例FLEXPART数值分析（余钟奇等，2019）和聚类统计（瞿元昊 等，2018b）结果，选用其中占比较大的冷空气输送路径（与图6.42中路径3接近重合），即沿冷空气输送方向穿过华北重污染区和上海的斜线（110°E，46°N～125°E，26°N）做诊断因子（配料）时空剖面。实际业务中发现，如果只采用1个剖面，虽然能够大致反映区域内的污染演变过程，但在具体做单站预报时会有一定的偏差。以上海站预报为例，当出现东路冷空气输送时，采用沿着图 6.42 中的灰色线条 2 做剖面图，预报效果会明显好于沿灰色线条 3 的斜剖面图，因此需要预报员针对不同输送路径灵活采用对应的斜剖面图，本节限于篇幅仅选用其中沿灰色线条 3 的斜剖面图作为样例来分析。另外，对于不同城市需要根据各自的污染传输特征做斜剖位置的调整。

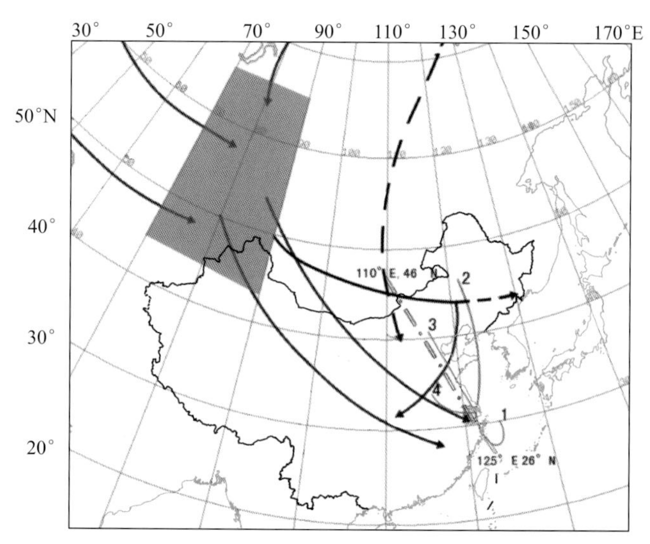

图 6.42　影响我国的冷空气路径、影响上海的污染输送路径和斜剖面位置示意图（黑色带箭头虚线和实线代表不同冷空气路径；灰色阴影为寒潮关键区；灰色带数字实线为聚类分析得出的 4 条主要污染输送路径，其中线条 3 为比重最多路径；点直线代表本节斜剖线位置）

6.2.5.2　业务产品应用说明

图 6.43 是根据前文方法制作的斜剖面图示例，业务中可以通过 fortran 和 grads 绘图软

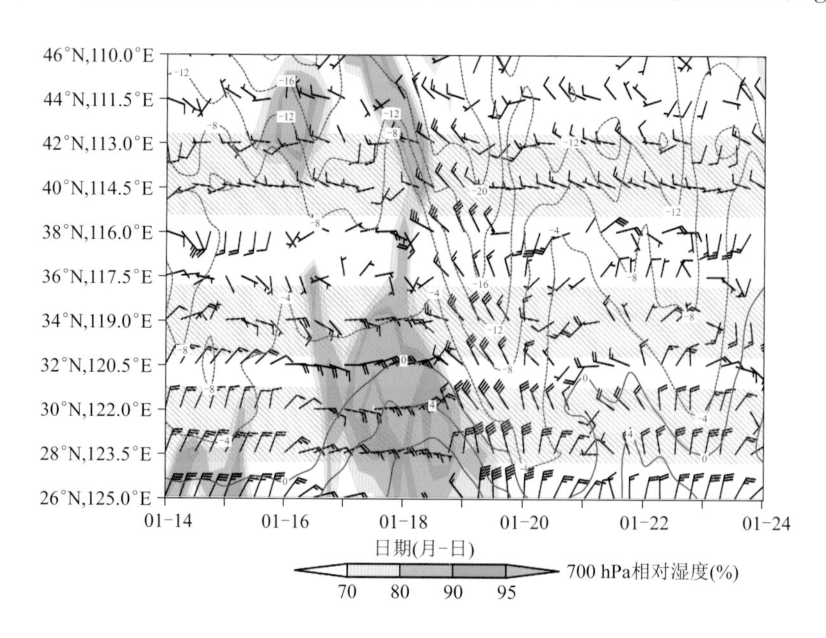

图 6.43　2019 年 1 月 13 日 20 时起报的未来 10 d 斜剖面图示例（红色线条代表 850 hPa 温度；黑色风杆代表 1000 hPa 风向和风速；彩色阴影代表 700 hPa 湿度（仅显示 70%以上））

件实现每天2次自动绘制，其中上午自动绘制前一日20时起报产品，下午自动绘制当日08时起报产品。图中纵坐标为自北向南空间纬度信息，纵坐标上的浅蓝色斜线阴影和空白相间可以近似代表不同纬度所对应的大致行政区域，例如上海大致在31°N附近，38°～42°N大致代表京津冀地区；横坐标为逐6 h分辨率的时间纬度信息。具体要素图形含义和应用说明见表6.19。

表6.19　斜剖面图中气象要素应用说明和图形含义

要素	应用说明	图形含义
700 hPa湿度	根据色标、范围和形状判断湿区强度、影响范围、持续时间及空间变化	饱和时一定程度上表征湿沉降条件，未饱和时表征吸湿增长条件，同时可以间接反映天空状况
850 hPa温度	根据倾斜度判断冷空气的来源位置；根据等值线密集程度反映冷空气的强度	“V”型结构中的“\”代表冷空气过程，等温线越陡，说明冷空气越强；越向左倾斜，对比斜剖线位置，说明冷空气路径越偏西；“Λ”型中的“/”代表回温过程，等温线越陡，则说明回温越强，容易出现逆温
1000 hPa风场	根据风向判断气流来源的清洁和污染状况；根据风力判断本地大气扩散和静稳情况	对于上海地区，东向风通常表示清洁气流，南向风表示回暖，西向和北向风表示存在上游输送风向，小风或静风表示存在静稳

图形特征一方面简单易识别，可以显著提高业务效率，另一方面可以帮助非气象专业的预报员直观理解气象要素变化对$PM_{2.5}$的影响，便于业务应用的推广。本节重点选取业务中常见的典型污染和清洁过程（虚线框内）图形特征做具体说明。

干静稳累积过程（图6.44a）：当斜剖面图中红色线条（850 hPa温度）为“Λ”型结构或红色线条较稀疏（虚线框区域左半边），风杆（1000 hPa风场）存在较大范围的持续小风或静风，同时未出现阴影，说明湿度较低，则预示该地区该时段内将有一次干静稳累积过程。

冷空气输送过程（图6.44a）：当斜剖面图中红色线条存在“V”型结构（虚线框区域右半边），等温线密集，且“V”型结构的“\”位置风杆自北向南为一致的北向风，同时在上游地区前期配合静稳积累过程，预示该地区将有一次冷空气输送过程。实际业务中，还可以根据上游静稳积累持续时间的长短、上游污染实况半定量地判断此次输送型污染的量级。

冷空气清洁过程（图6.44b）：该过程图形特征与冷空气输送过程（图6.44a）类似，区别在于冷空气南下时，上游前期或冷空气路径上出现了饱和阴影区（亮蓝色阴影），表明存在明显降水过程，受降水湿清除作用，随冷空气南下的气团为清洁气团，对下游反而起到稀释清洁作用，因此出现该图形特征时预示该地区将有一次冷空气清洁过程。实际业务中，还需要对上游或路径上的降水湿清除作用做进一步的定量分析。

湿静稳累积过程（图6.44c）：当区域内红色线条为“Λ”型结构（或红色线条较稀疏），风杆存在较大范围的持续小风或静风，同时存在浅绿色阴影，但未出现大范围长时间的饱和时段，表明湿度条件还不足以达到湿清除作用，反而有利于颗粒物的吸湿增长，当出现该图形特征时，预示该地区将有一次湿静稳积累过程。由于湿度较高，这种湿静稳型污染往往伴随低能见度天气。

湿沉降清洁过程（图6.44d）：该图形特征较为简单，区域内出现了大范围的饱和阴影区（连续降水），同时风力较大，说明该时段存在连续降水过程，湿沉降和水平扩散条件均较好。除此以外，还可以根据上下游和前后时段不同图形特征的组合，分析出先静稳后叠加输送、先输送后叠加静稳等污染过程。

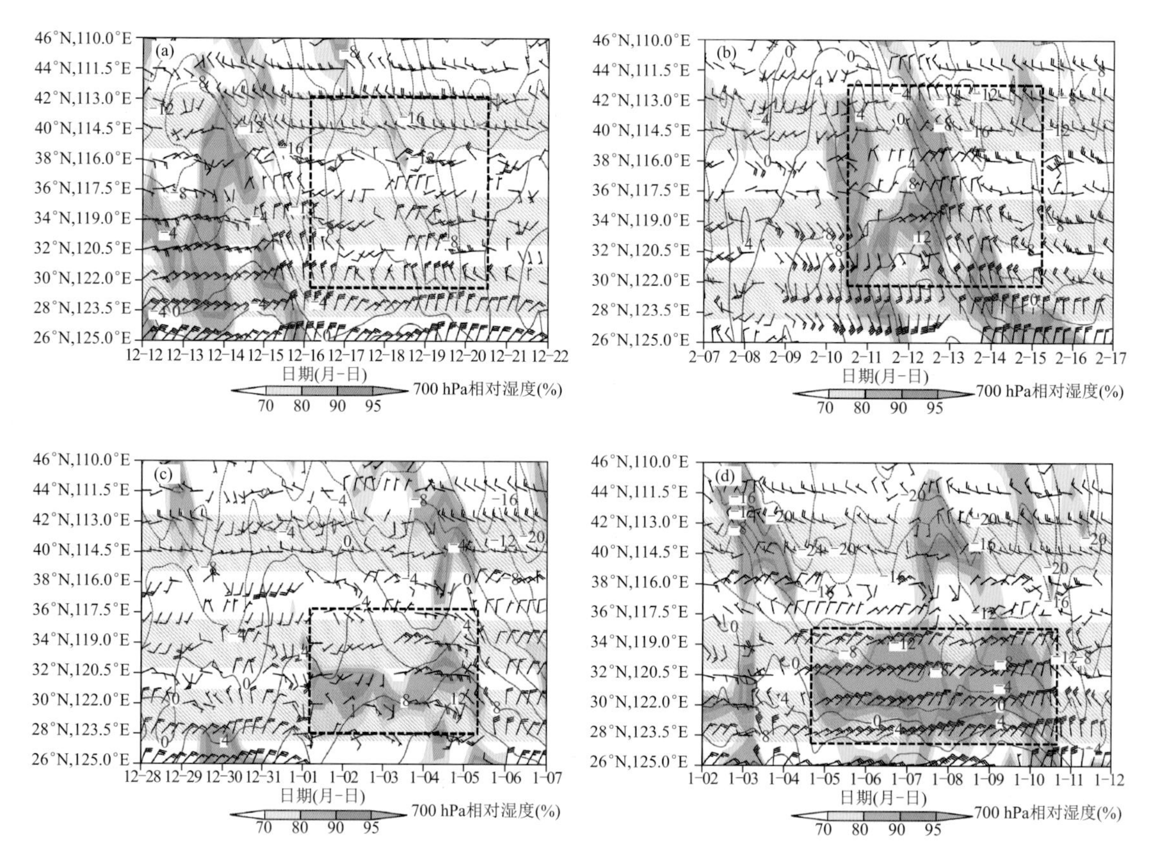

图 6.44 常见典型污染和清洁过程图形示例（虚线表示典型过程的时段和范围）

（a. 干静稳累积过程和冷空气输送过程；b. 冷空气清洁过程；c. 湿静稳累积过程；d. 湿沉降清洁过程）

6.2.5.3 业务应用效果检验

2017 年 11 月 2—3 日，上海出现了一次先静稳后叠加输送的 $PM_{2.5}$ 污染过程，其中重度污染 3 h、中度污染 5 h 和轻度污染 10 h。从风场和 $PM_{2.5}$ 浓度小时变化特征上看，2 日傍晚到夜间为本地静稳型污染，该时段内上海基本处于静风，受下班晚高峰和边界层下降共同影响，傍晚到上半夜 $PM_{2.5}$ 缓慢上升至轻度污染；3 日早晨开始转为输送型污染，该时段内风速从 06 时的 1 m/s 逐渐增加至 16 时的 6 m/s，风向也从西风逐渐顺转至北风，受上游污染物输送影响，$PM_{2.5}$ 浓度 3 h 内从轻度污染（06 时）上升至重度污染（09 时）并维持至 11 时，其中 10 时出现峰值浓度 175.6 $\mu g/m^3$，下午受边界层抬升影响，下降至轻度污染，傍晚前后随着边界层下降，又回升至中度污染，18 时以后随着污染气团过境，本次污染过程结束。图 6.45a 是 2017 年 10 月 28 日 20 时起报的未来 10 d 斜剖面图，预报时效至 11 月 7 日 20 时。从图中可以看出，10 月 31 日—11 月 2 日（虚线方框内“V”型结构左边），江苏至浙江（包括上海）850 hPa 等温线稀疏，出现区域性的小风或静风，除了零星存在短时高湿时段外，湿度总体较低；11 月 2—4 日 850 hPa 等温线出现“V”型结构，在“V”型结构的“\”位置 1000 hPa 为一致的北向风，且风力随时间自北向南逐渐加大。预报员对照表6.18，无需一张张翻阅天气图，就可以通过该斜剖面图，提前5 d快速判断出，10月31日—11月2日江苏至浙江北部将出现区域性静稳天气；11月2—4日长三角地区自北向南将有一次冷空气过程。选取2日08时（图6.45b）和3日08时（图6.45c）的地面天气实况作为代表，分别对上述两个时段天气形势预报结果进行验证，从实况图上看，2日08时整个长江三角洲地区无等压线穿过，处于弱气压场中，区域内风速普遍在1 m/s左右，与图6.45a中黑色虚线方框区左半部分的预报结果一致；3日08时等压线1022.5 hPa穿过长三角洲地区，江苏中北部等压线明显密集，风速明显较大，冷空气前锋正在影响上海，与图6.45a中黑色虚线方框区右半部分的预报结果一致。对比上海单站气象要素实况信息，两个时段的实况同样与预报结果较为一致。由此可见，基于配料法的斜剖面图既保留了原模式的关键气象信息和准确性，又显著缩短了天气形势分析时间。

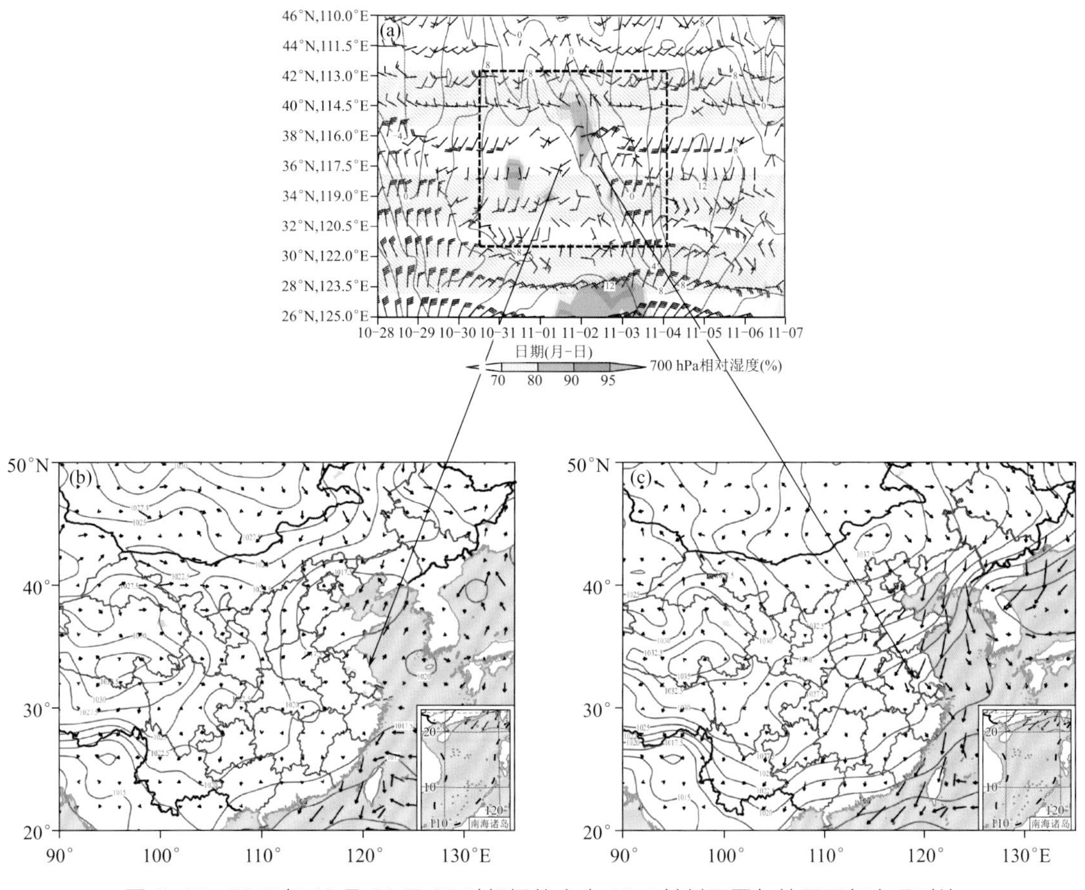

图6.45　2017年10月28日20时起报的未来10 d斜剖面图与地面天气实况对比

（a. 未来10 d斜剖面图；b. 2日08时地面天气实况；c. 3日08时地面天气实况）

斜剖面图（图6.45a）中，10月31日—11月4日时段（黑色虚线方框内）与图6.44a的图形特征一致，因此预测长三角地区（包括上海）将出现前期（10月31日—11月2日）$PM_{2.5}$干静稳累积过程污染叠加后期（11月2—4日）冷空气输送型污染过程。选取2—3日沿斜剖线上或邻近城市（北京—沧州—德州—济南—临沂—淮安—泰州—无锡—上海—杭州）的地面风场、气温和$PM_{2.5}$浓度实况做斜剖面图（图6.46），对上述污染潜势预报结果做进一步的验证。对比结果显示，污染实况斜剖面图和预报斜剖面图在图形的形态特征上非常相似，从实况图（图 6.46）上看，11 月 2 日 18 时之前，区域内均出现了轻度及以上污染，时间和空间上没有明显的南北差异和梯度，反映出这是典型的由本地静稳累积引起的污染过程，污染的区域和强度仅与各个城市自身的排放源有关；在 11 月 2 日 18 时之后，冷空气对应污染输送，污染的位置和浓度变化与冷空气传输同步，时间和空间上出现了自北向南的 $PM_{2.5}$ 浓度传输梯度分布，反映出这是典型的冷空气输送型污染，上述对比结果直观地证明了斜剖面图对此次污染潜势预报的准确性。

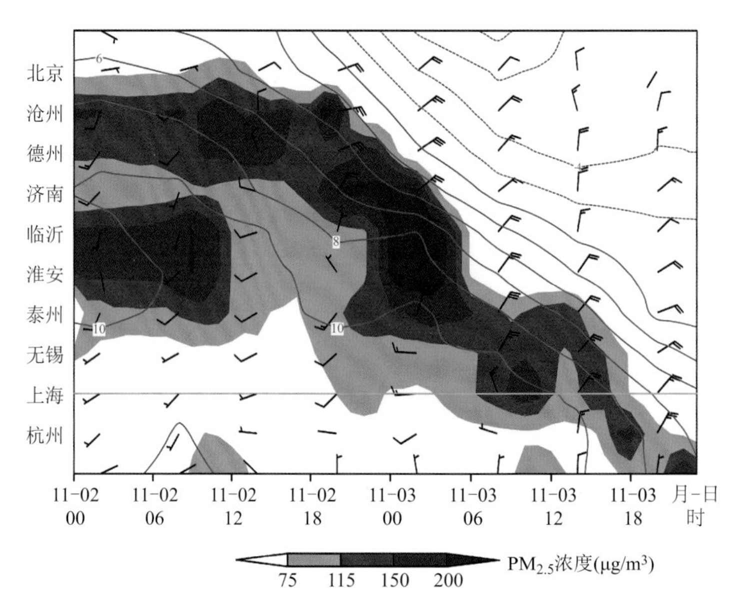

图 6.46　11 月 2—3 日沿斜剖线上或邻近城市的实况斜剖面图

6.2.5.4　业务评分

在前文分析中，介绍了斜剖面图最大的优点是对预报效率有很高的提升，同时通过典型污染个例应用也能看出在一定程度上预报与实际结果有不错的吻合。本节选取 2018 年冬季（2018 年 12 月 1 日 20 时—2019 年 2 月 28 日 20 时）共 90 次起报时间的斜剖面图，基于斜剖面图的定性预报结论，计算未来 10 d $PM_{2.5}$ 污染预报评分（TS）和预报准确率（PC），对斜剖面图的预报效果做进一步的检验评估。从污染预报 TS 评分上看（图 6.47），前 5 d 的评分在 0.32～0.50，5 d 以内的 TS 评分基本和当前的短期环境数值模式预报能力相当，但是从第 6 天开始 TS 评分均低于 0.30，这主要受制于当前气象数值模式的预报性能，另外也和上海的污染过程相对较少也有很大的关系，这一点从 $PM_{2.5}$ 预报准确率上可以得到很好的验证，由于加入了预报不污染的正确次数，预报准确率区间可以达到 74.4%～86.7%，并且随着预报时效的延长，分值并没有出现明显的下降，第 10 天的预报仍然可以达到 80%。通过上述检验评估表明，斜剖面图在中期污染潜势的预报上可以为预报员提供很好的支撑，其中前 5 d 的应用效果更好。

6.2.6　上海污染天气延伸期预报

随着《清洁空气行动计划》的实施，2014 年以后上海空气质量显著改善，重污染天气

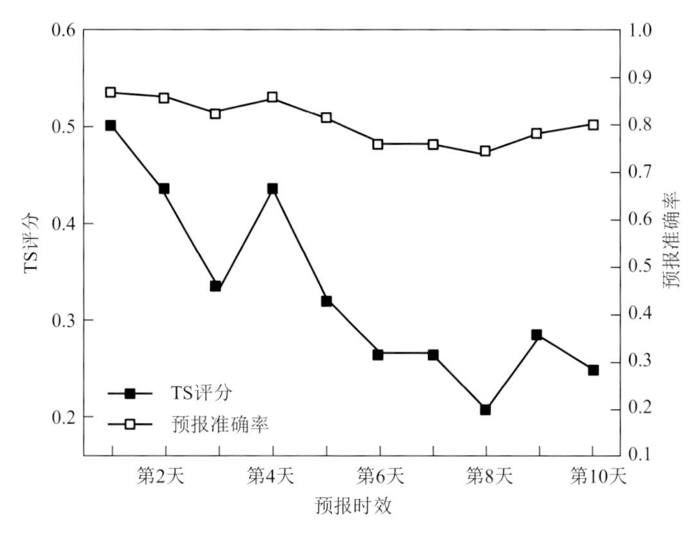

图6.47　未来10 d逐日$PM_{2.5}$污染预报TS评分和污染预报准确率

的出现次数明显减少，大气污染调控的重点从重污染天气应急预警向秋冬季大气污染攻坚行动转变，大气污染调控的措施也从“一刀切”向“精准型”转变。短期—中期（0～10 d）的空气质量预报基本能够满足公众服务和应急预警的需求，但是随着大气污染治理不断向纵深推进，政府迫切需要提供更长时间尺度的空气污染潜势预测，尤其是针对秋冬季的月-次季节尺度的预测结果，为提前部署、实施精准减排提供科学依据。天气和大气化学数值预报是开展不同尺度空气质量预报的基础。目前EC、NCEP全球10 d的数值天气预报趋于成熟，这是短期—中期区域大气化学数值预报的基础，从而为建立0～10 d的空气质量预报业务提供了重要支撑。相比之下，目前10 d以上的数值天气预报尚不成熟，因此实施10 d以上时间尺度，比如延伸期空气质量预报具有较高的技术难度。

6.2.6.1　技术思路

延伸期污染天气预报的时间尺度是10～45 d，预测对象是可能的$PM_{2.5}$污染过程、$PM_{2.5}$平均浓度，预报时段是11月—次年1月，这是上海$PM_{2.5}$的易污染季节。预测$PM_{2.5}$污染过程的技术方法是天气分型和环流匹配，即首先根据历史资料，通过天气分型找到11月—次年1月出现$PM_{2.5}$污染的大气环流类型，然后利用EC和CMA逐日的短期气候预测结果与污染天气类型进行匹配，从而得到污染天气日历产品。由于污染物浓度的逐日变化主要受天气系统调控，该产品实际上是$PM_{2.5}$污染潜势预报，是从天气形势出发，根据静稳条件、输送条件预测可能出现的$PM_{2.5}$污染过程。$PM_{2.5}$浓度预测主要采用人工智能方法，即普遍采用的LSTM和LGBM两种模型，利用历史观测数据和EC的短期气候预测数据进行建模，预测对象是未来45 d逐候（5 d）的$PM_{2.5}$平均浓度。

6.2.6.2　污染天气日历产品

（1）$PM_{2.5}$污染天气环流分型

基于上海市环境监测中心提供的2013—2019年全市平均地面$PM_{2.5}$观测数据，挑选出422个历史污染日，针对这422 d的欧洲中期天气预报中心再分析925 hPa环流数据集（位势高度和风场），采用欧盟COST 733项目开发的天气分型软件，选择T-mode斜交旋转主成分分析法（PCA），对多个物理量进行时空展开，进而得到与实际天气形势最为匹配的大气环流分型结果，并揭示关键天气系统影响污染的可能机理。此后，通过和主观预报员分型结果相互验证，进而识别出 6 个最为典型的 $PM_{2.5}$ 污染天气过程形势场，分别是高压楔 1 型（冷空气路径偏西）、高压楔 2 型、弱高压北侧、冷锋过境、反气旋中心、鞍形场。其中高压楔 1、高压楔 2、冷锋过境 3 种环流形势下上海的 $PM_{2.5}$ 超标频次越高，这 3 种污染天气类型都存在上游污染物的输送过程和本地静稳过程的叠加，意味着从天气尺度来看，弱的西路冷空气对上海市秋冬季地面细颗粒物污染的影响显著。对于上海而言，两种高压楔形势都是弱冷空气扩散，先产生污染输送过程，然后本地转为静稳天气控制。由于冷空气较弱，前期输送到上海的污染物不能被完全清除，和本地排放的污染物叠加形成污染过程。高压楔 1 型下上海的主导风向是西—西北风，污染输送主要来自河南、安徽；而高压楔 2 型下上海的主导风向是偏北风，输送源地主要来自山东、苏北。冷锋过境（L 型高压）是先静稳后输送的过程，影响上海的污染输送来自京津冀、山东和江苏。这种形势下，前期华北的污染物累积越重、冷空气越弱，上海的污染持续时间就越长。

（2）环流形势匹配

获得有利于触发上海 $PM_{2.5}$ 污染的环流类型之后，可根据短期气候模式预测的逐日天气形势，和污染环流类型进行匹配，从而研判未来 45 d 可能出现的 $PM_{2.5}$ 污染天气过程。首先下载中国气象局提供的欧洲中期天气预报中心和中国最新次季节-季节（S2S）气候动力模式预测数据，其中欧洲中期天气预报中心模式系统预报时效为 45 d，国家气候中心的模式系统预报时效为 60 d。采用空间相关等常用的大气环流客观匹配方法，将预报的逐日环流场分别和典型的 $PM_{2.5}$ 污染环流场进行空间匹配，确定相关阈值。选择匹配系数最高（且高于阈值）的污染环流类型即为该日的污染天气潜势预报（图 6.48）。如果计算的空间匹配系数都低于阈值，则判断不出现 $PM_{2.5}$ 污染潜势。

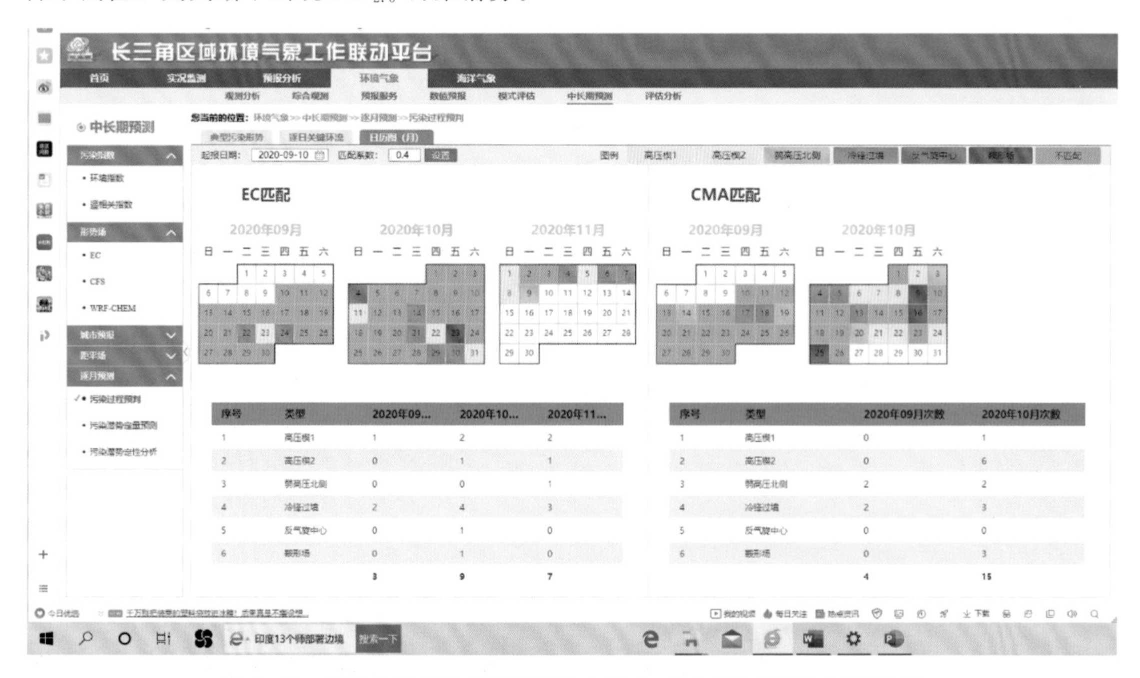

图 6.48　S2S 多模式次季节预测的未来 1~ 2 个月污染天气过程产品

6.2.6.3　$PM_{2.5}$ 延伸期浓度预测

随着人工智能算法的快速发展，基于时间序列的非线性短期预测方法得到了广泛应用。某些机器学习算法可以处理输入和输出不等长的时间序列问题，将与预报对象相关的预测因子纳入模型进行训练，从而进行污染的短期气候预测。基于 2013—2019 年 S2S 短期气候预测数据、$PM_{2.5}$ 浓度观测数据，应用 LSTM 和 LGBM 两种机器学习方法建模，对延伸期尺度的上海市 $PM_{2.5}$ 逐候浓度进行预测。随机抽取 90%作为训练数据集，10%作为预测验证数据。对于 LSTM 模型，经过大量试验，循环次数 Epoch 设为 1000，网格层次 num _ layer 设为 2，隐藏层和输入层（因子数）设为相同，优化器（optimizer）选取 Adam，损失函数（loss _ function）选择 MSELoss，学习速率（Learning _ rate）取 0.001～0.01。对于 LightGBM 模型，最大迭代次数取 200，Max _ depth 最大树深度选取 5，Num _ leaves 叶子节点数取 30，Min _ data _ in _ leaf 一个叶子可能具有的最小数据量取 30，Learning _ rate 学习速率取 0.01，Feature _ fraction 树的特征选择比例取 0.8，即每次迭代中随机选择 80%的参数来建树，Bagging _ fraction 树样本采样比例取 0.8，Bagging _ freq 迭代次数设置为 5。

（1）预测结果及评估

从 LSTM 旬预测结果与实况的对比来看（表 6.20），全年相关系数整体高于冬季，全年相关系数为 0.66～0.80，冬季相关系数为 0.32～0.75。从时间序列来看（图 6.49），模型预测能够反映季节变化，但随着预测时间的增加（候增加），模型对峰值预测能力减弱，冬季预测整体能反映污染的年际变化，但 3 候以后的峰值预测能力不足。8 个候的旬平均浓度预测值均高于 $PM_{2.5}$ 实况值，从全年的预测效果来看，8 个候预测结果能够一定程度反映观测极值，但冬季的预测结果说明 3 候以后的污染极值预测能力明显较弱，大部分预测值集中在平均值附近。

表 6.20　LSTM 模型 8 候时效全年和冬季旬平均预测与实况相关系数

	$R1$	$R2$	$R3$	$R4$	$R5$	$R6$	$R7$	$R8$
全年	0.80	0.73	0.69	0.68	0.68	0.67	0.66	0.67
冬季	0.75	0.60	0.43	0.34	0.35	0.32	0.32	0.37

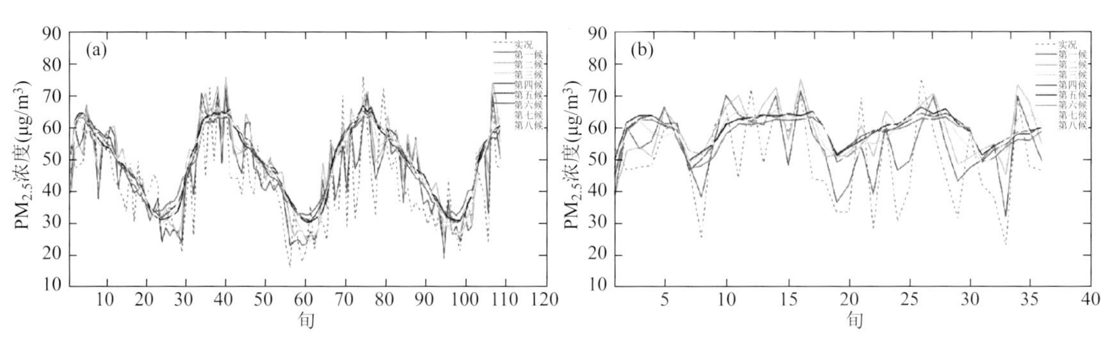

图 6.49　LSTM 模型对 2017—2019 年 8 候时效全年（a）和冬季（b）$PM_{2.5}$ 旬平均浓度的预测与实况随时间变化

LGBM 候预测结果（表 6.21），8 个候与实况的相关系数为 0.3～0.7，均方根误差为

13.9～18.1 μg/m³，预测均值均大于实况均值，说明模型存在预测值偏大的情况。

表 6.21　LGBM 模型 8 候时效全年 $PM_{2.5}$ 候平均预测与实况统计量

	R	RMSE	平均值	中值	25 分位值	75 分位值
实况			49.8	46.6	35.2	62.5
第 1 候	0.7	13.9	53.9	53.7	44.9	62.0
第 2 候	0.6	15.6	55.4	55.9	48.5	64.7
第 3 候	0.3	18.1	54.7	55.7	49.3	61.4
第 4 候	0.6	14.9	51.4	50.2	44.0	58.1
第 5 候	0.4	17.4	55.7	56.1	50.6	64.0
第 6 候	0.5	15.8	54.6	57.2	48.0	62.0
第 7 候	0.4	17.9	57.7	57.8	49.8	65.1
第 8 候	0.4	16.6	53.3	53.7	48.2	59.4

从 LGBM 旬、月预测结果与实况的对比来看（表 6.22），相关系数较候预测明显提升，旬平均相关系数在 8 个候实效内为 0.68～0.76，月平均相关系数为 0.84～0.90。从时间序列旬、月平均预测结果与实况对比来看（图 6.50），预测值能够很好地反映 $PM_{2.5}$ 浓度的季节变化，随着预报时效的增加，模型的峰值预测能力减弱，但对峰值的预测能力好于 LSTM 模型，尤其是在 3～8 候的预报时效内。

表 6.22　LSTM 模型 8 候时效全年和冬季 $PM_{2.5}$ 月平均预测与实况相关系数

	$R1$	$R2$	$R3$	$R4$	$R5$	$R6$	$R7$	$R8$
旬	0.76	0.74	0.68	0.75	0.70	0.70	0.68	0.69
月	0.89	0.90	0.84	0.87	0.85	0.87	0.88	0.85

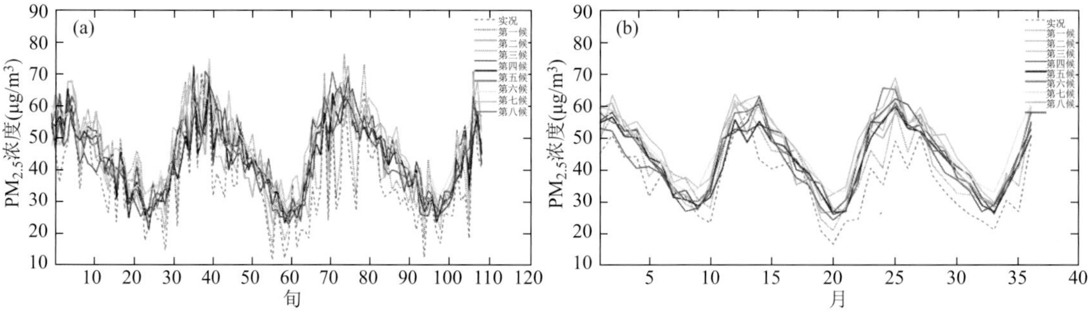

图 6.50　LGBM 模型对 2017—2019 年 8 候时效全年 $PM_{2.5}$ 旬（a）、月（b）平均浓度的预测与实况随时间变化

（2）预测产品及应用

评估结果表明，基于深度学习的延伸期 $PM_{2.5}$ 预测技术在一定程度上能够反映未来 45 d $PM_{2.5}$ 的变化趋势，可为秋冬季大气污染攻坚行动计划提供参考。上海市气象局继而研制了秋冬季延伸期 $PM_{2.5}$ 预测产品和业务规定。每年从 9 月开始启动预测工作，每隔 5 d 对预测产品进行更新。首先从中国气象局下载 S2S 模式预测数据，然后启动 LGBM 和 LSTM 模型

分别计算未来 45 d 逐候的 $PM_{2.5}$ 平均浓度，业务平台获取预测数据后进行更新，显示最新的预测以及前期的观测浓度，进而判断对 $PM_{2.5}$ 浓度趋势和量值的预测偏差，在实际服务中进行主观修正。

延伸期环境气象预测产品能够提供定量的预测结果，有效支持了上海市气象局开展进博会空气质量保障服务工作、秋冬季大气污染治理服务工作，在秋冬季决策气象服务中发挥了重要作用。

6.3 健康气象预报服务业务

6.3.1 公众和易感人群健康气象预报服务

上海市气象局自 20 世纪 90 年代起开展气象、大气环境对人体健康的影响研究工作，与复旦大学、兰州大学、医院、疾控中心、食药监等单位联合开展健康气象跨学科研究，分析极端天气、大气污染事件对呼吸系统疾病、心脑血管疾病和传染病的影响，加深了气象对一些疾病触发和加重原因的了解，通过流行病学研究、动物实验研究获得了关键气象要素的敏感指标，逐步建立了高温热浪及热相关疾病、细菌性食物中毒预警以及分人群感冒、儿童哮喘和 COPD 等呼吸系统疾病的气象环境风险预报技术，通过短信、邮件、网页、微信等方式向公众和易感人群进行服务及其评估工作。

6.3.1.1　高温热浪及热相关疾病预报服务

高温热浪能够造成严重的健康事件，甚至导致死亡。早期高温热浪灾害研究主要从气象学角度探讨高温热浪的成因及其时空分布特征。为了合理评价天气系统对人类健康的影响，在世界气象组织和世界卫生组织的推动下，上海市气象和卫生部门与美国特拉华大学合作开展示范项目“上海热浪与健康监测预警系统”，探讨极端高温、“侵入型”气团和死亡率增加之间的关联，在此基础上建立上海热浪与健康监测、预警系统，基于天气数值预报结果，预测“侵入型”气团和热浪引起的超额死亡数，并给出热浪影响的相应等级，提醒公众采取合理措施预防热浪。由于研究仅考虑温度和显温对死亡的影响，缺乏高温热浪灾害对于居民健康、社会经济影响的综合分析，除了有必要增加对基础性疾病的研究之外，未来还将探讨不同人群的易感性差异，并确定居住环境、经济状况、医疗卫生条件等地区适应性能力在热风险评估中发挥的作用。

大型活动由于人员众多、活动范围集中，常带来一些公共卫生安全隐患。2010 年上海世界博览会是中国与世界文化和科技交流的盛会，举办时间从 5 月持续至 10 月，夏季上海高温高湿易导致中暑的发生，展会期间世博园区中暑就诊人数随着气温上升增加明显，上海气象局研究人员分析了温度、湿度、日照、风速等气象因素对中暑发病的影响，采用最优子集回归、线性回归、岭回归等方法构建了中暑预报模型，根据世博会运营管理部门预测的入园参观人数预报中暑人数。人对热环境的感受受到很多因素影响，除了生理因素，气象因素包括温度、湿度、风和辐射等，不同国家衡量人体耐热标准存在较大差异，也反映出不同地区人们对热的感受不同，因此在展会期间采用高纬度、中纬度和低纬度等不同气候区代表国家的热标准向游客进行预报，如加拿大的湿热指数模型、德国的生理等效温度模型、中国香港的净有效温度模型等。

2014 年起，浦东新区气象局向新区多个工地提供中暑指数预报信息，工地参考中暑指数做好防暑降温措施，保障安全生产。

6.3.1.2 与市食品药品监督管理局共同开展细菌性食物中毒预警服务

天气对食物的存储条件具有重要影响。高温、高湿容易引发食物变质，因此有必要在特定季节针对饭店、食堂等单位开展相关的气象服务工作，预防食物中毒事件的发生。上海市气象局与市食品药品监督管理局合作共建了上海市细菌性食物中毒预警信息发布网站，自 2009 年开始，每年 4—10 月每日发布未来 3 d 的细菌性食物中毒风险等级，提醒市民和食品生产经营单位采取相应的食品安全管理措施。

6.3.1.3 呼吸系统疾病气象环境风险预报服务

感冒、儿童哮喘、慢性阻塞性肺病（COPD）是 3 类常见、易发的城市呼吸系统疾病，并且具有特定的易感人群。3 种呼吸系统疾病气象环境风险预报在上海地区进行了广泛的推广应用，面向公众和易感人群在多家学校、医院、社区服务中心常态化开展（图 6.51）。

图 6.51　部门合作发布健康气象预报信息

2012 年起，闵行区气象局与闵行区卫生局、区疾病预防控制中心合作开展闵行健康气象服务试点工作，在古美、江川、颛桥社区卫生服务中心发布感冒和儿童哮喘气象风险预报。

2013 年起，松江区气象局与区疾病预防控制中心合作开展松江健康气象服务试点工作，在松江区的中心医院、方塔中医医院和方松街道社区卫生服务中心发布感冒和儿童哮喘的气象风险预报信息。

2014年起，浦东新区气象局与新区疾病预防控制中心、新区教育局、新区安全生产监督管理局合作向新区多家学校、社区卫生服务中心、多名家庭医生提供了感冒、儿童哮喘、COPD等健康预报信息。学校根据健康气象预报信息调整户外课程的安排，医院及家庭医生根据预报信息提醒公众和患者及时做好防护措施。

6.3.2　疾病气象风险预报产品

6.3.2.1　呼吸系统疾病气象环境风险预报产品

（1）分人群感冒气象风险预报产品

感冒气象风险等级分为5级：低、轻微、中等、较高、高，分别代表气象要素变化对感冒患病风险的影响程度。

产品预报时效为48 h，每天10：30发布今明感冒气象风险预报产品，17时发布明后感冒气象风险预报产品（图6.52）。

图6.52　分人群感冒气象风险预报产品

（2）儿童哮喘气象环境风险预报产品

儿童哮喘气象环境风险预报产品主要包括风险预报等级、防范人群和防护建议。风险预报等级分为低、轻微、中等、较高、高5级，从低到高表示天气变化和大气成分要素等对儿童哮喘的影响程度。

产品预报时效为 48 h，每天 10：30 发布今明儿童哮喘气象风险预报产品，17 时发布明后儿童哮喘气象风险预报产品（图 6.53）。

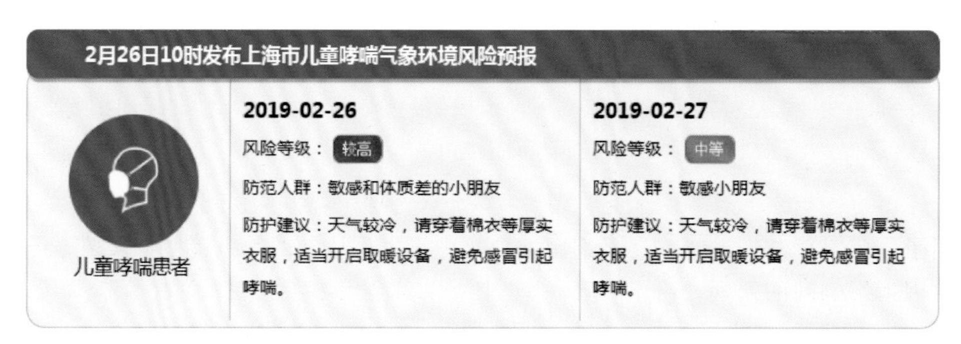

图 6.53　儿童哮喘气象环境风险预报产品

（3）COPD 气象环境风险预报产品

COPD 气象环境风险预报产品内容主要包括风险预报等级、防范人群和防护建议。风险预报等级分为低、轻微、中等、较高、高 5 级，从低到高表示天气变化和大气成分要素等对 COPD 的影响程度。

产品预报时效为 48 h，每天 10：30 发布今明 COPD 气象环境风险预报产品，17 时发布明后 COPD 气象环境风险预报产品（图 6.54）。

图 6.54　COPD 气象环境风险预报产品

6.3.2.2　中暑风险预报产品

中暑主要包括风险预报等级和对应的预防建议。风险预报等级分为不易中暑、较易中暑、容易中暑、极易中暑 4 级。产品时效 48 h，每天更新 3 次，05 时、11 时制作今明中暑风险预报产品，16 时制作明后中暑风险预报产品（图 6.55）。

8月30日11时发布上海市31日中暑指数预报			
上午	1级	不易中暑	应注意饮食清淡，睡眠充足，适时补充水分
下午	1级	不易中暑	应注意饮食清淡，睡眠充足，适时补充水分

图 6.55　中暑风险预报产品

6.3.2.3　细菌性食物中毒预警产品

细菌性食物中毒是上海地区最为常见的食物中毒种类，上海市气象局和上海市食品药品监督所研究人员（张磊 等，2009）对上海地区细菌性食物中毒发生的地区、行业分布、食品、致病菌种类和气候特征进行分析，发现发生细菌性食物中毒的行业、食品和致病菌较为集中，餐饮业发生最多，5—10 月是上海地区细菌性食物中毒的高发季节，食品中细菌生长繁殖受到温度和水分的影响，细菌性食物中毒发生次数与平均气温、相对湿度呈明显的正相关。研究人员将细菌性食物中毒的逐日发生概率作为预报对象，选择平均气温和相对湿度作为预报因子，用概率预报法建立逐日细菌性食物中毒发生风险的预报模型，模型考虑了不同月份气象因素影响间的差别，由于“五一”“十一”黄金周中毒发生概率显著高于其他日期，对假期附加项进行了修正，同时构建基于模型预测中毒事件发生概率的预警等级标准，形成上海市细菌性食物中毒预警产品。

产品时效为 72 h，当日在上海市细菌性食物中毒预警平台发布今天、明天和后天的细菌性食物中毒预警产品（图 6.56）。

图 6.56　上海市细菌性食物中毒预警产品

6.3.2.4　新媒体健康气象服务

运用微信公众号、APP 等新媒体向公众及易感人群提供呼吸系统疾病气象环境风险预报服务。在微信公众号“健康气象”上发布 48 h 呼吸系统疾病气象风险预报产品（图 6.57）。儿童哮喘气象环境风险预报产品通过儿童专科医院的官方微信和 APP 向患儿家长进行发布，提醒家长及时防范极端天气和大气污染的健康危害。

6.3.3　健康气象风险预报效果评估

开展服务评估是气象部门了解社会群体需求，查找服务不足的有效途径。因此，针对已开展的感冒气象风险预报服务、细菌性食物中毒预警以及高温预警服务结合气象服务评估和卫生服务评估方法开展健康气象服务效果和效益评价，为决策部门、气象敏感行业和公众全面了解健康气象服务的社会效益提供科学依据。

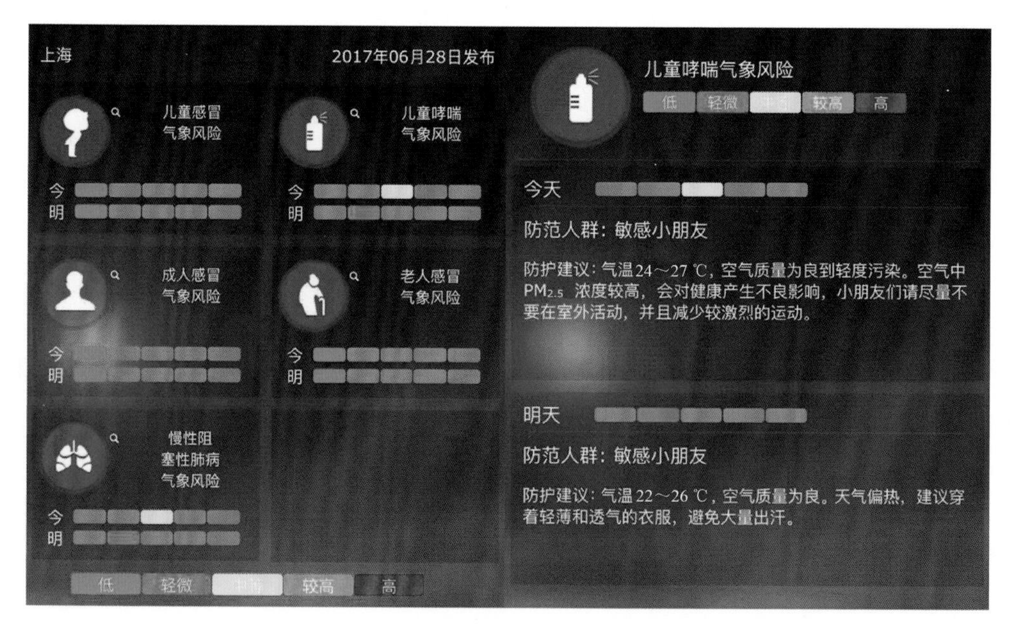

图 6.57　“健康气象”微信公众号发布呼吸系统疾病气象风险预报产品

6.3.3.1　感冒气象风险预报服务效果评估

（1）评估方法

评估采用整群干预的研究设计，在上海市 10 所幼儿园中共收集到 1683 名儿童和家长的相关资料，将 10 个幼儿园随机分为干预组（发送感冒健康预报短信和邮件）和对照组（不发送感冒健康预报短信和邮件）。

对纳入研究的儿童家长进行基线调查，调查内容包括研究对象的年龄、性别、身高、体重、家庭一般状况、既往病史、儿童生活质量和满意度问卷等。自 2012 年 2 月开始，项目组以手机短信、邮件等方式向干预组的五所幼儿园的儿童家长及老师每日提供感冒气象风险预报服务（包括风险等级及相应的服务指引），对照组的五所幼儿园则不提供任何预报服务。最后收集问卷，采用成组 t 检验、χ^2 检验及 Fisher 确切概率法等统计学方法对研究对象的情况进行分析。

干预内容根据前期研究结果获取气象和环境因子的相对危险度，根据流行病学意义划分等级，并将模型中因子的效应值作为权重计算综合等级。从天气影响描述、气象和大气成分危险因素防范以及提高人体免疫力 3 个方面内容建立包含每个等级干预内容的感冒干预服务动态指引库。在此基础之上，根据每日天气和大气成分数据获得的气象和大气成分的危险度等级，从动态干预服务指引库中抽取相应等级的预防服务指引。

经过一年的服务，比较两组儿童感冒发病的差异，以及干预组对感冒预报服务的满意度。

（2）评估结果

从发病次数上看，从表 6.23 中可见，干预组儿童在干预前的月平均感冒次数为 2.71 次，而干预后的月平均感冒次数为 1.42 次，两者有显著差异（$P<0.05$），可以看出终期感冒次数低于基线感冒次数，对照组在干预前和干预后儿童感冒次数没有显著差异。

表 6.23 干预前后干预组儿童感冒次数比较

	均值		标准差		t 检验 t 值		P 值*	
	干预组	对照组	干预组	对照组	干预组	对照组	干预组	对照组
基线感冒次数	2.71	2.72	1.794	1.960	18.05	13.26	0.001	0.072
终期感冒次数	1.42	1.74	1.277	1.426				

* 表示配对设计的 t 检验

从感冒气象风险预报对缺课天数的影响上看，干预组每月平均因感冒导致的缺课天数明显少于对照组（图 6.58）。干预前儿童月平均缺课天数为 2.12 d，干预后月平均缺课天数降为 0.19 d，干预组儿童在干预前和干预后缺课天数有显著差异（$P<0.05$），终期缺课天数低于基线缺课天数，而对照组儿童的缺课天数在干预前和干预后没有显著差异（表 6.24）。

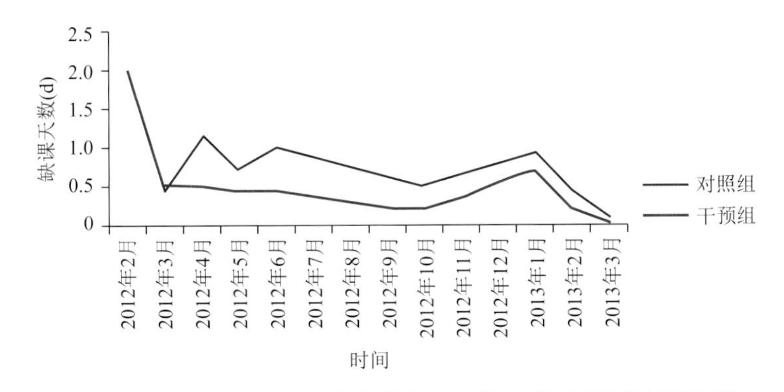

图 6.58 两组儿童在干预期内的每月平均因感冒导致的缺课天数

表 6.24 干预前后干预组儿童缺课天数比较

	均值		标准差		t 检验 t 值		P 值*	
	干预组	对照组	干预组	对照组	干预组	对照组	干预组	对照组
基线缺课天数	2.12	2.12	0.850	0.820	5.337	4.689	0.001	0.107
终期缺课天数	0.19	0.17	0.842	0.928				

* 表示配对设计的 t 检验

从儿童月感冒发生次数和因感冒缺课天数两方面评价感冒预警气象服务对儿童感冒的影响程度，一方面，通过比较干预组与对照组，发现在矫正儿童性别、年龄、主要抚养人、家庭结构、父母职业和文化程度等混杂因素后干预组的感冒次数低于对照组，表明干预措施的实施，即气象预警信息和动态指引内容的发布对于儿童感冒次数的控制有显著效果。另一方面，从干预组和对照组在儿童因感冒缺课天数的统计分析结果可以看出，感冒预警气象服务的信息和动态指引能有效降低幼儿园儿童因为感冒造成的缺课天数。超过一半的受访者认为感冒预报比较准确，可以减少家庭医疗费用，65%的受访者对其表示满意（图 6.59）。儿童感冒风险预报服务干预研究结果表明气象风险预报服务对公众健康有积极影响。

6.3.3.2 细菌性食物中毒预警服务效果公众评估

2011 年 10 月，花静等（2013a）采用细菌性食物中毒预警服务评估量表以偶遇调查方式在上海市区 9 个重点商圈或闹市区（徐家汇公园、静安寺、虹桥火车站、上海火车站、长风公园、四川北路商圈、五角场商圈、瞿溪路以南、打浦路沿线的居民小区、人民广场）开

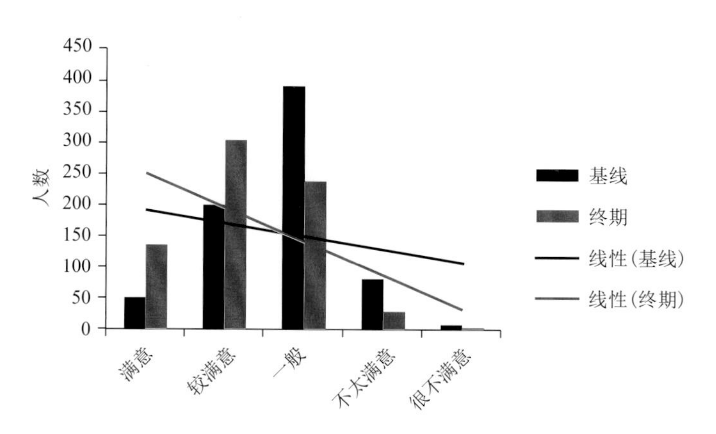

图 6.59　干预前后家长对感冒预报服务的满意度变化

展问卷调查。调查结果采用 t 检验、单因素方差分析、结构方程模型等统计方法对结果进行分析。

调查结果显示：1503 名被调查者中，通过广播获取细菌性食物中毒预警信息的有 815 人，通过移动电视获取信息的有 664 人，通过互联网获取信息的有 694 人，通过报刊获取信息的有 353 人，通过其他途径获取信息的有 95 人。在获取细菌性食物中毒预警信息的频率方面，569 人（37.8%）有时或经常能收到预警服务，571 人（38.0%）可偶尔收到预警服务。399 人（26.5%）认为细菌性食物中毒预警服务及时或很及时，而 772 人（51.4%）被调查者认为一般。

在服务关注程度上，536 人（35.7%）表示非常关注或比较关注，549 人（36.4%）一般了解。在对提供的服务指引的满意度上，547 人（36.4%）很满意或比较满意，而 752 人（50.0%）认为一般（图 6.60）。

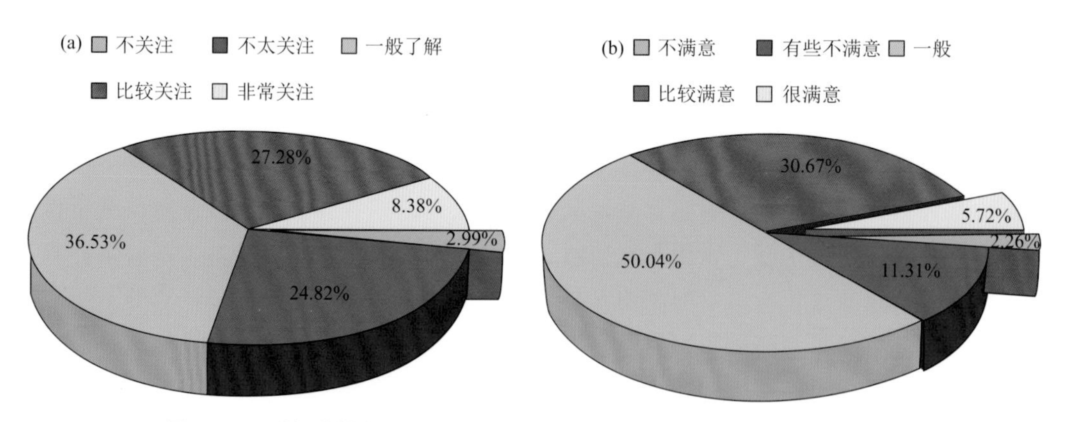

图 6.60　对细菌性食物中毒的关注程度（a）和对指引的满意程度（b）

公众对食品卫生安全知识的了解程度方面，559 人（37.2%）很了解或比较了解，682 人（45.4%）认为一般。而在对细菌性食物中毒服务的依从性方面，802 人高度依从或较依从，高达 53.2%，613 人（40.8%）态度一般。

在细菌性食物中毒服务的效果效益方面，704 人（46.8%）认为服务确实减少了实际发生腹泻的次数，677 人（45.0%）认为对减少细菌性食物中毒的发生有明显影响或稍有影响，604 人（40.2%）认为服务对减少他们的医疗开支存在明显影响或稍有影响，并且 606 人（40.3%）认为该服务对他们的工作和学习产生了积极的影响。

公众对健康气象服务工作的期望中排在第一位的是增加预报服务渠道（58%），希望可以多途径、更便捷地获取信息；同时认为预报的准确性也应该加强（53.6%）。有 37.1%的公众希望增加服务项目，提供多元化的信息；37.7%的公众希望增加健康气象服务指引内容，以及增加一些专业化、针对性的健康指导。

细菌性食物中毒预警服务公众评估结果总的来说，约 1/3 的被调查者有时或经常能收到预警服务，认为细菌性食物中毒预警服务及时；略超过 1/3 的被调查公众关注该预警服务，表示满意，而多数被调查者在接到预警信息后会采取食品卫生安全防范行为。有超过 1/3 的人认为细菌性食物中毒预警服务对减少腹泻的发生和减少医疗费用具有一定的影响。此外，提高预警服务的可及性对于提升服务的效果效益具有较强的间接作用和一定的直接作用，是增强服务效果的有效手段。

6.3.3.3　细菌性食物中毒预警服务效果敏感行业评估

2011 年 10 月，采用细菌性食物中毒预警服务敏感行业评估量表以一对一电话访谈形式对餐饮单位负责人进行问卷调查。调查对象是 103 家上海市规模比较大的连锁型餐饮单位。

评估结果显示，在 5—10 月细菌性食物中毒发生危险度较高期间，84 家（81.6%）经常获得该服务信息。2 家（1.9%）有时获得该服务信息，2 家（1.9%）极少获得该服务信息，15 家（14.6%）表示未收到相关短信提示。认为获取信息及时的有 7 家（8%），较及时的有 77 家（87.5%），一般的有 3 家（3.4%），稍有滞后有 1 家（1.1%）。

通过对该服务信息关注程度的调查发现，64 家（72.7%）表示非常关注，5 家（5.7%）表示一般或不太关注（图 6.61）。对该服务信息的准确性评价中，76 家（86.3%）表示准确或比较准确，12 家表示一般（13.6%）。而对该服务指引的满意度显示，16 家（18.2%）认为非常满意，64 家（72.7%）表示比较满意，7 家（8%）表示一般，1 家（1.1%）表示不太满意。在对服务信息的总体评价方面，18 家（20.5%）表示非常满意，64 家（72.7%）表示比较满意，5 家（5.7%）表示一般，1 家（1.1%）表示不太满意（图 6.61）。

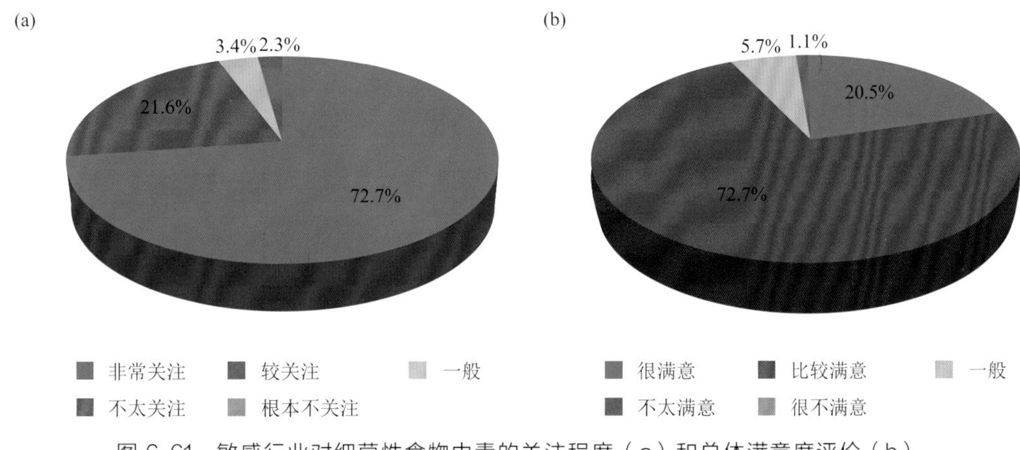

图 6.61　敏感行业对细菌性食物中毒的关注程度（a）和总体满意度评价（b）

对食品安全预防知识的了解程度显示，70 家（79.5%）表示非常了解，15 家（17%）表示比较了解，只有 3 家（3.4%）表示一般。在该服务提供的风险等级和服务指引的依从性上，80 家（90.9%）对其依从，5 家（5.7%）对其比较依从，3 家（3.4%）表示一般。在获取该服务后，从实际的食品卫生安全行为改善方面看，42 家（47.7%）有所改善，41 家（46.6%）表示稍有改善，而 5 家（5.7%）表示一般。

最后，在细菌性食物中毒预警服务的效果效益方面，70%左右的餐饮单位认为该服务信息是有助于降低单位的腹泻等发病率或者食物中毒事件的，而 20%左右的餐饮单位认为一般。在经济效益和社会效益方面，56 家（63.6%）认为该服务有助于该单位经济效益的增长，79 家（89.8%）认为该服务有助于该单位社会效益的增长。认为对经济效益不太影响的有 4 家，对社会效益不影响的有 2 家。

餐饮单位对该服务的期望中，增加服务指引内容和增加服务项目均超过了调查单位数量的 60%，说明他们更希望得到较为充分的服务指引内容，并且增加一些服务项目，例如增加过去一段时间或者过去几年相同时段和风险度的情况下，餐饮行业的整体情况和典型事例。

6.3.3.4 高温预警服务公众效果评估

2011 年 10 月，采用高温预警服务公众评估量表（花静 等，2013b）以偶遇调查方式在上海市区 9 个重点商圈或闹市区（徐家汇公园、静安寺、虹桥火车站、上海火车站、长风公园、四川北路商圈、五角场商圈、瞿溪路以南、打浦路沿线的居民小区、人民广场）对上海市气象局开展的高温预警服务开展问卷调查（景秀红 等，2012）。

调查结果显示：公众获取高温预警信息的发布渠道包括广播电视、互联网、短信、报刊以及其他，其中通过广播电视获取信息的有 1557 人，通过互联网渠道的有 1096 人，通过短信渠道的有 854 人。

在服务关注度上，2102 名被调查者中有 215 人（10.2%）非常关注高温预警信息，707 人（33.6%）比较关注高温预警信息，784 人（37.3%）对高温预警信息的关注程度一般（图 6.62）。其中，有 118 人（5.6%）认为高温预警很准确，1011 人（48.1%）认为比较准确，还有 805 人（38.3%）认为服务的准确度一般。总体来说，有 173 人（8.2%）对高温预警服务表示非常满意，983 人（46.8%）对服务表示比较满意，另外，841 人（40%）对服务表示满意度一般（图 6.62）。

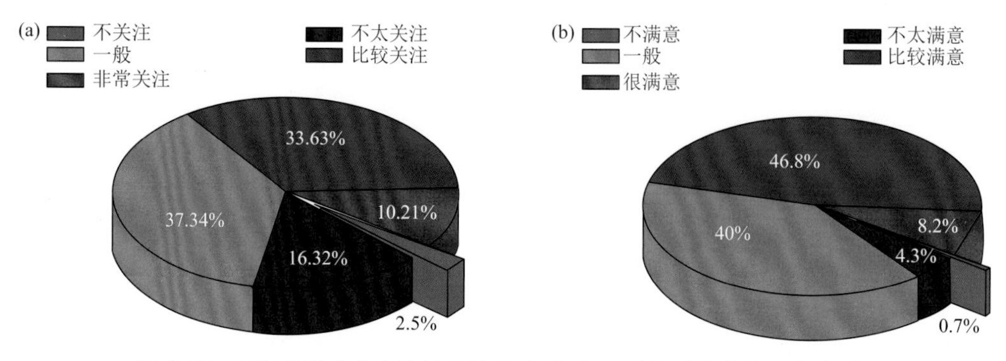

图 6.62　对细菌性食物中毒的关注程度（a）和对指引的满意程度（b）

而在对高温预警服务的知识、行为态度方面，46.1%的被调查者对热相关疾病很了解，39.3%比较了解，还有14.6%对热相关疾病不太了解或者缺乏了解。根据高温预警采取相关防暑降温措施时，被调查者中有44%在室内采取3种及以上的措施，而采取户外措施3种及以上者占37.4%，室内活动时采取2种措施者占25.5%，1种措施者占30%，户外活动的相应比例分别为27.2%和35.5%。从以上知识了解程度和相应的行为改变，结合调查数据的分析，142人（6.8%）对高温预警服务提供的防御措施高度依从，984人（47.3%）对防御措施比较依从，还有843人（40.1%）对防暑降温措施的依从程度为一般。

在高温预警服务的效果效益方面，393人（18.7%）认为高温预警服务对中暑情况的减少有着明显影响，915人（43.5%）认为对中暑的发生稍有影响，还有485人（23.1%）认为对中暑的影响一般；预警服务在医疗开支方面，164人（7.8%）认为高温预警服务对医疗开支的减少有着明显影响，622人（29.6%）认为稍有影响，还有674人（32.1%）认为影响力一般；在日常生活的影响力方面，这样的比例分别占到10.15%、33.4%、27.9%。

高温预警服务为上海市居民在高温环境下进行正常的生产生活提供了帮助和指导，发挥了其应有的社会预警作用。本次调查从高温预警增加服务项目，提高服务预报准确率，增加预报服务渠道，完善健康气象服务指引内容以及其他5个方面进行，2102名被调查者中17.3%的人认为应该优先增加服务项目，34%的被调查者认为应优先提高服务预报准确率，26.7%的被调查者认为应优先增加预报服务渠道，还有21.4%的被调查者认为应该优先完善健康气象服务指引内容。

高温预警服务公众评估结果显示，在高温预警期间，多数被调查者可通过一条以上的渠道获取高温预警信息。超过一半的人在高温出现前3 h或以上就能接到高温预警信息，大部分公众对其表示关注；而超过一半的被调查者认为高温预警很准确或比较准确，并对其表示满意；而大部分公众在接到高温预警信息后会采取两种及以上的防护措施。最后，超过半数的被调查者认为高温预警服务对减少中暑的发生有着一定影响，有一部分公众甚至认为对减少他们的医疗开支存在影响。而从量表综合性评价结果来看，高温预警服务在上海公众中具有一定的关注度和满意度，公众的服务依从性相对较好，并认为具有一定的实际效果。

6.3.3.5　高温预警服务行业服务效果评估

2012年8—10月，采用高温预警敏感行业调查问卷对上海市高温预警敏感行业单位负责人进行调查，共获得有效问卷51份。

结果显示，在7—10月高温天气危险度较高期间，39家（76.5%）经常获得该服务信息，6家（11.8%）有时获得该服务，4家（7.8%）极少获得该服务信息，2家（3.9%）表示偶尔收到相关短信提示。获取信息的渠道主要包括电视、广播、互联网、报刊和其他（如短信提示），其中，14家（27.5%）通过一种渠道获取服务信息，11家（21.6%）通过两种渠道获取服务信息，13家（25.5%）通过3种渠道获取服务信息，12家（23.5%）通过4种渠道获取服务信息，1家（2%）单位通过5种渠道获取服务信息。同时，认为获取信息很及时的有18家（35.3%），较及时的有25家（49%），一般的有8家（15.7%）。

在对该服务信息的关注程度的调查上显示，28家（54.9%）表示非常关注，16家

（31.4%）表示比较关注，7 家（13.8%）表示一般了解或不太关注（图 6.63）。在对目前该服务信息的准确性评价中，19 家（37.3%）表示服务信息很准确，28（54.9%）家表示比较准确，4 家（7.8%）表示准确度一般。而在对服务信息的总体评价方面，22 家（43.1%）表示非常满意，24 家（47.1%）表示比较满意，5 家（9.8%）表示满意度一般（图 6.63）。

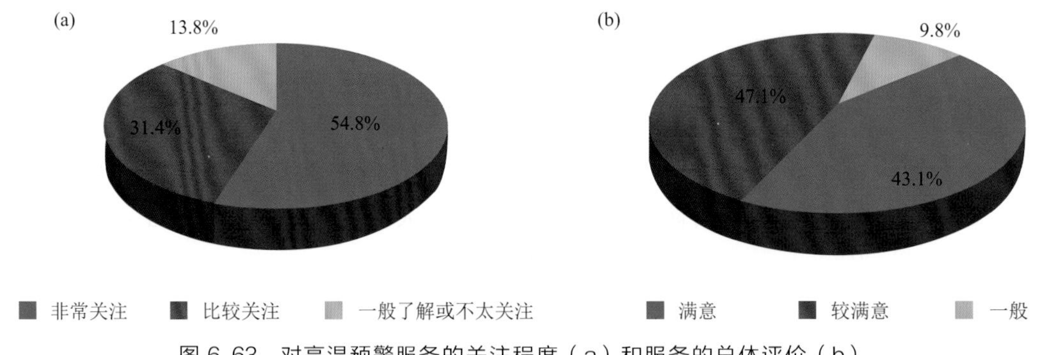

图 6.63　对高温预警服务的关注程度（a）和服务的总体评价（b）

敏感行业对高温预警服务提供的风险等级和服务指引的依从性上，24 家（47.1%）对其依从，18 家（35.3%）对其比较依从，8 家（15.7%）表示一般，1 家（2%）表示不太依从。在获取该服务后，从他们采取的户外工作改善措施方面看，17 家（33.3%）采取一条改善措施，13 家（25.5%）采取两条改善措施，21 家（41.2%）采取 3 条及以上的改善措施。从单位采取的其他中暑预防措施看，在获取高温预警信息后，13 家（25.5%）采取一条改善措施，12 家（23.5%）采取两条改善措施，26 家（51%）采取 3 条及以上的改善措施。

最后，在高温预警服务对企事业单位的效果效益方面，29 家（58%）企事业单位认为该服务信息有助于降低单位的中暑发生情况的，而另外 22 家（42%）企事业单位认为对减少中暑情况发生的影响一般；在对单位的医疗开支影响方面，15 家（29.4%）企事业单位认为该服务信息有助于减少单位的医疗开支，而 17 家（33.3%）企事业单位认为对减少医疗开支的影响度一般，19 家（37.2%）单位认为不太影响医疗开支的减少；而在单位的其他效益包括减少误工率和提高工作效率等方面，16 家（31.4%）企事业单位认为该服务信息有助于增加单位的其他效益，而 23 家（45.1%）企事业单位认为对单位效益的影响度一般，12 家（23.5%）单位认为不太影响单位的其他效益。

敏感行业对高温预警服务的满意水平较高，仅有不到 5%的单位不太满意现行的高温预警服务。敏感行业对高温预警相关知识及高温风险等级的了解程度还有待提高，有 14.6%的行业对热相关疾病不太了解或缺乏了解。行业人员对预警服务的依从度较高，绝大部分行业都根据预警信息在户外工作中采取了相应的降温防暑措施。

6.3.4　健康气象慢病服务模式

上海市气象局联合市卫生部门，以对天气变化非常敏感的慢性阻塞性肺病（COPD，简称“慢阻肺”）患者为对象，积极探索“风险预报—医生干预—科学评估”的慢病服务和管理模式，旨在降低敏感人群的发病率，减少医疗负担，提升市民的生活质量。

慢性阻塞性肺疾病是我国居民常见的一种慢性呼吸道疾病，2015 年我国已有将近 1 亿的慢阻肺患者。慢阻肺致残率和致死率都很高，严重影响了患者的劳动能力和生活质量，是上海市的第四大致死疾病。据调查，上海市慢阻肺患者每人每年平均直接医疗费用超过 11000 元，占患者家庭年平均收入的 19.2%。因此采取有效措施预防慢阻肺发病和急性发作，对于减少健康损失、提升生活质量具有重要意义。

天气变化与慢阻肺发病关系密切，英国气象局与当地卫生局合作，根据天气变化建立了慢阻肺风险预报和家庭医生干预服务，接收英国气象局服务的慢阻肺患者人均住院减少 1.9 d（Halpin et al.，2011）。上海市气象与健康重点实验室的研究发现，室内外低温、高温热浪和空气污染均会增加上海市慢阻肺患者就诊和死亡风险，继而研发了慢阻肺风险预报技术，通过提醒患者采取适当防护措施，降低易感人群的发病风险（Mu et al.，2017；Peng et al.，2020）。

2019 年秋冬季（2019 年 9 月—2020 年 4 月），市气象局联合浦东新区疾病预防控制中心（简称“浦东疾控中心”）、复旦大学公共卫生学院等单位，在浦东新区试点慢阻肺“风险预报＋医生干预＋效益评估”的服务管理模式，通过比较对照组（不提供预报服务）和干预组（提供预报服务）患者的门急诊就诊和直接医疗支出情况，评估健康促进作用和经济效益（Ye et al.，2021）。

6.3.4.1　服务评估工作的组织和实施过程

（1）服务评估工作的组织架构

慢阻肺风险预报服务由气象、疾控、社区医院等多部门联合实施（图 6.64）。市气象局负责评估工作的总体规划和组织协调，制作慢阻肺风险预报产品并与浦东疾控中心联合发布；浦东疾控中心负责组织协调辖区内 48 家社区医院进行慢阻肺患者招募以及医疗数据，社区医院（192 名社区医生）负责患者的健康咨询；复旦大学公共卫生学院负责制定服务效果评估的技术方案。浦东试点工作通过气象、疾控、医院、高校多部门合作，探索了“风险预报＋医生干预＋服务评估”的慢阻肺服务管理模式。

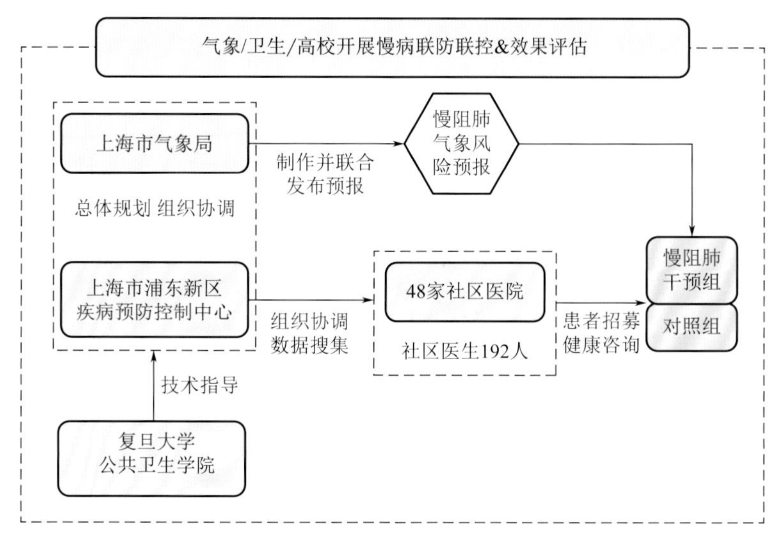

图 6.64　评估工作的组织架构

（2）慢阻肺队列招募和服务的实施过程

试点工作于 2019 年 9 月启动，10 月完成 4880 名慢阻肺患者的招募，将其分为对照组和干预组，分别为 1650 人和 3230 人。2019 年 11 月至次年 4 月，市气象局通过微信、电话、短信向干预组患者提供慢阻肺风险预报，每周常规发布预报信息 2～3 次，在降温和污染天气临近时增加预报次数，社区医生根据预报信息对慢阻肺患者进行健康指导。

（3）干预组和对照组的慢阻肺患者基本情况

为了科学准确评估慢阻肺风险预报的服务效果，剔除了入组时间晚、服务时间短的患者，根据患者的年龄、性别和既往急性发作情况，采用倾向性评分方法将对照组和干预组进行匹配，最终确定对照组和干预组患者各 1349 人。对照组患者平均 69.3 岁，男性占 56.4%，干预组患者平均 69.5 岁，男性占 57.4%，两组在年龄和性别上没有显著差异。

6.3.4.2 慢阻肺风险预报服务的卫生经济效果

（1）慢阻肺风险预报服务对慢阻肺患者就诊的影响

慢阻肺风险预报降低了就医的患者数量。从就医的患者数量来看（图 6.65），对照组和干预组的慢阻肺就医人数比例呈现相似的季节变化特征，2019 年 11 月至次年 1 月是慢阻肺病情加重、门急诊就医增多的时段。自 2019 年 12 月（预报服务 1 个月后）起至次年 4 月，干预组慢阻肺患者的就医人数持续低于对照组，接受风险预报服务后，干预组门急诊就医的患者人数比对照组减少了 17.6%（95%可信区间：1%～31.4%）。

慢阻肺风险预报减少了患者就医的门急诊次数。对照组患者因慢阻肺门急诊就医总计 2031 人次，每人平均就诊约 1.5 次。对比发现，干预组患者的就诊人次比对照组减少了 13.9%（图 6.66）。另外，各种通信方式的服务效果存在差异，其中语音电话最为有效，不仅能将信息直接传达给患者，同时也避免了老年人文化水平较低、视力较差不能对信息充分掌握的问题。此外采用多种通信方式也会显著提高服务效果。

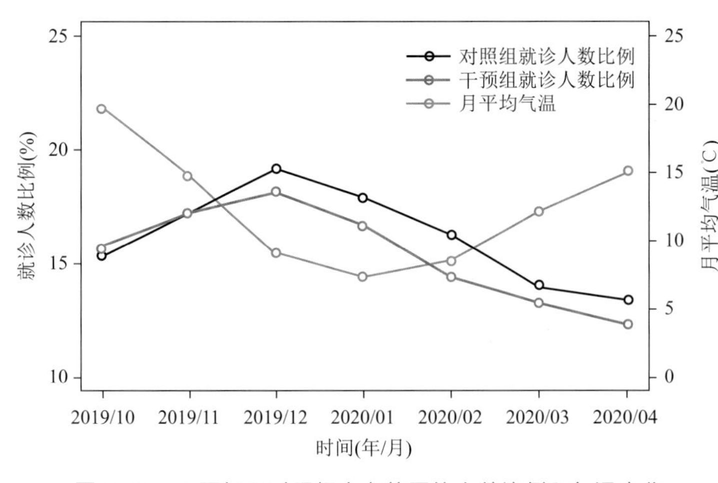

图 6.65 干预组和对照组患者就医的人数比例和气温变化

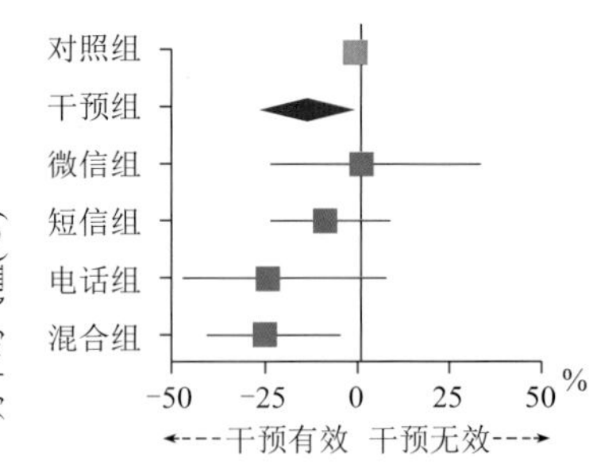

图 6.66 干预组患者门急诊就诊人次与对照组相比的变化（方框代表干预组相对于对照组的效应量；横线表示效应量的 95%置信区间；菱形代表干预组的总体效应量，其宽度代表效应量的 95%置信区间，下同）

（2）慢阻肺风险预报服务对医疗支出的影响

慢阻肺风险预报有效减少了患者的医保费用。试点期间，干预组和对照组（共 2698 人）

由于慢阻肺就医的门急诊医保支出总计 118.3 万元，其中药品费支出 98.1 万元，占比 82.9%，患者人均门急诊医保费用为 438.5 元。研究发现，接受慢阻肺风险预报服务后（图 6.67），干预组患者比对照组患者的人均医保费用减少 11.2 元（2.5%），其中人均药品费减少 9.5 元（2.6%）。电话服务的效果最好，人均医保费用减少 25.9 元（5.8%）。以上海市全市至少 150 万慢阻肺患者估算，开展慢阻肺风险预报服务可在半年内减少门急诊医保费用 1700 万～3900 万元。

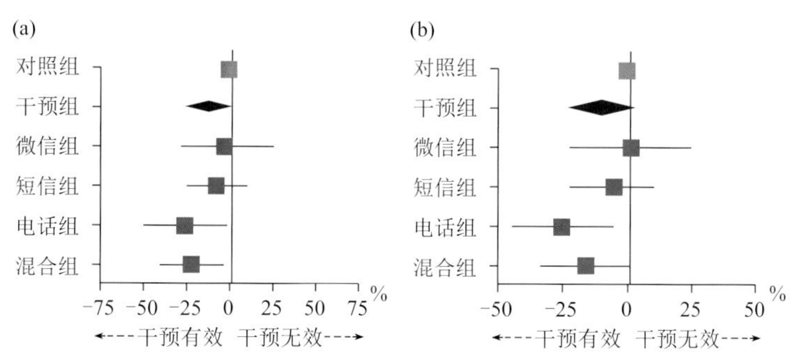

图 6.67　干预组患者人均医保费（a）和药品费（b）与对照组相比的变化（单位：元）

（3）慢阻肺风险预报服务对患者知信行的影响

慢阻肺风险预报有效提高了患者对慢阻肺的认知，促进患者的健康自我管理。通过调查干预组患者在预报服务前后的知信行情况（图 6.68），发现患者对引起慢阻肺发作的危险因素的知晓率明显升高，相信慢阻肺是可预防可控制的患者比例升高了 8.3%，关注气温和空气污染对健康影响的患者比例增加了 19.2%，寒潮或大气污染来临前听从医生建议采取预防措施的患者比例增加了 17.1%，患者对预报服务的整体满意度较高（81.8%）。

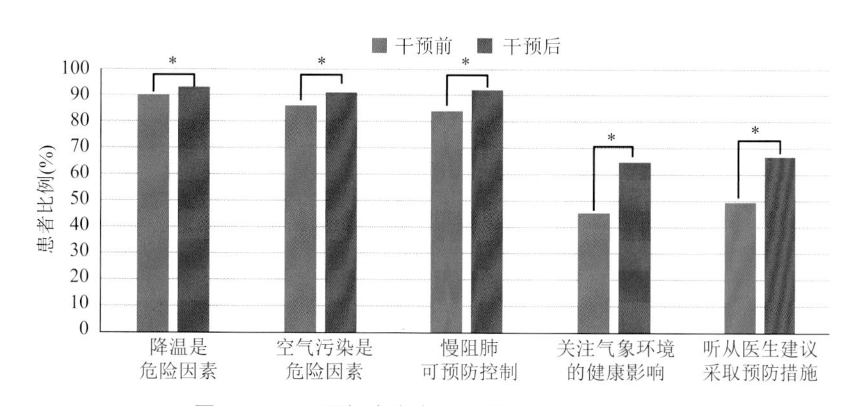

图 6.68　干预组患者在干预前后知信行的变化

6.3.4.3　小结

新冠肺炎疫情导致医院管理和患者就医有所调整，2020 年 2 月 4 日起上海医保部门支持定点医疗机构为慢性病患者开具长处方，在确保医疗安全的情况下，可将处方用量适当延长，减少病人的就医配药次数，因此造成 2020 年 2—4 月慢阻肺患者的总体门急诊就诊较往年偏低，疫情对本次慢阻肺预报服务效果产生明显影响。

6.4 环境气象业务平台

6.4.1 业务功能

长三角环境气象业务平台的目的是为环境气象预报服务提供一个高效快捷的平台支持，实现各类产品信息的快速查询、业务产品的制作发送、区域内产品的共享和汇集，用“一个系统”支撑上海环境气象业务，实现环境气象观测、模式、预报、服务4个业务环节的高效运转，以及4个业务模块之间的交互和反馈，从而不断提升环境气象的业务技术水平和服务保障能力。同时，根据中国气象局关于环境气象业务集约化发展的要求，长三角环境气象业务平台负责开发和制作标准的环境气象通用产品和服务数据，尤其是监测分析产品、模式预报数据和产品、诊断分析产品、区域指导产品等，通过云平台推送到区域各省，为省级环境气象业务提供下载服务，避免省级环境气象服务产品的重复开发，提高工作效率。同时基于标准化的产品也便于组织和实施区域预报会商，实现长三角环境气象的集约化、一体化发展。目前环境气象预报分析平台主要包括产品浏览、交互分析、制作发布和数据服务4个模块，提供了各类产品数据的查询、分析、制作、发布和下载等功能，为预报员实施环境气象预报服务业务工作提供了有效支持。

6.4.1.1 环境气象数据库

环境气象平台的基础是数据库。环境气象业务的主要数据来源包括观测数据、模式数据、上级指导产品3类。其中观测数据包括地面气象观测、地面主要大气污染物观测、气象探空、卫星和地基遥感观测。地面大气污染物监测数据（$PM_{2.5}$、PM_{10}、NO_2、O_3、SO_2、CO）来自全国空气质量实施发布平台（中国环境监测总站），提供空气质量实况信息、污染事件的演变和生消信息，并为空气质量的主客观预报评估提供依据。地面、探空气象观测数据，卫星反演产品，部分地基观测数据（比如风廓线）来自中国气象局CIMMIS系统。环境气象指导产品主要来自中央气象台，包括AQI、霾等预报指导产品和决策服务产品。模式数据包括天气模式、大气化学模式两类，其中天气模式的数据主要来自中国气象局GRAPES、欧洲中期天气预报中心EC、美国NCEP等全球气象模式以及华东区域天气模式SMS，用于研判主导天气系统的影响和演变，获取定点的风场、温度、降雨的精细化预报；大气化学模式数据来自华东区域环境气象模式，提供主要污染物的影响范围、程度、演变趋势，以及定点城市的污染物时序变化。系统获取上述数据后，在后台自动制作各类二次辅助产品，包括监测分析产品、模式预报产品、物理量诊断产品等，以图片形式保存在数据库中，方便预报员快速浏览和查询。

6.4.1.2 支撑产品

环境气象业务平台的核心功能之一是制作标准化的环境气象业务产品，尤其是监测分析产品、模式预报和诊断产品，这是预报员实施预报服务的重要支撑。因此，平台的核心功能之一是设计和开发污染天气地面监测、污染物客观预报、数值模式检验、污染气象条件诊断分析4类产品，在数据库中存为图片格式，方便预报员快速浏览、对比和分析。其中污染天气地面监测产品基于气象和污染物地面观测资料制作，主要从空间角度描述天气系统及其演变对污染物落区、程度和生消的影响；污染物客观预报及检验产品基于区域大气化学数值预报开发，描述污染物的二维时空分布以及定点浓度的时序变化，评估模式预报的准确性和稳定性；污染气象条件诊断分析主要描述影响污染物扩散、传输、沉降、光化学反应的关键气象要素和物理量，比如风速风向、边界层高度、降雨等。平台对上述产品定义了标准化的模板，每天自动收集各类数据并在后台自动生成，并通过云服务向区域各省提供上述产品的推送和下载功能，实现数据的区域交换共享，避免重复开发。统一的产品有助于制定区域环境气象预报业务标准和规范，开展区域预报会商和交流。

6.4.1.3　预报服务产品

预报员是实施预报服务的主体，平台最重要的功能是辅助预报员按照业务规范和流程实施预报服务。因此，平台需要集成多源产品信息查询、交互分析、业务产品制作、一键式发送等功能，实现对预报服务业务的全流程监控、业务管理、业务培训。第一，平台以图片形式提供各类基于观测数据、模式预报的辅助支撑产品，预报员能够快速查询和对比，了解实况信息、客观预报信息，掌握主导污染天气系统及关键污染气象条件；第二，提供基于GIS（地理信息系统）的交互分析模块，预报员根据数值预报结合主观经验绘制污染天气图，描述关键影响系统，以及污染物的落区和未来演变，制作污染天气落区预报产品；第三，预报员根据值班流程制作各类预报服务产品，每类产品都分别定制了模板，系统根据数值预报的结果自动生成客观预报服务产品，预报员根据客观预报检验结合主观经验对数值预报进行解释应用，得到修正的预报结果。需要指出的是，预报员最重要的工作是形成上海分时段主要污染物浓度的预报结论，然后系统会根据精细化的污染物浓度预报结合精细化的天气要素预报自动生成不同类型的服务产品，比如气象生活指数预报、健康气象服务产品等，实现由预报结论衍生多个服务产品的业务思路。平台包括5个方面产品的制作和发布功能：上海市空气质量预报产品（AQI）、霾天气预报产品、上海市健康气象预报产品（感冒指数、紫外线等）、上海市气象生活指数预报产品（穿衣指数、洗车指数等）、区域指导预报产品（长三角一周污染天气展望等）。

6.4.2　框架结构

环境气象业务平台的总体框架结构分为基础设施层、数据资源层、系统支撑层、应用层、门户层、数据标准规范体系、安全监控和管理系统与系统运行保障、配套措施及机制体制保障。系统总体框架结构、业务逻辑分析见图6.69。

6.4.3　主要模块

环境气象业务平台主要包括产品浏览、交互分析、制作发布和数据服务4个模块，提供了所有数据和产品的查询、分析、制作、发布和下载等功能，为预报员业务值班提供工具支持。

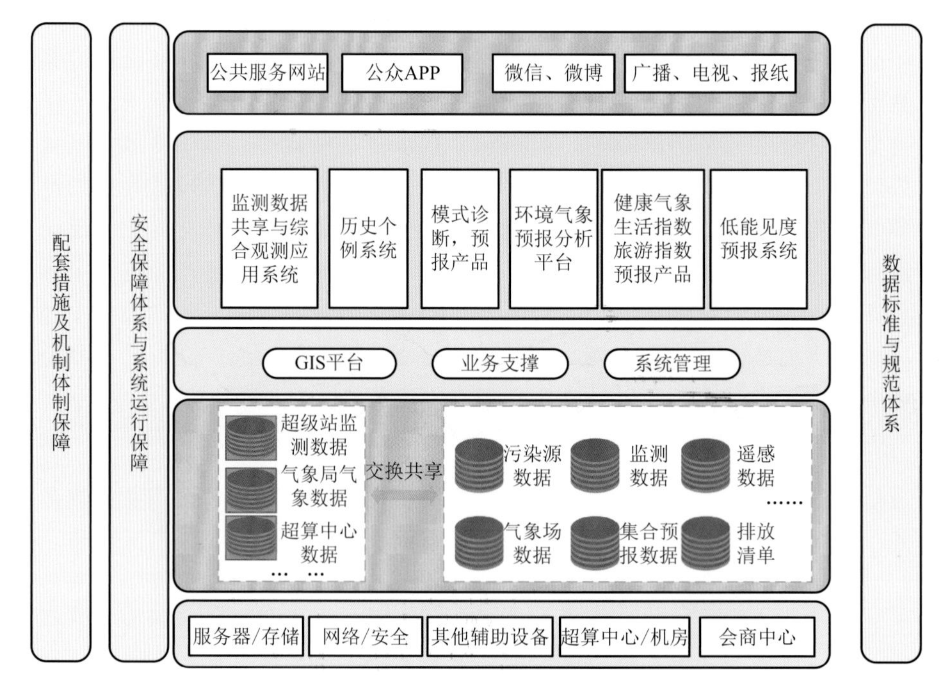

图 6.69　环境气象预报分析平台系统框架结构图

6.4.3.1　产品浏览模块

根据预报业务需求，对气象和污染物观测数据、天气和大气化学数值模式预报数据、国家级指导预报产品进行采集、加工，产品制图和切片发布，最终在客户端界面实现各类图片产品的显示。

(1) 一体化数据采集：采集程序的部署位置分成两种，第一种是程序部署在服务器上，通过能够被服务器访问到的网络，实现数据的采集下载；第二种是数据所在位置服务器无法访问到，但是服务器可以被数据所在位置的电脑访问，那么采集程序部署在数据端，通过Webservices技术，实现数据的实时上传，从而达到分布式采集的目的。

(2) 数据加工：对气象要素、污染物要素观测数据进行时间一致性和空间一致性匹配；对模式格点数据进行空间抽取、高度层抽取和时间抽取等。对不同要素进行时间、空间范围平均等统计。

(3) 产品制图：对气象和污染物观测数据、数值预报数据进行处理，制作一维时间序列、二维空间分布以及垂直廓线、时间—高度剖面、空间剖面产品，包括高空及地面气象场、污染物浓度空间分布、动力热力垂直廓线等产品，以及气象和污染物的协同分析产品、数值预报和实况的对比分析产品、不同物理量的计算诊断产品等。

(4) 产品浏览：实现对监测产品、模式预报和诊断产品、模式检验产品、上级指导预报产品的调阅和快速浏览。

① 监测分析产品：该类产品帮助预报员了解过去及当前的污染天气形势，把握主导天气系统及其演变对污染物的可能影响，为建立主观潜势预报提供重要依据。将气象观测数据和污染物观测数据进行融合，根据天气条件对污染物物理化学过程的影响研制多类污染天气监测产品，比如将 $PM_{2.5}$ 浓度与海平面气压场叠加，分析天气系统演变对 $PM_{2.5}$ 传输过程的

影响；将地面风场与 $PM_{2.5}$ 浓度、O_3 浓度叠加，分析风向风速对污染物混合扩散的影响；将 $PM_{2.5}$ 浓度与相对湿度和能见度叠加形成霾天气监测产品；将 O_3 浓度和温度叠加分析辐射对光化学生成的影响（图 6.70）。

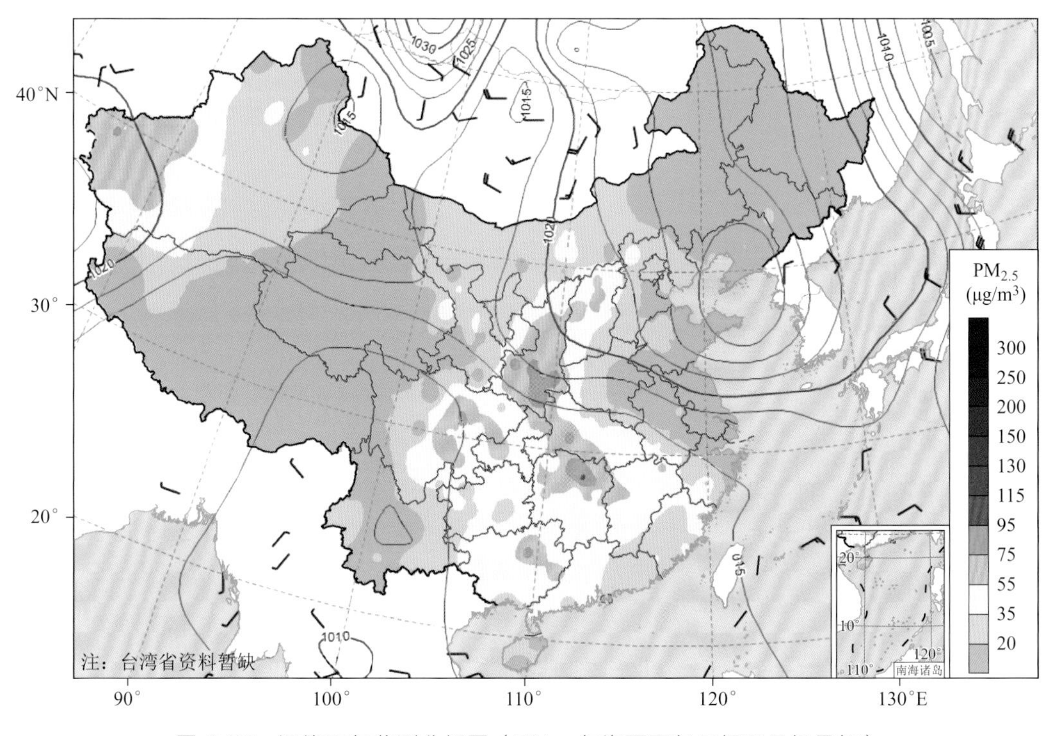

图 6.70 污染天气监测分析图（$PM_{2.5}$ 与海平面气压场和风场叠加）

② 模式预报产品：数值模式产品是预报员实施定时定量的重要基础。预报员在污染天气潜势分析的基础之上，根据数值模式的定量预报和检验结果，结合预报员的主观经验，包括对模式预报信度的经验、对局地污染过程演变的经验等，实施对客观预报的修正并形成定时定量的预报结论。模式客观预报产品包括污染物落区预报、污染物时序预报、客观预报检验 3 类。其中落区预报产品显示污染物的逐小时空间分布；站点预报产品展示污染物的逐小时浓度变化；客观预报检验产品展示过去一段时间模式的预报偏差、模式预报的稳定性，辅助预报员判断模式预报的主导天气系统是否准确以及模式预报是否存在系统性偏差，进而对模式客观预报进行修正（图 6.71、图 6.72）。

③ 数值诊断分析产品：该类产品由预报员根据预报经验自主开发，目的是定量诊断关键的污染气象条件，根据气象模式的预报结果，计算对污染物传输、扩散、沉降具有重要影响的关键要素及物理量。比如高度—时间四要素预报图，分析天气系统的演变更替；风向风速及风玫瑰图，反映局地的污染传输和扩散条件；降水序列图，反映湿沉降对污染物的可能影响；后向轨迹图，反映影响局地空气质量的气团源地等（图 6.73 至图 6.75）。

④ 上级指导预报产品：获取国家级指导预报产品，在平台上提供产品的显示、查询和对比功能，包括全国空气污染气象条件预报、全国空气质量指数预报、全国能见度预报、全国霾天气预报等（图 6.76）。

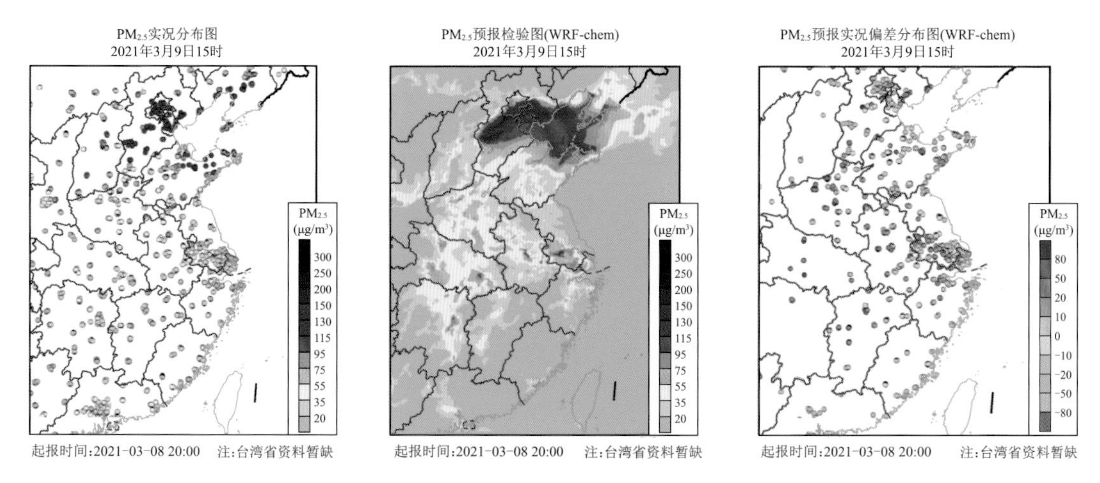

图 6.71 大气化学数值模式面预报检验产品

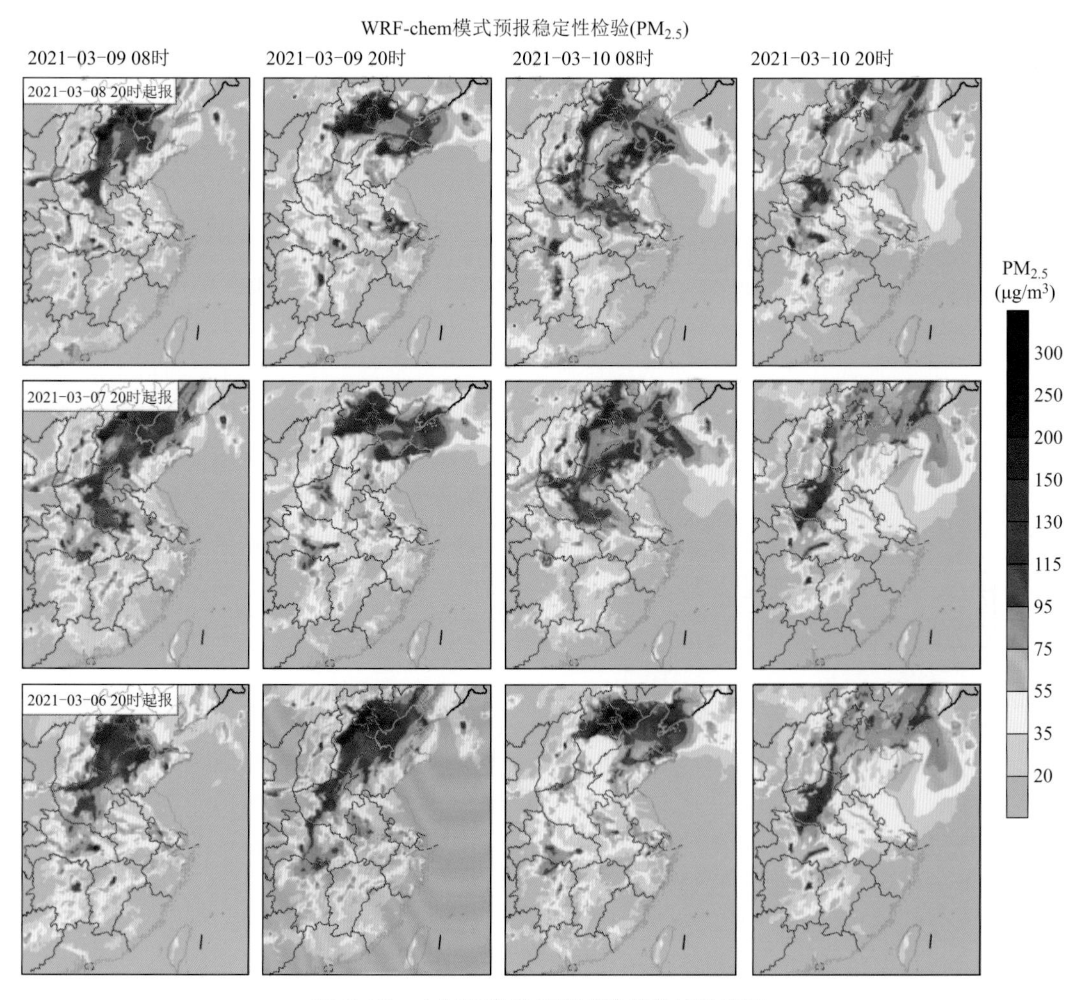

图 6.72 大气化学数值模式稳定性检验产品

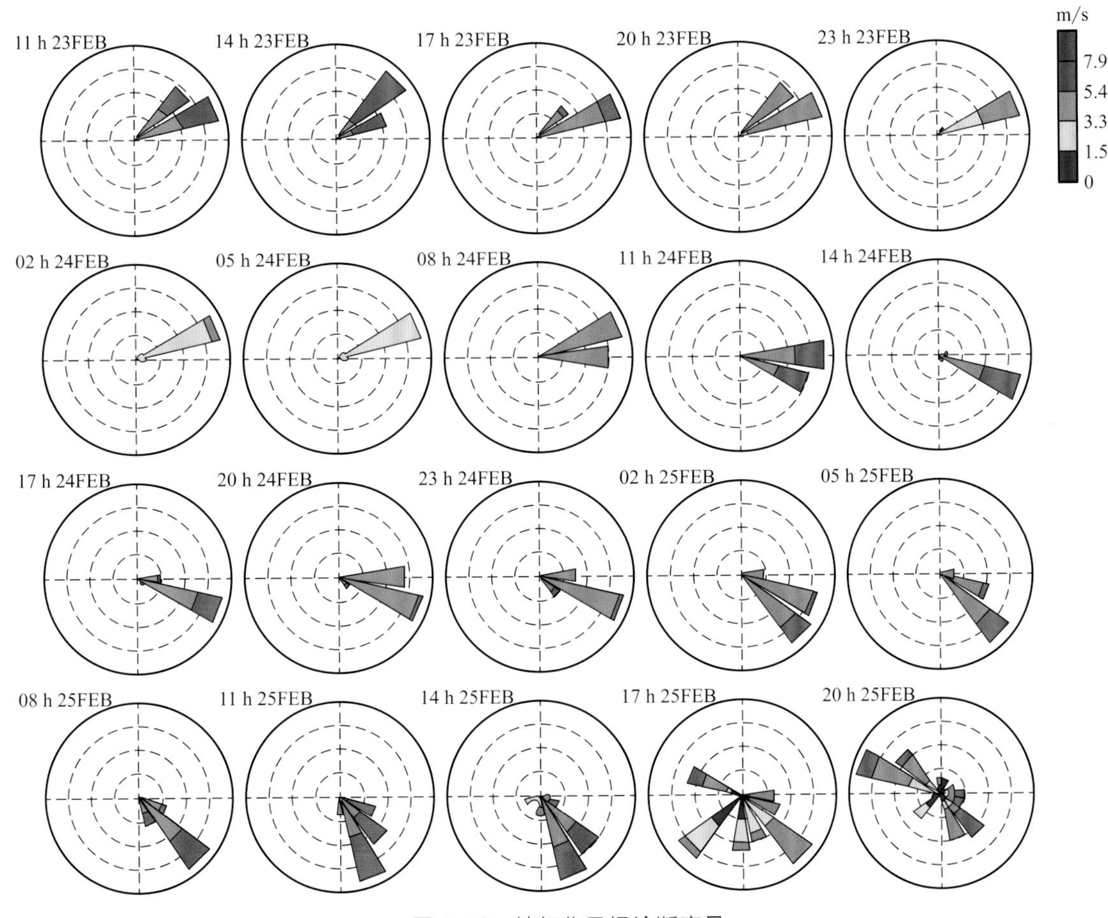

图 6.73　精细化风场诊断产品

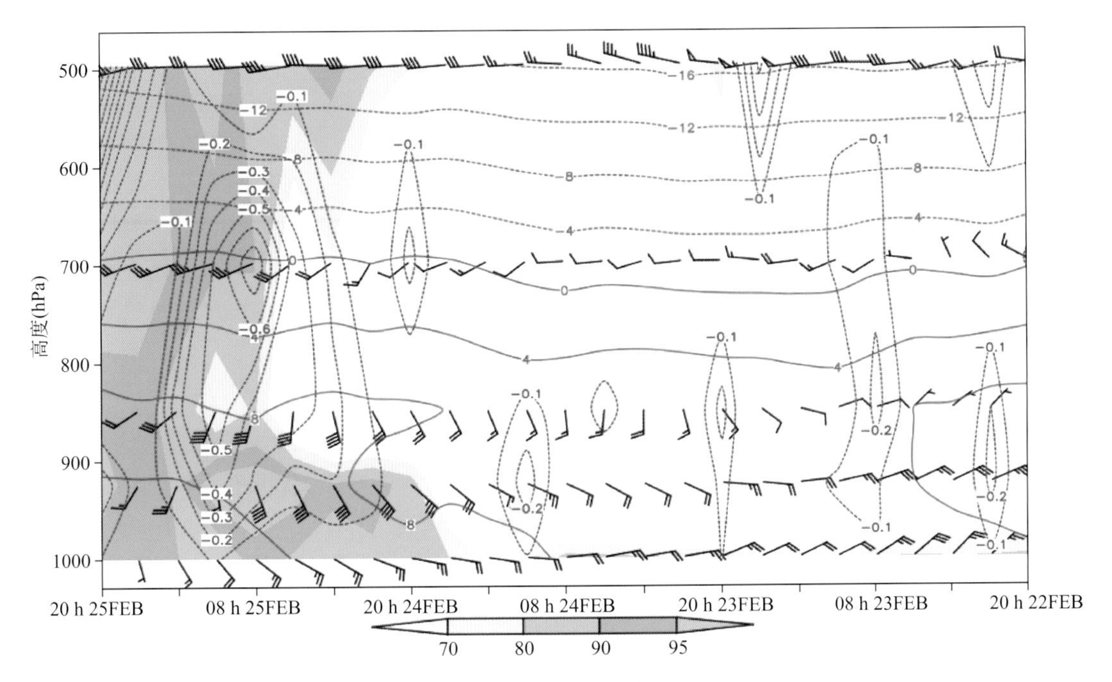

图 6.74　多要素诊断产品

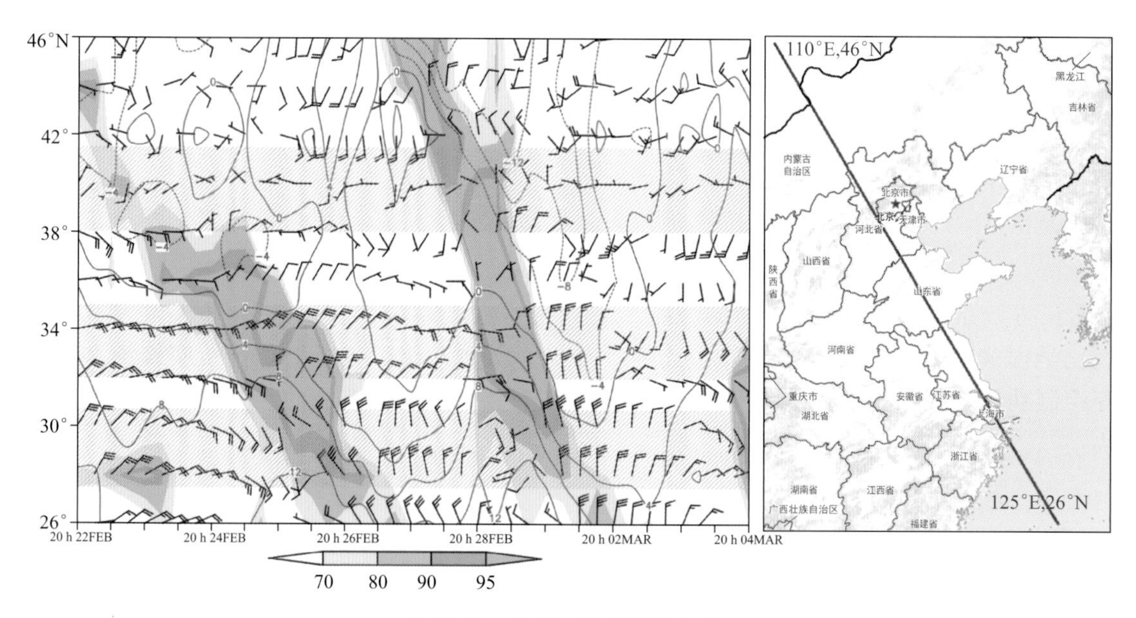

图 6.75 斜剖面诊断预报产品

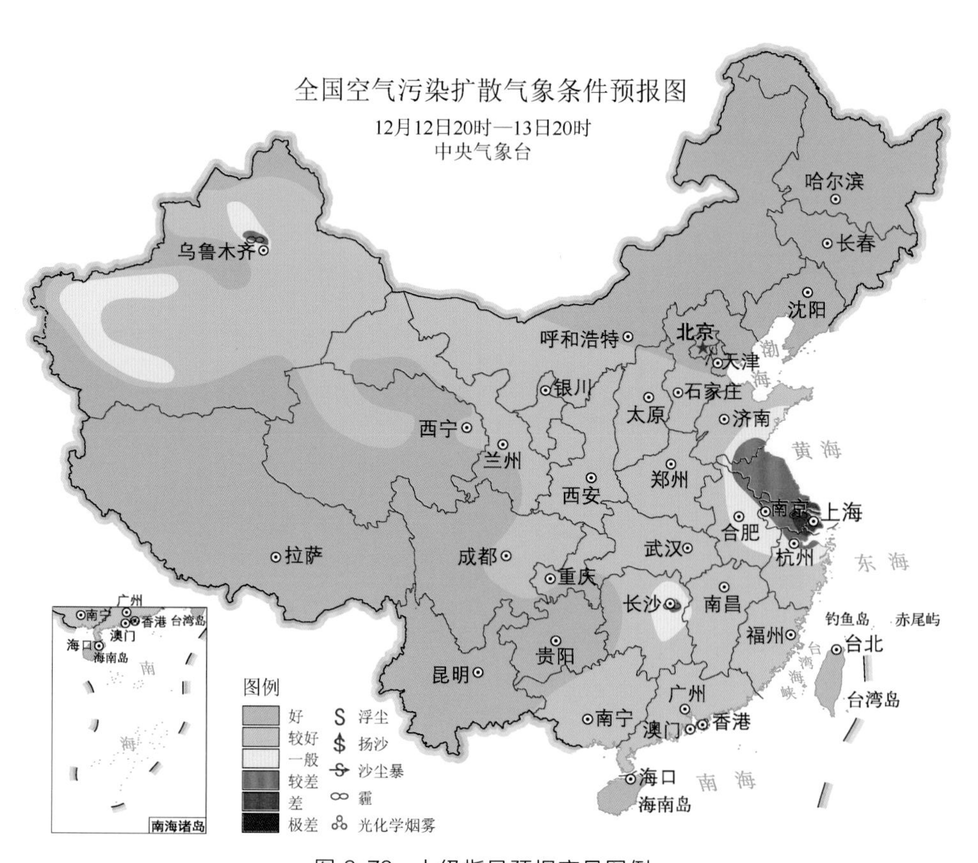

图 6.76 上级指导预报产品图例

6.4.3.2 交互分析模块

污染天气影响系统及演变的分析是实施环境气象预报的基础。污染天气分析的目的是了解当前的天气及大气污染实况，分析主导天气系统及其未来演变，获取大气动力热力条件，研判气象条件及其变化对局地大气污染物生成、转化和消亡的影响。交互分析模块是基于GIS技术开发的具有人机交互功能的模块。该模块的目的是为预报员分析污染天气实况、识别主导污染天气系统，进而根据客观预报结果分析未来天气系统演变对污染影响范围及程度的可能影响，以及为开展主观修正提供平台支持，同时也为绘制污染天气分析图、污染落区预报图等产品提供操作平台。为此，需要提供各类气象和污染物实况数据、天气模式和大气化学模式数据在底图上的调取、查询等功能，提供常用天气系统如冷、暖锋面和槽线等绘制功能，提供几何形状落区的绘制和调整功能，并提供产品的保存下载功能。该模块基于leaflet进行WebGIS界面的开发，包括区域放大、区域缩小、图层透明度调整、标尺、截图、全屏、工具箱、平移等功能。实际操作时可进行底图切换，并进行地理图层控制（图6.77）。

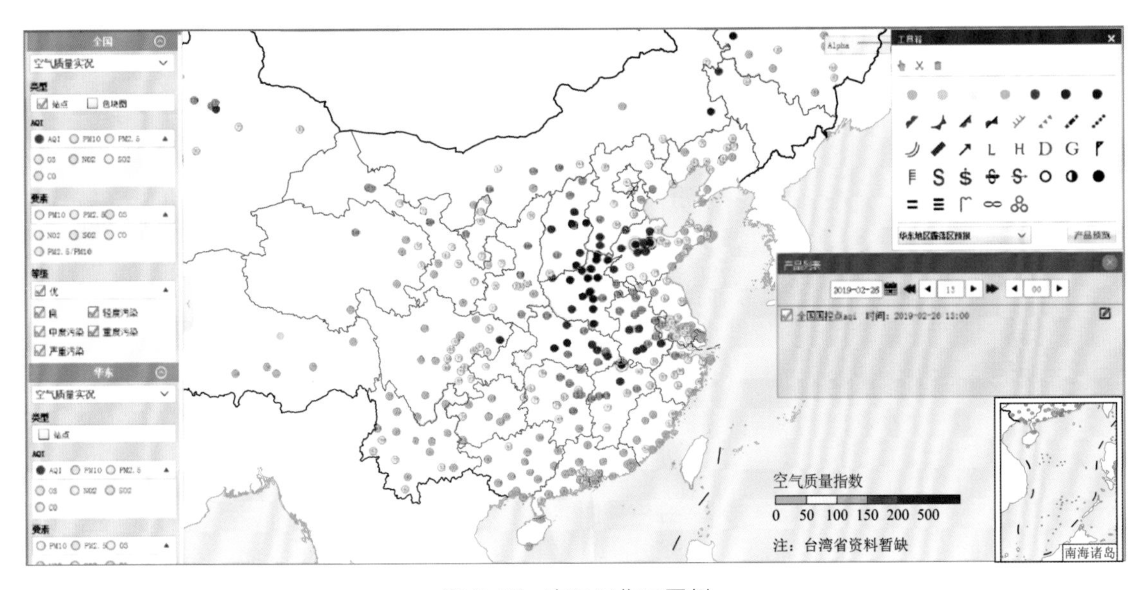

图6.77 交互工作区图例

6.4.3.3 制作发布模块

该模块分为预报工作区、上海市预报服务产品制作发布、区域预报服务产品制作发布、主客观预报评分4个子模块。预报工作区是组织管理日常业务值班的模块，提供值班管理、产品监控管理、发布日志以及值班通知等功能，实现了对环境气象业务值班流程的管理，使得预报员能够按照业务值班流程和业务规范高效完成各类产品制作及发布，同时提供各环境气象业务指标、标准、手册等信息的查询；上海市及区域产品制作与发布模块辅助预报员完成所有业务产品的制作和一键式发布，这些产品和预报工作区中的产品监控动态链接；预报评分模块根据中国气象局、上海市气象局业务要求，对预报员填报的预报产品进行评分考核，包括AQI分时段预报、AQI未来24 h预报、霾预报、紫外线。

（1）预报工作区：包括值班登记、产品监控、产品制作发布、产品发布日志、排班管理、重要通知等。预报工作区是业务值班的主界面，目的是对业务值班流程进行管理和监控，确保业务值班顺利、高效实施（图 6.78）。

图 6.78　预报工作区图例

（2）上海市预报服务产品制作发布区：完成上海市环境气象预报服务产品的制作和发送，包括 AQI 分时段预报、未来 24 h AQI 预报、未来 3 d 霾预报、气象生活指数预报、紫外线预报、AQI 分区预报等，同时完成各类决策服务材料的制作，包括重污染天气专报、污染天气解析专报等。平台根据天气模式、大气化学模式的数值预报结果首先自动生成初始结论，预报员的主要工作是根据监测预报支撑产品结合主观经验对初始结论进行修正和调整。各个产品之间存在联动关系，其中 AQI 分时段预报是最核心的预报产品，是核心预报结论，也是预报员业务值班的重点，该产品是和上海市环境监测中心会商的结果。AQI 分时段预报包含未来 3 d 6 种主要污染物的精细化预报结论，因此根据分时段预报进而可以形成上海市未来 3 d AQI 指数预报、霾天气预报等结论，同时结合中心气象台精细化的气象要素预报可形成各类气象生活指数和健康指数预报产品，不但保障了环境气象预报产品之间的一致性，也保障了预报产品和服务产品之间的协调，基本实现一个预报结论自动生成多个服务产品的功能。然后根据预设的途径实现所有产品的一键式发送，对每条发送途径进行监控形成发送日志，提高了工作效率，降低了值班差错（图 6.79）。

（3）区域预报服务产品制作发布：针对长三角及华东区域制作环境气象区域指导产品和决策服务产品，主要包括 AQI、霾、污染气象条件等落区预报图，以及长三角一周污染天气展望、长三角区域空气质量预报等指导产品。其中长三角区域空气质量指导预报是和上海市环境监测中心会商后的产品，上传生态环境部和中国气象局相关部门（图 6.80）。

（4）预报评分：该模块根据中国气象局、上海市气象局相关业务规范对环境气象主观预报和客观预报分别进行评分和对比，检验客观预报的精度和预报员的业务能力。按照要素分为 AQI 预报、霾预报、紫外线预报等。以 AQI 预报为例，评分时包含了首要污染物正确性评分、预报级别正确性评分、预报数值误差评分和预报精确度评分等。最后形成环境气象预

图 6.79　上海市产品制作发布区图例（分时段）

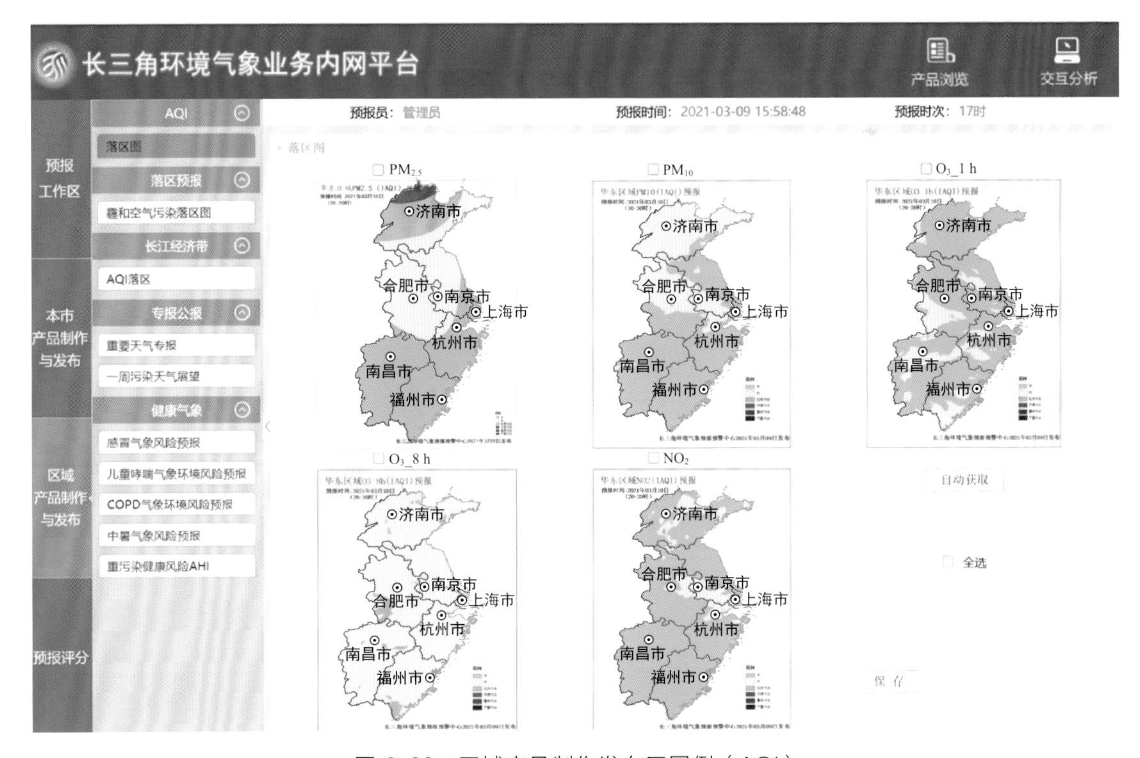

图 6.80　区域产品制作发布区图例（AQI）

报质量评定报告上报上海市气象局业务管理部门，对每月、每年的环境气象预报质量进行统计（图 6.81）。

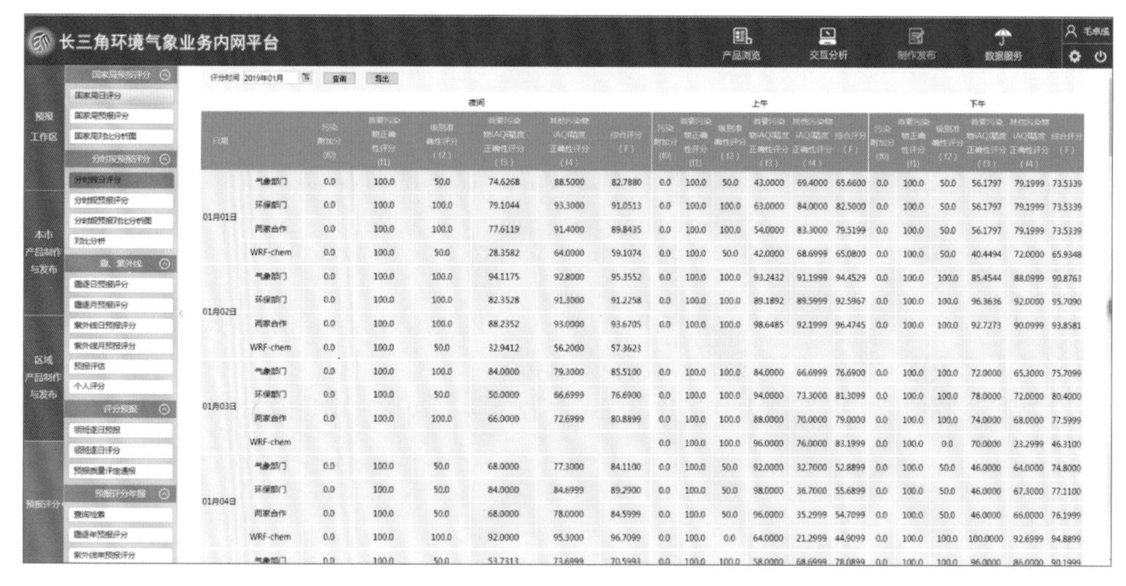

图 6.81 预报评分图例

6.4.3.4 数据服务模块

数据服务模块的目的是提供历史观测数据、模式数据的下载功能和简单分析功能，帮助预报员对典型个例进行查询、回顾和分析研究，加深预报员对污染成因及演变规律的理解，提升预报员对污染过程的预报能力。预报员可以根据时间查询相关的观测数据和模式数据，该模块同时提供简单的绘图包工具，实现污染物浓度的插值、空间显示、时间显示以及多源数据对比等功能，方便预报员对典型个例进行初步分析、挑选。

6.4.4 历史案例检索

为减缓大气污染，改善环境空气质量，我国政府相继出台一系列规划和计划，如大气污染防治行动计划、“十三五”生态环境保护规划等，大气污染研究和治理工作以及重大活动保障都对精细化预报提出更高要求。同时，随着快速的城市化进程，我国东部地区的污染排放集中在京津冀、长三角、珠三角等地，使得大气污染呈现区域性特征，即区域经济一体化造成区域污染一体化。围绕长三角示范区绿色低碳的发展目标，大气污染防治对区域联防联控的“协同一致性”和“靶向式”需求越发强烈，然而目前对区域性污染事件的形成机制还缺乏深入了解，对边界层动力热力过程、辐射过程、气溶胶非均相过程以及物理化学过程之间的相互影响机制还不清楚，制约了数值模式对污染过程及其演变的模拟能力，导致对区域性污染事件的理解不足，使得对区域性污染过程生消空间分布和时段演变、峰值浓度的精准预报能力不足。为此，需要建立长三角污染案例检索系统，一方面在实际预报过程中提供历史过程查询回溯、历史相似案例匹配预报和区域性污染过程定量评估等功能；另一方面对历史案例进行分类研究，分析区域 $PM_{2.5}$ 和 O_3 以及两者协同污染特征，识别影响区域 $PM_{2.5}$ 和 O_3 以及两者协同污染的天气形势、关键气象因子、输送轨迹和典型过程类型，探索不同类型长三角区域性 $PM_{2.5}$ 和 O_3 以及两者协同污染的形成机制。另外，结合模式预报未来演变，有效提升区域性污染过程分类型预报和精准调控的准确率和及时性。

6.4.4.1　长三角污染案例定义及数据来源

（1）数据来源

长三角地区（安徽、江苏、上海、浙江）地面 $PM_{2.5}$ 和 O_3 观测资料由上海市环境监测中心提供，时段为 2013 年至今，包括 256 个国控点小时质量浓度数据，其中安徽、江苏、上海、浙江分别为 73、114、10、59 个国控点。

与污染天气相关的气象资料则采用了各省市 2013 年至今 MICAPS 资料和城市区域气象观测站的气象要素，主要包含气温、相对湿度、水平风速风向、降雨的小时观测数据。

（2）长三角区域性污染日的研判方法及筛选流程

区域性过程的特点是范围大且连片出现。牛若云等（2018）对我国东部区域性暴雨日的判断标准为日累计降水量达到暴雨的格点数大于 15 个且相连成片。参考区域性高温日的判定标准为日最高气温≥35 ℃的站点数超过总站点数的 3%，且相邻站点之间的最大距离小于 250 km。可见相关研究对区域性过程的判别重在连片、大范围，判别的结果取决于研究区域内的站点数量和空间均匀性，站点数越多、空间分布越均匀，就能够更加准确地揭示区域性过程的特征。参照上述研究，构建长三角区域性 $PM_{2.5}$ 和 O_3 以及两者协同污染案例的判别（图 6.82）主要基于两点：首先由于长三角环境空气质量的国控点数较少（256 个），而且主要集中在城市地区，因此选择城市而不是站点作为区域性过程的研判对象（共 41 个城市）；其次区域性过程的重要特点是连片，而不是跨省，因此定义安徽、江苏（考虑到上海面积较小，其和江苏相邻，因此将上海作为一个城市和江苏合并）、浙江至少一个省超过 50%的城市 $PM_{2.5}$ 或 O_3 日平均浓度达到污染等级（$PM_{2.5}$ 污染日定义：$PM_{2.5}$ 日平均浓度大于 75 μg/m³；O_3 污染日定义：O_3 日最大 8 h 均值浓度大于 160 μg/m³），为一个区域性 $PM_{2.5}$ 或 O_3 污染日，两者协同污染案例日平均浓度同时达到污染标准，且同城市超标站数大于 5 个，为一个区域性协同污染案例。

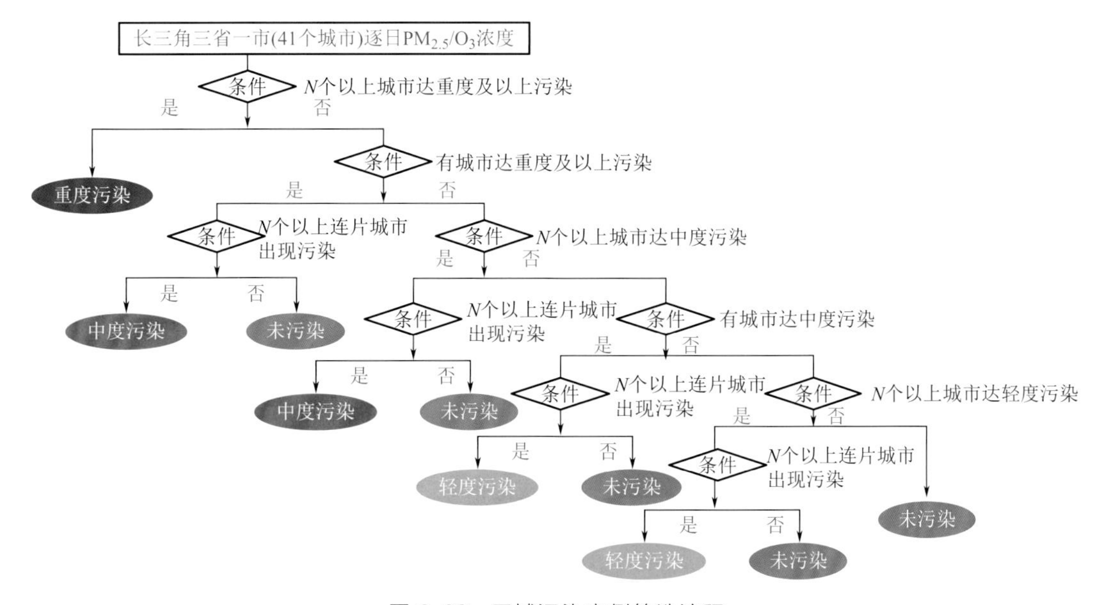

图 6.82　区域污染案例筛选流程

根据上述标准，实现了对2013年至今长三角区域性 $PM_{2.5}$ 和 O_3 以及两者协同污染案例进行自动化筛选分类入库（满足案例库多种查询条件）。已建成的案例库中长三角区域性 $PM_{2.5}$ 案例逐年减少，在100～150个/年，O_3 案例逐年增多，在70～100个/年。另外，为了更好表征区域污染特征和气象扩散条件，综合考虑污染特征和城市所处的地理位置，实现了长三角区域41个城市污染浓度和气象要素等数据的及时入库和交互查询功能。

6.4.4.2 长三角环境气象案例系统框架结构

通过对2013年至今所积累的大量长三角区域性 $PM_{2.5}$ 和 O_3 污染案例数据进行梳理，理清污染与气象间的关联，通过聚类方法得出区域性过程的类型特征库，设计污染案例的类标签，从而构建具有类型特征的区域性环境气象污染案例库，实现查询、历史相似案例匹配和分类诊断统计功能，并开发直观图片和数据产品，服务于长三角秋冬季大气污染攻坚行动计划和进博会空气质量保障服务，具体技术路线设计如图6.83所示。

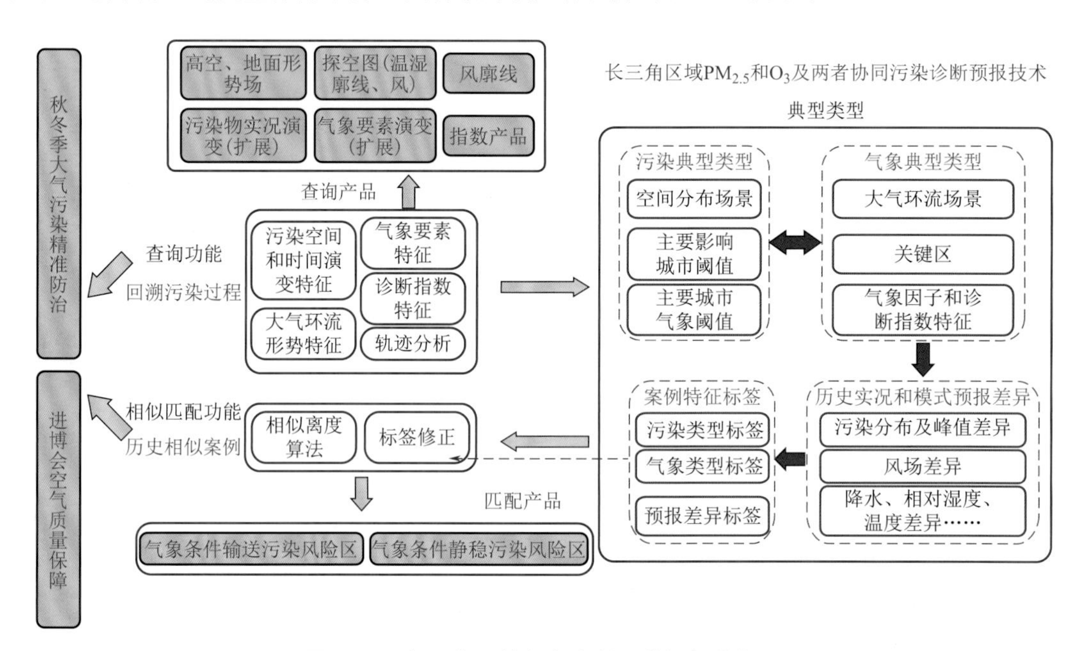

图6.83 长三角环境气象案例系统框架结构图

6.4.4.3 长三角环境气象案例系统主要模块

结合长三角区域环境和气象数据、产品的特征，长三角环境气象案例库及检索系统平台主要包括查询回溯、历史相似案例匹配、分类型诊断统计和轨迹分析4个模块，提供了查找、标签收藏、统计诊断和下载等操作功能，并针对类型特征、污染物、生消时段、持续时间等建立索引，实现当前预报场的历史相似案例匹配检索排序，以及历史污染案例的交互式快速查询等信息化管理。

（1）产品查询回溯模块

查询回溯功能主要在于方便回溯长三角区域性污染过程，因此实现多条件查询，主要包括污染物、污染类型、气象类型、污染时间和污染等级。目前实现查询长三角区域性污染过程时空分布、大气环流高低空配置、气象因子特征和模式实况对比产品（图6.84至图6.87）。

① 长三角区域性污染过程时空分布产品：该类产品帮助预报员快速查询回溯某一次/类

历史污染过程的3种范围（中国区域、长三角区域和上海区域）环境和气象时空分布特征，把握污染关键区和污染物峰值生消时段特征。预报员回溯查询历史过程中，更希望比较该过程在同类过程中的异同点，因此提供了交互查询功能，可以查询多条件组合下某类污染过程的共性特征（易污染区域、主导风向、风速平均值及降水概率等关键气象因子）及该类过程单个案例的个性时空分布信息查询。

② 大气环流高低空配置产品：大气环流高低空配置及其演变对污染过程特征影响重大，且属于标签类，也是预报员查询回溯最关注的气象背景场及主导天气系统。根据不同高度可查询多类高低空配置组合产品，比如500 hPa高度、风场和温度场叠加以及海平面气压场和10 m风场叠加等产品，分析不同天气系统演变对污染物传输、滞留和扩散条件的影响（图6.84）。

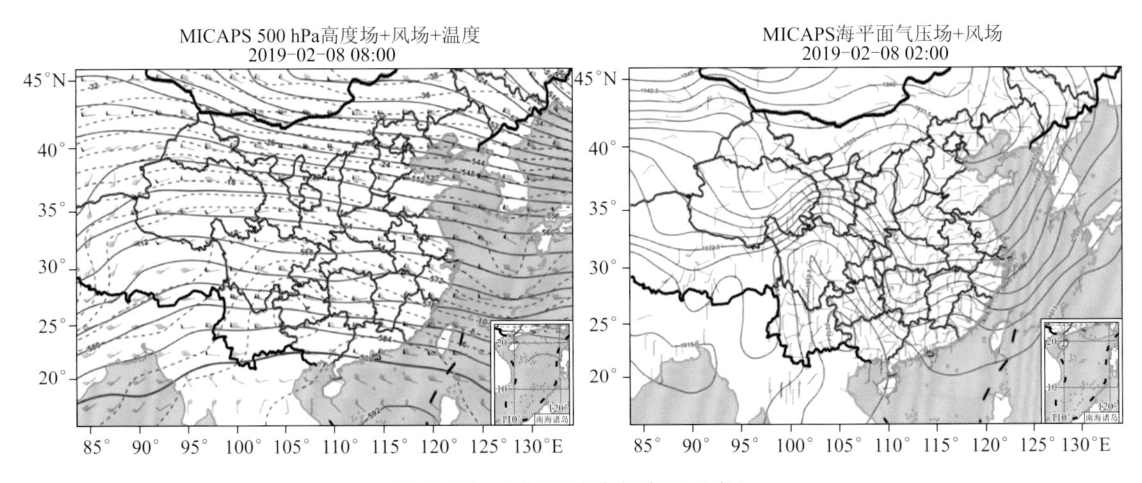

图6.84　大气环流高低空配置产品

③ 城市级气象要素及诊断指数产品：该类产品基于上述空间区域产品分析的基础上，定量诊断预报员所选出的关键区中的主要影响城市的气象要素条件，从而加深理解不同类型条件下区域性污染过程的气象要素阈值、逆温强度及层高，垂直沉降、冷暖平流等具有重要影响的气象要素特征及阈值范围，为污染过程精确化预报提供历史观测订正参数（图6.85）。

④ 模式结果与实况对比产品：数值模式产品是预报员做预报的重要基础。但是数值模式预报不同类型污染过程的偏差存在明显差异，预报员对于不同类型污染过程的模式偏差评估产品的业务需求下，系统开发了该类模式结果和实况对比产品，帮助预报员对比评估历史污染过程与当时数值模式预报的气象条件偏差，从而形成该类历史污染过程的模式预报订正参数，用于预报员实施对客观预报的修正并形成更为准确的定时定量预报的经验系数（图6.86）。

（2）历史相似案例匹配模块

基于相似离度算法和案例特征标签相结合算法，提供多条件自动匹配功能，提供历史相似案例及相似度排序（按相似离度从小到大顺序排序所匹配到的全部历史相似案例），根据历史相似过程快速查看需求，菜单栏实现一键联动功能，快速显示所选择的单个历史相似案例的污染和气象产品以及多个历史相似案例的统计诊断产品，包含长三角区域性污染时空分

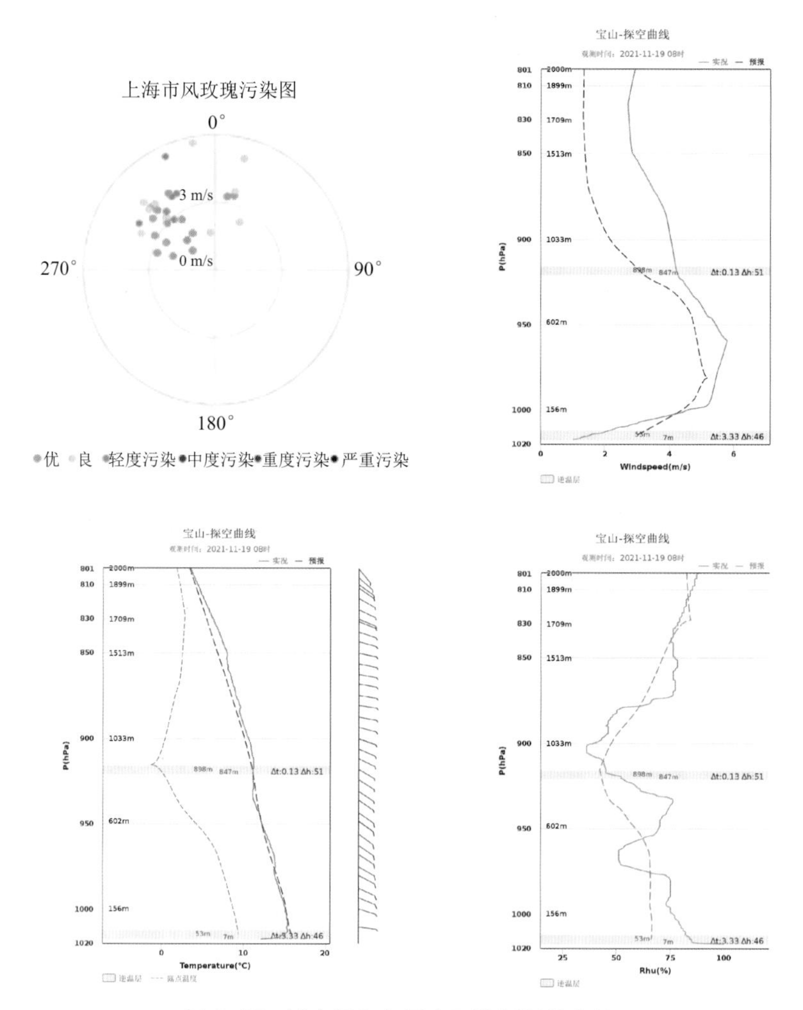

图 6.85　城市级气象要素及诊断指数产品

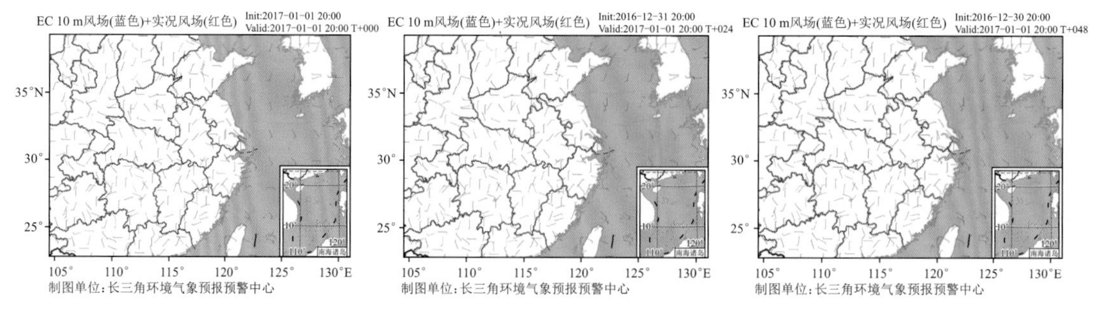

图 6.86　模式结果与实况对比产品

布图、风雨分布图、大气环流形势对比图、城市级单个或多个历史相似案例城市级气象要素的统计诊断图等产品（图 6.87）。

① 匹配模块原理：天气过程是在大气行星尺度或天气尺度系统演变的背景下形成的。行星尺度系统是沿纬圈波数为 1～3 的超长波，水平尺度在 6000 km 以上，生命史为 5～10 d；天

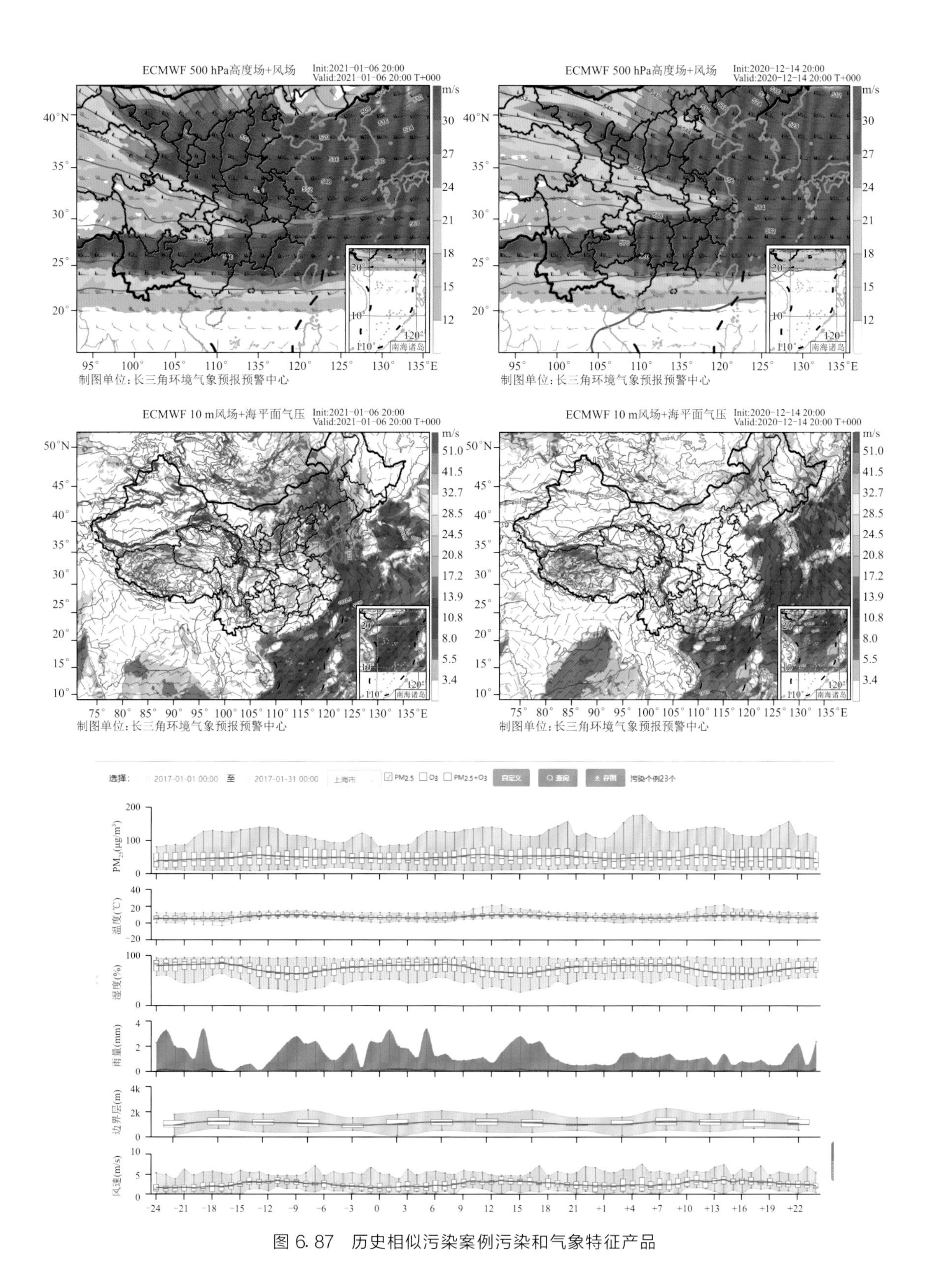

图 6.87　历史相似污染案例污染和气象特征产品

气尺度系统是沿纬圈波数为 4～10 的长波和短波，水平尺度为 2000～6000 km，生命史为 3～5 d。当大气环流背景确定后，对应的天气过程也基本形成。基于以上原理，在实际预报过程中首先从历史污染案例中检索出和未来天气过程相似的大气环流形势，其次根据历史相似过程相似度排序，查询所需产品，帮助预报员形成某类污染过程特征的修订系数，用于预报中修订模式预报结果。

② 数据来源：环流形势场包括 500 hPa 高度场、850 hPa 温度场和海平面气压场。环流预报场数据选用欧洲中期天气预报中心精细化的 240 h 预报产品，范围为（0°～90°N，0°～360°E），格距为 1°×1°。历史环流场同样采用欧洲中期天气预报中心的 2013 年至今 500 hPa 位势高度场、850 hPa 温度场以及海平面气压场的逐日资料，范围为（20°～85°N，5°～360°E），格距为 1°× 1°。历史污染数据选用 2013 年至今 $PM_{2.5}$ 和 O_3 小时浓度数据以及对应的高低空气象数据。

③预报匹配算法（相似离度）：我国地处亚洲东部地区，当 500 hPa 高空影响系统进入（15°～60°N，90°～130°E）时，将可能对长三角区域空气质量产生明显影响。因此将此范围定义为影响长三角区域的天气系统关键区。在回溯和预报长三角区域性污染过程中需特别关注此关键区内的天气系统。因此，历史相似案例匹配中环流相似采用了关键区相似方法。

$$Y=\frac{\sum_{i=1}^{n}X_i}{n}\times 100\% \tag{6.18}$$

式中，资料长度为 15 a 或 46 a；$X_i=1$ 表示第 i 年出现了指定量级的污染；$X_i=0$ 表示第 i 年没有出现指定量级的污染；Y 为指定级别污染出现的概率。

该模块采用了目前使用较为广泛、天气学应用效果较好的相似离度法进行相似度计算。公式如下：

$$C_{ij}=\frac{1}{2}(S_{ij}+D_{ij}) \tag{6.19}$$

$$S=\frac{1}{M}\sum_{K=1}^{M}|X_{ij}-E_{ij}| \tag{6.20}$$

$$D=\frac{1}{M}\left|\sum_{K=1}^{M}X_{ij}\right| \tag{6.21}$$

$$X=X_i-X_j \tag{6.22}$$

$$E=\frac{1}{M}\sum_{K=1}^{M}X_{ij} \tag{6.23}$$

式中，M 为样本个数；K 为累积求和的计数，可取值 1－M，i 和 j 从 1 变化到 M；E 为 i 样本对 j 样本中所有因子间差值的总平均；D 为海明距离对因子容量 M 的平均，它能很好地反映 2 个样本之间在总平均数值的差异程度；S 为样本中因子间的差值对 E 的离散程度；C_{ij} 为相似离度指数，C_{ij} 越小，相似离度越高。相似离度可以理解为距离系数的某种延伸，它全面考虑了型相似和值相似。

④ 历史相似案例匹配产品

通过菜单栏界面可选择单个或者多个气象要素匹配，选择欧洲中期天气预报中心模式预报时间，针对所关注要素或时间检索历史相似案例，该模块所匹配的历史相似案例按相似度排序（相似离度越小表示越相近，按相似离度从小到大顺序）显示。基于筛选所得历史相似案例，菜单栏可点击任意案例，即一键联动到查询检索、分类统计和轨迹查询 3 个模块的功能，显示该历史相似案例污染时空分布、大气环流场等信息以及风雨分布图、城市级气象要素以及轨迹分布（输送类）等产品。

（3）分类统计诊断产品模块

该功能提供满足多条件组合下的历史污染过程的相关信息及产品，并统计诊断该条件组合下，预报员最为关注的污染和气象信息，主要包括时空分布特征、主要影响城市、过程频数、易污染时间、气象因子阈值和模式偏差等，帮助预报员快速了解该条件组合下历史污染过程关键区、气象条件风险区以及模式修正预报等衍生产品，为长三角一体化精准预报和精准防治提供技术支持，产品示例如图 6.88 和图 6.89 所示。

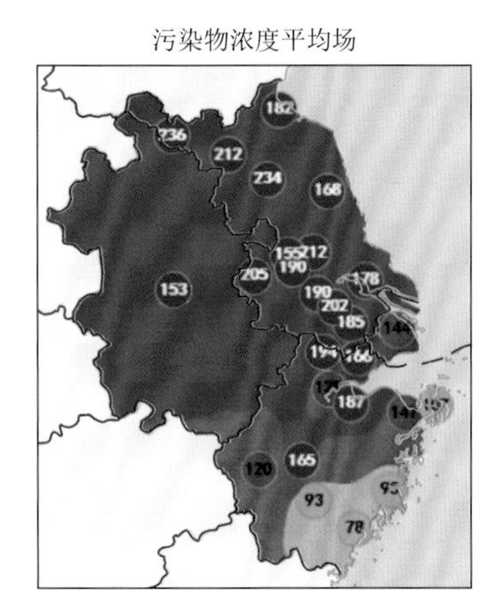

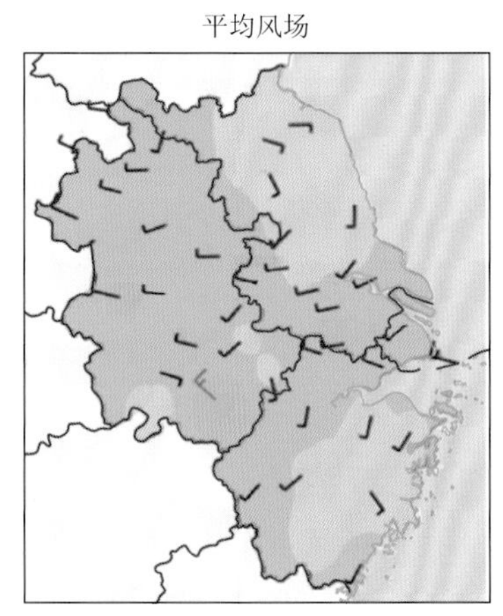

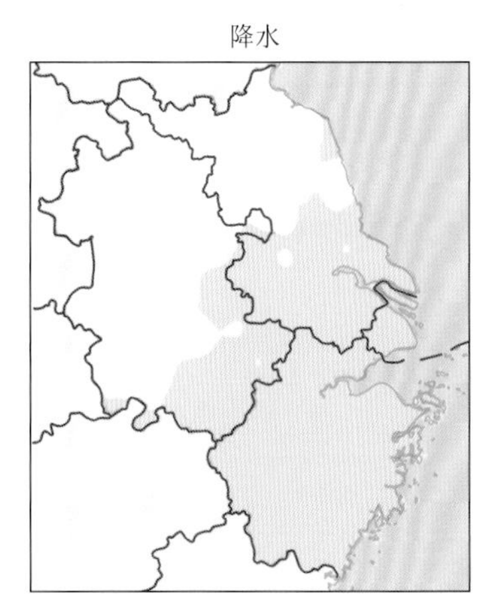

图 6.88　分类统计诊断平均场

（4）轨迹分析模块

后向轨迹分析是研究受体大气气溶胶输送的一个重要手段。轨迹分析功能主要在于分析预报员所查询或匹配的历史污染过程的输送特征。该模块实现多条件组合查询以及和上述查询、匹配功能实现联动功能，主要包括聚类输送轨迹、潜在污染源贡献因子（PSCF）和浓度权重轨迹（CWT）3 个功能，并提供查询单个污染案例的气象场等信息产品。

① 轨迹分析产品

聚类分析产品：聚类分析法是根据地理变量（或指标样品）特征的相似性、亲疏程度，用数学的方法把它们逐步地分型划类，最后得到一个能反映个体或站点之间、群体之间亲属关系的分类系统。气团后向轨迹聚类分析是根据气团的移动速度和方向对大量轨迹进行分组，得到不同的轨迹输送组。分类的原则是组内各轨迹之间差异极小，而组间的差异极大，在聚类分析过程中组间差异临界值设置为 30%，即前后两个轨迹的差异在 30%以内就归为同一类型气流。该模块基于已经成熟较为可信的 TrajStat 软件中的聚类方法对气团轨迹进行聚类分析，对到达长三角区域所选定城市的气团轨迹进行分类，得到主要输送路径。

潜在源区贡献分析产品（potential source contribution function analysis，PSCF）：PSCF 又称潜在源区贡献因子分析法，是基于条件概率函数发展而来的一种判断污染源可能方位的方法。该方法可以用来探究使空气质量下降的污染物的来源，PSCF 通过结合气团轨迹和某要素值（该模块中为污染物浓度）来给出可能的排放源位置。PSCF 函数定义为经过

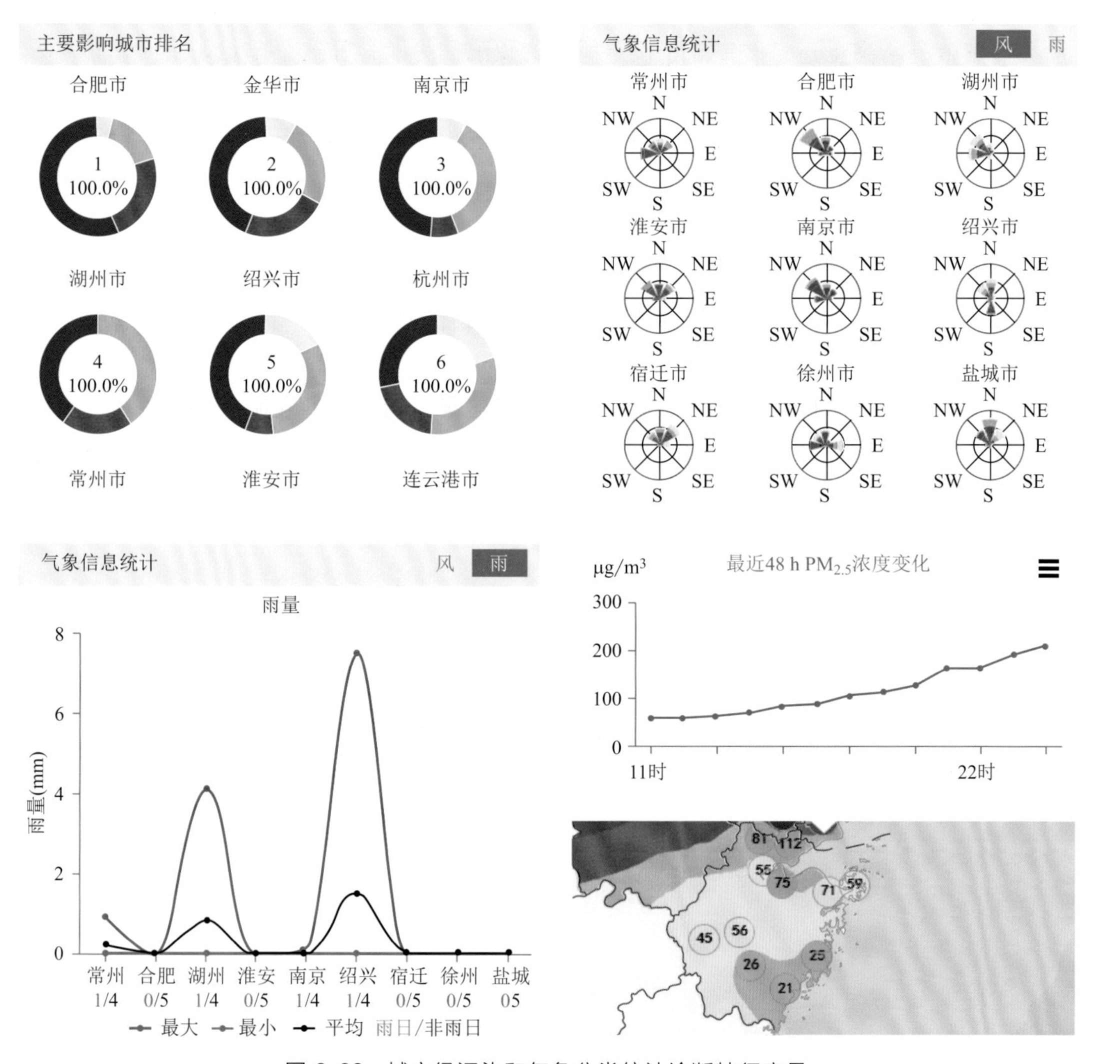

图 6.89　城市级污染和气象分类统计诊断特征产品

某一区域（i，j 分别代表经度和纬度）的气团到达观测点时对应的某要素值超过设定阈值的条件概率。PSCF 值是所选研究区域内经过网格（i，j）的污染轨迹数（m_{ij}）与该网格上经过的所有轨迹（n_{ij}）的比值，即 $PSCF_{ij}=m_{ij}/n_{ij}$。由于 PSCF 是一种条件概率，n_{ij} 较小时，不确定性会很大。为了使不确定性降低，引入了 W_{ij}（权重因子）。当某一网格中的 n_{ij} 小于研究区内每个网格内平均轨迹端点的 3 倍时，就要使用 W_{ij} 来减少 PSCF 的不确定性。

权重函数如下：

$$W_{ij}=\begin{cases}1.00 & 80<n_{ij}\\ 0.70 & 20<n_{ij}\leqslant 80\\ 0.42 & 10<n_{ij}\leqslant 20\\ 0.05 & n_{ij}\leqslant 10\end{cases} \tag{6.24}$$

式中，W_{ij} 为权重因子；n_{ij} 为经过（i，j）网格的所有轨迹。

浓度权重轨迹分析产品（concentration-weighted-trajectory method，CWT）：由于

PSCF 反映的是某网格中污染轨迹所占的比例，该方法存在无法确定经过该网格内的轨迹对应的某要素值是略高于还是严重高于设定阈值的缺陷。为了弥补这个不足，用 CWT 方法计算了轨迹的权重浓度，以反映不同轨迹的污染程度。CWT 方法也叫浓度权重轨迹分析法，是一种计算潜在源区气团轨迹权重浓度，反映不同轨迹污染程度的方法。方法如下：

$$C_{ij}=\frac{k}{\sum_{k=1}^{M}\tau_{ijk}}\sum_{k=1}^{M}C_k\tau_{ijk} \tag{6.25}$$

式中，C_{ij} 为网格（i，j）上的平均权重浓度；k 为轨迹；C_k 为轨迹 k 经过网格（i，j）时对应的污染物浓度；τ_{ijk} 为轨迹 k 在网格（i，j）停留的时间。

② 轨迹分析产品

方便预报员查询不同类型的气流后向轨迹聚类结果、污染源潜在源区贡献位置、不同轨迹的污染程度产品，分析气流轨迹对不同类型长三角城市污染物的影响、潜在污染源区分布以及大气环流信息。

6.4.4.4　小结

基于主要污染物浓度变化与天气形势关系密切，建立了标准统一格式的长三角环境气象案例库，使该历史污染案例库具有案例查询、匹配以及分类统计交互的功能。

该历史案例库具有的功能包括：(1) 根据不同查询条件进行查询和统计，历史污染案例实现自动判断入库，并具有人工修正功能；(2) 分类统计所查案例所属污染等级、天气类型、季节的出现概率和城市气象要素阈值，以及该案例当日的环流形势、污染物及气象要素随时间变化分布；(3) 具有历史相似案例匹配功能，基于确定的大气环流背景决定了污染天气过程的原理，找到历史相似大气环流过程，可实现单要素、多要素分析匹配，按相似离度从小到大顺序显示匹配到的全部相似案例并一键联动查询任意历史相似案例的详细信息及产品；(4) 具有轨迹分析功能，结合潜在源区贡献分析法（PSCF）和浓度权重轨迹分析（CWT）两种方法，方便预报员查询不同类型的气流后向轨迹聚类结果、污染源潜在源区贡献位置、不同轨迹的污染程度产品，分析气流轨迹对不同类型长三角城市污染物的影响、潜在污染源区分布以及大气环流信息。

6.4.5　展望

长三角环境气象业务平台从 2013 年开始开发，2015 年定型，前后经历了 3 个目标阶段。第一阶段的目标是建立“一个”业务平台，实现所有环境气象预报服务产品的快速查询、便捷制作和一键式发送，从而提高值班效率、减少业务值班岗位，使得预报员有更多的时间和精力从事环境气象科研探索和业务技术开发工作。第二阶段的目标是建立以“数值预报及其解释应用”为核心的环境气象预报流程，培养环境气象专业预报人才。毋庸置疑，环境气象预报的基础是天气预报，但是与常规天气预报也有所不同。环境气象的特点是涉及学科交叉，污染天气的演变是各种气态和气溶胶污染物在大气中经历多种物理过程和化学过程的综合结果，因此优秀的环境气象预报员需要具有大气动力学、大气物理学、大气化学等方面的知识，才能比较深入地理解大气污染物的形成及演变机制，才能比较深入地理解大气化学数值预报结果的来源与可信度，进而对数值预报进行解释应用。可见，对数值预报的解释应用除了统计释用修正模式的系统偏差外，需要重视发展针对污染天气过程的“主观释用”，然而预报员普遍缺乏对数值模式尤其是模式中物理化学过程的认识和理解，这是制约“主观释用”能力的重要原因。因此除了加强理论学习和培训，有必要把数值预报贯穿在环境气象预报的整个流程中，包括数值预报检验评估、数值预报基本产品和诊断产品等，使得整个预报流程围绕数值预报实施，强化数值预报对预报思路的影响，要求预报员更加重视定时定量的预报结论。第三阶段的目标是集约化推广。上海市气象局是较早建立环境气象预报服务业务的单位之一，根据中国气象局关于环境气象集约化发展的要求，环境气象业务平台的开发需要同时考虑示范和推广效应。经过广泛调研和沟通，由于不同业务单位的业务构架尤其是业务系统的构架、产品的格式和发送方式存在较大差异，因此摒弃了平台整体移植的想法，改为以推送预报支撑产品为主，包括污染天气监测分析产品、大气化学数值预报产品、污染天气数值诊断产品等，上述产品每天定时推送到云端，相关省市下载进入各自平台中，从而避免了共性产品的重复开发。这种模式兼顾了集约化和个性化，在安徽、江西、福建、河南等环境气象业务单位进行了有效尝试，取得了较好效果。一致性的产品也有利于组织预报会商和讨论。

2018 年以来，中国气象局信息系统快速升级和更新，智能网格预报覆盖天气预报业务，延伸期预报蓬勃发展，人工智能技术在气象业务中不断深入应用。观测、预报和数值模式的融合互动成为未来气象业务发展的趋势。随着大气污染治理的深入推进，我国重污染天气不断减少，大气环境的特征和演变趋势将发生显著变化。随着大气氧化能力的增强，$PM_{2.5}$-O_3 复合污染、以 O_3 为标志的光化学污染可能成为未来重点区域面临的主要问题，环境气象关键技术的发展、环境气象预报服务都面临新的需求和挑战。未来环境气象的发展仍然需要坚持需求导向，坚持科技引领，坚持合作融入，坚持探索创新，才能为大气污染精准治理、为绿色低碳发展提供更加优质的气象服务保障。

参考文献

安俊琳，王跃思，孙扬，2009. 气象因素对北京臭氧的影响［J］. 生态环境学报，18（3）：944-951.

白志鹏，蔡斌彬，董海燕，等，2006. 灰霾的健康效应［J］. 环境污染与防治，28（3）：198-201.

蔡旭晖，2008. 湍流微气象观测的印痕分析方法及其应用拓展［J］. 大气科学，32（1）：123-132.

曹钰，马井会，许建明，等，2016. 上海地区一次典型空气污染过程分析［J］. 气象与环境学报，32（1）：6-24.

常炉予，许建明，周广强，等，2016. 上海典型持续性 $PM_{2.5}$ 重度污染的数值模拟［J］. 环境科学，37（3）：825-833.

陈镭，马井会，耿福海，等，2016. 上海地区一次典型连续颗粒物污染过程分析［J］. 气象，42（2）：203-212.

陈丽芳，2012. 杭州市灰霾气候特征及与清洁过程的对比分析［J］. 科技通报，28（7）：31-35.

陈赛华，周广强，朱彬，等，2017. 一种快速定量估计大气污染物来源的方法［J］. 环境科学学报，37（7）：2474-2481.

陈永林，邵玲玲，漆梁波，2010. 2008 年初上海冰雪天气与冷空气路径的相关性研究［J］. 气象科学，30（3）：414-419.

陈朝晖，程水源，苏福庆，等，2008. 华北区域大气污染过程中天气型和输送路径分析［J］. 环境科学研究，21（1）：17-21.

程麟钧，王帅，宫正宇，等，2017. 中国臭氧浓度的时空变化特征及分区［J］. 中国环境科学，37（11）：4003-4012.

程念亮，李云婷，张大伟，等，2016. 2014 年北京市城区臭氧超标日浓度特征及与气象条件的关系［J］. 环境科学，37（6）：2041-2051.

程水源，席德利，张宝宁，等，1997. 大气混合层高度的确定于计算方法研究［J］. 中国环境科学，17（6）：512-516.

戴昭鑫，张云芝，胡云锋，等，2016. 基于地面监测数据的 2013—2015 年长三角地区 $PM_{2.5}$ 时空特征［J］. 长江流域资源与环境，25（5）：813-821.

戴竹君，刘端阳，王宏斌，等，2016. 江苏秋冬季重度霾的分型研究［J］. 气象学报，74（1）：133-148.

邓发荣，康娜，Kumar K R，等，2018. 长江三角洲地区大气污染过程分析［J］. 中国环境科学，38（2）：401-411.

董群，赵普生，陈一娜，2016. 降雨对不同粒径气溶胶粒子碰撞清除能力［J］. 环境科学，37（10）：3686-3692.

杜荣光，齐冰，郭惠惠，等，2011. 杭州市大气逆温特征及对空气污染物浓度的影响［J］. 气象与环境学报，27（4）：49-53.

段玉森，张懿华，王东方，等，2011. 我国部分城市臭氧污染时空分布特征分析［J］. 环境监测管理与技术，23（增刊）：34-39.

范绍佳，祝薇，王安宇，等，2005. 珠江三角洲地区边界层气象特征研究［J］. 中山大学学报（自然科学版），44（1）：99-102.

高健，王韬，柴发合，等，2010. 长江三角洲大气颗粒物生成-成长过程的研究—不同气团影响下的过程特征［J］. 中国环境科学，30（7）：931-940.

高嵩，田蓉，郭彬，等，2018. 长三角典型城市 $PM_{2.5}$ 浓度变化特征及与气象要素的关系［J］. 科学技术和工程，18（9）：142-155.

高伟，毛晓琴，2016. 上海春季大气 PM_1 分布特征［J］. 地球环境学报，7（4）：405-411.

顾沛澍，刘端阳，陈鹏，等，2018. 2016 年 12 月江苏省两次连续污染过程气象条件对比分析［J］. 环境科学研究，31（7）：1223-1232.

贺克斌，2018. 我国大气污染防治区域协作机制［J］. 中国机构改革与管理（1）：39-41.

贺千山，毛节泰，2005. 北京城市大气混合层与气溶胶垂直分布观测研究［J］. 气象学报，63（3）：374-384.

贺瑶，朱彬，李锋，等，2017. 长江三角洲地区 $PM_{2.5}$ 两种污染来源对比分析［J］. 中国环境科学，37（4）：1213-1222.

洪盛茂，焦荔，何曦，等，2009. 杭州市区大气臭氧浓度变化及气象要素影响［J］. 应用气象学报，20（5）：602-611.

胡鸣，赵倩彪，伏晴艳，2015. 上海环境空气质量预报考核评分方法研究和应用［J］. 中国环境监测，31（4）：54-57.

胡亚男，马晓燕，沙桐，等，2018. 不同排放源对华东地区 $PM_{2.5}$ 影响的数值模拟［J］. 中国环境科学，38（5）：1616-1628.

花丛，张恒德，张碧辉，2016. 2013—2014 年冬半年北京重污染天气气象传输条件分析及预报指数初建［J］. 气象，42（3）：314-321.

花静，耿福海，许建明，等，2013a. 细菌性食物中毒预警服务评价量表编制及评价［J］. 中国公共卫生，29（3）：408-412.

花静，彭丽，吴擢春，等，2013b. 高温预警服务公众评价量表的信度和效度研究［J］. 中国全科医学，6（9）：2954-2958.

霍静，李彭辉，韩斌，等，2011. 天津秋冬季 $PM_{2.5}$ 碳组分化学特征与来源分析［J］. 中国环境科学，31（12）：1937-1942.

蒋伊蓉，朱蓉，朱克云，等，2015. 京津冀地区重污染天气过程的污染气象条件数值模拟研究［J］. 环境科学学报，35（9）：2681-2692.

景秀红，花静，曹萌，等，2012. 上海市高温预警服务公众评估现况调查［J］. 中国公共卫生，28（增）：62-65.

康汉青，朱彬，樊曙先，2009. 南京北郊冬季大气气溶胶及其湿清除特征研究［J］. 气候与环境研究，14（5）：523-530.

亢燕铭，王洪强，贺千山，2014. 上海环境空气 $PM_{2.5}$ 变化特征的简要分析［J］. 绿色建筑（1）：18-20.

赖安琪，陈晓阳，刘一鸣，等，2017. 珠江三角洲 $PM_{2.5}$ 和 O_3 复合污染过程的数值模拟［J］. 中国环境科学，37（11）：4022-4031.

乐旭，雷亚栋，周洁，等，2020. 新冠肺炎疫情期间中国人为碳排放和大气污染物的变化［J］. 大气科学学报，43（2）：265-274.

黎洁，毛节泰，1989. 光学遥感大气气溶胶特性［J］. 气象学报，47（4）：450-456.

李锋，朱彬，安俊岭，等，2015. 2013 年 12 月初长江三角洲及周边地区重霾污染的数值模拟［J］. 中国环境科学，2015（7）：1965-1974.

李浩，李莉，黄成，等，2015. 2013 年夏季典型光化学污染过程中长三角典型城市 O_3 来源识别［J］. 环境科学，36（1）：1-10.

李莉，蔡鋆琳，周敏，2015. 2013 年 12 月中国中东部地区严重灰霾期间上海市颗粒物的输送途径及潜在源区贡献分析［J］. 环境科学，36（7）：2327-2336.

李培荣，向卫国，2018. 四川盆地逆温层特征对空气污染的影响［J］. 成都信息工程大学学报，33（2）：220-226.

李瑞，李清，徐健，等，2020. 秋冬季区域性大气污染过程对长三角北部典型城市的影响［J］. 环境科学，41（4）：1520-1534.

李婷婷，尉鹏，程水源，等，2017. 北京一次近地面 O_3 与 $PM_{2.5}$ 复合污染过程分析［J］. 安全与环境学报，17（5）：1979-1985.

李霞，杨青，吴彦，2003. 乌鲁木齐地区雪和雨对气溶胶湿清除能力的比较研究［J］. 中国沙漠，23（5）：560-564.

李岩，安兴琴，姚波，等，2010. 北京地区 FLEXPART 模式适用性初步研究［J］. 环境科学学报（8）：1674-1681.

林燕芬，王茜，伏晴艳，等，2017. 上海市臭氧污染时空分布及影响因素［J］. 中国环境监测，33（4）：60-67.

刘娜，余晔，何建军，等，2015. 兰州冬季大气污染来源分析［J］. 环境科学研究，28（4）：509-516.

刘新罡，张远航，2010. 大气气溶胶吸湿性质国内外研究进展［J］. 气候与环境研究，15（6）：808-816.

龙时磊，曾建荣，刘可，等，2013. 逆温层在上海市空气颗粒物积聚过程中的作用［J］. 环境科学与技术，36（6L）：104-109.

吕炜，李金凤，王雪松，等，2015. 长距离污染传输对珠江三角洲区域空气质量影响的数值模拟研究［J］. 环境科学学报，35（1）：30-41.

马楠，赵春生，陈静，等，2015. 基于实测 $PM_{2.5}$、能见度和相对湿度分辨雾霾的新方法［J］. 中国科学，45（2）：227-235.

毛节泰，栾胜基，1985. 大气散射相函数的计算［J］. 大气科学，9（11）：107-111.

毛卓成，许建明，杨丹丹，等，2019. 上海地区 $PM_{2.5}$-O_3 复合污染特征及气象成因分析［J］. 中国环境科学，39（7）：2730-2738.

牟喆，耿福海，叶晓芳，等，2016. 上海市大气污染对不同特征居民呼吸疾病就诊人数影响［J］. 中国公共卫生，32（4）：513-516.

牟喆，彭丽，杨丹丹，等，2014. 上海市天气和污染对儿童哮喘就诊人次的影响［J］. 中国卫生统计，31（5）：827-829.

牛若云，刘凑华，刘为一，等，2018. 1981—2015 年中国 95°E 以东区域性暴雨过程时、空分布特征［J］. 气象学报，76（2）：182-194.

彭红，秦瑜，1992. 降水对气溶胶粒子清除的参数化［J］. 大气科学，16（5）：622-630.

齐冰，牛彧文，杜荣光，等，2017. 杭州市近地面大气臭氧浓度变化特征分析［J］. 中国环境科学，37（2）：443-451.

祁妙，朱彬，潘晨，等，2015. 长江三角洲冬季一次低能见度过程的地区差异和气象条件［J］. 中国环境科学，35（10）：2899-2907.

钱俊龙，牛文胜，查书瑶，等，2019. 外来输送对江苏冬季 $PM_{2.5}$ 贡献的数值模拟研究［J］. 热带气象学报，35（5）：673-680.

秦瑜，赵春生，2003. 大气化学基础［M］. 北京：气象出版社.

瞿元昊，马井会，许建明，等，2018a. 空气污染气象指数在上海地区的应用［J］. 气象，44（5）：704-712.

瞿元昊，许建明，Brasseur G，等，2018b. 利用多模式最优集成方法预报上海 $PM_{2.5}$［J］. 环境科学学报，38（9）：3449-3456.

任阵海，苏福庆，陈朝辉，等，2008. 夏秋季节天气系统对边界层内大气中 PM_{10} 浓度分布和演变过程的影响［J］. 大气科学，32（4）：741-751.

上官铁梁，范文标，徐建红，2000. 中国大气污染的研究现状和对策［J］. 山西大学学报（自然科学版）（1）：93-96.

盛裴轩，毛节泰，李建国，等，2003. 大气物理学［M］. 北京：北京大学出版社.

石春娥，张浩，弓中强，等，2017. 2013—2015 年合肥市 $PM_{2.5}$ 重污染特征研究［J］. 气象学报，75（4）：

632-644.

苏福庆，杨明珍，钟继红，等，2004. 华北地区天气型对区域大气污染的影响［J］. 环境科学研究，17（3）：16-20.

孙业乐，2018. 城市边界层理化结构与大气污染形成机制研究进展［J］. 科学通报，63（14）：1375-1389.

唐喜斌，黄成，楼晟荣，等，2014. 长三角地区秸秆燃烧排放因子与颗粒物成分谱研究［J］. 环境科学，35（5）：1623-1632.

唐孝炎，张远航，邵敏，2006. 大气环境化学（第二版）［M］. 北京：高等教育出版社.

唐宜西，张小玲，熊亚军，等，2013. 北京一次持续霾天气过程气象特征分析［J］. 气象与环境学报，29（5）：12-19.

陶诗言，张小玲，张顺利，2004. 长江流域梅雨锋暴雨灾害研究［M］. 北京：气象出版社.

王爱平，朱彬，银燕，等，2014. 黄山顶夏季气溶胶浓度特征及其输送潜在源区［J］. 中国环境科学，34（4）：852-861.

王国复，叶殿秀，张颖娴，等，2018. 2017 年我国区域性高温过程特征及异常大气环流成因分析［J］. 气候变化研究进展，14（4）：341-349.

王莉莉，王跃思，王迎红，等，2010. 北京夏末秋初不同天气形势对大气污染物浓度的影响［J］. 中国环境科学，30（7）：924-930.

王茜，2013. 利用轨迹模式研究上海大气污染的输送来源［J］. 环境科学研究，26（4）：357-363.

王文丁，陈焕盛，吴其重，等，2016. 珠三角冬季 $PM_{2.5}$ 重污染区域输送特征数值模拟研究［J］. 环境科学学报，36（8）：2741-2751.

王艳，柴发，刘厚凤，等，2008. 长江三角洲地区大气污染物水平输送场特征分析［J］. 环境科学研究，21（1）：22-29.

王燕丽，薛文博，雷宇，等，2017. 京津冀区域 $PM_{2.5}$ 污染相互输送特征［J］. 环境科学，38（12）：4897-4904.

王瑛，朱彬，康汉青，等，2014. 气溶胶云下清除理论及观测研究［J］. 中国科学院大气学报，31（3）：306-313.

王占山，张大伟，李云婷，等，2016. 北京市夏季不同 O_3 和 $PM_{2.5}$ 污染状况研究［J］. 环境科学，37（3）：807-815.

王自发，吴其重，等，2009. 北京空气质量多模式集成预报系统的建立及初步应用［J］. 南京信息工程大学学报（自然科学版），1（1）：19-26.

魏凤英，2007. 现代气候统计诊断与预测技术［M］. 北京：气象出版社.

吴兑，廖碧婷，吴蒙，等，2014. 环首都圈霾和雾的长期变化特征与典型个例的近地层输送条件［J］. 环境科学学报，34（1）：1-11。

吴兑，廖国莲，邓雪娇，等，2008. 珠江三角洲霾天气的近地层输送条件研究［J］. 应用气象学报，19（1）：1-9.

吴蒙，吴兑，范绍佳，2015. 基于风廓线仪等资料的珠江三角洲污染气象条件研究［J］. 环境科学学报，35（3）：619-626.

夏敏洁，周文君，裴海瑛，2017. 基于 L 波段雷达探空资料的南京低空逆温特征［J］. 大气科学学报（4）：582-569.

肖娴，范绍佳，苏冉，2014. 2011 年 10 月珠江三角洲一次区域性空气污染过程特征分析［J］. 环境科学学报，34（2）：290-296.

谢元博，陈娟，李巍，2014. 雾霾重污染期间北京居民对高浓度 $PM_{2.5}$ 持续暴露的健康风险及其损害价值评估［J］. 环境科学，35（1）：1-8.

徐大海，朱蓉，1989. 我国大陆通风量及雨洗能力分布的研究［J］. 中国环境科学，9（5）：367-374.

徐祥德，丁国安，周丽，等，2003. 北京城市冬季大气污染动力：化学过程区域性三维结构特征［J］. 科学通报，48（5）：469-501.

许安阳，张丽娟，李觉，等，2017. 上海市温度和大气污染对居民心血管疾病日门急诊人数的影响［J］. 同济大学学报（医学版），38（1）：124-129.

许建明，常炉予，马井会，等，2016. 上海秋冬季 $PM_{2.5}$ 污染天气形势的客观分型研究［J］. 环境科学学报，36（12）：4304-4314.

许建明，高伟，瞿元昊，2017. 上海地区降雨清除 $PM_{2.5}$ 的观测研究［J］. 环境科学学报，37（9）：3271-3279.

许建明，耿福海，甄灿明，等，2010. 上海浦东地区气溶胶散射系数及影响因子［J］. 环境科学学报，30（1）：213-218.

薛文博，付飞，王金南，等，2014. 中国 $PM_{2.5}$ 跨区域传输特征数值模拟研究［J］. 中国环境科学，34（6）：1361-1368

严仁嫦，叶辉，林旭，等，2018. 杭州市臭氧污染特征及影响因素分析［J］. 环境科学学报，38（3）：1128-1136.

杨克敌，郑玉建，2012. 环境卫生学［M］. 北京：人民卫生出版社.

杨柳，吴烨，宋少洁，等，2012. 不同交通状况下道路边大气颗粒物数浓度粒径分布特征［J］. 环境科学，33（3）：694-700.

姚克亚，郭俊，傅云飞，等，1999. 气溶胶粒子的降雨清除［J］. 气候与环境研究，4（3）：297-302.

伊承美，焦洋，何建军，等，2019. 济南地区逆温层特征及其对颗粒物质量浓度的影响［J］. 干旱气象，37（4）：622-630.

殷达中，刘万军，李佣佐，1997. 辽东半岛西岸海陆风及热内边界层的观测研究［J］. 气象，23（9）：8-11.

余钟奇，马井会，曹钰，等，2019. 影响上海 $PM_{2.5}$ 污染不同源地和路径的数值模拟［J］. 中国环境科学，39（1）：21-31.

俞布，朱彬，窦晶晶，等，2017. 杭州地区污染天气型及冷锋输送清除特征［J］. 中国环境科学，37（2）：452-459.

俞小鼎，2011. 基于构成要素的预报方法—配料法［J］. 气象，37（8）：913-918.

翟华，朱彬，赵雪婷，等，2018. 长江三角洲初冬一次重污染天气成因分析［J］. 中国环境科学，38（11）：4001-4009.

张国琏，甄新蓉，谈建国，等，2010. 影响上海市空气质量的地面天气类型及气象要素分析［J］. 热带气象学报，26（1）：124-128.

张磊，穆海振，陆怡，等，2009. 上海地区细菌性食物中毒季节和气候特征分析［J］. 上海预防医学，21（7）：330-332.

张人禾，李强，张若楠，2014. 2013 年 1 月中国东部持续性强雾霾天气产生的气象条件分析［J］. 中国科学：地球科学，44（1）：27-36.

张小曳，徐祥德，丁一汇，等，2020. 2013—2017 年气象条件变化对中国重点地区 $PM_{2.5}$ 质量浓度下降的影响［J］. 中国科学：地球科学，50（4）：483-500.

张蕴晖，丁佳玮，曹慎，等，2006. 大气细颗粒物（$PM_{2.5}$）对心血管内皮细胞 NOS 的影响［J］. 环境科学学报，26（1）：142-145.

赵辰航，耿福海，马承愚，等，2015. 上海地区光化学污染中气溶胶特征研究［J］. 中国环境科学，35（2）：356-363.

赵海波，郑楚光，2005. 降雨过程中气溶胶湿沉降的数值模拟［J］. 环境科学学报，25（12）：1590-1596.

赵辉，郑有飞，吴晓云，等，2018. 江苏省大气复合污染特征与相关气象驱动［J］. 中国环境科学，38

（8）：2830-2839.

赵敬国，王式功，张天宇，等，2015. 兰州市大气重污染气象成因分析［J］. 环境科学学报，35（5）：1547-1555.

赵鸣，2006. 大气边界层动力学［M］. 北京：高等教育出版社.

周广强，耿福海，许建明，等，2015. 上海地区臭氧数值预报［J］. 中国环境科学（6）：1601-1609.

周广强，谢英，吴剑斌，等，2016. 基于 WRF-Chem 模式的华东区域 $PM_{2.5}$ 预报及偏差原因［J］. 中国环境科学，36（8）：2251-2259.

周骥，孙庆华，许建明，等，2018. 上海地区不同 $PM_{2.5}$ 污染过程对炎症应激影响的差异性［J］. 气象，44（12）：106-111.

周敏，乔利平，朱书慧，等，2016. 2013 年 12 月上海市重度污染期间细颗粒物化学特征与输送轨迹影响［J］. 环境科学，37（4）：1179-1187.

周勤迁，张世春，陈卫卫，等，2014. 长春市大气 SO_2、O_3 和 NO_x 的变化特征及来源［J］. 环境科学研究，27（7）：768-774.

周述学，王兴，弓中强，等，2017. 长江三角洲西部地区 $PM_{2.5}$ 输送轨迹分类研究［J］. 气象学报，75（6）：996-1010.

朱红霞，赵淑莉，阚海东，2015. 2013 年我国典型城市大气污染物浓度分布特征［J］. 环境科学与技术，38（6）：227-233.

朱丽，苗俊峰，赵天良，2020. 污染天气下成都城市热岛环流结构的数值模拟［J］. 地球物理学报，63（1）：101-122.

朱彤，尚静，赵德峰，2010. 大气复合污染及灰霾形成中非均相化学过程的作用［J］. 中国科学：化学，40（12）：1731.

ALLWINE K J，WHITEMAN C D，1994. Single-station integral measures of atmospheric stagnation，recirculation and ventilation［J］. Atmos Environ，28（4）：213-724.

ASHRAFI K，SHAFIE-POUR M，KAMALAN H，2009. Estimating temporal and seasonal variation of ventilation coefficients［J］. Int J Environ Res，3（4）：637-644.

BARDOSSY A，DUCHSEIN L，BOGARDI I，1995. Fuzzy rule based classification of atmospheric circulation patterns［J］. Int J Climatol，15（10）：1087-1097.

BARNABA F，GOBBI G P，2004. Aerosol seasonal variability over the Mediterranean region and relative impact of maritime，continental and Saharan dust particles over the basin from MODIS data in the year 2001［J］. Atmos Chem Phys，4：2367-2391.

BLOOMER B J，STEHR J W，PIETY C A，et al，2009. Observed relationships of ozone air pollution with temperature and emissions［J］. Geophys Res Lett，36（9）：269-277.

BLOOMFIELD P，ROYLE J A，STEINBERG L J，et al，1996. Accounting for meteorological effects in measuring urban ozone levels and trends［J］. Atmos Environ，30：3067-3077.

BOND T C，STREETS D G，YARBER K F，et al，2004. A technology-based global inventory of black and organic carbon emissions from combustion［J］. J Geophys Res，109，D14203，doi：10.1029/2003JD003697.

BRASSEUR B，HAUGLUSTAINE D A，WALTERS S，et al，1998. MOZART：A global chemical transport model for ozone and related chemical tracers，Part 1：Model description［J］. J Geophys Res，103：28265-28289.

BRINKMANN W A R，1999. Application of non-hierarchically clustered circulation components to surface weather conditions：Lake Superior Basin winter temperatures［J］. Theor Appl Climatol，63（1/2）：42-56.

CAVAZOS T，2000. Using self-organizing maps to investigate extreme climate events：an application to wintertime precipitation in the Balkans [J]. J Climate, 13 (10): 1718-1732.

CHAMEIDES W L, FEHSENFELD M O, RODGERS C, et al, 1992. Ozone precursor relationships in the ambient atmosphere [J]. J Geophys Res, 97: 6037-6055.

CHANG L Y, XU J M, TIE X X, et al, 2019. The impact of climate change on the western pacific subtropical high and the related ozone pollution in Shanghai, China [J]. Scientific Reports, 9: 16998.

CHEN J, PENG L, HE S, et al, 2015. Association between environmental factors and hospital visits among allergic patients: A retrospective study [J]. Asian Pac J Allergy Immunol, 34 (1): 21-29.

CHEN Z, XIE X, CAI J, et al, 2018. Understanding meteorological influences on $PM_{2.5}$ concentrations across China: a temporal and spatial perspective [J]. Atmos Chem Phys, 18: 5343-5358.

CHEREMISINOFF NICHOLAS P, 2002. Handbook of Air Pollution Prevention and Control [M]. Boston: Elsevier Science.

CROOKS S W, BAYLEY D L, HILL S L, et al, 2000. Bronchialinflammation in acute bacterialexacerbations of chronicbronchitis: the role of leukotriene-B4 [J]. EurRespir J, 15 (2) : 274- 280.

DECARLO P F, ULBRICH I M, CROUNSE J, et al, 2010. Investigation of the sources and processing of organic aerosol over the Central Mexican Plateau from aircraft measurements during MILAGRO [J]. Atmos Chem Phys, 10 (12): 5257-5280.

DENG J, LIU L, JIANG F, et al, 2010. Modeling heterogeneous chemical processes on aerosol surface [J]. Particuology, 8 (4): 308-318.

DING A, HUANG X, NIE W, et al, 2019. Significant reduction of $PM_{2.5}$ in eastern China due to regional scale emission control: evidence from SORPES in 2011-2018 [J]. Atmos Chem Phys, 19: 11791-11801.

DOSWELL C A, BROOKS H E, MADDOX R A, 1996. Flash flood forecasting: An ingredients-based methodology [J]. Wea Forecasting, 11: 560-581.

DUAN J C, TAN J H, YANG L, et al, 2008. Concentration, sources and ozone formation potential of volatile organic compounds (VOCs) during ozone episode in Beijing [J]. Atmos Res, 88: 25-35.

EMMONS L K, WALTERS S, HESS P G, et al, 2010. Description and evaluation of the Model for Ozone and Related chemical Tracers, version 4 (MOZART-4) [J]. Geosci Model Dev, 3: 43-67.

FAST J D, GUSTAFSON W I, EASTER R C, et al, 2006. Evolution of ozone, particulates, and aerosol direct radiative forcing in the vicinity of Houston using a fully coupled meteorology-chemistry-aerosol model [J]. J Geophys Res-Atmos, 111 (D21): 5173-5182.

FENG Y R, WANG A Y, WU D, et al, 2007. The influence of tropical cyclone melor on PM_{10} concentrations during an aerosol episode over the Pearl River Delta region of China: Numerical modeling versus observational analysis [J]. Atmos Environ, 41 (21): 4349-4365.

FOCHESATTO G J, 2015. Methodology for determining multilayered temperature inversions [J]. Atmos Meas Tech, 8: 2051-2060.

FOUNTOUKIS C, RACHERLA P N, DENIER V, et al, 2011. Evaluation of a three-dimensional chemical transport model (PMCAMx) in the European domain during the EUCAARI May 2008 campaign [J]. Atmos Chem Phys, 11 (20): 10331-10347.

FOY B, ZAVALA M, BEI N, et al, 2009. Evaluation of WRF mesoscale simulations and particle trajectory analysis for the MILAGRO field campaign [J]. Atmos Chem Phys, 9 (13): 4419-4438.

GAO W, TIE X, XU J, et al, 2017. Long-term trend of O_3 in a mega city (Shanghai), China: characteristics, causes, and interactions with precursors [J]. Sci Total Environ, 603-604: 425-433.

GARRATT J, 1992. An Introduction to Boundary Layer Meteorology [M]. Cambridge: University Press.

GASSMANN M I, MAZZEO N A, 2000. Air pollution potential: regional study in argentina [J]. Environ

Manage, 25 (4): 375-382.

GENG F, HUA J, MU Z, et al, 2013. Differentiating the associations of black carbon and fine particle with daily mortality in a Chinese city [J]. Environ Res, 120: 27-32.

GENG F, TIE X, GUENTHER A, et al, 2011. Effect of isoprene emissions from major forests on ozone formation in the city of Shanghai, China [J]. Atmos Chem Phys, 11: 10449-10459.

GENG F, TIE X, XU J, et al, 2008. Characterizations of ozone, NO_x, and VOCs measured in Shanghai, China [J]. Atmos Environ, 42: 6873-6883.

GENG F, ZHANG Q, TIE X, et al, 2009. Aircraft measurements of O_3, NO_x, CO, VOCs, and SO_2 in the Yangtze River Delta region [J]. Atmos Environ, 43: 584-593.

GRELL G A, PECKHAM S E, SCHMITZ R, et al, 2005. Fully coupled "online" chemistry within the WRF model [J]. Atmos Environ, 39: 6957-6975.

GUENTHER A, KARL T, HARLEY P, et al, 2006. Estimates of global terrestrial isoprene emissions using MEGAN (model of emissions of gases and aerosols from nature) [J]. Atmos Chem Phys, 6: 3181-3210.

GUENTHER A, ZIMMERMAN P, WILDERMUTH M, 1994. Natural volatile organic compound emission rate estimates for US woodland landscapes [J]. Atmos Environ, 28: 1197-1210.

GUO J, MIAO Y, ZHANG Y, et al, 2016. The climatology of planetary boundary layer height in China derived from radiosonde and reanalysis data [J]. Atmos Chem Phys, 16 (20): 13309-13319.

HALPIN D, LAING-MORTON T, SPEDDING S, et al, 2011. A randomised controlled trial of the effect of automated interactive calling combined with a health risk forecast on frequency and severity of exacerbations of COPD assessed clinically and using EXACT PRO [J]. Prim Care Respir J, 20 (3): 324-331.

HALSE A K, ECKHARDT S, SCHLABACH M, et al, 2013. Forecasting long-range atmospheric transport episodes of polychlorinated biphenyls using FLEXPART [J]. Atmos Environ, 71: 335-339.

HE X, LI Y, WANG X, et al, 2019. High-resolution Dataset of Urban Canopy Parameters for Beijing and Its Application to the Integrated WRF/Urban Modelling System [J]. J Cleaner Prod, 208: 373-383.

HERBERT F, BEHANG K D, 1986. Scavenging of airborne particles by collision with water drops-model studies on the combined effect of essential microdynamicmechanisms [J]. Meteorol Atmos Phys, 35: 201-211.

HUA J, YIN Y, PENG L, et al, 2014. Acute effects of black carbon and $PM_{2.5}$ on children asthma admission: A time-series study in a Chinese city [J]. Sci Total Environ, 481: 433-438.

HUANG X, DING A, WANG Z, et al, 2020. Amplified transboundary transport of haze by aerosol-boundary layer interaction in China [J]. Nat Geosci, DOI: 10.1038/s41561-020-0583-4.

HUANG Y, WANG Y, WANG H, et al, 2019. Prevalence of mental disorders in China: a cross-sectional epidemiological study [J]. The Lancet Psychiatry, 6 (3): 211-224.

HUTH R, 1996. An inter comparison of computer-assisted circulation classification methods [J]. Int J Climatol, 16 (8) : 893-922.

HUTH R, BECK C, PHILIPP A, et al, 2008. Classifications of atmospheric circulation patterns [J]. Ann N Y Acad Sci, 1146 (1): 105-152.

HUTH R, 2000. A circulation classification scheme applicable in GCM studies [J]. Int J Climatol, 67 (81/2): 1-18.

IYER U S, RAJ P E, 2013. Ventilation coefficient trends in the recent decades over four major Indian metropolitan cities [J]. J Earth System Sci, 122 (2): 537-549.

JACOB D J, LOGAN J A, YEVICH R M, et al, 1993. Simulation of summertime ozone over North America [J]. J Geophys Res-Atmos, 98 (D8): 14797-14816.

JING P, LU Z, STEINER A L, 2017. The ozone-climate penalty in the Midwestern U. S. [J]. Atmos Environ, 170: 130-142.

KAHL J D, 1990. Characteristics of the low-level temperature inversion along the Alaskan Arctic coast [J]. Int J Climatol, 10 (5): 537-548.

KANG H, ZHU B, GAO J, et al, 2019. Potential impacts of cold frontal passage on air quality over the Yangtze River Delta, China [J]. Atmos Chem Phys, 19: 3673-3685.

KARACA F, ANIL I, ALAGHA O, 2009. Long-range potential source contributions of episodic aerosol events to PM_{10} profile of a megacity [J]. Atmos Environ, 43 (36): 5713-5722.

LEVY R C, REMER L A, DUBOVIK O, 2007. Global aerosol optical properties and application to Moderate Resolution Imaging Spectroradiometer aerosol retrieval over land [J]. J Geophys Res, 112, D13210, doi: 10.1029/ 2006JD007815.

LI J, CHEN H, LI Z, et al, 2019. Analysis of Low-level Temperature Inversions and Their Effects on Aerosols in the Lower Atmosphere [J]. Adv Atmos Sci, 36 (11): 1235-1250.

LI M, ZHANG Q, STREETS D, et al, 2014. Mapping Asian anthropogenic emissions of non-methane volatile organic compounds to multiple chemical mechanisms [J]. Atmos Chem Phys, 14: 5617-5638.

LI W, LI L, TING M, et al, 2012. Intensification of Northern Hemisphere subtropical highs in a warming climate [J]. Nat Geosci, 5: 830-834.

LIN C, LI Y, YUAN Z, et al, 2015. Using satellite remote sensing data to estimate the high-resolution distribution of ground-level $PM_{2.5}$ [J]. Remote Sens Environ, 156: 117-128.

LIN S J, ROOD R B, 1996. Multidimensional flux-form semi-Lagrangian transport schemes [J]. Mon Wea Rev, 124: 2046-2070.

LIU P F, ZHAO C S, GÖBEL T, et al, 2011. Hygroscopic properties of aerosol particles at high relative humidity and their diurnal variations in the North China Plain [J]. Atmos Chem Phys, 11: 3479-3494.

LIU X H, ZHANG Y, CHENG S H, et al, 2010. Understanding of regional air pollution over China using CMAQ, part I performance evaluation and seasonal variation [J]. Atmos Environ, 44: 2415-2426.

LIU Y, LI L, AN J, et al, 2018. Estimation of biogenic VOC emissions and its impact on ozone formation over the Yangtze River Delta region, China [J]. Atmos Environ, 186: 113-128.

LIU Y, SARNAT J A, KILARU A, et al, 2005. Estimating ground-level $PM_{2.5}$ in the Eastern United States using satellite remote sensing [J]. Environ Sci Technol, 39: 3269-3278.

LU X, HONG J Y, ZHANG L, et al, 2018. Severe surface ozone pollution in China: A global perspective [J]. Environ Sci Technol Lett, 5 (8): 487-494.

LUND I, 1963. Map-pattern classification by statistical techniques [J]. J App Meteor, 2 (1): 56-65.

MACIEJCZYK P, ZHONG M, LI Q, et al, 2005, Effects of subchronic exposures to concentrated ambient particles (CAPs) in mice. Ⅱ. The design of a CAPs exposure system for biometric telemetry monitoring [J]. Inhalation Toxicol, 17 (4-5): 189.

MADRONICH S, CALVERT J G, 1990. Permutation reactions of organic peroxy radicals in the troposphere [J]. J Geophys Res, 95: 5697-5715.

MADRONICH S, FLOCKE S, 1999. The role of solar radiation in atmospheric chemistry//Boule P. Handbook of Environmental Chemistry [M]. Heidelberg: Springer-Verlag.

MARTILLI A, CLAPPIER A, ROTACH M W, 2002. An urban surface exchange parameterization for mesoscale models [J]. Boundary-Layer Meteorology, 104 (2): 261-304.

MENG Z, DABDUB D, SEINFELD J H, 1997. Chemical coupling between atmospheric ozone and particulate matter [J]. Science, 277 (5322): 116-119.

MIAO Y, LIU S, ZHENG Y, et al, 2016. Modeling the feedback between aerosol and boundary layer processes: a case study in Beijing, China [J]. Environ Sci Pollut Res, 23: 3342-3357.

MIRCEA M, STEFAN S, FUZZI S, 2000. Precipitation scavenging coefficient: influence of measured aerosol and raindrop size distributions [J]. Atmos Environ, 34 (29/30): 5169-5174.

MU Z, CHEN P, GENG F, et al, 2017. Synergistic effects of temperature and humidity on the symptoms of COPD patients [J]. Int J Biometeorol, 61 (11): 1919-1925.

NAKAJIMA T, TONNA G, RAO R, et al, 1996. Use of sky brightness measurements from ground for remote sensing of particulate polydispersions [J]. App Opt, 35 (15): 2672-2686.

OLMO F J, QUIRANTES A, ALCÁNTARA A, et al, 2006. Preliminary results of a non-spherical aerosol method for the retrieval of the atmospheric aerosol optical properties [J]. J Quant Spectr Radiat Transfer, 100: 305-314.

PAN L, XU J, TIE X, et al, 2019. Long-term measurements of planetary boundary layer height and interactions with $PM_{2.5}$ in Shanghai, China [J]. Atmos Pollut Res, 10: 989-996.

PASCH A N, MACDONALD C P, GILLIAM R C, et al, 2011. Meteorological characteristics associated with $PM_{2.5}$ air pollution in Cleveland, Ohio, during the 2009-2010 cleveland multiple air pollutions study [J]. Atmos Environ, 45 (39): 7026-7035.

PENG L, XIAO S, GAO W, et al, 2020. Short-term associations between size-fractionated particulate air pollution and COPD mortality in Shanghai, China [J]. Environ Pollut, 257: 113483.

PEREZ V, ALEXANDER D D, BAILEY W H, 2013. Air ions and mood outcomes: a review and meta-analysis [J]. BMC Psychiatry, 13 (1): 29.

PRAVEENA K, KUNHIKRISHNAN P K, 2004. Temporal variations of ventilation coefficient at a tropical Indian station using UHF wind profiler [J]. Current Science, 86 (3): 447-451.

QUAN J, GAO Y, ZHANG Q, et al, 2013. Evolution of planetary boundary layer under different weather conditions, and its impact on aerosol concentrations [J]. Particuology, 11: 34-40.

RASCH P J, MAHOWALD N M, EATON B E, 1997. Representations of transport, convection, and the hydrologic cycle in chemical transport models: Implications for the modeling of short-lived and soluble species [J]. J Geophys Res, 102: 28127-28138.

REAL E, SARTELET K, 2011. Modeling of photolysis rates over Europe: impact on chemical gaseous species and aerosols [J]. Atmos Chem Phys, 11 (4): 1711-1727.

RICHMAN M B, 1981. Obliquely rotated principal components: an improved meteorological map typing technique [J]. J Appl Meteor, 20 (10): 1145-1159.

RUSSELL P B, BERGSTROM R W, SHINOZUKA Y, et al, 2010. Absorption angstrom exponent in AERONET and related data as an indicator of aerosol composition [J]. Atmos Chem and Phys, 10: 1155-1169.

SCOTT B C, 1982. Theoretical estimates of the scavenging coefficient for soluble aerosol particles as a function of precipitation type: rate and altitude [J]. Atmos Environ, 16: 1753-1762.

SEIDEL D, ZHANG Y, BELJAARS A, et al, 2012. Climatology of the planetary boundary layer over the continental United States and Europe [J]. J Geophys Res, 117, D17106, doi: 10.1029/2012JD018143.

SEINFELD J H, PANDIS S N, 2006. Atmos Chem and Phys: from Air Pollution to Climate Change [M]. second ed. New York: John Wiley: A Wiley-Interscience Publication Press.

SILLMAN S, SAMSON F J, 1995. Impact of temperature on oxidant photochemistry in urban, polluted, rural and remote environments [J]. J Geophys Res-Atmos, 100 (D6): 11497-11508.

STEINER A L, DAVIS A J, SILLMAN S, et al, 2010. Observed suppression of ozone formation at extremely high temperatures due to chemical and biophysical feedbacks [J]. P Natl A Sci USA, 107 (46): 19685-19690.

STOHL A, FORSTER C, ECHHARDT S, et al, 2003. A backward modeling study of intercontinental pollution transport using aircraft measurements [J]. J Geophysi Res: Atmos, 108 (D12): 4370.

STULL R B, 1988. An Introduction to Boundary Layer Meteorology [M]. Dordrecht: Springer Netherlands.

SU X, TIE X, LI G, et al, 2017. Effect of hydrolysis of N_2O_5 on nitrate and ammonium formation in Beijing China: WRF-Chem model simulation [J]. Sci Total Environ, 579 (Feb. 1): 221-229.

SUN Q, WANG A, JIN X, et al, 2005. Long-term air pollution exposure and acceleration of atherosclerosis and vascular inflammation in an animal model [J]. Jama J Ameri Medical Association, 294 (23): 3003.

TANG G, ZHANG J, ZHU X, et al, 2016. Mixing layer height and its implications for air pollution over Beijing, China [J]. Atmos Chem Phys Discuss, 15 (4): 2459-2475.

TIE X X, QIANG Z, HUI H, et al, 2015. A budget analysis of the formation of haze in Beijing [J]. Atmos Environ, 100: 25-36.

TIE X, GENG F, GUENTHER A, et al, 2013. Megacity impacts on regional ozone formation: observations and WRF-Chem modeling for the MIRAGE-Shanghai field campaign [J]. Atmos Chem Phys, 13: 5655-5669.

TIE X, MADRONICH S, LI G H, et al, 2009. Simulation of Mexico City plumes during the MIRAGE-Mex field campaign using the WRF-Chem model [J]. Atmos Chem Phys, 9: 4621-4638.

TIE X, MADRONICH S, LI G, et al, 2007. Characterizations of chemical oxidants in Mexico City: a regional chemical/dynamical model (WRF-Chem) study [J]. Atmos Environ, 100: 25-36.

WANG P K, GROVER S N, PRUPPACHER H R, 1978. On the effect of electric charge on the scavenging of aerosol particles by clouds and small raindrops [J]. J Meteor, 35: 1735-1743.

WANG T, WEI X L, DING A J, et al, 2009. Increasing surface ozone concentrations in the background atmosphere of Southern China, 1994-2007 [J]. Atmos Chem Phys, 9: 6217-6227.

XU A, MU Z, JIANG B, et al, 2017. Acute effects of particulate air pollution on ischemic heart disease hospitalizations in Shanghai, China [J]. Int J Environ Res Public Health, 14 (2): 168.

XU J M, CHANG L Y, QU Y H, et al, 2016. The meteorological modulation on $PM_{2.5}$ interannual oscillation during 2013 to 2015 in Shanghai, China [J]. Sci Total Environ, 572: 1138-1149.

XU J, BERGIN M H, YU X, et al, 2002. Measurement of aerosol chemical, physical and radiative properties in the Yangtze delta region of China [J]. Atmos. Environ, 36: 161-173.

XU J, YAN F, XIE Y, et al, 2015. Impact of meteorological conditions on a nine-day particulate matter pollution event observed in December 2013, Shanghai, China [J]. Particuology, 20: 69-79.

XU W, ZHAO C S, RAN L, et al, 2011. Characteristics of pollutions and their correlation to meteorological conditions at a suburban site in the North China Plain [J]. Atmos Chem Phys, 11 (9): 4353-4369.

YANG J Y, XIN J Y, JI D S, et al, 2012. Variation analysis of background atmospheric pollutants in North China during the summer of 2008 to 2011 [J]. Environ Sci, 33 (11): 3693-3704.

YE X, LI Z, ZHOU X, et al, 2021. The impact of a health forecasting service on the visits and costs in outpatient and emergency departments for COPD patients--Shanghai Municipality, China, October 2019-April 2020 [J]. CCDC Weekly, 3 (23): 495-499.

YE X, PENG L, KAN H, et al, 2016. Acute effects of particulate air pollution on the incidence of coronary heart disease in Shanghai, China [J]. PLoS ONE, 11 (3): e0151119.

ZHANG G J, MCFARLANE N A, 1995. Sensitivity of climate simulations to the parameterization of cumulus convection in the Canadian Climate Center General circulation model [J]. Atmos Ocean, 33: 407-446.

ZHANG J P, ZHU T, ZHANG Q H, et al, 2012. The impact of circulation patterns on regional transport pathways and air quality over Beijing and its surroundings [J]. Atmos Chem Phys, 12 (11): 5031-5053.

ZHANG Q, QUAN J N, TIE X X, et al, 2015. Effects of meteorology and secondary particle formation on visibility during heavy haze events in Beijing, China [J]. Sci Total Environ, 502: 578-584.

ZHOU G, XU J, XIE Y, et al, 2017. Numerical air quality forecasting over eastern China: an operational application of WRF-Chem [J]. Atmos Environ, 153: 94-108.

ZHOU J, GENG F, XU J, et al, 2019. $PM_{2.5}$ exposure and cold stress exacerbates asthma in mice by increasing histone acetylation in IL-4 gene promoter in CD4 + T cells [J]. Toxicology Letters, 316: 147-153.

ZHU W, XU X, ZHENG J, et al, 2018. The characteristics of abnormal wintertime pollution events in the Jing-Jin-Ji region and its relationships with meteorological factors [J]. Sci Total Environ, 626: 887-898.